地籍叢書 3
(Cadastral Series 3)

# 지 적 사
# Cadastral History 地籍史

류 병 찬 저

부 연 사

BUYONSA

# 머리말(Preface)

저자는 1999년에 지적인생 제1막을 행정자치부 지적과장직에서 마무리하였으며, 2004년에 지적인생 제2막을 대한지적공사 부사장직에서 마감하였고, 2011년에 지적인생 제3막을 한양사이버대학교 지적학과 교수직으로 마감하였으며, 남은 인생 혼을 담아 지적총서(地籍叢書)인 『地籍學』·『地籍法』·『地籍史』를 총 정리하여 후배들에게 전하는 것으로 지적인생 제4막을 마무리하려고 한다.

먼저 1972년에 우리나라 최초로 『韓國地籍史』를 저술한 원영희 교수와 1999년에 두 번째로 『한국지적史』를 저술한 리진호 지적박물관장께서 수많은 자료를 수집하여 분석하고 연구하여 지적사의 학문적 토대를 구축한 업적을 높이 평가 드린다.

이 책은 위에서 언급한 두 권의 『한국지적사』에서 주로 다루었던 토지조사사업과 임야조사사업에 관한 내용을 포함하여 고대부터 중세·근대·현대에 이르기까지 시기 순으로 서술한 편년체 서술방식과 주제별로 분류한 기사본말체 방식을 혼용하여 지적제도의 전반에 관한 변천사를 체계적으로 서술하였다.

국사(國史)는 한동안 대학 입시에서도 빠졌고, 사법시험 과목과 공무원 채용시험에서도 홀대를 당하였다. 그러나 2009년부터 정부에서 한국사(韓國史)를 선택과목이 아닌 필수과목으로 지정하였고, 국사편찬위원회는 매년 한국사능력검정시험을 치르고 있으며, 2012년부터 2급 이상 합격자에게는 행정·외무고등고시 응시자격이 부여되고, 국비유학생·해외파견 공무원·이공계 전문연구원을 선발할 경우 3급 이상의 합격자에 한해 국사시험을 대체할 수 있도록 개선하였다.

이어서 2017학년도 대학 입시부터 수능에서 모든 수험생이 반드시 국사 시험을 치르도록 하였으며, 이에 맞추어 2010년부터 국토교통부는 '지적역사과정'을 신설하여 지적관련 공무원에게 지적사(地籍史)에 대한 교육을 실시하고 있는데, 이는 과거를 모르는 국민에게는 건실한 국가의 발전이 있을 수 없기 때문으로 판단된다.

영국의 케임브리지대학에서 역사학을 가르친 E. H. Carr 교수는 그의 저서『역사란 무엇인가(What is History)』에서 "역사가란 끊임없이 '왜?'하고 물으며, 새로운 사실에 대하여, 새로운 문맥에 대하여 '왜?'라고 묻는 사람이다."라고 했는데, 역사가는 아니지만 이 책을 집필하면서 새로운 사실과 접하면서 늘 '왜?'라는 용어를 머릿속에 담고 있었다.

이 책은 저자가 40년 이상 지적 분야에 종사한 경험과 노하우를 담았으며, 최근의 국내·외 학문적 성과를 수용하고 이론과 실무를 보완하여 지적사의 학문적 발전의 토대를 다질 수 있도록 저술하였다.

그리고 가급적 사료와 그림을 많이 넣어 이해를 높이도록 하였으며, 각주를 최대한 활용하여 지적사에 관한 넓고 깊은 정보를 얻고자 하는 분들에게 참고가 될 수 있도록 하였고, 편(篇)과 장(章)을 영문으로 병기하여 우리나라 지적학문의 세계화에 일조를 할 수 있도록 배려하였다.

따라서 지적관련 학문을 전공하는 학생·지적기술사·지적기사 등의 자격시험 준비자, 지적관련 공무원과 한국국토정보공사 직원 및 지적에 관심을 가지고 있는 모든 분들에게 '지적사'를 이해하는데 도움이 될 것으로 기대한다.

이 책이 완성되기까지 자문에 응하고 미흡한 부분을 지적하고 부족한 부분을 메워 공동 저자의 역할을 한 송영준 한국국토정보공사 전북지역본부장에게 감사를 드리며, 바쁜 중에도 자료의 분석과 정리를 도와준 한국국토정보공사 소속 김태훈 대리에게 고마움을 표하고, 최종 교열과 감수를 하면서 저자에게 깊은 뜻이 담겨 있는 정농(井農)이란 호(號)를 지어 주고 멋진 발문(跋文)을 써주신 리진호 지적박물관장(일본 국립나가사키대학 공학박사)에게 무한한 고마움을 표한다. 또한, 이 책의 발간을 맡아 주신 부연사 맹윤재 사장과 직원들에게 감사를 드린다.

끝으로 외곬 지적 덕후 인생을 살아올 수 있도록 정성을 다하여 뒷바라지 해준 아내와 가족들에게 내 사랑을 담아 이 책을 바친다.

2017년 5월 일<br>저자 정농(井農) 류병찬

# 목 차(Table of Contents)

# 제6편 지적관련 국내 · 외 활동의 변천사

Part 6 | History of the Domestic & Overseas Cadastral Activities

## 제1장 국내 활동의 변천 연혁

(Chapter 1 | History of the Domestic Cadastral Activities)



## 제2장 국외 활동의 변천 연혁

(Chapter 2 | History of the Overseas Cadastral Activities)



# 제7편 지적관련 주요 인물의 변천사

Part 7 | History of the Key figures in Cadastral Field

## 제1장 광복 전 시대

(Chapter 1 | The Era Before Independence)

# 표 차례(List of Table)

# 그림 차례(List of Figure)

## 일러두기(Explanatory notes)

1. 기원전(B.C.)이라 함은 영어로 "Before Christ"라는 말로 예수 탄생 이전의 연도를 뜻하는 것으로 모두 "기원전"으로 표기하였으며, 기원후(A.D.)라 함은 라틴어로 "Anno Domini"라는 말로 예수 탄생을 기점으로 계산한 연도를 뜻하는 것으로 기원후 1년은 예수 탄생의 해를 말하며 모두 연도만을 표기하였다.
2. 제1편 제1장 외국 지적제도의 기원에서 사용한 기원전(B.C.)의 연대는 학자마다 서로 다르게 주장하여 상호 충돌되는 사례도 있었으나, 가급적 원저자의 주장을 그대로 인용하였다.
3. 연호는 서력기원(西曆紀元)으로 표기하였으며, 명치(明治) 원년은 1868년, 광무(光武) 원년은 1897년, 융희(隆熙) 원년은 1907년, 대정(大正) 원년은 1912년, 소화(昭和) 원년은 1926년, 평성(平成) 원년은 1989년으로 각각 환산하여 표기하였다.
4. 강조하는 경우 작은 따옴표(' ')로, 인용이나 대화 및 논문 제목의 경우 큰 따옴표(" ")로, 도서명과 신문의 경우 겹낫표(『 』)로, 작품명의 경우 낫표(「 」)로 각각 통일하여 표기하였다.
5. 이 책은 한글 맞춤법·표준어 규정·외래어 표기법에 따라 표기하였다.
6. 이 책에서 인용한 법령의 명칭은 법제처의 법령 띄어쓰기 표준안에 따라 표기하였다.
7. 이 책은 가급적 한글로 표기하였으며, 이해하기 어려운 용어(用語)나 구절(句節) 또는 의미가 혼동될 가능성이 있는 경우에 한하여 (　　)안에 한자(漢字) 또는 원어(原語)를 표기하였다.
8. 이 책의 표 번호·그림 번호·각주번호는 각 편(篇)별로 일련번호를 부여하였다.

## 지적총서(Cadastral Series, 地籍叢書)

[지적총서 1]

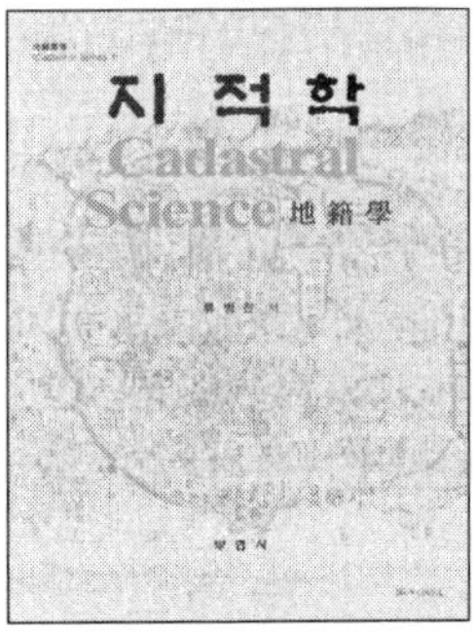


지적학(제2전정판)

Cadastral Science(2nd ed.), 地籍學(第2全訂版)

[지적총서 2]

지적법(제6전정판)

Cadastral Act(6th ed.), 地籍法(第6全訂版)

[지적총서 3]

지적사(제2전정판)

Cadastral History(2nd ed.), 地籍史(第2全訂版)

# 제 1 편

# 지적제도의 기원과 발달사

(Part 1. Origin History of the Cadastral Systems)

지적학(地籍學)은 초기단계에서는 측량학의 분과학문으로 공학적 측면에서 출발하였으나, 21세기 정보화 시대를 맞으며 법학 · 행정학 · 전산학 · 부동산학 등 사회과학적 측면과의 융합이 강하게 진행되어 왔으며, 다양한 학문이 복합적으로 어우러진 복합학(複合學)으로 발전되어 왔다.

따라서 지적사를 연구하기 위해서는 측량학을 비롯하여 법학 · 행정학 · 전산학 · 부동산학 · 역사학 등 다양한 학문의 이해와 이들 학문의 기원과 발전사와 연계하여 연구하고 분석하는 노력이 필요하며, 이들 학문의 연구와 분석방법 등을 적극 수용하여야 한다.

그리고 지적사를 공부하고 연구하는데 있어서 가장 우선시해야 하는 과제는 인류문명의 4대 발상지인 티그리스(Tigris) · 유프라테스(Euphrates) 강, 나일(Nile) 강, 인더스(Indus) 강을 비롯하여 황하(黃河, Yellow) 등에서 싹튼 지적제도의 기원에 관한 사항을 이해하여야 하며, 또한 우리나라의 고대와 중세 지적제도의 기원에 관한 사항을 이해하여야 한다.

따라서 제1편 지적제도의 기원사에서는 ① 외국 지적제도의 기원, ② 우리나라 지적제도의 기원으로 구분하여 외국 지적제도의 기원에 관한 사항으로 고대 바빌로니아 · 이집트 · 인더스 · 중국의 지적제도 기원에 관한 사항을, 우리나라 지적제도의 기원에 관한 사항으로 원시 · 고대 · 중세로 구분하고 원시를 고조선 · 부족국가 시대로, 고대를 고구려 · 백제 · 신라의 삼국 시대로, 중세를 고려 시대로 구분하여 각각 상세히 서술하였다.

# 외국 지적제도의 기원

## Origin of the Overseas Cadastral Systems

Chapter 01

지적제도는 고대 인류문명의 발상과 함께 국가라는 권력구조가 나타나면서 국가는 법을 제정하고 세금과 공물을 징수하기 위하여 토지를 배분하고 토지로부터 발생하는 수확량에 기초한 과세를 목적으로 경작자별 농지의 면적·비옥도·수확량 등을 기록 관리하기 위하여 지적측량과 더불어 원시적인 지적제도가 발달하기 시작하였으며, 이를 뒷받침하기 위하여 측량기기를 발명하고 측량을 실시하여 지적도(地籍圖)와 지적부(地籍簿)를 작성함으로써 근대적인 지적제도가 창설되었다.

따라서 지적의 역사는 국가라는 권력구조의 형성과 역사를 같이 한다고 할 수 있으며, 지적제도의 기원은 문자의 발명, 토지에 대한 과세, 측량 및 지도 작성 등을 기초로 고대의 고분·벽화·지도·측량관련 기기·과세자료·건축물 등과 고문헌을 연구하여 간접적으로 규명할 수밖에 없다.

인류의 문명시대(文明時代)라 함은 선사시대(先史時代)와 다른 몇 개의 특징을 근거로 구분하는 시대 개념으로 석기단계를 넘어 청동기시대로 접어들고 문자(文字)를 사용하여 기록을 남겨 놓음으로써 유적·유물과 더불어 기록을 통해 우리가 그 시대를 알 수 있는 시대를 말한다.[1]

다시 말하면 선사시대는 문자가 없었던 시대를 말하고 문자를 사용하기 시작했던 시대를 역사시대(歷史時代)라고 하며, 문자의 사용은 역사시대의 출발점을 알리는 신호탄이자 인류가 문명시대로 진입하였음을 알리는 기준이 되기도 한다.[2]

문명의 성립이란 일반적으로 국가와 청동기 및 문자의 성립 등이 요소가 되는데, 이런 의미에서 수메르문명(Sumerian civilization)이 최초로 시작되었고 약 500년 후인 B.C.(이하 "기원전"이라 한다.) 3200년경에 나일 강 유역에서 이집트문명이 시작되었으며, 약 1000년 후에는 인더스 강 유역에서 인더스 문명이 시작되었다.[3]

1) 박금표, 2007, 『인도사 108장면』, 서울, 민족사, p.23.
2) 『조선일보』, 2013.3.1, A26.
3) 로버트 웬키(Robert J. Wenke), 역자 김승옥, 2004, 『선사문화의 패턴 2』, 서울, 서경. pp. 35~36. ; 제카리아 시친(Zecharia Sitchin) 지음, 이근영 옮김, 2010, 『수메르, 혹은 신들의 고향』, 서울, 도서출판 AK, p.580.

따라서 메소포타미아 문명·이집트 문명·인더스 문명·황하 문명의 순으로 성립하였다는 것이 학계의 일반적인 견해이다.

지적(地籍)이란 전통적으로 "토지에 대한 호적(戶籍) 또는 토지에 대한 이력(履歷)"이라고 간략하게 표현하여 왔으나, 이는 근대적인 측량기술이 개발되기 전에 토지에 대한 과세를 하기 위하여 도면을 작성하지 못하고 대장만을 작성하던 시기의 표현이라고 할 수 있으며, 오늘날의 지적이란 용어에는 측량기술이 포함되어 있으며 또한 지적도와 지적부를 포함하는 의미로 이해하여야 한다.

이러한 지적의 역사는 국가라는 권력구조의 탄생과 더불어 시작되었다고 할 수 있으며, 고대의 초기 국가라고 할 수 있는 바빌로니아·이집트·인더스·중국 등의 국가에서 시작되었다.[4)]

고대 초기 국가의 등장과 함께 토지에 대한 경계의 관리와 조세를 부과하기 위하여 발생된 지적측량과 지적제도의 기원은 [그림 1-1]과 같은 인류문명(人類文明)의 4대 발상지(發祥地)인 티그리스(Tigris)·유프라테스(Euphrates) 강, 나일(Nile) 강, 인더스(Indus) 강, 황하(黃河, Yellow) 등의 농경정착시대부터 유래되었다고 할 수 있으며,[5)] 이들 메소포타미아(수메르/바빌로니아) 문명·이집트 문명·인더스 문명·황하 문명을 세계 4대 문명이라고 한다.[6)]

이러한 고대문명의 발상지는 위와 같이 큰 강을 끼고 있으며, 퇴적이나 주기적인 범람으로 형성된 비옥한 토지에서 농경이 발달하고 문명이 싹텄다.

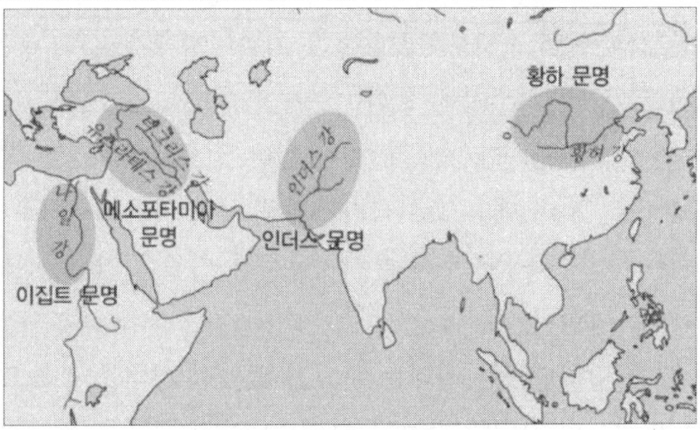


출처 : http://cafe.naver.com/onggal.(2011.04.08)

[그림 1-1] 인류문명의 4대 발상지

4) 단군 왕검이 건국한 단군조선 시대의 송화강(松花江)을 고대문명의 발상지라고 주장하고 있으나 정설로 받아들이기 까지는 많은 연구가 필요한 것으로 생각한다.(리진호, 1999, 『한국지적史』, 서울, 도서출판 바른길. pp.51~70.)

5) P.F. Dale, J.D. Mclaughilin, 1988, *Land Information Management*, Oxford : Claredon Press, p.46.

6) 세계 4대문명에 관한 사항은 일본의 NHK에서 제작한 "세계 4대문명(NHK-Documentary)"를 보면 이해에 큰 도움이 된다.

메소포타미아 문명은 2,700㎞의 유프라테스 강과 1,900㎞의 티그리스 강을 끼고 발달했으며, 두 강의 유역 면적은 111만 4,000㎢에 이르며, 이집트 문명을 낳은 나일 강은 길이 6,650㎞에 유역면적이 334만 9,900㎢이나 된다. 그리고 인더스 문명은 길이 2,900㎞에 유역면적 116만㎢의 인더스 강이 낳았고, 황하 문명은 길이 5,464㎞에 면적 74만 5,000㎢의 황하 유역에서 꽃피웠다.[7)]

# 1 고대 바빌로니아

## 1.1 문명의 발상

바빌로니아 문명(Babylonia civilization)은 메소포타미아 문명(Mesopotamian civiliza-tion) 또는 수메르 문명(Sumerian civilization)이라고도 하는데, 기원전 3500년 내지 2000년 사이에 오늘날의 이라크 남부를 중심으로 유프라테스 강과 티그리스 강 연안에서 세계 최초로 발생한 인류 4대 문명의 하나로써, 관개문명(灌漑文明)이라 할 수 있다.

도시의 구축과 문자의 발명이 메소포타미아 문명의 근간이 되고 있으며, 수메르(Sumer) 인과 아카드(Akkad) 인이 메소포타미아의 땅을 갈고 수메르 문명이라는 씨를 뿌렸다면 물을 주고 꽃을 피운 것은 바빌로니아 문명이다.[8)]

고대 바빌로니아는 수메르[9)] 지역과 아카드[10)] 지역을 지배한 고대 왕국으로, [그림 1-2]와 같이 유프라테스 강과 티그리스 강의 하류 지역으로 메소포타미아 문명의 발상지이다. 메소포타미아에서 최초의 국가와 도시가 등장한 지역은 이란과 이라크의 상대적으로 협소한 남부지역으로 비옥한 반월형지대(Fertile Crescent)와 그 주변의 저지대를 포함하고 있으며, 메소포타미아라는 말은 고대 그리스어 "Μεσοποταμία"에서 온 말로 "두 강 사이의 지역"이라는 뜻을 가지고 있다.[11)]

7) 이계성, 2011.6.26, "대동강 문화", 인터넷 『한국일보』, 칼럼.
8) 고선윤, 2002, 『3일만에 읽는 고대문명』, 서울, 서울문화사, pp.42~43. ; 최몽룡, 2007, 『인류문명발달사』, 서울, 주류성출판사, p.19.
9) 수메르(Sumer)는 고대 메소포타미아 남부에 있는 지역명칭이며 고대 문명의 발상지로 알려져 있다.
10) 아카드(Akkad)는 메소포타미아 중부 지역의 도시와 그 근방을 이르는 말로써, 고대 제국인 아카드 제국의 수도였다.

출처 : http://ko.wikipedia.org.(2007.12.10.)

[그림 1-2] 메소포타미아 지도

바빌로니아는 메소포타미아 남쪽의 고대 왕국으로, 수메르와 아카드 지방을 아우르며, '바빌로니아'라는 이름은 수도였던 바빌론(Babylon)[12]에서 유래하였는데, 5천년 전의 바빌론과 그 주변지역은 이미 도서관·학교·국제교역·도로·세금·사원 기타 우리가 문명의 요소로 간주하는 모든 것들이 구비된 세계적인 규모의 도시를 이루고 있었다.[13]

오늘날까지 알려진 바로 농업은 현생인류가 초기에 원시적인 문명을 열었던 근동지역(近東地域)[14]의 고원과 산악지방에서 시작되어 전 세계로 퍼졌다는 것이 공인된 사실로 받아들여지고 있으며, 인간이 맨 처음 재배한 농산물이 보리와 밀이었다는 것에 의견의 일치를 보이고 있다.

그리고 사과·배·올리브·무화과·아몬드·호두 등도 모두 근동지역에서 재배되기 시작하여 유럽과 세계의 다른 지역으로 퍼져 나갔다.[15]

인류가 사용한 최초의 문자는 기원전 3500년경 메소포타미아 남부 지방의 우루크(Uruk)에서 수메르 인들이 사용했던 설형문자로 밝혀지고 있다.

수메르 인들은 지구상에 아무런 문명도 존재하지 않았던 기원전 3500년경에 인류 최초의 문자인 쐐기 모양의 설형문자〈楔形文字, Cuneiform Script, 쐐기문자 또는 수메르 문자라고도 한다.〉[16]를 발명하여 사용하였으며, 기원전 1750년 무렵에 함무라비왕은 세계에서 가장 오래된 성문법인 함무라비 법전(Hammurabi 法典)[17]을 제정하였고, 세계에서 가장 오래된 점토판〈粘土版, clay tablet〉에 새겨진 지형도를 제작하였으며, 특히

---

11) 로버트 웬키(Robert J. Wenke), 역자 김승옥, 2004, 앞의 책, pp.86~88. ; 김추윤·김별, 2009, 『측량사』, 서울, 도서출판 바른길, pp.31~32,

12) 바빌론(Babylon)은 메소포타미아에 있는 고대 도시로서 오늘날의 이라크 알 히라에 있는 유적으로 바그다드 남쪽 80km 지점에 위치하며, 기원전 2300년경부터 고대 바빌로니아의 "성스러운 도시"로 기원전 612년 신 바빌로니아에 이르기까지 바빌로니아의 중심으로 가장 위대한 도시로 여겨졌다.

13) 로버트 웬키(Robert J. Wenke), 역자 김승옥, 2004, 앞의 책, p.85.

14) 근동지역(近東地域)이라 함은 서유럽에 가까운 동양 여러 나라를 통틀어 이르는 말로 이라크·이집트·터키·시리아·이스라엘·사우디아라비아 등의 나라를 가리킨다.

15) 제카리아 시친(Zecharia Sitchin) 지음, 이근영 옮김, 2010, 앞의 책, pp.30~31.

16) 설형문자(楔形文字)는 기원전 3000년경부터 약 3000년 동안 메소포타미아 지역을 중심으로 고대 오리엔트 지역에서 널리 쓰이던 문자로써 수메르 인이 만들었으며, 점토판에 갈대나 금속으로 만든 펜으로 새겨 썼기 때문에 문자의 선이 쐐기 모양으로 되어 설형문자라고 하며 쐐기문자라고도 한다.

17) 함무라비법전(Hammurabi法典)은 282개 조의 법조문이 약 2.25미터의 원주형 현무암에 설형 문자로 새겨져 있다.(http://search.naver.com, 2007.9.5.)

세계 최초의 서사문학을 탄생시킨 수메르 문학 등은 인류의 귀중한 문화유산이 되고 있다.[18)]

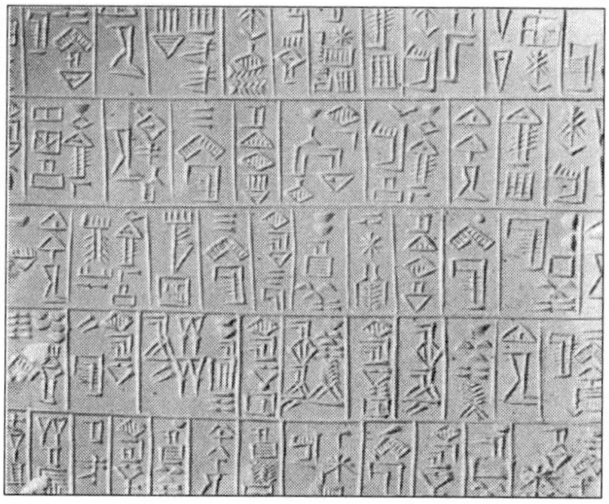

출처 : http://kin.naver.com.(2007.9.14.)

[그림 1-3] 점토판에 새겨진 설형문자

처음에는 사물의 모양을 본뜬 기호로 뜻을 나타낸 상형문자(象形文字)[19)]이었으나, 이것이 점차 간결화하고 개량되어 쐐기 모양의 부호로 뜻을 나타내는 [그림 1-3]과 같은 설형문자가 되었으며, 진흙을 빚어서 말린 점토판을 굵은 갈대펜(stylus)으로 긁어서 문자를 기록하였는데, 이러한 점토판을 불에 구우면 토기와 같이 단단해지고 따라서 저습지와 같은 퇴적층에서도 수 천년동안 썩지 않고 보존된다.[20)]

설형문자는 독일 괴팅겐의 고등학교 라틴어 교사였던 그로테펜트(G. F. Grotefend, 1775~1853)와 영국의 군인인 헨리 롤린슨(Henry Creswicke Rawlinson, 1810~1895)이 해독하는데 성공하여 고대 메소포타미아에 관한 연구가 성과를 올리기 시작하였다.[21)]

수메르 문명이 아카드-바빌로니아-아시리아 문명의 근원이라는 사실이 드러나고 이러한 증거가 문명의 시원이 수메르임을 가리키고 있다.[22)]

메소포타미아의 각 지역에는 이집트의 피라미드에 버금가는 대형 건축물인 [그림 1-4]와 같은 지구라트(Ziggurat)가 있다. 지구라트는 계단식 피라미드였는데, "하늘로 이어지는 계단"이라는 뜻으로 하늘의 신(神)과 지상을 연결시키기 위하여 건조시킨 벽돌로 만든 성탑(聖塔)을 가진 신전(神殿)으로 이러한 지구라트를 건설하는 데는 측량이 필수적이었다.[23)]

18) 새뮤얼 노아 크레이머(Samuel Noah Kramer) 지음, 박성식 옮김, 2003, 『역사는 수메르에서 시작되었다』, 서울, 가람기획, p.457. ; 김추윤 • 김별, 2006, 『측량사』, 서울, 도서출판 제3공간, p.23.

19) 상형문자(象形文字)라 함은 사물(事物)을 본 떠 그 사물이나 그것에 관련 있는 관념을 나타낸 문자로써 초기의 한자(漢字)와 고대 이집트 문자를 말한다. 고대의 4대 문명은 모두 독자적인 상형문자를 발전시켰으나 그 중에서 비교적 오래된 것은 메소포타미아 지방의 수메르 또는 엘람인(人)의 문자라고 여겨진다. 처음에 농산물이나 공작품의 기록을 위하여 사용되던 상형문자는 그 후 선형문자(線形文字)를 거쳐 설형문자(楔形文字)를 낳게 하였다.

20) 로버트 웬키(Robert J. Wenke), 역자 김승옥, 2004, 위의 책, p.122.

21) 배철현, "오리엔탈리즘과 오리엔탈 르네상스, '해가 뜨는 곳'과 '해가 지는 곳'은 모두 알라에게 속한다.", 코란경 수라 II.142, p.3. ; 고선윤, 2002, 『3일만에 읽는 고대문명』, 서울, 서울문화사, pp.50~51.

22) 제카리아 시친(Zecharia Sitchin) 지음, 이근영 옮김, 2010, 앞의 책, p.52.

23) 김추윤 • 김별, 2006, 『측량사』, 서울, 도서출판 제3공간. p.33. ; 제카리아 시친(Zecharia Sitchin) 지음,

주 : 갈대아 우르의 지구라트(Ziggurat).
출처 : http://ko.wikipedia.org/wik.(2011.5.20.)

[그림 1-4] 지구라트

## 1.2 지적관련 유물과 사료

### 1.2.1 지형도

이라크 북동부 누지(Nuzi)의 가셔(Ga-Sur) 유적지에서 [그림 1-5]와 같은 고대 바빌로니아에서 제작한 기원전 2500년경의 점토판 지형도(地形圖)가 발견되었다. 이 점토판 지형도에는 언덕의 두 능선과 수로에 의하여 양분된 지역이 있으며, 지형과 지역명 · 토지면적 · 소유주 · 지도의 방향 등이 기록되어 있는데, 이는 세계에서 가장 오래된 원시적인 지형도라고 할 수 있다.[24)]

지형도의 중앙부에는 354이쿠(Iku, 12 헥타르 가량)로 나눈 한 구역의 토지면적과 소유자인 아잘라(Azala)의 이름이 기록되어 있으며 아래쪽에 서쪽, 위쪽에 동쪽, 좌측에 북쪽이라고 기록되어 있어 방향설정의 가장 오래된 사례라고 할 수 있다.[25)]

---

이근영 옮김, 2010, 앞의 책, p.42.

24) 리진호, 1999, 『한국지적史』, 서울, 도서출판 바른길, p.71. ; 대한지적공사 지적연구원, 2007, 『지적관련 문헌분류 체계의 개선방안에 관한 연구』, pp.16~17.

25) 김추윤 · 김별, 2009, 『측량사』, 서울, 도서출판 바른길, pp.448~449.

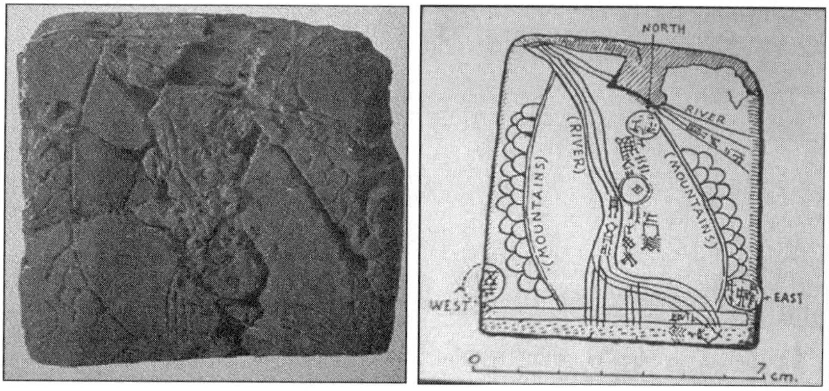


주 : 점토판 지형도 원판(좌), 재현판(우).
출처 : http://www.henry-davis.com/maps/ancient.(2007.11.15.)

[그림 1-5] 바빌로니아의 점토판 지형도

## 1.2.2 지적도

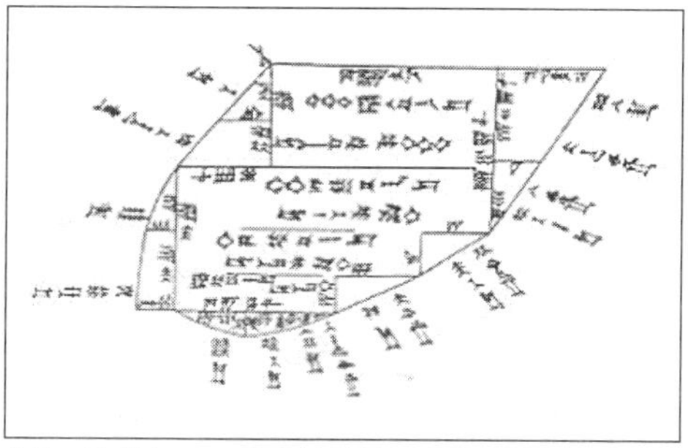

출처 : 강태석, 1994, 『지적측량학』, 서울, 형설출판사, p.11.

[그림 1-6] 바빌로니아의 지적도

기원전 2300년경에 작성된 것으로 추정되는 [그림 1-6]과 같은 바빌로니아 지적도(地籍圖)가 발견되었다. 이 지적도에는 농경지의 경계와 재배 작물 및 가축 등을 표시하여 과세목적으로 이용하였는데,[26] 이는 세계에서 가장 오래된 원시적인 지적도라고 할 수 있다.

이어서 기원전 2100년경에 움마시(Ummah : 오늘날의 이라크 남부지역 텔조카, Telljoka)에서 점토를 구워서 만든 [그림 1-7]과 같은 테라코타(Terra Cotta)[27] 서판의 경작지 지적도가 발견되었다.

이 테라코타 서판의 경작지 지적도는 경작지의 면적을 측정하여 기록한 원시적인 지적

26) 강태석, 1994, 『지적측량학』, 서울, 형설출판사, p.11.

27) 테라코타(Terra Cotta)는 라틴어로 "흙(Terra)을 굽는다.(Cotta)"의 의미를 가지고 있으며, 낮은 온도에서 양질의 흙을 이용하여 형태를 만들어 불에 구운 것을 말한다. 점토재료는 내구성이 약해서 쉽게 깨지고 물이 가해질 경우 허물어지는 등 보관하기가 어려우나, 불에 구우면 점토가 돌처럼 단단하게 변하는 것을 우연히 자연에서 발견하게 되었다. 이처럼 테라코타는 대부분 고대에 자연적으로 발생하였으며 대체로 곡물을 재배하기 시작한 기원전 5000년대의 메소포타미아 지방을 효시로 한다. 테라코타는 선사시대의 거의 모든 지역에서 찾아볼 수 있으며, 14세기 말 이후에 독일에서 특히 애용되었다.(http://km.naver.com. 2007.9.20.)

도로써 토지의 경계와 면적이 기록되어 있으며, 토지과세기록 · 경작 작물 · 가축 · 촌락 지도 · 토지도면과 같은 것을 기록한 점토판이 발견되기도 하였다.[28)]

출처 : 리진호, 1999, 『한국지적史』, 서울, 도서출판 바른길, p.72.

[그림 1-7] 수메르의 경작지 지적도

### 1.2.3 도시지도

1899년에 펜실베이니아 대학에 의해 기원전 1500년경에 작성된 것으로 추정되는 [그림 1-8]과 같은 점토판 도시지도(都市地圖)가 니푸르(Nippur)[29)]에서 발굴되어 예나의 프리드리히 실러대학(Friedrich-Schiller-University Jena)의 이네츠 베른하르트 박사가 원본에 의하여 그 당시의 도시지도를 복원하였다.

이 도시지도는 고대 수메르의 문화적 중심지였던 니푸르에서 발견된 기원전 1500년경에 작성된 것으로 추정되는 지도로써 아주 잘 보존된 점토판에 새겨져 있으며, 가로 21㎝ 세로 18㎝의 크기에 중앙에는 고대 수메르의 표의문자(表意文字, Ideogram)로 엔릴(Enlil)[30)]이라는 도시의 이름이 쓰여 있고 신전과 건물 · 중앙 공원 · 강 · 도로 · 수로 ·

28) 리진호, 1999, 앞의 책, p.74. ; 김추윤, 2004(a), "진흙 속에서 부활한 메소포타미아의 측량", 『땅과 사람들』, 대한지적공사, p.22.

29) 니푸르(Nippur)는 이라크의 바그다드 남동쪽 162㎞에 있는 기원전 2500~기원전 2000년경의 바빌로니아 성도(聖都)로서 수메르 민족의 신(神)인 엔릴(Enlil)을 제사지내는 성지이다.

30) 엔릴(Enlil)이라 함은 수메르 신화에 나오는 최고의 신(神)인 대기(大氣)의 신을 말하는데, 아누(하늘의 신)와 엔키(땅 또는 물의 신)에 버금가는 신으로, 하늘 · 바람 · 폭풍우 등을 지배하고 또한 인간의 운명도 다스린다. 신앙의 중심지는 니푸르시(市)로, 에쿠르(산의 신전)에서 섬겨졌는데, 바빌로니아의 제1 왕조 무렵에 마르두크에 의해 그 지위가 대체되었다.(출처 : 두산백과, 2012.11.10.)

성벽과 성문들이 일정한 비례를 기준으로 그려져 있어 축척 개념을 도입한 측량기술을 사용하였을 것으로 추정된다. 그리고 건물·강·성문 등의 이름이 수메르어와 아카드어가 섞어 기록되어 있으며, 20개 이상의 구체적인 수치가 적혀 있는데, 이는 세계에서 가장 오래된 원시적인 도시지도라고 할 수 있다.[31)]

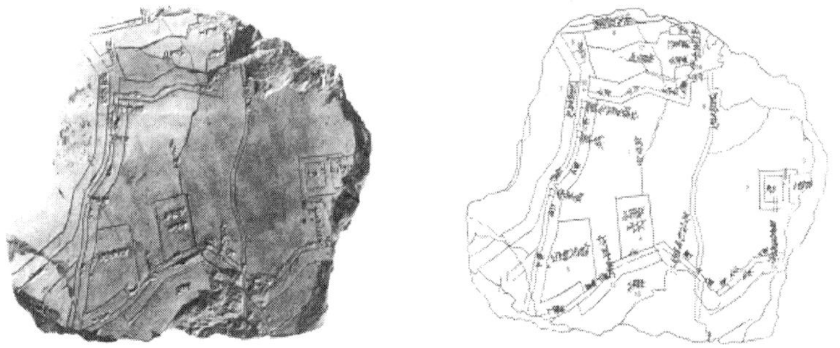

주 : 이네츠 베른하르트 박사가 원본(좌)에 의하여 복원한 도시지도(우).
출처 : 새뮤얼 노아 크레이머(Samuel Noah Kramer) 지음, 박성식 옮김, 2003, 『역사는 수메르에서 시작되었다』, 서울, 가람기획, p.452, p.454.

[그림 1-8] 니푸르의 도시지도

고대 이집트에서는 나일강변에 자생하는 파피루스(Papyrus)에 지적도면을 그린데 비하여, 고대 바빌로니아에서는 구워서 만든 점토판에 지형도·지적도·시가지도 등을 그려 땅속에 묻혀도 파피루스처럼 썩는 일이 없어 수천 년이 지난 오늘날에도 원형이 잘 보존된 점토판 지도가 발견되고 있으며, 특히 테라코타라는 점토판에 쓰여 진 설형문자의 개발로 탄생된 필기의 방법으로 지리적 지식을 축적시켜 지도제작을 가능케 한 것으로 보인다.

### 1.2.4 자와 측량하는 막대기

수메르의 기록에 따르면 우르(Ur)[32)]의 통치자였던 우르남무(Ur-Nammu)는 신이 자신에게 신전을 지을 것을 명령하고 [그림 1-9]와 같이 자와 측량하는 막대기를 주면서 신전의 건축에 대한 지시를 내렸다고 자세히 묘사하고 있어[33)] 수메르 인들은 일찍이 길

31) 새뮤얼 노아 크레이머(Samuel Noah Kramer) 지음, 박성식 옮김, 2003, 『역사는 수메르에서 시작되었다』, 서울, 가람기획. pp.451~452.

32) 우르(Ur)는 고대 메소포타미아 남부에 있었던 기원전 4000년경에 세워진 도시로, 고대에는 인접한 유프라테스 강 덕분에 비옥한 관개지였으나 강의 물길이 바뀜에 따라 폐허가 되었다.

이를 측정하기 위한 자와 측량 기구를 사용한 것으로 추정된다.

출처 : 제카리아 시친(Zecharia Sitchin) 지음, 이근영 옮김, 2010, 『수메르, 혹은 신들의 고향』, 서울, 도서출판 AK, p.57.

[그림 1-9] 신으로부터 자와 측량 막대기를 받는 우르남무

수메르 인들은 [그림 1-10]과 같이 길이의 단위인 큐빗[34](Cubit, 약 50㎝ 내외) 즉, 완척(腕尺)이라는 자를 사용하여 정확히 신전과 건물 등을 측량해서 축소하여 점토판에 지도를 그렸던 것으로 추정된다.[35]

큐빗이라 함은 팔꿈치에서 가운데 손가락 끝까지의 길이를 말하는 것으로 기원은 바빌로니아의 수메르 문명으로부터 유래하였으며 고대 이집트에서도 길이의 단위로 사용하였다.

큐빗은 야드(yard)의 원형이다. 큐빗의 기원이 된 수메르 문명을 이어받은 바빌로니아는 독특한 60진법에 의한 정비된 도량형 제도를 가지고 있었으며, 당시의 시간과 각도의 단위는 오늘날까지도 그대로 사용되고 있다.[36]

---

33) 제카리아 시친(Zecharia Sitchin) 지음, 이근영 옮김, 2010, 앞의 책, p.56.

34) 큐빗(Cubit) : A slide that shows the Bible measurements of cubit, span, handbreadth and finger. key words : cubit, finger, handbreadth, span(Source : Terry Taylor ; http: //www.google.co.kr /imgres?imgurl=http://www.ebibleteacher.com/sites/default/files/images/1/cubit.jpg.(2011.11.4.)

35) 김추윤·김별, 2009, 앞의 책, pp.34~35.

36) http://dle.gongbuwarac.com/xmlView.aspx?xmldid=25486.(2011.8.5.)

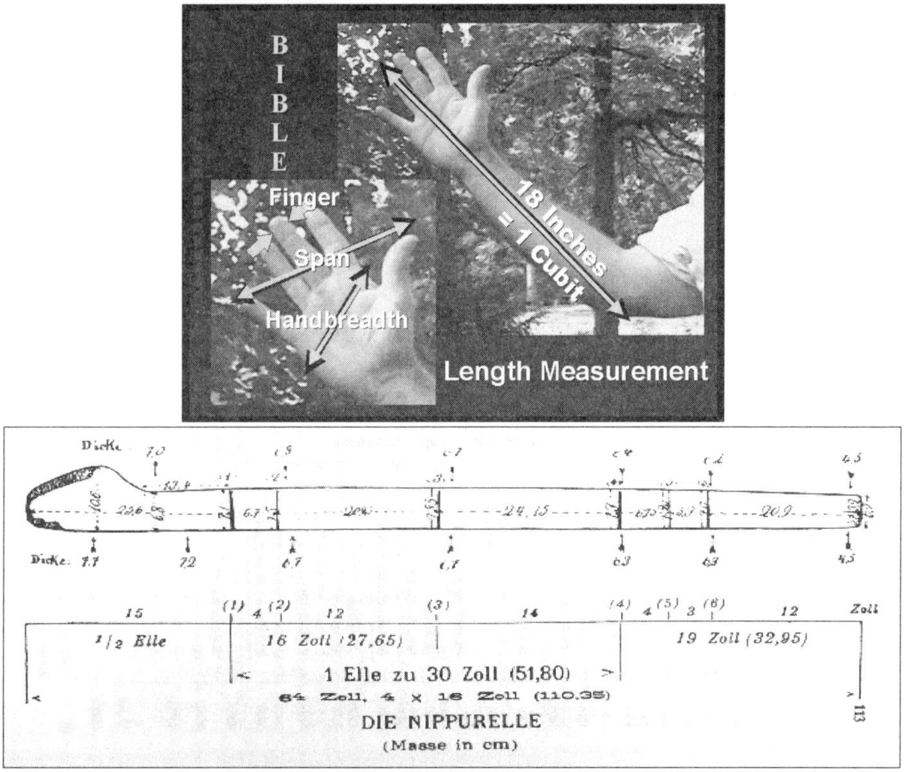


출처 : http://www.google.co.kr/imgres?imgurl=http://www.ebibleteacher.com/sites/default/files/images/1/cubit.jpg. (2011.11.4.)

[그림 1-10] 큐빗 자

도량형(度量衡)은 길이・부피・무게를 재는 수단 또는 단위 등을 총칭하는 말로써 도량형의 도(度)는 길이를 측정하는 도구이며 양(量)은 토지의 수확물을 계량하는 도구이고 형(衡)은 물건의 중량을 측정하는 도구를 말한다. 도량형 중에서 가장 기본이 되는 것은 자(尺)이다. 그 이유는 표준 척도가 있어야만 용량을 재는 표준 용기와 무게를 재는 표준 저울을 만들 수 있기 때문이다.[37]

길이의 기초로 수메르에서는 팔꿈치에서 가운데 손가락 끝까지의 길이를 기준으로 한 큐빗이라는 자를 사용하였으며, 유럽에서는 발의 길이인 족폭(足幅)을 기준으로 한 자를 사용하였는데 루트(Root)는 발바닥, 즉 족폭에서 유래한 길이의 단위로써 1피트(Feet)는 12인치, 3분의 1야드, 약 30.48㎝이다.[38]

37) 이종봉, 2001, 『한국중세도량형제연구』, 서울, 혜안, p.13. ; 단국대학교출판부, 2011, 『天下均平 度量衡 600選』, p.161.

고대 그리스에서는 발 길이를 푸스(Pous), 손가락 굵기를 닥틸로스(Daktylos)라 하며 1푸스는 16닥틸러스이었다.

그리고 중국에서는 손을 폈을 때 엄지 끝에서 새끼손가락 끝까지의 길이인 수폭(手幅)을 기준으로 한 척〈尺, 약 18㎝, 후에 약 32㎝로 변화 됨〉를 사용하였으며, 엄지손가락 굵기를 촌(寸)이라 하고 1척은 10촌이었으며, 우리나라에서는 고려 중엽에 농부의 손 뼘을 표준으로 제정한 계지척(計指尺)을 사용하였다.[39]

길이로 쓰는 신체 부위로는 발을 비롯하여 손바닥 · 손가락 · 손 · 손톱 · 아래팔 · 걸음 · 머리카락 등이 있으며, 줌(주먹으로 쥘 만한 분량) · 움큼(한 손에 잔뜩 움켜 쥔 분량) · 자밤(나물, 양념 따위를 손가락으로 끝으로 집을 만한 분량) 등은 지금도 요리할 때 쓰인다.[40]

위와 같이 고대의 최초 측정 도구는 신체(身體)였으며, 이를 인체척도(人體尺度, Body measure)라고 한다. 길이는 손과 손가락으로 재고, 거리는 발과 걸음으로 재며, 안을 수 있으면 아름이고 질 수 있으면 짐이다.

인체척도는 척도의 세 가지 요건인 접근성(接近性) · 적합성(適合性) · 신뢰성(信賴性)을 갖추었으나 보편성(普遍性)이 부족했기에 임시방편의 척도에 머물렀다.

보편성은 상대적 척도에서 절대적 척도로, 장소에서 공간으로, 질에서 양으로, 차별에서 평등으로, 지역에서 세계로 건너가는 징검다리로써,[41] 미터법과 국제단위계(International System of Unit)로 발전하였다.

고대 로마 시대의 건축가인 비트루비우스(Marcus Vitruvius Pollio)[42]는 인체척도 중에서 가장 중요한 척도는 팔을 쭉 폈을 때 왼손 가운데 손가락 끝에서 오른손 가운데 손가락 끝까지의 길이로 영어의 패덤(Fathom)에 해당하는 오르가이(Orguia), 손끝에서 팔꿈치까지의 길이로 영어의 큐빗(Cubit)에 해당하는 페기스(Pechus), 발 · 손바닥 · 손가락 등이라고 주장하였다.[43]

길이를 측정하는 자는 상아 · 구리 · 옥 · 뼈 · 대나무 · 나무 · 돌 등 여러 가지 재질을 이용하였다. 자를 재질에 따라 구분하면 대나무자 · 목재자 · 석각자 · 청동제자 · 스틸자 등

---

38) 이강승, 2000, "백제시대의 자에 대한 연구(부여 쌍북리 유적출토 자를 중심으로)", 한국고고학회, 『한국고고학보』, p.206. ; 김추윤 · 김별, 2009, 앞의 책, p.72.

39) 원영희, 1972(b), 『한국지적사』, 서울, 보문출판사, p.136.

40) 로버트 P. 크리스 지음, 노승영 옮김, 2013, 『측정의 역사』, 서울, 에이도스, p.14.

41) 로버트 P. 크리스 지음, 노승영 옮김, 2013, 위의 책, p.309.

42) 비트루비우스(Marcus Vitruvius Pollio)는 기원전 1세기에 쓴 고대 로마시대 최고의 건축관련 서적인 『건축십서』에서 "인체는 비례의 모범형이다. 왜냐하면 팔이나 다리를 뻗음으로써 완벽한 기하학적 형태인 정방형과 원에 딱 들어맞기 때문이다."라고 주장하였다.

43) 로버트 P. 크리스 지음, 노승영 옮김, 2013, 위의 책, p.22.

출처 : 김추윤 · 김별, 2009, 『측량사』, 서울, 도서출판 제3공간, p.73.

[그림 1-11] 도끼자와 망치자

이 있으며, 용도에 따라 구분하면 건축용 자 · 토지측량용 자 · 옷감재단용 자 등이 있고, 모양에 따라 구분하면 곡자 · 직선자 · 원형자 등이 있다.

이밖에 목재의 직경이나 목질부의 직경을 측정할 때 사용하는 [그림 1-11]과 같은 도끼나 망치의 자루에 눈금을 각인하여 사용하는 도끼자〈부척(斧尺)〉나 망치자〈추척(搥尺)〉도 있다.[44]

## 1.2.5 경계석

### 1) 미쇼의 돌

수메르 인들은 최초의 문자를 발명하고 점토판에 새겨진 세계에서 가장 오래된 지형도를 비롯하여 지적도 및 도시지도 등을 제작하였으며, 홍수예방과 관개를 위하여 운하 · 저수지 · 제방과 같은 수리체계를 완성하고 토지분쟁을 사전에 예방하기 위해서 토지의 경계를 측량하고 [그림 1-12]와 같은 "미쇼의 돌(Michaux stone)"이라는 경계석(境界石, boundary stones)를 설치하였다.

"미쇼의 돌(Michaux stone)"은 카시트(Kassite)왕조 시대(바빌로니아의 제2왕조, 기원전 15~11세기)에 바빌론의 인근에서 음각(陰刻)한 것으로 추정되는 토지의 경계석으로 바빌론의 수호신 또는 청정한 언덕의 아들[45]이라는 뜻의 마르두크(Marduk)[46]라고도 불렀다.

이 경계석의 최상단에는 태양, 그 밑으로 달과 별, 그 아래에 메소포타미아의 황도십이궁 중의 하나인 전갈자리가 그려져 있어,[47] 천문학계에서는 최초의 천문관측과 별자리의 원형으로 간주하고 있는 매우 귀중한 고대의 유물로 인식하고 있다.

44) 이강승, 2000, 앞의 논문, p.210. ; 김추윤 · 김별, 2009, 앞의 책, pp.72~74.
45) 김진영, 김진경, 1996, 『수수께끼의 고대문명』, 서울, 넥서스, p.232.
46) 마르두크(Marduck)라 함은 고대 바빌로니아의 신으로, 태양의 아들이라는 뜻이며 구약성서 예레미야에 나오는 '벨', '마르둑'과 같다. 원래는 아모리족(族)의 신으로 바빌로니아의 수호신이었는데, 바빌론이 제패하면서 바빌로니아 판테온의 주신(主神)이 되었고, 수메르 판테온의 주신인 벨 엔릴과 합쳐져 벨 마르두크라 불리며 '신들의 왕'으로 오랫동안 숭배되었다.(http://blog.naver.com/ 2007.11.22.)
47) 김추윤 · 김별, 2009, 앞의 책, p.24, p.64 ; 김추윤 2004(a), 앞의 논문, p.22.

출처 : L. W. King, 1912, Babylonian boundary stones and memorial tablets, London, Trustees of the British Museum, pp.76~79, plates Ⅰ~Ⅳ. ; 김추윤, 2004(a), "진흙 속에서 부활한 메소포타미아의 측량", 『땅과 사람들』, 대한지적공사, p.22.

[그림 1-12] 미쇼의 돌

미쇼의 돌에는 메소포타미아의 중요 신들을 의미하는 상징들이 대부분 음각되어 있으며, 태양의 둥근면은 태양의 신 샤마슈(Shamash)[48], 초승달 모양은 달의 신 씬(Sin)[49], 8개의 뾰족한 모서리는 전쟁과 풍요를 다스리는 여신이며 별의 신 이슈타르(Ishtar)[50]를 나타내고 있다.

아래쪽의 사각형 모양은 신들의 상징을 받치고 있는 제단이며 뿔 달린 머리장식, 마르두크의 삼각형태 가래, V자 형태의 쐐기는 문학의 신인 나부(Nabu)[51]를 의미한다.

음각되어 있는 뱀과 여러 가지 상징들은 별자리와 관련이 있으며, 하단부에 누구도 경계석을 옮기거나, 배척하거나 훼손하지 못한다는 주문이 새겨져 있다.

미쇼의 돌은 티그리스 강 가까운 고대 도시인 테시펜(Ctesiphen)의 유적지에서 발견되

48) 샤마슈(Shamash)란 태양이란 뜻으로 고대 수메르 신화의 태양신이자 정의의 신을 말한다. 고대 메소포타미아의 관념에 따르면 하루는 밤에 시작되고 낮은 그 뒤에 이어지므로 샤마슈도 월신(月神)의 아들로 여겨졌다.(http://100.naver.com/2007.11.22.)

49) 씬(Sin)이란 달의 신인 월신(月神)을 뜻하는 것으로, 달 "난나르"(Nannar-Sem語로 Sin)를 말한다.(http://blog.naver.com/2007.11.22.)

50) 이슈타르(Ishtar)란 바빌로니아의 신화에 나오는 여신. 미와 사랑의 여신이며 동시에 전쟁의 여신이기도 하다.(http://krdic.naver.com/2007.11.22.)

51) 나부(Nabu)란 아시리아·바빌로니아 신화에 나오는 서기(書記)와 지혜의 수호신을 말하며, 마르두크의 아들로, 연초에 자그무크의 제전(祭典)에서 인간들의 1년 운세를 결정하는 신들의 의결사항을 운명의 비문(碑文)에 기록하는 직분을 맡고 있었다. 그에게 이러한 직분이 주어진 것은 그와 그의 아내 타슈메툼이 문자를 발명했기 때문인데, 그래서 그는 학문을 주관하기도 하였다.(http://100.naver.com/2007.11.22.)

었으며, 크기는 높이 14.25인치, 길이 9인치, 넓이 5인치인[52] 현무암 돌비석으로 프랑스의 식물학자인 앙드레 미쇼(André Michaux, 1746~1802)[53]가 1782년에 이라크의 바그다드에서 구입하여 1786년 파리로 가지고 와서 프랑스의 국립도서관(Bibliothèque Nationale de France)에 기증하면서 세상에 알려지게 되었다.[54]

### 2) 쿠두루

쿠두루(Kudurru)[55]는 카시트왕조 시대의 바빌론을 대표하는 유물이라고 할 수 있으며, 카시트 인들이 사용했던 토지의 경계석을 아카드어로 '쿠두루'라고 한다.

카시트 왕이 왕족이나 귀족에게 땅을 하사(下賜)하고 그 내용을 적어 [그림 1-13]과 같은 돌비석을 세웠는데 이 돌비석을 쿠두루라고 불렀으며, 황도 12궁과 태양계 12천체의 상징물들이 새겨져 있다.

이러한 상징물들은 메소포타미아, 후르리(Hurri), 히타이트(Hittite), 그리스 등 고대의 다른 신전에서 섬기던 천체의 신들과 일치한다.[56]

쿠두루는 미쇼의 돌과 함께 토지의 경계석으로 사용하였던 것으로 추정되며, 현재 프랑스의 루브르 박물관에 소장되어 있다.

---

52) L. W. King, 1912, *Babylonian boundary stones and memorial tablets*, London, Trustees of the British Museum, pp.76~79, plates Ⅰ~Ⅳ ; 김추윤・김별, 2009, 앞의 책, p.58.

53) 앙드레 미쇼(André Michaux, 1746.~1802.)는 프랑스의 식물학자 이며 탐험가로서 왕립 농장의 경작인의 아들로 베르사이유 사토리 농장에서 출생하였다. 1770년 아들 프랑수와 앙드레 미쇼(François André Michaux)가 태어난 후 농작경작권을 동생에게 일임하고 식물학 공부에 전념, 루이 15세 및 16세 시기의 궁정의사이며 왕립 식물정원의 교수였던 루이기욤 르 모니에(Dr Louis Guillaume Le Monnier)에게서 수학하였으며, 이후에 쥐시유 아 트리아농(Jussieu à Trianon)과 왕립정원(Jardin du roi)에서 수업하였다. 1779년 식물학 학위를 취득, 영국 큐왕립식물원(botaniques royaux de Kew) 연구 및 오베르린의 라마르크 학술조사에 참여하였다. 그는 장프랑수와 루소(장자크루소의 사촌이다.)의 자문을 받으며 알프, 바그다드, 바소라 지역의 조사여행을 진행하였으며 시베리아 코카서스, 바빌로니언 등을 조사한 후 동방의 식물들에 대해 프랑스에 소개하였다. 그의 저서들은 현재 국립도서관 및 유관기관에 보관 중에 있다.(브리타니카 백과사전, 1911. : (en) 《André Michaux》 x》 ; http://fr.wikipedia.org/wiki/Andr%C3%A9_Michaux, 2008.1.14.)

54) 김추윤・김별, 2009, 앞의 책, p.33,

55) 쿠두루(kudurru)는 고고학자들에 의해 Susa에서 발굴된 기원전 1200년경의 메리쉬파르크 2세(Melishipark Ⅱ, 기원전 1186~1182)의 경계석 쿠두루(line stone Kudurru)와 느부갓세살 1세(Nebuchadnezzar Ⅰ, 기원전 1124~1103)의 지표석 쿠두루(boundary stone Kudurru) 등에서 찾아볼 수 있다. 이러한 "쿠두루"들에는 혹성신(惑星神)인 금성(金星) "인난나"(Innana-Sem어로 Ishtar) 여신(女神)과 월신(月神)인 달 "난나르(Nannar-Sem어로 Sin)", 태양신(太陽神) "우투"(Utu 또는 Babar-Sem어로 Shamash)와 함께 또 "바다뱀자리", "궁수자리", "전갈자리"가 아주 선명하게 새겨져 있다. 바로 이 Mesopotamia 사람들이 "황도 십이궁"(Twelve Signs of Zodiac)이라고 지칭하는 12별 자리의 천체도를 최초로 정밀하게 표기하여 사용해 왔다.(http://blog.naver.com/2007.11.22.)

56) 제카리아 시친(Zecharia Sitchin) 지음, 이근영 옮김, 2010, 앞의 책, pp.288~289.

주 : 리시파크 2세의 쿠두루, 카시트 王朝時代, 기원전 1200년경, 黑色石灰岩, 高 68cm, Kudurru(boundary stone) at the reign of Melishipaku Ⅱ, From Susa, Iran, Musée du Louvre, Paris. ; 제카리아 시친(Zecharia Sitchin) 지음, 이근영 옮김, 2010, 『수메르, 혹은 신들의 고향』, 서울, 도서출판 AK, p.289.
출처 : http://blog.naver.com/PostView.nhn?blogId=ykudos&logNo=90030863552.(2014.3.22.)

[그림 1-13] 쿠두루

## 1.2.6 세계지도

기원전 600년경에 점토판에 작성된 [그림 1-14]와 같은 바빌로니아의 세계지도(Babylonian clay tablet world map)가 이라크의 싯파르〈지금의 아브핫바〉 유적지에서 독일의 고고학자인 엉거(Eckhard Unger)에 의해 발굴되었다.

이 점토판에 그려진 바빌로니아 세계지도는 현존하는 지도 가운데 가장 오래된 세계지도로써 두 개의 큰 원을 그려 안쪽에는 육지를 나타내고 육지에 바빌로니아의 수도 바빌론과 유프라테스 강, 페르시아 만 등이 표시되어 있으며, 바깥쪽에는 육지를 둘러싸고 있는 바다를 나타낸 것으로, 육지가 바다로 둘러 싸여 있다고 본 당시의 세계관을 잘 보여주고 있다.[57)]

바빌로니아 세계지도는 아카드의 사르곤 대왕의 전설적인 원정 이야기를 기록한 점토판의 일부분으로 그 당시의 바빌로니아인들은 육지가 바다 위에 떠 있다고 상상하여 이들 지도에서도 대소 두 개의 원 중에 안쪽의 조그만 원은 육지를 나타내며, 그 주위를 니

57) 제러미 블랙(Jeremy Black) 지음, 김요한 옮김, 2006, 『세계지도의 역사』, 서울, 지식의 숲, p.26.

가이 강이라고 기록한 염분이 있는 바다가 큰 강과 같이 세계의 주위를 흐르고 있는 것으로 표시하고 있다. 또한 원의 중심이 접하는 조그만 점에 바빌론이라고 기록되어 있는데 이것은 바빌로니아 인이 세계의 중심에 위치한다고 생각한 수도 바빌론이며, 여기를 통하는 두 개의 평행선은 당시 바빌론 시가를 흘렀던 유프라테스 강이다.

출처 : 제러미 블랙 지음, 김요한 옮김, 2006, 『세계지도의 역사』, 서울, 지식의 숲, p.26.

[그림 1-14] 바빌로니아의 세계지도

유프라테스 강의 상류는 그 수원인 아르메니아 산지를 표시한 "산"으로 기록된 반원이 있으며, 하류는 습지라고 기재된 두 개의 가로지르는 평행선, 즉 델타지대를 의미하는 적습지로 유입하여 바다로 향하여 우묵하게 들어간 부분이 지금의 페르시아만에 해당된다.[58)]

수메르학의 세계적인 권위자이자 수메르 문학의 복원에 있어 다른 학자의 추종을 불허하는 업적을 쌓은 미국 필라델피아의 펜실베이니아 대학 새뮤얼 노아 크레이머(Samuel Noah Kramer) 교수는 『역사는 수메르에서 시작되었다, 인류 역사상 최초의 39가지(History Begins at Sumer, Thirty-Nine First in Recorded History』라는 저서에서 다음과 같이 서술하고 있다.

수메르 문명은 인류 최초의 문명으로 지구상에 아무런 문명도 존재하지 않았던 기원전 3000년경부터 찬란한 문명을 일구어 놓기 시작하였으며, 최초의 농사, 최초의 설형문자의 발명, 함무라비 법전(Code of Hammurabi)이 보여주는 고도로 발달한 법률, 세계 최초의 서사문학을 탄생시켰으며, 당시에 세계 최초의 학교가 있었고, 최초의 의학서・농업서・성서・도서목록 등이 작성되었으며, 갖가지 사회 병리현상이 발생하였는데, 이 모두가 인류의 기록된 역사상 세계 최초라는 것을 수백 개에 이르는 수메르 점토판 문헌들의 조각을 맞추어 증명함으로써,[59)] 최근에 많은 고고학자들이 고대문명의 시작은 수메르에서 처음 싹텄고, 측량도 고대 이집트보다 앞서 시작되었다고 주장하고 있다.[60)]

위와 같이 고대 메소포타미아 문명의 대표적인 지적관련 유물 또는 사료로는 테라코타 서판에 새겨진 지형도를 비롯하여 지적도・도시지도・세계지도 등과 토지의 경계비

58) http://www.jirilim.com/zbxe/?mid=m4_6&page=5&document_srl=10094.(2012.1.20.)
59) 새뮤얼 노아 크레이머(Samuel Noah Kramer) 지음, 박성식 옮김, 2003, 앞의 책, pp.457~458.
60) 김추윤・김별, 2006, 앞의 책, p.35.

인 미쇼의 돌 및 쿠두루 등이 있는데, 이들을 바빌로니아 지적제도의 기원이라고 할 수 있다.

이러한 메소포타미아 문명속의 지적제도 기원과 관련하여 점토판을 구워서 만든 지형도·지적도·시가지도 등의 유물이 남아 있는데, 이들은 설형문자에 의한 기록과 큐빗자를 사용하여 작성하였을 것으로 추정할 수 있다.

그리고 메소포타미아 문명의 특징은 구워서 만든 점토판을 사용하여 썩지 않고 수천년이 지난 오늘날에도 원형이 잘 보존된 지도 등의 유물이 발견되고 있다.

# 02 고대 이집트

## 2.1 문명의 발상

고대 이집트 문명(Egyptian civilization)은 수메르 문명보다 500년이나 늦게 이루어진 것으로 이집트에서 인류 최초의 문명이 시작되었을 것이라는 가정은 사실이 아닌 것으로 밝혀졌으며, 많은 학자들이 직·간접적인 증거를 통해 이집트 문명과 인더스 문명이 메소포타미아 문명과 단순히 연관된 정도가 아니라 그것으로부터 파생된 것으로 보고 있다.[61]

고대 이집트 문명은 수메르 문명에 이어 세계 두 번째로 나타난 인류 4대 문명의 하나로써, 하천문명(河川文明) 혹은 관개문명(灌漑文明)이라 할 수 있으며, 수메르 문명의 영향을 받았던 것으로 추정되나, 대부분 독자적으로 발전하였고 세계 최고의 독창성과 우수성을 보여주는 문명이라고 할 수 있다.[62]

고대 이집트의 문자 가운데 최초로 사용하였던 문자는 [그림 1-15]와 같은 신성문자(神聖文字, Hieroglyph)[63]로서 기원전 3200년 내지 기원전 3100년경에 돌이나 나무에 새긴 상형문자(象形文字)를 지칭한다.

61) 제카리아 시친(Zecharia Sitchin) 지음, 이근영 옮김, 2010, 앞의 책, pp.130~131. p.581.
62) 로버트 웬키(Robert J. Wenke), 역자 김승옥, 2004, 앞의 책, p.147 ; 최몽룡, 2007, 앞의 책, pp.31~32.
63) 신성문자(神聖文字)라 함은 왕(王)이자 신(神)인 파라오의 전용문자로 그가 신과 소통하는 신탁언어(神託言語)를 말한다.(http://www.hanjatop.com/33, 2013.2.25)

출처 : http://ko.wikipedia.org.(2013.2.25).

[그림 1-15] 비석에 새겨진 신성 문자

상형문자는 새・짐승・인물들의 형상이 나타나고 채색까지 꼼꼼하게 되어 있는 것도 있고 작은 띠무늬들이 그려져 있는 것도 있다.[64]

히에라콘폴리스(Hierakonpolis)[65] 유적지에서 발견된 나르메르(Narmer)의 팔레트(Palette)라고 하는 기념서판(紀念書板)에 나르메르왕[66]의 이름이 상형문자로 새겨져 있는 것을 발견하였으며, 상형문자가 가장 마지막으로 사용된 것은 394년 이집트 최남단 팔레신전(Temple of Phalae)의 비문이며, 그 후로는 더 이상 상형문자가 사용된 유물이 없다.[67]

고대 이집트는 [그림 1-16]과 같이 이집트의 젖줄이라고 할 수 있는 나일강가의 비옥한 토지를 따라 문명이 발달하였는데, 매년 자연현상에 의하여 상습적으로 발생하는 홍수로 인하여 나일 강이 범람하였고 이로 인하여 영양이 풍부한 진흙을 옮겨다 주어 비옥한 경작지를 제공하였으나,[68] 한편으로는 토지의 경계가 유실되어 경계를 복원하고 토지분쟁을 해결하여야 하는 등 여러 가지 문제를 야기시켰다.

따라서 고대 이집트인들은 농경생활을 주로 했기 때문에 나일 강의 범람과 갈수의 시기를 정확하게 예측하고 알아낼 필요가 있게 되었으며, 기후를 토대로 계절을 구분하는 작업이 매우 중요했다.

이에 따라 천문학(天文學)이 발전되었으며, 기원전 2787년에 인류 역사상 최초로 태양력(太陽曆)을 만들고 1년은 3계절 12개월, 1개월은 30일, 한 해의 끝에 5일을 추가해 1년을 365일로 정하였다. 이 역법(曆法)은 매년 0.25일의 오차밖에 나지 않으며, 오늘날 세계에서 통용되고 있는 양력의 시초가 되었다.[69]

그리고 홍수가 지나간 후에 농경지의 경계를 복원하고 토지분쟁을 해결하며 제방을 새로이 축조하기 위한 토목공사가 필요하여 측량의 기본원리인 기하학(幾何學)을 발달시켰고, 기하학을 근거로 측량술(測量術)을 터득하기 시작하였다.

64) 쑨자오룬 지음, 심지연 옮김, 2009, 『지도로 보는 세계 과학사』, 서울, 시그마북스, pp.12~13.

65) 히에라콘폴리스(Hierakonpolis)는 네켄(Nekhen)이라고도 하는 선사시대 상(上)이집트에 있던 왕들의 거주지로써, 지금의 카움알아흐마르를 말한다.

66) 나르메르왕은 1000여 년에 걸쳐 끊임없이 적대하고 경쟁하던 상, 하 이집트를 기원전 3000년경에 최초로 통일하여 수도를 상, 하 이집트의 중간 지점인 멤피스에 건설하였다.

67) http://k.daum.net/qna/view.html?boardid.(2007.3.20.)

68) 고선윤, 2002, 앞의 책, pp.16~17.

69) 쑨자오룬 지음, 심지연 옮김, 2009, 『지도로 보는 세계 과학사』, 서울, 시그마북스. pp.15~16.

기하학(Geometry)의 어원을 살펴보면 지오(Geo)는 토지, 땅을 뜻하고, 메트리(Metry)는 측량을 뜻하는 것으로 기하학은 처음에 토지측량을 위해서 면적계산을 하는 도형론(圖形論)에서 출발했다.[70)]

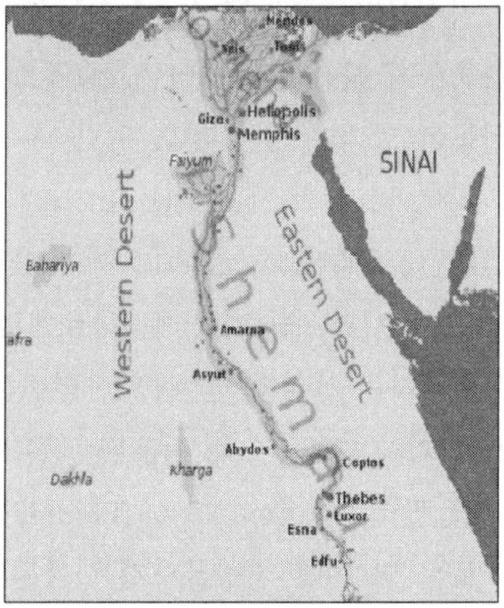


출처 : http://k.daum.net/qna/view.html?qid=3tbQ8&category id.(2009.12.24.)

[그림 1-16] 고대 이집트 문명의 발상지

기원전 5세기경 그리스의 역사가인 헤로도투스(Herodotus, 기원전 485~425)는 “이집트 문명은 나일 강의 선물이다.(The Egyptian Civilization is the gift of the Nile)”라는 유명한 말을 남겼는데, 헤로도투스에 따르면 고대 이집트의 제12대 왕조인 세소스트리스(Sesostris)왕이 기하학을 정립하였으며 그리스로 전파되었는데, 왕은 이집트의 땅을 소유한 자들이 부담하는 과세량을 쉽게 파악할 수 있도록 동일한 넓이의 정방형(正方形, Square) 토지를 나누어 주고 그 토지의 수확량에 의하여 세금을 바치게 하였다고 한다.[71)]

그리고 경작자들이 나일 강의 범람으로 유실된 경계의 확인을 왕에게 호소하였고 이를 해결하기 위하여 관리들을 파견하여 토지의 유실 정도를 파악하고 나머지 토지의 비율에 따라 과세를 하였다. 이러한 방법으로 기하학과 측량학이 창안되었으며, 후에 이집트에서 고대 그리스인 헬라스(Hellas)까지 전수되었다.[72)]

이러한 사실은 지적제도가 토지에 대한 과세를 목적으로 출발을 했다는 과세설(課稅說)과 세지적(稅地籍)을 뒷받침하는 중요한 역사적 사실이다.

이집트 역사학자들의 주장에 의하면 기원전 3400년경에 이미 길이를 측정하기 시작하였고, 기원전 3000년경에 이집트의 나일 강 하류에서 매년 일어나는 대홍수에 의하여 토지의 경계가 유실됨에 따라 이를 다시 복원하기 위하여 측량이 시작된 것으로 확인되었으며, 토지기록도 존재하였다고 주장하는데, 현재 3700년 전에 제작된 아메스의 토지면적에 관한 린드파피루스와 측량 스태프가 존재하지만 토지장부가 발견된 적은 없다.[73)]

70) 김추윤・김별, 2006, 앞의 책, p.20.

71) 김추윤・김별, 2006, 위의 책, pp.19~20.

72) 강태석(姜泰奭), 2004.4, “지적학의 태동”, 『지적』, 대한지적공사, p.27.

73) S.R. Simpson, 1984, *Land Law and Registration, London* : Surveyors Publication, p.111, ; 강태석, 1994, 『지적측량학』, 서울, 형설출판사, p.10.

파피루스(Papyrus)는 나일강가에 자생하는 일종의 야생 갈대로 사초과(莎草科)의 다년초(多年草)로 줄기는 2m 가량 되며, 짙은 녹색에 마디가 없어 제지용(製紙用)으로 많이 재배되었다.

고대 이집트인들은 파피루스의 줄기를 이용하여 돛 · 천 · 방석 · 밧줄 · 신발 · 종이 등을 만들었으며, 파피루스로 만든 종이는 가볍고 접으면 부스러지기 때문에 둘둘 말아서 두루마리 형태로 가지고 다니면서 기록하는 재료로써 당시 다른 어떤 것보다 편리하였으므로 중국의 제지술이 유럽에 전하여진 8세기경까지 지중해 연안에서 소아시아에 걸쳐 널리 보급되었다.[74)]

파피루스로 만든 종이는 이집트의 제5왕조〈기원전 2494~기원전 2345〉 시대부터 쓰기 시작하여 약 3500년 이상이나 사용되었으며, 이집트어로 된 파피루스 고문서는 피라미드(pyramid) 등 왕조 고분에서 출토되었는데, 왕조의 연대록 · 역수학(曆數學) · 지도(地圖) · 의학서 · 종교 이야기 · 시문(詩文) · 민간문학 · 서간(書簡) 등이 있으며, 이는 고대 이집트학(學)의 귀중한 연구대상이 되고 있다.[75)]

파피루스는 종이 즉 페이퍼(paper)의 어원이 되었으며, 이집트의 중요한 수출품으로 그리스에 수출될 때 페니키아(Phoenicia)의 비블로스(Byblos)항을 거쳤는데, 이 때문에 그리스에서는 파피루스를 비블로스라고 불렀으며, 비블로스는 바로 그리스어로 책이라는 뜻이 되었다.

그리고 비블로스는 비블리오그라피(Bibliography) 즉 서지학(書誌學)[76)]의 어원이 되었으며, 또한 바이블(Bible, 성경)의 어원이 되었다.[77)]

이어서 기원전 2000년경에 이집트에서 피라미드 건축에 수준측량을 실시하고 고도의 토목기술이 사용되었을 것으로 추정된다.[78)]

기원전 2630년부터 기원전 2611년까지 고대 이집트의 제3왕조 제2대 파라오(Pharaoh)[79)]였던 조세르(Djoser)가 건축가 임호테프(Imhotep)[80)]의 도움을 받아 사카라(Saqqar

74) http://opendic.naver.com(2007.9.20.), 『조선일보』, 2014.4.24, A23.

75) http://100.naver.com(2007.9.20.)

76) 서지학(書誌學)이라 함은 책을 대상으로 조사, 분석, 비평, 연구하여 기술하는 학문을 말한다. (한국민족문화대백과, http://terms.naver.com, 2016.6.30.)

77) http://k.daum.net/qna(2007.9.20.)

78) 리진호, 1999, 앞의 책, p.74.

79) 파라오(Pharaoh)라 함은 고대 이집트의 정치적 · 종교적 최고 통치자를 뜻하는 말로 “두 땅의 주인(Lord of the Two Lands)”이라는 칭호와 “모든 사원의 수장(High Priest of Every Temple)”이라는 칭호를 겸하고 있었다. “두 땅의 주인”이란 파라오가 상 이집트와 하 이집트 전체의 통치자라는 의미로, 파라오는 두 지역의 모든 토지에 대한 소유권 · 법률 집행권 · 조세의 권리와 함께 두 지역을 외부의 침입으로부터 보호할 의무를 지니고 있었다. 한편 “모든 신전의 수장”이란 파라오가 지상에서 신을 대신한다는 의미로, 파라오는 제사의식을 주관하고 신전을 건설했다.(http://100. naver.com, 2007.10.10.)

a)[81]에 [그림 1-17]과 같은 계단식 피라미드를 축조하였는데,[82] 이는 완전히 돌로 된 세계 최초의 석조 건물로 인정을 받고 있다.

이어서 기원전 2570년에 제4왕조 제2대 쿠프〈Khufu, 재위 기간 : 기원전 2589~2566〉왕이 기자(Giza)[83]에 [그림 1-18]과 같은 광대한 규모의 과학적인 설계와 공정으로 뛰어난 조각기술에 의하여 완벽한 피라미드의 걸작품을 건설하였다.[84]

출처 : http://blog.naver.com/ekaltour/150076895478, 2009.12.26.)

[그림 1-17] 사카라에 있는 계단식 피라미드

주: 뒤에서부터 할아버지 쿠푸(Khufu), 아들 카프르(Khafre), 손자멘카우르(Menkaure)의 3대에 걸친 파라오 가족무덤이며, 앞의 작은 돌무덤들은 멘카우르의 부인과 자녀들의 무덤이다.(http://blog.chosun.com/blog.log.view.screen, 2009.12.26.)

[그림 1-18] 기자에 있는 피라미드

이 중에서 쿠푸 왕의 피라미드는 4500년 전인 기원전 2570년경에 준공된 것으로 추정되며, 원래 높이가 146.6미터〈현재 높이 138.75미터〉로 피라미드 중 가장 큰 "대 피라미

80) 임호테프(Imhotep)는 제3왕조의 2번째 왕 조세르(기원전 2630.~2611. 재위)의 총리를 지냈으며 건축가·천문학자로도 활약했다. 나중에 이집트와 그리스에서 의술의 신(神)으로 숭배되었으며, 그리스 의술의 신 아스클레피오스와 동일시되었다. 나일강 상류 에드푸에 있는 첫 번째 신전을 설계한 것으로 추정되며, 고(古)왕국(기원전 2575~2130)때 시작된 멤피스 시 사카라 묘지 공사에 계단식 피라미드를 지은 건축가로 간주된다. 이 피라미드는 지금까지 전해내려 오는 석조 기념물 중 세계에서 가장 오래되었으며 6개의 계단에 높이는 61m에 이른다.(http://enc.daum.net/dic100/contents.do?query1=b18a1878a, 2009.12.26.)

81) 사카라(Saqqara)는 카이로 남쪽 16km지점에 있으며, 제1왕조 시대부터 네크로폴리스(죽은자를 위한 묘)로 사용되던 지역이라고 하며, 사카라를 유명하게 만든 것은 세계 최초의 피라미드로 알려진 제3왕조 조세르(Djoser)왕의 계단식 피라미드가 있기 때문이다.(http://www.slrclub.com/bbs/vx2.php, 2009.12.26.)

82) 로버트 웬키, 역자 김승옥, 앞의 책, p.164.

83) 기자(Giza)는 카이로 남서쪽 외곽에 있으며, 피라미드는 왕의 묘지로 이집트에 80여개가 남아 있는데, 기자에 있는 할아버지 쿠프〈Khufu, 재위 기간 : 기원전 2589~2566〉왕, 아들 카프르〈Kfafre, 재위 기간 : 기원전 2558~2532〉왕, 손자 멘카우르〈Menkaure, 재위 기간 : 기원전 2532~2503〉왕의 피라미드가 이집트의 피라미드를 대표하고 있다.(http://blog.chosun.com/blog.log.view.screen, 2009.12.26.)

84) 로버트 웬키, 역자 김승옥, 2004, 앞의 책, p.164.

드"라고 불리며, 약 2.6톤짜리 돌 250만개를 201층으로 쌓아 만든 것으로 축구장 8개 넓이에 50층 건물과 비슷한 높이라고 한다.[85)]

그러나 이 당시에는 기중기는 물론 도르레도 없었으며 석재를 나르는 짐수레도 없었던 상황에서 어떻게 이 거대한 건축물을 건설하였는지 공사에 대한 자세한 내용은 아직도 밝혀지지 않고 있으나, 이집트의 피라미드는 메소포타미아의 지구라트를 모방한 것이며 대 피라미드를 설계하고 만든 건축가는 신으로 받들어진 수메르 사람이었다는 증거도 있다고 한다.[86)]

## 2.2 지적관련 유물과 사료

### 2.2.1 나일로미터

이집트인들은 약 5000년전에 이미 나일 강의 수위를 측정하기 위하여 돌을 깎아 만든 돌계단인 나일로미터〈Nilometer, 석각자(石刻尺), 수위계(水位計)라고도 한다.〉[87)]를 설치하여 강의 수위 파악과 범람 여부를 예측하는데 사용하였다.

현재 이집트의 엘레판틴(Elephantine) 섬에 [그림 1-19]와 같은 나일로미터가 대표적인 유적으로 남아 있으며, 이는 나일 강의 수위를 측정하는 수위계로써 눈금을 대리석 기둥의 한쪽 면을 따라 조각하였으며, 이 눈금으로 강이 범람하는 높이를 측정하고 기록하여 경작 토지에 대하여 작물의 파종과 수확시기 등을 알려주고 납부해야 할 세금의 비율을 조정하는 역할을 하였다.[88)]

85) http://blog.chosun.com/blog.log.view.(2009.12.26.) ; 『조선일보』, 2013.1.11, A26.

86) 제카리아 시친(Zecharia Sitchin) 지음, 이근영 옮김, 2010, 앞의 책, p.581.

87) 나일로미터(Nilometer)란 나일(Nile)강과 미터(meter)의 합성어로 나일 강의 홍수 때 수위를 측정하던 장치인 일종의 수위계(水位計)로 이집트의 엘레판틴(Elephantine)섬에 남아있는 것이 대표적이다. 또한 나일로미터는 이집트인의 삶의 상징으로 고대 이집트의 사원에는 모두 나일로미터가 있었다고 한다.

88) 우리나라에서는 조선 시대인 1441〈세종 23〉년에 가뭄과 홍수가 겹쳐 정확한 강우량을 측정할 필요성이 커지자 측우기를 고안하면서 나일로미터와 유사한 수표(水標)를 발명하여 설치하였다. 당시에는 수도인 한양을 끼고 흐르는 한강의 범람이 가장 큰 문제였으므로 청계천의 마전교(馬廛橋 : 지금의 수표동 수표교 자리) 서쪽과 한강변 바위에 설치하였다고 한다. 수표는 처음에 나무로 만들었다가 나중에(세종~성종 연간) 돌로 바꾸었는데 수표의 표신(表身)은 1773〈영조 49〉년이나 1833〈순조 33〉년에 만들어진 것이라고 하며, 1959년 청계천 복개공사 때 장충단공원으로 이전했다가, 1973년에 다시 지금의 장소인 서울특별시 동대문구 청량리동 세종대왕기념관 안으로 옮겨 놓았다.(네이버 백과사전, 2012.5.10.)

출처 : http://en.wikipedia.org/wiki/Nilometer.(2007.11.20.)

[그림 1-19] 엘레판틴섬의 나일로미터

## 2.2.2 곡 자

고대 이집트에서는 파피루스로 만든 밧줄자를 비롯하여 나일로미터와 같이 나일 강의 수위를 측정하기 위하여 암벽에 규칙적인 간격으로 음각해서 만든 나일로미터와 큐빗자가 발견되었다.

그리고 기원전 1450년경의 고분벽화에서 가구장이의 작업장을 나타낸 벽화가 발견되었는데, 이 벽화 속에 [그림 1-20]과 같은 직각(直角)을 나타내는 곡자〈曲尺, 기억(ㄱ)자형 자〉가 그려져 있다.

직각을 실제로 증명하거나 직각을 계획할 때 사용하는 일상적인 측량기구들을 영어에서는 스퀘어(Square)라고 부른다. 스퀘어는 일종의 직각자라고도 하는데 오늘날의 T자형 자나 L자형 자가 여기에 해당되며, 이집트의 고분벽화 속에 있는 그려져 있는 곡자는 이러한 자들의 기원이라고 할 수 있다.89)

출처 : 김추윤 · 김별, 2009, 『측량사』, 서울, 도서출판 바른길, p.83.

[그림 1-20] 고분벽화에 그려져 있는 곡자

89) 김추윤 · 김별, 2009, 앞의 책, p.72, p.83.

### 2.2.3 메나 무덤의 고분벽화

고대 이집트에서는 "태양의 신"을 의미하며, 모든 토지와 인민을 소유한 파라오인 군주(君主)와 성직자(聖職者, priesthood)들의 재정은 주로 토지세에 의존하고 있었는데, 토지에 대한 과세를 목적으로 경계를 표시하고 토지를 측량하였으며, 이 당시에 이집트인들은 이미 토지에 대한 소유권을 가지고 있었으며 토지가 부의 척도로 여겨지고 있었다고 한다.[90)]

출처 : 강태석, "지적학의 태동", 2004.4, 『지적』, 대한지적공사, p.28.

[그림 1-21] 메나 무덤의 5번 벽화

이러한 사실은 기원전 1400년경 고대 이집트의 수도였던 테베〈룩소르, Luxor〉지방에서 발견된 [그림 1-21]과 같은 메나[91)] 무덤(Tomb of Menna)의 고분벽화 5번에 농업에 관한 4개의 장면이 입증하고 있다.

첫 번째 화면에는 [그림 1-22]와 같이 파피루스로 만든 로프〈줄자, 측량용 체인과 유사함〉를 이용하여 토지를 측량하는 모습과 기록부를 가진 관리인 서기 · 야장수 · 폴맨 등이 사실적으로 그려져 있는데[92)] 이 벽화에서 우리는 오늘날과 유사한 지적측량을 실시하는 모습을 발견할 수 있다.

출처 : 이집트의 Mohamed Mosaad Ibrahim 측량국장(chairman of Egyptian Survey Authority) 제공.(2000.5.)

[그림 1-22] 메나 무덤의 벽화(측량하는 모습)

90) Brown C. Eldridge W. 1962, *Evidence and Procedures for Boundary Location*, John Wiley & Sons, New York, pp.68~69.

91) 메나라 함은 정부의 곡물 창고에 제대로 납부되는지 등을 감독하는 서기를 말한다.(김추윤 · 김별, 2006, 앞의 책, p.21.)

92) 김추윤 · 김별, 2006, 앞의 책, p.15. ; 강태석, 1994, 앞의 책, p.11.

이어서 메나 무덤에서 발견된 [그림 1-23]과 같은 경계표지석(境界標識石)을 검사하고 있는 측량사[93]의 모습을 고분 벽화를 통하여 볼 수 있다.

출처 : James, T. G. H. 1979. An Introduction to Ancient Egypt. The Trustees of the British Museum. London. p.29.

[그림 1-23] 경계표지석을 검사하고 있는 측량사

## 2.2.4 와이키 지도

고대 이집트에서 지적도면이나 지적대장에 관한 유물이나 사료는 발견된 적이 없으나, 이러한 사실을 뒷받침해 줄 수 있는 정원설계도와 람세스 4세의 무덤 설계도 및 와이키(Waiki) 지도 등이 발견되었다.

세계에서 가장 오래된 지도는 기원전 1300년경 이집트 누비아 지방에서 발견된 [그림 1-24]와 같은 금광산(金鑛山) 주변의 와이키 지도로써, 종이의 기원인 고대 이집트 나일강변의 야생 갈대인 파피루스에 기재된 것으로 이탈리아의 이집트박물관(Egizio Museum of Turin, Italy)에 보관되어 있다. 이 지도는 람세스 4세의 통치시기에 최초로 체계적인 토지측량을 실시하여 작성한 것으로 보이며,[94] 파피루스로 만든 종이 위에 상형문자로 기록되어 있다.

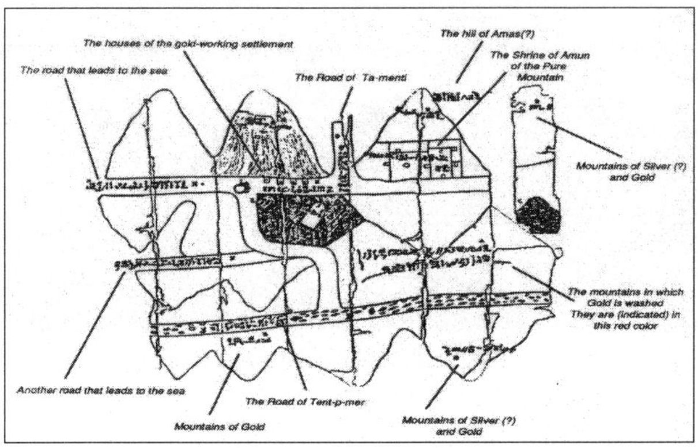


출처 : http://www.henry-davis.com/maps/ancient.(2007.11.15.)

[그림 1-24] 금광산 주변의 와이키 지도

93) James, T. G. H, 1979, *An Introduction to Ancient Egypt*. The Trustees of the British Museum. London. p.29.

94) http://www.henry-davis.com/maps/ancient(2007.11.15.) ; 리진호, 1999, 앞의 책, p.74. ; 김추윤, 2004(a), "진흙 속에서 부활한 메소포타미아의 측량", 『땅과 사람들』, 대한지적공사. p.22.

## 2.2.5 호장측량

기원전 200년경에 고대 그리스의 수학자이자 천문학자인 에라토스테네스(Eratosthenes, 기원전 276~기원전 194)는 헬레니즘 시대에 이집트에서 활약하면서 처음으로 지구의 호장측량(弧長測量)을 시행하였다.

에라토스테네스는 [그림 1-25]와 같이 알렉산드리아(Alexandria)와 시에네(Syene)가 동일 자오선 상에 있다고 가정하여, 이 두 지점 사이의 원호가 지구둘레의 1/50배〈5,000 스타디아〉로 7도 12분에 해당한다하여 지구둘레를 5000×50 = 25만 스타디아로 계산해 냈다.[95]

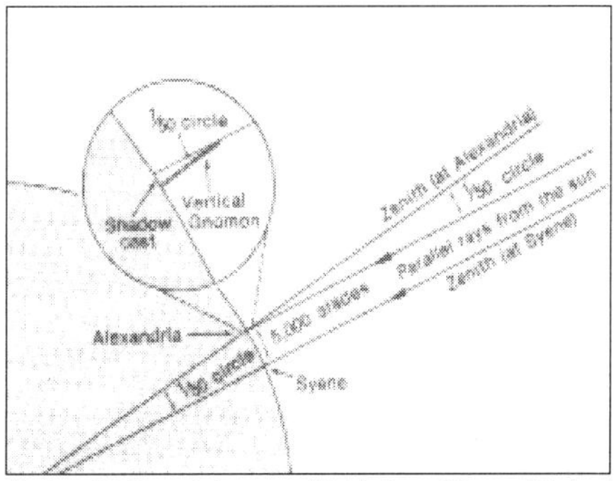


출처 : 김추윤 · 김별, 2009, 『측량사』, 서울, 도서출판 바른길, p.133.

[그림 1-25] 에라토스테네스의 호장측량

따라서 에라토스테네스는 오늘날 천문학자들이 인정하는 지구의 둘레 4,000㎞에 비하여 +12%의 오차를 가진 크기로 최초로 계산해 냈다.[96]

위와 같이 고대 이집트 문명의 대표적인 지적관련 유물 또는 사료로는 나일로미터를 비롯하여 메나 무덤의 고분벽화, 와이키 지도, 곡자 등이 있는데, 이들을 고대 이집트 지적제도의 기원이라고 할 수 있다.

이러한 이집트 문명속의 지적제도 기원과 관련하여 사카라와 기자지역에 축조되어 있는 피라미드와 수위를 측정하기 위하여 돌을 깎아 만든 석각자인 나일로미터 및 와이키 지도 등의 유물은 신성문자에 의한 기록과 파피루스로 만든 줄자나 곡자를 사용하여 축조하거나 작성하였을 것으로 추정할 수 있다.

그리고 이집트 문명의 특징은 수메르 문명의 영향을 받았던 것으로 추정되나, 세계 최고의 독창성과 우수성을 보여주고 있다.

95) 김추윤 · 김별, 2009, 앞의 책, p.132.
96) 리진호, 1999, 앞의 책, p.75. ; 김추윤 · 김별, 2009, 앞의 책, p.543.

# 3 고대 인더스

## 3.1 문명의 발상

인더스 문명(Indus civilization)은 수메르 문명과 이집트 문명에 이어 세 번째로 나타난 인류 4대 문명의 하나로써 인더스 강 상류지역의 하라파(Harappa)[97]와 하류지역의 모헨조다로(Mohenjo-daro)[98], 갠지스 강 및 지금은 없어지고 거대한 지하수맥으로 변한 가하하크라(Gha-Hakra) 강 유역의 돌라비라(Dholavira)를 중심으로 성립된 도시상업문명(都市商業文明)이라 할 수 있으며, 피라미드・신전・고분・궁궐 등과 같은 장엄한 건축물을 남기지는 않았으나, 거대한 계획도시의 유적이 발굴되었다.

인더스 문명은 기원전 3000년기 중엽부터 [그림 1-26]과 같이 인더스 강 상류지역의 하라파(Harappa)와 하류지역의 모헨조다로(Mohenjo-daro)를 중심으로 약 1000년 동안 번영한 고대의 도시문명으로, 하라파 문명은 지금의 파키스탄 영토에 속하는 펀자브(Punjab)주의 몬테고메리 지역의 하라파에서 1921년에 최초로 확인되었다.

모헨조다로 문명 역시 지금의 파키스탄 영토에 속하는 신드(Sind)주의 라르카나 지역의 모헨조다로에서 재확인된 문명으로, 하라파 문명과 모헨조다로 문명을 합쳐 인더스 문명이라고 부르게 되었으나, 일부 학자들은 하라파 문명이라고 하거나 또는 하라파-모헨조다로 문명이라고 부르기도 한다.

97) 하라파(Harappa)는 인더스 상류유역인 펀자브 지방의 고대 국가의 수도로 추정된다.
98) 모헨조다로(Mohenjo-daro)는 인더스 하류유역인 신드 지방의 고대 국가의 수도로 추정되며, 하라파(Harappa)와 모헨조다로(Mohenjo-daro)는 모두 지금의 파키스탄에 위치하고 있다.

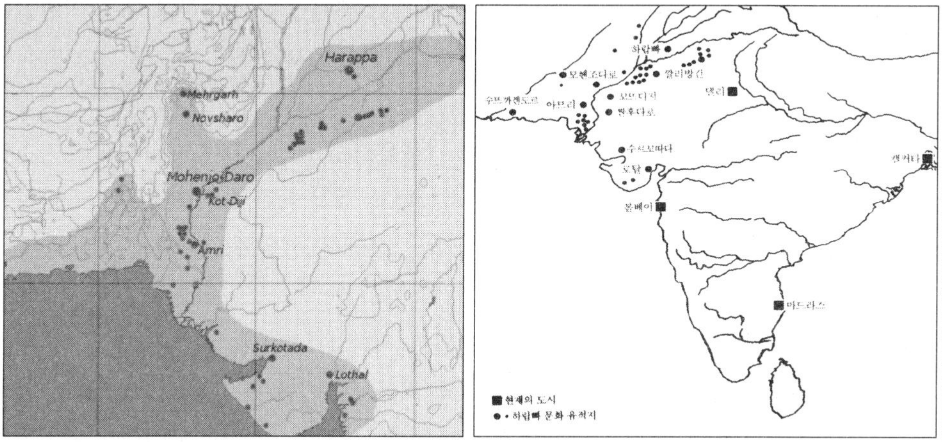


출처 : http://ko.wikipedia.org/wiki/%ED%(좌). ; 람 샤란 샤르마 지음, 이광수 옮김, 1994, 『인도 고대사』, 서울, 김영사, p.68.(우)

[그림 1-26] 인더스 문명의 발상지

하라파는 인더스 강 상류지역인 펀자브지방의 수도이며, 모헨조다로는 인더스 강 하류지역인 신드지방의 수도로써 두 도시의 거리는 무려 483km이고 그 사이는 인더스 강으로 연결되어 있다.[99]

모래 속에 파묻혀 있던 하라파와 모헨조다로의 유적 발굴에 이어 인더스 문명의 흔적은 동쪽으로는 뉴델리 근교, 서쪽으로는 마크란 연안 지대에 이르는 동서 1,500km, 남쪽으로는 구자라트, 북쪽으로는 시무라 구릉에 이르는 남북 1,000km의 광활한 지역에 걸쳐 전개되고 있다.[100]

따라서 이보다 일찍 시작된 메소포타미아・이집트 문명과 함께 세계 최초의 문명을 이루는 인더스 문명은 그 가운데 가장 광활한 지역에 퍼졌던 문명이라 할 수 있으며, 하라파와 모헨조다로의 2대 도시와 이보다 작은 100개가 넘는 소규모 도시와 취락으로 구성된 것으로 알려져 있다.[101]

1757년에 영국의 동인도회사[102]는 인도 봉건 왕조의 내분을 이용하여 동부 갠지스 강

99) 람 샤란 샤르마(Ram Sharan Sharma) 지음, 이광수 옮김, 1994, 『인도 고대사』, 서울, 김영사, pp.67~68. ; 김형준, 1998, 『이야기 인도사』, 서울, 청아출판사, p.44. ; 유성욱, 2007, 『인도의 역사1』, 서울, 종교와 이성, p.19. ; 김추윤・김별, 2009, 앞의 책, p.24, p.42.

100) 고선윤, 2002, 앞의 책, p.78.

101) http://cafe.daum.net/samyang19/CnKz/1114?docid(2009.12.25.)

102) 동인도회사는 17세기 초 영국・프랑스・네덜란드 등이 동양에 대한 독점 무역권을 부여 받아 처음 설립했다. 후추・커피・사탕수수・면직물 등을 독점하였으며, 특히 인도 무역에 주력을 쏟아 온 영국의 동인도회사는 1600년에 설립되었다. 18세기 인도에서 프랑스의 동인도회사(1604년 설립)와 다툼 끝에 승리하여 인도무역을 독점하게 되었으며, 영국은 동인도회사를 통하여 인도를 간접적으로 통치하였고, 동인도회사는 군대를

하류 벵골(Bengal)[103]의 플라시(Plassey) 전투를 일으켜 벵골을 점령하고 태수 임면권을 장악한 후 토지가 비옥하고 산업이 발달한 벵골 지역의 토지세 징수권을 확보하면서 인도는 영국의 식민지가 되어갔다.

1848년 초에 새로운 인도 총독으로 부임한 달하우지(Lord E. Dalhousie)가 토지조사를 시작하면서 인도의 농민들은 가혹하게 착취당했고 토착 제후들은 권리를 박탈당하게 되었으며, 토지소유자의 후계자가 없을 경우에는 소유권을 상실하도록 규정하고 그 농토를 영국의 동인도회사의 소유로 전환시켰다.[104]

1757년 동인도회사가 벵골을 정복하고 100년이 지난 1857년에 영국군에게 고용된 인도인 세포이(Sepoy, 용병)들이 반영항쟁(反英抗爭)을 일으켰으나 1859년에 이를 진압한 영국은 무굴제국(Mughal Empire)의 황제 바하두르 샤(Bahadur Shah) 2세를 폐위시켜 영국령인 버마에 유배시킴으로써 300년간의 무굴제국은 멸망하게 되었다.

그리고 동인도회사가 누리던 모든 권리를 영국의 왕실이 가진다고 선언하고, 빅토리아 여왕은 인도의 여왕을 겸하게 되었다.[105] 이로서 영국의 식민통치가 시작되었고 동인도회사와 벵골의 부를 바탕으로 인도 전역을 정복하고 마침내 인도제국(Indian Empire)[106]을 세웠다. 따라서 1857년부터 영국의 인도 식민 통치가 시작된 것으로 보는 견해도 있으나,[107] 일반적으로 플라시 전투가 발발한 1757년을 인도 식민 통치의 시작으로 본다.[108]

1920년에 간디가 인도 민족운동의 지도자로 전면에 나서면서 전국에 비협력운동의 개시를 선언하고 힌두와 무슬림의 단합을 주장했지만 식민정부의 분리통치 정책에 좌절하여 결국 인도의 민족은 분열되고 대륙 분단이라는 비극을 맞는다.

실제로 인도와 파키스탄 두 나라는 1947년 8월 14일까지 인도제국이라는 하나의 단위로 영국의 지배아래 있었으나, 인도의 국민회의 정치가 힌두주의로 기울게 되고 그러한 힌두적 행로에 대해 무슬림[109]들이 반발함으로써 종교적 이유로 인도 민족은 분열되어

---

보유하고 있었다. 1874년에 국유화되었고 1876년에 해산하였다.(이광수, 2010, 『역사는 핵무기보다 무섭다』, 서울, 도서출판 이후, p.241.)

103) 벵골(Bengal)은 인도 동쪽 갠지스 강, 브라마푸트라 강 하류의 대삼각주를 중심으로 하는 지방을 말하며, 동쪽의 방글라데시에서 서쪽의 서벵골 주(州)까지를 이른다. 쌀, 황마가 주산물이며 주요 도시는 콜카타이다.

104) 궈팡 편저, 홍지연 옮김, 2001, 『역사가 기억하는 식민지 쟁탈』, 서울, 도서출판 꾸벅, pp.218~219. ; 이옥순, 2007, 『인도 현대사』, 서울, 창비, p.12. 이광수, 2010, 『역사는 핵무기보다 무섭다』, 서울, 도서출판 이후, p.233.

105) 이옥순, 2007, 『인도 현대사』, 서울, 창비, p.44.

106) 인도제국(Indian Empire)이라 함은 영국 정부가 직접 통치한 식민지 인도의 공식적인 호칭을 말하며, 1876년의 왕위 칭호법에 따라 이듬해부터 영국 여왕 빅토리아가 인도 황제를 겸함으로써 성립하였다.

107) 베이징 대륙교문화미디어 엮음, 곽선미 옮김, 2010, 『신화의 강 갠지스』, 서울, 산수야, p.75.

108) 이광수, 2010, 앞의 책, p.234.

1947년 8월 15일 파키스탄은 인도로부터 분리 독립하였다.[110]

인도제국은 1947년에 인도 공화국이 성립하면서 해체되어 힌두교를 믿는 인도와 이슬람교를 믿는 파키스탄으로 나뉘어 각각 독립국가를 세워 오늘에 이르고 있으며, 종교는 서로 다르나 두 나라의 문화는 비슷하다.

1920년대 초에 영국인 고고학자 존 마샬(John Marshal)과 인도인 고고학자 라칼다스 바너지(Rakhaldas Banerjee) 등의 지휘로 인더스 강 유역의 고대 유적이 발굴됨으로써 인도 역사 시대의 시작은 1천여년 전으로 올라가게 되었다.[111]

하라파 문명의 존속기간은 겨우 5백년에 불과하며, 많은 학자들이 하라파 문명을 주목하지 못했던 중요한 요인은 영국의 고고학자 존 마샬(John Marshal)에 의하여 하라파의 도시가 발견되기 이전에는 그 어느 누구도 하라파 문명이 존재했으리라고 상상하지 못했기 때문이다.[112]

인더스 문명의 유적지들이 세상에 알려진 것은 철도 덕분이다. 영국은 식민지에서 더 많은 것들을 쉽게 빼앗아 본국으로 보내기 위하여 철도와 도로를 건설하였는데, 서북 인도의 카라치와 라호르 사이에 철도를 건설하는 과정에서 발견된 것이 하라파 유적이다. 1858년에 세상에 모습을 드러내기 시작한 하라파 유적은 1920년에 불교사원을 발굴하다가 발견된 모헨조다로 유적지와 함께 인더스 문명으로 불리게 되었다.[113]

하라파 문명은 기원전 2600년 내지 기원전 2000년에 아시아 남부인 파키스탄과 인도 사이의 인더스계곡에서 발생한 최초의 문명으로, 로마 시대 이전의 세계에서 가장 발전된 거대한 도시를 건설하였다.[114]

모헨조다로는 "사자(死者)의 언덕" 또는 "죽음의 언덕"이라는 의미로 남북방향의 긴 도로에 의해 도시가 양분되는데 도로의 폭은 약 9미터이고 양측에는 배수로가 설치되어 있으며, 개별 가옥의 하수구, 화장실은 도시를 가로 지르는 [그림 1-27]과 같은 거대한 하수시설과 연결되어 있으며, 대부분의 건물이 구워서 만든 벽돌〈가마구이, 窯燒〉로 축조되었다.

---

109) 무슬림이란 이슬람교의 신도를 가리키는 말로써 '복종하는 자'라는 뜻을 가지고 있다. 이슬람교는 세계 3대종교의 하나로 7세기 초 아라비아의 예언자 마호메트가 완성시킨 종교이며, 우리나라에서는 회교라고 부르기도 한다.

110) 서울대학교 교수 산악회 편, 2006, 『인더스 강을 따라 히말라야까지』, 서울대학교 출판부, pp.40~42.

111) 조길태, 1994, 『인도사』, 서울, 민음사, p.28.

112) 김형준, 1998, 『이야기 인도사』, 서울, 청아출판사, p.68. ; 스탠리 월퍼트(Stanley Wolpert) 지음, 이창식 신현승 옮김, 1999, 『인디아 그 역사와 문화』, 서울, 가람기획, p.68. ; 로버트 웬키(Robert J. Wenke), 역자 김승옥, 2004, 앞의 책, p.197. ; 최몽룡, 2007, 『인류문명발달사』(도시 • 문명 • 국가), 서울, 주류성출판사, p.51.

113) 박금표, 2007, 『인도사 108장면』, 서울, 민족사, p.15.

114) 로버트 웬키, 역자 김승옥, 2004, 앞의 책, pp.197~200.

그리고 벽돌로 쌓은 성벽 · 곧은 거리 · 기와집 · 개인목욕탕 · 곡물창고 · 제분장 · 시장 · 하수도 시설 등과 [그림 1-28]과 같은 성채의 언덕 위에 대형목욕탕 · 승원(僧院) · 회의장 · 곡물 창고 등의 유적이 발굴되었다.

모헨조다로의 탁월한 하수도 시설을 비롯하여 공중목욕탕과 개인목욕탕은 이제까지 모든 곳에서 발견된 같은 종류의 것들 중에서 효시를 이루며,[115] 도로망은 메소포타미아와 이집트 같은 다른 문명지에서는 발견되지 않은 것으로 인더스 지역이 고도로 체계화된 도시계획에 따라 건설된 것임을 보여주고 있다.[116]

출처 : http://www.pressian.com.(2009.12.25.)

[그림 1-27] 벽돌로 만든 하수구

출처 : 조길태. 1994.『인도사』. 서울. 민음사. p.31.

[그림 1-28] 모헨조다로의 유적지

상수도 시설이 만들어진 역사는 꽤 오래되었지만 하수도 시설이 등장한 것은 16세기경으로 알려져 있는데, 기원전 3000년 무렵에 인더스 문명의 유적지에서 벽돌로 만들어 진 하수도가 발굴되었다.[117]

특히 모헨조다로에서 발굴된 목욕탕은 길이가 55미터 폭이 33미터나 되는 대형 목욕탕으로 이 대형 목욕탕의 하수시설은 인더스 문명보다 3천년 이상의 세월이 흐른 다음에 생겨난 로마 시대의 하수시설과 비교될 정도로 아주 훌륭한 시설로 인더스 문명의 수준이 어느 정도인지 짐작할 수 있다.[118]

하라파와 모헨조다로의 유적 속에서 발굴되는 고대 도시들은 [그림 1-29]와 같이 도로를 일직선으로 개설하고 사방의 토지를 구획하여 체계화되고 질서정연한 도시를 건설하

115) 자와할랄 네루 지음, 김종철 옮김, 2004,『인도의 발견』, 서울, 우물이 있는 집, p.91.
116) 로버트 웬키, 역자 김승옥, 2004, 앞의 책, p.213. ; 유성욱, 2007,『인도의 역사1』, 서울, 종교와 이성, p.19.
117) 박금표, 2007,『인도사 108장면』, 서울, 민족사, p.18.
118) 김지희, 2004,『하늘과 땅과 바람의 문명』, 서울, 세종서적, p.111.

였는데 로마 시대 이전의 세계에서 가장 발전된 형태의 도시계획과 급수시설 및 하수체계를 갖춘 도시를 건설하였다.

인더스 문명의 유물은 토기·석기·청동기 등이 있으며, 종류로는 각종 용기(容器)·장신구〈裝身具〉·이기(利器)·인장(印章)·석조(石彫)·토우(土偶)·도량형·문자·식물의 종자 등이 있으나, 가장 유명한 유물은 [그림 1-30]과 같은 동석제(凍石製)[119]로 만든 사각형 또는 원형 인장으로 소·코끼리·호랑이·코뿔소·악어 등 각종 동물이 음각되어 있고, 그 밖에 외뿔 짐승〈一角獸〉과 3면(面)의 신인(神人) 등 상상의 동물 또는 신을 나타낸 것도 있다.[120]

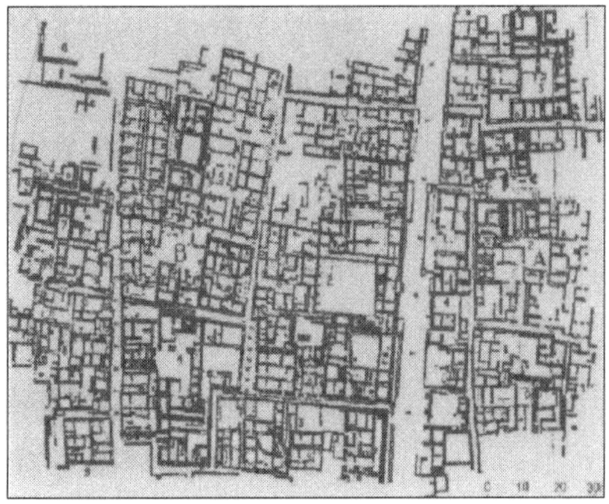

출처 : 박금표, 2007, 『인도사 108장면』, 서울, 민족사, p.17.

[그림 1-29] 하라파의 고대도시 평면도

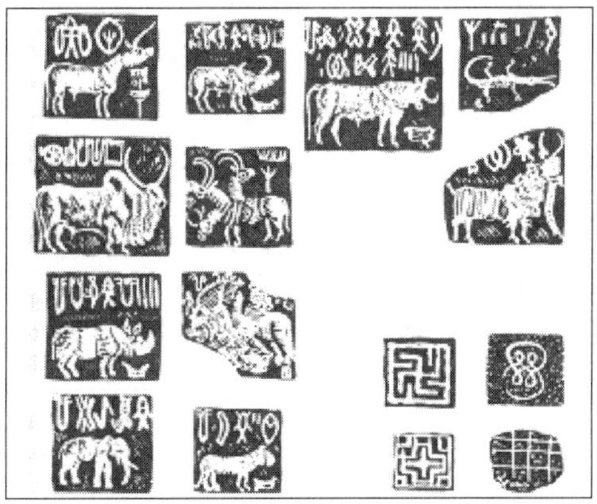

출처 : 로버트 웬키, 역자 김승옥, 2004, 『선사문화의 패턴2』, 서울, 서경, pp.217~218.

[그림 1-30] 하라파의 인장

이러한 인장은 약 2천개나 발견되었으나, 그 용도에 대하여는 부적이었을 것이라는 주장도 있으며, 자기 재산임을 확실하게 하기 위하여 사용한 것이라는 주장도 있으나 아직까지 정확히 파악하지 못하고 있다.

똑같은 모양의 인장이 메소포타미아 지방에서 5백여개나 발견된 점으로 보아 [그림 1-31]과 같이 인더스와 메소포타미아가 해상으로 교역을 하였을 것이라는 견해가 지배적이며, 많은 그림과 부호가 새겨져 있는데 이는 틀림없이 그 시대의 문자로 추정된다.[121]

---

119) 동석제(凍石製)라 함은 스테아타이트(Steatite)라고 하는 동석(凍石)으로 만든 것으로 비누 같은 감촉이 있어서 비누석(soapstone)이라고도 한다. 도자기 원료나 종이 피륙의 충전제(充塡劑)와 조각 재료·욕조 등에도 사용한다.

120) http://mtcha.com.ne.kr/world-term/indo/term32-indus%.(2009.12.25.)

121) 조길태, 1994, 『인도사』, 서울, 민음사, p.33. NHK, "세계 4대문명", NHK-다큐멘터리 참고.

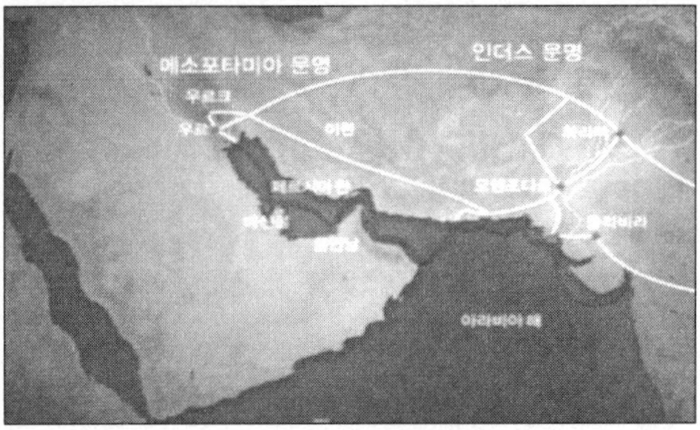


출처 : http://blog.naver.com/cjbdja?Redirect.(2014.4.20)

[그림 1-31] 인더스 문명과 메소포타미아 문명의 교역로

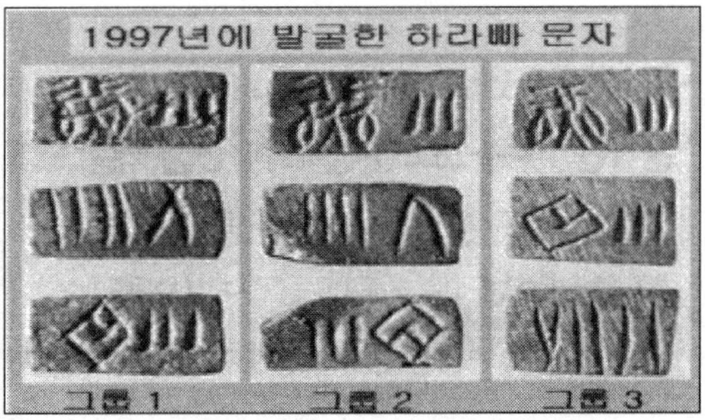


출처 : 박금표. 2007. 『인도사 108장면』. 서울. 민족사. p.25.

[그림 1-32] 인장에 새겨진 인장문자

그리고 고대 인더스 문자는 [그림 1-32]와 같은 400개 전후의 독특한 기호를 가지고 있으며, 대부분 인장에 새겨져 있어 인장문자(印章文字)라고도 하나, 세계 4대 문명발상지 가운데 다른 세 곳은 이미 고대 문자를 판독해 낸지 오래지만 인도의 경우 많은 학자들의 연구 노력에도 불구하고 이 문자가 기호문자(記號文字, Symbolic Character)라는 것을 제외하고는 아직도 해독을 하지 못하고 있다.[122)]

그 이유는 첫째, 다른 문명지역과 달리 인더스 문명은 그 문명을 이끌어 간 주인공들과 현재 인도의 주인공들이 단절되어 있다는 점이다. 인더스 문명의 주역들이 다음 단계의 주인공들에게 밀려 무대에서 내려갔고 새로운 주인공들이 무대에 등장하면서 역사적 단절이 생겼기 때문이며 둘째, 인더스 문자들이 한꺼번에 많이 새겨진 것이 없다는 점이다. 인더스 문자가 기록되어 있는 것은 주로 도장으로 1개의 도장에는 문자가 겨우 5~6개 정도, 많아야 17개가 기록 되어 있어 몇 개의 문장이 연결된 것이 없어 해독이 쉽지 않기 때문이다.

122) 로버트 웬키, 역자 김승옥, 2004, 앞의 책, pp.217~218. ; 유성욱, 2007, 『인도의 역사 1』, 서울, 종교와 이성, p.61. ; 조길태, 앞의 책, p.33. ; http://kin.naver.com/open100/detail.nhn.(2010.2.20.)

따라서 도장에 새겨진 인더스의 문자가 해독되지 않아서 인더스 문명은 아직도 베일에 싸인 미스터리로 남아 있어, 유구무언(有口無言)이 아니라 유문무전(有文無傳), 즉 문자는 있으나 그 의미를 전해 주지 못하고 있는 실정으로 어떤 학자들은 인더스 문명의 연구는 조각 몇 개를 잃어버린 퍼즐 맞추기 게임을 하는 것 같다고 표현하기도 한다.[123]

그리고 인도 정부의 고고학국(考古學局)에 의해서 자신들의 정체성을 찾아내기 위하여 발굴을 시작하여 1967년에 구자라트(Gujarat) 주에서 하라파나 모헨조다로와 비슷한 규모의 돌라비라(Dholavira) 유적지를 발견하였다.

돌라비라의 유적은 원형이 잘 보존된 상태로 발굴되었는데, 성채의 북문입구에서 세로 30㎝, 가로 27㎝의 거대한 인더스 문자가 적힌 편액(扁額)[124]을 발견하였다.

지금까지 발견된 인더스 문자는 인장 등에 새겨진 작은 글자가 대부분이고 대개 5개 문자 정도의 단문 혹은 단어만 발견되었는데 편액에는 [그림 1-33]과 같이 10개의 문자가 기록되어 있었다.

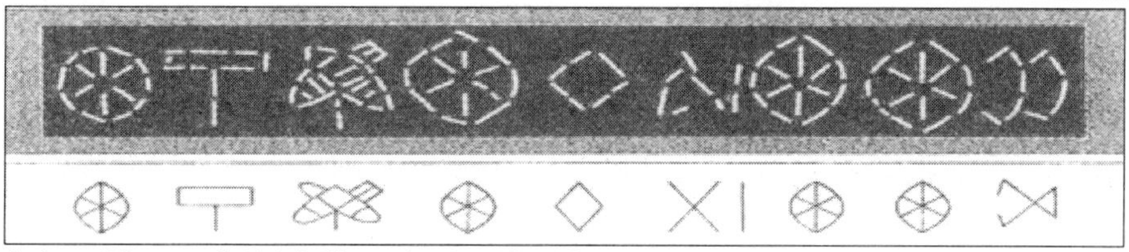

출처 : 고선윤, 2002, 『3일만에 읽는 고대문명』, 서울, 서울문화사, p.75.

[그림 1-33] 성채의 편액에 기록되어 있는 문자

이 편액에 기록되어 있는 문자는 알파벳의 T・X・I와 비슷한 문자, 차바퀴와 같은 문자, 트럼프의 다이아몬드처럼 생긴 문자 등이 있는데 문자수가 10이 아니라 9라는 설도 있다.

인더스 문자의 연구에 관한 세계적 권위자인 핀란드 헬싱키 대학의 언어학자 아스코 파르폴라(Asko Parpola)[125] 교수는 현재 남인도에서 사용되고 있는 드라비다어와 비슷하고 편액의 문자가 지배자나 도시의 호칭일 것이라고 추측했다.

123) 박금표, 2007, 앞의 책, pp.23~25.

124) 편액(扁額)이라 함은 건물 정문 위에 제목을 붙이는 널빤지에 글씨를 쓴 것으로 횡액(橫額)을 말한다. 현판(懸板)이라고 부르고 편액(扁額)의 크기는 일정하지 않으며 글씨가 크므로 액자(額字), 대자(大字)라고도 하며, 편(扁)은 글씨를 쓴다는 뜻이고 액(額)은 건물 앞부분의 높은 곳이라는 뜻이다.

125) Asko Parpola(born 1941) is a Finnish Indologist and Sindhologist, current professor emeritus of Indology and South Asian Studies at the University of Helsinki. He specializes in the Indus script.(http://en.wikipedia.org/wiki/Asko_Parpola. 2011.11.10.)

편액의 문자는 인더스 문자 해독의 큰 단서가 될 수 있으며, 인더스 문명의 수수께끼를 푸는 하나의 열쇠인 셈이다.[126)]

고대의 문자기록은 벽돌이나 뼈, 토기의 파편보다 과거의 모습을 훨씬 더 생생하게 우리에게 전달할 수 있는데, 남부 아시아 최초의 위대한 문명인 하라파의 문자기록이 아직도 해독되지 못하고 있다는 사실은 매우 안타까운 일이다.[127)]

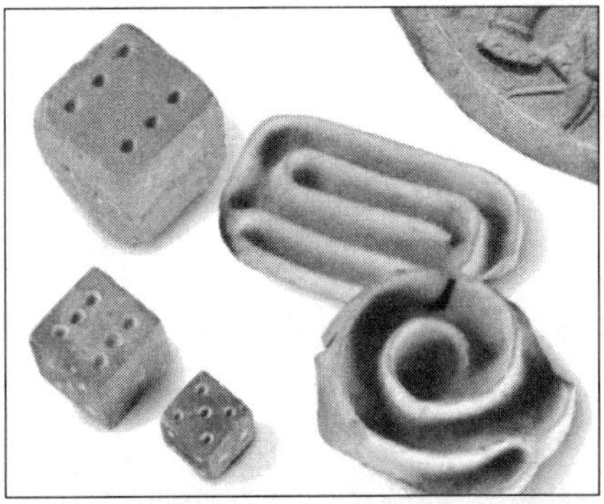

출처 : 마릴리아 알바네스(Marilia Albaness) 지음, 이명혜 옮김, 2003, 『고대 인도』(문명의 기원부터 13세기까지), 서울, 생각의 나무, p.92.

[그림 1-34] 하라파의 주사위와 도기류

이어서 하라파의 유물 중 기원전 2300년에서 기원전 1750년 사이에 사용된 것으로 추정되는 [그림 1-34]와 같은 3개의 사암 주사위와 2개의 도기류도 발견되었는데, 주사위는 인더스 문명기간 중에도 인기 있는 오락으로 여겨졌던 것으로 추정되며, 현재 델리국립박물관에 소장되어 있다.

하라파 문명의 특징은 첫째, 순식간에 등장하는 특징을 보이는데 상당히 단순한 형태의 초기사회가 불과 100년 내지 150년 만에 고도로 발달된 도시사회로 급격하게 변화하였으며 둘째, 고대 로마 시대 이전의 세계에서 가장 발전된 형태의 도시계획과 시설물을 갖춘 거대한 도시를 건설하였고 셋째, 정치적 영향력은 무려 139만㎢에 미치게 되었으며 넷째, 메소포타미아 문명과는 대조적으로 거의 전지역에서 균일하게 나타나고 있으며 다섯째, 당시의 다른 지역의 문명에서는 수천 명의 농경민이 극소수의 부유하고 강력한 귀족과 사제를 부양하는 고도의 계층구조를 보이는데 비해 인더스의 도시에서는 부의 분배가 상당히 균등하게 이루어 졌던 것으로 보인다.[128)]

오늘날 세계에서 십진법이라는 통일된 기수법을 널리 이용하고 있는데, 그 기호는 "1, 2, 3 --- 9, 0"이며 이것을 아라비아 숫자(Arabic numerals)라고 부른다. 인도는 기원전 3세기에 이르러 수를 세는 기호를 사용하기 시작하였고 그 후 "0"이라는 기호를 발명하여 점차적으로 십진법이 형성되었으며, 6세기경에는 자릿수를 채택하였다. 8세기 이후 인도의 기수법은 아라비아 국가로 전파되었고 유럽인은 아라비아 상인으로부터 십진 자릿수와 기호를 배웠다. 아리비아 숫자는 원래 인도인이 만들었으나 유럽인은 이 숫자 기

126) 고선윤, 2002, 앞의 책, pp.72~75.
127) 로버트 웬키, 역자 김승옥, 2004, 앞의 책, p.197.
128) 로버트 웬키, 역자 김승옥, 2004, 앞의 책, pp.199~200.

호를 아라비아 상인들을 통해 처음 보았기 때문에 아리비아 숫자라고 불러[129] 오늘에 이르고 있다.

인도는 농업생산의 필요에 따라 일찍이 음양력(陰陽曆)을 발명했다는 기록이 『리그베다(Rigveda)』[130] 중 13월에 나온다. 그리고 『타이티리야-브라마나(Taittirya-Brahmana)』에는 1년을 봄・더위・비・가을・추위・겨울 등 여섯 계절로 구분하고 있으며, 『아이타레야-브라마나(Aitareya-Brahmana)』에는 1년을 360일 12개월로, 1개월을 30일로 나누고 있었으나 통념상 1년을 360일로 했으며, 다양한 일력제가 있었다.[131]

## 3.2 지적관련 유물과 사료

### 3.2.1 도량형과 저울

하라파와 모헨조다로를 중심으로 인더스 계곡의 유적지에서는 기원전 2500년부터 기원전 1900년 사이에 제작된 것으로 추정되는 무게와 길이를 측정하는 데에 쓰이는 [그림 1-35]와 같은 도량형과 저울이 출토되었는데 보석의 무게를 잴 수 있을 만큼 작은 추(錘)에서 보다 무거운 것까지 다양하며, 추는 대부분 입방체 형태로 되어 있고 납작한 구형・원추형・원통형 등으로 된 것도 발견되었다. 돌로 만든 추와 함께 쇠붙이, 도기 등으로 만든 저울접시 등이 나오는 것으로 미루어보아 당시 하라파와 모헨조다로에서는 도량형 체계를 갖추어 사용되었음을 알 수 있다.[132]

무게의 측정 기구를 살펴보면 무게에는 16이란 숫자와 그 배수들, 예를 들면 16, 64, 320, 640과 같은 숫자를 사용하였음을 알 수 있는데, 16이란 숫자를 사용하였던 옛 전통은 근대까지 계속하여 사용되어 왔으며, 지금의 화폐 단위인 1루삐(Rupee)가 16안나(Anna)와 교환되는 것을 보아도 알 수 있다.[133]

129) 정완상, 2007, 『가장 위대한 발명 수』, 서울, 도서출판 이치, p.57. ; 쑨자오룬 지음, 심지연 옮김, 2009, 『지도로 보는 세계 과학사』, 서울, 시그마북스, pp.28~29.

130) 『리그베다 Rgveda』라 함은 고대 인도의 힌두교 성전(聖典)인 네 가지 베다 가운데 하나로서 신을 찬미하는 운문형식의 찬가 모음집을 말한다. 인도에서 현존하는 가장 오래된 종교문헌이자 인도 사상의 원천으로, 『리그베다(Rgveda)』, 『야주르베다(Yajurveda)』, 『샤마베다 (Samaveda)』, 『아타르바베다(Atharvaveda)』의 4개 문헌으로 구성되어 있다. 그리고 각 베다는 〈삼히타(Samhita)〉, 〈브라마나(Brahmana)〉, 〈아란야카(Aranyaka)〉, 〈우파니샤드 (Upanisad)〉의 4개의 문헌으로 구성되어 있는데, 각각 앞서의 문헌을 설명하거나 해석하면서 연대기 순으로 작성되었다.(http://kin.naver.com/qna/detail.nhn, 2013.7.25.)

131) 쑨자오룬 지음, 심지연 옮김, 2009, 앞의 책, pp.29~30.

132) 유성욱, 2007, 앞의 책, p.59. ; 조길태, 1994, 『인도사』, 서울, 민음사, p.37. ; http://cafe.daum.net/TourConductor/cVs/773?docid=Fxvt|cVs.(2009.12.27.)

133) 람 샤란 샤르마(Ram Sharan Sharma) 지음, 이광수 옮김, 1994, 『인도 고대사』, 서울, 김영사, pp.81~82.

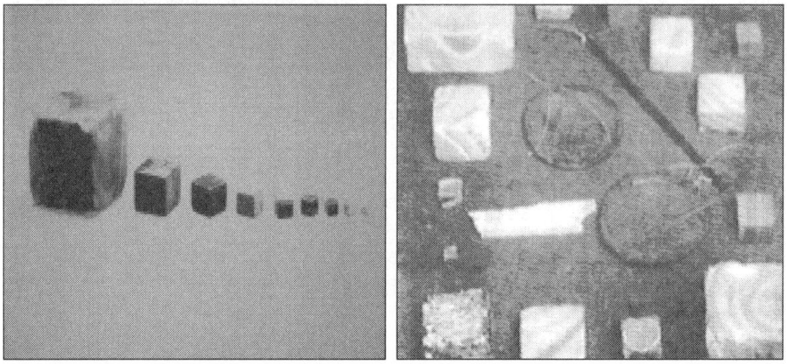

출처 : 유성욱, 2007, 『인도의 역사 1』, 서울, 종교와 이성, p.59(좌) ;
http://cafe.daum.net/myrefarm/14Lb/4636?docid.(2009.12.25, 우)

[그림 1-35] 도량형과 저울

### 3.2.2 눈금이 새겨진 자

고고학적으로 하라파와 모헨조다로의 두 도시에서 출토된 지적관련 유물 중 가장 주목되는 것은 눈금이 새겨진 자〈尺〉를 들 수 있는데, 출토된 여러 개의 자 가운데 청동으로 만든 것도 있다.[134]

그러나 람 샤란 샤르마(Ram Sharan Sharma)가 저술한 『인도 고대사』[135]를 비롯하여 마릴리아 알바네스(Marilia Albaness)가 저술한 『고대인도』(문명의 기원부터 13세기까지)[136], 자와할랄 네루(Jawaharlal Nehru)가 저술한 『인도의 발견』[137] 및 일본의 NHK에서 제작한 『인더스문명』[138] 등 다양한 문헌과 녹화 자료 등을 조사 하였으나, 눈금이 새겨진 자의 실체를 확인할 수가 없었다.

그러나 다행스럽게도 측량사[139]에 인도의 무역성에서 발간된 자료집에 실려 있는 [그림 1-36]과 같은 하라파에서 출토된 고대 인도의 자에 관한 사진을 일본 잡지에서 인용한 내용을 자세하게 서술하여 이 책에서 다시 인용하였다.

134) 람 샤란 샤르마(Ram Sharan Sharma) 지음, 이광수 옮김, 1994, 앞의 책, p.82. ; 유성욱, 2007, 『인도의 역사1』, 서울, 종교와 이성, p.60. ; 김추윤·김별, 2009, 앞의 책, p.40.
135) 람 샤란 샤르마(Ram Sharan Sharma) 지음, 이광수 옮김, 1994, 앞의 책.
136) 마릴리아 알바네스(Marilia Albaness) 지음, 이명혜 옮김, 2003, 『고대인도』(문명의 기원부터 13세기까지), 서울, 생각의 나무.
137) 자와할랄 네루(Jawaharlal Nehru) 지음, 2003, 김종철 옮김, 앞의 책.
138) NHK, 2002, "Messages From The Past(인더스 문명)", MICO, Premier Entertainment.
139) 김추윤·김별, 2009, 앞의 책, p.453.

출처 : 小泉袈裟勝, 『ものちし』, 법정대학 출판국, 1977, p.3 ; 김추윤·김별, 2009, 『측량사』, 서울, 도서출판 바른길, p.453. 재인용.

[그림 1-36] 하라파의 눈금이 새겨진 자

길이의 측정 기구를 살펴보면 35.5㎝ 단위로 표시된 몇 개의 자가 발견되었는데, 아마도 35.5㎝ 단위는 서양의 "피트"와 마찬가지로 고대사회에서 길이를 측정하는 보편적 단위였던 것으로 보인다. 왜냐하면 많은 건물들이 이러한 단위를 사용하여 정확하게 축조되있기 때문이다.[140)]

따라서 눈금이 새겨진 자와 저울, 도량형 등을 사용한 것은 인더스 사람들이 수학을 기초로 하는 고도의 측량기술을 활용하였다는 것을 시사한다.

위와 같이 고대 인더스 문명의 대표적인 지적관련 유물 또는 사료로는 하라파와 모헨조다로의 유적 속에서 발굴되는 고대 도시의 유적과 저울 및 도량형과 눈금이 새겨진 자 등이 있는데, 이들을 고대 인더스 지적제도의 기원이라고 할 수 있다.

이러한 인더스 문명속의 지적제도 기원과 관련하여 고대 도시의 유적과 눈금이 새겨진 자 및 도량형 등의 유물이 남아 있는데, 이들은 인장문자에 의한 기록과 눈금이 새겨진 자를 사용하여 고대 도시들을 건설하였을 것으로 추정할 수 있다.

인더스 문명의 특징은 인류 4대 문명의 발상지 가운데 가장 광활한 지역에 펴져 있었던 문명이라 할 수 있으며, 다른 세 곳은 고대 문자를 판독해 낸지 오래지만 인도의 문자는 아직도 해독을 하지 못하며, 발굴상의 어려움과 예산 등 여러 가지 제약으로 가장 덜 알려져 있고, 지적관련 유물 또는 사료 역시 가장 적게 발굴되고 있어 미스터리로 남아있는 문명이라고 할 수 있다.

## 3.3 문명의 멸망

인더스 문명은 깊은 진흙 퇴적층과 해수면 아래에 묻혀 있어 발굴상의 어려움과 여러 가지 제약으로 인하여 이집트나 메소포타미아에 비해 훨씬 덜 알려져 있다.[141)] 또한 인더스 문명은 기원전 1700년 내지 1500년경에 멸망하였으나, 멸망 원인에 대해서는 홍수·가뭄·외부의 침입·지진·기타 재앙 등으로 학자들 간에 논쟁을 계속하고 있으나, 추

140) 로버트 웬키, 역자 김승옥, 2004, 앞의 책, p.219.
141) 로버트 웬키, 역자 김승옥, 2004, 위의 책, p.200.

측만이 가능할 뿐 아직까지 정확하게 밝혀지지 않은 신비에 쌓인 불가사의한 문명이라고 할 수 있다.

로버트 레이키스(Robert Raikes)는 인더스 강 입구의 엄청난 지각의 이동과 이로 인한 홍수 때문에 인더스의 농경지와 취락이 파괴되고, 결과적으로 인더스 문명이 종말을 고하게 되었다고 주장하고 있다.[142)]

그리고 타파르(B.K. Thapar)는 인더스 강의 유로를 바꾸고 재앙적 범람을 유발하는 지질구조상의 이동, 히말라야 산록완사면의 산림 파괴와 과도한 방목, 바다의 퇴각 등 몇 가지 요소의 파괴적 결합으로 간주하였으며, 또 다른 학자는 인더스 문명이 중앙아시아와 이란의 준유목민들로부터 끊임없는 침입을 받아 멸망하였다고 주장하기도 하며, 외부의 침입에 의한 대량 학살에 의하여 멸망하였다고 주장을 하기도 한다.[143)]

위와 같은 주장을 정리하면 첫째, 유목 민족인 아리아인이 침략해서 무기를 소유하지 않은 인더스 문명을 멸망시켰다는 아리아인에 의한 정복설(征服說) 둘째, 지각변동으로 인더스 강의 흐름이 바뀌고 사람들이 침수로 인해 살 수 없게 된 도시를 떠났다는 홍수설(洪水說) 셋째, 심한 홍수로 인해 염해가 발생하여 농업생산력이 떨어지자 사람들이 농지를 찾아 이동했다는 염해설(鹽害說) 넷째, 기원전 1800년경에 발생한 대규모의 환경변화로 강과 토지가 건조해지자 사람들은 물을 찾아 도시를 떠났다는 건조화설(乾燥化說) 다섯째, 메소포타미아를 비롯한 다른 나라들과의 교역이 쇠퇴하자 교역도시가 붕괴되었고 경제력을 잃은 도시가 차츰 쇠퇴하였다는 교역 네트워크의 붕괴설(崩壞說) 등이 있으나, 아리아인에 의한 정복설은 전혀 인정을 받지 못하고 있으며, 홍수설과 염해설이 가장 유력하다.[144)]

## 4 고대 중국

### 4.1 문명의 발상

고대 중국의 황하 문명(Yellow River Civilization)은 메소포타미아 · 이집트 · 인더스

142) Raikes, "The Mohenjo-Daro Floods" ; 로버트 웬키, 역자 김승옥, 2004, 앞의 책, p.221. 재인용.
143) 로버트 웬키, 역자 김승옥, 2004, 앞의 책, pp.222~224.
144) 고선윤, 2002, 앞의 책, p.95.

문명에 이은 네 번째로 나타난 인류 4대 문명의 하나로써, 하천문명 또는 관개문명이라 할 수 있으며, 수많은 민족과 다양한 문화가 풍성하게 혼합되어 나타났다. 그리고 메소포타미아 · 이집트 · 유럽 지역에서도 수많은 위대한 기술적 발명이 이루어졌으나, 자기콤파스 · 화약 · 인쇄술 · 종이 등 수많은 위대한 발명이 이루어진 곳은 중국과 동아시아이다.[145)]

중국의 문명은 중국에서 두 번째로 긴 강으로 [그림 1-37]과 같이 청해성(靑海省)에서 시작하여 황토 고원을 지나 화북평야, 산동성(山東省) 간리현(墾利縣)에서 발해만(渤海灣)으로 흘러 들어가는 황하(黃河) 유역에서 발생하였다.[146)]

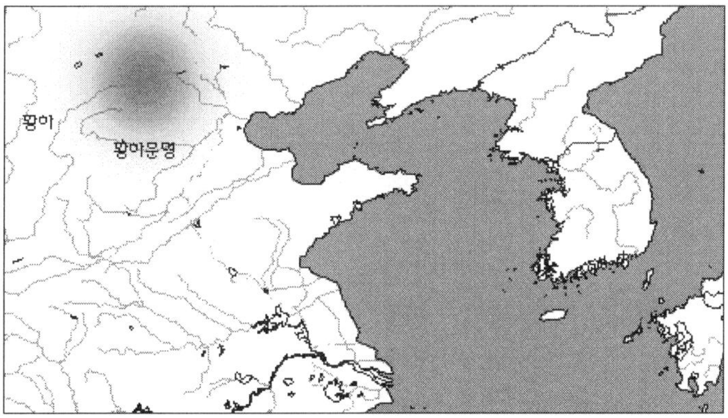


출처 : http://k.daum.net/qna/view.html?qid=3tbQ8&categoryid.(2009.12.24.)

[그림 1-37] 황하 문명의 발상지

고대 중국의 문명은 신석기 시대로부터 철기 시대까지 이른 것으로 신석기의 초기에는 하남성(河南省)의 페이리강〈裴李崗〉문화와 하북성(河北省)의 츠산〈磁山〉문화가 있었고, 후기에는 황하 중류역을 중심으로 양사오〈仰韶〉문화와, 그로부터 발전한 룽산〈龍山〉문화의 두 가지로 대별되며 이외에도 산둥반도의 대문구(大紋口)문화와 양쯔강 하류의 하모도(河姆渡)문화가 있었다.[147)]

석기 시대의 양사오문화는 기원전 4000~기원전 2000년경이고, 룽산문화는 기원전 2500~기원전 1500년경이라고 추정되며, 그 후 룽산문화에서 하(夏)문화가 나타나 청동기 시대가 시작되었으며,[148)] 하(夏)나라[149)]는 상(商)나라[150)]가 이어받았고 뒤이어 주(周)

145) 로버트 웬키, 역자 김승옥, 2004, 앞의 책, p.230. ; 최몽룡, 2007, 앞의 책, p.65.
146) 김지희, 2004, 『하늘과 땅과 바람의 문명』, 서울, 세종서적, p.254.
147) 고선윤, 2002, 앞의 책, p.108.
148) http://mtcha.com.ne.kr/world-term/china/term167-hoanghumunmyung.htm.(2011.8.1.)

나라[151], 진(秦)나라, 한(漢)나라 등으로 계속 이어지면서 황하 유역은 중국문명의 주요 활동무대가 되었다.

1899년부터 중국 황하 유역의 하남성(河南省) 안양시(安陽市)의 소둔촌(小屯村, 고대 상왕조의 수도였던 은허)에서 기원전 1500년경 상왕조(商王朝) 시대에 사용한 [그림 1-38]과 같은 갑골문자(甲骨文字)[152]가 발굴되었는데, 이는 거북 껍질〈龜甲〉이나 소뼈(牛骨) 등에 칼로 새긴 문자이다.

국자감 제주(國子監 祭酒, 국립대학 총장 격임)였던 왕의영(王懿榮)이 말라리아를 오랫동안 앓았는데 이를 치료하기 위하여 용골(龍骨)이라고 부르는 땅속에서 파낸 오래된 동물의 뼈를 사서 이를 보다가 표면에 글자 같은 것이 새겨진 것을 보고 더 많은 용골을 사들여 고대문자에 조예가 깊은 유악(劉鶚)과 함께 검토하여 세상에 알려지게 되었으며, 제사 또는 점(占)친 내용을 적은 것으로 알려져 있다.[153]

1903년 장쑤성(江蘇省) 단도 사람 유악(劉鶚)은 역사상 최초로 갑골문헌을 모아 엮은 『철운장귀(鐵運藏龜)』를 펴냈고, 1980년대 곽말약(郭沫若)이 주필을 맡고 호후선(胡厚宣)이 총 편집한 『갑골문합집(甲骨文合集)』에서 은허갑골 4만 1,956조각을 다섯 시기로 구분하고 그 내용을 22개 부분으로 나누어 구성한 학술적 가치가 매우 높은 문헌을 출간하였다.[154]

갑골문에는 간지(干支)가 사용되었고 십간(十干)에 의한 10일의 순(旬)과 12지(十二支)의 12개월이 있고 태음태양력(太陰太陽曆)이 있으며 일식과 월식, 하지와 동지 등의 기록이 남아 있다.[155]

---

149) 하(夏)나라는 중국에서 처음으로 상(商)나라 이전 수백 년간 존재했다고 기록된 나라로서 연대는 하상주단대공정에 의해 기원전 2070년경에서 기원전 1600년까지로 추정되고 있으며, 중국의 사서에는 초대의 우로부터 후세의 걸까지 14세 17대, 471년간 계속 되었다고 기록되어 있다.(http://ko.wikipedia.org/wiki, 2011.4.20.)

150) 상(商)나라는 중국 고대의 왕조(기원전 1600~기원전 1046)로서 수도의 이름을 따라 은(殷)나라라고도 하나, 학계에서는 상나라라는 이름으로 통일해 부르고 있다. 상나라는 여러 차례 수도를 옮겼는데, 마지막 수도가 약 250여년간 은허(殷墟)였기 때문에 '은나라'라는 명칭이 붙여진 것이다. 하(夏)・상(商)・주(周) 3대의 왕조가 잇달아 중국 본토를 지배하였으며, 상왕조는 20세기에 들어서 은허(殷墟)의 발굴이 진행됨에 따라 실재의 왕조였음이 판명되었다.(http://ko.wikipedia.org/wiki, http://mtcha.com.ne.kr/world-term//2011.4.25.)

151) 주(周)나라는 기원전 1046년경부터 기원전 256년까지 상(商)나라를 이어 중국에 존재했던 나라로서 중국역사에서 가장 오래 유지된 나라이다.

152) 갑골문자(甲骨文字)는 계문(契文)・갑골각사(甲骨刻辭)・복사(卜辭)・귀판문(龜判文)・은허문자(殷墟文字) 등으로 불리어 왔으며, 오늘날에는 이를 모두 통틀어 갑골문자라고 한다.(쑨자오룬 지음, 심지연 옮김, 2009, 『지도로 보는 세계 과학사』, 서울, 시그마북스, p.43.)

153) http://search.naver.com.(2007.8.5.)

154) 쑨자오룬 지음, 심지연 옮김, 2009, 앞의 책, p.44.

155) 장병주, 1994, 『과학과 기술의 역사』, 서울, 동명사, pp.67~68.

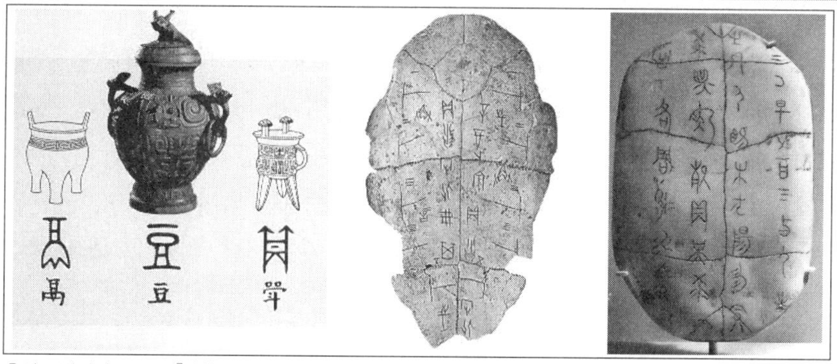

출처 : 번지전, 2003, 『地籍五千年』, 북경, 중국대백과전서출판사, p.3.

[그림 1-38] 갑골문자

상나라 후기에 사용하던 3,000개 이상의 표음적·표의적이며 상형적인 기호가 발견되었는데, 이 중에서 2,100개 정도가 해독되었다.[156)]

한자의 기원에 관해서는 황제가 화하(華夏, 중국을 의미한다.)를 통일한 후 그의 신하 창힐(倉頡)에게 글을 창조하라고 명하였는데, 창힐은 세상만사 모든 만물들이 각자의 특성을 지니고 있음을 발견하고, 각종 사물의 특징을 주의 깊게 면밀히 관찰한 후 이러한 사물의 형상을 간소화하여 거북이 등판 또는 짐승의 뼈에 새겨 문자를 만들었다고 하는 전설이 있다.[157)]

상왕조는 원래 전설 속의 국가로 여겨져 왔으나, 갑골문자의 해독에 의해서 사마천(司馬遷)의 사기(史記)에 기록된 상나라의 수도 은허의 유적임을 알게 되었으며, 상나라의 역사를 증명해주는 귀중한 유물로써, 상왕조의 실재도 확인할 수 있게 되었다.

중국의 최초 문자인 갑골문자를 비롯하여 차마갱(車馬坑)[158)] · 도기 · 청동기 · 옥기 등 학술적 가치가 높은 국보급 유물들이 하남성(河南省)의 안양시에 있는 [그림 1-39]와 같은 은허박물관(殷墟博物館)에 전시되어 있는데, 은허박물관은 2006년에 유네스코에 의해 세계문화 유산으로 지정되었다.

메소포타미아의 설형문자나 이집트의 신성문자 등은 유럽 여러 나라의 학자들이 긴 세월에 걸친 노력으로 겨우 해독되었으나 갑골문자는 의외로 쉽게 해독되었다. 그 이유는

156) 로버트 웬키, 역자 김승옥, 2004, 앞의 책, p.248.
157) 김하중, 2013, 『중국이야기』(1. 떠오르는 용, 중국), 서울, 비전과 리더십, p.119.
158) 차마갱(車馬坑)이라 함은 전차와 말을 매장한 구덩이란 뜻으로 상나라 왕이 탔던 축력차(畜力車)와 말과 사람이 함께 발굴되었는데, 한 사람이 두 마리의 말을 끌었다는 것을 알 수 있다. 은허에서 출토된 축력차는 가장 오래된 실물표본으로 공인되어 중국이 세계에서 최초로 마차를 발명하고 사용했던 고대 문명국가의 하나로 인증을 받게 되었다.

고대 중국 시대부터 현재에 이르기까지 동일한 한자를 사용하였기 때문이다.[159]

하남성 안양에서 발굴된 상나라 시대 수레축의 장식품에는 5각형과 9각형 등의 기하학적 도형이 그려져 있다. 이런 것은 고대 중국인들이 일찍부터 토지측량술과 관계있는 도형 측면에서 창조적인 활동을 해왔다는 것을 의미하며, 일반적으로 고대 중국에서는 지배자 상호간에 지도(地圖)의 접수는 영지나 영토의 증여를 의미하였으며, 군사상·행정상 필요에 의하여 수많은 지도가 제작되었을 것으로 추정되나 고대의 지도는 거의 남아 있지 않다.[160]

주 : 박물관 정문 현판에 "은허궁전종묘유지(殷墟宮殿宗庙遗址, 좌)"라고 쓰여 있으며, 입구에는 "갑골문발현지(胛骨文發現地, 우)라는 표지석이 위치하고 있다.

출처 : http://blog.daum.net/lemmings1127.(2011.7.10.)

[그림 1-39] 은허 박물관

고대 중국의 춘추전국(春秋戰國) 시대[161]에 발간된 『주례(周禮)』[162]는 주나라〈周, 기원전 1050~기원전 256〉의 관직제도와 춘추전국 시대 각국의 제도를 기록한 책을 말하며, 『주례』의 고공기(考工記)[163]는 주나라의 도시설계를 논하는 책으로 "장인들이 나

159) 고선윤, 2002, 앞의 책, p.114.

160) 김추윤·김별, 2006, 앞의 책, pp.214~215.

161) 춘추전국 시대라 함은 기원전 8세기에서 기원전 3세기에 이르는 중국 고대의 변혁 시대로써, 기원전 770년, 주(周)왕조가 낙양(洛陽)으로 천도하기 이전의 시대를 서주 시대, 이후를 동주 시대라고 한다. 동주 시대는 춘추(春秋) 시대와 전국(戰國) 시대로 나누어지며, 춘추 시대는 주왕조가 도읍을 옮긴 때로부터 진(晉)나라의 대부(大夫)인 한(韓)·위(魏)·조(趙) 삼씨가 진나라를 분할하여 제후로 독립할 때까지의 시대(기원전 403년)를 말하며, 전국 시대는 그 이후부터 진(秦)나라가 천하를 통일한 기원전 221년까지를 말한다.(http://search.naver.com, 2007.8.5.)

162) 주례(周禮)라 함은 주나라 시대의 관제(官制)를 기술한 경서로서 천·지·춘·하·추·동의 6부서로 나누기 때문에 『육관(六官)』이라고도 한다.[네이버 지식백과] 주례고공기[周禮考工記,], 1998. 한국사전연구사)

163) 고공기(考工記)라 함은 주례(周禮)의 한편으로 중국 최초의 과학기술 전문서적으로 춘추 시대 말기 제(齊)나라 수공업 기술의 규범을 기록한 관서(管書)로 알려져 있다.

라의 중심이 되는 도성을 설계함에 있어서 사방 9리에 각각 3개의 성문을 설치하고 성내를 9경(經)과 9위(緯)로 나누었는데 경도(經度)는 9궤(軌)로 되어 있다."고 기록되어 있다.[164)]

## 4.2 지적관련 유물과 사료

### 4.2.1 정전제

정전제(井田制)라 함은 고대 중국의 주(周)나라에서 실시된 토지 제도로써 춘추이전의 문헌 기록으로는『주례(周禮)』에, 전국 시대의 기록으로는『맹자(孟子)』·『사마법(司馬法)』·『곡양전(穀梁傳)』 등에 그 내용이 전해지고 있다.

『주례』의 고공기에 의하면 정전법(井田法)이라 함은 "9부(夫)의 토전(土田)이 1정(井)이 되었으니 정(井)과 정(井)사이의 너비가 4척(尺)이고 깊이가 4척이면 구(溝)가 되고, 사방 10리(里)가 1성(城)이 되니 성(城)과 성(城) 사이의 너비가 8척이고 깊이가 8척이면 혁(洫)이 되고, 사방 1 백리(百里)가 1 동(同)이니 동과 동 사이의 너비가 2심(尋)이고 깊이가 2 인(仞)이면 회(澮)가 된다."고 하였다.[165)]

즉 정전(井田)이란 9부(夫)가 다스리는 9개 정방형으로 구획된 사방 1리(里)의 토전(土田)으로 면적이 9백무(九百畝)로 8 가(家)가 사전(私田, Private Land)을 각각 100무씩 소유하고 중앙의 100무는 공전(公田, Communal Land)으로 다루어 공사(公事)를 모두 마친 후에 사사(私事)를 하게 되어 있는 것이다. 즉, 공전(公田)을 제정하여 세부(稅夫)를 없앤 것이다.

그리고『맹자(孟子)』[166)]등문공(滕文公) 상편에 의하면 정전제를 이상적인 토지제도로 보았는데, "하(夏)나라는 50무(畝)에 공법(貢法)을 썼고, 은(殷)나라는 70무에 조법(助法)을 썼고, 주(周)나라는 100무에 철법(徹法)을 썼다. 사방 1리(里)가 정(井)이니, 정은 900무이고 그 가운데가 공전이다. 여덟 집에서 모두 100무를 사전으로 받고 함께 공전을 경작한다. 이것이 정전법의 대략이다.(夏后氏五十而貢 殷人七十而助 周人百畝而徹 其實皆什一也---方里而井 井九百畝 其中 爲公田 八家皆私百畝 同養公田---此其大略也.)"라

164) 윤정숙 역, 1995,『중국 도성제도의 이론』, 서울, 이화출판사, pp.41~43.
165) 國土開發硏究院 譯, 1982,『周禮考工記』, p.52.
166)『맹자(孟子)』는 유교 경전인 사서(四書)의 하나로써 맹자〈孟子, 기원전 372~기원전 289년, 고대 중국 추(鄒)나라 시대의 철학자〉의 제자가 맹자의 언행을 기록한 것으로, 양혜왕(梁惠王)·공손추(公孫丑)·등문공(滕文公)·이루(離婁)·만장(萬章)·고자(告子)·진심(盡心)의 7편으로 구성되어 있다.

고 기술하고 있다.

다시 말하면 [그림 1-40]과 같이 900무에 달하는 정사각형의 토지를 우물정(井)자의 형태로 나누어 100무씩 8가구에서 사전으로 경작하게 하고, 나머지 100무는 공전으로 하여 8가구가 공동 경작하여 그 수확물을 조세로 납부하는 토지제도를 말하며, 이 시대의 모든 토지는 왕의 소유이며, 사전은 다만 대여에 불과하였다.167)

| | | |
|---|---|---|
| 100무<br>사전(私田) | 100무<br>사전(私田) | 100무<br>사전(私田) |
| 100무<br>사전(私田) | 100무<br>공전(公田) | 100무<br>사전(私田) |
| 100무<br>사전(私田) | 100무<br>사전(私田) | 100무<br>사전(私田) |

[그림 1-40] 정전제(井田制)의 모형도

### 4.2.2 지 도

고대 중국에서 지배자 상호간에 지도의 접수는 영지나 영토의 증여 또는 패배를 의미하였으며, 군사상·행정상 필요에 의하여 수많은 지도가 제작되었다고 추정되나 고대의 지도는 거의 남아 있지 않다. 옛부터 지도를 이용했다는 사실은 주례(周禮)에 이미 주대(周代)에 대사도(大司徒)라는 관직은 지도 작성을 관장하고, 직방씨(職方氏)라는 관직은 지도의 보관을 관장하였다고 기록되어 있다.168)

사마천(司馬遷)의 사기(史記)에 의하면 기원전 227년에 연(燕)나라의 태자 단(丹)이 진시황을 암살하려고 자객 형가(荊軻)를 시켜 독항(督亢)169) 땅을 헌납하는 것처럼 속여 독항지도(督亢地圖) 속에 단검을 숨기고 들어가 암살하려다 뜻을 이루지 못하고 처형되었다는 기록과 진(秦)나라가 멸망할 때에 한(漢)나라의 숙하(肅河)가 진나라의 수도인 함양(咸陽)에 입성할 때 접수한 책 가운데 많은 지도가 포함되었다는 기록이 있다.

그리고 후한서(後漢書)에는 후한의 제2대 황제인 명제(明帝, 57~75)가 황하의 제방이 무너진 것을 복구하기 위하여 왕경(王景)에게 우공도(禹貢圖)를 하사하였다는 기록 등이 있으나, 이들 지도가 전해 내려오지 않기 때문에 어떠한 것이었느냐는 명백하지 아니하고 목판이나 명주·석판 등에 조각하거나 그렸을 것으로 추정된다.170)

고대 중국에서 토지측량술이 있었다는 것은 하북성 평산현(平山縣) 중산국(中山國) 왕묘에서 출토된 기원전 4세기경 중산국 왕의 청동판 묘역도, 감숙성 방마탄(放馬灘) 진나라 묘에서 출토된 송판(松板) 7면으로 된 기원전 3세기경의 감숙성 천수현(天水縣)의 지방도 등이 있다.

167) 김추윤·김별, 2006, 앞의 책, p.29.
168) 김추윤·김별, 2009, 앞의 책, p.263.
169) 독항(督亢)은 연나라의 지명으로 현 하북성(河北省) 고안현(固安縣)을 말한다.
170) 김추윤·김별, 2006, 앞의 책, pp.24~25.

그리고 중·소 분쟁 시기인 1971년 12월에 해방군 366병원의 장교와 사병들이 방공호를 파다가 뜻밖에 마왕퇴(馬王堆)의 한묘(漢墓)를 발견하여 세계를 놀라게 하는 고고학상 대발견을 하였는데,[171] 1973년에 호남성 성도인 장사시(長沙市)에서 동쪽으로 약 4킬로미터 떨어진 낮은 구릉인 마왕퇴의 한묘 3호에서 출토된 기원전 186년, 약 2,200여 년전 전한(前漢)[172] 시대에 작성된 [그림 1-41]과 같은 장사국(長沙國)의 변경주군도(邊境駐軍圖)와 남부지형도 등에서 토지측량술을 확인할 수 있다.

장사국의 변경주군도는 축척이 대략 8만 내지 10만분의 1로 지휘성보(指揮城堡)·지주군(支駐軍)·방어라인·전선 등 주로 군사 시설을 나타내고 있으며,[173] 비단 위에 검정·빨강·파랑의 3색으로 그려져 있으며, 동·남 등의 방위 표시가 되어 있고 산맥·하류·도로·도시·촌락·병영과 성루 등이 그려져 있는데, 방위와 남부지형도가 일치하며 남쪽이 위에 있고 북쪽이 아래에 있는 현대 지도와 상반된 남상방위(南上方位)를 채택하였다.

포괄된 범위는 장사국과 남월국(南越国) 경계지역으로 구억산(九嶷山)과 남령(南嶺) 사이였으니, 지금의 호남성 남부의 강화(江華) 요족(瑤族) 자치현의 타강(沱江) 유역 일대에 해당한다.[174]

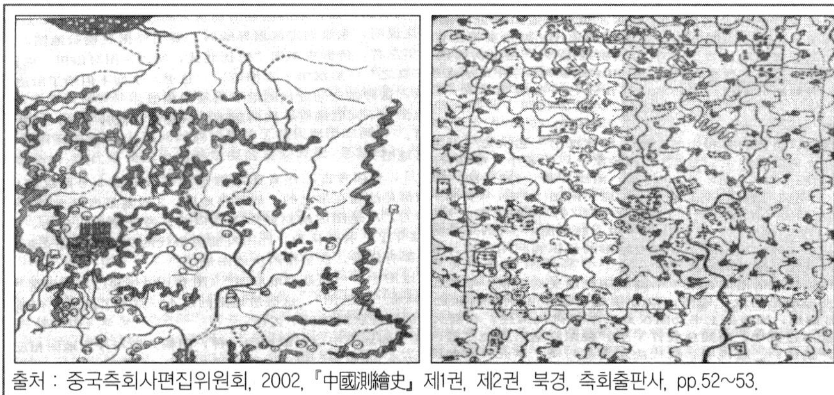

출처 : 중국측회사편집위원회, 2002, 『中國測繪史』 제1권, 제2권, 북경, 측회출판사, pp.52~53.

[그림 1-41] 장사국의 변경주군도(좌)와 남부지형도(우)

171) 위난 지음, 이익희 옮김, 2005, 『마왕퇴의 귀부인2』, 서울, 일빛, p.72.

172) 전한(前漢: 기원전 206~기원후 8)은 고조 유방(劉邦)이 항우(項羽)와 대륙쟁탈 뒤에 세운 황조로서 진(秦)에 이어 중국을 두 번째로 통일한 황조이다. 수도는 장안이었는데, 그 위치가 후세에 세워진 후한의 수도 낙양보다 서쪽에 있었기 때문에 서한(西漢)이라고도 불린다.

173) 굴정(堀淳), 1996, アジアの 地圖, スリエネシトワ, pp.88~101. ; 김추윤·김별, 2009, 앞의 책, pp. 264~265. ; 중국측회사편집위원회, 2002, 『中國測繪史』 제1권, 제2권, 북경, 측회출판사, p.52.

174) 위난 지음, 이익희 옮김, 2005, 앞의 책, pp.265~266.

이어서 장사국의 남부지형도는 축척이 17만 내지 19만분의 1로 비단 위에 먹으로 그린 산맥·하류·도시·도로·마을 등이 있으며, 지도에 표시된 주요 내용은 산맥·하류 등의 자연·지리적 요소와 민간인 거주지와 도로 등 사회·경제적 요소가 표시되어 있다.

따라서 현대 지형도의 기본 요소인 지형·수계·거주지·교통선 등이 비교적 상세하게 표시되어 있으며, 변경주군도와 동일하게 남상방위를 채택하였다.

포괄된 범위는 지금의 호남성·광동성과 광서 장족(壯族) 자치구의 일부분에 걸쳐있으며 지도의 중심부는 장사국의 남부, 즉 지금의 상강(湘江) 상류의 가장 큰 지류인 소수(瀟水)유역·구억산 및 남령 부근 지역을 포함하고 있다.[175)]

중국 서진(西晉, 265~316) 시대의 배수(裴秀, 224~271)[176)]는 제도육체(制圖六體)라는 지도 제작의 여섯 가지 규범을 제정하여 중국 고대 지도제작학회의 이론을 확립하고 세계 지도 제작사에 크게 기여하였는데, 지도제작의 여섯 가지 규범은 첫째, 분솔(分率) 둘째, 준망(準望) 셋째, 도리(道理) 넷째, 고하(高下) 다섯째, 방사(方邪) 여섯째, 우도(迂道)이다.

분솔이란 비례로써 지역의 크고 작음을 반영하고, 준망은 피차간의 방위관계를 확정하는 것이며, 도리는 두 지점간의 사람이 다니는 거리이고, 고하는 산천의 분포이며, 방사는 뻗은 방향과 높낮이고, 우도는 사람이 다니는 길의 굽음과 곧음을 가리킨다.[177)]

마왕퇴의 한묘에서 출토된 남부지형도를 배수가 제안한 제도육체와 대조해 본 결과 놀랍게도 이 원칙에 의하여 지도를 제작한 것을 발견하고, 그 당시에 나침반과 수준기·등근자·굽은자·먹줄 등을 사용하였고 그 후에 지남차(指南車)와 거리측정용 수레인 계리고차(計理鼓車) 등을 사용했을 것으로 추측하고 있다.[178)]

장사국 변경주군도와 남부지형도는 전한(前漢) 시대의 지도로 현대의 지도와 비교할 때 개략적인 축척까지 설정할 수 있을 정도로 비교적 정확한 지도로써, 중국의 지도학사에 새로운 장을 추가하였을 뿐만 아니라 세계 지도학사에 새로운 빛을 비추었다.

마왕퇴의 한묘에서 이 지도가 출토되기 전 중국에서 가장 오래된 지도는 1136년 남송 시기에 돌비석에 새긴 화이도(華夷圖)와 우적도(禹跡圖)가 있으나 이보다 1,300여 년 앞서고, 4,000여 년 전 고대 바발론에 도편(陶片) 지도가 있었으나 전설로 전해지는 지도에 불

175) 위난 지음, 이익희 옮김, 2005, 위의 책, pp.308~309.

176) 배수(裴秀)는 3세기 중국 진대(晋代)의 지도학자로서 자는 계언(季彦), 관직이 사공(司空)에 이르렀다. 우공지역도〈禹貢地域圖〉 의 편찬을 맡은 적이 있었으며, 분률(分率)·준망(準望)·도리(道里)·고하(高下)·방사(方邪)·우직(迂直) 등의 '제도 6체'(製圖 六體, '製圖 6原則'이라고도 한다.), 즉 비례·방위·거리 등을 포함한 지도제작상의 6가지 기본원칙을 제창하여 중국과 조선의 전통적 지도제작의 중요한 원칙이 되어왔다.(정기준, 2014, 『고지도의 우주관과 제도원리의 비교연구』, 서울, 경인문화사, pp.18~19. ; p.381.)

177) 위난 지음, 이익희 옮김, 2005, 앞의 책, p.314.

178) 위난 지음, 이익희 옮김, 2005, 위의 책, pp.315~316.

과하고, 로마 제국 시대에 이집트인 프톨레마이오스(Ptolemaeos)[179]의 『지리학』이라는 책에 지도가 있었으나 전설과 상상에 따라 그린 것으로 내용과 실용성에서 훨씬 못 미치며 적어도 300여 년이 뒤지기 때문에 변경주군도와 남부지형도는 현재 세계에서 가장 오래된 지도인 셈이다.[180]

마왕퇴의 한묘는 산소와 수분으로부터 차단시키기 위하여 숯과 회점토로 밀봉한 4겹의 목판으로 만든 목곽(木槨)에 마와 견직물로 시신을 싸서 안치하였기 때문에 2,100년이 더 지났지만 미라가 완벽하게 보존되어 있었으며, 이 목곽 안에서 각종 유물 1천 점 가량이 발굴되었다.

마왕퇴의 한묘 3기는 장사국의 승상(丞相)인 이창(利蒼)과 그의 부인 신추(辛追) 및 이들의 아들이 묻힌 가족묘지인 것으로 밝혀졌고, 남부지형도와 변경주군도 뿐만 아니라 주지채회관(朱地彩繪棺) · 황화(皇畵) · 주배(酒盃) · 견황(絹皇) · 미라 · 악기 · 의류 · 신발 · 다수의 목각인형 등 3,000여 점이 출토되었으며, 이들 유물은 [그림 1-42]와 같은 호남성(湖南省) 박물관의 마왕퇴 한묘 전시관에 전시되어 있다.

출처 : 류병찬 촬영.(2007.8.22.)

[그림 1-42] 호남성 박물관(좌)과 마왕퇴 한묘 전시관(우)

이어서 남송 시기의 유예(劉豫) 부창(阜昌) 7(1136)년에 돌비석에 새긴 [그림 1-43]과 같은 화이도와 우적도가 있는데,[181] 이 지도들은 모두 방격도(方格圖) 형태로 측량에 의해서 작성되었음을 알 수 있다.[182]

179) 프톨레마이오스(Claudius Ptolemaeos)는 127년부터 145년까지 알렉산드리아에서 활동한 고대 그리스의 천문학자 · 지리학자 · 수학자이다.

180) 위난 지음, 이익희 옮김, 2005, 위의 책, pp.312~313.

181) 위난 지음, 이익희 옮김, 2005, 앞의 책, p.313.

182) 김추윤, 2004(b), "측량과 문명", 『땅과 사람들』, 대한지적공사, pp.22~23.

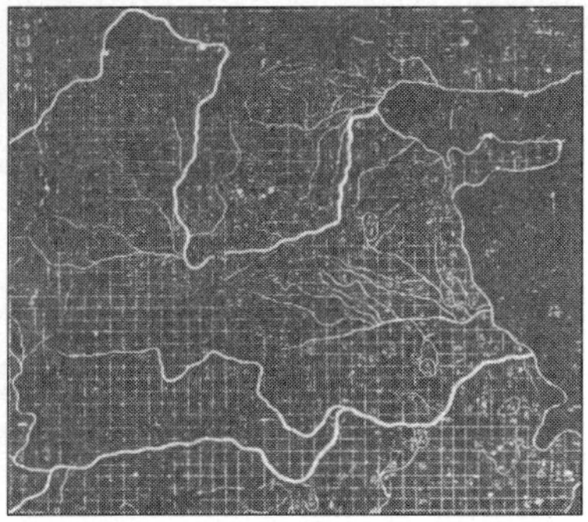

출처 : 중국측회사편집위원회, 2002,『中國測繪史』 제1권, 제2권, 북경, 측회출판사, p.236. ; p.254.

[그림 1-43] 화이도(좌)와 우적도(우)

화이도는 한국 지도보다 더 오래된 중국 지도에 한반도가 표현되어 있는 사례 중에서 가장 오래된 것으로 지도의 북동쪽에 한반도가 그려져 있으나 여백 때문에 한반도의 동쪽 부분이 잘려 있지만 서북 해안의 강어귀들은 실제에 가깝다.

화이도는 현재 중국 서안(西安)의 섬서성(陝西省) 박물관에 소장되어 있다.[183)]

### 4.2.3 천문도

중국은 천문을 관측하기 위하여 수많은 측량 기구를 창의적으로 설계하고 제작하였는데 그 가운데 가장 오래되고 간단한 천문기구는 토표(土表)라고도 불리는 토규(土圭)이다.[184)]

토규는 주(周) 나라 때 해의 그림자 길이를 측량하는데 쓰이던 기구로 하지와 동지의 시간을, 태양의 길이와 폭을 측정하여 태양이 북쪽에 가장 높게 떴을 때 토규의 그림자가 가장 짧으며, 바로 이때가 하지(夏至)라는 것을 알았다. 처음 토규를 설치한 관측대는 양성(陽城, 河南省 登封縣 告城鎭)에 있는 주공측영대(周公測影臺)였다.[185)]

마왕퇴의 한묘에서 백서(帛書)[186)]에 씌어진 천문 저작 『오성점(五星占)』과 『천문기상잡점(天文氣象雜占)』의 2권이 출토되었다.

백서 『오성점』은 금성・목성・수성・화성・토성 등 5대 행성에 대한 시운동(視運動)을 관측한 기록표로, 금성의 회합 주기가 584.4일이라고 기록되어 있는데 오늘날의 천문

183) 개리 레이야드 지음, 장상훈 옮김, 2011, 『한국 고지도의 역사』, 서울, 소나무, p.32.
184) 쑨자오룬 지음, 심지연 옮김, 2009, 앞의 책, pp.53~54.
185) http://terms.naver.com/entry.nhn?cid=796&docId.(2013.7.20.)
186) 백서(帛書)라 함은 비단에 쓴 글을 말한다.

학자들이 측정한 583.92일과 비교하면 겨우 0.48일 밖에 차이가 나지 않으며, 토성의 회합 주기는 377일인데 오늘날의 측정한 378.09일과 비교하면 하루밖에 차이 나지 않는 중국에서 지금까지 발견된 가장 오래된 천문학 저작이다.[187)]

백서『천문기상잡점』은 구름〈雲〉·기운〈氣〉·별〈星〉·혜성(彗星)에 의해 길흉을 점친 29폭의 혜성도(彗星圖)로 세계에서 가장 먼저 혜성의 모양을 그린 이 도면으로 중국 고대 천문관측의 뛰어난 성과를 반영하고 있다.[188)]

중국의 최초 천문도는 송나라 시대에 작성된 천상분야도(天象分野圖)로써 수(隋)나라 말기와 당(唐)나라 초기에 도가(道家)이며 천문역법가(天文曆法家)인 학자들이 출현하였는데, 지도제작과 천문역법이 서로 삼투(滲透)하여 중국 지도의 역사에 독특한 학파를 이루었다.

그 당시에 「이십팔수분야도(二十八宿分野圖)」·「주역분야도(周易分野圖)」 등이 작성되었으나 모두 망실되어 어떤 내용이 수록되어 있는지 알 수 없으며, 중국에서 현존하는 최초의 역사지도집(歷史地圖集)인 「역대지리지장도(歷代地理指掌圖)」에 [그림 1-44]와 같은 천상분야도 1폭이 남아 있는데, 이 천상분야도는 송나라 시대에 작성되었지만 수와 당나라 시대의 분야도는 어떤지를 짐작할 수 있다.[189)] 이어서 1247년 중국의 남송 시대에 순우천문도(淳祐天文圖)를 제작하였는데, 원래 1190년에 천문학자 황상(黃裳, 1146~1194)이 그린 것을 순우 7(1247)년에 왕치원(王致遠)이 돌에 새겼다고 기록되어 있으며, 현재 강소성(江苏省) 소주시 박물관(蘇州市 博物館)에 보존되어 있다.

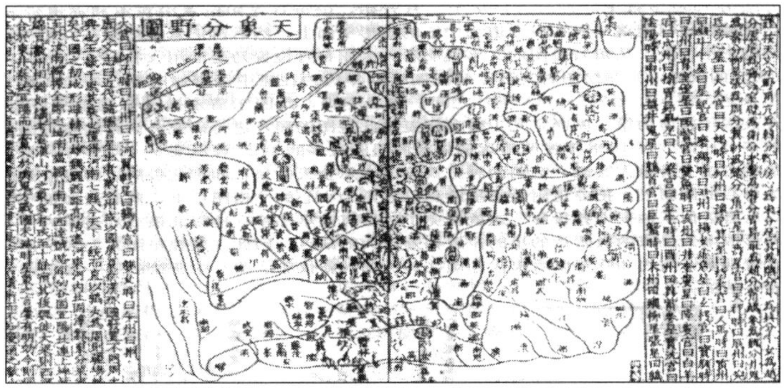


출처 : 중국측회사편집위원회, 2002,『中國測繪史』제1권, 제2권, 북경, 측회출판사, p.186.

[그림 1-44] 천상분야도

187) 위난 지음, 이익희 옮김, 2005, 앞의 책, pp.318~320.
188) 위난 지음, 이익희 옮김, 2005, 위의 책, p.134. p.323.
189) 中國測繪史編輯委員會, 2002,『中國測繪史』제1권, 제2권, 북경, 측회출판사, p.186.

순우천문도는 소주천문도(蘇州天文圖)라고도 불리며, 가로 108㎝, 세로 216㎝, 두께 22㎝ 크기의 돌에 [그림 1-45]와 같이 성도(星圖)와 설명문(說明文)이 새겨져 있고 둥근 모양의 성도에는 별자리와 주극원(週極圓)190) · 적도(赤道) · 황도(黃道) · 은하수(銀河水)가 새겨져 있다.

순우천문도에는 중국에서 볼 수 있는 사계절의 별이 모두 새겨져 있는데 이는 동양의 별자리 체계를 갖춘 현존하는 가장 오래된 석각천문도이며,191) 그 다음으로 오래된 석각천문도는 1395(태조 4)년 조선 시대 초에 류방택 등이 제작한 우리나라의 천상열차분야지도이다.

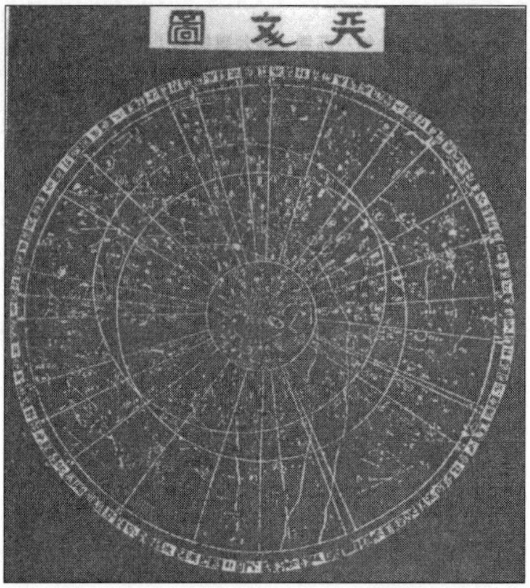

출처 : 중국측회사편집위원회, 2002, 『中國測繪史』 제1권, 제2권, 북경, 측회출판사, p.224.

[그림 1-45] 순우천문도

### 4.2.4 어린도

중국에서 지적제도가 시행되었다는 가장 확실한 증거는 명 · 청 시대에 작성된 현존하는 [그림 1-46]과 같은 어린책(魚鱗冊)과 어린도(魚鱗圖)가 있으며, 1581년 명나라 시대에 작성된 [그림 1-47]과 같은 어린청책(魚鱗淸冊) 등이 남아 있다.

어린도라 함은 필지를 나타내는 토지가 물고기의 비늘모양과 같이 줄지어 잇달아 등록되어 있는 도면이라는 뜻으로 붙여진 명칭으로써, 조세징수의 기초 자료로 만들어진 고대 중국의 지적도를 말하며, 이것들을 묶어서 어린도책(魚鱗圖冊)으로 발간하기도 하였다.

190) 주극원(週極圓)이라 함은 항현권(恒縣圈)이라고도 하는데 1년 내내 별을 볼 수 있는 영역을 말한다.
191) 중국측회사편집위원회, 2002, 『中國測繪史』 제1권, 제2권, 북경, 측회출판사, pp.223~224. ; http://blog.naver.com/PostView.nhn?blogId=mannerzhang&logNo.(2012.9.15.)

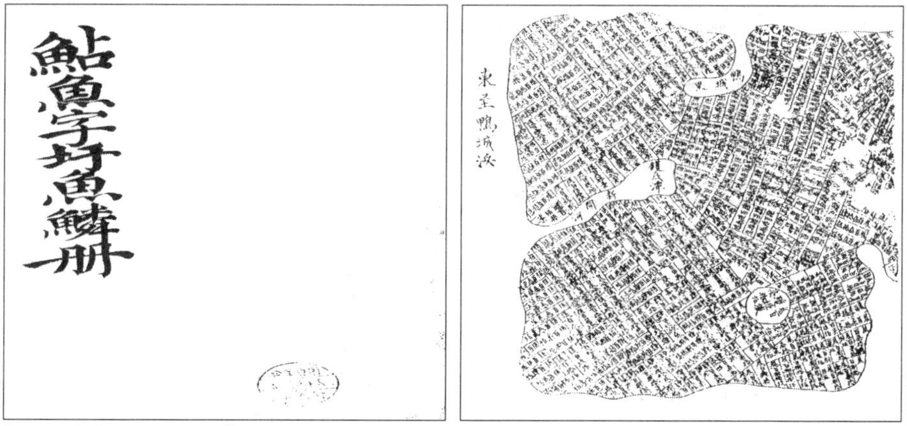


출처 : 김추윤 · 김별, 2006,『측량사』, 서울, 도서출판 제3공간, p.232.

[그림 1-46] 명 · 청 시대의 어린책 표지(좌) · 어린도(우)

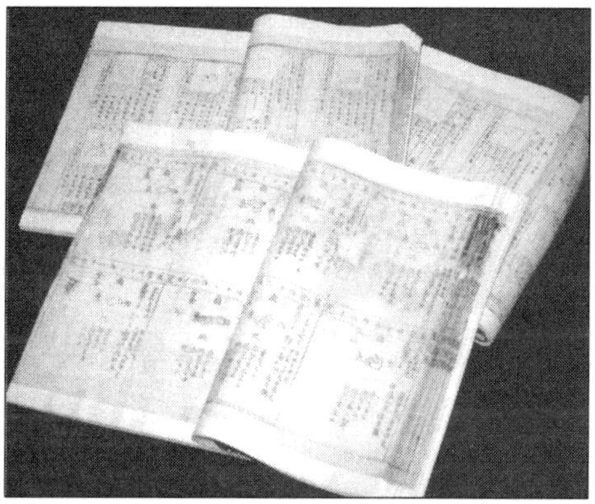

출처 : 번지전, 2003,『지적오천년』, 북경, 중국대백과전서 출판사, p.131.

[그림 1-47] 명나라 시대의 어린청책

어린도책은 송나라(宋, 960~1279) 시대부터 일부지역에서 작성하기 시작하였으며, 명나라 초기에는 남직예(南直隸)와 절강(浙江)지방을 비롯하여 각 지방에서 정비되었고 그 후 명나라(明, 1368~1644) · 청나라(青, 1644~1912) 시대에 전국적으로 광범위하게 전파되었다.[192)]

어린도의 시원은 대개 남송 시대(南宋 時代)의 양절지방(兩浙地方)에서 실시된 토지경계법(土地經界法)[193)]의 침기부(呫基簿,[194)] 1149)에서 찾을 수 있으며, 이것이 후에 남송 리종(理宗) 3〈1226〉년에 경계추배법(經界推排法)을 거쳐 명나라 태조(太祖) 홍무(洪武) 20〈1387〉년에 어린도법(魚鱗圖法)으로

192) 동양사사전편찬위원회, 1989,『동양사사전』, 서울, 일월서각, p.507.

193) 토지경계법(土地經界法)이라 함은 남송에서 세액의 증가를 통하여 재정난을 극복하고, 세원을 파악하기 위하여 실시된 것으로, 농민의 토지에 대한 세액부담에 균형을 이루기 위해 마련한 법으로 토지를 측량하고 신고하도록 하여 토지대장을 만들고 비옥도에 따라서 농민의 세금이나 부역을 결정하였다. 1142년에 소주에서 처음 시행된 뒤 전국에 실시되었고, 원나라 시대에도 시행되었다.

194) 침기부(呫基簿)란 전무(田畝), 부지(敷地)를 기록한 즉 토지와 재산을 기록한 장부로써, 중국의 남송 시대에 실시된 토지경계법상에 침기부의 작성에 관한 사항이 규정되어 있다. 우리나라에서도 다산 정약용이 곡산부사로 부임하자마자 침기부를 정리하고 종횡표(縱橫表)를 만들어 고을의 실정을 한손에 파악하고, 지도를 만들어 경위선을 그려 넣고 백성의 허실강약과 토지의 넓고 좁고 멀고 가까운 것을 두루 알았다고 한다.

정착되어 대부분의 지역에서 실시하게 되었으나, 중국 전역에서 시행된 것은 아니다.

이러한 어린도에 관한 최초의 기록은 송나라 시대의 역사서인 송사(宋史) 식화지상일(食貨志上一)에 나오며, 어린도의 실시 시기에 대하여는 명사(明史) 식화지일(食貨志一)에 "홍무 20년 국자생(國子生) 무순(武淳) 등에게 명해서 주(州)와 현(縣)에 내려가 양(糧, 田賦)에 따라 아홉 구역을 정하고 양장(糧長) 네 사람을 두어서 전무(田畝)의 방원(方圓)을 측량하였다. 그런 다음에 자호(字號)를 달아 주인의 이름 및 전지(田地)의 크기를 상세히 기록하고 종류별로 분류 • 편찬하여 책을 만들었는데, 그 모양이 고기비늘과 같다하여 어린도책이라 불렀다."고 기록되어 있다.[195]

어린도는 전지(田地)를 측량하여 1필지 단위로 등록하는 오늘날의 지적도를 말하며, 어린도에 등록된 1필지마다 위치 • 자호(字號) • 지목 • 면적 • 형상 • 사방의 경계 • 소유자 • 공과의 부담액 • 전호(佃戶) 등을 기재한 오늘날의 토지대장인 장부를 작성하였으며, 이를 합하여 편찬한 것을 처음에는 어린책(魚鱗冊)이라고 하였으나, 어린도책 • 어린총도(魚鱗總圖) • 어린청책 등으로 부르게 되었다. 그리고 1513년 명나라 시대에 조세 수입을 확보하기 위해 호구를 조사하여 [그림 1-48]과 같은 황책을 작성하였는데,[196] 황책은 호적대장(戶籍臺帳)과 조세대장(租稅臺帳)을 겸했으며, 호부(戶部)에 보낸 대장의 표지가 황색종이어서 황책(黃冊)이라고도 하였다.

명나라 시대의 4지〈四至, 우리나라에서는 四標 또는 四表라고 하였다.〉에 해당하는 [그림 1-49]와 같은 어린분도(魚鱗分圖)에는 위쪽이 남쪽임을 표시하고 있어 남상방위(南上方位)를 채택하고 있음을 알 수 있으며, 이러한 방위 표시는 고려 시대부터 조선 시대에 작성한 4표에서도 동일하게 남상방위를 채택하고 있어, 우리가 오늘날 사용하고 있는 위쪽을 북쪽으로 표시하는 북상방위(北上方位)가 아니었음을 알 수 있다.

---

195) 김추윤, 1996, "어린도고", 『가는 마음 남은 사랑』(합송 노창호 지사장 정년퇴임기념논문집), pp.100~101.
196) 번지전, 2003, 『地籍五千年』, 북경, 중국대백과전서출판사, p.144.

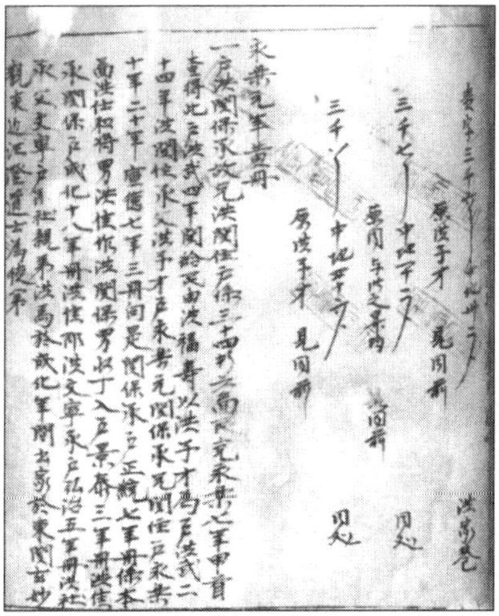

출처 : 번지전, 2003, 『地籍五千年』, 북경, 중국대백과전서출판사, p.145.

[그림 1-48] 명나라 시대의 황책

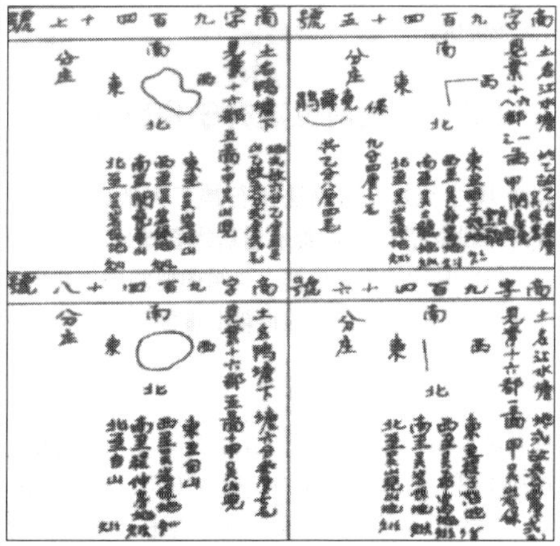

출처 : 담준, 임증걸 주편, 2008, 『지적관리』, 북경, 인민대학출판사, p.16. ; 임증걸 주편, 담준, 첨장근, 곡위동 부주편, 2011, 『지적학』, 북경, 과학출판사, p.25.

[그림 1-49] 명나라 시대의 어린분도

## 4.2.5 측량관련 문헌

고대 중국에서 측량에 관한 가장 오래된 문헌은 산해경(山海經)[197]으로, 하(夏)나라의 우왕(禹王)이 두 명의 전설적인 조수에게 명령하여 세계의 크기를 재도록 한 내용이 기록되어 있다. 이 가운데 한명은 오른손에 산목을 들고 왼손으로 북쪽을 가리켰다고 한다.[198]

이어서 수학과 측량관련 문헌으로 춘추전국 시대에 주비산경(周髀算經)[199]이 발간되었는데, 피타고라스의 정리와 같은 구(句) · 고(股) · 현(弦)의 법을 기초로 하여 혼천설(渾天說)[200]과 함께 중국의 대표적인 우주관이라고 하는 개천설(蓋天說)[201]을 뒷받침

197) 산해경(山海經)이라 함은 중국 최고(最古)의 지리서(地理書)로써, 작가 · 연대 미상이나, 작가는 하(夏)나라 우왕(禹王) 또는 백익(伯益)이라고도 한다. 뤄양(洛陽)을 중심으로 한 산맥 · 하천과 신화 · 전설 · 산물 따위를 수록하였으며, 실제는 기원전 4세기 전국 시대 후의 저작으로 한대(漢代 : 기원전 202~기원후 220) 초에는 이미 이 책이 있었던 듯하다. 원래는 23권이 있었으나 전한(前漢) 말기에 유흠(劉歆)이 교정(校定)한 18편만 오늘에 전하고 있다.(http://100.naver.com, 2007.10.10.)

198) 대한지적공사 지적연구원, 2007, 『지적관련 문헌분류 체계의 개선방안에 관한 연구』, p.24.

199) 『주비산경(周髀算經)』이라 함은 중국의 천문 수학서(天文 數學書)로 저자는 미상이고 후한(後漢) 무렵에 편찬되어 송대(宋代)에 간본 되었으며, 상하 2권으로 구성되어 있다. 책명은 주대(周代)에 비(髀)라고 하는 8척의 막대에 의하여 천지를 측정 산출한 데 연유한 것이다.(http://terms.naver.com/entry.nhn?cid=200000000&docId, 2013.7.20.)

200) 혼천설(渾天說)이라 함은 하늘이 땅을 둘러싸고 있어 마치 새알의 껍질이 노른자위를 싸고 있는 것과 같다는 우주관을 말한다.

하고 있다. 그리고 한나라 시대에 구장산술(九章算術)[202] 및 주비산경 주석본이 발간되었다.

7세기 수(隋)나라 왕조(581~617)[203]와 당(唐)나라 왕조(618~907)[204] 시대에는 산경십서(算經十書)[205]로 『주비산경』과 『구장산술』을 포함하는 10권의 수학서가 발간되었다.

『주비산경』과 『구장산술』은 중국의 고대 수학서이지만 측량학의 원조라고 할 만큼 측량과 관련된 내용이 많이 들어 있으며, 『주비산경』에는 "피타고라스 정리인 직각삼각형에서 빗변 길이의 제곱은 이웃한 두변의 길이의 제곱의 합과 같다."는 내용과 노몬(Gnomon)[206] 및 천문학적 기구 등을 기술하고 있어 고대 중국의 측량을 이해하는데 중요한 단서가 되고 있다.[207]

### 4.2.6 측량관련 기기

인류는 생존상의 필요에서 활동범위나 물량을 판단하기 위한 그들 나름대로의 원시적인 계량법(計量法)이 사용되어 왔지만 그러한 계량법도 요구되었던 계량내용과 인지(人智)의 수준에 따라서 여러 가지 방법이 사용되어 왔을 것으로 추측되며, 인지의 발달에 비례하여 점진적인 발전을 하였을 것으로 추측된다.[208]

201) 개천설(蓋天說)이라 함은 하늘은 둥글고 땅은 네모지다 하여 천원지방(天圓地方)이라고 표현하였으나, 후에 많은 결점을 지닌 것으로 판명되어 혼천설에 의해 밀리게 되었다.

202) 『구장산술(九章算術)』이라 함은 주나라(기원전 1100~771)때 만들어진 동양 최고의 수학고전으로 진나라, 한나라때 활용되던 산술서가 후한 시대에 비로소 그 모습을 갖추게 된다. 그러나 누가 집필하였는가는 알려져 있지 않다. 다만 236년에 삼국 시대 위나라 사람인 유휘(劉徽)가 주석을 붙여 펴낸 구장산술이 지금 전해 내려오고 있다. 구장산술은 제1장 방전(方田), 제2장 속미(粟米), 제3장 쇠분(衰分), 제4장 소광(小廣), 제5장 상공(商功), 제6장 균수(均輸), 제7장 영부족(盈不足), 제8장 방정(方程), 제9장 구고(句股) 등 모두 9장 246문제로 되어있는데 문제가 나오면 곧바로 답이 나오고 그 다음에 계산법을 기록하고 있다. (http://kin.naver.com. 2007.9.14.)

203) 수(隋)왕조는 양견(楊堅 : 文帝)이 581년 북주(北周)의 정제(靜帝)로부터 양위를 받아 나라를 개창하고, 589년 남조(南朝)인 진(陳)을 멸망시켜 중국의 통일왕조를 이룩하였다. 문제・양제(煬帝 : 廣)・공제(恭帝 : 侑)의 3대 38년이라는 단명 왕조였으나, 남북으로 갈라져 있던 중국을 오랜만에 하나의 판도에 넣어 진(秦)・한(漢)의 고대 통일국가를 재현한 중국의 통일왕조라는 점에서 존립의의가 크다.(http://100.naver.com. 2007.9.14.)

204) 당(唐)왕조는 수(隋)왕조에 이은 중국의 왕조로서, 618년 이연(李淵)이 건국하여 907년 애제(哀帝) 때 후량(後梁) 주전충(朱全忠)에게 멸망하기까지 290년간 20대의 황제에 의하여 통치되었다. 중국의 통일제국(統一帝國)으로는 한(漢)나라에 이어 제2의 최성기(最盛期)를 이루어, 당에서 발달한 문물(文物) 및 정비된 제도는 한국을 비롯하여 동(東)아시아 여러 나라에 많은 영향을 끼쳐 그 주변 민족이 정치・문화적으로 성장하는 데 크게 기여하였다.(http://100.naver.com. 2007.9.14.)

205) 산경십서(算經十書)라 함은 중국의 고전(古典) 수학서(數學書)의 통칭으로, 『주패산경』, 『구장산술(九章算術)』, 『해도(海島)산경』, 『오조(五曹)산경』, 『하후양(夏候陽)산경』, 『장구건(張邱建)산경』, 『오경(五經)산술』, 『집고(執告)산경』, 『철술(綴術)』을 말한다.

206) 노몬(Gnomon)이라 함은 서구의 초보수준의 해시계를 말하며, 동양의 규표(圭表)를 말하는 것으로 가장 원시적인 천문관측기구의 하나이다.(http://search.naver.com. 2007.9.14.)

207) 김추윤・김별, 2006, 앞의 책, p.30.

고대 중국의 도량형(度量衡)은 원시사회 말기에 사유제(私有制)와 물물(物物)의 교환이 출현함에 따라 발달하기 시작하였다.

『대대예기(大載禮記)』의 오제덕(五帝德)에 황제(黃帝)는 "5량(五量)을 만들고", 『세본(世本)』의 제계(帝系)에 소호(少昊)는 "도량(度量)을 같게 했고 율려(律呂)를 고르게 했으며, 『상서(尙書)』의 순전(舜典)에 순(舜)은 "시월정일(時月正日)을 맞추고 율도량형(律度量衡)을 통일했고", 『사기(史記)』의 하본기(夏本紀)에 우(禹)는 "신(身)으로 도(度)를 삼고 저울이 그로부터 나왔다."고 각각 기록되어 있다.

중국의 양관씨(楊寬氏)[209]는 중국 척도의 기원설을 ① 악율누서설(樂律累黍說), ② 잠사마미설(蠶絲 馬尾說), ③ 인신 및 응용기물설(人身 및 應用器物說)의 세 가지로 구분하였다.

첫째, 악율누서설이라 함은 유흠(劉歆)이라는 사람이 "길이의 기원은 황종지장(黃鐘之長)에서 시작되었으며, 그 길이는 자곡거서(子穀秬黍)란 곡물의 알 중에서 크기가 중간치인 것의 넓이를 기준하여 1분(分)으로 정했을 때 90분의 길이라 했으며, 또 10분을 1촌(寸), 10촌을 1척(尺)으로 하였다."는 설을 말한다.[210]

이를 뒷받침하는 대표적인 것이 황종관(黃鍾管)[211]으로 도량형의 기준으로서 ① 척도(尺度)의 제도는 검은 기장알로써 12율의 기본음인 황종관의 길이를 90분하여 10리(釐)를 1분(分), 10분을 1촌(寸), 10촌을 1척(尺), 10척을 1장(丈)으로 정하였으며, ② 양(量)의 제도는 검은 기장알 1200개를 황종관에 담아 1작(勺)으로 삼고 10작을 1합(合), 10합을 1승(升), 10승을 1두(斗), 10두를 1곡(斛)으로 정하였고, ③ 형(衡)의 제도는 황종관에 우물물을 가득 채워 그 물 무게를 88분하여 10리(釐)를 1분(分), 10분을 1전(錢), 10전을 1량(兩), 16량을 1근(斤)으로 정하였다.[212]

둘째, 잠사 마미설이라 함은 손자산경(孫子算經)의 척도기원설에서 "누에고치실의 굵기를 길이의 표준으로 하였다."는 설을 말한다.

누에고치실이나 말총과 같은 미세물(微細物)을 틈이 없이 정확하게 배열시키는 일은 기술적으로 거의 불가능하였을 것이며, 제작기술이 불가능 했을 것이고, 실지계량 또한 불가능 하였을 것이다. 이러한 견지에서 볼 때 누에고치실〈蠶絲〉・마미(馬尾)・모발(毛髮)과 같은 미소단위 길이 표준의 제작이나 실측이 불필요했던 점에서 미세단위가 길이

208) 박흥수, 1999, 『한・중도량형제도사』, 성균관대학교 출판부, p.13.
209) 楊寬, 중국역대척도고(中國歷代尺度考), p.5. ; 박흥수, 1999, 『한・중도량형제도사』, 성균관대학교 출판부, p.14. 재인용.
210) 박흥수, 1999, 앞의 책, pp.14~15.
211) 황종관(黃鍾管)은 우리나라에서도 조선 세종 때, 중국계 아악을 정리하기 위하여 음률의 기본인 십이율을 정하는 척도로서 만들어 사용한 대나무・구리 따위의 관을 말한다.
212) 국립민속박물관, 1997, 『한국의 도량형』, p.6.

의 기원이 되었다는 설은 계량원리를 이해하지 못한 산학자(算學者)들이 산학상(算學上)의 필요에서 만들어졌던 관념설에 불과했다고 본다.[213)]

셋째, 인신 및 응용기물설이라 함은 『사기(史記)』의 하본기(夏本紀)에 "성위율(聲爲律) 신위도(身爲度) 칭이출(稱而出)"이라 하여 "길이의 표준은 인체를 기준으로 하였다."는 설을 말한다.[214)]

따라서 이러한 기록들은 중국의 도량형 발전에 관한 초기상황을 기술하고 있으며, 일찍부터 신체(身體)를 기준으로 한 인체척도(人體尺度), 특히 길이는 신체 중에서도 수폭(手幅)에서 기원하였음을 알 수 있다.

상(商)나라와 주(周)나라 시대에는 농업·수공업·건축업 등이 발전함에 따라서 그에 상응하는 도량형기구와 도량형제도가 필요했다.

중국에서 가장 오래된 자〈尺〉로 전해 내려오는 것은 하남성 안양시의 은허에서 발굴된 2개의 상나라 자인 상골척(商骨尺)과 상아척(象牙尺)이 있다.[215)]

상골척은 [그림 1-50]과 같이 길이가 15.8㎝, 너비1.8㎝, 두께 0.5㎝로써 앞면에 10촌이 새겨져 있고 매 촌 마다 10분이 새겨져 있으며 상해박물관에 소장되어 있는데, 1척(尺)은 10촌(寸), 1촌은 10분(分)으로 세밀하게 10단위로 눈금이 새겨져 있어 10진법을 사용한 최초의 물증이라고 할 수 있다.

그리고 상아척은 길이가 15.78㎝, 너비1.6㎝, 두께 0.5㎝로써 앞면에 10촌(寸)이 새겨져 있고 매 촌 마다 10분(分)이 새겨져 있으며 중국역사박물관에 소장되어 있다.[216)]

10진법에 대하여 고고학적으로 입증된 것은 상나라 시대의 갑골복사(甲骨卜辭)[217)]로써 1에서 10까지의 숫자와 백(百), 천(千), 만(萬) 등의 개념이 나오는데, 이러한 사실은 위와 같은 상척의 발견으로 다시 확인되었다.[218)]

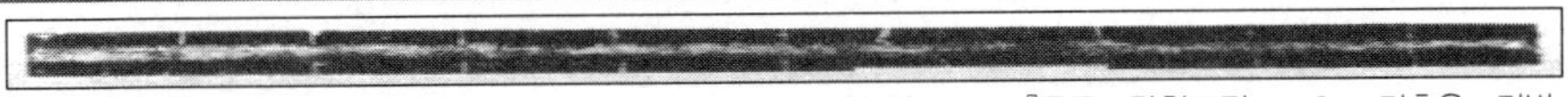

출처 : 국가계량총국, 중국역사박물관, 고궁박물원 주편, 김기협 역, 1993, 『중국도량형도집』, p.3. ; 김추윤 · 김별, 2009, 『측량사』, 서울, 도서출판 제3공간, p.74. 재인용.

[그림 1-50] 상골척

213) 박홍수, 1999, 앞의 책, p.24.
214) 박홍수, 1999, 위의 책, p.14. pp.24~26.
215) 국가계량총국, 중국역사박물관, 고궁박물원 주편, 김기협 역, 1993, 『중국도량형도집』, p.3.
216) 국가계량총국, 중국역사박물관, 고궁박물원 주편, 김기협 역, 1993, 위의 책, p.26.
217) 갑골복사(甲骨卜辭)라 함은 갑골과 복사를 합한 용어로 갑골이란 귀갑(龜甲, 거북껍질)과 수골(獸骨, 짐승뼈)를 합한 글자이며, 복사란 점친 기록을 말하는데, 갑골복사에는 왕실에서 점친 시간, 장소, 내용 등이 새겨져 있어 상나라 시대 왕실의 역사를 기록한 유물이다.
218) http://blog.naver.com/PostView.nhn?blogId=xelaioe00&logNo=20094688070.(2011.8.5.)

이어서 서주(西周) 시대 청동기의 명문(銘文) 가운데 무게를 재는 단위로 "렬(寽)"과 "균(勻)"이라는 명칭을 쓰고, 『예기(禮記)』 명당위(明堂位)에는 주공(周公)이 "제후를 명당에 모아 예(禮)와 악(樂)을 만들고 도량(度量)을 반포하여 천하가 크게 따랐다."고 기록되어 있으며, 『주례(周禮)』는 주 왕조의 도량형을 관리하는 관직을 기록하고 있어[219] 당시에 도량형기(度量衡器)가 널리 사용되고 있었음을 알 수 있다.

따라서 주나라 시대에 도량형이 정착되고 주척(周尺)[220]이 널리 사용되었으며, 주척은 후대에 계승되었을 뿐만 아니라 우리나라의 조선 시대에도 양전척(量田尺)으로 사용되었다.

중국 고서의 기록에 의하면 한나라의 과학자 장형(張衡)[221]과 삼국 시대의 마균(馬鈞)은 모두 지남차(指南車)를 제작한 적이 있다고 한다. 지남차의 뒤를 이어 장형은 이전 사람들이 구축해 놓은 기초를 발전시켜 거리 측정용 수레인 계리고차(計里鼓車)[222]를 개발했다. 계리고차는 기도차(記道車)・기리차(記里車)・사리차(司里車)・대장차(大章車) 등이라고도 하였는데[223], 진(晋)나라 최표(崔豹)의 『고금주(古今注)』[224]에는 "계리고차는 수레로 2층으로 되어 있는데 나무로 만든 사람이 있어 1리를 가면 아래층에서 북을 치고 10리를 가면 위층에서 징〈鐲〉을 쳤다.(行一里則上屋木人擊鼓, 十里則次屋木人擊鐲)"고 기록되어 있다.

이러한 북수레로 거리를 재는 방법은 진나라의 문서에도 기록되어 있으며, 북송(北宋) 때에 이르러 계리고차의 제작방법이 개선되었다.[225] 따라서 고대 중국의 거리는 통상적으로 수레가 길을 따라서 가는 거리가 되는 것이다.

송사(宋史) 『여복지(輿服志)』[226]에 [그림 1-51]과 같이 항상 남쪽을 가리키는 것이라

219) 국가계량총국, 중국역사박물관, 고궁박물원 주편, 김기협 역, 1993, 위의 책, p.3.

220) 주척(周尺)은 중국의 모든 문물제도가 주대(周代)에 기원을 두고 있다는 유가사상에서 나온 것으로 토지와 도로의 측량・기구의 측정・신주의 제작 등에 주로 사용하였다. 우리나라는 삼국시대에 들어와 고려를 거쳐 조선시대까지 사용하였으며, 대부분의 자(尺)들이 주척에 근거를 두고 만들어 졌다. 주척을 경국대전에 규정된 미터법으로 환산해 보면 약 20㎝정도이다.(단국대학교출판부, 2011, 『天下均平 度量衡 600選』, p.13.)

221) 장형(張衡)은 중국 후한 시대의 과학자로서 132년에 인류 최초의 지진계 지동의(地動儀)와 혼천의(渾天儀)를 만들었다.(『조선일보』, 2014.4.15, A26.)

222) 계리고차(計里鼓車)는 우리나라 대부분의 문헌에 기리고차(記里鼓車)로 표기하고 있으나, 『고금주(古今注)』,송사(宋史) 『여복지(輿服志)』, 『中國測繪史』・『마왕퇴의 귀부인』 등에서는 계리고차(計里鼓車)로 표기하고 있다.(중국측회사편집위원회, 2002, 『中國測繪史』 제1권, 제2권, 북경, 측회출판사, pp.267~268. ; 위난 지음, 이익희 옮김, 2005, 앞의 책, p.317.)

223) http://b2museum.cdstm.cn/ancmach/machine/ja_08.html.(2012.12.10.)

224) 『고금주(古今注)』라 함은 중국 진(晉)나라의 최표(崔豹)가 어떤 지방의 특유하거나 이름난 물건을 옛 문헌을 통해서 고증하여 엮은 책을 말한다.

225) 중국측회사편집위원회, 2002, 『中國測繪史』제1권, 제2권, 북경, 측회출판사, pp.267~268. ; 위난 지음, 이익희 옮김, 2005, 앞의 책, p.317.

226) 『여복지(輿服志)』라 함은 관리가 직급별로 탈 수 있거나 입을 수 있는 수레나 복식 규정을 다룬 역사서를 말하며,(http://blog.yonhapnews.co.kr/ts1406/ 2008.2.22.) 後漢書『輿服志』, 舊唐書『輿服志』, 宋史

는 뜻의 지남차와 차륜형(車輪形) 지상거리 측량용 기구인 계리고차의 구조에 관한 상세한 기록이 있으며, 『평주가담(萍洲可談)』[227]에는 나침반을 사용한 기록이 있다.[228]

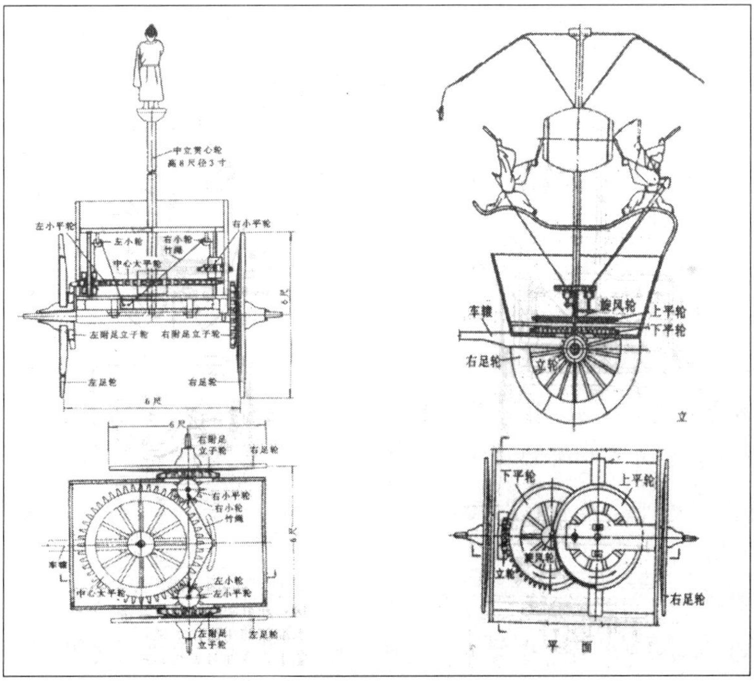

출처 : 중국측회사편집위원회, 2002, 『中國測繪史』 제1권, 제2권, 북경, 측회출판사, pp.267~268.

[그림 1-51] 지남차(좌)와 계리고차(우)의 복원도

위와 같이 고대 중국 문명의 대표적인 지적관련 유물이나 사료로는 정전제의 시행을 비롯하여 장사국 변경주군도 · 남부지형도 · 우적도 · 화이도 · 순우천문도 · 어린도 · 주비산경 · 구장산술 · 상아척 · 상골척 · 지남차 · 계리고차 등이 있는데, 이들을 고대 중국 지적제도의 기원이라고 할 수 있다.

『輿服志』, 高麗史 『輿服志』, 東國通志 『輿服志』 등이 있다. 『高麗史』는 천문지(天文志), 력지(曆志), 오행지(五行志), 지리지(地理志), 예지(禮志), 악지(樂志), 여복지(輿服), 선거지(選擧志), 백관지(百官志), 식화지(食貨志), 병지(兵志), 형법지(刑法志)로 구성되어 있다.

227) 『평주가담(萍洲可談)』이라 함은 12세기 초 송나라 주욱(朱彧)이 지은 책으로 자석이 쇠를 끌어당기는 성질 외에 남북을 지시하는 성질이 있다는 것을 발견한 것은 동양인이다. 중국의 문헌에 지남차가 자석을 이용하였다는 설이 있고, 자침의 자극성에 관하여 11세기 중기 송나라에 심괄의 "몽계필담"에서 자침을 실에 매달아 남북을 가리키는 것을 볼 수 있다는 기록이 있으며, 이것을 항해에 이용한 것은 "평주가담"에 세계 최초로 기록되어 있다. 나침반은 동양에서 기원된 것이며, 나침반이 서양문헌에 기록된 것은 12세기 말부터 13세기 초이다.(http://nonmag.kriss.re.kr/magstudy.htm, 2005.9.13.)

228) 김추윤 · 김별, 2009, 앞의 책, p.240.

이러한 중국 문명속의 지적제도 기원과 관련하여 정전제의 실시와 우적도·화이도·어린도 등의 유물이 남아 있으며, 갑골문자에 의한 기록과 상아척·상골척 또는 주척(周尺) 등을 사용하였음을 알 수 있다.

고대 중국 문명의 특징은 수많은 민족과 다양한 문화가 혼합되어 나타났으며, 오묘한 철학사상과 우수한 과학기술 등 빛나는 문화가 많이 있었는데, 한국은 2천여 년에 걸친 중국과의 역사적인 왕래를 통해 많은 문화적 교류를 해왔으며, 한자와 불교를 비롯하여 과학기술 등의 문물을 받아들여 독창적인 문화로 발전시켜 왔다.[229)]

지적관련 분야에서도 "정전제·천문도·어린도·계리고차·구장산술" 등 중국의 우수한 문물을 받아드린 사실이 각종 문헌에 기록되어 있어, 황하 문명은 우리나라의 문명에 가장 많은 영향을 끼친 문명이라고 할 수 있다.

인류문명의 4대 발상지를 중심으로 보면 티그리스·유프라테스강 유역의 메소포타미아 문명, 인더스강 유역의 인더스문명, 황하 유역의 황하 문명 등 3대 문명이 아시아 대륙에서 시작되었으며, 나일강 유역의 이집트 문명만 아프리카 대륙에서 시작되었음을 알 수 있다.

이상 설명한 인류문명의 4대 발상지를 중심으로 지적제도 기원에 관련된 사항을 요약하여 비교하면 〈표 1-1〉과 같다.

〈표 1-1〉 인류 4대 문명의 지적제도 기원에 관한 비교

| 구 분 | 메소포타미아 문명 | 이집트 문명 | 인더스 문명 | 황하 문명 |
|---|---|---|---|---|
| 발상지역 | 티그리스·유프라테스강 유역 | 나일강 유역 | 인더스강 유역 | 황하 유역 |
| 발생시대 | 기원전 3500년경 | 기원전 3200~기원전 3100년경 | 기원전 3000년기 중엽 | 기원전 4000~기원전 2000년경 |
| 사용문자 | 설형문자(쐐기문자) | 신성문자(상형문자) | 인장문자(기호문자) | 갑골문자 |
| 주요유물 | 도시·운하·지구라트·함무라비 법전 등 | 나일로미터·피라미드 등 | 계획 도시·대형 목욕탕·하수도 등 | 순우천문도·지남차·계리고차 등 |
| 지적관련 주요사료 | 큐빗 자·점토판 지형도·지적도 등 | 나일로미터·곡자·와이키 지도·측량술 발달 등 | 눈금이 새겨진 자·도량형 단위 등 | 상아척·상골척·정전제·어린도 등 |

229) 김하중, 2013, 『중국이야기』(1. 떠오르는 용, 중국), 서울, 비전과 리더십, p.269.

# 우리나라 지적제도의 기원

Origin of the Domestic Cadastral Systems

Chapter 02

역사를 시대적으로 구분한다는 것은 참으로 어려운 문제이다. 서양사와 동양사는 물론 한국사는 한층 더 어렵다.[230] 그 이유는 연구자의 주관과 자유와 편의에 맡겨질 수밖에 없는 성질의 것이기 때문이다.[231]

따라서 우리나라 지적제도의 기원을 규명하고 발전 연혁을 연구하기 위한 역사적 시대 구분 또한 어려운 문제이다.

시대적 구분방법은 현재를 기준으로 해서 시간의 원근을 기점으로 삼아 고대·중세·근대(근세)의 삼분법으로 하는 경우가 있는데,[232] 이는 17세기 말엽 이탈리아 크리스토프 켈라리우스(Christoph Cellarius)[233]가 고대사·중세사·근대사의 3부를 제출한 것이 계기가 되어 사학계(史學界)에서 일반적으로 채용하여 왔으며,[234] 사회현상을 비교 연구하는 시대적 구분은 대부분 원시(原始), 고대(古代), 중세(中世), 근대(近代), 현대(現代)로 구분하고 있다.

이 책에서도 우리나라의 지적사를 사회현상을 비교 연구하는 시대적 구분과 기존 지적사의 시대적 구분방법에 맞추어 각 편(篇)과 장(章)의 내용에 따라 원시, 고대, 중세, 근대, 현대로 구분하여 서술하였다.

우리나라의 지적사(地籍史)에 관한 대표적인 선행연구는 첫째, 1972년에 원영희가 저술한 『한국지적사(韓國地籍史)』 둘째, 1999년에 리진호가 저술한 『한국지적史)』 셋째,

---

230) 김병하, 1991, "한국의 노예적 사회문제", 『한국사 시대구분론』, 서울, 을유문화사, p.65. ; 리진호, 1999, 앞의 책, p.22. 재인용.

231) 홍승기, 1997, "한국사 시대구분론", 『한국사시민강좌』, 제20집, p.130. ; 리진호, 1999, 앞의 책, p.22. 재인용.

232) 이기백, 1991, "한국사의 시대구분문제", 『한국사 시대구분론』, 서울, 을유문화사, p.7. ; 리진호, 1999, 앞의 책, p.22. 재인용.

233) 크리스토프 켈라리우스(Christoph Cellarius, 1638~1707)는 이탈리아 할레대학의 교수로서 문헌학자이자 역사학자, 지질학자로 1696년 할레에서 발간한 그의 세계사 교과서에서 시대를 '고대사', '중세사'(콘스탄틴 대제로부터 터어키의 콘스탄티노플 함락까지), '현대사'(새로운 역사, 곧 16~17세기 역사)로 나누고 있다. 이렇게 해서 경멸적이고 폄시적인 의미를 포함하고 있던 인문주의적 분위기의 중세라는 단어는 커다란 의미 변동 없이 일반 역사 개념으로, 시대구분에 대한 중요한 틀로 수용되게 되었다.

234) 김병하, 1991, 앞의 논문, pp.65~66. ; 리진호, 1999, 앞의 책, p.22.

2005년에 대한지적공사에서 발간한 『한국지적백년사(韓國地籍百年史)』의 세 종류를 들 수 있다.

그러나 원영희가 저술한 『한국지적사』는 원시・고대・중세・근대・현대 등의 시대적인 구분 없이 토지조사사업(土地調査事業)에 관한 내용만을 서술하였으며, 리진호가 저술한 『한국지적史』는 고대(고조선・삼국 시대)・중세(고려)・근대(조선)・일제 강점기 시대로 구분하여 서술하였다. 이어서 대한지적공사에서 발간한 『한국지적백년사』는 전사(前史)를 고대와 중세・삼국 시대・고려 시대・근세로 구분하고, 백년사(百年史)를 대한제국・일제・미군정・대한민국으로 구분하여 서술하였다.

한영우는 『한국사(韓國史)』의 시대구분을 고대(고려 이전), 중세(고려), 근세(조선), 근대(개항 이후), 현대(해방 이후)로 구분하여 서술하고 있다.[235)]

저자는 이 책에서 첫째, 원시(原始)를 고조선과 부족국가 시대로 보았으며 둘째, 고대를 고구려・백제・신라의 삼국 시대로 셋째, 중세를 고려로 넷째, 근대를 조선으로 다섯째, 현대를 대한제국 이후 현재까지로 구분하되 편의상 대한제국・일제 강점기・광복 후 시대로 세분하여 서술하였다.

이상 설명한 우리나라 지적사에 관한 대표적인 선행연구의 시대구분과 주요 내용은 〈표 1-2〉와 같다.

〈표 1-2〉 우리나라 지적사에 관한 선행연구의 주요 내용

| 연 도 | 연구자 | 시대 구분 | 주요 내용 |
|---|---|---|---|
| 1972. | 원영희<br>『한국지적사』 | - | 지적과 토지조사, 토지제도・양전제도・지세제도, 삼각・도근・세부・지형측량, 역둔토・지적・지지자료 조사, 토지조사이후의 지적정리 등 |
| 1999. | 리진호<br>『한국지적史』 | ㅇ고대(고조선・삼국)<br>ㅇ중세(고려)<br>ㅇ근대(조선)<br>ㅇ일제강점기 | 고조선・삼국・고려 시대의 지적, 조선 시대의 양전, 근대지적의 형성과 측량외침, 토지・임야조사측량, 지적기구와 조선지적협회, 지적교육 등 |
| 2005. | 대한지적공사<br>『한국지적백년사』 | ㅇ전사(前史) : 고대・중세・삼국・고려・근세<br>ㅇ백년사(百年史) : 대한제국・일제강점기・미군정・대한민국 | 지적제도와 관제, 지적법규, 지적업무, 토지・임야조사, 지적측량기관, 지적교육과 기술자격, 지적업무의 정보화, 학술, 국제 활동, 북한의 지적제도 등 |

235) 한영우, 2003.『다시 찾는 우리역사』, 서울 ,경세원, p.56.

| | | | |
|---|---|---|---|
| 2012. | 류병찬<br>『최신지적사』 | ◦원시(고조선 · 부족국가)<br>◦고대(고구려 · 백제 · 신라)<br>◦중세(고려)<br>◦근대(조선)<br>◦현대(대한제국 시대 · 일제 시대 · 광복 후 시대) | 지적제도의 기원과 발달, 지적관련 법규의 변천사, 지적 4대 운영체제의 변천사, 지적공부와 지적측량사자격의 변천사, 국내 · 외 활동의 변천사, 지적 관련 주요 인물의 변천사 등 |

# 1 원시(고조선 · 부족국가 시대)

인류의 역사는 원시공동체 사회에서 출발하였으며 토지에 대한 소유관계는 공동체적 소유에서 시작되었다. 따라서 씨족(氏族)이 점유하는 일정한 토지는 씨족구성원 전체의 소유에 속하였으며, 토지의 경작은 씨족구성원의 공동 노동에 의하여 이루어졌으며, 생산된 수확물은 평등하게 분배 · 소비되었다.

그러나 돌도끼, 괭이 등과 나무로 만든 농기구가 철제 농기구 등으로 바뀌면서 생산도구의 발달로 인하여 생산력이 증대됨에 따라 공동체적인 토지 소유제도가 점차 씨족원에 의한 사적 소유관계로 변화되기 시작하였으며, 사유(私有) 재산제가 싹트면서 정치적 사회의 형성으로 이어져 국가라는 권력구조가 나타나게 된 것이다.[236)]

이러한 국가라는 권력구조가 나타나면서 지배자에 의하여 토지에 대한 관리와 과세 등을 위한 원시적인 지적제도가 싹트기 시작하였으며, 이러한 사유로 지적의 역사는 국가라는 권력구조의 형성과 문자의 발명에 관한 역사와 같이 한다고 할 수 있으며, 인류 역사상 가장 일찍부터 시작된 제도의 하나라고 할 수 있다.

그러나 원시 시대의 역사는 기록이 없기 때문에 고고학적이고 기술적인 인접과학의 연구방법으로 그 시대의 대강의 모습이나마 알아 볼 수밖에 없으며,[237)] 동굴 또는 고분의 벽화 · 돌 · 점토판 등에 새긴 그림과 문자 등으로 지적제도의 기원을 규명할 수밖에 없다.

고조선을 비롯하여 부족국가 시대에 이르기까지 우리나라의 고대사에 관한 문자기록이 희귀할 뿐만 아니라 문헌마다 시대를 구분하는 방법과 연대 및 세부적인 내용 등을 달

236) 김경열, 1991, "한국의 토지제도와 정책에 관한 고찰", 중앙대학교 대학원, 박사학위 논문, p.6.
237) 이현희, 교양국사연구회 엮음, 2003, 『이야기 한국사』, 서울, 청아출판사, p.14.

리 서술하고 있고, 토지에 대한 면적을 계량하거나 경작자 등을 기록한 지적관련 유적·유물·사료 등 실물자료의 제한성 때문에 실증적인 자료 분석이 곤란하여 우리나라 지적제도의 기원을 규명하는 데는 한계가 있을 수밖에 없다.

따라서 『단기고사(檀奇古史)』[238], 『삼국사기(三國史記)』[239], 『삼국유사(三國遺事)』[240], 『제왕운기(帝王韻紀)』[241], 『단군세기(檀君世記)』[242], 『동국통감(東國通鑑)』[243], 『규원사

238) 『단기고사(檀奇古史)』는 발해를 건국한 대조영(大祚榮, 699~719, 재위)의 아우인 대야발(大野勃)이 719〈무왕 1〉년에 저술한 단군조선과 기자조선의 연대기로써, 서문에 이어 제1편 전 단군조선, 제2편 후 단군조선, 제3편 기자조선으로 구분하고, 전 단군조선을 제1대 왕검(王儉)부터 제25대 솔나(率那)까지 1222년, 후 단군조선을 제1대 솔나(率那)부터 제23대 고열가까지 875년, 기자조선을 제1대 서여(西余)부터 제42대 마한(馬韓)까지 1097년의 역사를 가진 것으로 기술하고 있다.(대야발 저, 고동영 역, 1986, 『단기고시』, 서울, 한뿌리, pp.209~210.)

239) 『삼국사기(三國史記)』는 1145〈고려 인종 23〉년에 김부식이 왕명에 따라 펴낸 역사책으로, 신라·고구려·백제 삼국 시대의 정사이며, 기전체의 역사서로서 본기(本紀) 28권(고구려 10권, 백제 6권, 신라·통일신라 12권), 지류(志類) 9권, 표(表) 3권, 열전(列傳) 10권으로 이루어져 있으며, 『삼국유사』와 더불어 우리나라에서 현존하는 가장 오래된 역사책이다.(http://cafe360.daum.net/_c21, 2008.2.22.)

240) 『삼국유사(三國遺事)』는 1285〈고려 충렬왕 11〉년에 명승 보각국사(普覺國師) 일연(一然 : 1206~1289)이 쓴 역사책으로, 단군·기자·대방·부여의 사적(史跡)과 신라·고구려·백제의 역사를 기록하고, 불교에 관한 기사·신화·전설·시가 따위를 풍부하게 수록하였다. 편찬 연대는 미상이나, 1281~1283〈충렬왕 7~9〉년 사이로 보는 것이 통설이다. 지금까지 고려 시대의 각본(刻本)은 발견되지 않았고, 완본으로는 1512〈조선 중종 7〉년 경주부사(慶州府使) 이계복(李繼福)에 의하여 중간(重刊)된 정덕본(正德本)이 최고본(最古本)이며, 그 이전에 판각(板刻)된 듯한 영본(零本)이 전하며, 삼국사기와 더불어 우리나라에서 현존하는 가장 오래된 역사책이다.(http://cafe312.daum.net/_c21, 2008.2.22.)

241) 『제왕운기(帝王韻紀)』는 고려 후기의 문신 이승휴(李承休 : 1224~1300)가 쓴 역사 서사시로써, 2권(상·하) 2책. 목판본으로, 이승휴가 1280〈충렬왕 6〉년 권문(權門)과 부원세력을 비판했다가 정계에서 쫓겨나 강원 삼척의 두타산 천은사(天恩寺)에서 은둔하던 중 저술하여 1287년에 왕에게 올린 책이다. 상권은 반고(盤古)로부터 금(金)나라까지 중국의 역사를 칠언시로 지었고, 하권은 1·2부로 나누어 단군부터 충렬왕까지의 역사를 서술했다. 1부 동국군왕개국연대(東國君王開國年代)는 전조선·후조선·위만조선·한사군·삼한·신라·고구려·백제·후고구려·후백제·발해의 사적을 칠언시 1,460언으로 엮었으며, 2부 본조군왕세계연대(本朝君王世系年代)는 고려 건국부터 충렬왕 때까지의 역사를 오언시 700언으로 기록했다. 제왕운기는 이미 1986년 11월 29일에 보물 제895호로 지정되어 있으며, 삼국사기, 삼국유사와 더불어 고려 시대에 편찬한 3대 사서의 하나이다.(http://mtcha.com.ne.kr/korea-term/goryo/term126, 2008.6.25.)

242) 『단군세기(檀君世記)』는 고려 시대에 살았던 홍행촌(紅杏村) 이암(李嵒) 문정공이 전한 책으로, 아사달에 도읍하여 조선이라는 나라 이름을 사용한 단군님들의 이야기를 싣고 있다. 1세 단군왕검(檀君王儉)부터 47세 단군 고열가(古列加)까지 2096년 동안 각 단군의 재위 기간에 있었던 주요 사건들을 편년체로 기록했다. 이암(李嵒, 1297〈충렬왕 23〉~1364〈공민왕 13〉년은 고려 말엽의 문신으로 본관은 고성(固城) 초명은 군해(君侅) 자는 고운(古雲) 호는 행촌(杏村), 1313〈충선왕 5〉년에 17세로 문과에 급제하여 1348년 충목왕이 죽자 충정왕을 받들기 위해 원나라에 다녀와서 찬성사를 거쳐 좌승정이 되었다. 1359년 홍건적이 침입하자 수문하시중(守門下侍中)으로써 서북면 도원수가 되었다. 홍건적으로 1363년 공민왕이 안동으로 피난할 때 호종한 공로로 1등 공신으로 철성부원군(鐵城府院君)에 봉하여지고 추성수의동덕찬화익조공신(推誠守義同德贊化翊祚功臣)이라는 호를 하사 받았다. 시호는 문정(文貞)이다.(http://cafe.daum.net/HSilverToun/1pN4/9344, 2008.6.24.)

243) 『동국통감(東國通鑑)』은 서거정, 이극돈 등이 세조의 왕명을 받고 단군조선부터 고려 말까지의 역사를 편찬한 책이다. 1458(세조 4)년에 편찬 사업이 시작되어 고대사 부분이 1476(성종 7)년에 『삼국사절요』로 간행되었으며, 1484(성종 15)년에 고려시대의 역사를 합하여 『(구편)동국통감』이 완성되었다. 그 이듬해인 1485(성종 16)년에는 전년에 완성된 책에 찬자들의 사론을 붙여 『(신편)동국통감』이 56권 28책으로 편찬되었다. 이것이 바로 오늘날 전해지는 『동국통감』이다. 『동국통감』은 편년체로 되어 있으며, 단군조선에서

화(揆園史話)』[244], 『환단고기(桓檀古記)』[245], 『신단실기(神壇實記)』[246], 『단군조선 47대(檀君朝鮮 47代)』[247] 등 우리나라의 고문헌과 중국사기(中國史記)[248]의 『조선열전(朝鮮列傳)』, 『한서(漢書)』[249]의 서남이양월조선전(西南夷兩洴朝鮮傳), 『삼국지(三國志)』[250]의 위서(魏書) 오환선비동이전(烏丸鮮卑東夷傳), 『후한서(後漢書)』[251]의 동이열전(東夷列傳),

---

삼한까지를 外紀, 삼국의 건국으로부터 신라 문무왕 9(669)년까지를 三國紀, 669년에서 고려 태조 18(935)년까지를 新羅紀, 935년부터 고려 말까지를 高麗紀로 편찬하였다.(http://blog.daum.net/ecogaea/15858973, 2013.10.22)

244) 『규원사화(揆園史話)』는 1675〈숙종 2〉년에 북애(北崖)가 저술한 단군조선의 실사로써, 서문(序文)·조판기(肇判紀)·태시기(太始紀)·단군기(檀君紀)·만설(漫說)로 나누어져 있다. 규원사화는 신시 시대를 기원전 3898년 제1대 거발환(居發桓) 환웅부터 기원전 2334년 제18대 거불단(居弗檀) 환웅까지 1565년의 역사를 가진 것으로 기술하고 있다.(북애 저, 고동영 역, 1986, 『규원사화』, 서울, 한뿌리, p.12.)

245) 『환단고기(桓檀古記)』는 1911〈광무 15〉년에 운초(雲樵) 계연수(桂延壽) 선생이 환인과 환웅 시대의 역사를 기록한 삼성기 상, 하와 단군조선의 역사를 기록한 단군세기, 고구려의 역사를 기록한 북부여기, 상고시대부터 고려까지의 역사를 기록한 태백일사의 다섯 가지 사서를 한 권으로 묶어 단행본으로 발간한 것이다. 『환단고기(桓檀古記)』에는 환국(桓國) 시대와 신시(神市) 시대 및 단군조선(檀君朝鮮) 시대로 구분하고, 환국 시대를 기원전 7197년 제1대 환인 안파견부터 제7대 지위리 단인까지 3,301년, 신시 시대를 기원전 3898년 제1대 한웅 거발한부터 제18대 거불단 단웅까지 1,565년, 단군조선 시대를 기원전 2333년 제1대 왕검부터 기원전 238년 제47대 고열가까지 2,096년의 역사를 가진 것으로 기술하고 있다.(계연수 편저, 임승국 역, 1986, 『환단고기』, 서울, 정신세계사, p.374.)

246) 『신단실기(神壇實記)』는 김교헌이 저술하여 1914년 2월 간행하였으며, 1923년 6월 재 간행된 한국의 고대사에 대한 책이다. 신인(神人) 단군(檀君)의 실기라는 뜻으로, 단군에 관한 사적과 고신도사상(古神道思想)의 자취를 내외 문헌에서 뽑아, 민족의 뿌리사상과 대종교(大倧教)의 역사적 연원을 밝힌 대종교 역사의 기본 경전이다.(http://cafe.daum.net/jongjoong/5o04. 2007.7.5.)

247) 『단군조선 47대(檀君朝鮮 47代)』는 1986년에 고동영이 저술한 것으로 환인 시대, 환웅 시대, 단군 시대로 구분하고 환인 시대를 기원전 7199년 제1대 환인 안파견(安巴堅)부터 기원전 3899년 제7대 환인 지위리(智爲利)까지 3,301년, 환웅 시대를 기원전 3898년 제1대 한웅 거발환(居發桓)부터 기원전 2334년 제18대 환웅 거불단(居弗檀)까지 1,565년, 단군 시대를 기원전 2333년 제1대 왕검부터 기원전 238년 제47대 고열가까지 2,096년, 총 6,962년의 역사를 가진 것으로 기술하고 있다.(고동영, 1986, 『단군조선 47대』, 서울, 한뿌리, pp.237~249.)

248) 『사기(史記)』는 사마천(司馬遷 : 대략 기원전 145~85)이 저술한 역사서이며, 초기에는 태사공서로 불렸다. 황제(黃帝)로부터 전한 초기인 기원전 2세기 말 한무제(漢武帝)때까지의 3000년 역사를 다루고 있으며, 기원전 109년에서 기원전 91년 사이에 쓰여 졌다. 책의 본래 명칭은 태사공기(太史公記)였으나, 후한 말기에는 현재의 이름으로 굳혀졌다. 사기의 구성은 후대 기전체 역사 서술 방식의 모범이 되었으며, 유려한 필치와 문체로 역사서로서의 가치 외에 문학서로서도 큰 가치를 가진 서적으로 평가받고 있다.(http://enc.daum.net/dic100/contents.do, 2008.6.25.)

249) 『한서(漢書)』는 중국 후한(後漢) 시대의 역사가 반고(班固, 32~92)가 기원후 92년에 저술한 역사서로 전 120권. 한고조(漢高祖) 유방(劉邦)부터 왕망(王莽)의 난(亂)까지 12대(代) 230년간의 기록으로, 12제기(帝紀)·8표(表)·10지(志), 70열전(列傳)으로 구성되었다.(http://blog.empas.com/pupu724, 2008.6.25.)

250) 『삼국지(三國志)』는 중국 진(晋)나라 서진(西晋)의 학자(學者) 진수(陳壽, 233~297))가 편찬(編纂)한 중국 고대의 삼국(三國)인 위(魏)·촉한(蜀漢)·오(吳)나라의 역사책으로 진(晉)나라의 진수(陳壽)가 지은 것을 송(宋)나라의 배송지(裵松之, 372~451)가 주해(註解)한 것으로써 위지 30권, 촉지 15권, 오지 20권으로, 전부 65권으로 구성되어 있다. 위(魏)나라를 정통(正統) 왕조(王朝)로 기술하였으며, 이 책 중 위지(魏志)의 동이전(東夷傳)에는 우리나라 고대(古代) 부족(部族) 국가 등에 대한 기록이 있어 고대사(古代史) 연구에 귀중한 참고 자료가 되며, 위서동이전(魏書東夷傳)은 서진의 진수(陳壽)가 편찬한 삼국지(三國志)의 위서(魏書)에 속해 있는 것으로 고대(古代) 동방(東方)의 여러 나라와 겨레에 관한 기록이다.(http://cafe.daum.net/baekme/2JLT/12, 2008.6.25.)

『진서(晉書)』[252]의 열전(列傳) 등 고문헌의 파편적인 기록을 분석하여 간접적으로 추정할 수밖에 없다.

그러나 중국 정사(正史)의 기록은 한족(漢族)이 우리나라 고대 국가를 중국에 조공(朝貢)을 바친 종속국(從屬國)의 관점에서 기록하였기 때문에 객관성과 진실성에 문제를 내포하고 있으며, 우리 민족의 형성·고대 국가의 발전과정·왕위의 계승·풍속·침략·조공 등에 관한 사항 위주로 서술되어 있고, 토지에 대한 과세·측량·면적 계량·도면 작성 등 지적관련 제도에 관한 기록은 거의 없다.

중국에서 역대로 내려온 정사는 〈표 1-3〉과 같이 정사 25사에 『청사고(淸史稿)』를 포함한 26종 4,042권에 달하나[253], 너무 어렵고 난해하여 전문가가 아니면 독해가 불가능한 실정이다.

따라서 국내의 여러 가지 문헌과 『원문동이전(原文東夷傳)』[254] 및 『한글동이전』[255] 등을 분석하여 우리나라 고대사의 지적관련 부분을 정리할 수밖에 없었다.

〈표 1-3〉 중국의 정사(正史) 목록

| 서 명 | 작 자 | | 각권의 편수 | 총 권수 |
|---|---|---|---|---|
| | 시 대 | 성 명 | | |
| 26史 | | | | **4,042** |
| 사기(史記) | 서한(西漢) | 사마천(司馬遷) | 本紀12, 表10, 書8, 世家30, 列傳70 | 130 |
| 한서(漢書) | 동한(東漢) | 반고(班固) | 本紀12, 表8, 志10, 列傳70, 註2 | 120 |

251) 『후한서(後漢書)』는 중국 후한(後漢)의 정사(正史)로써 남북조(南北朝) 시대에 송(宋)나라의 범엽(范曄, 398~445)이 편찬한 기전체의 역사서로 후한의 13대 196년간의 사실(史實)을 기록하였다. 기(紀) 10권, 지(志) 10권, 열전(列傳) 80권으로 되어 있는데, 이 중에서 지(志) 10권은 진(晉)의 사마표(司馬彪)가 저술한 것이다. 후한의 역사서로는 범엽 이전에 이미 『동관한기(東觀漢紀)』를 비롯하여 사승(謝承)·설형(薛瑩)·화교(華嶠)·사침(謝沈)·애산송(袁山松)·장번(張璠)·사마표(司馬彪) 등의 『후한서』가 있었는데, 범엽은 이 저술들을 바탕으로 하여 독자적 견해로 이 책을 쓴 것이다. 또한, 범엽 이전의 저술들은 모두 일실되고 없는 형편이어서 이 책이 『후한서』의 정사(正史)로 되어 있다.(http://ref.daum.net/item/11111029, 2008.6.25.)

252) 『진서(晉書)』는 서지(西晉)·동진(東晉)의 두 왕조 및 오호십육국(五胡十六國)의 역사를 기록한 정사의 하나로써 644년에 편찬하였다. 진조(晉朝)의 기록은 소위 18가진서(家晉書)를 비롯하여 20여종이 있었으나 모두 불충분하다고 하여 당태종의 칙명에 의하여 방현령을 필두로 저수량, 허경종 등 3명이 감수하고 당시 저명한 문인이 분담 집필하여 장영서(藏榮緖)의 진서 110권을 중심으로 여러 책을 모아 644년에 편찬한 것이 본서이다. 진서(晉書)는 태종어찬(御撰)이라고도 하는데 이것은 선제(宣帝)·무제(武帝)의 두 본기와 육기(陸機)·왕희지(王羲之)의 두 전(傳)의 논(論)을 태종 자신이 썼기 때문이다. 구성은 본기(本紀) 10권(서진 5권, 동진 5권), 지(志) 20권(천문3권, 지리 2권, 율력 3권, 예 3권, 악 2권, 직관 1권, 여복 1권, 식화 1권, 오행 3권, 형법 1권), 열전(列傳) 70권(모두 772명이 있으며 유전(類傳)이 많다.), 재기(載記) 30권으로 이중 오호십육국의 기록인 재기는 다른 정사에는 예가 없다. 처음으로 재기라는 양식이 정사에 나타난 것이며, 5호십육국에 관한 기록으로써 진나라 시대를 이해하는데 도움이 된다.(http://ref.daum.net/item/11532553, 2008.6.25.)

253) 평구송·김재선 편저, 1996, 『원문동이전』, 서울, 서문문화사, p.11.

254) 평구송·김재선 편저, 1996, 위의 책, 1996.

255) 김재선·임애경, 이경 역편, 1999, 『한글동이전』, 서울, 서문문화사.

| 후한서(後漢書) | 유송(劉宋) | 범엽(范曄) | 本紀10, 列傳80, 志30, 註3 | 130 |
|---|---|---|---|---|
| 삼국지(三國志) | 서진(西晉) | 진수(陳壽) | 魏書 : 기4, 列傳26,<br>蜀書 : 列傳15, 吳書 : 列傳20 | 65 |
| 진서(晉書) | 당(唐) | 방형령(房玄齡) 등 | 本紀10, 志20, 列傳70, 載記30 | 65 |
| 송서(宋書) | 량(梁) | 심약(沈約) | 本紀10, 志30, 列傳60 | 100 |
| 남제서(南齊書) | | 소자현(蕭子顯) | 本紀8, 志11, 列傳40 | 59 |
| 양서(梁書) | 당(唐) | - | 本紀6, 列傳50 | 56 |
| 진서(陳書) | | 요사렴(姚思廉) | 本紀6, 列傳30 | 36 |
| 위서(魏書) | 북제(北齊) | 위수(魏收) | 本紀12, 志20, 列傳98 | 130 |
| 북제서(北齊書) | 당(唐) | 이백락(李百樂) | 本紀8, 列傳42 | 50 |
| 주서(周書) | | 영호덕분(令狐德芬) 등 | 本紀8, 列傳42 | 50 |
| 수서(隋書) | | 위징(魏徵) 등 | 本紀5, 志30, 列傳50 | 85 |
| 남사(南史) | | 이연수(李延壽) | 本紀10, 列傳70 | 80 |
| 북사(北史) | | | 本紀12, 列傳88 | 100 |
| 신당서(新唐書) | 북송(北宋) | 구양수(歐陽修),<br>송기(宋祁) | 本紀10, 志50, 表15,列傳150 | 225 |
| 신오대사(新五代史) | | 구양수(歐陽修) | 本紀12, 列傳45, 考3, 世家10, 10國<br>世家年報1, 四夷 附錄3 | 74 |
| 송사(宋史) | 원(元) | 탈탈(脫脫) 등 | 本紀47, 志162, 表32, 列傳255 | 496 |
| 요사(遼史) | | | 本紀30, 志32, 表8, 列傳45, 國語解 | 116 |
| 금사(金史) | | | 本紀19, 志39, 表4, 列傳73 | 135 |
| 원사(元史) | 명(明) | 송렴(宋濂) 등 | 本紀47, 志58, 表8, 列傳97 | 210 |
| 명사(明史) | 청(淸) | 장정옥(張廷玉) 등 | 本紀24, 志75, 表13, 列傳220 | 332 |
| 구당서(舊唐書) | 후진(後晉) | 유구(劉昫) 등 | 本紀20, 志30, 列傳150 | 200 |
| 구오대사(舊五代史) | 북송(北宋) | 설거정(薛巨正) 등 | 本紀61, 志12, 列傳77 | 150 |
| 신원사(新元史) | 근인(近人) | 가소민(柯劭忞) | 本紀26, 表7, 志70, 列傳154 | 257 |
| 청사고(淸史稿) | 근인(近人) | 조이손(趙爾巽) 등 | 本紀25, 志142, 表53, 列傳316 | 536 |

출처 : 팽구송 · 김재선 편저, 1996, 『원문동이전』, 서울, 서문문화사, pp.14~16.

## 1.1 고조선

원시 시대는 인간이 사용했던 도구에 따라 구석기 · 신석기 · 청동기 시대로 구분하며, 우리나라도 이와 같은 단계를 거쳐 발전하였다.

청동기 시대에는 농업이 본격화되고 농업생산력이 늘어나면서 원시 공동체 사회가 해체되고 사유재산이 발생하고 계급이 생겨나게 되었으며, 이것이 고대국가의 성립으로 이어졌다.

농경과 청동기문화에 바탕을 두고 성립한 고조선(古朝鮮)은 우리나라 최초의 고대 성읍국가(城邑國家)[256]로서 기원전 2333년에 단군(檀君)이 세웠다는 단군조선(檀君朝鮮)과 기자조선(箕子朝鮮) 및 기원전 108년 중국의 한(漢)나라에 의해 멸망된 위만조선(衛滿朝鮮)을 모두 포함하는 것으로 이해하는 것이 역사학계의 일반적인 견해이다.

『규원사화』의 조판기(肇判記)[257]의 첫머리에 "아주 오랜 옛날 음양(陰陽)이 갈라지지 않고 홍몽한 채 오래 닫혀 있었다. 하늘과 땅은 혼돈하여 아직 나누어 지지 않았고, 귀신도 매우 슬퍼하고 해와 달과 별들도 잡것에 쌓여 질서가 없었다. 바다도 흐리고 깊어 많은 생물들의 자취를 찾을 길 없었고, 우주는 단지 암흑의 큰 덩어리일 뿐이었다. 물과 불은 잠시도 쉬지 않고 서로 밀치기를 수백만 년이었다.

하늘에는 한 큰 주신(主神)이 있었는데, 그를 환인(桓因)이라 하였다. 온 세상을 다스리는 많은 지혜와 능력을 갖고 있었으나, 그 형체는 나타내지 않고 가장 높은 하늘에 자리 잡고 있었다. 그가 있는 곳은 수만리나 떨어진 곳이지만 언제나 환하게 빛나고, 그 아래에는 다시 수많은 작은 신〈小神〉들을 거느리고 있었다. "환(桓)이란 광명(光名), 곧 환하게 빛나는 것으로 그 형체를 말하는 것이며, 인(因)이란 본원(本源)이니 곧 근본이며 만물이 이것으로 말미암아 나는 것을 뜻하는 것이다.[258]"라고 기록되어 있다.

그리고 "한 큰 주신은 환웅천황에게 명을 내려 "이제 사람과 그 밖에 만물을 다 만들었으니, 너무 아끼지 말고 무리를 이끌고 인간 세상으로 내려가 하늘을 이어받아 가르침을 세우고, 만세도록 후손의 모범이 되게 하라."하였다. 이어 천부인(天符印)[259] 세 개를 주며 말하기를 "이것을 가지고 가서 천하에 펴라."고 하였다. 환웅천황은 기쁘게 명을 받들어 천부인 셋을 가지고 풍백(風伯)과 우사(雨師) 및 운사(雲師)[260] 등 삼천 명의 무리를 이끌고 태백산(太伯山)의 박달나무〈檀木〉아래로 내려왔다.

모든 무리들이 천황을 임금〈君長〉으로 추대하니 이분이 곧 신시씨(神市氏)이다. 초목과 금사가 생긴 후 또 십만 년이 지났다.[261]고 기록되어 있으며, 환웅천황은 고조선 시

256) 성읍국가(城邑國家)라 함은 원시사회부터 고대국가의 성립까지의 과정에서 나타나는 과도적 단계의 국가체제를 규정한 개념으로써 종래 역사학계에서는 '부족국가'(部族國家)란 개념을 사용했으나, 1970년대 초에 부족국가라는 개념을 비판하면서 '성읍국가'라는 개념을 사용하기 시작했다.(http://enc.daum.net/dic100/contents, 2008.7.17.)

257) 조판기(肇判記)라 함은 성경의 창세기(創世記)와, 일본서기(日本書紀)의 천지개벽(天地開闢)의 내용과 거의 같은 것으로, 조판(肇判)이란 말 자체가 세상을 처음 연다는 말이니, 창세와 같을 뿐 아니라 천지개벽과도 같으니 그 내용도 같을 수밖에 없을 것이다.

258) 북애 저, 고동영 역, 1986, 『규원사화』, 서울, 한뿌리, p.9.

259) 천부인(天符印)이라 함은 신령스러운 물건〈신기, 神器〉으로써 청동검 · 청동거울 · 청동방울을 말하며, 검(劍)은 무력을 상징하고, 거울은 권위와 카리스마를, 방울은 천상세계와의 소통 수단을 상징한다.(『조선일보』, 2013.12.30, A33.)

260) 풍백(風伯)과 우사(雨師) 및 운사(雲師)는 고조선 시대 최초의 관직으로 풍백은 임금 다음의 최고 관직이며, 그 밑에 우사와 운사가 풍백의 지시를 받았을 뿐만 아니라 독자적인 고유사무를 가지고 있었다.(김종현, 1977.4, "한국지적제도 변천사(1)", 『지적』, 대한지적공사, p.80.)

대 최초의 관직인 풍백·우사·운사 등 재상(宰相)을 거느리고 그 하부기관으로 가(加)라는 관직을 설치하고 통치하였는데,[262] 풍백 석제라(釋提羅)를 시켜 새와 짐승과 벌레와 물고기의 해를 제거하도록 하였으며, 우사 왕금영(王錦營)으로 하여금 사람이 살 곳을 만들게 하고 소·말·개·돼지·독수리·호랑이 등의 짐승을 모아 목축 이용을 관장케 하고, 운사 육약비(陸若飛)로 하여금 남녀 혼례의 법을 정하게 하였다.[263]

규원사화의 태시기(太始記)에는 "신시씨가 세상에 내려온 지가 수천 년이다. 백성들과 산물이 늘어나고 지역이 더욱 넓어져서 다시 형벌을 주관하게 하고 병사를 주관하게 하며 선과 악을 주관하게 하며 백성을 감독할 직책을 두었다. 짐승으로 지칭되는 관명으로는 호가(虎加)·우가(牛加)·마가(馬加)·응가(鷹加)·노가(鷺加)라 부르는 성을 가진 자들이 있었다. 이는 당시의 백성들이 소·말·개·돼지 등 짐승을 기르는 것을 생업으로 삼았기 때문이다. 범과 매와 해오라기는 나라 안에 사는 짐승들로써 이것으로 관직의 성격을 나타냈다.[264]"고 기록되어 있어 "호가·우가·마가·응가·노가"라는 관직명이 등장하고 있으며, 규원사화의 단군기(檀君記)에는 "신시씨는 동방인류의 조상으로 아주 오랜 옛날 나라의 기틀을 잡았기 때문에 단군이전의 성인이다.[265]"라고 기술하고 있다.

그리고 배달국 환웅천황(기원전 3898~기원전 3805)은 신지(神誌, 벼슬이름) 혁덕(赫德)에게 명하여 녹도문〈鹿圖文[266] : 神誌文字, 사슴 발자국 모양〉을 창제도록 하였으며[267], 녹도문은 한자의 모태라고 하는 갑골문자의 모태가 되는 문자로써, 수메르의 설형문자〈기원전 3500년경〉, 이집트의 신성문자〈상형문자, 기원전 3200~기원전 3100년경〉 보다 몇 세기 앞서는 세계 최초의 문자이다.[268]

신라 최치원(崔致遠)이 신지(神誌)가 쓴 비석을 보고 다시 한자로 옮겨 세상에 전하게 되었으며,[269] 환단고기 태백일사(太白逸史) 소도경전본훈(蘇塗經典本訓)에 "환웅천황께서 신지 혁덕(赫德)에게 명하여 녹도(鹿圖)의 글로써 천부경(天符經)[270]을 기록케 하였

261) 북애 저, 고동영 역, 1986, 위의 책, pp.11~12.
262) 최남선, 1948, 『조선상식』, 제도편, p.12. ; 김종현, 1977.4, "한국지적제도 변천사(1)", 『지적』, 대한지적공사, p.80. ; 정시채, 1985, 『한국행정제도사』, 서울, 법문사, p.18. 재인용.
263) 계연수 편저, 임승국 역, 1986, 『환단고기』, 서울, 정신세계사, p.170.
264) 계연수 편저, 임승국 역, 1986, 위의 책, p.17.
265) 계연수 편저, 임승국 역, 1986, 위의 책, p.31.
266) 녹도문(鹿圖文)이라 함은 신시본기에 의하면 환웅천황이 신지(神誌) 혁덕(赫德)에게 문자를 만들라고 하였다. 혁덕은 사슴 발자국을 보고 생각이 떠올라 만가지 물건의 모양을 살펴 깨달음이 있어 문자를 만들었다. 이것이 태고문자의 시작이라고 할 수 있으며, 상형문자의 일종이다. 경남 남해군 낭하리(廊河里) 계곡과 만주 길림성 경박호(鏡珀湖) 선춘령(先春嶺)과 부오소리(夫烏蘇里)의 암석에 그때 새겨 놓은 것으로 보이는 글이 남아있다.
267) 계연수 편저, 임승국 역, 1986, 위의 책, p.169.
268) http://cafe354.daum.net/_c21_/bbs_search_read.(2008.3.5.)
269) 고동영, 1986, 『단군조선 47대』, 서울, 한뿌리, p.14.

다."[271]고 한 것을 보면 그 당시에 [그림 1-52]와 같은 녹도란 문자가 있었음을 알 수 있다.

주 : 왼쪽부터 낭하리 고각, 영변지에 실린 녹도문, 창힐문자, 요녕성 여대시 윤가촌에서 출토된 고조선 토기의 문자
출처 : http://cafe.daum.net/upgradehanryu/3U5l/15.(2008.6.24.)

[그림 1-52] 녹도문(鹿圖文)

기원전 2181〈경자, 단군조선 제3대 가륵 2〉년에 "아직 풍속이 하나같지 않았다. 지방마다 말이 서로 다 틀리고 형상으로 뜻을 나타내는 참글〈녹도문〉이 있다 해도 열 집 사는 마을에도 말이 통하지 않는 경우가 많고 백리 되는 땅의 나라에서도 글을 서로 이해하기 어려웠다. 이에 삼랑 을보륵(乙普勒) 박사에게 명하여 [그림 1-53]과 같은 국문정음(國文正音) 38자를 만들어 이를 가림토(加臨土) 문자라 하니 그 글은 다음과 같다.(庚子二年時俗尙不一方言相珠有象形表意之眞書十家之邑語多不通百里之國字難相解於是命三郞乙普勒譔正音三十八字是爲加臨土其文曰)"[272]고 기술하고 있다.

따라서 우리 민족은 한반도와 만주지역을 포함한 우리나라의 고대사회 즉 고조선이 개국되기 훨씬 전인 신시배달 건국 때부터 이미 녹도문과 가림토 문자를 창제하여 문자생활을 영위한 것으로 추정된다.

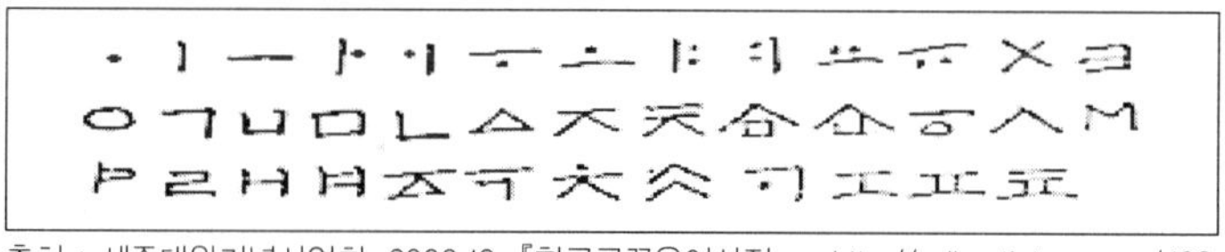

출처 : 세종대왕기념사업회, 2000.12.『한글글꼴용어사전』, ; http://gdlsg.tistory.com/426.(2013.9.10)

[그림 1-53] 가림토(加臨土) 문자

대야발(大野勃)이 저술하였다는『단기고사(檀奇古史)』는 발해(渤海)의 건국 시조인 대조영(大祚榮)의 아우 반안군왕(盤安君王)인 대야발(大野勃)이 임금의 명을 받들어 사해에 널려 있는 사서를 수집하고 석실(石室)에 있는 장서와 옛 비문과 역사적 평론 등을 참

270) 천부경(天符經)이라 함은 대종교의 기본 경전으로써, 환웅이 사람을 널리 이롭게 하려고 천부인 세 개를 가지고 와서 교화할 때 우주 창조의 이치를 풀이한 81자로 된 참결을 말한다.
271) 계연수 편저, 임승국 역, 1986, 위의 책, p.233.
272) 계연수 편저, 임승국 역, 1986, 앞의 책, pp.67~68.

고하다가 돌궐국〈터어키〉에 까지 두 번씩이나 들어가 고적을 탐사하여 의심되는 것은 빼고 있었던 일만을 기록하여 13년이 걸려 729년 천통(天統) 31년에 완성한 단군조선과 기자조선의 실사이다.

『단기고사』는 제1편 전 단군조선(前 檀君朝鮮 : 제1세 단제(檀帝)~제25세 단제), 제2편 후 단군조선(後 檀君朝鮮 : 제25세 단제~제47世 단제), 제3편 기자조선(箕子朝鮮 : 제1세 기자(箕子)~제42세 기자)으로 구성되어 있다.

고조선이라는 명칭은 고려 제25대 충렬왕(忠烈王, 재위 기간 : 1274~1308) 때의 명승 보각국사(普覺國師) 일연(一然 : 1206~1289)이 신라・고구려・백제 3국의 유사(遺事)를 모아서 지은 역사서(歷史書)인 삼국유사(三國遺事)에서 단군신화(檀君神話)[273]에 나오는 조선(朝鮮)을 위만조선(衛滿朝鮮)과 구분하려는 의도에서 처음 사용하였고, 그 뒤에는 조선의 태조 이성계(李成桂, 재위 기간 : 1392~1398)가 세운 조선과 구별하기 위해서 널리 쓰였다.

고조선이 중국의 기록에 처음으로 나타나기 시작한 것은 기원전 7세기에 산동지방의 제(齊)나라에서 편찬된『관자(管子)』라는 책인데, 여기에는 제나라가 조선과 교역했다는 사실이 기록되어 있어서, 고조선은 국제적으로 활동하던 당당한 국가였음을 알 수 있으며, 기원전 6세기경에는 공자(孔子)가 뗏목을 타고 구이(九夷 : 朝鮮)로 망명하고 싶다는 말을 할 정도로 조선은 중국에 알려졌다.[274]

그러나 고조선 시대에 토지에 대한 면적을 계량하거나 경작자 등을 기록하는 지적관련 제도가 있었다는 것은 전해오는 사료가 없기 때문에 정확하게 규명할 수는 없지만 단기고사・삼국사기・삼국유사 등의 고문헌을 통해서 간접적으로 추정할 수밖에 없다.

### 1.1.1 단군조선

단군의 건국에 관한 기록은『삼국유사(三國遺事)』를 비롯하여『제왕운기(帝王韻紀)』・『응제시주(應製詩註)』・『세종실록지리지(世宗實錄地理志)』・『동국여지승람(東國輿地勝覽)』 등에 나타나고 있는데, 그 중『삼국유사』가 가장 오래된 책으로 단군왕검에 대한 최초의 기록이 있다.[275]

---

273) 단군신화(檀君神話)는 단군의 출생과 즉위 및 고조선의 건국에 관한 신화를 말하며,『삼국유사』・『제왕운기』・『세종실록지리지(世宗實錄地理志)』・『동국여지승람(東國與地勝覽)』 등에 실려 전하고 있다.(http://k.daum.net/que/, 2008.1.20.) ;『조선일보』, 2013.10.3, A27.) 건국신화는 일반적으로 은유와 과장이 많으나 속뜻을 헤아려 보면 당시의 건국과정과 사회상을 파악할 수 있다.

274) 한영우, 2003,『다시 찾는 우리역사』, 서울, 경세원, p.79.

275) 이현희, 교양국사연구회 엮음, 2003, 앞의 책, p.35. ;『조선일보』, 2014.9.29, A30.

단군이란 박달임금을 뜻하는 것으로, 신시씨(神市氏)가 단목(檀木) 아래에 내려오고 환검신인(桓儉神人)이 다시 단목 아래에서 임금의 자리를 이어 받았기 때문에 단(檀)으로써 나라 이름을 삼은 것이며, 단군이란 임금이라는 뜻이다.

우리말에 "단"이란 박달이라고도 하며 혹은 백달〈白達, 배달〉이라고도 한다. 그리고 임금을 임검이라 하는데 당시에는 한자가 없었기 때문에 백달임검이라고 한 것이다.[276]

단군신화에는 환인(桓人)・환웅(桓雄)・단군(檀君) 등 삼신이 등장한다. 환인은 곧 천신(天神), 즉 우주를 창조한 하느님을 말하며, 아들 환웅을 무리 3천을 거느리고 태백산 아래로 내려 보내 신단수 아래에 도읍을 정하였는데 이를 신시(神市)라고 하였다. 환웅은 나라를 세우고 곡식・생명・질병・선악・형벌 등을 주관하면서 인간 세계를 다스려 교화시켰으며, 이때 사람이 되기를 원하는 곰과 호랑이에게 쑥과 마늘을 주면서 백일동안 햇빛을 보지 말고 동굴 속에서 생활하라고 하였으나, 호랑이는 시련을 참지 못하여 나가고 곰은 여자로 변신한 웅녀(熊女)가 되어 환웅과 결혼하여 단군을 낳았는데, 중국의 요(堯) 임금이 즉위한지 50년이 되는 경인년에 단군이 조선이라는 나라를 세워 우리 민족의 시조가 되었는데 단군은 죽지 않고 1,908년간 살다가 아사달(阿斯達)에서 산신(山神)이 되었다고 한다.

이 신화는 한국 종교의 특징을 집약하고 있는데, 첫째는 우리민족의 조상이 하느님이라는 천손의식(天孫意識)이 들어 있고, 둘째는 홍익인간의 도덕정신(道德情神)이 깃들여 있으며, 셋째는 인간은 죽지 않고 영생불사 한다는 낙천성(樂天性)이 들어 있으며, 마지막으로 환인・환웅・단군은 각기 천지인(天地人)을 대표하는 신으로서 합치면 하나요 나누면 셋이라는 삼신일체사상(三神一體思想)이 반영되어 있다.[277]

그리고 단군신화는 단군의 출생과 즉위 및 고조선의 건국과 관련된 일련의 역사적 사건들을 신화적으로 정리한 것으로 우리 역사상 최초의 국가로 등장한 고조선에 관한 것인 만큼 오늘날에는 민족 전체의 국조신화(國祖神話)로 여겨지고 있으며 신화의 주인공인 [그림 1-54]와 같은 단군왕검(檀君王儉)은 우리 민족의

출처 : http100.naver.com100.nhntype.(2008.3.28.)

[그림 1-54] 단군왕검의 청동상

276) 북애 저, 고동영 역, 1986, 앞의 책, p.33.
277) 한영우, 2003, 앞의 책, p.76.

시조(始祖)로 모셔지고 있다.

현재 우리에게 전하는 신화는 과거의 어떤 특정한 시점에서 완전한 형태로 정착된 것이 아니며 오랜 세월을 변천하면서 내용의 일부가 소멸하기도 하고 첨가되기도 하여 오늘에 이른 것이며, 지구상의 모든 민족과 나라는 저 나름의 아름다운 신화를 가지고 있다.

따라서 학자들 사이에는 신화의 내용을 허구로 인식하여 단군신화와 관련된 고조선의 존재조차도 부정하는 견해로부터 신화의 내용을 그대로 역사적 사실로 믿어야 한다는 주장 및 단군을 실제 인물이라고 주장하는[278] 등 의견이 다양하다.[279]

13세기에 편찬된 일연(一然)의 『삼국유사』와 이승휴의 『제왕운기』에서 단군조선(檀君朝鮮)을 한국 최초의 국가로 기록한 이후 조선왕조에서는 이를 정설로 받아들였다. 그러나 단군조선을 과학적으로 입증할 만한 고고학 자료가 없고 문헌자료 또한 신화를 토대로 기록된 것이어서 이에 의문을 표시하는 학자도 적지 않았다. 그래서 단군조선 대신 고조선(古朝鮮)이라는 호칭을 널리 쓰고 있으나, 신화나 문헌기록도 그 나름의 가치가 있으므로 7백년 간 정설로 되어온 단군조선의 호칭을 부활하는 것이 바람직하다고 본다.[280]

1993년 10월에 북한의 조선사회과학원은 평양시 강동군(江東郡) 강동읍 대박산(大朴山)에서 예로부터 단군의 능이라고 전해 내려오는 단군릉(檀君陵)을 발굴하여 단군의 실체를 확인하였다고 발표하였다. 따라서 북한의 단군릉 발굴로 신화로만 여겨져 왔던 단군조선에 대한 본격적인 연구가 이루어지고, 단일 민족론이 더욱 강화될 것으로 예상되며, 강화도 마니산(摩尼山)에 단군이 하늘에 제사를 지내기 위하여 쌓았다고 하는 참성단(塹星壇)[281]이 있다고 하는 사실(史實)을 『세종실록지리지(世宗實錄地理志)』와 『고려사(高麗史)』가 전하고 있어 단군을 종교적인 차원이 아니라 민족적인 차원에서 이해하고 받아들여야 한다.[282]

그리고 1948년에 제정한 연호에 관한 법률(1948.9.25 법률 제4호)에 "대한민국의 공용연호(公用年號)는 단군기원(檀君紀元)으로 한다."고 규정하였으며, 1949년에 제정한 「국경일에 관한 법률」(1949.9.25. 법률 제4호) 제2조에 단군께서 일년 중에 가장 좋은

278) 최태영, 1993, 『한국상고사』, 서울, 유풍출판사, p.16. ; 리진호, 1999, 『한국지적史』, 서울, 도서출판 바른길. pp.45~46. 재인용.

279) http://kin.naver.com/open100.(2008.1.20.)

280) 한영우, 2003, 앞의 책, p.75.

281) 참성단(塹星壇)은 경기도 강화군 마니산 산정에 있는 제단으로 사적 제36호로 지정되어 있으며, 『세종실록지리지(世宗實錄地理志)』에 처음 보인다. 이에 의하면, 참성단은 참성단(塹星壇)으로 기록되고, 세상에 전하기를 단군이 하늘에 제사지내던 석단(石壇)으로써, 위는 네모지고 아래는 둥글며, 높이는 10척, 석단 위의 네 면은 각각 6.6척, 아래 너비는 15척이라고 되어 있다. 이와 비슷한 기록은 『고려사 지리지(高麗史地理志)』에도 보인다. 참성단은 세월이 지나면서 허물어져서 1639〈인조 17〉년과 1700〈숙종 26〉년에 두 차례에 걸쳐 개수하였다고 한다.(http://www.cha.go.kr/korea/heritage/search/, 2008.7.17.)

282) 이형구, 1999, 『단군과 고조선』, 서울, 살림터, p.9.

달로 정하여 상달이라 하셨고, 365일중 가장 좋은 날인 10월 중 셋째 날을 정하여 우리 민족 최초로 국가를 세운 개국일(開國日)인 10월 3일 "개천절(開天節, 하늘이 열린 날)"을 국경일로 규정하여 삼일절・제헌절・광복절・한글날과 함께 5대 국경일이 되었다.

따라서 개천절은 우리 민족 오천년 역사의 시원을 단군조선으로 여기는 기념일로써 실증적인 역사의 기록으로 인증하기는 어렵되 모든 민족사의 정신과 기록에서 민족의 기원으로 삼고 있다는 점만은 분명하다.[283)]

단군왕검(檀君王儉, 재위 기간 : 기원전 2333~기원전 2241, 93년)은 임금의 자리에 있은 지 90여 년 동안 천하가 크고 넓어 그 즐거움을 누릴 겨를이 없었다. 그러다가 부루에게 명하여 임금의 자리를 이어받게 하고 이르기를 "하늘의 도〈天道〉가 밝아 네 마음에 내려와 있으니 오직 네 마음을 잡고 모든 백성을 사랑하는 일에 지성을 다하라."하고 남으로 당장(唐莊)에 가서 아사달에 들어가 살면서 10월에 신이 되어 하늘로 올라갔다. 이리하여 부루가 모든 가(加)와 제후를 거느리고 하늘로 올라가신 자리에서 제사 드리고 신축년(辛丑年)에 평양에서 왕위에 오르니 곧 2세(二世) 단군이다.[284)]

단군조선의 도읍지에 대하여는 학계의 통일된 정설이 없으며, 다음과 같은 세 가지의 학설이 있다.[285)]

첫째, 재 요녕성(遼寧省)설로 고조선의 중심지가 계속 요녕성 지방에 있어서 고조선의 멸망까지 요동이라는 주장으로 주로 북한학계의 학설이었으나, 1993년 단군릉의 발굴을 경계로 재 평양설을 취하고 있다.

둘째, 재 평양(平壤)설로 여러 문헌에서 낙랑군 조선현의 위치가 대동강 이남에 있다는 것을 기초로 하는 학설로써 주로 남한학계의 학설이다.

셋째, 중심지이동(中心地移動)설로 원래 중심지는 요녕성이었으나 연나라 소왕과의 전쟁으로 크게 땅을 잃어 수도를 평양으로 옮겼다는 학설이다. 이러한 근거로는 고조선 역사의 시기에 비파형 동검에서 세형동검으로 변화하였는데 평양에선 고조선 후기의 유물인 세형동검만이 출토되었고, 요녕성 지방에선 고조선 초기의 유물인 비파형 동검이 대량으로 출토되었기 때문이다. 따라서 연나라와의 세력다툼에서 패한 고조선은 그 중심지를 요녕성 지역에서 평양으로 옮겼다는 것이다.

그러나 처음부터 망할 때까지 오늘날의 평양을 중심으로 한 대동강 유역의 아사달(阿斯達)에 도읍을 정한 것으로 보며,[286)] 고조선은 청동기문화의 발전을 기반으로 성장했으

283) 이명수・심상협, 2013, 『국민 여러분과 함께 대한의 내일을 묻다』, 대전, 기획출판 오름, pp.104~105.
284) 북애 저, 고동영 역, 1986, 앞의 책, p.69.
285) http://mybox.happycampus.com/people81/602372.(2008.6.25.)
286) http://k.daum.net/qua/search.(2008.1.20.)

며 애초부터 국가의 형태를 띠고 출현한 것은 아니었다. 남만주와 한반도 서북지방에 걸쳐 분포하던 여러 세력 집단들이 청동기문화의 난숙(爛熟)과 철기문화의 보급이라는 과정 속에서 이합집산과 통합과정을 거치면서 국가를 형성하였다.[287)]

기원전 295년 계묘년은 단군조선의 마지막 제47대 임검 고열가(古列加, 재위 기간 : 기원전 295~기원전 238, 58년) 원년이다. 임금이 처음 왕위에 오른 때는 국가의 재정을 충당하지 못하여 봉가(鳳加)가 나라 안에서 세금을 바치는 것과 백성들이 보내는 곡식으로 간신히 충당해 나갔다.

임금이 여러 가(加)들과 의논하여 말하기를 "우리 황조께서 나라를 세워 만세 후손들의 모범이 되어 왔는데 이제 왕실이 점차 쇠약해지고 제후가 점점 강해져서 외방의 제후(諸侯) 중에 명을 받드는 자가 없다. 비록 분열된 백성이라도 열성으로 가르침을 배우며 충성을 하는데, 오로지 내가 덕이 부족하여 그 가르침과 위풍을 세우지 못하므로 덕이 있는 사람에게 이 자리를 물려주고자 한다."며 성손(聖孫)을 고루 보아도 사람이 없었다. "내가 당장경(唐莊京)으로 옮겨 아사달에 들어가 선성(先聖)의 신령을 평안하게 받들겠다." 고 하였다. 모든 가(加)들이 슬퍼하며 따랐는데 임금이 이에 제기(祭器)를 받들고 당장경에서 피해 살다가 마침내 아사달에 살 곳을 정하니 근처의 많은 백성들이 그의 뒤를 따랐다. 모두들 집을 당장경에 정하므로 나라는 없어지고 말았다.[288)]

단기고사(檀奇古史)에 단군조선은 기원전 2333년에 단군왕검이 나라를 연 후 제47대 고열가를 마지막으로 멸망하기까지 2,096년간 지속되었다고 기술되어 있다.

### 1.1.2 기자조선

기자조선(箕子朝鮮)은 기원전 1100년경에 중국의 은나라가 주나라에 의하여 망하자 은나라 귀족이던 기자(箕子)가 5천여 명의 지식인과 기술자들을 데리고 조선으로 와서 왕이 된 다음에 시서예악(詩書禮樂)을 발전시키고 정전제(井田制)와 8조교(八條敎)를 실시했다고 하며,[289)] 기원전 194년 연나라의 위만(衛滿)에게 왕위를 빼기기 전까지 900여년 지속되었다고 하는 왕조를 말한다.

기자가 조선에 와서 왕이 되었다는 사실을 전하고 있는 역사책은 복생(伏生)의 『상서대전(尙書大傳)』과 사마천의 『사기(史記)』 · 반고의 『한서(漢書)』 등이 있다.

『후한서(後漢書)』에 "예와 옥저와 고구려는 본래 모두 옛 조선의 땅이다. 옛날 주나라

---

287) http://enc.daum.net/dic100/contents.do.(2007.12.20.)
288) 북애 저, 고동영 역, 1986, 앞의 책, p.89.
289) 한영우, 2003, 『다시 찾는 우리역사』, 서울, 경세원, p.79.

무왕이 기자를 조선에 봉하였고 기자는 그들에게 예의와 농사짓는 법과 누에치는 법을 가르쳤고, 8조금법〈八條之敎〉을 만들어서 가르쳤다.(濊及沃沮, 句麗, 本皆朝鮮之地也, 昔武王封箕子於朝鮮, 箕子教以禮義田蠶, 又制八條之敎)"[290]고 기록되어 있다.

기자조선에는 8조금법(八條禁法)이 있어서 국민의 생명・신체・재산・정조 등 사회의 안녕과 질서를 유지하여 왔는데, 이것은 당시부터 법률제도가 확립되고 관제가 점차 발전하여 온 것을 의미한다.

그러나 8조금법은 불행히도 전문이 전해오지 않고 다음 3개 조문만이 『한서지리지(漢書地理志)』에 전해오고 있다.[291]

① 사람을 죽인 자는 즉시 사형에 처한다.(相殺, 以當時相殺)

② 남의 신체를 상해한 자는 곡물로써 갚는다.(相傷, 以穀償)

③ 남의 물건을 절취한 자는 원칙상 노예가 되나 자속하려는 자는 매인당 50만전을 배상해야 한다.(相盜者, 男沒入爲其家奴, 女子爲婢, 欲自贖者, 人五十萬)

그러나 사서마다 내용이 조금씩 다르며, 그 밖의 기자에 관한 기록들은 모두 이들 세 사서에 그 유래와 근거를 두고 있다.

고려 숙종 7〈1102〉년에 평양에 기자사당이 세워졌고, 명종 8〈1178〉년에 기자묘에 유향전(油香田) 50결이 배당 되었으며, 충숙왕 12〈1325〉년에 평양에 기자사당이 세워졌고 공민왕 5〈1356〉년에 이를 다시 증수하였음은 기자 존숭(尊崇)이 국가적 행사가 되었음을 뜻한다.

고려와 조선 후기까지 기자조선의 실체를 부정하는 의견은 없었다. 그러나 해방 이후 학계에서는 기자조선의 실체를 부정하는 기자부정론이 통설을 이루고 있으나, 이는 기자조선에 대한 엄밀한 학문적 연구 성과의 결과라기보다는 이민족인 중국인이 기자조선을 건국했다는 사실을 받아들일 수 없다는 감정적 차원에서였으며, 기자조선을 부정할 경우 단군조선도 부정될 위험성을 지니게 된다.[292]

### 1.1.3 위만조선

위만조선(衛滿朝鮮)은 기원전 194년에 중국 춘추전국 시대 연나라에서 기자조선으로 1천여 명의 무리를 이끌고 망명한 위만(衛滿)[293]을 준왕〈準王, 재위 기간 : 미상〉이 덕으로

290) 김재선・임애경, 이경 역편, 1999, 앞의 책, p.45. ; 『후한서』 권85, 동이열전 제75, 예 ; 팽구송・김재선 편저, 1996, 앞의 책, p.55. 재인용.

291) 정시채, 1985, 앞의책, p.22.

292) 이덕일, 2005, 『교양한국사』, 서울, 휴맨이스트, pp.66~71.

293) 위만(衛滿)은 동이족이었고, 순수하게 태어난 곳이 중국일 뿐 조선의 사람들과 동질성을 스스로 가지고

받아주었으며, 위만은 준왕의 신임을 얻어 서쪽 변경을 수비하는 임무를 맡았고, 박사〈博士, 地方長官職〉에 임명하여 서변백리(西邊百里)의 땅을 봉하여 주었다. 그러나 위만이 망명 집단을 이끌고 몰래 세력을 기른 뒤 준왕을 배반하고 왕검성을 쳤으며, 스스로 만왕(재위 기간 : 기원전 194~미상)이 되어 위만조선을 건국하였다. 우리나라 역사상 무력으로 왕위를 찬탈한 최초의 쿠테타가 일어난 것이다.[294)]

사기(史記) 115 조선열전(朝鮮列傳) 제55에 "위만은 천여 명의 무리를 모아 동쪽 요새 밖으로 나와 패수를 건너서 진(秦)나라의 빈 땅 상하장에 망명했다. 그들은 이곳에서 상투를 틀고 만이(蠻夷)의 옷을 입고 살다가 진번·조선·연·제나라 지역에서 온 많은 망명자들을 복속시켜 왕이 되고 왕검을 도읍지로 정하였다.(滿亡命, 聚黨千餘人, 魋結(퇴결) 蠻夷服耳東走出塞, 渡浿水, 居秦故空地上下鄣, 稍役屬眞番, 朝鮮蠻夷及故燕 齊亡命者王之, 都王險)"[295)]고 기록되어 있다.

위만조선은 기원전 108년 위만의 손자인 우거왕 때에 중국 한(漢)나라의 무제에 의하여 멸망하게 되었다.

후한서 권95, 서남이양월조선전(西南夷兩粵朝鮮傳) 제65에 중국의 "한나라는 이렇게 조선을 평정하고 임둔·진번·낙랑·현도 등 4군을 두었으며, 삼을 획청후로, 도를 추저후로, 협을 평주후로, 장을 기후로, 최는 그 아비를 잃고도 세운 공이 크다고 하여 저양후로 삼았다.(故遂定朝鮮 爲眞番, 臨屯, 樂浪, 玄菟四郡, 封參爲澅(홰)淸侯, 陶爲秋苴侯, 唊爲平州侯, 長爲幾侯, 最以父死頗(파)有功, 爲沮陽侯)"[296)]고 기록되어 있다.

이로써 고조선은 멸망하고 부여·옥저·동예 등과 삼한으로 불리는 마한·진한·변한 및 가야 등이 등장하게 되었다.

단군조선을 비롯한 기자조선과 위만조선의 개국과 멸망에 관한 주요내용을 요약하면 〈표 1-4〉와 같으며, 고조선 시대의 강역은 [그림 1-55]와 같이 만주 길림성 송화강 남쪽지방에서 찬란한 역사 활동을 전개한 우리나라 최초의 고대 성읍국가(城邑國家)이다.[297)]

---

있었기 때문에 스스로를 고조선인이라 생각하였으며, 그렇기 때문에 고조선의 나라 이름도 유지하고 모든 체제는 존속되었다.(http : //k.daum.net/qna/view. 2008.2.20).

294) 한영우, 2003, 앞의 책, p.81.

295) 김재선·임애경, 이경 역편, 1999, 앞의 책, p.14. ; 『사기』 권115, 조선열전 제55. ; 팽구송·김재선 편저, 1996, 앞의 책, pp.37~38. 재인용.

296) 김재선·임애경·이경 역편, 1999, 앞의 책, p.28. ; 『후한서』 권95, 西南夷兩粵朝鮮傳 제65. ; 팽구송·김재선 편저, 1996, 앞의 책, p.45. 재인용.

297) 대한지적공사, 2005(b), 『한국지적백년사』, p.52.

〈표 1-4〉 고조선의 개국과 멸망 현황

| 구 분 | 개 국 | | | | 멸 망 | | | | 존속 기간 |
|---|---|---|---|---|---|---|---|---|---|
| | 연도 | 시조 | 재위 기간 | 도읍지 | 연도 | 대수 | 왕명 | 재위 기간 | |
| 단군조선 | 기원전 2333년 | 단군 왕검 | 93년 | 아사달 | 기원전 238년 | 47대 | 고열가 | 58년 | 2,096년 |
| 기자조선 | 기원전 1122년 | 서여 | 61년 | 평양 | 기원전 194년 | 42대 | 준왕 | 미상 | 1,097년 |
| 위만조선 | 기원전 194년 | 위만 | 미상 | 왕검성 | 기원전 108년 | 3대 | 우거왕 | 미상 | 86년 |

출처 : 대야발 저, 고동영 역, 1986, 『단기고사』, 서울, 한뿌리. ; 고동영, 1986, 『단군조선 47대』, 서울, 한뿌리. ; 계연수저, 임승국 역, 1986, 『환단고기』, 서울, 정신세계사. ; 북애 저, 고동영 역, 1986, 『규원사화』, 서울, 한뿌리.

### 1.1.4 지적제도의 기원

우리나라 지적제도의 기원(起源)은 고조선 시대를 비롯하여 부족국가, 삼국 시대의 행정조직·토지제도·과세와 측량 등을 기초로 고대의 벽화·지도·측량기기·과세자료 등을 조사·분석하여 규명할 수밖에 없다.

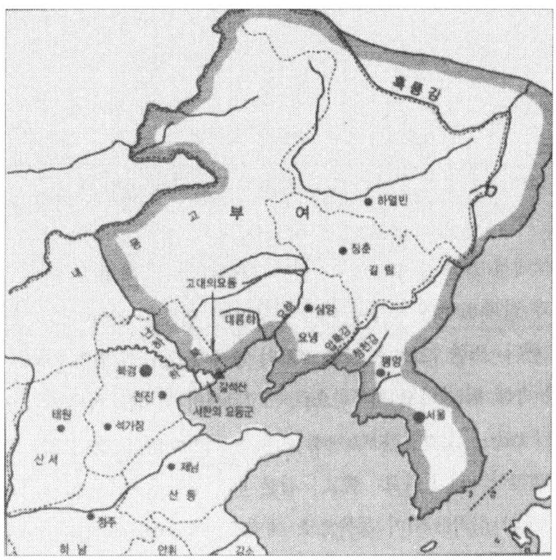


출처 : 김득황, 2005, 『만주의 역사와 간도문제』, 서울, 남강기획출판부, p.20.

[그림 1-55] 고조선의 강역도

지적의 기원을 규명하기 위하여 『단기고사』·『삼국사기』·『삼국유사』·『규원사화』·『환단고기』·『단군조선 47대』 등 고대사를 기록한 문헌을 분석하였는데, 실증사학을 내세운 일부 사대식민사학자들이 구한말 이후에 만들어진 위서라고 주장하고 있으나, 이는 사학계 전체의 견해가 아니며 누가, 언제, 어디서, 무엇을, 어떻게, 왜 위조했는지 명백히 밝히지 못하고 있다.

위와 같은 주장은 식민사학자인 이병도(李丙燾) 박사[298]가 타계 직전에 "단군은 실존

298) 이병도(李丙燾, 1896.9.20.~1989.8.14, 경기도 용인 출생) 박사는 식민사관 총서 『조선사』 편찬이라는 거대한 역사 왜곡 프로젝트에 참여했다. 광복 후 1945년부터 초대 서울대학교 역사학과 주임교수, 1960년에 문교부 장관까지 지냈고, 『조선사』 편집에 참여하여 일제의 식민사관 수립 사업에 직접 기여하였고, 일제가 유포시킨 식민사관을 해방 후까지 이어주는 중대한 역할을 했다.(http://cafe.d aum.net/myuongsanggi

의 우리 국조이며, 역대왕조가 단군제사를 지내왔으나 일제 강점기에 끊겼고, 삼국사기 이전의 『환단고기』 등 고기의 기록을 믿어야 한다."고 말하여[299] 종전의 주장을 번복하였다.

그리고 일제 식민사학 극복의 초석을 닦은 역사학자로 평가받고, "자본주의 맹아론(萌芽論)[300]" 혹은 "내재적 발전론[301]"의 대부로 꼽히고 있는 김용섭[302] 전 연세대학교 교수가 저술한 회고록 『역사의 오솔길을 가면서』[303]에서 1975년에 16년간 봉직했던 서울대학교를 떠나 연세대학교로 옮긴 배경으로 해방 후 친일 전력에도 국내 역사학계 1인자로 군림한 이병도 전 서울대학교 교수와 그를 따르는 동료 교수들과의 알력을 지목하고, 당시 이병도 교수가 이끌던 주류 실증주의 역사학 등을 성찰 비판하는 학술활동을 펼치며 적극 발언에 나서 다른 역사학자들의 반발을 불렀다고 밝히고 있다.[304]

이어서 서울대학교 박창범 교수[305]는 『단기고사(檀奇古史)』와 『환단고기(桓檀古記)』

---

gong/ 2009.6.5.)

299) 사대식민사학자의 거두 이병도(1896.9~1989.8) 박사가 타계 3년 전에 과거에는 단군조선을 신화로 몰다가, 친구인 재야 사학자 최태영 박사와 국사 찾기 협의회원들의 우정 있는 충고를 받아들여 참회하고, "삼국사기 이전의 환단고기 등 고기의 기록을 믿어야 한다."고 말하였다.(최태영, 1993, 『한국상고사』, 서울, 유풍출판사, p.16. 리진호, 1999, 『한국지적史』, 서울, 도서출판 바른길. pp.45~46. ; 『조선일보』, 1986.10.9, p.1.)

300) 자본주의 맹아(萌芽)란 자본주의 경제를 창출할 수 있는 싹을 뜻하며, 자본주의 맹아론이라 함은 우리 사회가 주체적으로 자본주의 사회로 이행될 수 있는 능력을 가지고 있었다는 이론으로 일제의 정체성론(停滯性論)을 부인하기 위하여 제시되었다. 일제의 정체성론은 일제가 조선을 식민지로 만들 당시에 우리나라의 사회·경제적 발전 단계는 수백 년 전 일본의 사회·경제적 발전 단계에 해당된다고 주장하거나, 근대로의 이행에 필수적인 봉건사회 단계가 조선 사회에서는 없었다고 주장하는 이론이다. 예를 들면 "한국에는 토지 사유제도가 없고, 전국에 유통되는 화폐의 보급이 없으며, 상인이 존재하지 않고 자생적인 자본의 축적이 없었다."고 주장하며, 한국은 자기의 능력으로서는 도저히 더 이상 발달할 역량이 없었기 때문에 선진 국가인 일제가 한국을 식민지로 삼아 경제적 발전을 도와주어야 한다는 주장으로, 일제가 식민지인 조선에 철도·전신·항만 등을 설치하고, 근대적인 학교와 공장 등을 세워 한국을 근대화시켰다고 주장하고 있다.

301) 내재적 발전론이라 함은 일제 시대에 조선사회의 정체성론을 근거로 하여 일제의 식민지 지배를 정당화하려 했던 식민사관을 극복하기 위해서 생겨난 주장으로, 해방 후 역사 연구자들은 조선후기 사회가 내적으로 다양한 발전 전망을 가진 사회였음을 논증하고, 일제의 식민지를 거치지 않았다 해도 자체적으로 근대화 될 수 있었다고 주장하고 있다.

302) 김용섭은 농업사 연구를 통해 한국사를 체계적으로 재구성하고, 특히 봉건사회 해체와 근대사회의 성립을 내재적 발전의 관점에서 파악하였으며, "자본주의 맹아론" 혹은 "내재적 발전론"의 대부로 꼽히고 있다. 1955년 서울대학교 문리대학 사학과를 졸업하고, 1957년 고려대학교 대학원 사학과에서 석사학위, 1983년 연세대학교에서 문학박사학위를 받았다. 1958년부터 1975년까지 서울대학교 사범대학 역사교육과에서 조교수·교수로 재직했고, 1975년에 연세대학교 사학과 교수로 옮겨 1997년에 퇴임하였다. 현존하는 양안(量案)을 분석하여 조선 후기의 토지소유와 농민층의 분화, 지주·전호관계의 변화와 전호의 성장, 신분제의 동요와 토지소유관계 등을 밝혔다.(http://enc.daum.net/dic100/contents.do. 2011.4.15.)

303) 김용섭, 2011, 『역사의 오솔길을 가면서(해방세대 학자의 역사연구 역사 강의)』, 서울, 지식산업사.

304) 한겨레, 2011.4.13, 제2면, "식민사학 청산 갈등에 서울대 교단 떠났다."

305) 박창범 교수는 서울대학교 천문학과 교수로서, 미국 프린스턴대학에서 천체물리학박사학위를 취득하고, 우주론·외부은하·고천문학 등을 연구하고 있다. 저서는 1995, 『한국의 천문도』(천문우주기획)·2002, 『하늘에 새긴 우리 역사』(김영사)·2003, 『인간과 우주』(가람기획) 등이 있다.

등에 기록된 일식 등 천문현상을 컴퓨터 시뮬레이션 등의 과학적인 방법으로 증명했다. 특히 두 책에 기록된 오성취루(五星聚婁)[306] 현상에 주목하여 추적 조사한 결과 실제로 기원전 1734년 7월 13일 일몰 직후 금성・목성・토성・화성 그리고 추가로 초승달까지 일렬지어 하늘에 나타나는 장관이 연출됐음을 확인하였으며, "이 같은 현상을 우연히 맞출 확률은 0.007%에 불과하며, 책의 조작 여부에 관계없이 역사적인 사료로써 가치가 있다."고 주장하였다.[307]

제주대학교 안창범 교수[308]는 『환단고기』를 위서로 곡해하게 된 결정적 원인은 한문의 오역에 있음을 지적하고, "『환단고기』는 위서가 아니라 진서라고 결론을 내릴 수 있으며, 일반 국민들은 물론 모든 학자들은 『환단고기』를 마음껏 거리낌 없이 자유로이 인용해도 하등의 모순이 없다."고 주장하였다.[309]

그리고 국립중앙도서관에 규원사화의 진본이 보존되어 있음이 확인되었기 때문에 이들 문헌을 사대식민사학자의 주장대로 위서라고 단정할 수 없다고 판단되며, 이들 문헌을 토대로 하여 우리나라 지적제도의 기원을 규명할 수밖에 없었다.

### 1) 지적관련 행정조직

『단기고사』 전 단군조선편(前 檀君朝鮮編)의 "환씨전(桓氏典)에 동방에 부여족이 태백산 부근에 흩어져 살았는데, 그중 환인은 관대하고 도량이 커서 가옥의 건축과 의복제도를 시작하고 아들 환웅을 낳으니 그 뛰어난 모습을 호걸이라 했다. 아버지의 분부를 받들어 사람을 널리 구제하시니, 풍백(風伯)과 운사(雲師)와 우사(雨師)와 뇌공(雷公) 등을 거느리고 천평(天坪)[310]에 이르러 음식절차와 혼인규례를 창설하시고 다음과 같은 천부경(天符經)을 설교하시니, 사방 사람들이 구름같이 모여들어 듣는 자가 많았다.(桓氏典에 云하되 東方에 扶餘族이 太白山附近에 散居할세 其中에 桓仁은 寬仁大度하여 家屋建築 衣服制度를 始作하시고 아들 桓雄을 生하시니 英姿가 豪傑이라 父命을 承하야 衆生을 弘濟할세 風伯과 雲師와 雨師와 雷公等을 率하시고 天坪에 至하사 飮食節次와 婚姻規則

306) 5성취루(五星聚婁)라 함은 환단고기에 "단군조선 13세 흘달(屹撻) 단군 50〈서기전 1733〉년에 5개의 별이 루성 중심으로 모이는 장관이 연출되었다."고 했는데, 이것을 천문학자인 서울대 박창범 교수와 라대일 박사 등에 의하여 과학적 방법으로 증명되었다.(http://blog.daum.net/vmoon/46070?srchid=BR1http, 2009.6.5.)

307) http://bbs2.agora.media.daum.net/gaia/do/kin/read?bbsId=K150&articleId, 2009.6.5.)

308) 안창범 교수는 제주대학교 사범대학 윤리교육학과 교수를 역임하였으며, 저서는 2007, 천지인 사상과 한국 본원사상(삼진출판사) 등이 있고 논문은 2007, 천지인 삼재와 신선도의 사상(제주대학교 인문사회과학편 논문 제28집) 등이 있다.

309) http://www.myonoff.com/(2009.6.5.)

310) 천평(天坪)은 길림성 동쪽지역을 말한다.

을 創設하시고 天符經을 說敎하시니 四方人이 雲集하야 聽講하는 者가 市衆과 如한지라.)"[311]고 기록되어 있으며, 예로부터 환국(桓國)에는 우주의 원리, 곧 하늘과 땅과 사람의 생성원리를 밝힌 천부경(天符經)이 있었으며, 천부경은 환역(桓易)[312]의 모체이며 환역은 주(周)나라를 거치면서 주역(周易)이 되었다고 한다.[313]

이어서 기원전 2284년 단군왕검 50년에 "팽오(彭吳)에게 명하시기를 자네는 개척관이 되어 치산치수에 전력을 다하여 침수와 불통하는 도로가 없이 백성의 거주가 완전하도록 하라."[314]고 기록되어 있으며, 『단군조선 47대』에는 "이 해에 큰 홍수가 있어 백성들이 편히 살수가 없었다. 임금이 팽우(彭虞)에게 치수를 잘 하도록 명하여 안정시켰더니 백성들이 편히 살 수 있었으며, 우수주(牛首州)에 이 공적을 기리는 비석을 세웠다.[315]"고 기록되어 있다.

그리고 『삼국유사』에 고조선의 환웅이 인세(人世)를 치세함에 있어 농경사회의 주요 직책인 "풍백・우사・운사를 거느리고 곡식・인명・질병・형벌・선악 등을 주관하면서, 인간의 360여 가지의 일을 두루 맡아 다스렸다.(將風伯雨師雲師, 而主穀主命主病主刑主善惡, 凡主人間三百六十餘事, 在世理化)"[316]고 기록되어 있다.

『규원사화』의 단군기에는 단군왕검 시대에 오늘날의 행정 각부에 해당하는 [그림 1-56]과 같은 단군팔가(檀君八加)라는 관직을 두고 "아들 부루[317]를 호가로 삼아 여러 가(加)를 총괄케 하고, 신지씨를 마가로 삼아 임금의 가르침을 주관하게 하고, 고시씨를 우가로 삼아 곡식을 주관하게 하고, 치우씨는 웅가로 삼아 군사를 주관하게 하였고, 둘째 아들 부소를 응가로 삼아 형벌을 주관하게 하고, 셋째 아들 부우를 노가로 삼아 질병을 주관하게 하고, 주인씨를 학가로 삼아 선과 악을 주관하게 하며, 여수기를 구가로 삼아 모든 고을을 나누어 다스리게 하였다.(以其子夫婁爲虎加 總諸加者也, 神誌氏卽古神誌氏之後下皆傚此爲馬加 曰主命, 高矢氏爲牛加 曰主穀, 蚩尤氏爲熊加 曰主兵, 二子夫蘇爲鷹

311) 대야발 저, 정해백 역, 1959, 『단기고사』, 충북, 상고문화사, p.1 ; 대야발 저, 고동영 역, 1986, 앞의 책, p.9. ; 발해국 대야발 원저, 1981, 『단기고사(檀奇古史)』, 蓋馬書院, p.가. 재인용.

312) 환역(桓易)이라 함은 환(桓)나라의 역(易)이라는 뜻이다. 복희(伏羲)씨가 지어 여와와 주양(朱襄)을 거쳐 주(周)나라 때에 주역(周易)이 되었다. 오늘날의 윷놀이도 환역에서 나온 것이다.

313) http://cafe.daum.net/cha591004/6FYn/260(2008.6.24.) ; 천부인과 신지녹도문 진본 천부경, 한국프레스센터 학술대회 강의자료, p.21.

314) 대야발 저, 정해백 역, 1959, 앞의 책, p.3. ; 대야발 저, 고동영 역, 1986, 앞의 책, p.12. ; 발해국 대야발 원저, 1981, 앞의 책, p.나. 재인용.

315) 고동영, 1986, 앞의 책, p.37.

316) 일연 지음, 리가원・허경진 옮김, 1996, 『삼국유사』, 서울, 한양출판, p.41. ; 최남선, 1954, 『증보 삼국유사』, 서울, 민중서관, p.33. 재인용.

317) 부루(扶婁)는 단군왕검의 첫째 아들이며, 단군은 부루(扶婁)・부소(夫蘇)・부우(夫虞)・부여(扶餘)의 네 아들을 두었다.(고동영, 1986, 『단군조선 47대』, 서울, 한뿌리, p.33.)

加 曰主刑, 三子夫虞爲鷺加 曰主病, 周因氏爲鶴加 是主善惡, 余守己爲狗加 是分管諸州也)"[318]고 기록되어 있으며, 국무총리격의 호가를 용가(龍加)로 고치고, 노가를 녹가(鹿加)로 고쳤으며,[319] 부루왕(재위 기간 : 기원전 2240~기원전 2183, 58년) 시대에 봉가(鳳加)를 추가하여 재정을 주관하게 하여 9가(九加)로 늘어났다.

호가〈虎加, 부루(夫婁)〉 : 총괄
- 마가〈馬加, 신지씨(神誌氏)〉 : 임금의 가르침 주관(현 총무처)
- 우가〈牛加, 고시씨(高矢氏)〉 : 곡식 주관(현 재무부)
- 웅가〈熊加, 치우씨(蚩尤氏)〉 : 군사 주관(현 국방부)
- 응가〈鷹加, 부소씨(夫蘇氏)〉 : 형벌 주관(현 법무부)
- 노가〈鷺加, 부우씨(夫虞氏)〉 : 질병 주관(현 보사부)
- 학가〈鶴加, 주인씨(朱因氏)〉 : 선악 주관(현 교육부)
- 구가〈狗加, 여수기(余守己)〉 : 지방 주관(현 내무부)

주 : 부루 · 신지씨 · 고시씨 · 치우씨 등은 호가 · 마가 · 우가 · 웅가 등의 최초 관서장이며, 호가는 용가(龍加)로 노가는 녹가(鹿加)로 각각 변경되었으며, 2세 부루왕 때에 봉가(鳳加)를 신설하여 재정을 주관하게 하였다.

[그림 1-56] 단군팔가(檀君八加)

단군팔가는 풍백 · 우사 · 운사의 하부 관직으로 호랑이(虎)를 비롯하여 말(馬) · 소(牛) · 곰(熊) · 매(鷹) · 해오라기(鷺) · 두루미(鶴) · 개(狗) 등의 짐승을 부족의 상징으로 삼아 관직에 이름을 붙인 것으로 추정되며, 문헌상 오늘날의 지적관련 업무를 관장한 우리나라 최초의 중앙 행정기관은 우가(牛加)였으나 봉가(鳳加)로 변경되었을 것으로 추정(推定)할 수 있다.

### 2) 경계의 결정

기원전 2267년 단군왕검 67년에 "임금이 태자 부루(扶婁)를 도산(塗山)에서 순(舜)임금이 보낸 우(禹)와 만나게 하였다. 태자가 도산에 도착하자 물을 다스리지 못하여 큰 피해를 입은 우(虞)나라에 오행치수법(五行治水法)을 전해주었으며, 국경도 다시 정하였다. 국경 분쟁이 생기게 된 것은 순임금이 조선의 서쪽 땅에 유주(幽州) · 영주(營州) · 병주(幷州)를 설치하였기 때문이다. 이 회담에서 유주와 영주가 우리에게 속하게 되었다."[320]

318) 북애 저, 고동영 역, 1986, 앞의 책, pp.61~62. p.132.
319) 북애 저, 고동영 역, 1986, 위의 책, p.45.
320) 고동영, 1986, 앞의 책, p.38.

고 기록되어 있어, 이는 문헌상 경계(境界)설정에 관한 우리나라 최초의 기록이라고 할 수 있다.

그리고 기원전 1767(갑오)년 제13대 흘달〈屹達, 재위 기간 : 기원전 1237~기원전 1162, 81년〉 16년에 주(州)와 현(縣)을 나누어 정하고 직책의 한계를 정하였다. 관리는 권력을 겸하는 일이 없고 정치는 법칙을 넘는 일이 없도록 하였으니 백성은 고향을 떠나는 일 없이 스스로 일하는 곳에서 편안하여 거문고 노래 소리가 온 누리에 넘쳤다.(甲午六十年定州縣立分職之制官無兼權政無越則民無離鄕自安所事絃歌?域)[321]고 기록되어 있다.

이어서 기원전〈년도 미상〉 기자조선 제2대 아락〈阿洛, 재위 기간 : 미상~기원전 1224, 40년〉 10년에 "나라의 경계〈國界〉를 정하였는데, 북은 후단조(後檀朝)에 접하고 동쪽·남쪽·서쪽은 큰 바다〈大海〉가 있었다."[322]고 기록되어 있는데, 이는 경계설정에 관한 두 번째 기록이라고 할 수 있다.

따라서 문헌상 고조선 시대에도 오늘날과 같이 국경(國境)의 결정을 매우 중요시한 것으로 추정할 수 있다.

### 3) 도량형의 통일

『단기고사』에 기원전 2238년 제2대 부루는 "3(기원전 2238)년 9월에 조서를 내리시어 백성들에게 머리를 땋고 푸른 옷(靑衣)을 입고, 도량형을 통일하였으며, 베와 모시의 시장 가격이 서로 다른 곳이 없고 백성들이 서로 속이지 않으니 어디서나 두루 편했다.(癸卯三年九月下詔使民編髮盖首服靑衣斗衡諸器悉準於官布苧市價無處有二民不自欺遠近便之)"[323]고 기록되어 있는데, 이는 문헌상 도량형 시행에 관한 우리나라 최초의 기록이라고 할 수 있다.

도량형제도의 시초는 원시 농경사회인들이 곡물을 계량하기 위하여 시작된 것으로 보고 있으며, 그 최초의 계량법은 신체의 한 부분을 기준으로 한 인체척도(人體尺度)를 계량의 표준으로 삼았음은 고대 바빌로니아의 큐빗 자와 고대 중국 양관씨(楊寬氏)의 인신 및 응용기물설 등을 통해서 널리 알려진 사실이다.

우리나라 조상들도 장농부(將農夫)의 손을 기준하여 십지폭(十指幅)의 길이를 길이의 표준으로, 장농부의 양손으로 모아 담은 곡물량의 용적을 표준량으로 정하여 한 되〈升〉라고 했다.

---

321) ?는 판독 불가한 글자임.

322) 대야발 저, 고동영 역, 1986, 앞의 책, p.129. ; 발해국 대야발 원저, 1981, 앞의 책, p.65.

323) 대야발 저, 고동영 역, 1986, 앞의 책, pp.16~17. ; http://blog.daum.net/888park/13079413.(2008.2.20.)

이것은 중국 상고 시대 도량형제도의 기준척과 기준량의 제정법과 완전히 일치하고 있다. 따라서 우리나라 상고 시대의 도량형제도는 중국과 무관한 관계로 보기는 어렵다.[324]

## 4) 정전법의 시행

기원전 2231년 제2대 부루는 "10년 4월에 정전법(井田法)을 시행하여 밭을 나누고 밭문서를 만들어서 백성들로 하여금 사사로운 이익을 구하지 않도록 하였다.(庚戌十年四月 劃邱井 爲田結使 民自無私利)"[325]고 기록되어 있는데, 이는 문헌상 정전법 시행에 관한 우리나라 최초의 기록이라고 할 수 있다.

지적의 효시라고 할 수 있는 최초의 정전법 시행을 기리고자 리진호 지적박물관장은 『測量과 地籍』이라는 계간지에 부루송(夫婁頌)을 발표하기도 하였다.[326]

이어서 기원전 1993년 제8대 우서한〈于西翰, 재위 기간 : 기원전 1993~기원전 1986, 8년〉 원년에 "20에 1을 받는 세법[327]을 정하고 널리 있고 없는 것을 가려서 부족한 것은 보충하였다."[328]고 기록되어 있는데, 이는 문헌상 토지의 과세에 관한 우리나라 최초의 기록이라고 할 수 있다.

기원전 1661년 제15대 벌음〈伐音, 재위 기간 : 기원전 1661~기원전 1611, 51년〉 원년에 "80의 1의 세금을 받는 제도를 개정하였다."[329]고 기록되어 있는데, 이는 토지의 과세에 관한 두 번째의 기록이라고 할 수 있다.

이어서 기원전 1183년 제23대 아홀〈阿忽, 재위 기간 : 기원전 1237~기원전 1162, 76년〉 55년에 "임금께서 영고탑[330]을 친히 시찰하시고 정전법을 가르치셨다.(寧古塔을 親察하고 井田法을 敎하다.)"[331]고 기록되어 있는데, 이는 정전법 시행에 관한 두 번째의 기록이다.

그리고 『단기고사』 기자조선편(箕子朝鮮編)에 기원전 1122년 기자조선 제1대 서여〈西余,[332] 文聖大王, 재위 기간 : 기원전 1122~기원전 1082, 61년〉 원년에 "미서(微西)에게

324) 박홍수, 1999, 앞의 책, pp.509~510.

325) 대야발 저, 고동영 역, 1986, 앞의 책, p.17. ; http://blog.daum.net/888park/13079413.(2008.2.20.)

326) 리진호, 2006(a), 『측량과 지적』, 서울, 도서출판 우물, p.14.

327) 20에 1을 받는 세법을 말하며, 규원사화에는 "90에 1을 세금으로 내게 하였다."고 기술하고 있다.(북애 저, 고동영 역, 1986, 앞의 책, p.74.)

328) 고동영, 1986, 앞의 책, p.74.

329) 고동영, 1986, 위의 책, p.107.

330) 영고탑(寧古塔)은 지금의 만주 목단강(牧丹江) 아래의 영안(寧安)을 말한다.

331) 대야발 저, 고동영 역, 1986, 앞의 책, p.74. ; 고동영, 1986, 앞의 책, p.142. ; 발해국 대야발 원저, 1981, 앞의 책, p.33. 재인용.

명을 내려 정전법을 만들어 공포하고 백성들에게 농사일에 힘쓰도록 독려하였으며, 납세의 의무를 알게 하여 소득의 9분의 1(九一稅)을 바치게 하였다.(微西를 命하여 井田法을 開하고 民을 勵하여 稼색을 務케하며 百姓으로 하여금 納稅의 義務를 知케하여서 所得의 九分의 一을 納케하다.)"[333]고 기록되어 있는데, 이는 정전법 시행과 토지의 과세에 관한 세 번째의 기록이다.

기자조선의 정전법(井田法)은 중국의 은나라 후예인 기자(箕子)가 우리나라에 와서 평양에서 시행하였다는 정전제로써 1607〈선조 40〉년에 구암(久菴) 한백겸(韓百謙)[334]이 기전유제설(箕田遺制說)과 기전도(箕田圖)라는 논문을 통하여 [그림 1-57]과 같이 평양의 옛 성 남쪽 대동강변을 따라 위치해 있는 격자형의 유적이 기자가 구획한 기자정전(箕子井田)으로 남아 있다고 주장하였다.

이러한 기전(箕田)을 평양 외성에 설치했다는 것은 우리나라의 백물제도(百物制度)를 기자의 도량형제도로 통일하려던 의도 하에서 설치된 것으로 상고(想考)되어 기자는 건국 초에 기전척(箕田尺)을 표준척으로 한 통일된 도량형제도를 실시하려 했음을 충분히 확인할 수 있었다.[335]

그러나 일제 강점기에 북한의 사학자 박시형(朴時亨)[336]은 기전도를 고구려 도읍의 도시구획이라고 주장하였다.[337]

이어서 기원전(년도 미상) 기자조선 제28대 소태〈蘇台, 재위 기간 : 미상, 18년〉 3년에 "주나라 감나가 입국하여 정전법을 견학하고 돌아갔다. 이때부터 두 나라의 정전제도가 서로 비슷하였다.(周人 甘奈가 入國하야 井田을 見學하고 돌아가니 自此로 兩國의 井田制度가 相似하니라.)"[338]고 기록되어 있는데, 이는 정전법 시행에 관한 네 번째의 기록이다.

---

332) 기자(箕子)는 은나라 후예로서, 성은 환(桓)이며 이름은 서여(西余)이다.

333) 대야발 저, 고동영 역, 1986, 앞의 책, p.125. ; 발해국 대야발 원저, 1981, 앞의 책, p.63. 재인용.

334) 한백겸(韓百謙, 1552~1615)은 조선중기의 실학자로서 본관은 청주(淸州), 자는 명길(鳴吉). 호는 구암(久菴)이며, 1585년에 교정청 교정낭청(校正郎廳)이 되어 경서훈해(經書訓解)를 교정하였다. 저서로는 구암유고, 동국지리지 등이 있으며, 기자의 토지제도를 정전제로 규정한 기전고(箕田考) 등이 있다.

335) 박홍수, 1999, 앞의 책, p.485.

336) 박시형(朴時亨)은 1910.1. 경상북도 문경에서 태어나 2001.2.28. 평양에서 사망한 북한의 사학자로서, 1940년에 경성제국대학 사학과를 졸업하고, 경성제국대학 법문학부 조교를 지냈다. 8·15해방 후 경성상업전문학교 경제학교수를 지냈고, 1947년경에 월북하여 김일성종합대학 교수로 있으면서 마르크스-레닌주의 방법론에 입각해 우리나라 역사 교과서를 편찬했다. 역사학 박사학위를 받았고, 과학원 초대 역사연구소장, 조국평화통일위원회 중앙위원과 상무위원 등을 역임하며 역사학계는 물론 북한 학계의 최고 원로로서 활동했다.(http://enc.daum.net/dic 100/contents.(2007.7.5.)

337) http://krdic.naver.com/search.nhn ; http://news.khan.co.kr/section/khan.(2007.7.5.)

338) 대야발 저, 고동영 역, 1986, 앞의 책, p.89, p.172.

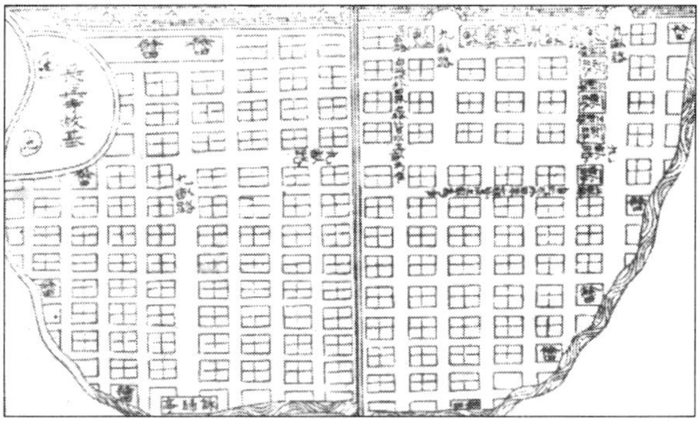

출처 : 박흥수, 1999, 『한·중도량형제도사』, 성균관대학교 출판부, p.484.

[그림 1-57] 구암 한백겸의 기전도

정전제(井田制)는 중국의 하(夏)·은(殷)·주(周) 삼대(三代)의 유제(遺制)로써, 진(秦)·한(漢) 이후의 균전론(均田論)·한전론(限田論) 등과 함께 당(唐)·송(宋) 시대에 걸쳐 계속 제기되었다고 알려져 있는 제도로 고조선 시대에도 시행한 것으로 추정할 수 있다.

### 5) 지도의 작성과 측량

기원전 2229년 제2대 부루 12년에 "신지(神誌)인 귀기(貴己)가 칠회력(七回曆)[339]과 구정도(邱井圖)[340]를 만들어 바쳤다.(壬子十二年神誌貴己製獻七回曆邱井圖)"[341]고 기록되어 있는데, 이는 문헌상 지도(地圖)작성에 관한 우리나라 최초의 기록이라고 할 수 있다.

이어서 기원전 1664년 제14대 고불〈古弗, 재위 기간 : 기원전 1721~기원전 1662, 60년〉 58(기원전 1660)년에 "전토(田土)와 산야(山野)를 측량하여 조세율을 개정하였다." [342]고 기록되어 있는데, 이는 문헌상 측량 실시에 관한 우리나라 최초의 기록이라고 할 수 있다.

리진호는 "제2대 부루 3년(기원전 2238) 9월에 도량형을 통일하였는데, 이 때를 한국 지적측량의 시작이라고 보아도 무방할 것이다."라고 주장하였으나,[343] 문헌상으로는 제14대 고불 58년(기원전 1660)을 한국 지적측량의 시작이라고 보는 것이 타당하다.

339) 칠회력(七回曆)이라 함은 1일은 천신(天神), 2일은 월신(月神), 3일은 수신(水神), 4일은 화신(火神), 5일은 목신(木神), 6일은 금신(金神), 7일은 토신(土神)으로 정하여 만든 달력을 말한다.(http://cafe.naver.com/dokdo. 2008.2.20.)

340) 구정도(邱井圖)라 함은 옛날의 밭을 구획한 도면을 말하며, 기원전 2229년에 귀기(貴己)가 제작하였다.

341) http://cafe.naver.com/koreafinghting.(2008.2.20.)

342) 대야발 저, 고동영 역, 1986, 앞의 책, p.56.

343) 리진호, 1999, 『한국지적史』, 서울, 도서출판 바른길, p.54.

이어서『단군조선 47대』에는 "토지와 산야를 측량하여 조세율을 개정하였다.(田土와 山野를 測量하여 租稅率을 改하다.)"[344]고 기록되어 있는데, 이는 측량 실시에 관한 두 번째의 기록이라고 할 수 있다.

그리고 기원전 1341년 제20대 고홀<古忽, 재위 기간 : 기원전 1380~기원전 1338, 43년) 40년에 "공을홀(工乙忽)이 천하의 지도를 제작하여 바쳤다."[345]고 기록되어 있고,『단군조선 47』대에는 "공공(共工) 을홀(乙忽)이 구환(九桓)의 지도를 만들어 바쳤다.(工乙忽製獻九桓地圖)"[346]고 기록되어 있으며, 환단고기에는 "경자 사십년에 공공인 공흘이 구한의 지도를 제작하여 바쳤다.(庚子四十年共工工忽製獻九桓地圖)"[347]고 기록되어 있는데, 이는 지도 작성에 관한 두 번째의 기록이다.

이어서 기원전 680년 제36대 매륵<買勒, 재위 기간 : 기원전 704~기원전 647, 58년> 25년에 "오경박사(五經博士)[348] 우문충(宇文忠)이 토지를 측량하고 지도를 만들며 유성설을 저술하여 바쳤다.(五經博士 宇文忠이 土地를 測量하고 地圖를 製하며 遊星說을 著上하다.)"[349]고 기록되어 있는데, 이는 문헌상 측량사(測量士)에 관한 우리나라 최초의 기록이라고 할 수 있으며, 우문충은 우리나라 최초의 측량사라고 할 수 있다.[350]

따라서 문헌상 고조선 시대에도 원시적인 측량을 실시하고 오늘날과 유사한 지도를 작성하여 사용한 것으로 추정할 수 있다.

### 6) 측량관련 기기의 발명

『단기고사』 전 단군조선편(前 檀君朝鮮編)에 기원전 2087년 제5대 구을(丘乙, 재위 기간 : 기원전 2099~기원전 2084, 16년) 13년에 "감성관[351]에게 혼천기[352]를 만들게 하여 천도와 맞게 하였다.(監星官으로 하여금 渾天機를 鑄하야 天度와 合하게 하다.)"[353]고 기

344) 고동영, 1986, 앞의 책, p.106. ; 발해국 대야발 원저, 1981, 앞의 책, p.23.

345) 대야발 저, 고동영 역, 1986, 앞의 책, p.71.

346) http://blog.daum.net/888park/13079413.(2008.2.20.)

347) 계연수 편저, 임승국 역, 1986,『환단고기』, 서울, 정신세계사, p.96.

348) 오경박사(五經博士)라 함은 중국 한나라 때 시경(詩經)·서경(書經)·역경(易經)·예기(禮記)·춘추(春秋)의 오경(五經)마다 박사관(博士官)을 두어 제자를 양성시켜서 유학의 보급 발달을 도모하는 제도로써. 한국의 백제에서도 시행하였으며, 일본에 초빙되어 문명을 계발하는데 공헌하였다.(정시채, 1985, 앞의 책, p.52, https://ko.wikipedia.org/wiki/, 2015.12.)

349) 대야발 저, 고동영 역, 1986, 앞의 책, p.104. ; 고동영, 1986, 앞의 책, p.186. ; 발해국 대야발 원저, 1981, 앞의 책, p.51. 재인용.

350) 대한지적공사, 2005(b),『한국지적백년사』. 자료편 Ⅳ, 지적인명사전, p.354.

351) 감성관(監星官)이라 함은 천체를 관측하는 관리를 말한다.

352) 혼천기(渾天機)라 함은 별자리를 관측하는 성좌 관측기를 말한다.

353) 대야발 저, 고동영 역, 1986, 앞의 책, p.27. ; 고동영, 1986, 앞의 책, p.62. ; 발해국 대야발 원저, 1981, 앞의 책, p.7.

록되어 있는데, 이는 문헌상 측량관련 기기의 발명에 관한 우리나라 최초의 기록이라고 할 수 있다.

이어서 기원전 1846년 제11대 도해〈道奚, 기원전 1891~기원전 1835, 57년〉 46년에 "기계공창을 송화강 기슭에 설치하고 각종 기계를 제조하였는데, 나라 안에 현상을 걸어 새로운 기계를 발명하는 자는 각각 상을 받게 하였다. 상을 받게 된 새로운 발명품은 황용선・양수기・자행륜차・자발전차・천문경・조담경 … 측천기・양해기・양청계・측우기・양우계・측풍계 등이 발명되어 이 시대에 크게 번창하였다."[354]고 기록되어 있고, 단군조선 47대에는 기원전 1846년 제11대 도해 46년에 "송화강(松花江)가에 기계를 만드는 작청(作廳)을 설치하여 각종 배와 기계를 만들었다. 이때 나라 안에 현상을 걸어 새로운 기계를 발명하는 사람에게 상을 주었다. 상을 받은 새로운 발명품은 이런 것들이다. (機械工廠을 松花江岸에 設置하고 各種機械를 製造할세, 國內에 懸賞하여 新機械 發明者로 하여금 各各 그 賞을 受케하니 賞給한 發明品은 다음과 같다. 黃龍船・揚水機・自行輪車・輕氣球・自發電車・天文鏡・照膽鏡 … 測天機・量海機・量晴計・測雨器・量雨計・測風計 等이 發明되어 이 時代에 極盛하더라.)"[355]라고 기록되어 있는데, 이는 측량관련 기기의 발명에 관한 두 번째의 기록이라고 할 수 있으며, 송화강은 우리나라 지적측량 기기 제작의 발상지라고 할 수 있다.

그리고 1391년 제19대 구모소 45년에 "황운갑(黃雲甲)이 지남차와 목행마(木行馬)[356]를 발명하니, 임금께서 후하게 상을 내리셨다.(黃雲甲이 指南車와 木行馬를 發明하니, 帝厚賞하시다.)"[357]는 기록이 있는데, 이는 측량관련 기기의 발명에 관한 세 번째의 기록이라고 할 수 있다.

따라서 고조선 시대에도 측량과 관련된 혼천기를 비롯하여 천문경・조담경・측천기・양해기・지남차 등의 측량관련 기기를 제작하여 사용하였을 것으로 추정할 수 있다.

### 7) 고조선 시대의 유물

선사시대(先史時代, prehistory)[358]에 길이에 대한 인식이 어느 정도인지 정확하게 알 수 없지만 2014년에 충북 단양군 적성면 하진리 남한강가의 후기 구석기 유적(수양개 6

354) 대야발 저, 고동영 역, 1986, 앞의 책, pp.40~42. ; 고동영, 1986, 앞의 책, pp.84~86.
355) 고동영, 앞의 책, pp.84~86. ; 발해국 대야발 원저, 1981, 앞의 책, p.15.
356) 목행마(木行馬)라 함은 나무로써 말 모양을 만들어 걷거나 움직이도록 만든 장치를 말한다.
357) 대야발 저, 고동영 역, 1986, 앞의 책, p.70. ; 고동영, 1986, 앞의 책, p.128. ; 발해국 대야발 원저, 1981, 앞의 책, p.30.
358) 선사(先史) 시대라 함은 문자의 발명과 그에 따른 기록이 남겨지기 이전의 시대를 말하며, 문자기록이 남겨진 뒤의 시대를 역사 시대로 부른다.

지구) 발굴조사에서 세계를 놀라게 한 [그림 1-58]과 같은 '눈금을 새긴 돌'이 출토되었다. 이 유물은 길쭉한 규질사암 자갈돌로 길이 20.6㎝, 너비 8.1㎝, 두께 4.2㎝ 크기로 22개의 눈금이 0.4㎝ 간격으로 새겨져 있는데, 유적의 형성 시기는 2문화층의 숯으로 연대를 측정한 결과 약 18,000년 전후로 추정된다.

한국선사문화연구원은 구석기인들이 숫자 개념을 기호화한 것으로 추정된다."고 밝히면서 이러한 유물이 지금까지 "동아시아에서도 확인된 적이 없어 후기 구석기 연구에 도움을 줄 획기적인 유물로 판단하고 있다.[359)]

그러나 이 '눈금을 새긴 돌'이 구석기인들이 척도의 기준으로 사용하였다는 것이 확인된다면 우리 선조들이 인류문명의 4대 발상지에서 발굴된 척도보다 앞선 세계에서 가장 오래된 측정도구를 사용한 것으로 인정될 것이다.

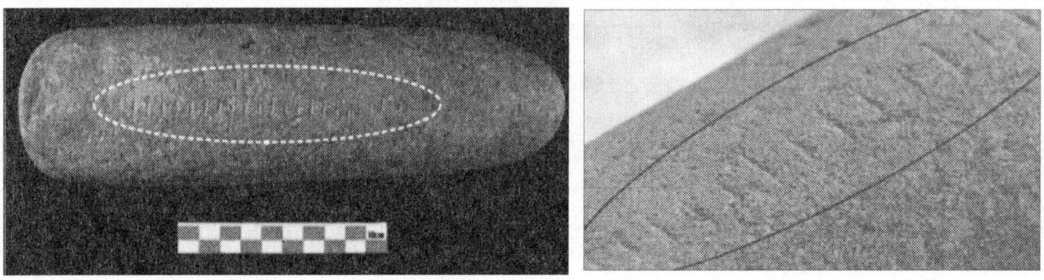

주 : 눈금을 새긴 돌(좌), 눈금 부분을 확대한 사진(우)
출처 : 문화재청.(http://www.cha.go.kr/, ; http://blog.daum.net/osowny/15970800. 2014.6.16)

[그림 1-58] 후기 구석기 시대의 '눈금을 새긴 돌'

이어서 선사시대를 거쳐 고조선 시대의 대표적인 유물로써 [그림 1-59]와 같은 고인돌〈Dolmen 또는 Table Stone〉을 들 수 있는데, 고인돌은 지석묘(支石墓)라고도 하며, 우리나라가 언제부터 나라의 형태를 갖추었는지, 어떤 사회를 이루고 살았는지를 알 수 있는 중요한 증거가 된다.

고인돌은 선돌〈立石, Menhir〉[360)] • 열석(列石, Alignments)[361)] • 환상열석(環狀列石)[362)] • 석상(石像)[363)] 등과 같이 거석문화(巨石文化, Megalithic Culture)[364)]의 한 요소로 파

359) 문화제청.(http://www.cha.go.kr/ 2014.6.16.)

360) 선돌〈立石〉이라 함은 하나의 돌을 수직으로 세워놓은 형태로 우리나라에서는 마을 입구에서 쉽게 찾아볼 수 있다.(이영문, 2001, 『고인돌이야기』, 서울, 도서출판 다지리, p.35.)

361) 열석(列石)이라 함은 선돌이 한 줄이나 여러 줄이 평행으로 세워진 석열 형태로써 프랑스 브레타뉴 지방의 열석이 대표적으로 우리나라에서는 발견되지 않고 있다.(이영문, 2001, 『고인돌이야기』, 서울, 도서출판 다지리, p.35.)

362) 환상열석(環狀列石)이라 함은 선돌을 원형으로 배열한 형태로 한 열 또는 두 열 이상으로 배열하였으며, 대표적인 것이 영국의 스톤헨지이다.(이영문, 2001, 『고인돌이야기』, 서울, 도서출판 다지리, p.36.)

악되며, 흔히 뚜껑 구실을 하는 넓은 덮개돌〈蓋石〉을 여러 개의 굄돌〈支石〉이 받치고 있는 모습을 하고 있다.

주 : 국립공원 북한산 인수봉 정상에 있는 고인돌(인수봉 정상(좌), 고인돌(우)
출처 : 박인수, 2008, 『고인돌의 비밀』, 서울, 거근당, p.1, p.150.

[그림 1-59] 북한산의 고인돌

고인돌은 선사 시대 돌무덤의 일종으로 흔히들 권력을 가진 자나 족장(族長) 등의 무덤 또는 제사의식의 공간이라고 알려져 왔으며, 거석기념물(巨石記念物)에 속하는 우리나라 청동기 시대의 대표적인 무덤 중 하나이다.

이러한 사실은 1927년 6월 조선총독부박물관(현 국립중앙박물관)의 고이즈미 아키오(小宗顯夫)가 고인돌을 발굴 조사하여 무덤이라는 것을 확인하였다.[365]

고인돌은 지중해 연안의 스페인 · 포르투갈, 유럽 서부와 북부의 프랑스 · 영국 · 독일 · 덴마크 · 스위스, 아프리카 북부의 알제리아, 아시아 서부 · 남부와 동남부의 이라크 · 요르단 · 인도 · 라오스 · 월남 · 인도네시아, 아시아 동부의 중국 · 한국 · 일본, 대양주의 폴리네시아, 남아메리카의 컬럼비아 등지에서 발견되었는데,[366] 이집트나 아메리카대륙의 피라미드(Pyramid) · 오벨리스크(Obelisk), 중동지방의 각종 석조물 등도 이에 포함

363) 석상(石像)이라 함은 사람 얼굴 등의 형상을 묘사한 돌을 세워 놓은 것으로 우리나라에 흔한 제주도의 돌 하르방, 묘 앞에 세워진 문 · 무인석 같은 형태로써 남태평양의 칠레에 있는 이스터섬(Easter Island)의 모아이(Moai) 석상이 대표적이다.(이영문, 2001, 『고인돌이야기』, 서울, 도서출판 다지리, p.36.)

364) 거석문화(巨石文化)라 함은 인간이 어떤 목적의식을 가지고 자연석 또는 가공한 돌로 구조물을 축조하여 숭배의 대상물이나 무덤으로 이용한 문화를 말한다.(이영문, 2001, 『고인돌이야기』, 서울, 도서출판 다지리, p.33.)

365) 긴타로우(金太郎), 1915, 『趣味の 慶州』, 경상남도편찬회, p.15.

366) 『中國大百科全書 · 考古卷』 473 항, 『石欄』 安志敏, 358 항, 『歐洲巨石建築』 朱友华. ; 허옥림 저, 최무장 역, 2010, 『요동반도 고인돌』. 서울, 백산자료원. p.255. 재인용.

된다.

고인돌의 형태는 지역에 따라 조금씩 다르나, 대체로 한반도 북방과 중국 동북지방은 받침돌이 높은 탁자식, 한반도 남방은 받침돌이 낮은 바둑판형〈碁盤式〉과 받침돌이 없이 구덩이 위에 둥근 뚜껑돌을 올려놓은 구덩형〈蓋石式〉이 많으며, 고인돌 안에는 시체를 매장하고, 동검・토기 등을 함께 묻었다.[367)]

우리나라의 수많은 고인돌 중에서 지적의 기원과 관계되는 대표적인 유물로 판단되는 고인돌은 다음과 같다.

### 가) 고창 · 화순 · 강화의 고인돌

우리나라는 고인돌의 나라로 불려도 좋을 만큼 많은 고인돌이 전국에 널려있다. 북한 지역의 3,160기를 비롯하여 모두 29,510기에 달한다. 세계에는 약 6만기의 고인돌이 있다고 하니 전 세계 고인돌의 절반 정도가 한반도에 있는 셈이다.[368)]

우리나라의 고인돌 가운데 가장 오래된 것은 무려 5천년 가까이 거슬러 올라가는데, 이는 세계적으로 알려져 있는 스톤헨지(Stonehenge)나 카르나크(Cargnac) 열석(列石)과 비슷한 시기인 기원전 3천~4천년이다.[369)]

2000년 11월말에 고창과 화순 및 [그림 1-60]과 같은 강화의 고인돌 유적이 유네스코 세계위원회에서 세계문화유산으로 등록되어 우리의 고대문화를 밝히는 중요한 증거이자 우리 문화의 뿌리를 찾는 결정적인 단서가 되었다.

주 : 강화 고인돌, 사적 제137호, 인천 강화군 하점면 부근리
출처 : http://enc.daum.net/dic100/contents.do.(2008.7.17.)

[그림 1-60] 강화군의 고인돌

그리고 역사학적으로 볼 때 일반적으로 청동기 시대로 들어선 경우에만 비로소 그 민족이 나라의 틀을 갖추었다고 인정하며, 고인돌은 비록 유물이 발견되지 않았다 하더라도 고인돌 하나만을 갖고도 청동기 시대에 세워졌다고 인정받을 수 있다.[370)]

367) 하문식, 1999,『고조선 지역의 고인돌 연구』, 서울, 백산자료원, p.161. ; 한영우, 2003, 앞의 책, pp.68~69.
368) 이종호・박택규 지음, 2006,『한국의 과학기술이야기』, 서울, 집사재, pp.166~167.
369) 이종호・박택규 지음, 2006, 위의 책, p.166.
370) 이종호・박택규 지음, 2006, 위의 책, pp.166~173.

### 나) 평안남도 증산군 용덕리의 고인돌

대동강 유역의 평양 북쪽 44km 지점에 위치한 평안남도 증산군 용덕리 외새산에서 발견된 10호 고인돌에는 문자 비슷한 곡선과 점들이 새겨져 있어 글자를 전하는 돌이라는 뜻의 전자석(傳字石)이라고 불린다.

용덕리 10호 고인돌 뚜껑돌 겉면에 새겨진 [그림 1-61]과 같은 별자리는 80여 개의 구멍이 있는데, 그 중 큰 구멍은 북극성을 형상화한 것으로 추정되며, 북극성을 중심으로 큰곰자리 · 작은곰자리 · 사냥개자리 · 헤라클레스자리 등 11개의 별자리에 속하는 별들이 새겨져 있다.[371]

그리고 별의 밝기는 구멍의 크기로 표현하였는데 별의 세차운동(歲差運動)을 감안하여 연대를 측정하면 고인돌의 별자리는 2,800±220년의 하늘을 보여주었다. 또한 같은 고인돌 무덤에서 발굴된 질그릇 조각의 연대를 측정해 보니 4926년(±741년)으로 나타났다. 이는 적어도 기원전 3000~2900년 전인 단군조선 초기의 선조들이 천문을 세밀하게 관측하였다는 것을 보여 준 것이다.[372]

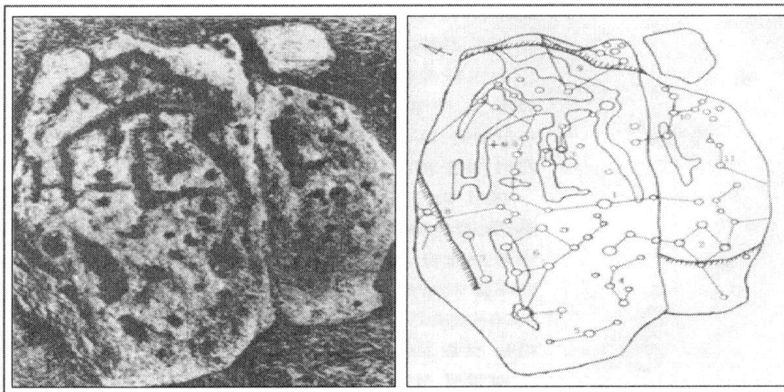

출처 : 이종호 · 박택규 지음, 2006, 『한국의 과학기술이야기』, 서울, 집사재, p.274.

[그림 1-61] 평안남도 증산군 용덕리 고인돌의 별자리 실측도

세계 고대 천문학계에서는 메소포타미아 지역의 바빌로니아에서 발견된 미쇼의 돌(Michaux stone)이라는 토지 경계비(境界碑, Boundary Stones)에 달 · 별 · 전갈 등의 그림이 그려져 있는 별자리를 보고 최초의 천문관측과 별자리의 원형으로 간주하고, 메소포타미아 지역을 고대 천문학의 발상지로 인정하고 있다.

371) http://cafe.daum.net/khanhan/5TRe/(2008.7.17.)
372) 이종호 · 박택규 지음, 2006, 앞의 책, pp.273~274.

그러나 바빌로니아의 토지 경계비는 기원전 1200년경에 만들어진 것이고, 대동강 유역의 고인돌에서 발견된 별자리는 그 보다 무려 1800년이나 앞선다. 따라서 우리나라의 별자리나 천문기록으로 볼 때 고조선이 이집트나 메소포타미아에 앞서는 문명국가였음을 알 수 있게 하는 중요한 과학 유산이다.[373)]

### 다) 평안남도 평원군 원화리의 고인돌

평안남도 평원군 원화리 고인돌에는 [그림 1-62]와 같이 26개의 별이 새겨져 있는데 기원전 2500년대의 것으로 추정된다. 고인돌에 그려진 별의 그림은 길이 3.45m, 폭 3.20m, 두께 0.60m의 뚜껑돌에 있다. 구멍의 크기는 가장 큰 것이 직경 10㎝, 깊이 3.5㎝이며 여러 가지 크기로 구분돼 있는데 용별자리·작은곰별자리·큰곰별자리 등을 나타낸다.[374)]

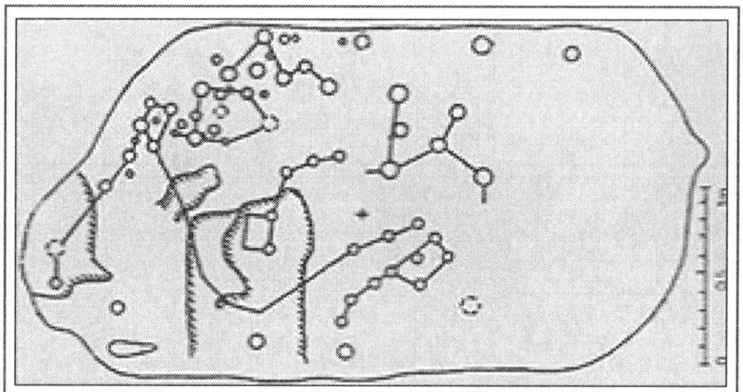

주 : 원화리 고인돌의 별자리 실측도
출처 : http://www.sciencetimes.co.kr/article.do.(2008.7.17.)

[그림 1-62] 평안남도 평원군 원화리 고인돌의 별자리 실측도

### 라) 함경남도 함주군 지석리의 고인돌

함경남도 함주군 지석리의 고인돌 무덤에서 발견된 [그림 1-63]과 같은 별 그림은 기원전 1500년경의 것으로 밝혀졌으며 고조선의 중기에 해당한다.

중심점(북극점)을 기준으로 큰곰별자리에 속해 있는 북두칠성을 쉽게 찾을 수 있으며, 작은곰별자리·카시오페아·케페우스 별자리가 새겨져 있다. 특히 뚜껑돌 우측을 따라 은하수에 해당하는 작은 별들이 많이 새겨져 있다. 이는 은하수가 별들이 많이 모인 것이라는 사실을 그대로 드러낸 것으로 당시의 관찰이 정확한 것임을 알 수 있다.

373) 이종호·박택규 지음, 2006, 위의 책, pp.278~279.
374) http://www.sciencetimes.co.kr/article.do.(2008.7.17.)

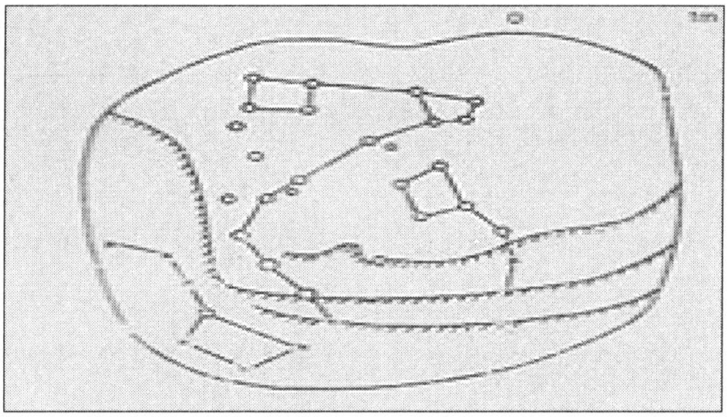

주 : 지석리 고인돌의 별자리 실측도
출처 : http://www.sciencetimes.co.kr/article.do.(2008.7.17.)

[그림 1-63] 함경남도 함주군 지석리 고인돌의 별자리 실측도

지석리 고인돌에는 별의 밝기에 따라 구멍의 크기를 4부류로 구분해 새겨져 있는데, 그 크기는 직경 10, 6, 3, 2㎝의 순이고 깊이는 3~3.5㎝ 정도이다. 이 돌에 새겨진 별을 관찰하면 동지・하지・춘분・추분점의 위치를 알 수 있다. 특히 지석리 고인돌 별 그림을 보면 그 이전 시기의 것보다 더 정확하다는 것을 알 수 있다. 용자리별을 기준으로 볼 때 큰곰자리와 작은곰자리에 속하는 별에 해당하는 구멍들의 간격이 용덕리 고인돌보다 더 정확하며 별의 밝기가 크지 않은 4등성 이하의 별까지 새겨져 있었다.[375)]

위와 같은 고인돌의 암각화(岩刻畫) 등을 분석한 서울대학교 천문학과 박창범 교수는 그의 저서『하늘에 새긴 우리 역사』를 통하여 우리나라는 중국과 함께 세계에서 보기 드물게 2000년이 넘는 장구한 세월 동안 천문현장을 체계적으로 관측하여 기록을 남겨 온 천문의 나라라고 주장하였으며, 청동기시대에 북한지역에서 북두칠성이나 카시오페아 등 별자리를 새긴 고인돌이 발굴된 것으로 보아 삼국 시대에 중국에서 천문학이 들어오기 전 이미 우리나라에는 독자적 천문학이 자리 잡고 있었음을 보여준다.[376)]고 주장하고 있다.

위와 같이 문헌상 기록을 조사한 결과 고조선 시대에 지적관련 업무를 관장한 최초의 행정기관은 우가에서 봉가로 변경되었으며, 기원전 2238년에 도량형(度量衡)을 통일하였고, 기원전 2231년부터 지적의 효시라고 할 수 있는 정전법(井田法)을 시행하였으며, 기원전 2229년에 구정도(邱井圖)라는 지도를 작성하였고, 기원전 2087년에 혼천기(渾天機)를 제작하였으며, 기원전 1664년에 측량을 실시하고 과세를 하였으며, 기원전 680년

375) 이종호・박택규 지음, 2006, 앞의 책, pp.278~279.
376) 박창범, 2002,『하늘에 새긴 우리 역사』, 서울, 김영사, p.10.

에 유성설(遊星說)이라는 천문관련 문헌을 작성한 것으로 분석되었다.

그리고 북한지역에 남아 있는 고인돌에 새겨진 천문도로 보아 고조선 시대에도 천문관측을 실시하고 이를 토대로 천문도를 작성하여 고인돌에 새겨 놓았다는 사실을 알 수 있다.

따라서 문헌상으로는 고조선 시대에도 어떤 형태로든지 토지관리 · 측량 · 지도 작성 · 과세사무 등 서로 밀접한 지적관련 사무가 분화되지 않은 상태로 수행되었을 것으로 추정할 수 있으며, 이를 지적사적(地籍史的) 측면에서는 우리나라 지적제도의 기원이라고 할 수 있다.

그러나 측량사적(測量史的) 측면에서는 측량의 기원, 지도사적(地圖史的) 측면에서는 지도의 기원, 과세사적(課稅史的) 측면에서는 과세의 기원이라고 각각 주장할 수 있다. 그 이유는 고대사회의 체제가 원시적이고 분화되지 아니한 생산 수단의 공유를 기초로 한 공동원시사회였기 때문이다.

### 8) 외국의 고인돌

중국 요동반도의 금현(金縣) 소관둔(小關屯)에서 20세기 초에 일본인 도리이 류우강(鳥居龍藏)과 미야케 슌조(三宅俊成) 등이 조사를 실시하여 [그림 1-64]와 같은 금현 소관둔 고인돌을 발견하였으며, 고인돌 부군에서 돌칼 · 돌도끼 · 불탄 흑편 · 거칠은 모래가 섞인 홍도의 구연부와 저부편 등을 발견하였다.

출처 : 허옥림 저, 최무장 역, 2010, 『요동반도 고인돌』. 서울, 백산자료원. p.289.

[그림 1-64] 중국의 금현 소관둔 고인돌

양두와(羊頭洼)라는 제족의 책속에 금현 소관둔의 고인돌에 관하여 자세히 소개되어 있으며, 금현 소관둔의 고인돌 이외에 와방점시(瓦旊店市) 태자(台子) · 개주시(蓋州市) 석붕산(石硼山) · 대석교시(大石橋市) 석붕욕(石棚峪) · 해성절목성(海城折木城) · 수암흥륭(岫岩興隆) 등지에서 많은 고인돌이 발견되었다.[377)]

영국 월트셔주의 솔즈베리 평원(Salisbury Plain)에 [그림 1-65]와 같은 스톤헨지(Stonehenge)라고 하는 돌무더기가 원 모양으로 둘러쳐져 있는 유적이 있다. 고고학자들

377) 허옥림 저, 최무장 역, 2010, 『요동반도 고인돌』. 서울, 백산자료원. pp.17~20.

이 방사성 탄소 연대 측정법으로 계산해 본 결과 기원전 3100년쯤, 5000년 전에 생성됐을 것이라는 것이 밝혀졌다.[378)]

그리고 1965년에 영국의 천문학자인 보스턴대학의 제럴드 호킨스(Gerald Haw-kins) 교수는 스톤헨지가 직경 30m의 사슨 서클(Sarsen Circle)이라고 불리 우는 원형으로 둘러 싸여 있고 기둥의 원둘레 안쪽에 동일한 간격으로 파여 있는 56개의 구멍으로 형성된 오브리 서클(Au-brey Circle)이 있음을 발견하고 스톤헨지가 천문학적 의미를 가진 것 같다는 결론을 내렸다.[379)]

출처 : http://www.dt.co.kr/contents.html?article.(2008.7.30.)

[그림 1-65] 영국의 스톤헨지

이어서 프랑스 서북부 브르타뉴 지방의 카르나크 마을에 있는 유럽 거석기념물 중 최대 규모의 유적인 [그림 1-66]과 같은 카르나크의 열석(Carnac Alignments) 등 유럽과 지중해연안에서도 볼 수 있고, 인도・인도네시아 등의 동남아지역에도 분포한다.

인도의 거석물(巨石物)은 대륙의 전 지역에서 발견되고 있지만 데칸고원의 반도 남쪽 지역에 밀집하여 분포되어 있다.

거석문화에 속한 것으로는 지석묘・옹관묘(Urn-Vurials)・석관묘(Cists)・열석・두건형 위석(Hood-Stones)・우산형 상석(Umbrella Stones) 등과 같은 여러 종류들이 분포되어 있다.

인도의 거석물(巨石物)은 대륙의 전 지역에서 발견되고 있지만 데칸고원의 반도 남쪽 지역에 밀집하여 분포되어 있다.

거석문화에 속한 것으로는 지석묘・옹관묘・석관묘・열석・두건형 위석・우산형 상석 등과 같은 여러 종류들이 분포되어 있다.

거석물이라는 용어에서 보면, 옹관묘나 도관묘 같은 것은 이질적이지만 석총 내에 매장 주체부를 이루고 있고, 또한 흑적채색토기(Black-and-red pottery)와 철의 사용이라는 같은 문화적 배경에서 만들어졌기 때문에 보편적으로 거석문화에 포함하여 다루고 있다.[380)]

378) 『조선일보』, 2012.10.24, A32.
379) 김진영・김진경, 1996, 『수수께끼의 고대문명』, 서울, 넥서스, p.56.
380) 이영문, 2004, 『한국 지석묘 사회연구』, 서울, 학연문화사, p.417.

주 : 카르나크의 열석(좌), 하늘에서 본 카르나크의 열석(우).
출처 : http://upload.wikimedia.org/wikipedia/commons/a/a6/Carnac_Village.(2008.7.30.) ; 이종호, 2001, 『세계최초의 우리문화 유산』, 서울, 컬쳐라인, p.25.

[그림 1-66] 프랑스의 카르나크 열석

인도의 지석묘는 우산형 또는 모자형 지석묘로 불리어지는 것으로 [그림 1-67]과 같이 전체적으로 버섯 모양의 외견을 보이고 있다.

그리고 태평양의 바다 한 가운데 위치한 이스터섬(Easter Island)에 우리나라 제주도의 돌하루방과 유사한 섬을 대표하는 [그림 1-68]과 같은 모아이(Moai)라고 불리우는 대형 석상들이 있다.

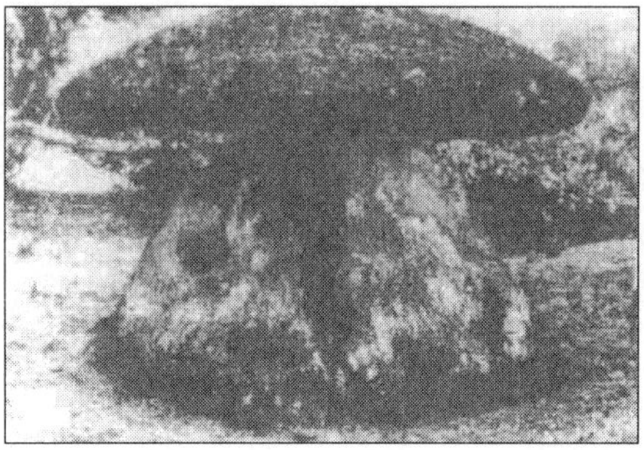

주 : 남인도 서해안의 서가츠산맥 주변의 고지대 케랄라주의 홍도시내에 십중석으로 분포되어 있다.
출처 : 이영문, 2004, 『한국 지석묘 사회연구』, 서울, 학연문화사, p.425.

[그림 1-67] 인도의 체라망가드 지석묘

출처 : http://kinddevil.tistory.com/376?top3.(2012.11.21.)

[그림 1-68] 이스터섬의 모아이 석상

이스터섬은 1722년 네덜란드의 해군 제독이며 탐험가인 로게빈(Jacob Roggveen)이 부활절 날(Easter Day) 이 섬을 발견하여 이스터섬이라고 지어졌으며, 칠레의 해외 영토로써 본토에서 서쪽으로 약 3600㎞ 떨어진 직삼각형 모양의 작은 섬이다.

면적은 제주도의 10분의 1 밖에 되지 않는데, 해안선을 따라 높이가 20m나 되고 무게가 100톤에 이르는 거대한 900여개의 석상들이 서 있으며 제단과 모아이 의식을 거행하던 장소 등이 한 군데에 온전히 보존되어 있는데 1995년에 세계문화유산으로 지정되었다.[381)]

위와 같이 거석물은 대부분 지석묘로 인식하고 있으나, 우리나라의 평안남도와 함경남도에서 발견된 고인돌과 영국의 스톤헨지는 천문학적 의미를 가진 거석물을 대표하는 중요한 지적관련 유물이라고 할 수 있다.

## 1.2 부족국가

부족국가(部族國家)라 함은 원시사회에서 부족을 중심으로 형성된 국가로서 중앙 집권적(中央集權的) 고대국가의 성립에 이르는 과정에서 나타나는 과도적 단계의 국가 형태로써, 미국의 민족학자 L. H. 모건(Morgan, Lewis Henry)의 사회발전 단계론에 기초를 두고 있다.

모건은 인류사회의 발전과정을 성(性)을 기초로 한 사회조직-씨족(氏族 Gens)-포족(胞族 Phratry)-부족(部族 Tribe)-부족연합체-국가의 단계로 분류했다.

국가체로서의 특성을 갖추고 있으면서도 혈연성과 공동체적 유제(遺制)가 상당히 남아있는 단계의 정치조직체를 고대국가 성립의 과도기로 파악하여 부족국가 또는 부족연맹체국가라는 개념이 제시되었다.[382)]

부족국가는 원시사회에서 고대국가로 전환하는 과도기적인 단계에 나타난 국가형태를 일컫는 개념으로, 1970년대 초반까지 한국 고대의 국가형성은 부족국가 → 부족연맹체국가 → 고대국가의 과정을 밟는다는 부족국가론이 학계의 정설로 자리 잡았다.

그러나 시기나 연구자에 따라 부족국가의 개념도 여러 가지였을 뿐만 아니라, 이론적 문제점에 대한 비판도 끊임없이 제기되었으며, 성읍국가·군장사회(Chiefdom : 추장사회·족장사회) 등의 개념이 사용되기도 하였고, 현재는 읍락사회 → 소국(小國) → 소국연맹 → 고대국가로 발전한다고 하는 국가형성 이론이 제기되고 있으나,[383)] 부족공동체

381) 『조선일보』, 2011.11.21, p.28. ; http://terms.naver.com/entry.nhn.(2012.11.21.)

382) http://kin.naver.com/list/view.(2007.7.5.)

383) http://www.encyber.com/search_w/ctdetail.php?masterno=78701&contentno=78701.(2010.10.10.) ; http://100.naver.com/100.nhn?docid=78701.(2010.10.10.)

의 연합체를 부족국가라고 하며 부족국가는 부족공동체 최고의 단계이며, 원시사회의 최후의 단계를 말한다.

한반도는 대륙과 대양에 이어져 있어 북쪽 대륙에서 이동해 온 북방계의 기마민족(騎馬民族)과 바다를 통하여 이주하여 온 남방계인 농경민족(農耕民族)이 부족을 이루었다.

따라서 한반도에는 우세한 군사력과 조직력을 가진 북방계 부족과 평화로운 농경생활에 만족했던 남방계 부족들이 웅거하였으며, 한반도의 남쪽은 지형적 특성에 의하여 촌락을 이루어 농경에 종사했던 관계로 정치・군사적 활동이 미약하였지만, 북쪽은 지형상 목축을 주로 하는 유목민들이 군락을 이루어 생활하였기 때문에 영토분쟁과 충돌이 빈번하게 야기되면서 일찍부터 국가형태의 부족들이 형성되었다.

우리나라의 원시사회 말기에 고조선이 내부분열로 망한 후 형성된 부족국가로는 부여・옥저・동예・진국・삼한 등이 있다.

### 1.2.1 부여(夫餘)

고조선 다음으로 두 번째 등장하는 나라가 송화강 상류의 넓은 평야지대에서 일어난 부여(夫餘)이다. 부여라는 이름은 기원전 3세기 이전의 지리기사를 실은『산해경(山海經)』과 사마천의『사기(史記)』화식전(貨殖傳)에 보이는 것으로 보아 대체로 기원전 4세기경에 건국된 것으로 보인다. 부여를 세운 종족은 예맥족(濊貊族)으로서 그 일파가 뒤에 고구려와 백제를 세웠으므로 부여가 한국사에서 차지하는 비중은 매우 크다.[384)]

『후한서(後漢書)』의 동이열전(東夷列傳)에 "부여국(扶餘國)은 현도 북쪽 천리에 있다. 남쪽으로는 고구려, 동쪽으로는 읍루(挹婁), 서쪽으로는 선비(鮮卑)와 접해 있고, 북쪽에는 약수(弱水)가 있으며 그 지방은 2천리이나 본래는 예(濊)의 땅이다.(扶餘國 在玄菟北千里, 南與高句麗, 東與挹婁, 西與鮮卑接, 北有弱水, 地方二千里, 本濊地也)"[385)]라고 기록 되어 있다.

그리고『삼국지(三國志)』의 위서((魏書) 오환선비동이전(烏丸鮮卑東夷傳)에는 "부여는 만리장성의 북쪽에 있고 현도로부터 천리나 되며 사방은 약 2천리이고 8만호가 된다.(夫餘 在長城之北, 去玄菟千里, 南與高句麗, 東與挹婁, 西與鮮卑接, 北有弱水, 方可二千里 戶八萬)"[386)]고 기록되어 있다.

384) 한영우, 2003, 앞의 책, p.85.

385) 김재선・임애경・이경 역편, 1999, 앞의 책, p.31. ;『후한서』제85권, 동이열전 제75, 부여. ; 팽구송・김재선 편저, 1996, 앞의 책, p.49. 재인용.

386) 김재선・임애경・이경 역편, 1999, 앞의 책, p.57. ; 원문은『삼국지』제30권 위서 오환선 비동이전 제30, 부여. ; 팽구송・김재선 편저, 1996, 앞의 책, p.61. 재인용.

이어서 『진서(晉書)』의 열전(列傳)에는 “부여국은 현도의 북쪽 천여 리에 있다. 남쪽으로는 선비와 접하고 북쪽으로는 약수가 있고 사방 2천리이며 팔만가호다. 성읍과 궁실이 있으며 땅은 오곡을 심기에 적합하다.(扶餘國在玄菟北千餘里, 南接鮮卑,北有弱水, 地方二千里, 戶八萬, 有城邑宮室, 地宜五穀)”[387]고 기록되어 있어 문헌마다 서로 약간씩 다르게 기술하고 있다.

부여(扶餘)는 토지가 광활하고 농업을 하기에 적합한 오늘날의 북만주 농안(農安) · 창춘(長春) 일대에 세워진 예맥족(濊貊族) 국가로서 산업은 농경을 주로 하였고 명마(名馬) · 적옥(赤玉) · 미주(美珠) · 돈피(獤皮) 등이 산출되었다.

이어서 『삼국지』의 위서 오환선비동이전에 부여에는 “군왕이 있고 벼슬아치로는 육축(六畜)[388]의 이름을 딴 마가 · 우가 · 저가 · 구가가 있으며, 대사 · 대사자 · 사자도 있다. 제가들은 따로 사출도(四出道)를 관장하였으며, 큰 자는 수천 호를 다스리고 작은 자는 수백 호를 다스렸다.(國有君王, 皆以六畜名官, 有馬加, 牛加, 猪加, 狗加, 大使, 大使者, 使者, 諸加別主四出道, 大者主數千家, 小者數百家)”[389]고 기록되어 있다.

부여는 지방행정구역의 일종인 사출도를 정하고 그 밑에 가축의 이름을 붙인 마가(馬加) · 우가(牛加) · 저가(猪加) · 구가(狗加)와 대사(大使) · 사자(使者) 등의 관직을 두고, 국왕은 중앙에서 사출도를 맡은 4가〈馬加 · 牛加 · 豬加 · 狗加〉를 통솔하고 4가는 각각의 사출도를 관할하였다.[390]

부여의 법으로는 4조목이 전해지고 있는데,[391] 살인자는 사형에 처하고 그 가족은 모두 노비로 하며 남의 물건을 훔쳤을 때에는 물건 값을 12배로 배상하게 하고 간음한 자와 투기가 심한 부인은 사형에 처한다는 것으로 고조선의 경우와 비슷하였다.[392]

그리고 섣달에는 농사를 잘 짓게 하여 준 하늘에 감사하는 의식인 일종의 추수감사제인 영고(迎鼓)라고 하는 제천행사(祭天行事)[393]를 하였다. 추수를 마친 후 모든 백성이 모여 하늘에 제사를 지내고 추수를 감사하며 춤과 노래와 술을 즐겼으며, 이 행사 중에는

387) 김재선 · 임애경 · 이경 역편, 1999, 앞의 책, p.86. ; 『진서』 열전, 부여국, 팽구송 · 김재선 편저, 1996, 앞의 책, p.75. 재인용.

388) 육축(六畜)이라 함은 소 · 말 · 돼지 · 개 · 양 · 닭을 말한다.

389) 김재선 · 임애경 · 이경 역편, 1999, 앞의 책, p.57. ; 『삼국지』 제30권, 위서, 오환선비동이전 제30, 부여, 팽구송 · 김재선 편저, 1996, 앞의 책, p.61. 재인용.

390) 김경열, 1991, 앞의 논문, p.69. ; http://cafe.naver.com/ 2008.1.20.)

391) 부여와 고구려 양쪽 모두에 1책 12법이라는 법률이 있었다. 기원후 3세기 기록인 삼국지 위지 동이전에는 부여로 나오고, 고구려의 1책 12법은 기원후 10세기 기록인 구당서에 나오는데, 부여의 법은 현재 4조목이 전해지고 있다.

392) 이현희, 교양국사연구회 엮음, 2003, 앞의책, p.41.

393) 제천행사(祭天行事)라 함은 하늘에 제사를 지내는 의식으로 풍년을 기원하고 국가 구성원의 단합을 도모하기 위하여 실시하였다.

처벌과 투옥을 금하고 죄수들을 놓아주기도 하였다.[394]

부여는 494년에 고구려에 병합되어 멸망할 때까지 약 1천년의 역사를 지니고 있는데, 전성기인 기원전후 시기의 영토는 북으로 흑룡강 이남, 남으로 백두산에서 요하 상류에 이르고 동쪽으로는 연해주까지 미치는 광대한 국가였다.[395]

### 1.2.2 옥저(沃沮)

부여가 만주에서 국가를 경영하고 있을 때 한반도의 백두대간 동쪽에는 부여족의 한 갈래인 옥저(沃沮)와 동예(東濊)가 각각 함경남도와 강원도 북부에서 연맹국가를 영위하고 있었다. 이 두 나라는 백두대간이 남북으로 가로막고 있어서 외부의 자극이 적고 따라서 국가발전도 상대적으로 뒤져 있었다.[396]

『후한서』의 동이열전에 "동옥저는 고구려 개마산의 동쪽에 있다. 동쪽으로는 바다를 끼고 있고, 북쪽으로는 읍루와 부여, 남쪽으로는 예맥과 접하였다. 옥저의 지형은 동서로는 좁고 남북으로는 길어서 천리의 절반이며 … 언어・음식・거처・의복 등은 고구려와 비슷하였다.(東沃沮在高句麗蓋馬大山之東, 東濱大海, 北與挹婁, 夫餘, 南與濊貊接, 其地東西夾, 南北長, 可折方千里, … 言語, 飮食, 居處, 衣服有似句麗)"[397]고 기록되어 있으며, "북옥저는 일명 치구루라고도 하며, 남옥저와의 거리는 8백여 리이고 그 들의 풍속은 모두 남옥저와 같다. 국경의 남쪽에는 읍루가 있다.(又有北沃沮, 一名置溝婁, 居南沃沮八百餘里, 其俗皆與南東, 界南接挹婁)"[398]고 기록되어 있다.

그러나 『삼국지』의 위서 오환선비동이전에는 "동옥저는 고구려 개마산의 동쪽에 바다를 끼고 있다. 그 지형이 동서로는 좁고 남북으로는 길어서 천리나 된다. 북쪽으로는 읍루와 부여, 남쪽으로는 예맥과 접해 있다. 5천 가호(家戶)로 대군왕이 없고 각 촌락에 통솔자가 있다. 언어는 고구려와 비슷하나 약간의 차이가 난다.(東沃沮在高句麗蓋馬大山之東, 濱大海而居, 其地形東北夾, 西南長, 可千里, 北與挹婁, 夫餘, 南與濊貊接, 戶五千, 斌大君王, 世世邑落, 各有長帥, 其言語與句麗大同 時時小異)"[399]고 기록되어 있으며, "북옥

394) 김재선・임애경・이경 역편, 1999, 앞의 책, p.32.
395) 한영우, 2003, 앞의 책, p.85.
396) 한영우, 2003, 위의 책, p.87.
397) 김재선・임애경・이경 역편, 1999, 앞의 책, pp.42~44. ; 『후한서』 제85권, 동이열전 제75, 동옥저. ; 팽구송・김재선 편저, 1996, 앞의 책, p.54. 재인용.
398) 김재선・임애경・이경 역편, 1999, 앞의 책, pp.42~44. ; 『후한서』 제85권, 동이열전 제75, 북옥저. ; 팽구송・김재선 편저, 1996, 앞의 책, p.54. 재인용.
399) 김재선・임애경・이경 역편, 1999, 앞의 책, p.69. ; 『삼국지』 위서 오환선비동이전 제30, 동옥저. ; 팽구송・김재선 편저, 1996, 앞의 책, p.65. 재인용.

저는 일명 치구루라고도 하며, 남옥저(南沃沮)와의 거리는 8백여 리이고 남으로는 읍루를 접하고 있으며, 그 들의 풍속은 모두 남쪽과 같다.(北沃沮 一名置溝婁, 居南沃沮八百餘里, 其俗南北皆同)"[400]고 기록되어 있어 문헌마다 약간씩 다르게 기술하고 있다.

옥저는 부여(扶餘)계열 예맥족(濊貊族)의 부족사회로써, 임둔(臨屯)의 옛 땅인 낙랑동부도위(樂浪東部都尉) 소관인 부조현(夫租縣)의 후신으로 오늘날의 함흥(咸興)평야 일대에서 기원후 30년경에 형성되었던 부족국가로서, 토지가 비옥하고 농경이 발달되어 오곡이 풍부하고 어염(魚鹽) 등 해산물이 산출되었으나, 56년경 고구려에 신속(臣屬)되어 멸망하였다.

옥저에서는 삼국지 위지의 동옥저조에 "고구려는 대가(大加)로 하여금 옥저의 조부(租賦)[401]를 담당하여 받아들이게 하였다.(高句麗復置其中…又使大加統責其租賦)"고 기술되어 있으며, 후한서 동이전(東夷傳) 동옥저조에도 옥저에 조부제도(租賦制度)가 실시되었음을 기술하고 있다.[402]

옥저는 자세한 기록이 없는 연맹국가로, 정확히 말하면 읍락국가(邑落國家)의 연합체로 보여 진다. 옥저는 각 읍락별로 족장에 의해 자치적으로 운영되었으므로 통일된 세력을 형성하지 못하였고 왕이 없었다는 것을 보아서 구심점은 존재하였다고 보기 어려우며 옥저는 동옥저로도 불렸고, 다시 남옥저와 북옥저로 구분되었다는 주장이 일반적이다.[403]

### 1.2.3 예(濊)

『후한서』의 동이열전에 "예(濊)의 북쪽은 고구려와 옥저, 남쪽은 진한과 인접하고, 동쪽으로는 큰 바다에서 끝나고, 서쪽으로는 낙랑에 이른다. 예와 옥저와 고구려는 본래 모두 옛 조선의 땅이다. 옛날 주나라 무왕이 기자를 조선에 봉하였고 기자는 그들에게 예의와 농사짓는 법과 누에치는 법, 8조의 교훈을 만들어서 가르쳤다. 그들은 서로 훔치는 일이 없어서 문을 닫지 않고 살았다.(濊北與高句麗, 沃沮, 南與辰韓接, 東窮大海, 西至樂浪, 濊及沃沮, 句麗, 本皆朝鮮之地也, 昔武王封箕子於朝鮮, 箕子敎以禮義田蠶, 又制八條之敎, 其人終 不相盜, 無門戶之閉)"[404]고 기록되어 있다.

---

400) 김재선 · 임애경 · 이경 역편, 1999, 앞의 책, p.67. ; 『삼국지』 위서 오환선비동이전 제30, 북옥저. ; 팽구송 · 재선 편저, 1996, 앞의 책, p.66. 재인용.

401) 조부(租賦)라 함은 국가 또는 지방 공공 단체가 필요한 경비로 사용하기 위하여 국민이나 주민으로부터 강제로 거두어들이는 금전을 말하는 것으로, 조부(租賦) · 공세(貢稅) · 공조(公租) · 세(稅) · 세전(稅錢) · 세금(稅金) 등으로 표현되어 왔다.

402) 대한지적공사, 2005(b), 앞의 책, p.71.

403) http://cafe.naver.com/historyexampass.cafe.(2008.1.20.)

404) 김재선 · 임애경 · 이경 역편, 1999, 앞의 책, p.45. ; 『후한서』 권85, 동이열전 제75, 예. ; 팽구송 · 김재선

그리고 『삼국지』의 위서 오환선비동이전에는 "예는 남쪽으로는 진한과 인접하고, 북쪽으로는 고구려와 옥저, 동쪽으로는 큰 바다에서 끝난다. 지금 조선의 동쪽은 모두 그들의 땅이며 약 2만호가 산다. 옛날에 기자가 조선에 와서 그들에게 8조의 교훈을 지어서 가르친 일이 있어 도적질하는 자가 없으므로 문을 닫지 않고 산다.(濊南與辰韓, 北與高句麗, 沃沮接, 東窮大海, 今朝鮮之東皆其地也, 戶二萬, 昔箕子旣適朝鮮, 作八條之敎以敎之, 無門戶之閉而民不爲盜)"[405]라고 기록되어 있어 문헌마다 약간 다르게 기술하고 있다.

동예(東濊)는 함경남도의 영흥(永興)·안변(安邊)일대와 강원도 북부지역에서 1세기 초에 형성되었던 부족국가로서, 처음에는 위만조선에 복속되어 있었으나 2세기 후반 고구려 지배하의 낙랑군에 귀속되었다가 광개토대왕(廣開土大王)[406] 때에 고구려에 병합되어 멸망하였으며,[407] 산업은 농업을 주로 하였으며 마포(麻布)와 양잠(養蠶)기술이 발달하였고 명주(明紬)를 만들기도 하였다.

그리고 "별자리를 볼 줄 알아 미리 그 해가 풍년인지 흉년인지를 예측하였으며, 해마다 10월이면 하늘에 제사를 지내고 밤낮으로 술을 마시고 노래를 부르는데 이를 무천(舞天)이라고 하며(曉候星宿, 預知年歲豊約, 常用十月節祭天, 晝夜飮酒歌舞 名之爲儛天)",[408] 부여의 영고(迎鼓)·고구려의 동맹(東盟)과 같이 풍년을 빌고 추수를 감사하는 의식을 지냈다.

동예에서는 씨족 간의 경계와 지역 간의 읍락(邑落) 경계를 중요시하여 이와 같은 경계를 침범하여 수렵·어로·경작 등을 하면 침범자 측에게 소나 말로 배상하게 하였는데, 이것을 책화(責禍)라고 하였다. 이 같은 풍속은 지역 주민의 생활 안정과 재산 보호를 위해서 존재한 벌칙이었으며, 사람을 죽인 자는 반드시 죽이고 형벌이 엄하기 때문에 도둑질하는 자가 적었다.[409]고 기록되어 있다.

### 1.2.4 진국(辰國)과 삼한(三韓)

남한지방에 세워진 최초의 연맹국가는 기원전 4세기경에 세워진 진국(辰國)[410]이었으

---

편저, 1996, 앞의 책, p.55. 재인용.

405) 김재선·임애경·이경 역편, 1999, 앞의 책, p.73. ; 『삼국지』 위서 오환선비동이전 제30, 예. ; 팽구송·김재선 편저, 1996, 앞의 책, p.67. 재인용.

406) 광개토대왕(廣開土大王, 374~412)이라 함은 땅(土)을 넓게(廣) 열어 제친(開) 위대한 왕(大王)이라는 뜻으로 그의 업적을 기리는 광개토대왕비가 중국의 지린성에 세워져 있다.

407) http://blog.naver.com/seoulb.(2008.1.20).

408) 김재선·임애경·이경 역편, 1999, 앞의 책, p.74. ; 『삼국지』 위서 오환선비동이전 제30, 예. ; 팽구송·김재선 편저, 1996, 앞의 책, pp.67~68. 재인용.

409) 김재선·임애경·이경 역편, 1999, 앞의 책, p.74.

410) 진국(辰國)은 기원전 4세기에서 기원전 2세기 무렵 청동기 및 초기 철기문화를 바탕으로 한반도 중남부지역

며, 그 중심지는 경기도와 충청도·전라도의 서해안지역으로 보인다. 그 후 기원전 2세기 말에 기자조선이 위만에 망하자 준왕(準王)을 비롯한 고조선의 망명객들이 대거 남쪽으로 내려오고, 기원전 2세기 초에 위만조선이 한(韓)에 망하면서 그 지배층이 대거 남하하면서 진국의 사회발전이 촉진되어 삼한(三韓)이 형성되었다.[411]

『후한서』의 동이열전에는 "한에는 세 종족이 있다. 첫째는 마한이요, 둘째는 진한이요, 셋째는 변진이다. 마한은 서쪽에 있는 54국으로 북쪽은 낙랑과 남쪽은 왜와 접해 있다. 진한은 동쪽에 있는 12국으로 북쪽은 예맥과 접해 있다. 변진은 진한의 남쪽에 있는 12국으로 남쪽은 역시 왜와 접해 있다. 그들은 모두 78국이며 백제는 그 중 한나라이다. 대국은 만여호이고 소국은 수천 가구이다.(韓有三種, 一曰馬韓, 二曰辰韓, 三曰弁辰, 馬韓在西, 有五十四國, 其北與樂浪, 南與倭接, 辰韓在東, 十有二國, 其北與濊貊接, 弁辰在辰韓之南, 亦十有二國, 其南亦與倭接, 凡七十八國, 百濟是其一國焉, 大者萬餘戶, 小者數千家)"[412]라고 기록 되어 있다.

그리고 『삼국지』의 위서 오환선비동이전에는 "한나라는 대방의 남쪽에 있고 동쪽과 서쪽은 바다가 경계이고 남쪽은 왜와 인접하며 사방이 약 4천리이다. 한에는 세 종족이 있으니 첫째는 마한이요, 둘째는 진한이요, 셋째는 변한이다. 진한은 옛 진국이다.(韓在帶方之南, 東西以海爲韓, 南與倭接, 方可四千里, 有三種 一曰馬韓, 二曰辰韓, 三曰弁韓, 辰韓者, 古之辰國也)"[413]라고 기록되어 있어 문헌마다 약간씩 다르게 기술하고 있다.

마한(馬韓)·진한(辰韓)·변한(弁韓) 등 삼한(三韓)은 기원전 2세기경부터 기원후 3세기경까지 한반도 중남부지역에 있던 부족국가를 말한다. 삼국지 위지 동이전에 의하면 마한은 55개, 진한과 변한은 각각 12개의 소국(小國)으로 구성되어 있었다. 마한은 한강유역으로부터 충청도와 전라도에, 진한은 경기도와 강원도 일부, 변한은 낙동강유역 경상도에 있었던 것으로 추정되며, 후에 마한의 백제국(伯濟國)이 백제로, 진한의 사로국(斯盧國)이 신라로, 변한의 구야국(狗邪國)이 가야(伽倻)로 발전되었다는 설이 일반적이다.[414]

구야국의 구야는 가야의 한자식 표기로 가락국(駕洛國)·금관국(金官國)이라고 부르기도 했으며, 532년에 신라에 항복함으로써 역사에서 사라지게 되었으나, 그들의 우수한 문화는 신라의 부흥과 발전에 여러모로 도움을 주었다.[415]

---

에 존재한 초기 국가로, 위만조선과 공존하였고, 이후 마한,·변한·진한의 삼한으로 정립된 것으로 보인다.

411) 한영우, 2003, 앞의 책, p.91.

412) 김재선·임애경·이경 역편, 1999, 앞의 책, p.48. ; 『후한서』 권85, 동이열전 제75, 한. ; 팽구송·김재선 편저, 1996, 앞의 책, p.56. 재인용.

413) 김재선·임애경·이경 역편, 1999, 앞의 책, p.76. ; 『삼국지』 위서 오환선비동이전 제30, 한. ; 팽구송·김재선 편저, 1996, 앞의 책, p.68. 재인용.

414) http://ko.wikipedia.org/wiki/(2008.1.20.) ; http://nitroper.cafe24.com/(2008.1.20.)

415) 『조선일보』, 2013.7.23, A26.

삼한은 토착 농경사회로써 기후가 따뜻하고, 우량이 풍부하며 수리(水利)를 위한 저수지가 여러 지역에 만들어져 일찍부터 벼농사가 시작되었으며, 김제 벽골제(碧骨堤)·밀양 수산제(守山堤)·제천 의림지(義林池)·상주 공검지(恭儉池)·의성 대제지(大堤池) 등은 삼한 시대 이래의 유명한 저수지들이다.[416]

따라서 벼농사를 비롯하여 오곡을 재배하였고, 양잠을 하여 면포(綿布)를 직조하였으며, 진한과 변한에서는 특히 철의 산지가 많아 마한·예맥(濊貊)·왜 등이 철을 구해갔을 뿐 아니라 낙랑(樂浪)과 대방(帶方) 등 중국의 군·현에서도 수입해갔다.

삼한(三韓)에서는 "해마다 5월에 씨뿌리기가 끝나면 신에게 제사를 지내고 무리가 모여서 노래하고 춤추며 밤낮으로 술을 마셨다. 그들의 춤은 수십 명이 땅을 밟으며 낮추었다 올렸다 하기도 하고 손과 발을 서로 맞추는데 그 박자와 리듬이 마치 탁무와 같다. 10월에 농사일이 끝나면 또 이와 같이 한다.(常以五月下種訖, 祭鬼神, 群聚歌舞, 飮酒晝夜無休, 其舞, 數十人俱起相隨, 踏地低昂, 手足相應, 節奏有似鐸舞, 十月農功畢, 亦復如之)"[417]고 기록되어 있다.

삼한에서도 부여의 영고(迎鼓), 고구려의 동맹(東盟), 동예의 무천(舞天)과 비슷한 추수감사와 풍년을 기원하는 제천행사 있었다. 5월 수릿날에는 기풍제(祈豊祭)를 지내고, 10월에는 추수를 감사하는 시월제(十月祭)를 행하였으며, 두레를 만들어 농사를 공동으로 짓는 등 공동체적 전통을 유지해 나갔다.

이들 부족국가의 개국과 멸망에 관한 내용을 요약하면 〈표 1-5〉와 같으며, 지도는 [그림 1-69]와 같다.

〈표 1-5〉 부족국가의 개국과 멸망 현황

| 국가 명칭 | 개 국 | | 멸 망 |
|---|---|---|---|
| | 연 대 | 관 할 구 역 | |
| 부여 | 기원전 2세기 | 북만주 | 494년에 고구려에 편입 |
| 옥저 | 기원전 1세기 | 함흥(咸興)평야 | 56년경 고구려에 신속(臣屬) |
| 동예 | 기원전 1세기 | 함경도, 강원도 | 고구려에 병합 |
| 마한 | 기원전 2세기 | 충청도, 전라도 | 백제국, 백제 |
| 진한 | 기원전 2세기 | 경기도, 강원도 | 사로국, 신라 |
| 변한 | 기원전 2세기 | 경상도 | 가야국, 가야 |
| 가야 | 기원 전후 | 낙동강 하류지역 | 532년에 신라에 멸망 |

416) 이현희, 교양국사연구회 엮음, 2003, 앞의 책, p.45. ; 한영우, 2003, 앞의 책, p.92.
417) 김재선·임애경·이경 역편, 1999, 앞의 책, p.78. ;『삼국지』위서 오환선비동이전 제30, 한. ; 팽구송·김재선 편저, 1996, 앞의 책, p.69. 재인용.

출처 : 박민주, 2004, 『민주국사』, p.94.

[그림 1-69] 부족국가 시대의 지도

### 1.2.5 지적관련 제도

부족국가 시대의 지적관련 제도로써 부여(扶餘)는 국도(國都)를 중심으로 전국을 사방으로 구획하여 사출도(四出道)[418] 혹은 사가도(四街道)라 칭하는 지역구획방법을 시행하였다.

부여(扶餘)에서 시행한 사출도(四出道) 혹은 사가도(四街道)라고 하는 것은 국도(國都)를 중심으로 전국을 사방으로 통하도록 구획한 가도(街道)로서 당시의 지방행정구역을 말한다.[419]

사출도(四出道)라 함은 일종의 행정구획으로, “출도(出道)”라고 표현한 것은 중앙의 수

418) 도(道)는 한국의 행정 구역명 또는 고대 중국의 지역 구분의 단위명(單位名)으로 처음 사용한 것은 기원전 1세기경에 위지(魏志) 동이전 부여조(東夷傳夫餘條)에서 “부여에는 사출도(四出道)가 있고, 우가(牛加)・저가(猪加)・구가(狗加)・마가(馬加) 등이 이를 다스렸다.”하여 처음으로 행정구역 명으로 도(道)라는 용어를 사용하였다. 그 후 지방 행정구역의 가장 큰 단위는 고구려에서 5부(部), 백제에서 5방(方), 신라에서 주(州)라고 하다가 고려 성종 때 처음으로 도(道)를 두었다. 전국을 관내도(關內道)・중원도(中原道)・하남도(河南道)・강남도(江南道)・영남도(嶺南道)・영동도(嶺東道)・산남도(山南道)・해양도(海陽道)・삭방도(朔方道)・패서도(浿西道) 등 10개 도로 나누었으며, 현종 때 다시 전국을 양광도(楊廣道)・경상도(慶尙道)・전라도(全羅道)・교주도(交州道)・서해도(西海道) 등 5도(道)와 동계(東界)・북계(北界)의 양계(兩界)로 나누었다. 이것을 조선 초기인 1413〈태종 13〉년에 경기도・충청도・전라도・경상도・강원도・황해도・함경도・평안도의 8개 도로 나누어 조선 8도의 명칭이 붙게 되었으며, 중엽에는 경기도・충청도・전라도・경상도 및 황해도를 좌・우도로 갈랐다가, 1894〈고종 31〉년 갑오개혁(甲午改革) 이후 13도로 늘렸다. (http://chang256.new21.net/board/board.php?db=537&no=3423&page.(2010.9.20.)

419) 정시채, 1985, 앞의 책, p.26.

도(首都)를 중심으로 하여 네 방향으로 통하는 길을 의미하는 것으로 수도(首都)가 있는 중앙지역에는 가장 강력한 부족(部族)이 있고, 이 중앙 부족을 중심으로 전국을 방위별(方位別)로 사방(四方)으로 나누어 그 지방에 있는 우세한 부족들이 각각 사출도의 한 도를 장악하고, 중앙 부족이 이를 인정하여 부족연맹을 형성하였는데, 오늘날의 행정구역명으로 도(道)라는 용어를 이 당시에 최초로 사용하였다.

그리고 "가(加)"는 한(韓) · 간(干) · 감(邯) · 가한(可汗) · 한(汗)과 같이 만주 및 몽고 계열의 언어에서 나타나는 귀인 · 대인을 나타내는 칭호로 부족장을 의미하며, 이러한 "가"에 가축의 이름을 부여한 것은 목축 경제사회에서 가축 자본에 따른 족장의 칭호가 그대로 계급분화에 사용한 것으로 추정된다.[420]

옥저(沃沮)에서는 『삼국지』 위지의 동옥저조에 "고구려는 대가(大加)로 하여금 옥저의 조부(租賦)를 담당하여 받아들이게 하였다.(高句麗復置其中 … 又使大加統責其租賦)"고 기술되어 있으며, 후한서 동이전(東夷傳) 동옥저조에도 옥저에 조부제도가 실시되었음을 기술하고 있다.[421]

동예(東濊)에서는 "산천을 소중하게 여기고 산천에는 각각 부분이 따로 있어 아무나 함부로 출입하고 상관하지 못하며 부락끼리 서로 침범하는 일이 있으면 이것을 죄주어 그 벌로 소나 말을 내 놓도록 하였는데 이것을 책화(責禍)라고 한다."고 기술하여[422] 산천 또는 각 읍락(邑落) 사이에 토지의 구분소유 법속(法俗)이 행하여지고 있었음을 알 수 있다.[423]

삼한(三韓)에서는 부락공동체의 토지소유 형태를 취하여 공동경작과 공동분배가 행하여지고 산림과 제지(堤池) 등도 공동소유에 속하였다. 이러한 공동소유제는 오늘날의 종중 또는 문중재산의 기원이 되었다고 본다.[424]

위와 같이 부족국가 시대의 유물이나 사료가 남아 있지 아니할 뿐만 아니라 토지 · 지세 및 지적관련 제도 등에 관한 문헌이 없기 때문에 이들 업무가 미분화된 상태로 토지에 대한 조세를 받아들이고, 소유 영역을 구분하기 위한 방편으로 미흡한 지적 관련 업무가 수행되었을 것으로 추정된다.

---

420) http://ko.wikipedia.org/wiki/%EC%82%AC%EC%B6%9C%EB%8F%84.(2020.11.10.)
421) 대한지적공사, 2005(b), 앞의 책, p.71.
422) 대한지적공사, 2005(b), 위의 책, p.72.
423) 김경열, 1991, 앞의 논문, 1977. p.71.
424) 김경열, 1991, 위의 논문, 1977. p.72.

# 2 고대(고구려 · 백제 · 신라 시대)

## 2.1 고구려

### 2.1.1 개국과 멸망

고구려 역시 건국에 관한 역사적 기록이 없기 때문에 신화에 의존할 수밖에 없는데, 고구려의 신화는 우리의 사서인 『동명왕편(東明王篇)』·『삼국사기(三國史記)』·『삼국유사(三國遺事)』·『제왕운기(帝王韻紀)』 등의 기록과 중국의 사서인 『양서(梁書)』·『위서(魏書)』·『북사(北史)』·『주서(周書)』·『수서(隋書)』 등에 기록되어 있다.[425]

『후한서』의 동이열전에 "고구려는 요동의 동쪽 천리되는 곳에 있다. 남쪽은 조선과 예맥과 접하고 동쪽은 옥저, 북쪽은 부여와 접해 있다. 그 지역은 2천리이고 큰 산이 많다. 사람들은 골짜기를 따라서 사는데 밭이 적어서 힘써 농사지어도 자급하기에 부족하여 먹는 것을 절약한다.(高句麗在遼東之東千里, 南與朝鮮, 濊貊, 東與沃沮, 地方二千里, 多大山深谷, 人隨而爲居, 少田業, 力作不足以自資, 故其俗節約飮食)"[426]고 기록되어 있다.

그리고 『삼국지』의 위서 오환선비동이전에 "고구려는 요동의 동쪽 천리에 있으며, 남으로는 조선과 예맥, 동으로는 옥저, 북으로는 부여와 이웃하고 있으며, 도읍은 환도아래에 정했다. 사방이 약 2천리이고 3만호가 있었다. 그곳은 큰 산과 깊은 계곡이 많으나 평야나 못은 없다.(高句麗在遼東之東千里, 南與朝鮮, 濊貊, 東與沃沮, 北與夫餘接, 都於丸都之下, 方可二千里, 戶三萬, 多大山深谷, 無原澤)"[427]고 기록되어 있다.

초기의 고구려는 부여 및 전한의 4개 군·현과의 투쟁 속에서 성장하였고, 비옥한 영토를 차지하기 위해 적극적인 정복 활동을 벌였다.

이러한 과정 속에서 "고구려는 소노부·절노부·순노부·관노부·계루부의 다섯 부족이 있었으며, 본래 소노부에서 왕이 되었는데 차츰 힘이 약해지자 후에 계루부에서 왕위를 차지하였다.(凡有五族, 有消奴部, 絶奴部, 順奴部, 灌奴部, 桂婁部, 本消奴部爲王, 稍微

425) http://blog.naver.com/yoonmi.(2008.1.10.)

426) 김재선·임애경·이경 역편, 1999, 앞의 책, p.37. ; 『후한서』 제85권, 동이열전 제75, 고구려. ; 팽구송·김재선 편저, 1996, 앞의 책, p.37. 재인용.

427) 김재선·임애경·이경 역편, 1999, 앞의 책, p.61. ; 『삼국지』 제30권, 위서, 오환선비동이전 제30, 고구려. ; 팽구송·김재선 편저, 1996, 앞의 책, p.62. 재인용.

弱, 後桂婁部代之, 其置官)"[428]고 기록되어 있어 문헌마다 약간씩 다르게 기술하고 있다.

고구려는 기원전 37년에 동명성왕(東明聖王) 주몽〈朱蒙, 재위 기간 : 기원전 37~기원전 19〉이 한반도 북쪽과 중국 동북지방 일대에 자리 잡고 지금의 중국 랴오닝성(遼寧省)의 졸본(卒本)[429]에 도읍을 정하고 건국하였다.

고구려의 시조(始祖) 주몽(朱蒙)은 강을 다스리는 신 하백(河伯)의 딸 유화(柳花)와 하늘나라 황제의 아들 해모수(解慕漱)가 만나 낳은 것으로 기술되어 있다.

햇빛과 물은 농사를 짓는데 제일 중요하기 때문에 사람들은 태양과 물을 잘 숭배하지 않으면 하늘의 노여움을 사 농사를 망치고 굶주리게 된다고 믿었다. 즉 태양과 물의 자손인 주몽과 그 자손인 고구려왕을 무조건 따르게 하려는 뜻을 가지고 신화를 만든 것이다.

고구려는 시조 동명성왕으로부터 제5대 모본왕〈慕本王, 재위 기간 : 32~53〉에 이르기까지는 부족연맹체제(部族聯盟體制)의 테두리를 벗어나지 못하고 중앙집권체제로 발전하기 위한 과도기적 단계에 불과하였다.

그러나 제6대 태조왕〈太祖王, 재위 기간 : 53~146〉때부터 고대 국가체제를 갖추어 부족장(部族長) 중심의 정치에서 점차로 왕을 중심으로 한 일원적인 행정체제가 형성되기 시작했다.[430]

서기 3년〈고구려 제2대 유리왕 22, 재위기간 : 기원전 19~18〉에 지금의 중국 지린성(吉林省)의 지안(集安)시로 도읍지를 옮겼는데 이곳이 고구려의 두 번째 도읍지인 국내성(國內城)[431]이며, 평양으로 천도할 때까지 425년간 고구려의 정치・경제・사회・문화의 중심지 역할을 하였으며, 427〈장수왕 15〉년에 세 번째 도읍지인 평양(平壤)으로 옮겼다.

고구려의 교육제도는 372년에 제17대 소수림왕〈小獸林王, 재위 기간 : 371~384〉이 역사기록에 전하는 우리나라 최초의 국립대학인 태학(太學)을 중앙에 설립하고 귀족 자제들에게 주로 유교 경전을 가르쳤으며, 다음해에는 국가를 다스리는 기본 법률인 율령(律令)을 반포했다. 그리고 태학에 입학 할 수 없는 평민 출신 자녀들을 위하여 지방에 경당(扃堂)이라는 민간 교육기관을 세우고, 글과 활쏘기를 가르치며 개인이 구하기 어려운 책을 한 곳에 모아 놓고 여러 사람이 이용할 수 있도록 우리나라 최초의 도서관기능을 수행하도록 하였다.[432]

---

428) 김재선・임애경・이경 역편, 1999, 앞의 책, p.37. ;『후한서』 제85권, 동이열전 제75, 고구려. ; 팽구송・김재선 편저, 1996, 앞의 책, pp.51~52. 재인용.

429) 졸본(卒本)은 삼국 시대 고구려의 첫 수도로서 지금의 중국 요령성(遼寧省) 환인(桓仁)지역으로 추정된다.

430) 정시채, 1985, 앞의 책, p.34.

431) 국내성(國內城)은 삼국 시대 초기 고구려의 두번째 수도이다. 서기 3〈유리왕 22〉년에 졸본에서 국내성으로 옮겨 와서 427〈장수왕 15〉년에 평양성으로 천도할 때까지 425년간 고구려의 수도로서, 그 위치는 지금의 만주 지린성(吉林省) 지안(集安)과 그 배후의 산성을 포함한 지역으로 추정된다.

432)『조선일보』, 2014.10.13, A26.

제19대 광개토대왕(재위 기간 : 391~412)[433]은 18세의 젊은 나이에 왕이 되어 처음으로 연호를 영락(永樂)이라고 정하여 중국과 대등함을 과시하였으며 대규모 정복사업을 벌였다.

후연(後燕)을 공격하여 요동 땅을 차지하고 북쪽으로 숙신(肅愼)을 정복했으며, 남쪽으로 백제를 처서 한강유역까지 영토를 확장하였다.

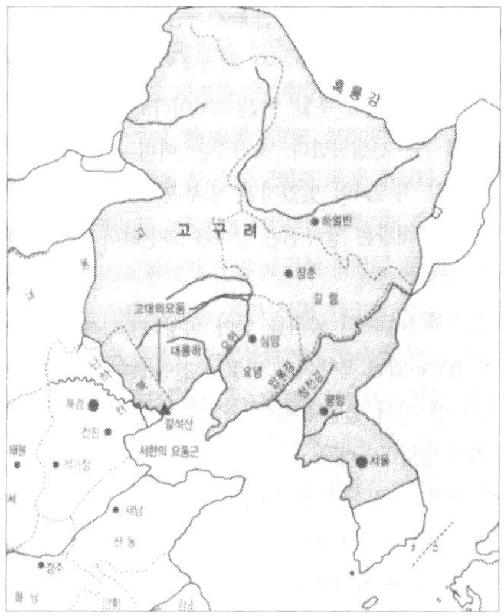


출처 : 김득황, 2005, 『만주의 역사와 간도문제』, 서울, 남강기획출판부, p.67.

[그림 1-70] 고구려의 강역도

그리고 왜국의 침략을 받은 신라를 도와 왜병을 낙동강 유역에서 섬멸하는 등 일생 동안 64개의 성(城)과 1,400개의 촌을 공파했으며,[434] 410년에는 동부여를 정복하고, 이어서 북부여를 무릎 꿇게 함으로써 랴오허강(遼河) 동쪽으로부터 중국 동북부에 이르는 넓은 영토를 차지하여[435] 21년의 재위기간에 [그림 1-70]과 같이 우리나라 역사상 영토를 가장 많이 확장한 정복대제(征服大帝)가 되었다.

따라서 고구려의 두 번째 도읍지인 중국의 지린성에는 [그림 1-71]과 같은 광개토대왕비(廣開土大王碑)를 비롯하여 피라미드 모양으로 돌을 쌓아 만든 장군총(將軍塚) · 광개토대왕의 무덤으로 짐작되는 태왕릉(太王陵) · 춤을 추는 모습이 그려진 벽화가 있는 무용총(舞踊塚) 등 고구려의 유적이 많이 남아 있다.[436]

이어서 장수왕(長壽王, 재위기간 413~491)[437]은 427년에 국내성에서 평양으로 천도

433) 광개토대왕(재위 391~412)은 영락제 · 담덕제 · 광개토제 · 광개토대제 등 황제로 기록하고 있으며,(정립 원작, 임채영 편저, 2010, 광개토태왕 3, p.303.) 대정복 전쟁을 수행하였다. 왕국경 북쪽으로 연 나라와 남쪽으로 백제까지 고구려의 지경을 넓혔으며, 숙신과 동부여마저 그 위력 앞에 떨게 하였다. "왕의 은택이 하늘까지 미쳤고, 위엄은 온 세상에 떨쳤다. 나쁜 무리를 쓸어 없애자 백성이 모두 생업에 힘쓰고 편안하게 살게 되었다. 나라는 부강하고 풍족해졌으며, 온갖 곡식이 가득 익었다. 그런데 하늘이 이 백성을 불쌍히 여기지 않았나 보다. 39세에 세상을 버리고 떠나시었다."('광개토대왕비문'에서, http:// navercast.naver.com/ 2013.4.18)

434) 한영우, 2003, 앞의 책, p.101.

435) http://kin.naver.com/open100.(2008.1.20.)

436) 『조선일보』, 2013.4.18, A28.

437) 장수왕(長壽王, 394~491, 재위기간 413~491)은 광개토대왕의 맏아들로 20세에 왕위에 올라 79년간 통치하였다. 부왕이 이룩해놓은 업적을 바탕으로 남하정책을 펴 475년에 백제의 수도 한성을 함락하고 개로왕(蓋鹵王)을 사로잡아 죽였으며, 이로 인해 백제는 수도를 웅진(공주)로 옮길 수밖에 없었다. 고구려는 동으로 훈춘(琿春), 남으로는 아산만에서 동쪽의 죽령(竹嶺)에 이르렀고, 북서쪽으로는 랴오허강(遼河) 이동(以

를 하고 남하정책(南下政策)을 펴 백제의 수도 한성(漢城)을 함락하고 한강유역을 차지하였으며, 부족제도를 지방제도로 고쳐 5부(部)[438]를 신설하고 부 아래에 성(城)과 진(鎭)을 두는 등 79년의 재위기간에 고구려 역사상 가장 국력이 충실한 전성기(全盛期)를 누렸다.

주 : 비각을 세우기 전 일제 시대의 모습(좌), 비각을 세운 후의 모습(우)
출처 : http://blog.naver.com/ykk209?Redirect=Log&logNo.(2013.10.10)

[그림 1-71] 광개토대왕비

1979년에 단국대학교 학술 조사단에 의하여 충청북도 충주시 가금면 용전리 입석부락에서 발견된 중원고구려비(中原高句麗碑)는 장수왕이 남하정책(南下政策)을 취하면서 남한강 유역의 여러 성을 공략한 후 세운 기념비로 추정되며, 중국의 지린성에 있는 광개토대왕비와 비슷하다.

오랜 세월이 흐른 탓에 비면이 심하게 마모되어 비문의 자세한 내용은 알 수 없지만 신라토내당주(新羅土內幢主)라는 표현을 통해 중원고구려비를 세울 당시 고구려군이 신라에 주둔했으며 고구려가 신라에 대한 영향력을 행사했음을 알 수 있다.

중원고구려비는 고구려 영토의 경계를 표시하는 비로, 백제의 수도인 한성을 함락하고 한반도의 중부지역까지 장악하여 그 영토가 충주지역에까지 확장되었음을 말해주며, 국내에 남아있는 유일한 고구려 석비라는 점에서 커다란 역사적 가치를 지니고 있으며,

---

東)의 만주지방 대부분을 차지하여 광활한 영토를 확보하였다. 아차산 일대에 20여 개의 보루를 세우고 한강 건너편 백제의 도성이었던 풍납토성과 몽촌토성에 대치하였다.

438) 5부(部)라 함은 동, 서, 남, 북, 중의 방위에 따라 구획한 지방행정구역을 말한다.

1981년에 국보 제205호로 지정되었다.[439)]

고구려는 668년에 마지막 왕인 제28대 보장왕〈寶藏王, 재위 기간 : 642~668〉이 나・당(羅・唐) 연합군과의 싸움에 패함으로써, 건국 후 28대 700여 년 만에 멸망하였다.[440)]

고구려는 10월에 풍년이 들기를 빌고, 풍성한 수확을 주신 하늘에 감사하는 농제인 동맹(東盟) 또는 동명(東明)이라고 하는 제천행사를 하였는데, 이는 모든 부족이 한자리에 모여 국정을 의논하고 시조인 주몽신, 즉 동명신과 생모 하백녀(河伯女)를 제사지낸 제천의식을 말한다.[441)]

고구려는 율령(律令)이 있어 반역자는 화형이나 참형에 처하고, 살인자나 전쟁에 패한 자는 사형에 처하고, 남의 물건을 훔친 자는 12배로 물게 하였으며, 소나 말을 죽인 자는 노비로 삼았다.

고구려의 개국과 멸망에 관한 주요내용을 요약하면 〈표 1-6〉과 같다.

〈표 1-6〉 고구려의 개국과 멸망 현황

| 개 국 | | | | 멸 망 | | | | 존속 기간 |
|---|---|---|---|---|---|---|---|---|
| 연 도 | 시 조 | 재위 기간 | 도읍지 | 연 도 | 대 수 | 왕 명 | 재위 기간 | |
| 기원전 37년 | 동명성왕 주몽 | 기원전 37~기원전 19년 | 졸본 | 668년 | 28대 | 보장왕 | 642~668년 | 약 700년 |

## 2.1.2 지적관련 제도

고구려(高句麗)는 삼국 중에서 가장 먼저 국가 형태의 권력구조가 형성된 나라로 지적관련제도는 왕토사상(王土思想)에 의한 국유 원칙을 중심으로 한 토지의 지배형태를 가지게 되었다.

삼국 시대 이래 역대 왕조는 국가의 중앙집권적 지배체제 유지의 물질적 기초를 왕토사상에 입각한 토지의 국유제(國有制)에서 구하려 하였고, 사인(私人)에 의한 토지소유는 원칙적으로 인정되지 않았다.

그러나 계층별로 토지의 경작권(耕作權)과 수조권(收租權) 등을 분급(分給)해 줌으로써 실제 토지를 활용함에 있어서는 별 지장을 받지 않았다고 볼 수 있다.

따라서 당시의 국가재정은 분급해 준 토지의 이용 대가로 농민이 지불하는 조(租)[442)],

439) http://k.daum.net/qna/view.html. ; http://k.daum.net/qna/view.html.(2013.9.20.)
440) 한영우, 2003, 위의 책, p.117.
441) http://100.naver.com/100.nhn?docid=49741.(2011.4.20.)
442) 조(租)라 함은 농민이 국가나 전주(田主)에게 납부하는 것을 말하며, 세(稅)라 함은 전주가 국가에 바치는 것을 말한다.

즉 현대적 개념에서의 지대(地代)에 의존하고 있었기 때문에 원칙적으로 토지의 국유제가 유지되었던 것이다.

왕토사상이라 함은 한국을 포함한 동양사회에 있어서 토지제도를 논할 때 필연적으로 등장하는 고대 중국 주(周)나라의 정치사상으로 문헌적 연원은 사서삼경(四書三經)의 하나인 시경(詩經) 4권 소아(小雅) 대북편(大北編)의 시구(詩句)에 "천하의 토지는 왕의 토지가 아닌 것이 없고, 천하의 신하는 왕의 신하가 아닌 것이 없다.(普天之下, 莫非王土, 率土之濱, 莫非王臣)"에서 유래하였다.

이는 임금이 모든 땅과 백성을 소유한다는 말이 아니라, 임금이 토지를 공적(公的)으로 처리할 수 있는 공물(公物)이라는 뜻으로 왕토사상은 역사적으로 토지의 소유구조가 극도로 편중되었을 때 국가가 토지를 재분배하는 전제개혁의 이념적 바탕이 되었다.[443)]

왕토사상은 여말선초(麗末鮮初)에 정도전이 왕토사상에 기초하여 토지개혁을 주장하였으며,[444)] 실학파의 토지개혁방안으로 주장되었던 공전제(公田制) · 정전제(井田制) · 균전제(均田制) · 한전제(限田制)[445)] 등도 왕토사상을 기초로 하여 파생되었다.[446)]

신라 시대 이후 조선 시대까지 토지제도의 기본사상으로 계승되어 활용하여 왔으며, 고려 시대의 전시과(田柴科)와 조선 시대의 과전법(科田法)은 왕토사상에 기초하여 국왕이 신하에게 토지를 분배하였는데 토지소유권은 왕에게, 수조권은 공신에게, 경작권은 일반 농민에게 부여하는 체제였으며,[447)] 국가가 수조권을 행사하기 위한 상징적이고 관념적인 의미로써 백성들로부터 거두어들이는 조세를 정당화하기 위한 사상이라고 할 수 있으나 실제로는 농민의 토지인 민전(民田), 즉 사유지가 많이 존재하였다.

이러한 제도는 첫째, 상부 특권층의 토지에 대한 지배의 형식으로 고구려는 영토의 확장과정에서 새로 획득한 토지의 일부를 국가나 왕실의 직속지로 소유하고 일부는 각 부족의 수장(首長)이나 귀족들에게 나누어 주었거나 본래부터 그 토지를 보유해 오던 농민들로 하여금 경작케 하여 조(租)를 수취하여 국가 재정의 원천으로 삼았으며 둘째, 농민

443) 한영우, 2003, 앞의 책, p.161. ; 김성옥, 2012, "조선시대의 토지사유제도에 관한 고찰", 『집합건물법학』 제9권, 한국집합건물법학회, p.164. ; 김하중, 2013, 『중국이야기』(1. 떠오르는 용, 중국), 서울, 비전과 리더십, p.271.

444) 강진철, 1983, 『고려토지제도사연구』, 고려대학교 출판부, p.350-351. ; 김성옥, 2012, "조선시대의 토지사유제도에 관한 고찰", 『집합건물법학』 제9권, 한국집합건물법학회, p.166. 재인용.

445) 한전제(限田制)라 함은 법령으로 토지소유의 일정 한도를 설정하고, 일정 한도 내에서의 토지매매는 인정하되 한도를 넘는 토지는 몰수하는 제도로써 토지 소유의 상한 규제를 통해 빈부의 격차를 감소하려는 제도를 말한다.

446) 김삼수, 1979, "왕토사상의 한국적 전개", 『한국사상대계』 Ⅲ, 성균관대학교 대동문화연구원, p.706. ; 김성옥, 2012, "조선시대의 토지사유제도에 관한 고찰", 『집합건물법학』 제9권, 한국집합건물법학회, p.166. 재인용.

447) 채미옥 · 정희남 · 송하승, 2006, 『선진사회를 향한 토지정책방향 및 추진전략 연구(1)』, 국토연구원, p.6.

들은 직접 경작하는 소규모의 경작지를 보유하고 있었을 것이며 농민들이 촌락 안에서 과거의 공동체적인 유대에 의하여 굳게 얽혀 그러한 관계가 그들의 개별적인 토지 보유에도 많이 반영되었을 것으로 보인다.[448]

『후한서』의 동이열전에 고구려 초기의 "관제로서 왕 밑에 상가・대로・패자・고추대가・주부・우대・사자・백의・선인이라고 하는 관리가 있다.(其官置 有相加, 對盧, 沛者, 古鄒大加, 主簿, 優台, 使者, 帛衣, 先人)"[449]고 기록되어 있다.

그리고 삼국지의 위서에는 "나라에는 왕이 있고, 그 밑에 상가・대로・패자・고추가・주부・우대승・사자・조의・선인의 벼슬이 있으며, 그들에게는 각기 높고 낮은 등급이 있다.(其國有王, 其官有相加, 對盧, 沛者, 古鄒加, 主簿, 優台丞, 使者, 皁衣, 先人, 尊卑各有等級)"[450]고 기록되어 있다.

그러나 427〈장수왕 15〉년에 평양으로 천도한 후 행정조직과 관등(官等)의 조직이 수상인 대대로(大對盧)를 비롯하여 태대형(太大兄)・울절(鬱折)・태대사자(太大使者)・조의두대형(早衣頭大兄)・대사자(大使者)・대형(大兄)・발위사자(拔位使者)・소형(小兄)・제형(諸兄)・과절(過節)・부절(不節)・선인(先人) 등 10여 관등으로 정비되었다.[451]고 기록되어 있다.

이어서 『위서』의 열전에는 "그 나라의 왕은 궁실을 잘 꾸미는 것을 좋아한다. 그 나라의 관직명에는 알사・태사・대형・소형이라는 칭호가 있다.(其王好治宮室, 其官名有謁奢, 太奢, 大兄, 小兄之號)"[452]고 기록되어 있다.

『주서』의 열전에는 "가장 높은 관직은 대대로이고, 그 다음은 태대형・대형・소형・의사자・오졸・태대사자・대사자・소사자・욕사・예속・선인・욕살 등이다. 모두 13등급으로 안팎의 일들을 나누어서 관장하게 하였다.(大官有大對盧, 次有太大兄, 大兄, 小兄, 意俟者, 烏拙, 太大使者, 大使者, 小使者, 褥奢, 翳屬, 仙人幷褥薩凡十三等, 分掌內外事焉)"[453]고 기록되어 있다.

이어서 『수서』의 열전에는 "벼슬로는 태대형・대형・소형・대로・의후사・오졸・태대

448) 강진철, 1979, 『한국문화사대계4』, 서울, 고대민족문화연구소, p.1184. ; 김경열, 1993, 앞의 책, p.27.
449) 김재선・임애경・이경 역편, 1999, 앞의 책, p.37. ; 『후한서』 제85권, 동이열전 제75, 고구려. ; 팽구송・김재선 편저, 1996, 앞의 책, p.51. 재인용.
450) 김재선・임애경・이경 역편, 1999, 앞의 책, p.61. ; 『삼국지』 제30권, 위서 오환선비동이열전 제30, 고구려. ; 팽구송・김재선 편저, 1996, 앞의 책, p.63. 재인용.
451) http://kin.naver.com/detail/detail.php.(2008.6.25.)
452) 김재선・임애경・이경 역편, 1999, 앞의 책, p.127. ; 『위서』 제100권, 열전 제88, 고구려. ; 팽구송・김재선 편저, 1996, 앞의 책, p.103. 재인용.
453) 김재선・임애경・이경 역편, 1999, 앞의 책, p.140. ; 『주서』 제49권, 열전 제41, 고구려. ; 팽구송・김재선 편저, 1996, 앞의 책, p.111. 재인용.

사자・대사자・소사자・욕사・예속・선인 등 모두 12등급이 있다. 다시 내평과 외평 그리고 5부 욕살이 있다.(官有太大兄, 次大兄, 次小兄, 次對盧, 次意候奢, 次烏拙, 次太大使者, 次大使者, 次小使者, 次褥奢, 次翳屬, 次仙人, 凡十二等, 復有內評, 外評, 五部褥薩)"[454] 고 기록되어 있다.

그리고 『구당서』의 열전에는 "고구려에서 가장 높은 벼슬은 대대로이고, 이 관직은 일품에 해당하며, 국사의 전반을 총괄하고, 3년에 한 번씩 교대한다. … 그 다음은 태대형이며 정이품에 해당한다. 대로 이하의 관직은 모두 12등급이다. 지방에는 주와 현 등 60여 성을 설치하였다. 큰 성에는 도독에 해당하는 욕살 1명을 두고 다른 성에는 자사에 해당하는 도사를 두었다.(其官大者號大對盧, 比一品, 總知國事, 三年一代. … 次曰太大兄, 比正二品, 對盧以下官, 總十二級, 外置州縣六十餘城, 大城置褥薩一, 比都督, 諸城置道使, 比刺史)"[455]고 기록되어 있다.

『신당서』의 동이열전에는 "관직에는 12등급이 있다. 가장 높은 벼슬은 대대로 혹은 토졸 또는 울절이라 하며, 도부(圖簿)를 주관한다. 그 다음은 태대사자라고 하고 또 그 다음은 백의두대형(帛衣頭大兄)이라고 한다. 백의는 선인을 말하며, 그는 국정을 총괄한다. … 그 다음은 대사자이다. 그 다음은 대형, 다음은 상의사자, 다음은 제형, 다음은 소사자, 다음은 과절, 다음은 선인, 다음은 고추대가라 한다. 고구려에는 60개의 주・현이 있고, 큰 성에는 욕살 한명을 두는데 도독과 비슷하다. 다른 나머지 성에는 처려근지를 둔다. 일명 도사라고도 한다. 자사와 비슷하다.(官凡十二級, 曰大對盧, 或曰吐捽, 曰鬱折, 主圖簿者, 曰太大佚者, 曰帛衣頭大兄, 所謂帛衣者, 先人也, 秉國政, … 曰大使者, 曰大兄, 曰上位使者, 曰諸兄, 曰小使者, 曰過節, 曰先人, 曰古雛大加, 其州縣六十, 大城置褥薩一, 比都督, 餘城置處閭近支, 亦號都使, 比刺史)"[456]고 기록되어 있어 문헌마다 약간씩 다르게 기술하고 있다.

주부는 후에 오졸(烏拙), 울절(鬱折)로 변경되었으며, 신당서 동이열전에 "주도부자(主圖簿者)"라 하여 울절이 도부(圖簿)를 주관한다고 기록되어 있어, 당시에 작성된 지도(地圖)와 지지(地誌) 등에 관련된 도부류(圖簿類)를 주관한 것으로 보이며,[457] 이때부터 지적부를 의미하는 전부(田簿)와 지적도와 지적부를 함께 의미하는 "도부(圖簿)"라는 용어

454) 김재선・임애경・이경 역편, 1999, 앞의 책, p.192. ; 『수서』 제81권, 열전 제46, 고려. ; 팽구송・김재선 편저, 1996, 앞의 책, p.139. 재인용.
455) 김재선・임애경・이경 역편, 1999, 앞의 책, p.207. ; 『구당서』 제199상권, 열전 제149상 동이. ; 팽구송・김재선 편저, 1996, 위의 책, p.149. 재인용.
456) 김재선・임애경・이경 역편, 1999, 앞의 책, p.254. ; 『신당서』 제220권, 동이열전 제145 고구려. ; 팽구송・김재선 편저, 1996, 앞의 책, p.177. 재인용.
457) 조규전, 2003, 『측량정보공학』, 서울, 양서각, p.17.

를 사용하기 시작한 것으로 보인다.

따라서 고구려의 지적관련 행정조직은 〈표 1-7〉과 같이 주부(主簿), 오졸(烏拙), 울절(鬱折) 등에서 전부(田簿)와 도부(圖簿) 등에 관한 사항을 담당하였다.

〈표 1-7〉 고구려의 지적관련 행정조직

| 위지(魏志) | 주서(周書) | 수서(隋書) | 당서(唐書) | 한원(翰苑) | 지방(地方) |
|---|---|---|---|---|---|
| 주부(主簿) | 오졸(烏拙) | 오졸(烏拙) | 울절(鬱折) | 울절(鬱折) | 욕살(褥薩)<br>⇩<br>도사(道使) |
| 사자(使者) | 태대사자<br>(太大使者) | 태대사<br>(太大使者)자 | 태대사자<br>(太大使者) | 태대사자<br>(太大使者) | |
| | 대사자<br>소사자 | 대사자<br>소사자 | 대사자<br>상위(上位)사자<br>소사자 | 대사자<br>발위(拔位)사자<br>상위사자 | |

출처 : 김영학, 1996, "지적행정의 사적 고찰", 청주대학교 대학원, 석사학위논문, p.72 ; 리진호, 2007, 『경주지적사』, 경주시, p.34. 보완 작성.

고구려는 국가에서 토지에 대한 조세(租稅)[458] · 공부(貢賦)[459] · 역역(力役)[460] 등을 수취(收取) 하였으며,[461] 길이의 단위로 고구려 척(尺)을 사용하고 면적의 단위로써는 경무법(頃畝法)을 사용하였으며 측량교재로 구장산술(九章算術)을 사용하고 방전법(方田法)과 구고법(句股法) 등에 의한 면적측정법을 사용하였다.[462]

경무법이라 함은 고대 중국에서 토지를 측량할 때 쓰던 면적 단위법으로써, 전한(前漢) 이전에는 6자〈尺〉 평방의 넓이를 1보(步), 100보의 넓이를 1무(畝), 100무의 넓이를 1경(頃) 또는 1부(夫)라 하였고, 전한 이후부터는 5자 평방의 넓이를 1보, 240보의 넓이를 1무, 100무의 넓이를 1경으로 하였으며, 우리나라에서는 고구려와 조선 세종 때에 이를 중국으로부터 받아들여 토지 측량에 사용하였다.[463]

토지의 계량단위는『삼국사기』열전 제5 온달전에 "평강왕 시대에 온달이 평강공주와 결혼할 때 공주의 금붙이를 팔아서 토지나 가옥 등을 매매했다는 기록(溫達高句麗 平岡王時 … 賣金釧買得田宅 奴婢牛馬器物資用完具)"[464]이 나오는데, 토지나 가옥을 거래한

---

458) 조세(租稅)라 함은 농지의 비옥도에 따라 여러 등급으로 나누어 세금을 물리는 제도로써 오늘날의 소득세에 해당하는 세금을 말한다.

459) 공부(貢賦)라 함은 지역의 특산물과 공산품을 현물로 납부하는 제도로써 영광 굴비 · 개성 인삼 · 서산 어리굴젓 · 강화 화문석과 같은 지역 특산물을 가구마다 내게 한 세금을 말한다.

460) 역역(力役)이라 함은 국민들의 노동력을 수취하는 제도로써 호적상 16~60세 남자들을 대상으로 성곽 또는 제방의 축조 · 관아의 영조 · 도로의 개수 등 토목공사에 노동력을 동원하는 것을 말한다.

461) 김경열, 1993, 『한국토지제도사』, 서울, 경영문화원, p.24.

462) 강진철, 1983, 『고려토지제도사연구』, 서울, 고려대학교출판부, p.363.

463) http://krdic.naver.com.(2007.9.14.)

464) 『삼국사기』 열전 제5 온달전.

다는 것은 토지의 측량과 소유권이전 등이 이루어졌을 것으로 추정할 수 있다.

『삼국사기』에 고구려는 군사상·행정상 용도로 국토를 조사 수록한 봉역도(封域圖)[465]를 제작 활용하였는데, 고구려 제27대 영유태왕(榮留太王)이 당(唐)나라의 태종이 즉위한 뒤인 628〈榮留王 11〉년에 "당나라에 사신을 파견하면서 봉역도를 당나라에 보냈다.(遣使入唐 … 賀太宗 … 兼上封域圖)"[466]라는 기록이 있다. 이것으로 미루어 고구려에서는 7세기에 이미 전국적인 지도를 제작한 것으로 보이나[467], 실제 도면은 전해지지 않고 있으며 봉역도의 제작을 울절에서 주관한 것으로 보인다.[468] 그리고 1953년에 평안남도 순천군 북창면 용봉리에서 발굴된 고구려 무덤에서는 [그림 1-72]와 같은 요동성총도(遼東城塚圖)[469]라는 고분벽화가 발견되었다. 요동성총도에 그려진 지도는 요동성 안팎의 지형, 성시(城市)의 구조와 시설, 도로·성벽과 그 시설 등이 나타나 있고 전실의 남벽 좌우 연문사이에 성곽도(城郭圖)가 그려져 있다. 건물은 기와집과 초가집·누각들이 그 유형에 따라 그려져 있으며, 하천과 개울, 산과 도로 등이 붉은색과 푸른색·보라색·흰색 등 여러 가지 색깔을 써서 묘사하고 있다.[470]

출처 : 전상운, 2000, 『한국과학사』, 서울, 사이언스북스, p.287.

[그림 1-72] 요동성총도

요동성총도는 우리나라에 실물로 현존하는 일종의 도시지도로써 가장 오래된 것으로 고대 이집트나 바빌로니아의 도시도·경계도·지적도 등과 같은 유사성이 있는 것으로 수사(手寫)에 의한 회화적 수법으로 그려져 있다.[471]

465) 봉역도(封域圖)는 현재 남아 있지 아니하여 지도의 수록 내용은 알 수 없으나 봉역(封域)이라 함은 흙으로 쌓아서 만든 경계란 뜻도 있어 고구려의 전도인 것으로 추정된다.

466) 『삼국사기』 권20, 고구려본가 제8 영류왕 11년 추9월조.

467) 한영우 외 2인, 2005, 『우리 옛 지도와 그 아름다움』, 서울, 효형출판, p.15.

468) 대한지적공사, 2005(a), 앞의 책, p.76.

469) 요동성총도(遼東城塚圖)라 함은 요동성총(遼東城塚)의 도면으로 대동강가의 평안남도 순천군 북창면 용봉리에 있는 고구려의 고분으로 전실의 남벽 좌우 연문사이에 성곽도(城郭圖)가 그려져 있는데, 중앙에 내외성의 2중 성벽을 가진 주성이 있고 인접하여 남쪽과 동남쪽에 조그만 외성의 형태가 보이게 배치되었으며, 내성 내부에는 골기와를 얹은 2층집과 3층 누각이 그려져 있다. 외성 내부에는 서쪽 문 좌우에 단층집이 한 채씩 있는데, 그 오른쪽 집 밑에 해서로 요동성(遼東城)이라고 내리쓴 묵서가 있어 이 묵서에 의하여 요동성총이라고 부르게 되었다.

470) 전상운, 2000, 『한국과학사』, 서울, 사이언스북스, p.287.

471) 전상운, 2000, 위의 책, pp.298~299. ; 대한지적공사, 2005(a), 앞의 책, p.87.

이러한 봉역도와 요동성총도의 내용을 분석해 보면 고구려에서는 측량척을 사용하여 토지를 측량하고 이를 도화한 오늘날의 지적도와 유사한 도면이 있었을 것으로 추정된다.[472]

### 2.1.3 고구려의 자

고구려는 고구려의 자(高句麗尺)를 사용한 것으로 보인다. 7세기경 일본에서 쓰인 자(尺) 중에 고마척(高麗尺)이라는 것이 있다. 35㎝~36.3㎝의 크기로 환산되고 있는 고마척은 일본에서 각종 건축에 많이 쓰인 자로서 고마(高麗), 즉 고구려에서 건너간 고구려의 자를 뜻하는 것이다.

고구려척에 대하여는 우리나라의 문헌이나 자료에는 전혀 기록이 나타나지 않고, 일본의 고대 기록들인 『영집해(令集解)』[473] · 『영의해(令義解)』[474] · 『속일본기(續日本紀)』 · 『정사요략(政事要略)』[475] · 『연희식(延喜式)』[476] 등에 단편적으로 기술되어 있다.[477]

일본의 『영집해(令集解)』에는 "고려의 5척은 지금 사용하는 대척 6척에 상당한다.(卽以高麗五尺 准令尺大六尺相當)"고 기록되어 있다. 여기서 대척(大尺)은 당대척(唐大尺)을 가리키는 것으로 고려척 5척은 당대척으로 6척이 되니 고려척은 당대척의 1.2배가 된다.

당대척의 길이 또한 시대와 지역에 따라 약간의 차이는 있지만 대략 30㎝ 내외로 본다면 고려척은 약 36㎝가 되는 것이다. 여기서 고려라 함은 고구려를 가리키고 후대의 고려와 혼동을 피하기 위해 일반적으로 고구려척이라고 부르고 있으나,[478] 학자들 사이에 고구려척의 유무에 관하여 논란을 벌여왔다.

---

472) 이종호, 1999, 『한국의 유산 21가지』, 서울, 새로운 사람들, p.190. ; 박순표 · 최용규 · 강태석, 1993, 『지적학개론』, 서울, 형설출판사, p.84.

473) 『영집해(令集解)』 와 『속일본기(續日本紀)는 和銅 6年(713)에 和銅格이라는 도량형제도를 반포하면서, 大寶律令 때에 5尺을 1步로 했던 척도제도를 다시 6尺을 1步로 바꾼 사실을 설명하고 있는 책을 말한다.(유태용, 2006, "고구려척에 대한 신연구", 한양대학교 박물관, p.3. ; 단국대학교출판부, 2011, 『天下均平 度量衡 600選』, p.163.)

474) 『영의해(令義解)』라는 것은 880년경에 쓰여 진 책으로 일본의 척도가 大寶律令(702)때에 중국의 『唐六典』의 척도제도를 따라 대척(大尺)과 소척(小尺)으로 구분된 제도로 정비한 것을 설명한 책을 말한다.(유태용, 2006, 위의 논문, p.3.)

475) 『정사요략(政事要略)』은 822년에 額田今足이란 학자가 저술한 것으로 和銅格의 6尺1步는 大寶律令의 5尺1步와 면적이 같은 것이며, 거기에서 얻어지는 쌀도 같은 양이 되고 있음을 설명하고 있는 책을 말한다.(유태용, 2006, 위의 논문, p.3.)

476) 『연희식(延喜式)』은 和銅格이 반포된 이후에는 해의 그림자(晷景)를 재거나 湯藥을 재는 것 이외에는 大寶律令의 小尺과 길이가 같은 和銅格의 大尺이 官·私에 모두 사용되고 있음을 설명하고 있는 책을 말한다.(유태용, 2006, 위의 논문, p.3.)

477) 유태용, 2006, 앞의 논문, p.3.

478) 이우태, 2007, "고구려척 재론(고구려척과 고려술의 관계를 중심으로)", 동북아역사재단, 『동북아역사논총』 제17호, p.263.

그러나 2000년 7월에 한양대학교 박물관에서 경기도 하남시 춘궁동에 있는 이성산성(二聖山城)을 발굴하면서 C지구 저수지의 제5문화층에서 [그림 1-73]과 같은 목제 고구려척의 실물자〈實物尺, Real ruler〉가 출토되어[479] 그동안 논란이 되었던 고구려척에 관한 문제들이 해소되었다.

고구려척은 전체 3개 구간으로 나뉘어져 있었는데 첫 번째 구간은 5개의 치(寸)로 나뉘어져 있고 각 치는 다시 5개의 푼(分)으로 나뉘어져 있으며, 두 번째 구간은 첫 번째 구간과 마찬가지로 5개의 치로 나뉘어져 있으나 눈금을 세분하여 표시하지는 않았으며, 마지막 세 번째 구간은 치나 푼 같은 특별한 표시 없이 그대로 두었다.[480]

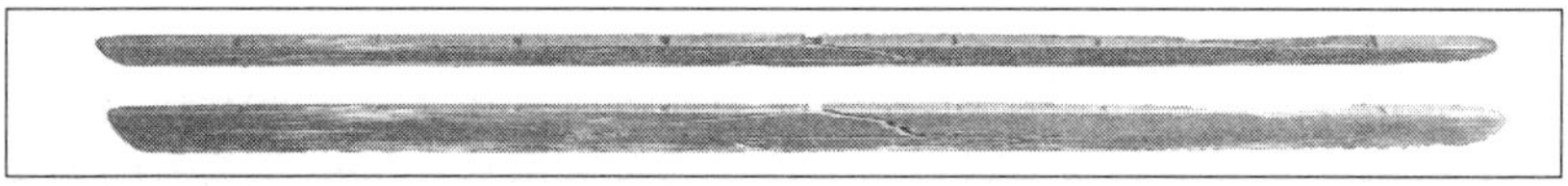

출처 : 대한지적공사, 2005(b), 『한국지적백년사』, p.12.

[그림 1-73] 고구려의 자

고구려를 포함하여 삼국은 중국으로부터 23.7㎝의 한척(漢尺)을 수용하여 자신들의 척도제(尺度制)를 확립하였으며, 고구려는 한척의 1.5배가 되는 35.6㎝의 고구려척을 새롭게 개발하여 사용하였다.

고구려척은 중국의 절대 길이와 절대 면적에 구애받지 않고 독자적으로 토지 생산량에 기초한 양전(量田)의 단위면적을 산출하려는 시도 속에서 탄생하였을 가능성이 매우 높다.[481]

이러한 고구려척은 고구려뿐만 아니라 백제와 신라에서도 널리 사용되었으며,[482] 삼국 시대에 일본으로 건너가 일본에서 가장 일찍 사용된 대보령(大宝令)의 대척(大尺)이 되었으며, 일본 후대의 오복척(吳服尺)과 경척(鯨尺) 등은 모두 고구려척에서 변화된 형태의 척도였다.[483]

따라서 고구려는 주부(主簿)・오졸(烏拙)・울절(鬱折) 등에서 전부(田簿)와 도부(圖簿) 등에 관한 업무를 담당하였고, 토지에 대한 조세(租稅)・공부(貢賦)・역역(力役) 등을 수

479) 전상운, 1998, 『한국과학사의 새로운 이해』, 서울, 연세대학교 출판부, p.271. ; 유태용, 2006, 위의 논문, p.1. ; 단국대학교출판부, 2011, 『天下均平 度量衡 600選』, p.167.

480) 대한지적공사, 2005(a), 앞의 책, p.80.

481) 윤선태, 2002, "韓國 古代의 尺度와 그 變化(高句麗尺의 誕生과 관련하여)", 국사편찬위원회, 『국사관논총』, p.59.

482) 대한지적공사, 2005(a), 위의 책, p.81.

483) 다카하시(高橋正), 1992, 『도량형 연의』, p.73. ; 대한지적공사, 2005(a), 앞의 책, p.79.

취(收取) 하였으며,[484] 길이의 단위로 고구려의 자(高句麗尺)를, 면적의 단위로 경무법(頃畝法)을 사용하였고, 측량교재로 구장산술(九章算術)을 사용하였으며, 방전법과 구고법 등에 의하여 면적측정을 한 것으로 추정된다.[485]

## 2.2 백 제

### 2.2.1 개국과 멸망

백제(百濟)는 삼국사기에 기원전 18년에 고구려 시조 주몽의 아들인 온조〈溫祚王, 재위 기간 : 기원전 18~28〉가 그의 형 비류(沸流)와 함께 남하해 위례성〈慰禮城 : 오늘날의 서울〉에 도읍을 정하고 건국한 것으로 기록되어 있다. 이로 미루어 백제의 최고 지배층을 형성한 집단 중 일부가 고구려와 관련을 가진 이주민임을 알 수 있으며, 지금의 서울특별시 송파구 석촌동과 풍납동 일대를 비롯한 한강 하류지역에 산재한 백제 초기의 적석총(積石塚)이 고구려의 발상지인 압록강 중류지역의 무덤양식과 통하고 있다는 점도 이를 뒷받침해 주고 있다.

백제의 교육기관에 대하여는 명확한 사료나 기록이 없어서 알 수 없으나, 고대국가 형성 이후 귀족 사회의 질서를 유지하기 위한 유교를 중시하였으며, 한문이 사용되면서 유교 교육이 확대되고 이를 일본에 전하였으며, 국사도 편찬되어 한학의 수준이 매우 높았음을 짐작할 수 있다.

백제는 제8대 고이왕〈古爾王, 234~286〉 때에 낙랑군과 대방군, 말갈족을 북으로 밀어 내면서 영토를 넓히고 중앙에 6개 좌평(佐平)을 두고 16품의 관등제(官等制)를 제정하여 고대 왕국의 모습을 갖추었으며, 제13대 근초고왕(近肖古王, 346~375) 때에는 마한을 멸하여 전라남도 해안까지 영토를 확보하게 되었다.[486]

백제는 475년 제21대 개로왕〈蓋鹵王, 재위 기간 : 455~475〉 21년에 고구려의 침략으로 한강 유역의 위례성에서 밀려나 수도를 웅진성〈熊津城, 현 공주 : 곰나루라고도 한다.〉으로 옮겼으며, 538년 제26대 성왕〈聖王 재위 기간 : 523~554〉 16년에 국호를 남부여(南扶餘)로 바꾸면서 다시 수도를 웅진성에서 사비성〈泗沘城, 현 부여〉으로 옮겼다.

백제의 마지막 왕인 제31대 의자왕〈義慈王, 재위 기간 : 641~660〉은 즉위 초부터 신라에 대한 공격을 감행해 신라를 크게 압박했으며, 안으로는 왕자 41명을 좌평에 임명하고

484) 김경열, 1993, 앞의 책, p.24.
485) 강진철, 1983, 앞의 책, p.363.
486) 한영우, 2003, 앞의 책, p.105.

식읍(食邑)을 하사하는 등 왕권을 강화했다. 그러나 지나친 공격전은 국력의 소모를 가져왔고, 귀족세력의 이탈과 함께 민심의 이반을 초래하는 결과를 빚었다.

결국 나·당연합군(羅·唐聯合軍)의 공격을 받을 때 계백 장군은 "불행할 경우 내 처자가 노예가 될지도 모른다. 욕되게 사는 것보다 차라리 죽는 편이 낫다."[487]고 판단하고 처자를 다 죽이고 결사대 5천명을 뽑아 황산벌에서 신라의 대병과 최후의 결전을 벌이게 되었으나, 백제군은 힘이 꺾이고 계백 장군은 부하들과 함께 장렬한 최후를 마치게 되자 의자왕 20년인 660년에 항복하고 왕과 태자 등 1만 2천여 명이 소정방(蘇定方, 592~667)에 의하여 당나라로 끌려감으로써 백제는 건국 후 31대 700여 년 만에 멸망하였다.[488]

백제의 개국과 멸망에 관한 주요내용을 요약하면 〈표 1-8〉과 같다.

〈표 1-8〉 백제의 개국과 멸망 현황

| 개 국 | | | | 멸 망 | | | | 존속 기간 |
|---|---|---|---|---|---|---|---|---|
| 연 도 | 시 조 | 재위 기간 | 도읍지 | 연 도 | 대 수 | 왕 명 | 재위 기간 | |
| 기원전 18년 | 온조왕 | 기원전 18~28년 | 위례성 | 660년 | 31대 | 의자왕 | 641~660년 | 약 700년 |

## 2.2.2 지적관련 제도

백제(百濟)의 지적관련 제도는 고구려나 신라와 같이 토지의 국유원칙을 대전제로 하여 토지에 대한 국가적 기능을 수행하였으며, 그 기능 중 가장 중요한 것은 토지를 경작하는 농민에 대하여 조(租)를 수취하는 것이었다.[489] 이러한 백제의 토지에 대한 지배형태를 살펴보면 다음과 같다.

첫째, 상부 특권층의 토지에 대한 지배형태는 족장들의 사적인 토지 소유가 형성되어 있었고 국가의 형성과 더불어 국가직속지(國家直屬地)·왕실직속지(王室直屬地)·부족들에 대한 사전(賜田)·신간지(新墾地)의 개척과 이에 대한 사적 지배, 불교가 융성함에 따른 사원전(寺院田) 등의 지배 형태가 있었을 것이며[490] 둘째, 농민의 토지이용은 농민들이 개별적으로 보유하고 있는 소규모의 경작지가 있었을 것이다. 그러나 농민의 개별적인 경작지 보유는 상부 특권층의 사적 토지에 대한 지배의 팽창 확대로 점차 잠식당하기는 했으나 농민들의 보유 토지가 전부 국가나 귀족 등 특권층에게 침탈되지는 아니하였을 것이다.[491]

487) 이현희, 교양국사연구회 엮음, 2003, 앞의 책, p.103.
488) 한영우, 2003, 앞의 책, p.118.
489) 김경열, 1993, 앞의 책, pp.29~32.
490) 김경열, 1993, 위의 책, pp.30~31.

『주서』의 열전에 백제의 "관직에는 16품이 있다. 좌평 5명으로 1품, 달솔 30명은 2품, 은솔은 3품, 덕솔은 4품, 간솔은 5품, 내솔은 6품이다.(官有十六品, 佐平五人, 一品, 達率 三十人, 二品, 恩率 三品, 德率四品, 扞率五品, 柰率六品)"[492]라고 기록되어 있다.

『북사(北史)』의 열전에 백제에는 16품의 벼슬이 있다. 좌평은 1품으로 5명, 2품, 달솔은 30명, 은솔은 3품, 덕솔은 4품, 우솔은 5품, 내솔은 6품이다.(官有十六品, 佐平五人, 一品, 達率三十人, 二品, 恩率, 三品, 德率, 四品, 扞率, 五品, 柰率, 六品)" [493]라고 기록되어 있다.

『수서(隋書)』의 열전동이(列傳東夷)에 백제에는 "16품의 벼슬이 있다. 제일 높은 벼슬은 좌평이고 그 다음은 대솔, 은솔, 덕솔, 우솔, 내솔, 장덕이다.(官有十六品, 長曰佐平, 次大率, 次恩率, 次德率, 次扞率, 次柰率, 次將德)"[494]라고 기록되어 있다.

『구당서(舊唐書)』의 동이열전(東夷列傳)에는 "백제에 설치된 관리 중 내관으로 내신좌평은 왕명의 출납을 관장하고, 내두좌평은 국고에 수장하는 일을 관장한다. 내법좌평은 예의에 관한 일을 관장하며, 위사좌평은 숙위병의 일을 관장하고, 조정좌평은 형옥의 일을 관장하며, 병관좌평은 재외 병마에 관한 일을 관장한다. 외관으로는 6대방을 두고 10군을 관리하게 하였다.(所置內官曰內臣佐平, 掌宣納事, 內頭佐平, 掌庫藏事, 內法佐平, 掌禮儀事, 衛士佐平, 掌宿衛兵事, 朝廷佐平, 掌刑獄事, 兵官佐平, 掌在外兵馬事, 又外置六帶方, 管十郡)"[495]고 기록되어 있다.

『신당서(新唐書)』의 동이열전에는 "백제에 설치한 내신좌평은 왕명 출납의 일을 관장하며, 내두좌평은 국고에 수장하는 일을 관장하고, 내법좌평은 예의의 일을 관장하며, 위사좌평은 숙위병의 일을 관장하고, 조정좌평은 형옥의 일을 관장하며, 병관좌평은 재외의 병마의 일을 관장한다. 또 외관으로 6방을 두어 10군을 총관하게 한다.(官有內臣佐平者宣納號令, 內頭佐平主帑聚, 內法佐平主禮, 衛士佐平典衛兵, 朝廷佐平平主獄, 兵官佐平掌外兵, 有六方, 方統十郡)"[496]고 기록되어 있어 문헌마다 약간씩 다르게 기술하고 있다.

백제의 행정조직은 중국 주(周)나라의 육전(六典)제도를 모방하여 제8대 고이왕〈재위

491) 강진철, 1983, 앞의 책, p.1190.
492) 김재선·임애경·이경 역편, 1999, 앞의 책, p.143. ;『주서』 제49권, 열전 제41, 백제. ; 팽구송·김재선 편저, 1996, 앞의 책, p.113. 재인용.
493) 김재선·임애경·이경 역편, 1999, 앞의 책, p.179. ;『북사』 열전 제82, 백제. ; 팽구송·김재선 편저, 1996, 앞의 책, p.130. 재인용.
494) 김재선·임애경·이경 역편, 1999, 앞의 책, p.200. ;『수서』 열전 제46, 동이, 백제. ; 팽구송·김재선 편저, 1996, 앞의 책, p.143. 재인용.
495) 김재선·임애경·이경 역편, 1999, 앞의 책, p.224. ;『구당서』 제199상권, 열전 제149상, 동이, 백제. ; 팽구송·김재선 편저, 1996, 앞의 책, p.157. 재인용.
496) 김재선·임애경·이경 역편, 1999, 앞의 책, p.280. ;『신당서』 제219권, 열전 제145, 동이, 백제. ; 팽구송·김재선 편저, 1996, 앞의 책, p.187. 재인용.

기간 : 234~286, 52년〉 때부터 6좌평과 16관등급제도를 두어 행정을 맡게 하였으며, 408년 제18대 전지왕〈재위 기간 : 405~420, 15년〉 4년에 [그림 1-74]와 같이 왕 밑에 수상격인 상좌평(上佐平)을 수석좌평으로 신설하였다.

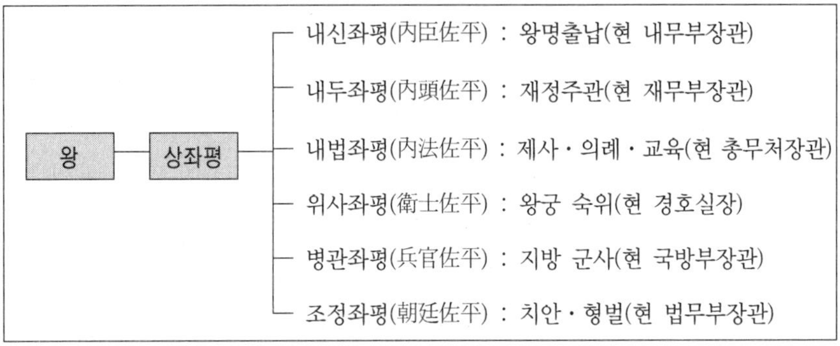


출처 : 리진호, 2007, 『경주지적사』, 경주시, p.38, 보완 작성.

[그림 1-74] 백제의 6좌평

백제는 6좌평(佐平)[497] 중에서 내두좌평(內頭佐平)으로 하여금 재정을 맡도록 하였으며, 지적관련 행정조직은 〈표 1-9〉와 같이 한성(漢城) 시대에는 내두좌평, 사비(泗批) 시대에는 곡내부 · 점구부 등에서 지적관련 업무를 담당하였고, 내두좌평 아래에 산학박사(算學博士)를 두고 토지측량과 면적측정 등 산학을 가르치는 교수직에 종사케 하였다.

〈표 1-9〉 백제의 지적관련 행정조직

| 구분 / 기관 | 한성 시대 | 사비 시대 | | 지 방 |
|---|---|---|---|---|
| | | 내관(內官) | 외관(外官) | |
| 담당부서 | 내두좌평 | 곡내부(穀內部) | 점구부(點口部) | 방령(方領) ⇩ 달율 ⇩ 군장(郡將, 郡守) |
| 담당업무 | 재무 · 회계 | 양정 | 호구 · 조세 | |

출처 : 김영학, 1996, "지적행정의 사적 고찰", 청주대학교 대학원, 석사학위논문, p.77. ; 리진호, 2007, 『경주지적사』, 경주시, p.39, 보완 작성.

497) 백제 시대의 좌평은 1품으로서 최고의 관등이었고, 동시에 귀족회의체의 의장으로서의 권한도 가지고 있었다. 좌평의 정원은 처음에는 1명이었으나, 차츰 분화하여 상, 중, 하좌평 등이 만들어졌고, 정원도 5명이 되었다. 한성 시대의 이 5좌평제는 웅진을 거쳐 사비로 천도한 후, 신라와의 관산성 전투에서 성왕이 패하면서 왕권이 약화되자 정원이 6명으로 늘어나게 되었으며, 내신좌평 · 내두좌평 · 내법좌평 · 위사좌평 · 조정좌평 · 병관좌평 등의 6좌평제도가 정착된 것이다.

### 2.2.3 백제의 자

백제는 동위척(東魏尺)을 비롯하여 기전척(箕田尺) · 양지척(量地尺) · 주척(周尺) · 백제의 자 등을 사용한 것으로 보인다.

부여의 정림사지 5층 석탑 · 금강사지 · 익산 미륵사지 등 백제시대의 건물이나 조형물과 백제의 장인들이 지었다고 전하는 신라 황룡사의 건축에도 동위척을 사용하였고, 나아가 일본 비조사(飛鳥寺)의 건축에도 백제의 영향을 받아 동위척을 기본으로 사용하였다는 것이 이제까지의 정설이었으나 쌍북리에서 백제의 자가 발굴됨으로써 당척을 사용하고 있었다는 새로운 사실이 밝혀졌다.[498)]

1998년에 부여(夫餘) 금성산(錦城山) 북쪽의 부여읍 쌍북리(雙北里)에서 백제의 토기편들과 목간(木簡) · 자(尺) · 상자 등 목제품과 기와 등이 출토되었다.

쌍북리에서 출토된 [그림 1-75]와 같은 백제의 자는 길이가 29.0㎝~29.5㎝ 정도인 당척에 속하는 자로 나무로 만들어 졌으며 5푼(分) 단위로 눈금이 새겨져 있다.

중국이나 일본에 실물로 남아 있는 자와 비교하면 격이 떨어지고 장식이나 규격이 매우 빈약하나, 백제시대에도 이미 당척을 사용하고 있었다는 사실이 밝혀졌다.[499)]

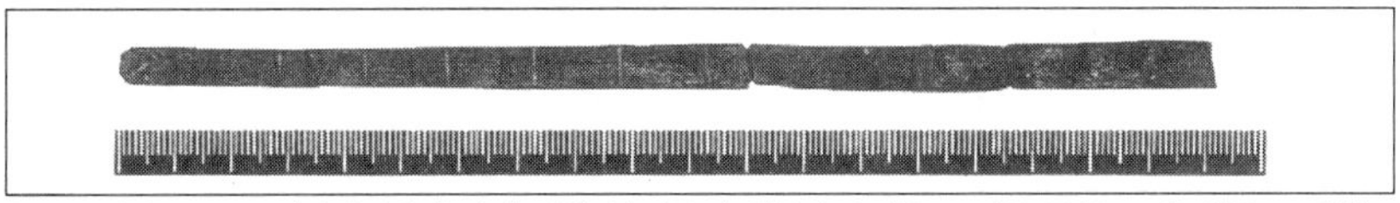

출처 : 이강승, 2000, “백제시대의 자에 대한 연구(부여 쌍북리 유적출토 자를 중심으로)”, 한국고고학회, 『한국고고학보』, p.223.

[그림 1-75] 백제의 자

토지의 면적은 파종의 수량을 중요시하는 두락제〈斗落制, 파종량 기준〉 또는 논농사가 용이하여 도작이 널리 행해지면서 결부제(結負制)에 의하여 측정하였던 것으로 보인다.

두락제라 함은 볍씨 한말로 모를 부어 낼 수 있는 논의 넓이 또는 밭의 넓이를 말하며, 한 석(石)의 씨앗을 뿌리는 면적은 석락지(石落只), 한 되는 승낙지(升落只), 한 홉은 홉락지(合落只)라 하며, 두락은 각 지방마다 서로 다른데 대개 논은 150~300평, 밭은 100평 안팎이며, 열 되지기가 한 마지기이다.[500)]

498) 이강승, 2000, 앞의 논문, p.205. ; p.215.
499) 이강승, 2000, 위의 논문, pp.207-215. ; 김종만, 2003, 『백제의 도량형』, 국립부여박물관.
500) 대한지적공사, 2005(a), 앞의 책, p.730.

결부제라 함은 1척 사방인 1파(把)를 최소면적 단위로 하여 10파를 1속(束), 10속을 1부(負), 10부를 1총(總), 10총을 1결(結)로 하는 10진법의 면적계량 방식을 사용했던 것으로 보이며,[501] 파는 손바닥에 들어오는 벼 한 줌이라는 뜻이며, 속은 뭇〈묶음〉이라는 뜻으로 벼 한 뭇・두 뭇 등으로, 부는 짐〈지게〉이라는 뜻으로 벼 한 짐・두 짐이라는 수확량을 표시하다가 그것이 바닥면적을 표시하게 변하였다.[502]

그리고 산사(算師)가 있어 구장산술(九章算術)의 토지측량방식, 즉 지형을 당시의 측량술로 측량하기 쉬운 여러 형태로 구별하는 측량법을 행하고 또한 화사(畵師)가 있어 회화적으로 지도나 지적도 등을 작성하였으며,[503] 토지를 측량하거나 측량된 토지를 전적(田籍)에 기재하는 방식이 널리 보급되고 있었다.[504]

삼국유사 권2 남부여・전백제・북부여조에 백제는 도적(圖籍)[505] 즉 지도와 서적이 있었다.(其時圖籍之內 有餘冊二字)라는 기록이 있고 또한 지리지(地理志)도 있었다고 하며,[506] 특히 일본의 가장 오랜 역사기록 중의 하나인 [그림 1-76]과 같은 일본서기(日本書紀)[507]에 의하면 백제는 602년 10월 무왕(武王) 때에 관륵(觀勒)이라는 승려가 천문서적・방술서(方術書) 등과 함께 지리서를 일본에 가져왔다는 기록이 있다.[508]

출처 : 한영우, 2003, 『다시 찾는 우리역사』, 서울, 경세원, p.146.

[그림 1-76] 일본서기(日本書紀)

백제는 내두좌평(內頭佐平)・곡내부(穀內部)・점구부(點口部) 등에서 재정을 담당하였고 이의 관할아래 토지측량과 면적측정 등 산학을 가르치는 산학박사

501) 이춘령, 1964, 『이조 농업기술사』, 한국연구원, p.26. ; 대한지적공사, 2005(b), 앞의 책, p.94. ; 김종현, 1977.1, "지적제도변천사", 『지적』, 대한지적공사, pp.68~71.

502) 이종호, 1999, 앞의 책, p.190.

503) 김종현, 1977.1, 앞의 논문, 1978.1. p.88.

504) 대한지적공사, 2005(b), 앞의 책, p.88.

505) 도적(圖籍)이라 함은 토지의 위치나 소유자 등을 나타낸 오늘날의 지적도와 토지대장일 것으로 추정되나, 일부에서는 지도와 호적이라고도 한다.(개리 레이야드 지음, 장상훈 옮김, 2011, 『한국 고지도의 역사』, 서울, 소나무, p.26.)

506) 『삼국유사』 권2, 남부여조.

507) 일본서기(日本書紀)라 함은 일본에 존재하는 가장 오래된 정사(正史)로, 일본의 육국사(六國史)의 첫 번째에 해당하며, 고사기(古事記)까지 포함하면 현존하는 두 번째로 오래된 일본 역사서를 말한다. 720년에 덴무천황〈天武天皇, 631~686〉의 명으로 완성하였으며, 일본의 신화 시대부터 지토 천황〈持統天皇, 645~703〉 시대까지를 취급하였으며, 한문 편년체로 구성되어 있고 전 30권, 계도 1권으로 이루어져 있으나 계도는 전하지 않는다.

508) 조규전, 2003, 앞의 책, p.17. ; 한영우 외 2인, 2005, 앞의 책, p.15.

(算學博士)를 두었으며, 길이의 단위로 백제의 자를 사용하였고, 토지의 면적계산은 두락제 또는 결부제에 의하였으며, 전적(田籍)·도적(圖籍)과 지리지(地理志) 등을 작성한 것으로 추정된다.509)

## 2.3 신 라

### 2.3.1 개국과 멸망

신라(新羅)는 처음에 진한(辰韓) 소국의 하나인 사로국(斯盧國)에서 출발하였는데, 경주 지역의 토착민 집단과 유이민 집단의 결합으로 기원전 57년에 박혁거세〈朴赫居世, 재위 기간 : 기원전 57~4〉가 오늘날의 영남(嶺南) 지방을 중심으로 국호를 서라벌, 도읍을 금성〈현 경주〉으로 정하고 건국하였다.

신라는 부족국가에서 출발하여 초기에는 이들 부족연맹체의 장인 이사금(尼師今)510)이 중심이 되어 국무를 처리하였으나, 점차 국력이 강대하여짐에 따라 이러한 통치방법으로는 국무의 처리가 어려워지자 중앙집권체제를 갖추어 이사금을 마립간(麻立干)511)으로 개칭하고 마립간은 다시 국왕으로 추대되었다.

마립간 또는 국왕이 의장이 되어 관원을 남당(南堂)512)에 모아놓고 화백회의(和白會議)513)를 열어 모든 국사를 결정하였는데 이 회의에서 결정된 사항은 국왕이 집사부(執事部)514)인 품주(稟主)515)에게 명령하여 시행함으로써 신라의 왕권과 기본적인 정치·행정제도는 마립간 시대부터 성립되었다.516)

---

509) 김종현, 1977.12, 앞의 논문, p.88.

510) 이사금(尼師今)이라 함은 신라 초기에 쓰인 왕의 칭호를 말하며, 이질금(尼叱今), 치질금(齒叱今), 이질금(爾叱今)이라고도 하였으며, 제3대 유리왕 때부터 사용하였다.

511) 마립간(麻立干)이라 함은 신라의 제17대 내물왕〈재위 기간 : 356~402〉 때부터 사용하기 시작한 왕호를 말하며, 정청의 지배자 또는 으뜸가는 지배자의 뜻으로 해석되어 왕권을 크게 강화되었음을 알 수 있다.

512) 남당(南堂)이라 함은 임금이 신하들과 의논하고 정사를 펴는 장소를 말한다.

513) 화백회의(和白會議)라 함은 국가의 중대사건이 있어야 개최되고 회의의 참석자는 일반 백성이 아니라 군관이며 또한 1명의 반대자기 있어도 의안이 통과되지 않는 다수결이 아닌 전원일치로 성립되는 회의체제를 말한다.

514) 집사부(執事部)라 함은 신라의 최고 행정 기관으로, 중앙의 여러 관청을 통제하고 국왕의 명령을 직접 받아 집행하던 행정 기관을 말하며, 651〈진덕왕 5〉년 품주를 개편하여 설치하였고 829〈흥덕왕 4〉년에는 집사성으로 이름을 바꾸었다.

515) 품주(稟主)라 함은 농민들로부터 조세를 받아 국가재정을 관리하는 기관을 말하며, 584〈진평왕 6〉년에는 공부를 담당하는 조부(調府)가 설치되었다.

516) 정시채, 1985, 앞의 책, pp.58~594.

신라의 교육제도는 통일 전에는 화랑도(花郎徒)라는 청소년 수련단체에서 애국애족·단결·협동·충효의 내용을 교육하여 통일국가를 형성할 수 있었던 정신사의 맥이 되었으며,[517] 통일 후에는 682(신문왕 2)년에 새로 유입된 고구려·백제의 영토와 유민을 효율적으로 통치하기 위해 당나라의 국자감을 모방하여 국학(國學)을 설립하였는데, 747(경덕왕 6)년에 태학감(太學監)으로 변경하였으며 776(혜공왕 12)년에 다시 국학으로 변경하였다.

국학에는 유교경전이 주가 되는 유학과 의학·율학·천문학·산학 등 잡학에 관한 교육을 실시하였으며, 산학박사(算學博士)를 두고 토지측량과 면적측정 등 산학을 가르치는 교수직에 종사케 하였다.

7세기경 한강 유역을 차지하고 29대 태종무열왕〈太宗武烈王, 재위 기간 : 654~661〉 때에 나·당 연합을 결성하여 660년에 백제를, 668년에 고구려를 멸망시키고 삼국을 통일하여 신라 시대의 최성기(最盛期)를 이룩하였으며, 이후로는 대신라 또는 통일신라〈668~935〉로 불리었으며, 오늘날의 한반도 동남부 일대를 약 1000여 년 동안 지배하였다.

이어서 698년에 고구려의 장수였던 대조영(大祚榮)이 발해(渤海)를 건국하고, 892년 견훤(甄萱)이 후백제(後百濟)를, 901년 궁예(弓裔)가 후고구려(後高句麗)를 건국함에 따라 후삼국 시대가 시작되었으며, 후백제와 고려의 공세에 버티지 못한 신라의 제56대 경순왕〈敬順王, 재위 기간 : 927~935〉이 935년에 고려의 왕건(王建)에게 항복함으로써, 신라는 건국 후 56대 992년 만에 멸망하였다.[518]

신라의 개국과 멸망에 관한 주요내용을 요약하면 〈표 1-10〉과 같으며, 고구려·백제·신라 삼국 시대의 지도는 [그림 1-77]과 같다.

〈표 1-10〉 신라의 개국과 멸망 현황

| 개 국 | | | | 멸 망 | | | | 존속 기간 |
|---|---|---|---|---|---|---|---|---|
| 연 도 | 시 조 | 재위 기간 | 도읍지 | 연 도 | 대 수 | 왕명 | 재위 기간 | |
| 기원전 57년 | 박혁거세 | 기원전 57~4년 | 금성 | 935년 | 56대 | 경순왕 | 927~935년 | 약 1,000년 |

517) 이현희, 교양국사연구회 엮음, 2003, 앞의 책, p.110.
518) http://search.daum.net/cgi-bin.(2007.2.10.) ; http://palhae.nacool.net.(2007.2.10.)

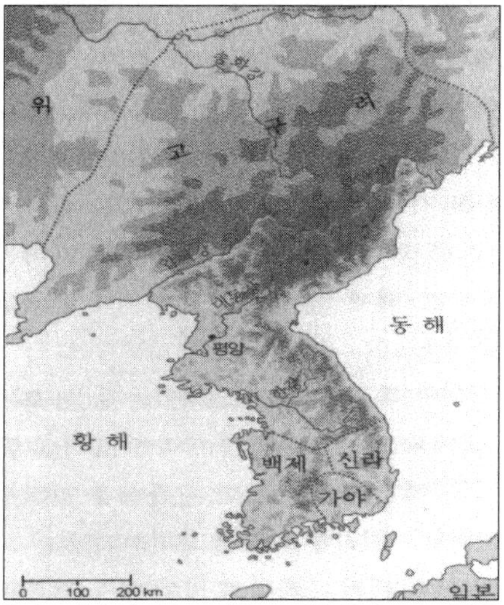


출처 : 개리 레이야드 지음, 장상훈 옮김, 2011, 『한국 고지도의 역사』, 서울, 소나무, p.24.

[그림 1-77] 삼국 시대의 지도

## 2.3.2 지적관련 제도

신라 초기의 지적관련 제도는 공동체인 부족장(部族長)들의 권력을 토대로 토지의 사유제로 출발하여 차츰 공동체 구성원에 이르기까지 일반화되었다.

신라 후기에 이르러 국왕과 귀족들에게 집중된 토지에 대한 지배의 형태와 농민들이 개별적으로 소유하는 소경작지(小耕作地)의 형태로 변하였는데 이러한 상부 지배계층과 개별적 농민의 토지 소유형태를 살펴보면 첫째, 상부 특권층 및 국가소유에 대한 토지의 소유형태는 신라 초기에는 부족들을 병합・정복하여 영토를 확장해 가면서 국가체제를 갖추게 되었고 왕권이 확립되어 영토를 국가 직속지(直屬地) 또는 주(州)・군지(郡地) 등 관유지의 형태를 띠었고 국왕은 자신과 그 일족을 위한 생활 물자를 조달하고 각종 제향비(祭享費)를 염출하기 위하여 왕실 직속지를 두게 되었으며 왕실 직속지는 각 궁(宮)에 소속되었다.[519)]

둘째, 일반 농민들의 토지 보유는 공동체 연대의 기초에서 촌락 또는 산골에 존재하고 있는 소규모의 경작지가 있었다. 그러나 국가적 토지소유의 원칙에 따라 중앙집권적 지배체제의 유지와 물질적 기초를 토지의 국유제에 두고 토지에 대한 여러 가지의 국가적 기능을 수행하여 왔다.

519) 김경열, 1991, 앞의 논문, p.18.

따라서 토지의 국유 원칙은 전 농민을 형식상 자영농민으로 고정시켜 놓고 국가 지배체제 입장에서 그들의 잉여생산을 흡수하려는데 그 본질이 있었으며 조세・공부(貢賦)・역역(力役) 등의 수취체계가 이를 형성하는 내용이 되었다.[520)]

양서(梁書)의 열전에는 "신라의 관직에는 자분한지, 제한지, 알한지, 일고지와 기패한지가 있다.(其官名, 有子賁旱支, 齊旱支, 謁旱支, 壹古支, 奇貝旱支)"[521)]고 기록되어 있으며, 『남사(南史)』의 열전에는 "신라의 벼슬이름은 자분한지, 제한지, 알한지, 일고지와 기패한지가 있다.(其官名有子賁旱支, 齊旱支, 謁旱支, 壹吉支[522)], 奇貝旱支)"[523)]고 기록되어 있다.

『북사(北史)』의 열전에는 "신라의 벼슬에는 17등급이 있다. 첫째는 이벌간이며, 상국처럼 귀하다. 그 다음은 이척간, 영간, 파미간, 대아척간, 아척간, 을길간, 사줄간, 급복간, 대내마간, 내마, 대사, 소사, 길사, 대오, 소오, 조위의 순서로 되어있다.(其官有十七等級, 一日伊罰干, 貴如相國, 次伊尺干, 次迎干, 次破彌干, 次大阿尺干, 次阿尺干, 次乙吉干, 次沙咄干, 次及伏干, 次大奈摩干, 次奈摩, 次大舍, 次小舍, 次吉士, 次大烏, 次小烏, 次造位)"[524)]고 기록되어 있다.

『수서(隋書)』의 열전동이에는 "신라의 벼슬로는 17등급이 있다. 일등급은 이벌간이며, 상국만큼 귀하다. 그 다음은 이척간, 영간, 파미간, 대아척간, 아척간, 을길간, 사줄간, 급복간, 대내마간, 내마, 대사, 소사, 길사, 대오, 소오, 조위의 순서로 되어있다.(其官有十七等級, 其一曰伊罰干, 貴如相國, 次伊尺干, 次迎干, 次破彌干, 次大阿尺干, 次阿尺干, 次乙吉干, 次沙乭干, 次及伏干, 次大奈摩干, 次奈摩, 次大舍, 次小舍, 次吉士, 次大烏, 次小烏, 次造位)"[525)]고 기록되어 있다.

『구당서(舊唐書)』의 동이열전에는 "신라의 문무관은 모두 17등급이다.(文武官凡有十七等)"[526)]라고 기록되어 있으며, 신당서(愼唐書)의 동이열전에는 "신라의 벼슬에는 재상, 시중, 사농경, 태부령 등 모두 17등급이 있다.(官有宰相, 侍中, 司農卿, 太府令, 凡十有七

520) 강진철, 1983, 앞의 책, p.1177.

521) 김재선・임애경・이경 역편, 1999, 앞의 책, p.120. ;「양서」 제54권, 열전 제48, 신라. ; 팽구송・김재선 편저, 1996, 앞의 책, p.97. 재인용.

522) 양서에는 일고지(壹古支)라고 기록되어 있다.

523) 김재선・임애경・이경 역편, 1999, 앞의 책, p.158. ;「남사」 제79권, 열전 제69, 이맥하 동이, 신라. ; 팽구송・김재선 편저, 1996, 앞의 책, p.120. 재인용.

524) 김재선・임애경・이경 역편, 1999, 앞의 책, p.186. ;「북사」 열전 제82, 신라. ; 팽구송・김재선 편저, 1996, 앞의 책, p.134. 재인용.

525) 김재선・임애경・이경 역편, 1999, 앞의 책, p.203. ;「수서」 제81권, 열전 제46, 동이, 신라. ; 팽구송・김재선 편저, 1996, 앞의 책, p.144. 재인용.

526) 김재선・임애경・이경 역편, 1999, 앞의 책, p.233. ;「구당서」 제199상권, 열전 제49상, 동이, 신라. ; 팽구송・김재선 편저, 1996, 앞의 책, p.161. 재인용.

等)"[527]라고 기록되어 있어 문헌마다 약간씩 다르게 기술하고 있다. 신라의 지적관련 행정조직은 〈표 1-11〉과 같이 통일 전에는 품주(稟主), 통일 후에는 창부(倉部)·조부(調部) 등에서 지적관련 업무를 담당하였고, 산학박사[528]를 두고 토지측량과 면적측정 등 산학을 가르치는 교수직에 종사케 하였다.

〈표 1-11〉 신라의 지적관련 행정조직

| 구 분 | 통일 전 | 통일 후 | | 지 방 |
|---|---|---|---|---|
| 담당부서 | 품 주 | 창 부 | 조 부 | |
| 담당업무 | 기명·왕명·출납·토지·조세<br>⇩<br>조부(토지·조세) | 창부령·창부경(토지업무), 창부대사(조세의 출납·저장) | 공부(貢賦) | 주(都督)<br>⇩<br>군(郡太守)<br>⇩<br>현(縣令) |

출처 : 김영학, 1996, "지적행정의 사적 고찰", 청주대학교 대학원, 석사학위논문, p.82. ; 리진호, 2007, 『경주지적사』, 경주시, p.41. 보완 작성.

『삼국사기』 신라 본기 제1 파사니사금(婆娑尼師今) 23년 8월조에 음즙벌국〈音汁伐國, 안강〉과 실직곡국〈悉直谷國, 삼척〉이 서로 지경 즉 땅의 경계를 다투었으나 왕이 이를 해결치 못하여 금관국 수로왕을 초빙하여 바로 잡았다는 기록으로 보아 토지경계가 신라에서 대단히 중요한 업무임을 알 수 있다.[529]

### 2.3.3 신라의 자

신라는 [그림 1-78]과 같은 한척(漢尺)·동위척(東魏尺)·당척(唐尺) 등을 사용하였으며, 면적계산은 백제와 같이 결부제(結負制)를 채용하였다.[530],

신라장적(新羅帳籍)에도 "합답이백결이부사속(合畓二百結二負四束)"이라고 기록되어 있으며,[531] 신라 말기에 최치원이 저술한 『사산비명(四山碑銘)』[532]에 "땅 10결을 하사

527) 김재선·임애경·이경 역편, 1999, 앞의 책, p.287. ; 「신당서」 제220권, 동이열전 제145, 신라. ; 팽구송·김재선 편저, 1996, 앞의 책, p.189. 재인용.

528) 산학박사라 함은 신라의 국학(國學)에 소속된 교수직으로, 717〈성덕왕 16〉년에 산학박사 (算學博士) 1인을 두어 산술교육을 실시하였다.

529) 대한지적공사 지적연구원, 2007, 『지적관련 문헌분류 체계의 개선방안에 관한 연구』. p.28.

530) 김종현, 1978, 앞의 논문, 『지적』, 대한지적공사, Vol.8 No.1, pp.88~91.

531) 대한지적공사 지적연구원, 앞의 책, p.28.

532) 사산비명(四山碑銘)이라 함은 신라 말기의 학자 최치원(崔致遠)이 지은 비문 가운데 신라의 불교사를 비롯하여 한문학사·사상사 등 여러 면으로 자료적 가치가 높은 네 편을 뽑아 엮은 책으로, 신라 불교사에서 우뚝한 위치를 차지하는 세 선사(禪師)의 일생 행적과 화엄종 계열의 왕실 원찰(願刹)인 대숭복사의 창건 내력을 적은 비문으로써, 사비명(寺碑銘)의 찬술은 ≪문선 文選≫에 보이는 왕건(王巾)의 '두타사비명(頭陀寺碑銘)'에서 그 선례를 찾을 수 있지만, 우리나라에서는 이전에 유례가 없었던 일이다. 네 비 모두 왕명에

하다.(賜田十結)"라는 구절이 있어 이를 뒷받침해주고 있다.[533]

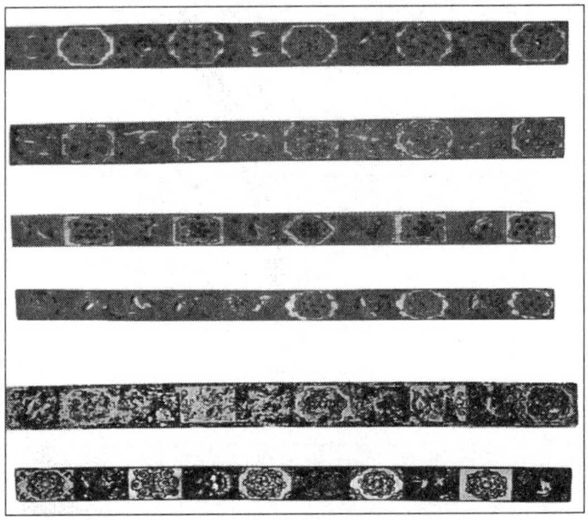

출처 : 대한지적공사, 2005(a), 『지적문화유산』, p.8.

[그림 1-78] 신라의 자

2000년 7월에 한양대학교 박물관에서 경기도 하남시 춘궁동에 있는 이성산성(二聖山城)을 발굴하면서 C지구 저수지의 제4문화층에서 신라의 자가 출토되었다. 이 자는 단면이 장방형의 형태이고 전체적인 외관은 넓적하며, 길이는 29.8㎝이며 눈금은 치(寸)만 새겨져 있다. C지구 제4문화층의 연대는 7세기 후반으로 추정되고, 이 시기는 신라가 삼국을 통일한 시기이고 중국의 경우 당나라 시기이다. 당나라의 기준척은 29㎝~30㎝이다. 따라서 이성산성에서 출토된 신라의 자는 당나라의 도량형을 받아들여 만든 것으로 볼 수 있으며, 금석문 등의 문헌기록과 유물의 측정을 통해 볼 때 통일신라 시대에는 당대척(唐大尺)을 영조척(營造尺)으로 사용하였음이 분명하다.[534]

오늘날까지 고려 이전에 사용된 자의 실물이 발견된 예는 모두 3개가 있다. 하나는 이성산성에서 출토된 고구려의 자이고 다른 하나는 같은 곳에서 발견된 신라의 자라고 생각되는 것이다. 그리고 마지막 하나는 부여 쌍북리에서 출토된 백제의 자로써 우리는 삼국의 자 실물을 모두 접할 수 있게 되었다.[535]

의해 찬술되었으며, 최치원이 당나라에서 귀국한 뒤로부터 은거하기 이전에 걸쳐 찬술되었다. 현재 대숭복사비를 제외한 세 비가 비교적 양호한 상태로 보전되어 있으며, 임진왜란 때 절과 함께 파괴된 것으로 알려진 대숭복사비는 1931년 이후 그 잔편(殘片)이 몇 차례 발굴되었다.

533) http://mybox.happycampus.com/njk0204/402412.(2010.2.10.)

534) 이종봉, 2001, 앞의 책, p.40. ; 단국대학교출판부, 2011, 『天下均平 度量衡 600選』, p.167.

산학박사가 가르친 구장산술(九章算術)의 방전장(方田章)에는 [그림 1-79]와 같이 토지를 방전〈方田 : 정방형 또는 정사각형의 토지〉·직전〈直田 : 장방형 또는 직사각형의 토지〉·구고전〈句股田 : 직각삼각형의 토지, 직각을 낀 짧은 변이 구(句), 긴 변이 고(股)이다.〉[536]·규전〈圭田 : 삼각형의 토지〉·제전〈梯田 : 사다리꼴형의 토지〉·원전〈圓田, 원형의 토지〉·호전〈弧田, 화살형의 토지〉·환전〈環田, 둥근형의 토지〉 등의 형태로 구분하고 방전형태의 토지는 장〈長, 길이〉과 광〈廣, 넓이〉을 재고, 직전은 장(長)과 평(平), 구고전은 구(句)와 고(股), 규전은 장(長)과 광(廣), 제전은 동활(東闊)과 서활(西闊), 원전은 반원주(半圓周)와 반경(半徑), 호전은 현장(弦長)과 시활(矢闊), 환전은 내주(內周)와 외주(外周)를 각각 측량하되, 토지를 위의 여러 형태로 구획하여 토지 주위를 돌면서 필지마다 장(長)·광(廣)·구고(句股)·주(周)·경(徑) 등을 측량하여 보(步)의 10분의 1인 척위(尺位)까지 측정하였다.[537]

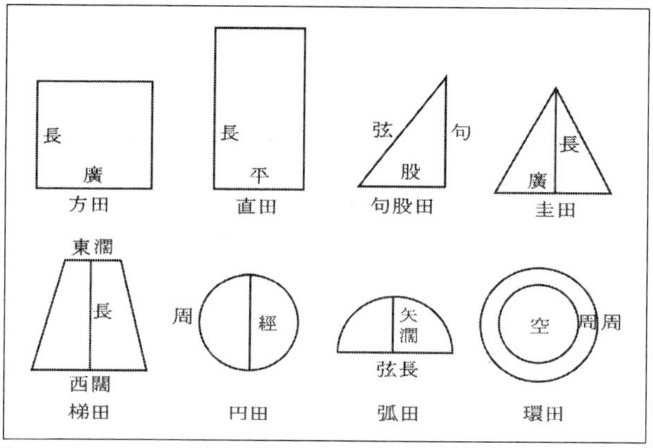


출처 : 김종현, 1978.1, "한국지적제도의 변천사", 『지적』, p.91.

[그림 1-79] 방전장에 의한 전의 형태

## 2.3.4 지적관련 사료

### 1) 첨성대

신라의 선덕여왕(재위기간 : 632~647)[538]은 경주 반월성(半月城) 동북쪽인 경상북

535) 이강승, 2000, 앞의 논문, p.43. ; 이우태, 2007, "고구려척 재론(고구려척과 고려술의 관계를 중심으로)", 동북아역사재단, 『동북아역사논총』 제17호, p.267.

536) 정약용, 1886, 『경세유표 Ⅱ』, 재단법인 민족문화추진위원회, p.339.

537) 김종현, 1978.1, "한국지적제도의 변천사", 『지적』, 대한지적공사, p.91.

538) 선덕여왕(善德女王)은 신라 26대 진평왕이 아들이 없고 덕만·천명·선화공주 세 딸이 있었는데, 화백회의

도 경주시 인왕동에 지귀(志鬼)라는 석공으로 하여금 첨성대(瞻星臺)를 축조케 하였다.539)

출처 : 이종욱, 2003,『신라의 역사(2)』, 서울, 김영사, p.236.

[그림 1-80] 신라의 첨성대

상방하원(上方下圓) 형태의 [그림 1-80]과 같은 석조물인 첨성대는 높이가 9.1m 아래의 지름은 4.9m에 이르고 위의 지름은 2.8m 이며, 남쪽 방향에는 한 변이 1미터인 정사각형의 창을 설치하고, 첨성대 안의 창 높이 까지는 탑의 안전성을 위하여 흙과 자갈이 가득 들어차 있다.540)

첨성대는 몸체가 27단인데 이것은 제27대 임금 선덕여왕을 상징하고 밑단까지 합하면 28단인데 이것은 기본 별자리 28수를 뜻하며, 전체의 돌 수는 362개 인데 이것은 음력으로 1년의 날수를 뜻한다.

첨성이란 별을 살핀다는 뜻이라고 하나 첨성대는 첫째, 실제로 밤하늘을 관측했다는 천문대설 둘째, 하늘에 제사를 지내는 제단설 셋째, 고대 천문학적 지식을 담은 상징물이란 주장 등이 있으나 천문대였다는 주장이 통설(通說)로 받아들여지고 있다.541)

신라의 첨성대에 관한 기록은 옛 문헌 여러 곳에 남아 있는데, 그 문헌의 종류에 따라 세 가지로 분류 할 수 있다.

첫째는 고문서로서『삼국유사』·『고려사』·『세종실록(지리지)』·『신증동국여지승람(新增東國輿地勝覽)』(권21 동람)『동경잡기(東京雜記)』(권1 고적) 등과 둘째, 신라 첨성대를 방문하고 옛날을 상상하면서 지은 시로서 정몽주(鄭夢周)의 칠언고시(七言古詩)·안축(安軸)의 칠언고시·조위(曹偉)의 칠언율시(七言律詩)이며 셋째, 근대학자들의 논문으로 와다 유지(和田雄治)의『경주 첨성대의 설』(일문)·루훠스(W.C. Rufus)의『경주 여행』(영문)·루훠스(W.C. Rufus)의『신라의 천문대』(영문)·홍이섭의『조선과학사』등이 있으나, 첨성대의 구조와 기능 및 업적 등을 체계적으로 기록한 문헌은 없는 실정이다.542)

---

를 통하여 덕만 공주가 27대 왕위에 올라 우리나라 최초의 여자 임금이 되었다. 632년부터 647년까지 15년간 왕의 자리에 있었으며, 처음엔 여왕이라고 해서 많은 어려움을 겪었지만 나라를 잘 다스려 신라가 삼국을 통일하는데 크게 이바지한 뛰어난 임금이었다.(윤영수, 2007,『선덕여왕과 지귀』, 서울, 한솔수북, p.21. p.33.)

539) 윤영수, 2007,『선덕여왕과 지귀』, 서울, 한솔수북, pp.49~50.

540) 윤영수, 2007, 위의 책, p.58.

541) http://news.dongascience.com/PHP/NewsView.php?classcode=011407.(2012.10.10)

542) 나일성, 2002,『한국천문학사』, 서울대학교 출판부, pp.21~24.

신라의 첨성대는 오늘날의 천문 기상 관측대로서 하늘의 변화를 관측하고 별과 구름의 움직임에 따라 한 해 농사의 풍년과 흉년을 예상하고 우주의 원리를 연구하기 위해 쌓았다고 하며, 천문대로써는 동양에서 현존하는 가장 오래된 유물로 1962년 12월에 국보 제 31호로 지정되었다.

### 2) 신라장적

신라는 문무왕이 삼국을 통일한 후 671〈문무왕 11〉년에 행정구역을 정비하는 과정에 지도를 이용했다는 기록이 있으며,[543] 문무왕 9년에 김순이란 사람이 사죄사로 당에 갔다가 문무왕 11년 7월에 귀국한 후 신라와 백제의 경계를 지도에 의하여 살펴보았다고 한다.[544] 따라서 신라에서도 고구려 및 백제와 비슷한 지도가 있었을 것으로 추정된다.

그리고 신라 말기에 서원경〈현 청주 지방〉 일대의 사해점촌(沙害漸村), 살하지촌(薩下知村) 등 4개 촌락에 대한 ① 촌명(村名), ② 촌역(村域), ③ 연(烟-戶), ④ 인구, ⑤ 우마, ⑥ 전답(地目), ⑦ 수목, ⑧ 호구의 감소, ⑨ 우마의 감소, ⑩ 수목의 감소 등을 기록한[545] [그림 1-81]과 같은 신라장적(新羅帳籍)이 1933년에 일본 나라(奈良)의 도다이지(東大寺) 정창원(正倉院) 중창(中倉)에서 발견되었다.

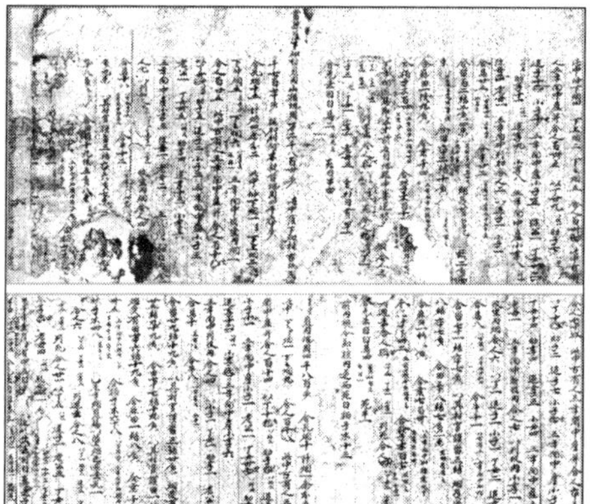

출처 : 대한지적공사, 2005(b), 『한국지적백년사』, p.6.

[그림 1-81] 신라장적

신라장적은 신라민정문서(新羅民政文書)·신라촌락장적(新羅村落帳籍)·신라촌장적(新羅村帳籍)이라고도 하는데, 신라장적의 작성은 755(경덕왕 14)년, 815(헌덕왕 7)년, 875(헌강왕 1)년 등의 설이 있으나 815년 설이 유력하다.

신라장적은 매 3년마다 일정한 방식에 의하여 작성되었으며, 관모전답(官謨田畓, 국가 소유의 토지), 내시령답(內視令畓, 관료인 내시령에게 주어진 직전), 촌주위답〈村主位畓, 말단 지방행정구역인 촌(村)의 책임자가 지급받은 토지〉, 연수유전답〈烟受有田畓, 자연호(自然戶)가 국가로부터 받은 토지〉의 구분과 마전(麻田), 합마전(合麻田) 등의 지목

543) 『삼국사기』 권7, 문무왕 11년 7월조.

544) 조규전, 2003, 앞의 책, p.17.

545) 이희관, 1994, "통일신라 토지제도연구-신라촌락장적에 대한 검토를 중심으로", 서강대학교 대학원, 박사학위논문, p.14.

이 기재되어 있는데,[546] 이는 우리나라 최초의 지목으로 지목의 시조라고 할 수 있다.

그리고 신라장적에 의하여 세금을 부과한 것으로 보이며, 노르만 영국의 둠스데이 대장보다 약 270여년전에 작성한 세계에서 가장 오래된 토지대장이라고 할 수 있다.

따라서 신라는 품주·창부·조부 등에서 토지관련 업무를 담당하였고, 국학(國學)에 산학박사를 두어 토지측량과 면적측정 등 산학을 가르치는 교수직에 종사케 하였다. 길이의 단위로 한척·동위척·당척 등 신라의 자를 사용하였으며, 면적은 결부제에 의하여 산정하였고, 촌락장적을 작성하였으며, 정전제(丁田制)를 시행하였다.

## 2.4 삼국 시대의 토지제도

### 2.4.1 삼국 시대

고구려·백제·신라 등 삼국 시대의 토지관련 제도는 왕토사상에 따라 정복과정에서 획득한 토지는 원칙적으로 국가의 소유로 하고 귀족·관료·군관들에게 분여(分與)하였다.

국왕은 최고의 군사적 통수자요, 정치적 주권자일 뿐만 아니라 경제적으로 최대의 지주(地主)로서 전국의 토지를 지배하였다.

국유제를 원칙으로 한 삼국에 있어서 토지는 이를 경영(經營)·수취(收取)관계를 비롯한 생산관계에 따라 분류하면 국가직영지(國家直營地)·왕실직영지(王室直營地)·식읍지(食邑地)·사전(賜田)·사원전(寺院田)·국가수조지(國家收租地)·농민보유지(農民保有地) 등으로 나누어진다.[547]

그리고 삼국을 통일한 통일 신라<668~935>의 토지관련 제도는 국유제의 원칙에 입각하여 새로이 편입된 고구려와 백제의 구 영토를 공전(公田)으로 삼고, 종래의 농민 보유지의 대부분을 국가수조지로 하고 고구려와 백제의 구 관유지·오랜 전란에 시달려 유망(流亡)한 농민이 가졌던 무주진황지(無主陳荒地)·신라에 반대한 귀족들로부터 몰수한 토지를 국가귀속의 관유지에 편입하였다.

새로 확대된 국가수조지와 관유지의 일부를 왕실직속지(王室直屬地)·귀족(貴族)과 공신(功臣)의 사전(賜田)·식읍(食邑)·사원전(寺院田)·관료전(官僚田)으로써 왕실·귀족·관료·사원 등에 수조지 또는 직영지(直營地)로 할급(割給)하였다.[548] 따라서 국유지

546) 한영우, 2003, 앞의 책, p.162. ; 대한지적공사, 2005(a), 앞의 책, p.8. ; 한국학중앙연구원(http://yoksa.aks.ac.kr/ 2017.1.5.)

547) 김옥근, 1980, 『한국토지제도사연구』, 서울, 대왕사, p.39.

548) 김옥근, 1980, 위의 책, pp.46~47.

와 관유지 등 국가 소유지의 확대, 왕실 소유지의 확장, 귀족관료의 토지겸병의 팽창, 사원전의 격증 등이 발생하게 되었다.[549] 통일 신라 시대에 주목되는 토지제도는 새로이 시행된 관료전과 정전제(丁田制)가 있다.

### 1) 국가직영지

국가직영지라 함은 중앙과 지방관부(地方官府)에 소속된 토지를 말하며, 관유지(官有地) 또는 국가직속지(國家直屬地)라고도 한다.

국가의 경비는 전호〈佃戶, 小作人〉인 보유지(保有地) 농민으로부터 전조(田租)·공부(貢賦)·역역(力役)의 형태로 취득하는 지대(地代)인 조세로써 충당하는 것이 원칙이었다.

삼국 시대에 있어서 이 관유지에 관한 사료는 극히 희귀하나, 『삼국사기』 고구려본기(高句麗本紀)에 고구려 제2대 "유리왕〈琉璃王, 재위 : 기원전 19~18〉 22년 12월에 대보(大輔)라는 관직에 있는 협부(陝父)[550]가 새로 국도를 옮기어 백성들이 안착하지 못하니, 마땅히 정치와 교화에 부지런히 힘써야 할 것임에도 이를 생각하지 아니하고 사냥에 치중하여 오래도록 궁궐로 돌아오지 아니하니 만일 이를 고치고 새롭게 처신하지 아니하면 정치가 문란하고 백성이 흩어져 선왕의 업적이 땅에 떨어질까 염려스럽다고 간(諫)하였으나, 유리왕은 이를 듣고  진노하여 협부의 직을 파하고, 관원(官園)의 관리인으로 좌천시켰는데, 협부는 분개하여 남한으로 달아났다.(琉璃王二十二年 十二月 王田于質山陰 五日不返 大輔陝父諫曰 王新移都邑 民不安堵 宜孜孜焉刑政之是恤 而不念此 馳田獵 久而不返 若不改過自新 臣恐政荒民散 先王之業墜地 王聞之震怒 罷陝父職 俾司官園 陝父憤 去之南韓)"[551]라는 기록이 있다.

여기에 나타난 관원은 관유지로써 국가직영농장이며 관리경영자로써 하위직의 관리를 두고 관노비 또는 농민의 요역노동(徭役勞動)으로 경작한 것이 분명하며, 관유지는 비단 고구려뿐만 아니라 백제와 신라에도 있었을 것이다.[552]

### 2) 왕실직영지

왕실직영지라 함은 국왕이 자신과 그 일족을 위한 생활 물자를 조달하고 제향비(祭享費)를 염출하기 위하여 왕실에 소속된 토지를 말하며, 왕실직속지라고도 한다.

549) 이경식, 2004, 『한국고대·중세초기토지제도사』, 서울대학교출판부, p.134.
550) 협부(陝父)는 오이, 마리와 함께 추모왕이 부여를 떠날 때 최초로 함께 동행한 인물로 고구려 개국공신으로, 유리왕 22년인 서기 3년에 대보〈大輔, 지금의 국무총리 격임.〉라는 당시 고구려 최고의 관직에 있었다.
551) 『三國史記』 卷 13, 高句麗本紀 3.
552) 김옥근, 1980, 앞의 책, pp.40~41. ; http://tong.nate.com/ljh 4424/(2008.1.20.)

『삼국유사』 가락국기(駕洛國記)에 신라 제30대 문무왕〈文武王, 재위 기간 : 661~681〉 원년 3월에 멸망한 가락국의 사당(祠堂)을 종묘(宗廟)에 합하여 제사를 계속 지내도록 하고, "사당에 가까운 상상전(上上田) 30경(頃)을 공영(供營)의 자(資)로 하여 왕위전(王位田)이라 부르고, 본토(本土)에 소속시키니, 수로왕의 17대손 갱세급간이 조정의 뜻을 받들어 그 밭을 관리하여 해마다 명절이면 술과 단술을 마련하고 떡과 밥·차·과실 등 여러 가지를 갖추고 제사를 지냈다.(以近廟上上田三十頃 爲供營之資 號稱王位田 付屬本上王之十七代孫賡世級干祗禀朝旨 主掌厥田 每歲時釀醪醴 設以餅飯茶菓庶差等奠)"[553]라는 기록이 있어, 이 시대의 왕위전은 능묘제향(陵廟祭享)을 위하여 설정한 토지임을 알 수 있다.

그리고 『삼국사기』 신라본기(新羅本紀)에 신라 문무왕 2(662)년에 고구려와의 전쟁에서 대공을 세운 "김유신(金庾信)과 김인문(金仁問)에게 본피궁(本彼宮)[554]의 토지와 노복(奴僕)을 사급(賜給)한다.(論功 中分本彼宮財貨·田莊·奴僕 以賜庾信·仁問)"[555]라는 기록이 있어, 신라 왕실의 하나인 본피궁은 전장(田莊)과 노복을 가졌음을 알 수 있다.

위와 같이 신라 왕실의 각궁과 능묘에는 직속 토지가 있었으며, 백제와 고구려에서도 그와 같은 왕실직속지가 있었던 것은 당연한 이치이다.[556]

### 3) 식읍지

식읍지라 함은 국가에서 왕족이나 특별한 공이 있는 공신들에게 지급한 지역 또는 수조호(收租戶)를 말하며, 고대국가가 주변 소국을 정복하는 과정에서 얻은 지역을 그 민호 수를 헤아려서 공로자에게 주는 제도였다.

삼국은 식읍제도를 두어 훈공이 높은 귀족들에게 식읍지를 사급하였다.

『삼국사기』 고구려본기(高句麗本紀)에 고구려의 제8대 "신대왕〈新大王, 재위 기간 : 165~179〉 8년 11월에 한(漢)의 침략군을 격파한 대전공을 세운 국상(國相) 명림답부(明臨答夫)에게 좌원(坐原), 질산(質山) 2개소의 식읍을 사급하였다.(新大王八年 冬十一月 漢以大兵嚮我 … 答夫師數千騎 追之 戰於坐原 漢軍大敗 匹馬不返 王大悅 賜答夫坐原及質山爲食邑)"[557]라는 기록이 있다.

이어서 『삼국사기』 신라본기(新羅本紀)에 신라의 제23대 "법흥왕〈法興王, 재위 기간 :

---

553) 『三國遺事』 卷 2, 駕洛國記.
554) 본피궁(本彼宮)이라 함은 신라 시대에 석씨(昔氏) 계통의 왕실 재정을 맡아보던 관아를 말한다.
555) 『三國史記』 卷 6, 新羅本紀 6.
556) 김옥근, 1980, 앞의 책, pp.39~40.
557) 『三國史記』 卷 16, 高句麗本紀 4.

514~540〉 19년에 내항(來降)한 가락국 최후의 국왕 김구해(金仇亥)에게 본국(本國)을 그의 식읍으로 주었다.(法興王十九年 金官國主金仇亥 與妃及三子長曰奴宗·仲曰武力 以國帑寶物來降 王禮待之 授位上等 以本國爲食邑)"[558]라는 기록이 있다.

그리고 『삼국사기』 백제본기(百濟本紀)에는 백제의 제31대 "의자왕〈義慈王, 재위 기간 : 641~660〉 17년에 왕자들에게 식읍을 주었다.(義慈王十七年春正月 拜王庶子四十一人 爲佐平 各賜食邑)"[559]라는 기록이 있다.

식읍은 일반관료에게 주는 것이 아니고 특별한 공훈을 세운 귀족 및 관료에게 주는 것으로, 일정한 지역에 거주하는 전주민(全住民) 또는 일정수의 가호(家戶)에 대한 전조(田租)·공부(貢賦)·역역(力役) 등의 징세권(徵稅權)을 이양하는 점에서 사전(賜田)과 다르며 또한 식읍은 세습(世襲)이 허용되지 않고 당대(當代)에 한하여 지급되었다.[560]

### 4) 사전

사전(賜田)이라 함은 국가나 왕실에 대해 공을 세운 사람에게 왕의 특명으로 주는 토지를 말하며, 후세의 공신전(功臣田) 또는 공음전(功蔭田)의 선구적 형태로써 공훈이 많은 귀족과 관료 등에게 은혜적으로 사급하였다.

『삼국사기』 고구려본기에 고구려의 제2대 "유리왕 37년 4월에 익사한 왕자의 시체를 찾아낸 제순(祭順)에게 상사(賞賜)로서 금(金) 십근(十斤)과 전(田) 10경(頃)을 주었다.(琉璃王三十七年 夏四月 王子如津溺水死 王哀慟 使之求屍不得 後沸流祭順得之以聞遂以禮葬於王骨嶺 賜祭順 金十斤 田十頃)"[561]라는 기록이 있다.

그리고 『삼국사기』 신라본기에 신라의 제11대 "조분왕〈助賁王, 재위 기간 : 230~247〉 7(236)년 2월에 투항한 골벌국(骨伐國)의 왕 아음부(阿音夫)에게 전장(田莊)을 사급하였다.(助賁尼師今七年 春二月 骨伐國王阿音夫 率衆來降 賜第宅田莊安之 以基地爲部)"[562]라는 기록이 있다. 이어서 신라의 제24대 "진흥왕〈眞興王, 재위 기간 : 540~576〉 23년 9월에 가야반란(伽耶叛亂)을 평정한 명장 사다함(斯多含)에게 양전(良田)과 포로 200명을 사급해 주었는데 그는 지급받은 사전을 다시 부하들에게 분급해 주었다.(眞興王二十三年 秋九月 伽倻叛 王命異斯夫 討之 斯多含副之 … 功 斯多含爲最王賞以良田及虜二百口 斯多含三讓 王强之乃受其生口 於爲良人田分與戰士國人美之)"[563]라는 기록이 있다.

---

558) 『三國史記』 卷 12, 新羅本紀 2.

559) 『三國史記』 卷 28, 百濟本紀 6.

560) 강진철, 1983, 앞의 책, p.1168. ; 김옥근, 1980, 앞의 책, pp.41~42. ; http://k.daum.net/qna/file/view.(2008.1.20.)

561) 『三國史記』 卷 13, 高句麗本紀 1.

562) 『三國史記』 卷 2, 新羅本紀 2.

위와 같이 특별한 공훈을 세운 관료나 귀족에게는 식읍 또는 사전(賜田)이 지급되었는데, 식읍은 당대에 한하여 소정(所定)의 가호(家戶)에 대한 징세권을 이양한 것이므로 식읍의 토지는 피급자(被給者)의 직영지가 아니고 소농민(小農民)의 자영지일 것이다. 그러나 사전은 수조지〈收租地, 佃戶經營地〉인지 또는 피급자의 직영지인지 판단할 자료가 없다.

삼국의 통일전쟁에 대공을 세운 김유신은 문무왕 3년에 사전 500결을 지급받았는데[564] 직영제 경영방식으로는 이렇게 광대한 토지의 경작이 어려운 사실을 감안할 때 이 토지가 수조지일 것이 분명하다.[565]

### 5) 국가수조지

국가수조지라 함은 관유지·왕실직영지·식읍지·사전·사원전 등을 제외하고 수조권이 국가에 있는 토지를 말한다.

동양적 봉건국가로서의 삼국은 전국을 통치하는데 있어서 군사비·행정비를 비롯한 막대한 경비를 필요로 했던 것이다. 따라서 전국의 토지를 국가의 지배 아래 둔 삼국은 일부 토지에 대한 수조권을 귀족·관료 등 봉건 지배계급에 이양하고 나머지 토지를 국가수조지로 하여 국가에서 수조하였는데, 이 국가수조지는 집권적 봉건국가의 재정적 기반을 확보하는 것이었다.

### 6) 사원전

사원전이라 함은 불교 사원에 소속되어 있는 토지를 말하며, 사전(寺田)·사사전(寺社田) 또는 사위전(寺位田)이라고도 하였다.

불교가 들어온 후 봉건적 문화기관도 점차 토지분배에 관여하여 지대수식자(地代收食者)로 등장해 갔다.

통일 이전의 삼국 시대에 있어서도 사원전이 있었다. 사원전에 대한 가장 오래된 기록으로는『삼국유사』가락국기(駕洛國記)에 신라의 제19대 "눌지왕〈訥祗王, 재위 기간 : 417~458〉 35년에 왕후사(王后寺)에 10결의 토지를 사급하였다.(以元嘉二十九年壬辰於元君與皇后合婚之地創寺 額曰王后寺 遣使審量近側平田十結 以爲供億三寶之費)"[566]는 기록이 있다.

불교가 5세기 초의 법흥왕〈法興王, 재위 기간 : 514~540〉 시대부터 점차 국교(國教)

---

563)『三國史記』卷 4, 新羅本紀 4.
564)『三國史記』卷 42, 列傳 2 金庾信 中.
565) 김옥근, 1980, 앞의 책, pp.42~43. ; http://enc.daum.net/dic100.(2008.1.20.)
566)『三國遺事』卷 2, 駕洛國記.

로 융성해 감에 따라 사원전은 이미 통일 이전의 시기부터 크게 팽창하여 문무왕은 다음과 같은 법령(法令)을 내렸다.

『삼국사기』 신라본기에 "문무왕〈文武王, 재위 기간 : 661~681〉 4(664)년 8월에 국가는 일반인의 사원에 대한 토지의 기증을 금지한다.(文武王四年 八月十四日 … 禁人擅以財貨田地 施佛寺)"[567]는 기록이 있다.

사원전에는 면세(免稅)의 특전이 부여되기 때문에 그 확대는 국가의 재정기반을 축소하는 것이므로 위와 같은 토지의 기증에 관한 금지령을 내렸으나, 이러한 조처는 별다른 성과를 거두지 못하여 통일 신라 시대에 들어와 사원전은 더욱 늘어났다.

사원전은 국가의 토지사급과 국왕・귀족・일반 국민의 기증전(寄贈田)으로 구성되었다. 예를 들면 신라의 제32대 효소왕〈孝昭王, 재위 기간 : 692~702〉은 백율사(栢栗寺)에 1만경(頃)의 토지를 시납(施納)하였고[568] 제35대 경덕왕〈景德王, 재위 기간 : 742~765〉도 민장사(敏藏寺)에 토지를 시납하였으며,[569] 제36대 혜공왕〈惠恭王, 재위 기간 : 765~780〉은 김유신을 위한 공덕보전(功德寶田) 30결(結)을 경선사(鷲仙寺)에 사납하였는데, 보전(寶田)은 사원전의 한 형태이다.[570]

### 7) 농민보유지

농민보유지라 함은 삼국 시대에 토지국유제의 원칙 아래 봉건적 토지소유자인 국가로부터 유일한 생산수단인 토지를 분여 받고, 봉건적 지배・수조관계에 편제된 농노적 농민이 보유한 토지를 말한다.

농민보유지는 집권적 토지소유관계와 그 속성인 지배・수조관계에 의거하는 주종관계가 삼국 시대에 있어서 국가 대 농민의 사회구성의 기축을 이루었다.

삼국 시대에 있어서 농민의 토지보유권(土地保有權)의 구체적인 내용에 관해서는 알 수 없으나, 신라 및 고려 전기에 있어서 보유권이 국가에 의하여 엄격한 제한을 받았던 사실로 미루어 보아 이 시대에는 원칙적으로 보유지의 매매・임차 등 임의처분이 허용되지 않았던 것으로 믿는다.[571]

567) 『三國史記』 卷 6, 新羅本紀 2.
568) 王(孝昭王) 施鑄金銀五器二副各重五十兩 摩衲袈裟五領 大綃三千疋 田一萬頃納於寺(栢栗寺) (『三國遺事』 卷 4, 栢栗寺)
569) 即天寶四年 乙酉四月八日也 景德王聞之 施田於寺〈敏藏寺〉 又納財幣焉 『三國遺事』 卷 4, 敏藏寺.
570) 김옥근, 1980, 앞의 책, p.47. ; http://search.daum.net/cgi.(2008.1.20.)
571) 김옥근, 1980, 위의 책, p.44.

### 8) 관료전

관료전이라 함은 문무(文武) 관료들에게 그들의 직위에 맞는 전(田)을 나누어 주어 신분을 유지할 수 있도록 경제적 토대를 마련해 주기 위한 제도로써, 제31대 신문왕〈神文王, 미상~692, 재위 기간 : 681~692〉 7년에 문무 관료에게 전(田)을 사(賜)하되 차등 있게 하였다는 기록이 있으며, 후에 고려의 전시과(田柴科)와 조선의 과전법(科田法) 및 직전법(職田法), 해방 후의 토지개혁으로 이어지는 시발점이 되었다.[572)]

### 9) 정전제

정전제(丁田制)라 함은 제33대 성덕왕〈聖德王, 재위 기간 : 702~737〉 21(722)년에 시작된 신라의 토지제도로써 중국의 균전제(均田制)와 비슷하게 국가가 일반 백성에게 정전(丁田)을 나누어 주고 그들로 하여금 모든 부역(賦役)과 전조(田租)를 국가에 바치게 한 제도이다.

중국의 균전제라 함은 485년 북위(北魏) 효문제(孝文帝)[573)]의 명령으로 시작된 토지분배 및 조세징수제도로써 농지를 성인이 된 모든 농민들에게 나누어주고 이 토지에서 난 산물의 일정량은 곧바로 현물로 정부에 납부하게 하였다. 북위 때에는 1가구당 총 0.08㎢ 가량의 땅을 받을 수 있었는데, 이 가운데 일부는 영구히 소유할 수 있었고 나머지는 죽을 때 나라에 반납하였다.[574)]

위(魏)나라 이후 수·당대〈581~907〉에 이르기 까지 실시되었으며, 당대의 균전제는 정남〈丁男, 21세 이상 59세까지〉 및 중남〈中男, 16세 이상 20세까지〉에 대하여 전(田) 1경〈頃, 100무〉을 지급하였는데, 그 중에서 20무는 영업전(永業田)으로 자손에게 상속이 허용되고 나머지 80무는 구분전(口分田)으로 본인이 사망하면 국가에 환납하였고 정남, 중남으로 취급되지 않는 독질(篤疾), 폐질(廢疾)과 과처첩(寡妻妾) 등에 대하여는 일정한 면적을 감하여 급여하였는데, 그 중 20무는 영업전으로 하고 나머지는 구분전으로 하는 것이 원칙이었다.[575)]

당나라 시대와 유사하게 신라 시대의 정(丁)이라 함은 정남(丁男)을 의미하는 것으로써 남녀의 연령 구분에 의한 것으로 20세 이상 50세 이하로 정전(丁田)을 지급받고 부역과

572) 김경열, 1993, 앞의 책, pp.32~33. ; 한영우, 2003, 앞의 책, p.47, p.161.

573) 효문제(孝文帝)는 중국 북위의 제7대 황제(재위 471~499)로서 친정 기간은 겨우 10년이었지만 북위 중흥의 영주로 일컬어지며, 처음으로 관리에게 봉록(俸祿)을 지급하고, 삼장제(三長制)와, 균전제(均田制)를 시행하였다.(http://100.naver.com/100.nhn, 2012.6.20.)

574) http://100.daum.net/encyclopedia/view.do.(2012.6.20.)

575) 김경열, 1993, 앞의 책, p.36.

전조를 국가에 바치는 장정(壯丁)을 말하며, 60세 이상이 되면 정전을 국가에 반환하여야 하였으나 그렇지 않은 경우가 많았다.

"성덕왕 21(722)년 8월에 백성에게 정전을 비로소 급여하였다.(聖德王 二十一年, 秋八月, 始給百姓丁田)"[576]라는 기록은 있으나, 구체적인 사료가 없어 정전제 실시에 관한 실체적인 내용은 파악 할 수 없다.[577]

그러나 정전제는 부세(賦稅)행정에 균일성(均一性)과 통합성(統合性)을 기하고 농민을 토지에 긴박시켜 안착시키고자 시행한 토지양급제(土地量給制)였으나, 지방 군·현(郡縣)의 토착세력이 정치적·군사적으로 성장하는 반면 중앙정부의 집권적, 군·현제의 행정은 갈수록 쇠약하여 정전과 정전농민(丁田農民)은 감소하고 새로운 토지의 양급은 어려워져 결국은 신라 왕조의 입지 자체가 함몰하는 지경으로 치달았다.[578]

이상 설명한 삼국 시대의 토지관련 제도를 요약하면 〈표 1-12〉와 같다.

〈표 1-12〉 삼국 시대의 토지관련 제도

| 구 분 | | 주 요 내 용 |
|---|---|---|
| 토지국유제 | 국가직영지(國家直營地) | 중앙과 지방관부(地方官府)에 소속된 토지 |
| | 왕실직영지(王室直營地) | 국왕과 그 일족을 위한 생활 자료를 조달하고 제향비(祭享費)를 염출하기 위하여 왕실에 소속된 토지 |
| | 식읍지(食邑地) | 국가에서 왕족이나 특별한 공이 있는 공신들에게 지급한 지역 또는 수조호(收租戶) |
| | 사전(賜田) | 국가나 왕실에 대해 공을 세운 사람에게 왕의 특명으로 주는 토지 |
| | 국가수조지(國家收租地) | 관유지, 왕실직영지, 식읍지, 사전, 사원전 등을 제외하고 수조권이 국가에 있는 토지 |
| | 사원전(寺院田) | 불교 사원에 소속되어 있는 토지 |
| | 농민보유지(農民保有地) | 국가로부터 유일한 생산수단인 토지를 분여 받고, 봉건적 지배·수조관계에 편제된 농노적 농민이 보유한 토지 |
| | 관료전(官僚田) | 문무 관료들에게 직위에 알맞는 전(田)을 주어 신분을 유지할 수 있게끔 경제적 토대를 마련해 주기 위하여 지급한 토지 |
| | 정전(丁田) | 일반 백성에게 지급한 토지(국가에 조를 납부) |

삼국 시대 지적제도의 기원을 요약하면 〈표 1-13〉과 같이 고구려는 주부(主簿)·오졸(烏拙)·울절(鬱折), 백제는 내두좌평(內頭佐平)·곡내부(穀內部)·점구부(點口部), 신라는 품주(稟主)·창부(倉部)·조부(調府) 등을 설치하고 지적관련 업무를 관장하였으며,

576) 『삼국사기』, 권 제8, 신라본기, 성덕왕 21년조(條).
577) 김경열, 1993, 앞의 책, p.35. ; 박병호, 2012, 『한국법제사』, 서울, 민속원, p.286.
578) 이경식, 2004, 『한국고대·중세초기토지제도사』, 서울대학교출판부, p.146.

고구려의 전부(田簿)와 도부(圖簿), 백제의 전적(田籍)과 도적(圖籍) 등 오늘날의 지적공부와 유사한 도부(圖簿)를 작성한 것으로 추정되고 신라는 장적(帳籍)을 작성하였으며 고구려는 경무법, 백제는 두락제 · 결부제, 신라는 결부제에 의하여 토지 면적을 산정하는 등 고조선과 부족국가 시대보다는 좀 더 분화된 상태로 지적관련 업무를 수행하였음을 알 수 있다.

그러나 아쉽게도 문헌상으로만 기록되어 있을 뿐 삼국 시대의 지적관련 사료로는 고구려 · 백제 · 신라의 자와 신라의 장적 이외에는 명확한 사료가 남아 있지 않으나, 신라의 장적은 중국의 어린도(魚鱗圖)와 노르만 영국의 둠스데이 대장(domesday book) 보다 약 150여년 앞서 작성한 세지적(稅地籍)을 뒷받침 해주는 세계에서 가장 오래된 확실한 증거라고 할 수 있다.

〈표 1-13〉 삼국 시대 지적제도의 기원

| 구 분 | 고구려 | 백제 | 신라 |
|---|---|---|---|
| 지적관련 행정조직 | 주부 · 오졸 · 울절 | 내두좌평 · 곡내부 · 점구부 | 품주 · 창부 · 조부 |
| 지적관련 공부 | 전부(田簿) · 도부(圖簿) | 전적(田籍) · 도적(圖籍) | 장적(帳籍) |
| 토지제도 | 왕토사상에 의한 국유 원칙 | 좌동 | 좌동, 정전제(丁田制) |
| 면적산정 | 경무법 | 두락제 · 결부제 | 결부제 |
| 주요 사료 | 고구려의 자 | 백제의 자 | 신라의 자 |

# 3 중세(고려 시대)

## 3.1 개국과 멸망

고려(高麗)는 신라와 발해를 계승한 왕조로서 신라 말기인 918년에 송악 지방의 호족 왕건(王建)이 개경〈開京, 오늘날의 개성〉에 도읍을 정하고 건국하였다.

태조 왕건〈太祖王建, 재위 기간 : 918~943〉은 궁예의 부하였으나 궁예가 실정을 거듭하자 민심을 잃어 쫓겨났으며, 왕건이 신하들의 추대 형식으로 왕위에 올라 국호를 고구려의 이름을 줄여 고려(高麗)로 정하였는데 여기서 코리아(Korea)라는 이름이 나왔으며, 연호를 천수(天授)라 하였다.

고려는 926〈태조 왕건 8〉년에 발해가 요나라의 침략을 받고 멸망하자 왕족을 비롯한 유민들을 대거 받아들임으로써 한민족의 통일을 이루었다. 그리고 935〈태조 왕건 17〉년에 신라의 제56대 경순왕(敬順王)이 고려에 항복을 하였으며, 936〈태조 왕건 18〉년에 후백제를 공격하여 마침내 황산벌〈논산〉에서 후백제의 왕 신검의 항복을 받아냄으로써 후백제를 멸망시켜 후삼국 시대는 고려의 통일로 마무리되었다.

고려는 958〈광종 9, 재위 기간 : 949~975〉년에 과거제도(科擧制度)를 처음 실시하여 학문이 출중한 사람들을 관리로 임명하기 시작하였으며, 990〈성종 9, 재위 기간 : 981~997〉년에 서경〈西京 : 평양〉에 수서원(修書院)을 설치하고 책을 수집하여 정리하고 보관하는 오늘날의 도서관과 유사한 기능을 하도록 하였다.[579)]

고려의 교육제도는 992(성종 11)년에 태조 때부터 내려온 경학(經學)을 중국 제도를 모방하여 국립교육기관인 국자감(國子監)으로 확충하여 국자학(國子學) · 태학(太學) · 사문학(四文學) 등 유학부(儒學部)와 율학(律學) · 서학(西學) · 산학(算學) 등 잡학부(雜學部)를 설치하였다.

국자감은 1275(충렬왕 1)년에 국학(國學)으로, 1298(충렬왕 24)년에 성균감(成均監)으로, 1308(충선왕 즉위)년에 성균관(成均館)으로 각각 개칭하였으며, 1356(공민왕 5)년에 국자감으로 환원했다가 1362년에 다시 성균관으로 개칭되어 조선으로 이어졌다.[580)]

고려 말에는 내부적으로 권문세족과 신흥사대부 사이의 대립이 격화되고 외부적으로는 왜구 및 홍건적의 침입과 원 · 명 교체에 따른 대외관계의 변동이 있었다. 특히 왜구는 대마도 등 일본 근해의 해적들로써 이미 제23대 고종〈재위 기간 : 1213~1259〉 때부터 우리 연해에 출몰하였는데, 제30대 충정왕〈忠定王, 재위 기간 : 1348~1351〉 때부터는 거의 매년 전국 각지에 침투하였고 심지어 강화도까지 약탈을 당하여 개경에 계엄령이 내리기까지 하였다.

1388년에는 원의 쌍성총관부 관할 하에 있던 철령 이북의 땅을 명(明)의 직속령으로 삼겠다고 통고하여 왔다. 이 때 정권을 잡고 있던 최영(崔瑩)은 크게 분개하여 도리어 이 기회에 명이 차지한 요동지방까지 회복하려 하였다.

---

579) 『조선일보』, 2014.10.13, A26.

580) http://cafe.daum.net/jinssisarangbang, ; http://100.daum.net/encyclopedia.(2014.10.5.)

마침내 고려는 第32대 우왕〈禑王, 재위 기간 : 1375~1388〉 14년에 최영이 8도도통사(八道都統使)가 되고 조민수(曺敏修)를 좌군도통사, 이성계(李成桂)를 우군도통사로 삼아 요동정벌(遼東征伐)에 나서게 되었다.

그러나 처음부터 국내외의 정세로 보아 요동정벌이 현실적으로 불가능하다고 판단하여 출병을 반대하였던 이성계는 압록강 가운데 있는 위화도(威化島)에서 회군(回軍)하여 개경에 돌아온 후 반대파인 최영 등을 제거하고 우왕을 폐위시켜 정권을 장악하였으니, 요동정벌은 무산되고 이성계는 조선 건국의 기틀을 마련하였다.

그 후 이성계 일파는 우왕의 아들 제33대 창왕〈昌王, 재위 기간 : 1388~1389〉을 왕위에 올렸으나, 이성계에 의하여 강화로 쫓겨나 살해되었으며, 고려의 마지막 왕인 제34대 공양왕〈恭讓王, 재위 기간 : 1389~1392〉 역시 이성계 일파에 의하여 왕위에 올랐으나 실권을 빼앗겼고, 1391년 이성계의 아들 이방원에 의하여 정몽주가 살해된 후 폐위당하고 살해됨으로써, 918년에 태조 왕건이 나라를 세운 후, 1392년 조선 왕조에게 멸망하기까지 고려는 건국 후 34대 약 450여 년 동안 한반도를 지배하였다.[581)]

고려의 개국과 멸망에 관한 주요내용을 요약하면 〈표 1-14〉와 같으며, 고려 시대의 대표적인 지도는 [그림 1-82]와 같은 5도양계도(五道兩界圖)로써 서해도 · 교주도 · 양광도 · 전라도 · 경상도와 동계 · 북계의 영토를 관할하였다.

〈표 1-14〉 고려의 개국과 멸망 현황

| 개 국 | | | | 멸 망 | | | | 존속 기간 |
|---|---|---|---|---|---|---|---|---|
| 연 도 | 시 조 | 재위 기간 | 도읍지 | 연 도 | 대 수 | 왕 명 | 재위 기간 | |
| 918년 | 태조 왕건 | 918~943년 | 개경 | 1392년 | 34대 | 공양왕 | 1389~1392년 | 약 450년 |

581) http://enc.daum.net/dic100(2007.2.10.) ; 『조선일보』, 2014.4.30, A26.

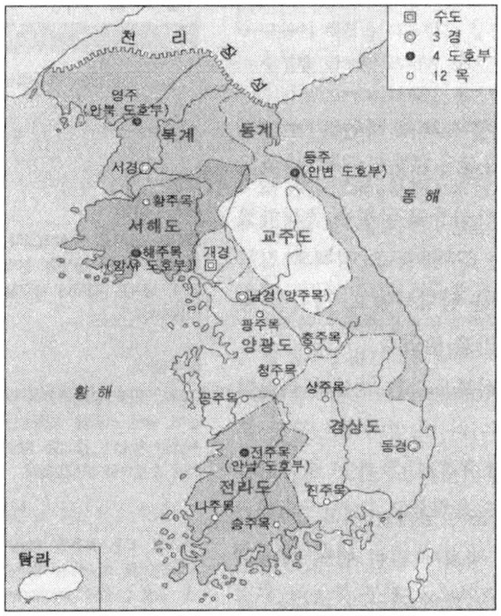


출처 : 정재준, 이기철, 2006, 『통합한국사(상)』, p.186.

[그림 1-82] 고려 시대의 5도양계도

## 3.2 지적관련 제도

고려의 지적관련 제도는 요사(遼史)에 의하면 1002년 제7대 목종〈穆宗, 재위 기간 : 997~1009〉 5년에 거란에 고려지리도(高麗地理圖)를 보낸 일이 있으며,[582] 이어서 제8대 현종〈顯宗, 재위 기간 : 1010~1031〉 시대에 전국이 5도 양계로 개편되었는데, 이를 계기로 오도양계도(五道兩界圖)라고 불리는 전국지도가 만들어진 것으로 보인다.[583]

고려사(高麗史)에 의하면 1148〈의종 2〉년 10월에 고려의 두 관료가 개인 소장의 고려지도를 송나라에 보내려다 발각되어 옥사했다는 기록이 있는데, 고려의 이심(李深)과 지지용(智之用) 등이 송나라 사람과 결탁하여 유공식(柳公植)의 집에 보관되어 있던 고려지도를 송의 진회(秦檜)에게 보냈다는 것이다.[584]

어느 나라든지 예나 지금이나 지도는 국가의 기밀문서로써 대외 유출을 금지하고 있기 때문이다.

582) 『요사』 권11, 열전45 의기 고려전.
583) 한영우 외 2인, 2005, 앞의 책, p.17.
584) 한영우 외 2인, 2005, 위의 책, pp.17~18.

고려의 지적관련 행정조직은 〈표 1-15〉와 같이 전기에는 상서성(尙書省)의 호부(戶部), 후기에는 첨의부(僉議部)의 판도사(版圖司)[585] 등이라고 할 수 있으며, 중앙의 호부는 호구(戶口)·공부(貢賦)·전토 및 식량과 기타 재화·경제 등에 관한 사무를 담당하였으며, 지방에서는 중앙의 통제에 따라 호구(戶口)·공부(貢賦)·양전(量田) 등의 사무에 종사케 하였다.

고려 제11대 문종〈文宗, 재위 기간 : 1046~1083〉 때의 호부(戶部)는 그 명칭이 여러 차례 변경되었는데, 제25대 충렬왕〈忠烈王, 재위 기간 : 1274~1308〉 시대에는 1275년에 판도사(版圖司)로, 1298년에 민조(民曹)로, 1308년에는 민부(民部)로, 제31대 공민왕〈恭愍王, 재위 기간 : 1351~1374〉 시대에는 1356년에 호부(戶部)로, 1362년에 판도사로, 1369년에 민부로, 1372년에 다시 판도사로 각각 변경하였다가 1389년에 제34대 공양왕이 호조(戶曹)로 변경하고 급전도감을 합쳤다.[586]

〈표 1-15〉 고려의 지적관련 행정조직

<table>
<tr><th rowspan="2">구 분</th><th colspan="2">중 앙</th><th rowspan="2">지 방</th></tr>
<tr><th>전 기</th><th>후 기</th></tr>
<tr><td>담당기관</td><td>상서성(尙書省)<br>호부(戶部)</td><td>첨의부(僉議部)<br>판도사(版圖司) ·<br>민조(民曹)·민부(民部)·<br>호부(戶部)·호조(戶曹)</td><td rowspan="2">도(道, 節度使),<br>⇩<br>목(牧, 牧使)<br>⇩<br>주·군(州郡, 知事)<br>⇩<br>현(縣, 縣令)<br>⇩<br>진(鎭, 鎭使, 鎭將)</td></tr>
<tr><td>담당업무</td><td colspan="2">호구(戶口)·공부(貢賦)·전량(錢粮)·<br>양전사무 등</td></tr>
</table>

출처 : 김영학, 1996, "지적행정의 사적 고찰", 청주대학교 대학원, 석사학위논문, p.99. 보완 작성.

## 3.3 토지관련 제도

고려의 토지관련 제도는 태조 왕건(王建)이 신라의 멸망 원인 중 가장 중요한 것이 토지제도의 문란임을 알고 개국 후 전제개혁(田制改革)에 착수하였으며, 전제개혁은 당나라의 토지제도를 모방하였다.

585) 판도사(版圖司)라 함은 1275년부터 고려왕조 말기까지 세금징수를 담당하던 관서의 이름을 말한다.(정인지 외, 『고구려사』(1451. 간행), 권76 지30 백관1 호조)

586) 김종현, 1978.9, "한국지적제도 변천사(13)", 『지적』, 대한지적공사, p.49~50. ; http://cafe.naver.com/parkssiyeonghae.cafe.(2007.2.10.)

제5대 경종(景宗)대에 본격적인 전제개혁에 착수하였고 제8대 현종(顯宗), 제9대 덕종(德宗)을 거쳐 제11대 문종(文宗)대에 이르러 전지측량(田地測量)을 단행함으로써 토지제도와 지적제도를 정비하기에 이르렀다.[587)]

그러나 권문세족(權門勢族)들의 농장 확대와 사원전(寺院田)의 팽창으로 국가경제의 파탄과 농민들의 생활고가 극심하였고 관료들에게 분급할 전지(田地)마저 부족하게 되어 토지겸병(土地兼倂)[588)]을 억제하고 농장을 몰수하기 위하여 중앙에 식목도감(式目都監)[589)], 찰리변위도감(搽里辨違都監)[590)]을 설치하였고, 고종 때에 급전도감(給田都監)[591)], 충선왕 때에 전민추쇄도감(田民推刷都監), 공민왕 때에 전민변정도감(田民辨正都監)[592)] 등을 설치하였으나 실패하였다.[593)]

고려는 역분전(役分田)을 제외하고는 뚜렷하게 창안된 토지제도가 없었으나 경종 원년(976)에 전시과(田柴科)를 창설하여 시행하였고, 고려 말에 공양왕이 과전법(科田法)을 시행하였다.

### 3.3.1 역분전

역분전이라 함은 직역(職役)의 분수(分數)에 의한 급전(給田)이란 뜻으로, 고려의 건국과 후 삼국의 통일을 성취하는 과정에서 태조를 도와준 조신(朝臣)과 군사(軍士)들에게 품계가 아닌 충성도와 공로의 대소에 따라 지급된 토지를 말한다.

역분전은 태조 23(940)년에 실시하였으며 각 공신(功臣)들에게 공훈의 차등에 따라 일정한 면적의 토지를 나누어 주던 논공행상(論功行賞)에 해당하는 제도로써 후일 공훈전(功勳田)으로 발전하였다.[594)]

---

587) 김종현, 1978, 앞의 논문, pp.52~56.

588) 토지겸병(土地兼倂)이란 귀족, 토호 또는 양반관리 등에 의한 대토지 소유를 말한다. 즉 인근 소농경영 토지를 매매나 고리대 등의 방법으로 흡수・병합하여 대농장의 지주가 되는 과정으로 많은 소농민의 토지상실을 수반하고 빈농(貧農)과 무전농(無田農)을 끊임없이 발생시키고, 토지소유에서 소외・탈락한 이들은 대부분 토지를 벗어 날 수 없어 다시 그 경작에 차경(借耕) 혹은 용작(傭作)으로 얽매이게 되었다.(이경식, 2004, 『한국고대・중세초기토지제도사』, 서울대학교출판부, p.81.)

589) 식목도감(式目都監)이라 함은 법제(法制)와 격식(格式)제정을 관장하는 기관을 말한다.

590) 찰리변위도감(搽里辨違都監)이라 함은 제폐사목소〈除弊事目所, 폐정을 제거하는 기구〉를 설치하였다가 충렬왕 때에 찰리변위도감(察理辨違都監)으로 변경하였는데, 권세가가 점령한 전민(田民)을 색출하여 그것을 원래의 주인에게 되돌려주기 위하여 설치한 기관을 말한다.

591) 급전도감(給田都監)이라 함은 전시과의 시행과 동시에 전지분급(田地分給)을 맡아 보던 기관을 말한다.

592) 전민변정도감(田民辨正都監)이라 함은 권세가들이 불법으로 탈취한 토지와 노비를 조사하여 원래의 주인에게 되돌려주기 위하여 설치한 기관을 말한다.(한영우, 2003, 『다시 찾는 우리역사』, 서울, 경세원, p.256.)

593) 김종현, 1978.9, "한국지적제도 변천사(13)", 『지적』, 대한지적공사, p.50. ; 박순표・최용규・강태석, 1993, 『지적학개론』, 서울, 형설출판사, p.86.

594) 원영희, 1988, 『한국지적사(4정판)』, 서울, 신라출판사, p.89. ; 한영우, 2003, 앞의 책, p.204.

### 3.3.2 전시과

전시과라 함은 문무백관(文武百官)으로부터 말단의 부병(府兵) • 한인(閑人)[595]에 이르기까지 국가의 관직에 복무하거나 직역(職役)을 부담하는 자에게 그들의 관품만이 아니라 인품까지 고려하여 지위에 따라 차등을 두어 전토(田土)와 시지(柴地)[596]를 지급하는 제도로써 농지와 땔감을 채취하는 시지를 함께 주었기 때문에 전시과라는 이름을 붙인 것이다.[597]

전시과는 경종(景宗) 원년(976)에 당나라의 반전제도(班田制度)를 본 따서 창설한 제도로써,[598] 시정전시과(始定田柴科)라고도 한다. 시정전시과는 목종 원년(998)에 개정전시과(改定田柴科)로, 다시 문종 30(1076)년에 경정전시과(更定田柴科)로 개정하였다.

개정전시과라 함은 전지의 지급기준에서 인품이 빠지고 관직의 높낮이가 기준이 되었으며, 무반직과 문반직을 차별했고, 시정전시과에서는 한외과(限外科)로 분류되었던 잡색원리 • 유외잡직이 16과와 18과 사이로 편입되었으며, 마군(馬軍)과 보군(步軍)이 수급대상에 포함되었고, 모든 품등에 전지(田地)와 시지(柴地)가 지급되었으나 개정전시과에서는 16과 이하에는 전지만 지급하였다.

경정전시과(更定田柴科)라 함은 과별로 전지의 지급액을 축소하여 시지가 현저히 감소했으며, 무반의 등급이 상승했는데, 등급별 지급액이 축소되어 실제 지급액에는 큰 차이가 없었고, 산직이 제외되었으며, 개정전시과에서 빠졌던 향직이 포함되었고, 한외과가 완전히 없어져 모두 18과 내로 편입되었다.

### 3.3.3 과전법

과전법이라 함은 고려의 문란한 토지제도를 바로잡기 위하여 1391〈공양왕 3〉년에 사전개혁(私田改革)을 단행하여 새로운 전제(田制)의 기준으로 삼은 토지제도를 말한다.

고려는 권문세족들의 토지겸병을 억제하고 농장 몰수를 시도하였으나 실패함에 따라 1388년 위화도 회군 이후 정권을 장악한 이성계(李成桂)는 사전개혁을 주장하였다.

---

595) 한인(閑人)이라 함은 6품 이하 관리의 자제로서 아직 관직을 얻지 못한 자를 가리킨다고 보는 것이 통설이었으나, 최근에는 관리가 되었으면서도 아직 보직을 얻지 못한 대기자, 즉 동정직(同正職)을 가진 자를 가리킨다는 새로운 학설이 나왔다.(한영우, 2003, 『다시 찾는 우리역사』, 서울, 경세원, p.205.)

596) 시지(柴地)라 함은 땔 나무를 얻는 땅을 말하는 것으로, 초채지(樵採地)로써 관료들의 주거생활에서 취사 및 온돌 난방에 필요한 시(柴), 탄(炭), 초(草)를 조달할 수 있는 토지로써 주로 임야를 말한다.

597) 한영우, 2003, 앞의 책, pp.204~205.

598) 원영희, 1988, 앞의 책 p.89. ; 김경열, 1993, 앞의 책, pp.45~46.

그러나 조민수(曺敏修)·이색(李穡) 등의 반대가 있자 이들과 창왕(昌王)을 축출하고 공양왕을 즉위시킨 뒤, 1391년에 새로운 전제의 기준이 되는 과전법을 공포하였다.

과전법은 이성계와 그를 지지하는 신진 세력들에 의하여 추진되었으며, 국유(國有)를 원칙으로 하여 문무 관료에게 품계(品階)에 따라 토지를 나누어 주던 제도로써, 현직 관료에게는 토지의 수조권을 주었으며 관료가 사망하거나 관직에서 물러나면 반납함이 원칙이었으나 유족의 생계유지라는 명목으로 그 토지의 일부를 물려받을 수 있었다.

이러한 과전법은 주로 신진 사대부와 그 가족의 경제적 기반을 마련하기 위해 실시되었기 때문에 과전의 주요 지급 대상은 고려 말 당시 현직 관료였던 신진 사대부였다.

따라서 이와 같은 과전법은 신진 사대부에 의하여 세워진 새 왕조인 조선(朝鮮) 시대 토지제도의 기본 골격이 되었다.

## 3.4 양전사업

### 3.4.1 고려의 양전

고려는 토지소유에 관한 정비사업의 일환으로 전지(田地) 측량인 양전(量田)[599]을 실시하였다. 양전사업은 기존의 토지소유 관계를 정확히 파악하여 토지소유자를 명시하고 토지의 규모와 위치·전품 등을 조사하는 작업으로, 면적 산정은 생산량을 반영한 결부제를 채택하였으며, 국가는 양전을 통하여 조세수취를 위한 기초 자료를 확보하였다.

김용섭은 고려 시대 양전제의 특징은 양전을 통해 직접 토지 소유권자를 파악하는 작업과 토지의 분급((分給)을 위해서 양안에 그 기초 작업을 하는 것이다. 전자를 위해 토지 소유권자를 양안에 기재하였고, 후자를 위해 모든 농지를 다시 일정한 결수(結數)의 정(丁 ; 田丁, 足丁, 半丁)으로 묶는 일로, 국가의 조세수취와 수조지 분급을 정(丁)을 단위로 하였다고 주장하여 고려 시대 양전제 연구의 토대를 마련하였다.[600]

일본인 하마나까 노보루〈浜中昇〉는 고려 시대의 양전은 전기 광종(光宗) 6(955)년과 문종(文宗) 18(1064)년, 후기 충숙왕(忠肅王) 원년(1314)의 갑인양전(甲寅量田)과 창왕(昌王) 원년(1389)의 기사양전(己巳量田) 등 4차례에 걸쳐 시행하였는데, 고려 전기의 토지대장은 자연촌락을 단위로 작성되었고 후기는 토지를 단위로 하는 정(丁)이 군·현의 단위로 작성되었다고 주장하였다.[601]

599) 양전(量田)이라 함은 고려와 조선 시대에 국가에서 양안(量案)을 작성하기 위하여 토지를 측량하는 작업을 말하는데, 오늘날의 토지조사사업 또는 지적조사사업이 이에 해당한다.
600) 이종봉, 2001, 앞의 책, pp.21~22. 재인용.

그러나 하마나까 노보루의 연구는 고려 시대 양전제의 중요 부분인 결의 면적, 양전제의 변화 시기, 변화요인 등에 대해 전혀 언급하지 못했다는 점에서 한계를 지니고 있다.

양전의 주 목적은 토지 규모의 파악으로 단위는 결・부・속(結・負・束)으로 양척동일제(量尺同一制)[602]와 수등이척제(隨等異尺制)[603]가 있었다. 고려 전기 양척동일제하의 결의 면적은 1,200평, 1,500평, 3,550평, 4,670평, 6,800평, 14,400평, 17,400평 등 다양하게 파악되고 있으며, 고려 후기 수등이척제하의 결의 면적은 상등전 약 2,000평, 중등전 3,000평, 하등전 4,500평등으로 파악되고 있다.[604]

고려 말기인 1389년 제33대 창왕(昌王)[605] 원년에 실시한 양전은 조준(趙浚)[606] 등의 상소에 의하여 지역별로 실시하였으며, 과전법에 의한 토지 분급의 기축이 되었다.

이어서 1391년 제34대 공양왕(恭讓王)[607] 3년에 함경도와 평안도를 제외한 전국의 토지에 대한 양전을 실시하여 토지대장인 양안(量案)을 작성하였으며, 그 결과 경기도와 6개도의 전결수(田結數)는 〈표 1-16〉과 같이 실전(實田)과 황원전(荒遠田)을 포함하여 798,127결(結)에 달하였으니, 양전 이전의 추계 500,000결 내지 600,000결에 비하여 엄청난 성과가 있었다.[608]

양전의 결과에 의하여 작성한 양안은 오늘날의 토지대장이다. 삼국유사(三國遺事) 남부여 조에 '量田帳籍曰 一所夫里郡田丁柱貼 今言 扶餘郡者 復上古之也'라는 기록에 '양전장적(量田帳籍), 전정주첩(田丁柱貼)'이라는 단어가 있는 것으로 보아 삼국시대에도 토지대장은 있었던 것으로 추정되나 일연(一然)이 지명 입증에만 활용하고 토지대장에 관한 사항은 언급하지 않았으며, 관련 문헌이나 유물, 기록 등이 남아 있지 않아 자세한 내

601) 浜中昇, 1983, "高麗前期の量田制について", 『朝鮮學報』 제109권. ; "高麗後期の量田と土地臺帳", 1984, 『朝鮮學報』 제112권. ; 『朝鮮古代社會の經濟と社會』, 1986, 法政大學出版局, ; 이종봉, 2001, 앞의 책, p.22. 재인용.

602) 양척동일제(量尺同一制)라 함은 1결의 면적을 고정시켜 놓고 전품(田品)에 따라 차등 있게 조세를 거두는 방법으로 동적이세제(同積異稅制)를 말한다.

603) 수등이척제(隨等異尺制)라 함은 1결의 수세액을 고정시켜 놓는 대신 1결의 면적을 달리하는 이적동세제(異積同稅制)를 말한다. 즉 비옥한 토지는 길이가 짧은 양전척을 사용하고 척박한 토지는 길이가 긴 양전척을 사용하는 양척동일제를 수등이척제로 전환하였다.

604) 이종봉, 2001, 위의 책, p.22.

605) 창왕(昌王, 제33대 임금, 재위기간 : 1388~1389)은 이성계(李成桂)에 의해 부왕인 우왕(禑王, 제32대 임금, 재위 : 1375~1388)이 강화도로 추방된 후에 왕위에 올랐으나 1년 만에 폐위되어 강화로 쫓겨 갔다가 시해(弑害)되었다.

606) 조준(趙浚, 1346~1405)은 고려 말 조선 초의 문신으로 이성계의 조선왕조 개창과 문물제도의 정비에 핵심적인 역할을 하였으며, 고려 말의 극도로 문란해진 토지제도의 재편을 통한 부국강병과 민생안정을 목표로 하는 전제개혁안을 추진하였다.

607) 공양왕(恭讓王, 제34대 임금, 재위기간 : 1389~1392)은 고려 왕조의 마지막 임금으로, 이성계 일파에 의하여 폐위된 창왕(昌王)의 뒤를 이어 즉위하였으나, 1392년 이성계가 왕으로 추대되면서 폐위된 후 살해되었다.

608) 김경열, 1993, 앞의 책, p.121.

용은 파악할 수 없다.

일연이 삼국유사를 기록할 때 부여가 소부리라는 것을 밝히기 위해서 양전장적, 즉 토지대장에 기재되어 있던 소부리군 전정주첩이란 문자를 인용한 것이다.

〈표 1-16〉 고려 말의 양전사업 결과

| 구 분 | 계 | 실 전 | 황원전 |
|---|---|---|---|
| 계 | **798,127 결** | **623,097 결** | **175,030 결** |
| 경기도 | 140,142 | 131,755 | 8,387 |
| 6개도 | 657,985 | 491,342 | 166,643 |

출처 : 김경열, 1993, 『한국토지제도사』, 서울, 경영문화원, p.121.

고려 공양왕 2(1390)년 9월에 전제개혁을 마치고 새로운 토지제도인 과전법을 실시함에 따라, 전국의 구 토지대장 즉 '공사(公私)의 전적(田籍)을 수도 개성에 모아 며칠에 걸쳐서 불태우니 불이 며칠 동안 꺼지지 않아 왕이 탄식하고 눈물을 흘리며 말하기를 역대 여러 왕들이 만든 사전의 제도가 내게 이르러 갑자기 혁파되니 애석하다.'하였다. 이 당시 공사전적을 사장하는 자는 국법에 위반한 것으로 취급하여 그의 재산을 몰수하는 등 중벌에 처했다.[609] 이로 인하여 고려시대의 양안은 현존하는 것이 없으며, 그 내용도 자세히 알 수 없는 한계점을 지니고 있다.

고려 시대의 양안은 都田帳・量田都帳・量田帳籍・導行・作・都田丁・田籍・田簿・籍・案・元籍・行審冊 등 다양한 명칭을 사용하였다. 이중 도행은 준행(遵行)의 뜻이며, 준행장(遵行帳)은 타량성책(打量成冊)의 초안 또는 각 관아에 비치된 결세대장이며 작은 관아의 양안, 준전정(遵田丁)은 준전장(遵田帳)이란 뜻이다.[610]

양안은 과세를 목적으로 작성된 장부이지만 실제의 부세행정은 양안을 등서한 행심책(行審冊)을 통해 이루어졌다.

행심(行審)이란 토지의 작황을 파악하는 과정이며, 행심책은 마상초(馬上草)・마상기(馬上記)・도행장부(導行帳付)・답부(踏簿)・재탈급신기성책(災頉及新起成冊) 등으로도 일컬어졌다.

609) 권영국 외 6인 역주, 1996, 譯註 高麗史 食貨志, 韓國精神文化硏究院, p.189.
610) 서철수・지종덕, 2001, 『한국의 지적사』, 기문당, pp.82~83.

### 3.4.2 고려의 자

고려 시대는 통일신라 시대에 사용한 당대척(唐大尺)을 계승하고 이를 기준척으로 사용하였으며, 이러한 기준척은 포백척(布帛尺)과 영조척(營造尺)[611] 및 양전척(量田尺) 등으로 다양하게 사용하였다. 개성의 만월대 건축물의 실측·분석을 통하여 당대척이 영조척의 기준척으로 사용되었음을 알 수 있다.

따라서 고려 전기의 척은 분화되지 않고 당대척을 영조척, 포백척, 양전척으로 공용하였으나, 12세기 이후 지척(指尺)이 양전척으로 사용됨으로써 양전척과 영조척 등으로 분화되었고 고려 말기에 이르러 포백척이 크게 늘어남으로 포백척과 영조척이 완전히 분리되었다.

그리고 12세기 이후에 금척(金尺)[612]이 형장척(刑杖尺)으로 사용되었고, 새로운 양전척인 지척(指尺, 19.5㎝±2·3)이 수등이척(隨等異尺)으로 사용됨으로써 당대척·지척·포백척·영조척 등으로 점차 분화되었다.[613]

> 역사는 현재와 과거의 끝없는 대화이다.
> An unending dialogue between the present and the past.
> – Edward Hallett Carr –

611) 영조척(營造尺)이라 함은 기준이 되었던 자(尺)로써 궁궐·관청 등의 건물을 지을 때 주로 사용했으며, 무기·형구·선박을 제조하거나 성곽·교량·도로 등을 축조할 때에도 사용하였고, 말(斗)이나 되(升)와 같은 부피를 재는 양기(量器)를 만드는 기준척의 역할도 했다.(단국대학교출판부, 2011, 『天下均平 度量衡 600選』, p.14.)

612) 금척(金尺)이라 함은 12세기 이후 금나라〈중국 여진족 완안부(完顔部)의 추장 아골타(阿骨打)가 세운 나라, 1115~1234〉로부터 고려에 들어온 자로 추측되며, 죄인을 심문할 때 쓰는 막대기를 만들 때 사용하는 자를 말한다.(이종봉, 2001, 앞의 책, pp.56~57.)

613) 이종봉, 2001, 앞의 책, p.86. p.120. p.305.

지적총서 3
Cadastral Series 3

# 제 2 편

# 지적제도의 태동과 창설사

(Part 2. Fetal Movement & Development history of the Cadastral Systems)



Cadastral History

우리 사회의 역사적 발전 과정을 몇 단계로 나누어 발전하였다고 보는 발전단계설에 비추어볼 때 지적제도 또한 오랜 기간의 준비(태동)단계와 창설단계를 거쳐 설립되었으며, 이러한 지적제도는 정착단계와 발전단계 및 성숙단계를 거쳐 사회발전과 함께 진화 발전하였다.

외국은 고대 로마를 비롯하여 노르만 영국과 네덜란드에서 근대적인 지적제도의 태동이 있었고 나폴레옹 지적법에 의하여 프랑스에서 근대적인 지적제도를 창설하였으며, 이어서 독일 · 네덜란드 · 일본 · 대만 등에서 근대적인 지적제도를 창설하였다.

그리고 우리나라는 조선 시대와 대한제국 시대에 근대적인 지적제도의 태동이 있었는데, 조선 시대에는 1476〈성종 2〉년에 경국대전(經國大典) 호전편을 완성하여 반포하였고, 1717〈숙종 43〉년에 양전청(量田廳)이라는 최초의 독립된 외청 형태의 중앙행정기관인 지적측량청을 설치하였으며, 조선 시대 말기인 1895년 3월에 내부관제(內部官制)를 제정하여 내부에 판적국 지적과(版籍局 地籍課)를 설치하였다.

이어서 대한제국 시대에는 양지아문(量地衙門) · 지계아문(地契衙門) · 탁지부 양지국(度支部 量地局) · 탁지부 토지조사국(土地調査局) 등의 지적행정조직을 설치하여 근대적인 지적제도의 창설을 위한 태동기를 지나 왔으며, 일제 강점기에 조선총독부에서 시행한 토지조사사업과 임야조사사업의 성과에 의하여 근대적인 지적제도가 창설되었다.

따라서 제2편 지적제도의 태동과 창설사에서는 ① 외국 지적제도의 태동, ② 외국 근대 지적제도의 창설, ③ 우리나라 지적제도의 태동, ④ 우리나라 근대 지적제도의 창설로 구분하여 상세히 서술하였다.

# 외국 지적제도의 태동

Fetal Movement of the Overseas Cadastral Systems

Chapter 01

## 1 고대 로마

### 1.1 지적제도의 태동

고대 로마는 이탈리아 반도 중부의 티베르(Tiber)강 연안에 라틴계 유목민이 건설한 도시국가로서 기원전 753년에 로물루스(Romulus)[1]가 건국했다고 알려져 있다.

고대 로마의 왕제는 7대 246년간 지속되었고, 그 후 기원전 509년부터 공화제로 변경되어 482년간 지속되었다.

이어서 27년에 로마 공화정을 로마 제국으로 재건하고 아우구스투스〈Caesar Augustus, 기원전 63~14〉가 초대 황제가 되었다. 그리고 가장 위대한 로마 황제 중 하나로 꼽히는 12대 트라야누스〈Trajanus Optimus Augustus, 53~117〉는 지방민 출신으로 최초로 황제가 되었으며, 메소포타미아 · 페르시아 · 시리아 · 아르메니아 제국을 정복하여 속주로 만들고 마침내 인도양까지 이르는 로마 제국의 역사상 가장 넓은 영토를 확보하였으며, 그 후 약 1,350년간은 서서히 멸망의 길을 걸어 395년에 동서 로마 제국으로 분할되었으며, 476년에 서로마 제국이 멸망하였고, 1453년에 오스만 투르크군의 침략에 의하여 2,200년간 가장 강대하고 가장 오랫동안 세계를 지배하고 서구 문명의 초석이 되었던 로마 제국은 멸망하였다.[2]

1) 로물루스(Romulus)는 전설상 고대 로마의 건국자이며 초대 왕이다. 군신 마르스와 알바 롱가(Alba Longa)의 왕녀 레아 실비아(Lea Sylvia) 사이에 태어난 쌍둥이 가운데 큰아들로써 숙부에 의하여 동생 레무스(Remus)와 함께 테베레 강에 버려져 늑대의 젖을 먹고 자라다가 목자(牧者)인 파우스툴루스(Faustulus)에게 구출되었으며, 후에 숙부와 동생을 죽이고 로마시를 건설하고 초대 왕이 되었다고 한다.

2) 에드워드 기번 지음, 가나모리 시게나리 편역 · 감수, 한은미 옮김, 2005, 『로마 제국 쇠망사』, 서울, 북프렌

넓은 영토를 통치하였던 로마는 도로를 건설하여 상업과 교통의 발달을 꾀하였으며, 실용적이고 실제적인 학문을 추구하였고, 정치적·군사적인 목적으로 지리학(地理學)과 지도학(地圖學)이 발달하였다.

"모든 길은 로마로 통한다.(All roads lead to Rome)"라는 속담처럼 고대 로마 제국의 광대한 영토를 통치하고 외적의 침입을 방어하기 위해서 수도 로마를 중심으로 각 지방과 변경의 요지로 통하는 많은 도로가 건설되었고, 로마를 기점으로 하는 이정표를 설치하였는데, 이 길은 정복을 위한 길이기도 하였으며, 고대 로마의 문화를 전파하기 위한 수단이기도 하였다.

로마 최초의 주요도로는 기원전 312년에 건설한 아피아 가도(Appia, 街道)로서 이 가도는 도로를 직선으로 건설하고 말·소·당나귀 같은 가축을 교통수단으로 활용할 수 있도록 많은 모래로 단단하게 채운 후 그 위에 절단된 돌로 포장하여 2300년이 지난 지금까지 로마 시내에 잘 보존되어 있다.

기원전 3세기부터 서기 2세기까지 500년 동안 로마인이 건설한 도로의 총 길이는 간선도로만 해도 80,000㎞, 지선도로까지 합치면 150,000㎞에 이르렀다.

그리고 도로 건설의 최종 단계에서는 밀리아리움(Miliarium) 즉, 돌기둥인 마일스톤(Milestones)을 설치하였는데, 로마 가도에는 1 로마 마일(1.5㎞)마다 측량을 실시한 후 세워졌으며, 로마의 광장에는 황금의 마일스톤인 밀리아리움 아우레움(Miliarium Aureum)이 설치되어 있는데, 금색 문자로 간선도로상의 주요 도시까지의 거리가 새겨져 있다.[3)]

이 당시 거리의 측정은 고대 중국의 계리고차 원리와 유사하게 사륜마차를 이용하였는데, 바퀴가 한번 돌면 작은 쇠구슬 하나가 떨어지고 작은 쇠구슬 10개가 되면 조금 큰 구슬 하나가 떨어지고 이것을 되풀이 하여 1로마 마일에 이르러 마지막 쇠구슬이 떨어지도록 하여 언제든지 쇠구슬의 개수를 헤아려 거리를 산출할 수 있었다.[4)]

로마 제국의 율리우스 시저〈Gaius Julius Caesar, 기원전 100~기원전 44〉[5)]는 과세의 공평을 기하기 위하여 전 로마 제국의 토지측량을 명령했다고 하여 지적측량의 시조라고 부른다.[6)]

---

즈, pp.13~21. ; p.166. ; p.316.

3) 시오노 나나미 지음, 김석희 옮김, 2002, 『로마인 이야기』, 서울, 한길사, p.22. p.205. p.411. ; 김추윤·김별, 2009, 『측량사』, 서울, 도서출판 바른길, pp.362~365.

4) 시오노 나나미 지음, 김석희 옮김, 2002, 앞의 책, p.203.

5) 율리우스 시저(Gaius Julius Caesar)는 로마 공화정 말기의 정치가이자 장군으로써 폼페이우스, 크라수스와 함께 3두 동맹을 맺고 콘술(執政官)이 되어 민중의 큰 인기를 얻었으며 지방장관으로서는 갈리아전쟁을 수행하였다. 1인 지배자가 되어 각종 사회정책·역서의 개정 등의 개혁사업을 추진하였으나 브루투스 등에게 암살되었다.

그리고 율리우스 시저에서 아우구스투스 로마 제국의 첫 황제에 이르는 시대에 아그리파〈Agrippa Marcus Vipsanius, 기원전 63~기원전 12〉 장군은 전 국토에 걸쳐 대규모의 측량 사업을 실시하여 로마 전 국토에 대한 실측지도가 아우구스투스 황제 때 완성되어 로마의 시민에게 널리 전시되었으며, 위와 같은 과정을 거쳐 지적제도의 태동기를 지나왔다.

## 1.2 지적관련 유물과 사료

### 1.2.1 석각 촌락도

고대 로마의 대표적인 지적관련 사료로는 발카모니카(Valcamonica) 계곡에서 발견된 석각 촌락도(石刻 村落圖)를 비롯하여 오란지(Orange) 지적도, 그로마(Groma) 측량기구, 아그리멘소룸(Agrimensorum) 측량논문집 등을 들 수 있다.[7)]

기원전 1600년 내지 기원전 1400년경 고대 로마였던 이탈리아 북부 지역의 리불렛(Rivulets)에서 청동기 시대에 베두인(Bedouin)족이 동(銅)으로 만든 도구를 사용하여 발카모니카 빙식(氷蝕) 계곡의 암벽에 4m의 길이로 새겨 놓은 [그림 2-1]과 같은 석각 촌락도가 발견되었다.

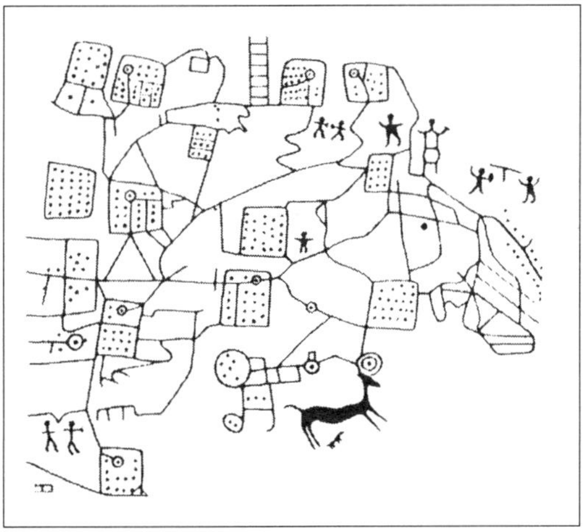

출처 : Gerhard Larsson, Land Registration and Cadastral Systems, Longman Scientific & Technical, 1991. p.21.

[그림 2-1] 로마의 석각 촌락도

이 석각 촌락도에는 사람과 사슴의 모양이 그려져 있으며, 관개수로와 도로가 선으로 표시되어 있고 소형의 원 안에 있는 점은 우물을 나타내며, 사각형이나 원은 경작지를 나타낸 것이며 그 안에 있는 점은 올리브 과수나무를 나타낸 것으로 보이며,[8)] 이 도면은 촌

6) 김추윤 · 김별, 2006, 『측량사』, 서울, 도서출판 제3공간, p.13.
7) 대한지적공사 지적연구원, 2007, 『지적관련 문헌분류 체계의 개선방안에 관한 연구』. p.18.
8) J.B. Harley, 1987, *The history of Cartography*. Vol.1. The university of Chicago Press. p.79 ; Gerhard Larsson, 1991, *Land Registration and Cadastral Systems*, Longman Scientific & Technical, p.21. ; 김추윤 · 김별, 2009, 앞의 책, pp.366~367.

락의 경지도(耕地圖)로써 고대의 원시적인 지적도라고 할 수 있다.

### 1.2.2 그로마 측량기구

로마의 주요한 측량기구는 [그림 2-2]와 같은 그로마(Groma)로써 민간측량뿐만 아니라 군사측량에도 사용되었다. 그러나 그로마에 대한 유물이나 사료가 없기 때문에 고대 로마인들은 토목과 측량분야에서 탁월한 기술을 보유하고 있었는데도 어떠한 측량기구를 사용하여 직선도로를 만들고 토지를 장방형으로 나눈 쎈추리화(Centuriation)를 시도했는가는 수수께끼로 남아 있었다.

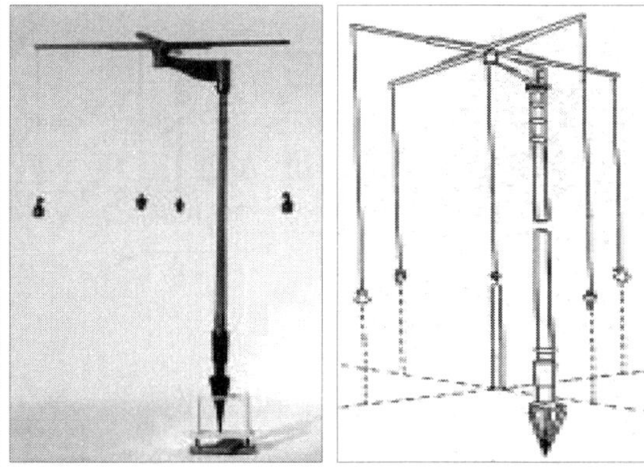

출처 : http://www.ngis.go.kr/egis/egisp/gis_book.(2013.10.10)

[그림 2-2] 그로마 측량기구

그러나 기원 후 79년 8월에 베수비오(Vesuvio) 산정에서 검은 연기와 함께 경석과 화산재가 뿜어져 나와 도시가 화산재와 돌에 파묻혀 '폼페이 최후의 날'을 맞이하게 되었다.

그 후 약 1700년 동안 잠자던 지하도시 폼페이(Pompeii)는 나폴리 왕국을 지배하던 스페인의 새 왕인 부르봉가의 카를로스(Charles) 3세에 의해 1748년에 발굴이 시작되어 꾸준히 발굴을 계속하고 있으며, 1921년에 폼페이의 베루스(Verus)라는 측량기사의 작업장에서 그로마가 발굴되었다.[9]

이 당시에 발굴된 그로마 원본은 나폴리 고고학박물관에 보존되어 있으며, 직각기의 시조가 된 그로마는 고대 로마에서 직선 도로의 건설과 토지를 농민들에게 분배하기 위하여 쎈추리화를 위하여 장방형으로 나누는 측량에 주로 사용하였다.

### 1.2.3 아그리멘소룸 측량 논문집

아그리멘소룸(Agrimensorum) 측량 논문집은 토지측량과 지도 작성에 대한 고대 로마의 기술을 살펴 볼 수 있는 중요한 사료이다. 이 논문집은 로마 시대의 토지측량에 관한 기록으로 여겨지는 아주 다양한 자료들을 모은 라틴어로 쓰여진 짧은 논문들로 구성되어 있으며, 기원 후 4세기 중반 또는 후반에 편찬되었다.

9) 김추윤 · 김별, 2009, 앞의 책, pp.371~375.

이 논문집에 포함되어 있는 저자 중 섹스터스 율리우스 프론티누스(Sextus Julius Frontinus)는 기원후 74년부터 77년까지 브리튼의 총독이었는데, 남부와 중부 웨일즈를 로마의 통제 하에 두는데 결정적인 역할을 수행하였다. 그의 논문 중에서 완전하게 남은 것은 로마의 전략과 용수공급(Stratagems and Water Supply)에 관한 내용이 있다.

코푸스 아그리멘소룸(Corpus Agrimensorum)에서 그의 이름으로 쓰여진 논문은 토지의 법적 지위에 관하여(On the Legal Status of Land), 토지 분쟁에 관하여(On Land Disputies), 센츄리화(On centuriation) 등의 일부 원본이 남아 있다.10)

### 1.2.4 오란지 지적도

론강 계곡의 오란지(Orange : The Roman Arausio)지역에서 발견된 돌에 새겨놓은 [그림 2-3]과 같은 지적도의 단편들이 남아있는데, 이러한 지적도의 단편들은 본래 영구적인 전시를 위해서 벽에 붙여놓은 몇 줄의 석판들로 구성되어 졌다. 그러나 불행하게도 1962년 오란지 박물관의 복도 붕괴로 많은 손상이 일어나고 일부 단편들이 파괴되었으나 1949년부터 1951년 사이에 발견된 중요한 조각들은 피가뇰(Piganiol)에 의하여 문서화 되어졌다.11)

출처 : Centre National de la Recherche Scientifique, Paris ; Roger J. P. Kain & Elizabeth Baigent, 1984, 『The Cadastral Map in the service of the state(A History of Property Mapping)』, The University of Chicago Press, p.2.에서 재인용.

[그림 2-3] 로마의 오란지 지적도

10) 김추윤 · 김별, 2009, 앞의 책, pp.376~377.
11) 김추윤 · 김별, 2009, 위의 책, p.404.

# 2 노르만 영국

## 2.1 지적제도의 태동

영국은 섬나라로써 다민족 국가이며 근대 세계의 의회민주주의와 자본주의를 최초로 발전시켰고, 산업혁명을 가장 먼저 시작한 나라이다.

1536년에 잉글랜드(England)와 웨일즈(Wales)가 합병되었고, 1707년에 여기에 스코틀랜드(Scotland)가 합병되어 잉글랜드·웨일즈·스코틀랜드로 구성된 그레이트브리튼 통일왕국(United Kingdom of Great Britain)을 설립하였으며, 1800년에 마지막으로 아일랜드(Ireland)를 합병하였는데, 각 지역은 서로 다른 기원과 역사를 가지며 갈등과 투쟁을 벌이던 독립 국가였다.

영국은 기원전부터 원주민으로 켈트(Celt)인이 살았으며, 그 후 로마(Roma)인·주트(Jute)인·색슨(Saxon)인·데인(Dane)인·노르웨이(Norway)인·노르만(Norman)인, 프랑스(French)인 등이 브리튼 섬에 정착함으로써 여러 인종 집단들이 민족적 융합을 하게 된 다민족 국가가 되었다.[12)]

영국은 튜더 시대(1485~1603)부터 해외 영토를 확보하기 시작하여 제1차 세계대전 후 전 세계 지표의 1/4과 전 세계 인구의 1/4인 5억 명을 제국 내에 포함하고 있어 해가 지지 않는 대영 제국(British Empire)이 되었다.[13)]

그러나 제2차 세계대전이 끝난 후 1947년에 인도와 파키스탄의 독립을 허용하였으며, 1960년대와 1970년대에 대부분의 식민지들이 독립하여 대영 제국은 빠르게 해체되었고 1970년대에는 지브롤터·홍콩·포클랜드 섬을 포함하는 작은 규모의 식민지만을 보유하게 되었으나,[14)] 홍콩은 1997년 7월 1일 중국에 반환하였다.

영국 지적제도의 태동을 증명 할 수 있는 가장 중요한 사료는 노르만 왕조(1066~1153) 시대인 1086년에 전국적으로 일제히 작성한 둠스데이 대장(domesday book)으로, 우리나라의 신라(기원전 57~935) 시대인 815년경에 일부지역에서 작성한 신라장적(新羅帳籍)과

12) 박지향, 1997, 『영국사』 서울, 까치, pp.11~17.
13) 박지향, 1997, 위의 책, p.69.
14) 박지향, 1997, 위의 책, p.96.

중국의 송(宋, 960~1279)나라 시대부터 지역별로 작성하기 시작한 어린도(魚鱗圖)는 세지적(稅地籍)의 기원이자 지적제도의 태동이라고 할 수 있다.

## 2.2 둠스데이 대장

프랑스 북부 노르망디(Normandie)의 공작이었던 윌리암(William)[15] 공이 1066년에 잉글랜드의 남동부 헤이스팅스 전투(Battle of Hastings)에서 잉글랜드의 국왕이었던 헤럴드(Harald)와 격돌하여 치열한 교전 끝에 그를 전사시키고 잉글랜드를 정복한 후 같은 해 12월에 새 국왕으로 즉위했다. 이에 따라 약 1만 2천명의 노르만인들이 귀족적 통치자가 되고 200만명의 색슨인들이 평민층을 구성하게 되어 잉글랜드의 지배층은 앵글로 색슨족에서 노르만족으로 대폭 교체되는 계기가 되었다.[16]

둠스데이 대장(Domesday Book)은 프랑스의 윌리암(William) 공이 잉글랜드를 정복하고 국왕이 된 후 20년이 지난 1086년에 전 영국의 토지에 대한 과세를 목적으로 시작한 대규모 토지조사사업의 성과에 의하여 작성된 일종의 토지대장(土地臺帳) 또는 지세대장(地稅臺帳 : Geld Book)이라고 할 수 있으며, 토지의 면적 · 소유자 · 소작인 등을 조사하여 등록하였다.

둠스데이 대장을 작성하기 위한 자료조사는 1085년부터 1086년까지 약 1년이 소요되었으며 북부의 4개 군(County)과 런던(London) 및 윈체스터(Winchester)시를 제외한 모든 영국을 대상으로 하였다.[17]

둠스데이 대장의 작성은 가장 위협국인 스칸디나비아 국가로부터 영국의 침략을 방비하고, 돈이 많이 드는 프랑스 북부의 전투현장을 유지하기 위한 전비를 조달할 목적으로 윌리암 공이 착수하였다.

이러한 둠스데이 대장은 [그림 2-4]와 같으며, 지적제도의 기원을 연구하는 세계의 많은 학자들이 매우 중요시하는 문헌이다.

---

15) 영국의 옥스퍼드대학에서 정치학을 강의하다가 모교인 케임브리지대학 트리니티 칼리지에서 역사학을 가르친 Edward Hallett Carr(1892~1982, 런던 출생) 교수는 1961년에 『역사란 무엇인가(What is History)』라는 그의 저서에서 영국을 정복한 윌리암(William)을 정복의 왕으로 표현하였다.(E. H. Carr 지음, 권오석 옮김 2009, 『역사란 무엇인가(What is History)』, p.120.

16) 박지향, 1997, 앞의 책, p.237. ; 세계사신문편찬위원회, 2004, 『세계사신문』 1권, 서울, 사계절, p.161.

17) National Research Council, 1980, *Need for a Multipurpose Cadastre*, Washington : National Academy Press, pp.5~6, p.111.

주 : 둠스데이 본대장(좌), 둠스데이 본대장 영문 번역본(우)
출처 : http:/www.chalfontstgiles.org.uk/images/domesday/domesday3.jpg.(2012.1.10.)

[그림 2-4] 둠스데이 대장

### 2.2.1 조사대상

둠스데이 대장은 잉글랜드 전역에 있는 장원(莊園)·영주(領主)·농노(農奴)·가축의 수·연 수입 등이 기재되어 있는데[18], 특히 토지소유자 및 소작인과 토지의 면적, 토지에 딸린 인원〈주민·소작농·자유인·노예 등〉, 삼림, 목초, 동물, 어족, 쟁기, 기타 자원, 건물〈교회·성·방앗간·소금공장·기타〉 등 주요 과세대상 물건과 노르만 침공 이전과 이후의 토지와 자산의 가치 등 다양한 정보를 누락되지 않도록 조사하여 등록하였다.

토지조사를 목격한 사람의 기록에 의하면 "1야드의 토지조차 숨길 수 없으며, 한 마리의 황소, 암소 및 돼지조차 누락되지 않았다.(There was no single hide nor a yard of land, nor indeed one ox nor one cow nor one pig which was left out)"고 말할 정도로 세밀하게 조사하였다.

둠스데이(Domesday)의 고어(古語)인 "Doomsday"[19]는 "최후 심판의 날〈The last judgment day〉"이라는 뜻으로, 과세대상 물건을 한 점도 누락되지 않도록 정확하고 세밀하게 조사하여 등록함으로써 당시의 영국인들에게 『요한 계시록』에 묘사된 심판의 날(The day of doom)과 같이 느껴졌기 때문에 둠스데이라는 이름이 붙어졌으며, 어떤 유럽의 국

18) 박지향, 1997, 앞의 책, p.237.

19) 둠스데이(doomsday)라는 영화는 2008년 6월에 개봉된 "지구 최후의 날"이라는 영화로써, 감독 닐 마샬, 배우 밥 호스킨스, 말콤 맥도웰, 데이비드 오하라, 안드리안 레스터, 론다 미트라 등이 출연하였다. 줄거리는 전 세계의 생존을 위협하는 치명적인 바이러스가 영국에서 발생하여 며칠 만에 수많은 사람들을 감염시켰다. 영국정부는 이곳을 "위험지역"으로 선포함과 동시에 바이러스의 확산을 막고자 이곳과 연결된 모든 도로와 다리, 철도를 봉쇄하고 통행금지를 목적으로 아무도 침입할 수 없는 철강의 성벽을 세워 격리지역으로 만들었으며, 이곳은 지구상에서 버려진 땅, 사람들 기억 속에서 잊혀진 땅이 되었다.
(http://cafe.daum.net/sik999/2ZvK/2008.6.25.)

가도 이에 필적할 만한 자료가 없었으며, 영국에서 조차 이처럼 포괄적인 조사는 19세기까지 다시 행해지지 않았다.

둠스데이 대장을 작성한 결과 토지의 절반 정도가 노르만 침략자들의 소유였고, 교회가 1/4, 왕과 왕비가 17%를 소유하였고, 잉글랜드인은 8%의 토지만을 소유한 것으로 기록되어 있었다.[20]

둠스데이 대장에는 1086년 영국의 거의 모든 지역을 포함한 13,418개의 지역이 수록되어 있으며, 여기에는 지금의 웨일즈와 쿰브리아(Cumbria)의 일부 지역이 포함되어 있으나, 런던・윈체스터와 같은 대도시와 노스움브리아(Northumbria)의 일부 군(County)은 둠스데이 대장에 기록하는데 실패하였다.[21]

### 2.2.2 조사방법

둠스데이 대장을 작성하기 위하여 영국의 전역을 7개의 지역으로 나누어 왕실의 위원들(Royal Commissioners)이 각 지역별로 3~4명씩 분담하여 조사하였으며, 수천 개의 정착지로부터 정보를 수집하고 기록하였다. 이들은 일련의 질문서를 가지고 각 지역의 남작(Baron)이나 주민들로 구성된 대표단에게 제출하여 정보를 수집하였는데, 왕실의 위원들에 의한 정보 수집은 1086년 초의 몇 달 동안 이루어졌으며 기존의 정보와 통합하여 방대한 양의 초안이 완성되었다.[22]

위원들은 모든 정보를 라틴어(Latīn)[23]로 기록하고 둠스데이 대장도 라틴어로 작성하였는데, 당시에 라틴어는 카톨릭의 공식 언어로 관습상 또는 종교적 권위를 위하여 사용하였기 때문이다.

### 2.2.3 대장의 작성

1086년 여름까지 초안을 작성하기 위한 작업이 마무리 되었으며 둠스데이 대장에 기록

20) 박지향, 1997, 위의 책, pp.237~238.

21) www.doomsdaybook.co.uk.(2005.12.10.)

22) www.doomsdaybook.co.uk.(2005.12.)

23) 둠스데이 대장을 라틴어로 작성한 이유는 당시에 라틴어는 카톨릭의 공식 언어로써, 관습상 또는 종교적 권위를 위해 사용되었기 때문이다. 라틴어는 고대 로마 건국의 주도적 역할을 했던 이탈리아 중부의 라틴족이 사용하던 언어로써 로마 제국의 공용어이기도 했다. 현재는 구어체로 라틴어를 사용하는 경우는 로마 카톨릭의 일부 미사나 서구와 미국의 일부 학교에서 교양으로 배우는 정도이지, 모국어로 사용하거나 일상생활에 사용하는 국가나 개인은 존재하지 않는다. 로마가 지중해를 정복하면서 지중해 전역과 유럽의 여러 나라가 라틴어를 고전어로 사용하다가 오랜 시간과 역사의 격변을 거치면서 라틴어에서 프랑스어・스페인어・포르투갈어와 같은 로망스어(Romance languages)가 비롯되었으며 독어・영어와 같은 게르만어Germanic languages)나 슬라브어(Slavic languages)에도 직간접으로 영향을 받았다.(한영우, 2003, 『다시 찾는 우리역사』, 서울, 경세원, p.27. ; http://ko.wikipedia.org/wiki.(2011.4.20.)

하기 위하여 요약작업이 진행되었다.

둠스데이 대장의 작성은 윌리엄 왕이 사망한 1087년 9월부터 중단되어 비록 둠스데이 본대장〈Great Domesday Book〉이 미완성으로 남아 있지만 요약되지 않은 초안은 둠스데이 부대장〈Little Domesday Book〉으로 남아 있다.

둠스데이 대장의 최종판은 알려지지 않은 서기가 수기(手記)로 작성하였고〈Hand-written by one unnamed official〉, 다른 한 명이 검사를 하였으며 문장은 간결하게 작성되었다.

둠스데이 본대장은 마른 양가죽에 검정과 적색 잉크만을 사용하여 라틴어로 기록하였는데, 적색잉크는 각 페이지의 상단에 기록한 지역명칭과 교정 및 변경정리에 한하여 사용하였으며, 둠스데이 본대장은 413페이지, 둠스데이 부대장은 475페이지로 구성되어 있다.

윌리암 왕은 노르만 영국의 토지조사결과를 하나의 완벽한 대장으로 편찬할 예정이었으나 서기가 작업을 완료하기 전에 윌리암 왕이 사망함에 따라 중단되었다.

그러나 조사를 통하여 수집된 정보는 2권의 대장에 기록하여 보존되어 있다. 둠스데이 본대장에는 대부분의 도시들이 요약된 정보로 등록되어 있으며, 둠스데이 부대장에는 둠스데이 본대장의 3개 도시가 누락되어 있으며 요약되지 않은 형태로 기록되어 있다.[24)]

### 2.2.4 대장의 활용

둠스데이 대장의 원본은 매우 귀중하며, 전시하기에는 상태가 좋지 않기 때문에 [그림 2-5]와 같이 런던의 케우(Kew)에 있는 공공기록사무소(Public Records Office)의 금고에 보관되어 있으며, 이 대장의 사본을 발간하여 특별 전시실에 전시하고 일반인들에게 열람을 허용하고 있다.

출처 : www.doomsdaybook.co.uk.(2005.12.10.)

[그림 2-5] 둠스데이 대장 보관 금고

둠스데이 대장은 11세기 노르만 영국의 경제와 사회를 조명하는 매우 귀중한 자료로써, 그 당시 영국의 부와 봉건제도 및 지리적 상황 등을 분석하는데 활용되고 있으며, 역사학자에게는 지방의 정착지와 인구 및 주위환경 등의 역사를 밝힐 수 있고, 계보학자(系譜學者)에게는 가족의 연혁을 추적하

24) www.doomsdaybook.co.uk.(2005.12.10.)

는데 유용한 사료로 활용되고 있으며, 지적학자에게는 지적제도의 발전과정을 연구하는데 매우 중요한 사료로 활용하고 있다.

둠스데이 대장에 기록된 정보를 마지막으로 이용한 것은 1960년이지만 수세기 동안 토지와 소유권의 분쟁에 관한 증거자료로 활용되었다.[25)]

그러나 둠스데이 대장은 근대 지적제도의 필수 공부인 지적도면을 작성하지 아니하고 지적부라고 할 수 있는 지세대장만을 작성하여 단순한 과세 목적으로 사용하였기 때문에 최초의 근대적인 지적제도라고 할 수 없다는 것이 정설로 되어 있다.[26)]

## 3 네덜란드

### 3.1 지적제도의 태동

네덜란드는 프랑스가 나폴레옹 지적법에 의한 근대적인 지적도를 작성하기 전인 1620년대부터 북서부의 간척지에 대한 세금 징수와 농지 관리를 위하여 지적측량에 의하여 축척개념을 도입한 근대적인 지적도를 작성하기 시작하였다.

출처 : Roger J. P. Kain & Elizabeth Baigent, 1984. 『*The Cadastral Map in the service of the state(A History of Property Mapping)*』, The University of Chicago Press, p.10.

[그림 2-6] 네덜란드와 벨지움 지도

네덜란드는 신교 지역인 북부지방과 카톨릭 지역인 남부지방인 왈룬(Walloon)과 프레미슈(Flemish)[27)] 지역으로 구성되어 있었는데, [그림 2-6]과 같이 북부지방은 지금의 네덜란드이고 남부지방은 벨지움과 룩셈부르크이다.

양쪽 지역 모두 중세 로마 제국의 일부분이었으나 1477년부터 1543년까지 남부지역과 북부지역은 스페인 합스부르크(Spanish Habsburg)

25) www.doomsdaybook.co.uk.(2005.12.10.)

26) J. Henssen, 1987, Administration and Legal Aspects of Land Registration/Cadastre, Netherlands, ITC, Lecture Note, p.Ⅲ.5.

27) 프레미슈(Flemish)는 플란더스(Flanders)로 불리는 지역으로 잘 알려져 있으며, 벨기에 왕국의 3개의 지방정부 중에 하나로 벨기에 북부 지역에 위치하고 5개의 지방 자치구로 구성되어 있다.

왕가의 통치를 받았는데, 합스부르크의 종교적 정치적 탄압은 네덜란드의 독립전쟁을 촉진시켰으며, 스페인은 1648년에 마침내 네덜란드의 독립을 인정하게 되었다.

그 후 1713년에서 1714년에 체결된 유트레히트 평화조약(Peace of Utrecht)으로 스페인령인 남부 네덜란드의 통치권을 오스트리아의 합스부르크(Austrian Habsburg) 왕가에 넘겨주게 되었다.

이어서 1795년에 프랑스는 지금의 벨지움인 남부 네덜란드를 합병하고 북부 네덜란드에는 프랑스 보호령인 바타비안 공화국(Batavian Republic, 1795~1806)을 건설하였다.

따라서 북부 네덜란드는 프랑스의 통치에 속하게 되었으며, 1806년에 나폴레옹 보나파르트(Napol on Bonaparte)에 의하여 동생인 루이 보나파르트(Louis Bonaparte)[28]가 프랑스의 장군에서 파리 총독을 거쳐 네덜란드의 국왕이 되었다.

그 후 네덜란드는 1810년에 프랑스에 공식적으로 합병되었으나, 레입지그(Leipzig)의 전투 후 1813년에 프랑스의 통치로부터 자유롭게 독립하였다.[29]

그리고 1815년에 비엔나 평화조약(Peace of Vienna)에 의하여 네덜란드와 벨지움 및 룩셈부르크를 포괄하는 통합왕국을 건설하였으나, 왈룬(Walloons) 지역은 네덜란드의 종속에 반대하여 1839년에 네덜란드로부터 분리하여 벨지움 왕국을 건설하게 되었다.[30]

네덜란드는 위와 같은 과정을 거쳐 19세기 초 나폴레옹 제국 시대에 프랑스의 지배를 받으면서 1811년부터 지적조사에 착수하여 1832년에 토지대장과 지적도를 작성함으로써 지적도부(地籍圖簿)를 갖춘 근대적인 지적제도를 창설하였다.[31]

## 3.2 지적도

북부 네덜란드의 해안은 서 프리슬랜드 군도(West Friesland Islands)를 따라 로마 시대에는 암스테르담 북동쪽의 커다란 호수와 연결되어 있었으며, 해수면의 상승과 지반침하로 인하여 제방을 축조하고 수문을 건설하여 간척지를 조성하게 되었으며, 간척지를 정착민들에게 분배하고 관리하며 세금을 징수하기 위하여 측량이 필요하게 되었으며, 근대적인 지적도를 작성하기 시작하였다.

28) 루이 보나파르트(Louis Bonaparte, 1778~1846)는 나폴레옹의 동생으로 1806년부터 1810년까지 네덜란드의 국왕을 지냈으며, 같은 해에 네덜란드의 수도를 헤이그(Hague)에서 암스테르담(Amsterdam)으로 옮겼다.

29) 김영중 · 장붕익, 1994, 『네덜란드사』, 서울, 대한교과서주식회사, pp.200~201.

30) Roger J. P. Kain & Elizabeth Baigent, 1984, *The Cadastral Map in the service of the state(A History of Property Mapping)*, The University of Chicago Press, pp.9~11.

31) J. Henssen, 1984, “네덜란드의 신지적법”, 「FIG 제17차 논문집」, 대한지적공사(역), p.11.

### 3.2.1 바일리빅 지적도

1620년에 프로리스 자코부존(Floris Jacobszoon)에 의해 [그림 2-7]과 같은 1:6,500의 축척으로 나알드빅(Naaldwijk) 지역에 있는 바일리빅(Bailiwick) 지적도를 작성하였는데, 이 지적도는 축척의 개념을 도입하고, 각 필지를 식별할 수 있도록 숫자로 지번을 부여하여 근대적인 지적도와 매우 유사하여 네덜란드 최초의 지적도로 평가되고 있다.[32]

### 3.2.2 빔스터 간척지 지적도

1640년에 발샤사르 프로이즌 반 베르센데(Balthasar Floiszoon van Berchenrode)에 의해 빔스터(Beemster) 호수의 간척지[33]를 측량하여 지적도를 작성하였고, 1644년에 다니엘 반 브린(Daniel van Breen)에 의해 [그림 2-8]과 같은 1:11,500의 축척으로 빔스터

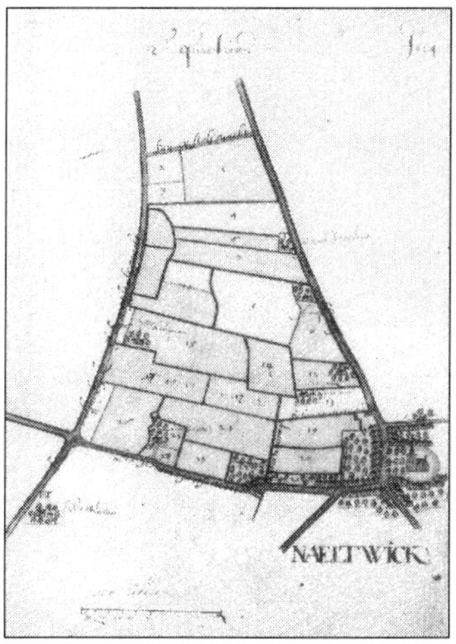


출처 : KOK, 1985 ; Roger J. P. Kain & Elizabeth Baigent, 1984, 『*The Cadastral Map in the service of the state(A History of Property Mapping)*』, The University of Chicago Press, p.28. 재인용.

[그림 2-7] 바일리빅 지적도(1620.)

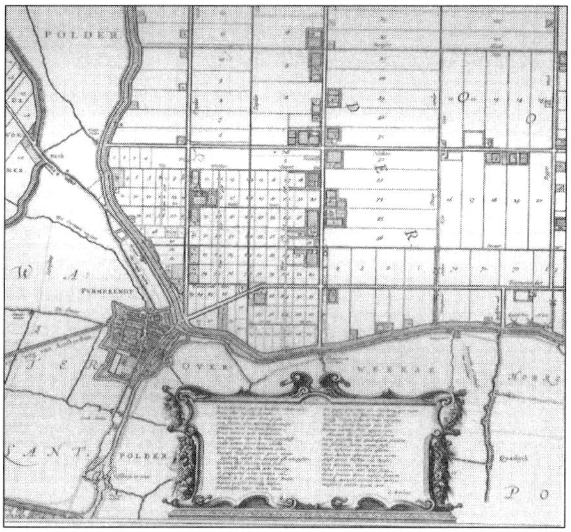

출처 : de Vries 1983 ; Photo : Algemeen Rijksrchief, The Hague ; Roger J. P. Kain & Elizabeth Baigent, 1984, 『The Cadastral Map in the service of the state(A History of Property Mapping)』, The University of Chicago Press, p.22. 재인용.

[그림 2-8] 빔스터 간척지 지적도(1644.)

32) Roger J. P. Kain & Elizabeth Baigent, 1984, op.cit, pp.27~28.

33) 빔스터 호수의 간척지(The Beemster Polder)는 1607년부터 1612년까지 네덜란드의 내해로써 해수면 3.5미터 아래에 있던 지역을 비옥한 땅으로 간척하였으며, 반듯 반듯한 직사각형 구획과 특이한 역사와 함께 세계 어느 곳에서도 찾아 볼 수 없는 독특한 풍경을 연출하고 있어 1999년에 세계 유적지로 지정되었다.

간척지 지적도를 발간하였는데, 마을근처 제방 부분에 소규모로 구획된 작은 필지의 대지와 잘 정리된 큰 필지의 농지가 등록되어 있으며, 각 필지를 식별할 수 있도록 아라비아 숫자로 지번을 부여하였다.

이 지적도는 1644년에 암스테르담에서 조판되어 1646년에 출판되었으며, 지적도 하단부에 빔스터(Beemster) 호수를 찬양하는 시와 중세에 기사들이 입던 갑옷위에 문장(紋章)을 넣어 최초로 문장 지적도가 탄생되었다.

네덜란드의 학자 폭케마 안드리에(Fockema Andreae)는 이 지적도를 지금까지 작성된 지적도들 가운데 가장 우수하며, 초기 네덜란드의 간척지에 대한 지적도의 최고 걸작으로 평가하였다.[34)]

### 3.2.3 바르몬드 장원 지적도

1663년부터 1664년까지 존 다우(Joan Dou)가 아들의 도움을 받아 측량을 실시하여 [그림 2-9]와 같은 라이덴(Leiden) 지역의 바르몬드(Warmond) 장원 전역의 980여 필지로 구성된 농지에 대한 지적도와 지적부를 작성하여 토지에 대한 과세와 분쟁 해결을 위하여 활용하였으며, 공증인에 의하여 인증을 받았다.[35)]

출처 : Van Der Steur, 1985 ; Roger J. P. Kain & Elizabeth Baigent, 1984, 『*The Cadastral Map in the service of the state(A History of Property Mapping)*』, The University of Chicago Press, p.31. 재인용.

[그림 2-9] 바르몬드 장원 지적도(1664.)

34) Roger J. P. Kain & Elizabeth Baigent, 1984, op.cit, pp.21~22.

35) Roger J. P. Kain & Elizabeth Baigent, 1984, op.cit, pp.30~31.

### 3.2.4 부르네 간척지 지적도

1695년에서 1701년 사이에 부르네(Voorne) 지역에서 간척지에 대한 세금 징수와 행정 수행을 목적으로 헤이맨 반 딕(Heymann van Dijck)에 의해 [그림 2-10]과 같은 부르네 간척지 지적도가 1:19,000과 1:30,000의 축척으로 작성되었다.

그 후 네덜란드는 1811년부터 지적조사에 착수하여 1832년에 토지대장과 지적도를 작성함으로써 근대적인 지적제도를 창설하였다.[36]

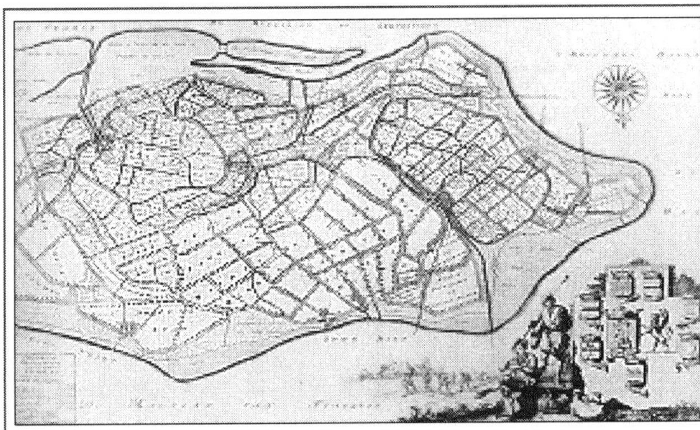

출처 : Algemeen Rijksarchief, The Hague, VTH E ; Roger J. P. Kain & Elizabeth Baigent, 1984, 『*The Cadastral Map in the service of the state(A History of Property Mapping)*』, The University of Chicago Press, p.15. 재인용.

[그림 2-10] 부르네 간척지 지적도(1701.)

36) Roger J. P. Kain & Elizabeth Baigent, 1984, op.cit, p.15.

# 외국 근대 지적제도의 창설

Development Movement of the Overseas Recent Cadastral Systems

Chapter 02

## 1 프랑스

1789년 프랑스 혁명에 의하여 부르봉(Bourbon) 왕조가 무너지고 1804년 공화국이 탄생하기까지 시민정부는 시민의 권리를 보장하는 여러 가지 사업에 착수하였는데, 그중 하나가 도량형단위의 문란과 불합리한 납세제도를 개선하는 작업이었다.

1790년 프랑스 과학원(L'Academie des Sciences)에서 메케인(Mechain)과 드람브르(Delambre)를 책임자로 지정하고 1792년부터 1799년까지 프랑스의 던커큐(Dunkerque)와 스페인의 바르세론(Barcelone) 사이를 측정하여 지구자오선의 길이를 결정하고 이를 기준으로 미터법을 창안하였다.

1m는 지구의 북극과 적도 사이의 거리 즉, 자오선 1상한(90°)길이의 1천만분의 1로 정하였으며 순 백금제의 미터표준기(標準器)를 제작하고, 백금과 이리듐의 합금으로 된 미터원기(原器)를 제작하여 프랑스 정부가 보관하고 있다.[37)]

1804년에 공화국의 초대 황제로 즉위한 나폴레옹 보나파르트(Napol on Bonaparte)는 같은 해 3월 21일에 프랑스 민법전(Code Civil des Francais, 나폴레옹 법전)을 제정하였다.

이 법전은 1789년 프랑스 혁명으로 통일된 프랑스가 근대국가의 면모를 갖추기 위하여, 게르만법인 북(北) 프랑스의 관습법과 중세 로마법인 남(南) 프랑스 성문법을 종합적으로 통일해서 제정하였는데, 총 3편 2,281조로 구성되어 있다.

나폴레옹 법전은 프랑스에게 점령되었던 벨기에와 룩셈부르크, 서부 독일의 일부지역, 북서부 이탈리아, 제네바, 모나코 등에서 받아들였고 그 후 나폴레옹이 정복한 이탈리아와

37) 원영희, 1979, 『지적학원론』, 서울, 홍익문화사, p.357. ; 내무부 · 한국전산원, 1993, 『한국종합토지정보시스템 구축방안』, p.7.

네덜란드, 한자동맹권[38] 지역, 서부 독일과 스위스 등에도 도입되었다.[39]

이어서 1807년에 「나폴레옹 지적법(Napolon Cadastre Act)」을 제정하고 1808년부터 1850년까지 군인과 측량사를 동원하여 전국에 걸쳐 실시한 지적측량성과에 의하여 1억 필지에 달하는 지적도와 토지대장을 작성하여 근대적인 지적제도(Le Cadastre de la France)를 창설하였으며,[40] 토지에 대한 공평한 과세와 소유권에 관한 분쟁 해결에 크게 기여하였고, 유럽의 여러 나라와 동양의 일본을 비롯하여 대만·한국 등 근대적 지적제도의 창설에 큰 영향을 미쳤다.

따라서 프랑스는 세계 최초로 지적도면과 지적대장, 즉 지적도부(地籍圖簿)를 갖춘 근대적 지적제도를 창설한 국가로써 오랜 역사와 전통을 간직하고 있는 근대적 지적제도의 효시(嚆矢)라고 일컬어지며, 세지적(稅地籍)의 대표적인 사례로 평가되고 있다.[41]

그 후 프랑스의 지적제도는 나폴레옹의 영토 확장과 더불어 독일과 네덜란드 등 유럽 전역의 지적제도 창설에 직접 또는 간접적으로 영향을 미쳤을 뿐만 아니라 캐나다의 퀘백주(Quebec 州)[42]에서 나폴레옹 지적제도를 도입하여 시행하고 있으며, 동양에서도 일본이 이러한 제도를 도입하여 홋카이도와 오키나와〈沖縄, 류구국〉[43]·대만·한국 등 식민지의 근대적 지적제도의 창설에 크게 영향을 미쳤다.

---

38) 한자동맹(Hanseatic League)이라 함은 13세기 내지 17세기에 독일 북쪽과 발트 해 연안에 있는 여러 도시 사이에서 이루어졌던 연맹으로, 주로 해상 교통의 안전을 보장하고 공동 방호와 상권 확장 등을 목적으로 했다. 뤼베크를 비롯하여, 함부르크, 비스마르, 로스토크, 단치히 등의 북해 연안과 엘베 강 동쪽의 독일 도시들이 최초에 가맹하였고, 후에 가맹 도시들은 90개를 넘었다.

39) http://preview.britannica.co.kr/bol/topic.asp?article_id=b03n2852a.(2012.2.25.)

40) 박순표·류병찬, 1988, 『외국의 지적제도 비교연구 보고서』 내무부, p.23. ; 내무부·한국전산원, 1992, 『지적개선사례』, pp.196~197.

41) Dale, P.F. & Mclaughlin, J.D. 1988, *Land Information Management*, Oxford : Clarendon Press, p.47.

42) 퀘백주(Quebec 州)는 캐나다에서 면적이 가장 넓고 인구는 두 번째로 많은 주로써, 프랑스계 인구가 82%, 영국계 인구가 8%를 차지하고 있다. 프랑스계의 라틴문화가 전파되어 중세 프랑스의 모습을 그대로 간직하고 있으며, 노트르담 대성당, 샤토 프롱트낙 호텔 등 독특한 양식의 건물이 많은 구시가지는 유네스코 지정 세계 문화유산으로 등록되어 있다. 캐나다에서 유일하게 공용어를 프랑스어로 사용하고 있다. 그러나 캐나다의 다른 주는 영국계의 크리스트교문화가 전파되었으며 공용어로 영어를 사용하고 있어 퀘백주와 문화가 전혀 다르며 지적제도 또한 서로 다르다. 따라서 퀘백주는 캐나다에서 분리 독립을 요구하고 있으며, 1980년과 1995년에 캐나다로부터 퀘백주 독립에 대한 퀘백주 국민투표를 실시하였는데, 1980년에는 20%의 차이로 부결되었으며, 1995년에는 50.6% 대 49.4%의 박빙의 차이로 부결되었다.(『중앙일보』, 1995.11.1. ; 『조선일보』, 2012.12.5, p.28.)

43) 오키나와(沖縄)는 류구국(流球國)이라는 독립된 왕국으로써, 중국의 속국은 아니었지만 중국의 황실과는 신하의 나라로 관계되어 있었다. 1872년 메이지 정부에 편입된 후 청나라와 일본 사이에서 줄타기를 시도하던 류큐 왕조는 1879년 메이지 정부에 의하여 완전한 일본의 현으로 소속되었다. 제2차 세계대전 당시에 일본과 미국 간의 가장 치열한 전투가 벌여졌던 곳으로, 전쟁 후 미국의 점령 하에 놓여 있다가 1972년에 일본에 반환된 섬이다.

## 2 독 일

독일의 지적제도는 1801년 비바리아(Bivaria) 지방에서 지적측량을 시작하여 1864년에 완성되었으나[44] 전국적인 지적제도는 1870년에 측량에 착수하여 1900년에 완료함으로써 창설되었다.[45]

그 후 연방정부의 고유사무로 운영되어 왔으나 제2차 세계대전이후 각 주정부에서 독자적인 「지적법」을 제정하여 운영하고 있다. 따라서 주정부마다 지적부서가 내무부, 재정부, 건설측량부 등 각각 다른 부처에 소속되어 있다. 그리고 지적제도 또한 주별로 서로 다르기 때문에 독일 전체에 대한 지적사무를 조정・협의할 수 있도록 각 주를 대표하는 지적업무를 담당하는 공무원들로 구성된 협의기구를 설치하여 운영하고 있다.[46]

독일의 지적제도는 19세기에 세지적을 목적으로 출발하였으나 다목적지적으로 개선하고 있으며 지적개선사업은 지적전산화사업을 통하여 수행하고 있다. 지적제도는 토지정보체계(LIS)와 지리정보체계(GIS)의 토대가 되고 있으며, 독일 전역의 모든 토지와 건물을 포함한 부동산을 등록 관리하는 부동산지적제도(Real Estate Cadastral Systems)로 발전되고 있으나 연방정부의 지원이 없이 주정부의 부담에 의하여 추진되고 있어 각 주마다 추진방법과 추진실적 등이 다르다.[47]

## 3 네덜란드

북부 네덜란드는 해수면의 상승과 지반침하로 인하여 제방을 축조하고 수문을 건설하여 간척지를 조성하였으며, 이렇게 조성한 간척지를 정착민들에게 분배하여 관리하고 세금을

44) Simpson, S. R. 1984, *Land Law and Registration*, London, Surveyors Publication. pp.415~428.
45) 강태석 외 2인, 1985, "한국의 지적재조사사업방향", 『한국지적학회보』 제6호, p.19.
46) 대한지적공사, 1997, 『지적재조사 사업준비를 위한 외국의 사례연구』, pp.8~9.
47) Hans Knoop, 1998, "The German Cadastral and Land Registration System", pp.3~4. ; 대한지적공사 지적기술연구소, 앞의 책, p.53.

징수하기 위하여 지적측량이 필요하게 되었다.

네덜란드는 1620년부터 간척지에 대한 측량을 실시하여 바일리빅 지적도를 비롯하여 1644년에 빔스터 간척지 지적도를, 1664년에 바르몬드 장원 지적도를, 1695년에 부르네 간척지 지적도 등을 각각 작성하였는데, 이러한 지적도는 축척의 개념을 도입하고, 각 필지를 식별할 수 있도록 숫자로 지번을 부여하여 근대적인 지적도와 매우 유사한 지적도로 평가되고 있다.

네덜란드는 19세기 초 나폴레옹 제국시대에 프랑스 영토의 일부분이었으나, 3년 만에 독립함으로써 「나폴레옹 지적법」의 영향을 직접적으로 받지 않고 근대적 지적제도를 창설하였는데, 1811년부터 지적조사에 착수하여 1832년에 지적도와 토지대장을 작성 완료하여 지적도부(地籍圖簿)를 갖춘 근대적인 지적제도를 창설하였다.[48] 그러나 네덜란드의 지적제도는 프랑스와 다르게 지적과 등기가 통합된 형태의 발전된 근대적인 지적제도를 창설하였다.

그 이유는 첫째, 1600년대 초부터 독자적으로 간척지에 대한 측량을 실시하여 작성한 지적도와 과세대장을 기초로 하여 근대적인 지적제도를 창설하였기 때문이며

둘째, 네덜란드는 1810년에 프랑스에 공식적으로 합병된 후 3년 만에 프랑스로부터 독립되었기 때문에 1807년에 제정한 「나폴레옹 지적법」에 의한 영향을 크게 받지 아니하였고

셋째, 1806년 6월 5일에 형인 나폴레옹에 의하여 네덜란드 왕국의 초대 왕으로 임명된 루이 보나파르트(Louis Bonaparte)가 1810년 7월 1일까지 재위하면서 이러한 사실을 잊고 자신의 백성을 보호한다는 구실로 프랑스로부터 독립하려고 하여 나폴레옹과 갈등을 빚게 되었으며, 1810년에 왕좌를 포기하고 스위스로 망명을 하였다가 1814년에 파리로 돌아왔지만 워털루전쟁 이후에 완전히 망명의 길을 떠나게 되었다.[49] 이러한 네덜란드 내부의 정치적 환경으로 프랑스의 지적제도를 그대로 수용하지 않았기 때문인 것으로 추정된다.

네덜란드에서 최초로 시행된 지적조사는 프랑스가 주관하여 식민지의 토지에 대한 과세를 목적으로 1811년에 착수하였으나, 1813년에 프랑스로부터 독립한 후 1832년에 지적도와 토지대장을 작성하여 근대적 세지적제도로 출발하였다.[50]

48) J. Henssen, 1984, “네덜란드의 신지적법”, 『FIG 제17차 논문집』, 대한지적공사(역), p.11.
49) 조르주 보르도노브, 옮긴이 나은주, 2008, 『나폴레옹 평전』, 서울 : 도서출판 열대림, p.350, p.566.
50) J. Henssen, 1984, “네덜란드의 신지적법”, 『FIG 제17차 논문집』, 대한지적공사(역), p.11.

## 4 일 본

일본의 지적제도 기원은 덴지 천황(天智 天皇, 626~671)의 대화개혁(大化改革) 시대인 645년(大化 2)에 반전수수법(班田收受法)을 제정하여 원칙적으로 모든 토지를 국유화하고 국가가 농민에게 남녀에 따라 차등을 두어 토지를 나누어 주는 대신 조(租)·용(庸)·조(調) 외에 병역과 강제 노역을 부담하게 하여 비롯되었다.

그 후 도요토미 히데요시(豊臣秀吉, 1537~1598)가 전국을 통일하고 농민이 경작하고 있는 전·답 등 필지별 면적을 측정하고 수확량을 정하는 태합검지(太閤檢地)라는 기초적인 토지조사사업을 1582년부터 야마시로(山城)에서 시작하여 1598년 죽음에 이르기까지 직할령과 영주령을 불문하고 전국적으로 실시하여 민중지배와 토지과세에 활용하였다.[51)]

그러나 일본의 전근대적인 지적제도는 명치유신 후 1872년 2월에 태정관포고(1872.2.15. 太政官布告 제50호)에 의하여 토지거래의 금지령을 해제하고, 지가(地價)를 조사하여 지권을 발행하고 경작자에게 소유권을 부여하는 토지의 사유화 정책을 단행하였으며, 토지매매양도(土地賣買讓渡)에 대한 지권도방규칙(地券渡方規則, 1872.2.24. 大藏省 達 第25號)을 제정하고 토지의 개인 소유와 거래의 자유를 인정함과 동시에 지조제도(地租制度)를 확립하기 위하여 토지의 매매양도가 있을 때마다 지권(地券)을 교부하도록 규정하였다.

이어서 같은 해 7월에 대장성 달(1872.7.4. 大藏省 達 제83호)에 의하여 토지의 매매양도의 유무에 관계없이 일반 토지소유자에게 지권을 교부하도록 개정하였다.[52)]

이러한 지권은 ① 납세의무자의 표시, ② 토지소유권의 증명, ③ 토지매매의 수단이라는 기능을 가지는 것으로 지권의 발행과 이서(裏書)가 토지소유권이전의 효력 발생요건으로 규정함으로써 근대적인 지적제도를 창설하는 계기가 되었다.[53)]

토지조사는 농경지·시가지·산림·원야의 순서로 실시되어 1876년 내지 1877년경에 농경지와 대지 조사를 완료하였고 1880년경에 전국을 완료하였다.[54)]

---

51) 대한지적공사, 2010, 『외국의 지적재조사 연구보고서』, p.67, p.83. ; http://www.reportkorea.co.kr/ (2011.5.10.)

52) 일본토지조가가옥조사사회연합회, 2008, 토지경계기본실무Ⅱ, p.30, p.35.

53) 오오타(多田光吉), 1985, "토지등기일원화", 『한국지적학회보』 제6호, p.3. ; 박석순·손승철·신동규·서민교, 2008, 『일본사』, 대한교과서주식회사, p.292.

54) 조재열(曺在烈), 1985, "지적재조사사업연구", 『한국지적학회보』 제6호, p.3.

이어서 1884년 3월에 지조조례(地租條例, 1884.3.15. 太政官布告 제7호)를 제정하여 지조의 세율·측량방법·지가의 결정방법·지목변경 등 토지이동의 신청절차 등을 규정함으로써[55] 지적제도가 확립되었으나, 근대적인 지적제도는 1951년에 「국토조사법(國土調查法)」(1951.6.1. 법률 제180호)을 제정하고 지적조사를 실시하여 창설 중에 있다.

## 5 대 만

대만은 1684년에 청나라에 편입된 후 1895년까지 200여년간 지배를 받았으며, 일본은 1895년 4월 17일 중국과 시모노세키(下關)조약을 체결하여 대만을 할양받아 무력으로 점령하고 같은 해 6월 17일에 초대 총독 가바야마 스케노리(樺山資紀)가 청나라 순무아문(巡撫衙門) 광장에서 시정식(始政式)을 거행함으로써 대만을 통치하기 시작하였다.[56]

1911년에 신해혁명(辛亥革命)[57]으로 청나라가 망하고 1912년 1월에 중화민국(中華民國)을 설립하였다. 중국의 국민당 정권은 1945년 10월에 제2차 세계대전의 승리로 일본 제국에게 빼앗겼던 타이완을 50년만에 되찾았으며, 1947년에 중화민국 헌법을 제정하고 같은 해에 타이완성(臺灣省)을 재설치하였다.

따라서 대만은 한국과 같이 일본의 식민지 지배 하에서 지적제도가 창설되었는데, 대만총독부에서 1898년 7월 지적규칙(地籍規則, 1898.7.17. 율령 제13호)을 비롯하여 토지조사규칙(土地調查規則, 1898.7.17. 율령 제14호), 고등토지조사위원회규칙(高等土地調查委員會規則, 1898.7.17. 율령 제15호), 토지측량표규칙(土地測量標規則) 등을 제정 공포하였으며, 같은 해 9월 1일 임시대만토지조사국관제(臨時臺灣土地調查局官制, 1898.9.1. 칙령 제201호)를 공포하고 9월 5일에 임시대만토지조사국을 개국하였다. 이어서 토지조사원심득(土地調查員心得, 1899.4.1. 훈령 제7호), 토지조사감독원심득(土地調查監督員心得, 1899.4.1. 훈령 제7호), 지위등급 및 수확조사심득(地位等級及收穫調查心得, 1899.4.1. 훈

55) 일본토지조가가옥조사사회연합회, 2008, 토지경계기본실무Ⅱ, p.144.

56) 주완요 지음, 손준식·신미경 옮김, 2003, 『대만, 아름다운 섬 슬픈 역사』, 신구문화사. pp.114~76.

57) 신해혁명(辛亥革命)이라 함은 1911년 청나라를 넘어뜨리고, 쑨원(孫文)이 임시 대총통에 취임하여 공화제를 선언하고 이듬해 1월에 중화민국을 설립하였다. 신해혁명은 중국의 민주주의 혁명을 말하며, 중국 역사상 최초로 공화국을 수립한 혁명이다.

령 제7호), 토지신고사항이동계출규칙(土地申告事項異動屆出規則, 1899.4.7. 부령 제29호) 등을 제정하였으며, 이러한 토지조사 관련 규정을 토대로 대만총독부에 의하여 1898년부터 토지조사에 착수하여 외업은 1902년 9월에, 내업은 1903년 2월에 각각 완료함으로써 1905년 3월 31일에 임시대만토지조사국은 폐국되었다.[58)]

이어서 1909년 9월에 임야조사규칙(1909.9.10. 율령 제7호)과 임야조사규칙 시행규칙(연월일 미상, 대만총독부령 제73호)을 제정 공포하여[59)] 토지조사에서 제외된 토지를 대상으로 1914년까지 임야조사를 완료함으로서 전국적으로 통일성 있고 표준화된 근대적인 지적제도가 창설되었다.[60)]

대만의 지적규칙을 비롯하여 토지조사규칙・고등토지조사위원회규칙・토지측량표규칙・임야조사규칙 등은 한국의 토지조사사업을 추진하면서 조선총독부에서 제정한 각종 규칙의 모체가 되었다.[61)]

**온고지신(溫故知新)**
**"역사를 제대로 알아야 새 것도 알 수 있다"**
**- 논어 위정편 -**

58) 강병곤, 1974, 『대만지조개정の 연구』, 동경대학출판회, p.109, 130.
59) 임시토지조사국, 국보 제6호, 휘보(1910.10.30.), 임야조사위원회 예규, ; 『측량과 지적』, 제5호, 2006, 도서출판 우물, pp.41~43. 재인용.
60) 오현진 외 5인, 1983, "지적공부의 재작성을 위한 실지현황 조사분석 연구", 청주대학교 사회과학연구소, p.13.
61) 대한지적공사, 2005(b), 『한국지적백년사』, p.16.

# 우리나라 지적제도의 태동

Fetal Movement of the Domestic Cadastral Systems

Chapter 03

## 1 조선 시대

### 1.1 개국과 멸망

조선(朝鮮)은 1392년에 태조(太祖) 이성계〈李成桂, 재위 기간 : 1392~1398〉가 신진 사대부(士大夫)와 협력하여 한양〈漢陽, 현 서울〉에 도읍을 정하고 고려(高麗)를 이어받아 건국하였다.

삼국유사에 의하면 단군왕검이 세운 나라의 국호도 조선이라고 하여서 이와 구분하기 위하여 이를 고조선(古朝鮮)이라고 하였다.

조선은 1392년부터 1910년까지 한반도 지역을 통치하였던 왕국으로 일반적으로 조선 왕조(朝鮮王朝)라고 하며, 내부적으로 대조선국(大朝鮮國)이라는 명칭을 어보(御寶)·국서(國書) 등에 사용하였고, 제한적이나 외부적으로도 대조선국이라는 명칭을 사용하였다.[61]

조선이라는 이름은 1897년 10월 12일 제26대 고종〈高宗, 재위 기간 : 1864~1907〉이 황제로 즉위한 뒤 주변 여러 나라와 동등한 입장에서 정치·외교 문제를 해결하고 다른 나라의 지배나 간섭을 받지 않는 자주 국가임을 천명하기 위하여 국호를 대한제국(大韓帝國)이라고 변경할 때까지 505년 동안 사용되었다.

조선의 교육제도는 국립고등교육기관인 성균관(成均館)이 있었는데 고구려의 태학(太學)·신라의 국학·고려의 국자감 혹은 성균관 등으로 부르던 것을 계승하여 1398(태조 7)년에 송교방(현 서울 명륜동)에 성균관 건물을 준공하여 유학교육을 시작하였으며, 중

61) http://enc.daum.net/dic100/contents.(2007.1.20.)

등교육기관으로 중앙의 사학(四學)과 지방의 향교(鄕校)가 있었고, 사립교육기관으로 서원(書院)과 초등사설 교육기관인 서당(書堂) 등이 있었다.

1420년에 제4대 임금 세종대왕〈世宗大王, 재위 기간 : 1418~1450〉이 이름만 남아 있던 학문연구기관인 집현전(集賢殿)을 되살리고 귀중한 문헌과 자료를 정리 보관하여 궁궐안의 도서관 역할을 하게 하였으나, 제7대 임금 세조〈世祖, 재위 기간 : 1455~1468)에 의하여 폐지되었고 여기에 소장되었던 서적은 예문관(藝文館)으로 옮겨졌다. 그 후 1776년 제22대 임금인 정조〈正祖, 재위 기간 : 1777~1800〉가 궁궐 뒤뜰 연못가에 건물을 짓고 역대 임금의 글·글씨·보감(寶鑑) 등과 궁궐의 책 및 외국에서 들여온 책 등을 정리하여 보관하였는데 이곳이 '규장각(奎章閣)'이라는 왕실의 도서관이다.[62]

1443년에 세종대왕의 주도하에 집현전 학자들이 중심이 되어 누구나 쉽게 배우고 소리 나는 대로 쓸 수 있으며 백성을 가르치는 바른 소리라는 뜻을 가진 훈민정음(訓民正音)[63]을 창제하여 1446년에 반포하였으며, 강우량을 측정하는 측우기(測雨器)·길이를 측정하는 황종척(黃鐘尺)·해시계인 앙부일구(仰釜日晷)·물시계인 자격루(自擊漏) 등을 제작하여 과학기술 및 농업기술의 발달이 이루어졌고, 임진왜란을 비롯한 여러 외침을 극복하고 한국문화의 기반이 되는 전통문화를 형성하였다.

특히 조선왕조실록(朝鮮王朝實錄)은 조선왕조 중 1392년 태조 이성계부터 제25대 철종〈哲宗, 재위 기간 : 1849~1863〉까지 472년간〈1392~1863〉의 역사를 기록한 책으로, 1,893권 888책으로 이루어져 있으며, 총 6,400만 자의 방대한 내용을 포함하고 있다.

조선왕조실록은 매우 엄격한 규율에 의해 작성되었으며, 왕의 실록은 반드시 해당 왕의 사후에 작성되었고, 최고 권력자였던 임금이라도 실록을 열람할 수 없었다.

사관들은 정치적 간섭을 받지 않고 독립성과 비밀성을 부여 받아 사소한 사항까지 왜곡 없이 있는 그대로 기록할 수 있어 진실성과 객관성이 높은 역사기록물로 평가를 받고 있으며, 편찬될 때마다 여러 부를 인쇄하여 여러 곳에 나누어 보관하였기 때문에 임진왜란·병자호란 등의 분란에도 그 기록을 유지할 수 있었다. 조선왕조실록은 1997년 10월 유네스코에 의해 세계기록문화유산으로 등록되었다.[64]

62) 『조선일보』, 2014.10.13, A26.

63) 훈민정음(訓民正音)이라 함은 '백성을 가르치는 바른 소리'라는 뜻을 가지고 있으며, 세상의 모든 소리를 편리하게 담을 수 있는 유네스코가 지정한 세계기록유산으로 1913년에 국어학자인 주시경에 의해 처음으로 '한민족의 글' 또는 '큰 글'이라는 뜻의 순우리말인 한글로 불리게 되었다. 미국 메릴랜드대학 언어학자인 로버트 램지(Robert Ramsey) 교수는 "한글보다 뛰어난 문자는 없다."고 하였으며, 영국 역사학자인 존 맨(John Man)은 "한글은 모든 언어가 꿈꾸는 최고의 알파벳"이라고 하였다.(『조선일보』, 2014.10.6, A30. ; 『조선일보』, 2014.10.9, A27. ; http://kin.naver.com/qna/detail.nhn.(2014.10.10.)

64) http://ko.wikipedia.org/wiki.(2007.1.20.) ; 『조선일보』, 2013.7.11, A26.

조선은 유교에 의한 통치이념을 기본으로 임금과 신하에 의한 법치를 중요하게 여겼으며, 사농공상(士農工商)과 천민(賤民)으로 신분이 구분되어 사대부 중심의 양반들이 농공상과 천민으로 불리는 백성을 억압하고 남녀차별 · 신분상승의 제한 · 여타 문화에 대한 탄압 등이 이루어지기도 하였다.

조선은 1392년에 제1대 태조 이성계가 건국한 후 1910년 8월 일본에 의하여 합방된 마지막 왕인 제27대 순종〈純宗, 재위 기간 : 1907~1910〉에 이르기까지 519년 동안 한반도를 지배하였다.

조선의 개국과 멸망에 관한 주요내용을 요약하면 〈표 2-1〉과 같으며, 지도는 [그림 2-11]과 같이 8개도의 영토를 가지고 있었다.

〈표 2-1〉 조선의 개국과 멸망 현황

| 개 국 | | | | 멸 망 | | | | 존속 기간 |
|---|---|---|---|---|---|---|---|---|
| 연 도 | 시 조 | 재위 기간 | 도읍지 | 연 도 | 대 수 | 왕 명 | 재위 기간 | |
| 1392년 | 태조<br>이성계 | 1392<br>~1398년 | 한양 | 1910년 | 27대 | 순종 | 1907~<br>1910년 | 519년 |

출처 : 개리 레이야드 지음, 장상훈 옮김, 2011, 『한국 고지도의 역사』, 서울, 소나무, p.24.

[그림 2-11] 조선 시대의 지도

## 1.2 지적관련 제도

조선 시대의 중앙 행정 조직은 왕 밑에 의정부(議政府)를 두고 그 밑에 이조(吏曹) · 호조(戶曹) · 예조(禮曹) · 병조(兵曹) · 형조(刑曹) · 공조(工曹)의 육조(六曹)와 승정원(承政院)을 설치하고 홍문관(弘文館) · 사헌부(司憲府) · 사간원(司諫院)의 삼사(三司)와 의금부(義禁府) · 한성부(漢城府) 및 교서관(校書館) · 성균관(成均館) · 예문관(藝文館) · 승문원(承文院)의 사관(四館)을 설치하였다.

그리고 지방에는 경기 · 충청 · 경상 · 전라 · 황해 · 강원 · 함경 · 평안 등 8도(道)체제를 확립하고 도에는 관찰사(觀察使)를 두었으며 그 밑에 부(府) · 대도호부(大都護府) · 목(牧) · 도호부(都護府) · 군(郡) · 현(縣)을 설치하고, 수령으로는 부윤(府尹) · 대도호부사(大都護府使) · 목사(牧使) · 도호부사(都護府使) · 군수(郡守) · 대현에 현령(縣令) · 소현에 현감(縣監)을 각각 두었으며, 관찰사와 수령의 사무는 중앙의 육조를 축소시킨 이 · 호 · 예 · 병 · 형 · 공의 육방(六房)으로 나누어 관장케 하였다.

지적관련 행정조직은 〈표 2-2〉와 같이 ① 초기에는 중앙의 호조 판적사(版籍司)에서 출발하여 공법상정소(貢法詳定所) · 전제상정소(田制詳定所) · 육전상정소(六典詳定所) 등을 거쳐 ② 중기에는 양전청(量田廳), ③ 말기에는 내부 판적국으로, ④ 대한제국 시대에는 양지아문 · 지계아문 · 탁지부 양지국 · 내부 지방국 · 탁지부 토지조사국 등으로 이어졌다.

〈표 2-2〉 조선의 지적관련 행정조직

<table>
<tr><th rowspan="2">구 분</th><th colspan="4">중 앙</th><th rowspan="2">지 방</th></tr>
<tr><th>초 기</th><th>중 기</th><th>말 기</th><th>대한제국</th></tr>
<tr><td>부서</td><td>호조 판적사 · 공법상정소 · 전제상정소 · 육전상정소</td><td>양전청</td><td>내부 판적국</td><td>양지아문 · 지계아문 · 탁지부 양지국 · 내부 지방국 · 탁지부 토지조사국</td><td rowspan="2">도(관찰사)<br>⇩<br>부(부윤)<br>⇩<br>대도호부(대도호부사)<br>⇩<br>목(목사)<br>⇩<br>도호부(도호부사)<br>⇩<br>군(군수), 현(현령 · 현감)</td></tr>
<tr><td>담당 업무</td><td colspan="4">호구 · 전지 · 조세 · 부역 · 공물 진상 · 잠업 · · 풍흉조사 · 진대 · 염산 · 토지조사 등</td></tr>
</table>

출처 : 김영학, 1996, "지적행정의 사적 고찰", 청주대학교 대학원, 석사학위논문, p.123. 보완 작성.

### 1.2.1 호조 판적사

조선 초기의 지적관련 행정조직은 1392(태조 1)년에 관제를 정할 때 중앙의 호조(戶曹) 판적사(版籍司)에서 출발하였으며, 경국대전(經國大典)에서 법제화 되었고 창부(倉部)·민부(民部)·탁지(度支)·판도(版圖) 등으로 불리었다.

판적사는 호구(戶口)·전지(田地)·조세(租稅)·부역(賦役)·공물(貢物)·진상(進上)·잠업(蠶業)·풍흉조사(豊凶調査)·진대(賑貸)[65]·염산(斂散)[66] 등에 관한 사무를 관장하였다.

그리고 지방에는 도·부·대도호부·목·도호부·군·현의 호방에서 호조의 통제에 따라 호구·전지·조세·부역·공물 등에 관한 사무에 종사하였다.

### 1.2.2 공법상정소

공법상정소(貢法詳定所)[67]는 1436〈세종 18〉년에 공법의 실시 방침을 확정하고 황희(黃喜) 등에게 절목(節目)을 마련토록 지시한 후 같은 해 6월에 설치하였는데, 답험손실법(踏驗損實法)[68]의 폐단을 바로잡고자 새로 마련한 세법(稅法)인 공법(貢法)을 심의·연구하기 위하여 설치한 중앙의 행정기관을 말한다.

공법이라 함은 일종의 토지세제로써 답험손실법의 폐단을 바로잡기 위하여 조선 초기에 새로 마련한 세법으로 토지의 세금이라고 할 수 있는 전세(田稅)를 매기는 기준이 되는 새로운 전세제도(田稅制度)를 말하며 세종 후반기인 1443년부터 시작하여 약 50년에 걸쳐 전국에 확대 실시되었다.

종래의 세법인 과전법(科田法) 체제에서의 조세규정은 지역마다 차이가 나는 토지의 비옥도를 상세히 고려하지 않아 조세징수가 공평하게 이루어지지 않고 실제 풍흉을 조사하여 세액을 결정하는 답험손실법은 국가에 세금을 납부하는 공전(公田)에서는 수령이, 전주(田主)에게 조(租)를 납부하는 사전(私田)에서는 전주가 답험(踏驗)[69]을 담당했으므

65) 진대(賑貸)라 함은 재난이나 흉년 든 해에 어려운 백성에게 나라의 곡식을 꾸어 주던 일을 말하며, 고구려 고국천왕 16(194)년부터 비롯된 제도였는데, 고려 성종 때에 빈민을 구제할 목적으로 쓰였고, 조선 시대에 환곡법으로 다시 부활하였다.

66) 염산(斂散)이라 함은 풍년이 들어 쌀값이 쌀 때에 관아에서 쌀을 사들였다가 흉년이 들어 쌀값이 비쌀 때에 백성에게 싸게 파는 일을 말하며, 중국 제나라에서 시작되어 위(魏)나라에 이르러 갖추어진 제도로, 고려·조선 시대의 상평창, 의창(義倉) 따위는 이를 본뜬 것이다.

67) 공법상정소(貢法詳定所)라 함은 1436(세종 18)년에 전세제도(田稅制度)를 개정하기 위해 세운 임시 관청을 말한다.

68) 답험손실법(踏驗損失법)이라 함은 고려 말기부터 조선 초기에 관리나 토지 주인이 직접 농작의 상황을 조사하여 보고하면 작황의 손결에 따라 일정한 세금을 감면하던 세율을 규정한 법으로 고려 공양왕 3〈1391〉년의 과전법 실시 이후부터 조선 세종 26〈1444〉년 공법(貢法)을 제정할 때까지 시행하였다.

69) 답험(踏驗)이라 함은 세금이나 소작료를 제대로 거두기 위하여 관련 논밭에 가서 농작(農作)의 상황을 실지로

로 공평을 잃고 불합리한 점이 많았다.

따라서 세종은 정액세법인 공법 실시를 구상하고, 1430년에 모두가 알고 또 납득할만한 조세제도를 확립하기 위하여 5개월 동안 전국의 수령・관리・백성들의 의견을 수렴하였다.

조선왕조실록에 의하면 1430〈세종 12〉년 3월 5일 호조(戶曹)에서 아뢰기를, "매양 벼농사를 답험(踏驗)할 때를 당하면, 혹은 조관(朝官)을 보내기도 하고, 혹은 감사(監司)에게 위임하기도 하며 또 많은 전답(田畓)을 기한 안에 모두 조사하여 끝마치고자 하므로 향곡(鄕曲)에 늘 거주하는 품관(品官)으로 위관(委官)을 삼았는데, 위관(委官)과 서원(書員) 등이 혹은 보는 바가 밝지 못하고 혹은 사정에 끌리어 늘리기도 하고 줄이기도 하며, 덜기도 하고 채우기도 하며, 또 마감(磨勘)할 때에 당하여는 문서(文書)가 호번(浩繁)하여 관리들이 이루 다 살필 수가 없는 틈을 타서 간활한 아전〈姦吏〉들이 꾀를 부려서 뒤바꾸어 시행하게 되오매, 비단 경중(輕重)이 적중(適中)하지 못할 뿐만 아니라, 그 지대(支待)하는 비용과 분주(奔走)히 내왕하는 수고 등 폐단이 적지 않사오니, 청하건대 이제부터는 공법(貢法)에 의거하여 전답(田畓) 1결(結)마다 조(租) 10말〈斗〉을 거두게 하되, 다만 평안도(平安道)와 함길도(咸吉道)만은 1결(結)에 7말〈斗〉을 거두게 하여, 예전부터 내려오는 폐단을 덜게 하고, 백성의 생계를 넉넉하게 할 것이며, 풍재(風災)・상재(霜災)・수재(水災)・한재(旱災)로 인하여 농사를 완전히 그르친 사람에게는 조세(租稅)를 전부 면제하게 하소서"하니, 세종(世宗)이 "의정부・육조와, 각 관사와 서울 안의 전직 관리, 각 품관과, 각도의 감사・수령 및 품관으로부터 민가의 세민(細民)에 이르기까지 모두 가부(可否)를 물어서 아뢰게 하라"고 여론조사를 명하였다.[70)]

1430년에 세종대왕은 17만 명이라는 당시 조선 인구의 1/4의 백성들이 참여하는 세계 최초로 기록되는 여론조사를 실시하였다. 1430년 8월에 호조에서 5개월간 실시한 여론조사 결과를 발표하였는데, 98,657명이 찬성, 74,149명이 반대를 한 것으로 집계되어 찬성한 수가 많았으나 반대 여론을 받아들여 공법에 관하여 다시 논의하고 연구하게 되었다.[71)]

그 후 전국 각 도의 토지를 비옥도에 따라 상・중・하로 나누고 이를 다시 고을별로 3등으로 나눈다는 원칙을 바탕으로 1437년에 12두 내지 20두로 각각의 세액을 정한 상정

---

조사하던 일을 말하며, 답품(踏品)이라고도 하였다.

70) 『세종』 47권, 1430년 3월 5일(을사) 4번째 기사 ; 『태백산사고본』 영인본, 3책, p.224.

71) http://www.breaknews.com/new/sub_read.html?uid=75881&section=section4.(2009.8.25.) ; 『조선일보』, 2012.11.8, p.32. ; 이명수・심상협, 2013, 『국민 여러분과 함께 대한의 내일을 묻다』, 대전, 기획출판 오름, p.136.

공법(詳定貢法)을 제정하였다. 상정공법은 연분제(年分制)를 수용하는 수정을 거쳐 1443〈세종 25〉년에 대군과 중신들로 구성하여 새로 설치된 전제상정소에서 경무법(頃畝法)을 적용하여 실제 면적을 바탕으로 전세를 걷도록 하는 등 합리적으로 개정하여 시험에 들어가게 되었다.

세종은 17만 명의 백성들이 참여하는 여론조사를 실시한 후 14년이라는 긴 세월 동안에 공법에 관한 정책을 연구하고 다듬어서 1444년에 많은 백성들이 공감하는 토지의 비옥도(肥沃度)에 따라 6등급으로 구분하여 세금을 거두는 기준으로 삼은 전분6등법(田分六等法)과 농사의 풍흉(豊凶)에 따라 9등급으로 구분하여 세금을 거두는 기준으로 삼은 연분9등법(年分九等法)을 채택하는 상정공법(詳定貢法)을 제정하여 우리나라 최초로 정액 세법의 골격을 갖추어 조세의 공평을 도모하였다.

이때의 세율은 과전법에서의 1/10에서 1/20로 감소되었지만, 토지가 비옥한 삼남지방이 대부분 높은 등급으로 책정되었으므로 국고수입은 크게 증가하게 되었다.[72]

### 1.2.3 전제상정소

세종이 1443〈세종 25〉년에 공법상정소의 안을 시정하고 토지와 조세제도의 조사·연구와 새로운 규정의 제정을 목적으로 전제상정소(田制詳定所)[73]를 설치하고 전분6등법에 의한 수등이척법(隨等異尺法)과 연분9등법을 채택하여 조세의 공평을 도모하였다.

전제상정소는 토지와 조세제도를 심의·연구하기 위하여 설치한 중앙의 행정기관이라고 할 수 있으나, 이 기관이 언제 폐지되었는지는 분명하지 않으며 조선왕조실록에서 그 활동이 확인되는 것은 성종 6〈1475〉년 8월에 착수된 강원도 양전까지로, 아마도 강원도 양전사업을 마지막으로 폐지된 것 같다.[74]

전제상정소는 결법(結法)을 경정(更定)하여 종래에 3개 등급으로 하였던 전품(田品)을 6개 등급으로 개정하여 조선 시대의 기본 세법이 되었다.[75]

---

72) http://kin.naver.com/detail/detail.php?d1id=8&dir_id=802&docid.(2009.8.25.) ; 『조선일보』, 2012. 11.8, p.32.

73) 전제상정소(田制詳定所)라 함은 조선 전기 1443〈세종 25〉년에 전세(田稅)의 개혁을 위해 설치한 임시관청으로 조선 시대 최초의 중앙 행정기관이라고 할 수 있다.

74) 세종실록(世宗實錄) 25년 11월 갑자조(甲子條), 이영훈(李榮勳), 『전제상정소준수조화의 제정연도-동척제에서 이척제로서의 이행설 검토』.

75) 이홍직, 1987, 『신개정증보판 국사대사전』, 삼영출판사, ; 리진호, 2007, 『경주지적사』, 경주시, p.71.

이 당시에 토지를 측량하기 위하여 쓰였던 양전척(量田尺)은 사람의 1보(步)를 1척(尺)으로 하여 주척(周尺) 5척이나 6척에 비준하였다.

양전은 주로 중국의 정전법(井田法)과 같이 토지의 절대 면적을 나타내는 경무법과 수확량을 기준으로 하는 결부제가 삼국시대부터 관행적으로 쓰였으며, 그 밖에 파종량을 기준으로 하는 마지기(斗落只), 섬지기(石落只) 등의 단위와 하루에 농우 1마리가 갈 수 있는 면적을 기준으로 하는 일경(日耕) 등의 단위도 쓰였다.[76)]

양전척의 장과 각 등급별 1결(結)당 면적은 〈표 2-3〉과 같으며, 조선 시대의 산서는 구장산술(九章算術)・양휘산법(楊輝算法)[77)]・상명산법(詳明算法)[78)] 등을 사용하였다.

〈표 2-3〉 양전척장과 등급별 1결당 면적

| 등 급 | 양전척의 장 | | 1결당 면적 | | | |
|---|---|---|---|---|---|---|
| | 주 척 | 센티미터(㎝) | 무(畝) | 주척(周尺) | 평(坪) | 무(畝) |
| 1 등 전 | 4,775 | 99.36 | 38.0 | 228 | 2,758.88 | 38.0 |
| 2 등 전 | 5,179 | 107.77 | 44.7 | 268 | 3,245.47 | 44.7 |
| 3 등 전 | 5,703 | 118.68 | 54.2 | 325 | 3,935.14 | 54.2 |
| 4 등 전 | 6,434 | 138.89 | 69.0 | 414 | 5,008.66 | 69.0 |
| 5 등 전 | 7,550 | 157.12 | 95.0 | 570 | 6,897.30 | 95.0 |
| 6 등 전 | 9,550 | 198.74 | 152.0 | 912 | 11,035.50 | 152.0 |

주 : 1把의 면적은 1등전은 주척 4척 7촌 7푼 5리, 2등전은 주척 5척 1촌 7푼 9리의 평방과 같으며, 10파는 1束, 10束은 1負, 100負는 1結로 하였음.

출처 : 원영희, 1988, 『한국지적사』, 서울, 신라출판사, p.137.

이어서 1653〈효종 4〉년에 전제상정소는 전형(田形)이 각각 틀리고 현란(眩亂)하여 [그림 2-12]와 같은 전제상정소준수조화(田制詳定所遵守條畫)[79)]를 제정하였다.

전제상정소준수조화는 [그림 2-13]과 같이 알기 쉬운 방전〈方田 : 정방형〉・직전〈直

76) 국립민속박물관, 1997, 『한국의 도량형』, p.24.

77) 양휘산법(楊輝算法)은 13세기 중국 남송의 양휘(楊輝)가 지은 승제통변산보(乘除通變算寶) 3권(1274), 속고적기산법(續古適寄算法) 2권(1275) 등 모두 7권의 책을 하나로 엮은 수학서로써, 조선 세종조〈1418~1450〉에 송원본(宋元本)을 토대로 만든 국내 최고본(最古本)인 번각본(飜刻本)이 고창석 전 한국고서협회 회장에 의하여 발견되었다.(『조선일보』, 2008.5.6.)

78) 상명산법(詳明算法)은 중국 명나라 초기인 1373년에 안지제(安止齊)가 지은 초보적 산학서로, 우리나라에는 고려 말기에 들여와 산학계몽, 양휘산법과 더불어 조선 시대에 기본적인 산수 교과서의 역할을 하였다.

79) 전제상정소준수조화(田制詳定所遵守條畫)라 함은 호서지방에 대동법(大同法)을 실시한 뒤 호남에도 실시하는 문제가 논의되던 1653〈효종 4〉년 9월에 호조에서 양전의 원칙을 정리하기 위하여 간행하여 반포하였다. 1634〈인조 12〉년에 경상도・전라도・충청도에 양전을 실시하면서 수등이척제(隨等異尺制)를 폐기하고 모든 토지에 대해 1등급 토지를 측량할 때 사용하던 양전척(量田尺)을 사용하였는데, 이때 개정된 양전법을 여기에 수록하였다. 이 밖에 토지의 등급을 나누는 방법 및 토지대장〈田案〉의 개정방식, 여러 가지 모양의 토지를 측량하는 방법, 토지등급에 따른 결(結)・부(負)의 면적 산출방법, 당시 많이 쓰이던 영조척(營造尺)・포백척(布帛尺)・주척(周尺) 등 각종 척도의 양식 등을 규정하였으며, 이후 양전의 기본원칙으로 준수되었다.

田 : 장방형〉·제전〈梯田 : 사다리꼴〉·규전〈圭田 : 삼각형〉·구고전〈句股田 : 직각삼각형〉의 5가지 각색(各色)으로 타량(打量)하여 안(案)에 기록하도록 하였다.[80)]

그리고 면적을 구하는 방법은 방전은 한 길이를 자승(自乘)하고, 직전은 장과 광을 상승(相乘)하고, 제전은 대소두(大小頭)의 절반을 상병(相倂)하여 장으로 승(乘)하고, 규전은 장활(長闊)의 절반을 상승하고, 구고전은 구고(句股)를 상승한 것을 절반하여 각각 면적을 정하도록 하였다.[81)]

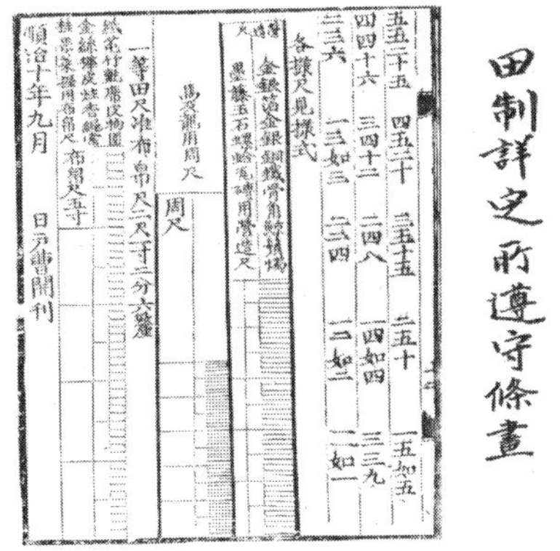


출처 : 대한지적공사, 2005(b), 『한국지적백년사』, p.9.

[그림 2-12] 전제상정소준수조화

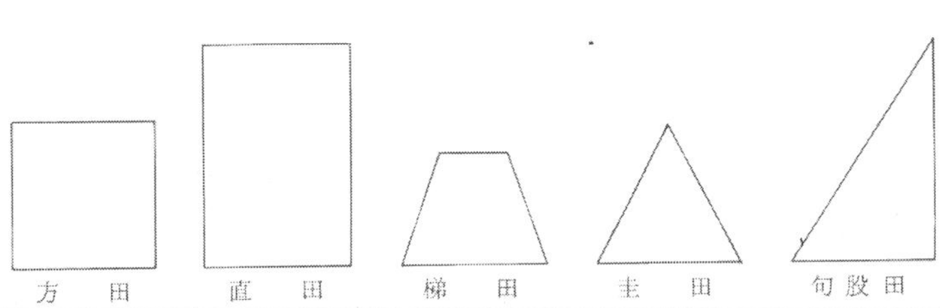


출처 : 전제상정소준수조화(田制詳定所遵守條畫).

[그림 2-13] 전제상정소준수조화에 규정된 전형

### 1.2.4 육전상정소

세조(世祖)는 왕위에 오른지 3년째인 1457〈세조 3〉년에 육전상정소(六典詳定所)를 설치하고, 조선 왕조의 체계적인 법전을 발간하기 위하여 최항(崔恒)·김국광(金國光)·한계희(韓繼禧)·노사신(盧思愼)·강희맹(姜希孟)·임원준(任元濬)·홍응(洪應)·성임(成任)·서거정(徐居正) 등에게 명하여 법전을 편찬하도록 명하였다.

육전상정소는 세조의 명에 의하여 경국대전의 편찬 작업에 착수하여 1460〈세조 6〉년

80) 『만기요람(萬機要覽)』 재용편(財用編)二, 전결조(田結條) : 육전조례(六典條例) 호전(戶典), 전토조(田土條) : 전제상정소준수조화(田制詳定所遵守條畫).

81) 『만기요람(萬機要覽)』 재용편(財用編)二, 전결조(田結條).

에 호전(戶典)편을 완성하였는데, 경국대전 호전편의 양전조(量田條)에는 "모든 논밭은 6등급으로 나누고 20년마다 한 번씩 측량을 실시하고 양안을 작성하여 호조와 도 및 읍에 보관하도록 규정하였다.(凡田分六等 每二十年改量成籍 藏於 本曹・本道・本邑)"[82]

양안이라 함은 고려 말과 조선 시대에 경작지에 대한 측량을 실시하여 토지의 실태 파악과 세금을 징수하기 위하여 작성한 토지대장으로 소유권을 입증하는 가장 기본적인 대장을 말하며, 양안에는 논밭의 소재・자호(字號)・위치・등급・형상・면적・사표(四標)・신구의 기주(起主 : 경작상태의 토지소유자)・진주(陳主 : 양안에는 올라 있지만 실제로는 경작을 하지 않는 묵은 토지인 진전의 토지소유자)・시작명(時作名 : 소작인명) 등을 기록하였다.[83]

여기서 사표라 함은 근대적인 측량기술이 도입되지 아니하여 지금과 같은 인접 토지가 표시된 지적도를 작성할 수 없었기 때문에 필지 단위로 토지의 경계를 명확하게 하기 위하여 필지별로 해당 필지의 모양을 그린 후 동서남북의 네 둘레, 즉 사위(四圍)에 있는 접속지의 자호・지목・소유자・지형・지물 등을 양안의 해당란에 기입하거나 토지의 형태를 별도의 도면으로 작성하고 이를 사방에 기입한 것을 말하는데, 이러한 사표는 오늘날의 경계선 기능을 하였다.

경지 이외의 경우에는 도(道)・구(丘)・포(浦)・토〈吐, 유지〉라고만 기입하였으며, 이를 사표(四標 또는 四表)라고 표기하였는데,[84] 자호는 지번의 모체이며, 사표는 지적도의 모체에 해당한다.

사표의 기원은 통일신라 시대인 진성여왕 45〈891〉년에 건립한 전남 담양군 남면 학선리 개선사지(開仙寺址)에 남아 있는 석등기(石燈記)에 "남지택토(南池宅土) 동령행토(東令行土) 서북동(西北洞)"이라는 사표가 기재되어 있으며, 고려 시대인 현종 22(1031)년에 건립한 경상북도 칠곡군 약목면 복성리의 정두사(淨兜寺)에 있는 석탑의 유합속에서 나온 정두사 석탑조성형지기(石塔造成形止記)에 "북능소전(北能召田) 남동거(南東渠) 서갈경사전(西葛頸寺田)"이라는 글귀가 나왔는데 이 또한 사표라고 할 수 있다.

고려 시대에는 1388〈우왕 14〉년부터 1389〈공양왕 1〉년까지 실시한 기사양전(己巳量田)을 시작으로, 조선 시대에는 1405〈태종 5〉년에 실시한 을유양전(乙酉量田), 1428년부터 1429〈세종 10~11〉년까지 실시한 무신・기유양전(戊申・己酉量田), 1492년부터 1493〈성종 23~24〉년까지 실시한 양전, 1603년부터 1604〈선조 36~37〉년까지 실시한 계묘양

82) 리진호, 1999, 『한국지적史』, 서울, 도서출판 바른길, pp.173~174.
83) 곽윤직, 1981, 『부동산등기법』, 서울, 대왕사, p.42. ; 박순표, 2012, 『지적의 오늘』, 서울, 좋은땅, p.36. 재인용. ; http://ko.wikipedia.org /wiki/양안, 2012.6.20.)
84) 김추윤, 1997, "고대 지적도인 사표에 관한 연구" 김갑수 정년기념논문집, p.235.

전(癸卯量田), 1635〈인조 13〉년에 실시한 갑술양전(甲戌量田), 1719년부터 1720〈숙종 45~46〉년까지 실시한 기해・경자양전(己亥・庚子量田), 1898년부터 1904〈광무[85] 2~8〉년까지 실시한 광무양전(光武量田)에 의하여 작성한 광무양안에 통일신라 시대부터 전해 온 토지의 위치를 간접적으로 표현하여 전・답의 경계를 나타내는 사표가 기록되어 있다.[86]

사표를 의무적으로 기재하게 된 것은 조선 시대의 속대전(續大典)・대전회통(大典會通)・대전조례(大典條例)・만기요람(萬機要覽) 등에 의하여 양안에 기재하였다.[87]

대한제국 시대에는 토지조사법 시행규칙(1910.8.23. 탁지부령 제26호) 제3조에, 조선총독부 시대에는 토지조사령(1912.8.13. 제령[88] 제2호) 제4조에 소유자의 주소・성명・토지의 소재・지목・자번호・사표 등을 기재하거나 신고하도록 규정하여 계속 사용하다가 토지조사사업이 완료되면서 측량이라는 기술적 수단을 이용하여 연속되어 있는 토지를 필지별로 동일한 도면에 등록・공시하는 연속 지적도를 작성함으로써 사표의 기재제도가 없어지게 되었다.

오늘날 우리가 사용하고 있는 도면은 위쪽을 북쪽으로 표시하는 북상방위(北上方位)를 사용하고 있으나, 옛날 사람들은 방위를 신성시하여 그것에 의하여 길흉이 좌우되고 국태민안에 직결된다고 믿었기에 사표의 방위는 신앙적・관습적으로 남상방위(南上方位) 또는 해가 뜨는 신성한 곳으로써의 동상방위(東上方位)를 사용하였다.

따라서 중국의 전한 시대에 작성된 장사국의 변경주군도와 남부지형도를 비롯하여 명・청 시대의 지적도인 어린도(魚鱗圖)와 일본의 지적도인 자한도(字限圖) 등은 예외 없이 남상방위를 취하고 있으며, 우리나라의 옛 지도나 양안에 나오는 사표 및 경지배열도(耕地配列圖) 등도 남상방위로 표시한 것이 많다.

이러한 남상방위는 중국 은나라 시대의 주역도(周易圖)인 하도(河圖)와 낙서(洛書)[89]에서 출발하여 우리나라에 들어오면서 풍수지리와 결부되어 민간인에게 널리 보급 되었으나, 유럽의 발달된 문화를 수용하면서 모든 방위가 북상방위로 고착되었다.[90]

조선 시대에 작성된 양안에 등록된 사표는 [그림 2-14]와 같다.

---

85) 광무(光武)라 함은 1897년〈고종 34년〉 10월 12일 우리나라가 중국의 속국에서 벗어나 독립국가임을 선언하고 국호를 『대한제국』이라 하고, 연호(年號)도 중국 것을 쓰지 않기로 하고 새로이 정한 연호를 말한다.

86) 김추윤, 1997, 앞의 논문, pp.251~253.

87) 한동일, 1982, "조선 시대의 지적제도에 관한 연구", 『성서・토지 그리고 역사』, 학촌 리진호 교수 회갑기념 논문집편찬위원회, pp.274~275.

88) 제령(制令)이라 함은 일제 강점기에 조선 총독이 법률에 대신하여 발포한 명령으로 지금의 법률과 효력이 동일하였다.

89) 우리가 흔히 사용하는 책을 의미하는 '도서(圖書)'나 '도서관(圖書館)'의 '도(圖)'는 하도(河圖)에서 유래하고, '서(書)'는 낙서(洛書)에서 유래 하였다.

90) 김추윤, 2002, "지적도에 나타난 남상방위에 관한 연구", 한국지적학회, 『한국지적학회지』제18권 제1호, pp.31~32.

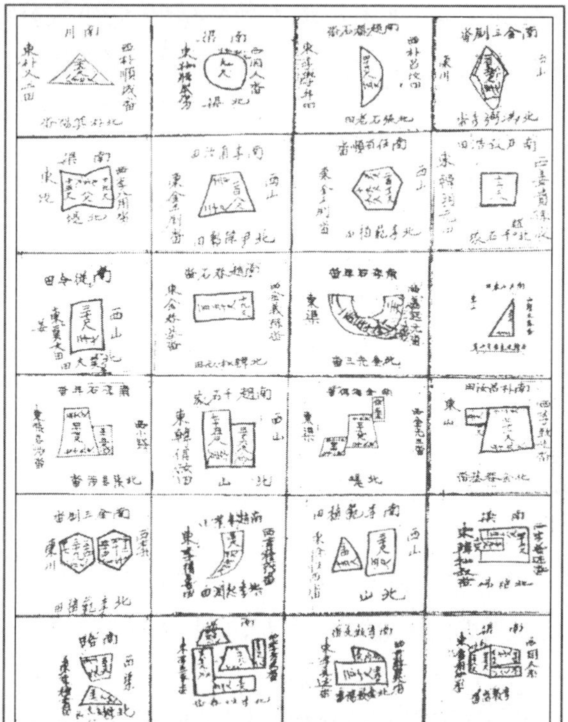

출처 : 김추윤, 1997, "고대 지적도인 사표에 관한 연구", 청송 김갑수 교수 정년기념논문집, p.267.

[그림 2-14] 양안에 등록된 다양한 사표의 모양

## 1.2.5 양전청

1717〈숙종 43〉년에 조세의 기준이 되는 땅의 면적을 조사·측량하기 위하여 양전청(量田廳)을 설치하였다.91)

양전청은 농경지인 전과 답에 대한 면적을 조사·측량하고 지적관련 업무를 관장하기 위하여 설치한 우리나라 최초의 중앙 행정기관으로, 대한제국 시대에 설치한 양지아문의 전신이라고 할 수 있다. 그러나 양전청의 조직과 인력, 활동상황 및 폐지된 사유와 시기 등은 분명하게 밝혀지지 않고 있으나 최초의 독립된 외청 형태의 중앙 행정기관인 지적측량청(地籍測量廳)이라고 할 수 있다.

균전사(均田使)는 조선 시대에 각 도의 전·답을 정확히 조사하기 위하여 파견한 어사(御史)로써 전·답의 측량뿐만 아니라 품등(品等)도 결정하고, 민정을 살펴 부정의 유무

91) 리진호, 2006(a), 앞의 책, pp.71~72.

를 조사하는 막강한 권한을 가진 양전(量田)의 책임자로 도의 수령 중 당하관(堂下官)은 독단적으로 단죄(斷罪)하고 당상관(堂上官)은 임금에게 보고하여 논죄할 만큼 막강한 권한이 있었으나, 양전청이 설립된 후 균전사는 양전사(量田使)로 변경되었다.

이 시대에 작성된 것으로 추정되는 [그림 2-15]와 같은 토지의 면적을 산정하는 방법을 기록한 책으로 1필지 토지의 모양별 우각전(牛角田)·서형전(婿形田)·사불등전(四不等田)·오각전(五角田) 등 그림으로 예시하여 알기 쉽도록 편집한 양간록(量墾錄)이라고 하는 문헌이 남아 있다.[92]

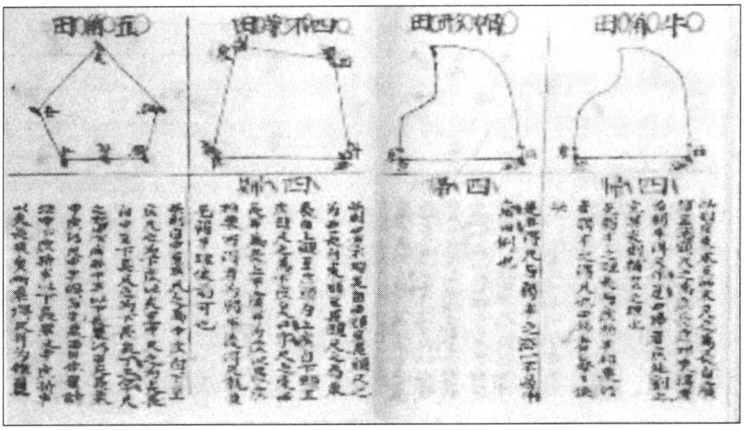

주 : 대한토지주택공사 토지주택박물관 소장.
출처 : 국토교통부, 2014, 『국립지적박물관 설치 타당성 연구』, p.80.

[그림 2-15] 조선 시대의 양간록

## 1.2.6 내부 판적국 지적과

조선 말기인 1894(고종 31)년 7월부터 1896(고종 33)년 2월 사이에 개화당(開化黨)이 정권을 잡은 후 추진된 갑오개혁(甲午改革) 당시에 정치·경제·사회 전반의 문물제도를 근대식으로 고쳤다.

갑오개혁은 조선 말기에 정부 주도의 근대적 개혁으로 3차에 걸쳐 계급제도의 타파·문벌을 초월한 인재의 등용·인신매매 금지 등 전통적 조선의 신분제도를 바꾸고, 죄인의 고문과 연좌제(連坐制) 등 비합리적인 형벌의 폐지·조혼금지·자유의사에 의한 과부의 재혼·양자제도의 개정·의복제도의 간소화 등 불합리한 전근대적 제도들을 개혁하게 되었다.

92) 국토교통부, 2014, 『국립지적박물관 설치 타당성 연구』, p.17.

갑오개혁 당시인 1895년 3월에 제정한 내부 관제(1895.3.26. 칙령 제53호)에 내부에 주현국·토목국·판적국(版籍局)·위생국·회계국을 설치하도록 규정하고(제4조), 판적국에서는 ① 호구적(戶口籍)에 관한 사항, ② 지적(地籍)에 관한 사항, ③ 무세관유지 처분 및 관리에 관한 사항, ④ 관유지의 명목변환에 관한 사항을 관장하도록 규정하였는데,(제8조) 이것이 근대적인 지적행정 조직의 효시이다.

이어서 같은 해 4월에 내부분과규정(1895.4.17.)을 제정하고, [그림 2-16]과 같이 판적국에 호적과와 지적과의 2개과를 설치하도록 규정하여(제11조) 최초로 우리나라에 근대적인 지적행정조직을 설치하였으며, 지적과는 ① 지적(地籍)에 관한 사항, ② 무세(無稅)관유지의 처분 및 관리에 관한 사항, ③ 관유지의 명목변환(名目變換)에 관한 사항을 관장하도록 규정하였다.(제13조)[93]

이 당시의 내부대신은 박정양(朴定陽), 협판 유길준(兪吉濬), 판적국장 윤진석(尹瑨錫), 주사 권명훈(權明勳), 주사 신정희(申庭熙)가 임명되었는데,[94] 내부분과규정의 서열로 보아 신정희가 최초의 지적과장으로 추정된다.

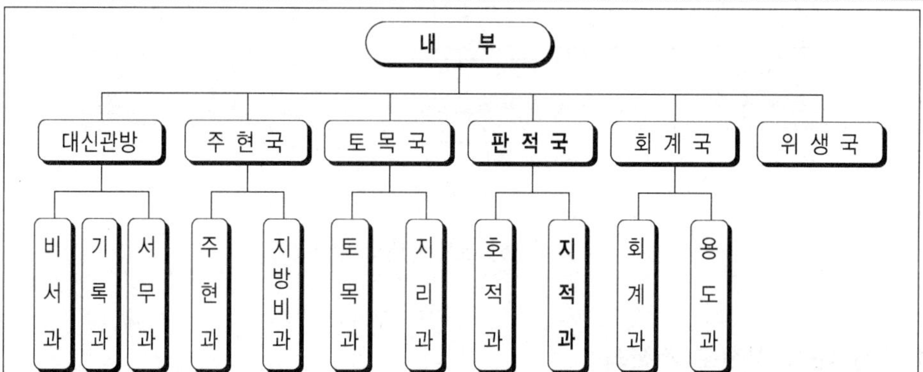


주 : 내부대신이 지적사무를 총괄하였다.
출처 : 내부분과규정(1895.4.17. 관보) 보완 작성.

[그림 2-16] 내부 기구도

93) 관보, 1895년 4월 17일, 내부분과규정(개국 504년 4월 17일) ; 대한민국 국회도서관, 앞의 책, pp.239~241.
94) 리진호 해제, 2014, 『金弘集內閣官吏錄』 영인본(1985. 8. 10. 내각기록국 관보과), pp.43~45.

## 1.3 토지관련 제도

조선의 토지관련 제도는 고려 말에 추진된 과전법(科田法)에서 출발하여 다음과 같이 직전법(職田法)으로, 직전법에서 관수관급제로, 관수관급제에서 직전법을 폐지하고 녹봉제로 변화하였다.

### 1.3.1 과전법

과전법이라 함은 고려 말기인 1391년 공양왕(恭讓王)때부터 이성계와 그를 지지하는 신진 세력들에 의하여 추진된 제도를 이어 받은 것으로써, 권문세족의 토지겸병에 따른 농장의 확대를 지양하고 문란한 토지의 지배관계를 바로잡고 신진 관료인 사대부의 경제적 기반을 확충하며 나아가 파탄에 직면한 농민을 보호 육성하여 사회적 안정을 도모하기 위하여 시행한 토지제도를 말한다.

따라서 관료들에게 등급에 따라 일정한 토지를 국가가 지급하였으며, 퇴직자들에게도 별도로 정해진 규정에 따라 토지를 지급하였으나 실제로 경작한 사람들은 농민들이었고, 관료들은 경작의 대가로 조(租)를 거두어 생활하였으며, 이러한 과전은 1대에 한하는 것이 원칙이었으나 자식이나 아내에게 세습되기도 하였다.

과전을 지급받은 관료가 죽은 뒤에 재혼하지 않은 그의 부인에게 지급하는 토지인 수신전(守信田)과 과전을 봉록으로 받은 관료 부부가 다 죽고 그 자식이 어릴 경우 이를 휼양하기 위하여 그 과전을 물려준 토지인 휼양전(恤養田)이라는 제도가 있었다.

과전법은 토지의 국유화에 의한 사전(私田)의 재분배와 수확량의 10분의 5가 일반화되었던 수조율(收租率)을 대폭 경감하여 국고(國庫)와 경작자 사이에 개재하는 중간착취를 배제하고자 하는 목적으로 시행된 제도이었으나,[95] 관료의 수와 세습되는 토지가 늘어나게 됨에 따라 새로이 관료가 되는 사람에게 지급할 토지가 부족하게 되어 과전법을 폐지하고 직전법을 실시하게 되었다.

### 1.3.2 직전법

고려 말에 마련된 과전법이 조선 건국 직후부터 모순을 드러내자 1466〈세조 12〉년에 이런 문제점을 해결하기 위해 직전법을 제정하였다.

95) 김경열, 1993, 『한국토지제도사』, 서울, 경영문화원, pp.116~117.

직전법이라 함은 토지의 수조권(收租權)을 현직 관료에게만 나누어주는 토지제도를 말하며, 현직 관료인 시관(時官)과 전직 관료인 산관(散官)의 문무(文武) 관료에게 모두 토지를 지급하는 과전법의 시행으로 이들 토지가 점차로 세습화됨에 따라 새로이 관료가 되는 사람에게 지급할 토지가 부족하게 되어 과전법을 폐지하고 그 대신 산관을 제외한 현직 관료인 시관들에게만 수조지(收租地)[96]를 지급하는 직전법을 시행하였다.

과전법을 폐지하고 직전법을 제정하여 지급하는 양도 정1품이 과전(科田) 150결이었던 것을 직전(職田) 110결로, 종9품(從九品)이 과전 15결이었던 것을 직전 10결로 변경되는 등 각 품계(品階)마다 많이 감소되어 직전법의 시행으로 과전법에서 수전(受田) 대상에 들어 있던 자들이 큰 타격을 입게 되었다.[97]

조선 시대에 시행된 과전법과 직전법에 관한 비교는 〈표 2-4〉와 같다.

〈표 2-4〉 과전법과 직전법의 비교

| 구 분 | 과전법 | 직전법 |
|---|---|---|
| 지급대상 | 전, 현직 관료(사 후 반납) | 현직 관료(퇴직 후 반납) |
| 지급규모 | 정1품 150결~종9품 15결 | 정1품 110결~종9품 10결 |
| 지급지역 | 경기도 | 경기도 |
| 1결당 세액 | 최고 30두 | 20~4두 |
| 특 징 | 수신전(守信田), 휼양전(恤養田) 존재 | 수신전, 휼양전 폐지 |

출처 : http://kin.naver.com/detail/detail.php?d1id.(2008.7.25.).

### 1.3.3 관수관급제

직전법이 실시된 이후에도 토지의 세습·겸병·수조권 남용 등 불법 행위가 그치지 않자, 이를 막기 위하여 1470〈성종 원년〉년에는 관청에서 직접 경작자로부터 조(租)를 거두어 관료에게 지급하는 관수관급제(官收官給制)[98]를 실시하여 국가의 토지지배권을 강화하였다.

그러나 실제로는 토지의 사유화가 진전되어 양반과 관료 등 권문세족들이 많은 농장을 소유하게 되어 과전(科田)의 부족을 초래하였고, 농민경제의 파탄을 초래하여 농민이 노비로 몰락하거나 유망(流亡)하는 관수관급제의 폐단 현상이 발생하였다.

---

96) 수조지(收租地)라 함은 다른 사람의 농지를 빌려 농사를 짓는 땅을 말하며, 수조율(收租率)이라 함은 소작료(小作料)와 같은 뜻으로 다른 사람의 농지를 빌려 농사를 지은 대가로 지주에게 치르는 사용료를 말한다.

97) 김경열, 1993, 위의 책, p.147.

98) 관수관급제(官收官給制)라 함은 관료에게 지급된 토지를 경작하는 농민이 관료에게 주던 조(租)를 국가에 납입하고 국가는 납입된 조를 관료에게 나누어 주는 방식을 말한다.

### 1.3.4 직전법 폐지

관수관급제의 폐단이 발생하고 과전의 부족을 초래하여 1557〈명종 12〉년에 직전법을 폐지하여 수조권 지급제도가 소멸하였고 관료들은 봉급으로 오직 녹봉(祿俸)[99]만을 지급받는 녹봉제를 실시하게 되었다.

조선 전기의 토지제도는 〈표 2-5〉와 같이 과전법으로 출발하여 직전법으로, 직전법에서 관수관급제로, 관수관급제에서 녹봉제로 변화하였으나, 지주전호제(地主佃戶制)[100]로 인하여 대부분의 농민들은 토지를 잃고 소작농으로 전락하게 되었다.

〈표 2-5〉 조선시대 토지제도의 변천 연혁

| 구 분 | 시행시기 | 주요 내용 |
|---|---|---|
| 과전법 | 태조(1392) | 관료의 직접 수조, 신진사대부의 경제기반 확보, 전·현직 관료에게 수조권 지급 |
| 직전법 | 1466(세조 12)년 | 현직 관료에게만 수조권지급, 토지소유 욕구 증대 |
| 관수관급제 | 1470(성종 원년)년 | 국가에서 수조권 집행, 국가의 토지 지배권 강화 |
| 녹봉제 | 1557(명종 12)년 | 직전 부족 현상 발생, 관료들의 봉급을 녹봉으로 지급 |

## 1.4 양전사업

### 1.4.1 양전의 개요

조선 시대에는 태종(太宗) 4년부터 5년〈1404~1405〉까지 기유양전(己酉量田)을 도별로 실시하였고, 세종 10년부터 11년〈1428~1429〉까지 무신·을유(戊申·乙酉)양전을 비롯하여 세조(世祖)·성종(成宗)·선조(宣祖)·광해군(光海君)·인조(仁祖)·현종(顯宗)에 이르기까지 〈표 2-6〉과 같이 지역별로 양전을 실시하였다.

그러나 양전청을 설치한 숙종(肅宗)과 영조(英祖)는 양전을 활발하게 추진하였고, 이어서 정조(正祖)·순조(純祖)·헌종(憲宗)·철종(哲宗)·고종(高宗) 등이 각각 전정(田政)이 문란한 도·부·군·현 등을 선정하여 수시로 양전을 실시하였다.[101]

99) 녹봉(祿俸)이라 함은 관리에게 지급하는 급료로써 봉록(俸祿)이라고도 한다. 녹봉(祿俸)은 녹과 봉으로 구별되는데 녹(祿)은 미곡을 뜻하고 봉(俸)은 포백을 의미하는 것으로 전근대사회에서 국가가 관료에게 봉급으로 준 쌀·보리·명주·베·돈 등을 말한다.

100) 지주전호제(地主佃戶制)라 함은 지주〈개인〉가 토지가 부족하거나 없는 농민〈개인〉에게 토지를 빌려주어 경작하는 대가로 발생하는 경제적 관계를 말하는 것으로, 농업의 생산력 발전을 저해하고 농민의 몰락과 유망을 조장하며 수확물의 반을 수취(收取)하는 비인도적인 제도라는 비판을 받아 왔다.

〈표 2-6〉 조선 시대 양전사업의 실시 현황

| 양전실시 년도 | 양전실시 지역 | 양전실시 년도 | 양전실시지역 |
|---|---|---|---|
| 1389년 (高麗末 昌 元) | 전국(除, 평안·함경남도 남부 연안지역, 제주도) | 1718(肅宗 44) | 충청·전라·경상도 |
| 1401(太宗 元)년 | 연해 주·군 | 1727(英祖 3)년 | 경상도 개령·경주·울산 |
| 1405(太宗 5)년 | 충청·전라·경상 3도 | 1736(英祖 12)년 | 강원도 정선 |
| 1406(太宗 6)년 | 경기·황해·강원 3도 | 1737(英祖 13)년 | 경기 6읍·황해 2읍 |
| 1411(太宗 11)년 | 평안·함경남도 | 1745(英祖 21)년 | 전라 14읍(陳田) |
| 1419(世宗 元)년 | 제주도 | 1746(英祖 22)년 | 황해도 신천 |
| 1428(世宗 10)년 | 강원·전라 양도 | 1748(英祖 24)년 | 함경도 회령·무산 |
| 1429(世宗 11)년 | 충청·경상 양도 | 1749(英祖 25)년 | 경상도 경주·장기·정일 흥해, 황해도 금천 |
| 1432(世宗14)년 | 경기 | 1756(英祖 32)년 | 황해도 황주·재령 |
| 1461(世祖 7)년 | 경기 | 1757(英祖 34)년 | 경기도 수원·장단 |
| 1462(世祖 8)년 | 충청·전라 양도 | 1759(英祖 35)년 | 황해도 송화·금천, 강원도 양구, 충청도 영동·옥천 |
| 1463(世祖 9)년 | 경상도 | 1761(英祖 37)년 | 경기도 진위·부평 |
| 1471(成宗 2)년 | 황해도 | 1767(英祖 43)년 | 함경도 회령 |
| 1476(成宗 7)년 | 강원도 | 1777(正祖元)년 | 경상도 함안 |
| 1486(成宗 17)년 | 평안도 | 1788(正祖 12)년 | 함경도 무산 |
| 1488(成宗 19)년 | 함경도 | 1789(正祖 13)년 | 경상도 김해·영일 |
| 1492(成宗 23)년 | 경기·충청 양도 | 1791(正祖 15)년 | 경상도 창원·거창·진보 |
| 1493(成宗 24)년 | 전라·경상 양도 | 1806(純祖 6)년 | 전라도 순천 |
| 1522(中宗 17)년 | 강원도 | 1816(純祖 16)년 | 황해도 토산 |
| 1524(中宗 19)년 | 전라도 | 1830(純祖 30)년 | 경상도 흥해 |
| 1604(宣祖 37)년 | 전국(時起 전·답) | 1843(憲宗 9)년 | 경상도 칠원 |
| 1625(仁祖 3)년 | 전라도 남평 | 1846(憲宗 12)년 | 경상도 창원·금산·진해 문경·위창 |
| 1634(仁祖 12)년 | 충청·전라·경상 3도 | 1856(哲宗 7)년 | 경상도 진보 |
| 1662(顯宗 3)년 | 경기 | 1859(哲宗 10)년 | 황해도 풍천 |
| 1664(顯宗 5)년 | 경기 양주 | 1869(高宗 6)년 | 전라도 영광 |
| 1665(顯宗 6)년 | 함경도 | 1870(高宗 7)년 | 경상도 동래 |
| 1668(顯宗 9)년 | 경기 장단 | 1871(高宗 8)년 | 경상도 언양 |
| 1669(顯宗 10)년 | 충청 20읍·황해 4읍 | 1872(高宗 9)년 | 황해도 평산 |
| 1700(肅宗 26)년 | 경상도 언양 | 1878(高宗 15)년 | 충청도 온양, 경상도 영일 |
| 1701(肅宗 27)년 | 황해 3읍 | 1898~1904년 (高宗 35~40) | 전국 일원 |
| 1708(肅宗 34)년 | 강원도 16읍 | | |
| 1710(肅宗 36)년 | 강원도 정선 | | |

출처 : 미야지마 히로시(宮嶋博史), 1991, "朝鮮土地調査事業史の研究", 東京大學東洋學研究所, ; 리진호, 1999, 『한국지적史』, 서울, 도서출판 바른길, p.175. 보완 작성.

조선 시대의 양전사업 실시 결과를 살펴보면 1460년에 완성된 경국대전의 호전(戶典)편에 20년마다 한 번씩 양전을 실시하여 새로 양안을 작성하고 호조와 도 및 읍에 보관

101) 김영학, 1996, "지적행정의 사적 고찰", 청주대학교 대학원, 석사학위논문, pp.128~131.

하도록 규정하였으나, 이 규정은 지켜지지 않고 수십 년 혹은 수백 년이 지난 뒤에야 지방에 따라 국지적으로 시행되었음을 알 수 있다.

조선 시대의 양전은 대상과 규모에 의해서 몇 종류가 있었다. 도를 단위로 하는 대규모 양전은 대거양전(大擧量田)이라고 불려 조선 건국 전후의 14세기 말에서 15세기 임진왜란 직후의 17세기 초에서 18세기 초두에 집중되었다.

그러나 17세기 이후의 대거양전은 일본의 침략에 의한 황폐의 회복과정에서 부분적으로 행해진 것에 지나지 않는다. 전결 징세의 중심지역인 '경상 · 전라 · 충청'의 삼남지역은 1604년에 시기경(時起耕) 전결에 한해서 계묘양전(癸卯量田)을 행하고, 1634년에는 다시 진전(陳田)[102]을 양전의 범위에 넣은 갑술양전(甲戌量田)이 행해졌지만, 그 다음은 1719년에서 1720년의 기해 · 경자양전(己亥 · 庚子量田)을 행했을 뿐이다.

경자양전(庚子量田)은 대한제국 시대의 광무양전(光武量田)이 행해지기 전까지 마지막 대거양전이었다. 이러한 대거양전과 달리 특정 읍(邑)을 대상으로 실시된 양전이 있었고, 또한 해당 지역의 연분(年分) 측정을 위해 행해지는 답험(踏驗)으로 특정 전결에 한해서 실시된 양전이 있었다. 전자를 '읍양전(邑量田)'이라고 하고, 후자를 '답험양전(踏驗量田)'이라고 하는데, 두 양전의 성격을 엄격하게 구별하기는 어렵다.[103]

## 1.4.2 주요 양전

### 1) 계묘양전

선조 34〈1601〉년부터 37〈1604〉년까지 전국적인 계묘양전(癸卯量田)을 시행하였으나 시기경전(時起耕田)만을 대상으로 하였다. 다시 말하면 묵은 논밭은 제외하고 경작지만 조사 · 측량을 하였으나 흉년이 들면 진행하던 양전도 경비가 없어 중단하였다. 그리고 지방의 수령이나 지주는 양안(量案)에 없는 은결(隱結)[104]이나 누결(漏結)된 논밭이 많아야 음성 수입을 취할 수 있기 때문에 정확한 도부(圖簿)가 작성되면 부정을 할 여지가 없어 양전을 기피하는 경향이 있었다.[105]

102) 진전(陳田)이라 함은 양안(量案, 토지대장)에는 파악되어 있으나 실제로는 경작되지 않는 황무지를 말하며, 진황전(陳荒田) · 영진전(永陳田)이라고도 한다. 진전은 지배층의 과도한 조세수탈 · 흉황(凶荒) · 재난으로 농민이 전토의 경작을 포기함으로써 발생하였다.

103) 손병규, 2008, 『조선왕조 재정시스템의 재발견(17~19세기 지방재정사 연구)』, 역사비평사, pp.170~171.

104) 은결(隱結)이라 함은 조선 시대에 양전(量田)을 실시하여 양안(量案)에 등록할 때 비옥한 전답의 일부를 원장부에서 누락시켜 그 조세를 사취하는 토지를 말하며, 여결(餘結)이란 전답의 면적을 실제보다 감소시켜 양안에 올려놓고 그 남는 부분에 대하여 개별적으로 곡물을 수취하는 토지를 말한다. 탈세를 목적으로 전세(田稅)의 부과 대상에서 부정 · 불법으로 누락시킨 토지로써 은복(隱卜) · 은전(隱田) 또는 은토(隱土)라고도 하였으며,(대한지적공사, 2005(b), 앞의 책, p.773.) 일반적으로 은결과 여결을 합하여 은결이라 하였다.

### 2) 갑술양전

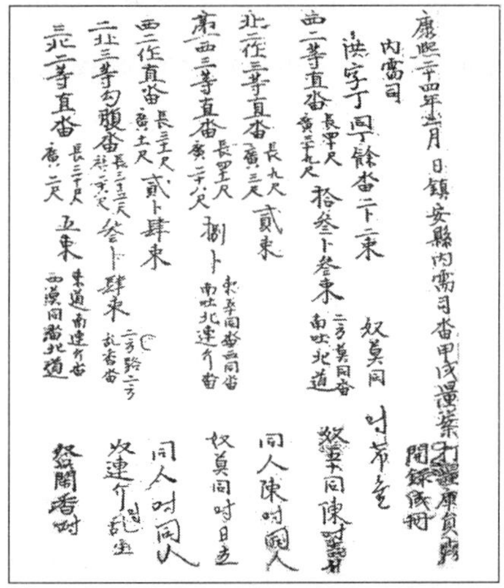

출처 : 규장각 20361, 진안현 내수사답 갑술양안타량고원복수개록성책, 이영훈, 1996, "전제상정소준수조화의 제정년도", 한국고문서학회, 『고문서연구』, p.114.

[그림 2-17] 전라도 진안현 내수사답 갑술양안

인조 12〈1634〉년에 다시 진전을 양전의 범위에 넣은 갑술양전(甲戌量田)을 실시하였다.

당시에 작성된 [그림 2-17]과 같은 전라도(全羅道) 진안현(鎭安縣)에 소재한 내수사답(內需司畓)[106]의 양안에 기록된 내용의 서명(書名) 가운데 "갑술양안타량고원복수개록성책(甲戌量案打量庫員卜數開錄成冊)"이라는 부분이 의미하듯이 갑술양전 당시에 타량(打量)된 고원(庫員)·복수(卜數) 등을 개록(開錄)한 곧 갑술양안을 필사(筆寫)한 출처로써 각 필지마다 등급과 장광척수(長廣尺數)가 기재되어 있음을 알 수 있다.[107]

위와 같이 1634〈인조 12〉년에 작성된 전라도 진안현에 소재한 내수사답의 갑술양안(甲戌量案)이 우리나라에서 가장 오래된 양안으로 알려져 왔다.[108]

그러나 1631〈숭정 4〉년 4월에〈崇禎肆年 肆月 日〉에 작성된 전라도 순창현 복흥방궁(福興坊宮) 농소전답개타량성책(農所田畓改打量成冊)이라는 이름을 가진 [그림 2-18]과 같은 양안(量案)이 일본에 보존되어 있는데, 이 양안은 인조 9년에 전라도 순창현(淳昌縣)에 있던 명례궁(明禮宮)의 장토(庄土)를 양전하고 그 결과에 의하여 작성한 양안으로 현재 소재가 확인된 양안 중 가장 오래된 것으로써, 1634년에 작성된 갑술양안 보다 3년 전에 작성된 양안으로써 유일하게 남아있다.[109]

105) 리진호, 1999, 앞의 책, pp.173~174.

106) 내수사(內需司)라 함은 조선 시대에 왕실의 재정 관리를 맡아보던 관아로써, 궁중에서 쓰는 살·베·잡물(雜物)·노비 등에 관한 업무를 담당하였으며, 내수사전(內需司田)·내수사답(內需司畓)·내수사전답(內需司田畓) 등은 왕실 소유의 토지를 이르던 말로 내수사에서 관장하였다.

107) 이영훈, 1996, "전제상정소준수조화의 제정년도", 한국고문서학회, 『고문서연구』, p.112.

108) 대한지적공사, 2005(a), 『지적문화유산』, p.27.

109) 미야지마 히로시(宮嶋博史), 1991, "朝鮮土地調査事業史の硏究", 東京大學東洋學硏究所, p.156.

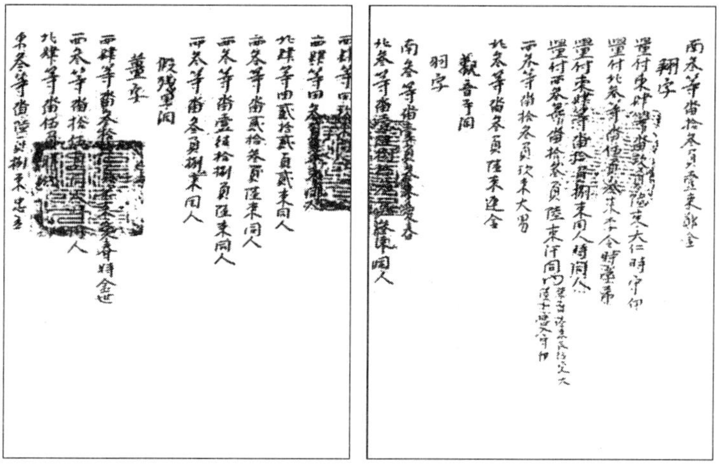

출처 : 미야지마 히로시(宮嶋博史), 1991, "朝鮮土地調査事業史の研究", 東京大學東洋學研究所, p.156.

[그림 2-18] 전라도 순창현 복흥방궁 농소전답개타량성책

### 3) 기해 · 경자양전

1719〈숙종 45〉년에 기해양전(己亥量田)과 1720〈숙종 46〉년에 경자양전(庚子量田)이 있었지만 그 후 정조 말년까지 80년, 순조 20년까지 100년이 되는데, 양전의 논의와 시도는 많았지만 전국적인 양전은 시행되지 않았다.

경자양전의 특징은 양전이 전주(田主)의 신분에 관계없이 '진(陣) · 기(起)'의 모든 전토를 대상으로 삼아 전국에 획일적인 방법으로 행해졌다는 것, 그리고 그러한 양전은 결부제(結負制)라고 하는 독특한 제도에 근거하고 있지만, 결부의 설정이 애매하고 토지소유 관계에 대한 관심은 낮았던 것으로 알려지고 있다.[110]

경자양전 당시에 각양잡탈(各樣雜탈)[111]'은 처음부터 징세 대상에 들어가지 않는 것이지만, 그중에서도 기경이 있는 경우는 진(陳) · 기(起)를 구별해 새롭게 토지번호를 붙이도록 개록(開錄)했다. 그리고 경자양전에서는 기경의 주체가 불명확하고 불안정한 토지에 대해서는 현 시점에서 전주로 인정된다는 의미로 '시집(時執)', '작자(作者)'라고 기재할 것을 제안했다. 그것이 경자양안에서 '시(時)', '시작(時作)'이라는 표기로 체현되었다.[112]

경상도 남해현 경자개량전안을 분석해보면 각 필지에 대한 기재는 전체적으로 다섯 개

110) 손병규, 2008, 『조선왕조 재정시스템의 재발견(17~19세기 지방재정사 연구)』, 역사비평사, p.171.
111) 각양잡탈(各樣雜탈)이라 함은 경자양안상의 진전과 면세지를 말한다.
112) 손병규, 2008, 앞의 책, p.181.

의 난으로 되어 있다. 왼쪽부터 시작하여 제1란에는 지번・범향〈犯向, 양전의 방향〉・등수・형상(形狀)・지목에 관한 사항이, 제2란에는 동서・남북의 장척(長尺)에 관한 사항이, 제3란에는 결부(結負)에 관한 사항이, 제4란에는 사표(四標)에 관한 사항이, 제5란에는 구・신(舊・新)의 기주(起主)와 진주(陳主)의 직역(職役)・시작명(時作名) 등에 관한 사항이 기록되어 있다. 이외에도 특정의 필지에 대(垈)・재(裁)・반(反)・속(續)・저(苧) 등에 관한 사항이 추서(追書)되어 있다.[113]

### 4) 광무양전

조선 말기에 양전과 더불어 토지제도의 근대화를 시도한 바 있었다. 1894〈고종 31〉년에 각영(各營)・아문(衙門)을 폐지하고 그 소속의 둔전(屯田)・역토(驛土)・목장토(牧場土) 등을 탁지부에 이속(移屬)하고 부분적인 정리를 시도했으나 개혁의 중도에서 좌절되고 말았다.[114]

그 후 1898〈광무 2〉년에 양지아문을 설치하고 6월부터 대한제국의 마지막 양전인 광무양전(光武量田)을 시작하였다.

광무양전은 1720년에 실시한 경자양전 이후 그에 필적할 만한 전국적 규모의 최초의 양전이었으며, 조선에서 시도한 최후의 양전이었다.

1901년에 양지아문을 지계아문으로 변경하고 지계를 발급할 계획이었으나 1904〈광무 8〉년 2월에 중단되었다.

그 이유는 ① 정부의 재정이 양전 경비를 염출하기 어려운 실정이었으며, ② 지세 증수를 위해 결수를 대폭 올리자 백성의 저항이 있었고 ③ 1898년 양지아문에서 미국인 크럼(Raymond Edward Leo Krumm)을 고빙하여 근대적인 측량기술을 교육시켰으나 측량기술이 일반화되지 못하였으며, ④ 1904년의 러일전쟁과 뒤이은 일제의 국권유린(國權蹂躪)으로 광무양전은 큰 성과를 보지 못하고 수포로 돌아갔다.[115]

당시 전국에 331개 군이 설치되어 있었는데,[116] 양지아문(1898.7~1901.10)에서 주관

---

113) 청송 김갑수 교수 정년기념논문집 간행위원회, 1997, 『청송 김갑수 교수 정년기념논문집』, pp.252~253.

114) 조선총독부 임시토지조사국, 1918, 『조선토지조사사업보고서』, p.7. ; 고려대학교민족문화연구소, 1979, 『한국문화사대계 3(정치・경제사)』, p.883. 재인용.

115) 고려대학교민족문화연구소, 1976, 『한국문화사대계 3(정치・경제사)』, p.883. ; 지적기술연수원, 1993, 『조선토지조사사업보고서 추록』(조선총독부중추원부의장 백작 이완용의 축사), 수원, 우리인쇄사, p.146. ; 『조선일보』, 2010.7.9, p.29.

116) 1896(건양 원년)년에 을미개혁을 통하여 13도 체제로 행정 구역을 재개편했다. 기존의 8도 중 5개의 도를 남도와・도로 나누어 모두 13개 도로 행정구역을 나눔으로써 부제에서 다시 도제로 환원했다. 이로써 13도・7부・1목・331군 체제가 성립되었다.(지방 제도와 관제 개정에 관한 안건, 칙령 제36호, 『고종실록』, 33년 8월 4일)

하여 124개 군을, 지계아문(1901.10~1904.4)에서 주관하여 94개 군을 각각 조사하여 [그림 2-19]와 같은 광무양안(光武量案)을 작성하였으나, 실무에 사용되지 못한 채 폐기되었다. 이 당시에 작성한 광무양안의 일부가 서울대학교 규장각에 보존되어 있는데, 광무양안에는 논밭의 소재지·자호·범향·등급·토지의 형태·사표·면적·결부수·소유자 등이 등록되어 있다.

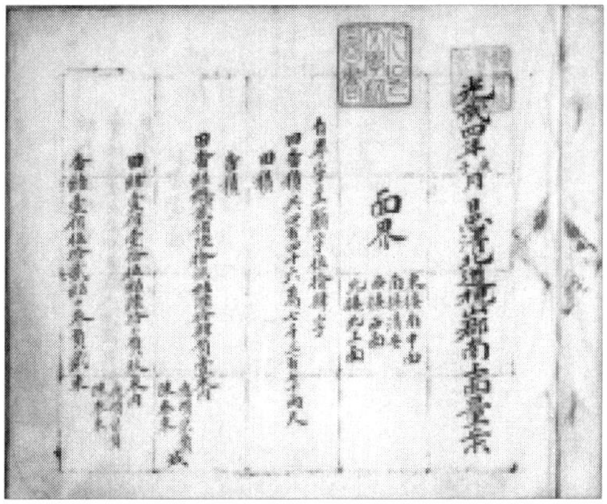

주 : 충청북도 괴산군 남상면의 광무양안(1900, 광무 4년).
출처 : http://terms.naver.com/imageDetail.nhn?cid.(2013.3.3.)

**[그림 2-19] 광무양안**

이상 설명한 기해양안·지계아문양안·양지아문양안의 등록사항을 비교하면 〈표 2-7〉과 같다.

〈표 2-7〉 기해양안 · 지계아문양안 · 양지아문양안의 등록사항 비교

| 구 분 | 기해양안 | 양지아문양안 | 지계아문양안 |
|---|---|---|---|
| 1 | 地番·犯向·田品·等級·田形·地目 | 지번·범향·전형· 지목·쫩(座) | 지번·범향·전품·등급·전형·지목·열좌(쫩座) |
| 2 | 長廣尺<br>結負 | 전답도형도·사표·장광척·결부·量田實積尺· 전품등급 | 장광척 |
| 3 | | | 결부(양전실적척) |
| 4 | | | 斗落(日耕) |
| 5<br>6 | 四標 | 동서사표<br>남북사표 | 동서사표<br>남북사표 |
| 7 | 起主·陳主 | 時作·時主(結名 挾戶)<br>垈主·家主·草瓦家間數 | 時主·陳主 |

출처 : 김추윤, 1997, "고대 지적도인 사표에 관한 연구", 청송 김갑수 교수 정년기념논문집 간행위원회, "1997, 『청송 김갑수 교수 정년기념논문집』, p.259. 재인용.

지계(地契)는 본질적인 면에서 입안(立案)과 동일하였으나, 그 형식이 입안보다 근대화되었을 뿐이다. 대한제국은 지계를 전국적으로 발급할 계획을 세우고 시범적으로 강원도와 충청도의 일부 지방에서만 실시하였으나 잘 시행되지 않아 결국 중지하였다.[117]

한편 가계(家契)는 1906년 5월 24일에 가계발급규칙(家契發給規則)을 공포하고 가옥의 신축·매매·상속·전당의 경우에 가계의 발급을 받도록 규정하였다. 그러나 지계와

117) 박병호, 1974, 『한국법제사고』, 서울, 법문사, pp.70~72.

마찬가지로 가계도 그 실적은 과거 입안의 복고였으며, 한성부 기타 주요 도시에 국한하여 실시되다가 중단되고 말았다.[118]

그 후 을사보호조약이 체결 된 후 통감부를 설치하고 일제는 지계와 가계제도의 실패, 토지와 가옥에 대한 근대적 권리에 관한 공시제도의 시급함을 이유로 1906년에 토지가옥증명규칙(土地家屋證明規則, 1906.10.26. 칙령 제65호)과 동 시행세칙(1906.12.26)을 공포하고 규칙 제1조에 토지와 가옥을 매매・증여・교환・전당할 경우에는 계약서에 통수(統首)나 동장(洞長)의 인증을 받은 후 군수나 부윤의 증명을 받도록 규정하였다.

## 1.4.3 양안의 명칭

양안은 조선 시대의 토지대장으로 시대와 사용처・비치기관 등에 따라 그 명칭을 달리하였는데, 양안등서책(量案謄書冊)・전안(田案)・전답안 (田畓案)・성책(成冊)・양명등서차(量名謄書次)・전답결대장 (田畓結臺帳)・전답결타량정안 (田畓結打量正案)・전답타량책(田畓打量冊)・전답타량안(田畓打量案)・전답결정안(田畓結正案)・전답양안(田畓量案)・전답행심(田畓行審)・양전도행장(量田導行帳) 등의 명칭이 있었으며, 작성 연대에 따라 구양안・신양안, 국왕의 열람을 거친 어람양안(御覽量案), 행정기관별로 작성한 군양안(郡量案)・목양안(牧量案)・면양안(面量案)・리양안(里量案) 등이 있었다.[119]

조선 시대의 토지 소유권의 증명방법에는 전안(田案)・양안(量案)・수세안(收稅案)・깃기(衿記) 등의 공부와 권원서류(權原書類)와 같은 사적(私的)인 것이 있었다.

공적장부로 대표적인 것은 양안이 있었는데, 개인별로 어느 정도의 토지를 소유하고 있는지 정확하게 파악할 수 없는 한계가 있었다. 따라서 관청에서는 수세(收稅)를 위한 개인별 토지소유 대장을 별도로 작성하였는데, 이를 수세안・깃기・마상초(馬上草)・명자책(名字冊)이라고 하였다.[120]

그런데 양안뿐만 아니라 수세안과 같은 공부에서도 소유자의 변동사항은 기재되지 않았고, 단지 등록 당시의 소유자만이 공시될 뿐이었다. 따라서 권리자가 자신의 권리가 진정임을 증명하기 위해서는 공부와 별도로 입안(立案)[121]・입지(立旨)[122]・완문(完文)[123]

118) 박병호, 1974, 위의 책, pp.73~74.

119) 대한지적공사, 2005(b), 『한국지적백년사(옛용어사전)』, p.758.

120) 우병창, 1995, "조선시대에 있어서의 재산법 연구", 고려대학교 대학원, 박사학위논문, p.170. ; 김성옥, 2012, "조선시대의 토지사유제도에 관한 고찰", 『집합건물법학』 제9권, 한국집합건물법학회, pp.169~170. 재인용.

121) 입안(立案)이라 함은 조선시대에 관부(官府)에서 개인의 청원에 따라 발급하는 문서로 매매・양도・결송(決訟) 등의 사실을 관(官)에서 확인하고, 이를 인증해 주기 위해 발급하는 문서를 말한다. 이러한 입안 제도는 고려 시대에도 있었고 조선 시대에도 법제적으로는 계속 실시되었다. 경국대전에는 토지・가옥・노비는 매매 계약 후 100일, 상속 후 1년 이내에 입안을 받도록 규정되어 있었다.

등과 같은 공적 증명문서를 발급받아야만 하였다.

이라한 관급문서도 없는 경우에는 문기(文記)[124]・문권(文券)・명문(明文) 등으로 불리는 사적 증명문서, 상속에 관한 분재문기〈分財文記, 상속문서〉 또는 유서〈遺書, 증여문서〉 등에 의하여 자신의 소유권을 입증하여야 했다.[125]

### 1.4.4 조선의 자

조선전기는 경국대전의 기록으로 보아 "황종척(黃鍾尺)・주척(周尺)・포백척(布帛尺)・예기척(禮器尺)・영조척(營造尺)" 등을 사용하였음을 알 수 있다.

황종척은 세종 때에 사용한 도량형의 기본 단위로써 '기장'이라는 곡물 중 크기가 중간 정도의 것을 골라 100알을 나란히 놓은 길이를 '1척〈1황종척〉'으로 정하고, 1황종척을 10등분한 것을 '1촌', 1촌을 10등분한 것을 '1분', 10척은 '1장'으로 정하였다.[126]

그리고 황종척을 기준으로 주척〈양전을 위하여 사용하는 자〉・포백척〈옷감 거래 및 의복 제조에 사용하는 자〉・예기척〈왕궁품 및 제사 용기 등을 만드는데 사용하는 자〉・영조척〈가옥과 성벽의 축조 등에 사용하는 자〉 등을 새롭게 교정하였는데, 황종척은 세종 15년에 교정하였으며, 주척은 세종 19년에 교정이 이루어졌고, 영조척은 세종 28년에 이르러 교정되었다.

황종척의 길이는 약 34.48㎝ 정도이며 주척은 약 20.6㎝, 영조척은 약 30.8㎝, 포백척은 약 46.66㎝, 예기척은 약 28.63㎝± 정도라고 할 수 있다.[127]

그리고 황종척을 모태로 하여 유척(鍮尺)이라는 자를 만들었는데, 이는 조선시대에 임금이 암행어사에게 임명장인 봉서(封書), 암행어사가 지켜야 할 규칙과 임무를 기록한 사목(事目), 역에서 말을 갈아탈 수 있는 마패(馬牌)와 함께 놋쇠로 만든 유척을 증표로 하사하였다.

---

122) 입지(立旨)라 함은 조선 시대에 관부(官府)에서 판결문을 쓰고 관인을 찍어 개인이 청원한 사실을 공증해 주던 문서로 토지 문기(土地文記), 노비 문기(奴婢文記) 따위를 분실・도난・소실하였을 때 문서가 없어서 발생하는 문제를 예방하기 위하여 발급하는 문서를 말한다.

123) 완문(完文)이라 함은 조선 시대에 관부(官府)에서 향교・서원(書院)・결사(結社)・촌(村)・개인 등에게 발급하는 문서로 일반 백성들에게 어떤 사실을 알리거나 특전을 부여할 때 확인하는 문서를 말한다.

124) 문기(文記)라 함은 고려・조선 시대의 토지・가옥・노비와 기타 재산의 소유・매매・양도 등에 관한 매매계약서를 말하며 문권(文券)・문계(文契)라고도 한다. 토지・노비 등을 매매할 때 새 문기를 작성하고 이전에 작성한 문기(구문기)도 함께 양도했다. 이러한 사유로 토지문기는 전매할 때마다 문기가 추가되어 한 토지의 문기가 10통 이상 묶여 있는 경우도 많았다.

125) 김성옥, 2012, "조선시대의 토지사유제도에 관한 고찰", 『집합건물법학』 제9권, 한국집합건물법학회, p.170.

126) 「조선일보」, 2016.7.25. A28.

127) 이종봉, 2001, 『한국중세도량형제연구』, 서울, 혜안, pp.38~39. p.307.

유척은 지방관청의 도량형이 얼마나 정확한지 판별하고 잘못된 경우 이를 바로잡기 위한 표준자로서 지방 관리들이 도량형을 속여 부정축재를 하진 않는지, 백성들에게 과한 세금을 징수하진 않는지, 규격을 무시한 형구로 지나친 형벌을 가하진 않는지 등 부정부패를 방지하고, 백성을 보살피는 수단으로 사용하였다.

유척은 [그림 2-20]과 같이 길이 246mm·폭 12mm·높이 15mm의 4각 기둥 형태로서 4면 중 한 면에는 예기척과 주척이 새겨져 있으며, 나머지 면에는 포백척·영조척·황종척 등이 반자 씩 사용례와 함께 음각되어 있다.[128]

출처 : 한국의 유산 유척(http://blog.daum.net/hmp5412/15524702, 2014.10.10).

[그림 2-20] 유척

## 1.5 천상열차분야지도

우리나라에서는 천문도를 천상열차분야지도(天象列次分野之圖)라고 불렀는데, 이는 고구려 시대에 돌에 새긴 석각천문도(石刻天文圖)를 바탕으로 조선 초기부터 석각본·목판본·필사본 등으로 제작하여 보급된 한국의 전천천문도(全天天文圖)를 말한다.

### 1.5.1 제작 경위

고구려의 석각천문도는 평양(平讓)성에 있었으나 전쟁으로 잃어버리고 탁본만 남아 이를 바탕으로 조선왕조를 창건한 이성계가 하늘의 뜻에 의하여 세워진 새 왕조의 임금으로서 권위의 표상으로 새로운 천문도(天文圖)를 갖기를 염원하여 1395〈태조 4〉년에 제작되었다.

128) 『조선일보』, 2014.10.7, A30. ; http://blog.daum.net/hmp5412/15524702.(2014.10.10), ; http://terms.naver.com/entry.nhn?docId=1730031&cid.(2014.10.10).

이성계는 도읍을 개성(開城)에서 한양(漢陽)으로 천도[129]한 것을 기념하기 위하여 권근(權近)[130]을 책임자로 류방택(柳方澤)[131]・설경수(偰慶壽)[132]・권중화(權仲和)・최융(崔融)・노을준(盧乙俊)・윤인용(尹仁龍)・지신원(池臣源)・김퇴(金堆)・전윤권(田潤權)・김자수(金自綏)・김후(金候) 등 12명의 학자에게 명하여 1395년 12월에 고구려 천문도를 바탕으로 [그림 2-21]과 같이 너비 122.7cm, 높이 211cm, 두께 11.8cm 크기의 흑요석(黑曜石)에 천상열차분야지도를 새겨 만들었다.[133]
천상열차분야지도에는 임금의 뜻을 받들어 권근이 글을 짓고〈記〉, 류방택이 시대에 맞게 별들을 추산하고, 설경수는 글씨를 썼다〈書〉는 내용이 천문도의 설명문 끝에 새겨져 있다.[134]

따라서 류방택은 천문학자로써 천상열차분야지도 제작에 주역을 담당하였으며 권근은 이조의 개국공신으로 문필가이며 대학자로써 천상열차분야지도 제작의 서문을 지었고, 설경수는 공예와 서예전문가로써 천상열차분야지도의 글씨를 쓰고 조각을 담당하였던 것을 알 수 있다.

---

129) 한양 천도는 1393년 2월 국호를 조선으로 바꾼 이성계는 개국 3년 되던 1394년〈태조 3〉 9월부터 신도(新都) 궁궐조성도감을 설치하여 건설계획을 진행하는 한편 10월에 한양 천도를 단행하였다.

130) 권근〈權近, 1352년(공민왕 1)~1409년(태종 9〉의 본관은 안동이며 어렸을 때 이름은 진(晉)・자는 가원(可遠)・호는 양촌(陽村)으로 대학자이며 문학가이다. 할아버지는 검교시중 문정공(文靖公) 고(皐)이고, 아버지는 검교정승 영가부원군(永嘉府院君) 정간공(靖簡公) 희(僖)이다. 1368년(공민왕 17) 성균관시, 다음해 문과전시에 급제하여 예문응교・좌사의대부・성균대사성・예의판서를 지냈다. 이조의 개국 공신으로 1393년(태조 2) 왕의 부름을 받고 계룡산 행재소로 가서 새 왕조의 창업을 칭송하는 노래를 짓고, 왕명으로 태조의 아버지인 환조(桓祖)의 비문을 지었다. 이후 새 왕조에 출사하여 예문관춘추학사 겸 대사성・중추원사 등을 지냈다.

131) 류방택〈柳方澤, 1320~1402〉의 본관은 서령(瑞寧)이며 자는 태보(兌甫)・호는 금헌(琴軒)으로 충남 서산의 구치산 아래 양리촌(陽里村, 현 인지면 애정리)에서 출생한 고려 말・조선 초의 천문학자이며 대선비로서, 고려(高麗) 태조(太祖) 시대의 대승공(大丞公) 류차달(柳車達) 시조의 10세손 류성간(柳成澗 ; 일명 成梓)을 중시조로 하는 서령류씨〈瑞山柳氏라고도 한다.〉의 7세손으로 저자 류병찬의 19세 선조이며,(제7편 제1장, 광복 전 시대의 주요 인물 참고) 저자는 류방택과 동일한 동리에서 출생하였다.

132) 설경수(偰慶壽, 생졸년 미상)의 본관은 경주(慶州)이며 자는 천우(天祐)・호는 용재(傭齋)로 회골(回鶻, 위구르계)사람으로 귀화한 성씨이다. 1376년(고려 우왕 2)에 병진방(丙辰榜)으로 고려 문과에 급제하였으며 벼슬이 직제학에 이르렀다. 공예도 출중하여 태조 이성계의 명으로 당시 훼손되었던 용상의 용의 무늬를 옛것으로 재생하여 조각하여, 이의 공적을 기리어 필원록(筆苑錄, 글씨로 유명하여 나라의 인정을 받은 분을 등록한 책)에 그의 이름을 실었다.

133) 나일성, 2002, 『한국천문학사』, 서울대학교 출판부, p.84.

134) 금헌 류방택 기념사업회(http://www.ryubangtaek.org/map-01.htm, 2010.9.20.) ; 車柳大宗會 中央總本部, 2003, 『車柳宗史五千年』, 車柳公報社, p.245.

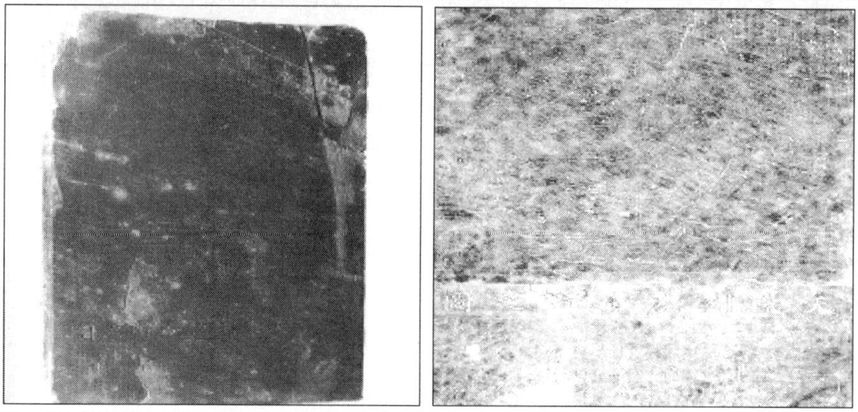

주 : 태조 석각본(좌, 국보 제228호)과 석각본의 탁본(우).
출처 : 한국천문학회, 1995, 『한국의 천문도』, p.17, p.20.

[그림 2-21] 천상열차분야지도(석각본)

천상열차분야지도는 둥근 원 안에 전통적으로 동양 천문학에서 중요하게 여기는 삼원〈三垣, 자미원 · 태미원 · 천시원〉 · 28수(宿) · 12차(次)가 모두 새겨져 있고 그 둘레에는 천문학에 대한 기본 지식이 간단하게 적혀 있다.

그리고 원형 아래에 "天象列次分野之圖"라는 이름이 머리 부분에 새겨져 있는데, 이는 "하늘의 형상을 구역별로 나누어 순서대로 배열해 그린 그림"이라는 뜻으로 천문 현상을 12차로 나누고 분야를 밝혀놓았다는 의미에서 붙인 것이다.

그 밑에는 천문도의 제작과정과 참가자의 이름 및 1395년에 만들어졌다는 내용이 적혀 있는데 이것은 문필가이며 학자로 유명한 권근이 지은 것이다.

천상열차분야지도는 임진왜란과 병자호란 등을 거치면서 그 존재가 잊혀 졌고, 세월이 지나 마모가 심해 판독하기 쉽지 않아 1433〈세종 15〉년에 세종 석각본과 1687〈숙종 13〉년에 숙종 석각본을 제작하였는데, 세종 석각본은 전해지지 않고 숙종 석각본은 보물 제837호로 지정되어 현재 세종대왕기념관에 전시되어 있다.

고인돌에 천문도를 새길 만큼 천문에 조예가 깊었던 우리 선조의 과학기술이 고구려와 조선 시대로 이어져 천문측량을 실시하고 천문도인 천상열차분야지도를 작성하여 돌에 새긴 것이다.

## 1.5.2 수록 내용

천상열차분야지도에는 [그림 2-22]와 같이 중앙의 원안에 282개의 별자리에 1,467개의 별을 다양한 크기의 점으로 새겨져 있다. 북극을 중심으로 천체를 평면에 옮겨놓은 것인데 각각의 별들이 비교적 정확하게 제자리에 그려져 있으며, 춘분점과 추분점의 위치, 28수의 기준별에 대한 좌표, 황도(黃道)[135]와 적도(赤道)의 경사각, 황도와 백도(白道)[136]와의 경사각에 대한 값들이 수치로 나타나 있다.

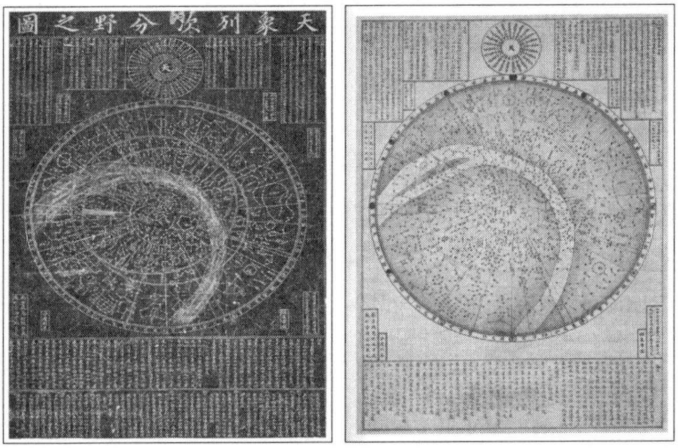


주 : 천상열차분야지도 복원도(좌), 채색사본(전상운 소장품, 우).
출처 : http://www.ryubangtaek.or.kr/new/ryu_02.html.(2011.12.20), 전상운, 2000, 『한국과학사』, p.33.

[그림 2-22] 천상열차분야지도(복원도)

천상열차분야지도에 새겨진 별의 그림은 기원전 511년경으로 나타났으며, 북극까지의 거리를 조사한 계산서에는 기원전 5백년경인 고조선 말기에 그려진 것으로 확인되었다. 이를 355년, 즉 고구려 시대에 석각천문도로 만들어 평양에 보관한 것이 바로 천상열차분야지도이다.[137]

경복궁내에 있는 국립고궁박물관에 들어서면 아주 커다란 비석모양의 돌 하나를 볼 수 있는데, 돌에는 양쪽으로 여러 모양과 글이 적혀져 있으며 한쪽은 매우 마모가 심하여 판

135) 황도(黃道)라 함은 하늘에서 해가 한 해 동안 지나는 길로, 지구의 공전에 의해 생긴다. 황도는 태양 주위를 공전하는 지구의 궤도면과 천구가 만나는 커다란 원이며, 하늘의 적도와 약 23.5°기울어져 있으며, 적도와 만나는 두 점을 각각 춘분점, 추분점이라 한다.

136) 백도(白道)라 함은 천구상에서 달이 지나는 경로를 말한다.

137) 이종호·박택규 지음, 2006, 『한국의 과학기술이야기』, 서울, 집사재, pp.279~281.

독이 거의 불가능한 상태이고 앞쪽에는 누가 봐도 하늘의 별자리를 새겨놓은 것을 알 수 있다. 이것이 1985년 8월 9일 국보 제228호로 지정한 천상열차분야지도각석(天象列次分野之圖刻石)이다.[138]

1995년 11월 11일에 천상열차분야지도 석각 600주년 기념 및 한국천문학회 창립 30주년 기념학술대회가 서울대학교에서 개최되었는데, 유정로 · 나일성 · 박성래 · 남문현 · 이용삼 · 박창범 교수 등의 연구 결과가 발표되어 천문학계와 일반인에게 천상열차분야지도의 존재를 알리고 과학사적 가치를 규명하는 중요한 계기가 되었다.[139]

천상열차분야지도에 관한 가장 많은 관심과 주목을 받은 연구는 박창범 서울대학교 교수의 연구결과로써 다음과 같은 사실을 밝혀냈다.[140]

첫째, 지구의 자전축, 즉 북극은 2만5천8백년을 주기로 별들 사이를 서서히 옮겨가며 하늘에서 원을 그린다. 이 변화를 세차운동(歲差運動)이라고 하는데 이 점을 이용하여 옛 천문도에 그려진 별자리들의 위치를 북극과 적도의 위치와 비교하여 그 천문도가 어느 시대의 밤하늘을 나타내는지 알 수 있다. 이 방법을 통하여 천상열차분야지도의 별 그림이 나타내고 있는 시점을 측정한 결과 천문도 중앙부인 북극 주변은 조선시대 초 근처로, 그 바깥에 있는 대부분의 별들은 서기 1세기경인 고구려 시대 초로 그 시기가 밝혀져 동서를 막론하고 관측연대 상으로 세계에서 가장 오래된 성도라는 사실을 밝혀냈다.

둘째, 덕수궁 궁중유물전시관에 천상열차분야지도 태조 석각본이 전시되어 있는데 이 석각본의 양쪽 면에는 각각 천문도가 하나씩 새겨져 있다. 마모가 심한 쪽을 뒷면이라고 부르는데, 그 동안 이 앞뒷면의 천문도는 배열만 다를 뿐 내용은 같다고 알려져 왔으나, 이 석각본 앞뒷면의 별 그림이 서로 다르다는 사실을 밝혀냈다.

셋째, 천상열차분야지도에 새겨진 별들은 실제 별의 밝기에 맞추어 그 크기도 각각 다르게 표현되어 있다. 그런데 별의 실제 밝기를 반영해 표현한 정도가 보천가를 포함한 중국의 그 어떤 성도보다도 더 정확하다는 사실을 밝혀냈다.

따라서 박창범 교수는 천상열차분야지도가 중국의 천문도를 베낀 것일 수 없음을 입증하였으며, 독자적이고 보다 정확한 관측에 기초한 천문도라는 중요한 사실을 밝혀냈다.

138) http://cafe.daum.net/26gjmms/DsZp/4?docid.(2008.7.25.)
139) 박창범, 2002, 『하늘에 새긴 우리 역사』, 김영사, p.122.
140) 박창범, 2002, 위의 책, pp.115~117.

### 1.5.3 중요성의 인식

조선 태조 4〈1395〉년에 류방택이 주도하여 제작한 천상열차분야지도는 세계적으로 남아 있는 고대의 석각 천문도 중에서 1247년 중국의 남송 시대에 왕치원(王致遠)이 제작한 순우천문도(淳祐天文圖)에 이어 두 번째로 오래된 천문도로써[141] 우리 나라 역사의 대표적인 유산이며 세계적인 보물이라고 할 수 있기 때문에 그 중요성이 널리 인정되어 다음과 같은 조치가 이루어 졌다.

첫째, 1983년에 국가에서 국보(國寶)[142] 제228호로 지정하였다. 천상열차분야지도가 국보로 지정되기 전까지는 창덕궁의 창고 속에 보관되어 있어 세상에는 거의 알려지지 않았다.

둘째, 한국천문연구원은 국내에서 새로 발견한 2개의 소행성에 천상열차분야지도를 제작한 천문학자인 류방택을 기리기 위하여 한국인 천문학자의 인명을 헌정하고자 국제천문연맹(IAU : International Astronomical Union) 산하 소행성센터(MPC : Minor Planet Center)로부터 최종 승인을 얻어 2000년 12월 6일에 제106817호로 [그림 2-23]과 같이 우리나라 최초로 과학자의 이름을 헌정하여 밤하늘에 떠 있는 "류방택(106817 Yubangtaek)별[143]"로 지정하였다.[144]

셋째, 2006년 8월에 문화체육관광부에서 고구려 이래로 한국인의 천문관과 우주 이해도를 잘 드러내고 동양에서 두 번째로 오래된 우리의 독자적인 별자리 지도라는 중요성을 인정하여 우리 민족문화 100대 상징물[145]로 선정하였다.

141) 서산 류방택 천문기상과학관(http://www.ryubangtaek.or.kr/new/ryu_02.html.(2010.9.5.)

142) 국보(國寶)라 함은 우리 민족의 역사와 문화를 대변해주는 귀중한 사적 자료이며, 영원히 보존되어야 할 민족적 · 국가적 최고의 재산으로 「문화재보호법」에 의하여 문화재청장이 보물에 해당하는 문화재 중 인류문화의 관점에서 볼 때 그 가치가 크고 유례가 드문 것을 문화재위원회의 심의를 거쳐 국보로 지정 관리하고 있다.

143) 류방택(Yubangtaek)별은 2000년 12월 6일 제106817호로 우리나라 과학자 이름이 붙여진 최초의 소행성이다.

144) 106817 Yubangtaek is an asteroid. It was discovered by Young-Beom Jeon and Byung-Chol Lee on December 6, 2000. Its provisional name was 2000 XC44. It was named after Yu, Bangtaek, a 13th-century Korean Joseon Dynasty astronomer, co-author of the stone star chart Cheonsangyeol chabunyajido. It has an absolute magnitude of 15.6 and an orbital period of 1999.22. days. (http://en.wikipedia.org/wiki/106817_Yubangtaek. 2010.9.20.)

145) 민족문화 100대 상징물은 2006년에 문화관광부에서 한국을 대표하는 민족상징, 강역 및 자연 상징, 역사상징, 사회 및 생활상징, 신앙과 사고 상징, 언어 및 예술상징의 6개 분야로 구분하고 분야별 세부분야를 설정하여 과학기술분야의 상징물로써 천상열차분야지도를 비롯하여 거북선, 측우기, 물시계와 해시계, 수원화성, 정보통신(IT)의 6개 상징물을 선정하였다.

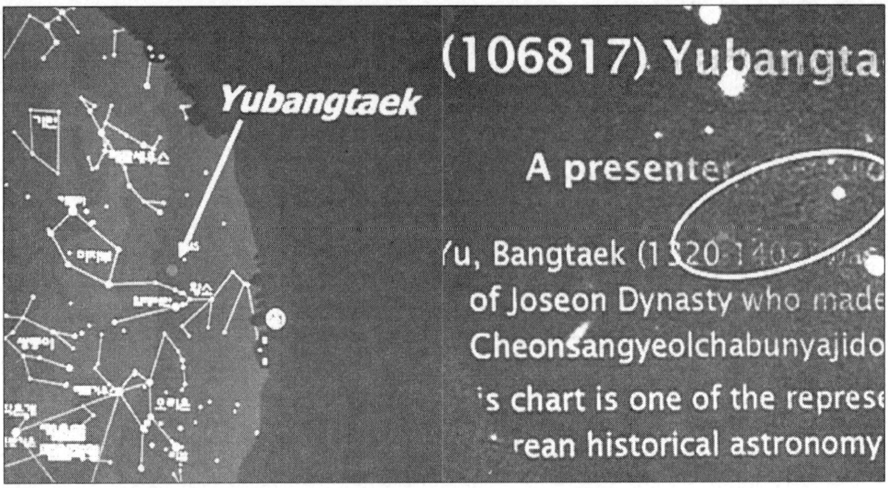


출처 : http://ko.wikipedia.org/wiki/106817 %EC%9C%A0%EB%B0%A9%ED.(2010.9.20.)

[그림 2-23] 류방택(Yubangtaek)별

넷째, 2006년부터 충청남도 서산시(瑞山市)에서 한국천문연구원과 사단법인 금헌 류방택 기념사업회가 공동으로 선생의 업적을 기리고 청소년들에게 천문과학에 대한 꿈과 희망을 심어주고자 매년 "류방택 별 축제"를 개최하고 있다.

다섯째, 2007년 1월부터 정부에서 발행한 [그림 2-24]와 같은 1만 원권 지폐의 뒷면에 고려대학교 박물관에 소장되어 있는 혼천의〈渾天儀, 국보 제230호〉의 배경사진으로 쓰이면서[146] 널리 알려지기 시작하였다.

주 : 1만원권 지폐 뒷면의 혼천의(渾天儀)의 배경사진으로 천상열차분야지도가 들어가 있다.

[그림 2-24] 1만원권 지폐의 천상열차분야지도

여섯째, 2010년 9월에 국가에서 류방택 선생의 출생지인 충남 서산시 인지면 애정리 151-8번지에 '서산 류방택 천문기상과학관'을 건립하여 운영하고 있다.

146) http://enc.daum.net/dic100/contents.do.(2008.7.25.)

그리고 2014년 8월에 서산시 해미읍에 소재한 해미(海美) 순교성지를 방문한 프란치스코(Francis Jorge Mario Bergoglio) 교황에게 천상열차분야지도가 교황의 소박하고 검소한 이미지에 적합하고 서산을 알릴 수 있는 대표적 기념품이라고 판단하여 이완섭 서산시장이 [그림 2-25]와 같은 한글과 영문 설명 및 태극기와 1만원권 지폐가 표현된 '천상열차분야지도'의 모형을 선물로 전달하였다.147)

주 : 2014년 8월 17일 충청남도 서산시장이 프란치스코 교황에게 선물한 천상열차분야지도의 모형임.

출처 : 충청남도 서산시 보도자료(공보전산담당관실, 2014.8.14.)

[그림 2-25] 프란치스코 교황에게 선물한 천상열차분야지도의 모형

### 1.5.4 서산 류방택 천문기상과학관

2010년 9월에 국가에서 류방택의 업적을 기념하기 위하여 선생의 출생지인 충남 서산시 인지면 애정리 151-8번지에 [그림 2-26]과 같은 "서산 류방택 천문기상과학관"을 건립하였다.

"서산 류방택 천문기상과학관"은 부지면적 3,770㎡에 건축연면적 964㎡의 지상 2층, 지하 1층 규모로 현대식 주관측실과 보조관측실 · 천체투영실 · 전시교육실 · 시청각실 등을 갖추고 있으며, 주관측실은 7m 원형돔에 600㎜ 반사망원경과 132㎜ 가이드망원경을, 보조관측실은 115㎜ 굴절적도의식망원경, 200㎜ 반사적도의식망원경, 200㎜ 반사굴절망원경과 235㎜ 반사굴절망원경, 150㎜+100㎜ 태양망원경 등을 보유하고 있다.148)

147) 충남 서산시 보도자료(공보전산담당관실, 2014.8.14), 『중부매일』(2014.8.17.)

148) 서산 류방택 천문기상과학관(http://www.ryubangtaek.or.kr/new/ryu_02.html.(2010.9.5.)

출처 : 서산 류방택 천문기상과학관(http://www.ryubangtaek.or.kr/new/intro01.html,/2012.1.10.)

[그림 2-26] 서산 류방택 천문기상과학관

## 1.6 수 표

1441〈세종 23〉년에 가뭄과 홍수가 겹쳐 정확한 강우량을 측정할 필요성이 커지자 측우기를 고안하면서 고대 이집트에서 설치한 나일로미터와 유사한 수표(水標)를 발명하여 설치하였다. 당시에는 수도인 한양을 끼고 흐르는 한강의 범람이 가장 큰 문제였으므로 청계천의 마전교〈馬廛橋 : 현 수표동 수표교 자리〉 서쪽과 한강변 바위에 설치하였으며, 수표로 강물의 수위를 재서 비가 얼마나 왔고 얼마나 가뭄이 심한가를 알았으며, 이러한 기록은 현재 기우제등록(祈雨祭謄錄)으로 남아 있다.[149]

세종의 명으로 서운관(書雲館) 소속 학자들이 고안한 원래의 수표는 처음에 나무로 만들었다가 나중에〈세종~성종 연간〉 돌로 바꾸었는데 수표의 표신(表身)은 1773〈영조 49〉년이나 1833〈순조 33〉년에 만들어진 것이라고 하며, 1959년 청계천 복개공사 때 장충단공원으로 이전했다가, 1973년에 [그림 2-27]과 같이 다시 지금의 서울특별시 동대문구 청량리동 세종대왕기념관의 정원으로 옮겨 놓았다.[150]

149) 나일성, 2002, 『한국천문학사』, 서울대학교 출판부, pp.173~174.
150) http://terms.naver.com.(네이버 백과사전, 2012.5.10.)

## 1.7 도면 제작

### 1.7.1 지 도

우리나라는 일찍부터 "문적(文籍)의 나라"라 할 만큼 지리지(地理誌)와 함께 지도가 많이 편찬되었다. 삼국과 고려 시대부터 제작된 지도는 조선 시대 들어 국가적인 관심이 높아지면서 본격적으로 제작되었다.151)

조선 시대 초기인 1396〈태조 5〉년에 이첨(李詹)이 삼국도(三國圖)라는 지도를 그렸고, 1402년에 좌정승 김사형(金士衡)·우정승 이무(李茂)·권근(權近)·이회(李薈) 등이 혼일강리역대국도지도(混一疆理歷代國都之圖)라는 세계지도를 제작하였다.152)

출처 : 나일성, 2002, 『한국천문학사』, 서울대학교 출판부, 화보 14.

[그림 2-27] 조선 시대의 수표

혼일강리역대국도지도는 1402년에 제작한 우리나라 최초의 세계지도로써, 이 지도는 15세기 세계지도 중에서 가장 훌륭한 지도로 평가되고 있으며, 중국이나 일본의 어떤 세계지도보다 앞선 것으로 동아시아의 지도제작 전통에서 현존하는 가장 오래된 세계지도로써 하단에 천상열차분야지도 제작의 서문을 지은 양촌(陽村) 권근의 발문이 있다.153)

크기는 세로 158.5cm, 가로168.0cm이며, [그림 2-28]과 같이 비단 바탕에 그린 채색 필사본으로, 원본은 일본 교토(京都)의 류고쿠대학(龍谷大學)에 있으며 규슈〈九州〉·시마바라시〈島原市〉·혼코지〈本光寺〉에도 유사본이 있다.

혼일강리역대국도지도는 한국과 중국을 중심으로 동쪽으로 일본, 서쪽으로는 유럽과 아프리카까지 당시 알고 있던 세계인 구대륙 전체를 그린 사실적이고 정확한 지도로써, 한반도의 모습이 현대 지도와 매우 비슷하다.154)

팔도도(八道圖)는 1402년에 이회(李薈)가 제작한 조선전도로 혼일강리역대국도지도에

151) 남영우, 2011, 『일제의 한반도 측량침략사』, 서울, 법문사, p.5.
152) 서울시립대학교박물관, 2004, 『땅의 흔적, 지도이야기』, p.9. ; 한영우 외 2인, 2005, 앞의 책, p.21.
153) 김추윤, 1998.11, "行基圖", 대한지적공사, 『地籍』 제284호, pp.13~19. ; 전상운, 2000, 『한국과학사』, 서울, 사이언스북스, p.31. ; 개리 레이야드 지음, 장상훈 옮김, 2011, 『한국 고지도의 역사』, 서울, 소나무, p.44.
154) 조규전, 2003, 앞의 책, p.17. ; http://blog.daum.net/kytpaul.(2007.9.20.)

서 누락된 한반도 부분과 똑같은 지도로 추측되나 실제 지도는 전해지지 않고 있다.[155)]

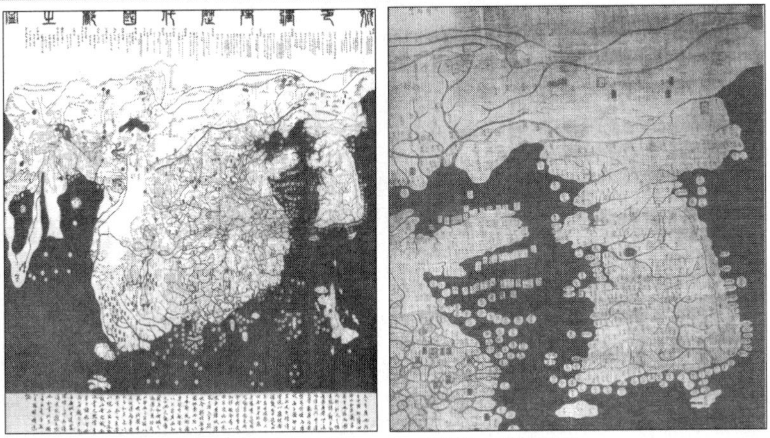

주 : 혼일강리역대국도지도(좌), 혼일강리역대국도지도의 한반도 세부도(우)
출처 : 개리 레이야드 지음, 장상훈 옮김, 2011, 『한국 고지도의 역사』, 서울, 소나무, p.47, p.49.

[그림 2-28] 혼일강리역대국도지도

천하도(天下圖)는 1750년경에 손으로 그린 지도첩에서 나왔으며[156)], 19세기말에는 셀 수 없을 만큼 다양한 종류의 사본과 목판본이 존재했고 세계의 여러 박물관에서 소장하고 있다.

천하도에 표현된 육지는 평평하였으며, 중국은 가운데에 위치하였고 반도인 한국은 지도에서 두드러져 눈에 띄었고 고전 문명의 중심인 중국과 가까이에 위치하였으며, 일본은 한국보다 작게 그렸는데 대부분의 한국인들이 그것이 옳다고 생각했다.[157)]

천하도는 [그림 2-29]와 같이 원형으로, 중앙에 중국과 조선이 있는 큰 땅덩어리가 있고 바깥 대륙이 둥그런 고리마냥 안쪽의 대륙을 에워싸고 있으며, 그 사이에는 바다가 있어 격리되어 있다.

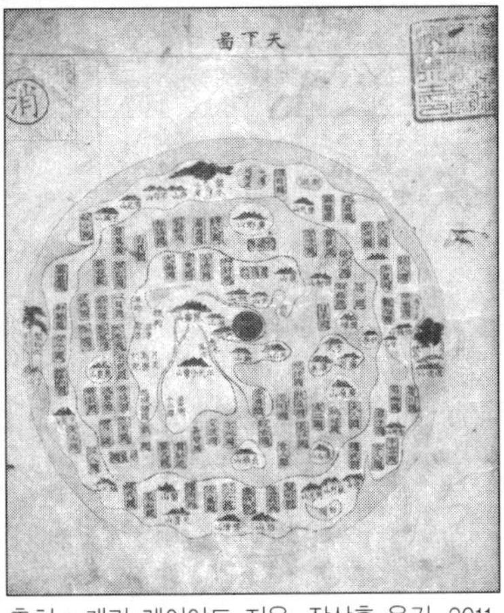

출처 : 개리 레이야드 지음, 장상훈 옮김, 2011, 『한국 고지도의 역사』, 서울, 소나무, p.47, p.92.

[그림 2-29] 천하도

155) 조규전, 2005, 위의 책, p.17.
156) 제러미 블랙 지음, 김요한 옮김, 2006, 『세계지도의 역사』, 서울, 지식의 숲, p.47, p.103.
157) 개리 레이야드 지음, 장상훈 옮김, 2011, 『한국 고지도의 역사』, 서울, 소나무, p.47, pp.84~85.

오른쪽의 동쪽 끝에는 해가 떠오르는 부상(扶桑)이 있어 뽕나무가 그려져 있고, 서쪽 끝에는 해가 지는 방산(方山)이 있어 거기에 반격송(盤格松)이 그려져 있다. 부상의 왼쪽에는 감연(甘淵)이 있고 바깥의 고리와 안쪽의 대륙 사이에는 신선들이 산다는 봉래삼산(蓬萊三山)인 방장(方丈)・영주(瀛洲)・봉래(蓬萊)의 세 산이 크게 표시되어 있다.

천하도에 나타나 있는 나라들은 일본이나 류구(琉球)국・안남(安南)국・서쪽의 월지(月支)와 대완(大宛)[158)] 정도이며, 실크로드상의 몇몇 나라들을 제외하고는 사실상 모두 상상 속의 나라들로써[159)] 사람이 죽지 않는 나라라고 하는 불사국(不死國)・머리가 세개 달려 있다는 삼수국(三首國)・그리고 삼신국(三身國)・일목국(一目國)・우민국(羽民國) 등이 내해와 환 대륙에 배열되어 있다.[160)]

이어서 조선 후기의 실학자이자 지리학자인 고산자(古山子) 김정호〈金正浩, 1804~1866〉가 1834〈순조 34〉년에 청구도(靑邱圖)를 제작한 후 1857〈철종 8〉년에 동여도(東輿圖)를 거쳐 1861〈철종 12〉년에 [그림 2-30]과 같은 대동여지도(大東輿地圖)를 완성하였다.

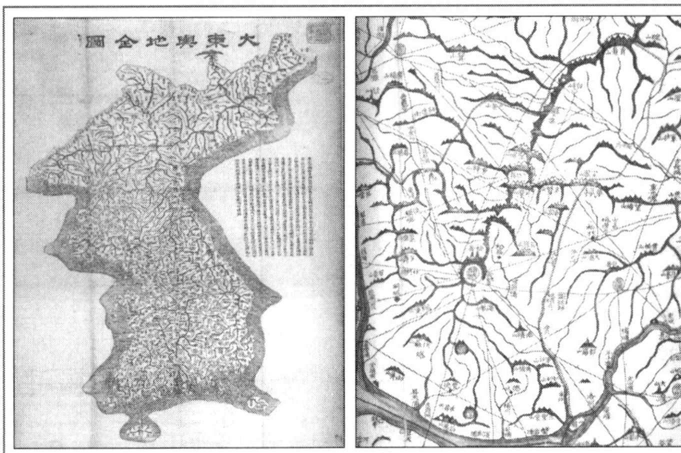


주 : 대동여지전도(좌), 대동여지도의 개성지역(우)
출처 : 개리 레이야드 지음, 장상훈 옮김, 2011, 『한국 고지도의 역사』, 서울, 소나무, p.298, p.304.

[그림 2-30] 대동여지도

158) 안남(安南)국은 중국인이 베트남을 가리켜 부른 명칭이고, 월지(月支)는 기원전 3세기~1세기 경 북아시아와 중앙아시아에 존재했던 유목 민족과 그 국가를 말하며, 대완(大宛)은 중국 한(漢)나라 때 중앙아시아의 페르가나에 있던 오아시스 국가를 말한다.

159) http://cafe.naver.com/psyang7.(2007.9.20.)

160) http://terms.naver.com/entry.nhn?docId=563267&mobile&categoryId=1588.(2012.11.2.)

대동여지도는 김정호가 여러 해에 걸쳐 현지를 답사하고 고증을 통해 당시의 지리지를 집대성한 조선 시대 최대·최고의 과학적인 지도로써, 한반도를 북에서 남까지 동서로 끊어 22폭으로 나누어 70여 장의 목판에 새겨 22개의 첩으로 만든 목판지도이며, 성신여자대학교 박물관에 보관되어 있는 대동여지도는 보물 제850호로 지정되어 있다.

대동여지도의 크기는 가로 3m, 세로 7m나 되며 축척은 약 16만분의 1이고, 1861〈철종 12〉년에 처음 찍어낸 뒤 1864〈고종 1〉년에 재판되었다.[161]

우리나라는 세계에서 가장 과학적이고 예술적인 지도를 만든 나라로 알려지고 있으며, 19세기 중엽에 대동여지도를 만든 김정호는 아시아 최고의 지도학자로 평가받고 있다.[162]

### 1.7.2 어린도

조선 시대 말기에 접어들면서 토지에 대한 과세와 소유권을 증명하기 위하여 [그림 2-31]과 같은 어린도(魚鱗圖)[163]와 단자도(團子圖)[164]를 기초로 유조지약도(有租地略圖)[165]를 작성하였다.

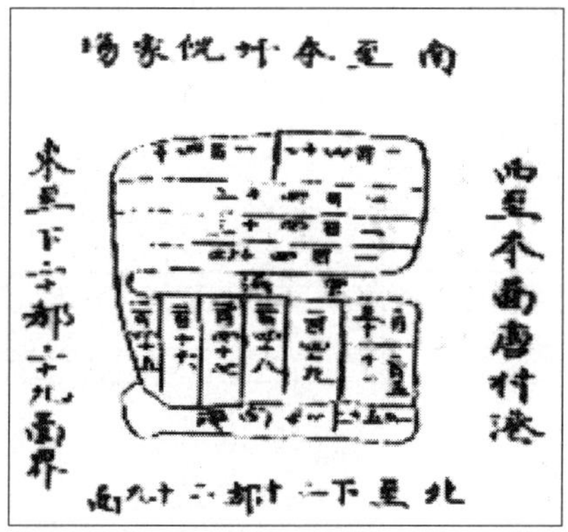

출처 : 리진호, 1999, 『한국지적史』, 서울, 도서출판 바른길, p.230.

[그림 2-31] 어린도

1898〈고종 35〉년에 대한제국에서 설립한 양지아문(量地衙門)에서 1900〈고종 37〉년에 현대식 지도라고 할 수 있는 한성부지도(漢城府地圖)를 제작했고, 1910년대부터 일제에 의한 토지조사사업의 일환으로 삼각점·소삼각점 및

161) http://kin.naver.com/open.(2007.9.20.)

162) 한영우, 2005, 앞의 책, p.40.

163) 어린도(魚鱗圖)라 함은 일정한 구역에서 세분화된 토지모양이 물고기의 비늘이 연속적으로 잇닿아 있는 것과 같다고 하여 붙여진 명칭이다. 중국 송대에 처음 만들어져 명청(明淸) 시대에 주로 시행되었던 도면을 말한다.〈김추윤, 1996, "어린도고", 『가는 마음 남은 사람』(함송 노창호 지사장 정년퇴임 기념논문집), pp.100~101.〉

164) 단자도(團子圖)라 함은 단자(團子 : 일본발음으로 당꼬라고 부르는 떡으로 우리나라의 경단과 같은 모양임)를 늘어놓은 것과 같다는 뜻으로 사용되었다. 일본 이와테현에서는 회도(繪圖)상의 요소요소에 작은 원을 그려서 소유주의 이름을 기입한 것을 단자도 라고도 부르고 있다. 또한 담합도(談合圖)라는 해석도 있어 히로시마현에서는 정·촌(町·村)사무실에 비치하던 공도(公圖)를 당꼬(단자)도라고 부르고 있는 정·촌이 있으며 미에현에서도 이와 같은 호칭을 사용하였다고 한다.(佐藤甚次郎, 1996, 明治期作成の地籍圖, 일본 株式會社 古今書院, p.270.)

165) 유조지약도(有租地略圖)라 함은 1911년에 충청북도와 충청남도에서 과세지견취도 작성 시험사업을 시작하였는데, 이때에 충청북도에서는 유조지약도, 충청남도에서는 유조지견취도라고 불리었으나, 조선총독부에서 과세지견취도 작성의건(1912.3.4. 조선총독부령 제20호)을 제정하여 과세지견취도로 통일하였다.

세부측량용 도근점을 기초로 하여 작성된 지적도(地籍圖)를 축도(縮圖)한 도면 위에 일반적인 지형과 행정구역 등을 그려 넣어 1/10,000, 1/25,000, 1/50,000의 지형도(地形圖)를 작성하였고 실측도를 축도하여 작성한 전국 단위의 1/200,000, 1/1,500,000, 1/2,500,000의 지세도(地勢圖)와 각 도 단위의 1/500,000의 지세도를 각각 작성하였다.[166)]

따라서 조선 말기에 본격적으로 배태된 대축척 지도의 제작은 대한제국 말기에 와서 국지적인 토지조사・국유지조사・민유임야 측량・한성부 측량 등 준비과정을 거쳐 일제시대에 실시한 토지조사사업의 성과에 의하여 근대적인 대축척 지적도가 작성되었다.

정약용이 저술한 『경세유표(經世遺表)』의 전제별고(田制別考) 2의 어린도설(魚鱗圖說)[167)]에 의하면 "어린도를 만들고자 하면 먼저 한 현(縣)을 잡아서 그 사방을 계산하고 자오 방위〈子午 方位, 남북의 정방〉를 바룬 다음, 경위선을 그어 총도(總圖)를 만들며, 다음 한 향〈鄕, 면(面)임〉을 잡아서 자오 방위를 바루고 경위선을 그어 그 향의 총도를 만들며, 다음 한 촌〈村, 이(里)임〉을 잡아서 자오 방위를 바루고 경위선을 그어 그 촌의 총도를 만들며, 다음 한 휴(畦) 되는 땅〈25묘 10 마지기임〉을 잡아서 사방 50보마다 도본 한 폭(幅)을 만들며〈길이가 50보이고 폭도 50보이다.〉, 또한 자오 방위를 바루고 경위선을 그어 분도를 만든다.

무릇 도면을 만들려면 먼저 자오로 큰 선을 바룬 다음, 경위선은 먹으로 긋고, 경계선은 주묵(朱墨)을 이용한다. 먹 선은 모두 반듯하지만 주선(朱線)은 혹 둥글기도 하고 혹 모나기도 하며, 기울고 삐뚤어지고 뾰족하고 뭉툭한 천 가지 모습과 만 가지 형상을 죄다 그 본디 모양대로 그린다.[168)]"고 어린도의 작성방법을 서술하고 있다.

그리고 『경세유표』의 전제별고 3의 어린도설에 의하면 일현지도(一縣地圖)는 [그림 2-32]와 같이 동쪽은 아무 현 경계까지 28리 이고, 서쪽은 아무 군(郡) 경계까지 40리 이며, 남쪽은 아무 부(府) 경계까지 35리 이고, 북쪽은 아무 주(州) 경계까지 38리 이다. 완전한 방이 37구〈區, 온전한 1방은 사방 10리 이다.〉이고 비스듬한 방이 25구인데, 끊어 보태면 완전한 방이 12구로 되고 거기에 포함된 전지를 알 수가 있다.

일향지도(一鄕地圖)는 [그림 2-33]과 같이 남과 북은 6리 반〈1구가 1리로 된다.〉이고, 동과 서는 9리 반이다. 온전한 방이 36구〈1방이 1리씩이다.〉이고, 부서진 방이 22구인데

---

166) 원영희, 1977, 『한국지적사』, 서울, 보문출판사, pp.335~336.

167) 어린도설(魚鱗圖說)은 정약용이 사표(四標)가 인접 토지와 등급을 비교할 수 없어 부정의 소지가 있으니 어린도(魚鱗圖)를 채택하자고 주장하였으나 조정에서 이를 수용하지 아니 하였다. 충청북도에서 어린도가 사용되었다는 기록이 있으나 실물은 없고 일본 국회도서관 별관 및 중국 당안에 간직되어 있다.(대한지적공사, 2005(b), 『한국지적백년사 옛 용어사전』, p.764.)

168) 정약용, 1986, 『경세유표(고전국역총서)』, 민족문화추진위원회, p.341.

끊어 보태서 10여 구로 되었다. 통계해서 46구이니 곧 옛적 46부 되는 땅이다. 그 중 6구는 산이니 실제 전지는 40구뿐이다.〈방전 1백 60구로 된다.〉

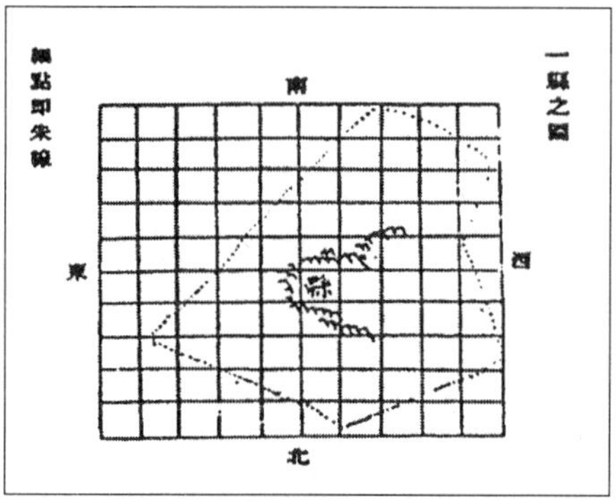


출처 : 정약용, 1986, 『경세유표(고전국역총서)』, 민족문화추진위원회, p.194.

[그림 2-32] 일현지도(一縣地圖)

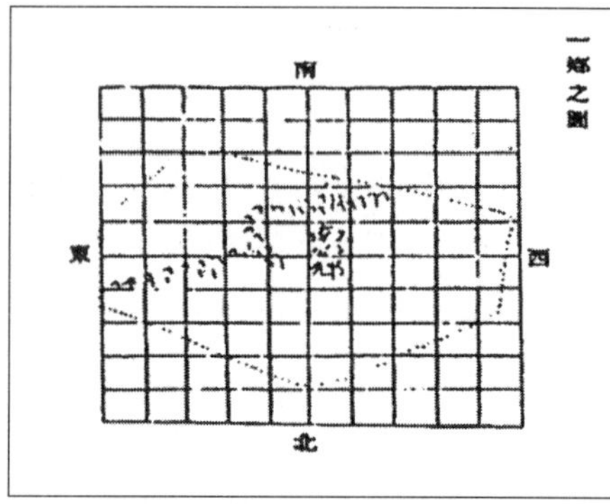


출처 : 정약용, 1986, 『경세유표(고전국역총서)』, 민족문화추진위원회, p.195.

[그림 2-33] 일향지도(一鄕地圖)

일촌지도(一村地圖)는 [그림 2-34]와 같이 산을 뒤에 두고 물을 임해 있다. 온전한 방이 13구〈곧 방전13구이며 1구는 25묘이다.〉 이고 부서진 방이 11구인데, 산과 냇물과 촌락을 제외하고, 끊어 보태서 실제 전지로 된 것은 4구에 불과하다. 통계해서 17구인데 곧 옛날 4부 되는 땅〈4 휴(畦)가 1백 묘로 되고 1백 묘가 1부로 된다.〉 외에 또 25묘가 더 있다.

일휴지도(一畦地圖)는 [그림 2-35]와 같이 갑·을·병·정·무·기·경 일곱 배미는 온전한 모양〈이 휴를 주로 한 것이다.〉이 보이고, 신·임·계·자·축·인·묘 등은 모두 이웃 휴가 들어왔는데, 자세한 것은 다른 지도〈이웃 휴를 나타낸 그림〉에 있다.[169)]" 고 서술하고 있다.

그리고 어린도는 양전 시에 화공(畵工)으로 하여금 경전관(經田官)의 지시에 따라 휴단위(畦單位)로 도면을 작성하고 휴(畦)내에 포함된 25구(區)의 무(畝)와 무내에 포함된 전·답의 경계를 묘사한다고 하였는데, 이러한 도면은 일현지도를 기초로 하여, 일촌지도·일향지도·일휴지도를 계통적으로 작성하여야 한다고 주장하여, 오늘날의 시·군도를 비롯하여 읍·면도, 리·동도 및 필지를 등록하는 지적도 등을 체계적으로 작성할 것을 주장하였으나, 당시에 이러한 지적도를 작성한 사례는 밝혀지지 않고 있다.

169) 정약용, 앞의 책, pp.382~384.

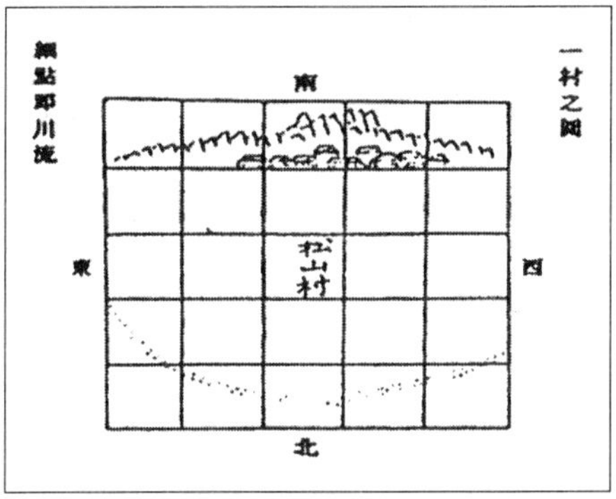


출처 : 정약용, 1986, 『경세유표(고전국역총서)』, 민족문화추진위원회, p.195.

[그림 2-34] 일촌지도(一村地圖)

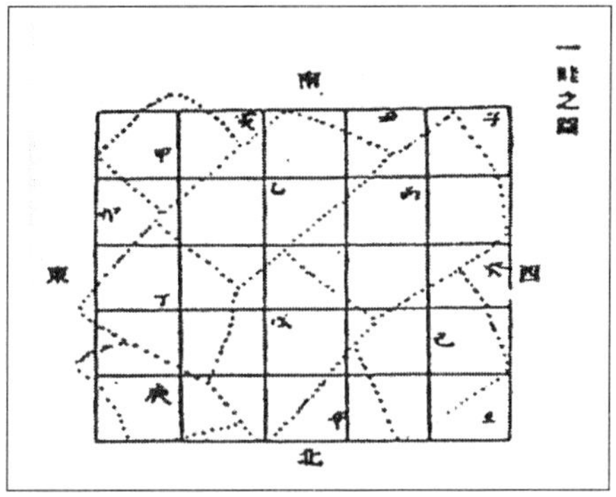


출처 : 정약용, 1986, 『경세유표(고전국역총서)』, 민족문화추진위원회, p.196.

[그림 2-35] 일휴지도(一畦地圖)

## 1.8 경국대전의 편찬

세조가 즉위하자마자 조선 건국 초의 법전인 경제육전(經濟六典)[170]의 원전(原典)과 속전(續典)을 비롯하여 그 뒤의 모든 법령을 종합하여 후대에 길이 전할 법전을 만들기 위해 양성지[171]〈梁誠之 ; 1415~1482〉의 건의를 받아들여 설치한 중앙행정 기관인 육전상정소에서 본격적으로 경국대전(經國大典)[172]의 편찬 작업에 착수하였다.

세조의 명에 따라 편찬한 경국대전은 1460〈세조 6〉년에 전제(田制)・세제(稅制)・호적(戶籍)・권농(勸農) 등 재정경제에 관한 내용이 수록된 호전(戶典)편이 완성되고, 1476〈성종 2〉년에 모두 완성하여 반포하고, 1485〈성종 16〉년에 이를 발간하였다.

170) 경제육전(經濟六典)이라 함은 1397년〈태조 6〉에 조준이 주관하여 조선 개국 후의 교지와 조례를 모아 편찬한 법전으로, 이・호・예・병・형・공의 육전으로 구성된 조선 시대 최초의 성문법전을 말한다.

171) 양성지〈梁誠之 ; 1415~1482〉는 조선 전기의 문신・학자로서 본관은 남원(南原)이며 자는 순부(純夫)이다. 세종 23년에 과거에 급제하였고, 고려사(高麗史) 개찬(改撰)에 참여하였으며, 단종 1년에는 조선도도(朝鮮都圖), 팔도각도(八道各圖)를 작성하였고, 다음 해 황극치평도(皇極治平圖)를, 1455년〈세조 1〉에는 팔도지리지(八道地理志)를, 1463년에는 동국지도(東國地圖)를 각각 편찬하였다.

172) 경국대전(經國大典)이라 함은 나라를 다스리는 법을 정리한 조선시대의 법전으로 '경국(經國)'은 '나라를 다스린다.'는 뜻이고 '대전(大典)'은 '중요하고도 큰 법전'을 뜻하는데, 조선 건국 초의 법전인 경제육전(經濟六典)의 원전(原典)과 속전(續典) 및 그 뒤의 법령을 종합해 만든 조선시대 두 번째 통일 법전으로 이전・호전・예전・병전・형전・공전의 6개 분야에 총 319개 법조항이 규정되어 있으며, 호전에는 재정 경제와 이에 관련된 호적제도・조세제도・녹봉・통화・부채・상업과 잡업・창고와 환곡(還穀)・조운(漕運)・어장(漁場)・염장(鹽場)에 관한 규정을 비롯하여 토지・가옥・노비・우마의 매매와 오늘날의 등기제도에 해당하는 입안(立案)에 관한 규정과 채무의 변제와 이자율 등에 관한 규정이 수록되어 있다.(네이버 지식백과, http://terms.naver.com/ 2015.3. ; 『조선일보』, 2016.10.24. A30.)

경국대전 호전의 양전조(量田條)와 1865년에 제정된 대전회통(大典會通) 호전의 양전조에 [그림 2-36]과 같이 측량의 주기와 양안(量案)의 작성 및 보관기관 등을 규정함으로써 지적제도를 태동하기 위한 법적 장치를 최초로 마련하였다고 할 수 있다.

그러나 당시 국가의 정세로 인하여 이 규정을 전혀 실행하지 못하는 사문(死文)이 되고 말았다.[173)]

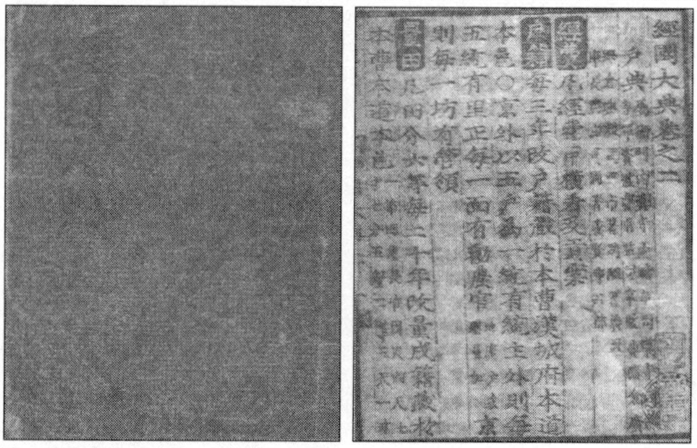

주 : 경국대전 호전편 표지(좌) · 호전편 1면 양전조(우)
출처 : http://wwwk.dongguk.ac.kr/~kjm/pds/chosen-law/mokfan/kyongguk/kyongguk.html. (2012.5.20.)

[그림 2-36] 경국대전(목판본)

## 1.9 혼천의 제작

조선 시대에는 천체 · 시간 · 기상 · 토지의 정확한 측정을 위한 각종 기구가 발명 · 제작되었다. 천체관측기구로써 혼천의(渾天儀, armillary sphere)[174)]와 간의(簡儀)[175)] 등이 제작되고, 시간측정기구인 앙부일구(仰釜日晷)와 자격루(自擊漏) 등이 만들어졌다.

혼천의는 천체의 운행과 위치를 측정하는데 사용한 일종의 천체 시계로써, 삼국 시대부터 사용한 것으로 추정되나, 기록상으로는 1433〈세종 15〉년에 이천과 장영실이 만들

173) 리진호, 1999, 앞의 책, pp.173~174.

174) 혼천의(渾天儀)라 함은 천체(天體)의 운행(運行)과 그 위치를 측정하던 기구로써, 일명 혼의(渾儀) · 선기옥형(璇璣玉衡)이라고도 하였다.

175) 간의(簡儀)라 함은 천체의 고도와 방위, 낮과 밤의 시간, 행성과 별의 위치를 정밀하게 측정할 수 있는 현대의 망원경과 같은 관측기기로써 1434년〈세종 16〉에 청동으로 제작하였다.(http://blog.empas.com/kg9403, 2007.9.20.)

었으나 실물은 존재하지 않는다.

그러나 1만원권 지폐에 그려진 [그림 2-37]과 같은 혼천의는 1664〈현종 5〉년에 왕명으로 혼천의를 만들 것을 명하여 1669년에 송이영(宋以潁)이 우리나라 최초의 기계식 혼천의를 제작한 것으로 고려대학교 박물관에 소장되어 있는 혼천의〈국보 제230호〉로 추정된다.

주 : 고려대학교 박물관에 소장되어 있는 혼천의(국보 제230호)
출처 : http://enc.daum.net/dic100/viewContents.do.(2008.7.15.)

[그림 2-37] 혼천의(渾天儀)

그리고 세종 때에는 세계 최초로 측우기(測雨器)를 제작하여 전국 각지의 강수량을 과학적으로 측정하였으며, 세조 때에는 토지의 높낮음과 거리 등을 측량하는 규형(窺衡)[176]과 인지의(印地儀)를 제작하여 양전사업과 지도제작에 이용하였다.

그러나 지금은 문헌상 기록만 남아 있고 일부 기구는 실물이나 실물에 대한 자세한 설명이 남아 있지 않아 구체적인 내용은 알 수 없다.

# 2 대한제국 시대

## 2.1 지적관련 행정 조직

### 2.1.1 양지아문

1898년에 양지아문 직원 및 처무규정(1898.7.6. 칙령 제25호)[177]을 제정하여 양전을 전담할 독립 기관인 양지아문(量地衙門)을 설립하였다.

176) 규형(窺衡)이라 함은 각도와 축척의 원리를 이용하여 토지의 원근과 높낮이를 측량하는데 사용한 기구를 말하며, 인지의(印地儀)라고도 한다. 세조 12년〈1467〉에 세조가 직접 고안하여 제작한 것으로, 구리를 부어 만들고 둘레에 방위를 기록하였다하나 현재는 전하지 아니하여 자세한 사항은 알 수 없다.(http://krdic.naver.com/detail, 2007.9.20.)

177) 관보, 1898.7.6.(광무 2.7.6.)

양지아문은 지적사무를 관장하는 중앙 행정기관으로, 1717〈숙종 43〉년에 설치한 양전청(量田廳)의 후신이라고 할 수 있으며, 두 번째의 독립된 외청 형태의 중앙 행정기관인 지적측량청(地籍測量廳)이라고 할 수 있다.

### 2.1.2 지계아문

1901〈광무 5〉년에 양지아문에서 추진하던 양전사업이 중단된 후 지계아문 직원 및 처무규정(1901.10.20. 칙령 제21호)[178]을 제정하고 양전의 결과에 의하여 민간인의 사적 토지 소유권을 증명해주는 지계(地契)를 발행하기 위하여 지계아문(地契衙門)을 설립하였다.

지계아문은 지적사무를 관장하는 중앙 행정기관으로, 1717〈숙종 43〉년에 설치한 양전청과 1898년에 설치한 양지아문의 후신이라고 할 수 있으며, 세 번째의 독립된 외청 형태의 중앙 행정기관인 지적측량 및 지계발급청(地籍測量 및 地契發給廳)이라고 할 수 있다.

1903년 8월에 고종은 영국인 브라운(J. M. Brown)을 해관총세무사에 임명하였으며, 브라운은 취임 후 재정의 기초를 확립하기 위하여 우리나라 지적제도 설립의 필요성을 느꼈으며, 국민들에게 토지측량의 필요성을 알리고 양반들에게 측량술을 습득시키기 위하여 1905년 6월 일본인 기사를 고용하여 견습생을 속성으로 배출하였다.[179]

### 2.1.3 탁지부 양지국

1904년 4월에 탁지부 양지국 관제(1904.4.21. 칙령 제11호)[180]를 제정하고 탁지부(度支部) 양지국(量務局)에 양무과와 서무과를 설치함으로써 지계아문은 2년 6개월 만에 폐지되고 탁지부의 1개 국으로 축소 조정되었다.

탁지부 양지국 관제에 양지국은 ① 국내 토지측량에 관한 사항, ② 전・답・가사(家舍)・산림・천택(川澤)에 관한 사항을 관장하도록 규정하고(제1조) 양무과는 ① 전・답・가사・산림・천택측량에 관한 사항, ② 측량경비・지획(支劃)과 장부조사에 관한 사항, ③ 양안조사・수정 및 출납보존에 관한 사항을 분장하도록 규정하고(제4조) 각 지방에 양지감독(量地監督)・양지감리(量地監理)・양지위원(量地委員)을 파견할 수 있도록 규정하였다.(제11조)

178) 관보, 1901.10.22.(광무 5.10.20.)
179) 남영우, 2011, 『일제의 한반도 측량침략사』, 서울, 법문사, p.144.
180) 관보, 1904.4.21.(광무 8.4.21.)

### 2.1.4 내부 지방국

갑오개혁 당시인 1895년 3월에 제정한 내부 관제〈1895.3.26.(양력 4월 20일) 칙령 제53호〉를 1906년 2월에 개정(광무 10.2.26. 칙령 제15호)하고 지방국(地方局)·경무국·회계국의 3개국을 설치하도록 규정하였다.(제4조)

그리고 지방국은 ① 지방이재(地方理財) 기타 일체 지방행정에 관한 사항, ② 호구적(戶口籍) 및 지적에 관한 사항, ③ 토지측량 및 수면전평에 관한 사항 등을 관장하도록 규정하였다.(제6조)

이어서 1907년 12월에 내부 관제(1907.12.13. 칙령 제37호)[181]를 다시 개정하고 내부에는 지방국·경무국·토목국·위생국의 4개국을 설치하도록 규정하고(제3조) 지방국은 ① 지방행정에 관한 사항, ② 구휼(救恤)[182] 및 자선사업에 관한 사항, ③ 부역 및 징발에 관한 사항, ④ 지리 및 지적(地籍)에 관한 사항, ⑤ 종교 및 사사사(祠社寺)[183]에 관한 사항을 관장하도록 규정하여(제4조) 지적제도의 태동기를 마무리하고 창설단계로 진입하였다고 할 수 있다.

### 2.1.5 탁지부 토지조사국

1910년 3월에 토지조사국 관제(1910.3.14. 칙령 제23호)[184]를 제정하고 토지조사사업을 본격적으로 추진하기 위하여 탁지부 소속으로 토지조사국(土地調査局)을 설치하고 토지조사 및 측량에 관한 사무를 관장하도록 규정하였다.

토지조사국은 지적사무를 관장하는 중앙 행정기관으로, 1717〈숙종 43〉년에 설치한 양전청(量田廳)과 1898년에 설치한 양지아문(量地衙門) 및 1901년에 설치한 지계아문(地契衙門)의 후신이라고 할 수 있으며, 네 번째의 독립된 외청 형태의 중앙 행정기관인 토지조사청(土地調査廳)이라고 할 수 있다.

위와 같은 대한제국 시대에 지적제도를 태동하기 위한 지적행정조직에 관한 사항은 이 책의 제4편 제1장 지적행정조직의 변천 연혁에서 자세히 서술하였다.

---

181) 관보(호외), 1907.12.13.(융희 원년.12.13.)
182) 구휼(救恤)이라 함은 물품을 베풀어 곤궁한 사람을 도와주는 것을 말한다.
183) 사사사(祠社寺)라 함은 사당과 사찰을 뜻한다.
184) 관보, 1910.3.15.(융희4.3.14.) ; 김종현, 1973.9, "지적관리 10년사", 대한지적공사, 『지적』, p.54.

# 2.2 지적관련 법령

## 2.2.1 양전사목 제정

양지아문은 1898〈광무 2〉년에 양전사목(量田事目)[185]을 제정하였는데, 1653년 전제상정소에서 제정한 전제상정소준수조화에 규정된 방전(方田 : 정방형)·직전(直田 : 장방형)·제전(梯田 : 사다리꼴)·규전(圭田 : 삼각형)·구고전(句股田 : 직각삼각형) 등의 기본 전형(田形) 이외에 [그림 2-38]과 같이 "원형(圓形)·타원형(橢圓形)·호시형(弧矢形)·삼각형(三角形)·미형(眉形) 등을 더하고 이에 합당하지 않으면 곧장 변의 모양을 가지고 이름을 정하되 등변 부등변을 논할 것 없이 4변, 5변 변형에서부터 다변형 타협에 이르기까지 명명하다."라고 규정하였다.[186]

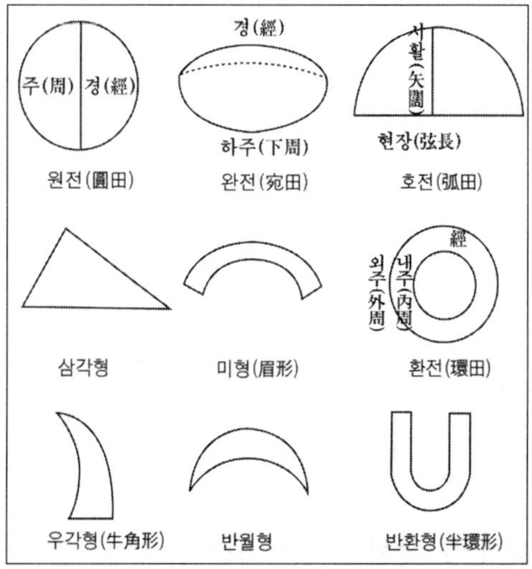

출처 : 리진호, 1999, 『한국지적史』, 서울, 도서출판 바른길, p.220.

[그림 2-38] 양전사목에 의하여 추가된 전형

## 2.2.2 대구시가지 토지측량에 관한 타합사항 등 제정

1895년 조선 말기에 내부 판적국에 지적과를 설치한 후 양지아문·지계아문을 거쳐 탁지부 양지국을 설치하고 토지조사사업의 준비에 착수하였다.

그러나 1907년 5월에 통감부 재정감사청(財政監査廳)[187]에서 대구시가지 토지측량에 관한 타합사항과 대구시가 토지측량규정 및 대구시가지 토지측량에 대한 군수〈민단역소〉에게 통달 등 3건의 규정을 제정하여 지적도 작성사업을 추진할 수 있도록 규정하였는데, 이는 우리나라 지적법의 효시라고 할 수 있으며, 최초의 근대적인 지적법규이다.

185) 양전사목(量田事目)이라 함은 1898년에 양지아문(量地衙門)에서 토지에 대한 과세를 하기 위하여 지적측량에 관한 절차, 규범, 지침 등을 정한 측량규정을 말한다.

186) 와다 이치로우(和田一郞), 1920, 『조선토지지세제도조사보고서』, 종고서방(宗高書房), pp.427~428. ; 리진호, 1999, 앞의 책, p.220. 재인용.

187) 통감부 재정감사청(財政監査廳)은 1907년 3월에 신설하였으며 감사장 1명과 재무감사관 20명으로 구성하고 재정감사장에는 메가다(目賀田) 재정고문이 임명되었으며, 그 해 5월에는 총무·세관·이재·세무·주계의 5개국을 두었다.(네이버 지식백과, 한국민족문화대백과, 한국학중앙연구원, 2014.10.10)

### 2.2.3 삼림법 제정

대한제국은 1908년 1월에 「삼림법」(1908.1.21. 법률 제1호)을 제정 공포하고 민유임야에 대한 신고를 의무화함으로써 소유자가 개별적으로 임야측량을 실시하고 임야신고를 위한 민유 임야약도를 작성하여 제출하도록 규정하였다.

### 2.2.4 토지조사법 제정

대한제국은 1910년 3월에 토지조사국을 설치하고 8월에 토지조사법(1910.8.23. 법률 제7호)을 제정하여 근대적인 지적제도를 창설하기 위한 준비를 완료하였으나, 1910년 8월 29일 경술국치조약에 의하여 시행하지 못하고 강제적으로 한일합방 후 조선총독부에 의하여 일부 자구 수정하여 토지조사령으로 제정되었다.

위와 같은 대한제국 시대에 지적제도를 태동하기 위한 지적관련 법령의 제정과 개정에 관한 사항은 이 책의 제3편 제2장 대한제국 시대의 지적관련 법규의 변천에 자세히 서술하였다.

## 2.3 지적관련 업무

### 2.3.1 한성부 지적도 작성

1907년 5월에 통감부 재정감사청에서 대구시가지 토지측량에 관한 타합사항과 대구시가 토지측량규정 및 대구시가지 토지측량에 대한 군수〈민단역소〉에게 통달을 제정하고 1908〈융희 2〉년 7월부터 12월까지 임시재산정리국 대구출장소에서 실제 연습을 겸하여 세부측량을 실시하고 원도검사·조사부검사·지적부 조제 및 검사·제도·적산 등을 실시하였으나,[188] 당시에 작성한 도면과 장부는 보존되어 있지 아니하다.

그리고 위와 같은 유사한 규정이 당시에 한성을 비롯하여 평양·전주·함흥 등 다른 대도시지역에서도 시행되었는지 확인되지 않고 있다.

그러나 1908년 5월부터 9월까지 대한제국 탁지부 임시재산정리국 측량과에서 서울지역에 소삼각측량을 실시하고 경기도 한성부 서서(西署)의 적선방(積善坊)·용산방(龍山坊)·인달방(仁達坊)·양생방(養生坊)·여경방(餘慶坊)·반송방(盤松坊)과 동서(東署)의 창선방(昌善坊)·숭인방(崇仁坊)·숭교방(崇敎坊) 및 중서(中署)의 관인방(寬仁坊)·경행

188) 한국재무경과보고 2(경제편), 1988, 아세아문화사, pp.479~480.

방(慶行坊) 등 방(坊)[189]별로 실제 측량을 실시하여 축척 500분의 1의 근대적인 지적도 239매가 작성되었으나 현재는 〈표 2-8〉과 같이 29매만이 서울특별시 종합자료관에 보존되어 있다.[190]

그리고 1907년에 대구와 1908년에 평양 등에서 지적도 작성사업을 추진한 것으로 확인되고 있으나[191] 당시에 작성한 지적도는 보존되어 있지 아니하다.

그 후 일본은 한반도에서 토지의 수탈(收奪)과 착취(搾取), 만주 지배를 위한 교두보 확보를 명분으로 대한제국을 합병하였으며, 한반도를 효율적으로 지배하기 위해서 토지소유권 제도의 확립이란 명목 아래 관습조사 후 토지조사사업을 추진하였으며, 그 결과 현대적인 대축척 실측도인 1:1,200 지적도를 중심으로 1:600, 1:2,400 지적도와 1:10,000, 1:25,000, 1:50,000 지형도를 작성하였다.

〈표 2-8〉 한성부 지적도 보존 현황

| 구역별 | 방명 | 호수 | 규 격 | 비 고 |
|---|---|---|---|---|
| 계 | 29도엽 | | | |
| 서서 | 적선방 | 1 | 99.7 × 74.0 | 경기도 한성부 서서, 융희 2년 9월 측량, 축척오백분일 |
| | 적선방 | 6 | 규격불명 | 당파동 일대 대(垈) 표시, 반전지 크기 |
| | 용산방 | 2 | 103.3 × 74.0 | 대 · 전 · 답 · 원야 · 철도용지 · 산림 · 묘 등 표시 |
| | 용산방 | 6 | ? × 72.0 | 노송정 · 대도정 · 전찻길 등 표시 |
| | 용산방 | 7 | 103.0 × 72.0 | |
| | 용산방 | 9 | 103.0 × 72.0 | 다리표시 |
| | 용산방 | 10 | 90.0 × 60.0 | |
| | 용산방 | 11 | 90.0 × 60.0 | 하천 중앙경계를 점선으로 표시 |
| | 용산방 | 15 | 90.0 × 60.0 | |
| | 인달방 | 4 | 103.0 × 72.0 | |
| | 인달방 | 5 | 98.0 × 72.0 | |
| | 인달방 | 7 | 52.0 × 74.0 | |
| | 양생방 | 4 | 98.0 × 82.0 | |
| | 양생방 | 5 | 70.0 × 72.4 | |
| | 여경방 | 1 | 103.0 × 74.0 | 남대문 외곽선, 성곽표시, 전차선 |
| | 여경방 | 2 | 86.6 × 76.6 | 경기도 한성부 서서, 융희 2년 9월 측량, 축척오백분일 |
| | 반송방 | 10 | 32.0 × 73.6 | 우측 하단 동편 도상 10cm 도면이 그려져 있음. |
| | 반송방 | 14 | 63.0 × 73.0 | |
| | 반송방 | 15 | 63.0 × 68.0 | |
| | 반송방 | 16 | 35.6 × 73.6 | 하천에 흐름 방향 표시 → 하천은 청색 |
| | 인달방 | 6 | ? × 74.0 | 논 같은데 지번, 지목은 없고 ㅛ 표시만 동서 창선방 |

189) 대한제국 말기 경기도 한성부의 행정구역은 중서(中署), 동서(東署), 서서(西署), 남서(南署), 북서(北署)의 5개 서(署)와 47개의 방(坊) 및 수백 개의 동(洞)으로 구성되어 있었다.

190) 대한지적공사, 2005(a), 『지적문화 유산』, p.38. ; 대한지적공사, 2005(b), 앞의 책, p.808. ; 이규철, 2010, “대한제국기 근대적 측량의 도입과 측량도면의 성격”, 한국건축역사학회, 『건축역사연구』 제73호, p.199.

191) 이규철, 2010, 위의 논문, p.199.

| | | | | |
|---|---|---|---|---|
| 동서 | 창선방 | 1 | 94.0 × 67.0 | 융희 2년 9월 측량, 양사동 1전 2대 경계선 적색, 왼쪽 밑 |
| | 창선방 | 2 | 84.4 × 74.0 | 에 탁지부 측량과 동대문 외곽선, 전차길, 동학동 131전은 경계선 적색 |
| | 숭신방 | 5 | 92.0 × 71.0 | 신대동 1전, 10전, 29전. 쌍계동 35전, 56전은 경계선 적색 이화동 153전 '운현'. 141전, 67대, 120전, 116전 200전, |
| | 숭신방 | 6 | 90.0 × 59.5 | 203전 경계선 적색 성곽표시. 표시만 있고 지번, 지목은 |
| | 숭신방 | 7 | 103.0 × 72.0 | 없는 곳이 있다. 표시만 있고 지번, 지목은 없는 곳이 있다. 이 도엽에는 |
| | 숭교방 | 7 | 73.6 × 68.0 | 대, 전 만 있음. |
| 중서 | 관인방 | 1 | 90.6 × 62.0 | 융희 2년 7월 측량, 축척 500분의1 |
| | 경행방 | 3 | 99.2 × 74.0 | 교동 15대, 13대 경계선 적색. |

출처 : 김추윤 · 송호열, 2005, "대한제국기의 대축척 실측도에 관한 사례 연구", 한국지도학회, 『한국지도학회지』, p.48.

1910년 11월에 탁지부장관(度支部長官) 아라이 겐타로우(荒井賢太郎)[192)]가 데라우치 마사다케(寺內正毅) 조선총독에게 보고한 상반기 한국재무경과보고서에 한성부 각서(各署)의 도적표(圖籍表)에 의하면 당시 제작한 방도(坊圖)는 동서(東署) 42매, 서서(西署) 83매, 남서(南署) 32매, 북서(北署) 43매 중서(中署) 39매로 총 239매를 제작하였으며, 그 밖에 원도 1,311매, 조사부와 개황도 각 428책, 적산부 258책, 지적부 428책도 같이 제작하였던 것으로 기록되어 있어[193)] 한성부에 대한 지적도와 대장을 함께 작성하였으며 면적측정도 이루어 졌다는 것을 알 수 있다.

그러나 한성부 지적도 29매 이외에는 보존되어 있는 자료가 없어 아직까지 그 행방을 정확하게 알 수 없으나, 탁지부에 화재가 일어나 양지과 서고를 비롯하여 40여칸이 전소(全燒)되었을 때[194)] 소실된 것으로 추정된다.

이 시대에 작성한 지적도에는 [그림 2-39]와 같이 동명을 비롯하여 지번 · 지목 · 경계 · 전차길 · 동간의 행정구역 경계 등이 등록되어 있으며, 이들 지적도를 서울시 종로구에 의뢰하여 창선동 · 동학동 · 양사동의 현행 지적도와 대조한 결과 대부분 동일하였다.[195)]

따라서 탁지부 임시재산정리국 측량과에서 작성한 지적도는 행정 구역의 표기 · 지번 · 지목 · 경계 등의 결정방법 등이 지금의 지적도 작성방법과 크게 다르지 않았기 때문에 우리나라에서 가장 최초로 작성한 근대적인 지적도의 효시라고 할 수 있다.

192) 아라이 겐타로우(荒井賢太郎, 1863~1938)는 일본의 니이가타현(新潟縣)에서 출생하였으며, 다이쇼(大正)와 쇼와(昭和) 시대의 관료 정치가, 탁지부 대신, 오쿠라성(大藏省) 주계관과 참사관, 서기관을 거쳐 주계국장으로 승진하였으며, 차관정치때 류흥수의 후임으로 탁지부차관을 지냈으며, 이때에 대구재무감독국장 가와카미 쓰네로우(川上常郎)에게 토지조사정책건의서인 『토지조사강요(土地調査綱要)』를 저술하도록 지시하였다.(대한지적공사, 2005(b),앞의 책, p.305.)

193) 한국재무경과보고 5(경제편), 1988, 아세아문화사, p.646.

194) 서정기, 2001, 『항일 독립운동의 영웅 김동식 장군』, 살림터, p.116.

195) 대한지적공사, 2005(b), 앞의 책, p.808.

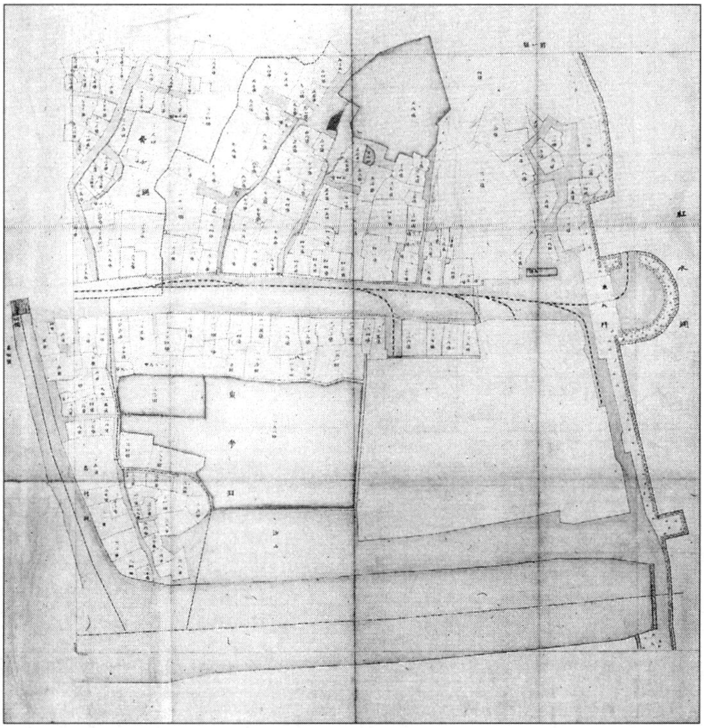

출처 : 대한지적공사, 2005(a), 『지적문화 유산』, p.38.

[그림 2-39] 창선방 지적도

## 2.3.2 민유 임야약도 작성

1908년 1월에 「삼림법(森林法)」(1908.1.21. 법률 제1호)을 제정하고 "삼림은 소유구분에 있어서 황실림(皇室林), 국유림(國有林), 공유림(公有林) 및 사유림(私有林)으로 한다."(제1조)고 규정하여 임야에 대한 소유권의 구분을 명확히 하였다.

이어서 "삼림산야(森林山野)의 소유자는 본법 시행일로부터 3개년 이내에 삼림산야의 지적(地積) 및 면적(面積)의 약도를 첨부하여 농상공부대신에게 신고하되 기간 내에 신고하지 아니한 자는 모두 국유로 간주한다."(제19조)고 규정하여 사유 임야에 대한 소유권을 법적으로 인정하기 위하여 소유자에게 지적보고(地籍報告)를 하도록 하였다.

따라서 1908년 1월 21일부터 1911년 1월 20일까지 3년에 걸쳐 민간인이 소유하고 있는 모든 임야를 소유자가 개별적으로 측량수수료를 부담하고 측량을 실시하여 [그림 2-40]과 같은 민유 임야약도를 작성하여 강제적으로 [그림 2-41]과 같은 지적보고를 하도록 하였다.

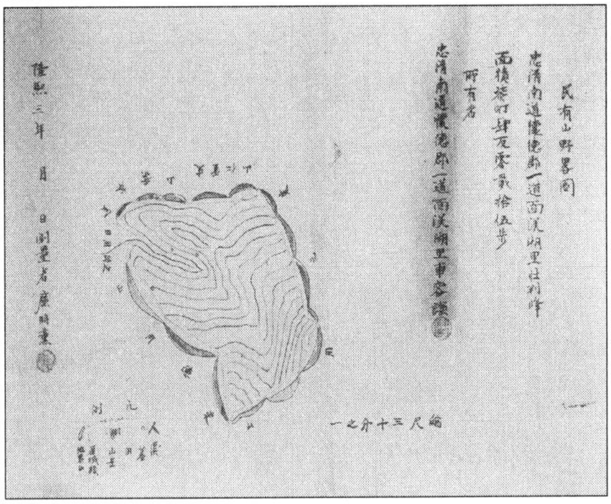

주 : 충청남도 회덕군 일도면 미호리 차용겸의 소유 임야약도.(1909)
출처 : 리진호, 1999, 『한국지적史』, 서울, 도서출판 바른길, p.440.

[그림 2-40] 민유 임야약도

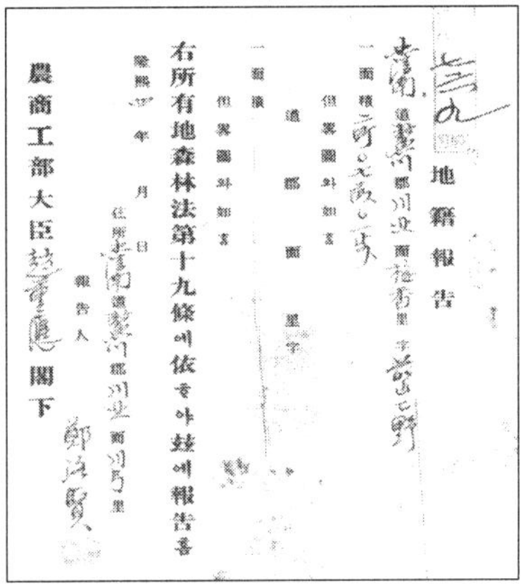


출처 : 대한지적공사, 2005(b), 『한국지적100년사』, p.23.

[그림 2-41] 충남 오천군 천북면의 지적보고

민유 임야약도는 채색되어 있으며 범례와 등고선이 그려져 있고 토지소재・면적・소유자・축척・사표・측량연월일・방위・측량자의 성명 등을 기재하고 날인을 하였으며, 면적은 정・반・보(町・反・步)로 기록하였고, 개별적으로 측량을 실시하여 민유 임야약도를 작성하였기 때문에 명확한 경계와 지번이 없는 원시적인 형태의 임야도라고 할 수 있다.

삼림법에 의한 지적보고를 제출한 실적은 1910년 4월말에 19만여 건에 달하였다는 신문보도가 있었으나,[196] 면적은 전체 임야 1,600만 정보(町步) 가운데 220만 정보만 신고서가 제출되었으며, 이 중에서 180만 정보(11.2%)만 사유지로 인정받고 나머지는 국유지로 편입되었다.[197]

그 당시에 대부분의 임야가 국유지로 편입된 사유는 산림법 공포 후 신고자들에게 엄청난 세금이 부가될 것이라는 소문이 퍼지면서 신고를 기피한 사람들이 많았기 때문이다.

삼림법 제19조에 의거 지적보고 한 지적계(地籍屆)의 원본을 〈표 2-9〉와 같이 각 시・도별 부・군청에 송부하여 지적에 관한 사무를 처리하도록 하였다.

196) 『경남일보』, 1910.4.18, p.2.
197) 조선총독부 농림국, 1936, 『조선임야조사사업보고서』, p.9.

〈표 2-9〉 삼림 · 산야 지적계 작성 실적

| 도 명 | 대장책수 | 도 명 | 대장책수 | 도 명 | 대장책수 | 도 명 | 대장책수 |
|---|---|---|---|---|---|---|---|
| 계 | **330** | 전라북도 | 28 | 황 해 도 | 18 | 함경남도 | 14 |
| 경 기 도 | 39 | 전라남도 | 29 | 평안남도 | 20 | 함경북도 | 11 |
| 충청북도 | 18 | 경상북도 | 41 | 평안북도 | 21 | | |
| 충청남도 | 37 | 경상남도 | 29 | 강 원 도 | 25 | | |

출처 : 조선총독부 관보 제473호, 1914(大正3).2.28, pp.319~320.

### 2.3.3 기타 지적관련 도면 작성

대한제국 시대에는 우리나라의 원시적인 지적도의 시발이라고 할 수 있는 토지의 형상을 분명하게 표시하기 위하여 사표도(四標圖), 즉 전답도형도(田畓圖形圖)를 작성하였다. 그리고 [그림 2-42]와 같은 제천군 근좌면 송시리의 경지배열일람도(耕地配列一覽圖)를 비롯하여 궁장토 · 능원묘 및 부속 토지 · 역둔토 등 국유지를 실측하여 작성한 국유지실측도(國有地實測圖), 밤나무 숲을 실측하여 작성한 율림기지원도(栗林基地原圖), 동(洞)의 뒷산을 실측하여 작성한 산록도(山麓圖), 농경지만을 실측하여 작성한 전원도(田園圖), 황실소유 주요 건물의 위치와 평면적을 실측하여 작성한 건물원도(建物原圖), 호(戶) 단위로 가옥의 위치와 평면적을 실측하여 작성한 가옥원도(家屋原圖), 내수사(內需司) 등 7궁 소속의 토지 가운데 채소밭을 실측하여 작성한 궁채원도(宮菜原圖), 고위 관리의 관저를 실측하여 작성한 관저원도(官邸原圖) 등 일부 제한적인 지역을 대상으로 다종다양한 근대적인 대축척 지도를 작성하였다.[198]

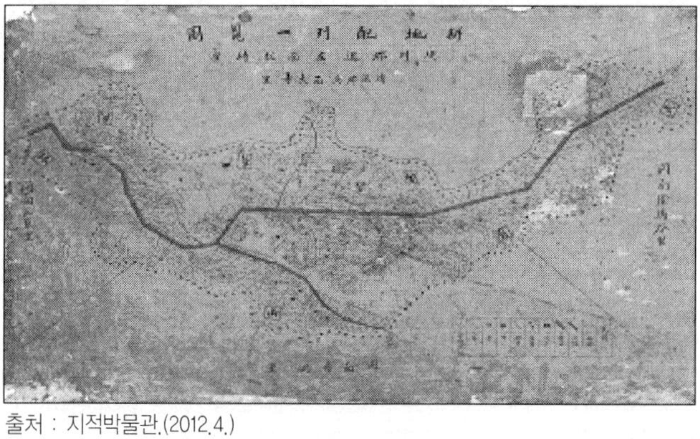

출처 : 지적박물관.(2012.4.)

[그림 2-42] 경지배열일람도

198) 김추윤 · 송호열, 2005, "대한제국기의 대축척 실측도에 관한 사례연구", 『한국지도학회지』, 제5권, 한국지도학회. pp.43~51.

# 3 일제의 한반도 측량 침략

## 3.1 한반도의 측량 침략

한반도에 대한 외국의 측량 침략은 1799년 영국 선박 프로비덴스(Providence)호의 원산측량을 비롯하여 1854년 러시아 푸티아틴(Putiatin) 해군 중장의 동해안 측량, 1845년 영국 사마랑(Samarang)호의 남해안 측량, 1866년 미국 상선 셔먼(Sherman)호의 대동강 수심 측량, 1867년 미국함대 와추세트(Wachusett)호의 대동강 수로측량, 1891년 미국의 콜로라도(Colorado)호를 비롯한 군함 5척의 강화해협 측량 등 헤아릴 수 없을 만큼 빈번하였으나, 그 중에서 일본의 측량 침략의도가 가장 노골적이었다.[199)]

섬나라의 불안함에 시달리면서 육지를 소유하고 싶었던 일본은 16세기부터 조선을 점령할 야욕을 품었다. 1590년 도요토미 히데요시(豊臣秀吉)는 일본을 통일한 후 조선을 발판삼아 명나라를 공격하려고 1592년 4월 10만 대군을 이끌고 조선을 침략한 임진왜란을 일으켰으나 6년 만에 조선을 떠나면서 마무리되었고, 그 후 약 300년 동안 일본은 대륙을 침략하지 않았다.[200)]

그러나 1857년 9월 일본 군함 운양호(雲揚號)가 조선 근해에 파견되어 항로측량의 명목아래 서해안으로부터 항로의 측량에 종사하며 강화도 부근에 이르자 초지진(草芝鎭)의 수비병이 발사를 하였다.

운양호에서는 이를 기다렸다는 듯이 해병이 상륙하여 포대를 파괴하였고 35명의 전사자를 발생케 하였는데, 이것이 운양호 사건으로 일본 측의 고의 도발이요 불법 침입이었던 것이다.[201)]

일본은 이 포격전의 책임을 조선 측에 둘러씌워 전권대사를 파견하여 개항을 강요했으며, 이에 따라 두 나라 사이에 강화도조약(江華島條約)이 체결되어 개국이 이루어지게 되었고 일본의 한반도 측량 침략이 시작되었다.

---

199) 리진호, 1991, 『증보대한제국지적 및 측량사』, 서울, 토지, pp.10-12. ; 남영우, 2011, 『일제의 한반도 측량침략사』, 서울, 법문사, p.239.

200) 귀팡 편저, 홍지연 옮김, 2001, 『역사가 기억하는 식민지 쟁탈』, 서울, 도서출판 꾸벅, pp.264~265.

201) 리진호, 1991, 앞의 책, p.8.

1876년에 조선과 일본 사이에 체결된 강화도조약과 1882년에 체결된 제물포조약에 의하여 일본에서 파견된 첩보장교들에 의하여 한반도에 대한 측량 침략이 본격화되었다.

강화도조약에 "조선은 일본의 해안측량을 허용한다."(제7조)는 규정과 제물포조약 중 수호조규속약(修好條規續約)에 "일본 공사·영사 및 수행원·가족의 조선 내륙지방에 대한 여행을 허락하며, 여행할 지방을 지정하면 예조에서 증서를 발급하고 지방관은 증서를 대조하여 호송한다."(제2조)는 규정이 있었다.

이러한 규정은 군사 작전시 상륙지점을 정탐하고 지도제작을 위한 측량 사업을 원활하게 하려는 의도가 숨어 있었다.

이 당시에 조선에 와서 첩보활동과 측량을 실시한 일본의 첩보장교는 1877년에 가장 먼저 입국한 카이즈 미쓰오(海津三雄) 소위를 비롯하여 이소바야시(磯林) 중위·와따나베(渡辺洪基) 중위·오카(岡泰鄕) 대위·미우라(三浦重鄕) 중위·가라다(柄田鑑次郎) 중위 등이 있으며, 이들 중 카이즈 미쓰오 소위와 이소바야시 중위가 가장 많은 지도를 제작하였다.

일본의 첩보장교들은 지역별로 나누어 중요 도시지역을 비롯하여 한반도 전역에 걸쳐 주요 도로들을 따라 측량을 실시하였으며,[202] 이 당시에 작성된 첩보장교별 지도제작 목록은 〈표 2-10〉과 같다.

〈표 2-10〉 첩보장교별 지도제작 목록

| 장교명 | 제작연도 | 지도의 도엽명 |
|---|---|---|
| 카이즈 미쓰오 (海津三雄) | 1883~1886년 | 강원연해왕복도(江原沿海往復圖)1, 2, 원산항거류지도(元山港居留地圖), 의주왕복노상도(義州往復路上圖), 자원산지용지원노상도(自元山至龍池院路上圖), 자원산진지문천군노상도(自元山津至文川郡路上圖), 자전관지광주노상도(自前串至廣州路上圖), 함경도노상도(咸鏡道路上圖), 자제물포지석천원약도(自濟物浦至石川院略圖), 제물포묘지근방도(濟物浦墓地近傍圖) |
| 이소바야시 (磯林眞三) | 1883~1884년 | 종인천지한성도(從仁川至漢城圖), 자양화진경김포강화제물포지오류동노상도(自楊花鎭經金浦江華濟物浦至梧柳洞路上圖), 평양상상도(平壤想像圖), 제물포거류지약도마포근방도(濟物浦居留地略圖麻浦近傍圖), 자마포지문수산성노상도(自麻浦至文殊山城路上圖) |
| 와따나베 (渡辺洪基) | 1883년 | 경상좌도로노상측도(慶尙左道路路上測圖) |

202) 남영우, 2011, 앞의 책, pp.84-87.

| | | |
|---|---|---|
| 오카<br>(岡泰鄕) | 1884~<br>1886년 | 종경성지원산진노상도(從京城至元山津路上圖), 종북청지중령진노상도(從北靑至中嶺鎭路上圖), 종덕원지정평견취도(從德源至定平見取圖), 함경평안양도노상도(咸鏡平安兩道路上圖) |
| 미우라<br>(三浦重鄕) | 1886~<br>1887년 | 경성근방유보기정내노상도(京城近傍遊步期程內路上圖), 경성왕복노상도(京城往復路上圖), 종평양지영흥노상초고도(從平壤至永興路上草稿圖) |
| 가라다<br>(柄田鑑次郎) | 1887년 | 자전라도순천지경상도창원노상도(自全羅道順天至慶尙道昌原路上圖) |

주 : 남영우가 미국 의회도서관에서 발견된 한반도 지도 중 1883년부터 1887년까지의 지도를 참조하여 작성한 것이다.
출처 : 남영우, 2011, 『일제의 한반도 측량침략사』, 서울, 법문사, p.105.

## 3.2 외방도의 제작

다른 나라를 무력으로 침략하기 위해서는 군사작전이 수반될 수밖에 없으며, 군사작전을 수행하기 위해서는 작전계획과 병참지원계획을 수립하고 군사행동에 돌입하기 위한 정교한 지도가 필요하다.

대륙침략의 야욕을 품은 일제는 참모본부를 중심으로 전쟁준비를 위한 지도제작의 필요성을 인식하고 서둘러 외방도(外邦圖)의 제작에 돌입하게 되었다.

일본에서는 과거 군사기관이 작성한 외국지도를 "외방도"라 부르고 그 지도를 제작하기 위한 측량을 "외방측량"이라고 칭하였다.

외방도란 명칭은 1884년 참모본부에 측량국을 설립할 때 만들어진 측량국복무개칙에서 유래되었으며, 이 명칭은 "내국도(內國圖)" 혹은 "내방도(內邦圖)"에 대비되는 용어이다.

초기의 외방도는 1874년의 청국발해지방도(淸國渤海地方圖)를 비롯하여 1875년의 조선국전도(朝鮮國全圖)・동해안조선도(東海岸朝鮮圖)・청국북경전도(淸國北京全圖) 및 아세아동부여지도(亞細亞東部輿地圖), 1876년의 조선강화도도(朝鮮江華島圖)・월미도해협약측도(月尾島海峽略測圖)・거제도 및 한산도(巨濟島 及 閑山島)와 1877년의 조선국부산항(朝鮮國釜山港) 등이 있다.

일본에 의하여 최초로 제작된 한반도에 대한 외방도는 1873년 메이지 정부의 사이고 다카모리(西鄕隆盛)가 '조선을 정벌하자'고 주창한 정한론(征韓論)[203]을 둘러싸고 조성된 침략야욕의 일환으로 1875년에 제작된 조선국전도로써 육군문고로 간행된 지도였으나, 기존의 지도를 편집한 것이었다.

실측지도는 1875년부터 1877년까지 해군 수로국에서 발간한 해안지도가 대부분이었고 내륙지도는 1883년부터 발간되기 시작하였다.

1876년에 체결된 강화도조약에 의거 그 해에 가장 먼저 부산항을 개항하고 이어서 1879년에 원산항, 1880년에 인천항을 각각 개항하였는데, 1883년에 카이즈 미쓰오(海津三雄)가 제작한 원산항거류지지도(元山港居留地之圖)는 [그림 2-43]과 같다.

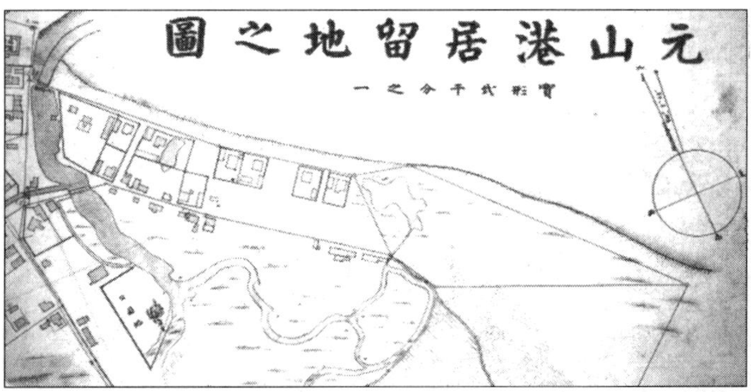


주 : 미국 의회도서관 지리 · 지도과에서 발견된 1883년에 카이즈(海津)가 제작한 지도임.
출처 : 남영우, 2011, 『일제의 한반도 측량침략사』, 서울, 법문사, p.109.

[그림 2-43] 원산항거류지지도

그리고 청일전쟁과 더불어 1895년 임시측도부가 편성되어 한반도와 랴오둥반도(遼東半島)에 대한 신속측도(迅速測圖)가 간행되었으며, 그 후 북청사변(1899~1901)과 노일전쟁(1904~1905)을 계기로 지도의 간행범위가 확대되었다.[204]

---

203) 정한론(征韓論)이라 함은 19세기 말 당시 사이고 다카모리(西鄕隆盛, 1827~1877)가 일본이 조선을 정벌해야 한다고 주장한 정책을 말하며, 대만을 정벌해야 한다고 주장한 정책을 정대론(征臺論)이라고 한다. 사이고 다카모리는 정치적 수완을 발휘하여 메이지유신(明治維新)의 가장 중심적 인물로 활약, 도쿠가와 바쿠후(德川幕府) 시대를 종결시키고 천황 중심의 왕정복고를 성공시키는 데 절대적인 역할을 했다. 메이지 신정부의 요직에 참여하다가 정한론(征韓論)을 주창한 것이 받아들여지지 않아 관직에서 물러난 후 귀향하여 사립학교를 경영하면서 후진 양성에 힘썼지만, 중앙 정부와의 대립이 격화되어 1877년 세이난(西南)전쟁을 일으켰으나 패해 자결하였다.

204) 남영우, 2011, 앞의 책, pp.26~27. p.64. p.106.

1895년 일본의 참모본부 육지측량부에서 한반도에 파견된 측량대원들에게 "① 이번 측량사업은 공개적으로 실시할 수 없는 성질의 것이므로 극비리에 측량해야 하며, 측량대원 이외에는 누구를 막론하고 측량사실을 일체 발설해서는 안 된다. ② 측량 도중에 만약 조선인에게 발각되면 개인적으로 영리목적에서 행한 일이라고 허위 자백해야 한다. 여하한 경우라도 지휘계통의 간부 이름은 물론 육군참모본부와 전혀 관련이 없는 것으로 해야 한다. ③ 조선체재 중 조선인과의 논쟁 또는 항쟁 등을 결코 벌여서는 안 된다. 만약 자신을 폭행하려는 자를 만날 경우에는 도망치는 것을 최우선으로 한다."라는 등의 훈령을 하달하였다.[205]

일본의 한반도에 대한 비밀측량 즉 잠입도측(潛入盜測)이 적발 될 때에는 중대한 외교문제와 국제문제로 비화될 가능성이 높기 때문에 민간인의 행위일 뿐 일본 정부와는 관계가 없다고 발뺌하기 위하여 위와 같이 측량 침략을 계획적이고 조직적으로 은폐한 것이다.

1870년대 후반부터 30여 년간 일제의 도둑측량을 간과한 조선은 지도를 빼앗겼고 결국 주권까지 박탈당했다.

1910년 8월 22일에 조인되고 8월 29일에 공포된 한일합병조약은 일본 제국주의가 대한제국을 완전한 식민지로 만들기 위해 강제로 체결한 조약으로서 경술국치조약, 한일병합조약, 일제병탄조약, 국권피탈(國權被奪)[206] 등으로 불리는데 이러한 뼈아픈 치욕은 이미 일본의 잠입도측(潛入盜測)으로 시작되었다.[207]

한일합병조약은 대한제국의 내각총리대신 이완용(李完用)과 일본의 통감(統監)인 자작(子爵) 데라우치 마사타케(寺內正毅)가 전권위원(全權委員)으로 임명되어 체결한 강제 조약으로 대한제국을 일본의 식민지로 전락시켰다.

일본은 오키나와와 대만을 식민지로 삼고, 대한제국을 발판으로 삼아 만주와 몽골을 통해 중국 전역을 삼키기 위한 확장 정책을 펼치면서 식민지에 대한 토지조사사업과 임야조사사업 등을 추진하였으나, 제2차 세계대전의 패배로 만주에서 그칠 수밖에 없었다.

---

205) 남영우, 2011, 위의 책, pp.241~242.

206) 국권피탈(國權被奪)이라 함은 1910년(대한제국 융희 4) 8월 29일 일제가 강제적으로 우리나라의 통치권을 빼앗고 식민지로 삼은 일을 말하며, 경술국치라 함은 국권피탈을 경술년(庚戌年)에 당한 나라의 수치(羞恥)라는 뜻으로 사용된 용어로써 국권피탈의 전 용어이다.(국립국어원, 2013.12.17.)

207) 귀팡 편저, 홍지연 옮김, 2001, 앞의 책, p.264~265. ; KBS, 2011.11.15, "30년간의 도둑측량, 일제는 무엇을 노렸는가?", 역사스페셜(71).

## 3.3 외방도의 보존

일본의 제2차 세계대전의 패전으로 연합국에 압수된 외방도의 일부는 미국으로 유출되어 워싱턴(Washington) D.C.의 의회도서관(Library of Congress)과 위스콘신주 밀워키(Milwaukee)의 미국지리학회 지도실(American Geographical Society Library) 등에 분산 보관되었다.

대한제국 말기에 일본의 참모본부 첩보장교들이 제작한 한반도와 관련된 외방도는 의회도서관 메디슨관(James Madison Memorial Building)에 보관되어 있으며, 1/200,000 지도, 1/50,000 지도, 1/25,000 지형도 1/10,000 지형도 등 약 3,000매에 달하는 것으로 추정된다.[208)]

일제는 국권피탈 전에 한반도 전역에 대한 측량 침략을 실시하였으며, 한일합방 후에 토지조사사업과 임야조사사업을 실시하면서 지적도와 임야도의 작성과 함께 1/50,000 지형도, 1/25,000 지형도, 1/10,000 지형도 등을 작성하여 한반도에 대한 측량을 완성하게 되었다.

## 3.4 측량 침략에 대한 저항

일제의 한반도 측량 침략에 대하여 우리 민족이 맹렬하게 반항한 보고서가 1895년에 일본에서 발행된 『외방측량연혁사(外邦測量沿革史)』에 수록되어 있다.

한반도 측량 침략과 관련하여 함흥·대구·동래·창원·제천·여주·영광 등 전국에서 크고 작은 측량 저항사건이 발생하여 일본인 희생자가 전사 28명, 참사 16명, 상사(傷死) 1명, 즉사 14명, 익사 6명, 병사 57명, 기타 5명으로 총 127명에 달하였으며, 그 중 56명은 조선인의 저항으로 피살되었다.[209)]

대표적인 측량 저항사건으로 제천에서 발생한 사건은 1896년 2월 15일 문경(聞慶)에 있는 측량대가 단양(丹陽) 일대를 측량하기 위하여 3명과 2명으로 구성된 2개조의 측량조를 편성하여 단양에서 합류하기로 약속하고 각각 출발하였다.

그런데 가흥(可興) 수비대장 상다구(三宅) 대위로부터 문경수비대장 나가오까(長岡) 군조(軍曹)에게 단양에 가는 것은 위험하니 중지하라는 전보가 왔다.

---

208) 남영우, 2011, 앞의 책, p.28.
209) 리진호, 1991, 앞의 책, p.19. ; 남영우, 2011, 앞의 책, p.246.

그래서 문경수비대의 이께다(地田)는 급사(急使)를 두 곳으로 출발시켰으나, 3명의 조는 급사를 만나 무사히 돌아왔으나, 우에다(植田鹿太郎)와 오가와(小川茂幾)의 조는 돌아오지 않았는데 17일 오후에 그 중에 수행원으로 고용되었던 한국인 장도령(張道令)이 돌아와 '문경에서 80리나 되는 수산(壽山)이라고 하는 산에서 작업 중에 한국인 10여명이 올라와서 한국인 인부 장도령을 포함한 3명을 둘러싸고 돌을 던지고 난폭하게 행동하므로 두 측량수는 도주로를 뚫기 위하여 숨겨 놓았던 권총을 발사하였으나 실탄이 떨어지고 중과부족으로 결국 3명이 생포되어 수산촌에 끌려가게 되었다.

우에다 측량기사는 조선인 수행자에게 "우리는 피할 길이 없어 깨끗이 죽겠는데 너는 한국인이니 먼저 이곳을 탈출하여 문경에 가서 사정을 보고하라며 새끼를 씹어 결박을 풀고 도망가게 하였다."고 보고하였다.

장도령의 보고를 접한 문경수비대는 18일에 5명의 병사를 수산에 파견하여 정찰을 시켰으나 조선인 폭도가 많아 더 이상 수색할 길이 없어 돌아갔으며, 일본인 2명의 측량수는 청풍령(淸風領)으로 끌려가 주민들에게 피살되었다고 한다.[210]

역사를 잃은 민족에게는 미래가 없다.
- 단재 신채호 -

210) 리진호, 1991, 앞의 책, p.21.

# 우리나라 근대 지적제도의 창설

Development of the Domestic Recent Cadastral Systems

Chapter 04

## 1 임시토지조사국 설치

1910년 8월 한·일 합방 후 토지조사국을 계승하여 조선총독부에 임시토지조사국을 설치하고 토지조사령(1912.8.13. 제령 제2호)과 조선임야조사령(1918.5.1. 제령 제5호)을 제정하여 한반도에 대한 토지조사사업과 임야조사사업을 추진함으로써 근대적인 지적제도가 창설되었다.

통감부는 토지조사사업과 임야조사사업을 추진하기 전인 1906년부터 전국적으로 대대적인 관습조사를 실시하였으며, 토지조사사업 초기 단계인 1911년부터 토지에 대한 지세를 우선 부과하기 위하여 과세지견취도 작성을 위한 시험사업을 추진하였고, 1912년에 과세지견취도 작성의 건(1912.3.4. 조선총독부령 제20호)을 제정·공포하여 전국적으로 확대 추진하여 결수연명부(結數連名簿)와 과세지견취도(課稅地見取圖)를 속성으로 작성하여 세지적의 기능을 할 수 있는 도면과 대장의 형태를 갖춘 초보적인 세지적제도(稅地籍制度)를 확립하게 되었다.

대한제국의 말기에 토지조사사업계획을 수립하고, 토지조사법을 제정하여 근대적인 지적제도의 창설을 시도하였으나 한·일 합방에 의하여 조선총독부 주관으로 과세지견취도 작성사업과 토지조사사업 및 임야조사사업 등을 실시함으로써 비로소 전국적으로 통일성과 획일성이 있는 근대적인 지적제도를 창설하게 되었다.

## 2 관습조사

20세기에 접어들어 서구의 여러 국가들이 식민지를 확대함에 따라 식민지에 대한 지배를 용이하게 하기 위하여 식민지의 사회와 문화에 대한 이해의 필요성을 인식하게 되었다. 식민지에 대한 전반적인 이해가 없는 강압적인 지배는 피식민지 주민의 강한 반발을 불러올 뿐만 아니라 효과적인 식민지 지배정책의 수행에도 장애가 되었다.[212]

일제는 1895년에 청일전쟁(淸日戰爭)[213]에서 승리한 후 대만을 식민지로 만들었으며, 1905년에 러일전쟁(露日戰爭)[214]에서 승리한 후 러시아의 조차지(租借地, Leased Territory)였던 요동반도(遼東半島)를 인수하였고, 1910년에 대한제국을 강점하였으며, 1931년에 만주사변을 통하여 만주를 점령하였다.

일제는 중국을 침략하면서 지배 국가의 역사와 문화・사회・법제 등에 관한 관습조사를 수행하였으며, 우리나라에 대한 침략을 개시하기 전에 한국의 역사와 문화・사회・법제 등에 관한 대대적인 관습조사(慣習調査)를 실시하였다.

특히 군부가 주축이 되어 초기에는 한국의 고대사와 군사시설 및 지리 등에 관한 조사를 실시하였으나, 식민지화가 기정사실이 된 후에는 토지소유권 등에 관한 사법제도(私法制度)에 대한 조사도 실시하였으며, 이러한 조사연구는 일선동조론(日鮮同祖論)을 주장하여 한국에 대한 침략과 식민지 지배를 정당화하였다.[215]

따라서 일제가 실시한 관습조사는 식민지를 원활하게 지배하고 효과적으로 통치하기 위하여 우리나라의 정치・경제・사회・문화 등 모든 영역에 대한 조사활동을 의미하

212) 한국법제연구원, 2000, 『개역판 관습조사보고서』, p.23.

213) 청일전쟁이란 1894년 6월부터 1895년 4월 사이에 청나라와 일본이 조선의 지배권을 놓고 다툰 전쟁으로, 동양의 패권을 중국으로부터 일본이 넘겨받는 계기가 되었고, 그 후 조선 등 대륙으로의 침략을 한층 강화할 수 있게 되었다. 그리고 일본은 국내의 산업혁명을 성공적으로 추진하며 자본주의 국가로 성장하게 되었으며, 패전한 중국은 제국주의 열강의 침략을 더욱 받게 되는 불운을 겪게 되었다.(http://cafe350.daum.net, 2007.12.12.)

214) 러일전쟁(Russo-Japanese War)이란 1904년부터 1905년까지 만주와 한국의 배타적인 지배권을 둘러싸고 러시아와 일본이 벌인 제국주의 전쟁으로, 한국 및 만주를 둘러싼 양제국주의 국가의 무력충돌에 그치지 않고 일본의 배후에는 영국・미국의 자본이, 러시아의 배경에는 프랑스의 자본이 각각 지원한 제국주의 전쟁이었다. 이 전쟁을 계기로 한국은 제국주의 열강의 승인 내지 묵인 하에 일본의 식민지로 전락하게 되었다.(http://enc.daum.net, 2007.12.12.)

215) 한국법제연구원, 2000, 앞의 책, pp.24~25.

며,[216] 토지조사사업과 임야조사사업의 추진계획 수립과 집행 등에 지대한 영향을 미친 중요한 사항이라고 판단된다.

## 2.1 대한제국 시대

### 2.1.1 토지소관법기초위원회

1906〈광무 10〉년 1월에 한양에 통감부가 설치되고 외교권이 박탈되었으나, 같은 해 7월 13일 대한제국에서 토지제도를 비롯하여 법률제도와 조세제도를 정비하기 위한 관습조사를 실시하기 위하여 토지소관법기초위원회(土地所關法起草委員會)를 설치하고 토지소관법 기초위원(起草委員)을 임명하였다.

그러나 통감부는 10일 후인 같은 해 7월 24일에 이를 부동산법조사회(不動産法調査會)로 대체하고 위원을 다시 임명함으로써 토지소관법기초위원회는 설립하자마자 강제 해산되었다.

### 2.1.2 부동산법조사회

1906〈광무 10〉년 7월 13일 대한제국에서 토지제도와 법률제도 및 조세제도를 정비하기 위하여 토지소관법기초위원회를 설립하고 위원을 임명하였으나, 통감부는 같은 해 7월 24일에 이를 부동산법조사회로 강제적으로 대체하고 위원을 다시 임명하였다.

그리고 우메 겐지로우(梅謙次郎)[217]가 1906년 7월경에 통감부 법부(法部)의 법률고문으로 부임하였고, 이어서 부동산법조사회 회장을 맡아 서울을 비롯한 각 지방의 부동산관례조사(不動産慣例調査)에 착수하였다.[218]

부동산법조사회 회장 우메 겐지로우는 1906년 7월 부동산에 대한 관례조사를 위하여 재무감독국 직원을 각 지역에 출장시켜 시범적으로 현지조사를 실시하고 응답서를 기록하여 비로 조사서를 작성하였다.

216) 수원역사박물관 · 한국서예박물관 · 사운이종학사료관, 2008, 『상설전시도록』, 수원, 씨마스커뮤니케이션, p.257.

217) 우메 겐지로우(梅謙次郎)는 일본의 시네마현(島根縣) 출신으로 도쿄외국어학교 사법성 법학교를 졸업하고 프랑스와 독일에 유학하였으며, 내각 법제국장관, 문부성 총무장관, 법정대학 총리 등을 역임하였으며, 죽을 때까지 도쿄대 교수로 재임하였다. 1906년에 친구인 이토우(伊藤博文)의 초청으로 통감부의 법률고문과 부동산법조사회장으로 우리나라의 부동산관습조사를 주관하였으며, 1910년 토지조사법의 제정에도 참여하였다.〈대한지적공사, 2005(b), 앞의 책(지적인명편), p.353.〉

218) 한국법제연구원, 2000, 위의 책, pp.30~31.

부동산에 대한 관례조사는 같은 해 7월 26일부터 20일간 경성・인천・개성・평양・수원・대구・부산・마산 등을 대상지역으로 하고 다음 사항을 조사하였는데, 무더운 여름에 단시일 내 조사를 완료하여 소홀한 느낌을 가질 수 있으나, 장래에 미치는 효과는 대단히 컸다.[219)]

① 토지에 관한 권리의 종류 ・ 명칭 및 그 내용
② 관・민유지의 구분과 증거
③ 국유와 제실유(帝室有) 구분은 어떠한가?
④ 토지대장 또는 이와 비슷한 것이 있는가?
  만약 있다면 그 장부에는 어떠한 사항을 기재하는가?
⑤ 토지에 관한 권리의 양도는 모두 자유로운가?
  또 그 조건 절차는 어떠한가?
⑥ 지권 및 가권이 있는데 이는 어떠한 토지나 건물에서나 존재하는가? 또 그 연혁 및 기재사항은 어떠한가?
⑦ 토지의 경계는 언제나 분명한가? 그렇지 않은가?
  만약에 분명하지 않는 것이 있다고 한다면 동일 토지에서 2인 이상 동일한 권리를 주장하는 경우가 적지 않을 것인데 이런 경우에는 어떠한 기준에 따라 정당한 권리자를 정하는가?
⑧ 토지의 종목은 어떻게 나누는가?
  일본의 예는 논・밭・택지・산림・원야(原野) 등
⑨ 토지측량 방법은 어떠한가?
⑩ 이상 각 항에서 시가지와 다른 점이 있다면 그 차이, 기타 지방에 따라 관습을 달리하는 바가 있다면 그 구별

위와 같은 질문에 대하여 경성이사청・개성부・평양관찰부・평양이사청・수원관찰부・대구관찰부・부산이사청・마산이사청의 이사관과 부윤・군수 등이 응답한 사항을 기록하여 정리하였다.

부동산에 관한 관례조사 결과는 1906년에 『한국부동산에 관한 조사기록』(1906.8. 국판, 89쪽)이라는 보고서로 간행되었으며, 1907년에 『한국부동산에 관한 관례 제1철』(1907.11.4. 국판 76쪽)・『한국부동산에 관한 관례 제2철』(1907.11.6. 국판 144쪽)・『한국에서의 토지에 관한 권리 일반』(1907.11.6. 국판 83쪽)이라는 보고서를 간행하였다.[220)]

---

219) 조선총독부 중추원, 1938, 『조선구관제도 조사사업개요』, pp.6~8.

그리고 부동산법조사회의 관례조사 결과를 바탕으로 이식규례(利息規例, 1906.9. 24. 법률 제5호)·토지가옥증명규칙(土地家屋證明規則, 1906.10.26. 칙령 제65호)·토지가옥증명규칙 시행세칙(1906.12.26.)·토지가옥전당집행규칙(土地家屋典當執行規則, 1906.12.26. 칙령 제80호)·토지가옥전당집행규칙 시행세칙(1907.1.29.)과 부속 법령 등 부동산에 관한 법률을 시급히 제정하여 식민지 지배의 법적기반을 확립하였다.[221)]

## 2.1.3 법전조사국

1909년에 부동산법조사회는 통감부의 법전조사국(法典調査局)에 흡수되어 부동산관습조사사무도 인계되었으며, 법전조사국은 민법전을 편찬하기 위하여 전국적인 규모로 민상사관습(民商事慣習)을 조사하였다.

법전조사국은 1908년 5월부터 1910년 9월까지 본격적인 관습조사를 실시하였으나 구체적인 실적이 미약하였기 때문에 우메 겐지로우가 회장으로 있던 부동산법조사회에서 수행한 조사 자료를 참고하여 관습조사보고서를 작성하였다.

부동산법조사회에서는 문헌조사보다 실지조사에 비중을 두고 1906년 7월 23일부터 서울에서 조사를 시작하였으나,[222)] 법전조사국에서는 한국의 토지소유권에 대한 조사는 문헌조사와 실지조사 및 1894년 갑오개혁(甲午改革) 이후의 신 법령에 대한 조사를 하였다.

문헌조사는 『경국대전(經國大典)』·『대전회통(大典會通)』·『대명률(大明律)』 등 법전과 가례(家禮) 등을 조사하였으며, 갑오개혁 후에 공포된 법령 가운데서 민사와 관련된 법규를 조사하여 일본의 민법과 상법체계에 따라 정리하였으며 또한 실제의 법률생활을 조사하기 위하여 거래문서 등과 법령에서 규정한 서식 등도 조사하여 수록하였다.[223)]

관습조사 대상지역은 일반조사 지역과 특수조사 지역으로 구분하여 조사하였는데, 〈표 2-11〉과 같이 일반조사 지역은 32개, 특수조사 지역은 22개, 일반·특수중복조사 지역은 16개 지역을 포함하여 모두 70개 지역을 조사하였다.

일반조사 지역은 대도시인 행정 중심지를 중점적으로 조사하고, 특수조사 지역은 평야가 있는 농촌지역을 중점적으로 조사하였다.[224)]

220) 조선총독부 중추원, 1938, 위의 책, pp.4~5, p.9.
221) 한국법제연구원, 2000, 앞의 책, p.16, p.31.
222) 윤대성, 1991, "韓國不動産ニ關スル調査記錄의 硏究(日帝의 初期的 韓國慣習調査事業(1905~1910)에 의한 不動産慣習法의 分析)", 창원대학교 논문집 제13호. pp.65~108.
223) 대한지적공사, 2005(b), 앞의 책, pp.693~694.
224) 한국법제연구원, 2000, 앞의 책, p.39.

법전조사국은 1908년 5월경 부동산법조사회의 부동산관례조사에 이어서 민사관습과 상사관습에 대한 전반적인 조사에 착수하였으나 1910년 9월 법전조사국의 폐지와 함께 중지하였다.

따라서 같은 해 10월부터 잔무를 정리하고 보고서 작성에 착수하여 12월에 탈고를 하였으며 『관습조사보고서』를 작성하여 데라우치 마사다케 조선총독에게 보고하였다.

〈표 2-11〉 관습조사 대상지역

| 지역별 / 도별 | 일반 조사지역 | 특수 조사지역 | 중복 조사지역 | 계 |
|---|---|---|---|---|
| 계 | **13개도 32개 지역** | **9개도 22개 지역** | **8개도 16개 지역** | 70 |
| 경기도 | 경성, 인천, 안성 | 여주, 풍덕, 장단, 파주, 연천 | 개성, 수원 | 10 |
| 황해도 | 해주, 황주 | 재령, 서흥, 안악, 봉산 | | 6 |
| 평안남도 | 안주, 덕천 | 숙천 | 평양, 진남포 | 5 |
| 평안북도 | 강계, 영변 | 정주 | 의주, 용천 | 5 |
| 충청남도 | 예산, 온양, 은진 | 강경, 연산 | 공주 | 6 |
| 충청북도 | 충주, 청주, 영동 | | | 3 |
| 경상북도 | 상주, 안동 | 성주, 포항 | 대구, 경주 | 6 |
| 경상남도 | 진주 | 밀양, 김해, 용남 | 부산, 마산, 울산 | 7 |
| 전라남도 | 제주 | 나주, 법성포, 순천 | 광주, 목포 | 6 |
| 전라북도 | 남원 | 금산 | 전주, 군산 | 4 |
| 함경북도 | 경성, 경흥, 회령, 성진 | | | 4 |
| 함경남도 | 함흥, 원산, 갑산, 북청 | | | 4 |
| 강원도 | 춘천, 금성, 원주, 강릉 | | | 4 |

출처 : 한국법제연구원, 2000, 『개역판 관습조사보고서』, p.39, 동북아역사재단, 2008, 『일본의 식민지 지배와 식민지적 근대』, p.43.

### 2.1.4 임시재산정리국

탁지부의 임시재산정리국(臨時財産整理局)은 토지조사사업에 필요한 기본 자료를 확보하기 위해 1909〈융희 3〉년 초부터 일본인 촉탁직원에 의하여 구 관습조사를 실시하였다.

임시재산정리국 촉탁 오이시 고우키(尾石剛毅)[225]는 1909년 5월 14일부터 8월 16일

225) 오이시 고우키〈尾石剛毅, ?~?〉는 출생지가 불명확하며, 1909년에 내한하여 구관습조사에 참여하였으며, 임시재산정리국 촉탁, 토지조사국 조사부 조사과 촉탁, 임시토지조사국 총무과 부사무관, 조리과 감사관, 고등토지조사위원회 간사, 부사무관을 역임하였다.〈대한지적공사, 2005(b), 앞의 책(지적인명사전편), p.339.〉

까지 74일간 공주·한성·평양 3개 재무감독국 관내를 출장하여 18개소를 조사하였으며, 촉탁 시오타 요스케(塩田與助)[226]는 1909년 5월 14일부터 7월 13일까지 60일간 전주·대구·원산 3개 재무감독국 관내를 출장하여 12개소에 대하여 토지조사사업에 필요한 다음과 같은 사항을 조사하였다.[227]

① 행정구역에 관련된 사항
② 토지명칭 및 사용목적
③ 과세지와 비과세지
④ 과세지와 비과세지의 구분
⑤ 경계
⑥ 토지표시부호
⑦ 지위등급 면적 및 결수사정관례
⑧ 결등급별 구분
⑨ 소유권
⑩ 질권 및 저당권
⑪ 소작인과 지주와의 관계
⑫ 토지에 관한 장부서류
⑬ 인사 방법 등

구 관습조사 결과는 토지에 대한 관습 전반에 대하여 그 유래를 규명할 수 있었으며, 1909〈융희 3〉년 10월에 임시재산정리국 장관 아라이 겐타로우(荒井賢太郎)에게 복명서를 제출하고 『토지조사참고서』를 작성·발간하였다.

이 당시 토지의 경계에 관한 관습조사 결과는 한국인의 토지경계에 관한 관념은 일반적으로 희박하다고 판단하였고 휴반(畦畔)의 소속은 아직까지 문제가 된 일이 없었다. 답은 관개(灌漑)상 반드시 휴반이 있는 것이 상례이지만 전은 소유자를 달리 하는 토지도 전혀 휴반이 있지 않을 뿐더러 경계의 표적이라고 간주할 아무런 시설도 없는 것이 많았다. 자연재해에 의해 경계표지라고 인정하는 것이 없어질 경우는 두 토지소유자가 현지 입회하여 협정한다고 한다. 그러나 이와 같은 일 때문에 분쟁이 맺고 풀리는 것은 없었다. 이 당시의 휴반과 담장, 임야 경계에 관한 관습조사 결과는 아래와 같다.[228]

---

226) 시오타 요스케〈塩田與助, ?~?〉는 출생지가 불명확하며, 1909년에 구관습조사에 참여하였으며, 임시재산정리국 총무과 촉탁을 거쳐 부사무관, 토지조사국 조사부 조사과 촉탁, 관인 한성고등학교 교사를 역임하였다.〈대한지적공사, 2005(b), 앞의 책(지적인명사전편), p.289.〉

227) 탁지부, 1909.10, "토지조사 참고서" pp.1~5. ; 대한지적공사, 2005(b), 앞의 책, p.687.

228) 대한지적공사, 2005(b), 앞의 책, pp.688~689.

① 고저가 있는 두 토지 사이의 휴반(畦畔)은 누구의 것인가?
지방과 사람에 따라 응답은 여러 가지이지만 대체로 고지에 속하는 것이 일반적인 관례로 이는 전·답 모두 같다. 농민들의 의견은 답의 경우 저지 소유로 인정하여 임의 처분에 맡길 때 고지의 답은 경작에 필요한 물을 보존할 수 없는 결과가 오며, 전의 경우는 강우 등으로 고지의 붕괴를 예방할 수 없다.

② 고저가 없는 두 토지 사이의 휴반은 누구의 것인가?
고저가 없는 두 토지 사이의 휴반은 그 중앙을 경계로 하는 것이 가장 많은 관례이다.

③ 두 택지 사이에 건물이 있는 경우
우수가 낙하하는 지점으로 경계를 한다고 하는 사람이 가장 많았다. 실지는 인접지의 사람이 자기의 처마 밑까지 사용하는 일이 있어도 일일이 항거하는 일은 없는 것이 보통이다.

④ 두 택지 사이에 담 벽이 있는 경우
첫째, 담 벽면을 경계로 한다. 둘째, 그 중앙을 경계로 한다. 셋째, 우수 낙하점을 경계로 한다.〈담 벽에 지붕이 있는 경우〉
지방에 따라서 택지의 경계는 건물의 벽면부터 1척(尺)이 떨어진 지점이며〈결국 우수 낙하점과 같다.〉, 혹 쌍방의 건물부터 각 1척의 면적을 공제하고 그 사이에 공지가 더 있을 경우에는 그 공지는 쌍방이 결코 손을 대지 않는다. 또한 이것으로 소유를 다투는 일이 없다.[229)]

⑤ 산림, 원야 등의 경계
산림과 산림 또는 산림과 원야의 경계는 통상 봉우리 또는 골짜기로써 혹은 경계점에 돌을 세우거나 나무를 심는 일도 있고 배수를 겸하여 소구〈小溝 : 작은 도랑〉를 파는 것이 보통이다.[230)]

## 2.2 조선총독부 시대

### 2.2.1 취조국

1910년 한일합방 후에 법전조사국을 폐지하고 같은 해 9월에 조선총독부에 취조국(取調局)을 설치하고 관습조사사무를 인계하였으며, 취조국은 조선통치에 필요한 관습과 제도를 조사하고 조선인에 적합한 법제의 기초를 확립하기 위하여 조선 전역에 걸친 관습

229) 탁지부, 1909.10, 앞의 책, pp.19~25.
230) 탁지부, 1909.10, 위의 책, pp.19~25. ; 대한지적공사, 2005(b), 앞의 책, pp.688~689.

을 조사하고 문헌을 번역하였다.[231)]

취조국은 1912년 3월까지 관습을 조사한 후 정정·보완하여 『관습조사보고서(수정판)』을 발간하였다. 따라서 『관습조사보고서』는 법전조사국에서 발간한 초판인 1910년판과 취조국에서 발간한 수정판인 1912년판 및 참사관실에서 1912년판을 재판하여 발간한 1913년판의 세 종류가 있다.[232)]

현재 보존되어 있는 보고서의 명칭은 모두가 『관습조사보고서』로써 서명(書名)은 1910년에 발간된 것은 『한국관습조사보고서(韓國慣習調査報告書)』, 1912년에 발간된 것은 『관습조사보고서(慣習調査報告書)』이다.[233)]

### 2.2.2 참사관실

1912년에 취조국을 폐지하고 참사관실(參事官室)로 대치하였다. 참사관실은 대체적으로 취조국의 조사방침을 따랐으나 관습조사가 방대하여 짧은 시일 내에 완료할 수 없기 때문에 민사관습을 우선적으로 조사하기로 방침을 바꾸었다.

참사관실은 법제조사세목(法制調査細目)과 관습조사세목(慣習調査細目)을 작성하여 1912년부터 1914년까지 관습조사를 실시하였으나 만족스러운 결과를 얻지 못한 채 1912년에 취조국에서 발간한 『관습조사보고서(재판)』을 발간하였으나, 1915년에 중추원(中樞院)으로 그 역할을 넘겨주었다.[234)]

### 2.2.3 중추원

1915년에 참사관실에서 관장하던 관습조사사무를 중추원에서 이관 받았다. 중추원은 사법에 관한 조사를 완결하여 편찬하고 전래제도를 광범위하게 조사하며, 행정상 일반적으로 참고해야 할 풍속과 관습을 조사 편성할 방침을 세우고 민사관습(民事慣習)·상사관습(商事慣習)·제도조사(制度調査)·풍속조사(風俗調査) 등을 수행하고 구관제도 관련 자료를 편찬하였으며, 1909년부터 1932년까지 법원 등의 관청이 취조국·참사관실·중추원 등에서 조선의 관습에 관하여 조사한 324건을 모아 『민사관습회답휘집(民事慣習回答彙集)』[235)]을 편찬하였다.

231) 한국법제연구원, 2000, 앞의 책, p.32.

232) 조선총독부 중추원, 1938, 앞의 책, pp.18~19. ; 『관습조사보고서』 1913년판 서문.

233) 한국법제연구원, 2000, 앞의 책, p.41.

234) 한국법제연구원, 2000, 위의 책, p.32.

235) 『민사관습회답휘집(民事慣習回答彙集)』은 조선총독부 중추원에서 1933년에 출판하였다. 일제는 한일합방 이전부터 식민지 지배의 자료로 삼기 위해 부동산법조사회·법전조사국·임시재산정리국·취조국·참사관

그리고 일반적 관습의 심의 확정을 위하여 1918년에 구관제도의 조사내용을 심사하기 위하여 중추원내에 구관심사위원회(舊慣審査委員會)를 설치하였는데 같은 해 12월부터 1921년까지 9개 항목을 실사하였으며, 1921년에는 구래의 제도·풍속·관습을 참작하여야 할 법령과 시설에 대해 미리 그 가부를 심사하기 위하여 구관 및 제도심사위원회(舊慣及制度審査委員會)를 설치하고 1924년에 폐지하였는데, 그 심사결과는 『민사관습회답휘집』의 부록에 수록되어 있다.[236]

1906년부터 부동산법조사회를 비롯하여 여러 기관에서 조사한 부동산에 대한 관례조사 결과는 토지조사사업계획 및 임야조사사업계획 수립의 기초 자료와 토지조사법(1910.8.23. 법률 제7호)·토지조사령(1912.8.13. 제령 제2호)·조선임야조사령(1918.5.1. 제령 제5호) 등 관련 법령의 제정 자료로 활용하였다.

이상 설명한 각 기관별 관습조사의 주요 내용을 요약 하면 〈표 2-12〉와 같다.

〈표 2-12〉 기관별 관습조사 주요 내용

| 주 관 | 조사기관 | 활동기간 | 조사대상지역 | 주요 조사내용 | 결과보고서 |
|---|---|---|---|---|---|
| 대한제국 | 토지소관법 기초위원회 | 1906.7.13. ~ 1906.7.24. | - | - | - |
| | 통감부 부동산법조사회 | 1906.7.24. ~ 1906.8.15. | 경성·인천 등 8개 지역 | 부동산에 관한 관례 | 『한국부동산에 관한 조사기록』 |
| | 통감부 법전조사국 | 1908.5.~ 1910.9. | 경성·인천 등 70개 지역 | 민사·상사에 관한 관습 | 『관습조사 보고서(초판)』 |
| | 탁지부 임시재산정리국 | 1909.5.14. ~ 1909.8.16. | 경성·공주 등 30개 지역 | 토지에 관한 관습 | 『토지조사참고서』 |
| 조선 총독부 | 취조국 | 1910.9.~ 1912.3. | - | 조선통치에 필요한 관습과 제도 | 『관습조사보고서 (수정판)』 |
| | 참사관실 | 1912.~ 1914. | - | 민사관습 | 『관습조사보고서 (재판)』 |
| | 중추원 | 1915. 이후 | - | 민사관습·상사관습 제도조사·풍속조사 | 『민사관습 회답휘집』 |

---

실·조선총독부 중추원 등을 설치하고 조선의 관습과 관습법에 대해 대대적으로 조사했다. 일제에 의해 간행된 중요한 관습조사보고서에는 『한국부동산에 관한 조사기록』(1906.)·『한국부동산에 관한 관례』(1906.)·『부동산법조사보고요록』(1908.)·『관습조사보고서』(1912. 1913.)·『소작에 관한 관습조사서』(1933.)·『민사관습회답휘집』(1933.)·『이조의 재산상속법』(1936.)·『한국풍속자료집설』(1937.) 등이 있다.

236) 한국법제연구원, 2000, 앞의 책, pp.32~34.

# 3 과세지견취도 작성

조선총독부는 토지조사사업의 초기단계인 1911년부터 토지에 대한 지세를 우선 부과하기 위하여 과세지견취도(課稅地見取圖) 작성사업을 추진하여 전국적으로 통일된 결수연명부(結數連名簿)와 과세지견취도를 속성으로 작성함으로써 한반도 전 지역의 과세대상 토지에 대한 도면(圖面)과 장부(帳簿), 즉 지적도부(地籍圖簿)를 최초로 갖추게 되어 토지조사사업 추진 초기에 세지적의 기능을 수행할 수 있는 초보적인 세지적을 확립하게 되었다.

따라서 과세지견취도 작성사업은 일제에 의한 강점 초기에 토지세 부과에 의한 수탈의 진수(眞髓)를 보여준 사업이라고 할 수 있으며, 토지조사사업과 임야조사사업에 못지않게 우리나라의 근대적인 지적제도 창설과정에 중요한 의의를 가지고 있다.

그리고 과세지견취도와는 별도로 시가지 등 가옥세법시행지역에서는 가옥견취도(家屋見取圖)를 작성하였으나 이것은 임시토지조사국에서 조사한 실측도를 등사하여 필지별 경계・가옥의 위치・종별・칸수 등 필요한 사항을 기재한 것으로[237] 토지조사사업의 성과를 활용하여 작성하였기 때문에 이에 관한 설명은 생략하였다.

## 3.1 의 의

과세지견취도라 함은 토지에 대한 지세를 부과하기 위하여 견취측량(見取測量)이라는 원시적인 측량방법을 활용하여 작성한 도면을 말하는 것으로, 토지조사사업의 시작 초기에 작성하였다.

과세지견취도는 결수연명부의 결점을 보완하기 위하여 과세대상 토지에 대한 현지조사를 실시하여 속성으로 작성한 원시적인 지적도라고 할 수 있다.[238]

237) 조선총독부 관보, 제489호, 1914년〈대정 3〉 3월 19일, p.166.
238) 송영준, 2004, "과세지견취도에 대한 소고", 지적박물관 창립5주년기념 학술세미나, p.5.

과세지견취도의 작성은 1911년 충청북도와 〈표 2-13〉과 같은 충청남도의 일부지역에서 시험사업으로 시작되었으며, 충청북도에서는 유조지약도(有租地略圖)라고 부르고, 충청남도에서는 유조지견취도(有租地見取圖)라고 불렀다.

1911년 시험사업 당시에 충청남도 공주군(公州郡) 남부면(南部面) 교촌리(郊村里)에서 작성한 도면과 조제순서를 각 도에 시달하여 과세지견취도작성의 통일을 기하였다.[239)]

〈표 2-13〉 충청남도의 유조지견취도 작성 면 · 리 · 동수

| 군 명 | 총면수 | 총리 · 동수 | 견취도작성 면수 | 견취도작성 리 · 동수 |
|---|---|---|---|---|
| 魯城郡 | 2 | 349 | 2 | 349 |
| 燕岐郡 | 7 | 178 | 7 | 178 |
| 洪州郡 | 20 | 499 | 20 | 499 |
| 公州郡 | 21 | 1059 | 5 | 199 |
| 鴻山郡 | 9 | 158 | 9 | 158 |
| 平澤郡 | 6 | 50 | 6 | 50 |

출처 : 조선총독부, 명치44년(1911년) 11월 30일, 충청남도 과세지견취도조제경과보고요령, p.10.

1912년에 조선총독부에서 과세지견취도 작성의 건(課税地見取圖 作成ノ件, 1912. 3.4. 조선총독부령 제20호)[240)]을 제정하고 "면은 부윤(府尹) 또는 군수의 지휘를 따라 지세(地稅)를 부과할 토지의 개형(概形)을 표시한 견취도를 작성한다. 견취도는 동리마다 2통식 작성하여 1통은 면에 보존하고 1통은 부 · 군에 제출한다."(제1조)고 규정하고, "토지소유자는 견취도를 작성할 적에 면장의 지휘를 받아 각 토지에 표항(標抗)을 세우고 실지(實地)에 입회한다. 단 대리인으로 하여금 입회케 할 수 있다. 전항의 표항에는 지목 · 자번호(字番號) · 면적 · 배미수(夜味數) · 결수 및 토지소유자의 주소 · 성명을 기재한다."(제2조), "견취도 작성 시기는 부윤 또는 군수가 정한다."(제3조)고 규정하였으며 부칙에 "본령은 명치 45(1912)년 4월 1일부터 시행한다."고 규정하여 경기도 · 황해도 · 평안남도 · 충청남도의 나머지 군과 전라북도 · 전라남도 · 경상북도 · 경상남도의 8개 도로 확대 시행하면서 명칭을 과세지견취도로 통일하여 사용하게 되었다.

이어서 과세지견취도 작성수속의 건(課税地見取圖作成 手續ノ件, 1912.3.19. 정무총감 통첩 제78호)[241)]을 제정하여 "견취도는 과세지 각 필지의 개략적인 형태를 묘사하여 지

239) 조선총독부 관보, 제455호, 1912년〈명치 45〉 3월 6일, p.44.
240) 조선총독부 관보, 제453호, 1912년〈명치 45〉 3월 4일, p.23.
241) 조선총독부 관보, 제466호, 1912년〈명치 45〉 3월 19일, p.176.

적(地籍)을 명백하게 하는 것을 목적으로 한다."(제1조)고 명시하고, "견취도 작성은 명치 45년 5월 1일부터 착수하여 늦어도 7월 말까지 완성해야 한다. 단, 그 준비사무는 지방의 편의에 의하여 미리 착수한다."(제2조), "견취도 작성 후에 결수연명부와 대조하는 사무는 견취도 작성 후 직접 착수하고 늦어도 9월말일 까지는 완성해야 한다."(제3조), "견취도 작성에 착수하기 전에 부・군에 있어서 각 면의 종사 기술원을 소집하여 2~3일간 부・군청 감독하에 실지 연습을 해야 한다."(제11조)고 규정하여 일제는 최단기간에 한반도 전체에 대한 과세지견취도를 신속하게 작성하여 토지조사사업 완료전에 토지에 대한 과세에 활용하였음을 알 수 있다.

## 3.2 추진경위

1911년에 탁지부에서 결수연명부규칙(結數蓮名簿規則, 1911.11.10. 조선총독부령 제143호)[242]을 제정하고 1911년 말부터 토지에 대한 지세를 부과할 목적으로 [그림 2-44]와 같은 결수연명부를 작성하기 시작하였으며, 1912년부터 조세징수대장을 폐지하고 결수연명부로 대신하도록 했다.

이어서 12월 29일에는 결수연명부취급수속(結數蓮名簿取級手續)을 제정하고 부・군・면에는 결수연명부를 준비하여 지세를 부과하는 토지에 대하여는 첫째 토지의 소재, 둘째 자번호(字番號), 셋째 지목(전・답・택지・잡지), 넷째 면적, 다섯째 결수(結數)・결가(結價)・세액 등을 기재하도록 규정하였다.

따라서 결수연명부는 지세를 부과하는 토지를 전・답・대・잡종지 등으로 구분하여 작성한 토지대장이자 과세대장으로 이를 부・군・면에 비치하고 지세징수사무에 활용하였다. 그러나 결수연명부는 토지에 대한 실지조사를 하여 작성한 것이 아니고 지주 또는 소작인의 신고와 구 양안과 문기(文記) 등을 참고하여 작성하였기 때문에 은결(隱結)・누결(漏結)・중복(重複) 등재되어 있는 문제점을 해결하지 못하였다.

이러한 결수연명부가 가지고 있는 문제점을 해결하기 위해서 과세대상 토지를 한눈에 파악할 수 있는 도면의 필요성을 절감하게 되어 1912년〈명치 45〉에 과세지견취도 작성의 건(1912.3.4. 조선총독부령 제20호)을 제정・시달하여 본격적으로 견취도 작성사업을 시작하였다.

242) 조선총독부 관보, 제362호, 1911년〈명치 44〉 11월 10일, p.57.

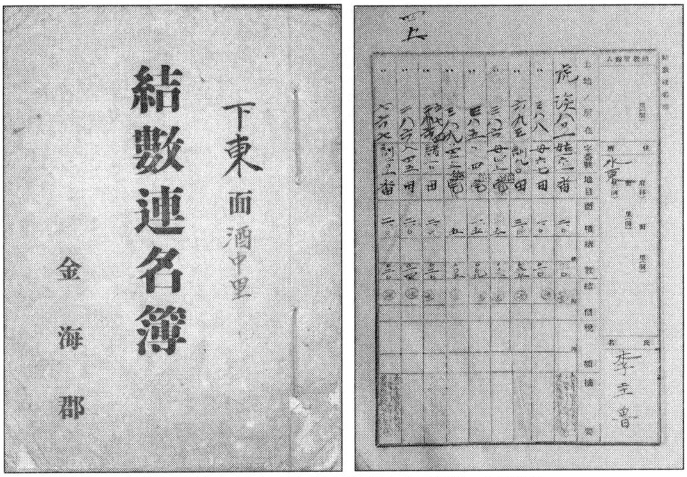


주 : 경상남도 김해군 하동면 주중리의 결수연명부 표지(좌) · 속지(우).
출처 : 대한지적공사 지적연수원 사료실.(2007.10.)

**[그림 2-44] 결수연명부**

조선총독부에서 발행한 과세지견취도 조제경과보고[243]에 "지세는 결수연명부에 의하여 부과하지만 조선에는 지도가 없어서 지위(地位)를 알 수 없고 따라서 토지의 은루(隱漏)[244]가 가능하다."는 등의 문제점이 있어서 과세지의 위치를 정확하게 파악하기 위한 작업이 필요하다고 밝히고 있다.

그리고 리·동장이 문필에 익숙하면 스스로 작제(作製)하는 것으로 하였지만 어린도 또는 단자도(團子圖)와 같이 각 필지의 크기와 모양을 고려하지 않고 장방형의 토지를 원형으로 하거나 10두락(斗落)의 토지와 3두락의 토지를 면적이 같은 형상으로 작성하는 등 문제점이 발생하여 주로 리·동내의 지사자(知事者)[245], 사숙(私塾)[246]의 교사 또는 원산림지적공동측량술강습소(元山林地籍共同測量術講習所) 출신자에게 의뢰하여 작성하였다[247].

---

243) 조선총독부 탁지부, 1912, 『과세지견취도조제경과보고』.

244) 은루(隱漏)라 함은 과세를 회피하기 위하여 고의로 신고하지 않거나 조사에서 누락된 토지를 말한다.

245) 지사자(知事者)라 함은 지심인(指審人·指尋人·持尋人), 지시인(指示人), 지사인(知事人), 지사자(知事者) 또는 전감(田監)이라고도 한다. 조선 시대에 관청에서 측량을 할 때 그 지방 사정에 정통하여 안내를 맡았던 사람 또는 납세를 부과할 때 면장, 리·동장, 지사인의 의견을 들어 결정하기도 하였고 깃기(衿記)에 전·답의 평수 등을 자세히 기록도 하였으며 결수연명부 신고결수의 당부는 지사인의 말을 들어 판정하였다. 또한 광무양전 때 양지아문에서 파견한 관리는 지사인의 의견을 들어 지위·등급과 결수를 사정하였고 지번이 없는 토지는 면, 리·동장을 입회시켜 실지 답사 후 확인하였다.(리진호, 옛 지적용어집)

246) 사숙(私塾)이라 함은 관청으로부터 정식인가를 받지 않고 한문·수학·측량 등을 가르치던 소위 "글방"을 말한다.

당시의 시대적 상황은 1908〈융희 2〉년에 삼림법(1908.1.21. 법률 제1호)[248]을 제정하고 "삼림산야의 소유자는 본법시행일로부터 3년 이내에 삼림산야의 지적과 면적의 약도를 첨부하여 농상공부대신에게 신고하되, 기한 내에 신고하지 않은 자의 토지는 모두 국유로 간주한다."(제19조)고 규정함으로써 전국적으로 측량의 수요가 폭발적으로 증가하게 되었으며, 이로 인하여 지식인 또는 지방유지들이 전국적으로 사립측량학교 또는 측량사숙을 설립하여 많은 측량기술자를 배출하게 되었다.

그리고 삼림법 제19조의 규정에 의한 지적보고 기한이 1911년 1월 23일로 종료[249]되어 삼림법에 의한 민유임야 측량에 종사하던 측량사 중 일부는 토지조사사업에 참여하였고 일부는 [그림 2-45]와 같이 과세지견취도 작성기술원으로 채용되었다.

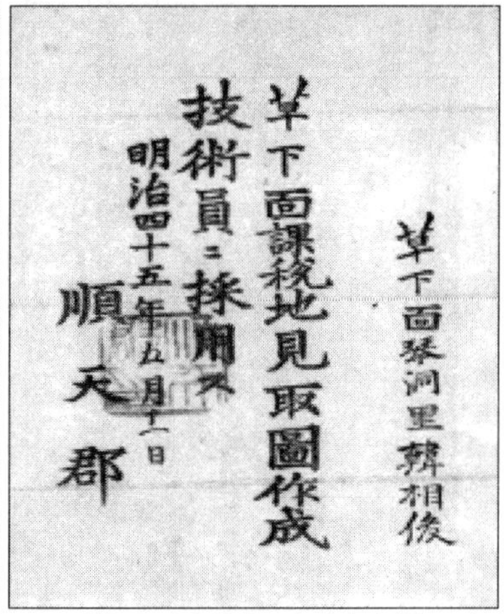
草下面琴洞里 韓相俊
草下面課稅地見取圖作成
技術員ニ採用ス
明治四十五年五月十一日
順天郡

주 : 순천군 초하면 한상준의 과세지견취도 작성 기술원 임용장(1912.)
출처 : 대한지적공사, 2005(b), 『한국지적백년사』, p.26.

[그림 2-45] 과세지견취도 작성 기술원 임용장

## 3.3 작성방법

과세지견취도는 견취(見取) 측량방법으로 작성되었는데, 견취측량은 단순히 견취도면, 측량지 내부의 개황, 측량지 내외의 지형·지물의 위치 등을 회화수준의 도면으로 그리는 측량을 말한다.

주요 측량 기구는 휴대용 견취판〈휴대도판〉·나침·축척(縮尺)·보측계(步測計) 등의 장비와 연필〈적·남·흑색〉·지우개·소도(小刀)·고복장(考卜帳)·표목 등의 용품을 사용하였으며,[250] 측량방법으로는 실측·보측·간승측량 등 다양한 방법이 동원되었다.

과세지견취도 작성자는 리·동내의 경지를 순시하여 대략적인 형태와 개념을 파악한 후 [그림 2-46]과 같이 도로·하천·구거·임야·등고선 등의 형태를 묘사하고, 마지막

247) 조선총독부 탁지부, 1912, 앞의 책, p.46.
248) 관보, 제4517호, 1908년〈융희 2〉.4.24.
249) 법률 반포일은 1월 21일이지만 관보 게재일인 1908년 1월 24일을 기준으로 하여 삼림법 제19조에 의한 지적계 보고기한을 정하였다.(『매일신보』, 1911.1.10.)
250) 조선총독부 탁지부, 1912, 앞의 책, p.22.

으로 각 필지마다 설치해 놓은 표목에 의하여 사표・배미〈夜味〉・열좌수(列座數)[251]를 실사하여 여기에 일필지의 형태를 묘화하고 제도심득(製圖心得)의 각 요목을 기재하였으며,[252] 소유자의 성명에 지주 또는 주(主) 등의 문자를 관기(冠記)하도록 하였지만 편의에 따라 기재를 생략할 수 있었으며,[253] 이 시기에 작성한 과세지견취도는 리・동별로 편철하여 보관 관리하였다.

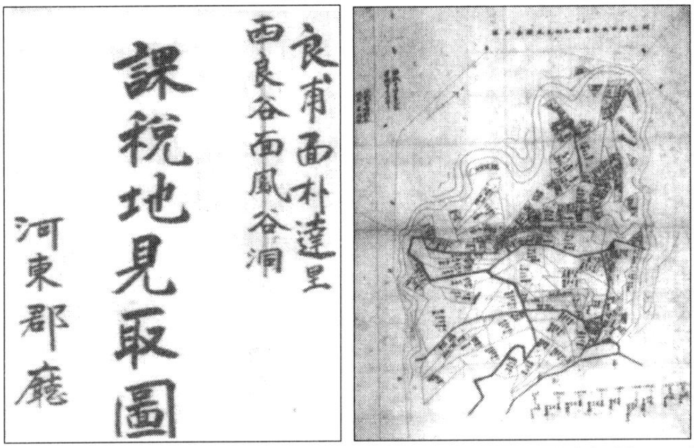


주 : 경상남도 하동군 서량곡면 봉덕동(현 하동군 양보면 박달리)의 과세지견취도 표지(좌)・견취도(우)

출처 : 대한지적공사 지적연수원 사료실(2004.) ; 리진호, 2006(a), 『측량과 지적』, 충북, 도서출판 우물, p.5.

[그림 2-46] 과세지견취도

## 3.4 추진실적

과세지견취도의 대부분은 〈표 2-14〉와 같이 1912〈대정 원년〉년에 속성으로 작성을 완료하였으나, 평안북도・강원도・함경남도・함경북도의 일부지역은 소요경비 등으로 인하여 1913〈대정 2〉년으로 이월되어 작성하였다.

과세지견취도를 작성하는데 필요한 경비는 조선총독부에서 국비와 면비를 투입하였는데, 국비는 첫째, 도 및 부・군에 있어서 감독에 필요한 경비 둘째, 견취도와 결수연명부와의 대조에 필요한 고용원의 급료 셋째, 견취도 작성시 도화용(圖畵用) 용지〈1개 리・동

251) 열좌수(列座數)라 함은 논과 논 사이의 구획물 즉, 논배미를 나타내는 말로 "畓"이라고 표시하기도 한다.
252) 조선총독부 탁지부, 2012, 앞의 책, p.4.
253) 조선총독부 탁지부, 2012, 위의 책, p.63.

에 3매〉 넷째, 면별로 연필 적색 · 남색 · 흑색 각각 1개, 소호모〈消護謨, 지우개〉 1통(筒) · 회구(繪具) 1식(式) 다섯째, 측판(測板) · 자침(磁針) · 자(尺) 등을 제공하였다.[254]

1912년에 과세지견취도 작성을 마친 곳은 257개 부 · 군, 3,492개 면, 49,587개 리 · 동이며 기술자가 아닌 리 · 동장이 직접 작성한 과세지견취도는 5%에 불과하고 절대 다수는 측량사가 작성하였으나, 지형을 견취하여 작성한 것은 총 필지수의 10분의 5에 달하였으며, 실측을 하여 작성한 것은 10분의 1에 불과하였다.[255]

〈표 2-14〉 과세지견취도 작성 실적

(1912년 현재)

| 도명 | 기술자를 고용하여 작성 | | | | | | | | | | 비기술자가 작성 | | 국민유계쟁지로 견취도를 작성 | |
|---|---|---|---|---|---|---|---|---|---|---|---|---|---|---|
| | 각필을 실측 작성 | | 리동계 주위를 측정 작성 | | 각필 주위를 간승으로 측정 작성 | | 각필 주위를 보측 작성 | | 단지 지형을 견취작성 | | | | | |
| | 면수 | 리동수 | 면수 | 리동수 | 면수 | 리동수 | 면수 | 리동수 | 면수 | 리동수 | 면수 | 리동수 | 면수 | 리동수 |
| 계 | **534** | **5,132** | **546** | **9,302** | **204** | **3,362** | **1,063** | **14,243** | **1,536** | **23,421** | **230** | **3,022** | **45** | **513** |
| 비율(%) | **–** | **9** | **–** | **16** | **–** | **6** | | **24** | | **40** | | **5** | | |
| 경기 | 2 | 23 | 16 | 266 | 9 | 55 | 309 | 2,591 | 138 | 1,363 | 28 | 227 | – | – |
| 충남 | 13 | 280 | 23 | 398 | 18 | 171 | 106 | 1,840 | 188 | 3,352 | 6 | 70 | – | – |
| 전북 | 7 | 87 | 146 | 3,072 | 72 | 1,471 | 132 | 2,013 | 148 | 2,638 | 58 | 879 | 2 | 4 |
| 전남 | 18 | 240 | 99 | 2,354 | 50 | 981 | 119 | 2,864 | 214 | 4,306 | 54 | 958 | 26 | 424 |
| 경북 | 44 | 636 | 108 | 1,411 | 35 | 393 | 186 | 2,175 | 260 | 3,776 | 13 | 152 | – | – |
| 경남 | 433 | 3,752 | – | – | – | – | 4 | 46 | – | – | 17 | 236 | – | – |
| 황해 | 11 | 75 | 89 | 1,205 | 3 | 23 | 160 | 2,332 | 170 | 3,460 | 6 | 14 | 17 | 85 |
| 강원 | 1 | 15 | 24 | 207 | 15 | 182 | 2 | 24 | 33 | 335 | 19 | 253 | – | – |
| 평남 | – | – | 10 | 85 | – | – | 28 | 211 | 241 | 1,830 | 29 | 233 | – | – |
| 평북 | 3 | 16 | 31 | 304 | 2 | 86 | 17 | 147 | 54 | 586 | – | – | – | – |
| 함남 | 2 | 12 | – | – | – | – | – | – | 90 | 1,775 | – | – | – | – |

출처 : 조선총독부 관보 제261호, 1913년〈대정 2〉.6.14, p.122.

## 3.5 사업성과

과세지견취는 결수연명부와 대조하여 누락된 과세지를 등록하거나 잘못 기재된 사항을 정정하였다.

254) 과세지견취도 작성수속의 건(1912.3.19. 정무총감 통첩 제78호) 제46조.
255) 송영준, 2004, 앞의 논문, p.12.

그리고 "지도제작(地圖製作) · 표목수립(標木樹立) · 간몰처분(墾沒處分)[256]의 경고 등을 실시하여 실제 면적에 가깝게 유조지(有租地)의 면적을 파악하였으며 충청북도에서만 지세 700여 결, 5,000여 원의 증가를 가져왔으며, 종래 소작인의 가장 큰 고통인 무토(無土)[257] · 성천(成川)[258] · 광진지(鑛陳地)[259]에 대한 감면세(減免稅) 조사가 용이하게 되었고, 국유와 민유의 구분을 명확히 하여 백성의 원성을 단절할 수 있었으며 토지의 소재를 명확히 알 수 있어 토지증명[260]에 편리를 제공한 결과 매매 · 전당을 확실하게 하여 지가가 상승하게 되었다."고 기술하고 있다.[261]

조석곤은 "과세대장인 결수연명부를 확실히 한 결과 지세징수 상 과거와 같이 매년 작부(作伕)라고 하는 면리원(面吏員)에 의한 납세자 조사를 생략하는 것이 가능하여 경비의 절감과 토지소유자 부담의 경감이 적지 않았다."고 주장하였다.[262]

과세지견취도 작성의 성과는 첫째, 토지소유권의 확립에 심대한 효과를 거두도록 하여 토지분쟁사건을 감소시킬 수 있었다. 둘째, 지주가 확실하게 되어 지주납세의 분위기를 느끼도록 하였다. 셋째, 종래 소작인의 가장 큰 고통인 무토 · 성천 · 광진지에 대한 감면세 조사가 용이하게 되었다. 넷째, 해마다 집행하는 작부를 폐지할 수 있어 경비의 절감과 토지소유자 부담이 경감되었다. 다섯째, 국 · 민유의 구분을 명확히 하여 백성의 원성을 단절할 수 있었다. 여섯째, 리 · 동유의 경계를 확정하여 장래 토지조사사업에 편리하도록 하였다. 일곱째, 토지의 소재를 명확히 할 수 있어 토지증명상에 편리를 제공한 결과 매매 · 전당을 확실하게 하여 지가가 상승하였다.

과세지견취도 작성사업의 결과와 결수연명부의 대조 · 확인을 통한 결수의 증 · 감현황은 〈표 2-15〉와 같다.

---

256) 간몰처분(墾沒處分)이라 함은 개간한 경작지를 관청에서 몰수하는 것으로 조선 시대에 국유미간지 또는 황무지를 개간하고자 하는 자는 관청에 신고하여 허가를 받아야 하였으며, 개간이 완료되면 관청에서 입지(立旨)를 받은 후 경작하도록 하였다. 그러나 조세부담으로 인하여 많은 경작자들이 관청의 허가를 받지 않고 개간하는 것이 통례가 되어 국가재정수입의 궁핍을 초래하였기 때문에 과세지견취도작성사업 당시에 이를 해결하기 위하여 신고하지 않는 개간지에 대하여는 조사하여 관청에서 몰수한다는 경고를 백성에게 시달하였다.

257) 무토(無土)라 함은 농사를 짓는 토지가 없음에도 불구하고 납세를 해야 되는 허구의 토지를 말한다.

258) 성천(成川)이라 함은 하천범람으로 농사를 지을 수 없게 된 토지를 말한다.

259) 광진지(鑛陳地)라 함은 광산개발로 인하여 폐허로 변한 토지를 말한다.

260) 토지가옥증명규칙(광무 10년 10월 26일, 칙령 제65호)에 의하여 동장 또는 통수는 토지증명의 신청 때에 도면을 첨부하도록 하여 이를 확인하도록 하였으며, 과세지견취도 작성 후에는 견취도와 대조하여 신청의 정부를 검핵〈檢覈 : 조사하여 밝힘〉하도록 하였다.

261) 조선총독부 탁지부, 2012, 앞의 책, p.6.

262) 조석곤, 1997, "조선토지조사사업에 있어서의 근대적 토지소유제도와 지세제도의 확립", 서울, 서울대학교 경제학과 박사학위논문, pp.259~280.

〈표 2-15〉 과세지견취도 작성사업에 따른 결수의 증감 현황

| 구 분 | 종래의 결수 | 결수연명부 대조 후의 결수 | 증 · 감 | | 착수~종료 |
|---|---|---|---|---|---|
| | | | 결수 | 비율(%) | |
| 합계 | 818,345결556 | 826,037결542 | 증 7691결986 | 0.01 | |
| 전라북도 | 112,023결087 | 110,170결231 | △ 1,852결856 | △ 0.17 | 8월~10월 |
| 전라남도 | 133,754결473 | 132,265결928 | △ 1,488결545 | △ 0.11 | 5월~10월 |
| 황해도 | 75,100결787 | 76,683결442 | 증 1,582결655 | 0.21 | 7월~11월 |
| 강원도 | 6,851결601 | 7,170결452 | 증 318결851 | 0.46 | 8월~11월 |
| 경기도 | 73,419결204 | 73,915결194 | 증 495결990 | 0.67 | 6월~12월 |
| 경상남도 | 110,412결017 | 115,294결851 | 증 4,882결834 | 0.44 | 8월~12월 |
| 충청남도 | 80,445결516 | 81,048결997 | 증 603결481 | 0.01 | 7월~10월 |
| 경상북도 | 136,117결599 | 137,385결203 | 증 1,267결604 | 0.01 | 5월~11월 |
| 평안남도 | 67,479결155 | 67,799결467 | 증 320결312 | 0.01 | 7월~대정 2년 2월 |
| 평안북도 | 19,799결439 | 20,634결930 | 증 835결491 | 0.04 | 9월~10월 |
| 함경남도 | 35,976결572 | 36,688결473 | 증 711결901 | 0.01 | 8월~11월 |

출처 : 조선총독부 관보 제138호, 1913년〈대정 2〉1.18, p.145. ; 조선총독부 관보, 제158호, 1913년〈대정 2〉2.12, p.95. ; 조선총독부 관보 제262호, 1913년 6.16. p.137.

## 4 토지조사

토지조사사업 시행 당시에는 삼국시대부터 내려온 국유원칙의 토지제도가 붕괴되고 대부분이 사유화되어 실지와는 전연 다른 혼란한 시기였다. 이러한 시기에 식민통치를 하게 된 일제가 식민 통치 초기에 막대한 예산을 투입하여 한반도에 대한 토지조사사업을 추진하게 된 이유는 다음과 같이 요약할 수 있다.

첫째, 자본주의적 토지제도를 확립하여 사회질서를 바로잡아 식민통치의 안정을 꾀하고 둘째, 각종 세원을 파악하여 과세자료로 활용하고 공업원료 및 자원의 동원을 가능하게 하며 셋째, 일본인이 한반도 이주에 필요한 토지 소유의 수단과 방법을 마련하고 넷째, 통치기구의 재정을 충당할 조세의 원천을 정확하게 확보하고 다섯째, 거주(주소)를 토지와

결합시켜 조선인의 동정을 항상 살필 수 있는 제도적 장치를 마련하여 통치의 안정을 도모하기 위하여 조선총독부의 제1차 과업으로 토지조사사업을 추진하게 되었다.[263)]

## 4.1 사업계획

### 4.1.1 제1차 계획

1909년 11월에 민심의 동향을 파악하고 경험을 얻기 위하여 경기도 부평군의 구소삼각점(舊小三角點) 설치구역에서 토지조사 시행조사(試行調査)를 실시하여 그 성과와 경험을 기초로 1910〈융희 4〉년 3월에 대한제국에서 토지조사사업의 순서·방법·일정·경비 등을 포함한 토지조사사업계획(1910.3, 융희황제 칙령 제23호)을 수립하였는데[264)] 이를 제1차 계획이라고 한다.

토지조사사업 제1차 계획은 한국의 총 면적을 약 14,174방리(方里 : 22,043,404정보)로 추정하고 이의 약 8분의 1인 2,755,000정보를 대지와 경작지로 보고 필지수를 13,755,000필, 1필지의 평균면적은 3단보(段步)로 예측한 후 총 소요경비를 14,129,707원으로 예상하고 1910년 3월부터 1917년 10월까지 7년 8개월간의 계속사업으로 중부지방에서 조사를 시작하여 점차 남북으로 옮겨 전 국토를 조사할 계획을 수립하였다.

토지조사국을 설치한 후 약 6개월간 대삼각측량원(大三角測量員) 및 조사사무원(調査事務員)을 양성하고 대삼각측량의 일부가 성공할 때까지 기술원으로 하여금 소삼각측량(小三角測量)을 실시하도록 계획을 수립하였다.

조사담당기관은 중앙에 본부를, 지방에 지국(支局)과 출장소(出張所)를 두고, 중앙에 총무부(總務部)·조사부(調査部)·측량부(測量部)의 3개부를 설치하고 총무부는 토지소유권의 쟁의(爭議)·토지의 구 관습 및 토지제도를 조사하고, 조사부는 토지의 경계·소유주·지목 및 지위등급 등을 조사하여 대장을 조제하며, 측량부는 대삼각측량·소삼각측량·도근측량 및 1필지측량 등을 실시하고 도면을 작성하며, 조사가 완료되면 순차적으로 지권(地劵)을 발급할 계획을 수립하였으나[265)] 같은 해 8월에 국권피탈로 인하여 아쉽게도 제1차 계획은 일시 중단되었다.

263) 박순표, 1978.10, “지적행정 30년(1)”, 『지적』, 대한지적공사, p.24.
264) 김종현, 1973.9, “지적관리 10년사(1)”, 『지적』, 대한지적공사, p.54.
265) 조선총독부 임시토지조사국, 1918, 『조선토지조사사업보고서』, pp.40~41. ; 지적기술연수원(a), 1993, 『조선토지조사사업보고서』, 수원, 우리인쇄사, pp.62~63.

### 4.1.2 제2차 계획

토지조사사업 제2차 계획은 1910년 12월에 조선총독부가 주관하여 수립하였다. 제2차 계획은 완성기간을 단축하고 제1차 계획의 불비한 점을 보완하여 총 소요경비를 15,986,202원으로 계상하고 1910년 3월부터 1916년 4월까지 7년 1개월의 계속사업으로 추진하도록 변경계획을 수립하였다.

제1차 계획에 비하여 조사예정 면적은 동일하나 경비를 1,856,495원을 증액하였으며 기간은 7개월을 단축하였고, 서무부(庶務部)·조사부(調査部)·측량부(測量部)의 3개부로 나누어 담당하고 조사가 완료되면 대장(臺帳)을 조제(調製)하여 지권을 교부하도록 하였다.

각종 측량의 기초가 되는 대삼각점(大三角點)측량은 한국의 중앙부에 원점을 설치하고 점차 남북으로 확장하려던 제1차 계획을 버리고 일본 대마도(對馬島)의 1등삼각점인 어악(御岳)과 유명산(有名山)의 2점을 연결하는 변(邊)을 기선으로 하여 대한해협을 거쳐 한국의 남단인 절영도(絶影島)와 거제도(巨濟島)에 대삼각본점(大三角本點)인 "절영도"와 "거제도"를 설치하고 이를 기초로 하여 전국에 제1차 기점인 대삼각점을 설치한 후 제2차 기점으로 소삼각점을 설치하고 제3차 기점으로 도근점을 설치한 후 이를 기초로 하여 세부측량을 실시하도록 제2차 계획을 수립하였다.[266]

### 4.1.3 제3차 계획

토지조사사업 제3차 계획은 1913년 4월에 조선총독부가 주관하여 수립하였다. 제1차 계획과 제2차 계획에서 조사지역의 면적은 2,755,000정보이고, 필지수는 13,755,000필지로 추산하였으나, 토지조사사업이 진전 되면서 조사면적은 당초 예정보다 60%인 1,653,000정보가 증가하고 필지수는 19%에 해당하는 2,644,949필지가 증가될 것으로 예상되어 조사대상지역의 총면적을 4,408,000정보로, 필지수는 16,399,949필지로 변경하였다.

그리고 시·읍·면에 비치할 지세명기장(地稅名寄帳)을 조제하고, 50,000분의 1 지형도를 조제하기 위한 지형측량을 겸행하기로 하고 제2차 계획에서 실시예정이었던 지권발급제도를 1912〈대정 원년〉년 10월에 폐지하였으며, 종래에 1필지 조사와 측량을 별도 시행하던 것을 병합 시행하도록 개선하였으며, 소요경비를 19,979,999원으로 변경하고 조사기간은 1910년 3월부터 1918년 9월까지 8년 7개월로 변경하여 제2차 계획에 비하여

266) 조선총독부 임시토지조사국, 1918, 앞의 책, pp.44~45. ; 지적기술연수원(a), 1993, 앞의 책, pp.65~66.

경비가 3,993,799원이 증가하고 기간은 1년 6개월을 연장하도록 제3차 계획을 수립하였다.[267)]

### 4.1.4 제4차 계획

토지조사사업 제4차 계획은 1915년 1월에 조선총독부가 주관하여 수립하였다. 제3차 계획에서 조사대상 필지수를 16,419,949필지로 예상하였으나 작업이 진전됨에 따라 실적에 비하여 2,031,658필지가 증가되어 18,451,607필지로 변경하고 이동지 정리 필지수도 거의 배가 늘어나게 되었으며, 1913년 2월부터 각 필지의 지가를 산출하는 한편 그 집계사무를 하는 등 새로운 사무의 증가로 경비의 증가와 사업완료의 시기가 늦어지게 되었다.

따라서 토지조사사무 전반에 걸쳐 간소화를 시도하고 공정급(功程給)제도를 신설하여 각 작업별로 공정표를 작성하여 작업 실적을 향상시키고 성과의 진척을 촉진하였으며, 총 경비는 20,406,189원으로 하고 조사기간도 3개월을 연장한 8년 10개월로 변경함으로써 1918년 12월에 토지조사사업을 완료하도록 제4차 계획을 수립하였다.[268)]

이상 설명한 토지조사사업 추진계획의 변경 내용을 요약하면 〈표 2-16〉과 같다.

〈표 2-16〉 토지조사사업 추진계획의 변경 내용

| 구 분 | 제1차 계획 | 제2차 계획 | 제3차 계획 | 제4차 계획. |
|---|---|---|---|---|
| 계획주체 | 대한제국<br>토지조사국 | 조선총독부<br>임시토지조사국 | 조선총독부<br>임시토지조사국 | 조선총독부<br>임시토지조사국 |
| 계획일자 | 1910.1. | 1910.12. | 1913.4. | 1915.1. |
| 면 적 | 2,755,000정보 | 왼쪽과 동일 | 4,408,000정보 | 왼쪽과 동일 |
| 필 지 수 | 13,755,000필 | 왼쪽과 동일 | 16,399,949필 | 18,451,607필 |
| 소요경비 | 14,129,707원 | 15,986,202원 | 19,979,999원 | 20,406,189원 |
| 추진기간 | 1910.3.~1917.10.<br>(7년 8개월) | 1910.3.~1914.4.<br>(7년 1개월) | 1910.3.~1918.9.<br>(8년 7개월) | 1910.3.~1918.12.<br>(8년 10개월) |

출처 : 조선총독부 임시토지조사국, 1918, 『조선토지조사사업보고서』, pp.41~51.

267) 조선총독부 임시토지조사국, 1918, 앞의 책, pp.44~49. ; 지적기술연수원(a), 1993, 앞의 책, pp.68~69.
268) 조선총독부 임시토지조사국, 1918, 앞의 책. pp.49~51. ; 지적기술연수원(a), 1993, 앞의 책, pp.70~71.

## 4.2 시험사업

토지조사 시험사업 중 사무는 1909년 11월 17일에 개시하여 1910년 2월 4일에 종료하였으며, 측량은 1909년 11월 20일에 개시하여 1910년 2월 20일까지 경기도 부평군(富平郡)의 구소삼각점 설치구역인 군내면(郡內面)·동면(東面)·서면(西面)[269] 일원에서 실시하였다.[270]

시험조사의 성과와 경험을 기초로 하여 조사 작업의 순서·방법·일정·소요예산 등을 결정하였으며,[271] 1912년 8월 토지조사령(1912.8.13. 제령 제2호)과 토지조사령 시행규칙(1912 8.13. 조선총독부령[272] 제6호)을 제정하고 전국적으로 토지조사사업을 위한 측량을 실시하였으며 지세령(1914.3.6. 제령 제1호)[273]·토지대장규칙(1914.4.25. 조선총독부령 제45호)[274] 및 토지측량표규칙(1915.1.15. 조선총독부령 제1호)[275] 등에 의하여 그 성과인 토지대장과 지적도를 작성하였다.

1907년 5월에 통감부 재정감사청에서 최초로 대구시가지토지측량에 관한 타합사항을 제정하고, 1909년 11월에 경기도 부평군의 일부지역에서 토지조사 시행사업을 시작한 후 전국적으로 토지조사사업을 완료한 1918년까지 동 사업을 추진하기 위하여 제정한 토지조사사업에 따른 관련법규는 〈표 2-17〉과 같다.

〈표 2-17〉 토지조사사업 관련법규

| 제정·공포일자 | 관련법규 명칭(연월일·종류·번호) | 출처 |
|---|---|---|
| 1907.5.16. | 대구시가지 토지측량에 관한 타합사항 | 재무주보 제11호 |
| 1907.5.16. | 대구시가 토지측량규정 | 〃 |
| 1907.5.16. | 대구시가지 토지측량에 대한 군수〈민단역소〉에게 통달 | 〃 |
| 1910.8.24. | 토지조사법(융희 4.8.23. 법률 제7호) | 관보 |
| 1910.8.24. | 토지조사법 시행규칙(융희 4.8.23. 탁지부령 제26호) | 〃 |

269) 부평군(富平郡)은 과거 경기도의 행정구역으로 1914년 3월 1일에 행정구역이 개편되어 인천군 중 일부와 함께 부천군(富川郡)으로 개편되었으며, 군내면과 서면은 부내면으로, 동면은 계양면으로 각각 행정구역이 변경된 후, 지금의 인천광역시 부평구·계양구 관할로 변경되었다.
270) 리진호, 1999, 앞의 책, p.1069.
271) 지적기술연수원, 1993(a), 앞의 책, p.62. ; 리진호, 1999, 앞의 책, p.549.
272) 조선총독부령(朝鮮總督府令)이라 함은 지금의 대통령령과 효력이 같은 일제 시대의 규정이다.
273) 조선총독부 관보(호외), 1914년 3월 16일, p.1.
274) 조선총독부 관보, 제519호, 1914년 4월 25일, pp.329~333.
275) 조선총독부 관보, 1915년 1월 15일, p.10.

| | | |
|---|---|---|
| 1910.8.24. | 고등토지조사위원회규칙(융희 4.8.23. 칙령 제43호) | 〃 |
| 1910.8.24. | 지방토지조사위원회규칙(융희 4.8.23. 칙령 제44호) | 〃 |
| 1912.8.13. | 토지조사령(1912.8.13. 제령 제2호) | 〃 |
| 1912.8.13. | 토지조사령 시행규칙(1912.8.13. 조선총독부령 제6호) | 〃 |
| 1913.6.7. | 임시토지조사국 조사규정(1913.6.7. 조선총독부훈령 제33호) | 〃 |
| 1914.3.6 | 지세령(1914.3.6. 제령 제1호) | 〃 |
| 1914.4.25. | 토지대장규칙(1914.4.25. 조선총독부령 제45호) | 〃 |
| 1915.1.15. | 토지측량표규칙(1915.1.15. 조선총독부령 제1호) | 〃 |
| 1921.3.18. | 토지측량규정(1921.3.18. 조선총독부훈령 제10호) | 〃 |

출처 : 류병찬, 2002, 『최신지적법』, 서울, 건웅출판사, p.92.

## 4.3 조사인력의 양성

토지조사사업계획 또는 감독업무를 담당하게 될 간부직원 또는 특수 외업에 종사해야 할 주요 인력은 이 분야에 경험이 있는 일본인을 채용하기로 방침을 정하였다. 따라서 ① 삼각측량에는 육지측량에 경험이 있는 자, ② 세부측량에는 오키나와와 대만 등에서 토지측량의 경험이 있는 자, ③ 준비조사・1필지조사・지위등급조사에는 오키나와와 대만 등에서 토지조사나 일본에서 세무의 경험이 있는 자, ④ 제도(製圖)에는 육지측량부 등에서 제도에 경험이 있는 자, ⑤ 면적계산・장부조제 및 지가산출에는 일본에서 세무 등에 경험이 있는 자를 채용하였다.

그리고 실지작업(實地作業)에 종사하여야 할 많은 하급직원은 조선인을 양성해서 충당하는 것이 효율적이라고 판단하고 ① 조사원인 사무원과 측량원인 기술원의 양성, ② 제도수 및 적산수의 양성, ③ 지형도와 축도 작업원의 양성, ④ 장부조제 작업원 및 지가산출 작업원의 양성 등 네 종류로 구분하여 추진하였다.

토지조사사업을 위한 사무원 및 기술원은 1911년부터 1918년까지 2,488명을 양성하였으며, 제도수 및 적산수는 1910년부터 1917년까지 1,197명을 양성하였으며,[276] 지형도와 축도 작업원은 1914년에 20명을 양성하였으며, 장부조제 및 지가산출 작업원은 1914년부터 1915년까지 5회에 걸쳐 446명을 양성하여 총 4,151명의 조선인을 양성하여 토지조사사업에 종사하게 하였다.[277]

276) 조선총독부 임시토지조사국, 1918, 앞의 책. pp.492~493. ; 지적기술연수원, 1993(a), 앞의 책, pp.483~486.
277) 조선총독부 임시토지조사국, 1918, 위의 책. pp.495~496. ; 지적기술연수원, 1993(a), 위의 책, pp.486~487.

## 4.4 기선측량과 삼각측량

### 4.4.1 한·일 영토를 연결한 대삼각본점측량

대삼각본점측량은 한반도의 중앙부에 원점을 설치하고 점차 남북으로 확장 시행하려던 대한제국의 당초 계획을 변경하여 1910년 6월에 일본의 주관으로 육지측량사 우메즈 다께오(梅津武雄) 기사·나카무라 에이죠(中村榮藏) 기수·죠우지 오사무(調子修) 기수와 한국인 최초로 홍종대(洪鍾大)[278] 기수가 한조가 되어 일본의 동경원점으로부터 삼각측량방법에 의하여 설치한 대마도(對馬島)의 1등삼각점 아리아케산(有明山)과 온다케(御嶽)의 2점을 연결하는 변(邊)을 기선으로 대한해협을 거쳐 한국의 남단인 절영도〈絶影島, 현 부산 영도〉와 거제도(巨濟島)를 연결한 [그림 2-47]과 같이 한·일 영토를 연결한 사각망(四角網)을 형성하여 대삼각본점을 설치하는 관측을 실시하였다.[279]

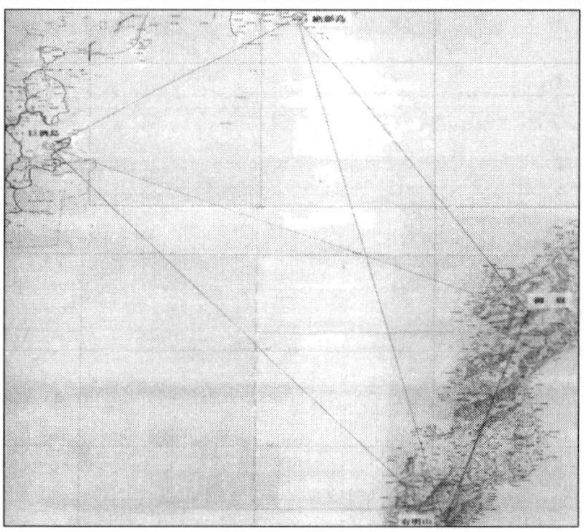

출처 : 리진호, 2001(b), 『삼각측량작업결료보고』, 충북, 도서출판 우물, 화보 p.2.

[그림 2-47] 한·일 영토를 연결한 대삼각본점 망도

278) 홍종대(洪鍾大, 1888~미상) 호 면제(勉齊), 한성 서서(西署) 정자동 출생. 사립광성상업학교(1905), 사립양정의숙 졸업(1905), 탁지부 측량기술견습생(1906), 탁지부 측량기수(1906), 『신찬지형측량술(新撰地形測量術)』 저술(1909), 임시재원조사국 양지과 기수(1908.1.1), 임시재산정리국 측량과 기수(1908.7.28), 우메즈 다께오(梅津武雄), 나카무라 에이죠(中村榮藏), 죠우지 오사무(調子修)와 함께 최초의 대삼각본점측량에 참여한 유일한 한국인으로 대전·노량진·안동·하동·의주·평양·영산포기선 등 7개 기선의 한국인 측량원으로 종사(1910.8~1912.5.11)하였다. ; 리진호(d), 2001, 『삼각측량작업결료보고』, 충북, 도서출판 우물, p.80.) ; 대한지적공사(f), 2005, 『한국지적백년사』, 지적인명편, p.678.

279) 리진호, 2001(b), 『삼각측량작업결료보고』, 충북, 도서출판 우물, p.31.

절영도와 온다케의 거리는 48㎞, 절영도와 아리아케산의 거리는 무려 99㎞가 넘었으며, 절영도와 거제도에 설치한 대삼각본점인 두 개의 삼각점을 모체로 전국에 대삼각본점을 설치하고 이를 토대로 대삼각보점・소삼각1등점・소삼각2등점・도근점 등을 설치하고 1필지 측량을 실시하였다.

한・일 영토를 연결한 4개의 삼각점의 위치와 경・위도 등 제원은 〈표 2-18〉과 같다.[280)]

〈표 2-18〉 한・일 영토를 연결한 삼각점의 제원

| 명 칭 | 위치 | 경도 | 위도 | 높이 |
|---|---|---|---|---|
| 거제도 | 경상남도 거제도 일운면 옥림리 산110-5, 옥녀봉 | 128° 41′ 44″ 6272 | 34° 50′ 56″ 7771 | 554.73 |
| 절영도 | 부산광역시 영도구 청학동 산 54-1 봉래산 | 129° 03′ 26″ 6719 | 35° 04′ 46″ 969 | 394.60 |
| 유명산 (아리아케산) | 일본 장기현 하현군 엄원정 | 129° 16′ 02″ 148 | 34° 12′ 04″ 331 | 558.17 |
| 어악 (온다케) | 일본 장기현 하현군 상현정 | 129° 22′ 19″ 228 | 34° 33′ 41″ 873 | 457.82 |

출처 : 리진호, 2001(b), 『삼각측량작업결료보고』, 충북, 도서출판 우물, p.32.

### 4.4.2 기선측량

기선측량(基線測量)은 삼각측량의 기초가 되는 측량으로써 1910년 8월에 대전기선(大田基線)의 위치를 선정하면서부터 시작하여 1913년 10월 함경북도 고건원기선(古乾原基線)의 측량완료로 마무리 되었다.

기선측량은 삼각측량을 실시하면서 망을 확대하는 과정에서 기지변의 성과와 망의 정확도를 얻기 위한 방법으로 기선은 삼각측량원이 선정하고 그 양단(兩端)에는 대삼각보점과 같은 모양의 점표(覘標)를 설치하고 측량이 끝난 후에 표석을 매설하여 대삼각본점으로 활용하였다.

기선의 위치는 거의 전부가 평탄하고 지반이 굳은 곳으로 기선로(基線路)의 넓이는 3m, 경사는 25분의 1을 초과하지 않을 정도로 토공(土工)을 시행하고 초목・암석・울타리 등 측량의 방해가 되는 것은 모두 제거하였으며 선로 중 구거・하류 또는 습지 등을 만나면 이를 매립하거나 다리를 놓아 기선측량을 효율적으로 수행할 수 있도록 하였다.

280) 조선총독부 임시토지조사국, 1918, 앞의 책. pp.208~209. ; 지적기술연수원, 1993(a), 앞의 책, pp.218~219. ; 리진호, 2001(b), 『삼각측량작업결료보고』, 충북, 도서출판 우물, p.31.

기선측량은 〈표 2-19〉와 같이 대전을 비롯하여 노량진·안동·하동·의주·평양·영산포·간성·함흥·길주·강계·혜산진·고건원 등 13 개소를 선정하여 실시하였는데 기선장(基線長)은 최장 평양기선 4,625m, 최단 안동기선 2,000m로 기선측량에 참여한 한국인 기수는 한·일 영토를 연결한 대삼각본점 측량에 참여한 홍종대를 비롯하여 최영노(崔永老)[281]와 이병화(李炳和)[282] 3명뿐이었다.[283]

기선의 총 연장은 39,758m로써 13인을 1조로 하는 기선측량반이 연일수 4,268일을 종사하였으며, 1일 1개 반의 평균 공정은 9.3m이었다.

〈표 2-19〉 기선측량의 위치 · 거리 및 측량기간

| 순번 | 기선명 | 거리 | 측량기간 | 측량주임 | 수석 측량원 | 한국인 측량원 |
|---|---|---|---|---|---|---|
| 1 | 대전 | 2,500m 39410 | 1910.8.9~9.27 | 技手 梅津武雄 | 技手 中村榮藏 | 技手 洪鐘大 |
| 2 | 노량진 | 3,075m 97442 | 1910.9.28~11.12 | 〃 | 〃 | 〃 |
| 3 | 안동 | 2,000m 41516 | 1911.3.17~5.1 | 監査官 中村榮藏 | 技手 調子修 | 〃 |
| 4 | 하동 | 2,000m 84321 | 1911.5.7~6.20 | 〃 | 〃 | 〃 |
| 5 | 의주 | 2,701m 23491 | 1911.8.29~10.6 | 〃 | 技手 悳鍋時次郎 | 〃 |
| 6 | 평양 | 4,625m 47770 | 1911.10.7~12.3 | 〃 | 〃 | 〃 |
| 7 | 영산포 | 3,400m 89002 | 1912.3.13~5.11 | 〃 | 〃 | 〃 |
| 8 | 간성 | 3,126m 11155 | 1912.5.23~7.15 | 〃 | 〃 | 技手 崔永老 |
| 9 | 함흥 | 4,000m 91794 | 1912.7.22~9.16 | 〃 | 〃 | 〃 |
| 10 | 길주 | 4,226m 45669 | 1912.9.21~11.5 | 〃 | 〃 | 〃 |
| 11 | 강계 | 2,524m 33613 | 1913.4.23~9.30 | 〃 | 技手 川上平一 | 技手 李炳和 |
| 12 | 혜산진 | 2,175m 31361 | 1913.6.13~7.26 | 技手 上原義勝 | 〃 | 〃 |
| 13 | 고건원 | 3,000m 81838 | 1913.8.9~10.4 | 〃 | 〃 | 〃 |

출처 : 조선총독부 임시토지조사국, 1918, 『조선토지조사사업보고서』, p.200. ; 리진호, 2001(b), 『삼각측량작업결료보고』, 충북, 도서출판 우물, p.59. pp.79~80.

281) 최영노〈崔永老, 1885~미상, 한성 서서(西署) 인달방 거주〉는 탁지부 기수(1906), 임시재원조사국 기수(1908.1), 임시재산정리국 측량과 기수(1908.7), 임시토지조사국 기수(1911. 11), 간성 등 3개 기선의 한국인 측량원으로 참여 하였다.(리진호, 2001(b), 『삼각측량작업결료보고』, 충북, 도서출판 우물, p.80.)

282) 이병화(李炳和, 출몰 미상)는 임시재원조사국 기수(1908.6), 임시재산정리국 측량과 기수(1908.7), 토지조사국 기수(1910.3), 임시토지조사국 측지과 기수(1919.10), 강계 등 3개 기선의 한국인 측량원으로 참여하였다.(리진호, 2001(b), 『삼각측량작업결료보고』, 충북, 도서출판 우물, p.80.)

283) 지적기술연수원, 1993(a), 앞의 책, pp.209~210.

### 4.4.3 대삼각본점측량

대삼각본점측량〈大三角本點測量, 1등삼각점〉은 [그림 2-48]과 같은 절영도와 거제도의 대삼각본점을 기준으로 우리나라 동서남북의 면적을 감안하여 정밀한 측량기계 및 관측법과 계산법을 사용하여 토지조사사업의 목적에 맞게 측량의 기본점을 설치하였으며, 기선측량점은 모두 대삼각본점으로 취급하였다.

따라서 대삼각본점측량은 이를 기선망 및 대삼각본점망의 2종으로 구분하는데, 기선망(基線網)이라 함은 기선을 확대하여 대삼각점의 1변으로 할 수 있도록 하는 삼각망을 말하고, 대삼각본점망(大三角本點網)이라 함은 우리나라 전체에 걸쳐 대삼각본점을 배치하는 삼각망을 말한다.

대삼각본점은 기선의 확대변을 기초로 경도 20′, 위도 15′의 방안(方眼)에 대략 1점을 배치하였으며, 각 대삼각본점간 변장의 평균 거리는 30㎞로 우리나라 전역에 설치하였고 계산의 간편 등을 고려하여 우리나라 전체를 23개의 삼각망으로 나누어 작업을 실시하였다.[284]

주 : 대삼각본점 절영도(좌) · 거제도(우)

출처 : 거제시, 2005, 『지적불부합지 정리 사례집』, p.8. ; 리진호, 2006(b), 『사진으로 엮은 측량의 역사』, 충북, 삼성문화사, p.31.

[그림 2-48] 대삼각본점

284) 원영희, 1972(b), 앞의 책, pp.243~248.

전국에 제1차 기점인 대삼각본점을 [그림 2-49]와 같이 약 30㎞ 간격으로 총 400점을 설치하고 연일수 14,349일에 걸쳐 측량을 실시하였으며, 100일 평균공정은 2.79점이었다.

연도별·지역별 대삼각본점 측량은 [그림 2-50]과 같이 진행되었으며, [그림 2-51]과 같은 삼각점 표석을 매설하였는데, 표석은 주석과 반석의 2개로 구분하여 매설하되 석재는 화강암을 사용하고 부지는 1평으로 하여야 하며, 표석의 전면에는'대(소)삼각점'의 4자(字)와 상부에는 '+'자를 음각하도록 규정하였다.

이어서 대삼각보점과 소삼각점은 가우스(Gauss)씨의 상사부영식(相似副影式)에 의해서 평면직각종횡선의 평균 계산을 하는 관계로 그에 필요한 각 대삼각본점의 평면직각종횡선 수치를 산출하기 위하여 종횡선원점을 두기로 하였다.

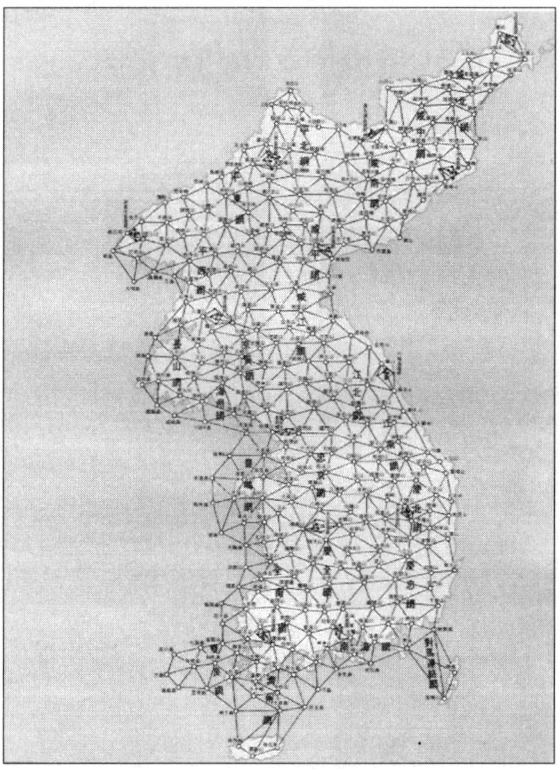

출처 : 지적기술연수원, 1993(a), 『조선토지조사사업보고서』, 수원, 우리인쇄사, p.244. ; 리진호, 2001(b), 『삼각측량작업결료보고』 역주, 충북, 도서출판 우물, p.235.

[그림 2-49] 대삼각본점 망도

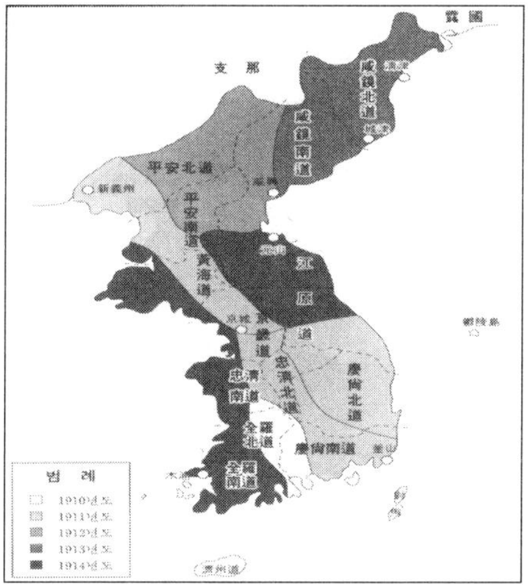


출처 : 리진호, 2001(b), 『삼각측량작업결료보고』, 충북, 도서출판 우물, p.227.

[그림 2-50] 대삼각본점 측량 진행도

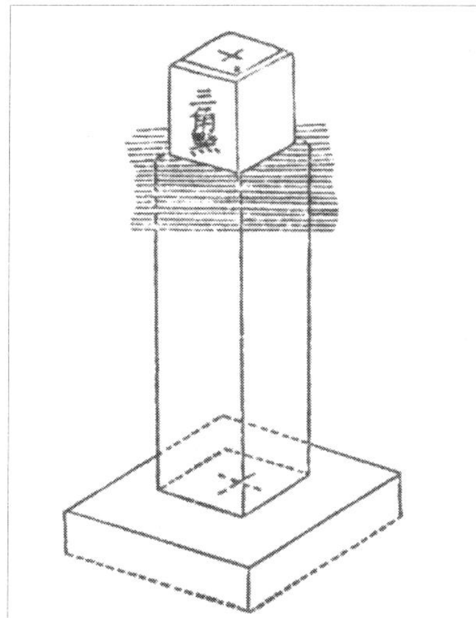


출처 : 토지측량표규칙.(1910.9.15. 통감부령 제58호)

[그림 2-51] 삼각점 표석

그러나 투영상의 차(差)를 적게 하기 위하여 남북이 길고 동서가 짧은 지형인 우리나라 13개 도를 3대 구역으로 나누고 각 구역의 중앙에 가상원점(假想原點)을 두어 이를 기초로 각 삼각점의 종횡선수치를 산출하였는데, 이 3개의 원점을 3대 원점이라고 하였으며 그 위치는 다음과 같다.

- 동부원점 : 북위 38°와 동경 129°의 교점
- 중부원점 : 북위 38°와 동경 127°의 교점
- 서부원점 : 북위 38°와 동경 125°의 교점

이어서 각 삼각점에 대하여는 ① 경도와 위도, ② 자오선 방향, ③ 평면직각종횡선, ④ 평균방향각 및 관측방향각, ⑤ 거리의 대수 등을 수록한 삼각점 성과표를 조제하였다.[285)]

### 4.4.4 대삼각보점측량

대삼각보점측량〈大三角補點測量, 2등삼각점〉은 삼각측량의 2차점으로 설치하였는데, 경도 20′, 위도 15′의 방안에 대삼각본점을 합하여 9점의 비율로 삼각점을 설치하였으며,

285) 지적기술연수원, 1993(a), 앞의 책, p.219. ; 원영희, 1972(b), 『한국지적사』, 서울, 보문출판사, 1972, p.248.

대삼각보점 간 변장의 평균 거리는 10㎞로 우리나라 전역에 설치하였다.[286)]

대삼각보점측량은 1910년 6월 대삼각본점측량 시작과 동시에 선점에 착수하였는데 대삼각본점측량이 완료되기 전에 실시하였다는 모순된 점이 있지만 토지조사사업의 사업기간을 고려하여 동시에 실시할 수밖에 없었다. 당초의 계획은 본점의 위치를 결정하고 보점을 선정하도록 계획되어 있었으나 대삼각본점 측량의 진행과 함께 대삼각보점 측량을 실시하여 점차 기준점을 얻게 되었다.

대삼각보점측량은 약 10㎞ 간격으로 총 2,401점을 설치하고 연일수 24,126일에 걸쳐 측량을 실시하였으며, 100일 평균공정은 9.95점이었다.

### 4.4.5 소삼각점측량

소삼각점측량(小三角點測量)은 도근측량(圖根測量)의 기초가 되는 측량으로 대삼각본점측량과 대삼각보점측량의 결과를 기초로 하여 실시하였는데, 소삼각점 간 변장의 평균거리는 소삼각 1등점〈小三角 一等點, 3등삼각점〉은 5㎞, 소삼각 2등점〈小三角 二等點, 4등삼각점〉은 2.5㎞로 우리나라 전역에 설치하였다.

소삼각 1등점 6,297점과 소삼각 2등점 25,349점을 설치하고 연일수 62,551일에 걸쳐 측량을 실시하였으며, 100일 평균공정은 50.59점이었다.

그러나 대한제국 시대에는 대삼각측량을 시행하지 않고 특정 지역에 한하여 독립적인 소삼각측량을 시행하였는데 이를 구소삼각측량(舊小三角測量)이라고 하며, 조선총독부 시대에는 시가지지세를 급속하게 징수할 목적으로 평양 등 대도시지역의 시가지측량을 실시하기 위하여 대삼각측량을 실시하기 전에 소삼각측량을 시행하였는데 이를 특별소삼각측량(特別小三角測量)이라고 한다.

그리고 토지조사사업이 시행되면서 대삼각본점측량과 대삼각보점측량을 실시하고 그 결과를 이용하여 소삼각점측량을 시행하였는데, 이를 보통소삼각측량이라고 한다.[287)]

따라서 우리나라의 소삼각점측량은 구소삼각측량, 특별소삼각측량, 보통소삼각측량의 세가지로 구분하고 있다.

토지조사사업의 추진을 위하여 조선총독부에서 설치한 대삼각본점・대삼각보점・소삼각1등점・소삼각2등점의 설치 현황은 〈표 2-20〉과 같다.

286) 리진호, 2001(b), 앞의 책, pp.249~251.
287) 원영희, 1972(b), 앞의 책, pp.251~260.

〈표 2-20〉 조선총독부 설치 삼각점 현황

| 구 분 | 변장 | 설치 점수 | 설치 기간 |
|---|---|---|---|
| 계 | - | 34,447 | |
| 대삼각본점(1등삼각점) | 평균 30km | 400 | 1910년~1914년 |
| 대삼각보점(2등삼각점) | 평균 10km | 2,401 | 1910년~1914년 |
| 소삼각1등점(3등삼각점) | 평균 5km | 6,297 | 1910년~1915년 |
| 소삼각2등점(4등삼각점) | 평균 2.5km | 25,349 | 1910년~1915년 |

출처 : 리진호, 2001(b), 『삼각측량작업결료보고』, 충북, 도서출판 우물, pp.225~232. ; 류병찬, 2006, 『최신지적학』, 서울, 건웅출판사, p.285.

### 4.4.6 수준측량

수준측량(水準測量)은 지표상의 각 지점 간의 고저차를 구하는 측량으로써, 수준의(水準儀)라는 측량기기를 사용하여 평균해면(平均海面)으로부터 높이를 구하는 측량을 말하며, 수준측량을 실시하기 위해서는 평균해면을 구하지 않으면 안 된다.

따라서 임시토지조사국에서 토지조사사업을 수행하면서 바닷가에 조수간만의 차를 측정할 수 있도록 〈표 2-21〉과 같이 청진・원산・목포・진남포・인천의 5개소에 험조장(驗潮場)[288]을 설치하고, 나선식(螺線式) 자기험조의(自記驗潮儀)[289]를 정치(整置)한 후 적어도 1년 내지 3년 이상의 관측결과로부터 각 평균중등조위(平均中等潮位)를 산출하였다.[290]

현재 우리나라의 수준원점은 1963년에 인천시 남구 용현동 인하전문대학 구내에 설치하였으며, 그 높이는 26.6871m이다. 이 수준원점을 기준으로 국도변이나 관공서・학교 등지에 2~4km 간격으로 5,251개의 수준점을 전 국토에 설치해 높이를 측정하는 수준측량의 기준으로 삼고 있다.[291]

수준점은 총 2,823점을 설치하고 수준점과 1,639점의 삼각점 높이를 연일수 6,982일에 걸쳐 측량을 실시하였으며, 100일 평균공정은 63.91점이었다.

288) 험조장(驗潮場)은 토지조사사업 추진 당시에 쓰던 용어 이였으나, 일부 문헌에 검조장(檢潮場)으로 표기하고 있으며, 2007년 6월에 측량법시행령 제2조의5를 신설하여 검조장(檢潮場)으로 표기하고 있다.

289) 자기험조의(自記驗潮儀)란 조위 관측 장치에 의하여 자동적으로 조위를 자기지상(自記紙上)에 자화(自畵)시키는 기계를 말한다.

290) 지적기술연수원, 1993(a), 앞의 책, pp.227~230. ; 원영희, 1972(b), 앞의 책, pp.261~264. ; 리진호, 2001(b), 『삼각측량작업결료보고』, 충북, 도서출판 우물, p.197.

291) http://cafe.daum.net/maeseorak/37Ay/813.(2008.7.5.)

〈표 2-21〉 험조장 건설 및 평균중등조위

| 험조장 | 건설기간 | 기준면진고 (球分體) | 수준기점진고 |
|---|---|---|---|
| 청진 | 1911.7.9~1911.7.30 | 1m 660 | 2m 636 |
| 원산 | 1911.7.31~1911.8.21 | 1m 863 | 1m 931 |
| 목포 | 1912.4.15~1912.6.26 | 3m 229 | 2m 155 |
| 진남포 | 1912.8.10~1912.12.24 | 7m 007 | 5m 477 |
| 인천 | 1913.5.30~1914.5.29 | 5m 369 | 6m 144 |

출처 : 리진호, 2001(b), 『삼각측량작업결료보고』, 충북, 도서출판 우물, pp.206~207.

연도별·지역별 수준측량은 [그림 2-52]와 같이 진행되었으며, [그림 2-53]과 같은 수준점 표석을 매설하였는데, 표석은 주석과 반석의 2개로 구분하여 매설하되 석재는 화강암을 사용하고, 표석의 전면에는 '수준점'의 3자(字)와 상부에는 원형의 '○'자를 음각하도록 규정하였다.

출처 : 리진호, 2001(b), 『삼각측량작업결료보고』, 충북, 도서출판 우물, p.230.

[그림 2-52] 험조장과 수준측량 진행도

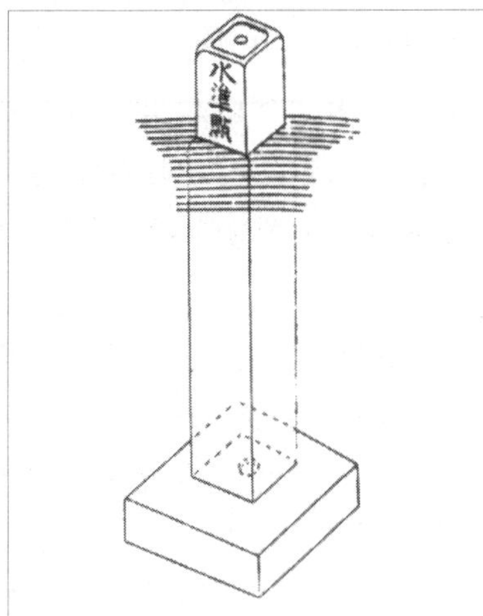


출처 : 토지측량표규칙.(1915.1.15. 총독부령 제1호)

[그림 2-53] 수준점 표석

위와 같이 대삼각본점측량과 대삼각보점측량을 실시하고 수준측량을 실시한 성과를 삼각점의 등급·번호 또는 명칭·소재지·경위도·종횡선수치·진북방향각·방향각·거리의 대수·진고 외에 수준점의 소재지와 진고를 기록한 [그림 2-54]와 같은 삼각 및 수준측량성과표를 1책으로 작성하여 이용하기에 편리하도록 하였다.

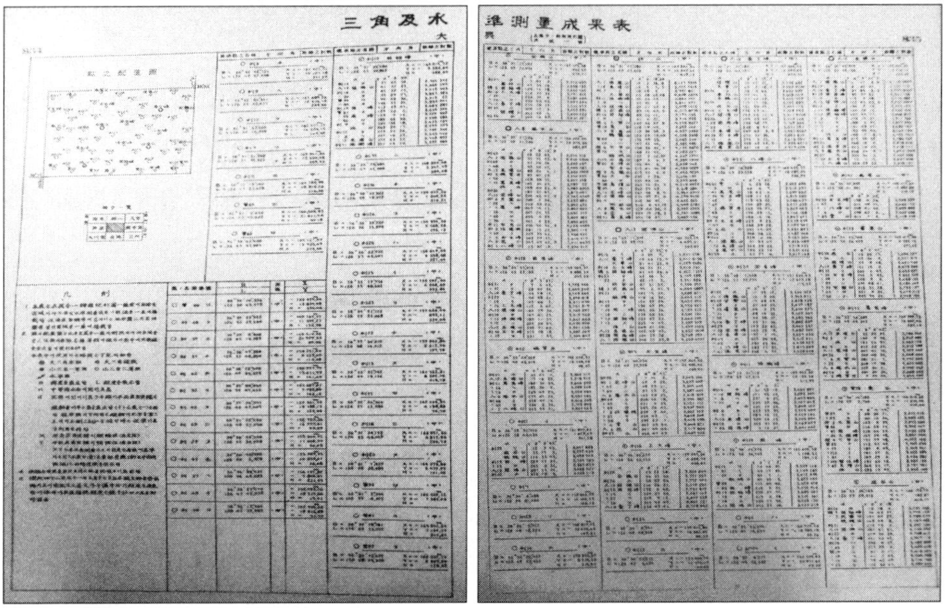

출처 : 대한지적공사 지적연수원.(2014.10.10).

[그림 2-54] 삼각 및 수준측량성과표

## 4.4.7 도근측량

도근측량은 1필지 측량에 필요한 기준점을 설치하는 측량으로 1필지 측량은 측판(測板)을 사용해서 도해적(圖解的)으로 시행하였기 때문에 토지조사와 같이 넓은 구역에 대하여 측량을 시행하고 각 도면을 엄밀하게 접합시키려면 미리 정확한 삼각측량을 실시한 다음 각 도엽마다 수개의 도근점을 설치해야 하는 것이다.

따라서 도근측량을 실시하여 삼각점간을 연결해서 다각형의 도선을 만들고 도선간을 연결하여 1매의 원도 상에 6개 이상의 도근점을 배치함으로써 도근측량의 성과를 정확하게 하고 측량작업을 쉽게 하며 지적도를 일정한 크기로 조제하고 상호 접합부에 오차가 없도록 해야 한다.

도근측량은 당초에는 전부 간(間)단위의 척도를 사용할 계획이었으나 1911년 6월 28일 이후에 착수한 각 군에 있어서는 미터(m)단위를 사용하였다.

임시토지조사국을 설치하기 전에  소삼각측량을 시행한 경기도의 수원군(구 광주군에서 편입된 의곡면・왕륜면 제외)・진위군(구 평택군 제외)・김포군・부천군・강화군・시흥군・인천부 및 경상북도의 대구부・달성군・고령군 등에서는 간단위를 사용하였으며 측량원도 1도곽의 크기를 축척 1/1,200일 경우 동서 250간, 남북 200간에 해당하는 크기, 즉 동서 1척(尺)2촌(寸)5푼(分), 남북 1척을 미터단위를 사용하면서 동서 500m, 남북 400m에 해당하는 크기, 즉 동서 1척3촌7푼5리(厘), 남북 1척1촌으로 확대함으로써 약 2할의 원도 매수를 절약하고 도근점도 같은 비율로 감소시킬 수 있었다.[292)]

도근점(圖根點)은 총 3,551,606점을 설치하고 연일수 267,922일에 걸쳐 외업을 완료하였으며, 1인 1일 평균공정은 13.3점이었다.

## 4.5 주요 조사내용

조선토지조사사업보고서 전문에 의하면 토지조사사업은 첫째, 토지소유권의 조사 둘째, 토지가격의 조사 셋째, 지형·지모의 조사 등 3개 분야로 구분하여 다음과 같은 사항을 조사한 것으로 기록되어 있다.[293)]

### 4.5.1 토지소유권 조사

#### 1) 1필지조사와 사정

1필지조사는 지주조사(地主調査)·경계조사(境界調査)·지목조사(地目調査)·지번조사(地番調査)의 4개 부분으로 나누어 실시하였다.

첫째, 지주조사는 원칙적으로 신고주의를 택하고 동일 토지에 대하여 2인 이상의 권리주장자가 있을 경우 또는 단순히 1인의 권리주장자만이 있을 경우라도 그 권원에 의문이 있을 때를 제외하고는 구태여 권원조사를 하지 않고 신고 명의인을 지주로 인정하였다.

둘째, 경계조사는 신고자로 하여금 그 토지의 상하좌우 주위에 표항(標杭)을 설치하도록 한 다음 지주·관리인·이해관계자·대리인·지주총대 등을 입회시켜 지주조사와 함께 인접지와의 관계를 조사하였다.

셋째, 지목조사는 토지의 종류를 전·답·대·지소 등 18개 종목으로 구분하고 조사 당시의 현상을 참작하여 적당한 것을 선정해서 지목을 정하였다.

그러나 토지조사사업과 임야조사사업을 추진하면서 도로·구거·하천 등 공공용지의 지목과 소규모 도서·무인도·육지로부터 멀리 떨어진 도서 등은 조사 대상에서 제외하였으나, 광복 후 지적법을 제정하면서 직권등록주의를 채택하고 단계적으로 조사하여 모

292) 조선총독부 임시토지조사국, 1918, 앞의 책, p.233~234. ; 지적기술연수원, 1993(a), 앞의 책, pp.238~239.
293) 원영희, 1972(b), 『한국지적사』, 서울, 보문출판사. p.665.

출처 : 조선총독부, 1918, 『조선토지조사사업보고서』, p.276.

[그림 2-55] 토지조사사업을 위한 세부측량

두 지적공부에 등록하였다.

넷째, 지번조사는 1개 동 전체를 1필지마다 순차적으로 번호를 부여하였으며, 지위등급조사도 동시에 실시하였다.

토지소유권(土地所有權) 조사는 [그림 2-55]와 같이 세부측량을 실시하여 토지의 소재·지적(地積)·소유권자 등을 조사하고 지적도에 그 위치 및 형상을 묘화(描畵)하며 토지의 소유자 및 강계(彊界)[294]를 사정(査定)[295]하여 지적(地籍)을 명확히 함으로써 다년간 분규가 극심하였던 토지 계쟁(係爭)을 해결하고 아울러 토지등기제도의 설정을 기하도록 하였다.[296]

토지조사사업 당시 임시토지조사국장에게 토지사정권(土地査定權)을 부여하여 소유자와 강계를 사정함으로써 토지소유권을 확인하고 이를 법인(法認)하는 가장 중요한 행정처분을 하였으며, 1913년 11월 12일 충청북도 청주군 청주면에서 시작하여 1917년 10월 28일 평안북도 용천군 신도면·동주면·남주면을 끝으로 완료되었다.[297]

### 2) 분쟁지 조사

우리나라 전체의 토지조사 필지수는 총 19,107,520필지로써 분쟁지는 33,937건, 99,445필지로써 200필지에 분쟁지 1필지의 비율로 비교적 많은 실정이었다.

분쟁지 33,937건, 99,445필지 중 당사자가 화해하여 취하한 것이 11,648건, 26,423필지였고, 소유권 분쟁은 99,138필지이며, 강계 분쟁은 307필지였다.

소유권 분쟁지 99,138필지 중 국유지와의 분쟁은 64,449필지, 민유지 상호간의 분쟁은 34,689필지였으며, 강계 분쟁지 307필지 중 국유지와의 분쟁은 121필지, 민유지 상호

294) 강계(彊界)라 함은 토지조사법과 토지조사령에서 규정한 법률 용어로써 토지조사사업 당시에 소유자가 각각 다른 토지와의 경계선 즉 사정선(査定線)을 의미하였는데, 조선임야조사령과 지적법에서는 경계로 규정하고 있다.

295) 사정(査定)이라 함은 토지에 대한 소유권의 창설적 효력을 부여한 토지조사사업 당시 토지의 소유자 및 강계(彊界)를 결정한 행정처분을 말한다.

296) 원영희, 1972(b), 앞의 책, p.665.

297) 조선총독부 임시토지조사국, 1918, 앞의 책, p.415~437. ; 백은기, 원영희, 1982.3, 『지적불부합지에 대한 조사연구』. 대한지적공사. ; 지적기술연수원, 1993(a), 앞의 책, pp.401~428.

간의 분쟁은 186필지였다.

따라서 소유권 분쟁은 국유지와 개인 소유자와의 관계가 많았으며, 강계 분쟁은 개인 상호간의 관계에 많았었다.

분쟁의 원인은 토지 소속의 불분명 · 역둔토와 궁장토의 정리미비 · 세제의 결함 · 미간지 · 토지소유권 증명의 불비 · 권리서식의 불비 등으로 분석되었고, 국유지와의 분쟁은 제실소유지 · 궁장토 · 능원묘 · 목장 · 산림산야 · 미간지 등의 토지가 많은 것으로 분석되었다.

분쟁지는 외업조사와 내업조사 및 위원회심사의 3단계 과정을 거쳐 조사하였는데, 외업조사는 총무과 계쟁지계 직원 중 전담 조사원이 담당하였으며, 실지에서 분쟁지에 관한 제반사실을 조사하고 필요한 서류를 취합하였다.

내업조사는 외업조사 결과를 총무과 계쟁지계에서 반복 심사한 다음 심사서를 작성하여 이를 심사위원회에 회부하였으며, 총무과장을 위원장으로 하는 심사특별기관인 심사위원회를 설치하여 분쟁지에 관한 심사를 하였다.

분쟁지 심사에는 관계서류의 대조 · 소유권원 및 점유 · 실지의 상황 · 양안 · 결수연명부 · 과세지견취도 · 관청 보관문서 · 납세사실 · 참고인 진술 등을 조사하였으며, 분쟁지 33,937건, 99,445필지와 토지소유권에 관하여 소송 중이었던 6,976건의 계쟁사건을 처리하기 위하여 1910년 9월부터 1918년 1월까지 연 인원 101,636명이 종사하였으며,[298] 각 도별 분쟁지 처리 실적은 〈표 2-22〉와 같다.

〈표 2-22〉 분쟁지 처리 실적

| 도 명 | 건수 | 필지수 | 도 명 | 건수 | 필지수 |
|---|---|---|---|---|---|
| 합계 | 33,937 | 99,445 | 경상남도 | 4,063 | 10,465 |
| 경기도 | 9,412 | 24,939 | 황해도 | 3,318 | 10,979 |
| 충청북도 | 352 | 711 | 평안남도 | 228 | 808 |
| 충청남도 | 1,564 | 4,810 | 평안북도 | 736 | 4,473 |
| 전라북도 | 2,622 | 5,442 | 강원도 | 1,197 | 3,016 |
| 전라남도 | 8,610 | 29,830 | 함경남도 | 651 | 1,639 |
| 경상북도 | 1,095 | 2,204 | 함경북도 | 89 | 129 |

출처 : 조선총독부 임시토지조사국, 1918, 『조선토지조사사업보고서』, p.191. ; 지적기술연수원, 1993(a), 『조선토지조사사업보고서』, 수원, 우리인쇄사, p.197.

298) 지적기술연수원, 1993(a), 앞의 책, pp.135~196.

### 3) 낙산임야의 조사

낙산임야(落山林野)라 함은 ① 전 · 답 · 대 · 지소 · 잡종지 · 사사지 · 분묘지 · 공원지 · 철도용지 및 수도용지에 둘러싸여 있으며 그 면적이 약 50,000평 이내의 임야, ② 주위(周圍)의 대부분이 농경지나 대에 둘러싸이고 일부분만이 임야에 접속되어 있지만 그 접속부분이 도로 · 하천 · 구거 · 제방 · 성첩 · 철도선로에 의하여 사실상 중단되어 있으며 그 면적은 약 10,000평 이내의 임야, ③ 지세가 평평하여 손쉽게 개간할 수 있는 잔디밭〈芝地〉 등으로 도로 · 하천 · 구거 · 제방 · 성첩 · 철도선로로써 주가 되는 임야와 구획된 면적이 약 10,000평 이내의 임야 등을 말하는데, 이러한 임야는 토지조사사업을 추진하면서 소유자와 강계를 사정토록 하였다.[299)]

그러나 도로 · 구거 · 하천 등 공공용지는 토지조사사업의 조사와 사정대상에서 제외되어 그 지번과 지목 · 면적 · 소유자 등을 지적공부에 등록하지 않아 실제 국토통계상의 토지 면적과 필지수에 포함되어 있지 않았다.

### 4) 도서의 조사

도서(島嶼)는 토지조사사업 이전에 통일적으로 조사를 실시한 적이 없었다. 따라서 그 명칭이 구구하거나 군계에 존재하는 도서는 행정구역이 판명되지 않아 토지조사사업을 추진하여 소유자와 강계를 사정하는데 불편한 점이 많았다.

그래서 1915년 도서특별조사(島嶼特別調査) 당시에 각 도장관에게 도서의 명칭 · 소속되는 군 · 면 · 동리명 · 면적 · 결수 · 경지면적 · 호수 · 인구 등의 조사를 요청하고, 이를 기준으로 지형도 · 해도 · 기타 지도 등을 참조하여 도서의 명칭을 정하고 육지로부터의 거리와 경지의 유무 · 주민의 유무 등을 고려하여 도서의 조사표준을 정하였다.

그리고 도서의 명칭이 불명한 것은 수상경찰서(水上警察署)에 조사를 요청하여 암초(岩礁) 이외의 도서로써 명칭이 없는 것은 소관도청으로 하여금 명명(命名)하도록 하거나 임시토지조사국 직원으로 하여금 조사하도록 하여 명칭을 결정하였는데, 도별 도서의 조사 결과는 〈표 2-23〉과 같다.[300)]

---

299) 대한지적공사, 2005(b), 앞의 책, p.721.
300) 조선총독부 임시토지조사국, 1918, 앞의 책, pp.101~102. ; 지적기술연수원, 1993(a), 앞의 책, pp.114~115.

〈표 2-23〉 도별 도서의 조사 결과

| 도 명 | 도서 총수 | 유조 사지 | 무조사지 | | | | | |
|---|---|---|---|---|---|---|---|---|
| | | | 유료지 유주민 | 유료지 무주민 | 무료지 유주민 | 무료지 무주민 | 암초 | 소계 |
| 합계 | 2,930 | 537 | 273 | 151 | 11 | 1,948 | 10 | 2,393 |
| 경기도 | 152 | 52 | 6 | 7 | 4 | 83 | – | 100 |
| 충청남도 | 125 | 23 | 24 | 6 | 1 | 71 | – | 102 |
| 전라남도 | 1,709 | 260 | 138 | 60 | 4 | 1,247 | – | 1,449 |
| 경상북도 | 10 | – | – | – | – | 10 | – | 10 |
| 경상남도 | 324 | 81 | 34 | 21 | – | 188 | – | 243 |
| 황해도 | 111 | 30 | 9 | 2 | 2 | 67 | 1 | 81 |
| 평안남도 | 82 | 36 | 6 | 5 | – | 35 | – | 46 |
| 평안북도 | 199 | 30 | 35 | 22 | – | 112 | – | 169 |
| 강원도 | 48 | – | – | 5 | – | 34 | 9 | 48 |
| 함경남도 | 64 | 6 | 6 | 5 | – | 47 | – | 58 |
| 함경북도 | 40 | 3 | 4 | 16 | – | 17 | – | 37 |

출처 : 조선총독부 임시토지조사국, 1918, 『조선토지조사사업보고서』, pp.101~106. ; 지적기술연수원, 1993(a), 『조선토지조사사업보고서』, 수원, 우리인쇄사, pp.115~119.

### 4.5.2 토지가격 조사

토지가격(土地價格) 조사는 시가지에 있어서는 지목에 관계없이 모두 시가(時價)에 의하여 지가를 평정(評定)하고 각 지방을 통털어 115급으로 구분하였다. 그리고 시가지 이외에 있어서는 택지〈垈〉는 임대가격(賃貸價格)을 기초로 하여 지가(地價)를 정하고 53급으로 구분하였으며, 전・답・지소 및 잡종지는 수익을 기초로 지가를 정하고 132급으로 나누었다.[301)]

지가평정의 당부(當否)는 즉각 지세 부담의 경중(輕重)을 초래하여 영향이 중대함으로써 그 조사에 대하여는 신중을 기하여 곡가(穀價)와 금리(金利)의 관계를 고려함은 물론 교통의 편부(便否), 기타 토지의 수익에 관한 제반 관계를 고찰하고 조선의 전토를 통일적으로 조사하여 지위(地位) 및 등급을 전정(詮定)하고 항상 균형을 잡아 지세제도를 확립하는데 유감이 없도록 하였다.

지가평정 대상 토지는 지적공부에 등록한 19,108천필지의 토지 중 94.5%인 18,352천필지로써 지가총액은 939,203천원에 달하였다.

301) 대한지적공사, 2005(b), 앞의 책, p.665.

### 4.5.3 지형 · 지모 조사

지형 · 지모((地形 · 地貌) 조사는 소위 지형측량이라고 일컫는 것으로써 지상에 있는 천위(天爲) · 인위(人爲)의 지물을 묘화(描畵)하고 그 고저 · 맥락 분포의 관계를 표시하여 이를 지도상에 명료하게 등록하도록 하였다.[302)]

지형측량은 대삼각점 · 소삼각점 및 세부측량용 도근점을 기초로 하여 작성된 지적도를 축도(縮圖)한 도면 위에 일반적인 지형과 행정구역 등을 그려 넣어 지형원도를 만드는 업무로써 1/10,000, 1/25,000, 1/50,000의 지형도를 작성하였다.[303)]

## 4.6 사업성과

조선총독부는 1910년 10월에 임시토지조사국관제를 제정하였으며, 1912년에는 토지조사령(1912.8.13. 제령 제2호)과 토지조사령 시행규칙(1912 8.13. 조선총독부령 제6호)을 제정하였다. 이어서 지세령(1914.3.6. 제령 제1호) · 토지대장규칙(1914.4.25. 조선총독부령 제45호) · 토지측량표규칙(1915.1.15. 조선총독부령 제1호) 등을 제정하여 토지조사사업을 추진하였다.

토지조사사업은 토지에 관하여 소유권을 가진 자는 임시토지조사국장에게 토지의 소유자 및 그 강계를 신고하도록 하고,(토지조사령 제4조) 임시토지조사국장은 지방토지조사위원회의 자문을 받아 토지의 소유자 및 강계를 사정하여 이를 30일간 공시하고,(토지조사령 제9조) 사정에 대하여 불복이 있는 자는 30일의 공시기간 만료 후 60일 이내에 고등토지조사위원회에 신청하여 그 의결을 구할 수 있도록 하였으며(토지조사령 제11조) 토지소유권과 강계는 신고에 대한 사정의 확정 또는 사정에 대한 재결에 의하여 확정되었다.(토지조사령 제15조)[304)]

위와 같은 절차에 의하여 추진한 토지조사사업은 소유자 및 강계에 대한 사정의 확정 또는 재결에 의하여 확정된 사항을 지적공부에 등록하였으며, 토지조사령 부칙에 "종전의 규정에 의해 이루어진 처분 · 절차 기타 행위는 본령에 의해 이를 행한 것으로 간주한다."라는 경과규정을 두어 토지조사령 제정 이전에 시행한 토지조사사업의 성과를 합법화하였다.

302) 대한지적공사, 2005(b), 앞의 책, p.665.
303) 대한지적공사, 2005(b), 위의 책, pp.335~336.
304) 곽윤직, 1996, 『민법주해(Ⅴ)』, 박영사, p.26.

## 4.6.1 1필지측량 관련성과

### 1) 1필지측량

토지조사사업은 1필지 측량을 실시하여 총 1,872천여 명의 토지소유자를 사정하고 19,108천 필지의 강계를 사정하여 지적공부에 등록하였다. 연일수 1,678,678일에 걸쳐 조사·측량을 실시하였으며, 1일 1인 평균공정은 11.4필이었다.

### 2) 지적산정

지적산정(地積算定)은 총 19,107,520필지의 토지를 연일수 389,097일에 걸쳐 실시하였으며, 1인 1일 평균공정은 49.1필지였다.

### 3) 지위등급조사 및 검사

지위등급조사(地位等級調査)는 총 15,171,299필지를 연일수 134,274일에 걸쳐 실시하였으며, 1일 1인 평균 113.0필지의 공정으로 실시하였고, 그 검사는 발췌한 1,486,961필지에 대하여 8,116일에 걸쳐 실시하였으며, 1일 1인 평균공정은 183.2필지였다.

## 4.6.2 지적도부 관련성과

토지조사사업에 따른 지적도부(地籍圖簿)의 작성은 측량성과에 의하여 지적원도〈토지세부측량원도(土地細部測量原圖)라고도 한다.〉와 지적도를 작성하면서 1911년 11월부터 토지조사부의 작성에 착수하였으며, 1913년 1월에 토지대장, 1914년 1월에 토지대장집계부와 지세명기장의 작성을 각각 착수하였는데 이 모든 것을 1918년 5월에 완료하였다.

토지조사사업을 완료함에 따라 지적도를 비롯하여 토지조사부·토지대장·토지대장집계부·지세명기장 등을 각각 작성하여 부(府)·군(郡)·도(島)청에 인계하여 지적사무를 수행하게 하였다.[305)]

### 1) 지적원도와 지적도 작성

지적도는 리·동별로 도곽의 순서에 따라 측량성과에 의하여 작성된 [그림 2-56]과 같은 지적원도를 토대로 자사법(刺寫法)을 채택하여 토지대장에 등록할 토지의 소재·지번·지목·경계 등을 등록하고 토지소유권이 미치는 경계를 등록· 공시하기 위하여 작성하

305) 내무부, 1966, 『한국지방행정사』, pp.791~792.

였으며, 도로·구거·하천 등과 삼각점·도근점 등 기초점도 등록하였다.

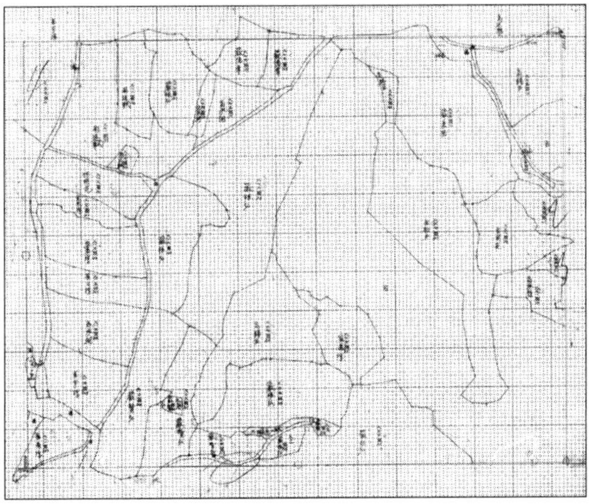

주 : 강원도 김화군 원남면 진현리 지적원도
출처 : 국가기록원(전 정부기록보존소)

[그림 2-56] 지적원도

토지조사사업의 성과에 의하여 총 19,107,520필지를 등록한 1/600, 1/1,200, 1/2,400의 지적도 812,093매를 작성하였다.

시가지와 같이 세밀하게 경계를 표시하고 정확하게 면적을 산정해야 할 〈표 2-24〉와 같은 도시지역에서는 1/600의 지적도를 작성하고 서북 지방과 같이 1필지의 면적이 비교적 넓은 〈표 2-25〉와 같은 산간지역에서는 1/2,400의 지적도를 작성하였으며, 기타 지역에서는 모두 1/1,200의 지적도를 작성하였으며,[306] 이를 작성하는데 연일수 298,135일이 소요되었으며, 1일 1인 평균공정은 64필지였다.

〈표 2-24〉 1/600 지적도 작성 대상 지역

| 구 분 | 대상 지역 |
|---|---|
| 경기도 | 경성부·인천부 중 부내면·개성군 송도면 중 대화정·동본정·서본정·남본정·북본정·궁정·경정·지정·남산정 |
| 충청남도 | 대전군 대전면·공주군 공주면 |
| 경상북도 | 대구부 중 동상면·서상면 중 정구획을 정한 구역 |
| 경상남도 | 부산부 중 대신동·부민동·동삼동·청학동·우암동 등의 전부와 초량동·호선동·호주동·좌천동·범일동의 각 일부를 제외한 구역,<br>마산부 중 정명을 붙인 구역 및 우동리,<br>창원군 진해면 중 통 또는 정명을 붙인 구역과 북가로곡현동 일부 |
| 전라남도 | 목포부(부내면 중 대성동·양동·명치정·창평정·온금동·욱정·앵정을 제외한 지역) |
| 전라북도 | 군산부 중 통 또는 정명을 붙인 각 정과 영정·대정동·구복동·전주군 전주면 |
| 평안남도 | 평양부(기림동·경상동·경정동·신양동·암정·남정·동정·서정·죽원정·홍매정·약송정·교구정·유정 등을 제외한 지역) |

306) 조선총독부 임시토지조사국, 1918, 앞의 책, p.255. ; 지적기술연수원, 1993(a), 앞의 책, p.265.

| | |
|---|---|
| 평안북도 | 신의주부 |
| 함경남도 | 원산부 중 춘일정 · 지나정 · 본정 · 천정 · 성동 · 주동 · 행정 · 수정 · 중정 · 욱정 · 해안통 |
| 함경북도 | 청진부(확장구역은 제외) |

출처 : 조선총독부 임시토지조사국, 1918, 『조선토지조사사업보고서』, pp.256~257. ; 지적기술연수원, 1993(a), 『조선토지조사사업보고서』, 수원, 우리인쇄사, pp.265~266.

〈표 2-25〉 1/2,400 지적도 작성 대상 지역

| 구 분 | 대상 지역 |
|---|---|
| 황해도 | 곡산군 · 신계군 |
| 평안남도 | 영원군 · 맹산군 · 양덕군 |
| 평안북도 | 원창군 · 자성군 · 강계군 · 위원군 · 초산군 · 벽동군 · 희천군 |
| 함경남도 | 갑산군 · 삼수군 · 풍산군 · 장진군 · 단천군 중 북두일면 · 남두일면 · 신흥군 중 동상면 · 영흥군 중 선덕면 · 찬덕면 · 횡천면 · 남원군 중 운고면 · 수동면 · 문천군 중 운림면 · 덕원군 중 풍상면 · 산곡면 · 풍하면 |
| 함경북도 | 직성군 · 종성군 · 경원군 · 경흥군 · 회령군 · 부령군 · 무산군 · 경성군 · 명천군 중상운북면 · 상운남면 · 길주군 사사면 |
| 강원도 | 이천군 · 평강군 |

출처 : 조선총독부 임시토지조사국, 1918, 『조선토지조사사업보고서』, p.257. ; 지적기술연수원, 1993(a), 『조선토지조사사업보고서』, 수원, 우리인쇄사, p.266.

이어서 부 · 면(府 · 面)에 비치하기 위하여 토지이동정리를 완료한 세부측량원도에 의하여 등사법(謄寫法)을 채택하여 지적약도(地籍略圖)를 작성하였는데, 지적약도는 연일수 81,898일이 소요되었으며, 1일 1인 평균공정은 234필지였다.

그리고 지적도 접합관계의 색인을 편리하게 하고 도로 · 구거 · 하천 · 철도 · 취락지구 등 주요 지형 · 지물을 용이하게 판단할 수 있도록 리 · 동별로 일람도(一覽圖)를 작성하였으며, 지적도의 도호별로 당해 도면에 등록된 지번의 색인과 결번을 쉽게 파악할 수 있도록 리 · 동별로 지번색인표(地番索引表)를 작성하였다.

일본이 유럽에서 지적제도를 도입하여 자국 지적제도의 창설을 위한 지적조사사업을 추진하면서 프랑스 · 독일 · 네덜란드 · 스위스 등 대부분의 유럽 국가들이 지적도에 건축물이나 중요 지상물의 위치를 정확하게 등록하고 있음에도 불구하고 이 제도를 채택하지 아니하였다.

따라서 일본이 오키나와와 대만의 토지조사사업을 완료하고 한반도에 대한 토지조사사업을 추진하면서도 지적도에 건축물의 정위치를 등록하지 아니하였다.

이는 지상의 건축물이나 중요 지상물을 등록하기 위해서는 많은 인력과 장비 및 예산이 소요되고 사업기간이 더욱 늘어나기 때문인 것으로 추정된다.

유럽지역에서는 "지상물은 토지에 따른다.(Superficies Solo Cedit)"는 법원칙이 확립되어 있어서 지상의 건축물을 토지의 종물(從物)로 인식하였고, 우리나라의 구 관습은 가옥을 거래함에 있어서 택지를 가옥의 종물로 보아 왔다.[307)]

따라서 유럽지역에서는 건축물이 독립된 소유권의 객체가 될 수 없으나 우리나라는 토지와 건축물을 독립된 부동산으로 다루고 있다.

위와 같이 유럽지역에서는 건축물이 독립된 소유권의 객체가 될 수 없음에도 불구하고 건축물의 정위치를 지적도에 정확하게 등록·공시하고 있는데 반하여 일본·대만·우리나라 등 아시아지역의 국가에서는 지적도에 건축물의 정위치를 등록·공시하지 아니하여 지적도의 활용도가 그만큼 낮을 수밖에 없다.

### 2) 토지조사부와 토지대장 작성

토지조사부(土地調査簿)는 [그림 2-57]과 같이 토지소유권에 대한 사정원부(査定原簿)로써 지적도에 의하여 리·동별로 지번순서에 따라 지번·가지번·지목·신고 년월일·소유자의 주소·성명 등을 기재하고 적요란에 분쟁과 기타 특수한 사유가 있을 경우 이를 기입하기 위하여 작성하였다.

그리고 토지소유자가 3인 이상의 공유지(共有地)에 대하여는 별도로 공유지연명부를 작성하여 말미에 붙였다.

출처 : 리진호. 2008.『울산지적사』. 울산광역시. p.39.

[그림 2-57] 토지조사부

307) 강태석, 2001.9, "외국의 건축물등록제도", 대한지적공사,『지적』, p.21.

토지조사사업의 성과에 의하여 토지조사부 28,357책을 작성하였으며, 토지조사부를 토대로 리·동별로 토지의 지번순서에 따라 필지 단위로 토지소재·지번·지목·소유자 주소·성명 등을 등록하여 토지에 대한 물리적인 현황과 법적권리인 소유권을 등록·공시하기 위하여 [그림 2-58]과 같은 토지대장을 작성하였다.

토지대장은 1필지를 1장의 용지에 등록하되 토지조사부·등급조사부·100평당 지가금표(地價金表) 등을 자료로 약 200매를 1책으로 구분하여 작성하였는데, 토지조사사업의 성과에 의하여 토지대장 109,188책을 작성하였다.

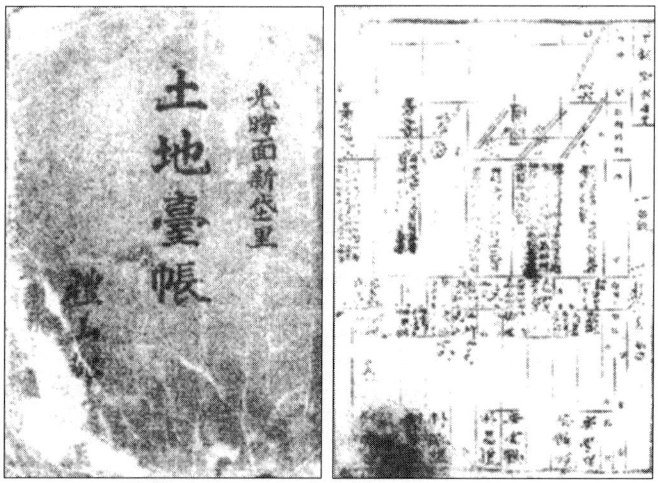


주 : 충청남도 예산군 광시면 신대리의 토지대장 표지(좌), 속지(우)
출처 : 충청남도, 2014, 『충청남도 지적사』, p.294.

[그림 2-58] 토지대장

토지조사사업의 성과에 의하여 작성된 토지대장에 등록된 토지의 지목별 필지수와 면적은 〈표 2-26〉과 같다.

〈표 2-26〉 토지조사사업 완료 당시의 지목별 필지수와 면적 현황

| 구 분 | 전 | 답 | 대 | 기 타 | 합 계 |
|---|---|---|---|---|---|
| 필지수 | 9,758,325 | 6,152,096 | 2,355,494 | 841,605 | 19,107,520 |
| 면적(정보) | 2,791,510 | 1,545,594 | 129,664 | 404,293 | 4,871,071 |

출처 : 내무부, 1966, 『한국지방행정사』, p.792.

### 3) 토지대장집계부 작성

토지대장에 등록된 토지의 소유자와 과세여부에 따라 국유지와 민유과세지 및 민유비과세지로 구분하여 [그림 2-59]와 같은 토지대장집계부(土地臺帳集計簿)를 작성하였다.

토지대장집계부에는 면별로 지목마다 면적·지가·필지수를 기재하고 부·군·도별로 합계를 산출하여 국토통계의 기초 자료로 활용하였다.

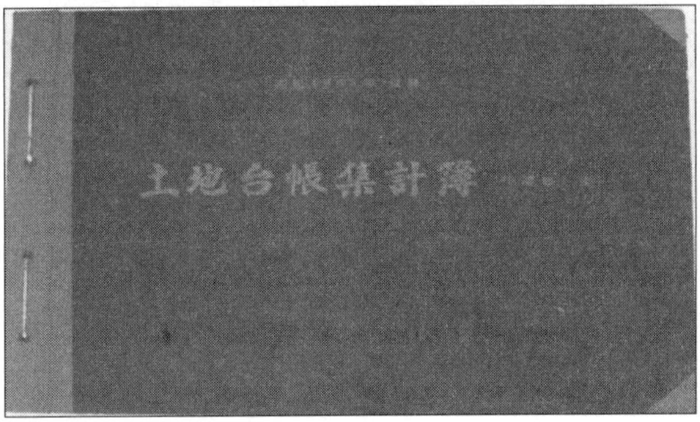


출처 : 충청남도 서산시 지적과.(2004.11.)

[그림 2-59] 토지대장집계부

### 4) 지세명기장 작성

지세명기장(地稅名寄帳)은 [그림 2-60]과 같이 토지조사사업 기간 중에 발생한 토지이동사항을 정리한 토지대장을 기초로 민유과세지만을 추출하여 면단위로 소유자 성명별로 구분하여 동일 소유자의 토지는 리·동별 지번 순으로 한데 모아 토지에 대한 과세의 기초 자료로 활용하기 위하여 작성하였다.

지세명기장은 인적편성주의(人的編成主義)를 채택하여 소유자별로 구좌(口座)를 설치하고 동일 소유자의 토지를 리·동별 지번 순으로 각 필지의 리·동명과 지번·지목·면적·지가 등을 기재하였으며, 동일한 면내에 동명이인(同名異人)이 있을 경우에는 이를 구분하기 위하여 리·동명과 통호명(統戶名)을 부기하였다.

지세명기장은 토지조사사업의 성과에 의하여 1911년 11월에 착수하여 1918년 3월에 159,405책을 작성 완료하였다.[308)]

308) 원영희, 1972(b), 앞의 책, pp.404~405.

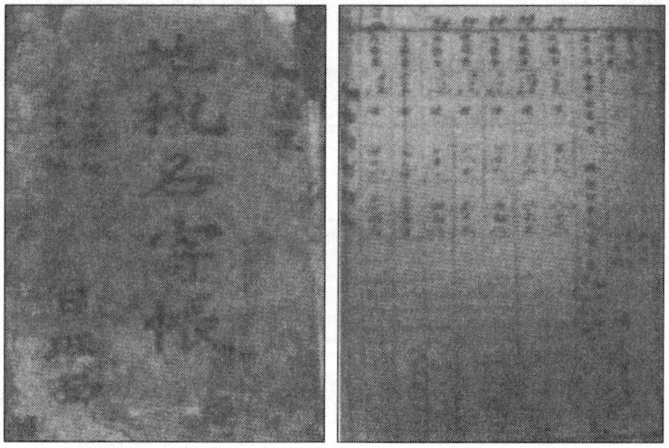

주 : 지세명기장 표지(좌), 속지(우)
출처 : 지적박물관.(2011.10.)

[그림 2-60] 지세명기장

### 5) 지형도와 지세도 작성

지형도(地形圖)는 대삼각점·소삼각점 및 도근점을 기초로 세부측량을 실시하여 작성한 지적도를 축사(縮寫)한 도면 위에 일반적인 지형·지물을 표시한 후 행정구역을 그려 넣어 작성하였다.

지형의 표시방법은 다년간 경험이 있는 육지측량부에서 채택하고 있는 방법이 가장 진보된 방법으로 인정되어 대부분 그 형식을 따르고 군사용으로 사용해도 지장이 없도록 하였다.

지형도의 축척은 1/10,000, 1/25,000, 1/50,000로 각각 작성하였는데, 부제가 시행되고 있는 경성·인천·군산·목포·대구·부산·마산·평양·진남포·신의주·원산·청진 등 12개 부의 대도시 지역은 1/10,000로, 주요 도읍(都邑) 부근은 1/25,000로, 기타 지역은 1/50,000로 작성하였다.

그리고 1915년 8월에 명승고적이 많은 지역인 경기도의 개성·충청남도의 부여·경상북도의 경주에는 명승유람을 하는 내·외국인의 편리를 제공하기 위해서 로마자 또는 영문주기를 첨가하여 1/25,000, 강원도 금강산에는 1/50,000 축척으로 특수 지형도를 작성하였다.[309)]

이어서 지세도(地勢圖)는 각종 계획과 통계용으로 사용하고 대세(大勢)를 통람(通覽)하기에 편리하도록 소축척 지도가 필요하여 실측도인 지적도를 축사(縮寫)하여 작성하였다.

309) 조선총독부 임시토지조사국, 1918, 앞의 책, p.56. ; 지적기술연수원, 1993(a), 앞의 책, p.74.

지세도(地勢圖)의 축척은 1/200,000, 1/500,000, 1/1,500,000, 1/2,500,000로 각각 작성하였는데, 전도(全道)의 1/200,000 지세도, 각 도별로 1/500,000 지세도, 전도의 1/1,500,000 지세도 및 1/2,500,000 지세도를 작성하였으며, 이들 지세도에는 요새지대(要塞地帶)의 근접 상황과 지형도 비밀취급 구역을 표시하여 사용하는데 지장이 없도록 하였다.

그리고 원도(原圖)는 참모본부에 보관 전환하였으며, 판매에 관한 감독은 조선총독부와 육지측량부에서 담당하였고, 제판(製版)이 완료된 원도는 조선총독부에서 보관하고 원판(原版)은 육지측량부에 보관을 위탁하였으며, 지형변화에 따라 원도를 수정해야 할 경우는 본부에서 수정원도를 작성 한 후 육지측량부에 송부하여 원판을 수정하거나 새로이 조제하도록 운영하였다.[310)]

## 4.6.3 기타 성과

### 1) 과세지의 증가

토지조사사업의 성과에 의하여 토지대장에 등록된 과세지의 증가 면적은 〈표 2-27〉과 같이 전·답·대 등 과세지가 종래의 추정면적보다 52%가 증가되었다.

그러나 양반(兩班)이나 관료(官僚)들이 과전(科田)·공신전(功臣田)·관방전(官房田) 등에서 토지소유자로 인정됨으로써 이러한 토지에서 경작하고 있던 세습적 경작인은 토지조사사업 완료 후 토지에 대한 일체의 권리를 상실하게 되었고 계약 소작인으로 전락하고 말았다. 이들 소작인은 전 농가 호수(戶數)의 37.6%였으며, 약간의 농지를 소유하게 되었으나 그것이 자가경제(自家經濟)를 충족시키기에는 너무나 적은 면적이어서 소작지를 부쳐 먹게 된 소작농은 39.3%나 되어 이를 합하면 영세농의 수는 76.9%나 되었다.[311)]

그리고 토지조사사업이 끝난 후 우리나라 농가(農家)의 1호당 평균 경작면적은 답 0.575정, 전 1.095정, 합계 1.670정보(町步)에 불과했다. 당시에 답 1단보(段步)의 평균 생산량은 0.932석(石)이었다. 이것으로 미루어 보면 당시 대가족제도가 분해되지 못한 우리나라 1호당 가족 부양에는 이 면적으로는 도저히 충당해 낼 도리가 없었다. 그렇다고 해서 이들 인구를 흡수할 만한 근대공업도 발달하지 못했으니 농가경제는 더욱 궁핍에 빠지고 자작농(自作農)은 소작농(小作農)으로 전락할 수밖에 없었다.[312)]

310) 조선총독부 임시토지조사국, 1918, 앞의 책, pp.453~455. ; 지적기술연수원, 1993(a), 앞의 책, pp.440~442.
311) 사이카와(細川喜六), 1951, 『식민사』, p.286. ; 고려대학교민족문화연구소, 1979, 『한국문화사대계3(정치·경제사)』, p.895. 재인용.

〈표 2-27〉 토지조사사업 완료 당시의 과세지 면적 현황

| 구 분 | 전 | 답 | 대 | 기 타 | 합 계 |
|---|---|---|---|---|---|
| 증가 면적(정보) | **1,243,443** | **237,132** | **5,938** | **22,331** | **1,508,844** |
| 증가 비율 | **84%** | **18%** | **5%** | **88%** | **52%** |
| 구 면적(정보) | 1,469,083 | 1,258,894 | 114,406 | 25,135 | **2,867,518** |
| 신 면적(정보) | 2,712,526 | 1,496,026 | 120,344 | 47,466 | **4,376,362** |

출처 : 내무부, 1966, 『한국지방행정사』, p.792.

### 2) 지세액의 증가

토지조사사업의 성과에 의하여 토지대장에 등록된 과세지에 대한 지세액은 11,446,334원으로, 구 지세액 9,770,493원에 비하여 1,675,841원이 증가되어 17%나 늘어나게 되었다.

이는 토지조사사업을 추진하면서 조선총독부에서 투자한 총 경비 20,406,489원을 2년만에 전액 회수하였고, 이와 같은 지세액을 매년 우리나라의 영세 농민들로부터 징수하였다.

따라서 일제는 우리나라의 전역에 대한 토지조사사업을 시행하여 과세대상 토지와 지세액이 크게 늘어나게 되어 조세착취(租稅搾取)의 대상과 범위를 넓힌 결과를 초래하게 되었다.

### 3) 행정구역의 변경

일제 시대의 초기에 행정구역인 군과 면의 대대적인 폐치·분합을 통하여 군과 면의 수를 대폭 축소함으로써 통제력을 강화하고 경비의 절감을 기하였다.[313]

조선총독 데라우치 마사다케(寺內正毅)는 1913년 12월에 "도의 위치 관할구역 및 부·군의 명칭·위치·관할구역(1913.12.29, 조선총독부령 제111호)"를 공포하고, 부칙에 "본령은 1914년 3월 1일부터 이를 시행한다."고 규정하였다. 그러나 부제(府制)만은 그에 선행하는 각국 공동조계, 중국 전관조계 폐지에 관한 조약, 상대국들의 비준절차가 늦어져 부득이하게 1914년 3월에 "부제 및 학교조합시행기일(1914.3.31, 조선총독부령 제28호)"를 공포하고 부제 시행일을 4월 1일로 규정하였다. 따라서 부·군의 행정구역 개편은 3월 1일자로, 부제의 행정구역 개편은 4월 1일자로 시행일이 서로 다르다.[314]

312) 고려대학교민족문화연구소, 1976, 『한국문화사대계3(정치·경제사)』, p.896.
313) 손정목, 1992, 『한국지방제도·자치사 연구(상)』, 서울, 일지사, p.122.
314) 조선총독부, 관보(호외), 1913.12.1, 1914.3.3.

면·리·동의 폐합은 도장관의 권한에 속하여 우선 도장관이 폐합을 위하여 형지(形址)를 조사 결정한 후 내부 장관의 허가를 거쳐 발포 시행하였다. 그러나 면·리·동의 폐합은 도장관의 권한에 속한 것이지만 실지조사업무는 임시토지조사국에서 시행하였다.

조선 각 도의 면폐합 인가신청서는 총독부에서 317개 군 중 150개 군의 면에 대하여 인가를 완료하였고 …(생략)… 강계가 판명되지 않은 것과 비지(飛地)는 토지조사의 진행과 동시에 정리를 하는 것이 가장 적절한 조치라고 인정하였다.

리·동의 명칭 개정 이전에는 수많은 호칭이 있었는데, 지방행정 구역 명칭 중 리·동과 같은 단위의 구역으로 "평(坪)·성(城)·원(院)·대(垈)·촌(村)·포(浦)·원(員)·산(山)·곡(谷)·교(橋)·창(倉)·장(庄)[315] 등이 있었고, 그 외에 진(津)·소(所)·치(峙)·정(亭)·원(院)" 등의 명칭을 붙인 것은 모두 리로 하였다.

예를 들면 "우석촌(右驛村)"은 "우석리(右驛里)", "공수원(公須院)"은 "공수리(公須里)", "외신평(外新坪)"은 "외신리(外新里)", "마차진(麻次津)"은 "마차진리(麻次津里)" 등으로 각각 변경하였다. 그러나 리·동의 명칭이 변경된 후에도 충북 청주군 청주면에 신장대(新場垈)가, 목포부에 목포대(木浦臺)가 남아 있었다.[316]

면은 군 밑에 있는 행정구역이나 서북 양도인 평안도와 황해도에서는 방(坊) 또는 사(社)라고 하였으며, 촌(村)은 면 밑에 있으니 일본의 대자(大字)와 같다.

리(里)와 동은 촌과 같고, 평(坪)은 촌·리·동 안에 있는 소지명이니 전평(前坪)과 후평(後坪) 등이 있었다. 계〈契, 도리〉는 평 따위이고, 원(員)은 계와 같다.[317]

따라서 토지조사사업을 추진하면서 군·면의 폐합에 이어서 리·동의 정리 등 지방의 행정구역을 전면적으로 변경하였다.

### 4) 월경지의 정리

#### (1) 월경지의 개념

지방행정 조직 중 군·현(郡·縣)의 특수구역으로 대한제국 말기까지 약 70여개나 존재하던 월경지(越境地)라는 것이 있었다. 월경지는 월경처(越境處)·비지(飛地)·비월지(飛越地)·비입지(飛入地)라고도 하였다.

조선 초기 실록(實錄)이나 『경상도지리지(慶尙道地理誌)』·『세종실록지리지(世宗實錄

315) 장(庄)이라 함은 고려시대의 지방행정상 특수한 지역인 장(庄)에서 유래하였다. 장(庄)은 원래 전사(田舍, 농막)을 뜻하나 마을의 하위 단위 개념으로 쓰이기도 했다.

316) 리진호, 2010, "토지조사 초 행정구역변경과 월경지 · 두입지 정리에 관한 고찰", 한국지적학회, 『한국지적학회지』, 제26권 제1호, p.116.

317) 대한지적공사, 2005(b), 앞의 책(자료편 Ⅱ), p.6.

地理誌)』에서는 월경지 혹은 월경처로 표시되고, 『신증동국여지승람(新增東國輿地勝覽)』이나 후기의 읍지(邑誌)·김정호의 『대동지지(大東地志)』에는 모지월입어모지(某地越入於某地)라고 기재되어 있다. 모지(某地)는 월경지를 월입어모지(越入於某地)는 월경지의 소재지를 나타낸다.[318)]

월경지는 갑군(甲郡)의 토지가 군의 경계를 넘어 월재(越在)하여 을군(乙郡)안에 있는 토지가 된 경우를 말하는 것으로 즉, 다른 고을을 건너 뛰어 행정적으로 속현이 된 지역을 말한다. 예를 들면 수원군 안에 남양군의 분향(分鄕)이 양성군인 옹포(瓮浦)가 들어 있고, 여의도〈당시는 *汝火島*〉가 "지속광주민속한성(地屬廣州民屬漢城)"이라고 하였으니 이들 지역이 월경지이다.[319)]

『세종실록지리지』에 의하면 전국의 비입지는 약 80여 군데가 있었는데, 충청도가 30, 전라도가 27, 경상도가 19 군데 등 주로 삼남지방에 집중되었으며, 고려 현종 때 주·현(州·縣)의 영속(領屬)관계가 확립된 후 종전의 임내(任內)[320)]가 분리 독립한 데서 생성되기 시작하였고, 고려 후기를 거쳐 조선 시대로 내려옴에 따라 형성 배경도 다양해졌으며, 생성과 소멸이 계속되었다.[321)]

1720년의 양전등록(量田登錄)에는 "굴곡이 심한 하천연안에는 한 쪽은 유수에 깎이고, 그 반대편에 토사가 쌓여 삼각주가 형성되는 일이 많다. 이럴 경우 포락지의 소유자는 니생지의 소유권을 취득한다.〈水邊田畓, 或有浦落東邊泥生西邊, 卽是所謂此邊浦落彼邊泥生, 勿論泥生處在於本邑境與他邑境, 入錄於本字第次中爲齊(量田謄錄卷之全), 庚子慶尙左道 均田使量田私節目〉"라는 규정이 있었다.[322)]

그리고 1883〈현종 9〉년을 기준으로 하여 그 후부터 속군(屬郡)·속현(屬縣)의 분리독립, 향(鄕)·소(所)·부곡(部曲)의 승격 등 여러 요인에 의한 종전 임내 등급의 승강, 임내의 이속 등이 빈번하였다.

한편 주읍 소속 임내의 획득과 상실도 국가가 당해 읍(邑)을 포상하고 징벌하는 목적으로 실시되었고, 비입지는 바로 이러한 시대적 배경에서 형성된 것이다.

---

318) 당진군, 1997, 『당진군지』, pp.349~350.

319) 대한지적공사, 2005(b), 앞의 책(자료편 Ⅳ), p.773.

320) 임내(任內)라 함은 주·현(主·縣) 아래의 속현(屬縣)·향(鄕)·소(所)·부곡(部曲)·처(處)·장(莊) 등의 지역을 말하는 것으로, 임내는 감무(監務)를 파견하여 주·현으로 승격시키거나 몇 개를 병합하여 주·현으로 삼거나 또는 혁파하여 주·현의 직촌(直村, 수령의 직접 통치를 받는 촌락)으로 만드는 방식으로 정리하였으며, 면·리제의 진전에 따라 이들 임내는 점차 군·현 아래에 면이나 리로 재편되었다.

321) http://dic.paran.com/dic_ency_view.php?kid=16718900&q.(2010.9.3.)

322) 심희기, 1992, 『한국법사연구(토지소유와 공동체)』, 영남대학교출판부, p.202. ; 송영민, 2003.10, "조선고등법원판례에 나타난 토지소유권 문제(토지의 포락을 중심으로)", 한국법사학회, 『법사학연구』, 제28호, p.40. 재인용.

조선 시대의 비입지는 대개 려조(麗朝) 또는 선초(鮮初)부터 유래한 것이지만 함경도 6진(鎭) 지방에 있는 비입지는 세종조 개설 이후에 형성된 것이며, 서남 해변에 위치한 비입지 가운데도 상당수가 조선 시대에 형성되었던 것이다.[323)]

비입지라는 용어는 1906(광무 10)년에 공포한 지방구역정리건(地方區域整理件, 1906. 9.24, 칙령 제49호)에 처음 나오는데, 제2조에 "비입지(飛入地)는 갑군토(甲郡土)가 월재을군(越在 乙郡)한 자(者)를 위(謂)함이니 ……"라고 규정하였으니[324)] 이것이 비입지〈월경지〉에 대한 정의라고 할 수 있다.

조선 시대의 경우 하천을 넘어서까지 행정구역상의 관할권이 미치는 경우가 있었다. 왜 자연적인 경계를 무시한 채 관할구역이 설정된 것인가? 그것은 조선시대 행정구역의 설정이 수취체제와 밀접한 관련을 가졌기 때문이었다. 강변에서 수해를 입은 니생포락지(泥生浦落地)의 경우 그 토지의 세가 면세되지만, 만일 건너편 강변에 새로운 가경지(可耕地)가 생겼다면, 그 토지는 니생포락지의 소유자가 소유하는 것이 조선의 관행이었으며, 그것은 또 양전의 방식이기도 하였다. 그러므로 필지에 대한 과세권은 이전 니생포락지를 관할하던 읍이 가지게 되며, 자연스럽게 관할구역이 하천을 건너게 되었던 것이다.

이러한 사례로 1913년에는 경기도 진위군의 신성천(新成川) 좌측 지역을 충남 아산군에, 충남 대전군 금강 우측 지역을 충북 청주군에, 전북 금산군의 지경리천(地境里川) 북쪽을 충북 옥천군에 편입하고(관보 1913.7.13), 1914년에는 전남 광양군 섬진강 우측을 경남 하동군에 편입하는(관보 1914.12.22) 조치가 취해졌다.[325)]

위와 같이 하천에 연한 토지가 홍수로 인하여 함락하고 부근 또는 대안에 니생지(泥生地)가 생겼을 때에는 함락지의 종전의 소유자가 당연히 니생지의 소유권을 취득한다는 관습은 토지조사사업에 의한 경계의 사정이 종료되어 연속된 지적도와 토지대장이 작성되면서 1918년경부터 소멸하게 되었다.[326)]

### (2) 월경지의 발생 시기

월경지의 발생 시기는 적어도 군・현의 영속관계가 확립되고 중앙정부를 중심으로 전국적인 행정구역화가 어느 정도 정비된 후 이다. 즉 현종 9년을 기점으로 그 이후부터 속

323) 리진호, 2010, "토지조사 초 행정구역변경과 월경지・두입지 정리에 관한 고찰", 한국지적학회, 『한국지적학회지』, 제26권 제1호, pp.117~118.

324) 대한제국 『관보』, 1906.9.24, 지방구역정리건.(1906.9.24, 칙령 제49호)

325) 조석곤, 2003, 『한국 근대토지제도의 형성』, 서울, 해남, p.48.

326) 배병일 1992, "토지의 포락", 『사법행정』, p.48. ; 송영민, 2003.10, "조선고등법원판례에 나타난 토지소유권 문제(토지의 포락을 중심으로)", 한국법사학회, 『법사학연구』, 제28호, p.56. 재인용.

군과 속현의 분리 독립, 향·소·부곡 등의 승격, 다양한 원인에 의한 종전 임내의 등급 승강과 임내의 이속 등이 빈번하게 일어났다. 월경지는 바로 이러한 시대적 배경에서 생성되었지만 그 후 고려 후기나 조선 시대 초로 내려옴에 따라 형성 배경이 달라진다.327)

조선 시대에 존재하였던 월경지를 대상으로 하여 그 형성 배경을 살펴보면 ① 주읍(主邑)소속 임내(任內)의 분리 독립, ② 임내의 이속(移屬), ③ 과거의 연고에 의한 소유, ④ 조운(漕運)328)과 조창(漕倉)329) 기능, ⑤ 어염(魚鹽) 등 해산물과 물자 공급, ⑥ 해안 및 도서지방에 대한 열읍(列邑)의 분점 등이 있다.330)

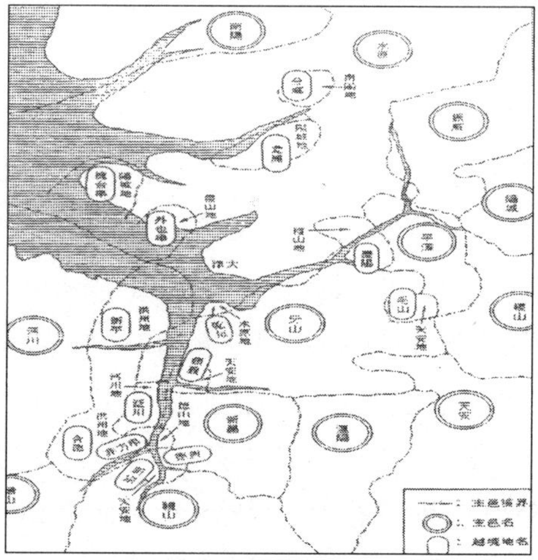

출처 : 당진군, 1997, 『당진군지』, p.356.

[그림 2-61] 대동여지도 상 삽교천변의 월경지

대동여지도에 의하면 [그림 2-61]과 같이 삽교천 양변에 홍주지(烘州地)에 속하는 신평과 합덕, 면천지(沔川地)에 속하는 범천, 덕산지(德山地)에 속하는 비방곶, 천안지(天安地)에 속하는 신종·덕흥·돈의, 수원지(水原地)에 속하는 걸매 등 5개 주읍지의 비월지가 분포하고 있으며, 아산만에는 양성지(陽城地)에 속하는 괴대곶, 직산지(稷山地)에 속하는 외야곶 등 2개 주읍의 비월지가, 안성천변에는 직산지(稷山地)에 속하는 경양(慶陽)이 분포되어 있어, 천안지가 한번 더 있는 모산(毛山)까지 합하면 무려 9개의 비월지가 집중적으로 분포함을 알 수 있다. 이것은 당시 아산만과 삽교천이 조운과정에서 중요한 역할을 하고 있음을 보여주는 증거이며, 실제로 이러한 비월지에는 대부분 조창(漕倉)을 가지고 있었다.331)

### (3) 월경지의 소멸

1906(광무 10)년에 「지방구역정리건(地方區域整理件, 1906.9.24, 칙령 제49호)」을 공

327) 이수건, 1984, 『韓國中世社會史 硏究』, 일조각, pp.456~467. ; 당진군, 1997, 앞의 책, p.351.
328) 조운(漕運)이라 함은 현물로 받아들인 각 지방의 조세를 서울까지 배로 운반하던 일을 말한다.
329) 조창(漕倉)이라 함은 고려·조선 시대에 세곡(稅穀)의 수송과 보관을 위하여 강가나 바닷가에 지어 놓은 곳집을 말하며, 조세창(漕稅倉)이라고도 하였다.
330) 이수건, 1984, 『韓國中世社會史 硏究』, 일조각, pp.456~467. ; 당진군, 1997, 앞의 책, pp.361~356.
331) 당진군, 1997, 앞의 책, p.356.

포하고 지방행정구역을 정리하여 면과 리의 구획에 변경을 가함과 동시에 그때까지 존속하던 전국의 월경지와 두입지를 정리하여 각기 소재 읍에 이속함으로써 소멸되었다. 따라서 조선 시대 초기 이후 지속되어 왔던 월경지는 조선왕조와 운명을 같이 하게 되었다.

즉 광무 연간 조선 시대 군·현제를 근대적인 지방행정 체계로 개혁을 시도하는 과정에서 그동안 군·현제도상 문제가 되었던 조선 시대 유제(遺劑)인 월경지를 일괄적으로 정리하였다. 그리고 그 당시의 월경지 현황을 관보(官報)에 비지와 두입지로 명확하게 구분하여 놓았다.[332)]

그러나 실제적으로는 1910년 조선토지조사사업을 처음 실시할 때까지도 상당수의 월경지가 남아 있었으나, 1914년에 전국적인 지방행정구역의 통폐합에 의해서 군·면·동이 통폐합될 때 거의 대부분이 소멸된 것으로 보인다.

### 5) 두입지의 정리

두입지(斗入地)라 함은 견아상입지(犬牙相入地), 견아상착지(犬牙相錯地) 또는 상입지(相入地)라고도 하는데, 군·현의 경계가 개의 이빨이 서로 물려 있듯이 들고 난 모양을 하였기 때문에 붙여진 이름이다.[333)]

1906(광무 10)년에 공포한 지방구역정리건 제2조에 "두입지(斗入地)는……丙郡土가 侵入 丁郡한 者를 謂함이니……"라고 규정하였으니[334)] 이것이 두입지에 대한 정의라고 할 수 있다.

군·현의 경계를 정할 때 자연적인 지세를 따라 결정함으로써 북두칠성의 모양처럼 타읍령내(他邑領內)에 깊숙이 침입한 구역으로 갑군현(甲郡·縣)과 직접 상호 인접해 있는 을군·현(乙郡·縣)간에 일어나는 현상으로 2개 군·현의 토지가 소속 군·현에 연결된 채 상대 지역으로 들어가 어금니가 맞물려 있는 모습과 같은 형태를 말한다.

그러나 월경지는 "갑군·현의 토지가 소속 군·현지역과 연결되지 않고 절연(絶緣)된 채 을·병 등 다른 군·현의 토지 속에 존재하면서 갑군·현에 소속하는 형태"를 말한다.

두입지는 지리학적인 용어인 사행천(蛇行川)과 같이 2개 군·현의 경계가 맞물려 있는 형태를 말하며, 비입지는 지리학에서 사용하는 비지국(飛地國)·월경국(越境國)·비월국(飛越國)과 같은 형태의 개념이다.

위와 같이 비입지와 두입지의 차이는 비입지가 월재 타읍(越在 他邑)한데 비해서 두입

332) 당진군, 1997, 위의 책, p.359.
333) 대한지적공사, 2005(b), 앞의 책(역사편), p.731.
334) 대한제국『관보』, 지방구역정리건(1906.9.24, 칙령 제49호), 1906.9.24.

지는 침입 타경(侵入 他境)한데 있다. 견아상입지는 사해(辭海)에 "언양지록연, 기교계지처, 비위일직선, 피차상착여견아야(言兩地록連, 其交界之處, 非爲一直線, 彼此相錯如犬牙也)"라고 한 것처럼 군·현의 경계선이 서로 교입(交入)하여 마치 견아(犬牙)가 상하상착(相錯)해 있는 모습과 같은 형태의 구역을 말한다.

조선 시대 초기의 자료에는 양자의 개념이 혼용되는 경우도 있고 견아월경처(犬牙越境處)라 하여 양자를 병기하는 경우도 있었다. 그러나 『경상북도지리지』나 『세종실록지리지』에서는 이 양자를 구분하여 사용하기도 했다.[335]

### 6) 토지등기제도의 확립

이상 서술한 토지조사사업의 성과 이외에 가장 중요한 성과로 근대적인 토지등기제도의 확립을 빼놓을 수 없다. 그 이유는 토지조사사업의 성과에 의하여 토지대장을 작성하면서 토지대장에 의하여 토지등기부를 작성하기 시작하여 토지등기제도를 확립하였기 때문이다.

조선총독부는 우리나라 전역에 대한 토지조사사업을 추진하면서 일본의 등기법을 인용하여 일본과 동일한 등기제도를 확립하고자 1912년에 조선부동산등기령(1912. 3.18, 제령 제9호)과 조선부동산등기령 시행규칙(1912.3.18, 조선총독부령 제36호)을 제정하여 토지조사사업의 성과에 의하여 작성된 토지대장에 등록된 토지에 대하여 각 지방 등기소의 토지등기부에 등기하도록 규정하였다.

그러나 토지등기는 토지대장의 정비와 상응하지 않으면 완전히 행해질 수 없기 때문에 등기제도의 실시는 토지조사사업의 진행에 수반되지 않을 수 없었다.

따라서 처음에는 조선부동산등기령을 경성·부산·인천·원산·마산·군산·성진·평양·진남포 등 9개 도시의 일부 지역에만 시행하였고 나머지 지역에 대하여는 시행을 연기하지 않을 수 없었으며,[336] 토지조사사업이 점차 진행되면서 토지대장이 부분적으로 작성되자 1914년 5월 1일부터 서울과 기타 시가지 전부에 조선부동산등기령을 시행하기 시작하여 토지조사사업의 진전에 맞추어 점차 확대해 나가다가 1918년 토지조사사업이 완료되자 전국에 걸쳐 이를 시행함으로써,[337] 오늘날의 근대적인 등기제도가 확립되었다.

---

335) 당진군, 1997, 앞의 책, p.350.
336) 곽윤직, 1998, 『부동산등기법』, 서울 : 박영사, p.52.
337) 조선휘보(朝鮮彙報) 1916년 9월호, "부동산등기제도1", pp.139~141. ; 신용하, 1982, 『조선토지조사사업연구』, 서울, 지식산업사, p.66. 재인용.

### 7) 토지조사 부대사업 추진

임시토지조사국은 토지조사사업과 동시에 토지이동조사(土地異動調査), 역둔토조사(驛屯土調査), 지적약도(地籍略圖) 조제, 지형도 조제, 지지자료(地誌資料) 조사 등 토지조사 부대사업을 추진하였다.[338]

역둔토조사를 하면서 역둔토의 분할조사를 위하여 역둔토도(驛屯土圖)를 작성하였고 역둔토협회의 측량결과를 토대로 [그림 2-62]와 같은 역둔토명기장(驛屯土名奇帳)을 작성하였다.

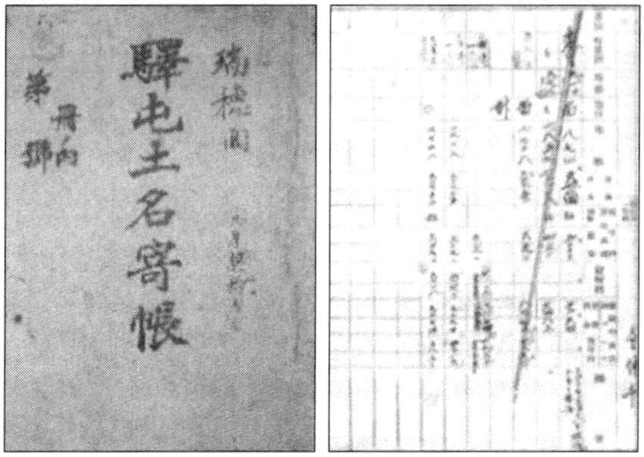


주 : 전라북도 군산시에 보관 중인 역둔토명기장 표지(좌), 속지(우)
출처 : 충청남도, 2014, 『충청남도 지적사』, p.432.

[그림 2-62] 역둔토명기장

## 4.7 사정에 대한 불복신청

토지의 소유자와 강계의 사정에 대하여 불복하는 자는 사정공시기간 만료 후 60일 이내에 불복신청을 하거나, 사정의 확정 및 재결이 처벌되어야 하는 행위에 대한 판결일 경우에는 사정의 확정 또는 판결이 있던 날로부터 3년 이내에 재심을 신청할 수 있는데, 고등토지조사위원회는 불복신청 및 재심신청에 대한 재결을 하는 기관으로 실질적으로 토지소유권 확정에 있어서 최고의 심리기관이었다.[339]

따라서 사정사항에 불복이 있는 자가 고등토지조사위원회에 불복신청을 하여 처리한 재결(裁決)은 필지별 물권주체인 토지의 소유자와 물권객체인 강계를 확정하는 행정처분으로 소유권에 대한 원시취득의 효력을 갖는 것으로써 법원이 이를 인정하여야 함은 물론이고 사정된 내용과 부합하지 않는 등기나 증명은 말소되어야만 하였고, 사정의 결과를 바탕으로 지적공부를 작성하였다.

사정 또는 재결에 의하여 확정된 토지의 소유자와 경계는 물권주체와 물권객체를 결정하고 법률상 소유권에 대한 원시취득의 효력을 인정하였으며, 소관청은 사정 또는 재결

338) 서울특별시, 1993, 『서울지적연혁지』, pp.167~168.
339) 조선총독부 임시토지조사국, 1918, 앞의 책, p.442. ; 지적기술연수원, 1993(a), 앞의 책, p.429.

된 내용을 수정할 수 없을 뿐만 아니라 법원도 처벌받아야 할 행위에 기초하여 사정 또는 재결이 있을 때와 사정 또는 재결의 증빙을 위한 문서가 위조 또는 변조된 때를 제외하고는 사정 또는 재결된 내용과 다르게 판결할 수도 없었다.

그리고 고등토지조사위원회의 재결에 의하여 사정된 토지의 소유자나 경계에 변경이 생기게 된 때에는 그 변경의 효력은 사정일(査定日)에 소급하였다.[340]

토지의 사정에 대한 불복사항을 처리하기 위하여 1912년에 조선총독부 고등토지조사위원회관제(1912.8.12. 칙령 제3호)를 제정하고 "고등토지조사위원회는 조선총독부 임시토지조사국장이 한 토지소유권에 관한 사정에 대한 불복신청을 재결하고 사정 및 재결에 관한 재심을 한다."(제1조)고 규정하였으며, "고등토지조사위원회는 위원장 1인 및 위원 9인으로 조직한다."(제2조)고 규정하였고, 위원장은 조선총독부 정무총감이 담당하도록 규정하였다.(제3조)

고등토지조사위원회는 1920년 12월 폐지될 때까지 〈표 2-28〉과 같이 불복신청 및 재심 사건을 처리하였고, 1919년에 처리한 토지의 사정 불복신립사건 재결관계서류가 [그림 2-63]과 같이 보존되어 있다.

〈표 2-28〉 토지의 사정에 대한 불복 및 재심사건 처리 현황

(1918.7.31 현재)

| 연도별 | 수리건수 | 수리건수 | | | | 미결 |
|---|---|---|---|---|---|---|
| | | 소계 | 반송 | 각하 | 재결 | |
| 합계 | 20,016<br>재 41 | 14,865<br>재 14 | 1,414<br>재 3 | 8,172<br>재 7 | 5,279<br>재 4 | 5,151<br>재 27 |
| 1913 | 691 | – | – | – | – | 691 |
| 1914 | 413<br>재 3 | 583 | 40 | 393 | 150 | 521<br>재 3 |
| 1915 | 4,375 | 1,134<br>재 2 | 205 | 612<br>재 2 | 317 | 4,122<br>재 1 |
| 1916 | 6,913<br>재 8 | 5,758 | 582 | 4,264 | 912 | 5,277<br>재 9 |
| 1917 | 7,018<br>재 17 | 5,169<br>재 10 | 426<br>재 2 | 1,839<br>재 4 | 2,904<br>재 4 | 7,126<br>재 16 |
| 1918 | 246<br>재 13 | 2,221<br>재 2 | 161<br>재 1 | 1,604<br>재 1 | 996 | 5,151<br>재 27 |

주 : 처리 미제 5,151건, 재심 27건은 1920년 12월까지 모두 처리하였다.

출처 : 조선총독부 임시토지조사국, 1918, 『조선토지조사사업보고서』, p.444. ; 지적기술연수원, 1993(a), 『조선토지조사사업보고서』, 수원, 우리인쇄사, p.431. ; 원영희, 1972(b), 『한국지적사』, 보문출판사, pp.400~401.

340) 곽윤직, 1979, 『부동산등기법』, 서울, 대왕사, p.49. ; 박순표, 2012, 『지적의 오늘』, 서울, 좋은땅, pp.84~85.

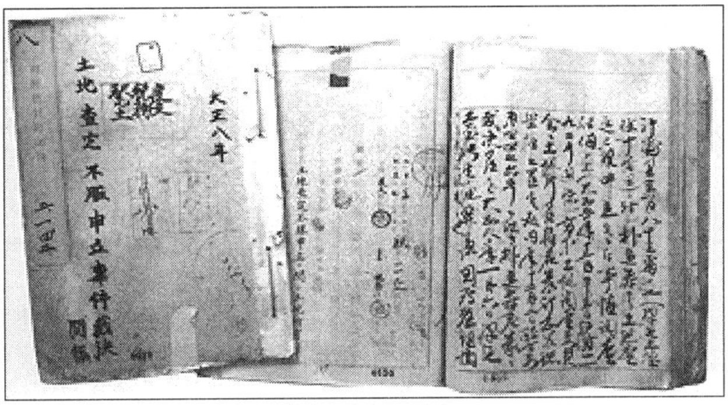

출처 : 대한지적공사, 2005(b), 『한국지적100년사』, p.31.

[그림 2-63] 토지사정 불복신립사건 재결관계 서류

그러나 토지조사와 임야조사사업 완료 후 지적행정을 수행하면서 발견된 사정 당시의 경계선이 착오 등록되었음이 명확하게 확인된 경우에 한하여 경계오류정정신청을 받아 실지와 부합되도록 경계를 정정하도록 운영하였다.[341]

## 4.8 업무별 종사 인력 현황

1911년부터 1918년까지 대삼각본점측량 · 대삼각보점측량 · 소삼각측량 · 기본수준측량 · 도근측량 · 세부측량 · 준비조사 · 실지조사 · 지위등급조사 · 분쟁지조사 · 이동지조사 · 지형측량 등 외업에 〈표 2-29〉와 같이 한국인 7,962명, 일본인 1,730명 총 9,692명이 종사하였으며, 이중 고등관 74명은 전원 일본인이었고 판임관은 한국인 7,309명, 일본인 1,574명, 고원은 한국인 653명, 일본인 82명이었다.

그리고 감독검사 · 정리 · 삼각교정교육임시사무 · 삼각측량 · 준비검사 · 측지교정교육임시사무 · 도근세부 · 지위등급조사 · 분쟁지조사 · 제도교정교육임시사무 · 면적계산 · 제도 · 부서정리 · 이동지정리 · 지형측량 · 지적약도 등 내업에 한국인 6,472명, 일본인 2,666명 총 9,138명이 종사하였으며, 이중 고등관 133명 중 한국인은 5명이었고 판임관은 한국인 2,064명, 일본인 1,611명, 고원은 한국인 4,403명, 일본인 927명이었다.

341) 충청남도, 임야경계선(사정선) 오류정정 처리에 대한 질의(재정 1236.14-608, 1968.6.20). ; 내무부, 임야경계선(사정선) 오류정정 처리에 대한 질의 회시(지세 1236.14-10308, 1968.6.29).

따라서 토지조사사업의 외업과 내업에 종사한 인력은 총 18,830명으로 이 중 한국인은 14,434명으로 76%에 달하였으나, 고등관은 207명 중 한국인은 5명인 2.4%에 불과하여 대부분의 한국인은 하급직으로 토지조사사업에 종사하였음을 알 수 있다.[342)]

〈표 2-29〉 토지조사사업 종사원 현황

| 구 분 | | 합계 | | 1911 | | 1912 | |
|---|---|---|---|---|---|---|---|
| | | 한국인 | 일본인 | 한국인 | 일본인 | 한국인 | 일본인 |
| 총계 | 계 | 14,434 | 4,396 | 1,248 | 358 | 1,756 | 431 |
| | 고등관 | 5 | 202 | 1 | 23 | – | 29 |
| | 판임관 | 9,373 | 3,185 | 847 | 254 | 1,405 | 343 |
| | 고원 | 5,056 | 1,009 | 400 | 81 | 351 | 59 |
| 외업 | 계 | 7,962 | 1,730 | 917 | 223 | 961 | 213 |
| | 고등관 | – | 74 | – | 10 | – | 10 |
| | 판임관 | 7,309 | 1,574 | 770 | 180 | 854 | 194 |
| | 고원 | 653 | 82 | 147 | 33 | 107 | 9 |
| 내업 | 계 | 6,472 | 2,666 | 331 | 135 | 795 | 218 |
| | 고등관 | 5 | 128 | 1 | 13 | – | 19 |
| | 판임관 | 2,064 | 1,611 | 77 | 74 | 551 | 149 |
| | 고원 | 4,403 | 927 | 253 | 48 | 244 | 50 |
| 구 분 | | 1913 | | 1914 | | 1915 | |
| | | 한국인 | 일본인 | 한국인 | 일본인 | 한국인 | 일본인 |
| 총계 | 계 | 2,416 | 599 | 3,404 | 972 | 3,616 | 988 |
| | 고등관 | – | 32 | 1 | 35 | 1 | 39 |
| | 판임관 | 1,800 | 469 | 1,994 | 621 | 2,538 | 661 |
| | 고원 | 616 | 98 | 1,409 | 316 | 1,077 | 288 |
| 외업 | 계 | 1,487 | 206 | 2,083 | 401 | 2,211 | 408 |
| | 고등관 | – | 5 | – | 19 | – | 17 |
| | 판임관 | 1,487 | 200 | 1,715 | 378 | 2,188 | 370 |
| | 고원 | – | 1 | 368 | 4 | 23 | 21 |
| 내업 | 계 | 929 | 393 | 1,321 | 571 | 1,405 | 580 |
| | 고등관 | – | 27 | 1 | 16 | 1 | 22 |
| | 판임관 | 313 | 269 | 279 | 243 | 350 | 291 |
| | 고원 | 616 | 97 | 1,041 | 312 | 1,054 | 267 |

342) 조선총독부 임시토지조사국, 1918, 『조선토지조사사업보고서』. pp.699~706. ; 지적기술연수원, 1993(a), 『조선토지조사사업보고서』, 수원, 우리인쇄사, p.680~685.

| 구 분 | | 1916 | | 1917 | | 1918 | |
|---|---|---|---|---|---|---|---|
| | | 한국인 | 일본인 | 한국인 | 일본인 | 한국인 | 일본인 |
| 합계 | 계 | 1,772 | 708 | 201 | 256 | 21 | 84 |
| | 고등관 | 2 | 30 | – | 11 | – | 3 |
| | 판임관 | 728 | 528 | 47 | 228 | 14 | 81 |
| | 고원 | 1,042 | 150 | 154 | 17 | 7 | – |
| 외업 | 계 | 303 | 255 | – | 24 | – | – |
| | 고등관 | – | 10 | – | 3 | – | – |
| | 판임관 | 295 | 231 | – | 21 | – | – |
| | 고원 | 8 | 14 | – | – | – | – |
| 내업 | 계 | 1,469 | 453 | 201 | 232 | 21 | 84 |
| | 고등관 | 2 | 20 | – | 8 | – | 3 |
| | 판임관 | 433 | 297 | 47 | 207 | 14 | 81 |
| | 고원 | 1,034 | 136 | 154 | 17 | 7 | – |

출처 : 조선총독부 임시토지조사국, 1918, 『조선토지조사사업보고서』, pp.699~706. ; 지적기술연수원, 1993(a), 『조선토지조사사업보고서』, 수원, 우리인쇄사, p.680~685. 요약정리.

## 4.9 경비부담

토지조사사업에 소요된 경비는 조사의 주체인 조선총독부에서 전액 부담하였는데, 청사신영비(廳舍新營費)와 관사수선비(官舍修繕費) 등을 포함한 토지조사사업에 소요된 총 경비는 1910년부터 1918년까지 〈표 2-30〉과 같이 20,406,489원이 소요되었다.

〈표 2-30〉 토지조사사업에 따른 연도별 예산액

| 연 도 | 요구 예산액 | 전년도 이월액 | 합계 | 결산액 |
|---|---|---|---|---|
| 합계 | 20,406,489.00 | – | – | – |
| 1910 | 760,192.00 | – | 760,192.00 | 666,968.98 |
| 1911 | 1,757,246.00 | 84,530.04 | 1,841,776.04 | 1,349,875.41 |
| 1912 | 2,380,319.00 | 491,754.14 | 2,872,073.14 | 2,085,389.13 |
| 1913 | 2,953,852.00 | 786,681.02 | 3,740,533.02 | 2,466,073.95 |
| 1914 | 3,601,443.00 | 1,274,459.07 | 4,875,902.07 | 3,074,939.18 |
| 1915 | 3,596,903.00 | 1,800,959.19 | 5,397,862.19 | 3,7335,346.41 |
| 1916 | 3,785,164.00 | 1,662,515.78 | 5,447,679.78 | 3,322,003.11 |
| 1917 | 1,345,969.00 | 2,125,676.67 | 3,471,645.67 | 1,821,992.82 |
| 1918 | 225,401.00 | 1,297,034.41 | 1,522,435.41 | (미결산) |

출처 : 조선총독부 임시토지조사국, 1918, 『조선토지조사사업보고서』, p.707. ; 지적기술연수원, 1993(a), 『조선토지조사사업보고서』, 수원, 우리인쇄사, p.687.

## 4.10 조선토지조사사업보고서와 동 추록 발간

조선총독부 임시토지조사국은 1918년 10 15일 [그림 2-64]와 같은 『조선토지조사사업보고서(朝鮮土地調査事業報告書)』를 발간하였고, 이어서 조선총독부에서 1919년 5월 28일 『조선토지조사사업보고서추록』을 발간하였다. 이 두 권의 책은 1972년에 대한지적협회에서 영인본으로 발간하였으며,[343] 1993년에 지적기술연수원에서 보고서와 추록을 번역 발간하였다.

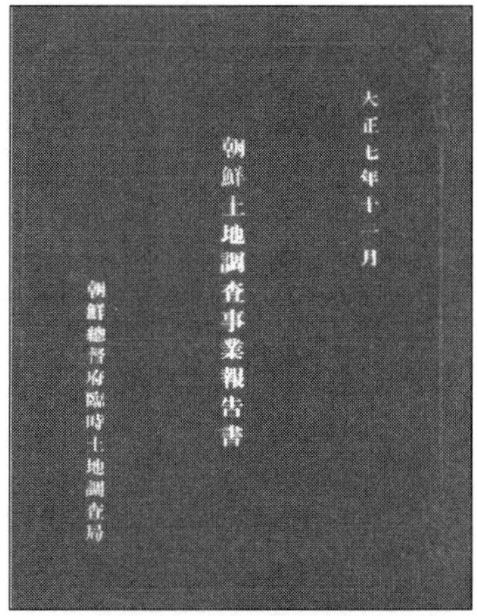


출처 : 지적박물관, 수원역사박물관 · 한국서예박물관 · 사운이종학사료관, 2008, 『상설전시도록』, 수원, 씨마스커뮤니케이션, p.276.

[그림 2-64] 『조선토지조사사업보고서』

『조선토지조사사업보고서』는 4.6배판 한 · 일문 혼용으로 서문 6쪽, 목차 26쪽 본문 708쪽 사진과 지도 54쪽(90점)으로 합계 794쪽으로서 1장 총설, 2장 본국의 조직, 3장 사업계획, 4장 소유권조사, 5장 지반측량, 6장 지위등급조사, 7장 장부조제, 8장 작업의 감독, 9장 지방토지조사위원회, 10장 사정, 11장 고등토지조사위원회, 12장 이동지조사, 13장 지형측량, 14장 경무 15장 잡 · 부속도표로 되어 있다.

『조선토지조사사업보고서』의 서문에 "조선토지조사사업은 1910년 대한제국에서 시행을 기획하여 같은 해 3월 토지조사국관제를 발포하고 그 후 수개월간 사업의 준비 및 시행(試行)을 하였다. 그런데 한일합방을 맞게 되어 잠시 중지하였으나 토지조사사업이라는 것은 토지제도 및 지세제도를 확립하여 일반시정(一般施政)의 근거가 되는 것으로 신영토에 대하여 일본의 시설을 크게 진전시키려면 더욱더 이 사업을 급히 시행할 필요가 있으므로 같은 해 10월 조선총독부 임시토지조사국관제를 공포하고 총재 및 부총재를 두고 그 밑에 서무 · 조사 · 측량 등의 3과를 두어 사무를 분장하도록 하였다."고 기술되어 있으며, 토지조사사업은 크게 나누어 "토지소유권의 조사, 토지가격의 조사, 지형 · 지모의 조사 등 3개 분야로 구분하여 조사하였다.[344]"고 기록되어 있다.

343) 서울특별시, 1993, 『서울지적연혁지』, p.228.

344) 조선총독부 임시토지조사국, 1918, 앞의 책, 서문. ; 지적기술연수원, 1993(a), 앞의 책, p.3. ; 원영희, 1972(b), 앞의 책, p.665.

1918년 11월 4일 임시토지조사국을 폐지한 다음날인 11월 5일자로 탁지부장관 스즈키, 사무관 와다(和田一郎), 기사 토요타(豊田四郞), 감사관 권현섭(權賢燮) 등 169명〈『조선토지조사사업보고서추록』에는 199명으로 수록 되어 있음〉을 재임명하고 잔무정리를 명하였으며, 소관별로 잔무가 끝나는 대로 면관을 실시하였는데, 1919년 3월 31일에 최종 면관되었으며, 2개월 후인 1919년 5월 28일 『조선토지조사사업보고서추록』을 발간하였다.

따라서 잔무정리 기간도 마땅히 토지조사기간으로 산입하여야 하며, 잔무가 있는데도 서둘러 종료식을 거행한 것은 계획기간인 8년이 넘었고 방대한 업무를 단시일 안에 마쳤다는 선전효과를 노린 것 같다.[345)]

『조선토지조사사업보고서』에 의하면 1910년부터 1918년까지 토지조사사업을 시행한 것으로 기록되어 있으나 『조선토지조사사업보고서추록』 등을 종합하면 1909년 11월 17일 경기도 부평군에서 최초로 토지조사 시험측량을 시작하였으며, 1919년 3월 31일 최종 잔무정리까지 9년 4개월을 토지조사사업의 실제 추진기간으로 보아야 한다는 주장이[346)] 타당하다.

토지조사사업의 성과는 총 13개소 39,758미터에 달하는 기선측량을 비롯하여 400점의 대삼각본점, 2,401점의 대삼각보점, 31,646점의 소삼각 1등점, 2등점, 2,823점의 수준점과 1,639점의 삼각점 높이, 3,551,606점의 도근점에 대한 측량을 실시하고, 2,515개 면의 28,209개 리·동에 걸쳐 총 19,107,520필지를 사정(査定)하였는데, 면적은 14,613,214,028평〈4,871,071정보〉이었고, 총 15,171,299필지의 지위등급조사를 실시하여, 토지조사부·토지대장·토지대장집계부·지세명기장 등을 작성하여 부(府)·군(郡)·도(島)청에 인계하였으며, 1:50,000지형도 724매, 1:25,000지형도 144매, 1:10,000지형도 54매, 특수지형도 3매 등을 작성하였다.[347)]

토지조사사업의 주요 항목별 세부성과는 위에 기술한 것과 같으며, 토지조사사업에 의하여 행정구역의 변경, 비입지(飛入地)와 두입지(斗入地) 등을 정리하였으며, 근대적인 지적제도의 창설에 이어 근대적인 토지등기제도를 창설하게 되었다.

345) 리진호, 1999, 『한국지적史』, 서울, 도서출판 바른길, p.676.
346) 리진호, 1999, 위의 책, p.681.
347) 내무부, 1966, 『한국지방행정사』, pp.791~792.

# 5 산림조사 및 임적조사

## 5.1 삼림조사

일제는 조선을 합병하기 이전부터 전 국토의 73%를 차지하는 조선의 임야를 수탈하기 위하여 조직적으로 〈표 2-31〉과 같이 수차례에 걸쳐 삼림조사(森林調査)를 시도하였다.

일제의 삼림조사는 임야의 상황·조선 고래의 삼림제도와 임정·삼림식물의 분포·임산물의 수급상태 및 압록강 유역의 벌목사업을 위한 지권(地權) 등에 관한 조사로 임야 강점을 위한 기초자료를 확보하기 위함이었다.

1905년 러일전쟁에서 승리한 일제는 러시아로부터 삼림벌목이권(森林伐木利權)을 탈취한 후 1906년 대한제국과 '압록강·두만강산림협동조약'을 체결하고 양 강 유역의 울창한 원생림을 국유림으로 경영하기 위해 통감부에 영림창(營林廠)을 설치하고 벌목에 착수하였다.[348]

이어서 1907년 농상공부에 임업과(林業課)를 신설하여 본격적인 식민지 임업사무를 관장하기 시작하였으며, 1908년에는 「삼림법」(1908.1.21. 법률 제1호)을 제정 공포하고 1911년에는 삼림령(1911.6.20, 조선총독부 제령 제10호)을 발포하였다.

그리고 1912년에는 삼림산야 및 미간지국유사유구분표준(1912.2.3. 조선총독부 훈령 제4호)을 제정하였으나 민유임야의 소유권 및 경계를 확인하여 주지 않고 국유임야만을 조사하여 이를 일본인 자본가와 이민자들에게 대부 또는 양여해 주었다.[349]

〈표 2-31〉 일제에 의한 삼림조사 현황

| 조사일자 | 조사지역 | 조사자 | 조사기관 | 보고서(출판연도) |
|---|---|---|---|---|
| 1902. | 시베리아·청국·한국 | 本多靜六 | 농상무성 | 출판불명 |
| 1902.5~8 | 한국 | 田中喜代次 | 〃 | 『한국산림시찰 복명서』(1903) |
| 1902.5.~ 1903.4 | 청국·한국 | 宮島多喜郎 田中喜代次 | 〃 | 『청·한양국산림시찰복명서』 (1903) |

348) 강영심, 1998, "일제의 한국 산림수탈과 한국인의 저항", 이화여자대학교 대학원, 박사학위논문, p. v.
349) 강영심, 1983, "일제하 조선임야조사사업에 관한 연구(상)", 『한국학보 제33집, 일지사, pp.131~133.

| | | | | |
|---|---|---|---|---|
| 1904.7~12. | 압록강상하유역 | 西田又二<br>中牟田玉郎 | 〃 | 『압록강유역삼림작업조사복명서』(1905) |
| 1905.3~10. | 압록강유역 | 今川唯市 | 육군참모본부 | 『장백산맥임황조사복명서』(1905) |
| 1905.7~11. | 한국 | 永田正吉<br>외 3인 | 농상무성 | 『한국산림조사서』(1905) |
| 1906.9~10. | 한국 | 川瀨善太郎 | 〃 | 『한국산림조사보고』(1907) |
| 1908. | 청국·한국 | 堀田英治 | 〃 | 『청·한양국및대만각지시장목재정황조사서』(1909) |
| 1911.6~9. | 한국 | 平熊友明 | 〃 | 『조선산림시찰복명서』(1913) |
| 1916. | 백두산 | 吉岡豪雄 | 기관불명 | 『백두산삼림조사복명서』 |

출처 : 강영심, 1983, "일제하 조선임야조사사업에 관한 연구(상)", 『한국학보』 제33집, 일지사, p.132.

## 5.2 임적조사

일제는 1910년 3월부터 해도(海島)를 제외한 전국을 대상으로 임적조사(林籍調査)를 개시하여 같은 해 9월에 완료하였다.

약 11,000원의 경비를 투자하여 4개월 반이란 단기간 내에 최소한의 비용과 간략한 실사방법에 의하여 임적조사사업을 실시한 결과 〈표 2-32〉와 같이 임상별(林相別) 국유·사유 구분 면적에 대한 대체적인 파악이 가능하게 되었으며, 조선의 임야면적은 전국토의 7할 3푼을 차지하고, 무임목지(無林木地)가 겨우 2할 6푼에 불과하며, 관리기관이 있는 국유임야가 의외로 적고, 사유임야로 인정되는 면적이 적다는 사실 등 일제의 식민지 임야정책의 방향을 제시하는 사실들을 획득하였다.

그리고 이를 기초로 작성한 「조선임야정리에 관한 의견서」에서 무주공산(無主空山)이나 입회권(入會權)[350]이 있는 임야는 모두 국유화 할 것과 국유림 및 국유산물을 매각하는 수익사업을 수립할 것, 천연갱신(天然更新)의 값싼 조림법을 조림정책으로 택할 것 등의 임정방향을 제시하였으며, 이러한 임정방향은 대한(對韓) 삼림정책의 기본 틀로 확정되었다.[351]

350) 입회권(入會權)이라 함은 종래 한국인이 행사했던 무주공산(無主公山)을 공동으로 이용할 수 있는 권리로써 이를 부정하는 것은 한국인에게서 연료·퇴비·사료 등의 공급원과 묘터를 빼앗는 것이며 생존권의 위협이 되었다.

351) 강영심, 1983, 앞의 연구, pp.140~141. ; 강영심, 1998,앞의 논문, p.v.

〈표 2-32〉 임적조사 결과 소유관계별 임상구분 현황

| 구 분 | 합계(정, 町) | 관리기관이 있는 국유임야 | 관리기관이 없는 국유임야 | 사원에서 관리하는 임야 | 사유임야 |
|---|---|---|---|---|---|
| 계 | 15,849,619 | 1,035,373 | 7,268,001 | 165,402 | 7,380,843 |
| 비율 | 100 | 6 | 46 | 1 | 47 |
| 성림지(成林地) | 5,122,563 | 626,840 | 5,666,561 | 96,721 | 732,563 |
| 치수(稚樹)발생지 | 6,619,473 | 186,909 | 1,987,851 | 34,411 | 4,410,302 |
| 무임목지 | 4,107,461 | 221,624 | 1,613,587 | 34,270 | 2,237,978 |

주 : 관리기관이 있는 임야는 봉산(封山)·금산(禁山)·목장(牧場)·시장(柴場) 등을 말하며, 관리기관이 없는 국유임야는 무주공산을 말한다.

출처 : 조선산림회(편), 1933. ;『조선임업일지』, 연도미상, pp.52~54. ; 강영심, 1983, "일제하 조선임야조사사업에 관한 연구(상)",『한국학보』 제33집, 일지사, p.141. 재인용.

## 5.3 임야의 소유제도

우리나라의 임야는 고려 시대부터 사유를 금지시켰다. 고려는 건국 후 고대 씨족공동체적 토지소유를 폐지하고 산림 등 모든 토지를 국유화하였으며, '산장시초물령사점(山場柴草勿令私占)'이라 하여 개인적 점유를 일체 금지하고, 국가는 일정한 산림을 신분과 계급에 따라 관원·무인·개국공로자·지방관청에게 지급하고, 나머지는 온 국민이 함께 이용토록 하였다.[352)]

고려 충숙왕 12〈1315〉년 2월에 "산림과 하천·연못은 백성과 함께 이익을 누려왔는데 근래에 와서 권세가들이 점유하여 멋대로 땔나무도 목축도 금지시켜 이로써 피해를 주니 사헌부는 이를 위반하는 자를 금하고 처벌하라."고 왕명으로 사유(私有)를 금지시켰다.

그리고 조선 태조 4〈1395〉년 11월에 고려 충숙왕의 왕명과 거의 같은 내용이 다시 지시되었으며, 태조 5〈1396〉년 4월에는 "산의 평지를 이용하거나 물고기를 잡는 것은 나라와 백성들이 그 이득을 같이 누리는 것이다. 혹 권세가들이 그 이득을 독점하는 것은 심히 의리에 어긋나는 것이다. 이제부터는 주(州)·부(府)·군(郡)·현(縣) 각 고을이 관내의 산에 있는 평지를 이용하거나 물고기를 잡는 권리를 독점하는 자는 성명을 일일이 조사하고 사헌부는 그 죄과를 물어 나쁜 폐단을 뿌리 뽑고 수령은 알고도 숨기는 일이 없이 보고하고 죄가 있는 자는 상부에 보고하거나 청원해서 용서를 받거나 승낙을 받도록 시행하라."고 지시하였다.[353)]

352) 윤여창·구자춘 2010, "산지·산림 관리의 패러다임 연구", 한국법제연구원,『경제·인문사회연구회 협동연구총서』, p.13.

따라서 태조는 전국의 임야를 왕권으로 국가 수요에 충당하도록 하였으며, '산림천택여민공지(山林川澤 與民共之)'라 하여 산과 못을 모든 국민이 공동으로 이용할 수 있도록 하되 사유와 사점을 금하였다.[354]

이어서 경국대전 형전(刑典)의 금제조(禁制條)에 "사사로이 시초장(柴草場)을 점유하는 자는 모두 곤장 팔십의 형에 처한다."고 규정하였으며, 공전(工典)의 재식조(栽植條)에는 "도성 내외 산에는 표식을 세우고 부근 주민에게 분담시켜 벌목과 채석을 금하게 하며, 감역관과 산지기를 정하여 간수한다."고 규정하여[355] 고려 충숙왕 이후 계속하여 임야는 사유를 인정하지 않고 국유로 나라와 백성들이 공유하는 무주공산의 원칙을 지켜왔다.

따라서 임야에 관한 배타적 이용이 금지되었으나 누구든지 주인이 없는 임야에 출입하여 가축의 방목이나 연료의 채취 또는 토석의 채취, 수렵의 채집, 공동묘지 등으로 사용할 권리가 인정되었다.

그러나 공신 또는 왕족 등에게 분묘의 설치 등을 위하여 산야를 하사한 실례가 생겨난 이후부터 권호가(權豪家)들이 관부(官府)에 청원하여 입안(立案)한 완문(完文) 등을 받아 산림의 사유를 꾀하는 자가 속출하게 되어 종종 이를 금지시키려 하였으나 결국은 이행하지 못하였다.

그리고 무주공산에는 자유로 분묘를 설치할 수 있고 분묘를 설치한 후에는 둘레에 나무를 가꾸며 가까운 곳에는 묘를 쓰지 못하도록 하는 묘주(墓主)의 독점적인 권리가 자연스럽게 형성되었으며, 이러한 특수한 권리를 인정하게 되어[356] 산림의 부분적인 사유화가 싹트기 시작하였다.

1908년 대한제국 말기에 「삼림법」(1908.1.21. 법률 제1호)을 제정하고 "삼림산야의 소유자는 본법 시행일로부터 3년 이내에 삼림산야의 지적(地積) 및 면적(面積)의 약도를 첨부하여 농상공부대신에게 신고하되 기간 내에 신고하지 아니한 자는 모두 국유로 간주한다."(제19조)고 규정하여 최초로 임야에 대한 법적인 사유권을 인정하게 되었다.

일제는 대한제국의 법령 형태로 삼림법을 공포하고 조선인들이 점유하고 있던 임야를 신고하도록 하였으며, 분묘금양(墳墓禁養) 등의 방법으로 오랫동안 산림을 점유한 경우가 많았는데 이들 점유지를 사유지로 인정하기로 하고 신고절차를 밟도록 한 것이다.

---

353) 리진호, 1999, 앞의 책, pp.693~694.
354) 윤여창·구자춘, 2010, 앞의 논문, pp.15~16.
355) 윤여창·구자춘, 2010, 위의 논문, p.17.
356) 리진호, 1999, 앞의 책, p.695.

그러나 당시의 사회 환경이 측량기술도 보급되지 아니 하였으며 측량비가 임야의 지가보다 비싸고 비과세지인 임야에 대하여 세금이 부과될 것이라는 소문이 돌아 일반 국민들의 무관심속에 시행되었다.

따라서 일부 중산층 이상의 지식계급에 속하는 자와 군・면의 관리 또는 친척 등 일부만이 사유를 인정받게 되어 삼림법의 제정은 임야에 대한 사유권을 인정하기 위한 것이 아니라 국유화하기 위하여 시행한 결과를 초래하였다.

그러나 일제는 이렇게 국유로 편입된 임야를 그대로 국유지로 계속 관리하지 않고 곧바로 사유지로 귀속시키는 정책을 추진하였다.

국유로 편입된 임야를 사유지로 되돌려 주려는 정책은 1911년 삼림령(1911.6.20, 조선총독부 제령 제10호)에 의한 조림대부제도(造林貸付制度)[357]와 1916년부터 임야조사사업을 추진하면서 「삼림법」에 의하여 신고를 하지 아니한 임야의 점유자로 하여금 다시 소유권 신고를 이행하도록 제도화하여 사유권을 인정하였다.

위와 같이 일제는 조림대부제도와 임야조사사업을 통하여 국유로 편입된 임야를 연고자에게 돌려주었으며, 1926년 임야조사사업 완료 후에도 조선연고삼림특별양여령(1926.4.5, 조선총독부 제령 제7호)이라는 법령을 제정하여 소유권을 인정받지 못한 임야를 원래의 연고자에게 돌려주는 정책을 시행하였다.

「삼림법」(1908.1.21. 법률 제1호) 시행 당시에 임야의 전체 면적 1,600백만 정보(町步) 중 180만 정보에 머무르던 사유 임야가 임야조사사업을 완료한 1925년에는 660만 6,000여 정보에 달하였고, 1926년 4월에 조선연고삼림특별양여령(1926.4.5, 조선총독부 제령 제7호)이라는 법령을 제정 시행하여 1933년에는 1,000만 정보를 넘게 되었다.[358]

이렇게 조선총독부가 조선인들에게 임야에 대한 사유권을 적극적으로 인정한 것은 조선인들의 임야에 대한 소유권을 보호하기 위한 정책이 아니고, 토지가격이 낮은 임야를 조선총독부 명의로 소유하기보다는 임야의 소유자인 조선인들에게 돌려주고 매년 삼림조합비(후에 임야세로 변경되었음.)를 부과하여 군(郡)재정을 확충하고 식림비용 등을 부담시키기 위한 고도의 식민지 수탈정책의 일환이었다고 할 수 있다.

357) 조림대부제도(造林貸付制度)란 원래의 연고자에게 조림의 의무를 부과하고 계약기간 내에 조림을 성공한 것으로 인정되면 해당 임야에 대한 소유권을 완전히 양여하는 제도를 말한다.

358) "식민지 시대의 두얼굴-근대화와 수탈", 『山林』(http://jigooho.egloos.com/2678235, 2011.5.20.)

# 6 임야조사

## 6.1 임야조사사업계획

### 6.1.1 제1차 계획

임야조사사업은 토지조사사업을 추진하면서 1914년 12월에 함경남도에서 최초로 시험사업을 시작하였으며, 1916년 1월부터 경기도 부천군(富川郡) 부내면(富內面)·다주면(多朱面)·계남면(桂南面) 일원과 수개 도(道)의 일부지역에 시험사업을 확대 실시하였고, 시험사업의 결과를 토대로 일개 면당 평균 1천 필지로 예측하여 12개 부·시(府·市)와 2,508개 면을 대상으로 총 252만 필지로 예정하고 1917년부터 1922년까지 6년간 남부 지방부터 조사를 시작하여 순차적으로 북쪽 지방으로 조사하는 계획을 수립하였다.

임야조사사업을 추진하기 위하여 기수 7명, 일본인 고원 54명, 한국인 고원 39명 등 총 100명의 직원을 경기·충남·충북·전남·경남·경북·평안북도에 분산 배치하고 순차적으로 타도에 이동하여 임야조사사업을 수행하도록 계획하였다.[359)]

그리고 1918년 4월에 조선총독부임야조사위원회관제(朝鮮總督府林野調査委員會官制, 1918.4.29. 제령 제110호)를 제정하고, 1918년 5월에 조선임야조사령(朝鮮林野調査令, 1918.5.1. 제령 제5호)을 제정하였다.

조선임야조사령에 "임야의 조사 및 측량은 토지조사령에 의해서 실시한 것을 제외하고는 본령에 따른다."(제1조)고 규정하고, "「삼림법」 제19조의 규정에 의하여 지적의 계출을 하지 않았기 때문에 국유로 귀속한 임야는 구 소유자 또는 상속인의 소유로 이를 사정할 것."(제10조)이라고 규정하여 삼림법 시행 당시에 측량기술도 많이 보급되지 아니 하였고 측량비가 임야의 지가보다 비싸고 임야에 대하여 지세를 부과하기 위한 전제라고 속단하여 혜택을 받지 못한 임야의 소유자에게 구제의 길을 열어 주었으나 실제는 산림조합비·채신세·지게세 등을 징수하기 위한 조치였다.

359) 지적기술연수원, 1993(c), 『조선임야조사사업보고서』, 수원, 한일인쇄사, p.35. ; 리진호, 1999, 앞의 책, p.553.

조선임야조사령의 제정에 이어서 조선임야조사령 시행수속〈朝鮮林野調査令 施行手續, 1918.11.26. 훈령 제59호〉을 제정하고 "조선임야조사령에 의한 임야조사사무는 본 수속에 의할 것."(제1조)이라고 규정함으로써 임야조사사업을 전국적으로 확대 실시하게 되었다.

이어서 1918년에 각 도별로 임야심사위원회규정〈林野審査委員會規程, 경기도의 경우 훈령 제25호〉을 제정 공포하고 "조선임야조사령에 의하여 부윤 또는 면장이 실시한 임야조사의 심사를 하기 위하여 도에 임야심사위원회를 둔다."(제1조)고 규정하였으며, 1920년에 임야대장규칙(林野臺帳規則, 1920.8.23. 조선총독부령 제113호)을 제정하고 이 규칙에 의하여 임야조사사업의 성과인 임야도와 임야대장을 작성하였다.

임야조사사업은 토지조사사업에서 제외된 임야를 주로 하여 산간지(山間地)·소도서(小島嶼)·미간지(未墾地)·개재지(介在地) 등 모든 토지를 대상으로 조사하였다.[360)]

## 6.1.2 제2차 계획

임야조사사업은 당초 계획에는 1917년에 시작하여 1922년에 완료할 계획이었으나 1918년에 조선임야조사령(1918.5.1. 제령 제5호)이 제정·시행되면서 토지조사사업에서 제외되었던 임야내의 개재지도 사업범위에 포함되어 303천 필지가 증가되었고 일반임야도 예상외로 증가하여 1920년에는 조사 대상 필지수가 약 325만 필지가 되어 당초 계획 252만 필지보다 약 40%가 증가하여 1921년에 도서기(道書記) 7명과 도기수(道技手) 2명을 증원하고 사업시행 기간을 2년 연장하여 1924년에 완료하는 변경계획을 수립하였다.[361)]

이상 설명한 임야조사사업 추진계획의 변경내용을 요약하면 〈표 2-33〉과 같다.

〈표 2-33〉 임야조사사업 추진계획의 변경 내용

| 구 분 | 제1차 계획 | 제2차 계획 |
|---|---|---|
| 계획주체 | 조선총독부(농상공부 산림과) | 조선총독부(식산국 산림과) |
| 계획일자 | 1916년 | 1921년 |
| 면 적 | 미상 | 16,302,429정보 |
| 필 지 수 | 2,520,000필 | 3,479,915필 |
| 소요경비 | 미상 | 3,860,200원 |
| 추진기간 | 1917~1922년(6년) | 1917~1924년(8년) |

360) 박순표, 1985, "한국의 지적제도", 『한국지적학회보』, 제6호, p.4.
361) 지적기술연수원, 1993(c), 앞의 책, p.36.

대한제국 말기에 「삼림법」을 제정한 후 함경남도와 경기도 부천군의 일부지역 등에서 임야조사 시험사업을 시작한 후 전국적으로 임야조사사업을 완료한 1925년까지 동 사업을 추진하기 위하여 제정한 임야조사사업 관련법규는 〈표 2-34〉와 같다.

〈표 2-34〉 임야조사사업 관련법규

| 제정 · 공포 일자 | 관련법규 명칭(연월일 · 종류 · 번호) | 출처 |
|---|---|---|
| 1908.1.21. | 삼림법(1908.1.21. 법률 제1호) | 관보 |
| 1908.3.5. | 국유삼림산야부분림규칙(1908.3.531. 농상공부령 제63호) | 〃 |
| 1908.4.4. | 국유삼림산야 및 산물처분규칙(1908.4.4. 칙령 제24호) | 〃 |
| 1908.4.4. | 국유삼림산야 및 산물처분심사회규칙(1908.4.4. 칙령 제25호) | 〃 |
| 1908.4.31. | 삼림법시행세칙(1908.4.31. 농상공부령 제65호) | 〃 |
| 1908.8.11. | 국유토석채취규칙(1908.8.11. 칙령 제58호) | 〃 |
| 1912.2.3. | 삼림산야 및 임야미간지국유사유구분처분(1912.2.3. 총독부훈령 제4호) | 〃 |
| 1915.2.1. | 국유임야조사내규(1915.2.1. 내규) | 토지조사예규 |
| 1917.10.13. | 임야정리조사내규(1917.10.13 총독부 내규) | 임야정리조사내규 |
| 1918.4.29. | 조선총독부임야조사위원회관제(1918.4.29. 제령 제110호) | 관보 |
| 1918.5.1. | 조선임야조사령(1918.5.1. 제령 제5호) | 〃 |
| 1918.5.1. | 조선임야조사령시행규칙(1918.5.1. 조선총독부령 제38호) | 〃 |
| 1918.6.20. | 삼림령(1918.6.20. 제령 제10호) | 〃 |
| 1918.6.20. | 삼림령시행규칙(1918.6.20. 조선총독부령 제74호) | 〃 |
| 1918.11.26. | 조선임야조사령 시행수속(1918.11.26. 훈령 제59호) | 〃 |
| 1919.12.9. | 조선총독부임야조사위원회장정(1919.12.9. 조선총독부 훈령 제51호) | 〃 |
| 1920.8.23. | 임야대장규칙(1920.8.23. 조선총독부령 제113호) | 〃 |
| 1921.11.10. | 조선총독부임야조사위원회사무분장규정(1921.11.10. 내훈 제1호) | 〃 |
| 1922.9.20. | 조선총독부임야조사위원회처무규정(1922.9.20. 내훈 제1호) | 〃 |

출처 : 강영심, 1983, "일제하 조선임야조사사업에 관한 연구(상), 『한국학보』 제33집, 일지사, p.137. p.156. ; 리진호, 1999, 『한국지적史』, 서울, 도서출판 바른길, p.701. 보완 작성.

## 6.2 세부 추진상황

### 6.2.1 시행기관

임야조사사업은 [그림 2-65]와 같이 농상공부 산림과(山林課)에서 주관하였으며, 조사 및 측량의 집행은 부윤(府尹) 또는 면장이 담당하였고 소요비용은 부·면의 부담으로 하였으며, 사정사무(査定事務)는 조선총독부의 국비지원을 받아 도지사가 담당하였는데, 권업과(勸業課) 또는 산림과에서 수행하였다.

부윤 또는 면장이 조사·측량 후 그 결과를 도지사에게 보고하면 도지사는 이를 심사하여 소유자와 경계를 사정하였으며 불복하는 신청자는 재결(裁決)을 통하여 확정하였다.

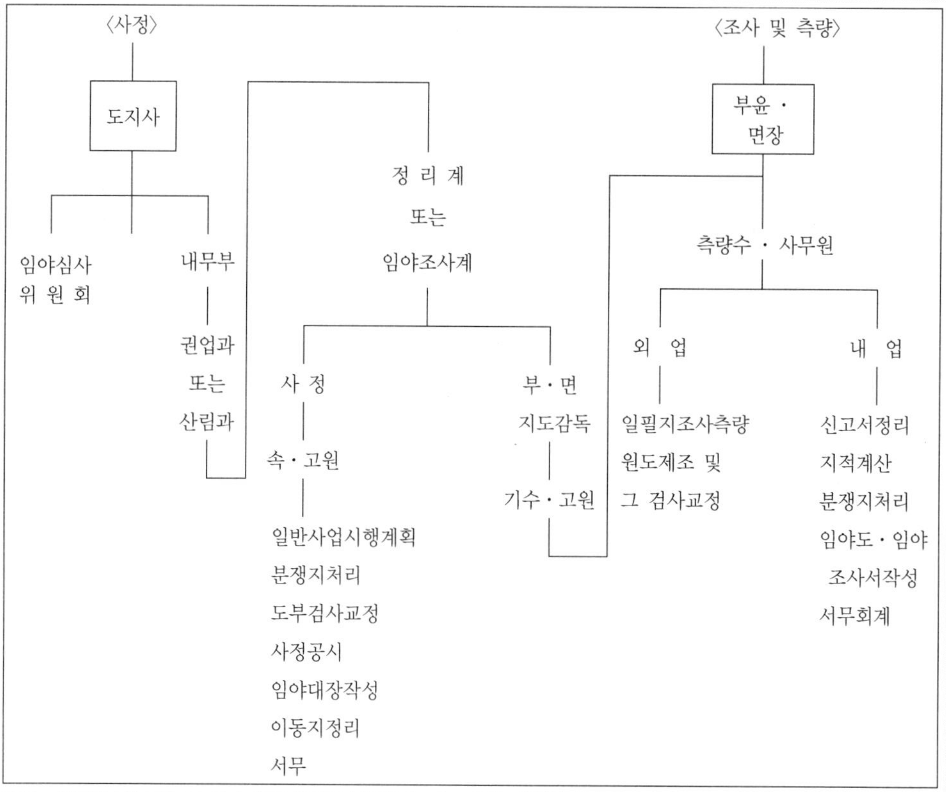


출처 : 지적기술연수원. 1993(c). 『조선임야조사사업보고서』. 수원. 한일인쇄사. p.13.

[그림 2-65] 임야조사측량 집행기구

임야조사사업에 종사할 인력은 토지조사사업에 종사했던 사무원 및 기술원 등 경험자 중에서 채용한다는 방침을 세워 토지조사에 경험이 있는 자, 본부의 산림과 직원으로 임무행정(林務行政)에 종사한 자, 농림학교 졸업자 등 다수의 지원자 중에서 엄선하여 제1차 계획에 따라 각 도별 기수 1명씩 7명과 고원(雇員) 일본인 54명, 조선인 39명 등 총 93명을 채용하여 조선총독부에서 1개월간 임야조사에 필요한 학술강습과 실습훈련 등을 실시한 후에 제일 먼저 임야조사를 실시해야 할 경기도·충청북도 등 7개 도에 〈표 2-35〉와 같이 이들 강습원(講習員)을 배치하였으며, 그 후 순차적으로 타도에 전속시켰고, 각 도에 따라 임야조사사업에 필요한 종사원을 채용하여 강습을 실시하였다.[362)]

〈표 2-35〉 도별 임야조사사업 종사원 배치 현황

(1917.8. 현재)

| 구 분 | 배치 인원 | | | 출신별 | | | |
|---|---|---|---|---|---|---|---|
| | 계 | 조선인 | 일본인 | 계 | 토지조사국 | 본부산림과 | 기타 |
| 합계 | 93 | 39 | 54 | 93 | 66 | 9 | 18 |
| 경기도 | 17 | 7 | 10 | 17 | 12 | 3 | 2 |
| 충청북도 | 13 | 6 | 7 | 13 | 10 | – | 3 |
| 충청남도 | 13 | 6 | 7 | 13 | 10 | – | 3 |
| 전라남도 | 15 | 6 | 9 | 15 | 9 | 3 | 3 |
| 경상북도 | 15 | 6 | 9 | 15 | 11 | – | 4 |
| 경상남도 | 15 | 6 | 9 | 15 | 9 | 3 | 3 |
| 평안남도 | 5 | 2 | 3 | 5 | 5 | – | – |

출처 : 울산광역시, 2008, 『울산지적사』, p.263.

### 6.2.2 1필지 조사와 사정

임야조사사업은 부윤·면장이 1필지조사 및 측량작업을 담당하였으며, 이를 완료하면 사정기관인 도에 보고하여 사정업무를 개시하게 하였다.

각 도에는 지사의 자문기관으로 합의제 임야심사위원회(林野審査委員會)를 설치하여 부윤·면장의 보고를 심의하여 사정작업의 권위를 유지하도록 하였다.[363)]

임야조사사업 당시에 최초의 소유자와 강계의 사정은 토지조사사업과 동일하게 한국인들의 임야소유권을 확인하고 이를 법인(法認)하는 가장 중요한 과정으로, 1919년 3월에 경상남도 마산부에서 사정공시(査定公示)를 시작하여 1924년 11월 황해도 평산군 신

362) 지적기술연수원, 1993(c), 앞의 책, p.30.
363) 지적기술연수원, 1993(c), 위의 책, p.90.

암면의 사정공시를 끝으로 완료되었다.[364)]

임야는 경제적 가치가 상당히 낮을 뿐 아니라 과세대상이 아니었기 때문에 토지조사와 같은 축척이 필요치 않으므로 시가지 부근과 같이 경제적으로 특수한 관계가 있는 지역에 한해서만 예외로 1/3,000의 축척을 사용하고, 기타 지역은 원칙적으로 1/6,000의 축척을 사용하기로 하였다.

그리고 1필지의 면적이 협소하여 해당 도근도(圖根圖)에 그 원형을 정확히 도시(圖示)하기 어려운 경우에는 원위치에 부호를 기입하고 도면의 여백부분에 1/1,200 또는 1/600의 축척으로 도시하여 경계를 명확히 하였다.

1필지 측량은 평판측량(平板測量)으로 하고 도근점을 기본으로 하여 적절히 보점측량(補点測量)을 실시하고, 동리마다 해당 동리의 장·지주총대·신고자·이해관계자 등의 입회하에 지역별로 교회법(交會法)·도선법(導線法)·광선법(光線法)·종횡법(縱橫法) 등에 의해서 1필지 측량을 실시하였다.[365)]

### 6.2.3 분쟁지 조사

동일한 토지에 대하여 2인 이상이 신고하여 소유권을 주장하거나 소관관청에서 국유지라고 통지한 임야에 대해서 민유라고 신고하여 권리를 주장하는 토지 또는 인접 토지와의 경계에 대해서 분쟁이 야기된 토지 등은 분쟁지로 인정하였다.

분쟁지가 발생하면 화해를 권유하여 원만한 해결을 보도록 하였으며, 해결이 안될 경우에는 주무계(主務係)에서 당사자·증인·참고인으로 부터 증거서류 등 각종 자료를 수집하고, 이것을 신중하게 조사하여 그 결과에 대하여 분쟁지조사서(紛争地調査書)를 작성한 다음 부윤·면장이 사업보고 시에 관계 서류와 함께 도지사에게 제출하여 사정의 심사결정 자료로 사용하였으며, 임야심사위원회에서 심의하여 분쟁사항을 결정하였다.[366)]

위와 같은 방법으로 처리된 분쟁지는 총 17,925건, 28,015필지에 달하였으며, 황해도가 8,287필지로서 가장 많았고 충청남도가 42필지로서 가장 적었으며 각 도별 분쟁지 처리 현황은 〈표 2-36〉과 같다.

364) 지적기술연수원, 1993(c), 앞의 책, p.103.
365) 지적기술연수원, 1993(c), 위의 책, pp.56~57.
366) 지적기술연수원, 1993(c), 위의 책, p.60. p.91.

〈표 2-36〉 임야조사사업에 따른 분쟁지 처리 현황

| 도 명 | 건수 | 필지수 | 도명 | 건수 | 필지수 |
|---|---|---|---|---|---|
| 합계 | 17,925 | 28,015 | 경상남도 | 687 | 1,134 |
| 경기도 | 1,437 | 2,872 | 황해도 | 2,613 | 8,287 |
| 충청북도 | 227 | 335 | 평안남도 | 646 | 775 |
| 충청남도 | 42 | (42) | 평안북도 | (2,766) | 2,766 |
| 전라북도 | 407 | 496 | 강원도 | 270 | 2,478 |
| 전라남도 | (2,673) | 2,673 | 함경남도 | 2,606 | (2,606) |
| 경상북도 | (2,814) | 2,814 | 함경북도 | 737 | (737) |

주 : 괄호 표기 부분은 필수가 불명한 것으로 편의상 건수와 필지수를 동일하다고 가정한 수치이다.
출처 : 지적기술연수원, 1993(c), 앞의 책, p.92.

## 6.3 사업성과

### 6.3.1 1필지 측량 관련 성과

임야조사사업의 성과는 전국 13도(道), 12부(府), 2도(島), 218군(郡), 2,506면(面) 중에서 13도, 10부, 2도(島), 218군, 2,488면을 조사하였으며, 평안남도 평양부(平壤府)와 평안북도 신의주부(新義州府)의 2개부와 18개면에는 조사지가 없었다.

임야조사사업에는 총 3,860,200원을 투입하여 3,479,915필지 16,302,429정보(町步)를 사정 등록하여 1필지 당 평균 소요경비는 1원10전9리였으며, 이에 종사한 직원은 4,670명, 연인원 903,066명에 달하였다.[367)]

임야조사사업은 『조선임야조사사업보고서』에는 1916년부터 1924년까지 시행한 것으로 기록되어 있으나, 각 도별 『임야조사종말보고서』를 종합하면 〈표 2-37〉과 같이 1914년 12월 5일 함경남도에서 최초로 시험사업을 시작하였고 1925년 4월 17일에 평안북도에서 최종 완료한 것으로 기록되어 있다.

따라서 1918년에 조선임야조사령(1918.5.1. 제령 제5호)을 공포하였는데 전라북도만 공포 후에 임야조사에 착수하였고 나머지 12개 도는 그 이전에 착수하였음을 알 수 있으며, 특히 평안북도는 1923년 4월 19일에 도청에 불이 나 경찰부와 회의실을 남기고 청사의 전부가 타 버렸다. 임야조사에 관한 도서류도 다수 소실되어 사업 계획상 일대 차질이

367) 지적기술연수원, 1993(c), 앞의 책, p.6. p.85. p.106.

생기게 되었다. 소실부분은 1923년부터 2개년에 걸쳐 계획을 세워 다시 고시하고 신고를 하도록 하였으며, 복구에 요하는 비용은 국고에 요청하여 조사를 끝내고 사정을 하게 되어[368] 임야조사사업의 추진이 지연되기도 하였다.

임야조사사업은 실제로 1914년에 시작하여 1925년에 완료하여 토지조사사업과 동일하게 소유자 및 강계에 대한 사정의 확정 또는 재결에 의하여 확정된 사항을 지적공부에 등록하였으며, 조선임야조사령 부칙에 "본령 시행 전 임야의 조사와 측량에 관하여 수속 기타 행위로서 조선총독이 지정한 지역 내의 임야에 관계된 것은 본령에 의하여 시행한 것으로 간주한다."는 경과규정을 두어 조선임야조사령 제정 이전에 시행한 임야조사사업의 성과를 합법화하였다.

〈표 2-37〉 도별 임야조사사업의 착수와 종료 연월일

| 순서 | 도 명 | 착수 연월일 | 완료 연월일 | 순서 | 도 명 | 착수 연월일 | 완료 연월일 |
|---|---|---|---|---|---|---|---|
| 1 | 함경남도 | 1914.12.5.<br>시험 | 1925.1.28. | 8 | 함경북도 | 1917.4.11. | 1925.1.8. |
| 2 | 충청남도 | 1915.5. | 1921.5.12. | 9 | 강원도 | 1917.4.19. | 1924.11.10. |
| 3 | 평안남도 | 1917.5.<br>시험 | 1922. | 10 | 황해도 | 1917.5. | 1924.12. |
| 4 | 경기도 | 1916.10.20. | 1924.12.11. | 11 | 평안북도 | 1917.6.18.<br>시험 | 1925.4.17. |
| 5 | 충청북도 | 1916.10.22. | 1922.3.17. | 12 | 경상북도 | 1917.10. | 1924.7. |
| 6 | 경상남도 | 1916.11.15. | 1924.8.9. | 13 | 전라북도 | 1918.7.7. | 1922.5.30. |
| 7 | 전라남도 | 1917.1.30. | 1924.7.3. | | | | |

출처 : 각 도 임야조사종말보고서, 리진호, 2008, 『울산지적사』, 울산광역시, p.226.

## 6.3.2 임야원도와 임야도 작성

임야조사사업에 따른 지적도부(地籍圖簿)의 작성은 측량성과에 의하여 [그림 2-66]과 같은 임야원도〈임야세부측량원도(林野細部測量原圖)라고도 한다.〉를 작성하고 이를 토대로 임야도를 작성하였다.

368) 평안북도, 1925, 『평안북도 임야조사종말보고서』(지적박물관 소장), p.124.

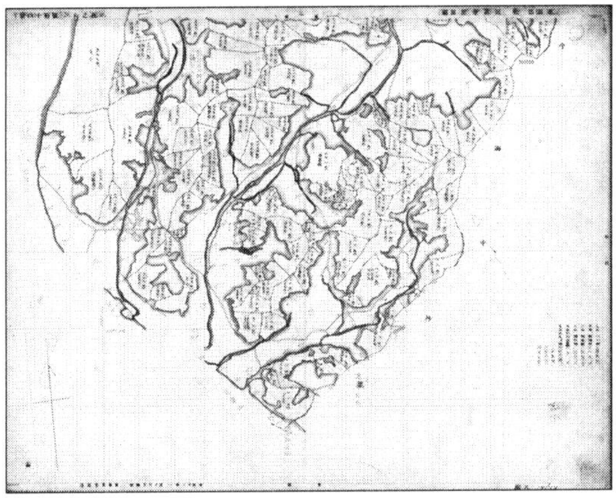

주 : 경기도 연천군 동면 적음리 임야원도.
출처 : 국가기록원.(전 정부기록보존소)

[그림 2-66] 임야원도

### 6.3.3 임야조사부와 임야대장 작성

임야원도와 임야도를 토대로 하여 [그림 2-67]과 같은 임야조사부(일부 지방에서는 "임야조사서"라고 하였다.)를 작성하였다.

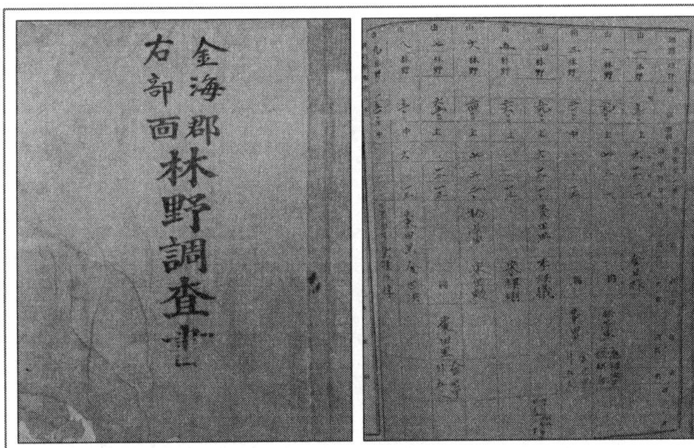


주 : 경상남도 김해군 우부면 임야조사서 표지(좌), 속지(우).
출처 : 대한지적공사 지적기술연수원 사료실.(2014.10.5.)

[그림 2-67] 임야조사서

그리고 임야조사부에 의하여 [그림 2-68]과 같은 임야대장을 작성하였으며, 임야대장에 등록된 토지의 소유자에 따라 국유지와 민유지로 구분하여 [그림 2-69]와 같은 임야대장집계부(林野臺帳集計簿)를 작성하였다.

임야대장집계부에는 면별로 지목마다 면적・지가・필지수를 기재하고 부・군・도별로 합계를 산출하여 국토통계의 기초 자료로 활용하였다.

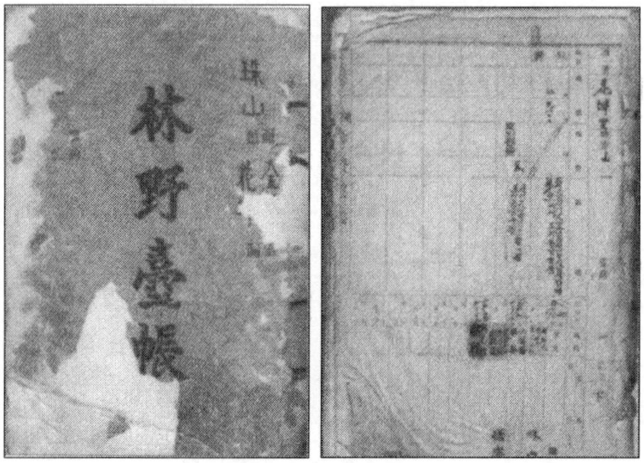


주 : 충청남도 보령군 주산면 화평리 임야대장 표지(좌), 속지(우)
출처 : 충청남도, 2014, 『충청남도 지적사』, p.344.

[그림 2-68] 임야대장

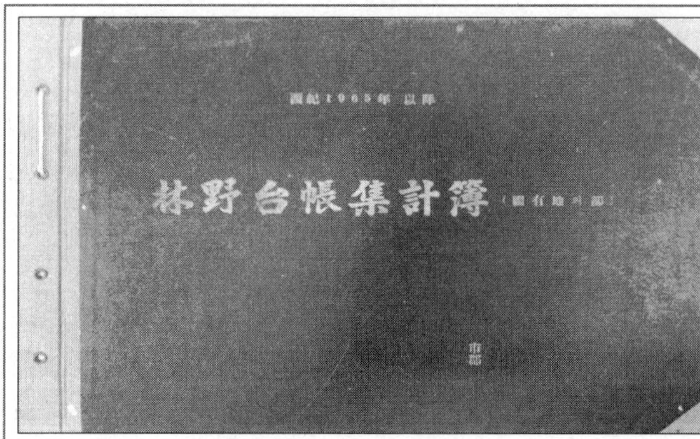


출처 : 충청남도 서산시.(2014.10.10)

[그림 2-69] 임야대장집계부

임야조사사업의 성과에 의하여 작성한 지적공부는 1/3,000, 1/6,000, 1/50,000 등 임야도 116,984매를 비롯하여 〈표 2-38〉과 같이 임야대장 22,202권과 공유지연명부 2,642권 등을 각각 작성하여 부(府)·군(郡)·도(島)청에 인계하였다.[369]

〈표 2-38〉 임야대장과 임야공유지연명부 작성 현황

| 도 명 | 계 | 임야대장 | 공유지 연명부 | 도명 | 계 | 임야대장 | 공유지 연명부 |
|---|---|---|---|---|---|---|---|
| 합계 | 24,664 | 22,202 | 2,462 | 경상남도 | 2,448 | 2,197 | 251 |
| 경기도 | 1,735 | 1,493 | 242 | 황해도 | 2,453 | 2,244 | 209 |
| 충청북도 | 1,551 | 1,446 | 105 | 평안남도 | 1,875 | 1,722 | 253 |
| 충청남도 | 1,042 | 869 | 173 | 평안북도 | 1,471 | 1,259 | 212 |
| 전라북도 | 1,577 | 1,393 | 184 | 강원도 | 2,188 | 2,009 | 179 |
| 전라남도 | 2,589 | 2,327 | 262 | 함경남도 | 1,890 | 1,750 | 140 |
| 경상북도 | 2,663 | 2,392 | 271 | 함경북도 | 1,182 | 1,101 | 81 |

출처 : 지적기술연수원, 1993(c), 앞의 책, p.126.

## 6.3.4 간주지적도 작성

간주지적도(看做地籍圖)라 함은 토지조사사업 당시에 육지에서 멀리 떨어진 도서(島嶼)나 토지조사사업구역에서 200간(間) 이상 떨어진 산간벽지 등에 전·답·대 등 과세지가 있을 경우에 이를 모두 조사·측량하여 지적도와 토지대장에 등록하기에는 많은 시간과 인력 및 경비가 소요되기 때문에 이를 제외시킨 후 임야조사사업 당시에 지적도의 축척인 1/600, 1/1,200, 1/2,400로 측량을 하지 아니하고 임야도의 축척인 1/3,000. 1/6,000로 측량을 하여 임야도에 등록을 하였는데, 이와 같이 지적도로 간주하는 임야도를 '간주지적도'라고 한다.

간주지적도는 [그림 2-70]과 같이 작성하였으며, 전·답·대 등 과세지는 1/1,200의 지적도 축척으로 별지에 도시하여 부도(附圖)라고 하였다.[370]

다시 말하면 임야도로서 지적도로 간주하는 지역의 임야도는 실제로 지적도가 아니지만 법적으로 지적도로 인정을 하였으나 부도는 지적도라고 할 수 없다.

그리고 이 지역의 토지대장은 일반 지역의 토지대장과는 달리 별책(別冊)으로 작성하였는데 이러한 대장을 산(山)토지대장, 별책(別冊)토지대장 또는 을호(乙號)토지대장이라고 하였다.

369) 지적기술연수원, 1993(c), 앞의 책, pp.125~126. ; 리진호, 1999, 앞의 책, pp.733~734.
370) 지적기술연수원, 1993(c), 『조선임야조사사업보고서』, 수원, 한일인쇄사, p.57.

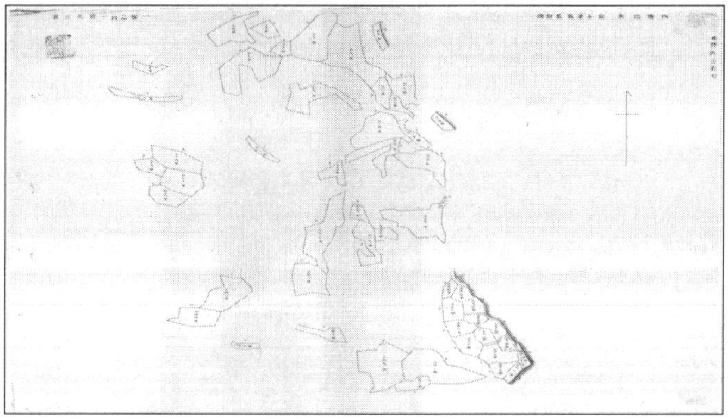

주 : 전라북도 옥구군 미면 두리도리의 간주지적도
출처 : 전라북도 군산시 지적과 제공

[그림 2-70] 간주지적도

간주지적도는 1914년에 제정한 토지대장규칙(1914.4.25. 조선총독부령 제45호)을 개정(1923.10.15. 조선총독부령 제120호)하여 제3조제3항에 "따로 고시하는 지역에서는 토지대장에 등록한 토지에 대하여 임야도로서 지적도로 간주한다."고 규정하고, 1924년 4월 1일부터 토지대장규칙 제3조제3항에 의하여 임야도를 지적도로 간주하는 지역을 고시하기 시작하였다.

이어서 1943년에 제정한 조선지세령(1943.3.31. 제령 제6호) 제5조제2항에 "조선총독이 지정하는 지역에서는 임야도로서 지적도로 간주한다."고 규정하여 특정 지역의 임야도를 지적도로 간주하였다.

그러나 「지적법」 제정 당시에 정부에서 제안한 제4조의 규정 중 "대통령령으로 지정하는 지역에 있어서는 임야도를 지적도로 간주한다."라는 단서를 삭제하도록 수정 발의하여 통과됨으로써 간주지적도가 없어지게 되었다.

### 6.3.5 간주임야도 작성

간주임야도(看做林野圖)라 함은 임야조사사업 당시에 임야의 가치가 매우 낮고 측량하기가 어려울 뿐만 아니라 일필지의 면적이 너무 넓고 깊은 산속의 임야는 1/3,000 또는 1/6,000 임야도에 등록공시하기가 곤란하여 〈표 2-39〉와 같은 지역의 국유 또는 도유 임야에 대해서는 1/25,000 또는 1/50,000 지형도상에 임야의 경계와 지번을 등록하고 임야대장을 작성하였는데, 이러한 지형도를 간주임야도라고 하였다.

간주임야도에는 [그림 2-71]과 같이 전라북도 · 경상북도 · 경상남도에 총 68필지가 등록되어 있었으며, 대부분 국유임야와 도유임야로 높고 깊은 산으로 소유권이나 경계에 관한 분쟁이 없이 관리되어 왔으나 1987년부터 1990년까지 소관청에서 직권으로 임야도에 등록을 완료하여 간주임야도가 없어지게 되었다.[371]

〈표 2-39〉 간주임야도 시행지역 현황

| 지 역 | | 필 지 수 | 면 적(㎡) | 비 고 |
|---|---|---|---|---|
| 합 계 | | 68 | 389,592,082 | |
| 전라북도 무주군 | | 33 | 150,780,541 | 덕유산 |
| 경상북도 영양군 | | 8 | 44,537,553 | 일월산 |
| 경상남도 | 함양군 | 13 | 70,656,889 | 지리산 |
| | 산청군 | 2 | 40,101,155 | |
| | 하동군 | 12 | 83,515,944 | |

출처 : 대한지적공사, 『임야도 정비사업에 관한 연구』, (1/50,000 지형도를 임야도로 간주한 지역 멸실 임야도의 복구와 1/6,000 임야도로 정비), p.30. ; 리진호, 1999, 『한국지적사』, 도서출판 바른길, p.716. 재인용.

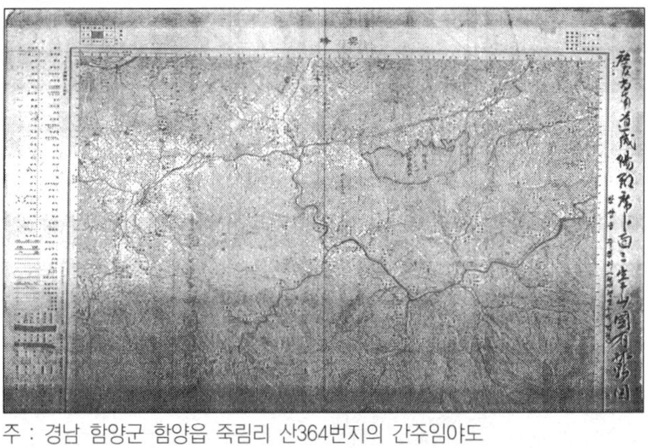

주 : 경남 함양군 함양읍 죽림리 산364번지의 간주임야도
출처 : 리진호, 1999, 『한국지적사』, 서울, 도서출판 바른길, p.715. 재인용.

[그림 2-71] 간주임야도

## 6.3.6 산토지대장 작성

산토지대장(山土地臺帳, Forest Land Book)이라 함은 간주지적도를 비치한 지역의 토지에 대한 사항을 등록 · 공시하기 위하여 작성하는 지적공부를 말한다.

371) 리진호, 1999, 『한국지적사』, 서울, 도서출판 바른길, pp.714~715.

임야조사사업 당시에 육지에서 멀리 떨어진 도서나 토지조사 사업구역에서 멀리 떨어진 산간벽지 등에 전·답·대 등 과세지가 있을 경우에는 이를 지적도의 축척으로 측량을 하지 아니하고 임야도의 축척으로 측량을 하여 임야도에 등록을 하였다. 따라서 이 지역의 토지대장은 일반 지역의 토지대장과는 달리 별책으로 작성하였는데 이를 산토지대장(山土地臺帳), 별책토지대장(別冊 土地臺帳) 또는 을호토지대장(乙號土地臺帳)이라고 하였다.

산토지대장은 1923년에 개정한 토지대장규칙(1923.10.15. 조선총독부령 제120호) 제3조제3항과 1943년에 제정한 조선지세령(1943.3.31. 제령 제6호) 제5조제3항의 규정에 의거 간주지적도를 비치한 지역에 한하여 작성하였다.

그리고 산토지대장은 [그림 2-72]와 같이 임야대장의 서식과 동일하게 작성하였으며, 면적도 임야대장에 등록하는 토지와 같이 정(町)·단(段)·무(畝)·보(步) 단위로 등록을 하였으나, 그 후 산토지대장에 등록된 토지를 모두 토지대장에 옮겨 등록하였기 때문에 산토지대장은 없어지게 되었다.

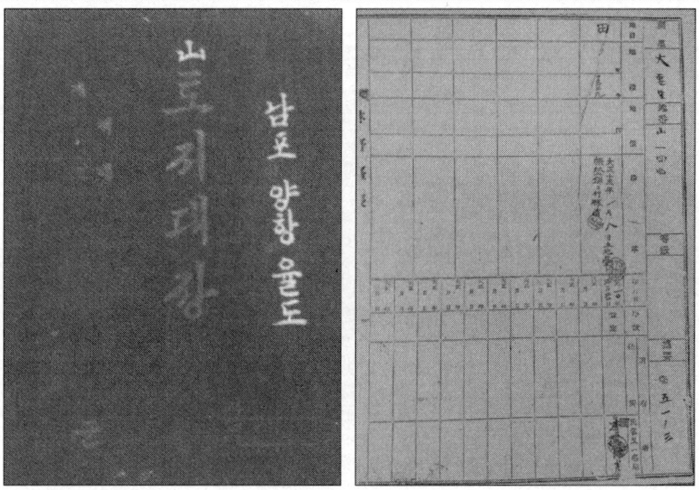


주 : 충청남도 보령시 남포면 양항리 율도의 산토지대장 표지(좌), 충청남도 서산시 지곡면 대요리 산토지대장(우)
출처 : 충청남도, 2014,『충청남도 지적사』, p.479. ; 충청남도 서산시

[그림 2-72] 산토지대장

## 6.4 사정에 대한 불복신청

임야의 소유자와 경계는 사정의 확정 또는 재결에 의해서 확정되었다. 따라서 임야의 소유자와 경계의 사정에 대하여 불복하는 자는 사정공시기간 만료 후 60일 이내에 조선총독부 임야조사위원회에 이의신청을 하여 재결을 요구하거나, 처벌될 행위에 대하여 사정 또는 재결이 있었을 때, 사정 또는 재결의 증거가 될 문서가 위조 또는 변조되었을 때에는 사정의 확정 또는 재결일로부터 3년 이내에 임야조사위원회에 재심을 신청하도록 규정하였다.[372]

임야조사위원회관제(1918.4.29. 제령 제110호)에 규정된 임야조사위원회는 독립된 재결기관으로 1918년에 조직하고, 1919년 2월에 사무를 개시하여 1935년에 폐지되었다.

임야조사위원회는 재결에 관한 업무를 수행하였는데 위원장은 정무총감·위원은 판사나 고등관 중에서 임명하였으며, 위원장을 제외한 위원 10명으로 구성하였다.

임야조사위원회는 고등토지조사위원회와 유사한 기구로서 분쟁지 사정의 중요성을 감안하여 정무총감을 당연직 위원장으로 규정하였으며, 1920년 1월 당시의 임야조사위원회 위원장과 위원 등은 〈표 2-40〉과 같다.

〈표 2-40〉 임야조사위원회 위원 및 직원명단

(1920년 1월 1일)

| 구 분 | 직 위 | 성 명 |
|---|---|---|
| 위원장 | 정무총감 | 水野練太郎 |
| 위원 | 식산국장 | 西村保吉 |
| | 판사 | 岩本以明 |
| | 총독부사무관 | 崗令朝雄 |
| | 총독부사무관 | 弓割幸太郎 |
| | 판사 | 立川二郎 |
| | 총독부사무관 | 令村武雄 |
| | 총독부사무관 | 田中仰三 |
| | 총독부사무관 | 和田駿 |
| | 총독부사무관 | 條原英太朗 |
| | 참사관 | 張問原四郎 |
| 간사 | 총독부사무관 | 郡茂德 |

372) 조선임야조사령(1918.5.1. 제령 제5호) 제11조, 제15조, 제16조.

| 서기 | 총독부속 | 伊闞重俊 |
|---|---|---|
| | 총독부속 | 太田喜太郎 |
| | 총독부속 | 小川義郎 |
| | 총독부속 | 武田佐喜太郎 |
| | 총독부속 | 佐藤憲彰 |
| | 총독부속 | 緒田原重雄 |
| 통역생 | 총독부통역생 | 寺田常次 |
| | 총독부 기수 | 金載德 |
| | 총독부 기수 | 鄭然基 |
| | 총독부 기수 | 鄭河亨 |
| | 총독부 기수 | 郭麟浩 |

출처 ; 서울특별시, 1993, 『서울지적연혁지』, pp.246~247.

임야조사사업의 사정 및 사정결과에 대한 불복신청 건수는 〈표 2-41〉과 같이 111,377건, 133,002필지로 사정 완료된 3,479,915필지와 비교하면 약 4%를 차지하고 있어 매우 높은 비율이다.

임야조사사업에서 불복신청 사건의 비율이 높은 현상은 일제가 임야조사를 통하여 얼마나 많은 한국인의 소유권 및 사유림을 약탈했는가를 대변해 주고 있다.[373)]

〈표 2-41〉 임야조사 대상 부 · 면 사정 및 불복신청 현황

| 도 명 | 부 · 면수 | | 사정 | 불복신청 건수 | 불복신청 필지수 | 불복신청 면적(정) | 재심건수 |
|---|---|---|---|---|---|---|---|
| | 조사대상 | 조사 | (필지수) 면적(정) | | | | |
| 합계 | (12부) 2,506면 | (10부) 2,488면 | (3,479,915) 16,302,429 | 111,377 | 133,002 | 623,874 | 455 |
| 경기도 | (2) 249 | (2) 249 | (274,760) 761,535 | 6,956 | 9,432 | 53,811 | 29 |
| 충청북도 | 110 | 109 | (102,412) 534,475 | 2,488 | 3,019 | 26,508 | 17 |
| 충청남도 | 175 | 173 | (174,536) 486,443 | 8,567 | 10,070 | 43,872 | 43 |
| 전라북도 | (1) 188 | (1) 187 | (194,947) 540,694 | 8,015 | 9,363 | 35,302 | 36 |

373) 강영심, 1983, "일제하 조선임야조사사업에 관한 연구", 이화여자대학교 대학원, 석사학위논문, p.82. ; 리진호, 1999, 앞의 책, pp.729. 재인용.

| 전라남도 | (1)<br>269 | (1)<br>267 | (411,937)<br>857,231 | 20,988 | 23,224 | 65,595 | 22 |
|---|---|---|---|---|---|---|---|
| 경상북도 | (1)<br>272 | (1)<br>272 | (343,934)<br>1,366,268 | 6,237 | 7,567 | 57,232 | 40 |
| 경상남도 | (2)<br>257 | (2)<br>253 | (350,148)<br>843,828 | 20,578 | 22,476 | 75,277 | 38 |
| 황해도 | 226 | 223 | (327,704)<br>969,731 | 11,134 | 12,936 | 55,656 | 15 |
| 평안남도 | (2)<br>167 | (1)<br>167 | (229,910)<br>980,630 | 1,329 | 1,570 | 5,713 | 18 |
| 평안북도 | (1)<br>193 | 192 | (227,332)<br>2,308,253 | 5,181 | 6,049 | 54,511 | 18 |
| 강원도 | 178 | 178 | (329,173)<br>2,187,184 | 5,881 | 10,720 | 86,137 | 41 |
| 함경남도 | (1)<br>141 | (1)<br>137 | (330,746)<br>2,742,156 | 11,328 | 13,303 | 55,722 | 125 |
| 함경북도 | (1)<br>81 | (1)<br>81 | (182,376)<br>1,724,001 | 2,795 | 3,282 | 8,559 | 13 |

주 : 조사 대상 12부, 2,506면 중에서 10부, 2,488면을 조사하고 2부, 18면은 조사대상 임야가 없어 제외되었다.
출처 : 조선총독부 농림국, 1936, 『조선임야조사사업보고서』, pp.70~85. ; 조선총독부, 『임야조사위원회사무보고』, pp.38~39. ; 리진호, 1999, 『한국지적史』, 서울, 도서출판 바른길, p.729. 재인용.

## 6.5 종사 인력 현황

1916년부터 1924년까지 임야조사사업에 종사한 연인원은 〈표 4-42〉와 같이 조사 및 측량·임야도 조제·면적계산·임야조사부 조제 등에 총 903,066명을 투입하여 3,445,063필지의 임야를 조사하였다.

〈표 4-42〉 임야조사사업 종사원 현황

| 도 명 | 합계(명) | 조사 및 측량(명) | 임야도 조제(명) | 면적계산 (명) | 임야조사부 조제(명) | 조사 필지수 |
|---|---|---|---|---|---|---|
| 합계 | 903,066 | 616,275 | 89,024 | 118,133 | 79,634 | 3,445,063 |
| 경기도 | 72,284 | 48,797 | 7,048 | 10,140 | 6,299 | 272,777 |
| 충청북도 | 29,607 | 22,486 | 2,531 | 2,550 | 2,040 | 101,546 |
| 충청남도 | 95,148 | 83,650 | 3,134 | 4,778 | 3,586 | 172,184 |
| 전라북도 | 51,397 | 34,696 | 5,012 | 7,210 | 4,479 | 193,949 |

| 전라남도 | 66,366 | 58,819 | 2,058 | 4,117 | 1,372 | 408,720 |
|---|---|---|---|---|---|---|
| 경상북도 | 91,652 | 54,122 | 12,859 | 8,078 | 16,593 | 341,608 |
| 경상남도 | 51,589 | 35,459 | 3,121 | 9,950 | 3,059 | 347,526 |
| 황해도 | 101,147 | 65,870 | 9,307 | 18,543 | 7,427 | 319,263 |
| 평안남도 | 111,044 | 61,742 | 18,358 | 17,849 | 13,095 | 227,148 |
| 평안북도 | 42,401 | 29,866 | 2,267 | 8,810 | 1,458 | 226,024 |
| 강원도 | 76,774 | 47,662 | 11,763 | 10,604 | 6,745 | 326,365 |
| 함경남도 | 81,729 | 47,053 | 9,743 | 12,465 | 12,468 | 327,371 |
| 함경북도 | 31,928 | 26,053 | 1,823 | 3,039 | 1,013 | 180,582 |

출처 : 지적기술연수원, 1993(c), 『조선임야조사사업보고서』, 수원, 한일인쇄사, p.86.

## 6.6 경비부담

임야조사사업에 소요되는 경비 중에서 조사·측량에 소요되는 경비는 조사의 주체인 부(府) 또는 면(面)이 부담하고 사정에 소요되는 경비는 조선총독부에서 부담하도록 규정하였다.

조선임야조사령(1918.5.1. 제령 제5호)에 "부·면은 임야의 조사 및 측량을 하기 위하여 필요한 비용을 부담할 것. 이 경우에는 조선총독이 정하는 바에 의하여 임야의 소유자 또는 국유임야의 연고자에게 그 비용을 부과할 수 있다."(제4조)고 규정하고, 1918년 7월에 측량비를 부과 징수하도록 통첩(제1126호)을 시달하였다.[374)]

이에 따라 면임야할부과규정준칙(面林野割賦課規程準則)을 제정하고, 민유임야의 소유자 및 국유임야의 연고자에게 임야할(林野割)을 부과하도록 규정하여(제1조) 실제는 소유자 또는 연고자가 조사·측량비를 부담하였다.

1916년 부천군에서 시험측량을 실시할 때에도 각 면 협의비(協議費)라고 하여 임야 소유자 또는 국유임야의 연고자로부터 조사·측량비를 징수하였다.

임야조사사업은 1916년 1월부터 1924년까지 9년이라는 기간이 소요되었으며, 조선총독부에서는 〈표 2-43〉과 같이 1,207천원을 부담하고, 부와 면에서는 2,653천원을 부담하여 총 3,860천원을 투입하였다.[375)]

그러나 총 경비 중에서 69%에 해당하는 부·면비 2,653천원은 실제 소유자나 국유임야의 연고자가 부담하였다.

374) 리진호, 1999, 앞의 책, p.710.
375) 지적기술연수원, 1993(c), 앞의 책, p.142.

따라서 토지조사사업은 전액 조선총독부에서 부담하였으나, 임야조사사업은 소유자 또는 국유임야의 연고자인 우리 국민들의 부담으로 추진한 결과가 되었다.

〈표 2-43〉 임야조사사업에 따른 연도별 예산 및 결산액

| 연 도 | 예산액 | | | 결산액 |
|---|---|---|---|---|
| | 봉급 | 조사비 | 합계 | |
| 합계 | 147,201 | 1,196,504 | 1,343,705 | 1,207,386 |
| 1917 | 3,473 | 90,816 | 94,289 | 92,167 |
| 1918 | 6,019 | 92,613 | 98,632 | 96,029 |
| 1919 | 6,482 | 92,789 | 99,280 | 95,528 |
| 1920 | 9,627 | 142,899 | 152,526 | 150,576 |
| 1921 | 25,600 | 206,318 | 231,918 | 219,899 |
| 1922 | 32,000 | 196,990 | 228,990 | 215,033 |
| 1923 | 32,000 | 187,141 | 219,141 | 211,959 |
| 1924 | 32,000 | 186,929 | 218,929 | 126,205 |

출처 : 지적기술연수원, 1993(c), 『조선임야조사사업보고서』, 수원, 우리인쇄사, p.143.

## 6.7 임야조사사업보고서 작성

1938(소화 11)년 9월에 조선총독부 농림국(農林局)에서 [그림 2-73]과 같은 『조선임야조사사업보고서(朝鮮林野調査事業報告書)』를 발간하였다.

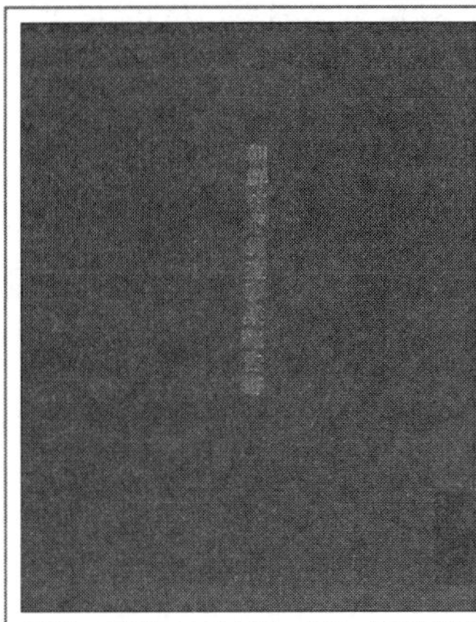

출처 : 지적기술연수원, 1993, 『조선임야조사사업보고서』.

[그림 2-73] 『조선임야조사사업보고서』

『조선임야조사사업보고서』의 전문에 의하면 임야조사사업은 재정관계 및 여러 가지 사정 때문에 토지조사사업과 같이 독립된 기관을 설치하여 완비된 조직을 가지고 시행하기가 어려운 상황에 있어 간략한 방법에 의하여 조사 및 측량은 부윤 또는 면장의 감독 하에, 사정은 도지사의 감독 하에 실시하는 것으로 하였고, 조사 및 측량에 필요한 경비는 모두 조선총독부의 국비로 부담하는 것으로 계획하였다.

임야조사사업의 목적은 귀속여부가 판명되지 않은 임야의 권리관계를 조사하여 소유자 또는 연고자 및 경계를 신속히 확정하고 조선 임야의 발달진흥에 기여하는

데 있으며, 1916(대정 5)년에 시험사업을 개시한 후 9개년이라는 세월에 걸쳐서 13도(道)・11부(府)・2도(島)・218군(郡)・2488면(面)에 대하여 조선총독부의 국비 1,207천원, 임야의 소유자 또는 연고자가 2,653천원 합계 3,860천원의 경비를 투입하여 3,479천여필지, 16,302천 정보에 대한 조사・측량 및 사정을 완료하였다.[376)]

임야조사사업에 의하여 임정의 향상 발전과 근대적인 지적제도의 확립 운용에 크게 기여하였으나, 새로운 산림조합비와 임야세 등을 소유자자 부담하게 되었다.

## 6.8 임야세 등 신설

### 6.8.1 산림조합비 등 부과

조선총독부는 임야조사사업을 완료한 후 각 군에 임야 소유자를 중심으로 산림조합을 결성하고 임야 소유자로 등록된 사람들을 산림조합원으로 강제적으로 가입하도록 하고 산림조합비(山林組合費)와 묘목대금 및 기타 부과금을 부담하도록 하였다.

산림조합비는 당시 조선인들로서는 비교적 무거운 부담이었으며, 식림사업을 추진하는데 필요한 비용을 조달한다는 명분으로 부과했음에도 불구하고 실제로는 산림조합비의 거의 전부를 군과 면의 삼림 담당 직원의 급여로 사용하였다.

그리고 산림조합비와 별도로 임야 소유자들에게 식림비용을 징수하였으며, 지역에 따라 연료용 장작을 벌채하고자 하는 자에게 "채신세(採薪稅)"라는 명목으로 별도의 부과금을 납부하도록 강요하거나,[377)] 지게를 지고 입산하여 벌채하는 자에게 "지게세"[378)]라는 부과금을 매기기도 하였으며,[379)] 벌채가 끝난 후 벌채가 규정대로 행하였는지를 검사하면서 "간벌검사료"라는 명목으로 추가 부과금을 징수하였고,[380)] 사유림에서 허용된 입산기간 내에 벌채를 할 때에 장작 1묶음마다 20전 가량의 "임산할(林産割)"을 부과하는 경우도 있었다.[381)]

---

376) 지적기술연수원, 1993(c), 앞의 책, p.1.

377) 『중외일보』, 1928.8.3, "영주산림조합에서 수납하던 채신세는 농민의 저항으로 폐지", ; 최병택, 2009, 『일제하 조선임야조사사업과 산림정책』, 서울, 푸른역사, p.111. 재인용.

378) 지게세라 함은 조선총독부에서 지게를 들고 장작을 하러 임야에 들어가는 사람들에게 "지게 1개당 얼마"라는 식으로 강제 징수한 세금을 말한다.

379) 『동아일보』, 1928.2.7, "순창의 과세 지게에도 부과, 산림보호와 남벌방지 구실로 입산료를 만들어 지게세 부과", ; 최병택, 2009, 위의 책, p.111. 재인용.

380) 『동아일보』, 1931.9.20, "간벌검사료 면제 유명무실로 불평", ; 최병택, 2009, 위의 책, p.111. 재인용.

381) 『동아일보』, 193110.30, "부당한 입산할", ; 최병택, 2009, 앞의 책, p.111. 재인용.

조선총독부에서 집계한 1929년 산림조합의 한해 세입은 조합비 1,227,550원, 보조금 136,604원, 잡수입 376,414원, 전년도 이월금 154,568원으로 각종 명목의 부과금을 37만원이 넘도록 징수하였다.[382)]

이는 1916년부터 1924년까지 9년 동안 임야조사사업을 추진하면서 소요된 총 경비 약 3,860,200원 중에서 임야 소유자 또는 국유임야의 연고자 등 우리 국민이 부담한 2,652,814원을 제외하고 조선총독부에서 투자한 1,207,386원을 1년 만에 전액을 회수하였고, 이와 같은 산림조합비를 매년 우리나라의 임야 소유자들로부터 징수하였다.

## 6.8.2 임야세 신설

임야조사사업을 완료하고 조선인들에게 비과세 대상 토지인 임야에 대하여도 법적 근거도 없이 과중한 산림조합비와 채신세·지게세·간벌검사료·임산할 등 각종 부과금을 납부하도록 강요하여 결과적으로 1920년대부터 폭력적인 저항운동이 빈번하게 발생하자 1932년에 부담을 덜어 준다는 명분으로 산림조합비를 폐지하고 "임야세(林野稅)"로 대체하여 도지방비로 하겠다는 포고문을 발표하였다.

이어서 도제시행규칙(道制施行規則, 1932.11. 총독부령 제15호)을 제정하고 임야세라는 도세를 신설하여(제47조) 산림조합비를 임야세라는 법정 세금으로 전환하여 우리나라 최초로 임야에 대한 세금을 징수하고, 체납할 경우 재산을 압류할 수 있도록 제도화하였으며, 임야세를 효율적으로 부과 징수할 수 있도록 [그림 2-74]와 같은 임야세명기장(林野稅名奇帳)을 별도로 작성하였다.

그러나 1932년에 징수한 마지막 삼림조합비의 총액은 1,119,948원이었는데, 1933년도 첫해의 임야세 부과 총액은 1,181,295원이었고, 1937년에는 1,244,511원으로 늘어났으며, 삼림조합 시절에 부과하던 각종 부과금도 여전히 존재하게 되어, 조선인들의 부담이 크게 늘어나게 되었다.[383)]

위와 같이 조선총독부가 임야조사사업을 추진하면서 조선인들에게 임야에 대한 사유권을 적극적으로 인정한 것은 매년 삼림조합비와 각종 부과금을 징수하여 군(郡)재정을 확충하고 식림비용 등을 부담시키며, 임야세를 신설하여 비과세지인 임야에 대한 과세를 목적으로 한 고도의 계획된 식민지 수탈정책의 일환이었다고 할 수 있다.

---

382) 최병택, 2009, 위의 책, pp.111~112.
383) 최병택, 2009, 위의 책, pp.124~129.

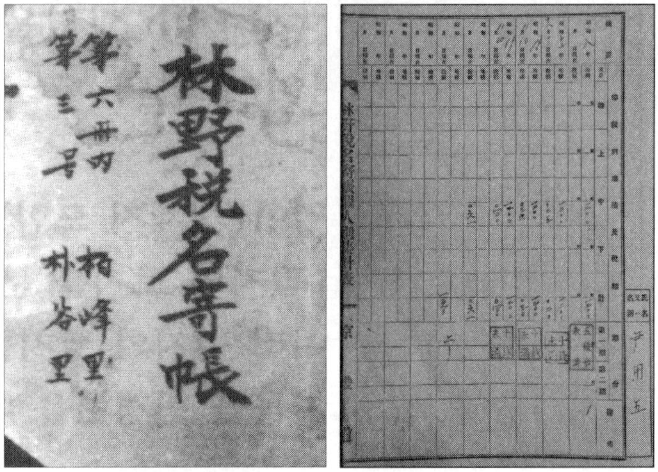


주 : 용인군 외사면 백봉리 · 박곡리 임야세명기장 표지(좌), 속지(우)
출처 : 리진호, 1999,『한국지적史』, 서울, 도서출판 바른길, p.733. ; 경기도 용인시 처인구.(2014.10.)

[그림 2-74] 임야세명기장

이상 토지조사사업과 임야조사사업의 성과를 요약하여 비교하면 〈표 2-44〉와 같다.

〈표 2-44〉 토지조사사업과 임야조사사업의 성과 비교

| 구 분 | 토지조사사업 | 임야조사사업 |
|---|---|---|
| 1. 근거법령 | ○ 토지조사법<br>(1910.8.23. 법률 제7호)<br>○ 토지조사령<br>(1912.8.13. 제령 제2호) | ○ 임야정리조사내규<br>(1917.10.13. 총독부 내규)<br>○ 조선임야조사령<br>(1918.5.1. 제령 제5호) |
| 2. 대상지역 | ○ 13개 도(道), 232개 부 · 군 · 도(府 · 郡 · 島) | ○ 13개 도(道), 10개 부(府), 2개 도(島), 218개 군, 2,488개 면<br>※ 2府 18面은 조사지가 없음 |
| 3. 조사기간 | ○ 1909.11.17.~1919.3.31.<br>(9년 4개월) | ○ 1914.12.5.~1925.4.17.<br>(10년 4개월) |
| 4. 측량기관 | ○ 임시토지조사국 | ○ 부(府)와 면(面) |
| 5. 사정기관 | ○ 임시토지조사국장 | ○ 도지사(권업과, 산림과) |
| 6. 재결기관 | ○ 고등토지조사위원회 | ○ 임야심사위원회 |
| 7. 조사대상 토지 | ① 평야부의 토지<br>② 낙산임야(落山林野) | ① 임야<br>② 산림 내 개재지(介在地) |

| | | |
|---|---|---|
| 8. 조사내용 | ① 토지소유권<br>② 토지가격<br>③ 지형 · 지모 | ① 토지소유권<br>② 토지가격<br>③ 지형 · 지모 |
| 1) 소유권조사<br>○ 등록필지<br>○ 등록면적<br><br><br>○ 사정소유자<br>○ 분쟁지<br>○ 지적공부작성<br><br>○ 도면축척 | <br>○ 19,107,520필<br>○ 14,613,214,028평<br>(4,871천정보)<br>○ 1,871,635인<br>○ 33,937건(99,445필)<br>○ 토지대장 : 109,188권<br>○ 지 적 도 : 812,093매<br>○ 1/600, 1/1,200, 1/2,400 | <br>○ 3,479,915필<br>○ 16,302,429정(町) 0129보(步)<br><br>○ (미상)<br>○ 17,925건(28,015필)<br>○ 임야대장 : 22,202권<br>○ 임 야 도 : 116,984매<br>○ 1/3,000, 1/6,000, 1/50,000 |
| 2) 토지가격조사<br>○ 대상토지<br>○ 총토지가격<br>○ 지가구분<br>– 시가지<br>– 시가지 이외의 택지<br>– 전, 답, 지, 소, 잡종지 | <br>○ 18,352,380필<br>○ 939,203,459원<br><br>– 지가 : 115급으로 구분등록<br>– 임대가격 : 53급으로 구분 등록<br>– 수익에 의한 지가 : 132급으로 구분등록 | |
| 3) 지형 · 지모조사<br>○ 지형도 작성 | ○ 925매(1/50,000 : 724매, 1/25,000 : 144매, 1/10,000 : 54매, 특수지형도 : 3매) | |
| 9. 기선측량 | ○ 13개소(대전 · 노량진 · 안동 · 하동 · 의주 · 평양 · 영산포 · 간성 · 함흥 · 길주 · 강계 · 혜산진 · 고건원) | |
| 10. 측량기준점 설치<br>1) 삼각점 | <br>○ 34,447점<br>– 1등삼각점 : 400점<br>– 2등삼각점 : 2,401점<br>– 3등삼각점 : 6,297점<br>– 4등삼각점 : 25,349점 | |
| 2) 도근점<br>3) 수준점<br>4) 험조장(驗潮場) | ○ 3,551,606점<br>○ 2,823점(선로장 : 6,693km)<br>○ 5개소(청진 · 원산 · 목포 · 진남포 · 인천) | |
| 11. 이동측량 | ○ 1,818,364필 | ○ 49,321필(충남북 미상) |
| 12. 종사인원수<br>○ 고등관<br>○ 판임관<br>○ 고원 | ○ 총 18,830명<br>○ 207명(한국인 : 5명)<br>○ 12,558명(한국인 : 9,373명)<br>○ 6,065명(한국인 : 5,056명) | ○ 4,670명(연인원 : 913,066명) |

| 13. 소요경비 | ○ 20,406,489원<br>(조선총독부 부담) | ○ 3,860,200원<br>- 사정 경비(조선총독부 부담) :<br>1,207,386원(31.3%)<br>- 조사측량 경비(부·면비) :<br>2,652,814원(68.7%), 소유자·<br>연고자 부담 |
|---|---|---|

출처 : 조선총독부, 1918, 『조선토지조사사업보고서』. ; 조선총독부, 1919, 『조선토지조사사업보고서추록』. ; 조선총독부 농림국, 1938, 『조선임야조사사업보고서』, 보완 작성.

# 7 토지조사기념비 건립

## 7.1 기념비 건립 경위

1926년 5월 7일 매일신보에 [그림 2-75]와 같이 경룡(京龍)에 2대기념탑(二大記念塔)이라는 제목으로 조선토지조사기념탑(朝鮮土地調査記念塔) 등의 건립계획에 관한 보도가 있었다.

매일신보는 "명치 43년에 총경비 2천7백만원과 인원 7천인을 사용하여 토지지세(土地地稅)를 정리하여 세계적 대사업을 성취한 임시토지조사국을 1918〈대정 7〉년에 해산한 후 관계자 5천여명이 유종회(有終會)라는 모임을 조직하였는데, 유력자 30여명으로부터 조선토지조사기념탑을 세우기로 하였다. 토지조사기념유종회(土地調査紀念有終會)에서 총경비 35백원을 투입하여 탑의 높이는 2십척(二十尺)으로 하며, 기지사용에 대하여는 작 6일부로 경성부에서 허가를 하였다."라는 내용을 보도하였다.[384]

384) 신문기사 중 시종회(始終會)는 유종회(有終會)의 착오로 판단되며, 토지조사기념유종회(土地調査紀念有終會)라 함은 토지조사에 종사한 일본인이 만든 친목회로 당시 회장은 임시토지조사국 총무과장을 역임한 와다 이치로우(和田一郎)였다. 이와는 별도로 동경과 그 부근 회원의 토지조사기념회가 있었으나(東京并 附近 土調紀念會員名簿, 1937. 友邦協會), 한국인의 모임은 없었던 것 같다.(리진호, 1999, 앞의 책, p.673.)

출처 : 매일신보(1926.5.7.), http://cafe.daum.net/distorted. (2008.7.5.)

[그림 2-75] 조선토지조사기념탑 건립에 관한 보도

## 7.2 기념비 건립 제막식

1927년 7월 16일에 토지조사기념유종회에서 토지조사사업의 완료를 기념하기 위하여 서울 남산 중턱 약수대(藥水臺)[385]에 [그림 2-76]과 같은 조선토지조사기념비(朝鮮土地調査紀念碑)를 건립하고, 같은 해 7월 22일에 제막식을 거행하였다.

주 : 조선토지조사기념비(『조선일보』, 1927.8, 좌), 경성측량기술강습소 학생들의 졸업사진(1937, 우)
출처 : 이경철 전 대한지적공사 업무이사, ; 리진호, 1999, 『한국지적史』, 서울, 도서출판 바른길, p.674. 재인용.

[그림 2-76] 조선토지조사기념비

385) 남산공원 약수대(藥水臺)란 곳은 지금의 "와룡묘(서울시 민속자료 제5호, 중국 삼국 시대 촉한(蜀漢)의 정치가이며 군사지략가인 제갈공명(諸葛孔明)을 모시는 사당으로, 제갈공명의 호를 따서 와룡묘라 한다.)" 아래쪽 이라고 알려지고 있다.

제막식에는 유아사〈湯淺倉平〉[386] 정무총감, 가네야〈金谷範三〉[387] 군사령관, 한창수(韓昌洙)[388] 제4대 이왕직장관,[389] 요네다〈米田甚太郎〉[390] 경기도지사, 마노〈馬野精一〉[391] 경성부윤, 와다나베〈渡邊義一〉[392] 상공회의소 회두(會頭), 그 외에 저명인사 400여 명이 참석하였다. 와다 이치로우〈和田一郞〉 유종회장의 식사가 끝난 다음 중추원 부의장 박영효(朴泳孝) 후작, 요네타 지사, 우마야 부윤, 와다나베 회두의 축사가 있었다.

그리고 스즈키 참모총장, 고타마〈兒玉秀雄〉 관동장관, 아리요시〈有吉忠一〉[393] 요코하마 시장, 우사미〈宇佐美勝夫〉 상훈국 총재, 이시하시 귀족원 의원, 세미야〈關屋貞三郞〉[394] 궁내차관, 미즈노〈水野錬太郞〉[395] 문상〈文相〉, 이시쓰카〈石塚英藏〉[396] 귀족원 의원, 오무라〈大村齊〉[397] 육지측량부장, 다와라 전 문교차관 등 일본인으로부터 축전이 있었다.[398]

386) 유아사 쿠라헤이(1874~1940). 다이쇼・쇼와 시대 관료, 정치가, 후쿠오카현(福岡縣) 출생. 東大 졸업. 오카야마(岡山) 시즈오카현(靜岡縣)知事. 내무차관(1924.), 정무총감(1925.~1927.), 宮內大臣, 內務大臣을 역임하였다.(리진호, 1999, 앞의 책, p.673.)

387) 가네야 한소(1873~1933). 메이지・다이쇼 시대 陸軍大將. 오이타현(大分縣) 출생. 陸大졸업. 러・일전쟁 출정. 支那駐屯司令官. 조선군사령관(1927.)・참모총장(1930.)을 역임하였다.(리진호, 1999, 위의 책, p.673.)

388) 한창수(1862~?). 禮曹參議, 학무국장, 외국어학교 교장, 중추원 의관(1901.), 이완용 내각 때 서기관장으로 국권피탈에 노력한 친일파. 총독부 중추원 고문 이왕직장관을 지냈다.(리진호, 1999, 위의 책, p.673.)

389) 이왕직이라 함은 궁내대신(宮內大臣)의 관리에 속하여 왕족(王族) 및 공족(公族)의 가무(家務)를 관장하는 기관을 말하며 〈황실령 제34호, 1910.12.30. 이왕직관제(李王職官制) 제1조〉, 장관(長官)・차관(次官)・사무관(事務官)・찬시(贊侍)・전사(典祀)・전의(典醫)・기사(技師)・속(屬)・전사보(典祀補)・전의보(典醫補)・기수(技手) 등의 직원을 두도록 규정하였다.(황실령 제2조)

390) 요네다 징타로. 東京法學院 졸업(1898.). 체신서기보로 東京局에 근무, 판리사(判理士)시험에 합격(1899.) 삽포로구(札幌區)검사・충북도지사(1921.)・평남지사를 거쳐 4년간 경기도지사를 지내고 남조선수력전기주식회사 사장을 역임하였다.(리진호, 1999, 위의 책, p.673.)

391) 마노 세이이치(1884~미상). 야마쿠치현 출생. 와세다대학 정치경제과 졸업(1908.), 문관고등시험(1909.), 후지상현 이사관(1916.)・총독부 황해도 제3부장(1919.)・경남(1921.)・경기도 경찰부장(1922.)・京城府尹(1925.)・咸南知事(1929.)・金南知事(1929.)을 역임하였다.(리진호, 1999, 위의 책, p.673.)

392) 와다나베 기이치(1884~미상). 야마나시현(山梨縣) 출생. 工數工業學校 졸업 후 제철소에 근무, 1914년 내한, 임시토지조사국 기수・製絲業・경성상공회의소 의원을 역임하였다.(리진호, 1999, 위의 책, p.673.)

393) 아리요시 주이치(1873~1947), 메이지・다이쇼 시대 식민지 행정관료, 京都 출생. 동대(東大) 졸업. 지바현지사(千葉縣知事, 1908.)・총독부 총무부장관・병고(兵庫)와 명현지사(名縣知事)・총독부 정무총감(1922~1924)・요코하마시장・일본 상공회의소 부회두(副會頭)를 역임하였다.(리진호, 1999, 위의 책, p.674.)

394) 세미야 데이사부로(1875~1950), 다이쇼・쇼와 시대 내무 관료, 토치기현(枌木縣) 출생. 동대(東大) 졸업. 대만총독부 참사관・총독부 학무국장・시즈오카현 지사(1919.)・추밀원 고문을 역임하였다.(리진호, 1999, 위의 책, p.674.)

395) 미즈노 렌타로(1868~1949), 메이지・다이쇼・쇼와 시대 내무관료, 정치가. 동대(東大) 졸업. 테라우치 내각의 내상・총독부 정무총감・타나가(田中) 내각의 文相을 역임하였으며, 패전 후 戰犯으로 재판을 받았으나 석방되었다.(리진호, 1999, 위의 책, p.673.)

396) 이시쓰카 에이쇼(1866~1942). 메이지・다이쇼・쇼와 시대 관료, 에도 출생. 동대(東大) 졸업. 關東都督府民政長官・총독부 취조국장・농상공부장관을 거쳐 東拓 총재・대만총독・정무총감 때 고등토지조사위원회 위원장을 겸무하였다.(리진호, 1999, 앞의 책, p.673.)

397) 오무라 히토시(출몰 미상). 호카이도 출생. 육지측량부 제도과장(1918.), 공병대좌(1919.), 육군소장, 육지측량부장(1924.2.4.)을 역임하였으며, 퇴임(1929.8.1.) 후 제대(같은 해 8.31.)하였다.(리진호, 1999, 위의 책, p.673.)

398) 조선총독부,1927, 『朝鮮』, pp.154~156.

## 7.3 기념비 철거

조선토지조사기념비는 일제 강점기에 측량학교 학생들의 수학여행 코스가 되었으나 광복 후 철거되었다. 1966년 7월호『고고미술』에 1966년 6월 14일 문화재관리국에서 개최한 문화재위원회 제1분과 제1차 회의록에 [그림 2-77]과 같이 "조선측량완료기념비 철거(朝鮮測量完了記念碑 撤去) --(중간 생략)-- 건설부 소관임."이라는 기록이 남아 있다.

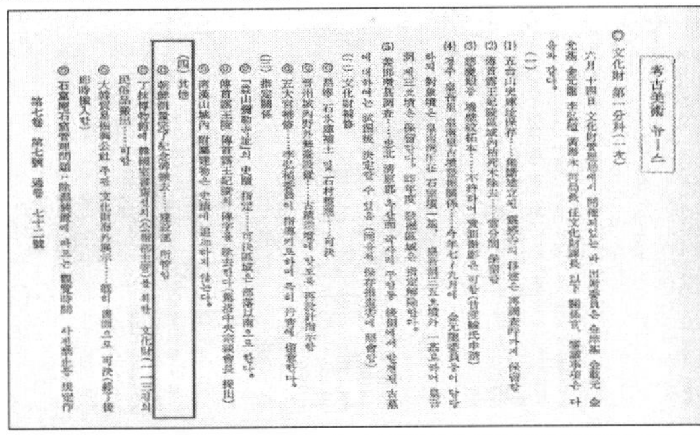

주 :『고고미술』1966년 7월호에 수록된 조선토지조사기념비 철거에 관한 회의록.
출처 : http://cafe.daum.net/distorted.(2008.7.5.)

**[그림 2-77] 조선토지조사기념비 철거에 관한 회의록**

따라서 조선토지조사기념비는 1960년대 중반까지는 보존되어 있던 것이 분명하나 그 후 어느 시기에 어떻게 철거되었는지 알려져 있지 않다.

경성부사(京城府史)에 기록된 다음과 같은 조선토지조사 기념사업강요[399]에 사업개요와 측량실적 및 지적도부 작성실적을 수록하였는데, 사업기간을 "자(自) : 메이지(明治) 43〈1910〉년 3월"이라고 한 것은 합방 전 설립된 토지조사국을 기준으로 한 것이고, "지(至) : 다이쇼(大正) 14〈1925〉년 4월"이라고 한 것은 고등토지조사위원회 관제가 폐지된 시기이며, 사업경비가 19,745,733원으로 표기된 것은 잘못된 것으로 실제로는 20,406,486원이 소요되었으며,[400] 종사인원, 설정지가, 지형도 매수 등에 약간의 차이가 있는 것은 조선토지조사 기념사업 강요 작성 당시의 착오로 추정된다.

조선토지조사기념비 철거가 확정된 후 1968년 6월 6일 반공청년운동기념비 건립위원회에서 반공투쟁의 빛나는 역사를 길이 기념할 겸 이 나라 청년운동의 방향을 제시하기 위하여 조선토지조사기념비터인 서울특별시 중구 예장동 산 5-6번지 남산 중턱 범바위 약수터 앞에서 반공청년운동기념비 건립 기공식을 거행하였다.

박정희 대통령의 하사금으로 기금을 삼고 김성곤 국회의원 등의 성금을 모아 1969년 6월 25일 8.15해방 60주년을 맞이하여 반공청년운동기념비를 건립하였다. 반공청년운동기념비는 1945년 8월 15일 광복 후 대한민국 건국과 1950년 6월 25일 한국전쟁 당시 국

399) 경성부, 1926,『京城府史』, 제3권, pp.288~290. ; 리진호, 1999, 앞의 책, p.675.
400) 리진호, 1999, 위의 책, pp.673~676.

가와 민족을 수호하기 위하여 북한군과 싸우다 장렬히 산화한 17,274명의 애국 청년동지들의 위패가 봉안된 반공 건국 청년운동기념비로써 매년 사단법인 대한민국 건국회(建國會)의 주관으로 추모제를 거행하고 있다.[401)]

## 8 토지조사사업에 대한 평가

일제 강점기에 조선총독부가 한반도에서 추진한 토지조사사업에 대한 평가는 크게 수탈론(收奪論)과 근대화론(近代化論) 또는 시혜론(施惠論)으로 엇갈리고 있는데, 수탈론은 지배를 당하였던 조선 중심적인 주장이라고 할 수 있으며, 근대화론은 지배를 하였던 일본 중심적인 주장이라고 할 수 있는데, 이에 관한 내용을 소개하면 다음과 같다.

### 8.1 수탈론

일제의 토지조사사업은 첫째, 토지수탈이 그 제1차적 본질이었으며 둘째, 순조롭게 진행되던 대한제국의 양전(量田)과 지계사업(地契事業)을 중단시키고 강점을 전제로 해서 수탈지를 더 확보하려고 1907년에 국유지조사부터 시작하였고, 완전 병탄한 후에 민유지조사로 확대하였으며 셋째, 절대다수의 농민과 주민은 토지조사사업에 저항하였다.[402)]는 등의 사유를 제시하면서 수탈론을 주장하였다.

따라서 토지조사사업에 대한 일반적인 인식은 일제가 조선의 토지를 수탈하기 위한 조치였다고 할 수 있으며 이러한 관점은 이재무(1955년)와 권영옥(1960년)이 제기한 후 김용섭(1969년)과 신용하(1982년)에 의하여 체계화되어 토지조사사업에 관한 주류적 학설로 자리 잡았다. 수탈론이라고 부르는 것은 바로 이들에 의하여 확립되어 현재 고등학교 국사 교과서에 실릴 정도로 주류적 위치에 있는 이해 방식을 지칭한다.[403)]

미국 스탠포드대학의 피터 듀스(Peter Duus) 교수는 일제가 1910년부터 1918년까지

---

401) http://blog.naver.com/(2013.8.30.) ; http://cafe.naver.com/(2013.8.30.)
402) 신용하, 1997, "식민지 근대화론 재정립 시도에 대한 비판", 『창작과 비평』, pp.34~37.
403) 조석곤, 1997, "수탈론과 근대화론을 넘어서", 『창작과 비평』 제96호, p.359.

한반도 전역에서 실시한 토지조사사업은 이 과정을 잘 몰라 이해를 못했거나 때로는 속아 넘어 간 많은 조선 농민들이 토지를 잃었으며, 이 토지들의 일부는 조선의 지주에게로 넘어 가기도 하였으나 많은 부분이 관유지화 되거나 일제가 설립한 반관적(半官的) 토지회사인 동양척식회사가 헐값으로 사들이는 대상이 되었다.[404]고 서술하여 수탈론에 가까운 주장을 하였는데, 이들 학자들이 수탈론을 주장하는 주요 사유는 다음과 같다.

### 8.1.1 토지 수탈

일제의 토지조사사업에 의한 토지 수탈 중에서 조선총독부의 소유지 즉 국유지와 관련된 농민 소유지의 약탈방법에 관한 사례를 보면 다음과 같다.[405]

첫째, 일제는 종래의 무토역토(無土驛土)·무토둔토(無土屯土)·무토목장토(無土牧場土)·제언답(堤堰畓)·능원묘(陵園墓)의 내외해자(內外垓子)[406] 등을 조선총독부의 소유지에 강제로 편입시켰다.

둘째, 일제는 제1종 유토역토(第1種 有土驛土)·제1종 유토둔토(第1種 有土屯土)·제1종 유토목장토(第1種 有土牧場土)·능원묘위토(陵園墓位土) 등 제1종 유토역둔토(第1種 有土驛屯土)를 조선총독부의 소유지에 강제로 편입시켰다.

셋째, 일제는 제2종 유토역토(第2種 有土驛土)·제2종 유토둔토(第2種 有土屯土)·제2종 유토목장토(第2種 有土牧場土) 등 제2종 유토역둔토(第2種 有土驛屯土)를 조선총독부의 소유지에 강제로 편입시켰다.

넷째, 일제는 궁장토(宮庄土)를 약탈하여 조선총독부의 소유지에 강제로 편입시켰다.

다섯째, 일제는 일사구궁(一司九宮)의 제1종 유토궁장토(第1種 有土宮庄土)는 황실을 존중하는 경우에는 모두 황실의 사유재산으로 처리해야 하는데, 구궁(九宮)의 궁장토 중에서 수진궁(壽進宮)·명례궁(明禮宮)·어의궁(於義宮) 등 7궁(七宮)의 장토는 모두 조선총독부의 소유지에 강제로 편입시켰다.

---

404) 피터 듀스(Peter Duus) 저, 김용덕 역, 2012, 『일본근대사』, 경기, 지식산업사, p.208.

405) 신용하, 1997, 앞의 논문, pp.22~30.

406) 내외해자(內外垓子)라 함은 내해자(內垓字)와 외해자(外垓字)로 나뉘며, 해자라 함은 능·원·의 경계를 말하는데 내해자는 금양(禁養, 나무나 풀 따위를 함부로 베지 못하도록 가꾸는 것)구역, 외해자는 금양(禁養)구역의 외곽을 말한다. 해자는 능·원·묘의 금양구역을 포위하는 경계선에 도랑을 판 것으로 이를 계한(界限) 또는 금표(禁標)라고도 한다. 그러나 현존하는 도랑은 거의 없고 단순히 주룡〈主龍 : 봉분이 있는 산맥〉·청룡·백호·안산(案山)의 분수령으로 포위하는 곳을 해자라 칭한다. 내해자의 명칭은 이태왕(대한제국 순종 때에 상왕(上王)인 고종)이 건양 원년에 홍릉을 설정할 때 중국에 사신(使臣)을 파견하여 명·청 역대 제왕의 능을 조사하여 이를 모델로 종래의 규모를 확장한 데서 시작되었다. 외해자라고 할 때에는 내해자를 포위하는 외곽의 봉분지로부터 시선이 미치는 범위의 토지를 지칭하는 막(漠)이라는 것이다. 내해자는 금양의 구역이므로 그 소유권은 당연히 왕실에 있다. 그러나 외해자는 왕실에서 매입하지 아니하면 민유지 그대로 이다.(와다 이치로우(和田一郞) : 조선 토지·지세 『제도조사보고서』, 대정 9.)

여섯째, 일제는 역토·둔토·궁장토·목장토 등에 농민들이 정부로부터 부담을 경감하기 위하여 자기의 소유지를 형식상 투탁한 투탁지(投托地)와 조선왕조 정부 관리의 착오에 의하여 관유지와 궁방전에 잘못 혼입되고 고의로 탈입된 혼탈입지(混奪入地) 등을 조선총독부의 소유지에 강제로 편입시켰다.

일곱째, 일제는 방대한 면적의 미간지(未墾地)를 약탈하여 조선총독부의 소유지에 강제로 편입하였다.

여덟째, 일제는 「삼림법」·삼림령·삼림산야 및 미간지 국유사유 구분표준(森林山野及 未墾地 國有私有 區分標準) 등을 제정·공포하여 방대한 면적의 임야를 약탈해서 조선총독부의 소유지에 강제로 편입하였다.

### 8.1.2 양전과 지계사업의 중단

조선 말기인 1895년에 근대적인 지적제도를 도입하기 위하여 내부에 판적국 지적과를 설치하였다. 이어서 대한제국에서 1898년에 양자아문을, 1901년에 지계아문을, 1904년에 탁지부 양지국 양지과를 설치하였고, 사세국 양지과·임시재원조사국 양지과·임시재산정리국 측량과를 거쳐 1910년에 토지조사국을 설치하였으며 대구·평양·전주·함흥에 출장소를 설치하고 「토지조사법」을 제정하여 토지조사사업을 추진할 계획이었다.

그러나 일제에 의한 토지조사사업의 추진으로 조선 말기와 대한제국에서 추진하였던 양전과 지계사업이 모두 중단되었다.

### 8.1.3 토지조사사업에 대한 저항

농촌 주민과 일반 민중이 일제의 토지조사사업 성과를 즐거워하고 협조했다는 주장은 전혀 사실이 아니며, 일부 특정지주나 친일파 유지는 이에 협조하였지만 이들은 극소수이고 절대 다수의 농민과 주민은 토지조사사업에 저항하였다.

특히 토지조사사업을 실시함에 따라 대를 이으면서 소작할 수 있었던 소작농은 관습상의 경작권(耕作權)을 상실하였으며 도지권(賭地權)이나 한광지(閑曠地) 개간권 등을 잃게 되었다.

토지조사사업이 완료된 1919년 소작지의 비율은 충청남도가 62.4%, 전라북도가 74.0%를 비롯하여 전국 평균 76.9%에 달하였다. 이로써 소수 지주의 토지 집중과 소규모의 소작제가 지배적인 성격을 띠게 되었다.

그리고 토지에 대한 전통적인 권리를 상실한 대부분의 농민들은 단기간의 소작 계약과 고율의 소작료 및 불리한 소작 조건을 감수할 수밖에 없는 상황이 되었으며, 1919년에 일어난

3·1운동에 많은 농민들이 참여하게 된 것은 우연한 일이 아니었다.[407]

### 8.1.4 조선총독부 소유 토지와 지세액의 증가

토지조사사업이 완료된 1918년 말의 대지를 포함한 사유 농경지의 면적은 4,428,966정보, 사유림의 면적은 6,610,684정보, 합계 11,039,650정보로써 당시 국토 총면적 22,246,523정보의 약 49.6%에 해당하는 것이었다.

이에 비하여 일제가 조선총독부의 소유로 국유지화한 면적은 대지〈垈〉를 포함한 농경지가 272,076정보, 국유림이 9,557,586정보, 기타 국유지가 1,377,211정보, 합계 11,206,873정보로써 이는 당시 국토 총면적의 약 50.4%에 해당하는 것으로, 전국 농경지의 약 5.8%, 전국 임야의 약 59.1%를 자본의 지출이 전혀 없는 식민지 강점의 무력과 권력에 의거 무상으로 약탈한 것이었다.[408]

그리고 토지조사사업의 시행 전 과세대상 토지의 면적은 2,868천 정보였으나, 시행 후의 과세대상 토지의 면적은 4,376천 정보로 약 52%가 증가되었으며, 토지조사사업의 시행 전 지세액은 9,770천원이었으나 시행 후의 지세액은 11,446천원으로 약 17%가 증가되었다.

따라서 일제의 식민지 수탈정책을 근대화(近代化)·개발(開發) 또는 시혜(施惠)정책으로 합리화할 수 없으며, 특히 일본에서 신 팽창주의가 대두하여 과거의 침략전쟁을 해방전쟁이라고 주장하고 식민지 수탈을 근대화·개발·시혜라고 주장하면서 이러한 주장을 식민지로 강점했던 나라들과 지역에 보급하고 서양 사람들에게 퍼트리기 위하여 뒤에서 각종 재정조달을 하는 추세 속에서는 더욱 그러하다.[409]고 지적하면서 토지의 수탈론을 주장하였다.

## 8.2 근대화론

조선의 토지조사사업 실무 책임자였던 임시토지조사국 총무과장 겸 분쟁지조사위원장이었던 일본인 와다 이치로우〈和田一郎〉[410]는 1920년에 조선총독부 철도부장으로 재

407) 차남희, 1997, 『저항과 순응의 역사정치학』, 이화여자대학교 출판부, pp.25~27.
408) 차남희, 1997, 위의 논문, pp.21~22.
409) 차남희, 1997, 앞의 논문, pp.37~38.
410) 와다 이치로우(和田一郎, 1881.~1966.)는 일본의 도쿄도 아라이시(新井市)에서 출생하였으며, 1909년 아라이(荒井賢太郎)의 초청으로 내한하여 통감부 서기관으로 출발하여 임시토지조사국 총무과장을 역임하면서 토지조사령의 제정과 토지조사행정을 주관하였다. 고등토지조사위원회 간사, 분쟁지심사위원장을 역

직하면서 『조선토지·지세제도조사보고서』를 저술하였는데, 이 보고서에서 "조선의 근대적 토지제도는 실로 토지조사사업의 완결에 의하여 비로소 그 서광을 나타냈다."[411] 고 주장하면서 최초로 조선의 토지조사사업에 대한 근대화론 또는 시혜론을 제기하였다.

그리고 한국인 연구자로 이와 같은 견해를 일문으로 최초 발표한 것은 박문규(1933년)로 "한국에 있어서 근대적 토지 사유제도의 확립은 조선왕조 말기에 있어서 사회적 생산 제력의 발전이 결여되었기 때문에 외래의 일본 자본주의에 의해서 행해지지 않으면 안 되었다." 고 주장을 하였으나,[412] 그 후 인정식이 박문규의 논문을 비판하면서 토지신고를 통한 토지 수탈을 논하였다.[413]

1978년에 일본인 미야지마 히로시〈宮嶋博史〉[414]는 토지조사사업에 의한 민유지 확장의 측면이 더 강조되어야 함을 주장하였고, 1980년을 전후하여 일부 외국인과 조석곤(1986년)·배영순(1988년)·이영훈 등에 의하여 기존의 토지관계를 무시한 토지약탈의 가능성이 거의 없다며 수탈론에 대한 일부 내용은 받아들일 수 없다고 주장하였다.[415]

이어서 1994년에 미국인 그래거트(Gragert)[416]는 토지조사사업을 통한 수탈은 없었으나 양안과 토지대장의 분석으로 양자가 나타내는 토지소유 유형에 분명한 연속성이 있다며 근대화론을 주장하였으며, 니토베 이나조(新渡戸稲造)[417]는 이러한 주장을 뒷받침

---

임하였으며 토지조사완료기념 유종회(有終會) 회장으로 1927년 6월 16일에 서울 남산 중턱 약수터에 조선토지조사기념비를 세웠으나 광복 후 없어졌으며, 총무과장 재임 시의 사료를 정리하여 『조선토지·지세제도 조사보고서』를 저술하였고, 이보고서로 박사학위를 받았다.〈대한지적공사, 2005(b), 『한국지적백년사』 자료편 Ⅳ, 지적인명사전, pp.348~349.〉

411) 와다 이치로우, 1920, 『조선토지·지세제도조사보고서』, 조선총독부, ; 대한지적공사, 2005 (b), 『한국지적백년사』(자료편 Ⅱ), p.500.

412) 박문규, 1933, "농촌사회분화の기점としての지적조사に취て", 동경, 『조선사회경제사연구』, 경성제국대학 법문학회, p.16.(1946년에 이를 저자가 국역 발행하였다.) ; 전운성, 1999, 『세계의 토지제도와 식량』, 서울, 도서출판 한울, p.49. 재인용.

413) 인정식(印貞植), 1939, "지조사사업을 기축으로 한 조선토지에 농촌관계의 변천과정", 『조선의 농촌기구』(일문), 백양사, p.13.

414) 미야지마 히로시(宮嶋博史)는 교토대학(京都大學)을 졸업하고 도까이대학(東海大學) 전임강사, 도쿄도립대학(東京都立大學) 조교수, 도쿄대학 교수를 거쳐 현재 성균관대학교 동아시아학술원 교수로 재직하고 있으며, 동아시아학 전공으로 저서로는 『조선토지조사사업의 연구』(민음사, 1997.), 『조선토지조사사업사연구』(汲古書院, 1991.) 등이 있다.(http://aeas.skku.edu/ 2007.9.18.)

415) 이영호, 2003.12, "일본제국의 식민지 토지조사사업에 대한 비교사적 검토", 한국역사연구회, 『역사와 현실』, 제50호, p.253.

416) 그래거트(Edwin H. Gragert)는 *Landownership under Colonial Rule-Korea's Experience*, 1900.~1935.(Honolulu, Hawaii : University of Hawaii Press, 1994.)를 저술하였다. (http://book.naver.com. 2007.9.18.)

417) 니토베 이나조(新渡戸稲造, 1862~1933)는 무사도를 서양에 소개한 식민학자로서 당시일본에서 가장 권위있는 국제주의자로 일본 화폐 5000엔(円)권에 그의 초상이 실려 있었다.(이노우에 가쓰오(井上勝生) 지음, 동선희 옮김, 2014, 『메이지 일본의 식민지 지배』, 서울, 어문학사, p.165. ; 네이버 지식백과, http://terms.naver.com/ 2016.10.3.)

한 조선의 토지조사사업을 식민지의 '근대화론'이라고 주장한 원조라고 할 수 있으며, 이들 학자들이 근대화론을 주장하는 주요 사유는 다음과 같다.

### 8.2.1 토지 사유제의 확립

토지조사사업의 실시 직전과 종료 직후에 이 사업의 실무 책임자였던 와다 이치로우〈和田一郞〉는 이 사업의 공로와 시혜를 주장하기 위하여 조선에는 종래 토지제도가 문란하고 토지사유제가 확립되지 아니하였으나 사유제를 확립하여 근대적 토지제도를 수립한 공로를 세웠다고 주장하였다.[418]

우리나라는 언제부터 토지의 사유가 인정되었느냐에 관하여 학자들 사이에 아직도 논의되는 문제이나, 이미 삼국시대부터 토지의 사유(私有)가 인정되어 왔다고 보는 것이 최근의 유력한 견해이다.[419]

우리나라는 이미 15세기부터 토지의 사유제도(私有制度)가 확립되기 시작하였는데, 세종〈1397~1450, 재위 1418~1450〉 때에 이르러 국가가 토지의 매매를 공인(公認)함으로써 일반 국민은 토지의 사용·수익뿐만 아니라 처분 권능까지도 행사할 수 있는 토지사유제가 허용되었으며, 개인의 토지소유권을 보호하기 위하여 입안제도(立案制度)가 정립되었고 문기(文記)에 의해서 소유권의 진정성을 확보할 수 있는 제도적 장치도 마련되었다.[420]

과전법 시행 초기에 한때 농지의 매매가 금지된 일이 있었으나 세종 6(1424)년 3월부터 금지가 해제되어 그 후 조선시대말까지 자유롭게 처분할 수 있었다.[421]

경국대전 호전편의 매매한조(賣買限條)에 토지나 가옥은 자유롭게 매매할 수 있으며, 토지나 가옥을 매수한 자는 100일 이내에 관의 입안(立案)을 받도록 규정되어 있었다.

그리고 조선 시대의 문기를 보면 이 시기에 토지매매가 행하여지고 있었으며[422], 대한제국 말기에도 토지의 사적 매매가 자유롭게 성행하고 있었으며,[423] 1901년경부터 지계아문에서 대한전토매매증권과 대한전토지계를 교부하여 법적으로 토지에 대한 사유권을 인정하였다.

이어서 1908년에 「삼림법」(1908.1.21. 법률 제1호)을 제정하여 "삼림은 소유자에 따라 제실림(帝室林)·국유림(國有林)·공유림(公有林) 및 사유림(私有林)으로 구분하고 산야

418) 신용하, 1997, 앞의 논문, p.20.
419) 박병호, 1998, 『한국법제사고』 참조 ; 곽윤직, 1998, 『부동산등기법』, 서울 : 박영사, p.42. 재인용.
420) 김성옥, 2012, "조선시대의 토지사유제도에 관한 고찰", 『집합건물법학』 제9권, 한국집합건물법학회, p.179.
421) 박병호, 2012, 『한국법제사』, 서울, 민속원, p.292.
422) 전운성, 1999, 『세계의 토지제도와 식량』, 서울, 도서출판 한울, p.51.
423) 신용하, 1997, 앞의 논문, pp.10~11.

는 삼림에 준하여 본법을 적용한다."고 규정하여(제1조), 임야에 대한 사유권을 법적으로 인정한 사실 등이 명확하기 때문에 와다 이치로우의 주장은 타당성이 없다.

### 8.2.2 무신고 토지의 국유화

조석곤의 "조선토지조사사업에 있어서 소유권조사과정에 관한 연구"[424]와 배영순의 "한말·일제초기의 토지조사와 지세개정에 관한 연구"[425]에서 조선의 토지조사사업은 한말의 토지소유관계를 그대로 근대법에 의해 확인하는 절차에 불과하였으며, 폭력 및 절차의 조작을 통한 귀속관계의 대량적 변동은 그다지 가져온바 없다고 주장하였다.[426]

그리고 수탈론의 주장 중에서 가장 먼저 비판의 대상이 된 것은 신고주의를 통한 토지약탈의 가능성으로, 이에 대하여 김해의 토지신고서를 분석한 후 토지신고 과정에서 기존의 토지소유 관계를 무시한 채 토지약탈이 일어났을 가능성이 거의 없음을 지적하였다.[427]

무신고 토지는 별도의 조사를 거쳐 지주가 밝혀지면 신고를 권유했고 신고할 의사가 없는 경우 무신고지로 처리하였으며, 무신고지는 총 9,355필지로 전체 2천만여 필지의 0.05%에 불과하였고, 무신고지는 국유로 귀속되었으나 분묘지(墳墓地)와 잡종지(雜種地)가 대부분을 차지하고 있어 실제로 주인이 없었을 가능성이 많은 토지였다.

그리고 토지신고서는 지주총대나 한자를 해독할 수 있는 몇몇 사람에 의하여 대리 작성되었다고 보이나 이러한 과정에서 지주총대가 자의적으로 토지소유자를 바꾸는 일은 불가능하였다. 그 이유는 토지신고서의 정확성을 확인하고 신고누락을 방지하기 위하여 1910년부터 실제 과세에 사용되었던 결수연명부와 대조하였기 때문에 실제의 토지소유 상황을 벗어나서 작성될 가능성이 거의 없었기 때문에[428] 수탈론의 무신고 토지의 국유화 주장은 받아들일 수 없다고 주장하였다.

### 8.2.3 분쟁지 심사

토지의 신고과정에서 토지소유권에 관한 다툼이 있을 경우 일단 화해를 유도하고 화해가 이루어지지 않는 경우에는 분쟁지심사위원회에서 소유권을 결정하였으며, 사정에 불

424) 조석곤, 1986, "조선토지조사사업에 있어서 소유권조사과정에 관한 연구", 『경제사학』, 제10호.
425) 배영순, 1988, "한말·일제초기의 토지조사와 지세개정에 관한 연구", 서울대학교 대학원, 박사학위논문.
426) 이준현, 2003.10, "일제 강점 초기 조선고등법원에 의한 부동산 2중매매·2중전당의 법적 처리"(조선고등법원판결록 제1권~제6권의 분석), 한국법사학회, 『법사학연구』 제28호, p.85.
427) 조석곤, 1997, "수탈론과 근대화론을 넘어서", 『창작과 비평』 제96호, p.360.
428) 조석곤, 1997, 위의 논문, p.363.

만이 있는 경우에는 고등토지조사위원회에 불복을 신청할 수 있었다.

분쟁지는 총 33,937건에 99,445필지로써 이중 국유지와 관련된 분쟁 필지수는 64,570필지(64.9%)로써 큰 비중을 차지하였으며 이러한 분쟁지 문제는 수탈론의 유력한 근거가 되었다. 그러나 국유지 분쟁이 다수 발생한 이유는 대한제국 수립 후 내장원에서 왕실의 재정 강화를 위해 일종의 국유지 조사인 광무사검(光武査檢)을 실시하였는데 이 과정에서 많은 민유지가 이른바 공토(公土)에 편입되어 분쟁이 발생하게 되었으며, 1908년에 일제에 의해 이를 모두 국유 역둔토(驛屯土)에 편입시킴으로써 광무사검 당시의 분쟁이 토지조사사업의 분쟁지 문제로 나타난 것이다.

그리고 분쟁지 처리에 있어서 조선총독부가 일방적으로 유리한 것도 아니었으며 국유지 분쟁지 중에서 국유로 사정된 비율이 낮기 때문에 분쟁지 조사가 일제의 토지 약탈을 통한 국유지 창출에 기여했다는 수탈론의 주장은 잘못된 사실인식에 기초한 것이었다.[429]고 주장하였다.

### 8.2.4 지세부담의 증가

수탈론의 입장에서는 토지조사사업에 의하여 지세의 부담이 늘어났음을 강조하는데, 토지조사사업이 완료되고 새로운 방식으로 지세가 부과된 1918년의 지세는 1917년에 비해 13% 증가하였는데, 이는 1918년의 쌀값이 1917년에 비해 60% 이상 높아진 것을 고려하면 큰 폭의 상승이라고 할 수 없으며 법정 지가가 시가를 상회하는 높은 수준으로 책정된 것도 아니었다고 지적하고 있다.

따라서 수탈론의 논리는 첫째, 토지신고 과정에서 불법적인 신고와 무신고 토지에 대한 토지약탈이 이루어 졌고 둘째, 불법적 소유권변동에 대하여 농민은 분쟁을 제기 했지만 거의 받아들여지지 않았으며 셋째, 지가조사를 통하여 농민의 지세부담이 가중되있다는 것으로 요약되나,[430] 이러한 수탈론의 주장은 잘못된 주장이라는 것이다.

수탈론에 대한 비판의 궁극적인 목표는 한국 근대사의 새로운 인식 틀을 만드는 것이며, 토지조사사업의 역사적 의의를 수탈(收奪)을 위한 기초공사(基礎工事)로 해석할 수는 없으며 한국 자본주의의 형성 및 발전에 어떤 영향을 미쳤는지를 오늘의 관점에서 재조명하려는 것이라고 주장하였다.[431]

429) 조석곤, 1997, 위의 논문, pp.363~366.
430) 조석곤, 1997, 앞의 논문, p.361.
431) 조석곤, 1997, 위의 논문, pp.366~369.

## 8.2.5 근대화론의 근기

식민지에 대한 근대화론의 근기(根基)는 일본의 식민학자 니토베 이나조가 '식민학(植民學)'을 강의하면서 식민지에 대한 진출은 미개(未開)에 대한 "문명의 전파"라고 주장하면서 최초로 일본의 식민지 지배를 정당화하는 논리를 전개함으로써 비롯되었으며, 식민학은 후에 '식민정책학(植民政策學)'이라는 분과학문으로 발전하게 되었다.

일본의 홋카이도에 있는 삿포로농학교(札幌農學校)[432]는 식민지 지배에 가담했다는 무겁고 어두운 역사를 갖고 있는데, 1907년에 도후쿠(東北)제국대학 농과대학으로 승격되었으며, 이어서 1918년에 홋카이도제국대학이 되었다.

사토 쇼스케(佐藤昌介)[433]는 삿포로농학교 제1기생으로 1880년에 졸업한 후 미국으로 건너가 존스홉킨스대학을 졸업하고 1886년에 귀국하여 같은 해 12월에 삿포로농학교 교수에 임용되었고, 1891년부터 일본 최초로 '식민학(植民學)'을 강의하였으며, 같은 해 독일 유학에서 귀국한 니토베 이나조(新渡戸稲造)도 이에 가세하였다.[434]

니토베 이나조는 삿포로농학교를 졸업한 후 독일과 존스홉킨스대학에서 유학을 마치고 1891년에 귀국하여 삿포로농학교 교수로 임용된 후 1898년에 건강상의 이유로 사직하고 1901년에 대만총독부 기사, 1903년에 교토제국대학 법과대학 교수, 1906년에 다이이치(第一)고등학교 교장을 거쳐 도쿄제국대학 법과대학 교수가 되었다.

도쿄제국대학 교수가 되어 '식민학'을 강의하였는데, 도쿄제국대학의 강의는 전전에 『니토베 박사 식민 정책 강의 및 논문집』으로 간행 되었다.

사토 쇼스케의 식민학 강의의 주요 내용은 일본의 농업이 소농(小農) 중의 소농이고 원예적 과소농업, 주유적(侏儒的)·난잽이 경작법이라고 주장하면서 과소농(過小農) 또는 원예적 농업은 일본 농업의 병근(病根)이며, 이 병근을 해결하는 것이야말로 일본 농민의 식민이라고 주장하였다.

그러나 니토베 이나조의 식민학 강의의 주요 내용은 사토 쇼스케와 대조적으로 식민지 진출이 미개에 대한 "문명의 전파"라는 주장을 하면서 일본의 식민지 지배를 정당화하는 논리를 최초로 전개하였으며, 그 후 일본의 식민학에서 니토베 이나조의 주장이 주류가

432) 삿포로농학교(札幌農學校)는 1876년 8월 14일 홋카이도 개척을 위한 농업기술자 양성을 목적으로 설립하였다.
433) 사토 쇼스케(佐藤昌介)는 1891년에 삿포로농학교 교장 대리를 거쳐 1894년에 교장으로 승진되었으며, 1907년 도후쿠제국대학 농과대학 학장이 되었고, 1918년 홋카이도제국대학 초대 총장에 취임하여 1930년에 총장직에서 물러났는데, 1891년부터 1930년까지 40여년간 교장·학장·총장직을 맡아 홋카이도의 아버지라고도 불린다.(이노우에 가쓰오(井上勝生) 지음, 동선희 옮김, 2014, 『메이지 일본의 식민지 지배』, 서울, 어문학사, p.165.)
434) 이노우에 가쓰오(井上勝生) 지음, 동선희 옮김, 2014, 『메이지 일본의 식민지 지배』, 서울, 어문학사, p.164.

되었으며,[435] 일본의 '식민학'이 '식민정책학'이라는 하나의 분과학문으로 발전해 가는데 지대한 영향을 미쳤다.

## 8.3 근대화론에 대한 비판

한반도의 토지조사사업에 대한 평가를 수탈론과 근대화론으로 나누어 학자들의 다양한 주장을 제시하였으나, 1980년대 이전에는 일제의 수탈성이 강조된데 비하여 1980년대 이후에는 근대성이 강조되는 양상을 보이고 있다.

세계사적(世界史的) 입장에서는 식민지에 대한 토지조사사업은 정치적인 지배(支配)와 통치(統治), 경제적인 착취(搾取)와 수탈(收奪), 사회적인 차별(差別)과 억압(抑壓)을 위한 수단으로 활용되었다는 사실을 부정할 수 없으며, 지적사적(地籍史的) 입장에서는 다음과 같은 행정적·경제적·기술적 측면의 사유를 제시하면서 근대화론에 대한 새로운 분석과 검증의 필요성을 제기한다.

### 8.3.1 행정적 측면

#### 1) 관습조사 실시

우리나라에 대한 침략을 개시하기 전에 앞에서 서술한 바와 같이 일제가 한국의 역사와 문화·사회·법제 등에 대한 조사연구와 토지소유권·부동산·민상사(民商事) 등에 관한 관습조사를 대대적으로 추진하였다는 사실이 명백하다.

일본은 1895년 청일전쟁 후 대만을 지배하면서 또한 중국을 침략하면서 그 나라의 역사와 문화·사회·법제에 대한 조사연구를 수행하였으며, 우리나라에 대한 침략을 개시하기 전에 침략의 목적을 앞세워 한국의 역사와 문화·사회·법제에 대한 조사연구를 실시하였다.

특히 식민지화가 기정사실이 된 후에는 토지소유권에 관한 관습·부동산에 관한 관습과 민·상사에 관한 관습 등을 대대적으로 조사하면서 토지조사사업을 추진하였음이 명백하기 때문이다.

#### 2) 동양척식회사의 설립

1908년에 일제는 「동양척식회사법(東洋拓殖會社法)」을 제정하고 1,000만원의 자본금

435) 이노우에 가쓰오(井上勝生) 지음, 동선희 옮김, 2014, 앞의 책, p.75, p.171.

으로 회사를 설립하였으며, 본사는 서울시 중구 을지로 2가 한국외환은행 자리에 설치하고 주로 토지매수에 주력하였다.

동양척식회사는 대영제국의 동인도회사를 본떠 만든 일본의 국책회사로 일본 제국주의의 정책기조였던 한반도를 그들의 식량 내지 원료의 공급지화하고 일본의 중소농민을 대거 조선으로 이주시켜 인구 과잉문제를 해소하는 동시에 장차 대륙침략을 위한 발판으로 삼고자 이주식민사업(移住植民事業)을 벌여 한국 농촌의 일본화를 기도하고[436] 토지와 자원을 수탈할 목적으로 설치한 식민지 착취기관이라는 사실이다.

일제가 세운 동양척식회사는 1910년 국권피탈 초기에는 1만 정보 조금 넘는 토지를 소유하였으나 1912년부터 급증하기 시작하여 1920년에 이르러서는 9만 정보에 달하였다. 동양척식회사의 소유 토지는 소작을 두어 고율의 소작료를 받았고 빌려준 곡식에서도 2할 이상의 고리(高利)를 받아 일제의 식민지 개척과 전쟁에 필요한 자금을 조달하였으며 식민지에서의 실효적 지배를 높이는 역할을 수행하였다.[437]

따라서 우리나라의 농민들은 경작지를 잃고 소작인으로 전락하였으나, 동양척식회사와 일본의 농업이민자들은 과다한 토지를 소유한 사실이 명백하기 때문이다.

### 3) 추진기간의 단축과 변경계획 수립

조선총독부는 토지에 대한 과세를 하기 위하여 앞에서 서술한 바와 같이 대한제국에서 계획한 토지조사사업의 추진기간을 단축하기 위하여 세 차례나 변경계획을 수립하였다.

조선총독부는 대한제국에서 1910년에 수립한 제1차 계획상의 추진기간인 1910년 3월부터 1917년 10월까지 7년 8개월을 1910년 3월부터 1916년 4월까지 7년 1개월로 단축하기 위한 변경계획을 수립하였다.

그러나 결국은 세 차례나 변경하여 제1차 계획보다 1년 2개월을 연장하여 1918년 12월에 완료하는 것으로 무리하게 변경계획을 수립하였음이 명백하기 때문이다.

### 4) 선 과세대상 토지조사, 후 비과세대상 토지조사 실시

1단계로 1910년부터 1918년까지 과세대상 토지를 먼저 조사·측량하여 지적도와 토지대장을 작성하여 선 과세를 실시할 것을 계획하고, 2단계로 1916년부터 1924년까지 비과세대상 토지를 조사·측량하여 임야도와 임야대장을 작성하는 계획을 수립하였다.

436) 이준현, 2003.10, “일제 강점 초기 조선고등법원에 의한 부동산 2중매매·2중전당의 법적 처리”(조선고등법원판결록 제1권~제6권의 분석), 한국법사학회, 『법사학연구』 제28호, p.81. p.84.

437) 남영우, 2011, 『일제의 한반도 측량침략사』, 서울, 법문사, p.147.

이는 조선총독부가 대만과 우리나라에서 동일한 방법으로 선 토지조사사업, 후 임야조사사업으로 구분하여 조사·측량을 실시하여 과세대상 토지를 우선 조사함으로써 피지배국가의 통치에 따른 재원조달의 방편으로 활용하였다.

1909년 2월 당시 대구재무국장 가와카미 쓰네로우(川上常郎)는 탁지부 차관 아라이 겐타로우(荒井賢太郎)의 명에 의하여 한반도에 대한 토지조사정책건의서인 『토지조사요강(土地調査要綱)』을 저술하였는데, 이는 장차 시행할 한반도의 토지조사사업에 대한 전반적인 계획서이며 정책건의서로 매우 중요한 사료이다.[438)]

이 『토지조사요강』에 "한반도 면적의 대부분을 점하는 산림·원야에 대하여도 조사를 한다는 것은 하나의 실익도 없고 경비의 대부분을 허비하는 어리석은 일이다. 주로 전·답·대 등 이용지에 대하여 권리의 확정과 조세 징수의 실익을 목적으로 토지조사의 범위를 국한할 필요가 있다고 믿는다."[439)]라는 건의에 따라 토지조사사업에서는 비과세 대상 토지인 임야를 제외하였으나, 토지조사사업 말기에 임야조사사업을 별도로 추진하고 임야세를 신설한 사실이 명백하기 때문이다.

## 8.3.2 경제적 측면

### 1) 임야조사 비용의 소유자 부담

전·답 등 과세 대상 토지의 조사·측량비용은 조선총독부에서 전액 부담하였으나, 임야 등 비과세 대상 토지의 조사·측량비용은 3분의 2 이상을 토지소유자와 국유지의 연고자가 부담하였다.

조선총독부는 과세대상 토지에 대한 토지조사사업을 위하여 당시에 조선인 토지소유자들에게 부담을 시키지 아니하고 20,406천원 전액을 투입하였으나,[440)] 비과세대상 토지에 대한 임야조사사업을 위하여 당시에 토지조사사업 시행에 투입된 비용의 약 14%밖에 안 되는 3,860천원 중에서 2,653천원을 조선의 영세한 토지소유자와 국유지의 연고자에게 부담시킨 사실이 명백하기 때문이다.[441)]

### 2) 조선총독부 소유 토지와 지세액의 증가

토지조사사업의 성과에 따라 일제가 조선총독부의 소유로 국유지화한 면적은 11,207

---

438) 리진호, 1999, 앞의 책, p.512.
439) 탁지부, 1909, 『토지조사요강』, p.14~15.
440) 조선총독부 임시토지조사국, 1918, 『조선토지조사사업보고서』, p.707.
441) 조선총독부 농림국, 1938, 『조선임야조사사업보고서』, p.120.

천 정보(町步)로써 이는 당시 국토 총면적의 약 50.4%에 해당하는 것으로, 자본의 지출이 전혀 없는 식민지 강점에 의한 무력과 권력에 의거 무상으로 약탈한 것이다.

그리고 토지조사사업 시행 전 과세대상 토지의 면적이 2,868천 정보였으나, 시행 후의 과세대상 토지의 면적은 4,376천 정보로 약 52%가 증가되었으며, 지세액은 시행 전은 9,770천원이었으나 시행 후는 11,446천원으로 약 17%가 증가되었음이 명백하기 때문이다.[442]

### 3) 투자비의 단기간 회수

조선총독부는 토지조사사업에 투자한 총 비용 20,406천원과 임야조사사업에 투자한 총 비용 1,207천원을 사업완료 후 바로 전액을 회수하였다.

토지조사사업을 추진하면서 1910년부터 1917년까지 연평균 8,704천원의 지세를 징수하였으며, 사업을 완료한 1918년의 연간 지세액은 11,446천원이었는데, 이는 1910년부터 1918년까지 8년 10개월 동안 토지조사사업을 추진하면서 조선총독부에서 투자한 총 비용 20,406천원을 2년 만에 전액 회수하였다.[443]

그리고 임야조사사업을 완료한 후 강제적으로 산림조합을 만들고 산림조합비(山林組合費)를 징수하였는데, 1929년의 산림조합비가 1,228천원으로 이는 1916년부터 1924년까지 9년 동안 임야조사사업을 추진하면서 소요된 총 경비 약 3,860천원 중에서 조선총독부에서 투자한 1,207천원을 1년 만에 전액을 회수한 사실이 명백하기 때문이다.[444]

### 4) 토지에 대한 과세와 수탈

영국은 동인도회사(東印度會社)를 설립하고 1757년 프랑스와 식민지 주도권 경쟁인 플라시 전투(Battle of Plassey)에서 승리하여 인도를 식민지화 하였으나, 1857년 세포이 항쟁(Sepoy Mutiny)을 기점으로 영국 정부가 직접 인도를 통치하였으며, 18세기 말에 산업 혁명이 진행되면서 인도로부터 방직 산업에 필요한 면화 등 주요 원자재를 공급 받았으며 징세권을 획득하여 토지세를 징수하고 농토를 빼앗아 소작료를 착취하였다.

식민지가 확장되면서 캐나다 · 오스트레일리아 · 뉴질랜드 등의 국가와 영국이나 미국의 영향권 하에 있었던 파키스탄 · 가나 · 인도 · 나이지리아 · 남아프리카 · 케냐 · 우간다 · 필리핀 등 많은 나라에서 영어를 공용어로 사용하고 지적제도와 등기제도를 영국과 미국에서 채택하고 있는 레코딩 시스템(Recording system) 또는 토렌스 시스템(Torrens

442) 지적기술연수원, 1993(a), 『조선토지조사사업보고서』, 수원, 우리인쇄사. p.663. p.667.
443) 조선총독부 임시토지조사국, 1918, 앞의 책, p.707.
444) 조선총독부 농림국, 1938, 앞의 책, p.123.

system)을 채택하여 운영하고 있음은 식민지를 정치적으로 통치하고 경제적으로 착취하기 위한 수단과 무관하다고 할 수 없다.

프랑스의 윌리암(William)공은 1066년에 영국을 정복한 후 1085년부터 과세목적으로 영국의 전역에 대한 토지조사사업을 추진하여 근대적인 토지대장이라고 할 수 있는 둠스데이 대장(Domesday Book)을 작성하였다.

그리고 프랑스는 1807년에 「나폴레옹지적법」을 제정하여 과세목적으로 프랑스와 지배국인 독일 등 유럽의 일부 지역에 대한 토지조사사업을 추진하여 근대적인 지적제도를 창설하였으며, 네덜란드와 유럽 여러 나라의 지적제도 창설에 직접 또는 간접적으로 영향을 미쳤다.

일본은 아시아에서 유일한 지배국가로 본토의 근대적인 지적제도를 창설하기 전에 홋카이도·오키나와·대만·관동주·조선·남양군도·만주 등을 차례로 정복한 후 식민지에 대한 통치와 토지수탈 및 과세 등을 목적으로 토지조사를 실시하기 위하여 〈표 2-45〉와 같이 관련 조직을 설치하고 법령을 제정하여 토지조사사업을 추진하여 식민지에 근대적인 지적제도를 창설하였거나 창설을 시도하였다.

이와 같이 피지배 국가의 토지에 대한 과세와 수탈 및 자원착취 등을 위하여 토지조사사업을 추진한 사실이 세계사적으로 동서양에서 명백하게 실증되고 있기 때문이다.

〈표 2-45〉 일본의 식민지 지적제도 창설 관련법령 제정 연혁

| 국 가 | 토지조사 관련 법령 제정 | 토지조사 기간 |
|---|---|---|
| 홋카이도(북해도) | 1869.7. : 명치 정부에서 에조치[445]에 개척사(開拓使) 설치 후 홋카이도로 명칭 변경(아이누족의 토지 수탈, 본토 주민의 강제 이주 등 개발 착수)[446]<br>1872. : 지소규칙(地所規則, 1872.5.9. 太政官 稟裁御指令 第8號) 제정<br>1886. : 홋카이도청(北海道廳) 개설<br>1886. ; 홋카이도토지불하규칙(1886.6.29. 각령 제16호) 제정<br>1897. : 홋카이도국유미개지처분법((1897.3.27. 법률 제26호) 제정 | 1872.~<br>1965. |
| 오키나와(류구 국) | 1879. : 명치 정부에서 일본 영토로 강제 편입 후 오키나와현 설치(450년 전통의 류큐왕국 해체)<br>1898.7.14. : 임시토지정리사무국 관제 제정<br>1899. : 오키나와 토지정리법(沖繩土地整理法, 1899.3.10. 법률 제59호) 제정<br>1899. : 오키나와현 토지정리국 설치(1899.4.)<br>1957. : 「토지조사법」(류큐 정부 입법 제105호) 제정<br>1977. : 「오키나와현 구획내 위치경계 불명지역의 각필지 위치경계 명확화 등에 관한 특별조치법」 제정 | 1899.4.~<br>1908.12. |

445) 에조치라 함은 독특한 풍습과 언어를 사용하는 아이누인이 거주하는 곳을 의미하며, 홋카이도로 변경하기

| | | |
|---|---|---|
| 대 만 | 1879. : 일본에 할양<br>1898. : 대만지적규칙(1898.7.1. 율령 제13호) 제정<br>1898. : 토지조사규칙(1898.7.17. 율령 제14호) 제정<br>1898. : 임시대만토지조사국관제(1898.9.1. 칙령 제201호) 제정<br>1901. : 대만지적규칙시행세칙(1901.3.3. 총독부령 제15호) 제정<br>1909. : 임야조사규칙(1909.9.10.) 제정 | 1898.9.~<br>1905.3. |
| 관동주[447] | 1905. : 관동주 점령<br>1905. : 관동총독부(1905.10.) 설치<br>1906. : 관동도독부(1906.9.) 설치<br>1914. : 임시토지조사부(1914.5.) 설치<br>1919. : 관동청(1919.4.) 설치<br>1934. : 관동주청(關東州廳)으로 개편 | 1914.~<br>1924. |
| 조 선 | 1910. : 대한제국에서 토지조사법(1910.8.23. 법률 제7호)과 토지조사법 시행규칙(1910.8.23. 탁지부령 제26호) 제정<br>1910. : 국권피탈(1910.8.29. 경술국치)<br>1910. : 임시토지조사국 관제(1910.9.30. 칙령 제361호) 제정<br>1912. : 토지조사령(1912.8.13. 제령 제2호) 제정<br>1912. : 토지조사령 시행규칙(1912 8.13. 조선총독부령 제6호) 제정<br>1918. : 조선임야조사령(1918.5.1. 제령 제5호) 제정<br>1918. : 조선임야조사령 시행수속(1918.11.26. 훈령 제59호) 제정 | 1910.~<br>1924. |
| 남 양<br>군 도 | 1922. : 남양군도 팔라우(Palau) 코로르(Koror)에 남양청(南洋廳) 설치 (1922.4.)<br>1923. : 토지조사사업 착수(1923.12.)<br>1925. : 남양군도 토지조사규칙(1925.10. 남양령 제12호) 제정<br>1926. : 토지조사 실지조사규정(1926.4. 남양청 훈령 제4호) 제정 토지조사 도근측량규정(남양청 훈령 제5호) 제정<br>1933. : 남양군도 토지조사령(1933.10. 칙령 제263호) 제정 | |
| 만 주 | 1932. : 만주국 건립(1932.3.1.)<br>1932. : 정부조직법(1932.3.) 제정<br>1932. : 일본 전권대사 설치(1932.9.)<br>1936. : 지적정리국 관제(1936.3.26. 칙령 제15호) 제정 | 1932.~<br>1945. |
| 일 본<br>(본토) | 1872.~1880. : 전 근대적인 토지조사사업 추진<br>1951. : 국토조사법(1951.6.1. 법률 제180호) 제정<br>1962. : 국토조사촉진특별조치법(1962.5.19. 법률 제143호) 제정<br>1963.~2009. : 제1차 내지 제5차 국토조사사업(근대적인 토지조사사업) 10개년 계획수립 추진<br>2010.~2019. : 제6차 국토조사사업 10개년 계획수립 추진 | 1951.6.~<br>현재 |

출처 : 류병찬, 2016, 『일본의 지적제도』, 서울, 부연사, pp.60~61.

전의 지명을 말한다.

446) 신연수, 2011, 『홋카이도』, 서울, 상상출판, p.35.

447) 최문형, 2014, 『일본의 만주 침략과 태평양전쟁으로 가는 길』, 서울, 지식산업사, pp.24~25, p.30.

### 8.3.3 기술적 측면

#### 1) 과세지견취도 작성 추진

토지조사사업의 착수 시점인 1911년부터 1913년까지 앞에서 서술한 바와 같이 과세대상 토지에 대한 선 과세를 하기 위하여 과세지견취도 작성사업을 전국적으로 단기간에 무리하게 추진하였다.

조선총독부는 토지에 대한 과세를 하기 위하여 토지조사사업의 완료시까지 기다릴 여유가 없었기 때문에 우선 토지에 대한 과세를 하기 위하여 약 2년의 단기간 내에 전국의 과세대상 토지를 간편한 견취도 작성 방법에 의하여 개략적인 지적도면과결수연명부를 작성하여 피지배국가의 통치에 따른 재원조달을 토지세로 확보한 사실이 명백하기 때문이다.

#### 2) 특별소삼각측량 실시

토지조사사업의 착수 시점인 1912년에 앞에서 서술한 바와 같이 재정수요를 충당하기 위하여 시가지지세(市街地地稅)를 급히 징수할 목적으로 일부의 도시지역에 특별소삼각측량을 우선하여 실시하고 이를 기초로 하여 세부측량을 실시하였다.

조선총독부는 정상적인 대삼각측량을 실시한 후 소삼각측량을 시행하려면 많은 시일이 걸릴 것으로 예상되어 평양 · 의주 · 신의주 · 진남포 · 전주 · 강경 · 원산 · 함흥 · 청진 · 경성(鏡城) · 나남 · 회령 · 마산 · 진주 · 광주 · 나주 · 목포 · 군산 등 18개 주요 도시에 대한 특별소삼각측량을 우선 실시하고[448] 이를 토대로 필지별 세부측량을 실시한 후 시가지지세를 먼저 징수한 사실이 명백하기 때문이다.

## 8.4 소 결

한반도에 대한 토지조사사업의 성과에 대한 평가를 수탈론과 근대화론으로 나뉘어 학자들 간에 다양한 주장을 하고 있으나, 일제 시대의 가장 큰 문제는 우리가 주체성과 창조력을 상실하고 농토를 빼앗겨 노예적 상태로 떨어졌다는 사실이다. 그런 점에서 일제시대의 경제발전을 주장하거나 반대하는 경우 일제 시대의 본질을 외면하기는 마찬가지이다. 또한 일본이 아니면 우리가 근대화를 하지 못했을 것이라고 어떻게 단정을 할 수

448) 원영희, 1972(b), 앞의 책, p.236.

있는가?[449]

식민지화란 지배국가에서 제도와 정책을 통해 피식민지의 주민들을 차등의 지위에 두고 모국의 이익을 꾀하는 도구로 삼는 것을 말하며, 이 경우 경제적 착취와 민족 구별·차별 대우 등이 가장 일반적으로 보이는 현상들이다.

근대 세계의 식민지 역사를 보면 보통 선진 공업국이 자신의 여러 가지 우세를 이용하여 낙후지역을 점령하여 식민지로 만든 다음 이를 정치적으로 통치하고 경제적으로 착취하였다.[450]는 사실을 실증적으로 알 수 있다.

일제가 한반도에서 실시한 토지조사사업과 임야조사사업을 완료함으로써 ① 광대한 국유지를 창출하여 식민지에 대한 수탈과 착취의 기반을 마련하였고 ② 토지조사 과정에서 지주를 우대하여 식민지 지배의 협력자를 확보하였으며 ③ 근대적 소유권을 확보할 수 있도록 하여 일본인 지주의 급격한 증가와 한국 농민의 몰락을 가져왔고 ④ 토지조사사업의 결과로 안정적인 지세 수입을 얻게 되어 식민지의 통치자금을 확보하였으며, ⑤ 토지조사사업과 임야조사사업에 소요된 비용을 전액 우리 국민들로부터 단기간에 회수하였다는 부정적 사실은 부인할 수 없다.

그러나 토지조사사업과 임야조사사업을 완료함으로써 ① 지적도면과 지적대장을 갖춘 근대적인 지적제도가 창설되었으며 ② 지적제도를 바탕으로 근대적인 부동산등기제도가 확립되었고 ③ 토지와 임야에 대한 1물 1권주의적 소유권이 확립되어 부동산 자산이 담보물권의 목적물이 되어 자본으로 활용할 수 있는 근대적 소유권제도가 성립되었으며 ④ 봉건적 사회제도를 종식시키고 근대적 자본주의체제를 확립한 동기가 되었으며,[451] 당시의 기술수준과 장비로써 비교적 단기간에 전국적으로 정칙적(正則的)이고 통일적(統一的)인 근대적 지적제도를 창설하였음은 국내외적으로 그 우수성을 인정하고 있다.[452]는 긍정적 사실 또한 부인할 수 없다.

지적전문가의 입장에서 볼 때 토지조사사업에 대한 근대화론은 재검토가 필요하다. 그 이유는 일반 학자들의 입장에서는 바라볼 수 없는 지극히 미시적이며 실무적인 사유를 제시하였다는 지적을 받을 수 있으나, 어느 것 하나 간과할 수 없는 실질적이고 중요한 사유라고 판단되기 때문이다.

---

449) 한영우, 2003, 앞의 책, pp.52~53.

450) 조완요 지음, 손준식·신미경 옮김, 2003, 『대만, 아름다운 섬 슬픈 역사』, 신구문화사, p.148.

451) 박순표, 1978.10, “지적행정 30년(1)”, 『지적』, 대한지적공사, p.25. ; 최병택, 2006, “일제하 임야조사사업의 시행목적과 성격”, 『한국문화』 제37집, 서울대학교 규장각, 한국학연구원, p.192.

452) 백은기, 원영희, 1982.3, 앞의 연구, p.13, p.25.

특히 일본은 본토에 대한 근대적인 토지조사사업도 착수하지 못한 상황에서 전쟁을 수행하면서 어떻게 홋카이도·오키나와·대만·관동주·조선·남양군도·만주 등 넓고 많은 식민지를 근대화하기 위하여 토지조사사업을 시행하였다고 주장할 수 있는가?

일본은 본토에 대한 근대적인 토지조사사업을 추진하기 위하여 패전 후인 1951년에 「국토조사법(國土調査法)」을 제정하고 지적조사사업을 추진하기 시작하였으나, 2014년 말 현재 국토면적 약 377,880㎢ 중 국유임야·하천·호수·늪 등 약 100,000㎢를 제외한 286,200㎢의 목표량 중 144,580㎢를 완료하여 51%의 부진한 진척을 보이고 있으며,[453] 일본의 많은 소유자들이 전 근대적인 지적도면과 등기부로 인하여 소유권 행사에 지장을 받고 있다는 사실을 인식하여야 한다.

"지적(地籍)을 사랑하려거든 지적사(地籍史)를 읽을 것이며,
다른 사람에게 지적을 사랑하게 하려거든
지적사를 읽게 할 것이다."
- 정농 류병찬 -

453) 류병찬, 2016, 『한국인이 바라본 일본의 지적제도』, 서울, 부연사, p.145.

## 지적총서(Cadastral Series, 地籍叢書)

[지적총서 1]

지적학(제2전정판)
Cadastral Science(2nd ed.), 地籍學(第2全訂版)

[지적총서 2]

지적법(제6전정판)
Cadastral Act(6th ed.), 地籍法(第6全訂版)

[지적총서 3]

지적사(제2전정판)
Cadastral History(2nd ed.), 地籍史(第2全訂版)

지적총서 3
Cadastral Series 3

# 제 3 편

# 지적관련 법규의 변천사

(Part 3. History of the Related Cadastral Acts)



Cadastral History

지적사를 공부하고 연구하는데 있어서 지적제도에 관한 모든 변경 사항은 지적관련 법규에 근거를 두고 시행되었기 때문에 지적관련 법규의 변천 연혁에 관한 사항을 이해하는 것이 중요하다.

우리나라의 지적관련 법규는 제정 주체별로 구분하면 첫째, 1897년 대한제국 선포 이전의 조선 시대 둘째, 1910년 8월 29일 국권피탈 이전의 대한제국 시대 셋째, 국권피탈 이후부터 해방 이전의 일제 시대 넷째, 1945년 8월 15일 해방 이후의 광복 후 시대로 나눌 수 있다.

그리고 지적법령을 제정 객체별로 구분하면 첫째, 조선 시대에 제정한 상정공법·전제상정소준수조화·경국대전 호전편 양전조·양전사목 등이 있으며 둘째, 대한제국 시대에 제정한 대구시가지 토지측량에 관한 타합사항을 비롯하여 대구시가 토지측량 규정·대구시가지 토지측량에 대한 군수〈민단역소〉에게 통달·「토지조사법」 등이 있고 셋째, 일제 시대에 조선총독부에서 제정한 토지조사령·지세령·조선임야조사령 및 조선지세령 등이 있으며 넷째, 광복 후 시대에 한국정부에서 제정한 「지적법」·「소유권이전등기 등에 관한 특별조치법」·「지적재조사에 관한 특별법」 등으로 나눌 수 있다.

제3편 지적관련 법규의 변천사에서는 지적관련 법규의 제정 주체별로 ① 조선 시대, ② 대한제국 시대, ③ 일제 시대, ④ 광복 후 시대로 구분하고 지적관련 법규의 객체별로 입법목적과 주요 제정 또는 개정 내용의 변천 연혁에 관한 사항을 간략하게 서술하였다.

따라서 지적관련 법규의 변천 연혁에 관한 자세한 사항은 지적총서 중 『지적법』에서 상세하게 서술하였다.

# 조선 시대

The Era of the Josen Dynasty

Chapter 01

## 1 상정공법

1436〈세종 18〉년에 전세제도(田稅制度)를 개정하기 위해 세운 임시 관청인 공법상정소(貢法詳定所)를 설치하고, 고려 공양왕 3〈1391〉년의 과전법 실시 이후부터 조선 세종 26〈1444〉년 공법(貢法)을 제정할 때까지 시행한 답험손실법(踏驗損實法)의 폐단을 바로 잡고자 새로 마련한 세법(稅法)인 공법(貢法)[1]을 논의하기 시작하였다.

답험손실법은 한 해의 농업 작황을 현지 조사하여 등급을 정하는 답험법(踏驗法)과 조사한 작황에 따라 일정한 비율로 조세를 감면해주는 손실법(損失法)을 병용한 수세법(收稅法)으로 흉작으로 인한 농민의 고충을 덜어줄 목적에서 시행하였으나 실제는 답험하는 관리의 부족과 적임자가 없었고 주구(誅求)[2]와 전주의 횡포 등 폐단이 많아 효과를 거두지 못하였다.

그리고 과전법(科田法) 체제에서의 조세규정은 지역마다 차이가 나는 토지의 비옥도를 상세히 고려하지 않아 전국 각 도의 토지를 비옥도에 따라 상·중·하로 나누고 이를 다시 고을별로 3등으로 나눈다는 원칙을 바탕으로 1437년에 12두(斗) 내지 20두(斗)로 각각의 세액을 정한 상정공법(詳定貢法)을 제정하였다.

이러한 상정공법은 토지를 비옥도에 따라 구분하여 차등 과세를 하도록 규정한 것으로 우리나라 최초로 정액세법(定額稅法)의 골격을 갖추게 되었다는데 의의가 있다.[3]

---

1) 공법(貢法)이라 함은 일종의 토지세제로써 답험손실법의 폐단을 바로 잡기 위하여 조선 초기에 새로 마련한 세법(稅法)으로 전세(田稅)를 매기는 기준이 되는 새로운 전세제도(田稅制度)를 말한다.

2) 주구(誅求)라 함은 관청에서 백성의 재물 등을 정당한 법적 근거도 없이 강제적으로 요구하여 빼앗는 행위를 말한다.

3) http://terms.naver.com/entry.nhn?docId=523533&mobile&categoryId=1592.(2012.9.5)

## 2 전제상정소준수조화

1443〈세종 25〉년 11월에 갱정공법(更定貢法)이 마련되어 개혁을 담당할 새로운 기구로서 전제상정소(田制詳定所)[4]를 설치하고 상정공법을 시행하고 토지와 조세제도의 조사와 새로운 규정의 제정 등을 추진하였는데, 전제상정소의 설치로 임시 관청이었던 공법상정소는 폐지된 것으로 추정된다.

1653〈효종 4〉년에 전제상정소는 전형(田形)이 각각 틀리고 현란(眩亂)하여 전제상정소준수조화(田制詳定所遵守條畫)[5]를 제정하고, 방전〈方田 : 정방형〉・직전〈直田 : 직방형〉・제전〈梯田 : 사다리꼴〉・규전〈圭田 : 삼각형〉・구고전〈句股田 : 직각삼각형〉의 5가지 각색(各色)으로 타량(打量)하여 안(案)에 기록하도록 규정하였다.[6]

이러한 전제상정소준수조화는 과세 단위별 면적산정 방법을 표준화하여 과세의 공정을 기하도록 규정하였다.

## 3 경국대전 호전편 양전조

1457〈세조 3〉년에 육전상정소(六典詳定所)를 설치하고, 후대에 길이 전할 법전을 만들기 위해 본격적으로 경국대전(經國大典)[7]의 편찬 작업에 착수하였다.

---

4) 전제상정소(田制詳定所)라 함은 조선 전기 1443〈세종 25〉년에 전세(田稅)의 개혁을 위해 설치한 임시 관청으로 조선 시대 최초의 중앙 행정기관이라고 할 수 있다.

5) 전제상정소준수조화(田制詳定所遵守條畫)라 함은 호서지방에 대동법(大同法)을 실시한 뒤 호남에도 실시하는 문제가 논의되던 1653〈효종 4〉년 9월에 호조에서 양전의 원칙을 정리하기 위하여 간행하여 반포하였다. 1634〈인조 12〉년에 경상도・전라도・충청도에 양전을 실시하면서 수등이척제(隨等異尺制)를 폐기하고 모든 토지에 대해 1등급 토지를 측량할 때 사용하던 양전척(量田尺)을 사용하였는데, 이때 개정된 양전법을 여기에 수록하였다. 이 밖에 토지의 등급을 나누는 방법 및 토지대장〈田案〉의 개정방식, 여러 가지 모양의 토지를 측량하는 방법, 토지등급에 따른 결(結)・부(負)의 면적 산출방법, 영조척(營造尺)・포백척(布帛尺)・주척(周尺) 등 각종 척도의 양식 등을 규정하였으며, 이후 양전의 기본원칙으로 준수되었다.

6) 『만기요람(萬機要覽)』 재용편(財用編)二, 전결조(田結條), ; 육전조례(六典條例) 호전(戶典), 전토조(田土條), ; 전제상정소준수조화(田制詳定所遵守條畫).

세조의 명에 따라 편찬한 경국대전은 1460〈세조 6〉년에 전제(田制) · 세제(稅制) · 호적(戶籍) · 권농(勸農) 등 재정경제에 관한 내용이 수록된 호전(戶典)편이 완성되고, 예종을 거쳐 1476〈성종 2〉년에 모두 완성하여 반포하고, 1485〈성종 16〉년에 이를 발간하였다.

경국대전 호전편 양전조는 측량의 주기와 양안, 즉 토지대장의 작성과 보관기관을 최초로 규정하여 근대적인 지적제도의 창설에 한발 다가서게 되었다.

## 4 양전사목

1898년에 대한제국에서 양지아문 직원 및 처무규정(1898.7.6. 칙령 제25호)[8]을 제정하고, 양전사업을 전담할 양지아문(量地衙門)을 설치하였다.

양지아문은 1898〈광무 2〉년에 양전사목(量田事目)[9]을 제정하고, 1653년에 제정한 전제상정소준수조화에 규정된 방전 · 직전 · 제전 · 규전 · 구고전 등 기본 5개의 전형(田形) 이외에 "원형(圓形) · 타원형(橢圓形) · 호시형(弧矢形) · 삼각형(三角形) · 미형(眉形)을 더하고 이 10형에 합당하지 않으면 곧장 변의 모양을 가지고 이름을 정하되 등변 부등변을 논할 것 없이 4변, 5변 변형에서부터 다변형 타협에 이르기까지 명명하다."라고 규정하였다.[10]

이러한 양전사목은 전제상정소준수조화에 규정된 과세 단위별 면적산정 방법을 세분하여 표준화함으로써 과세의 공정을 기하도록 규정하였다.

---

7) 경국대전(經國大典)이라 함은 나라를 다스리는 중요하고도 큰 법전이라는 뜻으로 조선 건국 초의 법전인 경제육전(經濟六典)과 경제육전속전(經濟六典續典) 및 신속육전(新續六典) 등의 법령을 종합해 만든 조선시대의 통일 법전으로 이전 · 호전 · 예전 · 병전 · 형전 · 공전의 순서로 되어 있다. 호전에는 호적 · 토지 · 조세제도와 가옥 · 노비 · 우마의 매매 · 입안 · 채무의 변제와 이자율 등에 관한 사항이 규정되어 있다.(『조선일보』, 2014.7.14, A30)

8) 관보, 1898년 7월 6일, 양지아문 직원 및 처무규정.(광무 2.7.6. 칙령 제25호)

9) 양전사목(量田事目)이라 함은 1898년에 양지아문(量地衙門)에서 토지에 대한 과세를 하기 위하여 지적측량에 관한 절차 · 규범 · 지침 등을 정한 측량규정을 말하며, 사목(事目)이라 함은 어떠한 사안에 임금의 결재나 윤허를 받은 규정을 말하는 것으로 어떠한 일(事)에 대한 여러 가지 시행관련 규정과 조목(條目)을 말한다.

10) 와다(和田一朗), 1920, 『조선토지지세제도조사보고서』, 종고서방(宗高書房), pp.427~428. ; 리진호, 1999, 앞의 책, p.220. 재인용.

# 대한제국 시대
The Era of the Korean Empire

Chapter 02

## 1 대구시가지 토지측량에 관한 타합사항

1907년 5월에 대구시가지 토지측량에 관한 타합사항(1907.5.27. 재무주보 제11호, 통감부[11] 재정감사청)[12]을 제정하고, 면(面)과 동(洞)의 경계 결정・지목의 구분・필지의 획정방법 등을 규정하였다.

대구시가지 토지측량에 관한 타합사항은 현행 지적공부에 등록하는 기본정보인 토지소재・지번・지목・경계 등에 관한 사항을 최초로 규정하였다.

따라서 현행 행정구역 경계의 결정・지목구분・필지의 획정방법 등 관련규정이 이 타합사항에서 비롯되었으며, 지금까지 「토지조사법」이 「지적법」의 효시로 인정되었으나[13], 대구시가지 토지측량에 관한 타합사항이 「지적법」의 효시이자 우리나라의 근대적인 지적제도의 기틀을 마련하게 된 모법이라고 할 수 있다.

## 2 대구시가 토지측량규정

1907년 5월에 대구시가 토지측량규정(1907.5.27. 재무주보 제11호, 통감부 재정감사

11) 통감부(統監府)라 함은 1906년 일본 제국주의가 한국 황실의 안녕과 평화를 유지한다는 명분으로 서울에 설치한 한국 통치기구로써, 1906년 2월에 설치하여 1910년 8월 주권의 상실과 더불어 총독부가 설치될 때까지 4년 6개월 동안 한국의 국정 전반을 사실상 모두 장악했던 식민지 통치기구이다.
12) 재무주보, 제11호, 1907.5.27, 통감부 재정감사청, pp.546~547.
13) 류병찬, 2002, 『지적법』, 제3전정판, 서울, 건웅출판사, p.43.

청)을 제정하고, 도근측량 · 세부측량 · 적산 등으로 나누어 자세하게 규정하였다.

특히 착묵선의 선호 · 도 · 군 · 면 · 동계와 도근점의 제도방법 · 도근측량과 세부측량의 검사 방법 등을 최초로 규정하였고 면적의 단위를 평방미터로 하도록 규정하였다.

따라서 현행 지적측량과 검사방법 · 면적측정 · 도면작성 등 관련규정이 이 규정에서 비롯되었다.

## 3 대구시가지 토지측량에 대한 군수 <민단역소>에게 통달

1907년 5월에 대구시가지 토지측량에 대한 군수〈민단역소〉[14]에게 통달(1907. 5. 27. 재무주보 제11호, 통감부 재정감사청)을 제정하고, 1필지 측량을 실시하기 위한 경계표의 설치와 관리 및 측량입회 등에 관한 절차와 방법 등을 최초로 규정하였다.

따라서 현행 경계표지의 설치 및 관리 · 측량입회방법 등 관련규정이 이 통달에서 비롯되었다.

## 4 삼림법

1908〈융희 2〉년에 「삼림법」(1908.1.21. 법률 제1호)[15]을 제정하고 "삼림산야의 소유자는 본법 시행일로부터 3개년 이내에 삼림산야의 지적(地積) 및 면적의 약도를 첨부하여 농상공부대신에게 신고해야 하며, 기한내에 신고하지 않는 것은 모두 국유로 간주한다."(제19조)고 규정하여 임야 소유자가 비용을 부담하여 민유임야에 대한 측량을 실시하

14) 민단역소〈民團役所〉라 함은 일본의 거류민단 사무소를 말하며, '대구시가지 토지측량에 대한 군수〈민단역소〉로부터의 통달'을 '대구시가지 토지측량에 관한 군수〈민단역소〉에게 통달'로 보완하였다.

15) 관보, 제3979호, 1908〈융희 2〉년 1월 24일, 법률 제1호, pp.73~74.

고 지적계(地籍屆)를 농상공부대신에게 제출하여야만 임야소유권을 인정받을 수 있도록 운영하였다.

그리고 삼림법 시행세칙(1908.4.21. 농상공부령 제65호)에 "삼림법 제19조에 의한 보고는 제13호 양식 및 제14호 양식에 의함이 가함."(제74조)이라고 규정하고, 제13호 양식에 "지적보고(地籍報告)"로 규정하여 대한제국에서 제정한 법령 중에서 최초로 "지적(地籍)"이라는 용어를 사용하였다.

따라서 법령 중에서는 「삼림법」에서 "지적(地籍)"이라는 용어를 최초로 사용하였으며, 「삼림법」의 시행은 지적제도의 창설을 위한 준비과정으로 측량과 도면작성 등의 기술적인 기반을 축적시키는 중요한 계기가 되었다.

## 5 토지조사법

1910년 3월에 대한제국의 탁지부에서 토지조사국 관제(1910.3.15. 칙령 제23호)[16]를 제정하여 토지조사국(土地調査局)을 설치하고 근대적인 지적제도를 창설하기 위하여 전국토에 대한 토지조사사업을 추진할 목적으로 1910년 8월에 「토지조사법(土地調査法)」, (1910.8.23. 법률 제7호)[17]을 제정하였다.

그리고 같은 날 토지조사법 시행규칙(1910.8.23. 탁지부령 제26호)[18]과 고등토지조사위원회규칙(1910.8.23. 칙령 제43호)[19] 및 지방토지조사위원회규칙(1910.8.23. 칙령 제44호)[20] 등을 제정하였다.

그러나 「토지조사법」을 비롯하여 토지조사법 시행규칙과 고등토지조사위원회규칙 및 지방토지조사위원회규칙 등은 우리나라의 근대적인 지적제도의 창설을 위하여 매우 중요한 법규였으나 1910년 8월 29일 경술국치조약에 의하여 불행하게도 꽃도 피워보지 못한 채 대한제국의 마지막 법규가 되었다.

16) 관보, 제4627호, 1910년 3월 15일(융희 4.3.15. 칙령 제23호), p.69.
17) 관보, 제4765호, 1910년 8월 23일(융희 4.8.23. 법률 제7호), p.131.
18) 관보, 제4765호, 1910년 8월 23일(융희 4.8.23. 탁지부령 제26호).
19) 관보, 제4765호, 1910년 8월 23일(융희 4.8.23. 칙령 제43호).
20) 관보, 제4765호, 1910년 8월 23일(융희 4.8.23. 칙령 제44호).

그 후 조선총독부에서 임시토지조사국을 설치하고 대한제국의 토지조사국에 대한 조직・인력・사무 등을 모두 인수받아 잠시 중단되었던 토지조사사업을 추진하면서 선 시행, 후 입법(先 施行, 後 立法)의 토지조사령(1912.8.13. 제령 제2호)과 조선임야조사령(1918.5.1. 제령 제5호) 등을 제정하고 한반도에 대한 토지조사사업과 임야조사사업을 추진하였다.

조선총독부는 대한제국에서 제정한 "「토지조사법」"을 "토지조사령"으로, "토지조사법 시행규칙"을 "토지조사령 시행규칙"으로, "고등토지조사위원회규칙"을 "조선총독부 고등토지조사위원회관제"로 "지방토지조사위원회규칙"을 "조선총독부 지방토지조사위원회관제"로 각각 제명을 변경하고 그 내용을 일부 수정하여 한반도 전 지역에 대한 토지조사사업을 추진하여 근대적인 지적제도를 창설하였다.

따라서 우리나라의 근대적인 지적제도는 자주적이 아닌 일제에 의하여 창설된 태생적 한계를 지니고 출발하였으며, 1세기가 지난 오늘날까지 이를 극복하지 못하고 있는 실정이다.

Chapter 03

# 일제 시대

The Era of the Japanese Imperialism

## 1 토지측량표규칙

1910년 9월에 조선총독부에서 토지조사령을 제정하기 전에 토지조사사업을 위한 측량을 시행하기 위하여 설치하는 측량표에 관한 사항을 규정하기 위하여 토지측량표규칙(土地測量標規則, 1910.9.15. 통감부령 제58호)을 제정하였다.

토지측량표규칙은 측량표인 삼각점표석・점표・표항(標杭)・표기(標旗) 등의 설치방법과 관리절차, 표석・점표・표항・표기를 이전(移轉)하거나 제각(除却) 또는 훼손(毁損)한 자에 대한 벌칙 등을 규정하였다.

통감부령이었던 토지측량표규칙은 1915년에 제1차 개정(1915.1.15. 조선총독부령 제1호)되어 조선총독부령으로 격상되었으며, 1936년에 조선토지측량표령(1936.2.6. 제령 제1호)을 제정하여 다시 제령으로 격상되었고, 광복 후 1961년에 제정한 측량법(1961.12.31. 법률 제938호)의 모체가 되었다.

## 2 토지조사령

1910년 9월에 조선총독부 임시토지조사국관제(1910.9.30. 칙령 제361호)[21]를 제정하고 대한제국에서 계획했던 토지조사사업을 체계적으로 추진하고 지적공부를 작성하기

21) 조선총독부 관보, 제28호, 1910년 9월 30일(명치 13.9.30. 칙령 제361호).

위한 세부절차를 규정하기 위하여 1912년 8월에 토지조사령(土地調査令, 1912.8.13. 제령 제2호)[22]과 토지조사령 시행규칙(1912.8.13. 조선총독부령 제6호)[23]을 제정하였으며, 1913년 6월에 임시토지조사국 조사규정(1913.6.7. 조선총독부훈령 제33호)[24]을 제정하였다.

그러나 조선총독부에서 제정한 토지조사령과 토지조사령 시행규칙은 대한제국에서 제정한 「토지조사법」과 토지조사법 시행규칙의 제명을 변경하고 일부 내용을 보완하여 토지조사사업에 관한 사항을 규정하였다.

## 3 지세령

1914년 3월에 지세령(地稅令, 1914.3.6. 제령 제1호)을 제정하고 토지조사사업의 주된 목적인 토지에 대한 과세를 하기 위하여 지세의 부과대상, 부과방법 및 절차 등을 규정하고 부・군(府・郡)에 결수연명부를 비치하여 지세에 관한 사항을 등록하도록 규정하였다.

이어서 토지대장규칙(1914.4.25. 조선총독부령 제45호)[25]과 토지측량표규칙(1915.1.15. 조선총독부령 제1호)[26]을 제정하여 토지조사사업의 성과를 담은 토지대장과 지적도의 등록사항과 변경・정리방법 등을 규정하였다.

## 4 임야정리조사내규

1914년부터 조선총독부는 함경남도 등 각 도에서 산발적으로 임야조사시험사업을 추진한 기록이 각 도의 종말보고서에 수록되어 있다.[27]

22) 조선총독부 관보, 제12호(1912.8.13. 제령 제2호), pp.85~86.
23) 조선총독부 관보, 제12호(1912.8.13. 조선총독부령 제6호).
24) 조선총독부 관보, 제312호(1913.6.7. 조선총독부훈령 제33호).
25) 조선총독부 관보, 제519호(1914.4.25. 조선총독부령 제45호), pp.329~333.
26) 조선총독부 관보, 제733호(1915.1.15. 조선총독부령 제1호), pp.161~163.

그리고 토지조사사업의 마무리 단계인 1917년 10월에 임야정리조사내규(林野整理調査內規, 1917.10.13.)를 제정하고 임야정리조사의 시행자(부윤・면장)・신고서 제출・측량수수료의 부담・필지의 구분・지번의 부여・지목의 구분・임야의 등급・측량・임야도의 축척・원도의 정리 및 임야도의 제조・임야조사부의 작성・보고 등에 관한 사항을 규정하였다.

경기도 임야조사종말보고서(林野調査終末報告書)에 의하면 1917년에 임야정리조사내규를 제정하고, 임야의 정리 조사는 도 및 군 감독아래 부윤(府尹) 또는 면장이 시행하도록 규정하였으며,(제1조) 임야정리 조사를 시행할 지역은 도가 예정한 후 이를 공시하고 일정한 기간을 정하여 토지의 소유자 또는 연고자로 하여금 신고서의 제출과 함께 그 토지의 강계(疆界)에 표항을 설치하도록 규정하였다.(제2조)

그리고 1918년 5월에 조선임야조사령(朝鮮林野調査令, 1918.5.1. 제령 제5호)을 제정하고 부칙에 '본령 시행 전 도장관이 행한 임야의 조사 및 측량에 관한 수속・기타 행위로서 조선총독이 지정한 지역안의 임야에 관계된 것은 본령에 의하여 이를 시행한 것으로 간주한다.'라는 경과규정을 두어 1914년부터 각 도에서 산발적으로 추진한 임야조사 시험사업의 성과를 합법화 하였다.

## 5 조선임야조사령

1916년 1월부터 임야조사 시험사업을 경기도 부천군 부내면(富內面)・다주면(多朱面)・계남면(桂南面)과 수개 도의 일부에서 실시하고[28] 시험사업의 결과를 토대로 1918년 5월에 조선임야조사령(朝鮮林野調査令, 1918.5.1. 제령 제5호)과 조선임야조사령 시행규칙(朝鮮林野調査令 施行規則, 1918.5.1. 조선총독부령 제38호)을 제정하여 임야조사사업을 전국적으로 확대 실시하게 되었다.

27) 리진호, 2006(a), 『측량과 지적』(창간호), 지적박물관, 도서출판 우물. pp.52~72. 경기도, 1925. 2, 『임야조사종말보고서』, 국가기록원에 간직되어 있는 강원도 임야종말보고서에는 전문 43조로 된 임야정리조사내규와 야장기입요령이 부록으로, 경기도 임야조사종말보고서에는 전문 69조로된 임야조사내규(1917.10)와 야장기입요령이 첨부되어 있어 각 도마다 임야정리조사내규를 제정한 것으로 추정된다.
28) 지적기술연수원, 1993(c), 『조선임야조사사업보고서』, p.35. ; 리진호 1999, 앞의 책, p.553.

이어서 1920년 8월에 임야대장규칙(1920.8.23. 조선총독부령 제113호)을 제정하고 임야조사사업의 성과를 담은 임야대장과 임야도의 등록사항과 변경정리방법 등을 규정하였다.

토지조사사업은 임야·산간지·소도서·미간지 등을 제외한 과세대상 토지를 조사하였으나, 임야조사사업은 임야를 주로 조사하되 토지조사사업에서 제외된 모든 토지를 대상으로 하였다.[29]

이 시기에는 토지대장과 지적도에 등록·공시된 사항에 대한 변경정리는 지세령(1914.3.6. 제령 제1호), 토지대장규칙(1914.4.25. 조선총독부령 제45호), 토지측량규정(1921.3.18. 조선총독부훈령 제10호)[30] 등에 의하여 수행하였다.

그리고 임야대장과 임야도에 등록·공시된 사항에 대한 변경정리는 임야대장규칙(1920.8.23. 조선총독부령 제113호), 임야측량규정(1935.6.12. 조선총독부훈령 제27호)[31] 등에 의하여 수행하게 되어 서로 다른 규정에 의하여 지적공부를 관리하였다.

## 6 조선지세령

1943년 3월에 조선총독부는 지적에 관한 사항과 지세에 관한 사항을 동시에 규정한 조선지세령(朝鮮地稅令, 1943.3.31. 제령 제6호)을 제정하였다.

조선지세령은 과세지성·비과세지성·분할·합병·지목변경 등 지적사무에 관한 사항과 재해지 면세·자작농지 면세·사립학교용지 면세와 징수 등 지세사무에 관한 사항 등 서로 다른 규정을 두었다.

따라서 기술적인 측면과 사무적인 측면, 지적정리절차와 지세의 징수절차 등 이질적인 내용이 혼합되어 있어[32] 당시의 지적행정 수행에 지장이 많아 광복 후 1950년 12월에 독자적인 「지적법」(1950.12.1. 법률 제165호)과 「지세법」(1950.12.1. 법률 제155호)을 분리하여 제정하게 되었다.

29) 박순표, 1985, "한국의 지적제도", 『한국지적학회보』, 제6호, p.4.
30) 조선총독부 관보, 제2578호(1921.3.18. 조선총독부훈령 제10호), pp.191~196.
31) 조선총독부 관보, 제2523호(1935.6.12. 조선총독부훈령 제27호), pp.134~136.
32) 내무부, 1966, 『한국지방행정사』, p.793.

# 광복 후 시대

The Era after Independence

Chapter 04

## 1 지적법

1945년 8월 6일 일본 히로시마에 원자폭탄이 투하되었으며, 일본이 연합군에게 무조건 항복을 선언함으로써 일제에게 빼앗겼던 주권을 되찾게 되었으나, 우리 국민들의 뜻과 다르게 독립하자마자 남북으로 분단되어 국토와 민족과 사상이 둘로 갈라져 대립하게 되었다.

군정 시대를 거쳐 1948년 8월 15일에 남쪽에서는 대한민국 정부 수립을 선포하였고, 같은 해 9월 9일 북쪽에서는 조선민주주의인민공화국 정부 수립을 선포하였다.

그 후 1950년 6월 25일에 조선민주주의인민공화국이 38도선을 넘어 남침함으로써 한국전쟁(韓國戰爭)이 발발하였으며, 3일 만에 서울을 내주고 후퇴하기 시작하였다.

대한민국 정부는 1950년 6월 27일에 수도를 대전으로 옮겼으며, 같은 해 7월 16일에 대구로 옮겼으나 호남지방이 북한군에 넘어가면서 같은 해 8월 18일에 다시 부산으로 옮겼으며, 같은 해 10월 27일에 서울로 환도하였으나 1951년 1.4후퇴로 다시 수도를 부산으로 옮긴 후 휴전협정으로 1953년 8월 15일 서울로 환도하였다.

국가적으로 이렇게 어려운 환경에서 1950년 12월에 「지적법」을 새로이 제정한 이유는 국가적인 측면에서는 첫째, 전쟁비용을 충당하기 위한 안정적인 세원을 확보할 필요가 있었으며 둘째, 광복 후 갑작스럽게 증가한 토지거래와 분할 등에 따른 국민의 재산권을 보호할 의무가 커지게 되었기 때문이다.

그리고 행정적인 측면에서는 첫째, 조선지세령에 규정된 지적사무에 관한 사항과 지세사무에 관한 사항을 분리하여 독립할 필요가 있었으며 둘째, 토지조사사업의 성과에 의하여 작성된 토지대장 및 지적도와 임야조사사업의 성과에 의하여 작성된 임야대장 및 임야도의 등록사항에 대한 변경정리를 각각 서로 다른 법령에 의해서 수행되어 지적행정 수행에 지장이 많았기 때문이다.

토지조사사업의 성과에 의하여 작성된 토지대장과 지적도의 등록사항에 대한 변경정리는 지세령(1914.3.6. 제령 제1호)·토지대장규칙(1914.4.25. 조선총독부령 제45호)·토지측량규정(1921.3.18. 조선총독부훈령 제10호) 및 조선지세령(1943.3. 31. 제령 제6호) 등에 의하여 수행하였으며, 임야조사사업의 성과에 의하여 작성된 임야대장과 임야도의 등록사항에 대한 변경정리는 임야대장규칙(1920.8.23. 조선총독부령 제113호)·임야측량규정(1935.6.12. 조선총독부훈령 제27호) 및 조선임야대장규칙(1943.3.31. 조선총독부령 제69호) 등에 의하여 수행하였다.

따라서 이들 관련규정을 통합하여 지적을 상세히 조사하고 세원을 확보하기 위하여 「지적법」 제정(안)을 제안하게 되었으며,[33] 「지세법」을 분리하여 제정하게 되었다.

대한제국에서 근대적인 지적제도를 창설하기 위하여 1910년 8월에 「토지조사법」을 제정한 후 약 40년만인 1950년 12월에 총 41개 조문의 「지적법(地籍法)」(1950.12.1. 법률 제165호)[34]과 「지세법(地稅法)」(1950.12.1. 법률 제155호)[35]을 분리하여 제정하고 공포일부터 시행하였으며, 조선지세령과 조선임야대장규칙 등을 폐지하였다.

이어서 1951년 4월에 지적법 시행령(1951.4.1. 대통령령 제497호)[36]을 제정하여 「지적법」의 시행에 관하여 필요한 지적공부의 열람·등본, 신고 및 신청 등에 관한 사항을 규정하였으며, 공포한 날부터 시행하였다.

1950년 12월 1일 제정한 「지적법」의 주요 내용은 첫째, 토지대장·지적도·임야대장 및 임야도를 두도록 규정하였으며 둘째, 일구역마다 지번을 붙이고 지목·경계 및 지적(地積)을 정하도록 규정하였고 셋째, 지목은 광천지와 염전을 신설하여 21개 종목으로 구분하도록 규정하였으며 넷째, 세무서에 토지대장을 비치하도록 규정하였고 다섯째, 정부는 지적도·임야대장·임야도를 비치하도록 규정하였으며 여섯째, 새로이 지적공부에 등록하여야 할 도로·구거·하천 등 공공용지를 본법 시행일로부터 3년 이내에 의무적으로 등록하도록 규정하였다.

이어서 1954년 11월에 지적측량규정(1954.11.12. 대통령령 제951호)[37]을 제정하고 지적측량의 대상·지적측량의 구분·면적산정과 지적정리 등 기술적인 사항을 규정하였으

33) 국회도서관, 제8회 국회 임시회의속기록 제58호, 1950.11.25, p.5.
34) 관보, 제417호, 1950.12.1, pp.5~9.
35) 관보, 1950년 12월 1일, 지세법(1950.12.1. 법률 제155호).
36) 관보, 1951년 4월 1일, 지적법 시행령(1951.4.1. 대통령령 제497호).
37) 관보, (1954.11.11. 대통령령 제951호).

며, 1960년 12월에 지적측량사규정(1960.12.31. 국무원령 제176호)[38]을, 1961년 2월에 지적측량사규정 시행규칙(1961.2.7 재무부령 제194호)[39] 등을 각각 제정하고 지적측량종사자에 대한 자격 · 종사한계 · 전형방법 · 지적측량기관 · 지적측량 심의 등에 관한 사항을 규정하였다.

## 2 지적법 개정

1950년에 「지적법」을 제정한 후 2009년에 「측량 · 수로조사 및 지적에 관한 법률」의 제정으로 인하여 폐지될 때까지 총 19회에 걸쳐 개정되었으나 이중 1975년과 2001년 두 차례에 걸쳐 전부 개정을 하였으며, 「부동산등기법」을 비롯하여 「공익사업을 위한 토지 등의 취득 및 보상에 관한 법률」, 「주택법」, 「가족관계의 등록 등에 관한 법률」 등 다른 법률의 개정에 의하여 8회 개정되었고, 9회에 걸쳐 일부 개정을 하였다.

이 책에서는 지적법의 개정 내용 중에서 가장 중요하다고 판단되는 내용만을 간략하게 서술하였으며, 지적법의 개정 연혁에 관한 자세한 사항은 지적총서 중 『지적법』에서 상세하게 서술하였다.

### 2.1 제1차 개정(1961.12.8.)

1961년 12월에 국가와 지방자치단체의 세제개편을 위하여 「국세와 지방세의 조정에 관한 법률」(1961.12.2. 법률 제780호)을 제정하여 국세인 지세(地稅)를 지방세인 재산세(財産稅)와 농지세(農地稅)로 전환함에 따라 국가재건최고회의에서 지적사무를 재무부에서 내무부로 이관하도록 「지적법」(1961.12.8. 법률 제829호)[40]을 일부 개정하고(이하 "「지적법」 제1차 개정 법률"이라 한다.) 1962년 1월 1일부터 시행하였다.

「지적법」 제1차 개정 법률의 주요 내용은 토지대장의 비치기관을 "세무서"에서 "서울특별시 또는 시군"으로 개정하고, 토지에 대한 "지세"를 "재산세"와 "농지세"로 개정하였다.

38) 관보, (1960.12.31. 국무원령 제176호).
39) 관보, (1961.2.7. 재무부령 제194호).
40) 관보, 제3020호, 1961,12,8, p.65.

## 2.2 제2차 개정(1975.12.31, 제1차 전부 개정)

1950년에 제정한 최초의 「지적법」이 1975년 12월에 1차 전부 개정(1975.12.31. 법률 제2,801호,[41] 이하 "「지적법」 제2차 개정 법률"이라 한다.)되어 1976년 5월 7일부터 시행하였다.

이어서 1976년 5월에 지적법 시행령(1976.5.7. 대통령령 제8,110호)[42]을 전부 개정하고, 지적법 시행규칙(1976.5.7. 내무부령 제208호)[43]을 새로이 제정하여 최초로 「지적법」을 법(法)·령(令)·규칙(規則)으로 체계화하였다.

「지적법」 제2차 개정 법률의 주요 내용은 첫째, 지적공부의 반출을 엄격히 규제하도록 규정하였으며 둘째, 지번설정방법을 한자 표기방법의 북동기번법(北東起番法)에서 아라비아 숫자 표기방법의 북서기번법(北西起番法)으로 전환하였고 셋째, 지목을 통폐합하고 목장용지·공장용지·학교용지·운동장·유원지의 5개 지목을 신설하여 21개 종목에서 24개 종목으로 개정하였으며 넷째, 토지에 대한 면적의 등록 단위를 척관법에서 미터법에 의한 평방미터(㎡)로 전환하고 다섯째, 토지소유자 중 자연인에 대한 주민등록번호를 대장에 새로이 등록하도록 개선하였으며 여섯째, 지적고시(地籍告示)된 용도지역을 대장에 새로이 등록하도록 개선하고 일곱째, 수치지적부〈현 경계점좌표등록부〉를 새로이 작성·비치하도록 개선하였으며, 기타 지적공부의 비치 보존에 관한 사항, 토지이동의 신청신고에 관한 사항, 지적측량에 관한 사항, 지적정리에 관한 사항 등을 상세히 규정하여 지적사무를 효율적으로 수행할 수 있도록 개선하고 지적사무의 전산화를 추진할 수 있는 제도적 장치를 마련하여 조선총독부에서 창설한 우리나라의 근대적인 지적제도를 현대적인 지적제도로 전환하는 계기가 되었다.

## 2.3 제5차 개정(1991.11.30.)

1991년 11월에 「지적법」을 일부 개정(1991.11.30. 법률 제4,405호,(이하 "「지적법」 제5차 개정 법률"이라 한다.)[44]하고 1992년 3월에 지적법 시행령(1992.3.23. 대통령령 제13,620호)[45]과 지적법 시행규칙(1992.3.23. 내무부령 제558호)[46]을 각각 개정하였다.

---

41) 관보, 제7236호(그2), 1975.12.31, pp.10~16.
42) 관보, (1976.5.7. 대통령령 제8,110호).
43) 관보, (1976.5.7. 내무부령 제208호).
44) 관보, 제11983호(1991.11.30), pp.10~11.

지적공부의 등록사항을 대장과 전산등록 파일에 이중으로 정리함으로써 예산·인력의 낭비요인이 되고 있어 이를 개선하고 토지대장부본과 임야대장부본을 전산등록 파일에 의거 용이하게 작성할 수 있도록 개선하여 1992년 1월 1일부터 시행하였다.

「지적법」 제5차 개정 법률의 주요 내용은 수작업에 의하여 작성된 토지대장과 임야대장을 지적서고에 영구 보존관리하고, 1992년 1월 1일부터 토지이동·소유권변동·토지등급 수정 등 대장등록사항에 대한 변경이 있는 경우 전산등록 파일에만 정리하도록 개선하여 우리나라의 행정기관으로서는 최초로 가시적인 대장이 없는 지적제도(bookless cadastral Systems)의 도입을 실현하였다.

## 2.4 제10차 개정(2001.1.26. 제2차 전부 개정)

2001년 1월에 「지적법」을 전부 개정(2001.1.26. 법률 제6389호[47]), 이하 "「지적법」 제10차 개정 법률"이라 한다.)하였다.

「지적법」 제10차 개정 법률은 1975년에 이어 두 번째 전부 개정한 것으로, 바다로 된 토지의 말소사유와 등록사항정정의 사유를 구체적으로 명시하였고 또한 바다로 된 토지의 말소사항을 회복등록 할 수 있도록 보완하였으며, 지적정보센터에서 지적위성기준점에 대한 자료를 관리할 수 있도록 개선하였다.

「지적법」 제10차 개정 법률은 공포일부터 1년 후인 2002년 1월 27일부터 시행하였으며, 개정 주요내용은 첫째, 공유지연명부와 대지권등록부를 지적공부로 규정하고 둘째, 수치지적부를 경계점좌표등록부로 명칭을 변경하였으며 셋째, 지적측량기준점으로 지적위성기준점〈GPS상시관측소〉을 추가하고 넷째, 주차장·주유소용지·창고용지·양어장의 4개 지목을 신설하여 24개 종목에서 28개 종목으로 개정하였으며, 기타 토지의 지번으로 위치를 찾기 어려운 지역의 도로와 건물에 도로명과 건물번호를 부여하여 관리할 수 있도록 제도를 신설하고, 지적공부에 등록된 토지가 지형의 변화 등으로 바다로 된 경우 토지소유자가 일정 기간 내에 지적공부의 등록말소신청을 하지 아니하면 소관청이 직권으로 말소할 수 있도록 개정하였으며, 전국의 지적·주민등록·공시지가·지적위성측량기준점 관측자료 등 토지관련 자료의 효율적인 관리와 공동 활용을 위하여 지적정보센터를 설치·운영할 수 있도록 제도를 신설하였으며, "해면성(海面成) 말소"를 "바다로 된

45) 관보, (1992.3.23. 대통령령 제13,620호).
46) 관보, (1992.3.23. 내무부령 제558호).
47) 관보, 제14711호, 2001.1.26, pp.57~70.

토지의 등록말소"로 용어를 변경하였다.[48)]

## 2.5 제13차 개정(2003.12.31.)

2003년 12월에 「지적법」을 개정(2003.12.31. 법률 제7036호,[49)] 이하 "「지적법」 제13차 개정 법률"이라 한다.)하였다.

「지적법」 제13차 개정 법률은 부정확한 지적으로 인한 국민의 불편을 해소하고 지적측량시장을 확대 개방하기 위해서 측량성과가 정확한 수치지역을 점차 확대하는 정책이 필요하게 되어 장기적인 과제로써 지적재조사사업을 시행할 수 있는 법적 장치를 마련하였다.

「지적법」 제13차 개정 법률은 공포일 다음 날인 2004년 1월 1일부터 시행하였으며, 주요 개정내용은 다음과 같다.

첫째, 지적측량업을 영위하고자 하는 자는 행정자치부장관에게 등록하도록 규정하였고 둘째, 지적측량업의 등록을 한 자는 경계점좌표등록부가 비치된 지역과 도시개발사업 등이 완료됨에 따라 실시하는 지적확정측량을 수행할 수 있도록 규정하였으며 셋째, 대한지적공사를 「지적법」에 의한 특수법인으로 전환하도록 개선하였고, 기타 부실한 지적측량에 의한 손해배상책임을 보장하기 위하여 지적측량수행자는 보험가입 등 필요한 조치를 하도록 개선하고, 지적측량업의 등록을 하지 아니하고 지적측량업을 영위하거나 지적측량업 등록증을 빌려준 때에는 5년 이하의 징역 또는 5천만원 이하의 벌금에 처하도록 규정하였다.

## 2.6 제18차 개정(2008.2.29.)

2008년 2월에 「지적법」을 개정(2008.2.29. 법률 제8853호,[50)] 이하 "「지적법」 제18차 개정 법률"이라 한다.)하였다.

「지적법」 제18차 개정 법률은 국토자원의 통합관리를 위하여 건설교통부와 해양수산부의 해양 정책·항만·해운물류 및 행정자치부의 지적업무를 통합하여 국토해양부를

48) 관보, 제14711호(2001.1.26). pp.57~70.
49) 관보, 제15585호(2003.12.31), pp.52~50.
50) 관보, 제16699호(2008.2.29), p.249.

신설하는 등 「정부조직법」을 전부개정[시행 2008.2.29.][법률 제8852호, 2008.2.29. 전부 개정]함에 따라 지적업무를 행정자치부에서 국토해양부로 이관하기 위하여 개정한 것으로, 2008년 2월 29에 행정자치부에서 관장하던 지적업무를 국토해양부로 이관하였으며, 개정 주요 내용은 「지적법」에 규정된 "행정자치부령"을 "국토해양부령"으로, "행정자치부장관"을 "국토해양부장관"으로, "행정자치부"를 "국토해양부"로 각각 개정하였다.

## 2.7 제19차 개정(2009.6.9.)

2009년 6월에 「측량 · 수로조사 및 지적에 관한 법률」(시행 2009.12.10, 법률 제9774호, 2009.6.9, 제정)을 제정하고, 부칙 제2조(다른 법률의 폐지)에 「지적법」을 비롯하여 「측량법」과 「수로업무법」을 각각 폐지하도록 규정하였다.[51)]

2008년 2월에 지적사무를 행정자치부에서 국토해양부로 이관한 후 우리나라 지적제도의 가장 강점이라고 할 수 있는 중앙과 시 · 도, 시 · 군 · 구의 체계적인 지적행정조직을 와해시키고 독립적이고 전문화된 「지적법」을 약 60여년 만에 폐지하여 지적제도를 발전시키는 것이 아니고 말살하려는 의도로 볼 수밖에 없으며, 이를 지켜만 보고 대처하지 못하는 저자의 무력함을 어떻게 필설(筆舌)로 표현할 수 있을까?

가까운 일본은 국토교통성의 국토조사과를 지적정비과로 명칭을 변경하고 법무성에 부동산등기과를 설치하여 지적과 등기업무를 통합 일원화하여 효율적으로 운영하고 있으며, 대만도 지적과 등기업무를 통합 일원화하고 내정부 지정국에 지적과와 지권과를 설치하고 국토측회중심에 지적도중측과와 지적측량과를 설치하여 지적행정조직을 보강하고 지적관련 법령을 발전 지향적으로 개정하고 있는데, 우리나라는 이러한 시대의 흐름에 역행하고 있다.

그러나 불행 중 다행이도 「지적법」에 규정되었던 지적에 관한 규정은 모두 존속되었으며, 2014년 6월에 「측량 · 수로조사 및 지적에 관한 법률」의 제명을 「공간정보의 구축 및 관리 등에 관한 법률」[시행 2015.6.4.][법률 제12738호, 2014.6.3, 일부개정]로 개정하고 2015년 6월부터 시행하도록 규정하여 오늘에 이르고 있는데, 언젠가는 지적법을 복원하여야 할 것이다.

51) 관보, 제17019호(2009.6.9), pp.523~574.

지적총서 3
Cadastral Series 3

# 제 4 편

# 지적 4대 운영체제의 변천사

(Part 4. History of the 4 Big Organizations of the Cadastral Systems)



Cadastral History

우리나라는 1895년 조선 말기에 내부 판적국 지적과를 설치한 후 재무부 · 내무부 · 행정자치부 · 국토해양부를 거쳐 오늘날의 국토교통부와 시 · 도 및 시 · 군 · 구의 지적행정조직을 비롯하여 지적측량조직, 지적교육조직 등 관 · 산 · 학의 지적 3대 운영체제, 즉 지적 3륜 구동체제가 상호 협조하면서 발전하여 왔다.

그러나 2005년에 대한지적공사에 지적연구원을 확대 재발족하여 지적연구조직을 복원함으로써 지적 4대 운영체제(地籍 四大 運營體制), 즉 지적 4륜 구동체제(地籍 4輪 驅動體制, Four Wheel Drive Cadastral Systems)를 확립하게 되었다.

일반적으로 3륜 체제(3輪 體制) 또는 3족 체제(3足 體制)는 움직이지 아니하는 정지된 상태에서는 매우 안정적이어서 고대로 부터 솥 · 그릇 같은 생활용구는 물론 측량용 평판 · 레벨 · 트랜싯 등의 다리가 모두 3족으로 구성되어 있는 것이 많았으나, 항상 움직이는 동적인 상태에서는 3륜 또는 3족은 중심을 잃고 쓰러지기 쉽기 때문에 용달차의 대명사처럼 사용하던 3륜 자동차가 오늘날에는 그 자취를 찾아볼 수 없게 되었으며, 모든 자동차가 4륜 체제로 변화하였다.

이와 마찬가지로 사회가 비교적 정적인 상태였던 1980년대까지는 지적 3대 조직으로 충분히 버틸 수가 있었으나, 1990년대 이후 정보화 시대에 접어들면서 주변 환경이 급격히 변화 발전하는 동적인 상태로 바뀌면서 지적 3대 조직 보다는 지적 4대 조직이 더욱 합리적인 운영체제로 받아들여지고 있다.

따라서 제4편 지적 4대 운영체제의 변천사에서는 ① 지적행정조직의 변천 연혁, ② 지적측량조직의 변천 연혁, ③ 지적교육조직의 변천 연혁, ④ 지적연구조직의 변천 연혁으로 구분하여 상세히 서술하였다.

# 지적행정조직의 변천 연혁

History of the Cadastral Administrative Organizations

Chapter 01

우리나라의 근대적인 지적행정조직을 설치 주체별로 나누면 첫째, 1895년부터 대한제국 시대 이전의 조선을 비롯하여 둘째, 1897년부터 1910년 8월 29일 국권피탈 이전의 대한제국 셋째, 국권피탈 이후부터 해방 이전 일제 시대의 조선총독부 넷째, 1945년 8월 15일 해방 이후 광복 후 시대의 미군정청과 대한민국 정부의 네 가지로 구분할 수 있다.

그리고 근대적인 지적행정조직을 객체별로 구분하면 첫째, 조선 말기에 설치한 내부 판적국(版籍局)[1] 지적과를 효시로 하여 둘째, 대한제국 시대에 설치한 내부 지방국(地方局), 양지아문(量地衙門), 지계아문(地契衙門), 탁지부(度支部)의 양지국·사세국·임시재원조사국·임시재산정리국·토지조사국 등이 있었으며 셋째, 일제 시대에 조선총독부에서 설치한 임시토지조사국과 내무부 지방국, 탁지부 사세국, 농상공부 및 재무국 등이 있었고 넷째, 광복 후 시대에는 미군정청과 대한민국 정부에서 설치한 재무부·내무부·행정자치부·국토해양부·국토교통부 등이 있다.

이들 지적행정조직에 대한 설치 주체와 객체별로 설치 목적과 주요 사무 등에 관한 변천 연혁은 다음과 같다.

## 1 조선 말기

### 1.1 내부 판적국

1894〈개국 503〉년에 대한제국에서 갑오개혁을 통하여 근대적인 사회제도의 체계를

1) 판적(版籍)이라 함은 『주례(周禮)』 판도(版圖)의 주(註)에 "널빤지로 만든다."고 하였는데, 오늘날의 호적(戶籍)을 말한다.(정긍식 외 2인, 2010, 『주석 경국대전주해』, 한국법제연구원, p.107.)

갖추기 위한 개혁의 하나로 중앙관제를 의정부(議政部)와 궁내부(宮內部)로 나누고 의정부 밑에 내무(內務)・외무(外務)・탁지(度支)・법무(法務)・학무(學務)・공무(公務)・군무(軍務)・농상무(農商務)의 8개 아문(衙門)을 설치하였다.[2)]

그리고 1895〈개국 504〉년 3월에 내부관제(1895.3.26. 칙령 제53호)를 제정하여 내무아문(內務衙門)을 내부(內部)로 개편하고 판적국(版籍局)을 설치하도록 규정하였으며,(제4조) 판적국은 ① 호구적(戶口籍)에 관한 사항, ② 지적(地籍)에 관한 사항, ③ 무세(無稅) 관유지 처분 및 관리에 관한 사항, ④ 관유지의 명목변환(名目變換)에 관한 사항을 관장하도록 규정하였다.[3)](제8조)

이어서 1895년 4월에 내부분과규정(1895.4.17.)을 제정하고, [그림 4-1]과 같이 판적국에 호적과와 지적과의 2개 과를 설치하도록 규정하여(제11조) 우리나라의 근대적인 지적행정조직을 최초로 설치하였으며, 지적과는 ① 지적에 관한 사항, ② 무세(無稅)관유지의 처분 및 관리에 관한 사항, ③ 관유지의 명목변환(名目變換)에 관한 사항을 관장하도록 규정하였다.[4)](제13조)

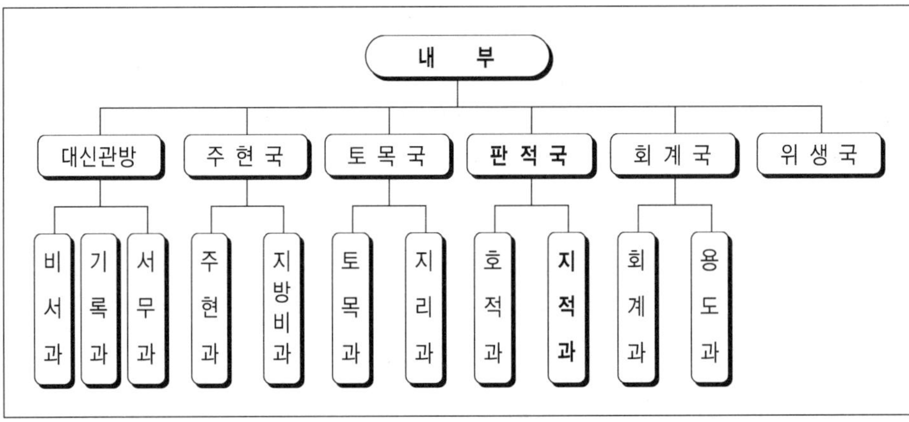


주 : 내부대신이 지적사무를 총괄하였다.
출처 : 내부분과규정.(1895.4.17. 관보) 참고 작성.

[그림 4-1] 내부 기구도

우리나라 최초의 근대적 지적행정조직인 내부 판적국 지적과의 청사는 당시에 경복궁에서 가까운 의정부(議政府)가 있었던 자리에 들어섰다.

2) 『고종실록』 권31, 고종 31년 6월 28일, pp.495~497.
3) 대한민국 국회도서관, 1970, 『한말근대법령자료집』, 서울, 서울인쇄주식회사, pp.239~241.
4) 관보, 1895.4.17(개국 504.4.17). ; 대한민국 국회도서관, 앞의 책, pp.239~241.

그러나 1907년에 기와집을 헐고 양식 건물로 내부(內部) 청사를 착공하여 1910년에 준공되었으나, 경술국치 후 경기도의 청사로 사용되었으며, 1976년부터 치안본부 청사로 사용되었고, 1989년 10월에 건물을 철거한 후 정부종합청사 주차장으로 사용하다가[5] 지금은 공원을 조성하였다.

## 2 대한제국 시대

### 2.1 양지아문

양전사무(量田事務)를 담당하는 조직은 호조(戶曹)였으나 1898년에 양지아문 직원 및 처무규정(1898.7.6. 칙령 제25호)[6]을 제정하고, [그림 4-2]와 같은 양전사업을 전담할 양지아문(量地衙門)을 설치하였다.

양지아문은 내부에 소속된 지적사무를 관장하는 독립된 외청 형태의 중앙행정기관으로, 1717〈숙종 43〉년에 설치한 양전청(量田廳)의 후신이라고 할 수 있으며, 1898〈광무 2〉년부터 일제강점기의 토지조사사업에 앞서 조선왕조가 시도한 마지막 양전인 광무양전(光武量田)을 시작하였다.

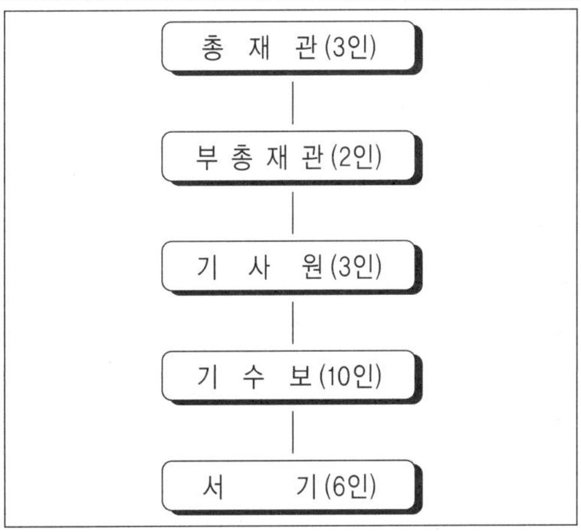


출처 : 양지아문직원 및 처무규정.(1898.7.6. 칙령 제25호)

[그림 4-2] 양지아문 기구도

양지아문 직원 및 처무규정에 양지아문은 내부·농상공부에서 청의(請議)한 사항을 변리(辨理)하는 처소로 정하도록 규정하였다.(제1조)

5) 리진호, 1999, 앞의 책, p.489.
6) 관보, 1898.7.6.(광무 2.7.6. 칙령 제25호)

그리고 양지아문 직원은 총재관 3인, 부총재관 2인, 기사원(技士員) 3인, 서기 6인을 배치하도록 규정하고,(제2조) 고원(雇員) 3인, 사령(使令) 9인, 방직(房直) 3인 등 29명의 직원을 배치하도록 규정하였다.(제12조)

이어서 총재관은 각 부의 대신(大臣)과 대등한 지위로서 경무사〈현 경찰청장〉·한성판윤〈현 서울특별시장〉·각 관찰사〈현 도지사〉를 지휘 감독하고 양지사무에 종사하도록 규정하였다.(제14조) 따라서 양지(量地)는 지적측량을 뜻하고 아문(衙門)은 당시의 중앙관서이니 오늘날의 표현으로는 지적측량청(地籍測量廳)이라고 할 수 있으며[7], 내부대신이 수석 총재관을 맡고 탁지부대신과 농상공부대신 등 세 사람이 총재관을 맡은 것으로 보아 양지아문은 국가적으로 대단히 중요한 지적측량업무를 담당하는 독립된 외청 형태의 중앙행정기관이라고 할 수 있다.

그리고 기사원(技士員) 3인 중 1인은 외국인을 고용하도록 규정하여(제9조) 미국인 크럼(Raymond Edward Leo Krumm)이 1898년 9월 15일 내한하여 측량교육과 양전에 착수하였으며[8], 1899(광무 3)년에 양지아문에서는 〈표 4-1〉과 같이 도별로 군수와 부윤을 양무감리(量務監理)로 임명하고 [그림 4-3]과 같은 임명장을 교부하였으며, [그림 4-4]와 같은 양무위원(量務委員)과 조사위원(調査委員)을 임명하여 양전사무를 적극적으로 추진할 계획이었다.

〈표 4-1〉 도별 양무감리의 임명 현황

| 도 명 | 직 책 | 성 명 | 임명일자 | 2대 감리성명 | 임명일자(관보) |
|---|---|---|---|---|---|
| 전남 | 장성군수 | 김성규(金星圭) | 1899.4.26. | 6품 이우규(李祐珪) | 1900.11.17. |
| 경남 | 거창군수 | 남만리(南萬理) | 1899.4.27. | 최두문(崔斗文) | 1900.4.7. |
| 전북 | 남원군수 | 이태정(李台珽) | 1899.5.29. | 정3품 이승연(李承淵) | 1900.5.30. |
| 충남 | 전의군수 | 정도영(鄭道永) | 1899.5.31. | 종2품 이승우(李勝宇) | 1900.4.27. |
| 경기 | 양무위원 | 이종대(李種大) | 1899.11.11. | | |
| 충북 | 옥천군수 | 이계필(李啓弼) | 1899.11.16. | 6품 이덕하(李德夏) | 1900.4.28. |
| 경북 | 신령군수 | 박준성(朴準成) | 1899.11.16. | 정3품 김자선(金滋善) | 1900.4.7. |
| 평남 | 평양부윤 | 팽한주(彭翰周) | 1901.10.25. | | |

출처 : 리진호, 2008, 『울산지적사』, 울산광역시, p.114.

그러나 정부의 재정은 양전 경비를 염출하기 어려운 실정이었으며 지세 증수를 위하여 결수(結數)를 대폭 올리자 국민의 저항이 있었고 흉년으로 인하여 1901(광무 5)년에 양전

7) 대한지적공사, 1989.10, 『지적』, p.64.
8) 리진호, 1991, 앞의 책, p.34.

사업을 중단할 때까지 전국의 331개 군(郡) 가운데 경기 15개 군, 충북 17개 군, 충남 22개 군, 전북 14개 군, 전남 16개 군, 경북 7개 군, 경남 10개 군, 황해 3개 군 등 모두 124개 군에 대한 양전사업을 완료하였다.[9)]

양지아문 청사는 오랫동안 경제기획원과 재무부가 있었으며, 지금은 미국 대사관이 있는 종로구 세종로 82-1번지에 위치하였다.[10)]

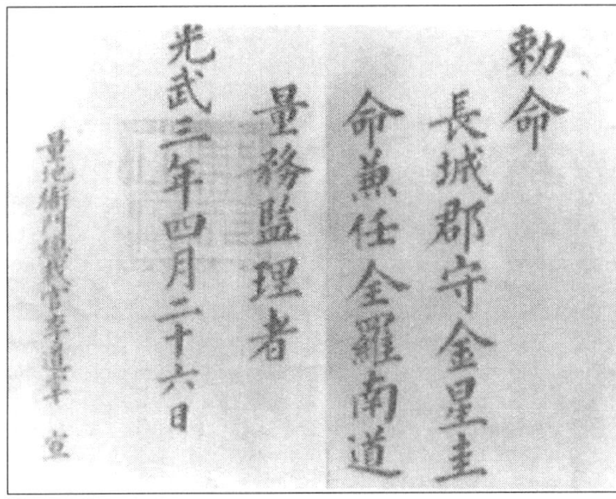
勅命
長城郡守金星圭
命兼任全羅南道
量務監理者
光武三年四月二十六日
量地衙門總裁官李道宰 宣

출처 : 대한지적공사, 2005(b), 『한국지적백년사』, p.15.(지적박물관 소장)

[그림 4-3] 양무감리 임명장

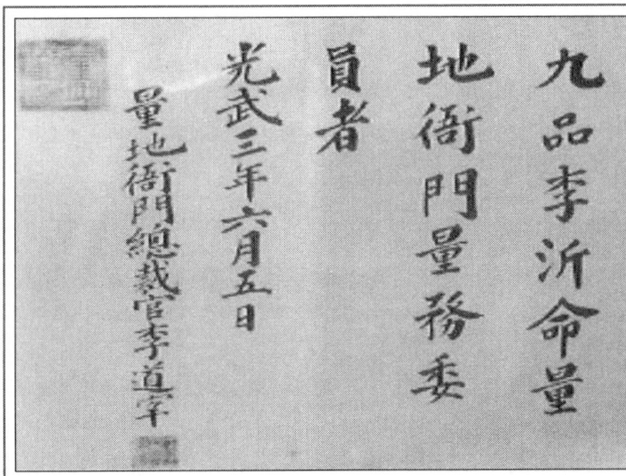
九品李沂命量
地衙門量務委
員者
光武三年六月五日
量地衙門總裁官李道宰

출처 : 대한지적공사, 2005(b), 『한국지적백년사』, p.15.(지적박물관 소장)

[그림 4-4] 양무위원 임명장

## 2.2 지계아문

1901〈광무 5〉년에 양지아문에서 추진하던 양전사업이 중단된 후 지계아문 직원 및 처

9) http://blog.daum.net/findarea2/18222752.(2010.7.15.)
10) 리진호 1999, 앞의 책, p.491.

무규정(1901.10.20. 칙령 제21호)11)을 제정하고, 양전의 결과에 의하여 민간인의 사적 토지 소유권을 증명해주는 지계(地契)를 발행하기 위하여 [그림 4-5]와 같은 지계아문(地契衙門)을 설립하였다.

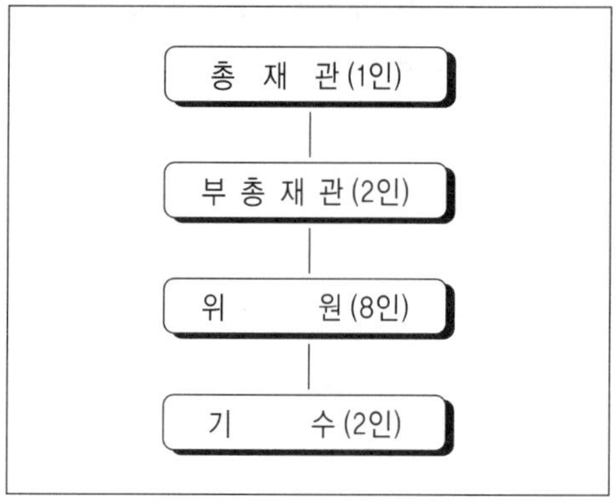


출처 : 지계아문직원 및 처무규정.(1901.10.20. 칙령 제21호)

[그림 4-5] 지계아문 기구도

지계아문은 탁지부에 소속된 지적사무를 관장하는 독립된 외청 형태의 중앙 행정기관으로, 지계의 발행을 위한 사업에 착수하면서 양지아문은 3년 9개월만인 1902년 3월 17일 지계아문에 통폐합되었으나, 측량에 관한 지식이 부족하고 구 방법을 답습하게 되어 양전계획은 커다란 성과가 없이 수포로 돌아가게 되었다.12)

지계아문 직원 및 처무규정에 지계아문은 한성부와 13도, 각 부(府)・군(郡)의 산림・토지・전・답・가사계권(家舍契券)을 정리하기 위하여 설치한다고 규정하였다.(제1조)

그리고 지계아문의 직원은 총재관 1인, 부총재관 2인, 위원 8인〈전임대우 4인, 판임대우 4인〉, 기수(技手) 2인 등 13명을 배치하도록 규정하고,(제2조) 13개 도에는 지계감리(地契監理) 각 1인을 파견하도록 규정하였다.(제13조)

이어서 "관계(官契)를 인출할반(印出割半)ᄒᆞ야 우편은 전토시주(田土時主)에게 부여(付與)ᄒᆞ고 좌편은 해 지방관청(該 地方官廳)에 보존케 ᄒᆞ되 식양(式樣)은 좌(左)와 여(如)ᄒᆞᆯ 사(事)."라고 규정하였다.(제19조)

즉, 지적측량이 체계적으로 이루어지지 아니하여 소유자가 필지별로 측량을 실시하여 지계를 작성한 후 총재관과 지계감리의 확인을 받아 소유권을 증명하는 토지대장과 토지등기부의 기능을 함께 하는 [그림 4-6]과 같은 서식의 지계를 작성하고 절취선 중앙에 관인을 날인한 후 좌우 반으로 나누어 각각 소유자와 발급관청이 보존하는 방법을 채택하였다.

11) 관보, 1901.10.22.(광무 5.10.20. 칙령 제21호)

12) 리진호, 1991, "한성부 지도와 6조의 역사지리연구", 『향토서울』, 제50호, 서울시사 편찬위원회, ; 리진호, 1999, 앞의 책, p.554.

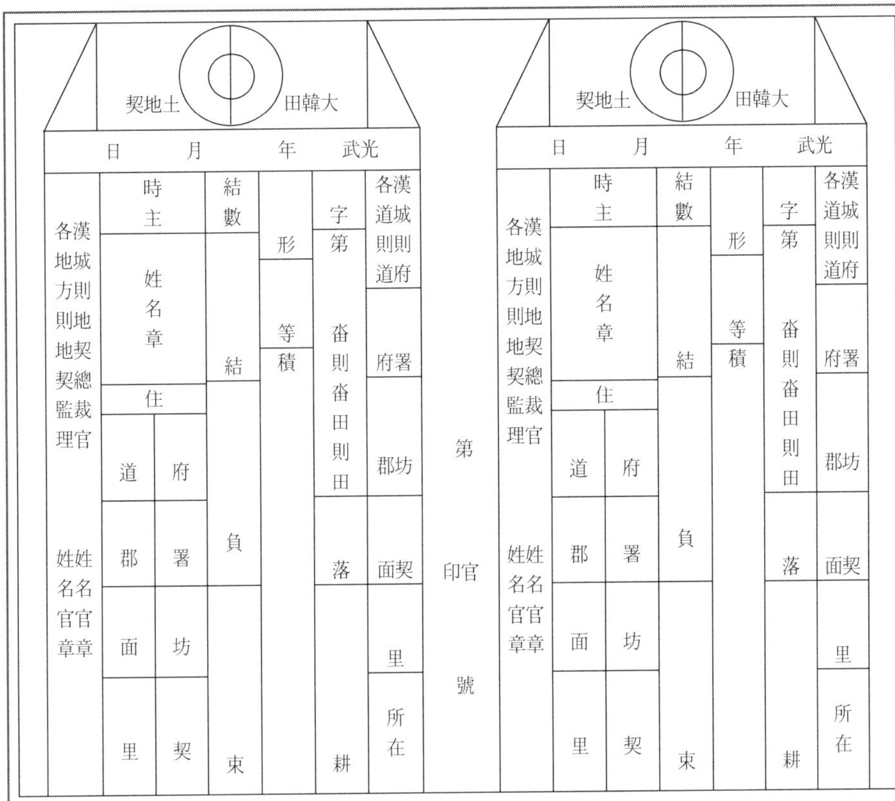


출처 : 지계아문 직원 및 처무규정 제19조.

[그림 4-6] 대한전토지계

그리고 "전토매매증권(田土賣買証券)을 인출할반(印出割半)ᄒᆞ야 우편은 전토매주(田土買主)에게 부여ᄒᆞ고 좌편은 해 지방관청(該 地方官廳)에 보존호ᄃᆡ 양식은 좌와 여흘 사(事)"라고 규정하여(제22조) 지계를 발급받은 후 전토를 매매하는 경우에는 [그림 4-7]과 같은 대한전토매매증권(大韓田土賣買證券)을 작성하고 절취선 중앙에 관인을 날인한 후 좌우 반으로 나누어 매주(買主)와 당해 지방관청에 보존하도록 운영하였다.

이어서 전토원계(田土原契)와 매매증권(賣買証券) 일건에 동화(銅貨) 이전(二錢)을 수입하여 당해 계권인출비(該 契券印出費)에 충당하도록 규정하였다.(제23조)

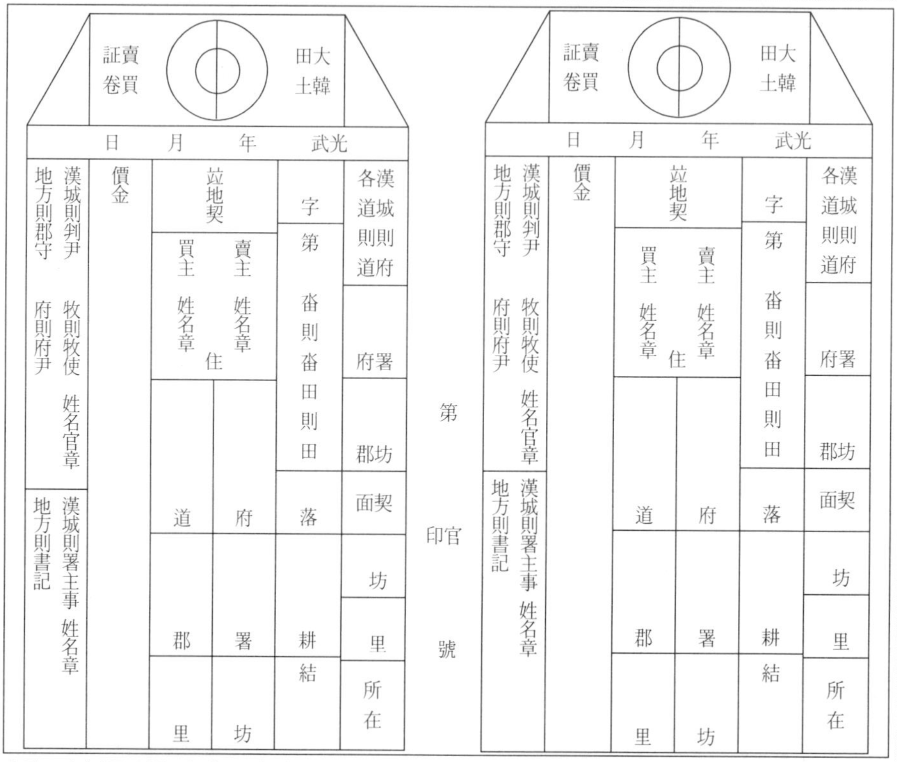


출처 : 지계아문 직원 및 처무규정 제22조.

[그림 4-7] 대한전토매매증권

1902년경(일자 미상) 지계아문에서 발급한 강원도 평해군 근서면 소재 토지에 대한 지계의 앞면과 뒷면은 [그림 4-8]과 같으며, 동 지계에는 토지소재·자번호·면적·결수·4표·소유자〈지주〉의 성명 등이 기재되어 있으며 지계아문 총재의 직인과 지방의 지계감리 직인 및 절취선 중앙에 관인이 날인되어 있다.

그리고 지계의 뒷면에는 대한민국의 인민 이외에는 전·답에 대한 소유권을 인정하지 아니하며, 관계를 유실한 경우에는 당해 지방관청에 재발급신청을 하여야 하며, 3부를 작성하여 1부는 지계아문에 1부는 소유자가 1부는 당해 지방관청에 보존하여야 하며, 관계를 작성할 때에는 답 1부(負)에 엽전(葉錢) 5푼, 전 1부에 엽전 3푼, 화전(火田) 1부에 엽전 1푼씩을 납부하고, 전·답을 매매하는 경우에는 원가의 1/100을 매매인이 절반씩 분담하여 당해 지방관청에 납부하도록 기재되어 있다.

지계아문이 양전을 시행한 군은 경기 6개 군, 충남 16개 군, 전북 12개 군, 경북 14개 군, 경남 21개 군, 강원도 26개 군으로 모두 94개 군이었다.[13]

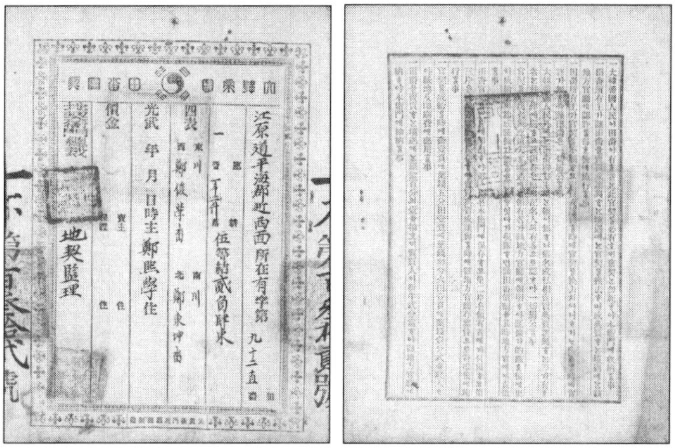

주 : 강원도 평해군 근서면의 지계(1902.)의 앞면(좌)과 뒷면(우)
출처 : 대한지적공사 지적연수원 자료실.(2004.10.)

[그림 4-8] 지계

광무양전은 2단계로 시행되었는데, 당시 331개 군 중 1898년부터 1901년까지 양지아문에서 시행한 124개 군과 1902년부터 1904년까지 지계아문에서 시행한 94개 군을 합쳐 218개 군을 완료하여 전국의 약 65%에 해당하는 군의 양전사업을 완료하였다.

출처 : 리진호, 1999, 『한국지적史』, 서울, 도서출판 바른길, p.229.

[그림 4-9] 지계아문에서 작성한 양안

그러나 광무양전은 토지를 결부법(結負法)으로 파악하고 전품(田品)을 6등급으로 구분하는 전통적인 원칙을 그대로 준수하였으며, 광무양전에 의하여 작성된 양안은 실무에 사용되지 못한 채 폐기되었고, 지계의 발급도 강원도와 충청도의 일부 지방에 그쳤다.

광무양전은 끝까지 추진하지 못하고 중단되었는데, 당시 대한제국의 예산 사정이 여의치 못해 사업을 제대로 추진할 수 없었으며, 1904년의 러일전쟁과 일본에 의한 국권유린이 가장 큰 이유였다.

지계아문의 양전사업에 의해서 작성된 [그림 4-9]와 같은 50개 군의 양안(量案)은 현재 서울대학교 규장각에 소장되어 있다.

13) http://blog.daum.net/findarea2/18222752.(2010.7.15.)

## 2.3 탁지부

### 2.3.1 양지국 양무과

1904년 4월에 탁지부 양지국 관제(1904.4.21. 칙령 제11호)[14]를 제정하고, [그림 4-10]과 같이 양지국에 양무과(量務課)와 서무과를 설치함으로써 지계아문은 2년 6개월 만에 폐지되고 탁지부의 1개 국으로 축소 조정되었다.

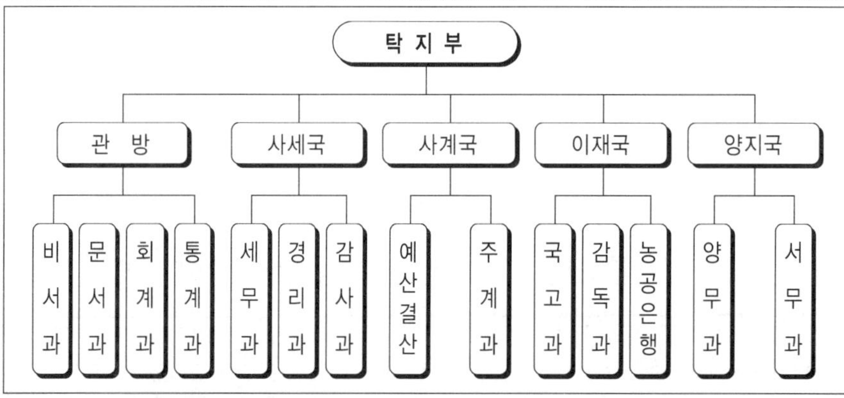


출처 : 탁지부 양지국 관제.(1904.4.21. 관보)

[그림 4-10] 탁지부 양지국 기구도

탁지부 양지국관제에 양지국은 ① 국내 토지측량에 관한 사항, ② 전·답·가사(家舍)·산림·천택(川澤)에 관한 사항을 관장하도록 규정하고,(제1조) 양지국은 국장 1인·기사 3인·주사 6인·기수 10인 등 20명의 직원을 두도록 규정하였으며,(제2조) 1904년에 [그림 4-11]과 같은 임명장을 수여하였다.

출처 : 지적박물관 제공.(2016.5.5)

[그림 4-11] 탁지부 양지국 기수 임명장

그리고 양무과는 ① 전·답·가사·산림·천택측량에 관한 사항, ② 측량경비

14) 관보, 1904.4.21.(광무 8.4.21. 칙령 제11호)

· 지획(支劃)과 장부조사에 관한 사항, ③ 양안조사 · 수정 및 출납보존에 관한 사항을 분장하도록 규정하고,(제4조) 각 지방에 양지감독(量地監督) 13인, 양지감리(量地監理) 13인이내, 양지위원(量地委員)을 파견할 수 있도록 규정하였으며,(제11조) "지계아문직원 및 처무규정"은 폐지하도록 규정하였다.(제14조)

이어서 1905년에 일본인 기술자를 초빙(招聘)하여 대구 · 평양 · 전주에 측량강습소를 설치하고 기술원의 양성에 노력하였으며[15] 종래의 법규와 관습 등을 조사 검토하여 국가의 대사업으로 토지조사사업계획을 준비하였다.

### 2.3.2 사세국 양지과

1905년 3월에 탁지부 관제(1905.3.1. 칙령 제19호)[16]를 개정하고 사세국(司稅局) · 사계국(司計局) · 인쇄국 · 출납국의 4개국을 설치하도록 규정하였으며,(제4조) 사세국은 ① 전세(田稅) 및 유세지(有稅地)에 관한 사항, ② 조세의 부과징수에 관한 사항, ③ 세무의 관리 · 감독에 관한 사항, ④ 세관의 감독에 관한 사항, ⑤ 세관 수출 · 수입의 상황조사에 관한 사항, ⑥ 외국 무역 · 선박 및 수출입품의 감독에 관한 사항, ⑦ 관유재산 · 수입관업(收入官業) 이익금 및 몰수금 기타 잡수입에 관한 사항, ⑧ 양안조사 · 수정 및 출납보존에 관한 사항을 관장하도록 규정하여(제6조) 양지국 양무과에서 10개월 만에 사세국 양지과로 다시 축소 조정되었으며, 이 무렵에 일본인 메가타 다네타로우〈目賀田鍾太郎〉가 재정고문으로 내한하여 세제개혁과 토지조사사업에 관한 계획을 추진하기 시작하였다.[17]

1905년 4월에 탁지부 분과규정(1905.4.13.)[18]을 개정하고, 사세국에는 정세과(正稅課) · 각세과(各稅課) · 양지과(量地課)의 3개 과를 설치하도록 규정하였으며,(제6조) 양지과는 ① 국내 유세지 측량에 관한 사항, ② 양안 조사 수정 및 출납 보존에 관한 사항을 관장하도록 규정하였다.(제9조)

그리고 1905년에 일본인 쓰쓰미 게이죠(提慶藏)라는 기술자를 초빙(招聘)하여 대구 · 평양 · 전주에 측량강습소를 설치하고 6월 26일부터 측량을 가르쳐 기술원을 양성하였으며, 과거의 법규와 관습 등을 조사 검토하여 토지조사사업계획을 추진하였다.

15) 지적기술연수원, 1993(a), 『조선토지조사사업보고서』, p.27.
16) 관보, 1905.3.1.(광무 9.3.1. 칙령 제19호)
17) 리진호, 1999, 앞의 책, p.555.
18) 관보, 1905.4.13.(광무 9.4.13.)

이어서 1907년 12월에 탁지부 관제(1907.12.18. 칙령 제41호)[19]를 개정하여 인쇄국과 출납국을 폐지하고 이재국(理財局)을 신설하였으며, 사세국은 ① 국세의 부과징수에 관한 사항, ② 세무의 관리·감독에 관한 사항, ③ 탁지부 소관 세외 제수입에 관한 사항, ④ 유세지 지목이동(地目異動)에 관한 사항, ⑤ 토지장량(土地丈量)과 토지양안에 관한 사항을 관장하도록 규정하였다.(제3조)

주 : 1906년경 광화문의 체신부와 한국전기통신공사 근처에 신축한 탁지부 청사.

출처 : 리진호, 1991, 『증보대한제국 지적 및 측량사』, 서울, 토지, p.33.

[그림 4-12] 탁지부 청사

사세국 양지과는 1906년경에 [그림 4-12]와 같은 신축한 탁지부 청사에서 사무를 관장하였다.

## 2.3.3 임시재원조사국 양지과

1908년 1월에 탁지부 분과규정(1908.1.27.)[20]을 개정하고, 임시재원조사국(臨時財源調査局)에 조사과와 양지과를 설치하도록 규정하였으며,(제17조) 양지과는 ① 토지측량 및 정리사무의 조사 및 준비에 관한 사항, ② 토지양안 조제의 준비에 관한 사항, ③ 지도조제에 관한 사항, ④ 측량기술자 양성에 관한 사항을 관장하도록 규정하였다.(제19조)

임시재원조사국은 탁지부 사세국 양지과에서 2년 10개월 만에 다시 탁지부에 소속된 외청 형태의 독립된 중앙 행정기관으로 격상되었으며, 임시재원조사국장은 탁지부 차관이 겸임하고 양전사무를 전담하도록 규정하였다.

## 2.3.4 임시재산정리국 측량과

1908년 7월에 임시재산정리국 관제(1908.7.23. 칙령 제55호)[21]를 제정하고, 탁지부대신의 관리 하에 ① 재산의 조사 및 정리에 관한 사무, ② 토지측량에 관한 사무, ③ 부동산의 권리에 관한 이의신청의 심리, ④ 제실(帝室)·채무정리에 관한 사무를 관장하도록 규정하였다.(제2조)

---

19) 관보, 제3952호, 1907.12.18.(융희 원년.12.18. 칙령 제41호), p.1213.
20) 관보, 제3981호, 1908년 1월 27일, 탁지부 분과규정(융희 2.1.27.), pp.106~108.
21) 관보, 1908년 7월 28일, 임시재산정리국 관제(융희 2.7.23. 칙령 제55호), pp.756~797.

임시재산정리국은 임시재원조사국과 유사하게 탁지부에 소속된 외청 형태의 독립된 신설 중앙 행정기관으로 설치되었으며, 탁지부 임시재원조사국장은 차관이 겸임하였으나, 임시재산정리국장은 장관으로 격상되어 탁지부 대신이 겸임하였으며, 또한 임시재원조사국 양지과와 출장소에 근무하는 직원을 임시재산정리국 직원으로 규정함으로써 관제가 그대로 계승되었다.[22)]

이어서 1908년 9월 탁지부 분과규정 중 개정건(1908.9.2.)[23)]을 공포하고, 임시재원조사국에 제1과·제2과·제3과의 3개 과를 설치하고 제1과는 계획 심리 및 경리에 관한 사항을, 제2과는 염·수산·주류 등 재산의 조사 및 함양에 관한 사항을, 제3과는 연초·농산물 재원의 조사 및 함양에 관한 사항을 관장하도록 규정하였으며,(제18조) 같은 날 임시재산정리국 분과규정(1908.9.2.)[24)]을 제정하고 [그림 4-13]과 같이 총무과·측량과·채무조사과의 3개과를 설치하도록 규정하였다.(제1조)

그리고 측량과는 ① 토지측량 및 건물조사에 관한 사항, ② 지도 및 건물 평면도 제조에 관한 사항, ③ 측량기술자 양성에 관한 사항을 관장하도록 규정하였다.(제3조)

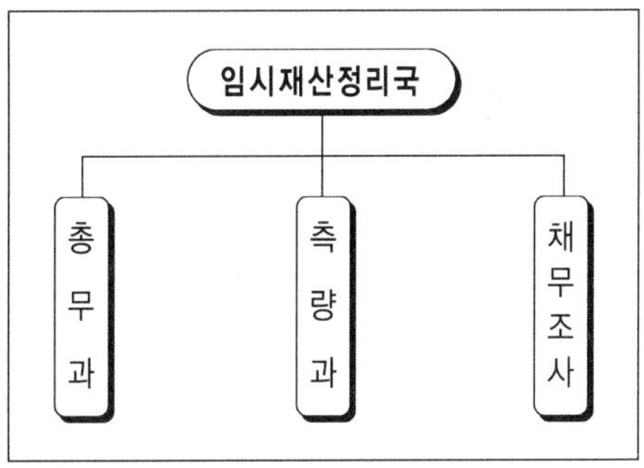


출처 : 한국재무경과보고 2(경제편), 1988, 아세아문화사. pp.488~489.

[그림 4-13] 탁지부 임시재산정리국 기구도

## 2.4 내부 지방국

1905〈광무 9〉년 4월에 내부분과규정(1905.4.12.)을 개정하고, 지방국에 부군과(府郡課)·판적과(版籍課)·위생과·토목과를 설치하도록 규정하였으며,(제4조) 판적과는 ① 호구적(戶口籍) 및 지적(地籍)에 관한 사항, ② 관유지 명목변환에 관한 사항을 관장하도록 규정하였다.(제6조)

이어서 1906〈광무 10〉년 2월에 내부관제(1906.2.26. 칙령 제15호)를 개정하고, 지방국·경무국·회계국의 3개국을 설치하도록 규정하였으며,(제4조) 지방국은 ① 지방이재(地方理財) 기타 일체 지방행정에 관한 사항, ② 호구적(戶口籍) 및 지적에 관한 사항, ③

22) 리진호, 1999, 앞의 책, p.556.
23) 관보, 제4166호, 1908.9.2.(융희 2.9.2.), p.956.
24) 관보, 제4166호, 1908.9.2.(융희 2.9.2.). p.957.

토지측량 및 수면전평에 관한 사항 등을 관장하도록 규정하였다.(제6조)

1907년 12월에 내부관제(1907.12.13. 칙령 제37호)[25]를 개정하고, 내부에 지방국·경무국·토목국·위생국의 4개국을 설치하도록 규정하고(제3조) 지방국은 ① 지방행정에 관한 사항, ② 구휼(救恤) 및 자선사업에 관한 사항, ③ 부역 및 징발에 관한 사항, ④ 지리 및 지적(地籍)에 관한 사항, ⑤ 종교 및 사사사(祠社寺)에 관한 사항을 관장하도록 규정하였으며,(제4조) 1908년 1월에 내부분과규정(1908. 1.25.)[26]을 개정하고, 지방국에는 부군과(府郡課)·지리과(地理課)·사사과(社寺課)의 3개과를 설치하도록 규정하였으며,(제2조) 지리과는 지리와 지적에 관한 사항을 관장하도록 규정하였다.(제2조제2호)

## 2.5 통감부

통감부(統監府)는 일본이 러일전쟁에 승리함으로써 1905년 9월 5일 포츠머스조약(Treaty of Portsmouth)[27]을 체결하여 미국·영국·독일·러시아 등 세계 4대 강대국으로부터 한국에 대하여 독자적으로 개입할 수 있도록 보장을 받았다.

그리고 1905년 11월 17일 한국과 맺은 을사조약(乙巳條約)의 체결로 1905년부터 1910년 국권을 강탈할 때까지 서울(京城)에 통감부라고 하는 불법적인 관청을 설치하여 운영하였다.

을사조약 제3조에 따라 1905년 1월 31일자로 일제의 공사관(公使館)을 폐쇄하고, 통감부를 설치하였으며 같은 해 2월 1일 임시통감대리 하세가와 요시미치(長谷川好道)가 임명되어 통감부사무가 개시되었다.

1905년 11월 22일에 통감부 및 이사청(理事廳) 설치에 관한 칙령(1905.11.22. 칙령 제240호)을 발포하고, 같은 해 12월 20일 통감부 및 이사청 관제를 제정하여 [그림 4-14]와 같이 통감부에는 친임관(親任官)으로 보하는 통감을 두고 그 밑에 총무부·농상공부·경무부를 두었다.[28]

통감부의 관제를 공포한 다음날인 12월 21일 이토 히로부미(伊藤博文)가 초대 통감으로 임명되고, 총무장관에 쓰루하라 조우기치(鶴原定吉), 농상공부총장에 키우치추 사부

25) 관보(호외), 1907.12.13.(융희 원년 12.13.)

26) 관보, 1908.1.25.(융희 2.1.25.)

27) 포츠머스조약(Treaty of Portsmouth)이라 함은 1905년 8월 10일 뉴햄프셔 주 포츠머스에서 열린 러일전쟁의 강화 조약으로 한국에 대한 일본의 지배권을 인정하는 내용을 담아 9월 5일 일본의 고무라 주타로와 러시아의 세르게이 비테 사이에서 체결된 조약을 말한다.

28) 정시채, 1985, 『한국행정제도사』, 서울, 법문사, p.395.

로우(木內重四郞), 경무총장에 오카키 시치로우(岡喜七郞)가 각각 임명되었으며, 1906년 3월 2일에 이토 히로부미(伊藤博文)가 초대 통감으로 서울에 정식 부임하였으며, 1909년 6월 14일 2대 통감 소네 아라스케(曾禰荒助)가 취임하였다.

통감부를 설치할 당시의 정원은 통감 이하 74명이었으나, 그 후 점차 증원되어 1906년에는 통감부부육해군무관(統監府附陸海軍武官) 각 1인을 두었고, 1907년 3월에는 통감부 관제를 개정하여 외무총장(外務總長)을 두었다.29)

통감부는 전국 12개 개항지의 도시(대구 이사청 제외)에 한국의 지방관청을 감독하는 이사청(理事廳)30)을, 11개 내륙 지방의 도시에 그 지청(支廳)31)을 설치하였다.

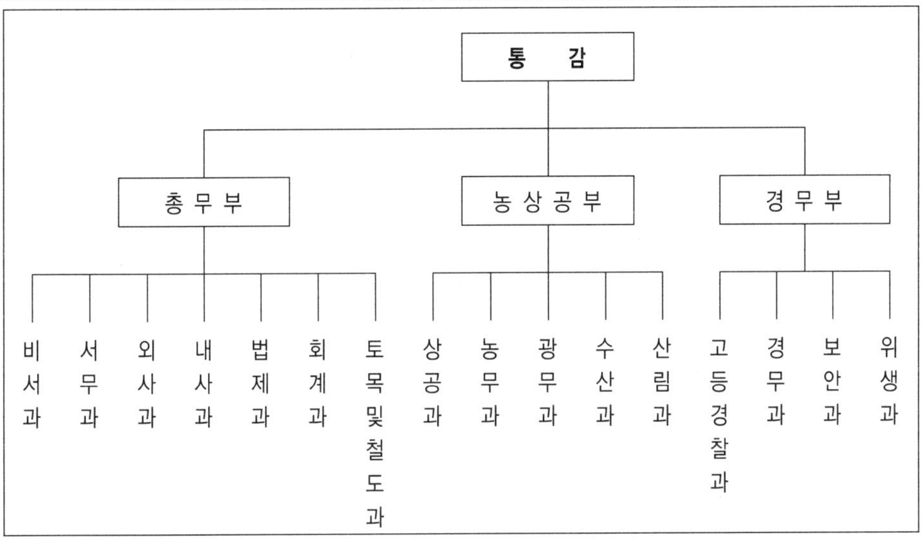


주 : 1905년 12월 당시의 통감부 기구도임.

출처 : 田保橋 潔, 1972, 『朝鮮統治史論稿』, p.17. ; 『京城府史』 제2권, 1936, p.66. ; 정시채, 1985, 『한국행정제도사』, 서울, 법문사, p.395. 재인용.

[그림 4-14] 통감부 기구도

---

29) 정시채, 1985, 앞의 책, pp.394~395.

30) 1906년 2월 1일 통감부 개설 당시는 부산・마산・군산・목포・경성(鏡城)・인천・평양・진남포・원산・성진 등 10개 소에, 8월에 대구, 11월에 신의주, 1907년 12월에 청진에 설치하여 모두 13개 소의 이사청을 설치하였다. 특히 대구 이사청을 제외하고는 모두가 개항지의 도시에 설치되어 있어, 이사청이 경제활동을 하는 개항지의 일본인을 보호하고자 하려는 의도에서 설치되었음을 알 수 있다.

31) 1906년 11월 18일 경성 이사청 관할 수원 지청을 시발로 해서 해주・공주・전주・광주・진주・함흥・경성 지청을 설치하고, 1907년 6월에는 충주지청과 신의주 지청, 그리고 7월에는 청진 지청을 설치하였다. 이사청의 지청은 거의 대부분 통치 상 필요한 내륙의 지방 도시에 설치되었다. 1908년 12월 각 지청은 모두 폐지되었는데, 이는 1908년 한일신협약의 체결로 일본인이 한국의 모든 행정을 장악했기 때문에 지청의 기능을 대신할 수 있었기 때문이다.

을사조약 내용에 의하면 대한제국 황제 밑에 일본 정부의 대표자로 1명의 통감을 두어 외교업무만을 관리한다고 기록되어 있으나, 개항장(開港場)[32] 및 기타 지역에 이사관을 두어 통감의 지휘아래 일본 영사가 관장하던 일체의 사무를 관리하게 함으로써, 공관 사무는 물론 을사조약에서 약속한 일체의 필요한 사무를 모두 처리하게 되어, 외교뿐만 아니라 한국의 모든 분야에 마음대로 간섭과 감독을 하게 되었으며, 고문정치(顧問政治)[33]와 차관정치(次官政治)[34]를 통해 한국 정부의 조직 속에 침투하여 모든 행정을 간섭하였다.

결국 통감은 한국의 외교 대행자일 뿐만 아니라. 조약에 기초하여 한국에 있어서 일본제국의 관헌 및 공서(公署)가 시행하는 제반 정무를 감독하고 기타 종래 제국 관헌에 속하는 일체에 대해 감독사무를 수행하고, 한국정부에 용빙된 일본제국의 관리를 감독하였다.

통감부는 일본 외무성에서 독립된 천황 직속의 기관으로, 통감 유고시에는 일본의 한국 주재군 사령관이 그 직무를 대행하도록 하였다. 또한 한국 주재군 사령관은 통감의 명령으로 병력을 사용할 수 있고, 긴급한 경우에는 재량으로 병력을 동원하고, 사후에 통감에게 보고하도록 규정하였다.

1907년 7월 24일에 체결된 정미7조약에 "한국정부는 시정 개선에 관해 통감의 지도를 받는다."고 규정하여(제1조) 통감의 내정 관여를 공식화했다. 또한 행정상 처분도 통감의 승인이 필요하도록 하였으며, 한국의 고등관리 임명 동의권 등을 통감에게 부여하여, 한국 내정의 최고 감독권자로 부각되었다.

그리고 고문 통치를 대신하여, 일본인을 직접 관리로 임명할 수 있도록 하였으며, 이완용과 이토 사이에 비밀리에 조인된 각서에서는 군대 해산과 한·일 양국인으로 구성된

---

32) 개항장(開港場)이라 함은 보통 조선이 세계자본주의 체제로 편입된 1876년 개항 이후 개방된 항구 주변의 일정한 장소를 가리키지만, 고려 시대에 예성강 입구의 벽란도(碧瀾渡)에서 중국·아라비아의 상인들과 교역한 자료가 말해주듯이 그 이전부터 존재하였다. 조선 시대 전기에는 왜와의 교류를 부산포(富山浦 : 부산)·제포(薺浦 : 乃而浦)에 이어 1427년 염포 등 삼포를 개항하고 이곳에 왜관을 두어 교역과 사신접대의 장소로 사용하였다. 1510〈중종 5〉년 삼포왜란 이후 개항장은 폐쇄되거나 축소되었다. 그러다가 19세기 중엽 서구 제국주의의 열강이 통상을 요구하며 침략해 오기 시작한 뒤, 민씨 정권이 1876년 일본의 무력에 굴복하여 강화도조약을 맺음으로써 부산(1876.)을 시작으로 원산(1879.), 인천(1880.)이 차례로 개항되었다. 이어 미국·영국·독일 등의 서구 열강과 통상조약을 맺으면서, 조선은 결국 제국주의가 지배하던 세계자본주의 체제에 강제로 편입되었다.(http://100.naver.com/100.nhn?docid=6966, 2008.12.7.)

33) 고문정치(顧問政治)라 함은 일본이 한국을 속국으로 삼으려고 고문을 파견하여 정치에 관여하던 시기의 정치로써 1904년 제1차 한일협약을 체결함으로써 그 발판을 마련하였다.

34) 차관정치(次官政治)라 함은 장관 밑의 차관을 통해 정치를 한다는 것으로, 1907년 헤이그 밀사사건 이후에 한일신협약을 강제 체결한 후에 통감이 임명한 일본인 차관이 대한제국의 실권을 장악한 것을 말한다.

재판소를 신설하는 등 국권을 순차적으로 해체시키는데 합의하여 경찰권과 함께 사법권·행정권·군사권의 장악을 도모하였다.

1910년 5월 30일에 일제는 육군대신 데라우치 마사타케(寺內正毅)를 3대 통감으로 겸임시키고, 한국의 병합을 진행시켰으며, 6월 30일에는 한국 경찰을 일본 한국주재 군헌병대에 통합시켜 폐지하였다.

같은 해 7월 23일에 한국에 도착한 데라우치는 8월 16일에 이완용과 함께 합병조약의 체결을 진행시켰으며, 8월 18일에는 별다른 수정 없이 합병조약안이 한국의 각의를 통과했고, 8월 22일에는 형식적인 어전회의에서 이완용이 전권위원으로 임명되어 같은 날 조약이 조인되었으며, 8월 29일에 한일합병조약이 공포되었다.

통감부는 1906년부터 1908년까지 3차례에 걸쳐 통감부통계연보(統監府統計年報)를 발행하였다. 1905년에 통감부를 설치한 후 일제는 한국에 대해서 여러 방면으로 조사활동을 벌였다. 그 가운데 통감부와 이사청(理事廳) 등 관청의 관할지역에 있는 일본인에 관한 사항을 중심으로 조사하고 조선에 관한 조사통계자료를 일부 포함하여 매년 연보를 발간하였다.

처음 발행된 1906년판에는 주로 한양과 이사청 관할지역의 일본인에 대한 조사가 중심이었고 한국에 대한 조사는 일부에 불과했다. 그런데 일본인의 내륙 토지 매입이 합법화된 1907년판부터는 한국사회에 대한 조사내용이 자세해져 항목도 늘어났다.

1906년판에서는 토지·호구·교육·자선단체·경찰·감옥·민형사 및 재판·은행과 금융·산업·무역·철도·통신·재정·직원의 13개 항목이었으나, 1907년판에는 기상·사사(社寺)와 교회·수운(水運)·위생·은상(恩賞)의 항목이 새로 생겼으며, 감옥과 재판이 분리되어 19개 항목이 되었다.

그리고 1908년판에는 산업이 농업·수산·상업·공업으로 나뉘어 20개 항목으로 늘어나고 내용도 자세해졌다. 이 통감부통계연보는 자세하게 조사된 통계자료가 많지 않은 당시의 상황을 감안할 때 상대적으로 가치를 지닌다고 볼 수 있다.[35]

## 2.6 토지조사국

1910년 3월에 토지조사국 관제(1910.3.14. 칙령 제23호)[36]를 제정하고 토지조사사업

35) http://enc.daum.net/dic100/contents.do?query1=b22t3346a.(2008.12.7.)

36) 관보, 제4627호, 1910.3.15.(융희 4.3.14. 칙령 제23호), p.275. ; 김종현, 1973.9, "지적관리 10년사", 『지적』 p.54.

을 본격적으로 추진하기 위하여 양지아문·지계아문과 유사하게 탁지부 소속하에 [그림 4-15]와 같은 독립된 외청 형태의 중앙행정기관인 토지조사국을 설치하고 토지조사 및 측량에 관한 사무를 관장하도록 규정하였다.

토지조사국 관제에 총재 1인·부총재 1인·부장 2인·서기관 전임 3인·사무관 전임 5인·기사 전임 7인·주사 전임 128인·기수 전임 278인 등 425명의 직원을 두도록 규정하고,(제2조) 총재관방과 조사부 및 측량부를 설치하도록 규정하였다.(제10조)

그리고 3월 15일에 임시재산정리국 주사 30명과 기수 326명을 토지조사국 직원으로 겸임 발령하여 토지조사국은 임시재산정리국의 관제가 그대로 계승되었다.[37]

1910년 3월 15일 당시 탁지부대신 고영희가 토지조사국 총재로 취임하였으나, 경술국치 이후 사실상 사직하여 임시토지조사국이 설치될 때까지 6개월간 초대 총재이자 마지막 총재를 역임하게 되었다.[38]

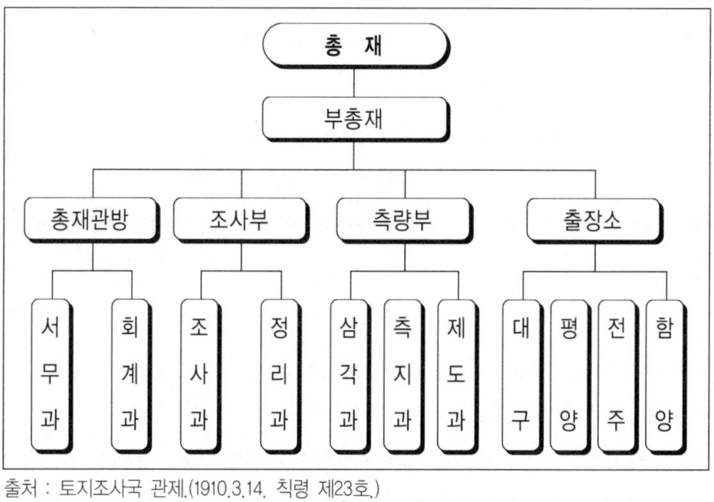


출처 : 토지조사국 관제.(1910.3.14. 칙령 제23호.)

[그림 4-15] 토지조사국 기구도

이어서 1910년 3월에 토지조사국 분과규정(1910.3.19.)[39]을 제정하고, 총재관방에는 서무과와 회계과를 설치하도록 규정하였으며(제1조) 조사부에는 조사과와 정리과를 설치하도록 규정하였고(제4조) 측량부에는 삼각과·측지과 및 제도과를 설치하도록 규정하고

37) 리진호, 1999, 앞의 책, p.556.
38) 리진호, 1999, 위의 책, p.563.
39) 관보, 제4631호, 1910.3.19.(융희 4.3.19.), p.295.

(제7조) 〈표 4-2〉와 같은 사무를 관장하도록 규정하여 토지조사사업의 준비에 차질이 없도록 토지조사국의 직제와 관장 사무를 정비하였다.

〈표 4-2〉 토지조사국의 사무분장 현황

| 대 분 류 | 소 분 류 | 사무분장 내용 |
|---|---|---|
| 총재관방 | 서무과 | ① 기밀에 관한 사항<br>② 관리의 진퇴, 신분에 관한 사항<br>③ 총재 부총재의 관인 및 국인(局印)의 보관에 관한 사항<br>④ 문서의 접수 발송 편찬 보존에 관한 사항<br>⑤ 문서의 번역에 관한 사항<br>⑥ 도서에 관한 사항<br>⑦ 통계 및 보고에 관한 사항<br>⑧ 관보보고에 관한 사항<br>⑨ 국중(局中) 단속 및 용인(傭人)의 감독에 관한 사항<br>⑩ 토지소유권의 쟁의에 관한 사항<br>⑪ 국중(局中) 타과에 속하지 아니 하는 사항 |
| | 회계과 | ① 경비 및 제수입의 예산 결산 및 회계에 관한 사항<br>② 영선(營繕) 및 조도(調度)에 관한 사항<br>③ 관유재산의 보관에 관한 사항 |
| 조사부 | 조사과 | ① 조사사무의 계획 및 실행에 관한 사항<br>② 조사사무의 감독에 관한 사항<br>③ 토지에 관한 관습 및 토지제도의 조사에 관한 사항 |
| | 정리과 | ① 제대장 및 장부의 조제에 관한 사항<br>② 토지조사위원회에 관한 사항 |
| 측량부 | 삼각과 | ① 삼각측량의 계획 및 실행에 관한 사항<br>② 삼각측량의 감독에 관한 사항 |
| | 측지과 | ① 도근 및 세부측량의 계획 및 실행에 관한 사항<br>② 도근 및 세부측량의 감독에 관한 사항 |
| | 제도과 | ① 지도의 조제에 관한 사항<br>② 토지의 면적계산에 관한 사항 |

주 : 토지조사국 분과규정.(1910.3.19. 관보)

그리고 1910년 8월에 대구·전주·평양·함흥에 〈표 4-3〉과 같이 4개소의 토지조사국 출장소를 설치(1910.8.22. 토지조사국 고시 제1호)[40]하고, 7년 8개월간의 전국적인 토지조사사업계획을 추진하였다.

40) 관보, 제4765호, 1910.8.24.(융희 4.8.22), p.1067.

〈표 4-3〉 토지조사국의 출장소 설치 현황

| 소재지 | 출 장 소 명 | 관 할 구 역 |
|---|---|---|
| 경상북도 대구 | 토지조사국 대구출장소 | 경상남·북도 |
| 전라북도 전주 | 토지조사국 전주출장소 | 전라남·북도 |
| 평안남도 평양 | 토지조사국 평양출장소 | 평안남·북도, 황해도 |
| 함경남도 함흥 | 토지조사국 함흥출장소 | 함경남·북도 |

출처 : 관보, 1910.8.24.(융희 4.8.22.)

# 3 일제 시대

## 3.1 임시토지조사국

1910년 8월 29일 한일합병조약의 공포와 함께 같은 날에 조선총독부 설치규정(1910.8.29. 칙령 제319호)[41]을 제정하여 당분간 토지조사국을 존치하되 조선총독부 소속으로 하였다.

이어서 1910년 9월에 조선총독부 관제(1910.9.30. 칙령 제354호)[42]를 제정하고, 조선총독부에 관방과 총무부·내무부·탁지부·농상공부·사법부의 5개부를 설치하도록 규정하였으며,(제9조) 총무부에는 인사국·외사국·회계국을, 내무부에는 지방국·학무국을, 탁지부에는 사세국·사계국(司計局)을, 농상공부에는 식산국·상공국을 설치하도록 규정하였고,(제10조) 총독부에는 장관 5인·국장 9인·참사관 전임 2인·비서관 전임 2인·서기관 전임 19인·사무관 전임 19인·기사 전임 30인·통역관 전임 6인·속(屬) 기수 통역생 전임 337인 등 429명의 직원을 두도록 규정하였다.(제11조)

같은 날 조선총독부 임시토지조사국 관제(1910.9.30. 칙령 제361호)[43]를 제정하고, 조선총독부 임시토지조사국을 설치하여 조선총독의 관리 아래 토지의 조사 및 측량에 관한

41) 조선총독부 관보, 제1호, 1910.8.29.(명치 43.8.29), pp.15~16.
42) 조선총독부 관보, 제28호, 1910.9.30.(명치 43.9.30), pp.185~186.
43) 조선총독부 관보, 제28호 1910.9.30.(명치 43.9.30), pp.190~191.

사무를 관장하도록 규정하고,(제1조) 임시토지조사국에는 총재 1인·부총재 1인·서기관 전임 3인·사무관 전임 2인·감사관 전임 1인·기사 전임 4인·서기 기수 전임 50인 등 62명의 직원을 두도록 규정하였다.(제2조)

그리고 같은 해 10월 1일부터 대한제국의 토지조사국 사업 일체를 인수한 후 당초 대한제국에서 예정하였던 기간 내에 토지조사를 완료하기로 결정하였다.

임시토지조사국장은 당시 일본인 정무총감(政務總監)이었던 야마카타 이사부로우(山縣伊三郞)가 초대 총재에 취임하여 토지조사사업을 관장하였으며,[44] 임시토지조사국장 밑에 서무과·조사과·측량과와 출장소를 설치하고 다음과 같이 사무를 분담하였다.

서무과는 ① 기밀에 관한 것, ② 관인(官印) 및 국인(局印) 보관에 관한 것, ③ 문서 접수·발송 및 편찬보존에 관한 것, ④ 통계보고·자료수집에 관한 것, ⑤ 토지소유권 쟁의에 관한 것, ⑥ 회계에 관한 것, ⑦ 타과에 속하지 않는 것을 관장하고, 조사과는 ① 조사사무 계획 및 실행에 관한 것, ② 조사사무 감독에 관한 것, ③ 토지대장 및 장부조제에 관한 것, ④ 토지조사위원회에 관한 것을 관장하고, 측량과는 ① 삼각측량 계산 및 실행에 관한 사항, ② 삼각측량 감독에 관한 사항, ③ 도근·세부측량 계획 및 실행에 관한 사항, ④ 도근 및 세부측량에 관한 사항, ⑤ 지도조제에 관한 사항, ⑥ 토지의 면적계산에 관한 사항을 각각 관장하였다.

이어서 1912년 8월에 조선총독부 고등토지조사위원회 관제(1912.8.12. 칙령 제3호)[45]를 제정하고, 조선총독부에 고등토지조사위원회를 설치하고 토지소유권에 관한 사정·불복신립·재결·사정과 재결에 관한 재심의를 담당하도록 규정하였으며,(제1조) 위원장 1인과 위원 9인 이내로 구성하도록 규정하였다.(제2조) 같은 날 조선총독부 도지방토지조사위원회 관제(1912.8.12. 칙령 제4호)[46]를 제정하고, 각 도에 지방토지조사위원회를 설치하고 토지소유권에 관한 사정과 조선총독부 임시토지조사국장의 자문에 응하도록 규정하였으며,(제1조) 위원장 1인과 위원 5인 이내로 구성하도록 규정하였다.(제2조) 그 후 수차에 걸쳐 부분적으로 기구를 개편하여 토지조사사업을 추진하였는데, 1913년 9월에 임시토지조사국 사무분장규정을 개정(1913.9.18. 조선총독부훈령 제48호)하여 [그림 4-16]과 같이 종전의 3개 과를 총무과·기술과·조리과·측지과·제도과 · 정리과의 6개 과로 나누어 소관사무를 명확히 규정하였다.

---

44) 리진호, 1999, 앞의 책, p.563.

45) 조선총독부 관보, 제16호, 1912.8.12.(대정 원년.8.12), p.435.

46) 조선총독부 관보, 제16호, 1912.8.12.(대정 원년.8.12), p.435~436.

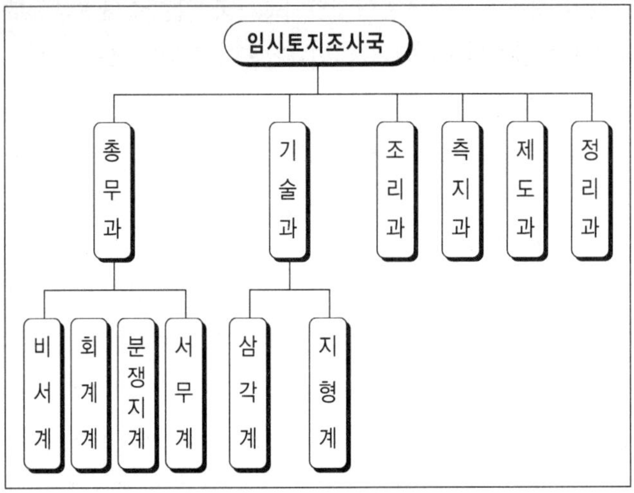


주 : 임시토지조사국장은 정무총감이 겸임하였다.
출처 : 지적기술연수원, 1993(a), 『조선토지조사사업보고서』, pp.55~56.

[그림 4-16] 임시토지조사국 기구도

총무과는 비서계 · 회계계 · 분쟁지계 · 서무계를, 기술과는 삼각계 · 지형계를 두고 〈표 4-4〉와 같은 사무를 관장하도록 규정하여 토지조사사업을 추진함으로써 토지제도와 지세제도를 확립하였다.[47]

〈표 4-4〉 임시토지조사국의 사무분장 현황

| 대 분 류 | 소 분 류 | 사무분장 내용 |
|---|---|---|
| 총무과 | 비서계 | ① 기밀에 관한 사항<br>② 직원 신분 진급 및 상벌에 관한 사항<br>③ 직원복무에 관한 사항<br>④ 관인 및 국인 보관에 관한 사항<br>⑤ 사무원 및 기술원 양성에 관한 사항 |
| | 회계계 | ① 예산 결산에 관한 사항<br>② 출납 및 용도에 관한 사항<br>③ 관유재산에 관한 사항<br>④ 영선에 관한 사항<br>⑤ 청중(廳中)정리 및 용인(傭人) 감독에 관한 사항<br>⑥ 전 각 호의 회계에 관한 사항 |
| | 분쟁지계 | ① 분쟁지 및 소유권에 의심나는 토지의 심사에 관한 사항(외업 및 분쟁지 조사) |

47) 지적기술연수원, 1993, 『조선토지조사사업보고서』, p.55.

| | | |
|---|---|---|
| 총무과 | 서무계 | ① 의안 기타 문서 심사에 관한 사항<br>② 토지조사위원회에 관한 사항<br>③ 문서 수수·발송·편찬 및 보존에 관한 사항<br>④ 도서 번역 및 인쇄에 관한 사항<br>⑤ 통계 보고 및 국보에 관한 사항<br>⑥ 지방경제 및 관습 조사에 관한 사항<br>⑦ 타계 주관에 속하지 않는 사항을 관장 |
| 기술과<br>(技術課) | 삼각과<br>(三角科) | ① 삼각측량계획 및 실행에 관한 사항(외업 및 삼각측량)<br>② 도근측량 세부측량 및 제도 감독에 관한 사항 |
| | 지형과<br>(地形科) | ① 일반도 측량 및 일반도 조제에 관한 사항 |
| 조리과 | – | ① 면 · 동 명칭 및 경계조사 기타 조사 준비에 관한 사항(외업 및 조사준비)<br>② 지위등급 조사에 관한 사항, 외업, 지위등급조사에 관한 사항 |
| 측지과 | – | ① 도근측량에 관한 사항(외업 및 도근측량)<br>② 세부측량에 관한 사항(외업 및 일필지측량)<br>③ 토지신고서 기타 도서 검사에 관한 사항 |
| 제도과 | – | ① 지적도 조제에 관한 사항<br>② 토지 면적계산에 관한 사항 |
| 정리과 | – | ① 토지대장 기타 부속장부 조제에 관한 사항<br>② 이동지 정리에 관한 사항 |

출처 : 임시토지조사국 분과규정.(1913.9.18. 조선총독부 훈령 제48호), 조선총독부 임시토지조사국, 1918, 『조선토지조사사업 보고서』, p.34~35.

## 3.2 내무부 지방국 지방과

1910년에 조선총독부 사무분장규정〈1910(명치 43)년 10월 1일. 조선총독부 훈령 제2호〉[48]을 제정하고, 내무부에 서무과와 지방국·학무국을 두도록 규정하였으며,(제9조) 지방국에 지방과·토목과·위생과를 두도록 규정하였고,(제11조) 지방과에서 지리·지적 및 토지가옥증명에 관한 사항을 담당하도록 규정하였다.(제11조제1항제4호)

이어서 1912년에 조선총독부 사무분장규정을 개정〈1912(명치 45)년 3월 30일. 조선총독부 훈령 제27호〉[49]하여 내무부 지방국에 제1과, 제2과를 두고 제1과에서 지리·지적에 관한 사항을 담당하도록 규정하였다.

48) 조선총독부 관보, 제29호, 1910.10.1.(명치 43.10.1, 조선총독부 훈령 제2호), pp.236~238.
49) 조선총독부 관보, 제75호, 1912.3.30.(명치 45.3.30. 조선총독부 훈령 제27호), pp.1024~1027.

## 3.3 탁지부 사세국 세무과

1914년에 조선총독부 사무분장규정을 개정〈1914(대정 3)년 9월 29일. 조선총독부 훈령 제52호〉[50]하여 탁지부 사세국 세무과에서 토지대장에 관한 사항을 담당하도록 규정하였으며,(제8조) 이 시기에 탁지부장관은 지세 및 시가지세사무취급수속을 제정하여 지적사무를 관장하기 시작하였다.

이어서 1915년에 조선총독부 사무분장규정을 개정〈1915(대정 4)년 5월 1일. 조선총독부 훈령 제26호〉[51]하여 내무부에서 담당하던 지적에 관한 사항을 삭제하고 탁지부 세무과에서 토지대장에 관한 사항을 담당하도록 규정하여,(제7조) 지적사무가 내무부에서 탁지부로 이관하게 되었다.

## 3.4 농상공부

토지조사사업의 마무리 단계인 1916년에 조선총독부의 농상공부에서 임야조사사업을 위한 시험조사사업에 착수하였으며, 일선 업무는 부윤(府尹)과 면장이 담당하고 사정(査定) 업무는 도지사가 담당하였다.[52]

1918년 5월에 조선총독부 임야조사위원회 관제〈1918(대정 7)년 5월 1일. 칙령 제110호〉[53]를 제정하고, 조선총독부에 임야조사위원회를 설치하고 조선임야조사령에 의한 사정 · 불복신립(不服申立) · 재결 · 사정 및 재결에 관한 재심의를 담당하도록 규정하였으며,(제1조) 위원장 1인과 위원 10인 이내로 구성하도록 규정하였다.(제2조)

그리고 1918년에 토지조사사업을 완료함에 따라 같은 해 11월에 조선총독부 임시토지조사국 관제 및 조선총독부 도지방토지조사위원회 관제 폐지의 건〈1918(대정 7)년 11월 4일. 칙령 제375호〉[54]을 제정하고, 같은 날 조선총독부 고등토지조사위원회 관제중 개정의 건〈1918(대정 7)년 11월 4일. 칙령 제376호〉[55]을 제정하여 고등토지조사위원회 사무국 직원의 일부를 존치시키고 8년 만에 임시토지조사국을 폐국시켰다.

---

50) 조선총독부 관보, 제648호, 1914.9.29.(대정 3.9.29), p.996.
51) 조선총독부 관보, 1915.5.1.(대정 4.5.1), pp.31~33.
52) 조선총독부, 『조선임야조사사업보고서』, 1936, pp.10~20.
53) 조선총독부 관보, 1918.5.1.(대정 7.5.1), p.33.
54) 조선총독부 관보, 1918.11.5.(대정 7.11.4), p.63.
55) 조선총독부 관보, 1918.11.5.(대정 7.11.4), p.63.

토지조사사업이 완료된 1919년 당시에 전국에는 〈표 4-5〉와 같이 13개 도(道) • 12개 부(府) • 218개 군(郡) • 2개 도(島)가 설치되어 있어, 총 232개의 부(府) • 군(郡) • 도(島)에 토지대장과 지적도를 인계하고 총 340명의 지적기수를 배치하여 지적사무를 담당하도록 함으로써 1개 부 • 군 • 도당 평균 1.46명을 배치하였으나 지적기수가 1명도 배치되지 아니한 부 • 군 • 도가 27개 기관이나 되었다.[56)]

따라서 이들이 우리나라 최초의 지적직 공무원이라고 할 수 있으며, 지적기수(地籍技手)가 배치되지 아니한 부 • 군 • 도에 있어서는 지적기수 이외의 토목기수 등이 지적사무를 담당하였을 것으로 추정된다.

〈표 4-5〉 부 · 군 · 도별 지적기수 배치 현황

(1919, 단위 : 명)

| 도 명 | 계 | | 부 | | 군 | | 도(島) | | 비율 (%) (A : B) | 지적 외 기수 | 기술원 미배치 부 · 군 · 도 |
|---|---|---|---|---|---|---|---|---|---|---|---|
| | 기관 수 (A) | 기술 인력 (B) | 기관 수 | 기술 인력 | 기관 수 | 기술 인력 | 기관 수 | 기술 인력 | | | |
| 계 | **232** | **340** | **12** | **11** | **218** | **323** | **2** | **5** | **147** | **49** | **27** |
| 경 기 | 22 | 33 | 2 | 4 | 20 | 29 | | | 150 | 4 | 3 |
| 충 북 | 10 | 16 | | | 10 | 16 | | | 160 | 6 | – |
| 충 남 | 14 | 20 | | | 14 | 20 | | | 143 | 1 | 1 |
| 전 북 | 15 | 24 | 1 | 1 | 14 | 23 | | | 160 | 5 | – |
| 전 남 | 23 | 35 | 1 | | 21 | 34 | 1 | 2 | 152 | 3 | 3 |
| 경 북 | 24 | 53 | 1 | | 22 | 49 | 1 | 3 | 221 | 10 | 1 |
| 경 남 | 21 | 34 | 2 | 3 | 19 | 32 | | | 162 | 8 | 1 |
| 황 해 | 17 | 34 | | | 17 | 33 | | | 200 | 2 | 1 |
| 평 남 | 16 | 21 | 2 | 1 | 14 | 19 | | | 131 | 2 | 4 |
| 평 북 | 20 | 22 | 1 | 1 | 19 | 21 | | | 110 | – | 4 |
| 강 원 | 21 | 19 | | | 21 | 19 | | | 90 | 6 | 7 |
| 함 남 | 17 | 20 | 1 | 1 | 16 | 19 | | | 118 | 2 | 2 |
| 함 북 | 12 | 9 | 1 | | 11 | 9 | | | 75 | – | – |

주 : 지적 외 기수는 지적기수 이외의 토목기수 등을 뜻하는 것으로 추정된다.
출처 : 리진호, 1999, 『한국지적史』, 서울, 도서출판 바른길, p.755.

## 3.5 재무국

1919년에 조선총독부 사무분장규정을 개정〈1919(대정 8)년 8월 20일. 조선총독부 훈령

56) 리진호, 1999, 앞의 책, pp.754~755.

제30호〉[57]하여 탁지부를 재무국으로 개편하고 재무국에서 토지대장에 관한 사항을 담당하도록 규정하였다.(제7조) 그 후 임야조사사업이 완료됨에 따라 1921년에 조선총독부 사무분장규정을 개정〈1921(대정 10)년 6월 20일. 조선총독부 훈령 제37호〉[58]하여 토지대장과 임야대장에 관한 사항을 재무국에서 담당하도록 규정하였다.(제7조)

따라서 1918년에 토지조사사업을 완료하고 이어서 1924년에 임야조사사업을 완료하면서 양 사업의 성과로 작성된 지적공부를 부(府)·군(郡)·도(島)에 이관하여 최초로 지적사무를 수행하기 시작한 이후부터 해방되기까지 조선총독부의 재무국에서 계속하여 지적사무를 관장하였다.

그리고 지적사무에 관한 감독은 현 재무부의 전신인 조선총독부 재무국과 도에서 담당하였으나 1934년 4월에 조선총독부 세무관서관제(1934.4.28. 칙령 제111호)[59]를 제정하고, 내국세에 관한 사무를 관장하도록 규정하여(제1조) 5월 1일부터 세무기관이 조장행정기관(助長行政機關)으로부터 분리되어 세무감독국과 세무서를 설치하게 되었다.

이 당시에는 〈표 4-6〉과 같이 도 단위에 5개소의 세무감독국과 시·군 단위에 99개소의 세무서를 설치하고 지적사무를 관장하였다.

이어서 같은 해 5월에 조선총독부 세무감독국사무분장규정(1934.5.1. 조선총독부훈령 제20호)[60]을 제정하고, 세무감독국에 서무과·세무부·경리부를 설치하도록 규정하였으며,(제1조) 세무부에는 직세과·간세과를 두도록 규정하였고,(제3조) 경리부에는 징수과·회계과를 두도록 규정하였다.(제7조)

〈표 4-6〉 세무감독국과 세무서 설치 현황

(1934.5.1. 현재)

| 세 무<br>감독국 | 관할구역 | 관 할 세 무 서 |
|---|---|---|
| 계 | **13개 도** | **99개 세무서** |
| 경 성 | 경기도<br>충청남도<br>충청북도<br>강원도 | 경성·인천·영등포·수원·평택·용인·이천·개성·양주<br>공주·대전·강경·홍성·예산·천안<br>청주·영동·충주<br>춘천·고성·금화·철원·울진·홍천·원주·평창·강릉(27개 세무서) |
| 광 주 | 전라북도<br>전라남도 | 군산·전주·이리·김제·정읍·금산·진안·남원<br>목포·나주·곡성·영광·광주·벌교·강진·순천·제주(17개 세무서) |

57) 조선총독부 관보, 1919.8.20.(대정 8.8.20), pp.992~993.
58) 조선총독부 관보, 제2657호, 1921.6.20.(대정 10.6.20), p.1051.
59) 조선총독부 관보, 제2911호, 1934.5.3.(소화 9.4.28), pp.41~42.
60) 조선총독부 관보 제2189호, 1934.5.1.(소화 9.5.1), p.19.

| | | |
|---|---|---|
| 대 구 | 경상북도<br>경상남도 | 대구 · 경주 · 포항 · 안동 · 의주 · 왜관 · 김천 · 상주 · 내성 ·<br>부산 · 마산 · 울산 · 하동 · 거창 · 통영 · 합천 · 진주 · 김해 · 밀양(19개 세무서) |
| 평 양 | 황해도<br>평안남도<br>평안북도 | 해주 · 연백 · 남천 · 곡산 · 장연 · 재령 · 서홍 · 사리원 ·<br>평양 · 진남포 · 성천 · 안주 · 순천 · 덕천<br>신의주 · 정주 · 구성 · 선천 · 영변 · 희천 · 창성 · 초산 · 강경 · 후창(24개 세무서) |
| 함 흥 | 함경남도<br>함경북도 | 원산 · 함흥 · 북청 · 영흥 · 단천 · 혜산진<br>청진 · 운기 · 명천 · 회령 · 성진 · 무산(12개 세무서) |

출처 : 세무감독국 및 세무서의 명칭 위치관할 구역표(1934.5. 부령 제45호) ; 리진호, 1999, 『한국지적史』, 서울, 도서출판 바른길, p.743. 재인용.

그리고 같은 날 조선총독부 세무서사무분장규정(1934.5.1. 조선총독부훈령 제21호)[61]을 제정하고, 세무서에는 서무과와 직세과 및 간세과를 설치하도록 규정하였으며,(제1조) 직세과는 ① 직세의 부과 및 감면에 관한 사항, ② 직세의 검사에 관한 사항, ③ 토지 및 임야대장과 지적도 및 임야도에 관한 사항을 관장하도록 규정하였다.(제3조)

따라서 재무부 산하 세무서에서 지적사무를 관장하게 되어 중앙의 감독기관은 변경되지 아니한 채 1934년 5월 1일부터 지적사무가 도와 시 · 군에서 세무감독국과 세무서로 이관되었다.

그 후 행정 간소화 작업의 일환으로 도 단위에 설치된 5개소의 세무감독국이 폐지되어 1943년 10월 1일부터 정부가 수립되었던 1948년 8월 15일까지 약 5년간은 중간 감독기관이 세무감독국에서 도(道)로 바뀌었으나 시 · 군 단위에서는 계속하여 세무서에서 지적사무를 관장하였으며, 1945년 4월에 조선총독부 사무분장규정(1945.4.17. 조선총독부훈령 제18호)[62]을 개정하여 재무국 세무과에서 지적에 관한 사항을 관장하도록 규정하였다.

일제 말기 조선총독부에는 [그림 4-17]과 같이 재무국 · 관광국 · 농상국 · 법무국 · 학무국 · 경무국 · 체신국 · 교통국 등을 설치하였고, 재무국에 사계과 · 세무과 · 전매사업과 · 전매세무과 · 관리과 · 이재과 등 6개 과를 설치하였다.

그리고 도(道)에는 [그림 4-18]과 같이 내무부 · 재무부 · 경찰부 등을 설치하였고, 재무부에 직세과 · 간세과 · 이재과 등 3개 과를 설치하였으며, 지적사무는 재무부의 직세과와 일선 부(府) · 군(郡) · 도(島)에서 관장하였다.

61) 조선총독부 관보, 제2189호, 1934.5.1.(소화 9.5.1), p.19.
62) 조선총독부 관보, 1945.4.17.(소화 20.4.17), pp.691~693.

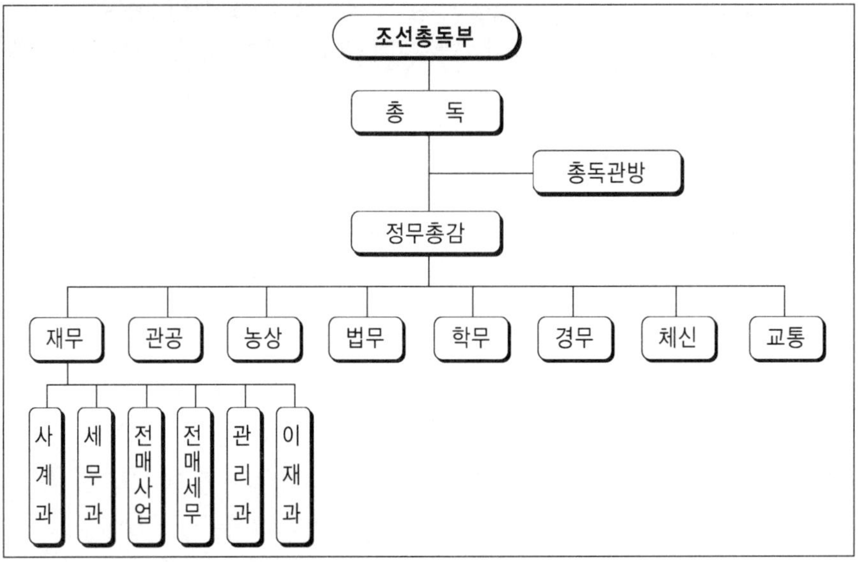


주 : (1) 미군정 당국은 1945년 9월 19일에 조선총독부를 미군정청으로 개칭하였다.
(2) 군정장관의 수석 보좌관으로 새로 민정장관을 임명하여 군정 내각을 주재하게 하였다.
출처 : 김석준, 1996, 『미군정 시대의 국가와 행정』, 이화여자대학교 출판부, p.222.

[그림 4-17] 일제 말기의 조선총독부 기구도(1945.8.)

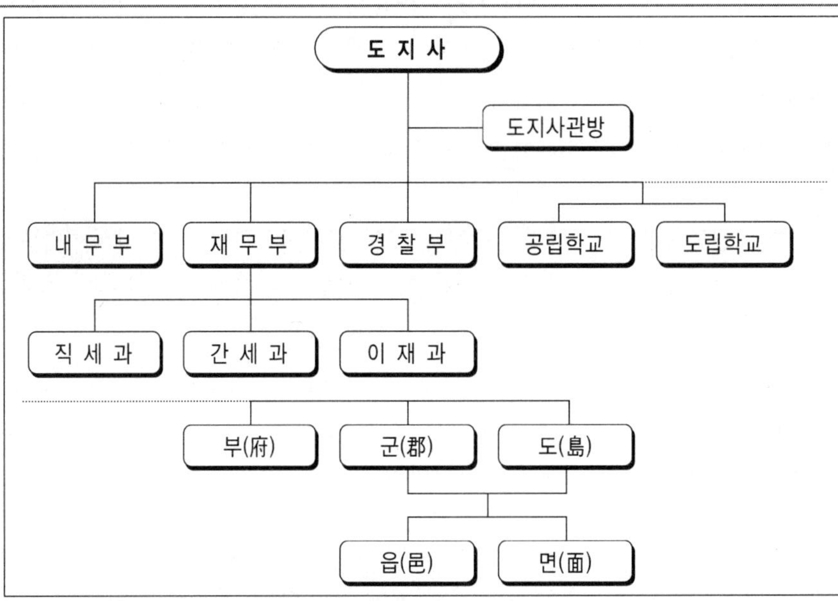


출처 : 안진, 1996, 『미군정기 억압기구 연구』, 서울, 새길, p.100, 참고 작성.

[그림 4-18] 일제 말기의 도(道) 기구도(1945.9.)

# 4 광복 후 시대

## 4.1 미군정청

### 4.1.1 재무국

1945년 8월 15일 일본이 연합국에 무조건 항복함으로써 우리나라는 광복을 맞게 되었으며, 같은 해 9월 8일 오키나와 주둔 미군 제24군단 사령관이었던 존 하지(John R. Hodge) 육군 중장이 인천에 상륙한 후 서울에 도착하여 "조선주민에게 포고함(1945.9.7, 포고령 제1호)"이라는 포고령을 선포하였다.

포고령 제1호에 "조선 북위38도 이남의 지역과 동 주민에 대한 모든 행정권은 당분간 본관의 권한 하에서 시행함."이라고 규정하였으며,(제1조) "주민은 본관 및 본관의 권한 하에서 발포한 명령에 즉속(卽速)히 복종할 것. 점령군에 대하여 반항행동을 하거나 또는 질서보안을 착란하는 행위를 하는 자는 용서 없이 엄벌에 처함."이라고 규정하였고,(제3조) "이후 공포하게 되는 포고·법령·규약·고시·지시 및 조례는 본관 또는 본관의 권한 하에서 발포하여 주민이 이행하여야 될 사항을 명기함."이라고 규정하였다.[63](제6조)

따라서 포고령 제1호는 남한지역의 입법·사법·행정권을 모두 태평양 미국육군총사령관이 가지고 군정을 시행한다는 것을 선포하고, 재조선 미국육군사령부군정청(在朝鮮美國陸軍司令部軍政廳, United States Army Military Government in Korea, 이하 "미군정청"이라 한다.)을 설치하여 1945년 9월부터 1948년 8월 15일 대한민국 정부가 수립되기까지 약 3년간 남조선과도정부(南朝鮮過渡政府)[64]의 역할을 수행하였다.

존 하지 중장은 1945년 9월 12일에 조선총독부의 아베 노부유키(阿部信行) 총독과 엔도 류사쿠(遠藤柳作) 정무총감을 파면하고, 아널드(Archibold V. Arnold) 소장을 미군정장관(美軍政長官)에 임명함으로써 군정체제의 골격을 갖추었으며, 9월 14일에 조선총독

---

63) http://k.daum.net/qna/view.html?category_id=QN&qid=33gZ2&q.(2008.8.25.)

64) 1945년 9월 7일 미군이 진주하였을 때부터 재조선 미국사령부군정청이 되었는데 이를 흔히 "미군정"이라 줄여서 말한다. 1947년 5월 17일 법령 제141호 미군정청 조선인 기관의 명칭을 "남조선과도정부"로 칭한다고 하였으니 미군정시기도 이렇게 전·후기로 나눈다.(미군정청 관보, 제3호 1993, 원주문화사, p.225.)

부의 각 국장[65]을 파면하였다.

이어서 같은 해 9월 17일에 일제강점 말기의 조선총독부 기구를 그대로 존속시키기로 결정하고 총독부 8개 국(총무・사정・재무・식산・농림・법무・학무・경무)의 국장에 미군 장교를 임명하여 미군정을 발족시켰다.[66]

미군정청은 재무국장에 찰스 골든(Charles. J. Gordon) 중령을 임명하였으나[67], 조선총독부 재무국장 미즈타 나오마사(水田直昌)에게는 고문으로 남아 있되 허가 없이 서울을 떠나지 말도록 붙들어 두었으며, 1945년 10월 26일에 군정청 재무국에서 일본인 직원 65명을 해임하였는데, 이것은 다른 부서보다 정보나 지식이 없어 재무국 직원들을 오래 붙들어 둔 것으로 보인다.[68]

이 당시에 지적관련 사무는 종전과 같이 재무국에서 총괄하였는데, 재무국에는 사계과・세무과・전매사업과・전매세무과・관리과・이재과 등을 설치하고, 지적사무는 사계과에서 관장하였다. 최초의 미군정청 행정기구는 관방(官房)과 국(局)으로 구성되어 있었으며, 후에 보건후생국・군무국・공보국이 신설되었고, 광공국이 상무국으로 농상국이 농무국으로 각각 변경되었다.[69]

1945년 10월에 도기구의 개혁(1945.10.23, 군정법령 제114호)이라는 법령을 제정하고 도의 주요기관을 국(局)이라 칭하고 국에는 과(課)를, 과에는 계(係)를 설치하도록 규정하였으며,(제2조) [그림 4-19]와 같이 내무국・농무국・재무국・상공국・문교국・노동국・보건후생국・토목국을 설치하도록 규정하였고,(제6조) 재무국 밑에 직세과・이재과・간세과를 설치하도록 규정하여(제10조) 재무부가 재무국으로 변경된 이외에는 종전과 동일하였다.

65) 일제 말기의 조선총독부 직제는 총독과 정무총감을 두고 그 밑에 내무국・사정국・재무국・식산국・농림국・법무국・학무국・경무국・후생국・기획부 등 9개국 1부가 있었으며, 국은 각 부에 해당되고, 국장은 장관에 해당된다.(대한지적공사, 2005(b), 앞의 책, p.288.)

66) 김석준, 1996, 『미군정 시대의 국가와 행정』, 이화여자대학교 출판부, p.221. ; 안진, 1996, 『미군정기 억압기구 연구』, 서울, 주 새길, p.99.

67) 조선군정 장관 미국 육군소장 아놀드, 임명사령 제3호, 1945.9.29, 군정관보, 재무국장 찰스 골든(Charles. J. Gordon) 중령은 1947.2.15. 해임되었다.(군정관보, 2권, p.96.)

68) 리진호, 2008, 『울산지적사』, 울산광역시, p.313.

69) 김석준, 1996, 『미군정 시대의 국가와 행정』, 이화여자대학교 출판부, p.224.

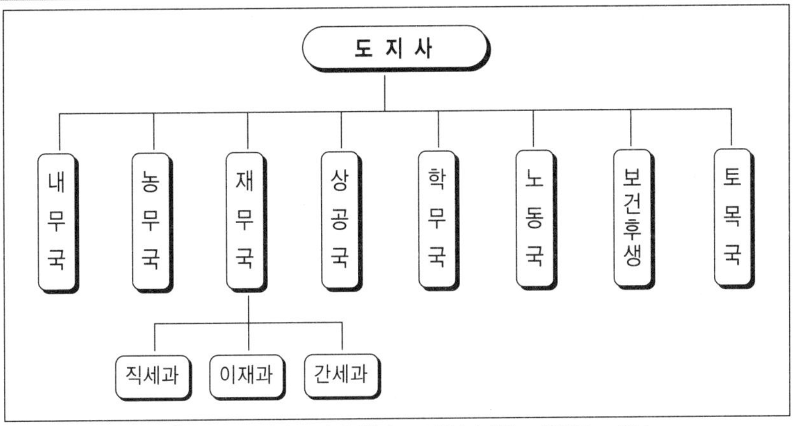


출처 : 김석준, 1996,『미군정 시대의 국가와 행정』, 이화여자대학교 출판부, p.234.

[그림 4-19] 미군정 당시의 도(道) 기구도(1945.10.)

### 4.1.2 재무부

1946년 3월에 조선정부 각 부서의 명칭(1946.3.29. 군정법령 제64호)이라는 법령을 제정하고, [그림 4-20]과 같이 농무부・상무부・체신부・문교부・재무부・사법부・국방부・경무부・보건후생부・공보부・운수부를 설치하도록 규정하여(제2조) 조선총독부 시대의 국(局)을 각각 부(部)로 명칭을 변경하였다.

따라서 지적사무를 총괄하던 재무국(財務局)이 재무부(財務部)로 명칭이 변경되었으며, 재무부에 이재국・사계국・중앙은행국・회계검사국・전매국을 설치하였는데, 지적사무는 사계국에서 관장하였다.[70)]

미군정청은 행정권을 한국인에게 이양하는 첫 단계로써 1947년 2월 10일에 민정장관에 안재홍(安在鴻)을 임명하고, 1947년 5월에 남조선과도정부의 명칭(1947.5.17. 군정법령 제141호)이라는 법령을 제정하고, "북위 38도 이남 조선을 통치하는 입법・행정・사법부 등 재조선미군정청 조선인 기관은 남조선과도정부라 칭함."이라고 규정하였다.

따라서 미군정청을 남조선과도정부로 개편하였으며, 재무부에 국고국・이재국・사계국・중앙은행국・회계국・회계검사국・전매국을 설치하였는데, 지적사무는 사계국에서 관장하였다.

70) 대한지적공사, 2005(b), 앞의 책, pp.288~292.

국세관련 기구와 사무는 일제 식민 통치하의 제도를 그대로 답습하다가, 1948년 3월 사세국의 기구개혁(1948.3.1. 군정법령 제169호)이라는 법령을 제정하고 대폭적인 개혁이 이루어졌다.

재무부에 사세총감을 두고 각 도의 재무국을 폐지하였으며 국세는 각 지방사세청으로 이관되었고 지방세는 내무국 지방과로 이관되었다.

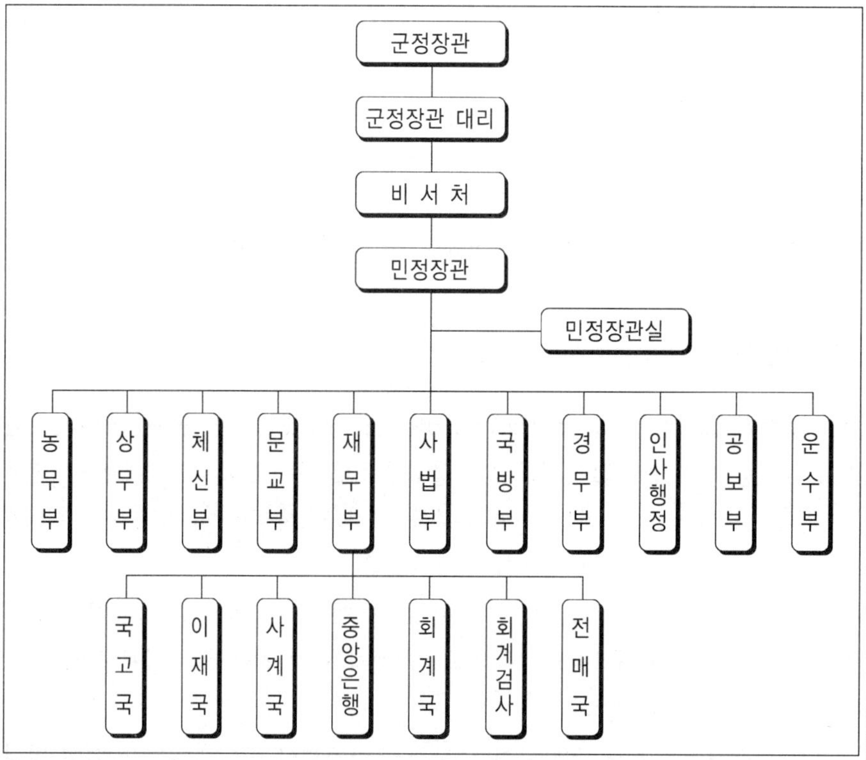


출처 : 김석준. 1996.『미군정 시대의 국가와 행정』. 이화여자대학교 출판부. p.226. 참고 작성.

[그림 4-20] 미군정청 기구도(1947.5.)

사세국의 기구개혁에 "국세법과 관리·통제 및 실시와 국세의 징수를 망라한 현행 수속을 재편 개량하며, 국립세무서의 직접 감독을 중앙 정부로 이관함을 목적으로 한다."고 규정하였으며,(제1조) 재무부 국고국을 사세국으로 개칭하고 재무부장관이 임명하는 사세총감을 두도록 규정하였고,(제2조) 총감실(總監室)·징수서(徵收署)·직세서(直稅署)·간세서(間稅署)·감찰서(監察署)를 두도록 규정하였다.(제4조)

지방관서로는 각 도의 재무국을 폐지하고, 9개의 사세청에 일정한 권한·임무 및 직능을 이관하고, 징수과·직세과·간세과를 두었다. 그리고 사세과 밑에는 세무서를 두고 징수과·직세과·간세과를 두었다.[71)]

각 도는 지적기수를 임명하여 토지측량을 집행하였는데 세무서 직세과의 기수들은 수입인지를 첨부시켜 신청을 받아 측량을 하기도 하였다. 당시 기술 공무원의 직명은 도안사, 지세도안사(地勢圖案士), 기술사로 불렀으며 담당계는 지세·지적계였다.

그 외에 정부는 도지정측량사 제도를 시행하기도 하고, 일부는 측량자유업을 실시하기도 하였다.

광복 後 미군정 시대에 경상남북도에서 최초로 지정측량사 제도를 시행하였다. 1945년 10월 11일에 경상북도 재무부장은 각 세무서장에서 〈표 4-7〉과 같은 "지적측량자 지정의 건"을 통첩하여, 지적협회의 해산으로 인하여 국가·공공단체 등에서 지적기술자를 갖고 있는 자는 직접 지적측량을 집행하는 것을 인정하고 기타는 지정측량자에게 집행하도록 시달하였다.

〈표 4-7〉 지적측량자 지정의 건

경주세무서는 아래와 같이 지정하였으니 별지 요강에 의하여 취급할 것.
추가 : 귀 서 관내 각 토지 기업자에는 위 취지를 주지시킬 것을 첨가함.

| 지적측량자 씨명 | 세무서 관할구역 | 비 고 |
|---|---|---|
| 海平鵬浩 | 경 주 | 전 김천세무서 기수<br>최봉호의 창씨개명 |
| 平野成田 | 포 항 | |
| 江城駿煥 | 안 동 | |
| 平田庚? | ? | |
| 松岡鍾浩 | 왜 관 | |
| 金井廣光 | 김 천 | |
| 梅原正照 | 상 주 | |
| 新宗宗熙 | 내 성 | |

주 : ?는 판독불가.
출처 : ≪地籍例規≫에서 번역. 경주세무서, 경주시 토지관리과 소장. 리진호, 2008,『울산지적사』, 울산광역시, p.317.

광복 후 조선지적협회는 휴면상태가 되었지만 각 도에서는 지적기수를 임명하여 지적행정의 공백을 이어 나가는 한편, "지정측량사" 제도를 채택하여 운영하였다.

71) 김석준, 1996, 앞의 책, p.238.

한편 미군정 시대에도 각 세무서에서는 [그림 4-21]과 같이 고원을 임용하여 국세관련 사무를 수행한 것으로 보인다.

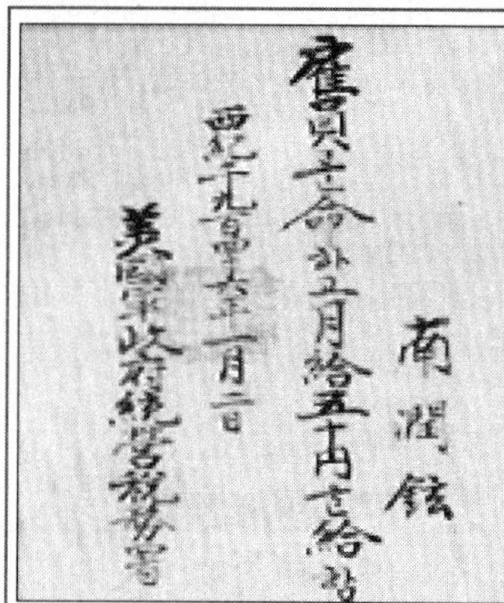

출처 : 리진호, 2008,『울산지적사』, 울산광역시, p.30.

[그림 4-21] 미군정청 시대의 세무서 고원 임명장

미군정의 토지정책은 2단계로 실시되었다. 1단계는 미군정법령 제9호 "최고소작료 결정의 건"에 입각한 것으로 소작제도를 그대로 인정하면서 소작료의 상한을 제한한 조치였다.

2단계는 전면적인 토지개혁의 요구에 대응한다는 의미와 미국의 대한정책을 반영한 것으로 미군정이 "토지개혁법안"을 입안하고 부분적인 토지분배를 실시한다는 조치였다.

1947년에 미군정청과 남조선 과도입법의원 사이에 농지개혁에 관한 예비회담이 열리고, 같은 해 5월에 "남조선토지개혁법안"의 기초에 착수했다.

그러나 의견의 불일치로 지지부진하다가 1948년 3월 23일에 미군정은 미군정법령 제173호로 중앙토지행정처의 설치를 공포하고, 미군정법령 제2호 "적산(敵産)에 관한 건"에 의해 신한공사에서 관리하던 귀속농지를 이 법안에 따라 단독으로 분배했다.

결국 미군정에 의해 이루어진 귀속농지의 분배는 농민의 요구와는 거리가 먼 것이었다. 그것도 귀속농지에 제한됨으로써 지주들은 그 동안 자신들의 이익을 보존할 수 있는 방법 즉 방매 또는 위장 분산 등의 방법을 강구하게 되었다.[72]

## 4.2 재무부

대한민국 정부가 수립된 1948년 8월 15일부터 1961년 12월 31일까지 지적사무는 토지세와 관련하여 재무부와 사세청의 지도 감독아래 세무서에서 관장하였다.

그러나 1961년 12월에 「국세와 지방세의 조정에 관한 법률」(1961.12.2. 법률 제780호)[73]을 제정하고, 지방자치단체는 독립세인 토지세・유흥음식세・재산세・자동차세・마권세・취득세・도축세・면허세와 소득세부가세・법인세부가세・영업세부가세 및 기

72) http://kin.naver.com/detail/detail.php?d1id=11&dir_id=110101&eid.(2008.8.20.)
73) 관보, 1961.12.2, 국세와 지방세의 조정에 관한 법률.(1961.12.2. 법률 제780호)

타 목적세를 과세하도록 규정하였다.(제3조)

따라서 재산세・취득세・농지세 등 토지세가 국세로부터 지방세로 조정되어 1962년 1월 1일부터 재무부에서 관장하던 지적사무를 내무부에 이관하였다.

## 4.3 내무부

1962년 1월 1일부터 재무부 산하 서울・대전・광주・부산 등 4개의 사세청과 81개 세무서에서 취급하던 지적사무를 비롯하여 〈표 4-8〉과 같은 지적관련 인력과 함께 지적공부를 내무부 산하 10개 시・도와 181개 시・군・구에 이관하여 처리하도록 개선하였다.74)

〈표 4-8〉 내무부 이관 당시 지적관련 인력 현황

(1962.1.1. 현재)

| 구분 / 시・도 | 이관된 인력 | | | 시・도 배치인력 | | |
|---|---|---|---|---|---|---|
| | 계 | 사무계 | 기술계 | 계 | 사무계 | 기술계 |
| 계 | **546** | **364** | **182** | **546** | **364** | **182** |
| 본 부 | 3 | 1 | 2 | 3 | 1 | 2 |
| 서 울 | 21 | 12 | 9 | 21 | 12 | 9 |
| 경 기 | 64 | 42 | 22 | 64 | 42 | 22 |
| 강 원 | 62 | 43 | 19 | 62 | 43 | 19 |
| 충 북 | 38 | 25 | 13 | 38 | 25 | 13 |
| 충 남 | 48 | 32 | 16 | 48 | 32 | 16 |
| 전 북 | 54 | 36 | 18 | 54 | 36 | 18 |
| 전 남 | 78 | 52 | 26 | 78 | 52 | 26 |
| 경 북 | 78 | 54 | 24 | 78 | 54 | 24 |
| 경 남 | 89 | 60 | 29 | 89 | 60 | 29 |
| 제 주 | 11 | 7 | 4 | 11 | 7 | 4 |

주 : 시도별 사세청과 세무서에 근무하던 인력을 해당 시도 및 시군에 이관하였다.
출처 : 내무부, 1962, "세제개혁에 수반한 업무이관 상황".

1934년 5월 1일 지적사무를 시・군에서 세무관서로 이관한 이래 27년만에 다시 종합행정기관인 시・군으로 환원하여 세무서에서 이관된 직원을 군세계(郡稅係)에 배치하여 지적사무를 수행하였다.

74) 김종현, 1973.9, 앞의 논문, p.56.

지적사무가 재무부에서 내무부로 이관된 지적기술계 직원 182명 중 내무부와 각 시·도 본청의 지적부서 책임자로 임용된 간부의 명단은 〈표 4-9〉와 같다.

〈표 4-9〉 내무부 이관 당시 지적부서의 간부 명단

(1962.1.1. 현재)

| 시·도 | 직 명 | 성 명 | 전 근무부서 | 임용일자 | 비 고 |
|---|---|---|---|---|---|
| 내무부 | 토목기사 | 이장홍 | 재 무 부 | 1961.12.31 | |
| 〃 | 토목기사 | 성창규 | 재 무 부 | 〃 | 전 대한지적공사 서울특별시지사장 |
| 서 울 | 토목기사 | 김태윤 | 사 세 청 | 〃 | |
| 경 기 | 토목기사 | 지종구 | 성 동 세 무 서 | 〃 | 전 서울특별시 지적과장 |
| 강 원 | 토목기사 | 원영희 | 강 릉 세 무 서 | 〃 | 전 지적기술원양성소 학감 |
| 충 북 | 토목기사보 | 최병준 | 청 주 세 무 서 | 〃 | 전 대한지적공사 충청남도 지사장 |
| 충 남 | 토목기사 | 이창하 | 대 전 사 세 청 | 〃 | 전 대한지적공사 충청남도 지사장 |
| 전 북 | 토목기사 | 홍성철 | 군 산 세 무 서 | 〃 | |
| 전 남 | 토목기원 | 박우형 | 벌 교 세 무 서 | 〃 | |
| 경 북 | 토목기사 | 김용진 | 대구중부세무서 | 〃 | 전 경상북도 지적계장 |
| 경 남 | 토목기사 | 김해선 | 사 세 청 | 〃 | 전 대한지적공사 업무이사 |
| 제 주 | 토목기사보 | 강병실 | 제 주 세 무 서 | 〃 | |

출처 : 내무부, 1962, 세제개혁에 수반한 업무이관 상황.

## 4.3.1 1960년대

1962년 1월에 지적사무를 총괄하는 중앙부처가 재무부에서 내무부로 변경된 후 지방국 지방세과에서 지적사무와 토지조사사무를 관장하였으나 직제상 지적계의 설치가 없어[75] 재무부 관장 당시에 비하여 중간 감독기관인 시·도와 일선 시·군·구가 배이상 늘어났는데도 중앙의 지적행정조직은 오히려 축소되었다.

그러나 1964년 5월에 내무부 직제 중 개정의 건(1964.5.27. 대통령령 제1824호)[76]을 공포하고, 지방국에 행정과·기획감사과·지도과·재정과·지방세과의 5개 과를 설치하도록 규정하였으며,(제5조) 지방세과는 ① 지방세제도에 관한 사항, ② 지방세의 부과 및 징수에 관한 사항, ③ 세외수입의 지도감독에 관한 사항, ④ 지적관리에 관한 사항을 분

75) 김종현, 1973.9, 앞의 논문, p.56.
76) 관보, 1964년 5월 27일, 내무부 직제중 개정의 건.(1964.5.27. 대통령령 제1824호)

장하도록 규정하여(제5조제11항) 세제계 · 직세계 · 간세계 · 지적계의 4개 계를 설치하여 지적사무가 내무부로 이관된 후 최초로 지적계를 설치하였다.

이어서 1966년 12월에 내무부 직제 중 개정의 건(1966.12.22. 대통령령 제2838호)[77]을 공포하고, 제5조 제11항 제5호에 토지과세의 기준조사에 관한 사항을 신설하여 지방세과에 토지조사계를 신설하고 지적계에서 취급하던 토지과세의 기준조사에 관한 사항을 분장시킴으로써 사무의 효율화와 전문화를 도모하였다.

### 4.3.2 1970년대

1970년 3월에 내무부 직제 개정령(1970.3.12. 대통령령 제4722호)[78]을 공포하고, 지방국의 지방세과를 세정과로 변경하도록 규정하였으며,(제9조) 세정과는 ① 지방세의 부과 및 징수, ② 세외수입의 부과 · 징수 및 요율의 종합조정, ③ 지적관리, ④ 토지과세 기준의 조사, ⑤ 외국인의 토지취득허가업무를 수행하도록 규정하였다.(제9조제7항)

따라서 중앙은 세정과에서 지적사무를 담당하였고, 각 시는 세무과, 각 도는 재정과의 지적계에서 담당하였으나 제주도는 계속하여 지방과의 지적계에서 지적사무를 담당하였다.

그리고 1976년 12월에 서울특별시에 지적과를 설치하고 5개월 뒤인 1977년 6월에 내무부직제 중 개정령(1977.6.3. 대통령령 제8,586호)[79]을 공포하고, 내무부의 지방재정국에 재정과 · 세정과 · 공기업과 · 지적과의 4개 과를 설치하고 국장 밑에 지방재정담당관 1인을 두도록 규정하였으며, 지적과는 ① 지적제도에 관한 조사연구, ② 지적관리, ③ 외국인의 토지취득허가사무를 분장하도록 규정하고 지정계 · 지적1계 · 지적2계를 설치하도록 규정하여(제9조제6항) 1895년 내부 판적국에 지적과를 설치한 후 80년 만에 중앙정부의 조직에 지적과가 부활되었다.

### 4.3.3 1980년대

1987년 12월에 총무처직제 등 일부개정령(1987.12.17. 대통령령 제12327호)[80]을 공포하고, 내무부 지적과에 지적기좌 1인을 증원하고 지적3계를 신설하도록 개정하여(제5조) 지적전산화사무를 담당하도록 보강하였다.

---

77) 관보, 1966년 12월 22일, 내무부 직제중 개정의 건.(1966.12.22. 대통령령 제2838호)
78) 관보, 1970년 3월 12일, 내무부 직제 개정령.(1970.3.12. 대통령령 제4722호)
79) 관보, 1977년 6월 3일, 내무부 직제중 개정령.(1977.6.3. 대통령령 제8586호)
80) 관보, 1987년 12월 17일, 총무처 직제 등 일부 개정령.(1987.12.17. 대통령령 제12327호)

이어서 1988년 12월에 내무부직제 중 개정령(1988.12.31. 대통령령 제12605호)[81]을 공포하고, 지방개발국을 지방세제국으로 개정하여(제2조제3항) 내무부에 지방세제국을 신설하도록 규정하였으며, 지방세제국에는 세제과·도세과·시군세과 및 지적과를 두고 국장 밑에 지방세심의담당관을 두도록 규정하여(제10조2) 지방재정국 소속 지적과가 지방세제국 소속으로 개편되었고, 지적과는 ① 지적 및 토지등록제도의 운영·지도·연구, ② 지적측량대행법인의 지도·감독과 지적위원회의 운영, ③ 외국인의 토지취득허가, ④ 수복지구 토지운영제도 연구, ⑤ 지적복구·불부합지 정리 및 지적측량기초점 관리사무를 분장하도록 규정하였다.(제10조제6항)

1989년 11월 20일 내무부 지적과 각 계의 명칭을 실제 담당사무의 특성에 부합되도록 지정계를 제외하고 지적1계를 지적계로, 지적2계를 기술지도계로, 지적3계를 지적전산계로 각각 명칭을 변경하였다.

### 4.3.4 1990년대

1994년 4월에 내무부직제 중 개정령(1994.4.21. 대통령령 제14217호)을 공포하고, 지방세심의관을 폐지하고 지방세심사과를 신설하도록 규정하였으며, 도세과와 시군세과를 폐지하고 세정과를 신설하도록 규정하였다.(제5조제1항)

그리고 지적전산사무가 늘어남에 따라 지방자치단체에 대한 지적전산운영의 지도감독·토지종합전산망의 구축운영·공직자 재산등록 심사자료 작성 등의 사무를 담당하도록 지적과에 지적자료관리계를 신설하여 5개 계로 확대되었다.

이어서 1995년 2월에 내무부 지적과의 지적전산자료를 중심으로 주민등록전산자료와 공시지가전산자료를 통합하여 국토정보센터를 설치하고 전산자료에 대한 관리 사무를 담당하도록 개선하였다.

그리고 1997년 8월에 내무부 사무분장규정(1997.8.14. 내무부 훈령 제1204호)[82]을 개정하고, 지적과에 건축물대장 관리사무를 전담할 부동산등록계를 신설하도록 규정하여(제25조제6호) 6개 계를 둔 대과(大課)로 발전하였다.

## 4.4 행정자치부

1998년 2월에 국민의 정부〈김대중 정부, 1998~2003〉가 출범하면서 작은 정부 구현

81) 관보, 1988년 12월 31일, 내무부 직제중 개정령.(1988.12.31. 대통령령 제12605호)
82) 관보, 1997년 8월 14일, 내무부 사무분장규정.(1997.8.14. 내무부 훈령 제1204호)

정책의 일환으로 행정자치부와 그 소속기관 직제(1998.2.28. 대통령령 제15715호)[83]를 제정하고, 내무부와 총무처를 통합하여 행정자치부를 신설하였으며, 지방세제국에서 지방세제에 관한 연구 및 중장기 정책의 수립·조정, 지방세법령에 관한 질의·회신 및 세무상담, 지방세 심사청구 접수 및 심사결정, 지적·토지등록제도의 기획·입안 및 지적법 등 관련법령의 운영 등에 관한 사항을 분장하도록 규정하고(제15조) 세제과·세정과·지방세심사과·지적과의 4개 과를 설치하였다.

이어서 1998년 3월에 행정자치부와 그 소속기관 직제 시행규칙(1998.3.3. 행정자치부령 제1호)[84]을 제정하고, "지방세제국에 세제과·세정과·지방세심사과·지적과를 두고, 지적과장은 시설부이사관 또는 시설서기관으로 보한다."고 규정하여(제11조제1항) 우리나라 근대 지적 100년만에 중앙정부의 지적행정 총책임자의 직급을 부이사관으로 격상하였다.

그리고 지적과장은 ① 지적·토지등록제도의 기획·입안 및 지적법 등 관련법령의 운영, ② 지적측량대행법인에 대한 지도·감독 및 지적분쟁 해결을 위한 중앙·지방지적위원회의 운영, ③ 수복지구에 대한 토지·지적복구와 지적불부합지 정리 등 토지제도 개선 및 전국 지적재조사사업 추진, ④ 토지대장과 건축물대장의 현대화사업 추진 및 양 대장의 통합서비스 체계 구축, ⑤ 도로명 및 건물번호부여제도의 연구와 관련법령의 운영, ⑥ 필지중심의 토지종합전산망 구축 및 국토정보센터 운영을 분장하도록 규정하였다.(제11조제6항)

1998년 7월에 행정자치부의 구조조정에 의거 1998년 7월에 행정자치부와 그 소속기관 직제(1998.7.22. 대통령령 제15814호)[85]와 행정자치부와 그 소속기관 직제 시행규칙(1998.7.22. 행정자치부령 제10호)[86]을 개정하고, 지방재정국과 지방세제국을 통합하여 지방재정세제국을 설치함으로써 지방세제국 소속 지적과가 각 계의 명칭과 사무분장 내용을 변경하지 아니하고 지방재정세제국 소속으로 변경되었으며, 시·도와 시·군·구의 지적행정조직은 지방의 자율성 확대와 지방조직의 탄력성 증대 등의 정책에 따라 시·도마다 각각 상이하게 설치하여 운영하게 되었다.

그리고 2001년 6월에 행정자치부와 그 소속기관 직제를 개정(2001.6.30. 대통령령 제17277호)[87]하고, 지방재정세제국의 지방세제심의관을 지방세제관으로 명칭을 변경하여

83) 관보, 1998년 2월 28일, 행정자치부와 그 소속기관 직제.(1998.2.28. 대통령령 제15715호)
84) 관보, 제13844호(그2), 1998년 3월 3일. 행정자치부와 그 소속기관 직제 시행규칙(1998.3.3. 행정자치부령 제1호), pp.135~136.
85) 관보, 1998년 7월 22일, 행정자치부와 그 소속기관 직제.(1998.7.22. 대통령령 제15814호)
86) 관보, 1998년 7월 22일, 행정자치부와 그 소속기관 직제 시행규칙.(1998.7.22. 행정자치부령 제10호)
87) 관보, 제14839호, 2001년 6월 30일, 행정자치부와 그 소속기관 직제를 개정.(2001.6.30. 대통령령

차관직속으로 조정하고, 지방세제관 밑에 지방세제담당관, 지방세정담당관 및 지적담당관을 두도록 하여 지적과의 명칭이 지적담당관으로 바뀌었다.

지적담당관은 ① 지적·토지 등록제도의 기획·입안 및 지적관련법령의 운영에 관한 사항, ② 지적측량대행법인의 지도·감독 및 지적관련 분쟁의 해결을 위한 중앙·지방지적위원회 운영 및 지원에 관한 사항, ③ 수복지구에 대한 지적복구 및 지적불부합지 정리 등 전 국토에 대한 지적재조사사업 추진에 관한 사항, ④ 지적공부 및 건축물대장의 관리와 정보화추진기획 및 부동산정보센터의 운영·관리에 관한 사항, ⑤ 도로명 및 건물번호부여제도의 연구와 관련법령의 운영에 관한 사항, ⑥ 필지중심의 토지종합전산망 구축 및 국토정보센터 운영에 관한 사항, ⑦ 지적측량기준점과 GPS지적기준망의 구축·운영 및 관리에 관한 사항, ⑧ 통일대비 북한지역의 지적재조사방안의 연구에 관한 사항, ⑨ 토지관련 정보의 심사·승인에 관한 사항, ⑩ 국토통계조사·분석 및 토지정책 자료의 개발·지원에 관한 사항을 분장하도록 규정하였다.

이어서 2004년 2월에 행정자치부와 그 소속기관 직제를 개정(2004.2.9. 대통령령 제18276호)[88]하고, 지방세제관을 지방세제국장으로 승격하고, 같은 날 행정자치부와 그 소속기관 직제 시행규칙을 개정(2004.2.9. 행정자치부령 제220호)[89]하여 지방세제국에 세제과·세정과·지방세심사과·지적과를 두도록 규정하여 2년 8개월 만에 다시 명칭이 환원되었다.

지적과는 ① 지적·토지 등록제도의 기획·입안 및 지적관련 법령의 운영에 관한 사항, ② 지적측량수행자에 대한 지도·감독 및 지적관련 분쟁의 해결을 위한 중앙·지방지적위원회 운영 및 지원에 관한 사항, ③ 전 국토에 대한 지적재조사사업 추진 및 수복지구에 대한 지적복구 및 지적불부합지 정리 등에 관한 사항, ④ 지적공부관리 및 정보화 추진 기획에 관한 사항, ⑤ 도로명 및 건물번호부여제도의 연구와 관련법령의 운영에 관한 사항, ⑥ 필지중심의 토지정보시스템 구축 및 지적정보센터 운영 및 관리에 관한 사항, ⑦ 지적측량기준점과 GPS지적기준망의 구축·운영 및 관리에 관한 사항, ⑧ 통일대비 북한지역의 지적재조사방안의 연구에 관한 사항, ⑨ 부동산정보관리센터의 구축 및 운영·관리에 관한 사항, ⑩ 공유토지분할에 관한 특례법령의 운영에 관한 사항을 분장하도록 규정하였다.

---

제17277호), pp.95~96.

88) 관보, 제15615호, 2004년 2월 9일, 행정자치부와 그 소속기관 직제를 개정(2004.2.9. 대통령령 제18276호), pp.163~173.

89) 관보, 제15615호, 2004년 2월 9일, 행정자치부와 그 소속기관 직제 시행규칙 개정(2004.2.9. 행정자치부령 제220호), pp.199~209.

그러나 2005년 3월에 행정자치부와 그 소속기관 직제를 전부 개정(2005.3.24. 대통령령 제18746호)[90]하여 행정자치부에 운영지원팀 · 정책홍보관리본부 · 정부혁신본부 · 전자정부본부 · 지방행정본부 및 지방지원본부를 두도록 규정하고 지적사무는 지방지원본부에서 관장하도록 개선하였다.

그리고 같은 날 행정자치부와 그 소속기관 직제 시행규칙을 전부 개정(2005.3.24. 행정자치부령 제270호)[91]하여 지방지원본부에 분권지원팀, 지역경제팀 · 균형발전팀 · 참여여성팀 및 지적팀을 두고 지적팀에서는 ① 지적 · 토지 등록제도의 기획 · 입안 및 지적관련 법령의 운영, ② 지적측량수행자에 대한 지도 · 감독 및 지적관련 분쟁의 해결을 위한 중앙 · 지방지적위원회 운영, ③ 전 국토에 대한 지적재조사사업의 추진, ④ 지적불부합지 정리사업 추진, ⑤ 지적공부관리 및 정보화 추진 기획, ⑥ 대한지적공사 예산 및 운영 · 지도 관리, ⑦ 도로명 및 건물번호부여제도의 연구와 관련법령의 운영, ⑧ 한국토지정보시스템(KLIS)의 개발 및 운영 관리, ⑨ 지방자치단체 지리정보시스템(GIS) 보안과 관련된 업무의 지도 · 관리, ⑩ 국가지리정보(NGIS) 체계의 운영, ⑪ 지적정보센터시스템의 관리 및 운영, ⑫ 필지중심의 토지정보시스템 관리 및 운영 ⑬ GPS지적기준망의 구축 · 운영 및 신기술에 의한 측량방법의 도입연구 ⑭ 통일에 대비한 북한지역의 지적재조사방안 연구, ⑮ 부동산정보관리센터의 구축 및 운영 · 관리, ⑯ 공유토지 분할에 관한 특례법령의 운영에 관한 사항을 분장하도록 규정하였다.(제4조제1항)

이어서 2005년 12월에 행정자치부와 그 소속기관 직제를 일부 개정(2005.12.9. 대통령령 제19167호)[92]하여 "지방지원본부"를 "지방재정세제본부"로 개정하여(제4조제1항) 지방지원본부의 지적팀이 지방재정세제본부의 지적팀으로 개선되었다.

그리고 만 1년 후인 2007년 12월에 행정자치부와 그 소속기관 직제 시행규칙을 일부 개정(2007.12.3. 행정자치부령 제406호)[93]하여 지적분야의 전문화 및 대외 경쟁력을 강화하기 위하여 지방재정세제본부장 밑에 지적정책관을 신설하고 부이사관 · 서기관 또는 기술서기관으로 보하도록 하고, 지적팀 · 새주소정책팀 및 부동산정보관리센터의 사무를 분장하도록 개선하였다.(제14조제2항)

90) 관보, 제15951호, 2005년 3월 24일, 행정자치부와 그 소속기관 직제 전부 개정(2005.3.24. 대통령령 제18746호), pp.160~186.

91) 관보, 제15951호, 2005년 3월 24일, 행정자치부와 그 소속기관 직제 시행규칙 전부 개정(2005.3.24. 행정자치부령 제270호), pp.200~238.

92) 관보, 제16145호, 2005년 12월 9일, 행정자치부와 그 소속기관 직제 일부 개정(2005.12.9. 대통령령 제19167호), pp.17~28.

93) 관보, 제16641호, 2007년 12월 3일, 행정자치부와 그 소속기관 직제 시행규칙 일부 개정(2007.12.3. 행정자치부령 제406호) pp.32~42.

따라서 근대적인 지적제도를 창설하기 위하여 1895년 조선 말기에 내부분과규정(1895. 4.17.)을 제정하고 내부 판적국에 지적과를 설치하도록 규정한 후 112년만에 중앙정부의 조직에 최초로 국(局)단위의 조직이 설치되었으나, 3개월도 지나지 않아 지적사무를 국토해양부에 이관하게 되어 폐국 되었다.

## 4.5 국토해양부

2008년 2월에 이명박 정부(2008~2013)가 출범하면서 국토자원의 통합관리를 위하여 건설교통부와 해양수산부의 해양 정책·항만·해운물류 및 행정자치부의 지적업무를 통합하여 국토해양부를 신설하는 등 「정부조직법」을 전부개정[시행 2008.2.29.][법률 제8852호, 2008.2.29.]함에 따라 지적업무를 행정자치부에서 국토해양부로 이관하도록 「지적법」을 일부 개정(2008.2.29. 법률 제8853호)[94]하여 지적법령에 규정된 "행정자치부령"을 각각 "국토해양부령"으로, "행정자치부장관"을 각각 "국토해양부장관"으로, "행정자치부"를 각각 "국토해양부"로 개정하였다.

그리고 부칙에 "이 법은 공포한 날부터 시행한다."고 규정함으로써, 1962년 1월 1일 지적업무가 재무부에서 내무부로 이관된 후 47년 2개월 만에 행정자치부를 거쳐 국토해양부로 이관되었다.

이어서 국토해양부와 그 소속기관의 직제 시행규칙을 제정(2008.3.6. 국토해양부령 제1호)[95]하여 주택토지실 산하에 주택정책관·토지정책관·국토정보정책관을 설치하고, 국토정보정책관 산하에 국토정보기획과·국토정보제도과·국토정보산업지원과·국토정보센터를 설치하도록 규정하였다.

국토정보제도과는 지적관련 법령 운영, 지적측량수행자 지도감독, 중앙지적위원회 운영,·지적재조사사업 추진, 측지·지적·수로측량제도의 일원화 업무 등을 관장하고, 국토정보산업지원과는 공간정보산업 육성, 지하시설물 전산화, 대한지적공사 예산 및 운영지도·관리업무 등을 관장하고, 국토정보센터는 국가공간정보 통합 DB의 유지·관리, 국토정보의 수집·가공 및 기본통계의 생산업무 등을 관장하도록 규정하였으며, 국토지리정보원의 국토조사과에서 지적측량업무를 관장하도록 규정하였다.

---

94) 관보, 제16699호, 2008년 2월 29일, 「지적법」 개정(2008.2.29. 법률 제8853호), p.249.
95) 관보, 제16703호, 2008년 3월 6일, 국토해양부와 그 소속기관의 직제시행규칙 제정(2008.3.6. 국토해양부령 제1호), pp.169~277.

그러나 행정자치부에서 지적정책관 산하의 지적과, 국토정보센터 등 3개 과 22명이 국토해양부로 이관되면서 1895년 내부 판적국 지적과 설치 이후에 112년 동안 이어져 내려온 중앙정부의 지적행정조직이 하루아침에 용해되어 흔적도 없이 사라지고 지적 공무원도 국토정보정책관 산하의 4개 과와 국토지리정보원으로 분산 배치되어 구심점을 잃고 지적제도의 본산인 중앙정부의 지적행정조직이 뇌사상태에 이르게 되었으며, 손과 발의 역할을 하는 시·도와 시·군·구의 기능도 약화되었다.

그 후 2008년 10월에 퇴직 지적인들이 자생단체인 '지적제도수호대책위원회'를 결성하고 「지적법」과 「측량법」의 통합 반대와 중앙정부의 지적행정조직의 복원을 목표로 국회의 청원과 대정부 건의를 하여 통합법의 제정 반대는 뜻을 이루지 못하였으나, 2009년 5월에 국토해양부와 그 소속기관의 직제 시행규칙 개정(시행 2009.5. 11. 국토해양부령 제125호, 2009. 5.11. 일부 개정)[96] 당시에 국토정보정책관 산하에 지적기획과를 두도록 하여 1년 2개월 만에 중앙정부의 지적행정 조직이 부활되었다.

## 4.6 국토교통부

2013년 2월에 박근혜 정부의 출범에 따른 정부조직개편으로 기존 국토해양부에서 해양관련 기능을 해양수산부로 이관하였고, 미래지향적인 국토관리와 안전하고 편리한 인프라, 교통망 구축 기능을 포괄하는 의미에서 국토해양부를 국토교통부로 명칭을 변경하였다.

이에 따라 국토교통부와 그 소속기관 직제[시행 2013.3.23.][대통령령 제24443호, 2013.3.23. 제정] 및 국토교통부와 그 소속기관 직제 시행규칙[시행 2013. 3.23.][국토교통부령 제1호, 2013.3.23. 제정]을 제정하고 주택토지실 산하에 국토정보정책관을 설치하고, 국토정보정책관 산하에 국토정보정책과·공간정보기획과·지적기획과·국가공간정보센터를 설치하도록 규정하였다.

그러나 2015년 1월에 국토교통부와 그 소속기관 직제 시행규칙[시행 2015.1.6.] [국토교통부령 제174호, 2015.1.6. 일부개정]을 개정하여 공간정보기획과와 지적기획과를 각각 공간정보제도과와 공간정보진흥과로 변경하여 중앙정부의 지적행정조직이 다시 사라지게 되었으니, 이러한 안타까움을 어떻게 표현할 수 있을까?

96) 관보, 제16998호, 2009년 5월 11일, 국토해양부와 그 소속기관의 직제시행규칙 개정(시행 2009.5.11, 국토해양부령 제125호, 2009.5.11, 일부 개정), pp.36~89.

## 4.7 시·도 및 시·군·구

### 4.7.1 1960년대

지적사무가 재무부에서 내무부로 이관된 후 지적행정 담당기관인 시·도와 시·군·구가 계속하여 증설되었으며, 중앙은 물론 시·도와 시·군·구의 지적행정조직과 전문인력을 단계적으로 보강하였다.

지적사무가 내무부로 이관된 1962년에는 1개 특별시·9개 도·27개 시·139개 군·15개 구의 지적행정 담당기관이 1990년대 중반까지 거의 매년 증설되어 1999년 1월 1일 당시에 1개 특별시·6개 광역시 및 9개 도 등 16개 시·도와 72개 시·91개 군·90개 구 등 253개 시·군·구로 확대되었다.

따라서 지적사무에 관한 2차 감독기관인 16개 시·도와 구제를 실시하는 수원시·성남시·부천시·안양시·청주시·전주시·마산시 등을 제외한 67개 시·91개 군·90개 구 및 14개 출장소를 포함하여 총 259개의 기관에서 지적사무를 수행하게 되었다.

### 4.7.2 1970년대

1976년 12월에 서울특별시 행정기구에 관한 규정 중 개정령(1976.12.30. 대통령령 제8328호)[97]을 공포하고, 서울특별시 재무국에 지적과를 신설하고 ① 지적사무계획의 수립, ② 지적공부의 정리·보존, ③ 지적측량에 관한 지도·감독, ④ 지적사무 개선과 전산화에 대한 계획의 수립 및 집행업무를 분장하도록 규정하고(제9조제5항) 관리계·지적1계·지적2계를 설치하였다.

이어서 1979년 8월 11일에 부산직할시를 비롯한 경기도 등 10개 시·도와 인구가 15만 이상이 되는 29개 시·구에 지적과를 신설하고 지정계와 지적계를 설치하여 지적행정사상 최초로 시·도와 시·구의 지적행정 조직을 보강하였으나, 만 2년 만에 제5공화국의 작은 정부 구현정책에 밀려 1981년 11월 1일에 서울특별시를 제외한 부산직할시와 경기도 등 10개 시·도의 지적과를 지적계로 축소 조정하고, 대신 10개 시·구에 지적과를 신설하여 지적사무가 다소 침체되기 시작하였으나, 1979년 8월부터 1988년까지 48개 시·구에 지적과가 신설 보강되었다.

97) 관보, 1976년 12월 30일, 서울특별시 행정기구에 관한 규정중 개정령.(1976.12.30. 대통령령 제8328호)

### 4.7.3 1980년대

1960년대 이후 지속된 경제 · 사회 발전에 따라 토지이용의 고도화 · 토지가격의 급상승화 · 토지의 희귀 상품화 현상 등이 발생되고 토지에 대한 관심이 높아지면서 지적제도의 중요성이 재인식되어 만 6년만인 1987년 11월 25일에 10개 시 · 도의 지적과가 일제히 부활되었다.

이어서 1989년 12월 1일에 대구직할시의 3개 구와 지적사무가 많은 전국의 52개 군에 지적과를 신설하고 지정계와 지적계를 설치함으로써 효율적인 국토관리와 지적사무의 신속 · 정확한 수행으로 양질의 대민 서비스를 제공할 수 있는 터전을 마련하게 되었다.

### 4.7.4 1990년대

1990년 4월에 서울특별시 사무분장규칙 중 개정령(1990.4.17. 대통령령 제12986호)[98]을 공포하고, 토지관리업무의 기획 조정 및 토지거래에 관한 사항을 신설하여 본청의 관리계를 토지관리계로 명칭을 변경하고 토지조사계를 신설하여 개별토지가격의 조사 · 부동산 중개업무 · 개발이익의 환수에 관한 업무 등 토지의 공개념 관련 정책의 확대 실시에 따른 토지관리업무를 분장하도록 규정하였다.(제10조제6항제6호)

이어서 1990년 9월 5일에 26개 시와 52개 군에 지적과를 신설하고 지정계와 지적계를 설치함으로써 전국적으로 47개 시, 104개 군, 69개 구 등 220개 시 · 군 · 구에 지적행정조직이 보강되었다.

그리고 1991년 7월 15일에 대구 · 인천 · 광주 · 대전직할시에 지적과를 신설하고, 부산직할시를 비롯한 5개 직할시와 경기도를 비롯한 9개 구에 지적2계를 신설하고 지적계를 지적1계로 명칭을 변경함으로써 서울특별시에는 토지관리계 · 토지조사계 · 지적1계 · 지적2계를 설치하고 14개 시 · 도에는 지정계 · 지적1계 · 지적2계를 설치하여 시 · 도 지적행정조직과 기능을 대폭 보강하였다.

그러나 문민정부가 출범하면서 작고 강력하며 효율적인 정부를 구현한다는 방침에 따라 1993년부터 1995년까지 시 · 도 및 시 · 군 · 구 별로 토지관리과와 지적과의 지정계를 폐지하고 지적과에 토지관리계를 흡수하여 토지거래허가신고 · 공시지가 · 공인중개사 지도감독 및 외국인 토지취득허가업무 등을 담당케 함으로써 지적사무가 크게 신장되었으나 제주도는 1994년 6월에 제주도 직제 중 개정규칙(1994.6.29. 제주도규칙 제1582

98) 관보, 1990년 4월 17일, 서울특별시 사무분장규칙중 개정령.(1990.4.17. 대통령령 제12986호)

호)[99]을 공포하여 도의 지적과가 부활된 후 6년 7개월 만에 재 폐지되어 세정과 지적계로 축소되었다.

그러나 1995년에 전국의 지적과 미설치 33개 시・군에 대한 지적과 신설을 추진하여 같은 해 6월에 경기도 과천시와 경상북도 울릉군을 제외한 31개 시・군에 일제히 지적과를 신설하도록 지방의 지적행정조직과 인력을 보강함에 따라 지적제도가 창설된 후 85년 만에 제주도와 과천시・울릉군 등 3개 기관을 제외한 전 시・도와 시・군・구에 과단위의 지적행정조직을 설치하게 되었다.

이어서 1994년 4월에 행정쇄신위원회에서 부동산관리업무의 효율성 제고와 민원편익 증진을 위하여 토지대장과 건축물대장의 관리부서 및 민원창구를 지적부서로 일원화하도록 결정함에 따라 1996년 7월 1일에 건축물대장 관리업무를 건설교통부와 산하 16개 시・도 및 260여 개 시・군・구의 건축부서에서 내무부와 시・도 및 시・군・구의 지적부서로 일괄 이관하여 토지대장과 건축물대장을 통합 관리하게 되었다.

토지대장과 건축물대장을 통합 관리하게 됨에 따라 1996년 9월 5일 서울특별시를 제외한 전국의 125개 시・구의 지적과에 부동산관리계를 신설하고 93개 군과 13개 출장소의 토지관리계를 부동산관리계로 명칭을 변경하였으며, 부동산관리계장의 직렬을 직무와 부합시키고 전문성을 제고할 수 있도록 행정 6급에서 행정 또는 지적 6급으로 개정하고 실무인력을 증원하였으며, 경기도 과천시에 지적과를 신설하여 울릉군을 제외한 모든 시・군・구에 지적과를 설치하였다.

그리고 내무부 지적과에 건축물대장 관리사무를 전담할 부동산등록계를 신설하여 [그림 4-22]와 같이 중앙의 지적행정조직은 6개 계를 둔 대과(大課)로 발전하였으며,[100] 시・도 및 시・군・구에 체계적인 지적행정조직을 설치하여 도약의 발판을 구축하고 지적행정의 전성기(全盛期)를 열게 되었다.

그러나 국민의 정부가 출범하면서 1998년부터 IMF체제의 경제난국을 극복하고자 대대적인 국정개혁과 함께 작은 정부의 구현을 위한 정부조직의 개편에 이어 시・도와 시・군・구의 조직을 지역실정에 맞도록 구조 조정을 하게 되었다.

99) 제주도보, 1994년 6월 29일, 제주도 직제중 개정규칙.(1994.6.29. 제주도규칙 제1582호)
100) 류병찬, 1999, "한국과 외국의 지적제도에 관한 비교연구", 단국대학교 대학원, 박사학위논문, p.134.

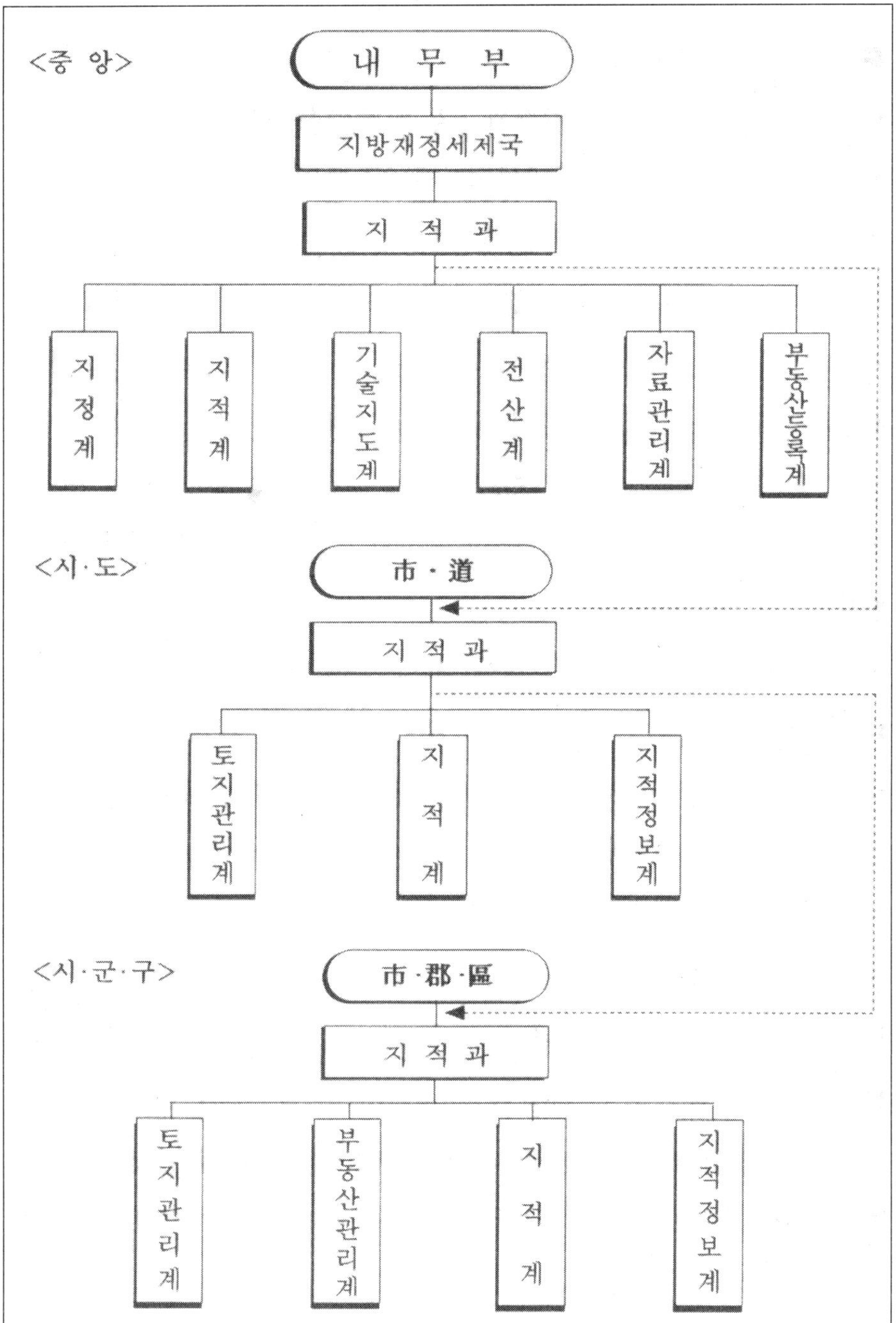


주 : 각 시·도와 시·군·구의 지적행정조직 명칭이 서로 달라 충청남도와 서산시의 조직체계를 제시하였음.
출처 : 류병찬, 1999, "한국과 외국의 지적제도에 관한 비교연구", 단국대학교 대학원, 박사학위논문, p.136.

[그림 4-22] 내무부와 지방의 지적행정조직도(1997.)

1998년 6월에 행정자치부가 마련한 지방조직개편 추진지침을 시·도에 통보하여 이를 토대로 지방자치단체가 자율적으로 조직개편을 단행하였다. 이 지침의 주요내용은 첫째, 지방구조 조정을 강도 높게 추진하는 차원에서 조직개편의 목표는 감축관리를 통한 조직의 효율성 제고에 두었다. 둘째, 추진방향은 지방조직개편을 빠른 시간 내에 추진하여 행정의 안정성을 도모하고 민선 2기 지방자치단체장 출범과 동시에 개편에 착수하여 3개월 이내에 마무리하도록 했다. 셋째, 본청·소속기관·하부행정기관 등 기구의 전반적 분야에 대한 개편·정비방향을 제시하였다. 넷째, 정원의 감축규모와 방법을 제시하였으며 그 밖에 낭비적 요소로 지적받아 온 비정규 상근인력도 함께 정비하도록 하였다.[101]

그리고 조직개편추진지침의 적용과정에서 업무를 보다 효율적이고 합리적으로 추진하기 위하여 1998년 7월에 구체적인 보완지침을 통보하고, 본청의 경우 시·도는 3국 6과, 시·구는 1국 3과, 군은 5과를 감축하고, 정원은 최소한 총 정원의 10%를 감축하도록 하였고,[102] 정부는 지방조직개편과 연계하여 지방행정개혁을 제도적으로 뒷받침하고 개혁의 실효성을 확보하고자 대통령령인 지방자치단체의 행정기구와 정원기준 등에 관한 규정을 개정(1998.8.31. 대통령령 제15875호)하여 24개 시, 74개 군, 3개 자치구, 7개 일반구, 2개 시출장소의 지적과가 종합민원실 또는 민원봉사과 등으로 통·폐합되었다.[103]

이어서 1998년 12월 29일에 행정자치부는 기능 중심의 2단계 조직개편을 실행하기 위한 지방자치단체사무의 민간위탁추진지침을 시·도에 통보하고, 1999년 9월에 지방자치단체의 행정기구와 정원기준 등에 관한 규정을 개정(1999.9.9. 대통령령 제16550호) 시행함으로써 강원도와 경상북도의 지적과가 주택지적과로 통·폐합되고 11개 시, 1개 군, 10개 자치구, 2개 일반구에서 또다시 지적과가 종합민원실 등으로 통·폐합되었다.[104]

### 4.7.5 2000년대

2000년부터 2003년까지 시·도와 시·군·구의 조직을 계속해서 구조 조정함에 따라 2004년 6월말 현재 시 단위는 의정부시 등 22개 시, 군 단위는 여주군, 자치구는 서울 종로구 등 49개 자치구 등 72개 시·군·구만이 지적과가 존치되고 나머지는 명칭을 변경하거나 종합민원실, 민원봉사과 등으로 통·폐합되었다.[105] 이어서 2004년에는 서울특별시와 경상남도의 지적과를 각각 토지관리과와 토지정보과로 명칭을 변경하였으며[106]

101) 고영진, 2004.6, "지적행정조직의 변천과정", 『지적』, 대한지적공사. p.52.
102) 행정자치부, 2003, 『지방행정조직개편백서』, pp.8~9.
103) 고영진, 2004.6, 위의 논문. p.52.
104) 고영진, 2004.6, 위의 논문. p.54.
105) 고영진, 2004.6, 위의 논문. p.56.

이러한 현상은 시・도와 시・군・구에서 계속 발생하여 2017년 1월에는 〈표 4-10〉과 같은 47개 시・군・구만이 지적행정조직이 존치되어 있는 실정이다.

〈표 4-10〉 지적과가 존치 시·군·구 현황

(2017.1. 현재)

| 시·도 | | 기관수 | 지적과 존치 시·군·구 |
|---|---|---|---|
| 계 | 1 | 47 | |
| 서울 | 토지관리과 | 5 | 성북구, 용산구, 서대문구, 은평구, 관악구 |
| 부산 | 토지정보과 | - | - |
| 대구 | 토지정보과 | 1 | 달서구 |
| 인천 | 토지정보과 | 4 | 부평구, 연수구, 동구, 강화군 |
| 광주 | 토지정보과 | - | - |
| 대전 | 토지정책과 | 5 | 동구, 중구, 서구, 유성구, 대덕구 |
| 울산 | 토지정보과 | 4 | 동구, 중구, 북구, 울주군 |
| 세종 | 토지정보과 | - | - |
| 경기 | 토지정보과 | 5 | 광주시, 의왕시, 파주시, 남양주시, 시흥시 |
| 강원 | 토지과 | 3 | 춘천시, 원주시, 강릉시 |
| 충북 | 토지정보과 | 5 | 청주시(상당구, 서원구, 흥덕구, 청원구), 제천시 |
| 충남 | 토지관리과 | 3 | 천안시(동남구, 서북구), 보령시 |
| 전북 | 토지정보과 | - | - |
| 전남 | 토지관리과 | 2 | 여수시, 광양시 |
| 경북 | 토지정보과 | 1 | 영천시 |
| 경남 | 토지정보과 | 9 | 창원시(의창구, 성산구, 마산합포구, 마산회원구, 진해구), 통영시, 사천시, 밀양시, 양산시 |
| 제주 | 디자인건축지적과 | - | - |

출처 : 국토교통부, 2017.2.

위와 같이 지적제도의 창설을 위한 준비단계인 1895년부터 현재까지 약 110년간 중앙정부 지적행정조직의 변천 연혁도는 [그림 4-23]과 같으며, 중앙・시도 및 시・군・구의 지적행정조직의 변천 연혁은 〈표 4-11〉과 같다.

106) 고영진, 2004.6, 앞의 논문. p.54.

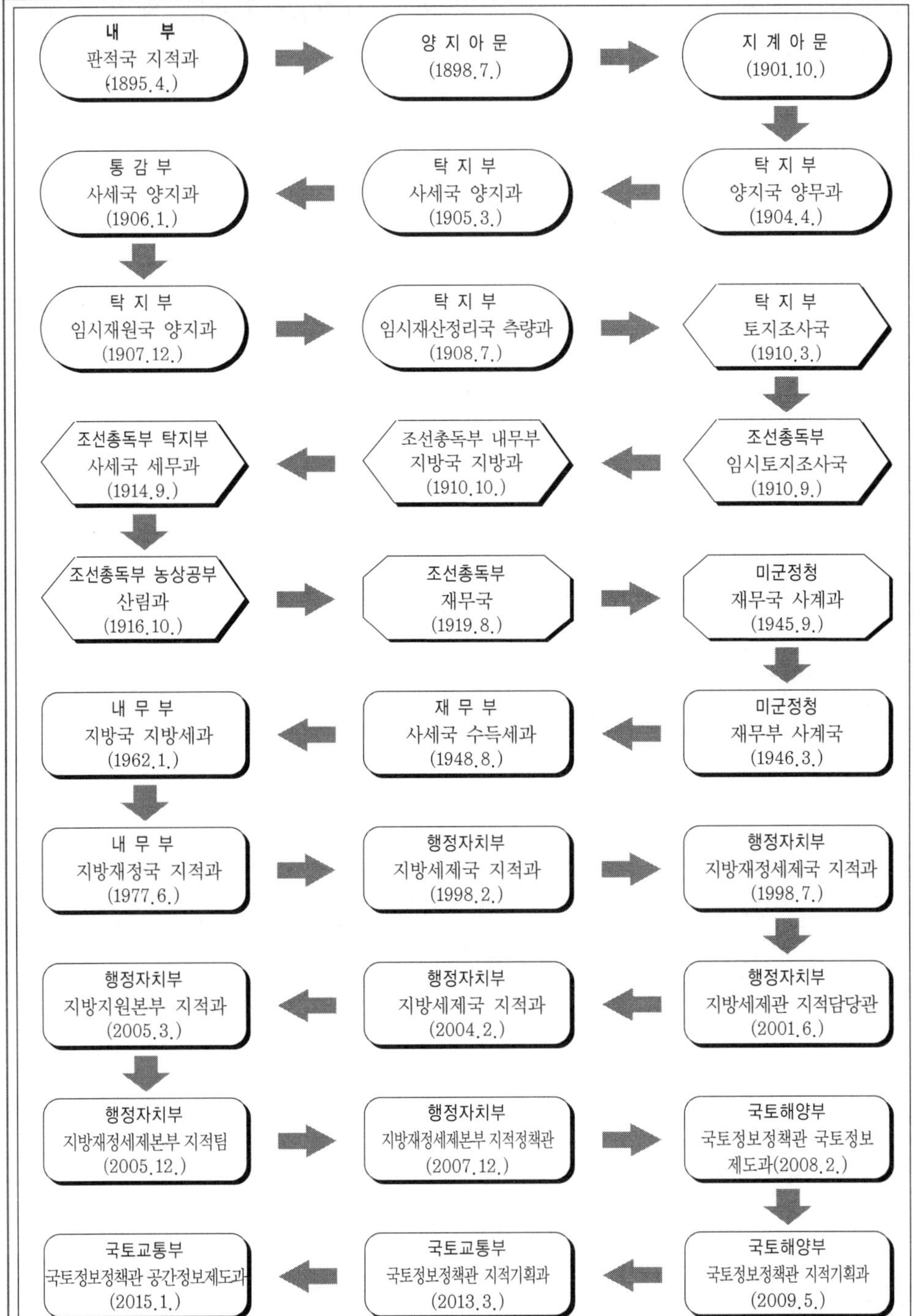


출처 : 내부분과규정, 양지아문 직원 및 처무규정, 지계아문 직원 및 처무규정 등 참고 작성.

[그림 4-23] 지적행정조직의 변천 연혁도

〈표 4-11〉 지적행정조직의 변천 연혁

| 존속기간 | 지적행정 담당조직 | | | 비고 |
|---|---|---|---|---|
| | 중 앙 | 중간 감독기관 | 일 선 | |
| 1895.4.~1898.7. | 내부 판적국 지적과 | – | – | 토지조사사업준비 |
| 1898.7.~1901.10. | 양지아문 | – | – | 〃 |
| 1901.10.~1904.4. | 지계아문 | – | – | 〃 |
| 1904.4.~1905.3. | 탁지부 양지국 양무과 | – | – | 〃 |
| 1905.3.~1907.12. | 탁지부 사세국 양지과 | – | – | 유세지 측량과 양안조사 수정 |
| 1906.1.~ 1910.8. | 통감부 | | | |
| 1907.12.~1908.7. | 탁지부 임시재원조사국 양지과 | – | – | 양전업무 |
| 1908.7.~1910.3. | 탁지부 임시재산정리국 측량과 | – | – | 토지측량과 건물 조사 |
| 1910.3.~1910.9. | 탁지부 토지조사국 | 출장소 (대구 · 전주 · 평양 · 함흥) | – | 토지조사사업 추진 |
| 1910.10.~1918. | 조선총독부 임시토지조사국 | – | – | 〃 |
| 1910.10.~1914.9. | 조선총독부 내무부 지방국 지방과 | – | – | |
| 1914.9.~1925. | 조선총독부 탁지부 사세국 세무과 | – | – | |
| 1916.10.~1924. | 조선총독부 농상공부 산림과 | 도지사 | 부 · 면 | 임야조사사업추진 |
| 1919.8.~1934.4. | 조선총독부 재무국 | 도 | 부 · 군 · 도 | 지적행정 |
| 1934.5.~1943.9. | 조선총독부 재무국 | 세무감독국 | 세무서 | 〃 |
| 1943.10.~1945.8. | 조선총독부 재무국 | 도 | 세무서 | 〃 |
| 1945.9.~1946.3. | 미군정청 재무국 | 도 | 부 · 군 · 도 | 〃 |
| 1946.3.~1948.8. | 미군정청 재무부 | 사세국 | 세무서 | 〃 |
| 1948.8.~1961.12. | 재무부 | 사세청 | 세무서 | 〃 |
| 1962.1.~1977.6. | 내무부 | 시 · 도 | 시 · 군 · 구 | 〃 |
| 1977.6.~1998.2. | 내무부 지적과 | 시 · 도 | 시 · 군 · 구 | 지적과 신설 |
| 1998.2.~2007.12. | 행정자치부 | 시 · 도 | 시 · 군 · 구 | 〃 |
| 2007.12.~2008.2.29. | 행정자치부 지방지원본부 지적정책관 | 시 · 도 | 시 · 군 · 구 | 지적국 신설 |
| 2008.2.29.~2009.5.10. | 국토해양부 주택토지실 국토정보정책관 국토정보제도과 | 시 · 도 | 시 · 군 · 구 | 지적행정조직 폐지 |
| 2009.5.11.~2013.3.22. | 국토해양부 주택토지실 국토정보정책관 지적기획과 | 시 · 도 | 시 · 군 · 구 | 지적기획과 신설 |
| 2013.3.23.~2015.1.5 | 국토교통부 주택토지실 국토정보정책관 지적기획과 | 시 · 도 | 시 · 군 · 구 | |
| 2015.1.6~현재 | 국토교통부 주택토지실 국토정보정책관 공간정보제도과 | 시 · 도 | 시 · 군 · 구 | 지적행정조직 폐지 |

출처 : 류병찬, 1996, 『지적법』, 서울, 건웅출판사, p.104. 참고 작성.

# 지적측량조직의 변천 연혁

History of the Cadastral Surveying Organizations

Chapter 02

우리나라의 지적측량조직을 설치 주체별로 나누면 대한제국 시대와 일제 시대의 조선총독부 및 광복 후 시대의 대한민국으로 구분할 수 있다.

그리고 지적측량조직을 객체별로 구분하면 첫째, 대한제국 시대에 채택한 국가직영과 둘째, 일제 시대에 채택한 국가직영 · 도지정측량자 · 기업자측량제도 · 역둔토협회 · 조선지적협회가 있으며 셋째, 광복 후 시대에 채택한 국가직영 · 대한지적협회 · 대한지적공사 · 지적측량업자 · 한국국토정보공사 등으로 구분할 수 있다.

이들 지적측량조직에 대한 설치 주체와 객체별로 설치 목적과 주요 사무 등에 관한 변천 · 연혁은 다음과 같다.

## 1 대한제국 시대

조선 말기인 1895년에 내부 판적국에 지적과를 설치하였으나, 당시에 실제 측량을 실시한 실적은 없으며, 대한제국 시대에 양지아문, 지계아문, 탁지부 양지국 양지과 및 토지조사국 등을 거치면서 주로 국가직영제도를 채택하여 운영하였으나 한성부 지도 작성과 한성부 일부지역의 지적도면을 작성한 것이 그 성과의 전부이며, 「삼림법(森林法)」, (1908.1.21. 법률 제1호)을 제정하여 개인측량사가 임야에 대한 측량을 실시하고 민유임야 약도를 작성 제출하도록 운영하였다.

### 1.1 국가직영

1895년에 내부 판적국(版籍局)에 지적과를 설치한 후 토지조사사업을 추진하기 위하여 준비 작업에 착수하였으나 실제 측량을 실시한 실적은 없으며, 대한제국 시대인 1907년에 대구시가지 토지측량에 관한 타합사항(1907.5.16. 재무주보 제11호, 통감부 재무감독청)을 비롯하여 대구시가 토지측량규정과 대구시가지 토지측량에 대한 군수〈민단역소〉에게 통달 등 3개의 규정을 동일자로 제정하여, 지적측량규정의 모체라고 할 수 있는 법적 근거를 최초로 마련하였다.

지적측량규정의 모체라고 할 수 있는 대구시가 토지측량규정에는 지적측량을 기초측량과 경위의측량방법으로 구분하고 기초측량은 경위의측량방법으로, 1필지측량은 측판측량방법에 의하여 실시하도록 규정하고, 한성부 등 도시지역에 대한 지적도 작성사업을 국가에서 직접 시행하는 직영제도를 채택하였다.

## 1.2 개인측량사

1908년 1월에 「삼림법(森林法)」(1908.1.21. 법률 제1호)을 제정하여 개인측량사가 임야에 대한 측량을 실시하고 민유임야 약도를 작성 제출하도록 개인측량사제도를 채택하여 운영하였다. 이러한 개인측량사제도를 뒷받침하기 위하여 검열증(檢閱證)과 토지측량자 면허증 제도가 신설되었다.

검열증 제도는 1909년에 유길준이 대한측량총관회(大韓測量總管會)를 창립하고, 총관회에서 기술을 검정하여 합격자에게 검열증을 교부하는 제도로써 측량업무에 믿음을 주고, 검열증을 가진 자는 총관회에서 일체의 책임을 지도록 운영하였다.

그리고 토지조사사업을 추진하기 위하여 토지조사국을 설치하고 「토지조사법」을 제정하기 전에는 각 도(道) 별로 토지측량업자 단속규칙(土地測量業者 團束規則, 1910.2.1, 경기도령 제1호),[107] 토지측량업자 취체규칙(土地測量業者 取締規則, 1910.2.15, 강원도령 제2호),[108] 토지측량자 취체규칙(土地測量者 取締規則, 1910. 2.1, 전라북도령 제1호)[109] 등을 제정하여 운영하였다.

경기도와 강원도 및 전라북도에서 거의 동시에 제정한 위 세 가지 규칙의 명칭이나 규정 내용이 대동소이하기 때문에 중앙에서 규칙(안)을 마련하여 각 도에 시달하여 제정한 것으로 추정된다.[110]

107) 관보, 제4597호, 1910.2.8, 측량업자 단속규칙.(土地測量業者 團束規則, 1910.2.1, 경기도령 제1호)
108) 관보, 제4611호, 1910.2.14, 토지측량업자 취체규칙.(土地測量業者 取締規則, 1910. 2.15, 강원도령 제2호)
109) 관보, 제4632호, 1910.3.21, 토지측량업자 취체규칙.(土地測量者 取締規則, 1910.2.1, 전라북도령 제1호)
110) 『황성신문』, 1910.1.14, p.2, "내부에서 재작일에 법령심사회를 열고 측량자의 취체안건을 협의하

위 세 가지 규칙에 규정한 내용 중 동일한 내용은 다음과 같다.

① 토지측량의 업무를 영(營)하고자 하는 자는 청원서에 이력서를 첨부하여 관찰사에게 청원하여 면허증(免許證)을 받도록 규정하였으며, ② 토지측량에 착수코자 할 때에는 그 처소 · 지목 · 면적 또는 필수〈夜味〉 · 예정 측량비와 조수를 사역할 때에는 그 주소 · 씨명을 해당 토지의 관할경찰서에 신고하도록 규정하고, 전항의 신고는 순사파출소 또는 순사주재소에 제출하도록 규정하였으며, ③ 토지측량업자가 업무에 종사하는 중에는 면허증을 휴대하여 경찰 관리의 요구가 있을 때에는 이를 제시하도록 규정하였으며, ④ 토지측량업자는 여하한 명의를 불문하고 인가액 이외에 보수와 기타 제비용을 청구하는 일 · 측량을 강요하거나 혹은 강요케 하는 일 · 의뢰를 받지 아니하고 타인의 토지를 측량하는 일, 면허증을 타인에게 대여하는 일을 하지 못하도록 규정하였으며, ⑤ 토지측량업자가 업무상 부정한 행위가 있을 때에는 그 업무를 정지 또는 금지하도록 규정하고, ⑥ 본 규칙 또는 본 규칙에 기인한 처분에 위반할 때에는 10일 이하의 구류 또는 5원(圜) 이하의 벌금에 처하도록 규정하였다.

그리고 토지측량자 취체규칙(1910.2.1, 전라북도령 제1호)에서는 토지측량업에 종사하고자 하는 자는 ① 관청의 시험에 합격하여 그 증서를 갖고 있는 자, ② 측량의 기술을 교수하는 관립학교의 졸업증서를 갖고 있는 자, ③ 1년 이상 측량의 기술에 종사하고 판임관(判任官) 이상의 직에 있던 자에 한하여 면허증을 교부하도록 규정하였다.[111](제2조) 제1항은 응시자격의 제한 없이 공개시험을 치러 면허증을 교부한다는 규정이며, 제2항은 측량을 교수하는 관립학교 졸업자에게는 무시험으로 면허증을 교부한다는 규정이고, 제3항은 1년 이상 측량업무에 종사하고 판임관 이상의 직에 있던 자에게는 시험 없이 면허증을 교부한다는 규정으로써, 이는 1906년부터 시작한 측량기술견습소 수료생이 1908년부터 300명이 기수(판임관)로 임명되어 대한제국 말기에 국지(局地)적인 토지조사에 종사하였는데 그들을 고려한 것으로 본다.[112]

따라서 위 세 가지 규칙에서 우리나라 최초로 지적측량을 수행하기 위해서는 관찰사로부터 면허증을 얻도록 지적측량업에 대한 면허제와 수수료 인가, 지적측량사의 자격요건 등을 규정하였다.

조선 말기를 거쳐 대한제국 시대에는 다양한 종류의 지적도 · 전원도 · 관저도 · 가옥도

---

였다더라."고 보도하였으며, 『경남일보』, 1911.4.23, p.2, "당국에서는 불일간에 측량취체에 관한 규칙을 제정하여 측량업자는 일정한 시험에 의하여 자격을 득한 자 또는 전형을 거쳐 자격을 인정한 자가 아니면 측량에 종사함을 불득 할 터이더라."고 보도하였다.

111) 관보, 제4632호, 1910.3.21, 토지측량업자 취체규칙.(土地測量者 取締規則, 1910.2.1, 전라북도령 제1호)

112) 대한지적공사 지적기술교육연구원, 2000, 앞의 책, p.479.

·임야도 등과 1:500 내외의 대축척 지도가 부분적으로 국가 또는 개인측량사에 의하여 작성되었으며, 대한제국의 국유지 실태조사와 일제에 의한 한반도 침탈 차원에서 국지적으로 지적측량이 이루어졌으나 체계적인 지적측량조직은 설립되지 아니하였다.

# 2 일제 시대

## 2.1 국가직영

임시토지조사국에서 토지조사사업(1910~1918)을 완료하고 지적도와 토지대장 등 지적공부를 부(府)·군(郡)·도(島)에 이관하여 관장토록 하였으며, 임야조사사업(1916~1924)을 마무리할 때까지 중앙은 조선총독부 탁지부와 재무국에서 지방은 각 도와 부·군·도에서 직접 지적사무와 측량업무를 수행하는 국가직영제도로 운영하였다.[113)]

지세령 시행규칙(1914.4.21, 조선총독부령 제42호)에 의하여 토지를 분할하고자 할 때에는 소관 부윤과 군수·도사에게 분할 등 토지이동측량신청을 하면 소정의 수수료를 받고 부·군·도의 기술직원이 관비로 출장하여 측량을 실시하고 지적공부를 정리하는 국가직영제도를 채택하였다.(제12조)

그러나 부·군·도의 기술직원이 측량업무에 숙련되지 아니하였기 때문에 정리가 완전하지 못했고 또 이미 이동이 생긴 토지가 미처 정리되지 않은 것이 많아 지적유지(地籍維持)에 큰 결함이 생길 우려가 있었다. 따라서 토지조사의 성과를 확실히 유지·관리하기 위해 부·군·도에 소속된 기술직원을 대상으로 토지측량강습회를 열어 지적측량 교육을 실시하였으며, 임시토지조사국에서 이미 정리된 사무에 대해서는 이를 검사해서 불비한 점을 보정하고 미 정리 사무에 대하여는 정리를 수행하였다.[114)]

당시의 상황으로 보아 지적유지는 대단히 중요한 사항이었기 때문에 1920년 9월 1일 조선총독은 도지사 회의 훈시에서 "근래 토지경제 또는 교통기관의 발달에 따라 지적의 이동이 빈번하여 시가지에서는 더욱 많아지고 있다. 그러나 종래 지적유지에 관한 시설

113) 류병찬, 2008, 『신편한국지적사』, 서울, 보성각, p.251.
114) 조선총독부, 1919, 『조선토지조사사업보고서』 추록, p.47.

은 농촌만 위하고 시가지는 내버려두고 있지 않았나 하는 혐의가 있다. 금후 시가지의 지적정리에 대하여는 항상 신속하고 정확한 조치를 강구하여 적어도 토지의 이용을 저해하는 일이 없기를 기하는 동시 각지 실상을 감안하여 시가지와 농촌에 대한 방침을 책정함으로써 지적의 유지를 온전히 할 수 있도록 만전을 기하라."고 지시하였다.115)

국가직영 초기에는 사회적 · 경제적 여건에 의하여 토지의 이동건수가 아주 적었으나, 토지조사사업이 끝난 직후였기 때문에 삼각점 · 도근점 및 세부측량의 기지경계점이 그대로 남아 있어 지적측량은 기술상 그다지 어려운 것이 아니었기 때문에 임시토지조사국의 해산과 동시에 부 · 군 · 도에 전속된 기술직원만으로도 지적 이동지 정리는 충분히 수행할 수 있었다.116)

## 2.2 기업자측량제도

토지조사사업과 임야조사사업이 완료된 후 산업경제의 개편과 도로 건설 등으로 토지의 이동이 빈번해짐에 따라 지적사무가 폭주되어 제한된 세무관서의 기술 인력으로는 측량업무를 원활히 처리할 수 없게 되었다. 따라서 1923년 7월에 조선총독부 재무국은 광대지역에 긍(亘)한 이동지 정리에 관한 건〈1923.7.20. 세을(稅乙) 제674호〉을 통첩하여 기업자측량제도를 새로이 시행하였다.

기업자측량제도는 도로 · 하천 · 구거 · 철도 · 수도 등을 신설 또는 보수하는 관청이나 토지기업자가 지적소관청의 승인을 얻어 자기 산하에 지적측량기술자를 채용하고 자기 사업에 따르는 지적측량을 시행하는 제도를 말하며,117) 1923년 7월 20일 총독부 재무국장이 각 도지사에게 다음과 같이 통첩하여 기업자측량제도를 새로이 시행하였다.118)

"근시 토지기업의 발흥(勃興)에 따라 토지의 이동 역시 빈번하기에 이르렀다. 특히 도로의 개착, 수리사업을 위한 구거의 신설, 철도선로의 부설, 수면의 매축(埋築), 간척 등 광대한 구역에 걸친 토지의 이동이 증가하여 그 정리의 당부(當否) 및 지속(遲速)은 사업의 진행, 토지경제 및 과세에 지대한 영향을 미칠 것으로 생각된다. 금후 이상과 같은 우려가 없게 하기 위하여 대략 다음 방법에 의하여 토지기업자와 상당한 협의를 마쳐 토지의 이동정리를 정확하고 또 신속하게 조치하기 바람.(이하 생략)"119)이라고 통첩하였다.

115) 조선총독부 관보, 제2,424호, 1920.9.8, p.94.
116) 원영희, 1972(b), 앞의 책, pp.496~497.
117) 원영희, 1972(b), 위의 책, p.497.
118) 원영희, 1972(b), 위의 책, pp.771~772.
119) 류병찬, 송영준, 2008, "한국의 지적측량업제도의 기원에 관한 연구", 『지적』, 대한지적공사, p.151.

## 2.3 도(道)지정측량자제도

1923년 7월에 총독부 재무국장이 다음과 같이 지적측량자의 지정에 관한 건(세을 제675호, 1923.7.20.)을 각 도지사에게 통첩하여 도지정측량자(道指定測量者)제도를 새로이 시행하였으며,[120] 1934년에 세무감독국의 신설로 "도지정측량자"를 "국지정측량자(局指定測量者)로 명칭을 변경하였다.[121]

총독부 재무국장은 "지적측량 등을 업으로 하는 자가 작성한 이동지 측량도를 지세령 시행규칙 또는 시가지세령 시행규칙의 규정에 의하여 신고·신청서에 첨부 제출한 경우 그 성과의 여하에 따라서는 부·군·도에서 실지측량의 일부를 생략할 수 있다. 이것은 사무간첩(事務簡捷)상 편리하다고 생각되기에 다음을 요지(了知)한 후 적임자의 출원이 있을 때에는 미리 도에서 측량자를 지정하여 그 자가 측량한 것일 때에는 해당지의 실지측량을 생략하여도 상관없는 것으로 취급하기를 바라며 통첩함.

추이(追而) 지정측량자 또는 그 보조자의 측량착수 당초에는 그 기능 및 성과의 당부를 확인할 수 없는 사정이 있을 것으로 생각되므로 검사의 정도는 엄밀하고도 보편적으로 실시하여 그 기능을 확인하기에 이르러서야 비로소 다음 제12개 항의 취급에 의할 것임을 유의하도록 첨신(添伸)함.(이하 생략)"[122]이라고 통첩하였다.

지정측량자제도라 함은 도에서 민간인 신분의 지적측량기술자를 지정하여 지적측량업무를 수행하도록 하는 제도로써 두 가지 모두 소관청이 측량성과를 검사하여 지적공부를 정리하도록 하였다. 당시에는 지적측량기술자에 대한 법률적인 자격규정이 없었으며, 다만 도(道)에서 행정적으로 그 자격을 인정한데 불과하였는데 지적측량기술자의 수효가 많지 않았을 뿐만 아니라 그들의 결합체라고는 아무 것도 없었다.[123]

1923년 11월에 전라남도지사 원응상(元應常)은 전라남도지정 지적측량자의 측량수수료규정을 승인하였는데[124], 이는 우리나라 최초의 체계화된 지적측량수수료 규정으로 판단된다.

1923년 10월에 경상북도에서는 도 지정측량자로 미쿠리야 겐지로우(御廚健次郎)를 지정하면서 토지대장 등록지의 측량수수료 뿐만 아니라 임야대장 등록지의 분할측량과 신규등록측량수수료를 승인하였다.

---

120) 원영희, 1972(b), 위의 책, pp.772~773.
121) 지세지적사무취급방통첩(경감직 제558호, 1938.3.10.) 제111조제3호.
122) 류병찬, 송영준, 2008, 위의 연구, p.154.
123) 원영희, 1972(b), 앞의 책, p.498.
124) 조선총독부 관보, 제3388호 ; 전라남도 도보 제136호.(1923.11.26.)

또한 경상북도는 지정측량자제도를 운영하면서 지적 이동지 정리에 철저를 기하기 위하여 지정측량보조자로부터 제출받은 측량원도와 지적산정부의 검사결과 성과불량은 물론이고 오차의 정도가 경미한 것도 군에서 정정 수리하지 말고 즉시 반려하여 장래의 주의를 촉구하는 등 조치를 강구할 것. 또 주의를 하여도 추호도 성과가 향상되지 않거나 혹은 불신행위가 있는 경우에는 의견을 첨부하여 사정을 보고할 것을 통첩하였다.[125)]

그리고 지적공부 정리와 측량성과검사를 담당하는 등 지적기술에 종사하는 고원(雇員)[126)]에 결원이 생겨 새로 채용하는 경우에 있어서는 사무 고원과 달리 특별한 기술상의 지식 및 경험을 가진 자이어야만 그 임무를 해낼 수 있기 때문에 미리 도와 타합하여 채용할 것을 통첩하였다.[127)]

위와 같은 조치에도 불구하고 사실상 임야측량을 하던 민간측량업자들이 실지측량은 하지 않고 도상분할을 하는 등 임야의 지적을 문란하게 하는 행위가 발생하였기 때문에 임야측량을 정확하게 집행하기 위하여 1930년에 경상북도지사가 임야측량자의 지정에 관한 건을 다음과 같이 시달하였다.[128)]

"임야대장 등록지의 토지이동을 하려면 분할측량을 필요로 한다. 현행 규정에서는 임야대장 소관청은 분할측량 신청의 수요에 따를 수 있도록 하고, 이 경우 민간측량업자의 측량에 의한 도면을 분할신고용으로 제공하고 있다. 임야대장 소관청은 이에 대하여 실지검사를 하는 일은 없고 책상에서 당부(當否)를 검사하는데 불과하므로 왕왕 부정측량업자는 기발(奇拔)하게도 실지측량을 하지 않고 책상에서 의뢰자로부터 분할하려는 강계(疆界)의 상황을 듣고 도상분할을 행하고 도면을 작성하는 자가 있다.

이러한 것이 임야의 지적을 문란하게 만드는 것으로 참으로 우려를 금할 수 없기 때문에 다음에 의거 임야측량자를 지정하고 금후 임야의 분할측량은 가급적 이 지정측량자로 하여금 정확하게 집행하도록 하여 임야 지적의 유지에 완전을 기할 수 있도록 조치할 것을 명함.(이하 생략)"[129)]이라고 통첩하였다.

위와 같은 경상북도지사의 통첩에 의거 영천군수는 1932년 1월 12일에 영천면 교촌동 126번지에 거주하는 노선주(魯璇柱)를 도지사에게 추천하여 경상북도지사는 영천군 임야측량자로 지정하였다. 그리고 임야대장등록지의 분할측량수수료는 분할 후 1지번에 대하여 군 소재 면은 2원·기타의 면은 2원50전으로 하되, 측량실비가 위 금액을 초과할 경

125) 영천군, 지적예규철, 지정측량보조자의 감독에 관한 건.(1927.6.11.)
126) 고원(雇員)이라 함은 일제 시대에 관청에서 사무를 돕기 위하여 두는 최하급 정규직원의 명칭을 말한다.
127) 영천군, 지적예규철, 지적기술원 채용에 관한 건.(경북세 제66호, 1930.8.27.)
128) 영천군, 지적예규철, 임야측량자의 지정에 관한 건.(경북세 제67호, 1930.9.2.)
129) 류병찬, 송영준, 2008, 앞의 연구, pp.167~168.

우에는 군의 승인을 거쳐 적당하게 그 금액을 정하도록 하였다[130].

경상북도에서 시행했던 도지정 지적측량자제도와 임야측량자제도를 비교하면 〈표 4-12〉와 같다.

〈표 4-12〉 도지정 지적측량자와 임야측량자제도의 비교

| 구 분 | 도지정 지적측량자 | 도지정 임야측량자 |
|---|---|---|
| 측량자 수 | ○ 1도 1인<br>(여러 도에 동일인 지정도 가능) | ○ 1군・도 1인<br>(여러 군・도에서 동일인 지정도 가능) |
| 지정자격 | ○ 조선총독부 및 소속관서에서 기사로 2년 이상 또는 기수로 10년 이상 지적측량에 종사하고 성적이 우수한 자 | ○ 임시토지조사국에서 기수로 2년 이상 측량에 종사한 자로서 도, 부・군・도에서 지적측량에 3년 이상 종사하고 성적이 우수한 자 |
| 지정방법 | ○ 이력서와 자격에 관한 증빙서를 징구하고 고사에 관하여 재무국에 미리 타합하여 도지사가 지정 | ○ 이력서와 자격에 관한 증빙서를 징구하여 소할 군수 또는 도사의 추천에 의거 도에서 지정 |
| 측량 수수료 | ○ 도의 승인을 거쳐 그 종별 금액을 일정하게 정함 | ○ 군・도를 경유하여 도의 승인으로 정함. |
| 측량방법 | ○ 본부 및 도에서 제정한 토지측량에 관한 규정 기타 관계법령의 규정에 따르고, 부・군・도가 지정한 기계・기구에 의하여 측량 | ○ 임야대장취급수속을 근거로 측량방법 기타 관계법령의 규정에 준거하여 측량을 행하고 군・도에서 지정하는 기구・기계를 사용 |
| 보조자 사용 | ○ 다른 기술자를 실지측량・제도・적산 보조로 사용하고자 할 때에는 도지사가 그 자격, 경력을 조사하거나 학술 및 실지시험을 치른 후 지적측량 기능이 있다고 인정될 때 채용을 승인 | ○ 원칙적으로 보조자를 사용할 수 없음. 단, 특별히 도의 승인을 받았을 경우에는 제외 |

그리고 도지정측량자제도는 지적사무를 각 도와 부・군・도에서 관장할 때 채택된 제도로써 1934년 5월 1일에 세무감독국과 세무서를 신설하고 지적사무를 도와 부・군・도에서 세무감독국과 세무서로 이관하면서 도지정측량자(道指定測量者)를 국지정측량자(局指定測量者)로 변경하였으나 국지정측량자를 지정하였다는 기록은 밝혀지지 않고 있다.

그러나 이러한 제도는 기업이 발흥(勃興)됨에 따라 토지의 이동이 매년 크게 증가되었음에도 토지이동정리가 적기에 이루어지지 아니하고, 지정측량자제도가 세무감독국 단위로 각각 운영되어 전국적으로 통일성과 획일성이 결여되고, 영리목적의 과당경쟁이 이루어졌다. 또한 오지・낙도・산간지역 등 측량업무가 적은 지역에 대한 측량 기피 현상

130) 영천군, 지적예규철, 임야측량자 지정에 관한 건.(1932.1.20.)

이 발생되었을 뿐만 아니라 지정측량자의 자질 저하와 국가의 통제 및 지도·감독이 곤란하게 되고 제도와 운영상의 결함과 모순이 드러나게 되어 측량업무처리 기능이 마비되는 폐단이 발생하게 되었다.

## 2.4 역둔토협회

1931년 6월 6일에 조선총독의 허가를 받아 재단법인 역둔토협회(驛屯土協會)를 설립하였는데, 설립 당시의 자산총액은 21만 360원 82전 7리였다. 설립에 따른 출자는 설립자의 기부재산과 기부 등으로 충당하였다.

역둔토협회는 농가 경제의 진전·자작농의 보호·구제와 납세개량 및 이동지 정리·조성 등을 목적으로 설립되었으며, 사무소는 경성부 광화문통 2번지 조선총독부 재무국 내에 두었다.

역둔토협회 설립 당시의 이사는 회장인 이사 하야시〈林繁藏, 경성부 욱정 1정목 194-1〉과 이사 카마모토〈藤本修三, 경성부 욱정 1정목 194-1〉, 이사 유아무라〈湯村辰二郎, 경성부 대화정 2정목 128〉, 이사 마쓰모토〈松本伊織, 경성부 대화정 3정목 62〉, 이사 고타마〈兒玉高信, 경성부 욱정 1정목 194-1〉 등이 있었다.

1938년 5월에 해산될 때까지 역둔토[131]에 대한 토지이동측량을 전담하여 처리하였으며, 역둔토협회의 측량결과를 토대로 역둔토명기장(驛屯土名奇帳)을 작성하였다.

그러나 역둔토의 매각완료에 따라 더 이상 협회 존립의 필요성이 없게 되어 1938년 5월 18일 평의원회의 결의에 의하여 해산되었으며, 당시 재무국 세무과장 무라야마(村山道雄)를 청산인으로 선임하여 채권·채무관계를 청산하였는데, 역둔토협회를 해산하고 남은 자산을 조선지적협회의 자본금으로 기부하였고 역둔토에 대한 측량업무도 조선지적협회에서 처리하게 되었다.[132]

## 2.5 조선지적협회

1923년부터 시행한 도지정측량자제도와 기업자측량제도의 여러 가지 폐단이 발생하여 지적측량업무를 전담하여 대행할 기관의 설립 필요성이 제기되었다. 따라서 1938년 1월

131) 역둔토(驛屯土)라 함은 역토와 둔토를 말하는데 역토(驛土)는 역참에 부속된 토지이며 둔토(屯土)는 군대의 경비를 충당하기 위하여 조성된 국유 토지를 말한다.
132) 대한지적공사, 1989, 『대한지적공사 50년사』, pp.68~69. ; 서울특별시, 1993, 『서울지적연혁지』, p.270.

17일 조선민사령(朝鮮民事令)에 의거 미나미 지로우(南次郞) 제7대 조선총독의 설립허가를 받아 같은 해 1월 24일 경성지방법원에 설립등기를 마치고, 같은 해 3월 10일 조선총독부 관보에 공고됨에 따라 지적측량업무를 전담하여 대행할 수 있는 재단법인 조선지적협회(朝鮮地籍協會)가 설립되었다.[133)]

조선지적협회의 설립으로 종전에 시행하였던 도지정측량자제도와 기업자측량제도를 폐지하고 전국적으로 통일성이 있는 지적측량대행제도를 창설하게 되었다.

조선지적협회는 역둔토 해산 자금 407,299원[134)]을 출연자금으로 충당하였으며, 재단법인체의 설립요건에 해당하는 기부행위〈定款〉[135)]를 제정하여 "지적 및 지세제도의 운용을 조성함."을 목적으로 규정하고 사업범위와 임원 등을 다음과 같이 규정하였다.[136)]

〈조선지적협회 기부행위〉

- 제3조 : 본회는 지적 및 지세제도의 운용을 조성함을 목적으로 한다.
- 제4조 : 본회는 전 조의 목적을 달성하기 위해 다음의 사업을 행한다. ① 지적에 관한 측량, ② 이동지의 조사, ③ 토지에 관한 신고·신청 수속의 대행, ④ 측량기술원의 양성, ⑤ 기타 본회의 목적을 달성하는데 필요한 사항
- 제5조 : 본회에 다음의 역원(役員)을 둔다. 이사 8인, 감사 2인
- 제6조 : 이사 중 1인을 회장, 1인을 본부 상무이사, 5인을 지부 상무이사로 한다.

재단법인 조선지적협회 기부행위 제6조에 이사 중 1인을 회장, 1인을 본부 상무이사, 5인을 지부 상무이사로 하고, 회장인 이사는 재무국장의 직에 있는 자를 추대하고 다른 이사 중 1인은 본부 세무과장의 직에 있는 자로 회장이 이를 위촉하며 기타의 이사는 회장이 이를 임명하도록 규정하고 회장이 임명한 이사의 임기는 3년으로 하며, 감사는 본부 세무과 사무관 및 이사관의 직에 있는 자로 회장이 이를 위촉하도록 규정하였다.

이에 따라 초대 회장은 재무국장의 직위에 있는 미즈타 나오마사(水田直昌)를 추대하고, 지부장은 회장이 각 세무감독국장을 위촉하였으며, 출장소장은 지부장인 세무감독국

133) 대한지적공사, 1989, 앞의 책, pp.65~68.

134) 역둔토 해산 자금은 1938년 창설 당시 자산의 총액은 4,500원으로 등기되어 있는데, 같은 해 9월 1일 "자산의 총액은 40만7천2백99원14전으로 변경한다."고 등기되어 있다. 그런데 현재의 등기부에는 407원29전9리9모4사라고 등기되어 있다. 이는 두 번에 걸친 화폐개혁 때문에 1000분의1로 줄어든 금액이며, 끝부분은 1모4사로 등기해야 하는데 등기관리의 착오로 9모4사로 등기된 것으로 추정된다.(리진호, 1988, 『어느 측량사의 수기』, 에이멘, p.70. 참고)

135) 기부행위라 함은 현행 정관(定款, 법인의 목적·조직·업무집행 따위에 관한 근본 규칙)과 같은 것으로 민법을 개정함으로써 기부행위를 정관으로 명칭을 변경하였다.(대한지적공사, 1989, 앞의 책, p.79. p.176.)

136) 대한지적공사, 1989, 위의 책, pp.79~80.

장이 각 세무서장을 위촉하였는데,[137] 1938년 조선지적협회 설립 당시부터 1945년 해방되기까지의 임원현황은 〈표 4-13〉과 같다.

〈표 4-13〉 조선지적협회 임원 현황

| 구 분 | 1938 | 1939 | 1940 | 1941 | 1942 | 1943 | 1944 | 1945 |
|---|---|---|---|---|---|---|---|---|
| 회장 | 水田直昌 | 水田直昌 | 水田直昌 | 水田直昌 | 水田直昌 | 水田直昌 | 水田直昌 | 水田直昌 |
| 상무이사 | 村山道雄 | 村山道雄 | 山名酒喜男 | 高橋英夫 | 高橋英夫 | 山村正補 | 水橋武比吉 | 水橋武比吉 |
| 이사 | 近藤保利 | 近藤保利 | 近藤保利 | 近藤保利 | 近藤保利 | 近藤保利 | 近藤保利 | 近藤保利 |
| 이사 | 梶岡武一 | 梶岡武一 | 梶岡武一 | 梶岡武一 | 梶岡武一 | 梶岡武一 | 梶岡武一 | 梶岡武一 |
| 이사 | 熊田信太郎 | 藪木末次郎 | 藪木末次郎 | 藪木末次郎 | 藪木末次郎 | 藪木末次郎 | 藪木末次郎 | 藪木末次郎 |
| 이사 | 岩田隆一 | 姉川行隆 | 姉川行隆 | 姉川行隆 | 姉川行隆 | 姉川行隆 | 姉川行隆 | 姉川行隆 |
| 이사 | 岩田隆一 | 姉田正雄 | 姉田正雄 | 姉田正雄 | 姉田正雄 | 姉田正雄 | 姉田正雄 | 姉田正雄 |
| 감사 | 高橋英夫 | 高橋英夫 | 高橋英夫 | 寺山時二 | 寺山時二 | 寺山時二 | 寺山時二 | 寺山時二 |
| 감사 | 寺山時二 | 寺山時二 | 寺山時二 | 佐野賀一 | 佐野賀一 | 佐野賀一 | 佐野賀一 | 佐野賀一 |

출처 : 서울특별시, 1993, 『서울지적연혁지』, p.266.

그리고 조선지적협회는 [그림 4-24]와 같은 조직을 설치하고 본회는 조선총독부 재무국에, 지부는 경성·평양·함흥·광주·대구세무감독국에, 출장소는 각 세무서에 두고 1938년 4월 1일부터 본격적으로 업무를 개시하였다.

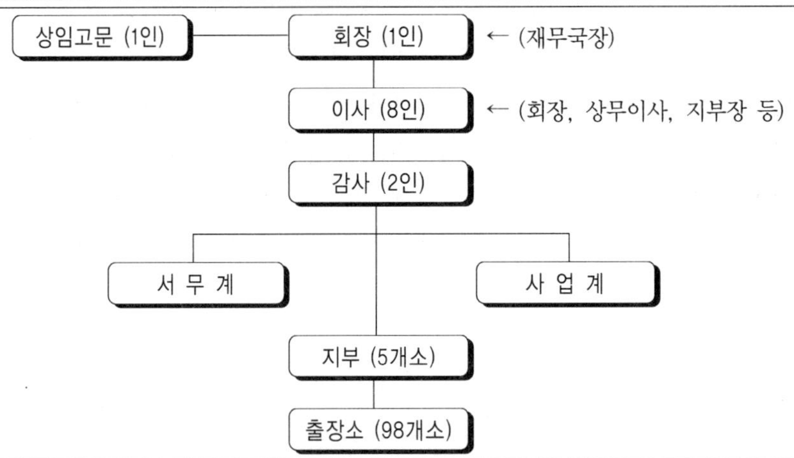


출처 : 재단법인 조선지적협회기부행위(정관) 제6조 내지 제8조의3.

[그림 4-24] 조선지적협회 기구도

137) 대한지적공사, 1989, 위의 책, pp.80~85.

출처 : 대한지적공사, 2005(b), 『한국지적100년사』, p.90.

[그림 4-25] 조선지적협회 본회가 있던 조선총독부

본회는 경성부(京城府) 광화문통 2번지에 위치한 [그림 4-25]와 같은 조선총독부 1층 재무국 옆방에 두고 지적 및 지세제도의 운용을 조성하며 이를 달성하기 위하여 지적에 관한 측량 등 사업을 수행하기 시작하였다.138)

이어서 1934년 4월에 조선총독부 세무관서 관제(1934.4.28. 칙령 제111호)를 제정하고, 같은 해 5월 1일부터 도 단위에 5개소의 세무감독국과 시·군 단위에 99개소의 세무서를 설치하여 지적사무를 관장하였다.

그 후 1943년 10월 1일에 세무감독국을 폐지하고 지적사무가 각 도의 재무국으로 이관〈세무서는 존치〉됨에 따라 조선지적협회는 지부 소재지였던 경성·평양·함흥·광주·대구에 지방사무소를 두고 각 도의 재무국에는 연락 직원만을 배치하였으나, 1945년 초에 지방사무소를 폐지하고 각 도의 재무국내에 상무이사를 배치하여 운영하다가 같은 해 8월 15일 광복을 맞이하게 되었다.139)

조선지적협회 당시의 각 지부별 출장소의 수와 명칭은 〈표 4-14〉와 같다.

〈표 4-14〉 조선지적협회 지부 및 출장소 설치 현황

| 지 부 명 | 출장소수 | 출 장 소 명 |
|---|---|---|
| 계 | **98** | |
| 경성지부 | 26 | 경성, 인천, 수원, 평택, 용인, 이천, 개성, 양주, 청주, 영동, 충주, 공주, 대전, 강경, 홍성, 예산, 천안, 춘천, 고성, 금화, 철원, 울진, 홍천, 원주, 평창, 강릉 |
| 광주지부 | 17 | 군산, 전주, 이리, 김제, 정읍, 금산, 진안, 남원, 목포, 나주, 곡성, 영광, 광주, 벌교, 강진, 순천, 제주 |
| 대구지부 | 19 | 대구, 경주, 포항, 안동, 의성, 왜관, 김천, 상주, 월성, 부산, 마산, 울산, 하동, 거창, 통영, 협천, 진주, 김해, 밀양 |
| 평양지부 | 24 | 해주, 연백, 남천, 곡산, 장연, 재령, 서흥, 사리원, 평양, 진남포, 성천, 안주, 순천, 덕천, 신의주, 정주, 구성, 선천, 영변, 회천, 창성, 초산, 강계, 후창 |
| 함흥지부 | 12 | 원산, 함흥, 북청, 영흥, 단천, 혜산진, 청진, 웅기, 명천, 회령, 성진, 무산 |

출처 : 대한지적공사, 1989, 『대한지적공사50년사』, p.85.

138) 대한지적공사, 2005(b), 앞의 책, p.939.
139) 내무부, 한국지방행정연구원, 1987, 『한국지방행정사(상권)』, p.1064.

# 3 광복 후 시대

## 3.1 지정측량자

1945년 8월 14일까지는 조선지적협회에서 지적측량업무를 전담하여 처리하였으나 광복과 함께 미군정청(美軍政廳)을 설치하고 미군정이 실시됨에 따라 잠정적으로 지적측량업무를 국가직영제도로 전환하고 재무국에서 관장하게 되어 조선지적협회는 휴면상태에 들어가 사실상 해산되었다.[140)]

따라서 조선지적협회 소속 측량사들은 각자가 국가공무원인 세무서의 기사 또는 기원으로 전직하거나 일부는 소규모 자유측량업에 종사하게 되었으며, 조선지적협회에서 처리하던 지적관련 측량업무는 초창기로 되돌아가 국가에서 직접 수행하는 국가직영제도를 채택하였다.

그러나 미군정 시대의 주요 측량업무로 동양척식주식회사(東洋拓植株式會社) 소유였던 농지를 국가로 귀속시킨 귀속농지측량(歸屬農地測量)과 관재처에서 관장하던 귀속대지측량(歸屬垈地測量) 등이 있었으나, 이를 미군정청에서 직접 처리할 수 없었기 때문에 소위 지정측량자(指定測量者)제도를 두어 한시적으로나마 미군정청과 지정측량자간에 용역계약을 맺고 측량업무를 처리하였으며, 일부 측량업무는 비공식적으로 소규모 자유측량업자가 실시하기도 하였다.[141)]

## 3.2 대한지적협회

### 3.2.1 재무부 산하

대한민국 정부수립과 함께 정부에서 국가발전 및 개발을 위해 농지개혁·토지개척·시가지 계획·하천제방의 구축·관개 수리공사 등의 사업을 활발히 추진하게 되어 광범위한 토지이동이 예상되나 세무관서의 요원으로는 도저히 처리할 방법이 없어 1949년 4

140) 대한지적공사, 1989, 앞의 책, pp.149~150.
141) 내무부, 한국지방행정연구원, 1987, 앞의 책, p.1064. 대한지적공사, 2005(b), 앞의 책, p.292.

월 29일 재무부장관의 통첩인 "지적협회 업무 재개시에 관한 건"에 의거 조선지적협회를 대한지적협회로 명칭을 변경하고 재편성 발족하여 같은 해 5월 1일부터 지적측량업무를 재개토록 하였다.[142)]

이에 따라 조선지적협회가 대한지적협회로 부활하면서 1949년 7월 1일에 대한지적협회 기부행위를 제정하여 "지적 및 지세제도의 운용을 조성함."을 목적으로 규정하고 사업범위와 임원 등을 규정하였다.[143)] 그러나, 조선지적협회의 기부행위를 일부 자구 수정하여 그대로 계승하였으며, 같은 날에 대한지적협회 기부행위 시행세칙을 제정하였다.

〈대한지적협회 기부행위〉

- 제3조 : 본회는 지적 및 지세제도의 운용을 조성함을 목적으로 한다.
- 제4조 : 본회는 전 조의 목적을 달성하기 위해 다음의 사업을 행한다.
  ① 지적에 관한 측량, ② 이동지 조사, ③ 토지에 관한 신고·신청수속의 대행, ④ 측량기술원 양성, ⑤ 기타 본회의 목적을 달성하기 위해 필요한 사항
- 제6조 : 본회는 아래의 역원(役員)을 둔다.
  이사 15인, 감사 2인
- 제7조 : 이사 중 1인을 회장, 1인을 부회장, 6인을 지부장, 1인을 본부 상무이사, 6인을 지부 상무이사로 한다.

대한지적협회는 본회에 총재·부총재·회장·부회장·상무이사·고문·평의원·감사·참여를 비롯하여 여러 명의 직원을 두도록 규정하고, 총재에 재무부장관, 부총재에 재무부차관, 회장에 재무부 사세국장, 부회장에 사세국 직세과장을 각각 추대하였으며, 본회의 상무이사는 회장이 임명하며 유급으로 임기는 3년이었으며, 회장의 명에 의하여 본회의 회무를 장리(掌理)하고 상무를 집행하도록 규정하였다.

이어서 1954년 4월 1일에 대한지적협회 기부행위를 개정하여 부회장에 사세국 토지수득세과장을 추대하도록 하였으며, 1956년 2월 15일에 본회의 상무이사 제도를 폐지하고 대신 전무이사 제도를 도입하고 전무이사는 유급으로 본회를 대표하고 회무를 통할하며 상무를 집행하도록 규정하였다.

그리고 1960년 4월 19일부터는 회장의 공무원 겸직제도가 폐지되고 본부에 회장과 감사 각 1인과 집행기구로써 서무부와 업무부를 두었으며, 지부에는 기술자가 지부장을 맡았고 출장소에는 기사를 두었다.

1957년에 대한지적협회의 본부는 종로구 견지동 110-1번지에 위치한 건물을 취득하여

142) 대한지적공사, 1989, 앞의 책, pp.150~151.
143) 대한지적공사, 1989, 위의 책, p.177.

사용하였으며, 지부는 서울은 종로구 청진동, 대전은 선화동, 광주는 의동, 부산은 부민동에 각각 자체 소유의 사무실을 가지게 되었고 출장소는 각 세무서에 두었다.[144)]

출처 : 대한지적공사, 1989, 『대한지적공사 50년사』, p.10.

[그림 4-26] 대한지적협회 본부 청사

대한지적협회의 본부는 [그림 4-26]과 같은 종로구 견지동 110-1번지에 위치한 붉은 벽돌의 3층 건물을 1957년부터 1975년 3월에 헐리게 될 때까지 18년간 사용하였으며, 그 후 종로구 견지동 68번지 서흥빌딩으로 이전하였다가 1976년 11월에 여의도 지적회관으로 옮겼다.[145)]

### 3.2.2 내무부 산하

1961년에 「국세와 지방세의 조정에 관한 법률」(1961.12.2. 법률 제780호)을 제정하고, 지세를 국세에서 지방세로 전환함에 따라 지적사무가 재무부에서 내무부로 이관되었으며, 지적측량대행기관에 대한 지도·감독권도 재무부에서 내무부로 이관되었다.[146)]

이에 따라 1949년 7월 1일 제정된 재단법인 대한지적협회 기부행위는 1961년 2월 25일 재단법인 대한지적협회 정관으로 명칭을 바꾸면서 전부 개정하고, 모든 규정도 정비하게 되었다.

새로이 전부 개정한 대한지적협회의 정관에 대한지적협회의 설립목적을 "지적 및 토지세제도의 운용과 개선을 조성하고 지적측량자의 품위보전을 도모하는 것."으로 변경하고 사업범위와 임원 등을 다음과 같이 개정하였다.[147)]

〈대한지적협회 정관〉

- 제3조(목적) : 본회는 지적 및 토지세제도의 운용과 개선을 조성하고 지적측량자의 품위보전을 도모함을 목적으로 한다.
- 제4조(사업) : 본회는 전 조의 목적을 달성하기 위하여 다음 사업을 행한다.

144) 내무부, 한국지방행정연구원, 1987, 앞의 책, p.1064.
145) 대한지적공사, 1989, 앞의 책, p.10.
146) 대한지적공사, 1989, 위의 책, p.321.
147) 대한지적공사, 1989, 위의 책, pp.186~187.

① 지적법에 의한 측량업무대행, ② 전 항에 따르는 이동지 조사, ③ 토지에 관한 신고・신청절차의 대행, ④ 측량기술원 양성과 측량사의 훈련, ⑤ 지적과 토지세제도의 연구, ⑥ 기타 본회의 목적을 달성하기 위해 필요한 사업

- 제6조(역원) : 본회에 다음의 역원(役員)을 둔다.
  1. 회장 1인
  2. 전무이사 1인
  3. 상무이사 4인 이내
  4. 이사 11인 이내
  5. 상임감사 1인
- 제7조(회장, 이사와 감사) : 1. 회장은 이사 3인 이상이 추대한 자 중에서 이사회에서 선임하되 지적 또는 세무에 관한 학식과 경험이 풍부한 자 중에서 선출한다.
  2. 전무이사와 상무이사는 회장 또는 3인 이상의 이사가 추천한 자 중에서 이사회에서 선임한다.
  3. 본회의 이사는 다음에 게기한 자로 한다.
  ① 본부, 각 지부별로 그 소속 대행측량사 중에서 선출된 자
  ② 사세국 지적사무 주관과장의 직에 있는 자, 사세국 지적주무자, 사세청 세무국장의 직에 있는 자

새로이 전부 개정된 대한지적협회 정관 제6조(역원)에 회장 1인, 전무이사 1인, 상무이사 4인 이내, 이사 11인 이내, 상임감사 1인을 두도록 규정하여 종전의 대한지적협회 기부행위에 규정되었던 총재와 부총재 제도는 폐지되었다.[148)]

이 시기인 1962년 1월 1일부터 1968년 12월 31일까지는 공정급(工程給)제도를 도입하여 측량수수수료 수입액의 8할(割)5분(分)까지 측량사에게 지급하고 나머지 1할5분으로 본부와 지부의 운영비로 충당하였다.[149)]

이어서 1969년 12월 29일에 대한지적협회의 정관을 개정하여 본부에 회장 1인, 감사 2인, 서무와 업무의 상임이사 각 1인을 두었으며, 지부장과 함께 내무부장관이 임명하도록 개선하였으며, 지부에는 지부장과 차장을 두고 서울과 부산지부에는 서무차장과 업무차장을 두도록 규정하였다.

본부의 집행부서로는 서무부에 서무과, 회계과, 기획과를 두고 업무부에 업무과와 기술지도과를 두었으며, 지부에는 서무계와 업무계를 두었다.

---

148) 대한지적공사, 2005(b), 앞의 책, pp.984~985.
149) 내무부, 한국지방행정연구원, 1987, 앞의 책, p.1064.

이 시기인 1969년 1월 1일부터 1975년 12월 31일까지는 일반업무와 특수업무가 양적으로 반반정도였으며 실비변상(實費辨償)제도를 도입하여 측량수수료 수입액에 대하여 일반업무는 55%, 특수업무는 65%에 해당하는 금액을 측량사에게 지급하였다.[150]

그리고 1976년 1월 1일에 대한지적협회의 정관을 개정하여 실비변상제도를 폐지하고 완전 유급(有給)제도로 전환하여 1977년 6월 30일까지 지속되었다.[151]

## 3.3 대한지적공사

1975년 12월에 제2차 「지적법」(1975.12.31. 법률 제2801호)을 개정하여 지적측량을 주된 업무로 하는 비영리 대행법인의 설립에 관한 법적근거를 마련하였으며, 1977년 7월 1일에 대한지적협회의 정관을 개정하여 대한지적공사(大韓地籍公社)로 명칭을 변경하고 조직을 개편하였다.

1977년 7월에 개정된 재단법인 대한지적공사의 정관에는 지적공사의 설립목적을 "지적법에 의한 지적업무를 대행하며 지적측량기술의 개발 및 지적제도의 발전에 기여함."으로 규정하고 사업범위와 임원 등을 다음과 같이 개정하였다.[152]

〈대한지적공사 정관〉

- 제2조(설립목적) : 공사는 지적법에 의한 지적업무를 대행하며 지적측량기술의 개발 및 지적제도의 발전에 기여함을 목적으로 한다.
- 제17조(임원) : 1. 공사는 다음의 임원을 둔다.
  ① 사장 1인, ② 부사장 1인, ③ 상임이사 3인(서무, 업무, 교육연구), ④ 감사 1인, ⑤ 비상임이사 7인 이내
  2. 사장은 지적기술자 또는 경영관리 능력이 풍부한 자 중에서 임명한다.
  3. 사장 부사장 중 1인은 지적기술자이어야 하며 지사장 총수의 반수는 지적기술자이어야 한다.
- 제34조(사업) : 공사는 다음 각 호의 사업을 행한다.
  ① 지적법에 의한 지적측량업무의 대행, ② 지적도 및 임야도 등 지적관계 도면의 조제와 재조제, ③ 지적업무와 관련된 측량 및 부대업무, ④ 지적기술자 및 지적기능자의 교육훈련, ⑤ 지적제도 및 지적측량기술의 연구개발

150) 내무부, 한국지방행정연구원, 1987, 앞의 책, p.1065.
151) 내무부, 한국지방행정연구원, 1987, 위의 책, p.1065.
152) 대한지적공사, 1989, 앞의 책, pp.491~501.

대한지적협회에서 대한지적공사로 개편할 당시 정관개정을 둘러싸고 이해관계의 상반으로 8개월에 걸쳐 밀고 당기는 진통을 겪었다.[153)]

당시에 지적협회의 정규 직원인 기사들의 대부분이 공사로의 개편을 반대하였으나 내무부에서 지적측량업계의 장기적인 발전을 도모하기 위하여 대한지적공사 체제로 개편하였다.

1977년 6월 30일 이전의 지적협회 시대에는 측량기사가 혈연・지연・학연 등에 의하여 측량보조원을 자의적으로 채용하고 측량기술을 전수한다는 이유로 월급도 제대로 지급하지 않았으며 필요시 임의적으로 해고하는 등 폐단이 많았다.

그러나 대한지적공사 체제로 개편을 하면서 측량보조원을 단계적으로 정규직으로 전환하여 신분을 보장받을 수 있게 되었고, 월급여제도로 전환하여 과거의 측량보조원이 근무연한과 직급에 따라 매월 일정액의 급여를 받을 수 있게 되었을 뿐만 아니라 승진과 정기적인 교육훈련을 받고, 퇴직금 제도를 도입하여 각종 혜택을 받을 수 있도록 개선하여 특수법인 대한지적공사로 발전할 수 있는 터전을 마련하게 되었다.

대한지적공사는 1977년 9월에 「지적법」에 의하여 내무부장관으로부터 [그림 4-27]과 같이 지적측량업무의 대행법인으로 지정을 받아 법적 안정성을 확보하게 되었다.

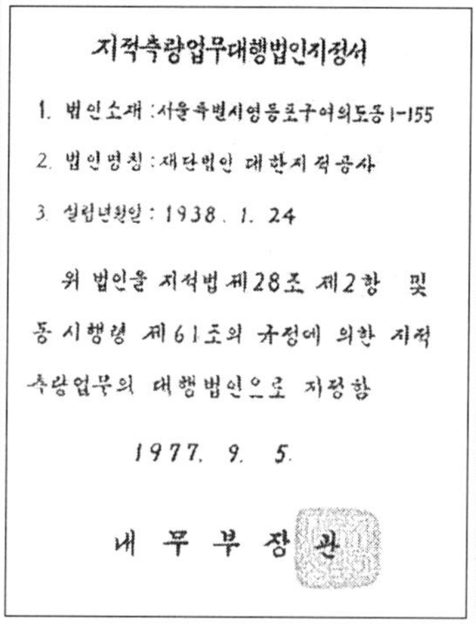
지적측량업무대행법인지정서

1. 법인소재 : 서울특별시영등포구여의도동1-155
2. 법인명칭 : 재단법인 대한지적공사
3. 설립년월일 : 1938. 1. 24

위 법인을 지적법 제28조 제2항 및 동 시행령 제61조의 규정에 의한 지적측량업무의 대행법인으로 지정함

1977. 9. 5.

내 무 부 장 관

출처 : 대한지적공사, 1989, 『대한지적공사 50년사』, p.477.

[그림 4-27] 지적측량업무 대행법인 지정서

이어서 1978년 4월 4일에 대한지적공사의 정관을 개정하여 공사의 임원을 사장 1인, 부사장 2인, 상임이사(서무・업무・교육연구) 3인, 감사 2인, 비상임이사 7인 이내를 두도록 규정하여 부사장과 감사를 각각 2인으로 늘렸다.

그러나 1978년 8월 1일 정관을 개정하여 공사의 임원을 사장 1인, 부사장 1인, 상임이사(서무, 업무, 개발, 교육) 4인, 감사 1인, 비상임이사 7인 이내를 두도록 규정하여 부사장과 감사를 각각 1인으로 환원하고 개발이사를 신설하여 지적기술의 해외진출과 신종업무개발을 활성화 하도록 하였으며, 1982년 5월 1일 정관을 개정하여 공사의 임원 중 상임이사인 서무이사를 총무이사로 명칭을 변경하였다.

153) 대한지적공사, 1989, 앞의 책, p.489.

그리고 1982년 5월 1일에 정관 제34조를 다음과 같이 개정하여 "지하 시설물 및 사적지 등의 측량업무와 토지 및 건물에 관련된 국외의 측량 및 도면조제 업무" 등을 추가하여 지적공사의 사업영역을 확대하였다.

〈대한지적공사 정관〉

- 제34조(사업) 공사는 다음 각 호의 사업을 행한다.
  ① 지적법에 의한 지적측량업무의 대행
  ② 지적도 및 임야도 등 지적관계 도면의 조제와 재조제
  ③ 지적업무와 관련된 측량 및 부대업무
  ④ 지하시설물 및 사적지 등의 측량업무
  ⑤ 토지 및 건물에 관련된 국외의 측량 및 도면조제
  ⑥ 지적기술자 및 지적기능자의 교육훈련
  ⑦ 지적제도 및 지적측량기술의 연구개발
  ⑧ 기타 공사의 목적을 달성하기 위하여 필요한 사항

## 3.4 특수법인 대한지적공사

1938년 1월 24일에 재단법인 조선지적협회로 창설되어 1949년 5월 1일에 재단법인 대한지적협회로 재편성 발족하고, 1977년 7월 1일에 재단법인 대한지적공사로 명칭을 변경하였다.

주 : 김재영 사장(우측 두 번째), 류병찬 부사장(좌측 세 번째).
출처 : 대한지적공사, 2009, 『대한지적공사70년사』, p.734.

[그림 4-28] 특수법인 대한지적공사 현판식

이어서 2003년 말에 「지적법」(2003.12.31, 법률 제7036호)을 개정하고 대한지적공사를 특수법인으로 전환하도록 규정하여(제41조의9 내지 제41조의15) 조선지적협회를 설립한 후 65년만에 오랜 역사와 전통을 가지고 있는 지적측량업무를 수행하는 전문기관으로서 법적지위를 가진 특수법인 대한지적공사로 새롭게 출범하고 [그림 4-28]과 같이 현판식을 거행하였다.

그러나 2004년 1월 1일부터 지적측량업무의 일부를 지적측량업자에게 개방함으로써 지적측량업무를 대한지적공사의 전담 독점체제에서 부분 경쟁체제로 개선하였다.

위와 같은 「지적법」의 개정에 따라 2004년 1월 10일에 전문 46개 조문, 부칙 3개 조문의 특수법인 대한지적공사 정관을 새로이 제정하였다.

그동안 대한지적공사는 조직적 측면에서는 서울에 본사를 두고 각 시 · 도에 지역본부와 각 시 · 군 · 구에 지사를 설치하여 국가의 행정조직망과 동일한 3단계의 전국적인 조직망을 갖춘 지적측량 전문기관으로 발전하였다.

기술적 측면에서는 본사를 비롯하여 시 · 도지역본부와 시 · 군 · 구지사에 약 4,000여 명의 지적기술자격과 지적기능자격을 소지한 직원을 채용하고 있는 측량기술에 관한 전문기술자 집단으로, 트랜싯 · 데오도라이트 · 토탈스테이션 · GPS 등 고가의 첨단 측량장비와 기술우위를 확보하고 있는 세계적인 지적측량 전문기관으로 발전하였다.

교육적 측면에서는 1939년 4월에 지적측량기술원양성강습소(地籍測量技術員養成講習所)를 설치하고 지적기술자에 대한 교육을 실시하다가 1957년 5월에 임시지적기술원양성소란 상설 교육기관을 설치하였고, 1962년 1월에 지적측량기술원양성소로, 1976년 1월에 지적기술양성학원으로, 1977년 7월에 지적기술연수원으로, 1994년 4월에 대한지적공사연수원으로, 1999년 3월에 지적기술교육연구원으로 2005년 10월에 지적연수원으로 각각 명칭을 변경하여 지적교육 전문기관으로 발전하였다.

국제적 측면에서는 1981년에 국제측량사연맹(FIG)의 정회원 국가로 가입하고 적극적으로 참여하여 우리나라의 지적제도를 세계 각국에 알리고 새로운 정보와 기술을 도입 전파하였을 뿐만 아니라 2001년에는 근대적인 측량기술이 도입된 후 1세기만에 서울에서 국제측량사연맹 상임위원회를 성공적으로 개최하여 측량기술의 국제화 발판을 마련하는 등 지적제도의 개선발전에 커다란 기여를 하고 있다.

## 3.5 지적측량업자

2004년 1월 1일부터 재단법인 대한지적공사가 특수법인 대한지적공사로 개편되어 지적측량업무를 수행하는 전문기관으로서의 법적지위를 확보하게 되었으나, 오랫동안 논란이 되어 왔던 지적측량 시장의 일부가 개방되어 행정자치부장관에게 지적측량업의 등록을 하고 지적측량업을 영위할 수 있도록 개선하였다.

그러나 지적측량업자의 업무범위를 경계점좌표등록부가 비치된 지역에서의 지적측량과 도시개발사업 등이 완료됨에 따라 경계점좌표등록부에 토지의 표시를 새로이 등록하기 위하여 실시하는 지적확정측량으로 제한을 하였다.

따라서 첫째, 국민들에게 사실상 지적측량사의 선택권을 부여하지 아니하였다는 비판이 제기되고 둘째, 인력과 장비가 부족하고 경험이 적은 군소 지적측량업자가 대한지적공사와 대등한 입장에서 경쟁을 하도록 제도화함으로써 후발 주자에게 불공정한 경쟁이라는 비판이 제기되고 셋째, 대한지적공사는 대부분의 직원이 20년 내지 30여년동안 동일한 업무를 수행하고 있기 때문에 혹시 측량에 잘못된 사항이 발견되더라도 자기집단의 이익을 보호하기 위해 직원들 끼리 보살펴주고 눈감아 주는 동료 감싸기를 초래할 우려가 있다는 비판이 제기되고 있다.

외국의 경우 지적측량을 수행할 수 있는 자격을 소지한 자는 누구나 국가 또는 지방정부에 등록한 후 지적측량업무를 자유로이 수행할 수 있도록 완전 개방체제(Open Systems)로 운영되고 있으며, 우리나라도 부동산과 관련된 세무사・법무사・감정평가사・공인중개사 등은 국가・지방정부 또는 관련협회 등에 등록한 후 해당 업을 자유로이 수행할 수 있도록 완전 개방체제로 운영하고 있다.

## 3.6 한국국토정보공사

2014년 6월에 「국가공간정보 기본법」[시행 2015.6.4.] [법률 제12736호, 2014.6.3. 일부개정]을 개정하고 공간정보체계의 구축 지원, 공간정보와 지적제도에 관한 연구, 기술개발 및 지적측량 등을 수행하기 위하여 한국국토정보공사를 설립하도록 규정하여(제12조제1항) 대한지적공사는 역사 속으로 사라지게 되었다.

위와 같이 지적제도의 창설을 위한 준비단계인 1895년부터 현재까지 약 110년간 지적측량조직의 변천 연혁은 〈표 4-15〉와 같다.

〈표 4-15〉 지적측량조직의 변천 연혁

| 존속기간 | 지적측량 담당조직 | 감독기관 | 비 고 |
|---|---|---|---|
| 1895.~1910. | ○ 국가직영 | 내부 판적국~<br>탁지부 토지조사국 | 준비단계(일부 토지측량업자 제도 도입운영) |
| 1910.~1918. | ○ 국가직영 | 조선총독부<br>임시토지조사국 | 토지조사사업 추진 |
| 1916.~1924. | ○ 국가직영 | 조선총독부<br>농상공부 | 임야조사사업 추진 |

| | | | |
|---|---|---|---|
| 1923.7.20.~<br>1938.1.16. | ○ 기업자측량제도<br>○ 도지정측량자제도 | 조선총독부<br>재무국 | 도, 세무감독국 단위로 운영 |
| 1931.6.6.~<br>1938.5.18. | ○ 재단법인<br>역둔토협회 | 조선총독부<br>재무국 | 역둔토에 대한 토지이동측량 전담 |
| 1938.1.24.~<br>1945.8.14. | ○ 재단법인<br>조선지적협회 | 조선총독부<br>재무국 | 최초의 전국적인 지적측량 대행기관임(기업자·도지정측량자제도 폐지, 역둔토협회 해산) |
| 1945.8.15.~<br>1946.3.28. | ○ 국가직영<br>– 지정측량자제도,<br>자유측량업 병행 | 미군정청<br>재무국 | 도지정측량사, 자유측량업 병행<br>(조선지적협회 : 휴면상태) |
| 1946.3.29.~<br>1949.4.30. | ○ 국가직영<br>– 지정측량자제도,<br>자유측량업 병행 | 미군정청<br>재무부 | 도지정측량사, 자유측량업 병행<br>(조선지적협회 : 휴면상태) |
| 1949.5.1.~<br>1961.12.31. | ○ 재단법인<br>대한지적협회 | 재무부 | 조선지적협회를 재편성 발족 |
| 1962.1.1.~<br>1977.6.30. | ○ 재단법인<br>대한지적협회 | 내무부 | 재무부에서 이관 |
| 1977.7.1.~<br>1998.2.27. | ○ 재단법인<br>대한지적공사 | 내무부 | 대한지적협회에서 명칭변경 |
| 1998.2.28.~<br>2003.12.31. | ○ 재단법인<br>대한지적공사 | 행정자치부 | 내무부와 총무처 통합 |
| 2004.1.1.~<br>2008.2.27. | ○ 특수법인<br>대한지적공사<br>○ 지적측량업자 | 행정자치부 | 지적측량업무의 일부 개방 |
| 2008.2.28.~<br>2015.6.3. | ○ 특수법인<br>대한지적공사<br>○ 지적측량업자 | 국토해양부 | 지적측량업무의 일부 개방 |
| 2015.6.4.부터 | ○한국국토정보공사<br>○지적측량업자 | 국토교통부 | 대한지적공사에서 명칭변경 |

출처 : 류병찬, 1996, 『지적법』, 서울, 건웅출판사, p.335. 참고 작성.

# 지적교육조직의 변천 연혁

History of the Cadastral Educational Organizations

Chapter 03

우리나라의 지적교육조직을 설치 주체별로 나누면 대한제국 시대의 대한제국과 일제 시대의 조선총독부 및 광복 후 시대의 대한민국으로 구분할 수 있다.

그리고 지적교육조직을 설치 주체별로 구분하면 첫째, 대한제국 시대에는 양지아문·사립 흥화학교·측량기술견습소·농림학교와 공업학교·사립 측량강습소 등 둘째, 일제 시대에는 임시토지조사기술원양성소·공과학원·지적측량기술원양성강습소 등 셋째, 광복 후 시대에는 지적연수원·대학과 전문대학 및 고등학교 등으로 구분할 수 있다.

이들 지적교육조직에 대한 설치 주체와 객체별로 설치 목적과 주요 교육내용 및 인력 양성 등에 관한 변천 연혁은 다음과 같다.

## 1 대한제국 시대

### 1.1 양지아문

1898〈광무 2〉년에 대한제국은 양지아문직원 및 처무규정을 제정(1898.7.8. 칙령 제25호)하고 같은 해 7월 14일 양지아문에 의하여 외국인 수기사(首技師)로 고빙(雇聘)[154]된 미국인 크럼〈Raymond Edward Leo Krumm[155] : 한국명으로 거렴(巨廉, 이하 "거렴"으

154) 고빙(雇聘)이라 함은 학식이나 기술이 뛰어난 사람에게 어떤 일을 맡기려고 예의를 갖추어 모셔오는 것을 뜻한다. 춘원 이광수(1892.~1950.)는 1917년 1월 1일부터 6월 14일까지 우리나라 최초의 근대 장편 소설인 무정(無情)을 매일신보에 연재하였는데, 그 첫 구절에 "김 장로의 딸 선형이가 명년에 미국 유학을 가기 위하여 영어를 준비할 차로 이형식을 매일 한 시간씩 가정교사로 고빙하여 오늘 오후 3시부터 수업을 시작하게 되었음이다."라고 표현하여 고빙이라는 용어를 사용하였다.(이광수, 2009, 『무정』, 북앤북, p.8.)

로 표기하였다.〉이 9월 15일 내한하여[156] 일본인 공학사 우치다 기혜이치(內田儀平治)[157]를 기수보(技手補) 중 한 사람으로 선발하고, 우리나라 학생 중 영어전공 15명과 일본어전공 5명 등 20명을 양지견습생으로 선발하여[158] 11월 4일부터 5개월간 측량교육을 실시하였으며, 1899년 4월 1일 남대문 앞에서 측량을 개시하여 한성부의 측량을 완료하였으며, 1900년에 한성부 지도를 완성한 것으로 판단된다.[159]

따라서 거렴이 우리나라에서 외국인으로서 최초로 측량에 관한 교육을 실시하였으며, 이것이 근대적인 측량교육의 효시이다.

### 1.1.1 거렴의 고빙

외국인 수기사로 고빙(雇聘)된 크럼은 1898년 7월 14일에 양지아문 총재관 심상훈[160]·이도재[161]와 체결한 고빙계약서에 한국명으로 거렴으로 표기되어 있으며, 이 계약은

---

155) 크럼(Raymond Edward Leo Krumm)은 양지아문직원 및 처무규정 제9조의 규정에 의하여 외국인 수기사(首技師)로 고빙된 미국인 측량기술자이며 교육자이다.(리진호, 1991, 『대한제국 지적 및 측량사』, 토지, p.34. 재인용)

156) Allen, Korea, Fact and Fency, July, 1928, p.208.

157) 우치다 기혜이치(內田儀平治)는 미국인 측량사 크럼(Raymond Edward Leo Krumm)을 보조할 기수보로 채용하여 양지아문의 양지견습생 중에서 영어학생 교육은 크럼이, 일어학생 교육은 우치다가 담당할 계획이었으나, 처우문제로 크럼과 마찰을 빚어 실제로는 교육을 담당하지 못하고 1900년에 외부대신 박제순의 주선으로 내무 토목국 기사로 고용되었다.(대한지적공사, 2005, 『한국지적백년사(지적인명사전)』, pp.356~357.)

158) 강병식, 1994, 『일제 시대 서울의 토지연구』, 서울, 민족문화사, p.13.

159) 리진호, 1999, 앞의 책, pp.350~359.

160) 심상훈(沈相薰, 1854~미상)은 조선 고종 때의 문신이다. 1874년 문과에 급제 탁지 부대신을 거쳐 참정에 이르렀다. 임오군란 때 장호원에 피신중인 민비와 연락하여 그의 밀계를 중앙에 전달하여 실행케 하였으며 갑신정변 때 경기감사로 있으면서 독립당을 가장하고 정변의 기밀과 진상 등을 왕과 민비에게 밀통하였으며 사대당 인물 등과 모의하여 청나라의 위안스카이·오조유(吳兆有)등을 움직여 행동을 개시하도록 하여 독립당의 혁신정부를 무너뜨렸다. 철도원 총재, 탁지부대신을 역임했다. 친로파의 거두이며 개화에 역행한 인물이다. 그러나 대조선은행(大朝鮮銀行), 한흥은행(漢興銀行)을 창립하였고 대한천일은행(大韓天一銀行) 설립을 발기하여 민족은행 설립에 기여하였다.(리진호, 1991, 『대한제국 지적 및 측량사』, 토지, pp.31~32. 재인용)

161) 이도재(李道宰, 1848~1909)는 조선 고종 때의 문신이다. 1882년 정시문과(庭試文科)에 병과로 급제하였다. 1886년 호군(護軍)으로 있을 때 사대당에 의해 고금도(古今島)에 유배되었다가 1894년 개화당 정부가 수립되자 풀려났다. 이 해에 동학혁명이 일어나자 전라도관찰사가 되어 전봉준(全琫準)을 생포하여 서울로 압송했고 1895년 전주부관찰사(全州府觀察使)가 되었다. 군부대신·학부대신·농상공부대신을 역임하였다.
1898년 지석영(池錫永)에게 한성의학교(漢城醫學校) 설치를 안가하여 한국 최초의 서양의학기관의 설립을 보게 하였다. 그는 왜인을 싫어하기를 사갈(蛇蝎-뱀과 전갈)과 같이 하였다니 골수에 박힌 배일파였고 민간 배일파의 영수(領袖)인 일성(一醒) 이준(李儁) 선생을 무조건 좋아하였다. 1903년 조병식(趙秉式)의 뒤를 이어 외부대신이 된 이도재는 다이이지(第一) 은행권의 금지령을 내리자 당시 한성판윤 장화식(張華植)은 〈범하는 자에게는 엄벌에 처한다.〉는 고시문을 내걸었다. 이는 일본 다이이지은행 두취 사부자와(澁澤榮一)가 발간한 일본은행권을 조선에서도 통용할 수 있도록 한 처사에 대한 투쟁인

미국의 공사가 인증하여 우리나라의 외부(外部)에 등록하고, 한문과 영문계약서를 작성하되 이견이 있을 때에는 영문이 유효하다는 내용으로 양지아문 총재관 심상훈과 이도재 및 대판(代辦) 이채연[162]의 날인과 거렴의 싸인 및 양지아문의 직인이 날인되었으며, 다음날인 7월 15일에 알렌[163]공사가 인증한다는 내용의 싸인이 포함되어 있다.

---

것이다.(리진호, 1991, 『대한제국 지적 및 측량사』, 토지, pp.32~33. 재인용)

162) 이채연(李采淵)은 영남 출신으로 생년은 분명치 않다. 구한말 문신. 1893년 전우국방판(電郵局帮辦), 1894년 참의교섭 통상사무를 거쳐 주미참사관을 역임하였다.(이연복, 『서울 六百年史(人物篇)』, 1993), 하동군수(1894.6.29.~9.22.), 농상공부 협판(1895.2.23.) 동 서리대신(1895.3.23.)을 지냈고 의홍군수(1896.1.21.) 외국에 다녀온 명통역관이었다.(이규태, 버선발에 양구두, 202쪽). 대종원경(待從院卿, 1898.12.1.), 궁내부 특진관(1899.1.6.), 광흥학교 교감을 지냈다.(『황성신문』, 1900.2.12.). 농상(農商) 협판으로 있을 때 서리대신(1895.3.23.) 같은 해 1895년 5월 29일에 한성판윤으로 취임한 후 여섯 번이나 판윤을 역임하였으니(서울 六百年史 제1권, 1977. 1895.5.29.~9.6. 관찰사, 1896.10.6.~1898.3.10, 1898.4.9.~11.4, 1898.12.1.~12.15, 1898.12.22.~1899.1.5, 1899.9.17.~1900.8.16.) 가장 여러 번 한성판윤을 지냈으나 연재임기간은 3년 3개월밖에 안된다. 가장 긴 기간이 1년 5개월이고 가장 짧은 기간은 15일이다. 사립홍화학교를 허가할 당시는 다섯 번째 한성판윤으로 재임하였을 때다. 그는 1898년 7월 18일부터 1900년 8월 16일까지 한성판윤으로 재직 중 양지아문 초대 부총재를 겸무하였다.(1898.7.23.). 그를 부총재로 임명한 것은 첫째 영어회화를 할 수 있어 미국인과 의사소통이 가능한 것이고, 둘째 첫번째 측량대상지역이 한성부였기 때문일 것이다.

이보다 앞서 미국인 측량기사 크럼을 고빙하는 계약서를 작성하는데 대판(代辦)을 하였으니 근대 측량기술 도입에 한몫을 하였다.(광무 2.7.14. 大韓政府에서 美國 量地技師 巨廉을 本國 量地技師로 雇聘하는 合同-규장각 제23189호). 1896년 한성판윤으로 있으면서 독립협회 위원으로 참가하였으나(『독립신문』, 1896.7.6.) 독립협회가 점차로 정부시책을 규탄하자 탈퇴하였다.(이연복, 앞의 책).

1900년 8월 한성판윤으로 재임시에 인후병으로 사망하였는데 서울에 사고무친이어서 장례를 주관할 사람이 없고 그의 백씨 이송연은 전라도 양지감리로 있는데 그가 돌아와야 장사를 지내게 되었다.(대한그리스도인회보, 1900.8.22. ; 리진호, 1995, 사립 홍화학교와 양지교육, 한국지적연구회, p.7. 재인용.)

163) 알렌(Allen, Horace Newton, 1858~1932)은 구한말 주한외교관, 선교사, 의료인으로서 한국명은 안련(安連)이다. 1858년 4월 23일 미국 오하이오주에서 출생하였으며, 1881년 오하이오주의 웨슬리언대학 신학부를 거쳐 1883년 마이애미의과대학에서 의학박사학위를 받았다. 같은 해 메신저(Frances Ann Messenger)와 결혼한 뒤 그해 10월 북장로회 의료선교사로 중국 상해에 파송되어 활동하다가 1884년 9월 22일 한국의 첫 의료선교사로 조선 땅을 밟았다. 그는 제물포를 거쳐 서울에 도착했는데, 당시 초대 미국공사로 있던 푸트(Foote)의 주선으로 선교사 신분을 감춘 채 공사관 부속의사로 임명되었다. 그리고 푸트와 함께 궁궐로 고종을 배알했을 때 고종이 "선교사가 아닌가?"하고 물었을 때 푸트는 "그는 다만 공사관에 소속된 의사일 뿐이다."라고 말했다. 도착 2개월 후인 1884년 12월 4일 갑신정변이 일어났다. 그는 이날 밤 민비의 조카요 수구파의 거물인 민영익을 빈사상태에서 구출, 3개월 치료 끝에 완치시켜 10만량의 사례금을 받았으며 왕의 시의로 임명되었다. 이때 알렌은 이 일을 통해서 고종의 신임도 얻었고 정식으로 선교사업을 전개할 의중을 굳히는 한편 1885년 1월 미국공사 포크 중위를 통해 국립병원 설립안을 정부에 제출했다. 그해 봄 조정에서는 알렌의 병원설립계획안을 승인했고 병원건물로는 갑신정변때 살해된 홍영식(洪英植)의 집을 수리해서 사용토록 배려하였다. 그리하여 전날의 혜민·활인 양서를 혁파하고 그 재원으로써 한성 북부 재동에 왕립병원 광혜원(廣惠院 : Extended Grace House)이 설립되었으며 1885년 4월 10일 개원, 우리나라 최초의 근대식 병원이 되었다. 선교회측에서는 의료원장만 파견하고 건물·기구 및 일체의 경비는 한국정부에서 부담하여 통리교섭통상아문으로 하여금 그 사무를 담당하게 하였는데 고종은 이 병원에 제중원(濟衆院)이라는 이름을 하사했으며 20여명의 관리 및 하인을 배치했다.

1886년 3월 29일부터는 병원부속 의학부가 개설되어 관영으로 의학교육을 실시하였으며 조심스럽게 선교사업이 전개되고 있었다. 그러나 동료선교사인 스크랜튼·헤론·언더우드 등과의 사이에 엇갈리

거렴의 고빙계약서는 리진호 지적박물관장이 헌책방에서 구 한말고문서해제목록(舊韓末古文書解題目錄)이라는 책을 구하고 이를 근거로 다시 서울대학교 규장각을 방문하여 『대한정부에서 미국 양지기사 거렴을 본국 양지 수기사로 고빙하는 합동』이라는 계약서(규장각 소장 제23,190호)를 찾아냄으로써 지적학계에 알려지게 되었다. 저자는 거렴의 고빙계약서가 우리나라의 지적사(地籍史)와 측량사(測量史)에 대단히 중요한 가치가 있는 사료라고 판단되어 서울대학교 규장각에서 한문과 영문으로 작성된 계약서 원본을 입수하였는데, 한글과 영문으로 작성된 서명부분은 [그림 4-29]와 같다.

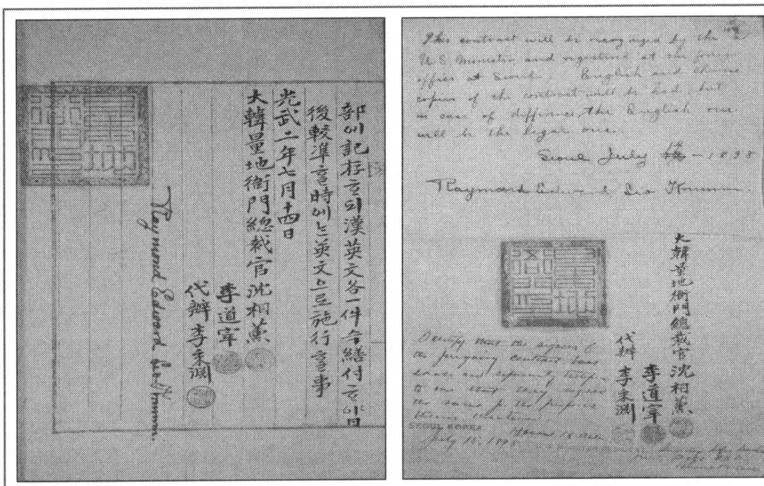


출처 : 리진호, 1999, 『한국지적史』, 서울, 도서출판 바른길, p.351. ; 서울대학교 규장각 소장 제23190호.

[그림 4-29] 거렴의 고빙계약서

---

는 의견이 잦아짐에 따라 미국장로교 선교부에 여러 좋지 않은 보고서가 접수되었는데, 알렌은 이 갈등을 이기지 못해 부산선교부로 전입할 것을 제의했으나 좌절되자 1887년 선교사업에서 손을 뗐다. 그리고 그해 박정양(朴定陽)의 일을 도와 주미한국공사관 내의 외국인 서기관에 부임, 선교부에서 받던 2배의 급료를 받았다. 2년 동안 그는 워싱턴에 주재하면서 청국의 외교적 간섭을 견제시켰으며 1889년에 이 직에서 사퇴하였다. 이때 그는 주한미국공사가 되려 했으나 뜻대로 되지 않아 다시 1890년 해외선교부 의료선교사로 다시 내한하였는데 그때 8월 『주한미국공사관 서기관직』 임명전보가 워싱턴으로부터 왔다. 이후 대리공사, 주한미국공사(1901) 등을 역임하던 중 그는 한국정부를 동정하고 일본의 불의를 규탄하는 보고서를 루즈벨트 대통령에게 보냈으나 루즈벨트는 “냉정한 태도로 절대 중립을 지키라”며 일방노선을 취하더니 1905년 3월에는 알렌 자신도 모르게 그를 파면시키고 후임자로 모건을 파송했다. 그리하여 그해 6월 10일 알렌은 본국으로 귀국하였으며 1907년 의료업에서 은퇴하였다가 1932년 12월 11일 오하이오주 도레도에서 별세하였다.

알렌은 20여 년 간에 걸친 한국생활을 통해서 한국학에 관한 많은 저서와 논문을 남겼는데, 대표적인 저서로는 『Korean Tales』, 1889 ; 『Achronulogical Index』, 1900 ; 『Korean Facts and Fancy』, 1903 ; 『Korean-American Relations』, 1904 ; 『Things Korean』, 1908 등이 있다.(기독교문사, 『기독교대백과사전』, 10권, pp.1339~1340.)

### 1.1.2 거렴에 의한 교육

거렴이 1899년 4월 1일부터 한성부를 측량한 기록이 당시에 발간된 『황성신문』〈광무 3.4.1〉과 『독립신문』〈광무 3.4.5〉 및 『대한그리스도인회보』〈광무 3.4.5〉 등 세 가지 신문에 "본년 4월 1일부터 양지아문에서 숭례문〈현 남대문〉안으로부터 시작하여 수표교로 점차 측량을 하는데 미국인 교사 1인이 양지아문의 모든 학도를 데리고 측량하는 규칙을 자세히 가르치며 한성판윤은 지방관으로 참여하여 사무를 보살피고 길 좌우에 순검이 서서 사람들을 물리치더라."라는 내용이 보도되었다.[164)]

당시에 거렴이 측량하는 모습은 [그림 4-30]과 같은데 왼쪽의 사진은 파나마모자를 쓰고 나비넥타이에 흰 바지를 입고 백구두를 신은 멋쟁이였으며, 검은 옷을 입고 모자를 쓴 사람은 순검인 듯하고 구경나온 사람들은 나막신과 짚신을 신고 있어[165)] 당시 한국인의 생활상을 엿볼 수 있다.

이 사진은 매우 귀중한 지적사료로써 미국의 시카고대학 사진학 교수이자 여행가이며 사진작가인 버튼 홈스(Burton Holmes)가 서울을 여행한 후 1901년에 『The Burton Holmes Lectures』라는 이름으로 출간된 책을 1908년에 제명을 바꾸어 다시 출간한 것을 『1901년 서울을 걷다(사진에 담긴 옛 서울, 서울 사람들)』로 번역한 책에 수록되어 있다.[166)]

출처 : 김원모 · 정성길 편저, 1989, 『한국의 백년』, 한국문화홍보센터(좌), 그래픽, 1902.10. ; 백성현 · 이한우 지음, 1999, 『파란눈에 비친 하얀 조선』(우)

[그림 4-30] 거렴의 측량모습

164) 리진호, 1989.10, "측량선생 크럼을 추적하며", 『지적』, 대한지적공사, pp.64~68. ; 리진호, 1999, 앞의 책, pp.350~359.

165) 리진호, 1989.10, 위의 논문, p.68.

166) 버튼 홈스 지음, 이진석 옮김, 2012, 『1901년 서울을 걷다(사진에 담긴 옛 서울, 서울 사람들)』, 서울, 푸른길, p.48.

따라서 우리나라 최초의 근대적인 측량은 1899년 4월 1일에 양지아문 소속 수기사 미국인 거렴이 시작하였으며, 그 장소는 국보 제1호인 남대문이라는 것을 알 수 있으며, 이 시기에 측량하여 작성된 [그림 4-31]과 같은 한성부지도(漢城府地圖)[167]에는 광화문의 육조거리에 탁지부와 농부사이에 1898년 7월 6일에 창설되어 1902년 3월 17일에 폐지된 양지아문이 위치하고 있음을 보여주고 있다.[168]

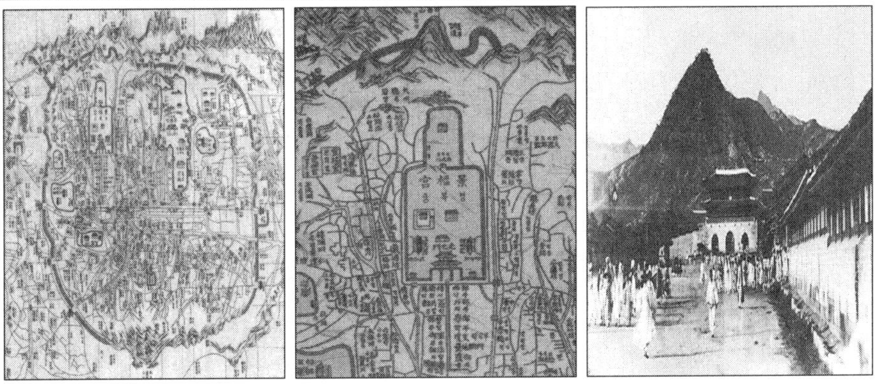

주 : 한성부지도 전도(좌), 경복궁 앞(중), 6조 거리(우)
출처 : 리진호, 1991, 『증보 대한제국 지적 및 측량사』, 서울, 토지, p.37.

[그림 4-31] 한성부지도

## 1.2 사립 흥화학교

1895년에 충정공(忠正公) 민영환이 러시아 니콜라이 황제의 대관식에 갔다가 외국어 교육의 필요성을 절감하고 서울에 돌아와 설립한 흥화학교(興化學校)가 남한에 설립된 최초의 사립학교[169]로서 당시 대한매일신보는 대한사립학교 중 최선기점(大韓私立學校中 最先起點)이라고 보도하였다.

사립 흥화학교는 영어와 일어에 관한 교육을 시키기 위하여 야학으로 시작하였으며,

167) 한성부지도는 리진호 지적박물관장이 1991년에 "한성부지도와 6조의 역사지리 연구", 『향토서울』 제50호, p.258.에서 "이 지도는 명칭이 없어 '한성부 지도'라고 명명하는 것이 타당하다."고 주장한 후 지도학자 양보경이 리진호의 한성부 지도라는 명칭이 합리적이라고 하여 한성부지도로 정착되었다.

168) 리진호, 1989.10, 앞의 논문, pp.58~62. ; 리진호, 2001, 『지적인 열전』, 충북, 도서출판 우물, pp. 328~333.

169) 한국인 선각자들이 세운 순수한 최초의 사학은 1883년에 북한에 설립된 원산학사(元山學舍)이며, 두 번째가 1895년에 남한에 설립된 흥화학교(興化學校)이다.(리진호, 1999, 앞의 책, p.844.)

1900년에는 양지속성과(量地速成科)를 개설하여 같은 해 4월 16일에 80여명의 학생이 입학하여 측량교육을 시작하였는데, 이는 지적측량에 관한 사립교육의 효시이다.

그러나 1905년 11월에 민영환 선생이 을사늑약에 항거하여 자결을 하였으며, 국권피탈로 유일한 학교 재원인 기부금을 규제하고 정부의 보조도 없어지는 등 사학에 대한 규제를 강화하게 되자 결국은 재정난으로 1911년에 문을 닫게 되어,[170] 아쉽게도 우리나라 최초의 민족사학에 측량기술자를 양성하기 위하여 개설한 흥화학교 양지속성과가 10여년 만에 폐과됨으로써 체계적인 지적측량교육이 중단되었다.

민영환이 설립한 남한 최초의 사립학교인 흥화학교는 지금의 고려화재해상보험주식회사 건물이 있는 서울시 종로구 청진동 188번지 인근에 있었다.[171]

## 1.3 측량기술견습소

1904년에 일본 대장성 주세국장 메가타 다네타로우(目賀田鍾太郞)[172]가 내한하여 탁지부 양지국 양지과에 측량기술견습소(測量技術見習所)를 개설하고 대구・평양・전주에 출장소를 설치하여 측량교육과 실제업무를 시행하였다.

메가타 다네타로우는 쓰스미 게이죠(堤慶藏)[173]와 도요타 시로우(豊田四郞)[174] 등의 측량사를 용빙(傭聘)하고 한국인을 모집하여 〈표 4-16〉과 같이 측량교육을 실시하면서 소삼각측량・도근측량・세부측량을 시행하였으니 이것이 구한말의 토지조사이다.[175]

---

170) 리진호, 1999, 앞의 책, pp.844~879.

171) 리진호, 1999, 위의 책, p.492.

172) 메가타 다네타로우(目賀田鍾太郞)는 일본 최초의 미국 유학생으로 하바드대학을 졸업(1874.)하고, 일본 대장성의 주세국장을 역임하였음. 1899년에 오키나와현 토지정리법을 공포하고 임시토지정리사무국을 설치할 때 주세국장으로 이 사무를 총괄하였으며, 대한제국 시대에 재정고문을 담당하였으며, 측량기술견습소를 개설하여 한국인에게 측량교육을 실시하였다.〈대한지적공사, 2005, 『한국지적백년사(지적인명사전)』, p.187.〉

173) 쓰스미 게이죠(堤慶藏)는 일본 육지측량사이며 교사로서, 재정고문 메가타 다네타로우(目賀田鍾太郞)의 초청으로 내한하여 탁지부 양지과에서 운영한 측량기술견습소에서 1905년 6월부터 그의 저서 정정증보 토지측량법과 쇄부(碎部) 측량부를 교재로 측량을 교수한 외국인으로는 미국인 거렴 다음이며 일본인으로서 최초의 측량교사이다.(대한지적공사, 2005, 『한국지적백년사(지적인명사전)』, p.304.)

174) 도요타 시로우(豊田四郞)는 일본 육지측량사로서 1894년에 내한하여 아산・성환・평양・의주 등의 주둔지 측량을 하였으며, 1904년에 다시 내한하여 임시재원조사국 양지과 대구출장소 수석기사로 근무하였다. 1907년 대구재무감독국장 가와카미 쓰네로우(川上常郞)와 함께 "대구시가지 토지측량에 관한 타합사항" 등의 제정에 참여하였다.(대한지적공사, 2005, 『한국지적백년사』(지적인명사전), pp.172~173.)

175) 리진호, 1999, 앞의 책, p.841.

〈표 4-16〉 측량기술견습소의 측량기술자 교육 현황

| 출장소별 | 강습개시 시기 | 입소 인원 | 인원 | | | 계 |
|---|---|---|---|---|---|---|
| | | | 기수 | | 미 임관자 | |
| | | | 현재 | 과외근무 | | |
| 계 | **4개소** | **524** | **191** | **209** | **2** | **302** |
| 본국 양지과 | 1905.6.26. | 246 | 98 | 30 | 1 | 129 |
| 대구출장소 | 1906.5.1. | 125 | 50 | 43 | | 93 |
| 평양출장소 | 1906.10.13. | 91 | 27 | 20 | 1 | 48 |
| 전주출장소 | 1907.7.20. | 62 | 16 | 16 | | 32 |

출처 : 리진호, 1999, 『한국지적史』, 서울, 도서출판 바른길, p.392.

## 1.4 농림학교와 공업학교

1899년에 실업교육기관으로 상공학교가 설립되어 상업과 공업에 필요한 교육을 시작하였으며, 1904년에 농상공학교 관제(1904.6.15. 칙령 제16호)와 관립 농상공학교 규칙(1904.8.18. 학부령 제16호)을 제정하여 농업이 추가되어 농상공학교로 개명하고 같은 해 9월에 개교식을 거행하였다.

그러나 1906년에 농상공부 소관 농림학교규칙(1906.9.11. 농상공부령 제48호)을 제정하여 1906년 9월에 농상공학교(農商工學校)에서 농림학교(農林學校)가 분리되어 농상공학교 예과교실에서 개교하였으며, 공과는 1907년에 공업전습소(工業傳習所)로, 상과는 같은 해에 선린상업학교로 분리되었다.

구 농상공학교 농과생과 한성학당의 농업속성과 생도를 합하여 수업연한 2년의 본과 제1학년에 편입시켜 같은 해 9월 10일부터 수업을 개시한 수원농림학교〈현 서울대학교 농업생명과학대학〉는 1907년에 수원군 일형면 서둔리〈현 수원시 권선구 서둔동〉로 학교를 옮겼으며, 이 학교에서 측량교육을 시작하였다.

1910년 3월에 학부대신 이용직(李容稙)은 관립 한성외국어학교에 임시토지조사기술원양성소를, 관립한성고등학교에 임시토지조사 사무원양성소를 부설하고,[176] 수원농림학교의 측량교육을 효시로 광주·대구·전주농림학교 등에서 측량교육을 실시하였다. 1910년에 개교한 주요 측량교육 기관은 〈표 4-17〉과 같다.

176) 대한제국 관보, 제4636호, 융희 4.3.24, pp.107~108.

〈표 4-17〉 1910년 개교한 측량교육 기관

| 학교명 | 개교 연월일 | 측량 교수명 | 비 고 |
|---|---|---|---|
| 관립한성외국어학교<br>부설 토지조사기술원양성소 | 1910.5.9. | 교수 谷武松<br>부교수 千勝正司,<br>熊田信太郎, 姜大成 | 1911. 폐교,<br>고등학교로 병합 |
| 관립한성고등학교<br>부설 토지조사사무원양성소 | 1910.5.10. | 토지조사국 기수<br>中野藤作, 豊田雄吉,<br>間官議風<br>교수 千文基, 朱榮運 | 현 경기중·<br>고등학교 전신 |
| 공립대구농림학교 | 1910.5.10. | 교수 豊田四郎<br>부교수 谷本貞幸<br>강사 李元榛, 石川利定 | 1910.3.14. 인가 |
| 공립전주농림학교 | 1910.6.1. | 부교수 白伏鐵太郎,<br>石川利定 | 1910.3.14. 인가 |
| 도립평양농업학교 | 1910.6.4. | 교수 池田活之祐<br>교수 金永弼 | 1910.3.14. 인가 |
| 도립함흥농업학교 | 1910.6.12. | 부교수 葉源太郎 | 1910.4.8. 인가 |

출처 : 서울특별시, 1993, 『서울지적연혁지』, p.139.

당시에 관립한성외국어학교 부설 토지조사기술원양성소와 관립한성고등학교 부설 토지조사사무원양성소에서 한국인 측량기술자 강대성(姜大成)[177], 천문기(千文基)[178], 주영운(朱榮運)[179] 등 3명이 측량관련 강의를 하였다.

177) 강대성(姜大成)은 한성 북서(北署) 순화방 누각동 출생으로 영어학교 입학(1899), 양지아문측량견습생(1899.12.18), 양지아문기수(1900.9), 지계아문기수(1903), 탁지부 양지국 기수(1904), 탁지부 기수(1905), 삼각측량법 및 쇄부측량법(碎部測量法) 수업(1905), 임시재원조사국 기수(1908), 임시재산정리국 기수(1908.7.28), 토지조사국 기수(1910.3.15), 토지조사국 기수 겸 관립한성외국어학교 부교수(1910.4.15), 임시토지조사국 기수(1910.10.1), 일본 육지측량사 도요타(豊田四郞)와 함께 같은 임시토지조사국 양성소 강사(1911.6.1), 기수 면관(1917. 5.31), 총독부 식산국 광산과 촉탁(1939)을 역임하였다. 강대성은 근대 최초의 미국인 측량사 크럼으로부터 측량술을 배웠고 구한말과 국권피탈 후 토지조사에 종사하였으며, 주영운(朱榮運)·이해동(李海東) 공저『정선 토지측량법(精選土地測量法)』(1908)의 서문을 썼다. 정동 제일교회 속장으로 독실한 감리교도였고 반일사상이 투철하여 일본 돈을 안 썼으며 영어를 잘하여 통역을 하였다. 그의 종손(從孫) 강석진(姜錫眞) 전 명지전문대 지적과 교수가 종조부(從祖父)의 측량기술을 이어받은 셈이다.(리진호, 1999,『한국지적史』, 서울, 도서출판 바른길, p.595.)

178) 천문기(千文基)는 한성 서서(西署) 적선방 월궁동 출생으로 측량기술견습소(1907), 탁지부 기수(1907), 임시재원조사국 기수, 임시재산정리국 기수(1908), 토지조사국 기수(1910.3. 15), 임시토지조사국 서기(1910.10.1), 관립한성고등학교 부설 임시토지조사사무원양성소 교수(1911.4.12), 관제 폐지로 폐관(1918.11.5), 임시토지조사국 잔무정리(1918.11.5), 잔무정리를 면함(1919.3.25), 동래군 서기(1919.3.25)를 역임하였다.(리진호, 1999,『한국지적史』, 서울, 도서출판 바른길, pp.595~596.)

179) 주영운(朱榮運)은 한성 서서(西署) 인달방 누전동 출생으로 관립매동소학교 졸업(1900). 관립일어학교, 측량기술견습소, 탁지부기수(1905), 임시재원조사국 기수(1908), 토지조사국 기수(1910.3.15), 임시토

1928년 10월 대구농림학교(大邱農林學校) 5학년에 지적측량과(地籍測量科)를 신설하여 도청 기술원이 직접 수업을 진행하며, 졸업 후에는 각 도에 추천하여 지적사무에 종사하는 기수(技手) 또는 측량수(測量手)를 양성할 목적이라는 [그림 4-32]와 같은 내용의 『동아일보』 보도가 있었는데,[180] 이는 우리나라의 근대적인 교육과정에 지적관련 학과를 설치한 효시라고 할 수 있다.

大邱農林學校에
地籍測量科新設
技手와 測量手養成이 目的
關西地方

출처 : 『동아일보』, 1928.10.13. p.6.

[그림 4-32] 지적측량과 신설에 관한 신문 보도

공업전습소는 1907년에 농상공부 소관 공업전습소 관제(1907.2.1. 칙령 제6호)와 관립 공업전습소규칙(1907.3.8. 농상공부령 제50호)을 제정함으로써 탄생하였다.

공업전습소의 토목과에서 측량과 제도를 강의하였으나 1916년에 경성공업전문학교와 경성공업고등학교로 분리되었으며 경성공업전문학교의 토목과에서 측량을 강의하였으며, 1939년에는 경성광산전문학교를 설립하였다.

한편 1924년에 대학교육 기관으로 경성제국대학을 설립하고 법문학부와 의학부를 두었으며 1941년에 이공학부를 설치하고 토목공학과를 개설하였다.

그 후 1946년에 「국립 서울대학교 설립에 관한 법령」(1946.8.22. 법률 제102호)을 제정하고 민족교육의 기치아래 민족 최고 지성의 전당이며 민족문화 창달과 세계문화 창조를 위한 학문적 사명을 다하기 위하여 국내 최초의 국립종합대학교를 설립하였으며,[181] 이에 따라 경성공업전문학교, 경성광산전문학교 및 경성제국대학의 이공학부가 서울대학교 공과대학의 모체가 되었으며, 토목학과와 건축학과에서 측량학·제도 및 실습 등을 강의하였다.[182]

## 1.5 사립 측량강습소

1908년 1월에 대한제국은 「삼림법」(1908.1.24. 법률 제1호)을 제정하고 제19조에 "삼림산야의 소유자는 본법 시행일로부터 3개년 이내에 삼림산야의 지적 및 면적의 약도를

---

지조사국 서기(1910.10.1), 관립한성고등학교 임시토지조사사무원양성소 교수(1911.4.12), 고등토지조사위원회 통역생(1918) 등을 역임하였다. 주영운은 이해동(李海東)과 함께 정선 토지측량법(精選土地測量法)』(1908)을 저술하였다.(리진호, 1999, 『한국지적史』, 서울, 도서출판 바른길, p.596.)

180) 『동아일보』, 1928.10.13, p.6.

181) www.snu.ac.kr, 『서울대학교 2004 요람』, 2004, p.1.

182) 리진호, 1999, 앞의 책, pp.964~972 ; 권욱현, 1994, "현대 과학기술과 공학의 학문조직", 『현대의 학문세계』, 서울, 민음사, pp.284~286.

첨부하여 신고하되 기간 안에 신고하지 아니하는 자는 모두 국유로 간주한다."고 규정하였다.

따라서 일시에 많은 삼림에 대한 측량업무가 발생하게 되어 이 업무를 담당할 측량기술 인력을 양성하기 위하여 측량학교를 설립하였다.

측량학교의 설립은 학회와 개인으로 구분할 수 있는데 신민회는 교육활동의 일환으로 학회를 설립하여 교육을 실시하였다. 서우학회(西友學會)와 한북흥학회(漢北興學會)를 통합하여 만든 서북학회(西北學會)는 1908년 1월 서북협성학교를 설립하였고, 기호흥학회(畿湖興學會)는 기호학교를 설립하여 측량술을 교육하였다.

1908년에 흥사단에서는 유길준이 수진궁(壽進宮)을 빌려 사립 수진측량학교를 설립하고 측량교육을 실시하였으며, 민영환의 흥화학교 양지과 · 한용운의 경성명진측량강습소(京城明進測量講習所) · 도상팔의 영명측량학교 · 민영기의 중교의숙(中橋義塾) · 엄익주의 양정의숙 · 이용익의 보성소학교 · 전덕기의 상동청년학원 · 이상재의 YMCA · 안창호의 대성학교 등 전국에 150여 개소의 사립측량학교 또는 측량강습소를 설립하여 측량교육을 실시하였다.[183)]

전국적으로 일시에 많은 사립측량학교와 측량강습소가 설립되어 측량에 관한 교육이 대대적으로 실시됨에 따라 [그림 4-33]과 같은 측량관련 도서 판매 광고와 [그림 4-34]와 같은 측판 · 삼각 · 조준의 · 포제권척 · 나침 등 측량기계(測量器械)와 제도기계(製圖器械) 판매 광고가 『황성신문』과 『대한매일신보』 등에 게재되었다.

출처 : 『황성신문』, 1908.11.3. ; 리진호, 1991, 『증보대한제국 지적 및 측량사』, 서울, 토지, p.69. 재인용.

[그림 4-33] 측량관련 도서 판매 광고

183) 리진호, 1999, 앞의 책, pp.454~456. ; 강석진, 1999.12, "지적기술교육의 태동과 향후 지적교육의 발전방향", 『지적』, 대한지적공사, p.18. ; 남영우, 2011, 『일제의 한반도 측량침략사』, 서울, 법문사, p.145.

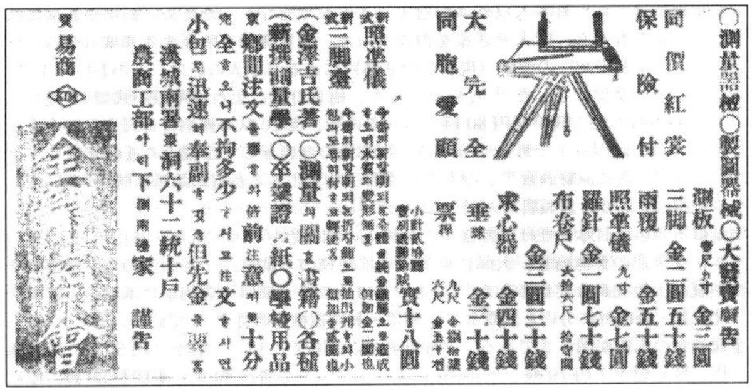


출처 : 『대한매일신보』, 1909.6.22. ; 리진호 · 전병덕, 2012.8, "大韓帝國時代の森林法がもらした朝鮮の初期測量とそ教育等に關する研究", 『林業經濟』, 동경, p.26. 재인용.

[그림 4-34] 측량기기 판매 광고

유길준이 설립한 사립 수진측량학교는 서울시 종로구 수송동 146-2번지 인근에 위치하였으며, 리진호 박물관장의 건의에 따라 서울특별시에서 1993년 12월 9일에 수진측량학교 터인 종로구청 민원실 입구 동편에 사표(史標)를 건립하여 한국 지적사표(地籍史標) 제1호가 되었다.[184)]

대한제국은 근대적인 지적제도를 설립하기 위한 준비과정으로 미국인 거렴을 고빙하는 등 측량교육과 훈련에 많은 노력을 하였으며, 사립 흥화학교 · 측량기술견습소 · 농림학교 · 공업학교 · 사립 측량강습소 등에서 측량에 관한 교육과 기술자를 양성하였다.

대한제국 말기에 측량교육으로 사용되었던 교과서의 목록은 〈표 4-18〉과 같다.

〈표 4-18〉 대한제국 말기의 측량교과서 목록

| 발행일 | 도서명 | 저 자 | 출판사 |
|---|---|---|---|
| 1908.6.11. | 토지측량법 | 이한용 | 광동서국 |
| 1908.7. | 정선토지측량법 | 주영운, 이해동 | 대한서림 |
| 1908.7.25. | 양지법 | 이성실 | 중교측량사무소 |
| 1908.7.25. | 토지측량술(세부도근) | 탁지부 | 용산인쇄국 |
| 1908.12. | 토지측량술(소삼각수준) | 탁지부 | - |
| 1909.1. | 정선도근측량술 | - | - |
| 1909.1.15. | 최신전야임야실지측량법 | 진희성 | 의진사 |
| 1909.3.15. | 신찬측량학 | 김택길 | 안태변 |
| 1909.3.25. | 신찬지형측량술 | 홍종대 | 유일서관 |

출처 : 리진호, 2005, 『지적사(경기도공무원교육원 교재)』, p.13.

184) 리진호, 1999, 앞의 책, pp.491~492.

# 2 일제 시대

## 2.1 임시토지조사기술원양성소

1912년에 일제는 임시토지조사국 사무원 및 기술원양성소규정 등 강습관계 규정을 제정하고, 부설 양성소 학생과 초기 농림학교 교육생을 흡수하고 새로 모집하여 3,685명의 한국인에게 지적측량에 관한 교육을 실시하고 [그림 4-35]와 같은 졸업증서를 수여하였으며, 이들이 방대한 한반도의 토지조사사업을 수행하였다.185)

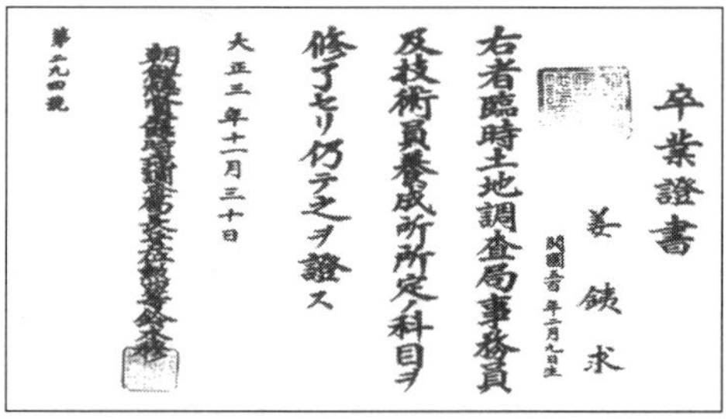
卒業證書
姜 鉉求
右者臨時土地調査局事務員
及技術員養成所所定ノ科目ヲ
修了セリ仍テ之ヲ證ス
大正三年十二月三十日

출처 : 서울특별시, 1993, 『서울지적연혁』, p.131.

[그림 4-35] 임시토지조사국 사무원 및 기술원양성소 졸업증서

## 2.2 공과학원

토지조사와 임야조사사업이 완료된 1926년부터 사설 측량학원을 설립하고 주로 측량에 관한 교육을 실시하였다.

1926년에 일본인 미우라 요시아키(三浦義明)가 경성수학원(京城數學院)을 설립하여 후에 경성공학원·소화공과학교·한양공업고등학교로 발전되었다.

1934년에 전 토지조사 기수 미쿠리야 겐지로(御厨健次郎)가 대전에 관인 측량기술원양성소를 설립하였으며, 후에 대전공과학원(大田工科學院)으로 개명하였다.186)

이어서 1936년에 전 토지조사 기수 유종한(劉宗漢)이 경성측량기술강습소(京城測量技術講習所)를 설립하였고, 후에 경성공과학원(京城工科學院)으로 개명되었다.

그리고 1939년에 과학기술 교육으로 나라를 구하겠다는 25세의 청년 김연준(金連

185) 리진호, 1999, 앞의 책, p.842.
186) 리진호, 2015, "대전공과학원 연혁에 관한 고찰", 『선화동 이야기』, 대전중구문화원, 향토문화자료 25집.

俊)[187]이 경성공과학원을 인수하여 같은 해 7월 1일 경기도지사로부터 동아공과학원(東亞工科學院)의 설립인가를 얻어 원장에 취임하고, 경성시 경운정 88번지〈현 : 서울시 종로구 경운동 88번지〉 천도교기념관〈현 수운회관〉에서 전임교사 13명, 강사 22명, 서기 2명, 용인 1명 급사 2명의 진용을 갖추고 학생 630명을 모집하여 수업을 시작하게 되었다.[188]

동아공과학원은 2년제 토목과(주・야간부)・광산과・건축과(측량과) 등 3개 과로 개교하였으며, 1940년에 전기과를 신설하였다.

동아공과학원은 [그림 4-36]과 같은 건물에서 [그림 4-37]과 같이 측량에 관한 교육과 야외실습을 실시하여 수많은 측량기술자를 양성하였으며, 후에 건국기술학교(建國技術學校), 한양공과대학을 거쳐 사학의 명문인 한양대학교로 발전하였으며,[189] 2002년에 한양사이버대학교를 설립하였고 2006년에는 지적학과를 신설하여 류병찬 전 대한지적공사 부사장이 퇴임 후 교수로 임용되었고, 이어서 김정호 전 지적연수원장이 퇴임 후 교수로 임용되었으나, 대한지적공사 직원과 지적직 공무원에 한하여 입학을 허용함으로써 입학자원이 고갈되어 2011년에 폐과되었다.

출처 : 한양대학교, 1989, 『한양학원50년사』, p.14.

[그림 4-36] 동아공과학원

187) 김연준(金連俊, 1914.2.20.~2008.1.7, 함경북도 명천 출생)은 작곡가이며 교육가이다. 1939년 연희전문학교 문과를 졸업하고, 1939년에 동아공과학원을 설립했으며, 1948년 한양공과대학장, 1952년부터 1973년까지 『기독교신문』 발행인, 1959년부터 1973년까지 한양대학교 총장을 지냈다. 작곡을 본격적으로 시작한 것은 1970년 이후로 1972년에 제1회 작곡발표회를 개최하였으며, 1973년부터 현재까지 총 12집의 가곡집을 출판하거나 출반했다. 1979년에 독일 튀빙겐대학교 개교 오백주년 기념 음악대상(작곡 부문)을 수상했다. 20여 회에 걸쳐 작품발표회를 가졌으며, 저서로 『백남문집』 등이 있고, 작품집으로는 『김연준 가곡 1,500곡집』, 『성가곡 200곡집』 등이 있다.(http://blog.daum.net/pbw5701/16454962, 2011.4.25.)

188) 한양대학교, 1989, 『한양학원50년사』, p.43.

189) 리진호, 1999, 앞의 책, pp.794~795, p.843. ; 강석진, 1999.12, 앞의 논문, p.19.

출처 : 한양대학교, 1989,『한양학원50년사』, p.15.

[그림 4-37] 동아공과학원 학생들의 야외 실습 〈於 西江〉

## 2.3 지적측량기술원양성강습소

1939년에 대한지적공사의 전신인 조선지적협회가 지적측량기술원양성강습소를 설립하고 소장은 회장인 미즈다 나오사마(水田直昌)가 겸임하였다.

지적측량기술원양성강습소는 조선지적협회와 전국 세무관서에 종사할 기술자의 신규 인력을 양성하기 위하여 측량에 관한 이론교육과 실습을 실시하였다.

1939년 1월 31일에 제1회 생도 모집요강을 발표하였는데 30명 모집에 교육기간은 7개월이었으며 교육비는 전액 관비로 지급하기로 하였다.[190]

주 : 고 이경철 전 대한지적공사 업무이사(앞 줄 왼쪽)
출처 : 고 이경철 업무이사 제공.(2004.10.)

[그림 4-38] 지적측량기술원양성강습소 제1회 수료기념

같은 해 4월 10일까지 원서를 접수하고 입소시험은 4월 20일과 21일에 실시하였으나 합격률이 낮고 강습 중 포기하거나 탈락하는 생도가 발생하여 제1회 수료생은 [그림 4-38]과 같이 7명을 배출하였다. 당시에 전 대한지적공사 업무이사를 역임한 이경철이 24세의 젊은 나

190) 대한지적공사 지적기술교육연구원, 2000,『지적기술교육연구원60년사』, pp.312~313. ; 리진호, 1986, "한국지적교육 90년사",『한국지적학회보』, 제7호 별쇄본, p.35. ; 리진호, 1999, 앞의 책, p.834.

이에 실습을 담당하였다.

지적측량기술원양성강습소는 1939년 제1회에 7명, 1940년 제2회에 39명, 1941년 제3회에 20명 등 총 66명이 수료하였다. 이들은 조선지적협회 각 도지부 출장소의 기수로 임명되었으며, 지적측량기술원양성강습소는 대한지적공사 지적연수원을 거쳐 한국국토정보공사 국토정보교육원으로 발전하였다.[191)]

# 3 광복 후 시대

## 3.1 지적연수원

1945년 8월 15일 광복과 함께 미군정청(美軍政廳)을 설치하고 미군정이 실시됨에 따라 잠정적으로 지적측량업무를 국가직영제도로 전환하고 재무국에서 관장하게 됨으로써 조선지적협회는 휴면상태에 들어가 사실상 해산되어 이 시기에는 지적에 관한 교육을 실시하지 못하였다.

1939년에 조선지적협회에서 설립한 지적측량기술원양성강습소는 광복 후 1957년에 임시지적기술원양성소로, 1962년에 지적측량기술원양성소로, 1971년 1월에 [그림 4-39]와 같이 지적측량기술원양성학원으로, 1977년에 지적기술연수원으로, 1994년에 대한지적공사 연수원으로, 1999년에는 지적기술연구소와 통합하여 지적기술교육연구원으로, 2004년에 지적기술연수원으로, 2005년에 지적연수원으로 개편하였으며,[192)] [그림 4-40]과 같이 경기도 용인시

주 : 종로구 청진동 19, 대한지적협회 서울특별시 지부 내에 지적측량기술원양성학원을 설치하였다.(김성건 회장 : 좌, 이부발소장 : 우)
출처 : 대한지적공사, 2009, 『대한지적공사70년사』, p.354.

[그림 4-39] 지적측량기술원 양성학원 현판식

191) 리진호, 1999, 앞의 책, pp.933~834. p.843.
192) 대한지적공사 지적기술교육연구원, 앞의 책, pp.306~410.

운학동에 독립건물을 신축하여 지적에 관한 전문교육을 실시하고 있다.

1960년대 말까지는 지적협회 직원과 지적직 공무원 등을 대상으로 기술교육을 실시하였으나 지적측량에 관한 강의가 주가 되었으며, 지적개론(地籍槪論)이라는 교과목을 개설하여 강의를 하였다.

출처 : 대한지적공사. 1989. 대한지적공사50년사』. p.11.

[그림 4-40] 지적기술연수원

그러나 1973년에 최초로 지적측량기술원양성학원에서 지적학(地籍學)을 개설하고 원영희 교수가 강의를 하기 시작하여 지적측량 위주의 강의를 탈피하고 지적학을 강의하게 되었다.

이어서 1979년 7월 10일에 지적기술연수원이 [그림 4-41]과 같이 내무부장관으로부터 지적직 공무원의 특별연수기관으로 지정을 받고, 1996년 8월 2일에 교육부장관으로부터 실업계 고등학교 지적과 교사의 연수기관으로 선정되었으며, 국방부·문화재관리국·철도청 등의 국가 공무원과 주택공사 등 공기업의 직원 및 고등학교 지적과 교사 등을 대상으로 지적관련 교육을 실시하는 유일한 전문 교육기관으로 발전하였다.

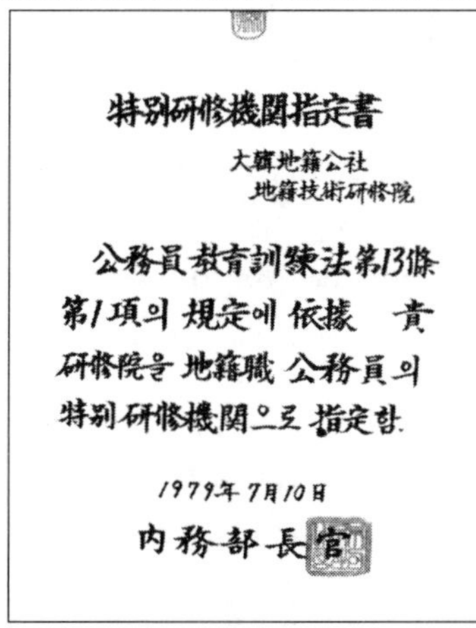

特別硏修機關指定書

大韓地籍公社
地籍技術硏修院

公務員敎育訓練法第13條
第1項의 規定에 依據 貴
硏修院을 地籍職 公務員의
特別硏修機關으로 指定함.

1979年 7月 10日

內務部長官

출처 : 대한지적공사 지적기술연수원. 1979.

[그림 4-41] 지적직 공무원 특별연수기관 지정서

그러나 교육연구원의 위상이 낮고, 경기도에 위치하고 있어 출퇴근에 불편이 따르며, 외래강사 초빙에 애로가 있어 직원들의 사기가 떨어지는 등 여러 가지 어려움이 있어, 매년 정기적으로 우수 교직원과 연구원에 대한 장관표창 또는 사장표창을 실시하여 사기 진작을 도모하고, 지적기술교육의 중요성을 홍보하고자 지적기술교육연구원의 창립기념일을 제정하였다.

지적기술교육연구원의 창립기념일 제정은 지적에 관한 양질의 교육훈련을 유도하고, 새로운 측량기술의 연구개발을 촉진하며, 지적제도의 현대화·정보화에 기여함을 목적으로, 교육연구원 자체 행사로 간소하게 기념식을 거행하고 우수 교직원 및 연구원에 대한 사기 진작을 도모하며 교육연구원의 발전에 기여한 인사에게 감사패를 증정하고 전임 원장과 교수부장 등 간부를 초청 간담회를 개최하여 교육연구원의 발전방향을 모색하였다.

기념일 선정은 제1안으로 매년 4월 20일〈1939년 4월 20일 제1기 지적기술원양성강습소 시험일자〉, 제2안으로 매년 5월 21일〈1953년 5월 21일 대한지적협회 이사회에서 지적기술자 강습회를 개최키로 결의한 일자〉, 제3안으로 매년 5월 1일〈1957년 5월 1일 임시지적기술원양성소를 상설기관으로 정한 일자〉을 검토한 후 제2안의 5월 21일을 창립기념일로 확정하고[193] 2000년 5월 21일에 [그림 4-42]와 같이 전춘우 대한지적공사 사장을 비롯하여 한국인 최초의 지적측량기술원양성강습소의 강사를 역임한 이경철 전 업무이사와 전임 원장 및 교수 등이 참석하여 제1회 지적기술교육연구원 창립 기념행사를 개최하였다.

출처 : 대한지적공사 지적기술교육연구원, 2000, 『지적기술교육연구원60년사』, p.228.

[그림 4-42] 지적기술교육연구원 창립 제1회 기념행사 참석자

이어서 2015년 1월에 대한지적공사 국토정보교육원으로, 2015년 6월에 [그림 4-43]과 같은 한국국토정보공사 국토정보교육원으로 명칭을 변경하여 오늘에 이르고 있다.

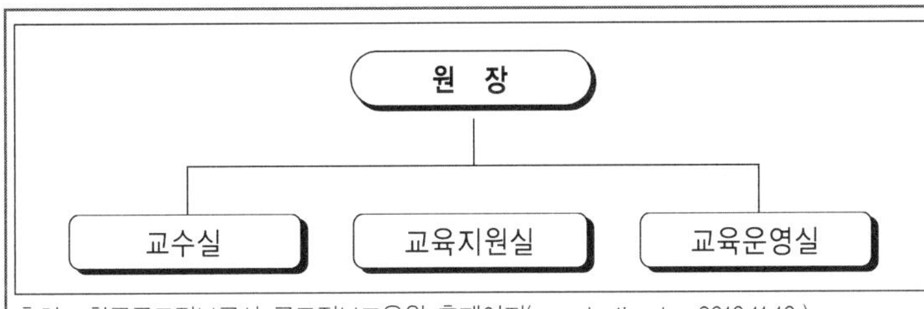


출처 : 한국국토정보공사 국토정보교육원 홈페이지(www.ixcti.or.kr, 2016.11.10.)

[그림 4-43] 국토정보교육원 기구도

193) 지적기술교육연구원, 2000, "교육연구원 창립기념일 제정계획(안)", p.2.

## 3.2 정규과정에 의한 교육

### 3.2.1 대학과 전문대학

1973년에 건국대학교 농과대학 농공학과에서 원영희 교수가 지적측량학(地籍測量學)을 강의한 것이 대학에서 지적과 관련된 학문의 체계적인 교육의 효시[194]가 되었다.

이어서 1974년부터 건국대학교 행정대학원 부동산학과에[195] 지적학(地籍學)이라는 교과과목을 개설하고 이 또한 원영희 교수가 1984년까지 강의를 담당하여 최초로 대학원의 교육과정에서 지적학을 강의하였다.

따라서 1895년 내부 판적국에 지적과를 설치한 후 약 80여 년 만에 처음으로 대학교의 정규 교육과정에 지적학에 관한 강좌가 개설되었다.[196]

그러나 한동안 지적학 교육이 중단되었다가 1996년부터 2004년까지 내무부 류병찬 지적과장이 지적학을 강의하였으며, 명지대학교 산업대학원·단국대학교 경영대학원·인천대학교 경영대학원·한양사이버대학교 부동산대학원 등으로 확대되어 지적학·지적법·부동산공시론 등을 개설하고 지적학 관련 강의를 하였다.

그리고 1970년대 중반부터 지적 분야가 사회 각 분야의 급격한 발전을 따라 가지 못하며 폐쇄적이며 비능률적으로 운영하고, 오랜 역사에 비하여 학문적인 뒷받침이 미약하다는 비판이 제기되어 당시 김갑수 내무부 지적과장이 첫째, 지적학의 정립 둘째, 지적제도의 개선 셋째, 우수 지적기술 인재의 양성 등을 목적으로 건국대학교 행정대학원 부동산학과 김영진 교수에게 지적학과 설치에 관한 타당성 연구 의뢰를 한 후 『토지·지적학과 설치에 따른 보고서』를 제출받아 문화교육부장관과 협의하여 세계 최초로 지적학과를 설치하게 되었다.

지적학과는 1977년부터 세계 최초로 명지전문대학과 신구대학을 시작으로 1978년에는 강원대학교에, 1979년에는 청주대학교에 각각 설치하였으며 〈표 4-19〉 및 〈표 4-20〉과 같이 대학과 전문대학에 지적학과(地籍學科)를 설치함으로써 지적학 개설의 종주국가 시대를 열었으며, 지적학에 관한 강의가 국가의 교육제도로써 이루어지게 되었다.

---

194) 대한지적협회, 1973.4.30, "원영희 대학출강", 지협회보(地協會報).

195) 1970년에 건국대학교 행정대학원 석사과정에 국내 최초로 부동산학 전공과정을 개설하였으며, 1972년에 동대학원에 부동산학과를 신설하였고, 1985년에는 정법대학 학사학위과정에 부동산학과를 설치하였고, 2001년에 부동산대학원으로 개편하여 부동산경영·관리전공, 부동산건설·개발전공, 부동산금융·투자전공, 국제부동산 전공 등 4개 전공을 개설하였다.

196) 원영희, 1979, 『지적학원론』, 서울, 홍익출판사, p.539.

〈표 4-19〉 대학교 지적학과 설치 현황

| 설립연도 | 학교명 | 개설 당시의 학과명 | 현재의 학과명 |
|---|---|---|---|
| 1978. | 강원대학교 | 지적학과 | 부동산학과 |
| 1979. | 청주대학교 | 지적학과 | 지적학과 |
| 1985. | 목포대학교 | 지적학과 | 지적학과 |
| 1997. | 서울시립대학교 | 지적정보학과 | 공간정보공학과 |
| 1998. | 경일대학교 | 측지공학과 | 부동산지적학과 |
| 1999. | 영동대학교 | 도시지적공학과 | 도시행정학과 |

출처 : 행정자치부, 2006,『지적통계연보』, p.694. ; 국토해양부, 2013,『지적통계연보』, p.888. 해당 학교 홈페이지.(2013.12.10.)

〈표 4-20〉 전문대학 지적과 설치 현황

| 설립연도 | 학교명 | 개설 당시의 학과명 | 현재의 학과명 |
|---|---|---|---|
| 1977. | 명지전문대학 | 지적과 | 지적과 |
| 1977. | 신구대학교 | 지적과 | 지적정보과 |
| 1978. | 서일대학교 | 지적과 | 부동산과 |
| 1978. | 동강대학교 | 지적과 | 토지정보관리과 |
| 1985. | 신흥대학교 | 지적과 | 지적부동산과 |
| 1985. | 충청대학교 | 지적과 | 부동산지적과 |
| 1985. | 대구미래대학교 | 지적과 | 토지정보과 |
| 1998. | 충남도립청양대학 | 지적과 | 토지행정과 |
| 1998. | 전주비전대학교 | 지적과 | 지적부동산과 |
| 1998. | 창원문성대학 | 지적공학과 | 부동산지적과 |
| 1998. | 강원도립대학 | 지적정보과 | 지적부동산과 |

출처 : 행정자치부, 2006,『지적통계연보』, p.694. ; 국토해양부, 2013,『지적통계연보』, p.888. 해당 학교 홈페이지.(2013.12.10.)

### 3.2.2 고등학교

1995년에 내무부에서 지적재조사사업과 종합토지정보시스템 구축 등을 담당할 지적기능 인력의 양성과 시·도와 시·군·구에서 지적측량보조·면적측정·도면작성 등 실무에 종사할 지적기능 인력을 양성하기 위한 목적으로 장관의 정책결심을 받아 한국교육개발원에 지적기능 인력의 양성방안에 관한 연구를 의뢰하여 이에 관한 보고서를 토대로 교육부와 협의하여 실업계 고등학교에 지적과의 설치를 추진하였다.[197)]

197) 고등학교의 지적과는 1995년에 당시 내무부의 정책결정에 의하여 한국교육개발원에 지적기능 인력의 양성방안에 관한 연구를 의뢰하여 이에 관한 보고서를 토대로 교육부와 협의하여 1997년에 권역별로 설치하였다.

1928년 10월에 대구농림학교에 지적측량과를 신설한 후 70년 만에 1977년부터 전문대학과 대학에 지적학과를 설치한 후 20년 만에 우수한 지적기능 인력을 양성할 목적으로 1997년부터 1998년까지 전국을 권역별로 나누어 〈표 4-21〉과 같이 부평공고·강릉농공고·천안농고·여수공고·경상공고 등 실업계 고등학교에 지적과를 신설하고, 지적학(地籍學)과 관련된 지적일반·측량일반·지적제도·지적법규·지적전산·지적실무·지적측량응용·지적전산응용·지적측량 등 9개 교과목을 개설하여 교육을 시작하였다.

지적과를 신설한 초기에는 전망이 밝고, 동일계 대학과 대학교의 진학이 유리하며, 우수 학생에게는 대한지적공사로부터 지적장학금을 지급받을 수 있고, 조기에 취업이 가능하다는 등의 사유로 가장 우수한 학생들이 지원하였다.

그러나 국제통화기금(IMF)의 구제금융체제에 들어선 후 취업률이 떨어지고, 지적공사에서 지급하던 지적장학금을 중단하였다는 등의 사유로 지적과의 명칭을 변경하거나 폐과하는 아픔을 겪게 되었다.[198)]

〈표 4-21〉 고등학교 지적과 설치 현황

| 설립연도 | 학교명 | 개설 당시의 학과명 | 현재의 학과명 |
|---|---|---|---|
| 1997. | 강릉농공고등학교 | 지적과 | 폐과 |
| 1997. | 경상공업고등학교 | 지적과 | 폐과 |
| 1997. | 부평공업고등학교 | 지적토목과 | 폐과 |
| 1997. | 여수공업고등학교 | 지적과 | 폐과 |
| 1997. | 천안농업고등학교 | 지적과 | 폐과 |
| 1998. | 광명공업고등학교 | 지적과 | 폐과 |
| 1998. | 김해건설공업고등학교 | 지적과 | 폐과 |
| 1998. | 휘경공업고등학교 | 지적정보과 | 건설교통과 |
| 2000. | 나주공업고등학교 | 지적과 | 폐과 |

출처 : 행정자치부, 2006,『지적통계연보』, p.694. ; 국토해양부, 2013,『지적통계연보』, p.888. 해당 학교 홈페이지.(2013.12.10.)

### 3.2.3 대학원

지적에 관한 고급 전문 기술 인력을 양성하기 위하여 1984년 청주대학교를 시작으로 1998년에는 목포대학교, 1999년에는 명지대학교, 2000년에는 경일대학교, 2002년에는 서울시립대학교에 각각 지적전공 석사과정을 신설하였다.

198) 류병찬, 2001,『최신지적학』, 서울, 건웅출판사, pp.106~108.

이어서 1997년 명지대학교 산업대학원을 시작으로 2000년 경일대학교, 2001년 목포대학교, 2004년 서울시립대학교에 각각 지적전공 박사과정을 신설하여 〈표 4-22〉와 같이 지적전공 석・박사 학위과정을 설치하고 지적에 관한 전문적인 교육을 실시하여 고급 전문 기술 인력을 양성하고 있다.

〈표 4-22〉 지적전공 석사 · 박사 학위과정 설치 현황

| 구 분 | 설립연도 | 학교명 | | 전공분야 |
|---|---|---|---|---|
| 석사과정 | 1984. | 청주대학교 | 대학원 | 지적학과 |
| | 1998. | 목포대학교 | 대학원 | 지적학과 |
| | 1999. | 명지대학교 | 산업대학원 | 지적 및 GIS학과 |
| | 2000. | 경일대학교 | 대학원 | 행정학과(지적학) |
| | 2002. | 서울시립대학교 | 대학원 | 공간정보공학과 |
| 박사과정 | 1997. | 명지대학교 | 산업대학원 | 지적 및 GIS학과 |
| | 2000. | 경일대학교 | 대학원 | 행정학과(지적학) |
| | 2001. | 목포대학교 | 대학원 | 지적・도시정책학협동과정 |
| | 2004. | 서울시립대학교 | 대학원 | 공간정보공학과 |
| | 2011. | 청주대학교 | 대학원 | 도시부동산지적학과 |

출처 : 류병찬, 2006, 『한국지적교육총람』, 한양사이버대학교, pp.110~134. ; 해당 학교 홈페이지.(2013.12.10.)

위와 같이 우리나라의 지적학에 관한 교육제도는 고등학교・전문대학・대학에 지적학과를 설치하고 석・박사과정에 이르기까지 단계적인 전문교육을 실시하고 있어 지적학 창시의 종주국 답게 세계에서 그 유례를 찾아볼 수 없는 체계적인 우수한 지적교육 시스템을 갖추고 있다.

위와 같이 지적제도의 창설을 위한 준비단계인 1895년부터 현재까지 약 110년간 지적교육조직의 변천 연혁은 〈표 4-23〉과 같다.

〈표 4-23〉 지적교육조직의 변천 연혁

| 기 간 | 교육 담당 조직 | 주요 업무 | 비 고 |
|---|---|---|---|
| 1898. | 양지아문 | 측량관련 교육 | 한성부지도 작성 |
| 1900. | 사립 흥화학교(양지속성과) | 측량관련 교육 | 민영환 설립 |
| 1904. | 측량기술견습소(탁지부 양지과) | 측량관련 교육 | |
| 1907.~현재 | 농림학교와 공업학교 | 측량관련 교육 | |

| | | | |
|---|---|---|---|
| 1908. | 사립 측량강습소 | 측량관련 교육 | 「삼림법」 제19조 |
| 1912. | 임시토지조사기술원양성소 (한성외국어학교 부설) | 측량관련 교육 | |
| 1926. | 공과학원(소화공과, 대전공과, 동아공과 학원 등) | 측량관련 교육 | |
| 1939.~1945.8. | 조선지적협회 지적기술원양성강습소 | 지적측량관련 교육 | |
| 1945.9.~1948.8. | - | - | 미군정 시대 |
| 1948.8~1957. | - | - | 광복 후 초기 |
| 1957.~1961. | 대한지적협회 임시지적기술원양성소 | 지적측량관련 교육 | |
| 1962.~1977. | 대한지적협회 지적측량기술원양성소 | 지적측량관련 교육 | |
| 1977.~현재 | 전문대학 지적과 신설(명지, 신구 등) | 지적관련 교육 | |
| 1978.~현재 | 대학 지적학과 신설 (강원대학, 청주대학 등) | 지적관련 교육 | |
| 1977.1.~1994.3. | 대한지적공사 지적기술연수원 설립 | 지적측량관련 교육 | |
| 1984.~현재 | 지적전공 석사과정 신설 (청주대학, 목포대학 등) | 지적관련 교육 | |
| 1994.4.~1999.3. | 대한지적공사연수원으로 명칭 변경 | 지적측량관련 교육 | |
| 1997.~현재 | 고등학교 지적과 신설 (강릉농공고, 경상공고 등) | 지적관련 교육 | |
| 1999.3.~2003.12. | 대한지적공사 지적기술교육연구원으로 명칭 변경 | 지적측량관련 교육 | |
| 2000.~현재 | 지적전공 박사과정 신설 (명지대학, 경일대학, 목포대학 등) | 지적관련 교육 | |
| 2004.1~2005.10. | 특수법인 대한지적공사 지적기술연수원으로 명칭 변경 | 지적측량관련 교육 | |
| 2005.10.~2014.12. | 특수법인 대한지적공사 지적연수원으로 명칭 변경 | 지적측량관련 교육 | |
| 2015.1.~2015.6 | 대한지적공사 국토정보교육원으로 명칭 변경 | 국토정보처리 전문가 양성 | |
| 2015.6~현재 | 한국국토정보공사 국토정보교육원으로 명칭 변경 | 국토정보처리 전문가 양성 | |

# 지적연구조직의 변천 연혁

History of the Cadastral Research Organizations

Chapter 04

우리나라에서 지적에 관한 연구사업을 수행할 수 있도록 규정한 것은 1961년 2월에 재단법인 대한지적협회 기부행위를 재단법인 대한지적협회 정관으로 명칭을 변경하면서 전부 개정 당시에 최초로 지적과 토지세제도의 연구사업을 할 수 있도록 규정하였으나, 지적연구조직은 1990년대 중반에 신설되었다.

그 이유는 첫째, 지적제도가 창설 당시부터 중앙정부의 관 주도형으로 발전되어 왔으며 둘째, 대한지적공사에서 기술적인 측량업무를 전담하여 대행하는 체제를 60여년간 유지하여 왔기 때문이며 셋째, 1977년도부터 대학과 전문대학의 정규과정에 지적학과를 설치하여 운영하였기 때문에 그동안 지적 분야에 별도의 연구조직을 설치할 필요성을 크게 느끼지 못하였기 때문이다.

그러나 사회의 진화와 같이 지적제도는 더 이상 관의 조직이나 측량업체 또는 교육조직에 의하여 진화하지 않고 전문 연구 인력과 전담 연구기관에 의하여 진화한다는 사실을 인식하기 시작하였으며, 전문대학과 대학에 지적학과가 자리를 잡아가고 대학원에 석사와 박사과정을 설치하면서 학계는 물론이고 관계와 산업계에서도 점진적으로 지적연구조직의 필요성이 제기되었고 지적인들의 공감대를 형성하면서 1995년에 최초로 대한지적공사에 연구 전담조직을 신설하였으며, 지적연구소·지적연구원·공간정보연구원 등으로 발전하였다.

이들 지적연구조직에 대한 설치 주체와 객체별로 설립 목적과 주요 사업 및 조직 등에 관한 변천 연혁은 다음과 같다.

## 1 대한지적협회

1945년 8월 15일 광복과 함께 미군정청(美軍政廳)을 설치하고, 미군정이 실시됨에 따라 잠정적으로 지적측량업무를 국가직영제도로 전환하고 재무국에서 관장하게 되어 조선지적협회는 휴면상태에 들어가 사실상 해산되었다.

그러나 1948년 8월 15일 대한민국 정부가 수립되면서 농지개혁・토지개척・시가지 계획・하천제방의 구축・관개 수리공사 등을 활발히 추진하게 되어 광범위한 토지이동이 발생되었으나 세무관서의 요원으로는 도저히 처리할 방법이 없어 1949년 4월 29일 재무부장관의 통첩〈지적협회 업무 재개시에 관한 건〉에 의해 종래의 재단법인 조선지적협회를 재단법인 대한지적협회로 재편성 발족하여 같은 해 5월 1일부터 업무를 재개하였다.

조선지적협회를 대한지적협회로 부활하면서 1949년 7월 1일 대한지적협회 기부행위를 제정하고 설립목적과 사업범위를 다음과 같이 규정하였다.[199]

〈대한지적협회 기부행위〉

- 제3조 : 본회는 지적 및 지세제도의 운용을 조성함을 목적으로 한다.
- 제4조 : 본회는 전 조의 목적을 달성하기 위해 다음의 사업을 행한다.
  ① 지적에 관한 측량, ② 이동지 조사, ③ 토지에 관한 신고・신청수속의 대행, ④ 측량기술원 양성, ⑤ 기타 본회의 목적을 달성하기 위해 필요한 사항

그리고 같은 날 재단법인 대한지적협회 기부행위 시행세칙을 제정하여 서무과와 업무과의 분장사무・사업・직원・회계・회의 등에 관한 사항을 규정하였으며, 기부행위 제4조제5호의 기타 본회의 목적을 달성하기 위해 필요한 사항으로 "제도・지도발행・기타 사세관서에서 지정한 것"으로 규정하였다.

따라서 대한지적협회로 재발족하면서도 지적에 관한 교육은 측량기술원양성소에서 수행하도록 규정하였으나 지적에 관한 연구는 사업범위에 규정되어 있지 아니하였다.

그러나 1949년 7월 1일 제정한 재단법인 대한지적협회의 기부행위는 1961년 2월 25일 재단법인 대한지적협회의 정관으로 명칭을 변경하면서 전부 개정하였으며, 아울러 모든 규정을 정비하였다.

1961년에 대한지적협회의 정관을 개정하고 지적협회의 설립목적과 사업범위를 다음

199) 대한지적공사, 1989, 앞의 책, p.177.

과 같이 개정하여[200] 최초로 지적과 토지세제도의 연구 사업을 수행할 수 있도록 규정하였다.

〈대한지적협회 정관〉

- 제3조(목적) : 본회는 지적 및 토지세제도의 운용과 개선을 조성하고 지적측량자의 품위보전을 도모함을 목적으로 한다.
- 제4조(사업) : 본회는 전 조의 목적을 달성하기 위하여 다음 사업을 행한다.
  ① 지적법에 의한 측량업무대행, ② 전 항에 따르는 이동지 조사, ③ 토지에 관한 신고·신청절차의 대행, ④ 측량기술원 양성과 측량사의 훈련, ⑤ 지적과 토지세제도의 연구, ⑥ 기타 본회의 목적을 달성하기 위해 필요한 사업

그리고 1961년 2월 25일 이사회에서 의결되고 같은 해 4월 10일부터 시행된 재단법인 대한지적협회 정관 시행세칙에 사무소·각 부(서무부·업무부)의 사무분장·사업·직원·이사회·재산관리·특별회계·예산·결산 등에 관한 사항을 규정하였으며, 정관 제4조제6호에 규정된 기타 본회의 목적을 달성하기 위해 필요한 사업을 "제도·지도발행·지적측량 이외의 토지에 관한 측량으로써 회장이 적당하다고 인정하는 사항, 기타 사세관서에서 지정하는 사항과 세무행정 운영에 대한 협조"로 규정하였다.

따라서 1938년에 조선지적협회를 발족한 후 25년만인 1962년에 대한지적협회 정관으로 명칭을 변경하고 전부 개정을 하면서 협회의 사업에 "지적과 토지세제도의 연구"라는 사업을 수행할 수 있도록 규정함으로써 최초로 지적과 토지세제도에 관한 연구 사업을 수행할 수 있는 근거규정을 신설하였으나, 당시에 지적과 토지세제도의 연구라고 할 수 있는 사업의 수행 실적은 찾아볼 수 없다.

# 2 대한지적공사

## 2.1 지적기술연수원

1975년 말에 지적법을 전부 개정(1975.12.31, 법률 제2801호)하여 지적측량을 주된 업

200) 대한지적공사, 1989, 위의 책, pp.186~187.

무로 하여 설립된 비영리법인에게 대행시킬 수 있도록 규정(제28조제2항)함에 따라 1977년 7월에 재단법인 대한지적협회를 재단법인 대한지적공사로 새롭게 개편하였다. 대한지적공사는 지적법에 의한 법인격을 가지게 되었으며, 국가로부터 지적측량업무를 대신하여 수행할 수 있는 법적인 대행법인으로 지정을 받게 되었다.

1977년 7월 1일에 재단법인 대한지적공사의 정관을 개정하고 설립목적과 임원 및 사업범위를 다음과 같이 규정하고, 교육훈련 및 연구개발을 위하여 지적기술연수원을 두도록 규정하였다.[201)]

종전의 정관에 규정하였던 토지세제도의 연구 사업을 제외하고 순수한 지적제도 및 지적측량 기술의 연구개발 사업을 수행할 수 있도록 규정하고 이를 지적기술연수원에서 담당하도록 규정하였다.

〈대한지적공사 정관〉

- 제2조(설립목적) : 공사는 지적법에 의한 지적업무를 대행하며 지적측량기술의 개발 및 지적제도의 발전에 기여함을 목적으로 한다.
- 제17조(임원) : ① 공사는 다음의 임원을 둔다.
  사장 1인, 부사장 1인, 상임이사 3인(서무, 업무, 교육연구), 감사 1인, 비상임이사 7인 이내
  ② 사장은 지적기술자 또는 경영관리 능력이 풍부한 자 중에서 임명한다.
  ③ 사장 부사장 중 1인은 지적기술자이어야 하며 지사장 총수의 반수는 지적기술자이어야 한다.
- 제34조(사업) : 공사는 다음 각 호의 사업을 행한다.
  ① 지적법에 의한 지적측량업무의 대행, ② 지적도 및 임야도 등 지적관계 도면의 조제와 재조제, ③ 지적업무와 관련된 측량 및 부대업무, ④ 지적기술자 및 지적기능자의 교육훈련, ⑤ 지적제도 및 지적측량기술의 연구개발, ⑥ 기타 공사의 목적을 달성하기 위하여 필요한 사항
- 제36조 : ① 지적기술자 및 지적기능자의 교육훈련과 지적업무의 연구개발을 위하여 사장 소속하에 지적기술연수원을 둔다. ② 공사는 지적기술연수원에 지적제도 및 지적측량기술의 연구개발을 위한 지적발전위원회를 둘 수 있다.

위와 같이 대한지적공사 정관에 상임이사를 서무이사, 업무이사, 교육연구이사 3인을 두도록 규정하여(제17조) 교육과 연구업무를 동시에 수행하도록 제도화하여 최초로 교육과 연구를 담당하는 이사제도를 도입하였다.

---

201) 대한지적공사, 1989, 앞의 책, pp.491~501.

그리고 직전의 대한지적협회 정관 제4조제5항에 규정한 "지적과 토지세제도의 연구"를 대한지적공사 정관 제34조제5항에 "지적제도 및 지적측량기술의 연구개발"로 개정하여 토지세제도를 제외하고 지적제도와 지적측량기술의 연구개발에 관한 사업을 수행할 수 있도록 규정하였으며, 이를 뒷받침하기 위하여 정관 제36조제2항에 지적기술연수원에 지적제도 및 지적측량기술의 연구개발을 위한 지적발전위원회를 둘 수 있도록 규정하여 [그림 4-44]와 같이 연구개발을 위한 지적발전위원회를 개최하기도 하였다.

이어서 지적기술자 및 지적기능자의 교육훈련과 지적업무의 연구개발을 위하여 사장 소속하에 지적기술연수원을 두도록 규정하고, 교육담당조직과 연구담당조직을 지적기술연수원에 설치하고 지적에 관한 교육업무와 연구업무를 동일한 조직에서 수행할 수 있도록 제도화하였다.

주 : 고 이경철 전 대한지적공사 업무이사(우측)가 회의를 주재하고 있다.
출처 : 대한지적공사. 2005(b). 『한국지적백년사』. p.107.

[그림 4-44] 지적발전위원회 회의 장면

이에 따라 지적기술연수원의 직제는 교수부에 교무과와 연구개발과를 두고 교무과장은 부교수, 연구개발과장은 기장 또는 부교수로 보하도록 규정하였다.

〈대한지적공사 정관〉

- 제34조 : ① 지적법에 의한 지적측량업무의 대행, ② 지적도 및 임야도 등 지적관계 도면의 조제와 재조제, ③ 지적업무와 관련된 측량 및 부대업무, ④ 지하시설물 및 사적지 등의 측량업무, ⑤ 토지 및 건물에 관련된 국외의 측량 및 도면조제, ⑥ 지적기술자 및 지적기능자의 교육훈련, ⑦ 지적제도 및 지적측량기술의 연구개발, ⑧ 기타 공사의 목적을 달성하기 위하여 필요한 사항
- 제36조 : ① 지적기술자 및 지적기능자의 교육훈련과 지적업무의 연구개발을 위하여 사장 소속하에 지적기술연수원을 둔다. ② 이하 생략

## 2.2 개발연구부

1978년 8월 1일에 대한지적공사 정관을 개정하여 상임이사 3인(서무・업무・교육연

구)을 상임이사 4인(서무 · 업무 · 개발 · 교육)을 두도록 개정하여(제17조) 개발이사가 최초로 임명되었다.[202)]

개발이사는 국외업무와 신종개발업무를 관장하고, 교육이사는 교육연수업무를 관장하도록 개선하여 연구업무가 개발업무에 비하여 다소 소외되는 방향으로 정관이 개정되었다.

이에 따라 같은 날에 지적기술연수원의 직제를 개정하여 교수부와 연구실을 설치하도록 규정하고 교수부에 교무과와 교학과를 두고, 연구실에 법제 담당과 기술장비 담당을 두었으며,[203)] 연구실장은 교수 또는 별정직으로 보하고 지적제도 · 지적측량 · 장비의 연구개발 및 보급에 관한 사항을 관장하며, 2급상당의 법제 담당과 기술장비 담당을 두도록 규정함으로써 최초로 연구전담부서가 신설되었으나, 당초에는 규정대로 시행하지 않고 연구개발과를 설치하였고, 법제담당 · 기술장비 담당은 후에 시행하였다.[204)]

그리고 같은 날 본사에 개발부를 신설하여, 교육연구업무는 지적기술연수원에서 관장하고 국외업무와 신종개발업무는 본사의 개발이사가 총괄하게 되어 연구업무와 개발업무가 각각 다른 부서에서 관장하게 되었다.

이어서 1980년 4월 1일에 지적기술연수원의 연구실을 폐지하고, 교수부에 교무과를 두도록 개선하였으며, 같은 해 11월 1일 본사에 개발연구부를 신설하고 연수원의 연구실 업무를 이관 받아 수행하게 되었다.

본사의 개발연구부에 개발연구과와 사업과를 설치하고 지적제도의 연구 · 지적측량장비의 개발 · 신종 업무개발 및 해외업무 개발계획의 수립과 동 사업 수행을 위한 인력 및 자재관리에 관한 사항을 관장함으로써[205)] 연구업무와 개발업무를 동일 부서에서 관장하도록 개선하였다.

그리고 1982년 5월 1일에 정관을 다음과 같이 개정하여 지하 시설물 및 사적지 등의 측량업무, 토지 및 건물에 관련된 국외의 측량 및 도면조제 업무 등을 추가하였다.

그러나 1990년 10월 15일 정관을 개정하여 관리이사 · 업무이사 · 개발이사 제도를 폐지하고 집행간부인 본부장제도로 개선됨에 따라 관리본부장 · 업무본부장 · 개발본부장으로 변경되어 집행본부장 체제로 개편하여 운영하다가 1994년에 정관을 개정하여 지적제도 및 지적측량기술의 연구개발을 위하여 지적기술연구소를 설치하도록 개선하였다.

202) 대한지적공사, 2005(b), 앞의 책, p.1010.
203) 대한지적공사, 1989, 앞의 책, p.514.
204) 대한지적공사 지적기술교육연구원, 2000, 『지적기술교육원60년사』, p.376.
205) 대한지적공사 지적기술교육연구원, 2000, 앞의 책, p.376. ; 대한지적공사, 2005(b), 앞의 책, p.1018.

## 2.3 지적기술연구소

1994년 10월 1일에 대한지적공사 정관을 개정하여 본부장을 3인(관리본부장 · 업무본부장 · 개발본부장)에서 개발본부장을 삭제한 2인으로 개정하고, 그 대신 연구소장 1인을 추가하여 지적기술연구소를 신설하고 지적기술연수원을 대한지적공사연수원으로 변경하였다.[206]

이에 따라 1994년 10월 1일에 개발본부와 개발연구부를 폐지하고 지적제도 및 지적측량기술의 연구개발을 전담하기 위하여 [그림 4-45]와 같은 지적기술연구소를 신설하고 제1연구담당과 제2연구담당을 두고 각 연구담당은 책임연구원으로 보하도록 개선하여 최초로 독립된 지적연구조직을 설치하게 되었다.

이어서 같은 해 10월 4일 본사 현관에서 지적기술연구소의 현판식을 갖고 본사 사무실의 일부를 사용함으로써[207] 종전의 지적행정조직 · 지적측량조직 · 지적교육조직의 지적 3대 운영체제〈地籍 3輪 體制라고도 한다.〉에서 독립된 지적연구조직을 설치하여 지적 4대 운영체제〈地籍 4輪 體制라고도 한다.〉를 확립하게 되었다.

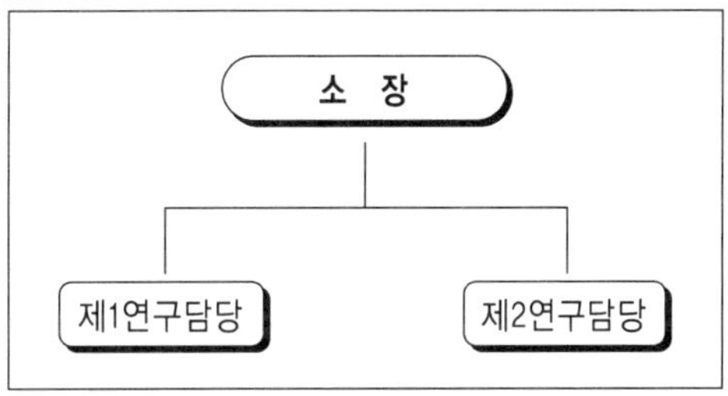


출처 : 대한지적공사 지적기술교육연구원, 2000, 『지적기술교육원 60년사』, p.377.

[그림 4-45] 지적기술연구소 기구도

1995년 6월에 [그림 4-46]과 같이 경기도 용인시 운학동의 지적공사연수원 부지에 지적기술연구소의 신축사옥 기공식을 하였으며, 1996년 11월 1일에 본사에서 용인시 운학동의 지적공사연수원으로 지적기술연구소를 이전하고 같은 해 11월 22일에 신축사옥의 준공식을 가짐으로써[208] 지적연구조직은 독립된 사옥을 가지게 되었다.

206) 대한지적공사, 1994.3.2, 『정기이사회 회의서류』, ; 대한지적공사, 2005(b), 앞의 책, p.1017.
207) 대한지적공사 지적기술교육연구원, 2000, 앞의 책, p.377, p.381. ; 대한지적공사, 2005(b), 앞의 책, p.1007.
208) 대한지적공사 지적기술교육연구원, 2000, 앞의 책, p.381. ; 대한지적공사, 2005(b), 앞의 책, p.1007.

주 : 박경석 사장, 김준하 감사 등이 시삽을 하고 있다.
출처 : 대한지적공사 지적기술교육연구원.(2000.10.)

[그림 4-46] 지적기술연구소 신축 기공식

## 2.4 지적기술교육연구원

1999년 3월 1일에 대한지적공사 정관을 개정하여 지적기술자 및 지적기능자의 교육연수와 지적제도 및 지적측량기술의 연구개발을 위하여 지적기술교육연구원을 두도록 개정하여 교육조직과 연구조직을 통합하도록 규정하였다.

이에 따라 1994년 10월 1일에 발족한 지적기술연구소가 국제통화기금(IMF)의 구제금융 체제를 겪으면서 지적공사연수원과 통합하여 [그림 4-47]과 같이 지적기술교육연구원으로 개편되었으며, 원장 밑에 교육연구처를 두고 그 밑에 관리부 · 교수실 · 연구실을 설치하였다.

이어서 2000년에 지적기술교육연구원의 교육연구처를 교육연구실로 개편하고 교육연구처장을 교육연구실장으로 변경하였다.[209]

따라서 1994년 10월에 지적 4대 운영체제를 확립한 후 5년 만에 다시 지적연구조직을 폐지하고 지적행정조직 · 지적측량조직 · 지적교육조직의 지적 3대 운영체제로 환원되었으나, 지적교육조직에 연구조직을 흡수 존치함으로써 지적연구조직의 명맥은 이을 수 있게 되었다.

209) 대한지적공사, 2005(b), 앞의 책, p.1008.

이어서 2002년 3월 1일에 본사의 전산실을 지식정보화 시대에 부합하도록 전산정보처로 개정하고, 지적기술교육연구원의 관리부를 교육연구원장 직속에서 교육연구처장 산하로 개편하였다.[210)]

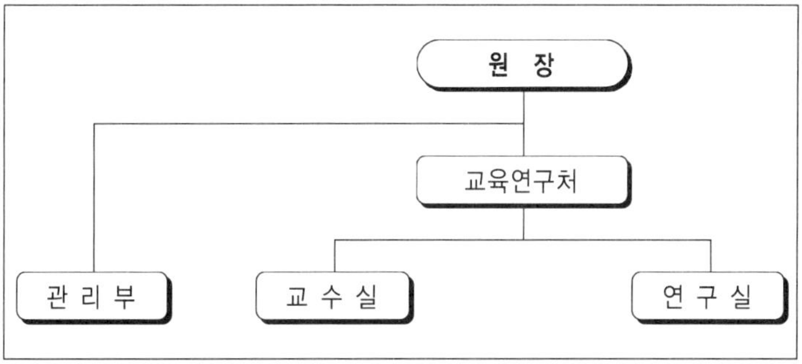


출처 : 대한지적공사 지적기술교육연구원, 2000, 『지적기술교육원60년사』, p.398, 참고 작성.

[그림 4-47] 지적기술교육연구원 기구도

## 3 특수법인 대한지적공사

### 3.1 연구개발처

2004년 1월 20일에 연구업무의 효율성을 제고하고 연구결과를 실용화 할 수 있도록 지적기술교육연구원의 연구실을 본사 연구개발처의 연구개발팀으로 변경하였다.

### 3.2 지적연구원

2005년 7월 1일에 대한지적공사 정관을 개정하고 본사의 연구개발처를 폐지한 후 [그림 4-48]과 같은 지적연구원(地籍硏究院)을 신설하였다.

210) 대한지적공사, 2005(b), 앞의 책, p.1008.

지적연구원의 설립목적은 지적제도 및 지적측량 기술의 연구・개발 등을 통한 미래 지적의 나아갈 방향을 제시하는 것으로 규정하였다.

따라서 1994년 10월 1일에 개발본부와 개발연구부를 폐지하고 지적기술연구소를 신설하였으나, 이를 1999년 3월에 지적공사연수원과 통합하여 지적기술교육연구원으로 개편한 후 6년만에 독립기관인 지적연구원으로 환원되었다.

이에 따라 지적행정조직・지적측량조직・지적교육조직, 지적연구조직의 지적 4대 운영체제를 재확립하게 되었다.

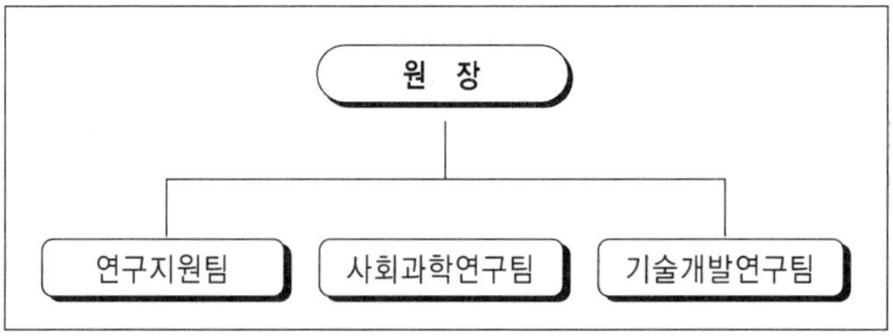


출처 : 대한지적공사 정관 참고 작성.

[그림 4-48] 지적연구원 기구도

## 3.3 공간정보연구원

2012년 3월 1일에 대한지적공사 정관을 개정하여 지적연구원을 공간정보연구원〈空間情報硏究院, Spatial Information Research Institute〉으로 명칭을 변경하고 [그림 4-49]와 같이 원장 밑에 연구기획실, 정책연구실, 국토정보연구실을 두고 우수 인재를 확보하여 연구원의 체제를 갖추어 가고 있다.

연구기획실에서는 공간정보연구원의 연구 기획과 운영을 총괄하는 부서로서 중장기 및 연도별 연구개발 계획 수립, 연구과제의 선정・수행・평가・성과관리, 경영평가・경영공시 및 사회공헌 활동, 연구성과 홍보, 대외협력 업무 등과 연구성과 발표회, 지적세미나, 스마트국토엑스포, GGIM-Korea포럼, 학술지『地籍』지 발간, 국내외 학술 세미나 등에 관한 업무를 관장하고 있다.

정책연구실에서는 우리나라 신성장동력으로 자리매김하고 있는 공간정보산업의 발전과 국토정보 전문기관으로서 공사의 위상정립을 위해 지적 및 측량제도 개선에 관한 연구, 지적재조사 및 해양지적 연구 등의 법제도 관련 연구와 공간정보 기반의 맞춤형 서비스 제공 기술 연구, 공간 빅데이터를 활용한 비즈니스모델 개발 등의 융복합 관련 연구 등에 관한 업무를 관장하고 있다.

국토정보연구실은 최신 IT 기술과 공간정보를 융합하여 국가와 공사의 다양한 업무를 지원하기 위한 국내 최고의 국토정보 R&D 전문 연구그룹으로, 주요 연구 분야는 자율주행, 공간정보 오픈플랫폼, GNSS 인프라, 방재, 표준 DB 연구 등에 관한 업무를 관장하고 있다.

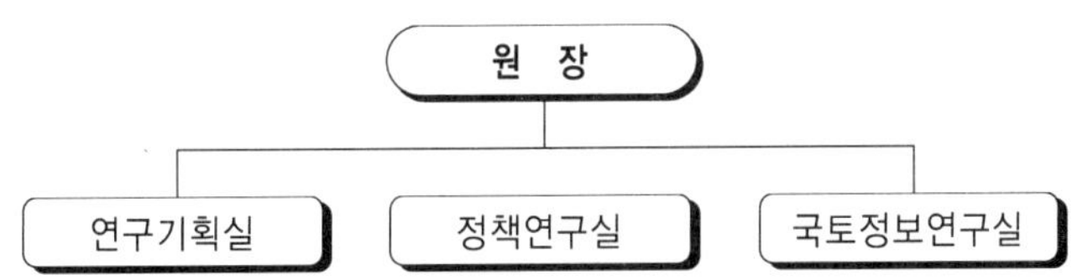


출처 : 한국국토정보공사 공간정보연구원 홈페이지 참고 작성.(2016.7.)

[그림 4-49] 공간정보연구원 기구도

위와 같이 지적제도의 창설을 위한 준비단계인 1895년부터 현재까지 약 110년간 지적연구조직의 변천 연혁은 〈표 4-24〉와 같다.

〈표 4-24〉 지적연구조직의 변천 연혁

| 기 간 | 연구 담당 조직 | 주요 업무 |
|---|---|---|
| 1961.2.~1977.7. | 대한지적협회 | 지적과 토지세제도의 연구 |
| 1977.7.~1980.11. | 지적기술연수원 연구실 | 지적제도 및 지적측량기술의 연구개발 |
| 1980.11.~1994.10. | 대한지적공사 개발연구부 | 연구업무와 개발업무 관장 |
| 1994.10.~1999.2. | 지적기술연구소 신설 | 지적제도 및 지적측량기술의 연구개발 |
| 1999.3.~2004.1. | 연수원과 통합하여 지적기술교육연구원으로 명칭 변경 | 지적에 관한 교육과 지적제도 및 지적측량기술의 연구개발 |
| 2004.1.~2005.7. | 대한지적공사 연구개발처로 소속·변경 | 지적제도 및 지적측량기술의 연구개발 |
| 2005.7.~2012.3. | 지적연구원 개원 | 지적제도 및 지적측량 기술의 연구·개발 등을 통한 미래지적의 나아갈 방향 제시 |
| 2012.3.~현재 | 공간정보연구원으로 명칭 변경 | 공간정보의 미래 선도 |

## 지적총서(Cadastral Series, 地籍叢書)

[지적총서 1]

지적학(제2전정판)
Cadastral Science(2nd ed.), 地籍學(第2全訂版)

[지적총서 2]

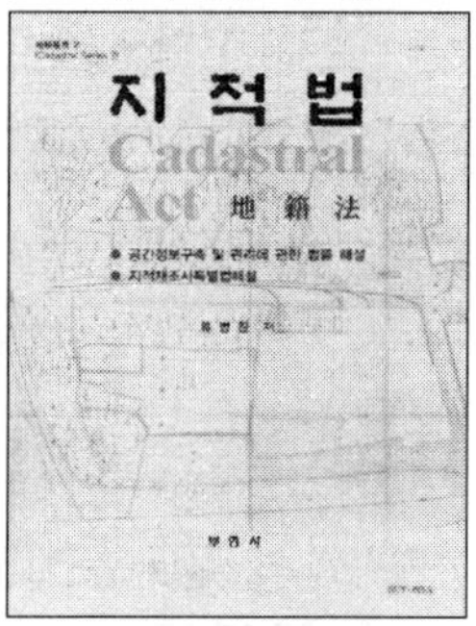

지적법(제6전정판)
Cadastral Act(6th ed.), 地籍法(第6全訂版)

[지적총서 3]

지적사(제2전정판)
Cadastral History(2nd ed.), 地籍史(第2全訂版)

지적총서 3
Cadastral Series 3

# 제 5 편

# 지적공부와 지적측량사 자격의 변천사

(Part 5. History of the Cadastral Record & Cadastral Surveyor's License)



Cadastral History

지적제도의 궁극적인 목적은 토지와 그 정착물 등에 대한 소재 · 지번 · 지목 · 경계 · 좌표 · 면적 등 물리적 현황을 비롯하여 소유권과 소유권 이외의 법적권리, 등록전환 · 분할 · 지목변경 · 용도지역 · 용도지구 · 용도구역 등 제한사항 및 필지별 건폐율 · 용적률 · 대지와 도로와의 관계 등 토지공법과 토지사법에서 규정한 의무사항 등을 조사 · 측량하여 공적도부에 등록 · 공시하여 국토의 효율적 관리와 국민의 소유권을 보호하는데 있다.

그리고 조사 · 측량 결과를 공적도부에 등록 · 공시하기 위해서는 지적도와 지적부 등 지적도부를 작성하여야 하는데, 지적도부를 작성하기 위해서는 반드시 지적측량을 실시하여야 하며, 지적측량을 실시하기 위해서는 일정한 자격을 갖춘 전문 측량사가 지적에 관한 법령에 따라 측량을 실시하고 그 성과를 결정하여야 한다.

따라서 토지대장 · 지적도 · 임야대장 · 임야도 · 공유지연명부 · 경계점좌표등록부 · 대지권등록부 등을 포함한 지적공부의 종류와 토지소재 · 지번 · 지목 · 면적 · 경계 등 등록사항 등의 변천 연혁을 이해하여야 한다.

우리나라 최초의 지적측량사자격이라고 할 수 있는 검열증을 비롯하여 토지측량자 면허증 · 기업자 · 도지정측량자 · 지정측량사 · 자격인증서 · 자격승인서 · 지적기술자인정서 · 지적측량사 · 기술계 및 기능계 지적기술자격 · 지적기술사자격 등 지적측량사 자격의 종류와 변천 연혁은 우리나라 지적제도의 발전사 연구에 중요한 부분을 차지하고 있다.

따라서 제5편 지적공부와 지적측량사자격의 변천사에서는 ① 지적공부의 구분과 변천 연혁, ② 지적측량사자격의 구분과 변천 연혁으로 구분하여 상세히 서술하였다.

# 지적공부의 변천 연혁

History of the Cadastral Record

Chapter 01

우리나라의 지적공부 작성은 지적법령에 근거를 두고 있으며, 지적법령은 1907년에 대한제국 시대에 가와카미 쓰네로우(川上常郎)가 제정한 대구시가지 토지측량에 관한 타합사항 외 2개 규정을 효시로 하여 「토지조사법」과 일제 시대에 조선총독부에서 제정한 토지조사령 · 지세령 · 조선임야조사령 · 조선지세령과 광복 후 시대에 한국정부에서 제정한 「지적법」의 순서로 제정되어 왔다.

그러나 대한제국 시대에 제정한 대구시가지 토지측량에 관한 타합사항에 의하여 지적공부가 작성된 사실은 극히 일부 지역에서 확인되고 있으며, 「토지조사법」은 1912년 토지조사령에 계승되어 1912년 이전에 토지조사사업을 완료한 지역은 그 측량성과를 토대로 지적도와 토지대장을 작성하였다.

따라서 지적공부의 작성은 대한제국 시대, 일제 시대 및 광복 후 시대로 구분할 수 있는데 첫째, 대한제국 시대에는 일부지역에서 토지대장과 지적도를 작성하였고 둘째, 일제 시대에는 토지대장 · 지적도 · 임야대장 · 임야도 · 공유지연명부 등을 작성하였고 셋째, 광복 후 시대에는 토지대장 · 지적도 · 임야대장 · 임야도 · 공유지연명부 · 경계점좌표등록부 · 대지권등록부 등을 작성하였다.

이들 지적공부에 대한 객체별로 작성 목적과 등록정보 등에 관한 변천 연혁은 다음과 같다.

## 1 대한제국 시대

1895년 조선 말기 내부 판적국에 지적과를 설치한 후 대한제국 시대의 양지아문 · 지계아문 · 탁지부를 거쳐 1910년 3월 대한제국 말기에 토지조사사업을 추진하기 위하여 토지조사국을 설치하였다.

1908년에 탁지부 임시재산정리국에서 한성부 서서(西署)의 적선방을 비롯하여 동서(東署)의 창선방 등을 측량하여 우리나라 최초로 500분의 1의 근대적인 지적도 239매를 작성하였으나, 현재 서울특별시 종합자료관에 29매만 보존되어 있다.[1)]

그리고 1909년부터 경기도 부평군 군내면·동면·서면 일원에서 토지조사 시험사업을 실시하여 작성된 지적도와 토지대장 등을 현재 사용하고 있다.

이어서 1910년 8월 23일에 토지조사국에서 주관하여 「토지조사법」(1910.8.23. 법률 제7호)을 제정하고, 정부는 토지대장 및 지도를 작성하여 비치하도록 규정하여(제10조) 「토지조사법」에서 지적공부의 법적 작성 근거를 최초로 규정하였다.

그리고 기초측량은 경위의측량방법으로, 1필지측량은 측판측량방법으로 실시하도록 규정하고 도해지적제도를 채택하여 측량에 착수할 계획이었으나, 같은 달 29일 국권피탈로 인하여 안타깝게도 이 법을 시행하지 못하였다.

따라서 대한제국 시대에는 극히 일부지역에서 지적도와 토지대장 등을 작성하였다.

# 2 일제 시대

우리나라의 근대적인 지적측량은 조선총독부의 주관으로 기초측량은 경위의측량방법을, 1필지측량은 측판측량방법을 채택하여 실시하였으며, 토지조사사업과 임야조사사업의 성과에 의하여 지금까지 사용하고 있는 대부분의 토지대장과 지적도, 임야대장과 임야도, 공유지연명부 등의 지적공부를 작성하였는데, 이 시대의 지적공부 작성방법과 주요 내용은 다음과 같다.

## 2.1 토지대장과 지적도

토지조사법을 보완한 토지조사령(1912.8.13. 제령 제2호)에 "임시토지조사국은 토지대장 및 지도를 조제하여 토지의 조사 및 측량에 대하여 사정으로써 확정된 사항 또는 재결

1) 대한지적공사, 2005(a), 『지적문화 유산』, p.38. ; 대한지적공사, 2005(b), 『한국지적백년사』, p.808.

(裁決)을 거친 사항을 이에 등록한다."고 규정하여,(제17조) 이 당시에는 현행 지적도를 지도로 규정하였다.

이어서 지세령(1914.3.6. 제령 제1호)에 부·군(府·郡)에 토지대장 또는 결수연명부를 비치하고 지세(地稅)에 관한 사항을 등록하도록 규정하여(제5조) 지적공부인 토지대장과 과세대장인 결수연명부의 비치기관을 부·군으로 규정하였다.

그리고 토지대장규칙(1914.4.25. 조선총독부령 제45호)에 토지대장에는 ① 토지의 소재, ② 지번, ③ 지목, ④ 지적(地積), ⑤ 지가(地價), ⑥ 소유자의 주소·씨명 또는 명칭, ⑦ 질권, 질의 성질이 있는 전당권 또는 20년 이상의 존속기간이 정해진 지상권의 설정이 있는 토지인 때에는 그 질권자, 전당권자 혹은 지상권자의 주소·씨명 또는 명칭을 등록하도록 규정하고,(제1조) 제5항 및 제7항의 사항은 지세를 부과하는 토지에 한하여 이를 등록하도록 규정하였으며, "부·군·도(府·郡·島)에 지적도를 비치하고 토지대장에 등록한 토지에 대하여 소재·지번·지목·경계를 등록"하도록 규정하여(제3조) 최초로 토지대장과 지적도의 등록사항을 법규로 규정하였으며, 지적도의 비치기관을 부·군·도로 규정하였다.

따라서 토지조사사업의 성과에 의하여 작성된 토지대장과 지적도의 작성에 관한 법적 근거·비치기관·등록사항 등이 토지조사령·지세령·토지대장규칙 등 서로 다른 법규(法規)에 규정하였다.

이 시대에는 도해지적제도로써 한지(韓紙) 부책식(簿冊式) 토지대장과 측판측량방법에 의하여 작성된 지적도로 구분하여 지적공부를 작성하였다.

## 2.2 임야대장과 임야도

1914년부터 함경남도 시작하여 각 도에서 산발적으로 임야조사시험사업을 추진하였으며, 1917년 10월에 임야정리조사내규(1917.10.13. 총독부 내규)를 제정하고 임야도의 제조·임야조사부의 작성 등에 관한 사항을 규정하였으나, 시험사업에 의한 임야대장과 임야도의 작성 실적에 관한 통계는 남아 있지 않다.

이어서 1918년 5월 조선임야조사령(1918.5.1. 제령 제5호)을 제정하고 "도장관(道長官)은 임야대장 및 임야도를 조제하고 제8조제1항의 규정에 의한 사정으로써 확정된 사항 또는 제11조의 규정에 의한 재결을 거친 사항을 이에 등록한다."고 규정하여,(제17조) 임야대장과 임야도의 작성에 관한 법적 근거를 규정하였다.

이 시대에는 도해지적제도로써 한지 부책식 임야대장과 측판측량방법에 의하여 작성된 임야도로 구분하여 지적공부를 작성하였다.

## 2.3 공유지연명부

1필지의 토지를 2인 이상이 공동으로 소유하고 있는 공유토지에 대하여는 토지대장과 임야대장 이외에 별도로 공유지연명부(共有地連名簿)를 작성 비치하였다.

공유지연명부의 작성은 토지대장규칙(1914.4.25. 조선총독부령 제45호)에 토지대장의 씨명 또는 명칭란에 "하모 외 하명"이라 기재하고 따로 공유지연명부에 모든 공유자의 소유권 보합〈步合 : 소유권 지분비율〉・주소・성명 또는 명칭 등을 기재하도록 규정하였으며,(부칙 비고 제5호) 공유자가 2인으로서 그 소유권의 보합(步合)이 동일한 때에는 이를 토지대장에 연기(連記)하고 공유지연명부를 별도 작성하지 않도록 규정하였다.[2)]

1970년대 초에 공유지연명부는 토지대장의 부속장부(附屬帳簿) 또는 보조장부(補助帳簿)로써 지적공부로 볼 수 없다는 일부 전문가의 주장도 있었다.[3)]

그러나 공유지연명부가 없이는 첫째, 토지대장과 임야대장의 공시 기능을 다할 수 없으며 둘째, 공유지연명부의 등본을 첨부하지 아니할 경우에는 해당 토지의 소유자와 지분권을 알 수 없기 때문에 토지에 대한 각종 민원의 처리가 불가능하고 셋째, 소유권변동에 따른 이전등기신청이 불가능하며 넷째, 토지대장의 등록사항과 등기관서에 비치하고 있는 토지등기부의 등기사항이 불일치하여 후속 등기가 불가능하기 때문에 공유지연명부는 등기관서에 비치하고 있는 공동인명부(共同人名簿)와 동일한 성격의 지적공부로 보아야 한다.

따라서 2001년 제10차 개정 「지적법」에서 공유지연명부를 지적공부로 규정함으로써 공유지연명부의 법적 성격에 관한 논란을 해소하였다.

---

2) 원영희, 1972(b), 『한국지적사』, 서울, 보문출판사, pp.740~741.
3) 김인태, 1971.10, "지적법에 대한 소고", 『지적』, 대한지적공사, pp.99~100.

# 3 광복 후 시대

광복 이후의 지적측량은 일제 시대와 동일하게 실시하였으나, 「지적법」 제2차 개정(1975.12.31, 법률 제2801호) 시행으로 1976년부터 전파기 또는 광파기측량방법 및 사진측량방법과 수치측량방법을 도입하고, 「지적법」 제7차 개정(1995.1.5, 법률 제4869호) 시행으로 1995년부터 위성측량방법을 새로이 도입하였다.

지적공부는 1976년부터 한지 부책식 대장을 카드식 대장으로 전환하고 같은 해부터 경계점의 위치를 좌표로 등록하는 수치지적부를, 「지적법」 제3차 개정(1986.5.8. 법률 제3810호) 시행으로 1986년부터 집합건물의 대지권(垈地權)[4]을 등록하는 대지권등록부를 새로이 작성하기 시작하였다.

그리고 「지적법」 제4차 개정(1990.12.31. 법률 제4273호) 시행으로 1991년부터 토지대장과 임야대장을 전산 입력하여 작성된 전산등록파일을 지적공부로 보도록 개선하였으며, 「지적법」 제7차 개정(1995.1.5. 법률 제4869호) 당시에 전산등록파일을 지적파일로 명칭을 변경하고 이를 지적공부로 규정하였다.

## 3.1 카드식 대장

1962년 1월 1일부터 재무부 산하 서울・대전・광주・부산 등 4개 사세청과 81개 세무서에서 취급하던 지적사무를 지적관련 기술 인력과 함께 〈표 5-1〉과 같이 한지 부책식 토지대장을 비롯한 지적공부를 내무부 산하 10개 시・도와 181개 시・군・구에 이관하여 처리하도록 개선하였다.

이어서 1975년 12월 「지적법」 제2차 개정(1975.12.31. 법률 제2801호) 당시에 지적전산화사업의 기반조성을 위하여 한지 부책식 토지대장과 임야대장 및 공유지연명부를 카드식 대장으로 개편하고 경계를 좌표로 등록할 수 있도록 개선함으로써 수치지적부를 새로이 작성하기 시작하였다.

4) 대지권(垈地權)이라 함은 대지사용권의 준말로 구분 소유자가 전유부분을 소유하기 위하여 건물의 대지에 대하여 가지는 권리를 말하는데 집합건물의 소유 및 관리에 관한 법률에 의거 1985년 4월 10일부터 인정된 권리로써 같은 법 제20조제1항에 "구분소유자의 대지사용권은 그가 가지는 전유부분의 처분에 따른다."고 규정하여 구분소유자의 전유부분과 대지사용권을 분리하여 처분할 수 없다는 일체성의 원칙을 채택하고 있다.

〈표 5-1〉 지적공부의 내무부 이관 현황

(대장 : 권, 도면 : 장) (1962.1.1. 현재)

| 구분 / 시도 | 합 계 | 토 지 대 장 | 공유지 연명부 (토지) | 임 야 대 장 | 공유지 연명부 (임야) | 합 계 | 지적도 | 임야도 |
|---|---|---|---|---|---|---|---|---|
| 계 | **101,093** | **73,778** | **13,354** | **12,637** | **1,324** | **577,793** | **519,457** | **58,336** |
| 서 울 | 1,450 | 1,183 | 182 | 73 | 12 | 3,682 | 3,337 | 345 |
| 경 기 | 10,262 | 7,603 | 1,298 | 1,222 | 139 | 79,081 | 71,884 | 7,197 |
| 충 북 | 6,223 | 4,507 | 149 | 1,462 | 105 | 43,937 | 39,764 | 4,173 |
| 충 남 | 9,792 | 6,766 | 1,953 | 915 | 158 | 58,684 | 53,698 | 4,986 |
| 전 북 | 10,818 | 7,493 | 1,723 | 1,387 | 215 | 52,955 | 47,809 | 5,146 |
| 전 남 | 17,913 | 12,587 | 2,751 | 2,360 | 215 | 86,403 | 72,491 | 13,912 |
| 경 북 | 19,097 | 14,366 | 2,163 | 2,383 | 185 | 105,863 | 95,103 | 10,760 |
| 경 남 | 17,930 | 13,048 | 2,419 | 2,237 | 226 | 75,416 | 66,872 | 8,544 |
| 강 원 | 5,308 | 4,212 | 552 | 487 | 57 | 61,771 | 59,044 | 2,727 |
| 제 주 | 2,300 | 2,013 | 164 | 111 | 12 | 10,001 | 9,455 | 546 |

출처 : 내무부, 1962, 세제개혁에 수반한 업무이관 상황.

이 시기의 기초측량은 경위의측량방법 이외에 새로이 전파기 또는 광파기측량방법을 채택하고 1필지측량은 측판측량방법과 경위의측량방법 이외에 새로이 전파기 또는 광파기측량방법과 사진측량방법을 채택하여 도해지적제도에 따른 문제점을 해소하기 위하여 수치지적제도를 새로이 도입하였다.

지적공부는 토지조사사업과 임야조사사업 당시에 작성하여 60여 년간 사용하여온 한지 부책식 토지대장과 임야대장 및 공유지연명부를 전산화할 수 있도록 1975년부터 1978년까지 4개년에 걸쳐 〈표 5-2〉와 같이 일제히 새로운 서식의 카드식 대장으로 재작성하였다.

〈표 5-2〉 카드식 대장 작성 실적

(단위 : 천장) (1979.1.1. 현재)

| 구 분 / 년 도 | 계 | 토지대장 | 임야대상 | 공유지연명부 | 수치지적부 |
|---|---|---|---|---|---|
| 계 | **34,857** | **29,901** | **3,056** | **1,600** | **300** |
| 1975 | 8,100 | 7,456 | 644 | – | – |
| 1976 | 9,100 | 7,294 | 706 | 1,000 | 100 |
| 1977 | 9,657 | 8,551 | 806 | 300 | – |
| 1978 | 8,000 | 6,600 | 900 | 300 | 200 |

출처 : 내무부 지적과, 1979.

## 3.2 경계점좌표등록부

경계점좌표등록부는 「지적법」 제2차 개정(1975.12.31. 법률 제2801호) 시행으로 1976년부터 수치측량방법을 도입함에 따라 수치지적부로 신설된 지적공부이다.

수치지적부는 토지구획정리사업 · 경지정리사업 · 재개발사업 등의 시행에 따른 지적확정측량을 수치측량방법에 의하여 실시하고 토지대장과 지적도 이외에 별도로 작성하여 비치하기 시작하였다.

따라서 이 시대의 지적공부는 토지대장 · 임야대장 · 지적도 · 임야도 · 공유지연명부를 비롯하여 수치지적부를 작성 비치하고 지적공부의 등록사항에 대한 변경사항을 수기작성 방법에 의하여 등록 관리하였으나, 2001년 「지적법」 제10차 개정(2001. 1.26. 법률 제6389호) 당시에 "수치지적부"를 "경계점좌표등록부"로 명칭을 변경하였다.

## 3.3 대지권등록부

1986년 4월에 「집합건물의 소유 및 관리에 관한 법률」(1984.4.10. 법률 제3725호)[5]을 제정하고 아파트 · 연립주택 · 복합상가 등의 집합건물을 구분소유(區分所有)[6]단위로 대지권(垈地權)표시의 등기를 한 공유토지에 대하여는 토지대장과 임야대장 이외에 별도로 집합건물의 대지권을 등록하는 공유지연명부(집합건물의 대지권)를 작성하여 비치하도록 규정하여(구 지적법 시행규칙 1986.11.15. 내무부령 제448호) 신설된 지적공부이다.

따라서 이 시대의 지적공부는 토지대장 · 임야대장 · 지적도 · 임야도 · 수치지적부 · 공유지연명부를 비롯하여 집합건물의 대지권을 등록하는 공유지연명부를 작성 비치하고 지적공부의 등록사항에 대한 변경사항을 수기작성 방법에 의하여 등록 관리하였으나, 1995년 지적법 시행령 제16차 개정(1995.4.6. 대통령령 제1468호) 당시에 "공유지연명부(집합건물의 대지권)"를 "대지권등록부"로 명칭을 변경하였다.

5) 관보, 1984년 4월 10일, 집합건물의 소유 및 관리에 관한 법률.(1984.4.10. 법률 제3725호)
6) 구분소유(區分所有)라 함은 집합건물의 소유 및 관리에 관한 법률 제1조에 "1동의 건물중 구조상 구분된 수개의 부분이 독립한 건물로써 사용될 수 있을 때에는 그 각 부분은 이 법이 정하는 바에 따라 각각 소유권의 목적으로 할 수 있다."고 규정하여 1동의 건물을 구분하여 그 각 부분을 별개의 부동산으로 소유하는 것을 말한다.

## 3.4 지적파일

1990년 12월「지적법」제4차 개정 (1990.12.31. 법률 제4273호) 당시에 전산등록 파일을 지적공부로 보도록 규정하여(제8조의2) 1991년 1월 1일부터 눈에 보이지는 않으나 실제로 존재하는 불가시적(不可視的)인 지적공부가 새로이 탄생되었다.

토지조사사업 이후 수기작성 방법에 의하여 작성된 토지대장과 임야대장 및 공유지연명부 등의 가시적인 지적공부의 등록사항을 1982년부터 시·군·구 단위로 시·도에 설치한 전산처리조직에 입력하여 작성한 불가시적인 전산등록 파일을 지적공부로 인정하고 전산등록 파일에 의한 열람 또는 등본교부가 가능하도록 개선하였다.

그러나 전산등록 파일을 지적공부로 보도록 하는 의제규정이 불합리하다는 비판이 제기되어 1995년「지적법」제7차 개정(1995.1.5. 법률 제4869호) 당시에 "전산등록 파일"을 "지적파일"로 명칭을 변경하고 지적공부로 규정하였다.

따라서 이 시대의 지적공부는 가시적인 지적공부와 불가시적인 지적공부로 구분할 수 있으며, 가시적인 지적공부는 토지대장·임야대장·지적도·임야도·공유지연명부·수치지적부 및 대지권등록부를 말하며, 불가시적인 지적공부는 지적파일을 말한다.

그러나 지적공부의 등록사항에 대한 변경사항이 발생되면 가시적인 지적공부는 수기작성 방법에 의하여 정리하고 별도로 불가시적인 지적공부인 전산등록 파일에 입력하여야 했다.

따라서 가시적인 공부와 불가시적인 공부에 2중으로 정리하게 되어 행정력과 인력 및 예산 등의 낭비요인으로 작용하여 이러한 폐단을 해소하고 지적행정의 효율적인 수행을 도모하고자 1991년 11월「지적법」제5차 개정(1991.11.30. 법률 제4405호) 당시에 1992년 1월 1일부터 각종 토지이동·소유권변동·토지등급변경 등 지적공부의 등록사항에 대한 변경사항은 지적파일에만 등록 관리하도록 개선하였다.(제8조의2제1항)

그러나 수기작성방법에 의하여 조제된 토지대장·임야대장·공유지연명부·수치지적부·대지권등록부는 지적공부로서의 효력을 그대로 유지하게 되었다.

따라서 1910년대 사정당시부터 1980년대 전산 입력 전에 등록·공시된 사항에 대한 지적공부의 열람·등본교부신청이 있는 때에는 종전과 같이 열람을 하게 하거나 복사하여 등본을 교부하고 있으며 전산 입력 후의 지적공부 열람·등본교부는 각 시·군·구에 설치된 전산시스템을 통하여 처리하고 있다.

이상 설명한 지적제도 창설이후의 지적공부와 주요 등록사항의 변천 연혁을 요약하면 〈표 5-3〉과 같다.

〈표 5-3〉 지적공부와 등록사항의 변천 연혁

| 법 령<br>(시행기간) | 지적공부 | | 비 고 |
|---|---|---|---|
| | 종 류 | 등록사항 | |
| 토지조사법<br>(1910.) | ○ 토지대장<br>○ 지도 | – | |
| 토지조사령 ·<br>지세령<br>(1910.~1942.) | ○ 토지대장<br>○ 지적도 | ○ 소재 · 지번 · 지목 · 면적 · 경계 · 성명 · 주소 등<br>○ 소유권 · 지상권 · 질권 · 전당권 | 공유지연명부<br>별도작성 |
| 조선임야<br>조사령<br>(1916.~1942.) | ○ 임야대장<br>○ 임야도 | ○ 소재 · 지번 · 지목 · 면적 · 경계 · 성명 · 주소 등<br>○ 소유권 | 공유지연명부<br>별도작성 |
| 조선지세령<br>(1943.~1950.) | ○ 토지대장<br>○ 지적도<br>○ 임야대장<br>○ 임야도 | ○ 소재 · 지번 · 지목 · 면적 · 경계 · 성명 · 주소 등<br>○ 소유권 · 지상권 · 질권<br>※ 1943.3.31. : 전당권의 등록규정 삭제 | 공유지연명부<br>별도작성 |
| 지적법<br>(1951.~1975.) | ○ 토지대장<br>○ 지적도<br>○ 임야대장<br>○ 임야도 | ○소재 · 지번 · 지목 · 면적 · 경계 · 성명 · 주소 등<br>○소유권<br>※ 1975.12.31. : 지상권 · 질권의 등록규정 삭제 | 공유지연명부<br>별도작성 |
| 지적법<br>(1976. 이후) | ○ 수치지적부 | ○ 소재 · 지번 · 지목 · 면적 · 경계 · 성명 · 주소 · 좌표 · 용도지역 등<br>○ 소유권 | 수치지적부<br>신설(1976.) |
| 지적법<br>(1986. 이후) | ○ 공유지연명부(집합건물의 대지권) | ○ 소재 · 지번 · 지목 · 면적 · 경계 · 성명 · 주소 · 좌표 · 용도지역 등<br>○ 소유권<br>○ 대지권 | 공유지연명부(집합건물의대지권)<br>신설<br>(1986.) |
| 지적법<br>(1991. 이후) | ○ 전산등록파일 | ○ 소재 · 지번 · 지목 · 면적 · 경계 · 성명 · 주소 · 좌표 · 용도지역 등<br>○ 소유권<br>○ 대지권 | 전산등록파일<br>신설(1991.) |
| 지적법<br>(1995. 이후) | ○ 공유지연명부(집합건물의 대지권)를 대지권등록부로 명칭변경(1995.)<br>○ 전산등록파일을 지적파일로 명칭변경(1995.) | ○ 소재 · 지번 · 지목 · 면적 · 경계 · 성명 · 주소 · 좌표 · 용도지역 등<br>○ 소유권<br>○ 대지권 | 지적파일을 지적<br>공부로 규정 |
| 지적법<br>(2001. 이후) | ○ 수치지적부를 경계점좌표등록부로 명칭변경 (2001.)<br>○ 공유지연명부를 지적공부로 규정 | ○ 소재 · 지번 · 지목 · 면적 · 경계 · 성명 · 주소 · 좌표 · 용도지역 등<br>○ 소유권<br>○ 대지권 | 공유지연명부를<br>지적공부로 규정 |

출처 : 류병찬, 1996, 『지적공부정리실무』, 서울, 남광출판사, p.20. 보완 작성.

# 지적측량사 자격의 변천 연혁

History of the Cadastral Surveyor's License

Chapter 02

우리나라의 지적측량사 자격을 부여 주체별로 나누면 대한제국 시대와 일제 시대 및 광복 후 시대로 구분할 수 있다.

그리고 지적측량사 자격을 객체별로 나누면 첫째, 대한제국 시대의 검열증, 토지측량자 면허증 둘째, 일제 시대의 기업자측량제도, 도(道)지정측량자제도 셋째, 광복 후 시대의 지정측량사, 자격인증서, 지적기술자 인정서, 지적측량사, 기술계 및 기능계 지적기술자격 등으로 구분할 수 있다.

따라서 이들 지적측량사 자격에 대한 부여 주체와 객체별로 부여목적과 주요내용 등에 관한 변천 연혁은 다음과 같다.

## 1 대한제국 시대

### 1.1 검열증

1909년 2월에 유길준이 대한측량총관회(大韓測量總管會)를 창립하고 평의장이 되었다. 총관회에는 검사부와 교육부를 두고 기술을 검정하여 합격자에게는 검열증(檢閱證)을 주어 측량업무에 믿음을 주고, 검열증을 가진 자는 총관회에서 일체의 책임을 지는 제도로 운영하였다.

충남·전북·경남·해서(海西)·평북·경기·해동(海東)에 〈표 5-4〉와 같이 전국의 절반이 넘는 7개소에 도지회를 개설하였으며, 기술 검열과 교육·전습(傳習) 등을 담당하였다.[7)]

대한측량총관회에서 창안한 자격증인 검열증이 이해 부족으로 수난을 겪기도 하였으며 유길준은 이 일로 적지 않은 어려움을 당하기도 하였지만, 이러한 갈등과 혼란 속에서도 대한측량총관회는 주도적 역할을 하였다.[8)]

따라서 이 검열증은 지적측량사 자격의 효시라고 할 수 있으나 전수되지 아니하여 구체적인 내용은 알 수가 없다.

1909년 5월에 『대한매일신보』에 "측량보급의 방법"이라는 논설이 보도되었는데,[9)] 이 논설이 지금까지 확인된 우리나라의 측량수수료에 관한 최초의 신문보도로서, 관청에서 승인한 규정은 아니고, 대한측량사무소라는 측량업체에서 정한 측량수수료로 추정된다.

보도내용은 비록 측량업자이지만 「삼림법」(1908.1.24. 법률 제1호) 제19조에 의하여 민유 산림에 대하여 지적보고를 하지 않으면 국유로 간주한다는 규정으로(제19조) 인하여 산림의 대부분을 점하고 있는 사유지를 보호하기 위하여 측량자의 여비에도 부족한 저렴한 측량수수료를 정한 것은 대한측량사무소가 오직 공익을 위한 조치라는 홍보성 내용의 논설이었다.

〈표 5-4〉 대한측량총관회 도지회 일람

| 지회명 | | 지회장 | 소 재 | 출 처 |
|---|---|---|---|---|
| 충청남도지회 | | 민영필 | 서천군 | 『황성신문』(1909.4.3.) |
| 전라북도지회 | | 이호성 | 군산항 | 〃 |
| 경상남도지회 | | 조희연 | 창원부 | 〃 |
| 해서지회 | | 변석주 | 황해도 연안군 | 〃 |
| 평안북도지회 | | 김희작 | 선천군 | 〃 |
| 경기도지회 | | 조영호 | 수원군 북부 장안동 | 『황성신문』(1909.4.2.) |
| 해동 지회 | 황주 · 봉산군 분회 | 정재승 | 황해도 봉산군 은파시 | 『황성신문』(1909.5.27.) |
| | 재녕 · 안흥 · 은률분소 | 문장뢰 | 황해도 재녕군 | 〃 |

출처 : 리진호, 1999, 『한국지적史』, 서울, 도서출판 바른길, p.449.

## 1.2 토지측량자면허증

1910년 2월에 전라북도지사 이두황(李斗璜)은 도령(道令) 제1호로 토지측량자 취체규

7) 리진호, 1999, 앞의 책, p.449~450. ; 대한지적공사 지적기술교육연구원, 2000, 앞의 책, p.478.
8) 대한지적공사 지적기술교육연구원, 2000, 앞의 책, p.478.
9) 『대한매일신보』, 제1097호, 1909.5.16. 제1면.

칙(土地測量者 取締規則, 1910.2.1.)을, 같은 해 2월에 경기도지사 김사묵(金思默)은 도령 제1호로 토지측량업자 단속규칙(土地測量業者 團束規則, 1910.2.8.)을, 같은 해 2월에 강원도 관찰사 이규완(李圭完)은 도령 제2호로 토지측량업자 취체규칙(土地測量業者 取締規則, 1910.2.15.)을 각각 제정하여 토지측량업자에게 토지측량자면허증을 교부하였으나 전수되지 아니하여 구체적인 내용은 알 수가 없다.

1910년 7월에 『황성신문』에 경기도관찰부규칙(京畿道觀察府規則)으로 제정한 토지측량수수료 및 기타비용(土地測量手數料 及 其他費用)에 관한 사항이 보도되었는데,[10] 이 규칙이 우리나라에서 밝혀진 측량수수료규정 중에서 최초로 관청에서 제정한 규정으로 판단된다.

그 당시의 시대적 상황을 살펴보면 삼림법에 의한 민유임야의 지적보고 기한이 얼마 남지 않은 때였고, 또한 토지가옥증명규칙과 토지가옥소유권증명규칙에 의한 소유권증명을 받으려면 약도를 첨부하여야 했던 관계로 민유 토지에 대한 측량이 많이 이루어졌던 시기로써, 측량수수료를 전 · 답 · 가옥 · 산림으로 구분하고, 10리(里)가 넘을 경우에는 거마비(車馬費)와 숙박비(宿泊費)를 받을 수 있도록 규정하였다.

# 2 일제 시대

## 2.1 기업자

토지조사사업과 임야조사사업이 완료된 후 부 · 군 · 도(府 · 郡 · 島)별로 지적부책(地籍簿冊)을 인계하는 동시에 군 서기를 대상으로 토지측량강습회를 열어 교육을 실시하였다.

지적사무는 각 도 재무국 감독아래 부 · 군 재무과에서 관장하였고, 교육받은 군 서기가 지적공부관리 실무와 지적측량을 담당하여 이른바 국가직영제도로 운영하였다.

그러나 철도의 시설 · 공유수면의 매립 · 사유 토지의 이동(異動)이 급격하게 증가하자 부 · 군 · 도에 근무하는 직원만으로는 도저히 측량업무를 소화할 수 없기 때문에 1923년

10) 『황성신문』, 제3414호, 1910.7.6. p.1.

7월 19일 조선총독부 재무국장의 내첩(内牒)으로 이제까지 사실상 직접 지적측량을 하고 있는 기업자 또는 측량자나 그들의 보조자 등에게 지적도 또는 임야도의 열람과 등사를 허용하도록 지시하여, 기업자인 관청이나 개인이 자기의 산하에 지적측량기술자를 채용하고 지적주무관청의 승인을 얻어 자기 사업에 따른 지적측량을 할 수 있는 기업자측량 제도를 시행하였다.

## 2.2 도(道)지정측량자

1923년 7월에 조선총독부 재무국장이 기업자 측량인 이동지정리와 지정측량자 지정에 대한 통첩을 각 도지사에게 보내 국가직영체제에서 탈피하여 도(道)지정측량자제도로 전환하도록 개선하였다.

조선총독부 재무국장이 각 도지사에게 시달한 광대(廣大)한 지역에 긍(亘)하는 이동지 정리에 관한 건[11] 제6항에서 토지기업자의 토지이동측량 종사원에 대하여서는 지적측량에 관한 경험의 유무를 조사하여 그 기능을 구비한 자에 한하여 허용하고, 도와 부・군・도에서는 시의(時宜)에 따라 토지기업자가 고용하는 이동지 측량 종사원에게 토지측량의 강습 등을 행하며 기능의 통일을 도모하도록 지시하였다.

또한 같은 날짜에 지시된 지적측량자의 지정에 관한 건[12]에 의하여 구마타 신타로우(熊田信太郎)는 1923년 10월에 [그림 5-1]과 같이 평안북도지사 이쿠타 세이사브로우(生田淸三郎)로부터 평안북도 지적측량자로 지정을 받았으며,[13] 그 후에 전라북도에서도 지적측량자로 지정받아 지적측량업무에 종사하였으며,[14] 전라남도에서도 지적측량자로 지정받아 측량업무에 종사한 것으로 나타나고 있어 1인이 3개 도의 지적측량업무를 전담하여 실시하였음을 알 수 있다.

1926년에는 지정측량자 1인의 담당범위를 3개 도로 한정하고, 기존의 지정측량자와 신규 출원자간에는 반드시 협정을 맺도록 하여 영업상의 경쟁과 측량성과에 악영향을 미치는 저해행위를 하지 못하게 하는 등 지정측량자제도의 취지를 온전히 하였다. 이것은

11) 세을(稅乙) 제674호, 1923.7.20. 수신 : 각 도지사, 발신 : 재무국장, 대한지적공사 지적기술교육연구원, 2000, 앞의 책, p.481.

12) 세을(稅乙) 제675호, 1923.7.20. 수신 : 각 도지사, 발신 : 재무국장, 지적기술교육연구원, 『지적기술교육연구원60년사』, p.481.

13) 조선총독부 관보, 제3347호, 평안북도 고시 제155호.(1923.10.2.)

14) 지적연수원 사료실에 군산특별삼각측량부(소화 2.3.17.)가 보존되어 있으며, 표지에 전라북도 지정측량자 구마타 신타로우(熊田信太郎)로 기재되어 있다.

비록 폭증하는 측량수요에 대처하고 지적사무를 간단하고 빠르게 하기 위하여 국가를 대신하여 민간인 측량기술자에게 지적측량업무를 수행할 수 있도록 하였으나, 천문학적 비용과 시간·인력을 동원하여 창설한 지적제도를 정상적으로 유지하기 위한 장치로 판단된다.15)

지금까지 밝혀진 각도의 지정측량자로 지정된 자는 구마타 신타로우〈熊田信太郎〉16)·미쿠리야 겐지로우〈御厨健次郎〉17)·강영호(姜永晧)18)·노선주(魯璇柱)19) 등이 있다.

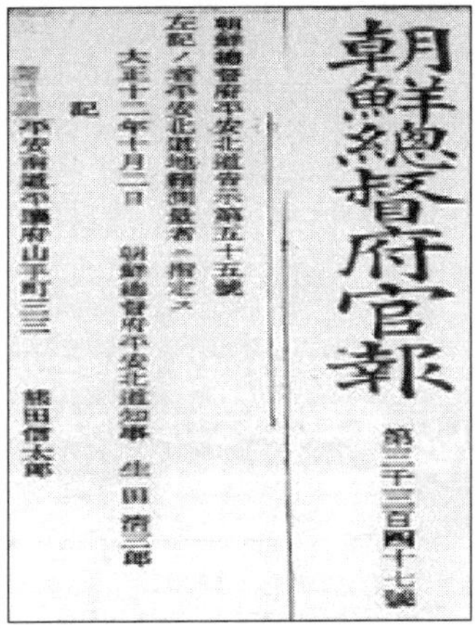

朝鮮總督府官報 第三千三百四十七號

朝鮮總督府平安北道告示第五十五號

左記ノ者平安北道地籍測量者ニ指定ス

大正十二年十月二日 朝鮮總督府平安北道知事 生田清三郎

記

平安南道平壤府山手町三三 熊田信太郎

출처 : 조선총독부 관보 제3347호. (1923.10 2.)

[그림 5-1] 평안북도의 지적측량자 지정고시

구마타 신타로우는 평안북도를 비롯하여 전라남도·전라북도·경기도에서, 미쿠리야 겐지로우는 경상북도에서, 한국인으로서는 강영호가 경기도·강원도·충청북도·경상남북도에서, 노선주가 경상북도의 영천군 임야지정측량자로 각각 지정을 받았다.

지적측량자의 지정에 관한 건은 지적측량을 업으로 하는 자가 이동지측량도를 신고서에 첨부하여 제출한 때에 성과에 따라 부·군·도에서 실지측량을 생략하는 것이 사무가 간소화 된다. 적임자의 출원이 있을 때에는 도에서 측량자를 지정하여 그가 실시한 측량

15) 류병찬, 송영준, 2008, "한국의 지적측량업제도의 기원에 관한 연구", 『지적』, 대한지적공사. pp.158~159.

16) 구마타 신타로우(熊田信太郎)는 1871년 5월 10일생으로 福島縣 岩瀬郡 長沼町 大字長沼에서 출생, 구한말·일제 때 측량기술자로 토지조사국 기수, 관립 한성외국어학교 부설 임시토지조사기술원양성소 부교수. 임시토지조사국 기수, 감사관으로 측량반장, 측지과 감사관을 지냈다. 임야조사 때는 평안남도 도기사(道技師)로 임야조사위원회 위원을 지냈다.〈대한지적공사, 2005(b), 앞의 책, 자료편 Ⅳ 지적인명사전, p.33.〉

17) 미쿠리야 겐지로우(御厨健次郎)는 임시토지조사국 정리과 기수로써 부·군·도 서기들에게 실시했던 토지측량강습회에서 세부측량과 이동지측량을 강의하였으며, 총독부 재무국 세무과 기수(1917~1920)를 역임하고. 대전시 선화동에서 관인 측량기술원양성소를 설립하고 해방될 때까지 수천명의 측량기술자를 배출하였다.〈대한지적공사, 2005(a)앞의 책, p.197.〉

18) 강영호(姜永晧)는 1890년 5월 7일생으로 경성부 종로 5정목 75에서 출생(원적)하였으며, 1908년 3월에 사립 화성학교(化成學校)를 졸업하였으며, 1912년 3월 한영서원(韓英書院)을 졸업하였고, 1913년 11월에 조선총독부 임시토지조사국 사무원 및 기술원양성소를 졸업하였다. 사립 화성학교 교원. 임시토지조사국 기수, 임야조사원, 군의 지적사무기술원 등으로 근무하였다. 1922년 이래 경기도, 경상남북도, 강원도, 충청북도 지정측량사무를 승인받았으며, 1930년 경성부 지정측량사무를 승인받았다. 1936년 9월 20일에 실시된 경성부회의원 선거에 입후보하여 당선되었다.(http://db.history.go.kr)

19) 노선주(魯璇柱)는 1898년 8월 21일생으로 공립 평양농림학교를 졸업하고. 조선총독부 임시토지조사국 기수(1911.9.30.~1915.9.). 1915년 9월 28일부터 충청북도 영동군 재무계에서 지세지적사무를 취급. 1923년 1월 25일부터 조선총독부 소속으로 경상북도 울릉군에서 재무사무에 종사. 1927년 9월 9일 영천군 재무계에서 지세사무에 종사하다가 1931년 12월 28일 사직하고 1932년 1월부터 영천군 임야지정측량사로 지정되었다.(노선주 이력서 및 『한국지적백년사』 자료편 Ⅳ 지적인명사전, 보완 작성.

은 검사를 생략하여도 상관없다. 당초에는 지정측량자와 보조자의 기능을 알 수 없으므로 엄밀한 검사를 하여 그 기능을 확인하도록 하고, 도지정측량자의 지정관리에 관한 12개 항목의 취급에 유의하도록 시달하였다.[20]

1) 지정측량자는 당분간 1도(道) 1명으로 하고 업무를 감안하여 증가할 수도 있고 수도(數道)에 1명을 지정하여도 무방하다.
2) 지정측량자의 자격은 총독부나 소속관서에서 기사(技師-고등관)로 2년 이상 종사하였거나 기수(技手-판임관)로 10년 이상 종사하여 성적이 우수한 자가 해당된다.
3) 지정을 원하는 자로부터 이력서와 전기 자격에 관한 증빙서를 받고 고사(考査)에 관하여 재무국에 미리 타협할 것.
4) 지정한 때는 그 뜻을 도보(道報)에 실어 공고할 것.
5) 지정측량자가 받을 측량수수료는 도의 승인을 받아 그 종별 금액을 일정하게 할 것. 측량수수료는 지세령 시행규칙을 표준으로 할 것. 측량지가 멀어 시일을 요하거나 광대한 지역은 의뢰자와 협의하여 증감하여도 무방하다.
6) 부 · 군 · 도에 제출할 측량도는 토지측량에 관한 규정에 의하며 지정한 기계로 측량할 것. 법규가 개정되었을 때는 지정측량자에게 통지할 것.
7) 조제한 측량원도 및 지적산정부에는 측량연월일, 지적측량자와 보조자의 성명을 기재하여 신고하고, 신청서와 함께 제출할 것. 측량원도와 지적산정부 용지는 도(道)와 부 · 군 · 도에서 지정하고 측량원도의 소도(素圖)는 지적도 또는 임야도에 의하여 작성할 것.
8) 지정측량자가 새로 보조자를 채용할 때는 도지사가 그 자격과 경력을 조사하고 학술 및 실지시험을 한 후 기능이 인정되면 채용을 승인할 것.
9) 지정측량자가 ① 측량성과가 불량하여 개측을 시켰는데도 도저히 이동지정리를 할 수 없을 때, ② 승인을 받지 않은 기술자를 보조로 시킨 때, ③ 소정액 이상의 수수료를 받았을 때, ④ 도(道) 또는 부 · 군 · 도의 명령을 지키지 않을 때, ⑤ 기타 지정측량자로 부적당하다고 인정될 때에는 지정을 취소할 것.
10) 지정측량자는 착수 7일 전까지 측량할 토지소재 및 지번수, 착수 및 종료예정 월일 등을 당해 도와 부 · 군 · 도에 보고하게 할 것.
11) 전항의 보고가 있을 때는 적의(適宜) 작업 상황을 감독하여 조잡하거나 누락하는 일이 없도록 할 것.
12) 부 · 군 · 도에서는 측량자를 달리할 때마다 적의 점검하여 정확하면 검사를 생략할 수 있다.

20) 대한지적공사 지적기술교육연구원, 2000, 앞의 책, p.481.

위 통첩을 요약하면 첫째, 지적측량사 자격의 태동으로서 토지기업자는 경험자를 써야 한다든지 지적측량에 관한 경험의 유무를 조사하여 그 기능을 구비한 자에 한하여 허용한다는 등의 내용이 포함되어 있으며 둘째, 조선총독부 기사 2년, 기수 10년 이상 종사자에게 자격을 인정하도록 하였고 셋째, 지정측량자가 다른 기술자를 사용할 때는 도지사가 그 자격과 경력을 조사하고 학술 및 실지시험을 한 후 충분한 기능이 있다고 인정될 때 채용을 승인하고, 조사 점검 등 시험을 거치도록 엄격하게 운영하였으나, 개인별 자격증은 수여하지 않고 도지정측량자로 지정한 뜻을 도보에 게재하도록 운영하였다.

# 3 광복 후 시대

## 3.1 미군정청

### 3.1.1 지정측량사

광복 후 미군정청 시대의 지적측량은 경상북도에서 최초로 도지정(道指定) 지적측량사 제도를 시행하였다. 1945년 10월 11일 경상북도 재무부장은 각 세무서장에게 "지적측량사 지정의 건"을 통첩하여, 조선지적협회의 해산으로 지적측량은 국가 또는 공공단체 등에서 지적기술자를 고용하고 있는 경우에는 직접 측량을 인정하고 기타는 도지정 지적측량사가 집행하도록 시달하였다.

따라서 미군정청 시대의 지적측량은 각 도에서 지적기수를 임명하여 토지측량을 실시하였는데, 세무서 직세과의 기수들은 수입인지를 첨부시켜 신청을 받아 측량을 하기도 하였다.[21]

당시 기술직 공무원의 직명은 도안사, 지세도안사(地勢圖案士), 기술사[22]로 불렀으며 담당조직은 직세과 지세 · 지적계였다.[23]

21) 한원복은 1940년 함흥세무서 지적계, 지종구는 1945년 전주세무서 지적계, 홍평금은 1947년 이리세무서 직세과 지세지적계에 근무하였다.(이경철, 1971.12, 흘러간 지적이야기, 『지적』 2호), 리진호, 2008, 『울산지적사』, 울산광역시, p.316. 재인용.

22) 손정목, 1992, 『한국지방제도 자치사 연구(하)』, 서울, 일지사, p.81. ; 리진호, 2008, 앞의 책, p.316.에서 재인용.

23) 홍평금의 이리세무서 직세과 임명장(1947.9.8) ; 리진호, 2008, 앞의 책, p.316. 재인용.

그 외에 정부는 도지정 측량사제도를 시행하기도 하고,[24] 더러는 측량자유업을 실시하기도 하였다.[25]

광복 후 조선지적협회는 휴면상태가 되었지만 각 도에서는 지적기수를 임명하여 지적행정의 공백을 이어 나가는 한편, 도지정 지적측량사 제도를 운영하였다.

1946년 5월 1일에 김선욱[26]은 [그림 5-2]와 같이 충청북도 청주세무서 관내 지정 지적측량사로, 이경철은 1946년 5월 9일부터 1949년 5월 1일까지 충청남도 예산세무서 관내 지정 지적측량사로 각각 지정을 받아 토지측량에 종사하였으며,[27] 박세록은 전라북도 지정측량사 사무소를 운영하였다.

이 제도는 일제 강점기의 도(道) 지정측량사와 비슷하나 일제 강점기에는 도 단위였고 광복 후에는 세무서 단위로 운영되었다.[28]

그리고 이 때 지정을 받은 측량사들은 모두 조선지적협회의 기수로 근무하였던 직원들이었다. 따라서 별도의 자격시험은 없었고 경력을 인정하여 지정한 것으로 판단되며 다른 도에서도 이와 같은 제도를 운영하였을 것으로 추정된다.

따라서 미군정청 시대의 지적측량은 도와 세무서의 기수・국가・공공단체의 지적기술자・도지정 지적측량사・측량기술자에 의한 자유업 등 다양한 형태로 수행되었다.

### 3.1.2 자격인증서

1948년경 남조선 과도정부 때 재무부 사세총감이 신한공사 후신인 중앙토지행정처의 토지처분을 위하여 교부한 적산 측량을 위한 자격인증서는 우리나라 최초로 중앙행정기관에서 교부한 측량사자격으로 판단된다.

1948년 6월에 재무부 사세총감 차균찬이 교부한 [그림 5-3]과 같은 자격인증서는 김선욱의 것으로 신한공사 후신인 중앙토지행정처의 토지처분에 관한 지적측량〈세부측량〉자격을 인증한다는 증명으로 이 전형은 재무부 사세국에서 주관하였다.[29]

---

24) 박세륵은 1946년 전북도지정 지적측량사무소를 운영하였다.(리진호, 2008, 앞의 책, p.316. 재인용)
25) 김성건은 1947년 마산에서 자유업을 하였다.(리진호, 2008, 앞의 책, p.316. 재인용)
26) 김선욱은 고 김영배 지적연수원 교수의 조부로서 충청북도 지정측량사 제2호로 청주세무서 관내 지적측량사로 활동하였다.(대한지적공사, 2005(b), 『한국지적백년사』 자료편 Ⅳ 지적인명사전, p.80.
27) 리진호, 2008, 앞의 책, pp.316~317.
28) 대한지적공사 지적기술교육연구원, 2000, 앞의 책, p.483.
29) 대한지적공사 지적기술교육연구원, 2000, 위의 책, p.483.

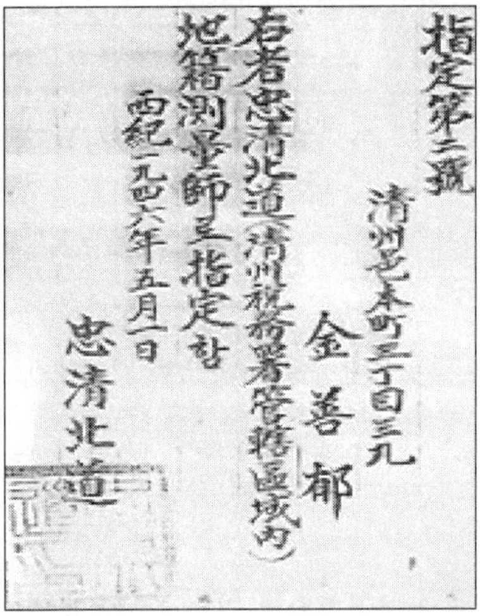
指定第二號
清州邑本町三丁目三九
金善郁
右者忠清北道(清州稅務署管轄區域內)
地籍測量師로指定함
西紀一九四六年五月一日
忠清北道

출처 : 대한지적공사, 2005(b), 『한국지적백년사』, p.61.(지적박물관 소장)

[그림 5-2] 충청북도 지적측량사 지정서

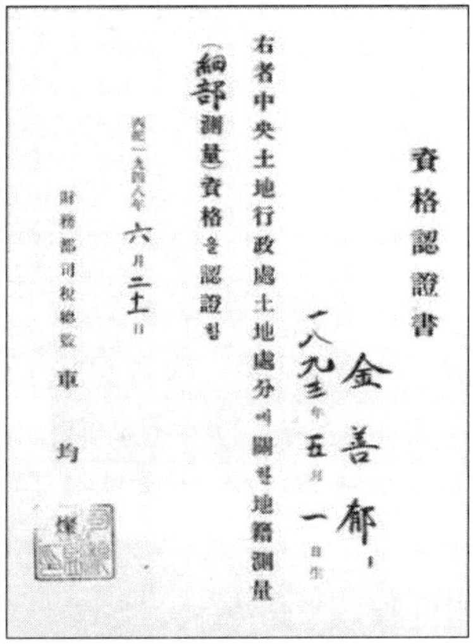
資格認證書
金善郁
一八九三年五月一日生
右者中央土地行政處土地處分에關한地籍測量
(細部測量)資格을認證함
西紀一九四八年六月二十日
財務部司稅總監 車均燦

출처 : 대한지적공사 지적기술교육연구원, 2000, 『지적기술교육연구원 60년사』, p.220.

[그림 5-3] 지적측량사 자격인증서

## 3.2 대한민국 정부

### 3.2.1 자격승인서

1953년경에는 지방사세청장이 분배농지 측량을 시행하기 위하여 한시적(限時的)·한지적(限地的)으로 자격승인서를 교부하였다.

1953년 8월에 부산사세청장 추규복이 교부한 [그림 5-4]와 같은 김선욱의 지적측량기술자 자격승인서에는 종사종별에 지적측량(분배농지 분할측량에 한함), 종사 구역은 달성세무서 관내, 종사기간은 1953년 8월 4일부터 1954년 3월 31일까지 8개월로 제한되어 있다.

그리고 비고란에는 "세무서 비치 열람 및 등사 때는 필히 본서를 제시할 것"이라고 기재되어 있어,[30] 지적측량기술자의 업무영역·종사지역·종사기간 등이 자격승인서에 기재되어 있다.

30) 대한지적공사 지적기술교육연구원, 2000, 앞의 책, p.484.

### 3.2.2 지적기술자인정서

지적측량사규정(1960.12.31. 국무원령 제176호)을 제정하기 6개월 전인 1960년 5월에 재무부장관이 [그림 5-5]와 같은 교통부 소관 지적측량업무를 수행할 수 있는 인정서를 교부하였다.

지성일〈池聖一, 전 대한지적공사 경기지사 수원출장소장〉에게 교부한 인정서에 의하면 "우(右)에 적은 자는 교통부 소관 지적기술자임을 인정함, 1960년 5월 31일 재무부장관"이라고 기재되어 있어,[31] 지적측량업무를 총괄하는 재무부장관이 교통부 소관의 지적측량업무를 수행할 수 있는 지적기술자에 대한 인정서를 교부하였다.

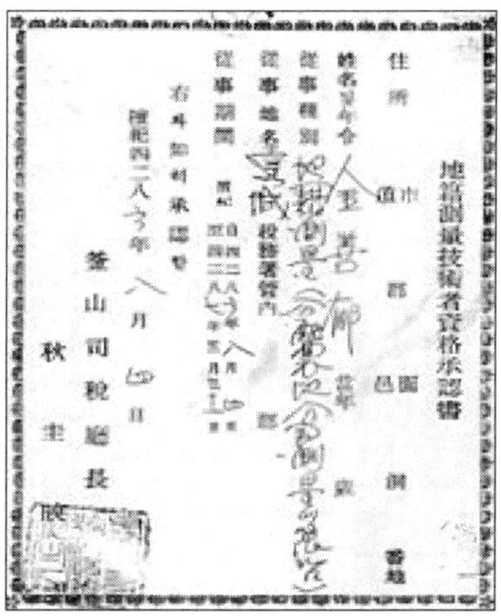

출처 : 대한지적공사 지적기술교육연구원, 2000, 『지적기술교육연구원 60년사』, p.220.

[그림 5-4] 지적측량사 자격승인서

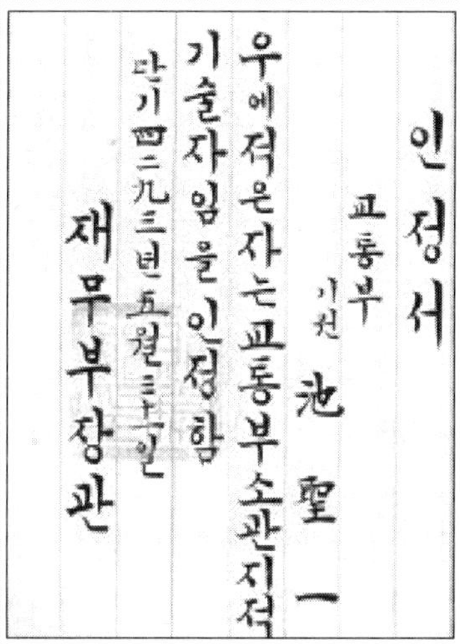


출처 : 지적박물관 소장

[그림 5-5] 지적기술자 인정서

### 3.2.3 지적측량사

1950년 12월에 「지적법」(1950.12.1. 법률 제165호)을 제정하였으나 "세무에 종사하는 공무원은 토지의 검사와 토지의 측량을 한다."고 규정되어 있었을 뿐 지적측량사에 관한 구체적인 규정은 없었다.

따라서 1960년에 별도로 지적측량사규정(1960.12.31. 국무원령 제176호)을 제정하고 이어서 1961년에 지적측량사규정 시행규칙(1961.2.7. 재무부령 제194호)을 제정하여 지적측량사에 관한 구분과 자격의 종류・응시자격・시험과목 등을 자세히 규정하였다.

---

31) 대한지적공사 지적기술교육연구원, 2000, 앞의 책, p.484.

지적측량사규정의 주요내용은 지적측량사를 상치측량사(常置測量士)와 대행측량사(代行測量士)로 구분하고,(제3조) 지적측량사의 자격을 세부측량과(細部測量科)·기초측량과(基礎測量科)·확정측량과(確定測量科)의 3개과로 구분하여 필기·실무·구술고사를 시행하도록 규정하였다.(제8조)

지적측량사규정과 지적측량사규정 시행규칙을 제정한 후 1961년 2월 21일에 재무부의 사세국에 지적측량사전형위원회를 설치하고 [그림 5-6]과 같이 지적측량사전형위원을 위촉한 후 같은 해 2월 25일에 지적행정사상 최초로 지적측량사 자격시험을 치렀으나 실무경험이 있는 자는 서류전형으로, 실무경험이 없는 자는 필기와 실기시험을 치렀다.[32]

지적직 공무원 중에서 기사보급 이상과 대한지적협회의 정규직원은 서류전형이었고 그 이외는 실제시험을 보았으며, 그 결과에 따라 [그림 5-7]과 같은 전형합격증서를 교부하였다.

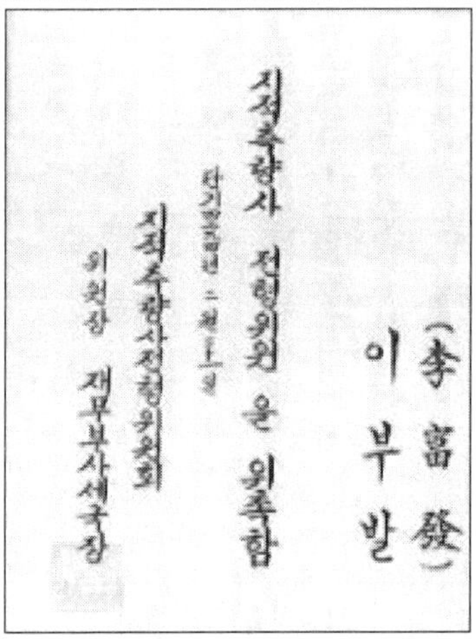
(李富發)
이부발
지적측량사 전형위원 을 위촉함
지적측량사전형위원회
위원장 재무부사세국장

주 : 우리나라 최초의 지적측량사전형위원회 위원 위촉장(이부발).
출처 : 대한지적공사 지적기술교육연구원, 2000,『지적기술교육연구원60년사』, p.224.(지적박물관 소장)

[그림 5-6] 지적측량사 전형위원 위촉장

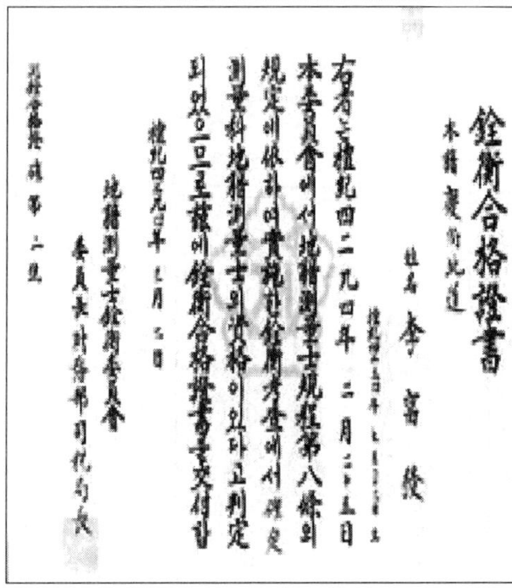
銓衡合格證書
本籍 慶尙北道
姓名 李富發
右者는 檀紀四二九四年 二月 二十五日 本委員會에서 地籍測量士規程第八條에 規定에 依하여 實施한 銓衡考査에서 確定測量科 地籍測量士의 資格이 있다고 判定되었으므로 玆에 銓衡合格證書를 交付함
地籍測量士銓衡委員會
委員長 財務部司稅局長

주 : 우리나라 최초의 지적측량사(확정측량과) 전형합격증서(상치측량사 제1호, 이부발).
출처 : 대한지적공사 지적기술교육연구원, 2000,『지적기술교육연구원60년사』, p.222.(지적박물관 소장)

[그림 5-7] 지적측량사 전형합격증서

위와 같이 지적협회에서 업무개시를 한 1949년부터 1960년까지는 지적측량사 자격제도가 없이 지적측량을 수행하다가 1961년부터 자격제도가 확립되었다.

32) 대한지적공사, 1984.4,『지적』, pp.2~3.

그러나 측량관련 학과목을 이수하지 아니한 고등학교나 대학 졸업자는 7년이라는 경력이 있어야 자격시험에 응시할 수 있었기 때문에 정규 대학을 졸업한 자가 지적측량사 자격을 취득하기가 매우 어렵게 되어 지적측량사의 자질이 저하되고 외부인의 진입장벽이 되는 역기능을 초래하여 지적측량기술원양성소의 6개월 과정 수료생에게는 응시할 수 있는 자격을 주게 되었다.

지적측량사규정 제4조에 규정된 상치측량사(常置測量士)라 함은 "국가공무원으로 그 소속 관서의 지적측량 사무에 종사하는 자"를 말하는 것으로 내무부를 비롯하여 각 시·도와 시·군·구에 근무하는 지적직 공무원은 물론이고 철도청, 문화재관리국 등 국가기관에서 근무하는 공무원도 상치측량사에 포함되었다.

그리고 대행측량사(代行測量士)라 함은 "타인으로부터 지적법에 의한 측량업무를 위탁받아 이를 행하는 자"로 규정하여, 변호사 또는 사법서사〈현 법무사〉 들과 마찬가지로 개인별로 독립하여 지적측량업무를 대행할 수 있는 자유영업이 가능한 것으로 해석되어 논란이 많았다.

따라서 1967년에 지적측량사규정(1967.12.14. 대통령령 제3301호)을 개정하여 대행측량사의 정의를 "타인으로부터 지적법에 의한 측량업무를 위탁받아 행하는 법인격이 있는 지적단체의 지적측량업무를 대행하는 자"로 보완함으로써 당시에 대한지적협회에 소속된 지적측량사만이 대행측량사로 인정되었다.

지적측량사 자격은 세부측량과·기초측량과·확정측량과로 나누어 지적측량사 자격전형제도가 시행되었는데, 3개과의 자격전형에 모두 합격하여야만 가장 우수한 지적측량사로 인정되었으며, [그림 5-8]과 같은 확정측량과에 합격하는 것이 가장 상위의 자격을 취득하는 것으로 인정되었고, 3개과 중 어느 한 개 과의 자격전형시험에 합격하여야만 지적측량과 지적공부의 열람과 등사를 할 수 있도록 규정하였다.

응시자격은 ① 대학을 졸업한 자로 재학 중 측량을 이수하고 1년 이상 실무경험을 가진 자, ② 고등학교 졸업자로서 재학 중 측량을 이수하고 4년 이상 실무경험을 가진 자, ③ 국가공무원으로서 7년 이상 실무경험을 가진 자, ④ 기타는 7년 이상 실무경험을 가진 자로 규정하였다.

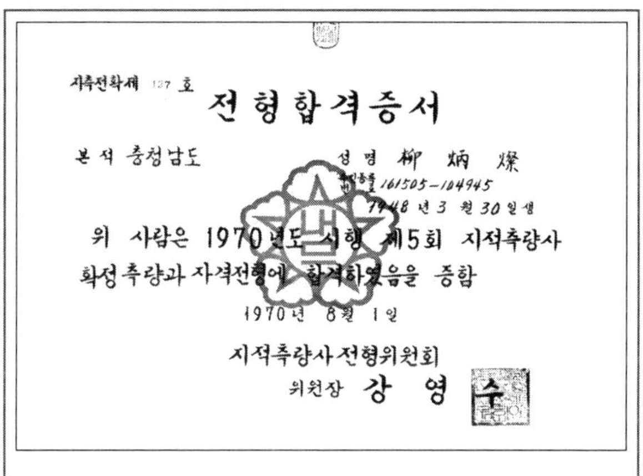
지측전확제 127 호

전형합격증서

본적 충청남도

성명 柳 炳 燦

주민등록 161505-104945

1948 년 3 월 30 일생

위 사람은 1970년도 시행 제5회 지적측량사 확정측량과 자격전형에 합격하였음을 증함

1970년 8월 1일

지적측량사전형위원회

위원장 강 영 수

[그림 5-8] 확정측량과 전형합격증서

### 3.2.4 기술계 및 기능계 지적기술 자격

1973년에 「국가기술자격법」(1973.12.31. 법률 제2672호)을 제정하고, 이어서 국가기술자격법 시행령(1974.10.16. 대통령령 제7283호)과 국가기술자격법 시행규칙(1974.12.31. 총리령 제142호)을 제정하여 1975년부터 시행하였다.

지적기술자격을 기술계(技術系)와 기능계(技能系)로 구분하고 기술계의 자격은 국토개발기술사(지적)・지적기사 1급・지적기사 2급으로, 기능계의 자격은 지적기능장・지적기능사 1급・지적기능사 2급으로 구분하였다.[33]

지적측량사규정에 의한 세부측량과・기초측량과・확정측량과의 자격을 취득한 자는 지적기사 1급으로, 그 이외 한개 과나 두개 과를 취득한 자는 지적기사 2급으로 전환하였다.

지적측량사규정에서 배출된 기술자들은 이 때 「국가기술자격법」에 흡수되었으며, 그 내역은 세부측량과 1,494명, 기초측량과 581명, 확정측량과 230명, 합계 2,305명이었으나, 한 사람이 두 과 또는 세 과의 자격을 취득한 경우가 있어 실제 인원수는 이보다 다소 적었을 것으로 추정된다.

지적기술자격시험은 1961년에 최초로 재무부장관이 주관하여 시행하였으며, 1962년부터 1979년까지는 내무부장관이 주관하여 시행하였고, 1980년부터 한국산업인력공단〈전 한국기술검정공단〉에 이관하여 시행하였다.

이어서 1991년에 산업사회의 변화에 부응할 수 있도록 기술자격의 등급 및 종목을 일괄 조정하기 위하여 국가기술자격법 시행령을 개정(1991.10.31. 대통령령 제13494호)하여 1992년 3월 1일부터 국토개발기술사(지적)를 지적기술사로 명칭을 변경하고 지적기능장은 그동안 한 사람의 지원자도 없어 폐지하였다.

그리고 국가기술자격법 시행령을 개정(1998.5.9. 대통령령 제15794호)하여 지적기술사・지적기사・지적산업기사・지적기능산업기사・지적기능사로 명칭을 변경하였다.

이어서 2005년에 국가기술자격법 시행규칙을 개정(2005.7.1. 노동부령 제225호)하여 지적산업기사와 지적기능산업기사를 지적산업기사로 통합하였으며, 2010년에 국가기술자격법 시행규칙을 개정(고용노동부령 제11호, 개정 2010.12.13, 시행 2010.12.13.)하여 국가기술자격의 직무분야(職務分野)를 건설, 중직무분야(中職務分野)를 국토개발에서 토목으로 개정하고 기술・기능자격을 지적기술사・지적기사・지적산업기사・지적기능사로 구분하도록 규정하였다.

국가기술자격법령에 의하여 1977년부터 시행한 지적기술계의 지적기사 자격시험에는 〈표 5-5〉와 같이 2009년까지 총 42,797명이 응시하여 7,899명〈18.53%〉이 합격하였고,

33) 내무부, 한국지방행정연구원, 1987, 『한국지방행정사』, pp.1953~1954.

지적산업기사 자격시험에는 총 58,219명이 응시하여 12,295명〈21.1%〉이 합격하였다.

그리고 지적기능계 자격시험에는 〈표 5-6〉과 같이 2009년까지 총 28,966명이 응시하여 7,711명〈26.67%〉이 합격하였다.

〈표 5-5〉 지적기술계 자격시험 합격자 현황

| 구 분 | 지적기사 | | | | | 지적산업기사 | | | | |
|---|---|---|---|---|---|---|---|---|---|---|
| | 필 기 | | 실 기 | | 합격률 (A:B) | 필 기 | | 실 기 | | 합격률 (A:B) |
| | 응시자 (A) | 합격자 | 응시자 | 합격자 (B) | | 응시자 (A) | 합격자 | 응시자 | 합격자 (B) | |
| 계 | **42,797** | **11,553** | **19,229** | **7,899** | **18.5** | **58,219** | **16,577** | **23,774** | **12,295** | **21.1** |
| 2009 | 1,642 | 618 | 979 | 406 | 24.7 | 1,309 | 536 | 716 | 371 | 28.3 |
| 2008 | 1,491 | 577 | 1,137 | 445 | 29.8 | 1,410 | 531 | 781 | 474 | 33.6 |
| 2007 | 1,955 | 969 | 1,643 | 802 | 41.0 | 1,958 | 980 | 1,451 | 817 | 41.7 |
| 2006 | 2,677 | 1,330 | 1,719 | 666 | 24.9 | 2,473 | 1,236 | 1,597 | 888 | 35.9 |
| 2005 | 2,085 | 781 | 1,167 | 599 | 28.7 | 2,124 | 928 | 1,224 | 610 | 28.7 |
| 1977~2004 | 32,947 | 7,278 | 12,584 | 4,981 | 15.1 | 48,945 | 12,366 | 18,005 | 9,135 | 18.7 |

주 : 국가기술자격법령 시행 이전에 자격시험 합격자는 제외하였다.
출처 : 한국산업인력공단, 2010,『국가기술자격검정통계연보』, p.55, p.96. 발췌 작성.

〈표 5-6〉 지적기능계 자격시험 합격자 현황

| 구 분 | 지적기능사 | | | | | | | |
|---|---|---|---|---|---|---|---|---|
| | 필 기 | | | | 실 기 | | | 합격률 (A:B) |
| | 접 수 (A) | 응시자 | 합격자 (B) | 합격률 (A:B) | 접 수 (A) | 응시자 | 합격자 (B) | |
| 계 | **28,966** | **23,695** | **9,276** | **32.0** | **14,609** | **13,706** | **7,711** | **52.8** |
| 2009 | 261 | 212 | 130 | 49.8 | 251 | 218 | 134 | 53.4 |
| 2008 | 237 | 199 | 136 | 57.4 | 349 | 326 | 246 | 70.5 |
| 2007 | 208 | 165 | 109 | 52.4 | 298 | 226 | 196 | 65.8 |
| 2006 | 245 | 199 | 133 | 54.3 | 333 | 281 | 209 | 62.8 |
| 2005 | 333 | 240 | 130 | 39.0 | 382 | 328 | 256 | 67.0 |
| 1978~2004 | 27,682 | 22,680 | 8,638 | 31.2 | 12,996 | 12,287 | 6,670 | 51.3 |

출처 : 한국산업인력공단, 2010,『국가기술자격검정통계연보』, p.154. 발췌 작성.

### 3.2.5 지적기술사 자격

1974년 10월에 국가기술자격법 시행령을 제정(시행 1974.10.16, 대통령령 제7283호, 1974.10.16, 제정)하고 [별표 3]에 "국토개발 지적"이라고 규정함에 따라 지적기술사제도가 탄생되었다. 기술사 자격시험은 1977년부터 시행하였는데, 측지기술사는 1982년부터 배출하기 시작하였으나 지적기술사는 1987년까지 10년간 한사람도 배출 하지 못하였는데, 그 이유는 측지분야의 전문가가 출제하였기 때문이다.

그러나 1988년에 [그림 5-9]와 같이 강석진 교수와 권규태 교수가 최초로 지적기술사자격시험에 합격하여 지적기술사자격을 취득하였으며, 1989년에 강태석 교수가, 1990년에 박상진 교수가, 1991년에 박순표 외 1명이 취득하였으며, 1997년까지 10년간 〈표 5-7〉과 같이 26명의 지적기술사가 배출되었는데 10명이 대학 교수이고 16명이 내무부 소속 공무원과 대한지적공사 소속 직원으로 분석되었다.

측량 및 지형공간정보기술사자격은 1982년에 안철호 교수가 최초로 취득하였으며, 1983년에 최재화 교수가, 1984년에 박운용 교수가, 1985년에 김원익 외 3명이 취득하였으며, 1991년까지 10년간 19명의 기술사가 배출되었는데, 10명이 대학 교수이고 9명이 건설교통부 소속 공무원과 대한측량협회 회원으로 분석되었다.[34]

주 : 우리나라 최초의 지적기술사자격증, 강석진(좌), 한국산업인력관리공단(1989.8.10.), 권규태(우), 과학기술처(1988.11.7.).

출처 : 대한지적공사 지적기술교육연구원, 2000, 『지적기술교육연구원60년사』, p.224.

[그림 5-9] 우리나라 최초의 지적기술사자격증

34) 류병찬, 2011, "지적기술사 자격제도의 도입경위와 발전방향에 관한 연구", 한국지적학회, 『한국지적학회지』 제27권 제1호, p.22.

〈표 5-7〉 지적기술사 자격시험 합격자 명단(1988~1997)

| 순 번 | 년도 | 성명 | 소 속 |
|---|---|---|---|
| 1 | 1988 | 강석진 | 명지전문대학 지적정보과 교수 |
| 2 | 1988 | 권규태 | 신구대학 지적정보과 교수 |
| 3 | 1989 | 강태석 | 청주대학교 지적학과 교수 |
| 4 | 1990 | 박상진 | 명지전문대학 지적정보과 강사 |
| 5 | 1991 | 김정호 | 대한지적공사 FIG 단장 |
| 6 | 1991 | 박순표 | 전 대한지적공사 부사장 |
| 7 | 1994 | 류병찬 | 대한지적공사 부사장 |
| 8 | 1994 | 김상수 | 대한지적공사 GPS추진기획단 |
| 9 | 1994 | 장한영 | 대한지적공사 개발연구부장 |
| 10 | 1995 | 지종덕 | 명지전문대학 지적정보과 교수 |
| 11 | 1995 | 서철수 | 신구대학 지적정보과 교수 |
| 12 | 1995 | 강인준 | 부산대학교 토목공학과 교수 |
| 13 | '96전기 | 오이균 | 신흥대학 지적과 교수 |
| 14 | '96전기 | 심우섭 | 대한지적공사 교육연구원 교수 |
| 15 | '96후기 | 양근우 | 행정자치부 지적담당관실 |
| 16 | '96후기 | 박양신 | 행정자치부 지적담당관실 |
| 17 | '96후기 | 이재송 | 행정자치부 지적담당관실 |
| 18 | '96후기 | 남윤구 | 대한지적공사 기술지도부 |
| 19 | '96후기 | 차득기 | 대한지적공사 경영전략실 |
| 20 | '97전기 | 최청인 | 전주공업대학 지적과 교수 |
| 21 | '97전기 | 손세원 | 충청대학 지적지형정보시스템과 교수 |
| 22 | '97전기 | 김태훈 | 대한지적공사 기술지도부 |
| 23 | '97전기 | 강태환 | 대구미래대학 토지정보과 교수 |
| 24 | '97전기 | 김택진 | 행정자치부 지적담당관실 |
| 25 | '97후기 | 서동복 | 충남 청양군청 지적전산계장 |
| 26 | '97후기 | 이민석 | 대한지적공사 교육연구원 책임연구원 |

출처 : 한국기술사회 지적전문분회, 회원주소록.(2003.6.) ; 대한지적공사, 2005, 『한국지적백년사』, p.1094.

1977년부터 시행한 지적기술사 시험에는 〈표 5-8〉과 같이 2010년까지 총 1,253명이 응시하여 155명〈12.3%〉이 합격하였고, 측량 및 지형공간정보기술사 시험에는 총 2,249명이 응시하여 405명〈18.0%〉이 합격하였다.[35)]

35) 류병찬, 2011, 앞의 논문, p.22.

지적기술사보다 측량 및 지형공간정보기술사를 많이 배출한 이유는 대학에 측량분야의 학과를 설치한지가 오래되었을 뿐만 아니라 그 수가 많으며, 우수대학에서 측량관련 학문을 전공한 응시자가 많고 측량 및 지형공간정보기술사는 1982년부터 배출하기 시작하였으나 지적기술사는 1988년부터 배출하기 시작하였기 때문인 것으로 판단된다.

〈표 5-8〉 지적기술사 · 측량 및 지형공간정보기술사 합격자 현황

| 구 분 | 지적기술사 | | | | | 측량 및 지형공간정보기술사 | | | | |
|---|---|---|---|---|---|---|---|---|---|---|
| | 필 기 | | 실 기 | | 합격률 (A : B) | 필 기 | | 실 기 | | 합격률 (A : B) |
| | 응시자 (A) | 합격자 | 응시자 | 합격자 (B) | | 응시자 (A) | 합격자 | 응시자 | 합격자 (B) | |
| 계 | **1,253** | **160** | **272** | **155** | **12.3** | **2,249** | **412** | **487** | **405** | **18.0** |
| 2010 | 94 | 15 | 30 | 11 | 11.7 | 145 | 15 | 21 | 16 | 11.0 |
| 2009 | 98 | 8 | 23 | 9 | 9.2 | 143 | 20 | 25 | 19 | 13.3 |
| 2008 | 87 | 9 | 19 | 10 | 11.5 | 132 | 11 | 26 | 22 | 16.7 |
| 2007 | 129 | 7 | 14 | 7 | 5.4 | 137 | 16 | 31 | 20 | 14.6 |
| 2006 | 130 | 10 | 26 | 13 | 10.0 | 157 | 34 | 51 | 31 | 19.7 |
| 2005 | 171 | 17 | 31 | 15 | 8.8 | 173 | 19 | 16 | 11 | 6.4 |
| 2004 | 126 | 10 | 19 | 11 | 8.7 | 137 | 17 | 18 | 13 | 9.5 |
| 1977 ~2003 | 418 | 84 | 110 | 79 | 18.8 | 1,225 | 280 | 299 | 273 | 22.2 |

출처 : 류병찬, 2011, "지적기술사 자격제도의 도입경위와 발전방향에 관한 연구", 한국지적학회, 『한국지적학회지』 제27권 제1호, p.22.

지적총서 3
Cadastral Series 3

# 제 6 편

# 지적관련 국내 · 외 활동의 변천사

(Part 6. History of the Domestic & Overseas Cadastral Activities)

- 제1장 국내 활동의 변천 연혁
  (Chapter 1. History of the Domestic Cadastral Activities)
- 제2장 국외 활동의 변천 연혁
  (Chapter 2. History of the Overseas Cadastral Activities)

Cadastral History

제1편부터 제5편까지 지적제도의 기원과 발달사 · 지적제도의 태동과 창설사 · 지적관련 법규의 변천사 · 지적4대 운영체제의 변천사 · 지적공부와 지적측량사 자격의 변천사 등에 관한 사항을 상세하게 서술하였다.

그러나 이에 못지않게 지적사를 공부하고 연구하는데 있어서 지적관련 국내 활동과 국외 활동의 변천 연혁을 이해하는 것 역시 중요하다.

지적위원회의 설치 운영을 비롯하여 『지적』지의 발행 · 한국지적학회의 설립 · 지적의 날 제정 · 지적장학회의 설립 등과 『대한지적공사50년사』 · 고등학교 지적과 교과서 · 『지적기술교육연구원60년사』 · 『한국지적백년사』 · 『대한지적공사70년사』 등의 발간 및 지적연수원 도서실과 사료실 · 지적박물관 · 지적제도수호대책위원회 · 한국지적협회의 설립 등 다양한 지적 관련 국내 활동은 바로 우리나라 지적사의 한 부분으로 이해하여야 하기 때문이다.

그리고 지적기술자의 해외 장 · 단기 교육훈련 · 국제측량사연맹(FIG)의 가입과 활동 · 국제측량사연맹 상임위원회의 개최 · 지적혁신엑스포 개최 등 지적관련 국외 활동 역시 우리나라 지적제도의 발전과정을 이해하기 위하여 중요한 부분을 차지하고 있다.

위와 같은 지적관련 주요 국내 활동과 국외 활동에 관한 변천사는 바로 지적제도의 발전과 함께 지적사를 이해하기 위하여 중요한 분야라고 판단된다.

따라서 제6편 지적관련 국내 · 외 활동의 변천사에서는 지적관련 ① 국내 활동의 변천 연혁과 ② 국외 활동의 변천 연혁으로 구분하여 상세히 서술하였다.

# 국내 활동의 변천 연혁
History of the Domestic Cadastral Activities

Chapter 01

우리나라의 지적관련 국내활동과 주변조직의 변천에 관한 사항을 설치 주체별로 나누면 대한제국 시대와 일제 시대 및 광복 후 시대로 구분할 수 있다.

그러나 대한제국 시대와 일제 시대에는 지적관련 국내 활동과 주변조직이 설치된 구체적인 사료를 발견할 수 없었으며, 광복 이후에는 『지적(地籍)』지의 발행 · 사단법인 한국지적학회의 설립 · 지적의 날 제정 · 재단법인 지적장학회의 설립 등과 지적관련 도서인 『대한지적공사50년사』 · 고등학교 지적과 교과서 · 『지적기술교육연구원60년사』 · 『한국지적백년사』 · 『대한지적공사70년사』 등의 발간 및 지적연수원 도서실과 사료실의 설치 · 지적박물관의 설립 · 지적제도수호대책위원회의 설립 · 한국지적협회의 설립 등에 관한 사항을 꼽을 수 있으며, 국제적으로는 국제측량사연맹(FIG)의 가입과 이에 관련된 활동 · 국제측량사연맹 상임위원회의 개최 · 지적혁신엑스포(Cadastral Innovation Expo & Seminar) 개최 등을 꼽을 수 있다.

이들 지적관련 주요 국내 활동의 변천 연혁은 다음과 같다.

## 1 『지적』지 발간

### 1.1 발행경위

지적측량은 대한지적공사 외에는 다른 기관이나 업체에서 업무를 처리할 수 없도록 제도화 되어 있었기 때문에 오랜 세월 동안 홍보의 중요성이나 필요성을 전혀 느끼지 못하였다. 따라서 지적제도가 창설된 1910년대부터 약 60여 년 동안 지적행정기관이나 지적측량기관에서 지적업무를 홍보한 사례가 없었으나, 1971년에 지적이라는 특수분야에 관한 이미지 구축과 홍보를 하기 위하여 대한지적협회에서 계간 『지적(地籍)』[1]지를 발행하기로 결정하였다.[2]

『지적』지는 1971년 9월에 계간으로 문화공보부에 등록(등록번호 라2063호, 1971.9. 13.)을[3] 마치고 같은 해 10월 1일 [그림 6-1]과 같은 『지적』지의 창간호를 발행함으로써 지적분야에 대한 홍보의 실질적인 효시가 되었으며, 대한지적협회의 기관지로써 지적에 관한 계몽과 지식의 함양 및 홍보 기능을 수행할 수 있도록 편집하였다.[4]

그리고 1972년에는 전국에 산재하여 지적측량업무를 수행하는 지적협회 직원들에게 새로운 정보와 운영방침, 정부와 협회의 중요 지시사항, 업무추진상황 등을 신속하게 전파하고자 같은 해 10월 15일에 [그림 6-2]와 같은 월간 『지협회보(地協會報)』를 창간하여 타블로이드판 4쪽 갱지 2,000부를 발행하였으며, 1976년 5월 폐간될 때까지 3년 6개월간 제42호(1976.5.15.)를 발행하였다.

출처 : 대한지적공사 홍보팀(2004.10.)

[그림 6-1] 『지적』지 창간호

출처 : 대한지적공사, 2005(b), 『한국지적백년사』, p.94.

[그림 6-2] 『지협회보』 창간호(제1면)

1) 『지적(地籍)』지는 1971년 6월에 이부발 업무부장이 잠사회에 근무하는 허종만(許鍾萬)을 영입하여 창간호부터 254권, 지협회보(地協會報), 지적공사보(地籍公社報)를 전담하여 발간하였으며, 1996년 6월에 홍보과장직에서 정년퇴임하였다.

2) 대한지적공사, 2005(b), 앞의 책, p.647.

3) 대한지적공사 홍보팀, 정기간행물등록증.(1971.9.13.)

4) 대한지적공사, 1989, 앞의 책, p.718 ; 대한지적공사, 2005(b), 앞의 책, p.648.

이어서 1976년 5월에 지협회보를 폐간하고 1976년 7월호부터 『지적』지로 통합하였으며, 1995년 1월 15일에 [그림 6-3]과 같은 월간 『지적공사보(地籍公私報)』를 창간(등록번호 제6988호, 1995. 1.10.)하고 대한지적공사의 중요 시책과 행사 및 지시사항・지적행정정보・지적기술정보・지적분야의 동정과 인사・독자의 문예 등으로 구성하여 다양한 정보를 수록하였다.

지적공사보
시대적 과업에 동참 새로운 '지적인 상' 정립
화합과 발전에 구심체 역할 다하도록
민원봉사를 위해 최선을 다하겠습니다

출처 : 대한지적공사, 2005(b), 『한국지적백년사』, p.96.

[그림 6-3] 『지적공사보』 창간호(제1면)

『지적』지는 지적에 관한 연구논문을 비롯하여 특집・강좌・기술・상담・뉴스・문예 등으로 편집한 지적 분야의 유일한 전문지로써 그 역할을 충실하게 담당해 왔다.

『지적』지는 창간 당시에는 대한지적협회 업무과에서 주관하여 직원에 한하여 유가지(有價誌)로 발행하다가 1973년부터 무가지(無價誌)로 전환하였다.

1977년 10월에 지적기술연수원 소관 업무로 이관되었다가 다시 1978년 9월부터 본사 기획실 홍보과에서 주관하였고, 1979년 12월부터 신설된 홍보실에서 주관하였으나 1980년 11월 기구개편에 따라 다시 기획실 홍보과에서 발행하였고[5] 이어서 2004년 1월 20일에 대한지적공사가 특수법인으로 전환되면서 조직개편에 의하여 부사장 직속의 홍보팀에서 주관하게 되었다.

『지적』지는 1971년 10월 창간호부터 1974년 12월호(제13호)까지는 계간으로 발행하였으나 1975년부터 연 2회 발행하였으며 1976년 7월호(제17호)부터 월간으로 변경하여 2004년 1월호(제345호)까지 [그림 6-4]와 같이 발행하였다.

그리나 2004년 1월 1일부터 대한지적공사가 「지적법」에 의한 특수법인으로 전환됨에 따라 홍보전략 강화방안의 일환으로 사외보(社外報)인 『땅과 사람들』〈2004.2.28. 서울 : 라09519, 비매품〉이라는 월간지를 새로 창간하여 같은 해 2월에 [그림 6-5]와 같은 창간호를 발행하고 계속하여 매월 1일에 발행하도록 개선하였다.

그리고 『지적』지를 전문학술지로 변경하고 계간으로 년 4회 발행하기로 결정하고 2004년 4월 30일에 [그림 6-6]과 같이 제346호(제34권 제2호)를 발행하였으나, 2005년부터 반년보로 개선하여 년 2회 발행하고 있다.

5) 대한지적공사, 1989, 앞의 책, p.718.

『지적』지는 2007년에 한국학술진흥재단의 등재후보학술지로 선정되었으며, 2008년부터 정식 등재학술지로 전환되어[6] 지적분야의 전문학술지로 발전하였다.

출처 : 대한지적공사. 1989.『대한지적공사50년사』. p.488.

[그림 6-4]『지적』

출처 : 대한지적공사 홍보팀.(2004.10.)

[그림 6-5]『땅과 사람들』 창간호

출처 : 대한지적공사 홍보팀.(2004.10.)

[그림 6-6]『지적』(학술지) 창간호

6) http://www.krf.or.kr/KHPapp/database/database.(2008.8.20.)

## 1.2 발행목적

『지적』지의 발행 목적은 첫째, 지적 분야의 문헌이 거의 전무하였던 창간 당시 지적 전문 잡지로써 지적측량기술에 관한 사항을 게재하여 지적에 관한 새로운 기술의 보급과 최신 정보를 모든 지적인들이 공유할 수 있도록 하고 둘째, 대한지적공사의 업무에 관한 사항과 사내 소식을 게재하여 공사의 경영방침 등에 관한 직원들의 이해를 도모하고 고유의 기업 문화를 창출하며 직원 상호간의 커뮤니케이션에 기여하는 사보(社報)로서의 역할을 하기 위한 목적으로 발행하였다.

『지적』지는 이처럼 지적 분야의 전문 잡지로써 지적제도와 측량기술의 발전에 기여하고 대한지적공사의 사보로써 지적인 가족들에게 새로운 기술의 전파와 최신 정보를 제공하는 역할을 하였다.

그러나 2004년 4월에 발행한 『지적』 제346호부터는 지적관련 논문만을 게재하는 전문 학술지로 전환하여 지적관련 제도와 측량기술 등의 발전을 유도하고 있다.

## 1.3 발행실적

『지적』지의 발행은 창간 제1호를 3,000부 발행하였고, 단계적으로 부수를 늘여서 1984년부터 1988년까지 6,000부[7], 1989년부터 7,000부 이상을 발행하였으나 IMF 경제위기를 겪으면서 1999년부터 발행부수를 축소 조정하였으며, 2004년부터는 계간의 전문 학술지로 변경하여 1회에 1,000부를 발행하였으나 2005년부터는 년 2회에 각각 1,000부를 발행하고 있다.

『지적』지의 배부처는 대한지적공사의 직원과 시·도 및 시·군·구의 지적직 공무원, 대한주택공사·한국토지공사 등 유관기관, 국·공립 도서관, 각급 대학 도서관과 지적을 전공하는 대학과 전문대학의 교수 및 고등학교의 교사·지적학과 학생, 해외주재 대사관 등에 배포하여 우리나라의 지적제도를 홍보하는 중요한 역할을 하고 있다.

7) 대한지적공사, 1989, 앞의 책, p.718.

# 2 한국지적학회 설립

## 2.1 설립경위

1972년에 지적학(地籍學)의 창시자인 원영희 교수가 세계 최초로 『해설지적학』을 저술하고 1973년부터 지적측량기술원양성소에서 지적학을 개설하여 강의를 시작하였다. 이어서 1974년에 건국대학교 행정대학원 부동산학과에 지적학을 개설하고 강의를 시작하면서 지적학회의 창설을 추진하였다.

1975년 12월에 대한지적협회에서 발행된 『지적』지에 "지적학회의 창설을 주장한다."라는 기고문을 통하여 우리나라에 지적학회 설립의 필요성을 주장함으로써 지적학회의 태동이 시작하였으며, 당시 전국의 지적직 공무원들과 대한지적협회 직원들이 이에 적극적으로 호응하고 공감대를 형성하여 1976년 8월 31일 원영희 · 김갑수 등 12명의 창립회원이 창립취지문을 발표하고 한국지적학회 창립총회를 개최하여 초대회장으로 원영희를 선출함으로써 한국지적학회가 설립되었다.

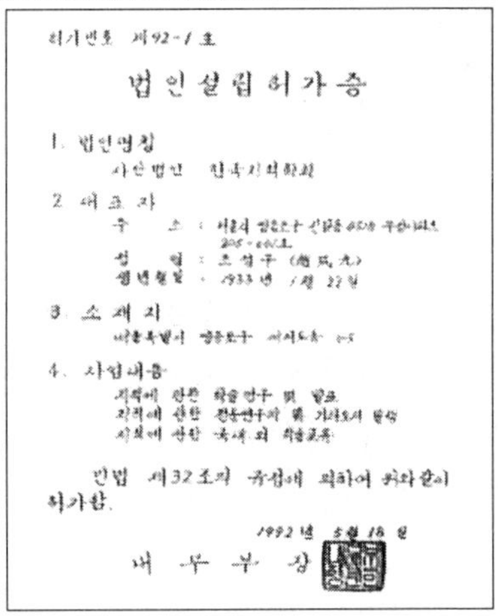
허가번호 제92-1호

법인설립허가증

1. 법인명칭

사단법인 한국지적학회

2. 대표자

3. 소재지

4. 사업내용

민법 제32조의 규정에 의하여 위와 같이 허가함.

1992년 5월 18일

내무부장관

출처 : 사단법인 한국지적학회, 2006, 『한국지적학회30년사』, p.43.

[그림 6-7] 한국지적학회의 법인설립 허가증

그 후 1992년 2월 25일에 한국지적학회를 사단법인 한국지적학회로 개편하기 위하여 대한지적공사에서 17명의 발기인이 참석하여 설립총회를 개최하였으며, 같은 해 5월 18일에 내무부장관으로부터 [그림 6-7]과 같이 법인설립허가를 받아 주사무소를 서울특별시 영등포구 여의도동 45번지로 법인등기를 완료함으로써 사단법인 한국지적학회가 설립되었다.

## 2.2 설립목적

1976년 8월 31일에 한국지적학회 창립총회를 개최하면서 창립총회 의장 원영희가 발표한 창립취지문에서 "회원 상호간의 협동으로 지적에 관하여 풍부한 운영경험을 살려 학술적 연구의 체계화를 촉진함으로써 한국지적제도의 급속한 발전과 나아가서는 전 세계 지적제도의 발전에 까지 크게 이바지 할 것을 목적으로 여기에 한국지적학회(The Cadastral Society of Korea)를 창립한다."고 설립 목적을 제시하였다.

이어서 "한국지적학회는 지적에 관하여 체계적으로 학술을 연구 발표하고, 전문서지를 발행하며, 수련회 등을 개최하고 전문지식을 요하는 사항을 조사・감정하며, 국내・외의 학술을 교류하고, 업무의 개선방안을 정부에 건의하며, 지적상을 제정 유공자를 표창함으로써 지적발전에 일로 매진할 것을 엄숙하게 맹서한다."고 천명(闡明) 함으로써 지적학회의 활동방향을 제시하였다.

그러나 오늘날의 한국지적학회의 설립목적은 정관 제2조에 "지적 및 관련학문에 관한 연구・발표 등 학술적 활동과 이와 관련된 활동을 통해 지적학의 학문적 발전과 국가발전에 기여함을 목적으로 한다."고 규정하고 있다.

## 2.3 조직과 회의

한국지적학회의 회원은 명예회원・정회원・준회원으로 구분하되 명예회원은 학회활동에 적극적으로 찬조하는 국내 및 국외의 저명인사를 대상으로 하였으며, 학회활동에 정회원으로서의 예우를 받지만 선거권・피선거권 및 의결권은 부여하지 아니하였다.

한국지적학회의 임원은 회장 1인・제1부회장・제2부회장・제3부회장 각 1인・이사 10인 이상 30인 이내・감사 2인으로 구성하도록 규정하였으며, 임원의 자격은 지적에 관한 학식과 경험이 풍부하고 덕망이 있는 회원 중에서 총회에서 선임하도록 규정하였고, 회장・부회장・이사의 임기는 3년, 감사의 임기는 2년으로 하되, 연임할 수 있도록 규정하였다.[8)]

그러나 현재는 정관 제11조에 임원은 회장 1인・부회장 5인(당연직 부회장 2인 포함)・이사 50인 이내(회장, 선출부회장, 학술위원장, 편집위원장을 등기이사로 함)・감사 2인・총

8) 사단법인 한국지적학회, 2006, 『한국지적학회30년사』, pp.15~16.

무이사로 구성하도록 규정하고, 임원의 임기는 2년으로 규정하고 있다.

회의는 정관 제19조에 총회, 이사회 및 회장단회로 구분하여 개최하도록 규정하고 있으며, 제22조에 총회는 정기총회와 임시총회로 구분하고 정기총회는 매년 1회 개최하고, 임시총회는 회장이 필요하다고 인정하거나 이사회의 의결 또는 정회원 30인 이상의 서면 요구가 있을 경우 개최하고 [그림 6-8]과 같이 그 의장이 되도록 규정하고 있다.

주 : 원영희 초대 회장이 한국지적학회 이사회를 개최하는 모습.(1982)
출처 : 사단법인 한국지적학회, 2006, 『한국지적학회30년사』, 화보.

[그림 6-8] 한국지적학회 이사회 개최

## 2.4 연구체제

1976년 8월에 한국지적학회를 창립하면서 지적의 학술적인 연구를 위하여 〈표 6-1〉과 같이 18개 전문분야별로 구분하여 분과위원회를 설치하고 전문적으로 연구개발을 할 수 있도록 지적학회의 체제를 갖추었다.

〈표 6-1〉 한국지적학회의 분과위원회와 업무범위

| 분과위원회 | 업무범위 | 분과위원회 | 업무범위 |
|---|---|---|---|
| 지적행정 | 지적의 운영방향<br>지적공부의 보관<br>지적기술자<br>지적단체<br>주거표시제도<br>등기제도와의 조화문제<br>다른 분과의 주관에 속하지 않는 사항 | 기초측량 | 삼각측량<br>삼변측량<br>다각측량<br>삼각점 성과표, 명세표<br>측지경위도, 방위각<br>좌표조직 |

| | | | |
|---|---|---|---|
| 지적관계 법규 | 지적법<br>지적법 부수법령<br>기타 관계법규 | 천문측량 | 천문경위도, 방위각<br>천문상수<br>천문력서 |
| 지적사 | 한국 지적의 역사<br>외국 지적의 역사 | 사진측량 | 지상사진측량<br>항공사진측량 |
| 지적정리 | 토지소재<br>지번<br>지목<br>면적<br>경계<br>토지소유권<br>토지검사<br>지적공부 오류정정<br>지적공부의 이동정리 | 지적측량기계 | 측도기계<br>일반측량기계<br>천문관측용기계<br>사진측량용기계<br>전파, 광파측거기<br>전자계산기<br>제도기<br>계산기 |
| 수치지적 | 수치지적의 계획, 실시, 관리 | 제도 | 지적공도의 개조, 신조<br>지적공도의 정리 |
| 토지평가 | 토지의 평가 | 적산 | 지적산정 |
| 토지세제 | 토지에 대한 세의 과징 | 지적전산화 | 지적업무의 컴퓨터화를 위한 계획, 실시, 관리 |
| 세부측량 | 신규측량<br>분할측량<br>경계정정측량<br>경계감정측량 | 지적도의 축척 변경 | 축척변경 실시<br>면적증감처리<br>경계변동처리 |
| 확정측량 | 구획정리지구계측량<br>가구계측량<br>필지계측량 | 해외 지적제도 | 외국의 지적제도<br>국제지적기구<br>외국 도서의 번역 |

출처 : 사단법인 한국지적학회, 2006, 『한국지적학회30년사』, pp.11~12.

## 2.5 주요사업

한국지적학회의 주요사업은 창립취지문에서 천명한 것과 같이 지적에 관하여 체계적으로 학술을 연구 발표하고, 전문 서지를 발행하며, 수련회 등을 개최하고, 전문지식을 요하는 사항을 조사·감정하며, 국내·외의 학술을 교류하고, 업무의 개선방안을 정부에 건의하며, 지적상을 제정하여 유공자를 표창하는 것을 주요사업으로 설정하였다.

그러나 현재는 정관 제4조에 다음과 같은 사업을 수행 할 수 있도록 규정하고 있다.

1) 지적학 및 이에 관련된 학술연구 및 발표
2) 학술연구지 및 기타 도서의 발행
3) 국내외 관련단체와의 학술교류 및 회의
4) 정부, 공공단체, 기타의 기관이 의뢰하는 지적에 관한 교육, 자문 및 용역
5) 포상 및 장학사업
6) 그밖에 학회의 목적달성을 위하여 필요한 사업

## 2.6 주요활동 상황

한국지적학회의 창립 후 주요활동 상황은 학회지의 발간을 들 수 있다. 1976년에 한국지적학회를 설립하고 1977년 11월 15일 [그림 6-9]와 같은 『한국지적학회보(韓國地籍學會報)』 창간호를 발간하였으나 논문은 게재하지 않았으며, 1979년 12월 31일 통권 제2호를 발간하여 3편의 논문을 게재하였고, 1981년부터 1989년까지 통권 제8호를 발간하였으나 1990년부터 1992년까지는 학회지를 발간하지 못하였다.

그 후 1992년에 사단법인 한국지적학회로 개편한 후 1993년 9월 20일에 [그림 6-10]과 같은 『한국지적학회지』를 재 창간하여 발간하였으며, 1993년부터 1997년까지는 연 1회 발간하였고, 1998년부터 현재까지는 연 2회에 걸쳐 [그림 6-11]과 같은 학회지를 발간하고 있다.

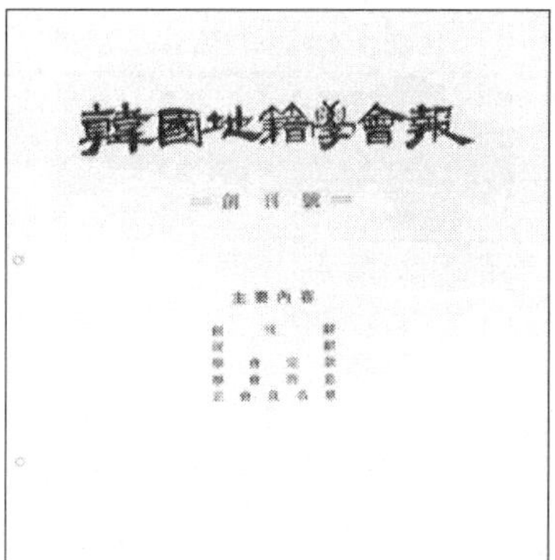


출처 : 한국지적학회, 2007, 『한국지적학 30년사』 화보.(1977.11.15.)

[그림 6-9] 『한국지적학회보』 창간호

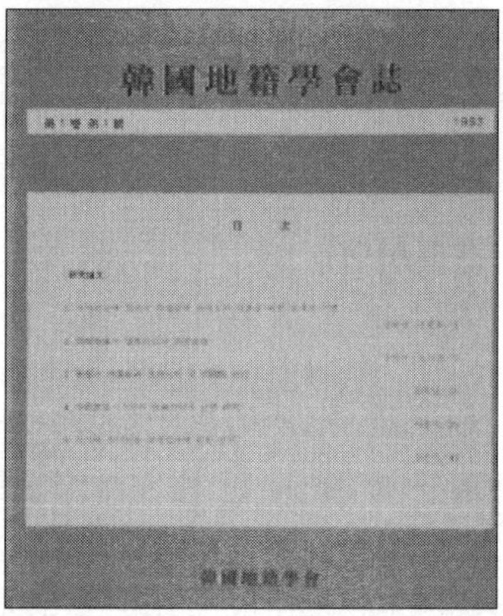


출처 : 한국지적학회, 2007. 『한국지적학회30년사』. 화보.(1993.9.20.)

[그림 6-10] 『한국지적학회지』 창간호

출처 : 대한지적공사 지적연수원 자료실.(2007.10.)

[그림 6-11]『한국지적학회지』

그리고 2003년에『한국지적학회지』가 한국학술진흥재단의 등재후보학술지로 선정되었으며, 2006년에 등재학술지로 전환되어[9] 지적분야의 유일한 전문학술지로 발전하고 있으며, 사단법인 한국지적학회로 개편한 후 1993년부터 2016년 말까지 제32권 제3호의『한국지적학회지』를 발간하였다.

한국지적학회의 주요활동 상황은 1985년 3월에 내무부와 대한지적공사의 후원으로 일본과 대만의 지적전문가를 초청하여 [그림 6-12]와 같이 최신지적제도에 관한 국제학술회의를 전국경제인연합회관 국제회의실에서 개최하였다.

주 : 일본 도시지역의 지적조사사업에 관한 논문을 발표하는 니시타니 노보루(西谷昇) 토지가옥 조사사회연합회 이사(우측 원내)
출처 : 대한지적공사. 1985.3. 『지적』 통권 제120호. p.16.

[그림 6-12] 국제학술회의

9) http://www.krf.or.kr/KHPapp/database/database.(2008.8.20.)

이어서 1993년에 대한지적공사의 후원으로 토지등록공시제도의 통합방안에 관한 간담회를 대한지적공사 회의실에서 개최하였으며, 1996년에 내무부와 대한지적공사의 후원으로 독일의 한스 크놉(Hans Knoop) 박사를 초청하여 독일의 지적제도와 통일 독일의 지적공부정리방안 등에 관한 국제학술강연회를 대한지적공사 회의실에서 개최하였다.

그리고 1996년에 한국지적학회 창립 20주년 기념 학술세미나를 대한지적공사 지적기술연구소 강당에서 개최하였으며, 1999년에 신구대학 강당에서 학술세미나를 개최하였고, 2002년부터 매년 정기적으로 학술대회를 개최하여 연구결과에 대한 발표와 토론이 활발하게 이루어지고 있다.

## 3 지적의 날 제정

### 3.1 제정경위

1975년 12월 31일에 지적사무의 전산화를 추진하는 등 현대적인 지적제도의 기틀을 마련하고 지적의 중요성을 재인식하며 지적인의 사회적 지위향상과 측량기술의 향상을 위하여 「지적법」 제1차 전부 개정(1975.12.31. 법률 제2801호)을 하였다.

이어서 1976년 5월 7일에 지적법 시행령을 전부 개정(1976.5.7. 대통령령 제8110호)하고, 같은 날 새로이 지적법 시행규칙을 제정(1976.5.7. 내무부령 제208호)하여 「지적법」을 법(法) · 령(令) · 규칙(規則)으로 체계화하고 동일자로 시행하였다.

전부 개정된 「지적법」은 1910년대에 창설된 지적제도를 현대화하기 위하여 한문자 위주의 북동기번법(北東起番法)을 아라비아숫자 위주의 북서기번법(北西起番法)으로 전환하였으며, 면적의 등록단위를 척관법에서 미터법으로 전환하였고, 토지 · 임야대장의 카드화, 토지소유자의 주민등록번호 등록, 필지별 고유번호의 개발 등록, 수치측량제도의 도입과 수치지적부의 신설, 지목 · 토지이동사유 · 소유권변동원인 등의 코드번호 개발 등록 등 현대적인 지적제도의 도입을 위한 제도적인 장치를 마련하고 같은 해 5월 7일부터 시행하였다.

지적의 날은 〈표 6-2〉와 같이 6개 안을 검토한 결과 「지적법」 제1차 전부 개정으로 지적제도를 현대화하기 위한 전기를 마련한 계명적 뜻이 있으며 연중 비교적 업무가 적고 계절적으로 좋은 시기인 점 등을 고려하여 매년 5월 7일을 지적의 날로 제정하게 되었다.[10]

〈표 6-2〉 지적의 날 선정(안)

| 구 분 | 일 자 | 사 유 | 비고 |
|---|---|---|---|
| 제1안 | 3월 15일 | 토지조사사업 착수일 | 1910. |
| 제2안 | 11월 2일 | 토지조사사업 완료일 | 1918. |
| 제3안 | 1월 24일 | 조선지적협회 설립일 | 1938. |
| 제4안 | 5월 1일 | 대한지적협회로 명칭변경일 | 1949. |
| 제5안 | 12월 1일 | 지적법 제정일 | 1950. |
| 제6안 | 5월 7일 | 지적법 제1차 전부 개정 시행일 | 1976. |

출처 : 내무부, 1978.4, "지적의 날 제정계획", p.2.

지적의 날 제정은 1977년 5월에 대한지적협회 박승원(朴勝遠) 서무이사가 국가에는 그 기원이 있어 그 날을 개천절로 기념하고 사가(私家)에는 족보가 있어 선대를 기리는 제(祭)를 올리며, 개인에게는 생일이 있어 그 날을 축하하는데, 하물며 오랜 전통과 역사적 배경을 가지고 있는 지적인의 기술단체가 어찌 창립기념일이 없어서야 되겠느냐? 하는 지적을 하였고, 1949년 5월 1일에 정부수립과 함께 우리의 손으로 조선지적협회를 대한지적협회로 명칭을 변경하여 다시 발족한 날을 기념하기 위하여 매년 5월 1일을 지적의 날로 정하자는 제안을 한 바 있었으나,[11] 이러한 제안은 대한지적협회의 창립기념일을 제정하자는 주장과 다를 바가 없어 크게 주목을 받지 못하였다.

그 후 1978년 초에 내무부에서 지적제도의 발전을 위하여 지적인 전체가 한자리에 모여 학술세미나와 기술경연 및 체육대회 등을 할 수 있는 지적의 날 제정 기본계획을 수립하여 김치열(金致烈) 장관의 결심을 받아 1978년 4월 24일에 지적의 날 제정안이 확정되었으며,[12] 같은 해 5월 7일에 제1회 지적의 날 기념식을 개최하게 되었다.

지적의 날은 국경일에 관한 법률이나 각종 기념일 등에 관한 규정에 의하여 제정하는 것이 불가능하다는 판단에 따라 당시 내무부장관의 결심을 얻어 자체적인 기념일로 제정하게 되었다.

10) 내무부, 1978.4, "지적의 날 제정계획", p.2.
11) 박승원, 1977.5, "5월 1일을 지적의 날로 정하자", 『지적』, 대한지적공사, pp.14~15.
12) 박순표, 1979.4, "제2회 지적의 날을 맞으면서", 『지적』, 대한지적공사, p.31.

제1회 지적의 날 기념식 축사에서 김치열 내무부장관은 지적의 날 제정은 오직 일선에서 왕성한 책임감과 창의와 노력을 다한 전체 지적인의 헌신에 따른 결실이라고 지적하고, 지적인 여러분들이 산야를 누비며 새마을 사업과 취락구조개선 사업에 솔선하여 협력하고 측량기술을 혁신적으로 개발하여 선진국 수준의 지적측량업무를 수행하고 있음을 치하하였다.[13]

그리고 이용택(李龍澤) 대한지적공사 사장은 지적의 날 제정 기념식 식사에서 지적법의 전부 개정 시행일인 5월 7일을 택하여 지적의 날로 제정해 주신 김치열 내무부장관을 비롯한 내무부 관계관 여러분께 감사를 드린다고 전제하고, 과학문명의 첨단인 전파기 · 광파기 · 항공사진측량 · 천문측량 · 수치측량 등의 새로운 기기와 기술을 도입하여 국가발전에 기여하고 우리의 역량을 해외에 과시하여 외화획득사업까지 발전시키라는 당부로 알고 조국근대화의 기수가 될 것을 맹서하였으며,[14] 당시 이종호(李鍾虎) 대한지적공사 부사장은 제1회 지적의 날 제정 기념식 경과보고에서 지적의 날 제정은 전국의 5천여 지적인 들에게 뜻 깊은 선물이며 크나큰 낭보(朗報)가 아닐 수 없다고 전제하고, 지적사무에 종사하는 자의 단합을 위한 체육대회는 내무부장관이 내려주신 우승기 아래 각 시 · 도 지적건아와 대학과 전문대학 지적전공 학생이 힘을 겨루는 축전이 되었다고 보고하였다.[15]

## 3.2 제정목적

지적의 날 제정 목적은 "지적의 중요성을 재인식하고 지적발전을 도모하기 위하여 학술 진흥과 기술 연마 및 지적인의 총화체제를 확립하는 한편 관계 종사원의 사기를 앙양시키기 위하여 지적의 날을 제정한다."[16]고 내무부의 지적의 날 제정 기본계획에 명시되어 있으며, 비록 지적의 날이 법률이나 규정에 의하여 제정되지는 않았으나 정체되고 소외된 지적사무를 발전적이고 희망적으로 개선해 나갈 목적으로 제정하였다.[17]

지적의 날 제정계획에 의하면 그 목적을 크게 나누어 세 가지로 구분할 수 있다.

첫째, 지적제도의 개선발전을 유도하기 위하여 국내 · 외 교수와 전문가를 초청하여 지적직 공무원과 대한지적공사 직원 및 대학과 전문대학의 교수와 학생들이 참여하는 지적

13) 김치열, 1978.6, "지적의 날 제정 기념축사", 『지적』, 대한지적공사, pp.14~15.
14) 이용택, 1987.6, "지적의 날 제정 기념식사", 『지적』, 대한지적공사, pp.16~17.
15) 이종호, 1978.6, "전지적인에게 뜻 깊은 선물이며 크나 큰 낭보", 『지적』, 대한지적공사, pp.14~15.
16) 내무부, 1978.4, 앞의 계획, p.1.
17) 박순표, 1979.4, 앞의 논문 p.31.

학술세미나를 개최하고, 지적측량에 따른 관측・계산 등 지적기술에 관한 실무능력과 제도(製圖)・적산(積算)・지적도면 작성 등 지적기능에 관한 실무능력을 향상시키기 위하여 지적기술 및 기능경연대회를 개최하는 것이다.

둘째, 지적인들의 사기를 높이고 긍지와 자부심을 갖도록 지적직 공무원이나 지적공사 직원・교수・학생 기타 유관기관 등 각 분야에서 지적발전에 공헌한 자를 선정하여 내무부장관과 지적공사 사장이 표창 또는 감사패를 수여하는 것이다.

셋째, 지적인들의 화합과 단결을 위하여 지적직 공무원・대한지적공사 직원 및 대학과 전문대학의 교수와 학생들이 참여하는 체육대회를 중앙 또는 시・도지사별로 개최하는 것이다.[18]

그리고 지적의 날 행사는 대한지적공사에서 주관하고 내무부에서 후원하며, 지적공사는 당일을 공휴일로 제정하고, 원활한 행사를 추진하기 위하여 내무부장관을 고문으로 하고 지적공사 사장을 위원장, 내무부 지적과장 외 2인과 지적공사 임원 및 대학의 지적학과장을 위원으로 하는 추진위원회를 구성 운영하도록 계획하였다.[19]

## 3.3 주요 행사

1978년 4월 24일에 내무부에서 지적의 날 제정안이 확정된 후 같은 해 5월 7일에 제1회 지적의 날 기념식을 거행한 후 매년 실시하였으나, 1998년에는 IMF 경제위기로 인하여 기념행사를 생략하였다. 그러나 매년 행정자치부 주최・대한지적공사 주관・한국지적학회 후원으로 지적세미나를 개최하는 관계로 지적의 날 기념 지적학술세미나는 1997년과 2001년 및 2004년 3회에 걸쳐 개최하였으며, 체육대회와 우수 기관 및 직원표창・유관기관 감사패 수여 위주로 기념행사를 실시하였다.

지적의 날 제정 초창기와 주요 지적의 날 기념행사 현황은 다음과 같다.

### 3.3.1 제1회 지적의 날

제1회 지적의 날 기념식은 1978년 5월 7일에 [그림 6-13]과 같이 대한지적공사 대강당에서 개최되었다.

이날의 기념식에는 이용택 사장을 비롯한 임직원과 내무부장관을 대리한 지방행정차

18) 박순표, 1979.4, 앞의 논문, p.32.
19) 내무부, 1978.4, 앞의 계획, pp.1~2.

관보와 관계관 및 관계 · 학계 · 유관기관의 내빈 등 320여 명이 참석하여 지적의 날 제정 의의와 기념일을 축하하였으며, 우수 직원 표창 · 체육대회 등의 행사를 실시하였으며,[20] 지적의 날 기념식에는 내무부장관 표창 4명, 대한지적공사 사장 표창 27명, 기타 유관기관 인사 4명에게 감사패가 수여되었다.

출처 : 대한지적공사 홍보팀.(2004.10.)

[그림 6-13] 제1회 지적의 날 기념식

## 3.3.2 제2회 지적의 날

제2회 지적의 날 기념식은 1979년 5월 6일부터 7일까지 양일간에 걸쳐 구자춘(具滋春) 내무부장관을 비롯한 이철희 · 조일제 · 변우량 · 한옥신 · 이준섭 등 국회의원 외 다수의 귀빈과 각 시 · 도 지적과장, 지적공사 직원 등 500여 명의 지적인들이 참가하여 기념식을 거행하였으며, 다음과 같이 우수 직원에 대한 표창, 학술세미나, 측량장비전시회 및 지적인 체육대회 등을 개최하였다.[21]

### ① 우수 직원 표창

제2회 지적의 날 행사에서는 구자춘 내무부장관의 치사와 사장의 기념사에 이어 우수 직원에 대한 표창과 유관기관 인사에 대한 감사패 수여가 있었다.

### ② 지적학술 세미나

제2회 지적의 날 기념 학술세미나는 500여 명의 지적기술자가 참석했다. 학계에서는 서울시립산업대학〈현 서울시립대학교〉의 백은기 교수 · 관계에서는 서울시 김원태 지적

20) 대한지적공사, 1989, 앞의 책, pp.721~722.
21) 대한지적공사, 1989, 위의 책, p.723.

계장 · 업계에서는 지적기술연수원의 원영희 교수가 각각 연구논문을 발표하였다.

③ 측량장비 전시회

측량장비 전시회는 1979년 5월 6일부터 12일까지 대한지적공사 본사 1층과 4층에서 지적공사 보유 장비와 각 회사에서 출품된 장비 137종 518개 품목을 전시하여 성황리에 개최하였는데 지적공사에서 25종 30개 품목을, 국내 각 회사에서 112종 488개 품목을 출품하였다.

④ 체육대회

지적의 날 기념식이 끝난 후 여의도중학교에서 1,000여 명의 지적인들이 참가한 가운데 탁구 · 정구 · 100m 달리기 · 400m 계주 · 줄다리기 등의 체육대회를 개최했다.

### 3.3.3 제3회 지적의 날

제3회 지적의 날 기념식은 1980년 5월 7일 내무부장관을 대리한 최종호 차관보를 비롯하여 오준석 · 이병희 · 함종찬 · 이상신 · 이영근 · 이상익 · 신동관 · 김영광 등 국회의원과 김용운 조흥은행장을 비롯한 금융계 대표 · 조광희 농업진흥공사 사장 외 국영기업체장 · 유관기관장 · 언론계 등 100여 명의 외빈과 본사 및 서울시 관내 지적인 500여 명이 참가하였으며, 우수 직원에 대한 표창 · 학술세미나 · 체육대회 등을 개최하였다.

① 우수 직원 표창

제3회 지적의 날 기념행사에서는 내무부장관의 표창 및 감사패가 19명, 사장표창 및 감사패가 53명에게 수여되었다.

② 지적학술 세미나

제3회 지적의 날 기념 지적학술세미나는 400여 명의 지적기술자가 참석한 가운데 지적공사 대강당에서 개최되었다.

관계에서는 김원태 서울시 지적계장 · 김용식 경남 진양군 지적계장 · 신동주 대전시 동구 지적과장이, 대한지적공사에서는 이형종 지적기술연수원 교수 · 정문수 대전시 동구 출장소장 · 김천근 경남지사 진양군출장소 직원이 각각 연구논문을 발표하였다.

③ 체육대회

제3회 지적의 날 기념 체육대회는 전국단위로 거행했던 1979년과는 달리 전국 11개 시 · 도 지사별로 5월 7일을 기점으로 일제히 개최하였다.

대표적으로 서울지사는 서울 관악구 상도중학교에서 내무부 · 본사 · 서울시 및 관내구청 · 전문대학 등 모두 11개 팀이 출전하고 지적인 가족 등 700여 명이 참여하여 진행되었으며 경기종목은 배구 · 탁구 · 줄다리기 · 400m 계주 등의 체육대회를 개최하였다.

### 3.3.4 제24회 지적의 날

제24회 지적의 날 기념식은 2001년 5월 6일부터 11일까지 6일간 국제측량사연맹 상임위원회(FIG Working Week 2001)와 병행하여 서울 쉐라톤 워커힐호텔 컨벤션센터에서 성황리에 개최하였다.[22]

행정자치부장관을 대리한 정영식(丁榮植) 차관을 비롯하여 김재영(金在榮) 대한지적공사 사장 · 최재화(崔在和) 대한측량협회장 · 미국인 로버트 포스터(Robert Foster) 국제측량사연맹회장 등이 참석하였다.

서울에서 개최된 국제측량사연맹 상임위원회는 새 천년 새 기술(New Technology for a New Century)이라는 주제로 47개국에서 960여명이 참가하여 137편의 논문을 발표하였으며, 우리나라는 28편의 논문을 발표하였다.[23] 우리나라에 근대적인 측량기술이 도입 된지 1세기만에 최초로 서울에서 세계 각국의 측량기술자들이 한자리에 모여 최신 측량기법에 관한 지적학술 세미나를 개최하여 정보교환과 기술교류의 장을 마련하고 한국의 문화를 체험할 수 있도록 하였다.

### 3.3.5 제27회 지적의 날

제27회 지적의 날 기념식은 2004년 5월 6일부터 8일까지 매년 개최하는 지적세미나와 병행하여 제주도의 한화리조트에서 개최되었다. 행정자치부와 제주도 관계관 · 류병찬 대한지적공사 사장 직무대행 · 강석진(姜錫眞) 한국지적학회장 · 조규전(曺圭田) 대한측량협회장 · 김감래(金甘來) 한국측량학회장 등 200여명이 참석한 가운데 개최되었다.

제27회 지적의 날 기념행사에서는 우수 공무원과 공사 직원들에게 행정자치부장관 표창을 비롯하여 훈 · 포장을 수여하고, 우수 기관에게 대한지적공사 사장 표창을 하였다. 그리고 지적측량분야 5편, 지적행정분야 4편, 특별연구과제 5편의 논문이 각각 발표되었으며, 외국의 최신기술동향을 소개하기 위하여 일본의 GPS솔루션주식회사 카미사키(神崎政之)가 "전자기준점을 이용한 GPS데이터 서비스"라는 연구 논문을 발표하였다.

---

22) 대한지적공사, 2001, 『2001 국제측량사연맹 상임위원회 결과보고서』, p.239.
23) 대한지적공사, 2001, 앞의 보고서, pp.128~130.

### 3.4 유공자 표창 및 포상

지적의 날 중요 행사 중의 하나가 우수 직원 및 우수 기관에 대한 내무부장관 표창과 국가의 포상 및 대한지적공사 사장 표창을 수여하여 직원들의 사기를 진작시키고, 유관 기관의 직원과 지적발전에 공헌한 인사들에게 지적공사에서 감사패를 증정하였다.

특히 1995년 제18회 지적의 날에는 지적대상(地籍大賞)제도를 신설하여 우리나라 지적 80년사에 최초로 김갑수 신흥전문대학 교수가 박경석 대한지적공사 사장으로부터 지적대상과 부상으로 3백만원을 수여받는 영광을 안게 되었으나, 그 후 지적대상제도를 계승 발전시키지 못하였다.

그리고 자랑스러운 지적인 가족상 제도를 신설하여 지적인 가족 중에서 국가와 사회를 위하여 지대한 공헌을 하거나 스포츠를 통하여 국위를 선양한 모범 가족을 선정하여 상패와 부상을 수여하였으며, 1999년부터 대통령과 국무총리 표창을 수여하고 2001년부터는 훈장과 포장을 수여하여 지적직 공무원들과 대한지적공사 직원들의 사기를 크게 진작시키고 있었으나, 이제 지적의 날이 사라졌으니 안타깝기 그지없다.

## 4 지적장학회 설립

### 4.1 설립경위

내무부장관의 정책 결정에 따라 지적분야의 유능한 인재를 양성하기 위하여 대한지적공사에 지적장학회의 설립을 추진하도록 지시함에 따라 1996년 2월 15일 대한지적공사 회의실에서 지적장학재단설립 발기인 총회를 개최하였다.

총회에는 당시 박경석 대한지적공사 사장을 비롯하여 조성구 부사장 · 박순표 · 정선철 · 박영근 · 조재열 등 대한지적공사의 간부와 류병찬 내무부 지적과장이 참석하였으며, 이어서 같은 해 3월 26일에 [그림 6-14]와 같이 서울특별시교육감의 법인설립허가를 받아 지적공사에서 5억원의 기금을 출연한 재단법인 지적장학회를 설립하고 같은 달 30일 등기를 완료하였으며, 법인의 사무소는 대한지적공사에 두도록 하였다.

## 4.2 설립목적

지적학을 연구하는 학생들의 면학분위기를 조성하고 장학금 또는 연구비의 지원을 통하여 우수 학생을 장학 · 후원함으로써 지적제도의 발전에 기여할 유능한 지적기술 인재를 양성할 목적으로 1996년에 대한지적공사에서 기금을 출연하여 지적장학회(地籍奬學會)를 설립하였으며, 그 후 매년 지적장학회에 기금을 출연하였다.

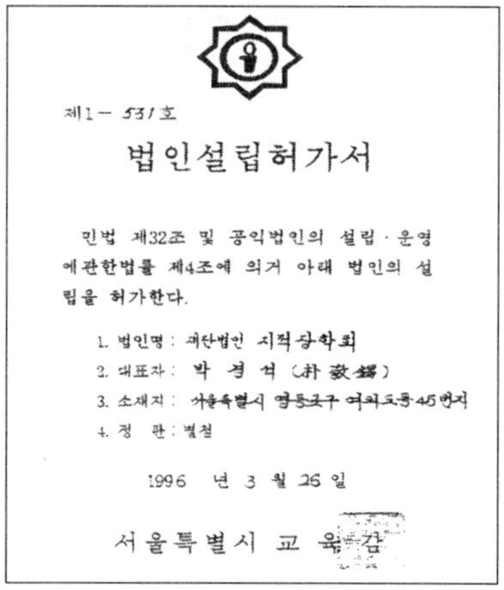

제1-531호

법인설립허가서

민법 제32조 및 공익법인의 설립 · 운영에관한법률 제4조에 의거 아래 법인의 설립을 허가한다.

1. 법인명 : 재단법인 지적장학회
2. 대표자 : 박 경 석 (朴敬錫)
3. 소재지 : 서울특별시 영등포구 여의도동 45번지
4. 정 관 : 별첨

1996 년 3 월 26 일

서울특별시 교육감

출처 : 재단법인 지적장학회 사무국.(1996.)

[그림 6-14] 재단법인 지적장학회 설립허가서

## 4.3 주요사업

지적장학회의 주요사업은 지적학을 전공하는 학생에 대한 장학금 지급 · 지적직 공무원 또는 지적공사 직원으로 근무하다가 사망한 직원의 유사녀에 대한 장학금 지급 · 지적분야 종사자와 그 자녀에 대한 장학금 지급 및 지적과 관련된 학문을 연구하는 자에 대한 연구비 지원 등의 사업을 하고 있다.

1996년 8월 1일 제1회 임시이사회를 개최하여 장학회운영세칙(안)과 사업계획(안) 및 세입세출예산(안)을 심의 의결하였으며, 이어서 같은 해 8월 22일에 최초로 전국의 대학과 전문대학의 지적학과 성적 우수학생 16명에게 장학금을 지급하였다. 지적장학재단 설립 이후 대한지적공사에서 매년 장학기금을 출연하였으며, 이 기금을 토대로 하여 1996년부터 매년 고등학교와 전문대학 및 대학교의 지적학과 우수 학생들에게 [그림 6-15]와 같이 장학금을 수여하고 있다.

주 : 지적장학회 회장(전춘우 전 대한지적공사 사장)이 대학과 전문대학 지적학과 우수 학생에게 장학금을 지급하고 있다.
출처 : 대한지적공사 홍보팀.(1999.11.)

[그림 6-15] 지적장학회의 장학금 지급

### 4.4 조 직

지적장학회는 이사장 1인과 이사 4인 및 감사 2인으로 구성하고 이사의 임기는 4년·감사의 임기는 2년으로 하도록 규정되어 있다. 이사회는 법인의 예산·결산·차입금 및 자산의 취득 처분과 관리에 관한 사항, 정관의 개정에 관한 사항, 법인의 해산에 관한 사항, 임원의 임면에 관한 사항, 사업에 관한 사항, 정관의 규정에 의하여 그 권한에 속하는 사항 및 기타 법인의 운영상 중요하다고 인정되어 이사장이 부의하는 사항에 대한 심의·의결기능을 담당하고 있다.

## 5 지적관련 도서 발간

지적관련 도서의 발간은 대한제국 시대 이전에는 찾아보기가 힘들 정도로 어려우며, 주로 광복 후인 현대에 들어와서 활발하게 진행되었다.

특히 전문대학과 대학에 지적학과가 설치되면서 지적관련 도서의 발간이 두드러지게 늘어났다.

광복 이전에 발간된 지적관련 도서는 대부분 정부기관이나 조선총독부에서 발간되었고 전문가에 의하여 출판사에서 발간하여 판매한 도서는 거의 없는 실정이었다.

따라서 광복 후 시대에 한하여 국가기관이나 대한지적공사 · 한국지적학회 및 기타 단체 등에서 발간한 비매품 도서와 문제집 등 수험서를 제외하고, 1972년에 발간된 「해설지적학」을 비롯하여 2010년까지 출판사에서 발간하여 시중에서 판매되었던 이론서 위주의 지적학 · 지적법 · 지적사 등에 관한 주요 도서의 발간 현황은 〈표 6-3〉과 같다.

〈표 6-3〉 광복 후 지적관련 주요 도서의 발간 현황

| 발간 연도 | 저 자 | 도서명 | 발행기관 |
|---|---|---|---|
| 1972. | 원영희 | 해설지적학 | 보문출판사 |
| | 원영희 | 한국지적사 | 보문출판사 |
| 1975. | 원영희 | 응용천문학 | 보문출판사 |
| 1977. | 원영희 | 지적법해설 | 보문출판사 |
| 1979. | 원영희 | 지적학원론 | 홍익문화사 |
| 1982. | 김갑수 | 지적행정학개론 | 신라출판사 |
| 1989. | 리진호 | 대한제국 지적 및 측량사 | 도서출판 토지 |
| 1991. | 리진호 | 증보 대한제국 지적 및 측량사 | 도서출판 토지 |
| | 류병찬 | 지적법 | 남광출판사 |
| 1993. | 류병찬 | 지적법(제1전정판) | 남광출판사 |
| | 박순표, 최용규, 강태석, | 지적학개론 | 형설출판사 |
| 1996. | 류병찬 | 지적법(제2전정판) | 건웅출판사 |
| | 류병찬 | 지적공부정리실무 | 남광출판사 |
| | 김석종 | 지적법해설 | 일일사 |
| 1999. | 리진호 | 한국지적史 | 바른길 |
| 2001. | 지종덕 | 지적의이해 | 기문당 |
| | 이왕무 | 지적법 | 법서출판사 |
| | 이왕무 | 지적학 | 동화기술교역 |
| | 류병찬 | 최신지적학 | 건웅출판사 |
| 2002. | 김영학 | 최신지적법 | 예문사 |
| | 지종덕 | 지적법요론 | 신양사 |
| | 류병찬 | 지적법(제3전정판) | 건웅출판사 |
| 2003. | 김영학 | 최신지적법 | 예문사 |
| 2005. | 류병찬 | 지적법해설(제4전정판) | 건웅출판사 |

| | | | |
|---|---|---|---|
| 2006. | 이성화 | 최신지적법해설 | 글 익는 들 |
| | 류병찬 | 최신지적학(제1전정판) | 건웅출판사 |
| | 김추윤 · 김별 | 측량사 | 도서출판 제3공간 |
| 2008. | 류병찬 | 신편한국지적사 | 보성각 |
| 2009. | 김추윤 · 김별 | 측량사 | 도서출판 바른길 |

출처 : 대한지적공사, 2005(b), 『한국지적백년사』, pp.1172~1173. ; 류병찬, 2006, 『한국지적교육총람』, pp.171~186. ; http://www.kyobobook.co.kr.(2011.10.10.) 보완 작성.

# 6 『대한지적공사50년사』 발간

## 6.1 발간경위

1973년에 대한지적공사에서 사사편찬계획(社史編纂計劃)을 수립하여 1차 시도를 하였으나 빛을 보지 못하였으며, 다시 1978년에 사사편찬자료 수집위원회를 구성하여 대대적으로 자료발굴에 나섰으나 별다른 성과를 얻지 못한 채 중도에 손을 놓고 말았다.

이어서 1983년에 사사편찬 5개년계획을 수립하고 그동안 수집된 자료를 정리하고 추가 자료를 발굴하여 1989년 12월에 『대한지적공사50년사』를 발간하였다.[24]

## 6.2 발간기관

『대한지적공사50년사』는 대한지적공사에서 자체적으로 사사편찬위원회(社史編纂委員會)를 설치하고, 당시에 조성구(趙成九) 부사장이 위원장을 하였으며, 김종현(金鐘炫) 과장을 비롯한 내부 직원 4인과 외부 인사 1인을 전문위원으로 위촉하여 추진하였다.

## 6.3 수록내용

『대한지적공사50년사』는 조선지적협회의 설립일인 1938년 1월 24일을 기점으로 설정

24) 대한지적공사, 1989, 앞의 책, 발간사.

하고, 토지조사사업 · 광복 · 전환기 · 공사 시대로 구분하여 기술하였으며, 본문이 200자 원고지 약 4천장, 부록이 약 1천장에 달하는 방대한 자료를 바탕으로 객관적 사실을 기록하려고 노력하였다.[25)]

1989년 12월에 발간된 [그림 6-16]과 같은 『대한지적공사50년사』[26)]는 제1장에 조선총독부와 토지조사 · 조선지적협회의 설립 · 조직 및 기구 · 대행업무의 수탁 · 측량기술교육 등에 관한 사항을 수록하였으며, 제2장에 광복과 대한지적협회 · 지적사무의 재무부관장 · 대한지적협회의 부활과 업무재개 · 조직 및 기구 · 주요업무 · 지적기술자 교육 등에 관한 사항을 수록하였으며, 제3장에 지적관리부서 · 사무소와 사업 · 기구 및 조직 · 정관 · 지적기술자 교육 등에 관한 사항을 수록하였으며, 제4장에 대한지적공사의 정관 · 조직 · 업무 · 지적기술자 교육 · 국제측량사연맹 가입 · 한국지적학회 · 『지적』지 발행 · 지적의 날 등에 관한 사항을 수록하였으며, 부록에 지적년표(地籍年表)를 비롯하여 조선지적협회의 제규정(諸規程) · 임직원현황과 『지적』지 목차 등을 수록하여 870쪽에 달하는 최초의 대한지적공사에 관한 변천사를 발간하였다.

출처 : 대한지적공사 지적연수원 도서실. (2007.)

[그림 6-16]『대한지적공사50년사』

## 7 고등학교 지적과 교과서 발간

### 7.1 발간경위

1995년에 내무부장관의 정책결정에 따라 한국교육개발원에서 지적기능 인력양성 방안을 연구하고 교육부와 협조하여 실업계 고등학교에 지적과를 설치하기로 합의 한 후 1996년부터 2개년 계획으로 지적과에서 사용할 교과서 개발에 착수하였다.

25) 대한지적공사, 1989, 앞의 책, 편집후기.
26) 대한지적공사, 1989, 위의 책, 표지.

지적과에서 사용할 전문 교과서는 내무부와 대한지적공사의 주관 하에 한국교육개발원을 발간기관으로 선정하여 지적일반 · 지적법규 등 이론 교과서 2개 과목과 측량일반 · 지적제도 · 지적전산 · 지적실무 · 지적측량응용 · 지적전산응용 · 지적측량 등 실험 · 실습에 필요한 이론과 기능 · 기술을 수록하고 산업체의 현장 기술을 삽화 · 표 · 도면 · 사진 등으로 구성한 모듈식 교과서 7개 과목을 개발하였다.

1996년에 지적일반 · 지적제도 · 지적전산 · 측량일반 · 지적법규 등 5개 과목을, 1997년에 지적실무 · 지적전산응용 · 지적측량 · 지적측량응용 등 4개 과목을 각각 개발하였으며,[27] 대한지적공사에서 이를 발간하여 해당 학교에 무료로 배포하였다.

## 7.2 목적과 추진체제

지적분야의 환경 변화를 적극 수용하고, 지적재조사사업과 종합토지정보시스템 구축 등을 담당하며, 지적측량보조 · 면적측정 · 도면작성 등 실무에 종사할 현장 적응 능력을 갖춘 지적기능 인력을 양성하기 위한 목적에 부합하도록 고등학교 지적과에서 사용할 교과서를 개발하였다.

교과서의 개발추진체제는 한국교육개발원이 주관하여 문헌연구를 전담하고 집필진과 교육부 · 내무부 · 대한지적공사 · 한국교육개발원의 연구진 등이 참석한 워크숍을 개최하여 교과서의 체제 · 집필지침 · 집필방향 등을 설정하였으며, 지적관련 전문가로 구성된 협의회와 심의회를 구성하여 집필 세목의 검토수정 · 원고본 검토 · 재고본 검토 · 최종안 확정 등의 절차를 거쳤다.

워크숍과 전문가 협의회 및 심의회 · 연구진 · 집필진에는 실업계 고등학교 교사를 비롯하여 대학 교수 · 내무부 · 교육부 · 국립지리원 · 시 · 도 · 대한지적공사 · 한국산업인력관리공단 · 한국직업능력개발원 · 한국법제연구원 · 대한교과서(주) 등 각계각층의 전문가들을 참여시켰으며, 실업계 고등학교의 교과서 · 국내 직업훈련원 및 관련기관의 교과서 · 기업체의 직업훈련 교재 등의 내용과 체제를 조사 분석하여 교육부의 "공고 2 · 1체제" 전문 교과서 개발의 기본 틀에 맞추어 개발하였다.[28] 그리고 2003년에 [그림 6-17]과 같이 대한지적공사가 주관하여 고등학교 교과서 심의위원회를 개최하고 일부 교과서에 대한 수정 보완작업을 추진하였다.

27) 한국교육개발원, 1997, 『실업계 고교 지적과 전문 교과서 개발연구』, pp.3~4.
28) 한국교육개발원, 1997, 앞의 연구, pp.5~7.

주 : 대한지적공사 부사장 류병찬이 교과서 수정 심의위원회를 주관하고 있다.(2003.2.6.)
출처 : 대한지적공사, 2005(b), 『한국지적백년사』, p.67.

[그림 6-17] 고등학교 교과서 심의위원회 개최

## 7.3 수록내용

실업계 고등학교 지적과에서 사용할 전문 교과서는 이론 교과서와 모듈식 교과서로 구분하여 [그림 6-18]과 같이 개발하였으며, 과목별 주요 수록 내용은 〈표 6-4〉와 같다.

출처 : 대한지적공사, 2005(b), 『한국지적백년사』, p.67.

[그림 6-18] 고등학교 지적과 교과서

〈표 6-4〉 고등학교 지적과 교과서의 주요 내용

| 교과서명 | 대단원의 주요 내용 | 개발연도 |
|---|---|---|
| 지적 일반 | 지적의 기초, 지적제도의 발달, 외국의 지적제도, 토지의 등록, 경계와 경계설정, 지적관련 조직 | 1996. |
| 지적 법규 | 지적법의 의의, 지적법의 내용, 지적관련 법률 | 1996. |
| 지적 제도 | 제도의 기법, 지적제도 실무, 면적측정 | 1996. |
| 측량 일반 | 거리측량, 각측량, 삼각측량, 트래버스측량, 수준측량, 평판측량, 스타디아 및 지형측량, 곡선설치, 사진측량 | 1996. |
| 지적 전산 | 지적전산 자료처리, 지적전산 시스템 운영, 1필지 중심의 토지정보시스템 | 1996. |
| 지적 측량 | 지적도근측량, 지적삼각보조측량, 지적삼각측량, 사진측량, GPS 측량 | 1997. |
| 지적 실무 | 지적측량을 하지 않는 토지이동정리, 지적측량을 하는 토지이동정리, 소유권변동에 따른 대장정리, 도면의 작성, 지적민원업무 | 1997. |
| 지적 측량 응용 | 도해세부측량, 수치세부측량, 지적확정측량, 경계복원 및 지적현황측량 | 1997. |
| 지적 전산 응용 | 지적사무 전산시스템 운영, 지적측량 전산시스템 운영 | 1997. |

출처 : 한국교육개발원, 1997, 『실업계 고교 지적과 전문 교과서 개발연구』, p.82, pp.110~116.

## 8 『지적기술교육연구원60년사』 발간

### 8.1 발간경위

1938년 1월 24일에 조선지적협회를 설립하고 재단법인체의 설립요건에 해당하는 기부행위〈정관〉를 작성하고 설립목적을 "지적 및 지세제도의 운용"으로 규정하고, 이러한 목적을 달성하기 위하여 제4조제4호에 측량기술원의 양성사업을 수행할 수 있도록 규정하였다.[29]

조선지적협회는 설립당시부터 지적교육에 관한 측량기술원의 양성사업을 수행할 수 있도록 기부행위에 규정하였으며, 이를 근거로 하여 1939년에 지적측량기술원양성강습

29) 대한지적공사, 2005(b), 앞의 책, p.939.

소를 설치함으로써 체계적으로 근대적인 지적기술교육이 시작되었으며, 그 후 지적측량기술원양성강습소는 명칭변경을 거듭하면서 지적기술교육의 대표기관으로 발전하였다.

그리고 1977년부터 전문대학과 대학에 지적학과를 설치하기 시작하였으며, 1997년부터 고등학교에 지적과를 설치하고, 1984년부터 지적전공 석사과정을, 2000년부터 지적전공 박사과정을 설치하여 세계에서 유래가 없는 체계적이고 전문적인 지적관련 교육을 실시하고 있다.

그러나 우리나라에서 근대적인 지적기술교육이 시작된 지 60여 년이 지났으나 이에 관한 사료를 정리한 문헌이 전혀 없을 뿐만 아니라 귀중한 사료가 하나, 둘씩 분산되거나 멸실될 우려가 있었다.

따라서 1939년에 조선지적협회에서 지적측량기술원양성강습소를 설치하고 근대적인 지적기술교육을 시작한 후 60여 년 간의 지적관련 교육에 관한 변천과 발전과정을 종합정리함으로써 사회 각 분야에 공헌한 지적기술의 중요성을 재조명하고, 지적 및 관련교육 분야에 사료를 제공하여 지적제도의 개선·발전에 기여하고자 1999년에 『지적기술교육연구원60년사』의 발간을 추진하였다.

## 8.2 목적과 추진체제

『지적기술교육연구원60년사』의 발간 목적은 1939년에 지적측량기술원양성강습소를 설립한 후 60여년간 지적기술교육연구원의 변천과 발전과정을 정리하여 문헌으로 보존하고 이를 공유하며, 전문인력 양성 및 연구개발의 중요성을 부각시키고, 지적제도와 교육연구의 개선·발전에 기여하고자 추진하였다.[30)]

따라서 지적기술교육연구원의 자체 사업으로 지적기술교육연구원에 60년사편찬위원회를 설치하고 총괄책임은 류병찬 지적기술교육연구원장이 담당하고, 집필위원회 위원장으로 박순표 전 대한지적공사 부사장을 위촉하고, 편집위원회 위원장으로 리진호 지적박물관장을 위촉하였으며, 김종현 전 대한지적공사 전북본부장 등이 참여하여 2000년 11월말까지 발간할 계획이었으나, 같은 해 8월에 총괄 책임자인 원장이 본사 업무본부장으로 전출하게 되어 후임 장한영 교육연구원장이 완료하였다.

30) 대한지적공사 지적기술교육연구원, 2000, "지적기술교육연구원60년사 편찬계획(안)", p.1.

## 8.3 수록내용

2000년 12월에 발간된 [그림 6-19]와 같은 『지적기술교육연구원60년사(地籍技術教育研究院60年史)』[31]는 총론을 비롯하여 지적제도와 교육조직의 변천, 근대 지적교육 · 광복 후 지적교육 · 지적기술연수원 · 지적기술연구소 · 해외연수 · 학교에서의 지적교육 · 지적기술자격제도 등 770쪽에 달하는 우리나라 최초의 지적기술교육에 관한 변천사를 기록하였다.

출처 : 대한지적공사 지적연수원 도서실. (2007.10.)

[그림 6-19] 『지적기술교육연구원 60년사』

『지적기술교육연구원60년사』는 지적기술교육에 관한 역사적 사실을 체계적으로 기술함으로써 지적에 관한 교육의 변천사를 기록하고, 지적관련 교육의 중요성을 제고하며, 분산되거나 멸실 가능한 자료를 발굴 정리하여 지적관련 학술자료를 제공하고, 지적측량업무를 전담하여 대행하는 대행법인임을 대내 · 외에 재인식시키는 계기가 되었으며, 지적기술교육연구원이 우리나라 지적관련 교육의 중심적 역할을 하는 기관임을 알리게 되었다.

# 9 『한국지적백년사』 발간

## 9.1 발간경위

1895년 조선 말기에 내부 판적국에 지적과를 설치하고 근대적인 지적제도를 도입하기 위한 준비에 착수한 후 100여 년 간의 지적제도에 관한 변천과 발전과정을 종합 정리함으로써 사회 각 분야에 공헌한 지적의 중요성을 재조명하고, 지적 및 관련분야에 사료를

31) 대한지적공사 지적기술교육연구원, 2000, 앞의 책(표지).

제공하며, 지적제도의 개선과 발전에 기여하고자 1997년에 내무부에서 '한국지적백년사 발간 기본계획'을 수립하여 당시 조해녕 장관의 결심을 받아 추진하기 시작하였다.[32)]

내무부에서 한국지적백년사 발간 기본계획이 확정된 후 1997년 12월 23일에 대한지적공사 사장에게 한국지적백년사 발간 협조요청을 하게 되었으며, 이 요청을 근거로 1998년 9월에 지적기술교육연구원에서 '한국지적백년사 발간 세부계획'을 수립하고, 1998년부터 2000년까지 3개년간 계속하여 이에 필요한 소요예산을 확보하였으나 IMF 경제위기 등 여러 가지 사유로 진척을 시키지 못하였다.

그러던 중 2001년에 김재영 사장께서 '대한지적공사65년사'의 편찬을 검토하도록 지시를 하였으나, 류병찬 부사장이 1998년부터 내무부의 기본계획에 의거 한국지적백년사의 편찬을 추진하기 시작하였으나 중단된 사업으로써 근대적인 지적제도가 창설된 이후 100여 년 동안 국민의 토지소유권 보호와 국토의 효율적인 이용개발에 기여한 변천과정을 기록하는 역사적 가치가 큰 사업이며, 이미 『대한지적공사50년사』와 『지적기술교육연구원60년사』를 발간한바 있기 때문에 『한국지적백년사』의 편찬으로 대체하여 추진할 것을 건의하였다.

이 건의를 받아들여 2001년 7월에 '한국지적백년사 발간계획'을 최종 결정함으로써 대한지적공사65년사 발간계획을 한국지적백년사 발간계획으로 변경 추진하게 되었다.

## 9.2 발간기관 및 추진주체

한국지적백년사 발간기본계획에 따르면 행정자치부와 대한지적공사가 공동으로 주관하여 2003년 12월말까지 1895년 내부 판적국 지적과 설치 후 현재까지의 지적관련 법령 · 행정조직 · 측량조직 · 교육조직 · 연구조직 등에 관한 변천 연혁과 발전과정을 기록하되, 부록으로 연표와 지적인명부 등을 발간하기로 하였다.

그리고 대한지적공사 부사장 직속으로 한국지적백년사 편찬기획단을 설치하고 편찬위원회 위원장을 류병찬 부사장이 담당하고, 집필위원회 위원장으로 리진호 지적박물관장, 감수위원회 위원장으로 박순표 전 대한지적공사 부사장을 각각 선임하여 [그림 6-20]과 같이 한국지적백년사 편찬위원회를 개최하여 추진하였다.

32) 내무부, 1997, 「한국지적백년사 발간 기본계획」.

출처 : 대한지적공사, 2005(b), 『한국지적백년사』, p.1481.(전열 좌로부터 강석진 · 리진호 · 김재영 · 박순표 · 강태석, 후열 좌로부터 문덕현 · 윤석재 · 양근우 · 류병찬 · 서희석 · 박양신 · 이성진 · 장한영 · 송호룡 · 김추윤)

[그림 6-20] 『한국지적백년사』 편찬위원회 개최

그러나 2004년 10월에 류병찬 부사장이 임기를 마치고 퇴임하게 되어 후임 송호룡 부사장이 편찬위원회위원장을 맡게 되고, 류병찬은 편찬위원 및 집필위원으로 참여하였다. 『한국지적백년사』의 발간에 [그림 6-21]과 같이 학계 · 연구계 · 관계 · 업계 등 다양한 전문가들이 편찬과 토론에 적극적으로 참여하였다.

출처 : 대한지적공사, 2005(b), 『한국지적백년사』, p.1481.(전열 좌로부터 강석진 · 송호룡 · 박순표 · 이부발 · 리진호 · 류병찬 · 김감래, 후열 좌로부터 한지민 · 송영준 · 조석곤 · 석창덕 · 강태석 · 서희석 · 김추윤 · 김정호 · 임정규 · 신동현)

[그림 6-21] 『한국지적백년사』 편찬토론회 개최

제1단계는 준비단계로 세부계획수립 · 편찬기획단 설치 · 편찬 · 집필 · 감수위원 등을 선임하고, 제2단계는 자료수집단계로 자료조사 · 수집 및 분류 · 연표 · 가목차 등을 작성하며, 제3단계는 집필 · 편집단계로 원고작성 · 편찬위원회 · 집필위원회 등을 개최하고, 제4

단계는 인쇄단계로 인쇄 • 출판기념회 개최 • 배포 등으로 구분하여 추진하였다.

당시에 김재영 사장께서 서두르지 말고 시간을 갖고 충분히 검토하여 사실과 배치됨이 없이 정확하고 객관성 있게 기록하는 것이 중요하다는 당부가 있어 추진기간을 2005년으로 연장하게 되었다.

### 9.3 수록내용

출처 : 대한지적공사 지적연수원 도서실. (2007.10.)

[그림 6-22] 『한국지적백년사』

2005년 10월에 발간된 [그림 6-22]와 같은 『韓國地籍百年史』는 역사편을 비롯하여 자료편 1 : 지적관련법규, 자료편 2 : 토지조사참고서 외, 자료편 3 : 측지과업무전말서 외, 자료편 4 : 지적인명 • 옛용어사전, 자료편 5 : 지적일화 • 야사 등 6권에 5,126쪽에 달하는 거작을 탄생시켰다.

『한국지적백년사』의 발간은 우리나라의 지적제도 전반에 관한 역사적 사실을 체계적으로 기술함으로써 지적제도의 중요성을 제고하고, 지적의 역사성을 인식시키게 되었으며, 분산되거나 멸실 가능한 자료를 발굴 정리하여 지적관련 학술자료를 제공하고, 지적공사에서 전담하여 편찬함으로써 지적측량업무를 전담하여 수행하는 특수법인임을 대내 • 외에 재인식시키는 계기가 되었다.

특히 국회도서관은 이를 전산화하여 전자도서관에서 언제, 어디서, 누구나 편리하게 이용할 수 있도록 운영하고 있다.

## 10 『대한지적공사70년사』 발간

### 10.1 발간경위

대한지적공사 주관으로 1989년 12월에 『대한지적공사50년사』를 발간하였으며, 2000

년 12월에 『지적기술교육연구원60년사』를 발간하였고 2005년 10월에 『한국지적백년사』를 각각 발간하였다.

이어서 대한지적공사 창립 70주년을 맞이하여 『대한지적공사50년사』의 미흡한 부분을 보완하고 그 후 지적제도의 변천과 대한지적공사의 발자취를 담아 2009년 1월에 『대한지적공사70년사』를 발간하였다.[33)]

## 10.2 발간기관 및 추진주체

대한지적공사는 『대한지적공사50년사』, 『지적기술교육연구원60년사』, 『한국지적백년사』 등을 발간한 경험과 노하우를 바탕으로 『대한지적공사70년사』는 자체적으로 편찬위원회와 자문위원회 및 감수위원회를 설치하고, 70년사 편찬기획단을 설치하여, 기획단에서 원고를 정리하고 홍보팀에서 편집을 전담하여 추진하였다.

## 10.3 수록내용

2009년 1월에 발간된 [그림 6-23]과 같은 『대한지적공사70년사(大韓地籍公社70年史)』[34)]에는 제1장 지적제도의 창설과 재단법인 조선지적협회의 설립에 관한 사항, 제2장 광복과 대한지적협회, 제3장 전환기의 대한지적협회, 제4장 재단법인 대한지적공사의 출범까지는 『대한지적공사50년사』를 기준으로 해서 추가로 발굴한 자료와 조직 및 명칭 등 잘못 기술된 부분을 바로잡아 정리하였으며, 제5장 특수법인 대한지적공사의 출범, 제6장 도전과 혁신으로 다시 태어난 대한지적공사에 관한 사항을 추가로 정리하고, 부록에 연표와 직원현황을 등을 수록하여 대한지적공사 70년의 발자취를 기록하였다.

출처 : 대한지적공사 지적연수원 도서실. (2011.10.)

[그림 6-23] 『대한지적공사70년사』

33) 대한지적공사, 2009, 『대한지적공사 70년사』, 발간사.
34) 대한지적공사, 2009, 위의 책(표지).

# 11 지적연수원 사료실 설립

## 11.1 설립연혁

지적연수원〈현 국토정보교육원, 이하 같다.〉의 사료실은 지적사에 대한 올바른 인식과 지적제도의 발전에 이바지하고자, 지적과 관련된 역사적 가치가 있는 문화유산을 수집 · 발굴하여 영구히 보존 · 관리함으로써 과거와 현재를 한눈에 볼 수 있도록 전시한 문화의 전당으로써, 경기도 용인시 처인구 운학동 624번지에 소재한 지적연수원에 부설되어 있다.

사료실은 1978년 12월 16일에 이경철 전 업무이사가 퇴임하면서 소장하고 있던 귀중도서 39점을 기증하면서 시작되었으며, 처음에는 본사의 홍보과에서 사료관리 업무를 담당하였으나 업무부로 이관되었다가 다시 지적연수원으로 이전되었다.[35]

그동안 개인이나 각급 기관에서 소장하고 있던 다양한 지적관련 사료를 기증받았으며, 특히 경상남도 김해군으로부터 토지조사부를 비롯한 토지조사사업 당시의 관련 문서를 기증받아 보관 · 관리 중에 있으며, [그림 6-24]와 같이 서책 · 도면 · 증서 등을 전시한 제1전시실과 측량기기 · 기타 사료를 전시한 제2전시실로 나누어 전시하고 있다.

출처 : 대한지적공사 지적연수원 사료실.(2007.11.)

[그림 6-24] 지적연수원의 사료실

35) 대한지적공사, 2005(b), 앞의 책, pp.1182~1183.

## 11.2 소장 자료

지적연수원의 사료실은 〈표 6-5〉와 같이 서책·도면·증서·측량기기·기타 지적과 관련된 역사적 가치가 있는 사료 등을 모아 소장하고 있다.

〈표 6-5〉 지적연수원 사료실의 소장 자료 현황

(2014.6. 현재)

| 구 분 | 도서류 | 기기류 | 도면 및 서장 | 계 |
|---|---|---|---|---|
| 수량 | 206 | 311 | 258 | 775 |

출처 : 지적연수원 사료실.(2014.11.30.)

## 11.3 사료실의 활용

지적연수원의 사료실에 소장되어 있는 서책·도면·증서·측량기기·기타 서장 등 다양한 사료는 학술 연구의 귀중한 자료로 활용되고 있으며, 지적인과 일반 국민들에게 개방하여 관람할 수 있도록 운영함으로써 지적의 중요성을 일깨우고 후세의 지적인들에게 자긍심을 북돋아 주는 문화의 산 교육장으로 활용하고 있다.

# 12 지적연수원 도서실 설립

## 12.1 설립연혁

지적연수원의 도서실은 지적학에 관한 올바른 인식과 지적제도의 발전에 이바지하고자 지적과 관련된 모든 문헌을 수집하여 체계적이고 합리적으로 보존·관리하며 관련문헌 정보를 제공하는 지적관련 문헌정보센터로써, 경기도 용인시 처인구 운학동 624번지에 소재한 지적연수원에 부설되어 있다.

도서실은 1988년도에 개관한 이래 지적 분야와 관련된 각종 문헌을 모으기 시작하여 오늘날에는 지적에 관련된 종합적인 문헌정보센터로써, 지적 관련 서적을 비롯하여 석사와 박사학위논문 및 측량 · 부동산 · 도시계획 · 기타 외국의 지적관련 전문서적 등 다양한 문헌을 소장하고 있다.

특히 원영희, 김갑수, 이부발, 최용진, 리진호 등 지적인 원로와 김재영 전 사장 등으로 부터 다양한 지적관련 문헌을 기증받아 관리하고 있다.

도서실은 [그림 6-25]와 같이 전시실을 비롯하여 자료실과 열람실 등의 시설을 갖추고 있으며, 공사의 임직원이나 국토정보교육원에 입교 중인 교육생, 공사와 관련된 기관에 재직하는 자, 기타 학계 · 산업계 · 정부기관 및 공공단체의 직무수행상 이용이 필요하다고 인정되어 도서관리 책임자의 승인을 얻은 자 등이 이용할 수 있다.

지적연수원의 도서실은 2015년에 국토정보전문도서관으로 명칭을 변경하였다.

출처 : 지적연수원 도서실.(2007.11.)

[그림 6-25] 지적연수원의 도서실

## 12.2 소장 자료

지적연수원의 도서실은 국내 유일한 지적전문 문헌정보센터인 도서관으로 발전하여 〈표 6-6〉과 같이 지적학 · 지적법 · 지적사 · 지적행정 · 지적측량 · 지적전산 등을 비롯하여 등기 · 측량 · 토지 · 도시계획 · 부동산 등 지적관련 전문 도서와 학술지 · 교양도서 및 국내의 석 · 박사학위논문 등과 외국의 지적관련 전문 도서 및 논문 등 다양한 문헌을 소장하고 있다.

〈표 6-6〉 지적연수원 도서실의 소장 자료 현황

(2014.6. 현재)

| 구 분 | 계 | 비 고 |
|---|---|---|
| 계 | **23,578** | 국내서, 양서, 일서 등 포함 |
| 전문도서 | 13,259 | |
| 교양도서 | 5,945 | |
| 논 문 집 | 4,374 | |

출처 : 지적연수원 도서실.(2014.11.30.)

## 12.3 도서실의 활용

지적연수원의 도서실에 소장된 문헌은 지적연수원 도서실 홈페이지(www.lxcti.or.kr)를 통해 전국 어느 곳에서나 목록과 초록은 물론 원문정보 등 다양한 양질의 정보를 편리하게 제공받을 수 있다.

그리고 2007년부터 국회도서관과 전자정보교류협력 협정을 체결하여 국회도서관 소장자료 135만 여 권의 원문 자료를 연수원 도서실에서 열람할 수 있으며, 현재 전자책 도서관을 개설하고 있어 모바일이나 PC를 통하여 지적 관련 다양한 문헌을 이용할 수 있도록 운영하고 있다.

도서실은 연간 약 3,000여 명의 지적인과 일반인들이 이용하고 있으며, 특히 대학 교수들과 학생들이 자주 찾는 지적 분야의 명소이자 지적관련 문헌의 보고로 자리 매김하고 있다.

# 13 지적박물관 설립

## 13.1 설립연혁

지적박물관은 1999년 10월에 리진호가 지적관련 유물과 사료 및 각종 문헌 등을 모아 영구적으로 보존 관리하고 후학들에게 견학의 장을 제공하기 위하여 개관한 사설박물관으로 "도서출판 우물"이 부설되어 있다.

지적박물관은 [그림 6-26]과 같이 충청북도 제천시 금성면 양월로 34에 소재한 옛 양화초등학교의 폐교를 임대하여 건립한 사립박물관으로, 3개의 전시실을 비롯하여 자료실 · 사무실 등의 시설을 갖추고 있다.

박물관의 규모는 토지의 면적이 7,391㎡(2,235평)이며, 교실(673㎡) · 기타 사택 · 숙직실 · 창고 등(236㎡)으로 구성되어 있다.

2004년에 일본 동경에서 발간된 『일본의 지적(日本の地籍)』이라는 문헌에 우리나라의 전문대학과 대학의 지적학과(地籍學科) 설치 내용과 지적박물관 및 리진호 관장을 소개하면서 한국이 지적 선진국(地籍 先進國)이라는 내용을 수록[36]하고 있을 정도로 지적박물관은 세계에서 유일무이(唯一無二)한 매우 중요한 지적사료의 보고(寶庫)이다.

주 : 리진호 지적박물관장으로부터 설명을 청취하는 대학교 지적학과 학생들 모습.
출처 : 지적박물관.(2007.10.)

[그림 6-26] 지적박물관 견학

## 13.2 소장 자료

지적박물관은 40년 넘게 지적분야에 종사해 온 리진호 관장이 지적관련 사료를 정리 · 보존 · 연구 · 전시하여 지적분야의 발전에 기여할 목적으로 1999년 10월 16일에 개관하였고, 같은 해 12월 28일에 문화관광부에 등록(제145호)한 2종 사립박물관이다.

36) 鮫島信行, 2004, 『日本の地籍』, 東京, 古今書院, p.139.

정식 명칭은 지적자료관으로 등록되어 있다. 지적 및 측량분야 자료의 체계적인 정리를 통하여 전문인들에게는 학술적인 자료를 제공하고 있으며, 일반인들에게는 지적과 측량이라는 것이 생소한 것이 아니고 우리가 살고 있는 이 땅에 관련된 학문으로 소중하게 보존되고 연구되어야 한다는 교육활동과 향토사회의 문화발전에 기여하고 있다.

지적박물관에는 〈표 6-7〉과 같이 지적자료 · 향토지자료 · 백년사자료 · 측량기기 등 방대한 자료를 모아 소장하고 있다.

〈표 6-7〉 지적박물관의 소장 자료 현황

(2014.10. 현재)

| 구 분 | 지적자료 | 향토지자료 | 백년사자료 | 측량기기 | 계 |
|---|---|---|---|---|---|
| 수량 | 6,100 | 3,200 | 2,200 | 320 | 11,820 |

주 : 기독교 관련 자료는 2010년에 아펜젤러 조성규 기념관에 양도하였다.
출처 : 지적박물관.(2014.5.1.)

제1전시실에는 [그림 6-27]과 같이 도서와 서장(書狀) · 측량기기(測量機器) 등 1,000점이 전시되어 있는데, 『상명산법』 필사본(1878) · 어윤중의 교지(1879) · 김성규의 양무감리임명장(1899) · 대한제국 전답관계 · 토지문서(1901) 등 50여 점의 귀중한 유일본이 보존되어 있다.

제2전시실에는 도지와 시지 · 군지 · 읍지 · 면지 등 각종 향토지 765권이 진열되어 있는데, 이 가운데 1916년에 발간된 『진주지(眞珠誌)』 · 최초의 마을지인 『제주 도두리』(1985) · 최초의 서당인 『성현서당』(1998) 등이 보존되어 있다.

제3전시실은 백년사실로 1959년 발간된 『이규완옹 백년사』 · 『연대백년사』(전 4권) · 『사진으로 보는 한국의 백년』 등 우리나라 각 분야의 백년사 400여 권이 보존되어 있다.

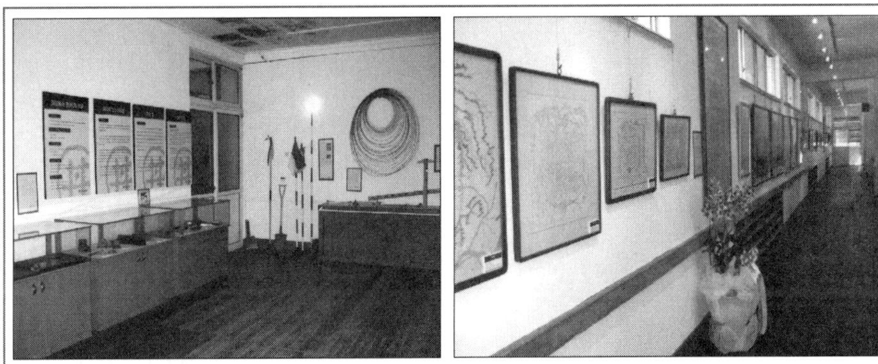

출처 : 지적박물관.(2007.10.)

[그림 6-27] 지적박물관 전시실

## 13.3 박물관의 활용

지적박물관에 소장되어 있는 지적자료·향토지자료·백년사자료·옛지도·측량기기 등에 관한 방대한 사료는 학술 연구의 귀중한 자료로 활용되고 있으며, 지적인과 일반인들에게 개방하여 관람 또는 복사할 수 있도록 운영함으로써 지적의 중요성을 일깨우고 지적제도의 발전사를 이해할 수 있는 지적의 산 교육장으로 활용하고 있다.

특히 지적박물관은 고등학교·전문대학 및 대학의 지적관련 학과 학생들이 자주 찾는 견학명소로 자리 매김하고 있으며, 외국의 지적관련 전문가들도 다수 방문하고 있다.

지적박물관은 앞으로 한국의 지적에 대한 정보와 학술자료의 제공을 위해 디지털지적박물관을 개설할 예정이다. 이것은 소장하고 있는 유물의 DB구축은 물론이며 이를 통하여 일반인과 연구자가 지적에 관련된 전반적인 분야를 쉽게 다가설 수 있도록 하고, 외국어로 제작하여 국내·외에 한국지적사를 쉽고 재미있게 알릴 수 있을 것으로 기대한다.

사이버 박물관의 목적은 우리나라의 지적사와 향토사를 한눈에 볼 수 있는 지적자료의 콘텐츠 구축기능과 의미를 담고 있는 사료를 학술자료로 제공하고, 전시공간의 협소함으로 인해 전시할 수 없었던 유물의 가상전시 프로그램을 활용하여 상설전시 유물 이외에 웹상의 가상전시를 통한 관람객의 관심을 유도할 수 있을 것이다.

그리고 정보검색 시스템이 확장되고 포괄적인 개념으로 정보를 검색할 수 있으며 가상현실 체험관 같은 시스템은 가상공간에서 각종 체험을 할 수 있는 시스템으로 각 장르별 성격에 맞는 아바타(Avatar)를 설정하여 이용자의 편의를 도모하게 될 것이다.

박물관에 있어 디지털 기술은 박물관 전시실 내부의 전시보조매체와 전시실 외부의 인터넷을 통한 가상공간을 통해 폭 넓게 적용되고 있으며, 또한 관람객의 수요에 따른 기술적 발전도 함께 이루어지고 있다.[37)]

지적박물관이 구축하게 될 사이버 박물관은 역사적 사료와 서적 등의 자료가 대부분을 차지하고 있는 특성을 감안하여 도서자료를 검색하고 학술논문을 소개하는 등 계속하여 새로운 콘텐츠의 개발을 기대한다.

37) 홍인국, 2004, “디지털 기술을 이용한 박물관의 참여형 전시구성”, 『박물관학회학보』 제7집,

# 14 지적관련 사적지 관리

우리나라의 지적관련 사적지는 주로 1895년에 근대적인 지적제도를 확립하기 위하여 내부 판적국에 지적과를 설치한 이후 지적관련 기관이 있었던 터와 측량교육을 위하여 설립한 측량학교 터 및 측량기준점 등이라고 할 수 있다.

따라서 당시의 수도였던 서울의 종로구를 중심으로 이러한 지적관련 사적지의 대부분이 위치하고 있다.

근대적인 지적제도의 산실이라고 할 수 있는 내부 판적국 지적과의 터는 조선 말기에 의정부(議政府)가 있었던 자리로써 대한제국 시대인 1907년부터 1910년까지 내부(內部) 청사를 새로이 건립하여 사용하였고, 한일합방 후에는 경기도・치안본부 청사 등으로 사용하였으며 현재는 광화문 앞 정부종합청사 건너편의 공원으로 활용하고 있다.

그리고 1910년에 토지조사국 관제(1910.3.15. 칙령 제23호)를 제정하고 「토지조사법」(1910.8.23. 법률 제7호)과 토지조사법 시행규칙(1910.8.23. 탁지부령 제26호)을 제정한 탁지부 토지조사국 터・양지아문 터・대한지적협회 터 등과 근대적인 측량교육을 주도하였던 수진측량학교・흥화학교・경성명진측량강습소 터 및 우리나라에서 최초로 경기도와 경상북도의 일부 지역에 설치한 소위 구소삼각점 등이 일부 남아 있다.

수진측량학교 터와 경기도 광주시 중부면 산성리에 설치된 구소삼각점 1점만을 사표 또는 향토문화유산으로 지정하여 관리하고 있다.

일본은 지적 및 측량에 관련된 역사적 사료・인물・유적지 등을 문화재로 지정 관리하고 있는데, 개척사삼각측량용광기선(開拓使三角測量勇壙基線)은 북해도(北海道)의 지정 사적지로, 일본 최고의 측량사인 이노우에(伊能忠敬) 구택(舊宅)은 국가 지정 문화재로, 일본수준원점은 동경도(東京都)의 지정문화재로, 일본 전도를 만든 행기(行基)의 묘(墓)는 국가 지정 사적지로 각각 지정하여 체계적으로 관리하고 있다.[38)]

## 14.1 사립 수진측량학교

1908년에 유길준(俞吉濬)은 사립 수진측량학교(壽進測量學校)를 설립하고 1909년에

38) 山岡光治, 1996, 『地圖測量史跡』, 古今書院, pp.1~147. ; 류병찬, 2008, "구소삼각점의 영구보존 관리방안에 관한 연구", 대한지적공사, 『지적』(통권 제356호), p.106. 재인용.

대한측량총관회(大韓測量摠管會)를 창립하여 평의장이 되었으며, 우리나라 최초의 측량사자격증이라고 할 수 있는 검열증을 발급하였다.

이러한 유길준의 공적과 수진측량학교 터를 기리기 위하여 리진호 지적박물관장이 서울특별시장에게 "지금은 흔적도 없이 사라졌지만 역사 지리적으로 볼 때 대단히 중요한 곳이기에 '이곳에 유길준이 개설한 수진측량학교가 있었다.'는 사표(史標)를 세웠으면 좋겠다."고 건의하여[39] 1993년 12월 9일에 종로구청 민원실 입구 동편에 [그림 6-28]과 같은 사표를 세웠으니, 이것이 우리나라 지적 사표의 제1호가 되었다.

사표에는 "수진측량학교 터 : 개화사상가 유길준이 수진궁을 빌려 측량전문기관(1908~1909)을 세웠던 곳"이라고 표기되어 있다.[40]

주 : 1908년에 유길준이 설립한 수진측량학교 터에 건립된 지적사표(제1호)와 리진호 지적박물관장.
출처 : 리진호, 1999, 『한국지적史』, 서울, 도서출판 바른길, p.492.

[그림 6-28] 지적사표 제1호 (사립 수진측량학교 터)

## 14.2 구소삼각점

1908년부터 1909년까지 대한제국의 탁지부에서 건국 이래 최초로 경기도와 경상북도의 11개 지역에서 삼각원점을 설치하고 이를 기초로 하여 지역별로 삼각점 141점을 설치하고 삼각측량, 도근측량, 세부측량 등을 실시하였다.

이 당시에 탁지부에서 설치한 삼각점은 현재 전국에 약 10여 개소 정도가 남아 있으며, 경기도 광주군 중부면 산성리〈현 경기도 광주시 중부면 산성리 815-1, 수어장대〉의 남한산성에 설치된 삼각점이 보존되어 있다.

한 · 일 합방 후 1910년부터 1915년까지 조선총독부에서 토지조사사업을 실시하기 위하여 전국에 대삼각본점, 대삼각보점, 소삼각점 1등점, 소삼각점 2등점 등을 설치하고, 조선총독부에서 시행한 삼각측량과 구별하기 위하여 탁지부에서 실시한 삼각측량을 "구소삼각측량"으로, 삼각점을 "구소삼각점"이라고 하였다.[41]

39) 리진호, 1991, 앞의 책, p.84.
40) 리진호, 1999, 앞의 책, pp.491~492.

탁지부에서 설치한 구소삼각점은 [그림 6-29]와 같이 지상으로 노출된 부분이 높이 약 22㎝, 폭 12㎝×12㎝의 장방형이며, 정상부에 십자(+字)가 표시되어 있고 전면에 탁지부(度支部)라고 음각되어 있다.[42]

이러한 구소삼각점은 우리나라에서 건국 이래 최초로 설치한 삼각점으로 매우 귀중한 유물로써 영구 보존할 가치가 있으며, 주석과 반석이 모두 원형으로 원 위치에 보존되어 있는 것으로 확인되어 근대의 측량 및 지적사를 밝혀줄 중요한 연구 대상이 되고 있다.

2007년에 경기도 광주시장이 탁지부에서 설치한 남한산성 내에 소재한 구소삼각점을 지진이나 기상이변 등 자연재해에 의하여 파손·망실 또는 흔들림이 없도록 보완하고, 구소삼각점 매설지역을 보호구역으로 지정하여 영구히 유지 보존하여 후손들에게 지적 및 측량의 역사적 사료인 볼거리와 견학의 장을 제공할 수 있는 사업을 추진하였다.

당시 광주시장의 연구 용역의뢰를 받아 류병찬 한양사이버대학 지적학과 교수가 "구소삼각점의 영구보존 관리방안에 관한 연구보고서"를 작성 제출하고, 광주시 향토문화유산 보호위원회에 참석하여 연구결과를 설명함으로써 2007년 12월에 광주시 향토문화유산보호위원회에서 향토문화유산으로 지정하기로 의결하였으며, 2008년 4월에 광주시에서 구소삼각점을 향토문화유산으로 지정고시하여 지적110년사에 우리나라 최초로 지적측량기준점이 향토문화유산으로 지정되었다.[43]

주 : 구소삼각점의 문화유산 지정 전(좌)과 문화유산 지정 후(우)의 모습.

[그림 6-29] 구소삼각점

41) 원영희, 1972(b), 앞의 책, p.235~236.
42) 류병찬, 2008, "구소삼각점의 영구보존 관리방안에 관한 연구", 대한지적공사, 『지적』(통권 제356호), p.97.
43) 류병찬, 2008, 위의 연구, pp.105~107. ; 경기도 광주시보(2008.4.21. 제399호), 향토문화 유산 지정고시(제2008, 39호), pp.24~26.

# 15 지적제도수호대책위원회 설립

## 15.1 설립연혁

『신동아』 2008년 10월호에 "내부자 직격폭로"라는 섹션에 이명박 대통령 인수위원회에 한국공간정보통신이 국토해양부 개편과 공직인사에 관여했다는 내용의 기사가 보도되었다.[44] 특히 "국토해양부내에 국토정보정책관을 신설하고 그 산하에 국토정보기획과·국토정보제도과·국토정보산업지원과·국토정보센터를 두도록 제안했는데 이는 정부 조직개편 이후 국토해양부에 설치된 실제 부서와 기능은 물론 명칭까지 완전히 일치한다."[45]는 믿어지지 않는 내용이었다.

이러한 『신동아』의 기사 내용에 자극되어 일부 퇴직 지적인들이 지적 분야도 국회와 정부를 상대로 지적제도의 해체를 반대하는 활동을 하기로 의견을 모았다.

지적제도가 국토해양부로 이관된 후 지적행정조직을 비롯하여 지적관련 법령 및 지적측량제도 등 전반에 대한 해체작업이 진행되고 있어 이에 대한 부당함을 널리 알리고 각계에 건의하여 종전의 지적제도를 수호하고자 지적제도수호대책위원회를 결성하게 되었다.

지적제도수호대책위원회의 구성은 지우회 전국연합회를 중심으로 한국지적학회·전국대학 지적학과 교수협의회·대한지적측량협회·한국지적측량협동조합 및 퇴직 지적인 중에서 희망하는 자로 전국적인 조직을 결성하였다.

2008년 10월 21일 지우회 전국연합회에서 지적제도수호대책위원회의 회칙을 가결하고 동일부터 효력이 발생하도록 규정하였으며, 회장 1인·감사 1인 및 부회장·대표위원·사무국장·고문 약간 명을 두도록 규정하였다.

그리고 지적제도수호대책위원회는 설립목적이 달성될 때까지 유지하며, 대표위원회의 의결로써 해체하도록 규정하였으며, 초대 회장에 박순표 전 대한지적공사 부사장을 선임하였다.

44) 동아일보사, 2008, 『신동아』, 10월호, "내부자 직격폭로", pp.82~95.
45) 동아일보사, 2008, 위의 기사, p.88.

## 15.2 주요활동

지적제도수호대책위원회는 1895년 조선 말기에 설립한 내부 판적국 지적과가 1세기가 넘도록 중앙정부의 지적행정조직으로 계속하여 이어온 점과 지적제도의 중요성 등을 설명하고 「지적법」·「측량법」·「수로업무법」의 통합 반대와 국토해양부에 지적행정을 총괄하는 지적과의 복원을 건의하였다.

2008년 10월 31일에 지적제도수호대책위원회 박순표 위원장이 지적법과 측량법의 통합 반대 탄원서를 작성하여 전국의 지적제도수호대책위원회 회원의 서명을 받아 국회의장에게 제출하고 국토해양위원회의 모든 위원들과 담당 전문위원 및 입법조사관 등에게 배포하였으며, 다시 몇 차례 더 탄원서를 작성하여 대통령 비서실과 한나라당 대표, 민주당 대표, 자유선진당 대표, 국회 법사위원회 위원들에게 제출하고 방문하여 일일이 설명하는 등 많은 노력을 하였다.

그리고 지우회 전국연합회·사단법인 한국지적학회·사단법인 한국지적정보학회, 전국 지적학과 교수협의회 및 부동산학회 등에서 지적법과 측량법의 통합에 반대하는 의견서를 제출하였으나 아쉽게도 지적법과 측량법의 통합 반대는 뜻을 이루지 못하였다. 그러나 지적제도의 중요성을 충분히 인식시키는 계기가 되었으며, 2008년 3월에 국토해양부로 지적업무가 이관되면서 없어진 중앙정부의 지적행정조직이 2009년 5월에 지적기획과로 명칭을 변경하여 복원하게 되었다.

이제 지적행정조직도 행정안전부에서 국토해양부로 이관되었고, 지적법도 통합하여 폐지되었으며, 지적기술자격까지 일반측량자격과 통합하려고 하니 그동안 내무부와 선배 지적인들이 발전시켜온 지적제도를 어떻게 수호할 것인지 걱정이다.

국가가 멸망하더라도 없어질 수 없는 두 가지의 중요한 국가의 제도가 있다. 하나는 국민의 신분사항을 등록 관리하는 호적제도(戶籍制度)와 주민등록제도이며, 다른 하나는 국민의 재산사항을 등록 관리하는 지적제도(地籍制度)와 부동산등기제도로써 조선 말기에 내부의 판적국에 호적과와 지적과를 설치한 이유도 여기에 있는 것이다. 이렇게 중요한 지적제도를 네덜란드·일본·대만 등과 같이 등기제도(登記制度)와 통합 일원화방안을 정책과제로 채택하여 연구개선하여야 할 것이며, 특히 법적 측면을 중시하는 우리나라 국민의 정서에 부합되도록 소유권 보호에 중점을 두어 개선하여야 할 것이다.

# 16 한국지적협회 설립

## 16.1 설립연혁

구 「측량법」에 "측량업자 및 측량기술자는 그들의 품위보전과 측량에 관한 기술의 향상 및 측량제도의 건전한 발전에 기여하기 위하여 측량협회(이하 "협회"라 한다.)를 설립할 수 있다."고 규정되어 있었다.(제54조제1항)

그리고 구 「수로업무법」에 "수로조사에 관한 기술 · 기준 · 제도를 연구 · 개발하고 해양에 관한 자료를 수집 · 제공함으로써 해상교통안전 및 해양자원의 개발 · 이용에 이바지할 수 있도록 한국해양조사협회(이하 "협회"라 한다.)를 설립할 수 있다."고 규정되어 있어(제33조의5제1항) 측량법에 의한 대한측량협회와 수로업무법에 의한 한국해양조사협회가 각각 설립되어 운영되어 왔다.

이에 따라 「지적법」과 「측량법」 및 「수로업무법」을 통합한 「측량 · 수로조사 및 지적에 관한 법률」을 제정하면서 측량 및 수로조사 분야에는 각각 측량협회와 한국해양조사협회의 설립에 관한 근거 규정을 두었다.(제56조제1항, 제57조제1항)

그러나 지적 분야에는 협회의 설립에 관한 규정이 없고 법 제58조제1항에 지적관련 단체로 대한지적공사의 설립에 관한 규정만 있어 지적측량 수행자를 비롯한 업계와 지적기술자 등 지적 분야 전체를 대표할 수 있는 협회를 설립할 수 없는 실정이 되었다.

그 이유는 구 「지적법」에서는 지적측량업무를 대한지적공사에서 전담하여 수행하여 오다가 헌법재판소의 헌법불합치 판결(2002.5.30. 2000헌마81)[46]로 인하여 수치지역에 한하여 지적측량업자에게 지적측량업무의 수행이 가능하도록 「지적법」을 개정(시행 2004.1.1. 법률 제7036호, 2003.12.31. 일부개정)하고, 대한지적공사를 「지적법」에 의한 특수법인으로 전환하였으나 별도의 협회에 관한 규정은 두지 않았기 때문이다.

따라서 지적제도의 발전과 민간업계에 정부시책의 반영 및 체계적인 업무수행을 위하여 지적기술자 및 업계 등 지적 분야 전체를 대표할 수 있는 지적협회의 설립에 관한 법

46) 본래 지적측량업무는 대한지적공사에서 전담하여 수행하여 왔으나 헌법재판소는 지적측량업무를 비영리법인(대한지적공사)에게 전담 대행하도록 규정한 舊 「지적법」 제41조 제1항에 대해 지적기술자의 자격을 취득한 개인 등에 대해 직업선택의 자유 및 평등권을 침해한다고 하여 헌법불합치 판결을 내렸다.

적 근거를 신설하기 위하여 많은 노력을 하였으나 이를 실현하지 못하였다.

그러나 법 제56조(측량협회)의 규정에 의하여 지적협회의 설립이 가능하다는 주무부의 판단에 따라 2010년 7월 1일에 전국의 많은 지적기술자가 참여하여 가칭 한국지적협회 창립총회를 개최하고 첫째, 지적제도의 본질적 역할에 충실하면서 국가시책에 부응하여 지적발전에 기여하고 둘째, 기존의 지적제도체계를 손상치 아니하고 지적측량업에 있어서는 대한지적공사와 협력관계를 갖추어 상호 신뢰를 유지하며 셋째, 모든 지적 전문인이 참여하는 방향에서 조직하고 지적기술자 특히, 퇴직 지적인에 대하여는 국가가 장려하는 평생직장으로 발전해야 한다.[47]라는 목표를 설정하고 국토해양부에 한국지적협회의 설립 인가신청을 하였다.

이어서 같은 해 10월 20일에 국토해양부장관이 [그림 6-30]과 같이 한국지적협회의 법인설립인가를 함으로써 지적 분야를 대표할 수 있는 새로운 사단법인 한국지적협회가 탄생되었으며, 초대 회장에 박순표 전 대한지적공사 부사장이 선임되었다.

그러나 「측량・수로조사 및 지적에 관한 법률」[시행 2014.1.18.] [법률 제11943호, 2013.7. 17., 일부개정]을 개정하여 측량기술자에 측량 기술자격 취득자 외에 지적・지도제작・도화(圖畵) 등 다양한 분야의 기술자격 취득자가 포함되어 있는 점을 고려하여 현행 측량협회를 측량협회와 지적협회로 명확히 구분할 수 있도록 측량기술자와 측량업자는 측량협회를, 지적기술자와 지적측량업자는 지적협회를 설립할 수 있도록 규정하였다.(법 제56조). 이어서 2014년 6월에 「측량・수로조사 및 지적에 관한 법률」을 개정하여 측량협회 및 지적협회의 설립 근거인 제56조를 삭제하고 「공간정보산업 진흥법」[시행 2015.6.4.][법률 제12735호, 2014.6.3., 일부개정]을 개정하여 제24조에 공간정보사업자와 공간정보기술자는 공간정보산업의 건전한 발전과 구성원의 공동이익을 도모하기 위하여 공간정보산업협회를 설립할 수 있도록 규정하여 대한측량협회와 한국지적협회는 역사 속으로 사라지고 '공간정보산업협회'가 설립되었다.

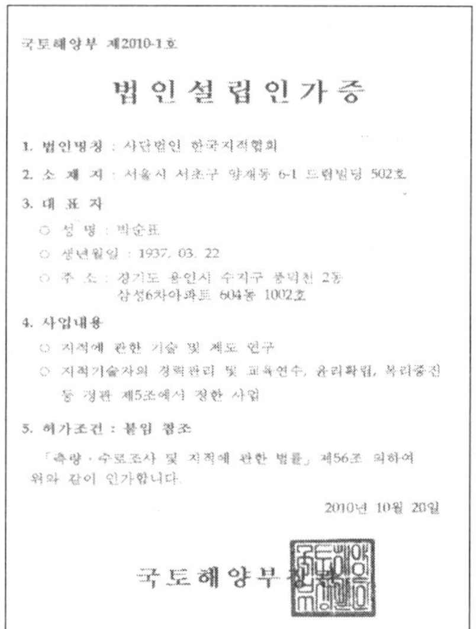
국토해양부 제2010-1호

법인설립인가증

1. 법인명칭 : 사단법인 한국지적협회
2. 소 재 지 : 서울시 서초구 양재동 6-1 드림빌딩 502호
3. 대 표 자
   ○ 성 명 : 박순표
   ○ 생년월일 : 1937. 03. 22
   ○ 주 소 : 경기도 용인시 수지구 풍덕천 2동 삼성6차아파트 604동 1002호
4. 사업내용
   ○ 지적에 관한 기술 및 제도 연구
   ○ 지적기술자의 경력관리 및 교육연수, 윤리확립, 복리증진 등 정관 제5조에서 정한 사업
5. 허가조건 : 붙임 참조

「측량・수로조사 및 지적에 관한 법률」 제56조 의하여 위와 같이 인가합니다.

2010년 10월 20일

국토해양부장관

출처 : 박순표 2012, 『지적의 오늘』, 서울, 좋은땅, p.272.

[그림 6-30] 한국지적협회 설립인가증

47) 가칭 한국지적협회 설립 취지문, 2010, p.2.

### 16.2 주요활동

사단법인 한국지적협회 정관 제5조에 ① 회원의 품위유지 및 윤리 확립을 위한 사업, ② 회원의 복리증진과 권익옹호를 위한 사업, ③ 지적에 관한 기술 및 제도 연구, ④ 협회의 홍보와 간행물 발행, ⑤ 지적기술자의 경력관리 및 교육연수, ⑥ 정부 또는 그 밖의 기관으로부터 위임받은 업무, ⑦ 기타 목적사업에 관계되는 부대사업을 수행할 수 있도록 규정하고 있다.

따라서 한국지적협회는 2만 여명의 지적기술자와 130여개의 지적측량업체를 대표하는 사단법인으로써 지적제도의 연구 · 개발과 민간부문에 개방된 지적측량 시장의 질서유지 · 지적인의 권익보호 등을 위하여 노력하고 있다.

그리고 2010년 12월 30일에 국토해양부장관이 한국지적협회를 위탁업무 수행기관으로 지정(국토해양부 고시 제2010-1917호)하여 건설기술자의 경력관리와 지적직 공무원에 대한 위탁교육 등을 담당하는 기관으로써 지적기술자의 복리증진과 권익옹호 · 측량에 관한 기술의 향상 및 지적측량제도의 건전한 발전에 기여할 것으로 기대하였다.

그러나 대한측량협회와 한국지적협회가 통합하여 측량기술자 및 측량업자의 품위보전과 측량에 관한 기술향상 및 측량제도의 건전한 발전에 기여함을 목적으로 사단법인 공간정보산업협회를 설립하고, 회원의 권익보호 · 측량기술의 발전 · 공공측량 성과심사 · 기타 국가 위탁 사무의 수행 · 국제협력업무 등의 사업을 추진하고 있다.[48)]

## 17 『충청남도 지적사』 발간

### 17.1 발간 경위

충청남도 토지관리과에서 우리나라 지적제도의 탄생 100여년을 맞이하여 그동안의 지적 역사를 되돌아보고 새로운 백년의 미래를 준비하기 위하여 '충청남도 지적사 발간계획'을 수립하여 연구 용역으로 『충청남도 지적사』 발간 사업을 추진하였다.

48) 공간정보산업협회.(http://www.kasm.or.kr 2017.2.25.)

종이 지적에서 디지털 지적으로 전환하는 지적재조사사업이 본격 추진되는 시점에서 고대부터 토지 · 지적제도에 대한 발자취를 조사·정리하고 도내에 산재되어 있는 지적 사료를 발굴 · 수집하여 충청남도 지적의 미래를 준비하고, 현안 사업으로 추진하고 있는 '국립지적박물관'이 충청남도에 건립되어야 하는 연관성 및 논리를 개발하고 충청남도의 유치 의지와 노력을 표현하기 위하여 『충청남도 지적사』 발간 사업을 추진하게 되었다.[49)]

## 17.2 발간기관 및 추진주체

『충청남도 지적사』의 발간 목적은 토지관련 사료의 수집·정리를 통한 사료 확보와 국립지적박물관의 충청남도 건립을 위한 연관성 및 논리를 개발하기 위한 목적으로 첫째, 토지 · 지적에 관한 역사적 사료의 실증적 분석 둘째, 토지 · 지적에 관련된 역사적 유물의 발굴 셋째, 도청 이전 신도시로 개발한 내포 신도시의 조기정착 지원으로 설정하였다.

그리고 토지 · 지적분야에 대한 역사적인 진단과 함께 지역경제 활성화를 위한 창조경제에 적합한 기초자료를 제공하고 이를 통해 종국적으로는 주변 관광자원과 연계하여 토지 · 지적문화산업 분야의 중심적 메카로 발돋움하는데 실증적 토대를 구축하는 계기를 마련하기 위하여 충청남도 토지관리과에서 '충청남도 지적사 발간계획'을 수립하여 추진하였다.[50)]

충청남도에서 발주한 지적사 발간 연구용역을 신흥대학교 산학협력단에서 수주하여 연구 책임자 김추윤 교수와 연구원 류병찬 교수가 집필을 하였으며, '충청남도 지적사 편찬 T/F팀'을 설치하고 편집위원회(위원장 이종연 토지관리과장)와 자료수집위원회(위원장 김덕만 지적계장)를 설치하여 집필을 적극적으로 지원하여 2013년 8월부터 2014년 2월까지 집필을 완료한 후 교열을 거쳐 2014년 9월에 [그림 6-31]과 같은 『충청남도 지적사』를 발간하였다.

그동안 시 · 도 또는 시 · 군 · 구 단위에서 지적사를 정리한 사례는 첫째, 2007년에 경주시에서 『경주 지적사』[51)]를, 2007년에 울산광역시에서 『울산 지적사』[52)]를, 2008년에 구미시에서 『구미시 지적행정총람』[53)]을, 2009년에 제천시에서 『제천 지적사』[54)]를 각각

49) 충청남도, 2013, 충청남도 지적사(地籍史) 편찬 과업지시서, p.1.
50) 충청남도, 2013, 지적사(地籍史) 편찬 과업지시서, pp.1~2.
51) 경주시, 2007, 『경주 지적사』.
52) 울산광역시, 2008, 『울산 지적사』.

발간하였는데, 『충청남도 지적사』는 우리나라 최초로 도 단위의 지적행정 전반에 관한 역사를 체계적으로 기록하였다.

출처 : 충청남도 토지관리과(2016.10.)

[그림 6-31]『충청남도 지적사』

## 17.3 수록내용

2014년 9월에 발간된 『충청남도 지적사』는 제1편 지적제도의 기원과 창설사, 제2편 지적법령 · 4대 운영체제 · 지적공부의 변천사, 제3편 충청남도의 지적행정사 및 부록으로 구성되어 있다.

제3편 충청남도의 지적행정사는 제1장 지적제도의 3대 운영체제의 변천 연혁, 제2장 지적전산화사업 추진 연혁, 제3장 행정구역 변천 연혁, 제4장 신도시 건설, 제5장 지적관련 우수 시책, 제6장 지적관련 주요 업무, 제7장 지적관련 수상 및 표창, 제8장 지적관련 질의회신, 제9장 지적관련 주요 유관 기관, 제10장 지적관련 주요 인물 제11장 언론에 비친 충청남도의 지적사, 제12장 충청남도 지적의 향 후 발전 방향으로 구분하여 서술하였으며, 부록에 지적직 공무원 · 대한지적공사 직원 · 지적측량업자 · 퇴직 지적인 · 대학 교수 등의 『충청남도 지적사』에 남기고 싶은 말을 비롯하여 지적관련 통계 · 충청남도 지적인명록 등을 수록하여 1,200쪽이 넘는 방대한 량의 충청남도의 지적사에 관한 발자취를 기록하였다.

# 18 『지적재조사 백서』 발간

## 18.1 발간 경위

종이 지적도의 마모, 한국전쟁으로 인한 지적공부의 분 · 소실, 측량기준점의 망실 등

53) 구미시, 2008, 『구미시 지적행정총람』.
54) 제천시, 2009, 『제천 지적사』.

으로 인하여 전 국토의 약 15%가 현실 경계와 지적공부상의 경계가 일치하지 않는 지적불부합지(地籍不符合地)가 발생되어 행정과 사회적 측면에서 많은 비효율과 갈등의 요인으로 작용해 왔다.

이에 따라 국토교통부는 2011년에 「지적재조사에 관한 특별법」을 제정하고, 2012년부터 본격적으로 지적재조사사업에 착수하였다.

국토교통부 지적재조사기획단은 1978년 3월에 내무부에서 최초로 '지적불부합 토지 정리'요령을 시달하면서[55] 지적재조사의 필요성이 제기된 1970년대 후반부터 현재까지 약 40여 년의 준비 과정상 각종 자료를 조사·정리하여 사료로 보존하고 향후 정책자료로 활용하기 위하여 '지적재조사 추진백서 편찬 연구용역 추진 계획'을 수립하여 '지적재조사 추진백서' 발간사업을 시작하게 되었다.[56]

## 18.2 발간기관 및 추진주체

국토교통부 지적재조사기획단은 국가사업인 지적재조사사업의 추진과정을 백서로 기록하여 사료(史料)적 가치를 보존하고, 지적재조사사업 추진 목적과 사업경과를 기록하여 국민에게 제공하고, 향후 정책 자료로 활용하기 위하여 '지적재조사 추진백서 편찬 연구용역 추진 계획'을 수립하였다.

'지적재조사 추진백서 편찬 연구용역'은 전문 작가의 집필에 의한 일반적이고 홍보용의 연구용역이 아닌 지적 분야 전문가에 의한 학술 연구용역으로 백서의 전문성을 확보할 수 있도록 계획하였으며, 지적재조사사업을 완료한 대만과 추진 중인 일본을 직접 방문하여 현지 조사하고 문제점·지연 사유·성공 사례 등을 분석하여 향후 정책 수립에 참고할 수 있도록 계획하였다.

지적재조사 추진백서 편찬사업은 국토교통부와 대한지적공사가 공동으로 추진하되, 국토교통부 지적재조사기획단은 백서 편찬 관련 업무를 총괄 관리하고 대한지적공사 추진단은 용역발주 및 감독 관련 업무를 분담하여 수행하도록 계획하였다.

대한지적공사에서 발주한 학술 연구용역을 지적정보학회에서 수주하여 연구 책임자 류병찬 전 한양사이버대학교 교수와 김추윤 신한대학교 교수 및 지종덕 명지전문대학 교수가 집필을 하였으며, '지적재조사 편집 위원회(위원장 백승근 기획관)와 자문위원회를

55) 내무부, 1978.3.10, '1978년도 지적업무 운용지침(시 · 도 세정, 지적과장 회의서류)', pp.51~88,
56) 국토교통부 지적재조사기획단, '2014. 10, '지적재조사 추진백서 편찬 연구용역 추진계획', pp.1~2.

설치하여 집필을 적극적으로 지원하여 2014년 12월부터 2015년 7월까지 집필을 완료하고 1,270쪽의 『지적재조사 백서(안)』을 작성 제출하였는데, 국토교통부에서 교열을 거쳐 2016년 3월에 830쪽으로 축소하여 [그림 6-32]와 같은 『바른땅 2030을 향한 도전(지적재조사 40년 발자취)』으로 제명을 변경하여 발간하였으며,[57] 이어서 『일본과 대만의 지적재조사 사례』를 별책으로 발간하였다.

출처 : 『바른땅 2030을 향한 도전(지적재조사 40년 발자취)』(2016.3.)

[그림 6-32] 『바른땅 2030을 향한 도전(지적재조사 40년 발자취)』

## 18.3 수록내용

2016년 3월에 발간된 『바른땅 2030을 향한 도전(지적재조사 40년 발자취)』은 제1장 앞에 서장(序章)을 두고, 제1장 우리나라 지적제도의 첫걸음, 제2장 지적불부합지 문제의 대두, 제3장 지적재조사 기반조성, 제4장 지적재조사 법안 추진, 제5장 특별법의 제정 시행, 제6장 지적재조사사업 추진, 제7장 지적재조사 이후의 미래 등으로 구분하여 서술하였으며, 특별기획 1 토지조사사업과 지적재조사사업 비교, 특별기획 2 측량장비 및 신기술, 끝으로 지적학자 · 전현직 지적 공부원 · 한국구토정보공사 직원 · 업계 등 전문가들의 지적재조사에 관한 회고와 정책적 제언을 기술하였다.

그리고 별책으로 부록 1 보고서 · 지침 · 계획, 부록 2 법안 · 규정, 부록 3 지적불부합지 현황 등을 수록하여 『지적재조사 40년 발자취』를 기록하였다.

57) 국토교통부 지적재조사기획단, '2014. 10, '지적재조사 추진백서 편찬 연구용역 추진계획', pp.1~2. ; 국토교통부, 대한지적공사, 2014, 『바른땅 2030을 향한 도전(지적재조사 40년 발자취)』.

# 국외 활동의 변천 연혁

History of the Overseas Cadastral Activities

Chapter 02

우리나라의 지적관련 국외 활동의 변천에 관한 사항을 주체별로 나누면 대한제국 시대와 일제 시대 및 광복 후 시대로 구분할 수 있다.

그러나 대한제국 시대와 일제 시대에는 지적관련 국외 활동에 대한 구체적인 사료를 발견할 수 없었으며, 광복 이후인 1990년대부터 국외의 장·단기 해외교육과 국제측량사연맹(國際測量士聯盟, FIG)에 가입하여 활동을 하였으며, 2001년에 근대적인 지적제도를 도입한 후 최초로 서울에서 국제측량사연맹 상임위원회를 개최하였다. 이들 지적관련 주요 국외 활동의 변천 연혁은 다음과 같다.

## 1 장·단기 해외 교육훈련

### 1.1 발전과정

지적관련 해외 교육훈련은 1970년부터 내무부 소속 지적직 공무원이 최초로 대만의 토지개혁훈련소(土地改革訓練所) 단기 해외 교육훈련과정에 참여하기 시작하여 대한지적공사 직원으로 확대되었으며, 장기 해외 교육훈련과정은 대한지적공사에서 시작하여 지적직 공무원으로 확대 발전되었다.

대상 국가는 가까운 대만과 일본에서 스위스·네덜란드·프랑스·독일·호주·영국·러시아 등 세계 각국으로 다양화 되었으며, 교육기간은 6개월 미만의 단기교육에서 6개월 이상의 장기교육으로 전환되었고, 교육목적은 현장체험교육(OJT : On the Job Training)에서 석사 또는 박사학위 취득교육과정으로 확대 발전되었다.[58)]

## 1.2 단기 해외 교육훈련

지적 분야의 최초 해외 교육훈련은 1970년 9월 15일부터 11월 14일까지 당시 정태린 경기도 지적계 소속 지적기사가 대만의 토지개혁훈련소에서 2개월 과정의 토지정책관리과정에 참여함으로써 시작되었다.

이어서 1971년에 김용진 경상북도 지적계장이, 1972년에 인태오 충청남도 지적계 지적기사와 윤종구 서울시 지적과 지적기사가, 1985년에 류병찬 내무부 지적과 지적계장이 각각 대만의 토지개혁훈련소에서 토지정책관리과정의 단기교육과정을 수료하고 [그림 6-33]과 같은 수료증서를 교부받았으며, 이어서 대한지적공사 소속 직원들이 일본 · 호주 · 독일 등에서 단기교육과정을 이수하였다.[59]

출처 : 류병찬 제공.(2007.10.)

[그림 6-33] 대만토지개혁훈련소 수료증

## 1.3 장기 해외 교육훈련

우리나라의 지적 분야에서 6개월 이상 해외 장기 교육훈련을 받은 것은 1978년 9월부터 1979년 3월까지 강태석 대한지적공사 개발연구부 과장과 장한영이 스위스 항측학교(SSPO : Swiss School for Photogrammetric Operators)에서 7개월의 항측도화 과정에

58) 대한지적공사, 2005(b), 앞의 책, pp.1234~1238.
59) 대한지적공사, 2005(b), 위의 책, pp.1237~1238.

참여함으로써 시작되었다.

이어서 1981년에 조진구 대한지적공사 개발연구부 직원이 네덜란드의 국제항공측량 및 지구과학연구원(ITC, International Institute for GeoInformation Science and Earth Observation)에서 석사과정을 이수함으로써 우리나라의 지적분야에 근무하는 직원의 신분으로는 최초로 외국의 석사학위를 취득하였다.

1983년부터 우리나라의 과학기술처와 프랑스의 기술원에 의하여 체결된 한·불 기술협정에 의하여 프랑스의 정부 장학생으로 지적공사의 직원이 국립측지학교(Ecole Nationale des Sciences Géomatique, ENSG)에서 교육을 받을 수 있는 기회가 확대되기 시작하였다.

그리고 1988년 8월에 지적직 공무원으로는 우리나라 최초로 류병찬 내무부 지적계장이 네덜란드의 정부 장학생으로 선발되어 [그림 6-34]와 같은 국제항공측량 및 지구과학연구원(ITC)에서 토지정보시스템(Land Information System) 과정의 지적전공(Cadastral Stream)을 이수하고 [그림 6-35]와 같은 학위증을 취득하였다.

출처 : 류병찬 제공.(2003.10).

[그림 6-34] 네덜란드의 ITC 전경

주 : ITC졸업증서(좌), 졸업증서 수여 장면(우).

출처 : 대한지적공사 지적기술교육연구원, 2000, 『지적기술교육원60년사』, p.206.

[그림 6-35] ITC 수료증과 수여식

그리고 김태훈 대한지적공사 직원이 일본의 국토건설학원에 공업전문과정 측량과를 졸업하고, 1995년 9월에 건설성(建設省) 국토지리원(國土地理院)에 [그림 6-36]과 같이 일본의 측량사보(測量士補)로 등록하여 우리나라 최초로 외국의 측량사자격을 취득하였다.

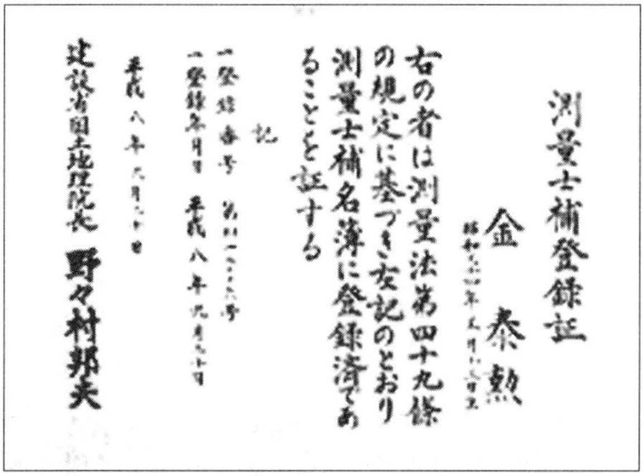
測量士補登録証

金 泰勲

右の者は測量法第四十九条の規定に基づき左記のとおり測量士補名簿に登録済であることを証する

記

一 登録番号

一 登録年月日 平成八年

平成八年

建設省国土地理院長 野々村邦夫

출처 : 대한지적공사 지적기술교육연구원, 2000, 『지적기술교육원60년사』, p.207.

[그림 6-36] 일본의 측량사보 등록증

이어서 김상수 내무부 지적과 계장이 국비장학생으로 선발되어 1997년 3월에 일본 나고야대학에서 공학박사 학위를 취득하여 지적인으로서는 최초로 외국 대학의 박사학위를 취득하였고, 2000년 3월에 이재송 행정자치부 지적과 지적기사가 러시아 모스코바 국립측지대학에서 공학박사 학위를 취득하였다.

이어서 김순태 행정자치부 지적과 지적기사가 지적장학회의 국외 장학생으로 선발되어 2001년 12월에 영국의 노팅햄대학에서 GIS석사 학위를 취득하였으며[60] 김택진 행정자치부 지적과 사무관이 정부장학생으로 선발되어 2006년 2월에 독일의 부라운슈바익대학교에서 공학박사 학위를 취득하였다.

1978년부터 장기 해외 교육훈련이 시작된 후 2010년까지 6개월 이상의 장기 해외교육과정 이수 현황은 〈표 6-8〉과 같다.

60) 대한지적공사, 2005(b), 앞의 책, pp.1233~1235.

〈표 6-8〉 지적관련 장기 해외 교육훈련 이수 현황

| 기 간 | 성 명(소 속) | 방문기관 | 교육과정 | 취득학위 |
|---|---|---|---|---|
| 1978.9.4.~ 1979.3.30. | 강태석, 장한영 (개발연구부) | 스위스 항측학교 | 항측도화 | 최초의 장기교육 |
| 1980.8.30.~ 1981.5.6. | 김정호(개발연구부) | 스위스 항측학교 | 항측도화 | – |
| 1980.8.15.~ 1981.8.21. | 조진구(개발연구부) | 네덜란드 I.T.C | 지적재조사 사업 지적전산화 방안 | 공학석사 |
| 1981.3.20.~ 1982.3.19. | 최인영(본사 전산과) | 일본 동경 | S/W 교육 | – |
| 1983.7.1.~ 1984.9.15. | 김정호(개발연구부) | 프랑스 국립측지학교 | 측지 | – |
| 1984.12.26.~ 1986.8.31. | 홍석기(개발연구부) | 프랑스 국립측지학교 | 측지 | – |
| 1985.10.28.~ 1987.7.20. | 나희철(개발연구부) | 프랑스 국립측지학교 | 도면제작 | – |
| 1986.10.1.~ 1988.8.30. | 이용문(개발연구부) | 프랑스 국립측지학교 | 측지 | – |
| 1987.9.30.~ 1989.6.30. | 차득기(개발연구부) | 프랑스 국립측지학교 | 도면제작 | – |
| 1988.10.4.~ 1989.8.31. | 류병찬(내무부 지적과) | 네덜란드 ITC | LIS (지적전공) | Postgraduate Course |
| 1994.10.1.~ 1997.4.20. | 김상수(내무부 지적과) | 일본 나고야대학 | 지권환경공학 | 공학박사 |
| 1995.1.7.~ 1997.7.10. | 김무원(지적기술연구원) | 호주 멜버른대학 | Geomatics | 공학석사 |
| 1995.3.31.~ 1996.7.10. | 김태훈(지적기술연구원) | 일본 국토건설학원 | 측량 | – |
| 1996.8.28.~ 1998.6.1. | 최원준 (지적기술교육연구원) | 네덜란드 ITC | Geo-Informatics | 공학석사 |
| 1997.6.19.~ 2000.7.30. | 이재송(행자부 지적과) | 러시아 모스코바 국립측지대학교 | 토지관리 | 공학박사 |
| 1999.12.2.~ 2001.12.8. | 김순태(행자부 지적과) | 영국 노팅햄대학 | GIS | 공학석사 |
| 2002.9.15.~ 2004.3.11. | 박종철 (충북본부 청주지사) | 네덜란드 ITC | Geo-Information | 공학석사 |
| 2002.9.23.~ 2004.3.27. | 김승한 (인천본부 강화지사) | 독일 슈트트가르트 공과대학 | 항공사진측량 및 GIS | 공학석사 |
| 2003.4.6.~ 2004.3.21. | 신동현(연구개발처) 이정빈(경기도 본부) | 일본 동북이동 전문학교 | 측량 | – |
| 2006.2.1.~ 2009.6.10. | 김택진(행자부 지적과) | 독일 부라운슈바익대학교 | 지적 및 측량공학 | 공학박사 |

출처 : 대한지적공사, 2005(b), 『한국지적백년사』, pp.1235~1236.

# 2 국제측량사연맹의 가입 및 활동

## 2.1 가입 경위

우리나라는 국제측량사연맹(International Federation of Surveyors, Federation International des Geometers, FIG)에 가입하기 위하여 1979년 7월에 체코의 브르노에서 개최되었던 제46차 상임위원회에 당시 이용택 대한지적공사 사장이 옵서버 자격으로 참가하여 최초의 활동을 시작하였다.

1980년에 대한지적공사가 국제측량사연맹에 정회원 가입신청서를 제출하였으나 당시 건설부 산하단체인 대한측량협회도 독자적으로 가입을 신청하였다.

그러나 불가리아를 주축으로 한 공산권 국가의 거부와 정부 관련기관이란 이유 및 국제측량사연맹 정관에 의한 1국가 1개 단체의 신규가입 원칙에 따라 지적공사와 측량협회의 가입이 모두 보류되었다.[61)]

이어서 1981년 5월에 대한지적공사와 대한측량협회가 협의하여 한국측량사총연맹(Korea Confederation of Surveyors, KCS)을 결성하고 다시 국제측량사연맹의 가입을 시도하여 1981년 8월 9일 스위스의 몽트로에서 개최된 제16차 총회에서 참석 회원국의 만장일치로 국제측량사연맹의 정회원 국가로 가입하게 되었으며, 우리나라와 함께 중국 · 케냐 · 모로코가 동시에 가입하였다.

## 2.2 활동상황

우리나라는 국제측량사연맹 정회원 국가로 가입한 후 내무부와 대한지적공사가 주축이 되어 매년 총회와 상임위원회에 참석하여 각국의 지적제도와 측량기술에 관한 동향을 파악하는데 중점을 두고 활동하였으나, 다른 회원 국가들은 측량관련 개인이나 단체 · 학회 · 대학교수 · 측량업자 등이 적극적으로 참여하고 있었다.

61) 대한지적공사, 1989, 『대한지적공사 50년사』, p.714.

대한지적공사는 제7분과위원회인 지적 및 토지관리분과위원회(이하 "지적분과위원회" 라 한다.)의 연구논문과 국제지적사무소의 각종 자료를 수집・분석하는데 주력하였다.

그동안 국제측량사연맹의 총회와 상임위원회 및 지적분과위원회에서 발표된 각종 연구논문・정기간행물・기타 관련자료 등을 수집・번역・발간하여 행정자치부・대한지적공사・대한측량협회 및 지적학과가 설치되어 있는 대학과 전문대학 및 고등학교 등에 배포하여 활용하였다.

## 2.3 논문 발표

1986년에 캐나다의 토론토에서 개최된 제53차 상임위원회에 박순표 내무부 지적과장이 "한국의 지적제도"라는 논문을 제출하여 최초로 국제측량사연맹 논문집에 수록되었다.

이어서 1991년 중국의 북경에서 개최된 제58차 상임위원회에서 김정호 지적기술연수원 교수가 우리나라 최초로 논문을 발표하였다.

우리나라는 1981년에 국제측량사연맹의 정회원 국가로 가입하여 2000년까지 20년 동안 [그림 6-37]과 같이 김정호 대한지적공사 지적연수원 교수와 류병찬 내무부 지적과장을 비롯한 지적전문가가 총회와 상임위원회 및 지적분과위원회 등에 참석하여 〈표 6-9〉와 같은 논문을 발표하여 우리나라 지적제도의 발전상을 알리고 홍보하는데 기여하였다.

주 : 국제측량사연맹 제58차 상임위원회에서 김정호 교수가 논문을 발표하고 있으며(중국, 1991. 좌), 제63차 상임위원회에서 류병찬 지적과장이 논문을 발표하고 있다.(아르헨티나, 1996. 우)

[그림 6-37] 국제측량사연맹의 논문 발표

〈표 6-9〉 국제측량사연맹 총회 및 상임위원회 논문 발표 현황

| 개최 년도 | 총 회 (상임위원회) | 개최국가 (장소) | 논 문 제 목 | 발 표 자 |
|---|---|---|---|---|
| 1986. | 18차 (53차) | 캐나다 (토론토) | 한국의 지적제도 | 내무부 지적과장 박순표 |
| 1991. | (58차) | 중 국 (북경) | 한국의 지적측량 개선방안 | 대한지적공사 지적연수원 부교수 김정호 |
| 1994. | 20차 (61차) | 호 주 (멜버른) | 한국 지적제도의 발전방안 | 내무부 지적계장 류병찬 |
| 1996. | (63차) | 아르헨티나 (부에노스 아이레스) | 한국의 지적기술 및 기능 인력 양성방안 | 내무부 지적과장 류병찬 |
| 1997. | (64차) | 싱가포르 | 한국의 지적재조사사업 추진방안 | 내무부 지적과장 류병찬 |
| | | | 한국의 도시계획동향 | 대전전문대 교수 김석주 |
| 1998. | 21차 (65차) | 영 국 (브라이턴) | 한국의 필지중심 토지정보 시스템 구축방안 | 행정자치부 지적과장 류병찬 |
| | | | 수치지적측량에 있어서의 GPS의 기대 역할과 문제점 | 대한지적공사 책임연구원 양철수 |
| 1999. | (66차) | 남아프리카 공화국(썬시티) | 서로 다른 좌표체계의 통합방안 | 대한지적공사 FIG 추진기획단장 김정호 |
| 2000. | (67차) | 체 코 (프라하) | 한국의 지적측량조직의 개선방안 | 대한지적공사 지적기술교육 연구원장 류병찬 |

주 : 1981년 국제측량사연맹에 가입한 후 2000년까지 20년 동안의 논문 발표 현황임.
출처 : 대한지적공사, 2000,『국제측량사연맹 상임위원회 참가보고서』, p.15.

## 3 국제측량사연맹 상임위원회 개최

### 3.1 유치경위

1996년 4월 15일부터 19일까지 5일간 아르헨티나 부에노스아이레스에서 개최된 제63차 국제측량사연맹 상임위원회에서 [그림 6-38]과 같이 당시 박경석 대한지적공사 사장과 류병찬 내무부 지적과장 등 한국 대표단 일행이 2001년 제68차 국제측량사연맹

상임위원회의 서울 유치를 적극적으로 추진하였다.

당시에 덴마크와 유치 경쟁을 벌였으나 4월 18일 투표결과 30개국 32개 회원단체가 투표에 참가하여 찬성 20, 반대 11, 기권 1이라는 압도적인 지지를 얻음으로써 상임위원회를 성공적으로 유치하여 근대적인 측량기술을 도입한 후 1세기만인 2001년 5월 6일부터 11일까지 서울의 쉐라톤 워커힐 호텔에서 역사적인 측량관련 국제회의를 개최하게 되었다.

주 : 좌로부터 조봉제 연구원 · 박양신 사무관 · 류병찬 지적과장 · 박경석 사장 · 이영진 교수 · 김정호 교수.

[그림 6-38] 제63차 국제측량사연맹 상임위원회 대표단

## 3.2 상임위원회의 개최

새천년 새기술(New Technology for a New Century)이라는 주제 아래 [그림 6-39]와 같은 행사로고를 개발하고 2001년 5월 6일부터 11일까지 서울에서 47개국 260여명의 외국인 측량사와 700여 명의 내국인 측량사들이 모인 국제측량사연맹 2001 상임위원회(FIG, 2001 Permanent Committee)를 개최하였다.

서울에서 개최한 국제측량사연맹 상임위원회는 1898년에 대한제국에서 미국인 측량사 크럼(Raymond Edward Leo Krumm)을 고빙하여 근대적인 측량기술을 도입한 후 1세기만에 개최되었으며, 우리나라가 1981년에 국제측량사연맹의 정회원 국가로 가입한 후 20년 만에 개최한 국제회의로써 건국 이래 최초로 한반도에서 세계 측량사들의 올림픽을 개최한 셈이다.

이러한 국제회의를 대한지적공사와 대한측량협회가 공동으로 주관하고 행정자치부 ·

국립지리원 · 매일경제TV · 매일경제신문사의 후원으로 세계 측량기술자들에게 화합과 축제의 장을 마련한다는 내용의 [그림 6-40]과 같은 2001 국제측량사연맹 상임위원회 개최 포스터를 제작하여 홍보하였다.

출처 : 대한지적공사, 2001, 『2001 국제측량사연맹 상임위원회결과보고서』, p.156.

[그림 6-39] 2001 국제측량사연맹 상임위원회 행사 로고

출처 : 대한지적공사, 2005(b), 『한국지적백년사』, p.1221.

[그림 6-40] 2001 국제측량사연맹 상임위원회 개최 포스터

그리고 국제측량사연맹 상임위원회의 서울 개최를 기념하기 위하여 행정자치부와 대한지적공사가 정보통신부에 협조 의뢰하여 국제측량사연맹 상임위원회 행사 로고와 포스터를 넣은 [그림 6-41]과 같은 우편엽서를 개발하여 200,000장을 제작 2001년 5월 4일부터 전국의 우체국에서 판매하여 일반 국민들에게 국제측량사연맹 상임위원회의 서울 개최를 홍보하였다.

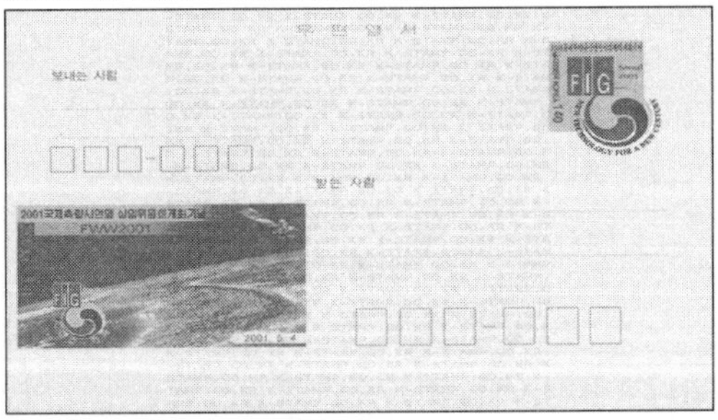

출처 : 류병찬 제공.(2010.10.)

[그림 6-41] 2001 국제측량사연맹 상임위원회 개최 기념 우편엽서

## 3.3 주요 성과

서울에서 개최한 상임위원회는 단순한 기술교류와 정보교환 차원의 국제행사가 아니라 세계 각국의 참가자들에게 기술견학과 문화체험 등을 통하여 한국의 측량제도는 물론 오랜 역사와 문화를 소개하는 민간 외교의 역할도 수행하였다.

그동안 다른 국가에서 개최한 상임위원회 보다 3배에 가까운 137편의 측량·토지정보·GPS[62] 등에 관한 논문이 발표되어 많은 측량기술자들의 관심을 모으기도 하였으며, 이중 내국인은 28편의 논문을 발표하여 우리나라의 지적관련제도에 관한 발전상을 세계에 알리는 계기가 되었다.

그리고 베트남·캄보디아·몽골 등의 국가는 시장경제의 도입과 외국 자본의 유치 등 경제개발을 추진하고 있으며, 효율적인 국토관리와 토지에 대한 소유권 또는 사용권 등의 법적 보장을 위하여 지적제도를 창설하는 과정에 있다는 정보를 얻을 수 있었으며, 우리나라에서 기술 지원과 전문인력 양성을 위한 교육훈련 등을 적극 추진한다면 측량기술을 통하여 국위를 선양할 수 있다는 가능성도 확인하게 되었다.

특히 외국의 측량기술자들에게 다양한 기술견학 프로그램을 마련하여 제공하였는데, 서울특별시 중구청에서 지적정보처리과정을 살펴 본 각 국의 전문가들은 유럽의 선진 국가를 앞서 가는 지적전산시스템을 구축하여 운영하고 있다는 찬사를 보냈으며, 지적민원실에서 토지등기부와 건물등기부의 등본 교부가 가능함을 설명 듣고 우리나라와 유사한 제도를 갖고 있는 독일에서도 시행하지 못한 시스템을 한국에서 시행하고 있음을 부러워하였고, 미국·그리스·홍콩 등의 대표자들은 지적측량업무를 경쟁적이고 개방체제가 아닌 대한지적공사에서 전국적으로 전담하여 대행하고 있는 우리나라의 지적측량제도에 대하여 관심을 표명하기도 하였다.

국제측량사연맹 상임위원회의 폐막식에서 한국측량사총연맹 회장인 김재영 대한지적공사 사장이 국제측량사연맹 로버트 포스터(Robert Foster) 회장에게 [그림 6-42]와 같이 감사패를 전달하였다.

62) GPS(global positioning system)란 위성항법장치를 말하는 것으로, 지구를 도는 인공위성이 현재의 위치를 시시각각 알려주는 시스템으로, 항공기, 배, 차량 등의 운행과 측량이나 등산길 안내 등에도 유용하게 활용할 수 있다.

주 : 김재영 대한지적공사 사장이 FIG회장 Robert Foster에게 감사패를 전달하고 있다.
출처 : 대한지적공사, 2005(b), 『한국지적백년사』, p.112.

[그림 6-42] 2001 국제측량사연맹 회장에게 감사패 전달

2001 국제측량사연맹 상임위원회의 개최성과는 [그림 6-43]과 같이 우리나라 측량사들의 세계화 마인드의 제고는 물론 한국의 지적제도와 측량기술을 전 세계에 알리는데 크게 기여하였으며, 서울에서 개최된 국제측량사연맹 상임위원회의는 우리나라의 지적사(地籍史)와 측량사(測量史)에 기록되어야 할 역사적 사건이라고 할 수 있다.

2001年5月17日(木曜日)

# 측량사 세계화 마인드 제고

'새천년·새기술' 주제 국제측량사연맹상임위

출처 : 『한국세정신문』, 2001.5.17, 김영기 기자.

[그림 6-43] 2001 국제측량사연맹 상임위원회에 개최에 관한 보도

# 4 지적엑스포 개최

## 4.1 개 요

우리나라 지적제도의 근본적인 개선방안을 모색하고 미래 지향적인 국토정보화사업의 추진 방향을 제시하기 위하여 2005년부터 대한지적공사가 주관하여 국제적인 지적혁신엑스포(Cadastral Innovation Expo & Seminar, CIES) 행사를 격년제로 개최하고 있다.

2005년 10월에 처음으로 “지적혁신엑스포 2005(CIES KOREA 2005)”를 개최하였고, 이어서 2007년 5월에 “지적혁신엑스포 2007(CIES KOREA 2007)”을 개최하였다.

## 4.2 지적혁신엑스포 2005(CIES KOREA 2005)

지적혁신엑스포 2005(CIES KOREA 2005, Cadastral Innovation Expo & Seminar, Korea, 2005)는 2005년 10월 19일부터 21일까지 3일간 서울 강남구 삼성동에 위치한 코엑스(COEX) 그랜드볼룸에서 행정자치부 주최 · 대한지적공사 주관으로 개최하였다.

그리고 각 시 · 도 및 시 · 군 · 구와 유관 공사 · 대학 및 전문대학 · 유관기관 · 일반 업체 등이 참여하였고, 산업자원부 · 정보통신부 · 건설교통부 · 해양수산부 · 국토지리정보원 · 국립해양조사원 · 한국지적학회 · 대한측량협회 등이 후원하였다.

지적혁신엑스포 2005는 [그림 6-44]와 같이 “100년의 혁신/100년의 비전”과 “백년의 준비/지적의 혁신”이라는 캐치프레이즈를 내걸고 대한지적공사에서 지적

출처 : 대한지적공사 홍보팀.(2005.11.)

[그림 6-44] 지적혁신엑스포 2005 개최 포스터

110년 역사상 최초로 성대한 행사를 개최하였다.

주요 행사로써 호주 멜버른대학의 윌리암슨(Ian Williamson) 교수를 초청하여 학술발표회를 하였고, 국토연구원 · 주택도시연구원 · 대한측량협회 소속전문가를 초청하여 특별 강연을 실시하였다.

그리고 행정자치부와 대한지적공사를 비롯하여 5개의 지방자치단체 · 3개 대학교 · 21개 유관 업체 등이 참여하여 지적관련 각종 전시회를 개최하였다.

## 4.3 지적혁신엑스포 2007(CIES Korea 2007)

지적혁신엑스포 2007(CIES Korea 2007, Cadastral Innovation Expo & Seminar)은 [그림 6-45]와 같이 "땅의 새로운 세상, 지적의 꿈"이라는 캐치프레이즈 아래 "대한민국이 함께하는 지적의 미래, 한반도에 그리는 지적의 새 역사, U-세상 다시 그리는 지적" 등 3대 캐치프레이즈를 내걸고 지적정보화 관련 행사를 개최하였다.

출처 : 대한지적공사 홍보팀.(2007.7.)

[그림 6-45] 지적혁신엑스포 2007 개최 포스터

지적혁신엑스포 2007은 2007년 5월 21일부터 23일까지 3일간 서울 강남구 삼성동에 위치한 코엑스(COEX) 오디토리움과 그랜드 볼룸에서 개최하였으며, 세계 30여개 국가의 외국인과 내국인이 참가하는 2007 국제측량사연맹 제7분과연례회의와 제30회 지적세미나도 함께 개최되었다.

엑스포 행사는 U-지적정보체계와 지적정보화 부문의 발전상에 대한 범국민적 관심을 높이고, 관련 분야 전문가의 강연으로 풍성한 지적정보와 학술 교류의 장을 마련하여 지적에 관한 이해를 돕는 한편 우리나라 지적의 역사를 한눈에 살펴 볼 수 있는 전시관을 설치하여 운영하였다.

엑스포의 전시관은 지적정보화 현황 및 핵심기술 등을 살펴볼 수 있는 지적정보화관을 비롯하여 지적재조사관 · 지적역사관 · 국제관 · 지방자치단체관 · 대학교관 · 기업체관 · 취업정보관 등 총 8개의 전시관을 설치하여 운영하였다.

지적연수원의 사료실 등에서 보존 관리하고 있는 지적관련 자료와 유물을 전시하는 지적역사관과 라오스의 도로 건설 · 모로코의 토지등록 시스템 · IT기술과 결합한 측량기술의 해외수출 등 대한지적공사가 역점사업으로 추진해 온 해외사업 분야의 활동성과 등을 확인할 수 있는 국제관도 마련되었다.

자치단체별로 개발해 온 U-City를 소개하는 지방자치단체관을 비롯하여 GIS 등을 소개하고 측량 및 사무 장비를 전시하는 기업체관 · 지적관련 대학교와 지적학과를 소개하는 대학교관 · 부동산 및 채용상담을 하는 채용정보관 등을 설치하여 운영하였다.

## 지적총서(Cadastral Series, 地籍叢書)

[지적총서 1]

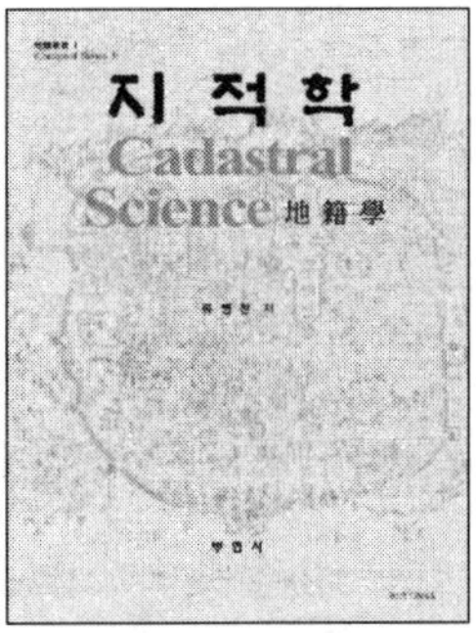


지적학(제2전정판)
Cadastral Science(2nd ed.), 地籍學(第2全訂版)

[지적총서 2]

지적법(제6전정판)
Cadastral Act(6th ed.), 地籍法(第6全訂版)

[지적총서 3]

지적사(제2전정판)
Cadastral History(2nd ed.), 地籍史(第2全訂版)

# 제 7 편

# 지적관련 주요 인물의 변천사

(Part 7. History of the Key figures in Cadastral Field)

우리나라의 지적사에 비친 주요 지적 인물(地籍 人物)은 지적에 관한 교육 · 인재양성 · 지적관련 법규의 제정과 개정 · 지적관련 문헌의 발간 · 논문 발표 등 지적학(地籍學)의 학문적 발전에 탁월한 업적을 쌓은 교육자 · 행정관료 · 측량사 등을 대상으로 광복 전 · 후 시대로 구분 선정하였으며, 실존하는 인물도 일부 포함하였다.

지적관련 주요 인물로서 광복 전 시대에는 우문충(宇文忠)을 비롯하여 류방택 · 류형원 · 정제두 · 안정복 · 홍대용 · 정약용 · 김정호 · 남병철 · 남병길 · 이기 · 유길준 · 민영환 · 한용운 등을 선정하였으며, 광복 후 시대에는 류기섭 · 최종태 · 원영희 · 이경철 · 이부발 · 김갑수 · 리진호 · 박순표 · 정선철 · 강태석 · 김추윤 등을 선정하였다.

그러나 대한지적협회 회장을 역임한 김성건, 대한지적협회 전무이사와 부사장을 역임한 이종호, 내무부 지적과장과 전무후무한 지적인 최초의 군수(인제군수 · 횡성군수)를 역임한 김세기 등 많은 지적인들이 지적제도의 발전에 크게 공헌하였으며, 외국인으로는 미국인 크럼(Krumm)과 일본인 메가타 다네타로우〈目賀田種太郎〉 · 구마타 신타로우〈熊田信太郎〉 · 가와카미 쓰네로우〈川上常郎〉 · 와다 이치로우〈和田一郎〉 등이 우리나라의 측량에 관한 교육과 근대적인 지적제도의 창설에 공헌을 하였으나, 지면관계상 소개하지 못함을 아쉽게 생각한다.

제7편 지적관련 주요 인물의 변천사에서는 우리나라의 지적관련 주요 지적 인물을 ① 광복 전 시대, ② 광복 이후 시대로 구분하여 출생 연도순으로 학문적 발전을 위한 활동과 주요 공적에 관한 사항 위주로 소개하였다.

따라서 이 책에서 소개하지 못한 주요 지적 인물들의 활동과 공적에 관한 사항은 리진호가 저술한 『지적인 열전』과 『식민지 조선의 일본인 인명사전』 및 대한지적공사에서 발간한 『한국지적백년사』의 지적인명사전 등 관련 문헌을 참고하기 바란다.

# 광복 전 시대

The Era before Independence

Chapter 01

## 1 우문충(宇文忠)

우문충〈宇文忠, 출몰일자 및 출생지 불명〉은 문헌상 우리나라 최초로 측량을 실시하고 지도를 작성한 측량사이자 천문학자이다.

단기고사(檀奇古史)에 의하면 우문충은 단군조선의 제36대 매륵왕〈買勒王, 재위기간 : 기원전 705~기원전 647, 58년, 후 단군조선 제12대〉시대의 오경박사(五經博士)로서 기원전 680년인 매륵왕 25년에 "우문충(宇文忠)이 토지를 측량하고 지도를 만들며, 유성설(遊星說)을 저술하여 왕에게 바쳤다.[1]"고 기록되어 있다.

따라서 우문충은 문헌상 우리나라 최초의 측량사이며 천문학자라고 할 수 있다. 그러나 아쉽게도 단기고사 이외의 문헌에는 우문충 박사에 관한 기록이 남아 있지 않아 신분과 업적 등에 관한 구체적인 내용은 알 수가 없다.

## 2 류방택(柳方澤)

류방택〈柳方澤, 1320~1402, [그림 7-1]과 같은 충남 서산시 인지면 애정리 구치산(九峙山) 아래 양리촌(陽里村,)[2]에서 출생[3], 호 금헌(琴軒)〉은 천상열차분야지도(天象

1) 대야발 저, 고동영 역, 1986, 『단기고사(檀奇古史)』, 서울, 한뿌리, p.104.

2) 양리촌(陽里村)은 조선시대에 면리제(面里制)의 확립으로 나타난 지방행정구역의 최하위 단위 명칭으로 군·현 밑에 면(面) 또는 사(社, 함경도에 많음)·방(坊, 평안도에 많음)이 있고, 면 아래에 이

列次分野之圖)를 제작한 고려 말, 조선 초의 세계적인 천문학자이며 과학자로써 본관은 서령〈瑞寧 : 현재는 瑞山〉· 자는 태보(兌甫)로 『瑞寧(瑞山)柳氏族譜』에 [그림 7-2]와 같은 초상화가 등재되어 있다.

출처 : 瑞寧(瑞山)柳氏族譜刊行委員會, 2014, 『瑞寧(瑞山)柳氏族譜』 文獻錄, p.60.

[그림 7-1] 류방택의 출생지역도

출처 : 瑞寧(瑞山)柳氏族譜刊行委員會, 2014, 『瑞寧(瑞山)柳氏族譜』 文獻錄 畵報, p.1.

[그림 7-2] 류방택의 초상화

아버지는 전객령(典客令)[4]을 치사(致仕)한 류성거(柳成巨)이고, 어머니는 오장 백량(白良)의 딸이며, 예조판서 손애(孫埃)의 장녀와 결혼하여 3남 2녀를 두었다.[5]

류방택의 일생에 대해서는 고려 말의 대표적 학자인 정이오(鄭以吾 1347~1434)의 문집인 『교은집(郊隱集)』에 요약문이 남아 있다.

류방택의 행장(行狀)은 1411년에 쓴 글인 것으로 보아 류방택이 사망한 9년 뒤에 아마 그의 비석을 세우며 후손들이 정이오에게 부탁하여 쓰게 된 것이 아닌가 생각된다.[6]

---

·촌(里·村)이 있었다. 중앙에서 파견되는 수령은 군·현에 그치므로 면 이하는 지방자치적 성격을 띠고 있었다.(http://kin.naver.com/qna/detail.nhn?d1id=11&dirId/(2013.4.10.)

3) 인지면, 2013, 『인지면지』, 인지면지발간추진위원회, p.666. ; 瑞寧(瑞山)柳氏族譜刊行委員會, 2014, 『瑞寧(瑞山)柳氏族譜』 文獻錄, p.60. 서산타임즈(http://www.seosantimes.com/(2013.3.10).

4) 전객시(典客寺)는 고려 때 빈객(賓客)·연향(宴享)을 맡아보던 관청. 때로는 각 대신의 대접(供饋)을 맡아보기도 했다. 921〈태조 4〉년에 처음 예빈사(禮賓寺)를 두었다가 문종(文宗) 때 예빈성(禮賓省)으로 고쳤으며, 원(元)의 간섭기에 전객시로 고쳤다. 충렬왕 때 전객시의 우두머리는 판사(判事)로 정3품이었으며 그 다음의 령(令)은 종3품이었다.(http://gsm.nricp.go.kr/_third/user/search/KBD007, 2010. 11.15.)

5) 서령류씨문숙공파세보(瑞寧柳氏文肅公派世譜) 1권, 1996. pp.21~24.

6) 서산 류방택 천문기상과학관.(http://www.ryubangtaek.or.kr/new/ryu_01.html, 2010.9.6.)

천상열차분야지도에는 류방택의 직함이 가정대부(嘉靖大夫) 검교(檢校)[7] 중추원(中樞院)[8] 부사(副使) 겸(兼) 판서운관사(判書雲觀事, 현 기상청장)[9]라 기록되어 있어 당시 관계(官階)가 아주 높아서 종2품 수준에 있었음을 알 수 있다.

류방택은 잘 알려지지 않은 고려 말, 조선 초의 위대한 천문학자이며 대선비로서 고려 말 국운이 다했음을 알고 불사이군(不事二君)의 절의로 고향인 서산에 위치한 도비산(島飛山)에 은둔하여 임금의 은혜를 기리며 살았다.

그러나 류방택은 조선왕조를 수립한 태조가 여러 차례 불러 부득이 조정에 나와 1395〈태조 4〉년에 양촌(陽村) 권근(權近, 1352~1409)·중직대부(中直大夫)[10] 설경수(偰慶壽)을 비롯하여 권중화(權仲和)·최융(崔融)·노을준(盧乙俊)·윤인용(尹仁龍)·지신원(池臣源)·김퇴(金堆)·전윤권(田潤權)·김자수(金自綏)·김후(金候) 등 12명과 함께 천상열차분야지도를 제작하였다.

1395〈태조 4〉년에 석각(石刻)된 천상열차분야지도(天象列次分野之圖)라는 천문도 석본(石本)으로 이 천문도는 고려에 전해진 고구려의 천문도를 다시 그린 것이다.

고구려 천문도의 인본(印本)은 조선 초에 매우 희귀했는데, 태조가 즉위한 지 얼마 후 그 인본을 바치는 사람이 있어 태조는 매우 진귀하게 여겨 그것을 중각(重刻)하게 하였다. 그러나 서운관(書雲觀)에서는 그 연대가 오래되어 성도(星度)에 오차가 생겼으므로 새로운 관측에 따라 오차를 교정하여 새 천문도를 작성하기로 결정하고, 새로 『중성기(中星記)』[11] 한 편을 편찬하였으며 이에 따라 성도(星圖)를 석각하여 완성하게 된 것이다.[12]

당시 류방택은 천문 계산에 기여한 공로를 인정받아 태조 이성계가 그에게 개국일등공신(開國一等功臣)으로 특사(特賜)되어 서운관의 벼슬과 원종공신의 녹권(錄券)[13]을 제수

---

7) 관직 앞에 붙인 "검교"는 실무는 보지 않고 관직만 가질 경우 그 관직 앞에 붙이는 대명사이다.

8) 중추원(檢校中樞院)이라 함은 조선 전기 왕명의 출납, 병기(兵器)·군정(軍政)·숙위 등의 일을 맡아 본 관청으로써, 관원으로는 판사(判事)·사(使)·지사(知事), 동지사(同知事), 첨사(僉事), 부사(副使), 학사(學士), 상의원사(商議院事), 도승지(都承旨)·좌승지·우승지·좌부승지·우부승지, 당후관(堂後官), 연리(掾吏) 등이 있었다.

9) 서운관(書雲觀)이라 함은 고려 시대와 조선 시대에 천문·역법·지리·택일 등을 맡아 보던 관청으로, 고려 초 이런 업무는 태복감과 태사국이 나누어 맡았다가 1308년에 이 둘을 병합해 서운관이라 하였다. 조선 시대에도 고려의 제도를 계승하여 1392년에 서운관을 설치하였으며, 1466년에 세조는 서운관의 이름을 관상감(觀象監)으로 바꾸었다.

10) 중직대부(中直大夫)라 함은 조선 시대 종삼품(從三品) 동반(東班) 문관(文官)에게 주던 품계(品階)이다. 종삼품의 상계(上階)로서 중훈대부(中訓大夫) 보다 상위 자리이다.

11) 중성기(中星記)라 함은 조선 시대 계절을 알아보는 방법의 하나로 이용하였던 표를 말하며, 24절기마다 일정한 시각에 자오선(子午線)에서 가장 가까운 별을 관측하여 그 각거리(角距離)를 측정, 그 값을 표로 만든 것이다.

12) 서울특별시, 2006, 『서울六百年史』, 한성부 시대(Ⅰ), 조선 전기의 교육과 문화(천상열차분야지도).

하였으나 이를 굳게 사양하고, 송도〈松都, 옛 개성〉 취령산(鷲嶺山) 밑 김포방(金浦坊)에 자취를 감춘 뒤 산정에 단(壇)을 만들고 날마다 고려의 도읍지 송도를 내려다보며 눈물을 흘리니 그때 나이 75세였다. 당시 한탄하여 읊은 술회시(述懷時)에 "소나무를 위로 하매 심히 사랑함은 서리 앞에 나무가 추울까 걱정되기 때문이요. 기죽을 한마음으로 가련타 사모함은 눈 쌓인 가지가 늘어지기 때문이다.〈徠松酷受霜前幹하고 淇竹偏憐雪後枝〉"라고 하여 선생의 송죽(松竹)같은 절개를 노래하였으며, 선생의 시는 "평생 전조(前朝)를 잊지 못하고 사모하며 거문고 뜯어 내 마음을 부쳐보노라(平生耿耿前朝意 彈一雅維奇所思)"로 끝나 충절을 알 수 있다.[14]

그 후 1339〈정종 1〉년에 동학사에 들어가 초혼단(招魂壇)을 증수하여 옛 임금과 정포은(鄭圃隱)·이목은(李牧隱) 두 선생을 초혼하여 제사를 지냈다.

류방택 등이 1395〈태조 4〉년에 제작한 천상열차분야지도는 세계적으로 남아 있는 고대의 석각 천문도 중 1247년 중국 남송 시대에 왕치원(王致遠)이 제작한 순우천문도(淳祐天文圖)에 이어 두 번째 오래된 천문도로써,[15] 국보로 지정되기 전까지는 창덕궁의 창고 속에 보관되어 있어 세상에는 거의 알려지지 않았다.

그러나 1983년에 문화재청에서 국보 제228호로 지정하였으며, 2000년에 한국천문연구원에서 새로 발견된 소행성에 우리나라 최초로 과학자의 이름을 붙인 소행성 '류방택(Yubangtaek)별'을 헌정하였다. 이어서 2006년에 문화체육관광부에서 우리 민족문화 100대 상징물로 선정하였고, 2007년부터 정부에서 발행한 1만원권 뒷면에 고려대학교 박물관에 소장되어 있는 혼천의〈渾天儀, 국보 제230호〉의 배경사진으로 쓰이면서[16] 세상에 널리 알려지기 시작하였다.

그리고 2006년부터 충청남도 서산시(瑞山市)에서 한국천문연구원과 사단법인 금헌 류방택 기념사업회가 공동으로 선생의 업적을 기리고 청소년들에게 천문과학에 대한 꿈과 희망을 심어주고자 매년 "류방택 별 축제"를 개최하고 있으며, 2010년 9월 1일에 국가에서 "서산 류방택 천문기상과학관"을 선생의 고향인 충남 서산시 인지면 애정리 151-8번지에 건립하여 운영하고 있다.

따라서 선생이 사망하신 후 600년이 지난 후에야 우리나라 과학자 중에서 후손들로부터 가장 존경받는 천문학자로 자리매김하게 되었다.

---

13) 녹권(錄券)이라 함은 공신의 공훈을 새긴 쇠로 만든 패를 말한다.
14) 서산 류방택 천문기상과학관.(http://www.ryubangtaek.or.kr/new/ryu_01.html, 2012.9.10.)
15) 서산 류방택 천문기상과학관.(http://www.ryubangtaek.or.kr/new/ryu_02.html, 2010.9.5.)
16) http://enc.daum.net/dic100/contents.do.(2008.7.25.)

선생은 임종 시에 장자〈伯濡, 大提學, 시호는 文靖〉, 차자〈伯宗, 檢校, 司宰副正〉, 계자〈伯淳, 直提學, 시호는 文肅〉에게 "나는 고려 사람으로 송도에서 죽으니 내 무덤에 봉분을 하지 말고 묘비석을 세우지 말라."고 유명하였으니, 이 날이 1402〈壬午〉년 2월 5일로 송도 김포집에서 83세에 사망하였으며, 이듬해 1월 12일에 파주군 장단면(長湍面) 임강현(臨江縣)[17]의 도원원〈桃源原, 도원 벌판〉에 안장하였다.[18]

1404년에 태종(1400~1418)은 정숙공(靖肅公)이란 시호(諡號)를 내리고 1621〈광해군 13〉년에 계룡산에 위치한 동학사(東鶴寺)의 삼은각(三隱閣)에 모신 3은〈三隱 ; 포은(圃隱) 정몽주(鄭夢周, 1337~1392), 목은(牧隱) 이색(李穡, 1328~1396), 야은(冶隱) 길재(吉再, 1353~1419)〉의 다음에 배향(配享)[19]되었다.

출처 : 瑞寧(瑞山)柳氏族譜刊行委員會, 2014,『瑞寧(瑞山)柳氏族譜』, p.5.

[그림 7-3] 류방택의 제를 올리는 송곡서원

이어서 1694〈숙종 20〉년에 고향인 서산시 인지면 애정리 495번지에 소재한 [그림 7-3]과 같은 송곡서원(松谷書院, 충청남도 문화재 자료 제207호)[20]에 주벽(主壁)[21]으로 배향되어 매년 제(祭)를 올리고 있으며, 제단은 서산시 인지면 남정리에 소재한 서령류씨(瑞寧柳氏) 제단 사적지에 설치되어 있다.[22]

17) 임강현(臨江縣)이라 함은 황해도 장단군 임강현(臨江縣)을 말하며, 현재의 파주시 진동면 일대에 있던 옛 고을의 명칭이다. 고려시대 1018(현종 9)년에 장단의 속현으로 있다가 고려 공양왕때 독립했으나 다시 1457년에 장단에 병합되었다. 1972년 장단군에 속했던 진동면이 파주시에 편입되었고 현재는 민통선 안에 위치하여 민간인 출입이 통제되고 있다.

18) 서령류씨문숙공파세보(瑞寧柳氏文肅公派世譜) 1권, 1996. p.22. ; 車柳大宗會 中央總本部, 2003,『車柳宗史五千年』, 車柳公報社, p.244.

19) 배향(配享)이라 함은 학덕이 있는 사람의 신주를 문묘나 사당, 서원 등에 모시는 일을 말한다.

20) 송곡서원(松谷書院)은 서산시 인지면 애정리 495번지에 위치하고 있으며, 1694(숙종 20)년에 세워졌고, 1871〈고종 8〉년에 흥선대원군의 서원철폐령으로 철폐되었다가 1910년에 재건되었다. 1984년 5월 17일 충청남도문화재 제207호로 지정되었으며, 입구에 수령 550년 된 향나무 두 그루가 마주보고 서 있으며, 바로 옆에 서산 류방택 천문기상과학관이 있다.

21) 주벽(主壁)이라 함은 사당이나 사원에 모신 여러 위패 중에서 주장이 되는 위패를 말한다.

22) 車柳大宗會 中央總本部, 2003,『車柳宗史五千年』, 車柳公報社, p.244.

## 3 류형원(柳馨遠)

류형원〈柳馨遠, 1622(광해군 14)~1673(현종 14), 서울 정릉 출생, 호 반계(磻溪)〉은 균전제(均田制)를 실시할 것을 주장한 조선 후기 실학(實學)의 창시자이며 개척자로서 본관은 문화(文化), 자는 덕부(德夫)이다.

아버지는 예문관 검열(檢閱) 류흠(柳欽)이고, 어머니는 우참찬 이지완〈李志完, 성호 이익의 종조부〉의 딸이며, 처는 부사 심은(沈誾)의 딸이다. 외숙인 이원진〈李元鎭, 이지완의 아들〉과 고모부 김세렴〈金世濂, 호조판서 역임〉에게 사사하였으며, 1654년 진사시에 급제하였지만 벼슬에 뜻이 없어 오로지 학문 연구와 저술에만 전념하였다.

류형원은 서울에서 태어나 32세에 전라북도 부안군 보안면 우동리 우반동(愚磻洞)으로 이사하여 정착하였고, 우반동의 중앙으로 흐르는 냇물인 반계(磻溪)라는 이름을 따 호를 정하였다.

그 후 농촌생활의 체험을 바탕으로 20여 년간의 연구 끝에 저술한 대저의 이름을 『반계수록(磻溪隨錄)』이라고 명명하였으며, 우동리는 반계 류형원 선생이 살던 곳이라 하여 반계마을 이라고도 불린다.

류형원은 조선 후기 여러 가지 모순 현상을 실증적으로 분석 비판하는 위에서 전제(田制)·공부(貢賦)·학교(學校)·과학(科擧)·관제(官制)·병제(兵制) 등 조선왕조 집권체제의 근본적인 법제에 관한 개혁안을 제시하였다.

주저(主著) 『반계수록(磻溪隨錄)』은 국가재조책(國家再造策)을 제안한 저술로, 전제〈田制 : 토지제도, 재정·상공업 관계〉 4권, 교선지제〈敎選之制 : 향약·교육·고시 관계〉 2권, 임관지제〈任官之制 : 관료제도의 운용 관계〉 1권, 직관지제〈職官之制 : 정부기구 관계〉 2권, 녹제〈祿制 : 관리들의 보수 관계〉 1권, 병제〈兵制 : 군사제도의 운용, 축성·병기·교통·통신 관계〉 2권 등으로 구성되어 있다.

토지제도가 바로 잡히면 모든 제도가 바르게 된다고 하는 중농사상(重農思想)에 입각하여 백성들에게 기본적인 경작농지를 확보케 하는 토지개혁의 실시, 균등한 세제의 확립, 과거제의 폐지, 신분·직업의 세습제 탈피와 기회균등의 구현 등을 주장하였다.

류형원의 『국가재조론(國家再造論)』은 부민(富民)과 부국(富國)을 위한 제도적인 개혁에 전제를 두고, 그 방법으로 우선 토지개혁을 실시하여 농민에게 최소한의 경작 농지를 확보할 수 있도록 국가는 토지를 공유하고 농민들에게는 일정량의 경작지만을 나누어 주어 이를 통해 자영농민을 육성할 수 있도록 하는 균전제(均田制)를 실시할 것을 제안하였다.

균전론(均田論)은 류형원이 주창한 개혁론으로, 관리들의 토지 겸병과 농장 확대의 폐해를 없애고 지주들에게 집중되고 있던 토지를 공적으로 국유화하고 이를 일정기준에 의하여 전 국민에게 재분배하도록 토지공유제를 실시하고, 수확량을 기준으로 토지면적을 측정하던 결부법을 폐지하고 토지면적을 단위로 하는 경무법을 실시하며, 1호마다 1경(頃)씩을 나누어주어 농사짓게 하며, 4경에서 1명의 군인과 3명의 보(保)가 나오게 하여 병농을 일치시키고, 분배받은 농토는 평생 경작케 하며 죽은 뒤 국가에 반납하는 방안을 내세웠으나 실현되지는 못하였다.

당시 개혁이 가능한 것에 국한하지 않고, 국가제도 전반에 걸쳐 가장 이상적인 모델을 제시하였으며, 이익(李瀷)·홍대용(洪大容)·정약용(丁若鏞) 등에게 이어져 실학(實學)이라는 새로운 학문으로 발전하였다.

저서로는『이기총론(理氣總論)』·『논학물리』·『경설문답』·『주자찬요』·『여지지(輿地志)』·『군현지제(郡縣之制)』·『기행일록(紀行日錄)』·『동국사강목조례(東國史綱目條例)』·『동국역사가고(東國歷史可考)』·『속강목의보(續綱目疑補)』·『동사괴설변(東史怪說辨)』·『무경사서초(武經四書抄)』·『기효신서절요(紀效新書節要)』·『정음지남(正音指南)』·『도정절집(陶靖節集)』·『동국문초(東國文抄)』등이 있으며, 명의 멸망에 대한 복설지책(復雪之策)을 논한 미완성의『중여위략(中與偉略)』이 있다.

1673년에 52세로 세상을 떠났으며, 죽은 지 100년이 다 되는 1769년에 영조의 명에 의해 경상감영에서 반계수록이 간행되어 세상에 널리 알려졌으나, 그 이외의 많은 저서들은 전해지는 것이 거의 없다.

1974년에 부안군민과 정부의 지원으로 반계 류형원의 유적비가 그의 유허지(遺墟地)에 건립되었으며, 묘지는 [그림 7-4]와 같이 경기도 용인시 백암면 석촌리에 소재하고 있다.

주 : 경기도 용인시 백암면 석촌리(황석마을 정배산)에 위치.
출처 : 김추윤 제공.(2011.5.20.)

[그림 7-4] 류형원의 묘지

## 4 정제두(鄭齊斗)

정제두〈鄭齊斗, 1649~1736, 한성부 반석방 출생, 호 하곡(霞谷)〉는 하곡집(霞谷集)에서 우리나라 최초로 지적(地籍)이란 용어를 사용한 양명학자(陽明學者)[23]로서 본관은 연일(延日)・자는 사앙(士仰)・시호는 문강(文康)이다.

정제두는 포은 정몽주(鄭夢周)의 11세손이고 우의정 정유성(鄭維城)의 손자로 태어나 한성부에서 성장하다가 안산(安山)으로 이사하였고, 다시 강화도의 하곡(霞谷)으로 이사하여 영주하였다.

20세 되던 해인 1668〈현종 9〉년에 별시 문과 초시에 급제했으나 정국의 혼란을 통탄하여 벼슬을 포기하고 학문에 전념하였으며, 1680〈숙종 6〉년 영의정 김수항(金壽恒)의 천거로 사포서별제(司圃署別提)가 되었으나 사퇴하였고, 1684년 공조좌랑(工曹佐郞)을 잠시 지낸 뒤 다시 사직하였으며, 숙종 때 주부(主簿)・호조참의・회양부사(淮陽府使)・한성부윤, 경종 때 대사헌・이조참판, 영조 때 우찬성(右贊成)・원자보양관(元子輔養官) 등을 잠시 지냈을 뿐 학문 연구에 일생을 바쳤다.

하곡집은 정제두의 시문집(詩文集)으로 그의 현손(玄孫)인 정문승(鄭文升)에 의해 편성된 것으로 정제두가 죽은 후 그의 문인(門人)인 저촌(樗村) 심공(沈公)과 둔곡(遁谷) 이공(李公) 등이 유집(遺集)을 수집하다 미처 완성하기 전에 죽고 그 후에 완구(宛丘) 신공(申公)이 다시 이를 수정하여 35권을 만들었다.

당시에 그의 저서는 조선 5백년 동안 사상계를 지배하고 중시되어 오던 주자학(朱子學)에 눌려 이단시 되고 일반의 비난이 자자하여 이를 세상에 내놓지 못하고 가장(家藏)해 두었다가 재주갑(再周甲)에 편초(片草)들이 많이 산실(散失)되자 이를 염려하여 현손인 문승이 다시 수집 편성하여 21권을 만들었다.

원래의 하곡집(霞谷集)은 일제 시대에 일본사람들이 가져간 것을 1966년 반환 문화재로 돌려받아 현재 국립중앙도서관에 소장되어 있다.

이 책은 지식과 행동의 통일을 주장하는 양명학을 연구 발전시켜 사상적 체계를 완성한 양명학(陽明學)의 내용을 담은 저서로서 간지(刊地)와 간자(刊者)가 미상으로 조선왕

---

23) 양명학(陽明學)이란 중국 명나라 때에 왕양명(王陽明)이 주창했던 새로운 유교학설로써, 양명학을 탄생시킨 철학자 왕수인(王守仁, 1472~1528)의 호를 따서 양명학이라고 하였으며, 앎은 실행의 지침이고 실행은 알려는 노력이므로 앎과 실행은 하나라는 지행합일설(知行合一說)을 주장하였다.

조 철종년간(哲宗年間, 1849~1863)에 필사(筆寫)한 것으로 기록되어 있다.

정문승이 편차(編次)한 하곡집 제22권 차록(箚錄)[24]에서 양안을 관리하는 관직명으로 '지적(地籍)'이란 용어를 최초로 사용하였으며, 이 책에서 호구적(戶口籍)·병적(兵籍)·인적(人籍)·판적(版籍)·안적(案籍)·호적(戶籍)·천적(賤籍)·전적(田籍)·산적(山籍)·산택적(山澤籍)·산택물산적(山澤物産籍) 등의 용어를 사용하기도 하였다.

따라서 지적(地籍)이란 용어를 "토지의 호적 또는 토지의 이력" 등의 의미로 사용하지는 않았지만 양안을 관리하는 관직명으로 사용한 것은 정제두가 50세 전후의 1700년대 초인 것으로 추정할 수 있다.

저서로는 [그림 7-5]와 같은 『하곡집(霞谷集)』·『존언(存言)』·『성학설(聖學說)』·『경학집요(經學集要)』 등이 있다.

정제두는 1736년에 88세의 생애를 마쳐 그 당시로는 최고의 장수를 하였으며, 사후에 문강(文康)이란 시호를 받았으며, 묘지는 [그림 7-6]과 같이 인천광역시 강화군 양도면 하일리에 소재하고 있다.

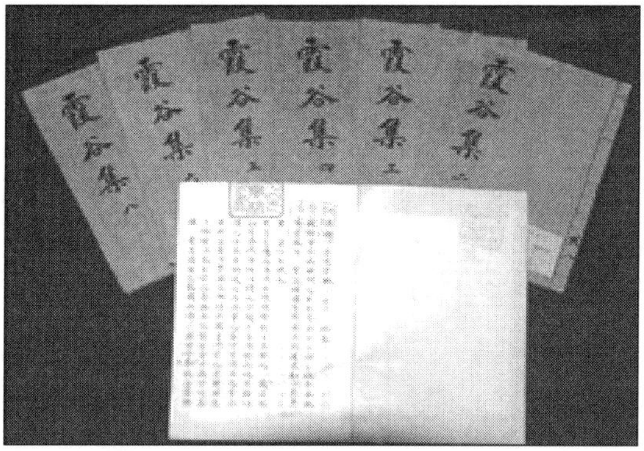

출처 : http://cafe.daum.net/gjyw9/InXW/6?docid.(2008.9.1.)

[그림 7-5] 정제두의 하곡집

주 : 인천광역시 강화군 양도면 하일리에 위치.
출처 : http://blog.daum.net/gbbae56/9953284?srchid.(2008.9.1.)

[그림 7-6] 정제두의 묘지

24) 차록(箚錄)이라 함은 저자의 경세론(經世論)에 대한 총괄적 저술인데 1~5로 분류된 것도 있으나 주제가 겹치기도 하고 제목만 있고 아무런 설명도 없는 등 기술 양식이 통일되지 못한 것으로 보아 산재된 원고를 차록(箚錄)이란 이름으로 편집한 것으로 추정된다.

# 5 안정복(安鼎福)

안정복〈安鼎福, 1712~1791, 충청북도 제천에서 출생, 호 순암(順菴)〉은 조선 후기 영(英)·정조(正祖) 시대의 역사학자이며 실학자로서 본관은 광주(廣州)·자는 백순(百順)이며, 할아버지는 예조참의 서우(瑞雨)이고, 아버지는 오위도총부부총관 극(極)이며, 어머니는 이익령(李益齡)의 딸로써, 우리나라의 역사를 중국사에 종속시켜 다루는 것을 반대하고, 봉건사회의 점진적인 개혁과 정전제(井田制) 및 공전제(貢田制)의 시행을 주장하였다.

충청도 목천현감(木川縣監)을 지냈으며, 첨지중추부사(僉知中樞府事)를 거쳐 동지중추부사(同知中樞府事)에 이르고, 광성군(廣成君)에 봉해졌다.

1736〈영조 12〉년 아버지를 따라 경기도 광주 경안면 덕곡리로 이주하였으며, 그 뒤 이곳에 거주하면서 『성리대전(性理大全)』을 분석하고 『치통도(治統圖)』[25]와 『도통도(道統圖)』[26] 등을 저술하는 등 주자학 연구에 몰두하였고, 1746년에 이웃 고을인 안산에 살던 이익(李瀷)을 만나 경세치용(經世致用)의 학문을 배우게 되었다.

안정복은 정전제(井田制)와 공전제(貢田制)를 창안하여 경계를 바로 잡고 민산(民産)의 균등화를 추구하는 토지개혁을 이상으로 삼았으며, 토지소유 규모의 상한선을 정하고 부농을 적극적으로 이용하여 생산력을 높여야 한다는 증산(增産)을 주장하였다.

안정복이 제안한 정전제는 [그림 7-7]과 같이 ① 사방(四方)을 1리(一里)로 삼고 외곽에 광(廣), 심(深) 각 4척(尺)의 구(溝)를 두었으며 그 내측(內側)에 우마(牛馬)가 다닐 수 있는 진(畛)을 마련하였고, 또 내측에 각각 100묘(畝)씩의 사전(私田) 여덟 개와 공전(公田) 한 개를 두었다.

그리고 공전 속에는 농민 8부(夫)의 야사(野舍) 20묘를 제하고 여지(餘地)를 공동 경작하여 그 수확을 공납(供納)하고, 8부(夫)가 사전 100묘씩을 경작하되 외곽에 역시 광(廣), 심(深) 각 2척의 수(遂)를 두어 구(溝)와 연결시켜서 가물 때는 경작지에 농수(農水)를 주입하고 장마 때에는 경작지의 과잉수(過剩水)를 배출할 수 있는 제도를 최소 단위로 하여 1정(井)을 삼는다는 것이다.

25) 치통도(治統圖)라 함은 우리나라 역대 왕조의 변천을 기록한 것이다.
26) 도통도(道統圖)라 함은 유교 사상의 계승 계통을 기록한 것이다.

② 4정(井)을 읍(邑), 4읍을 구〈丘, 16井〉, 4구를 전〈甸, 64井〉으로 하여 면적을 확대하고 전(甸) 밖에 방가일리(旁加一里)로 36정을 두어 그 외측으로 승차(乘車) 1궤(軌)가 통행할 수 있는 도(塗)와 광 8척, 심 8척의 혁(洫)을 관리하도록 하는 제도를 만드니 그 규모는 사방 10리(里) 100정(井)으로서 이를 성(成)이라 하였다.

③ 4성을 현(縣), 4현을 도(都), 4도를 64성(成)으로 하고, 그 외측 방가십리(旁加十里)에 36성을 두어 광(廣) 2심(尋), 심(深) 2인(仞)의 회(澮)와 승차(乘車) 두 대가 통행할 수 있는 도를 관리케 하였으니 그 규모는 100성(成)인 사방 100리(里)의 면적으로 1동(同)을 삼도록 하는 정전제의 시행을 주장하였다.

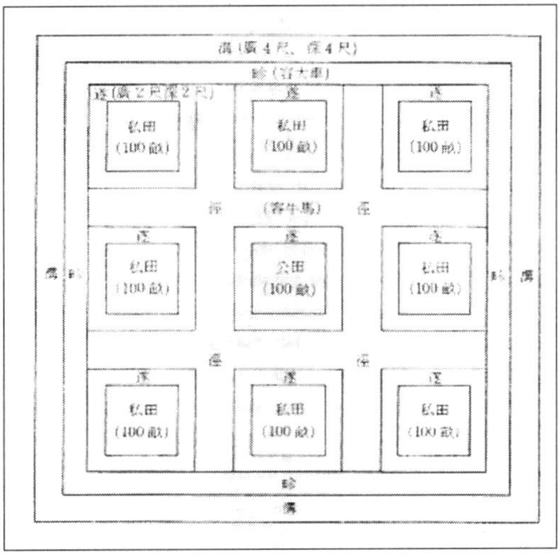


출처 : 심우준, 1985, 『순암 안정복 연구』, 서울, 일지사, p.309.

[그림 7-7] 안정복이 제안한 정전제

그리고 공전제(貢田制)는 정전(井田)을 할 수 있는 평야를 제외한 가읍(家邑) 근처나 산간지대에 적용시킬 수 있는 공제(貢制)로써 1부(夫)가 경작한 면적은 역시 100묘로써 여기에도 광(廣) 2척, 심(深) 2척의 수(遂)를 두었고, 그 외측에 우마가 다닐 수 있는 경(徑)을 만들었고, 이를 10배 확대하여 10부(夫)가 경작할 수 있는 경지 가에 광(廣) 4척, 심(深) 4척의 구(溝)를 두고 그 옆에 대차(大車)가 다닐 수 있는 진(畛)을 두었으며, 이 경지면적을 또 10배 확대하여 100부(夫)가 경작할 수 있는 경지를 두고 외측에 또한 광, 심 8척의 혁(洫)을 둔 다음 그 옆에 승차(乘車) 1궤(軌)가 다닐 수 있는 도(塗)를 두었으며, 이를 또 10배 확대하여 1,000부(夫)의 경지를 두고 외측에 역시 광 2심(尋), 심(深) 2인(仞)의 회(澮)를 둔 다음 두 대의 승차가 교차할 수 있는 도를 마련하였다.

그리고 이를 또 10배 확대하여 10,000부(夫)가 경작할 수 있는 경지를 두고 자연적으로 이루어진 내(川)에서 농수(農水)를 이용하여 농업을 영위했으며 그 외측에 세 수레가 교차할 수 있는 큰 길(路)을 마련하였다.

이는 정전(井田)과는 달리 지대의 고저와 자연천수(自然川水)의 위치를 기준하여 수(遂), 구(溝), 혁(洫), 회(澮)를 만드는 공전제(貢田制)의 시행을 주장하였다.

저서는 대표작으로 일컬어지는 『동사강목(東史綱目)』[27] 20권이 있는데 45세 되던 해인 1756년 집필에 착수하여 3년간의 몰두 끝에 초고를 완성하였고, 20여년 뒤 목천 현감으로 있을 때 다시 이 초고에 손질을 가하여 최종적인 작업을 끝내었다.

조선 말기에 개인에 의해 쓰여 진 기념비적인 역사서로써 실증적이고 객관적인 시각에서 중국적 사관에서 벗어나 우리 역사의 정통성과 자주성을 세웠다.

『동사강목』 이외에도 정치·경제·사회에 대해 탁월한 견해를 밝힌 『만물유취(萬物類聚)』, 여러 가지 잡다한 사항을 모아 정리한 백과사전적인 『잡동산이(雜同散異)』, 정무(政務)의 긴요한 사항에 대해 목민관(牧民官)의 임무와 개혁정책을 제시한 『임관정요(臨官政要)』를 비롯하여 『순암집(順菴集)』·『가례집해(家禮集解)』 등이 있으며, 이중 『임관정요』는 후배 실학자 정약용의 『목민심서』의 편찬에도 큰 영향을 주었다.

대리(垈里)를 "텃골"이라고 부르는데, 『여지승람(輿地勝覽)』에는 덕곡(德谷)이라고 기록되기도 하였다. 이 마을은 광주 안씨(廣州 安氏)의 세거지(世居地)로서 중대리(中垈里)는 조선 시대에는 중리(中里)와 대리(垈里)의 2개 행정리(行政里)였으나, 1914년 일제 시대에 행정구역을 축소 개편하면서 두 마을을 합쳐 "중대리(中垈里)"라고 부르게 되었다.

선현(先賢)들의 묘지로는 직동에 조선 초기 명재상(名宰相)이며, 황희(黃喜) 정승과 더불어 청백리(淸白吏)로 유명한 고불(古佛) 맹사성(孟思誠)의 묘가 경기도기념물 제21호로 지정되어 있고, 경기도 광주군 광주읍 중대동에는 조선 시대 최초의 청백리(淸白吏)인 사간공(思簡公) 안성(安省)의 묘, 조선 중종대(中宗代)의 문신(文臣)으로 의정부(議政府) 좌참찬(左參贊)을 역임한 익혜공(益惠公) 안윤덕(安潤德)의 묘를 비롯하여 [그림 7-8]과 같이 순암(順菴) 안정복(安鼎福)의 묘지와 선생의 강학소였던 여택재(麗澤齋)가 남한산성 남쪽 아래 중대동에 소재하고 있다.

주 : 경기도 광주시 중대1동에 위치.
출처 : http://www.jhpoongsoo.co.kr.(2011.5.25.)

[그림 7-8] 안정복의 묘지

27) 동사강목(東史綱目)은 활자본. 20권 20책으로, 『자치통감강목(資治通鑑綱目)』의 체제에 따라 고조선부터 고려까지의 역사를 편년체(編年體)로 서술한 것으로, 1778(정조 2)년에 완성되어 필사본으로 전하다가 1915년 조선고서간행회(朝鮮古書刊行會)에서 활자본으로 간행하였다.

# 6 홍대용(洪大容)

홍대용〈洪大容, 1731~1783, 충청남도 천원군 수신면 장산리 수촌 마을에서 출생, 호 담헌(湛軒)〉은 혼천의(渾天儀) 등 측량관련 기기를 제작한 조선 영(英)·정조(正祖) 시대의 실학자이며 제일의 과학사상가로서 본관은 남양(南陽)·자는 덕보이며, 목사 벼슬에 오른 아버지 홍력과 어머니 청풍 김씨 사이에 첫 아들로 태어났다.

조선의 영·정조 시대에 북학파(北學派)의 학자인 박지원(朴趾源)·박제가(朴齊家) 등과 친교를 맺었으며 이용후생(利用厚生)·실사구시(實事求是)의 실학을 강조하였으며, 천문(天文)과 율력(律曆)에 뛰어나 혼천의·측관위(測管儀)·구고의(句股儀) 등 천문 관측 및 측량기기를 제작하였고 지구(地球)의 자전설(自轉說)을 주장하였다.

29세 되던 1759년에 나주 목사였던 아버지를 방문하여 그곳에서 기술자 나경적(羅景績)을 만나 함께 뜻을 모아 혼천의와 자명종을 제작하기로 하고, 그로부터 3년 후 1762년에 두 대의 혼천의와 자명종을 만들게 되었으며, 그 외에도 혼상의〈渾象儀 ; 일종의 천구의〉와 천체 관측 기구인 측관의·구고의 등 다양한 의기〈儀器 ; 천문관측 기구〉를 제작하고 이를 자신의 고향인 충남 천원에 사설 천문관측소인 농수각(籠水閣)에 설치하였다.

홍대용이 만들었다는 혼천의는 물을 사용해 움직이던 이전 혼천의와는 달리 기계시계를 톱니바퀴로 연결해 움직이게 한 것으로, 숭실대학교의 한국기독교박물관에 일부가 전시되어 있으며, 한문본 담헌연기(湛軒燕記)와 한글본 을병연행록(乙丙燕行錄) 등이 있다.

1765년 35세 때에 숙부 홍억(洪檍)이 중국으로 가는 사신 중 한사람으로 외교 문서에 관한 직무를 담당하는 서장관(書狀官)이 되자 홍대용을 데리고 가게 되었다.

홍대용은 베이징(北京)의 유리창(流璃廠)[28]에서 엄성(嚴誠)·반정균(潘庭筠)·육비(陸飛) 등과 사귀어 경의(經義)·성리(性理)·역사·풍속 등에 대하여 토론하였으며, 중국과 서양의 발달된 문물과 과학사상을 접하면서 천문·지리·역사 등에 대한 지식을 쌓았고, 여러 가지 과학사상을 체계화시키고 발전시키는 계기가 되었는데, 당시 중국 항주(杭州)의 선비 엄성(嚴姓)이 그렸다는 [그림 7-9]와 같은 초상화가 보관되어 있다.[29]

---

28) 유리창(流璃廠)이라 함은 북경 평화문 남쪽의 거리를 말하며, 고서·미술품의 상점이 많다. 옛날에는 해왕촌(海王村)이라고 하였으나, 명대에 북경성을 건립할 때 유리와를 구운 연유로 이 이름이 붙었다. 명말부터 기와 외에 각종 유리그릇·어항·스테인드 글라스·포펜(笛)·술병 등을 만들었다고 하며, 청·건륭년간(1736~95경)부터 문인과 과거생들이 모여 서점과 골동품점·문구점 등이 많아졌다.(미술대사전(용어편), 1998, 한국사전연구사)

출처 : 김태준, 1998, 『홍대용』, 서울, 한길사, p.17.

[그림 7-9] 홍대용의 초상화

중국 여행에서 돌아와 수차 과거에 실패하고 1875년 선공감(繕工監) 감역이 되었으며, 태인현감을 거쳐 영주 군수가 되었다. 북학파의 선구자로 지구의 자전설(自轉說)을 설파하였고 균전제(均田制)·부병제(府兵制)를 토대로 하는 경제제책의 개혁, 과거제도를 폐지하여 공거제(貢擧制)에 의한 인재 등용, 신분의 차이 없이 8세 이상의 모든 아동에게 교육시켜야 한다는 혁신적인 개혁사상을 제창하였다.

1773년, 그의 나이 43세 때 자연 철학과 과학의 내용을 다루고 있는 『의산문답(醫山問答)』과 『주해수용(籌解需用)』을 저술하여 자신만의 독창적인 과학사상을 정립하였다. 『의산문답』은 천체 및 기상 해설서이며 지구의 자전을 주장한 독창적인 과학사상이 담겨져 있고, 『주해수용』은 수학의 원리를 적용하여 천문·측량도구 등에 관한 해설을 담은 수학책으로 당시 수학의 거의 모든 부분을 망라하여 잘못을 지적하고 비율법·약분법·면적·체적 등 근대적인 표현을 썼으며, 『수학계몽』·『수학통종』·『수법전서』 등 많은 책을 정리하고 연구하여 수학을 집대성하였다.

저서로는『담헌설총(湛軒說叢)』이 있으며, 편저로『건정필담(乾淨筆談)』·『담헌연기(湛軒燕記)』·『임하경륜(林下經綸)』·『사서문의(四書問疑)』·『항전척독(抗傳尺牘)』·『삼경문변(三經問辨)』·『심성문(心性問)』·『계방일기(桂坊日記)』 등이 있다.

주 : 충청남도 천안시 수신면 장신리에 위치.
출처 : http://cafe217.daum.net/c21/bbs search.(2008.9.1.)

[그림 7-10] 홍대용의 묘지

1774년에 조상의 덕으로 벼슬을 시작하였는데, 현감이 되는 일에 익숙하지 못하고 공무의 안건도 복잡하여, 본래의 계획과는 너무 다르다는 것을 깨닫고 어머니의 병을 핑계로 사직하고 고향에 돌아와 지내던 중 1783년 10월 53세에 중풍으로 상반신이 마비돼 사망하였으며, 묘지는 [그림 7-10]과 같이 충청남도 천안시 수신면 장신리 야산에 소재하고 있다.

29) 김태준, 1998, 『홍대용』, 서울, 한길사, pp.27~31.

## 7 정약용(丁若鏞)

정약용〈丁若鏞, 다산, 1762.6.16.〈영조 38〉~1836.2.22.〈현종 2〉, 경기도 광주시 초부면(草阜面) 마현리(현 남양주시 조안면 능내리) 마재(馬峴)에서 출생, 호 사암(俟菴)〉은 여전제(閭田制)와 정전제(井田制)의 시행 및 어린도(魚鱗圖)의 작성을 주장한 대실학자이며 철학자이자 공학자로서 본관은 나주(羅州)・소자는 귀농(歸農)・자는 미용(美庸)・송보(頌甫)이며 자호는 다산(茶山)・탁옹(籜翁)・태수(苔叟)・자하도인(紫霞道人)・철마산인(鐵馬山人), 당호(堂號)는 여유(與猶)이다.

아버지는 진주목사(晋州牧使) 재원(載遠)이며, 어머니는 윤두서(尹斗緖)의 손녀인 해남윤씨(海南尹氏) 사이의 넷째 아들로 태어났으며, 1776년 15세에 풍천홍씨(豊川洪氏) 홍화보(洪和輔)의 딸과 결혼하여 6남 3녀를 두었으나 4남 2녀는 요절하고 학연(學淵)・학유(學遊)와 서랑 윤창모(尹昌謨)가 있다.

정약용은 어려서 아버지로부터 글을 배우고 15세에 서울로 올라온 후 이가환(李家煥)과 자신의 매부인 이승훈(李承薰) 등으로부터 이익의 학문을 접하게 되었으며, 이때부터 이익과 같은 학자가 될 것을 결심하고 그의 제자인 이중환(李重煥)・안정복(安鼎福)의 저서를 탐독했다.

이처럼 유교경전과 선학의 학문을 연구하는 한편 과거에 응시할 준비를 하여, 1783〈정조 7〉년 22세에 경의진사(經義進士)가 되었다.

1789년 문과에 급제한 후 이듬해 검열이 되었으나, 공서파(攻西派)의 탄핵을 받아 해미(海美)에 유배되었다가 10일 만에 풀려났다.

곧이어 지평・수찬을 지내고 1794년 경기도 암행어사로 파견되었다. 이듬해 동부승지・병조참의가 되었으나 1795년에 주문모(周文謨) 신부사건에 연루되어 금정찰방(金井察方)으로 좌천되었다. 그 후 다시 소환되어 좌부승지・병조참지・동부승지・부호군・형조참의 등을 지내며 규장각의 편찬사업에도 참여했다.

유형원(柳馨遠)・이익(李瀷)의 학문과 사상을 계승하여 여전제(閭田制)와 정전제(井田制) 및 구일세제법(九一稅制法)의 시행과 어린도(魚鱗圖)를 작성하여 도설(圖說)을 붙이고 세를 부과하기 위한 대장인 전적(田籍)을 만들고 토지소유자에게 사권(私權)의 발급을 제안하여, 우리나라 최초로 지적도와 지적대장을 의미하는 도부(圖簿)를 비치하는 근대적인 지적제도와 등기제도의 도입을 주장하였다.

1799년에 저술한 전론(田論)의 여전제(閭田制)의 내용은 토지 사유를 기반으로 하는 지주제를 부정하고 토지의 국유를 원칙으로 하고, 향촌을 30가구의 여(閭) 단위로 재편성한 다음 여장(閭長)의 통솔 하에 공동노동을 통해 경작을 하고 농민의 투하 노동력을 기준으로 생산물을 분배하자는 것이었다.

여전론(閭田論)은 자연적인 산천과 지세를 기준으로 대략 30호 정도로 말단 행정조직인 여(閭)를 만들고, 여안에 있는 토지는 여민(閭民)이 공동으로 소유하도록 제안하였다.

여는 최하위(最下位)의 행정구역 단위로서 3여는 1리(里), 5리는 1방(坊), 5방은 1읍(邑)을 이루고, 여에는 여장(閭長), 리에는 이장(里長), 방에는 방장(坊長), 읍에는 현령(縣令)을 두었다. 여민은 가부장적(家父長的) 권위를 가진 지도자인 여장(閭長)의 지휘를 받아 토지를 공동경작하고, 여장은 개개인의 노동량을 장부에 기록하였다가 가을에 수확한 생산물을 한 곳에 모아놓고 기여한 노동량에 따라 분배하는 제도로, 농민경제의 균산화(均産化)와 안정을 목표로 하고 있으며 동시에 생산성 향상을 통한 사회적 부의 증대를 위해 노동력의 기능을 강조한 공동농장·협동농장적 경영론을 말한다.

여전론(閭田論)은 종전의 한전론(限田論)·균전론(均田論) 등 토지분배에만 초점을 맞춘 개혁론에 비해 농업생산이나 농업경영 전반의 변혁까지도 포괄하는 논리였으나, 시행의 전제가 되는 국유화에 대한 구체적인 방안을 제시하지 못하여 실현할 수 없었다.

1800년 정조가 죽은 후 정권을 장악한 벽파는 1801년 2월에 천주교도들이 청나라 신부 주문모를 끌어들이고 역모를 꾀했다는 천주교도와 남인(南人) 세력에 대한 탄압 사건인 신유사옥(辛酉邪獄) 당시에 이가환·이승훈·권철신·최필공·홍교만·홍낙민, 형인 약전(若銓)·약종(若鍾) 등과 함께 체포되었으며, 1801년 2월 27일 출옥과 동시에 경상북도 포항의 장기(長鬐)로 유배되었다 같은 해 11월에 전남 강진(康津)으로 이배되었다.

강진의 유배에서 풀려날 때까지 18년간 학문에 몰두하여 정치기구의 전면적 개혁과 지방행정의 쇄신, 농민의 토지균점과 노동력에 의거한 수확의 공평한 분배, 노비제의 폐기 등을 주장하였다.

1818년 이태순(李泰淳)의 상소로 17년의 유배생활에서 풀려났으나 관직에 나아가지 않고 고향으로 돌아와 학문을 연마했다.

61세 때에는 자찬묘지명(自撰墓誌銘)을 지어 자서전적 기록으로 정리하였으며, 『경세유표(經世遺表)』·『목민심서(牧民心書)』·『흠흠신서(欽欽新書)』의 『일표이서(一表二書)』를 중심으로 한 사회전반에 걸친 구체적이고 체계적인 사회개혁론이 이때 결실을 맺었다.

『경세유표』는 강진(康津)에서 다산초당(茶山草堂)으로 옮긴 1808〈순조 8〉년부터 1817〈순조 17〉년까지 10년 동안 쓴 미완성 작품으로 방례초본(邦禮草本)이라고 명명했다가 뒷날 『경세유표』로 이름을 바꾸었다.

『경세유표』의 전제(田制)에서 토지제도의 개혁안으로 여전제(閭田制)를 시행할 수 없는 이상적인 토지개혁론이라는 점을 인식한 후 여전론보다는 실현성이 있다고 생각되는 정전제(井田制)를 주장했다.

정전론(井田論)은 토지의 한 구역을 우물정(井)자로 9등분하여 8호의 농가가 각각 한 구역씩 경작하고, 가운데 있는 한 구역은 8호가 공동으로 경작하여 그 수확물을 국가에 조세로 바치는 토지제도로써 국가가 점차 사유지를 매입하여 지주제를 철폐하는 가운데 농민에게 토지를 나누어주고, 농민은 부세 대신 공전에 대해 노동력만을 제공한다면 국가재정과 농민경제는 안정될 것으로 보았다.

이렇게 공전이 확보되고 지주제의 혁파가 이루어지면 전국의 농지를 일정한 면적의 정정방방(井井方方)이라는 외형적 틀로 구획하되, 정전을 구획할 수 없는 곳은 어린도(魚鱗圖)라는 지적도를 통해 토지면적을 타량(打量)해서 파악하려는 방안을 제시하였다. 그러나 19세기 후반에도 정전제가 논의되었지만 전국의 토지를 정정방방으로 구획하기가 곤란하며, 토지를 많이 소유한 호세가(豪勢家)들의 반대·사전(私田)을 매입할 재정의 부족 등을 이유로 시행되지 못했다.

정약용은 1789년에 한강의 배다리(舟橋)와 1793년에 수원화성(水原華城)을 설계하였고, 거중기(擧重機)·고륜(鼓輪)·활차(滑車) 등의 건설기계를 제작하였다.

저서로는 『시경』·『춘추』·『논어』·『맹자』·『대학』·『중용』·『악경』·『경세유포』·『목민심서』·『흠흠신서』·『상서고훈』 등이 있으며, 『6경4서(六經四書)』와 『일표이서(一表二書)』를 완결하였고, 500여권이 넘는 방대한 양의 저서가 있다.

정약용은 1818년에 고향으로 돌아온 후 18년 만에 75세로 사망하였으며, 묘지는 [그림 7-11]과 같이 경기도 남양주시 조안면 능내리 산75-1에 소재하고 있다.

주 : 경기도 남양주시 조안면 능내리 산75-1번지에 위치.
출처 : http://cafe.daum.net/yangpo18th/LAZo/160?docid. (2008.9.1.)

[그림 7-11] 정약용의 묘지

# 8 김정호(金正浩)

김정호〈金正浩, 1804~1866, 황해도 토산(兎山) 출생, 호 고산자(古山子)〉는 청구도(靑邱圖)·동여도(東輿圖)·대동여지도(大東輿地圖)를 제작한 조선 후기의 지리학자로서 본관은 청도(淸道)·자는 백원(伯元)·백온(伯溫)·백지(伯之)이며, 그의 업적을 기리기 위해 소행성 제95016호의 이름을 김정호라 명명하였다.

김정호는 1840년대에 서울의 지도인 [그림 7-12]와 같은 수선전도(首善全圖)를 제작하였으며, 30여년 동안 직접 전국 각지를 돌아다니며 실측(實測)·답사하여 1834〈순조 34〉년에 청구도 2첩을 완성하고, 1857〈철종 8〉년에 전국 채색 지도인 동여도를 제작하였다.

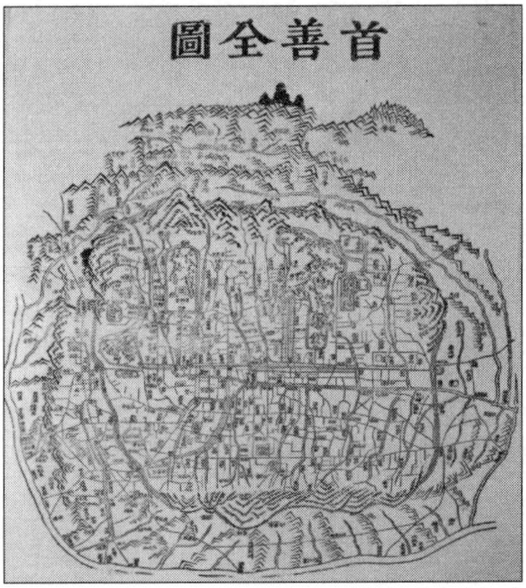


주 : 수선(首善)이란 서울을 뜻하는 고사(故事)에서 나온 말로 수선전도는 서울전도란 뜻이며, 목판본으로 간행한 지도로서 고려대학교박물관에 보관되어 있다.
출처 : http://cafe387.daum.net/_c21_/bbs_search_read. (2008.8.10.)

[그림 7-12] 수선전도

이어서 1861〈철종 12〉년에 조선 시대 최대·최고의 지도로 평가받는 대동여지도〈大東輿地圖, 보물 제850호〉를 완성한 것으로 알려져 왔다. 대동(大東)이란 우리나라를 뜻하는 말이며, 여지도(輿地圖)란 땅 전체를 뜻하는 말로 대동여지도란 우리나라 전 국토에 대한 지도를 의미하는 것으로 청구도와 동여도 및 대동여지도는 우리나라 전체를 그린 지도이다.

그러나 대동여지도는 현장 답사를 하지 않고 당시 유행했던 지리지와 지도를 총 정리한 것으로『동국여지승람(東國輿地勝覽)』·『문헌비고(文獻備考)』 등 지리지와 정상기의 동국지도(東國地圖)·신경준 주도로 제작된 군현도(郡縣圖) 등의 지도와 가장지도(家藏地圖)[30] 들을 토대로 자신의 서재에서 평생 동안 각종 지리정보를 간추려 지도를 제작했다는 주장이 제기되었다. 즉 대동여지도는 조선 후기에 발달했던 도별지도와 국가

30) 가장지도(家藏地圖)라 함은 사사로이 만들어 집에 보관하던 지도로, 대부분 그들 소유의 산림이나 논밭을 그리고 있으며, 그 정확성은 관찬 지도에 못지 않았다고 한다.

와 관아가 중심이 되어 제작되었던 상세한 군현지도와 민간의 가장지도 등을 결합하여 일목요연한 대축척 전국 지도를 작성하였다는 것이다.

김정호가 현장 답사를 하지 않은 근거로 혼자서 1만 8,000여 개의 위치정보를 측정할 수 없었다는 점, 실제로 답사를 하면 쉽게 알 수 있는 잘못된 지리정보가 계속 등장한다는 점, 조선은 당시 각 지역에 대한 충분한 지리정보를 확보하고 있었기 때문에 굳이 현지에 갈 필요가 없었다는 점 등을 들고 있다.

그럼에도 불구하고 대동여지도가 높이 평가받는 이유는 이전의 여러 가지 지도의 장점을 취하여 체계적으로 발전시키고 지도 발달의 성과를 종합하여 조선 시대의 가장 정확하고 과학적인 지도를 제작하였기 때문이다.

따라서 세계의 지도발달사를 집대성한 『지도학사(地圖學史)』〈The History of Cartography〉의 한국편을 집필한 레드야드(Gari Ledyard)는 대동여지도를 한국의 지도 중에서 지도학적으로 가장 우수한 지도라고 평가했다.

김정호는 지리지 편찬에도 힘써 『동여도지(東輿圖志)』(1834~1844), 『여도비지(輿圖備志)』(1853~1856), 『대동지지(大東地志)』(1861~1864) 등을 펴냈다.

김정호는 지도를 제작한 과정・출생・사망 시기・묘지 등에 관하여 조선 시대의 어느 문헌에도 기록되어 있지 않았으나, 국토지리정보원에 [그림 7-13]과 같은 동상이 건립되어 있다.

출처 : 국토지리정보원(http://www.ngi.go.kr/wooriwon/profile.do, 2011.4.25).

[그림 7-13] 김정호의 동상

## 9 남병철(南秉哲)・남병길(南秉吉)

남병철〈南秉哲, 1817〈순조 17〉~1863〈철종 14〉년, 경기도 양주 출생, 호 규재(圭齋)〉은 조선 후기의 천문학자이며 수학자로서 본관은 의령・자는 자명(子明)・원명(原明)이며, 이조 판서와 대제학을 지냈고 남유상(南有常)의 증손이며, 아버지는 판관(判

官) 구순(久淳)이고, 철종의 장인 김문근(金汶根)의 외질(外姪)이며, 천문학자이자 수학자인 병길(秉吉)의 형이다.

1837〈헌종 3〉년 정시문과(庭試文科) 병과(丙科)에 합격하였고, 안동김씨의 세도 아래서 중용되었다. 1851〈철종 2〉년에 승지가 되고, 1856년에 예조판서, 이후 이조판서・대제학 등의 요직을 지냈으며, 만년에는 한성부 판윤, 광주 유수 등의 외직을 거쳤다.

특히 수학과 천문학에 뛰어나 관상감제조(觀象監提造)를 겸하였으며, 혼천의(渾天儀)・수륜지구의(水輪地球儀)・추시계인 험시의(驗時儀) 등을 제작하여 관측에 이용하였다.[31)]

대표적인 저서로는 『의기집설(儀器輯說)』・『성요(星要)』・『추보속해(推步續解)』・『규재유고(圭齋遺稿)』 등 천문학서를 비롯하여 측량술에 관한 『해경세초해(海鏡細草解)』 등이 있다.

동생인 남병길〈南秉吉, 1820〈순조 20〉~1869〈고종 6〉년, 경기도 양주 출생, 호 육일재(六一齋)〉은 조선 후기의 천문학자이며 수학자로서 자는 자상(子裳)이다.

1848〈헌종 14〉년에 한림소시(翰林召試)에 뽑힘으로써 관직을 시작하여 수찬(修撰)・성균관대사성(成均館大司成)・황해도 관찰사・이조참판・형조판서・항성부 판윤을 거쳐 의정부 좌참찬(左參贊)에 이르렀다.[32)]

당대의 저명한 수학자인 이상혁(李尙爀)과 친구이며 과학자인 박규수(朴珪壽, 1807~1877) 등과 천문의기 제작과 관측에 있어서 서로 교류가 있었다.

남병길의 대표적인 측량술과 수학에 관한 저서로는 『양도의도설(量度儀圖說)』・『측량도해(測量圖解)』・『구고술도요해(句股述圖要解)』・『무이해(無異解)』・『산학정의(算學正義)』・『구장술해(九章術解)』・『집고연단(緝古演段)』・『옥감세초상해(玉鑑細草詳解)』 등이 있다.

남병길은 1850년 초에 양도의(量度儀)를 발명하였는데, 이 기구는 구면삼각형의 두변의 길이와 그 변들 사이의 각의 크기가 알려져 있을 때 나머지 변의 길이를 계산하는 삼각공식 계산을 기계적으로 쉽게 할 수 있는 계산기구로서 1855년에 출판한 양도의도설이라는 책에서 자세히 설명하고 있다.[33)]

그리고 1861년에 『성경(星鏡)』이라는 저서를 발간하여 별과 별자리들을 옛날식 이름으로 목록을 만들고 그림을 그려 놓았으며, 중국의 별 목록에 나와 있는 별 1,449개에 대해

---

31) 남문현, 1995, "조선조의 혼천의 연구", 『건대학술지』, 제39집, 건국대학교, p.535.
32) 한국인명대사전편찬실, 1986, 『한국인명대사전』, 서울, 신구문화사, p.210.
33) 김추윤, 1999.5, "양도의(상, 하)", 『지적』, 대한지적공사, p.292.

세차운동을 보정하여 1861년의 위치로 옮겨 새로 만든 우리나라 최초의 별목록 겸 별자리 그림책을 저술하였다.[34)]

남병철과 남병길 형제는 조선 시대의 최고의 천문학자로서 혼천의·수륜지구의·협시의·양도의 등을 발명하였으며, 천문학·수학·측량학 등에 관한 많은 책을 저술하였다.

남병철과 남병길의 묘지는 [그림 7-14]와 같이 경기도 남양주시 별내면 청학리 동학골 청학고등학교 인근의 선영에 소재하고 있다.

주 : 경기도 남양주시 청학동에 위치(남병철 묘소 옆에 남병길 묘소가 있다.)
출처 : 김추윤, 김별(b), 2009, 『측량사』, 서울, 도서출판 바른길, p.512.

[그림 7-14] 남병철의 묘지

## 10 이기(李沂)

이기〈李沂, 1848.6.5.(헌종 14)~1909.5.25.(융희 3), 전라북도 김제시(金堤市) 성동면 대석리 출생, 호 해학(海鶴)〉는 어린도와 양안을 작성하여 도부(圖簿)를 비치하는 근대적인 지적제도의 도입을 주장한 대한제국 말기의 애국계몽 운동가이자 전제개혁론자(田制改革論者)이며, 단학회(檀學會)[35)]의 창시자로서 본관은 고성(固城)·자는 백증(伯曾)이다.

어려서부터 매우 영민하고 문재(文才)가 비범하여 거의 독학으로 학문을 성취하였다. 초기에는 이정직(李定稷)·최보열(崔輔烈)·황현(黃玹) 등 주로 도내의 명사들과 문교(文交)를 맺었고, 중앙으로 진출한 후에는 남궁억(南宮檍)·이건창(李建昌)·김택영(金澤榮) 등과 교유하여 시문과 도의(道義)를 강마하였다.

특히 수백년간 우리나라 유학계(儒學界)를 지배하던 성리학(性理學)을 버리고 전제(田

34) 박창범, 2002, 『하늘에 새긴 우리 역사』, 김영사, pp.109~111.
35) 단학회(檀學會)라 함은 단군사상을 연구하고 역사의식의 회복을 위해 이기(李沂)와 나철(羅喆)이 창설한 조직을 말한다.

制)의 개혁과 공사세제(公私稅制)를 바로잡고, 반계(磻溪) 유형원(柳馨遠)과 다산(茶山) 정약용(丁若鏞) 등이 개척하여 놓은 실학(實學)을 연구하여 전제의 개혁에 힘을 기우렸다.

1894년 갑오농민혁명이 일어나자 전봉준에게 군중을 이끌고 서울로 진격할 것을 제의했으나 김개남(金開男) 등이 이에 반대하고 지방에서 파괴행위를 자행하자 군중을 모아 동학도와 맞서 싸웠다. 이듬해 상경하여 토지개혁의 시급함을 정부에 건의하였고, 1898년부터 직접 정부의 전제개혁에도 관여하였다.

이기는 동학농민전쟁을 목격하고 체험한 뒤 농민생활의 안정과 국권을 회복하는 데에는 토지개혁이 최급선무라고 생각하였다. 1895년에 극도로 문란해진 전제(田制)의 이정(釐整)을 주장하고 정치를 바로 잡는데 우선 전제를 개혁하고 도량형에 대한 일정한 규정과 공사세제(公私稅制)의 질정(質定)이 급선무라는 내용의 전제망언(田制妄言)을 작성하여 탁지부 대신 어윤중(魚允中)에게 건의하였다.

전제망언에서 정전제는 농지개간에 따라 획정방식이 불가능하고, 한전제(限田制)는 고려 이래로 대족(大族)들이 토지를 광점(廣占)하고 있어서 종래 실학파의 정전론이나 한전론을 비판적으로 받아 들였다.

따라서 토지의 재분배를 부정하는 대신에 지대율(地代率)을 낮추는 감조론(減租論)을 주장하여 공세(公稅)는 올리며 사세(私稅)는 내려서 두 가지를 합하여 구일세(九一稅)가 되도록 하고, 결부법의 폐단을 없애기 위하여 두락제를 실시하여 결부법과 병용하며, 공세의 수납을 현물이 아닌 화폐로 전환하여 조운(漕運)의 폐단을 줄일 것을 주장하였다.

그리고 전안(田案)을 작성하는 데는 도본〈圖本, 현 지적도〉과 장부〈帳簿, 현 토지대장〉를 구비하여야 한다고 주장하였다. 도본은 명나라의 어린도와 같은 것이며 장부는 주·현의 장부와 같은 것으로, 전·답을 측량할 때에는 주·현관(州·縣官)이 그림에 능한 사람을 선발하여 동행하고, 산천(山川)·도로·성읍(城邑)·여리(閭里) 등을 그리고 결(結)·부(負)·전주(田主)의 성명·경작자의 성명 등을 기입하여 장부가 완성되면 관청에 1건을 비치하고 면에도 1건을 비치하여 참고하여야 한다고 주장함으로써 정약용에 이어 도부(圖簿)를 비치하는 근대적인 지적제도의 도입을 제안하였으나 채택되지 아니하였다.

그러나 1898년에 대한제국에 양지아문(量地衙門)이 설치되자 양무위원에 임명되어 충청남도 아산군 일북면·일남면·삼남면·원남면에서 토지를 측량하여 지적(地籍)과 세정(稅政)을 바로잡는데 참여하였다.

1906년 3월에 장지연(張志淵)·윤효정(尹孝定) 등과 함께 대한자강회(大韓自强會)를 조직하고 교육의 확장과 산업의 발달을 연구 실시함으로써 자국의 부강을 계도(計圖)하고 독립의 기초를 만들어 국권을 회복하기 위한 애국계몽운동을 시작하였다.

1905년 11월 17일에 을사조약(乙巳條約)[36]이 체결되자 나인영(羅寅永) · 오기호(吳基鎬) 등과 을사오적(乙巳五賊)을 주살할 것을 모의하고 동지를 규합하여 자신회(自信會)를 조직한 뒤 그 취지서를 통해 거사의 대의와 단결의 필요성을 천명하고, 1907년 거사에 착수하여 권중현(權重顯)을 저격하였으나 실패하고 박제순(朴齊純) 등에 대한 살해계획도 실패하자 자수하여 진도에 유배되었다가 그 해 겨울에 풀려났다.

저서로는 『해학유서(海鶴遺書)』 · 『전제망언(田制妄言)』 · 『논일인소구진황지소(論日人所求陳荒地疏)』 · 『인근시상주봉서(因近侍上奏封書)』 등이 있다.

1909년 3월 25일 63세의 일기로 서울에서 병사하였으며, 광복후 1968년에 대한민국 건국훈장 국민장이 추서되었고, 묘지는 경기도에 있다가 1975년 8월 15일 서울 동작동 국립묘지 애국지사 묘역에 안장되었으며, 전북도민은 향리 전주시 완산구 동완산동에 있는 완산공원(完山公園)에 [그림 7-15]와 같은 공의 애국 유적비를 건립하였다.

[그림 7-15] 이기의 애국 유적비

## 11 유길준(兪吉濬)

유길준〈兪吉濬, 1856.10.24.~1914.9.30. 서울 출생, 호 구당(矩堂)〉은 사립 수진측량학교(壽進測量學校)를 설립하고 대한측량총관회(大韓測量摠管會)를 창립하여 우리나라 최초의 측량사자격증 제도를 도입한 측량에 관한 교육자이며 독립운동가로서 본관은 기계(杞溪) · 자는 성무(聖武)이다.

36) 을사조약(乙巳條約)이라 함은 1905년 11월 17일 한국정부의 박제순과 일본정부의 하야시 곤스케에 의해 체결된 불평등조약이다. 을사오조약, 제2차 한일협약, 을사보호조약이라 부르기도 하며 일본에 의해 강제로 맺은 조약이라 해서 을사늑약(乙巳勒約)이라고도 한다. 을사늑약의 체결 이후 이 조약을 근거로 통감부가 설치되고 초대 통감으로 이토 히로부미가 취임하였다.

근대 한국 최초의 일본과 미국 유학생으로 수많은 저작물을 발표하여 개화사상을 정립하였으며, 서유견문록을 썼다.

1870년경부터 박규수(朴珪壽)의 문하에 들어가 배웠다. 당시 박규수(朴珪壽)는 실학에 조예가 깊었을 뿐만 아니라 사절(使節)의 대표로 중국에 갔다 온 뒤로 새로운 사상 즉 개화사상을 펴고 있던 경륜가(經綸家)로써, 자신의 집에 찾아오는 젊은이들을 지도하는 일에 몰두했다.

1881년에 윤치호·류정수와 함께 신사유람단으로 일본 게이오의숙(慶應義塾)에서 유학하였으며, 1882년에 미국에 보빙사(報聘使)[37]의 수행원으로 갔다가 유학하였는데, 두 경우 모두 한국 최초의 외국유학이다.

1907년 8월 16일 일본에 망명했다 돌아온 사람들 중 유길준을 제외하고 모두들 일본측에서 주는 벼슬을 받았다.

고종은 우선 용용봉정〈龍龍鳳亭 : 龍鳳亭이라고도 한다.〉을 유길준에게 하사했으며, 흥사단(興士團)을 만들어 교육 사업을 벌이자 1만원의 찬조금과 수진궁(壽進宮)을 사무실로 쓰도록 했다. 이 기관을 통해 유길준은『대한문전(大韓文典)』·『노동야학독본(勞動夜學讀本)』등의 책을 저술하여 간행하였다.

이어서 1908년에 수진측량학교(測量學校)를 설립하고, 1909년에 대한측량총관회를 창립하여 평의장이 되었으며, 검열증이라는 측량사 자격증을 발급하고 측량수수료제도를 만들어 시행하였다.

1910년 8월 29일 한일합병 후 40일 가까이 되어 일본 당국은 합병에 공로가 있는 한국인 78명에게 작위(爵位)를 내려 귀족으로 앉히면서 유길준을 회유해 보려고 남작(男爵)을 주었으나 그는 완강하게 사절하였으며, 신장병으로 오랫동안 고생하다가 1914년에 사망하였으며, 묘지는 [그림 7-16]과 같이 경기도 하남시 소재 검단산(黔丹山)에 소재하고 있다.

주 : 경기도 하남시 검단산에 위치.
출처 : http://blog.daum.net/gbbae56/10160761?nil.(2008.9.1.)

[그림 7-16] 유길준의 묘지

37) 보빙사(報聘使)라 함은 조선에서 최초로 미국 등 서방 세계에 파견된 사절단을 말한다.

# 12 민영환(閔泳煥)

민영환〈閔泳煥, 1861.7.25.~1905.11.30. 서울 종로구 견지동 출생, 호 계정(桂庭)〉은 우리나라 최초의 민족사학인 흥화학교를 설립하고 양지속성과(量地速成科)를 개설한 측량에 관한 교육자이자 독립운동가로써 본관은 여흥 · 자는 문약(文若)이다.

흥성대원군의 장인인 민치구(閔致久)가 조부이고, 병조판서 민겸호(閔謙鎬)가 생부이며 명성황후의 조카로서 백부(伯父)인 여성부원군(驪城府院君) 민태호(閔台鎬)에게 입양되었다.

민영환은 1877〈고종 14〉년에 동몽교관(童蒙敎官)에 임명되고, 이듬해 정시문과에 병과로 급제하여 그 능력을 인정받기 시작하였으며, 약관의 나이로 도승지 · 홍문관부제학 · 이조참판 · 한성우윤(漢城右尹) 등을 지냈다.

1887년 상리국총판(商理局總辦) · 친군전영사(親軍前營使)를 거쳐 예조판서가 되었다. 1888년과 1889년 두 차례에 걸쳐 병조판서를 역임하고, 1893년 형조판서 · 한성부윤을 지냈으며, 1894년 내부의 독판사(督辦事) 및 형조판서를 역임하였다.

1895년에 특명전권대사로 러시아 니콜라이 황제의 대관식에 참석한 후 귀국하여 의정부 찬정(贊政) · 군부대신을 역임하고, 1897년에 영국 · 독일 · 러시아 · 프랑스 · 이탈리아 · 오스트리아의 6개국 특명전권대사로 임명되어 순회하였다.

민영환은 1895년 서대문에 남한 최초의 사립 흥화학교(興化學校)를 설립하여 야학으로 영어와 일어에 관한 교육을 시작하였으며, 설립청원서에는 서서(西署) 여경방(餘慶坊) 오궁동 계산원동에 설립하였으니 허가하여 달라고 기록되어 있다. 당시에는 큰 인기가 있었으며 규모가 커지자 교사가 협소하게 되어 1899년 9월에 교사를 중서(中署) 수진동(壽進洞)으로 이전하였다.

이어서 1900년에는 양지속성과(量地速成科)를 개설하여 같은 해 4월 16일에 80여명의 학생이 입학을 하여 측량교육을 시작하였는데, 이는 흥화학교에서 양지아문에 양지속성과를 특설하고 교수하겠으니 졸업생을 채용하겠느냐고 청원하여 양지아문에서 재능에 따라 수용하기로 허가하는 조약이 성립되어 시작한 지적측량에 관한 사립교육의 효시이다.

그러나 1905년 11월에 민영환 선생이 을사늑약에 항거하다가 이미 대세가 기울어짐을 보고 집에 돌아와 자결하였다.

민영환이 순국(殉國)한 후 8개월이 지난 1906년 7월에 자결하면서 피를 흘린 집안 나무 바닥에서 대나무가 자란다는 사실이 『대한매일신보』와 『황성신문』에 보도되었으며 대나무는 민영환의 피에서 자라났다고 혈죽(血竹)으로 명명되었고 민영환의 자택에는 혈죽을 구경하고 그의 넋을 기리려는 사람들로 인산인해를 이루었으며, 대한제국의 국가적 영웅으로 칭송되었고 혈죽은 민족부활의 상징으로 떠올랐다.

민영환이 순국한 후 조동윤이 2대 교장으로 취임하였으나 1909년에 기부금 모집 취체규칙(1909.2.27. 각령 제2호)을 제정하고, 기부금을 모집할 때에는 내부대신이나 주무대신의 허가를 받도록 하는 등 규제를 하였으며, 국권피탈로 유일한 학교 재원인 기부금을 규제하고 정부의 보조도 없어지는 등 사학에 대한 규제를 강화하게 되자 결국은 재정난으로 1911년에 문을 닫게 되었다.

민영환의 묘지는 [그림 7-17]과 같이 경기도 용인시 기흥구 구성읍 마복동에 소재하고 있으며, 경기도 기념물 제18호로 지정되었고, 1962년에 대한민국 건국공로훈장 중장(重章)이 추서되었다.

주 : 경기도 용인시 기흥구 구성읍 마복동에 위치.
출처 : http://blog.daum.net/psy1212/16869139?srchid.(2008.9.1.)

[그림 7-17] 민영환의 묘지

## 13 한용운(韓龍雲)

한용운〈韓龍雲, 1879.8.29.~1944.6.29. 충남 홍성군 결성면 성곡리 492 출생, 호 만해(萬海 또는 卍海)〉은 일본에서 측량강습을 수료하고 귀국하여 명진측량강습소(明進測量講習所)를 설립한 측량에 관한 교육자이자 독립운동가로서 본관은 청주(淸州)·속명은 유천(裕天)·자는 정옥(貞玉)이며, 용운은 법명이고, 득도할 때의 계명은 봉완(奉玩)이다.

한국 근대시사(近代詩史)에 불후의 업적인 『님의 침묵』을 펴냈고, 한국 근대 불교계에서 혁신적인 사상과 활동을 펼쳤으며, 3・1독립선언에 민족대표로 참가하는 등 일제 시대의 혁명적인 독립운동에도 앞장섰다.

어릴 때 고향에서 한학을 배웠으며, 18세 때인 1896년 고향을 떠나 백담사 등을 전전하며 불교서적을 읽었고, 1905년 백담사에서 김연곡에게 득도한 다음 전영제에게 계(戒)를 받아 승려가 되어 수년 간 불교활동에 전념하였다.

이즈음에 불교 관련 서적뿐만 아니라 양계초(梁啓超)의 『음빙실문집(飮氷室文集)』 등을 접하면서 근대사상을 다양하게 수용하였다.

1908년 전국 사찰 대표 52인의 한 사람으로 원흥사(元興寺)에서 원종종무원(圓宗宗務院)을 설립한 후 일본에 가서 신문명을 사찰했다.

같은 해 교토(京都)에 있는 측량학교에서 3개월 동안 측량강습을 받고 기계를 구입하여 귀국 후 청진동에 그해 12월 10일부터 1909년 7월 30일까지 명진측량강습소를 개설하고, 스스로 소장에 취임하여 측량을 가르쳤다.

이는 국토는 일제에 빼앗길지라도 개인 소유 및 사찰 소유의 토지를 수호하자는 이념 때문이었다.[38)]

1910년 국권피탈이 되자 중국에 가서 독립군 군관학교를 방문, 격려하고 만주・시베리아 등지를 방랑하다가 1913년 귀국하여 불교학원에서 교편을 잡았다. 같은 해에 범어사(梵魚寺)에 들어가 『불교대전(佛敎大典)』을 저술, 대승불교(大乘佛敎)의 반야사상(般若思想)에 입각하여 종래의 무능한 불교를 개혁하고 불교의 현실참여를 주장하였으며, 1916년 서울 계동(桂洞)에서 월간지 『유심(惟心)』을 발간하였다.

1919년 3・1운동 때 민족대표 33인의 한 사람으로 참여했으며, 독립선언서 공약삼장을 기초하고 3월 1일에 인사동 태화관(泰華館)[39)]에 모인 민족대표들과 독립선언식을 끝내고 만세삼창을 외친 뒤 출동한 일본 경찰에 의해 체포됐으며, 1920년 경성복심법원(京城覆審法院)에서 소위 보안법과 출판법 위반 혐의로 징역 3년형을 선고받고 서대문 형무소에서 옥고를 치렀고, 출옥 후인 1922부터 1923년까지 민립대학 설립운동과 물산장려운동 등의 민족운동에 참여하였다.

만해 한용운은 나라를 잃고 돌아오기를 갈망하는 마음으로 '님의 침묵'을 쓴 애국 시인으로 『님의 침묵』은 1925년에 백담사에서 탈고하여 이듬해인 1926년에 안동서관에서 초

38) 윤재근, 1984, 『만해시 님의 침묵 연구』, 서울, 민교문화사, p.545.

39) 태화관(泰華館)이라 함은 일제 시대에 경성부에 있던 음식점으로, 유명한 요리집이던 명월관의 부속 건물이었다. 현재의 위치는 종로구 인사동 194-27번지로 태화빌딩이 있다.

판을 발간한 그의 유일한 시집의 표제 시이며 서시로써 1934년 한성도서주식회사에서 재판을 발간하였다.

대표적인 시로 「님의 침묵」을 비롯해 「독자에게」·「최초의 임」·「잠없는 꿈」 등 90편의 시가 실려 있으며, 그 중에는 아래와 같은 「사랑의 測量」[40] 이라는 시가 있는데, 실제 측량에 관한 내용은 아니지만 원문 그대로 소개하였다.

「사랑의 測量」

질겁고 아름다은 일은 量이 만할수록 조흔것입니다.
그런데 당신의 사랑은 量이 적을수록 조흔가버요.
당신의 사랑은 당신과 나와 두 사람의 새이에 잇는 것입니다.
사랑의 量을 알야면 당신과 나의 距離를 測量할 수 밧게 업습니다.
그래서 당신과 나의 距離가 멀면 사랑의 量이 만하고 距離가 가까으면 사랑의 量이 적을 것입니다.
그런데 적은 사랑은 나를 웃기더니 만한 사랑은 나를 울닙니다.
뉘라서 사람이 머러지면 사랑도 머러진다고 하여요.
당신이 가신뒤로 사랑이 머러젓스면 날마다 날마다 나를 울니는 것은 사랑이 아니고 무엇이여요.

한용운이 쓴 대부분의 시는 불교적 비유와 고도의 상징적 수법으로 쓴 서정시들로, 일제에 대한 저항의식과 민족에 대한 애정이 짙게 나타나 있으며, 은유와 역설을 뛰어나게 구사하여 사상성과 예술성을 조화시킨 시로써, 「님의 침묵」은 이별하는데서 시작되어 만남으로 끝나는 극적 구조성을 지닌 한편의 연작시(連作詩)로 되어 있다.

1940년 창씨개명 반대운동과 1943년 조선인 학병출정 반대운동을 전개하였으며, 일제의 극심한 탄압 속에서도 굴하지 않고 비타협적인 독립사상을 견지하다가, 조선총독부와 마주보기 싫다며 북향으로 지은 성북동 심우장(尋牛莊)에서 66세의 나이로 사망하였으며, 묘지는 [그림 7-18]과 같이 망우리 공동묘지에 안장되었으며, 1962년에 한용운에게 대한민국 건국공로훈장 중장이 추서되었다. 그리고 1988년에는 파고다공원 내에 만해 용운당대선사비(萬海 龍雲堂大禪師碑)를 건립하였다.[41]

이어서 1997년부터 만해 한용운의 사상과 업적을 기리는 만해 축전(萬海 祝典)이 시작되었으며, 문학과 학술의 대향연으로 강원도 인제군 백담사와 백담사 인근 만해마을 일대에서 열린다.

40) 윤재근, 1984, 위의 책, p.52.
41) 리진호, 1991, 『증보 대한제국지적 및 측량사』, 서울, 토지. p.102.

만해 축전은 ① 일생을 조국독립과 겨레사랑으로 일관한 만해 한용운의 민족사상과 자유사상을 선양함으로 민족정신을 함양하고 불교적 평화실천과 문학 정신을 기려 민족의 사표로 삼고자 하며, ② 인종·종교·국경을 초월한 만해대상(萬海大賞)의 운영을 통한 만해 정신의 세계화와 더불어 만해의 실천정신과 개혁정신, 문학과 철학사상을 바탕으로 세계 속의 한국을 재조명하고, ③ 문화의 세기인 21세기에 걸 맞는 새로운 시대정신과 문화예술의 창조에 대한 연구와 지원, 남북과 좌우를 초월하는 만해정신의 선양과 새로운 가치 창조에 목적이 있다.

만해 축전은 만해 대상 시상식·시낭송·학술심포지엄·전국 고교생 백일장 등 풍성한 행사를 실시하고 있으며, 1997년부터 시작된 만해 대상 수상자는 2013년까지 외국인을 포함하여 90명이고, 2011년에 문예부분 만해대상을 수상한 중국 작가 모옌(莫言)[42]은 이듬해인 2012년에 노벨문학상을 수상했다.[43]

주 : 서울 망우리 시민공원(공동묘지)에 위치.
출처 : http://www.ohmynews.com.(2011.5.20.)

[그림 7-18] 한용운의 묘지

42) 모옌(莫言, 1955년 2월 17일~현재)은 중국의 소설가로, 본명은 관모예(管謨業)이다. 필명 "모옌"은 중국어로 "말을 하지 않는다."를 뜻한다. 민담, 역사, 현대 중국의 사회상을 섞어 글을 쓰는 독특한 스타일인 환영적 사실주의(Hallucinatory realism)를 대표하는 작가로 손꼽힌다. 산둥 성에서 농부의 아들로 태어났으며 문화 대혁명 때 학교를 중퇴하고 정유 공장에서 일했다. 20살 때 인민해방군에 입대했으며 1981년 군인 신분으로 문학 활동을 시작했다. 1986년 중국 인민해방군 예술학과 문학과를 졸업했고 1991년 베이징 사범 대학을 졸업했으며 루쉰 문학원 창작 연구생반 졸업과 함께 문예학 석사 학위를 취득했다. 대표 작품으로 《홍까오량 가족》, 《술의 나라》, 《사십일포》, 《탄샹싱》, 《풍유비둔》, 《티엔탕 마을 마늘종 노래》, 《풀 먹는 가족》 등이 있으며 영어, 프랑스어, 독일어, 노르웨이어 등 10여 개 언어로 출판되었으며, 2012년에 노벨 문학상 수상자로 선정되었다.(http://ko.wikipedia.org/wiki/2013.8.30.)

43) 『조선일보』, 2013.8.9, A21. ; 만해사상실천선양회.(http://manhae.net, 2013.8.30.)

Chapter 02

# 광복 이후 시대

The Era After Independence

## 1 류기섭(柳基燮)

류기섭〈柳基燮 ; 1903.1.25.~1970.3.30, 황해도 해주 출생, 호 동천(東泉)〉은 한국인 최초로 측량에 필요한 『측량수학』·『지적제도 개요』·『지적강본』 등의 교재를 저술한 지적행정 관료이자 교육자이다.

1933년에 수원고등농림학교〈현 서울대학교 농생명과학대학〉[44] 농학과 제11회 졸업생 31명 중 한국인 10명 가운데 한 사람이다.

수원고등농림학교 졸업해인 1933년 4월에 전라남도 세무과·광주세무감독국 측량수로 출발하여 벌교세무서 기수(1934)·광주세무감독국 정읍세무소 기수(1938.10)·황해도 토지개량과 기수(1940.10)·황주농업학교 교장(1945)·황해도 상공국장(1950)을 역임하였으며, 6.25동란 때 남하하여 대전에서 거주하였다.

피난지 부산에서 지적직 공무원으로 복귀하여 1956년에 재무부 사세국 토지수득세과 기좌로 근무하다가 1963년에 대한지적협회 이사로 임용되었으며, 1965년에 지적기술원양성소 학감·지적측량사전형위원회 위원(1968.7~1970.3)·대한지적협회 상임감사(1968.7~1970.3)로 재직 중에 사망하였다.

류기섭은 수학의 수재(秀才)로 불리었으며 청렴결백하고 대쪽 같은 성격으로 잘 알려져 있을 뿐만 아니라 정직하고 성실하며 정밀을 추구하는 지적측량사의 표본으로 알려져 있다.

44) 수원고등농림학교〈서울대학교 농생명과학대학 전신〉 출신인 지적인은 류기섭〈1933. 졸업〉을 비롯하여 최종태〈1934. 졸업〉, 이범길〈1935. 졸업〉이 있으며, 서울대학교 농과대학 농공학과 백은기〈1953. 졸업〉, 농학과 이호영〈1955. 졸업〉, 임학과 리진호〈1957. 졸업〉가 지적업무에 투신하여 많은 공적을 남겼다.(리진호, 2001(a), 『지적인열전』, 충북, 도서출판 우물, pp.28~29.)

저서로는 일본책을 번역한 것으로 [그림 7-19]와 같은 『측량수학』을 펴냈고, 『지적제도개요(地籍制度概要)』·『지적강본(地籍講本)』·『지적과 지형도완성』 등을 재무부 사세국 명의로 발간하여 지적측량기술원양성소 교재로 사용하였다. 이 네 종류의 책은 분량이 얼마 안 되고 초라한 교재였으나 내용이 충실할 뿐만 아니라 한국인이 쓴 지적관계 저서의 효시이다.

묘지는 인천광역시 서구 시천동(始川洞) 류씨(柳氏) 종산에 소재하고 있으며, 1970년 5월 7일에 지적측량기술원양성소 문하생들이 성금을 모아 [그림 7-20]과 같은 묘비를 세웠다.

주 : 리진호 지적박물관장(2011.11.)
출처 : 류기섭 『측량수학』, 지적측량기술원양성소.(1953년경)

[그림 7-19] 『측량수학』

주 : 인천광역시 서구 시천동에 위치, 리진호 지적박물관장(좌)과 제자인 고 조재열 전 대한지적공사 전라북도본부장(우).
출처 : 리진호, 2001(a), 『지적인 열전』, 도서출판 우물, p.27.

[그림 7-20] 류기섭의 묘지

## 2 최종태(崔鍾台)

최종태〈崔鍾台 ; 1909.5.15.~1990.8.10, 충청남도 보령군 주산면 창암리 출생, 호 연암(燕岩)〉는 1950년에 우리나라 최초의 지적법을 제정하고 대전·광주·부산사세청장을 역임한 지적행정 관료로서 본관은 강릉이다.

1931년에 경성제2보통학교를 졸업〈현 경복중·고등학교〉하고, 1934년에 수원고등농림학교〈현 서울대학교 농업생명과학대학〉 임학과를 졸업하였으며, 재학 중 가지오카 부이치(梶岡武一)로부터 선택과목인 지적측량학을 수강한 것이 지적에 투신한 계기가 되었다.

1934년에 함흥세무감독국 고원으로 출발하여 해방 때까지 11년간 근속하였다. 그의 직원 원영희를 지적학자로 성공하도록 지도하였으며, 1934년 11월 20일에 함북 나진시에서 한국 최초의 구획정리 100만평이 시공되었는데, 최종태가 이 지구의 구획정리 확정측량을 실시하였으니 이것이 우리나라 확정측량의 효시이다.

광복후 미군정 초기 재무국 부국장 겸 통역관 장기빈〈張箕彬, 장면 전 총리 의 선친〉의 주선으로 1945년 8월에 총독부 재무국 세무과 지적주무 가마타 유수후(鎌田讓)로부터 지적사무를 인수하여 광복 후 한국 최초의 지적책임자가 되었다.

재무국 사세국 직세과 기사(1949.)·사무관 휴직(1950.9.5.)·사무관 복귀(1950.10.1.)·지적법과 임시토지수득세법을 부산 피난국회에 제출하여 통과시켰으니 이 두 법 제정의 주역이었으며, 영도세무서장(1951.6.15.)·재무부 사세국 토지수득세 과장(1951.12.18.)에 임명되어 한국 최초의 지적인 서기관이 되었다.

일본인이 미군에게 맡기고 간 1,700만원을 타내어 전북 이리에서 지적직 공무원에게 도근측량강습회를 열었으니 이는 광복 후 최초의 지적측량에 관한 교육이다.

신한공사 후신인 중앙토지행정처에서 귀속농지를 측량할 때 측량사가 필요하여 그가 주관하여 자격시험을 시행하였으니, 이 또한 광복 후 최초의 자격제도이다.

부산 피난정부 때 예산을 세워 부산에 보관중인 지적원도를 기본으로 피난 지적인을 모집하여 지적도 복구사업을 시행하였다.

대한지적협회 상무이사 겸무(1951)·동협회 부회장 겸무(1952~1955)·대전사세청장(1957)·광주사세청장(1960)·부산사세청장(1960)을 역임하다가 1960년 10월에 사임하고, 1961년부터 대한지적협회 상임감사(1961.1~1963.1)를 역임하였다.

지적 및 토지세제도 연구위원회 부위원장(1962.12.11)·대한지적협회 비상임이사(1978.5~1981.9)를 역임하였고, 1990년에 사망하였으며, 묘지는 [그림 7-21]과 같이 충청남도 보령군 주산면 창암리 선영에 소재하고 있다.

주 : 충청남도 보령군 주산면 창암리에 위치
출처 : 리진호, 2001(a), 『지적인 열전』, 도서출판 우물, p.39.

[그림 7-21] 최종태의 묘지

## 3 원영희(元永喜)

원영희〈元永喜 ; 1915.12.7.~1987.12.18, 함경남도 단천군 복귀면(福貴面) 복평리(福坪里) 출생, 호 삼지(三地)〉는 세계 최초로『해설지적학』·『지적학원론』등을 저술하여 지적학을 창시하였으며 한국지적학회를 창설하였다. 그리고 우리나라 최초로 대학교 강단에서 지적학을 강의한 지적행정 관료이자 대지적학자로서 필명은 청룡산인(青龍山人)이다.

단천공립보통학교를 졸업하고, 일본에서 신문배달을 하며 이와쿠라(岩倉) 철도학교 토목과를 졸업(1933.~1936.)하였다.

1938년에 함흥 세무감독국에서 출발하여 함경남도 직세과(1944.)·광복 후 북한 농림성 토지조사과장〈현 지적과장〉으로 재직하면서 농림기술간부학교 겸임교수로 천문학을 교수하였다.

1·4후퇴 때 월남하여 1952년부터 강원도 평창세무서 기원으로 출발하여 지적계장·지적위원회 위원(1956~1983)·삼척세무서 지적계장(1960)·세부·기초·확정측량과 자격취득(1961)·강원도 재정과 지적계장(1961)·내무부 지방국 지적계장(1962)에 승진 임용되어 북한과 대한민국 두 정권의 지적책임자를 역임하였다.

지적 및 토지제도연구위원회 위원(1962.12)·지적측량기술원양성소 학감(1968)을 역임하였으며, 건국대 행정대학원 부동산학과에서 지적학을 강의하였으니(1974~1984) 이것이 지적학문을 대학 강단에서 강의한 효시이다.

대한지적협회 비상임이사(1974~1976)·정년퇴임(1975)·지적기술원양성소 촉탁(기감대우) 강사(1975~1977)·지적기술연수원 교수(1978)·한국지적학회를 창립하고 1976년 8월 31일에 초대 회장에 취임하였다.

명지실업전문대학에서 천문측량과 지적법을(1977~1978), 서일전문대학에서 같은 과목을(1977~1984) 강의하였고, 한국지적학회 2대 회장(1978.6.10.)에 선임되었으며, 신구전문대학에서 지적사와 지적학을(1978~1987), 강원대학교 법정대학에서 지적학 원론을(1979~1980), 청주대학교 법정대학 지적과에서 지적학 원론(1979.9~1980.9) 등을 강의하였다.

1980년에 만 65세로 지적기술연수원 교수를 정년퇴임하고 촉탁으로 지냈다. 내무부 정책자문위원회 위원(1981.2~1983.2)·대한지적공사 비상임이사(1981~1986)·한국지적학회 3대 회장(1981~1983)에 선임되었고, 『한국일보』 문화센터 강좌에서 지적법을 강의(1984~1987)하였다.

저서로는 1972년에 세계 최초로 『해설지적학』을 비롯하여 『한국지적사』(1972)·『응용천문학』(1976)·『지적법해설』(1977)·『지적삼각측량』(1977)·『지적학원론』(1979) 등을 발간하였으며, 다수의 지적관련 연구논문을 발표하였다.

『한국지적사』는 생전에 제3정판이 발간되었고 사후에 리진호가 참고문헌 등을 더하여 1988년에 제4정판을 발간하였다.

1987년 12월 18일 노환으로 서울의 한강성심병원에 입원 중에 사망하였으며, 묘지는 [그림 7-22]와 같이 경기도 양주군 주내면 어둔리 단천군민회 묘역에 소재하고 있다.

지적인들이 500만원을 모금하여 1988년 5월 29일에 어둔리 묘지 앞에 공적비를 세웠으며, 아들 종남(鍾南)의 뜻에 따라 고인의 도서 전부를 지적연수원에 기증하였고 임명장 등은 리진호가 인수하여 지적박물관에 전시하고 있다.

주 : 공적비 건립 장면(1988.5.29, 고 최병삼 사장(좌), 고 김인태 부사장(우)).
출처 : 대한지적공사, 2005(b), 『한국지적백년사』, p.103.

[그림 7-22] 원영희의 묘지

## 4 이경철(李慶澈)

이경철〈李慶澈 ; 1917.2.29.~2006.12.16, 충청남도 예산군 봉산면 구암리 출생, 호 오재(悟齋)〉은 남한 최초로 지적확정측량을 실시하였으며, 기초측량교육에 공헌한 교육자이자 지적측량기술자로서 1934년에 홍성 공립공업학교를 졸업하고, 경성측량기술강습소를 수석으로 졸업하였으며, 조수·강사(1937)를 거쳐 한국인 최초의 조선

지적협회 지적측량기술원양성강습소 실습 조교(1939)를 지냈으며, 조선지적협회 경성지부에 전출(1941)되어 영등포지구 구획정리 확정측량을 시행하였는데 이것이 남한 최초의 지적확정측량이다.

일본구획정리연합회 주최 토지구획정리강습회를 수료하고(1943.7.12.), 조선총독부 지형도계장이던 김병호(金炳浩)에게 사사(師事)하여 삼각·도근측량에 정통한 지적측량기술자가 되었다.

조선지적협회 예산출장소에서 근무하면서 분배농지측량을 실시하였으며, 예산세무서 관내 지정측량사(1945.9~1946.5)·중앙토지행정처 처분 토지에 관한 지적측량(도근·세부)·본부 업무과 겸 대전지부 근무(1953)·협회 업무과장 겸 서무과장(1954)·이사(1961)·업무부장(1961)·지적측량사 전형위원(1964)·서울시 출장소장(1965)·지부장 상임이사(1968.10~1969.12)·업무부장 상임이사(1971.12~1975.12)·업무이사를 역임(1975.12~1977.12)하였다.

광복 後 1947년 이리에서 시행한 도근측량강습회 강사·지적협회 지적기술원양성소 등에서 여러 차례 기초측량을 교수하였다. 1977년 12월 임기만료로 퇴임을 할 때 소장하였던 지적관련 귀중 서적을 모두 대한지적공사에 기증하여 지적연수원의 사료실을 설립하게 되었으며, 자서전으로 [그림 7-23]과 같은 『오재수경(悟齋手鏡)』을 남겼다.

2006년 12월 16일 노환으로 서울의 강남성모병원에서 사망하였으며, 묘지는 [그림 7-24]와 같이 충청남도 예산군 봉산면 구암리 선영에 소재하고 있다.

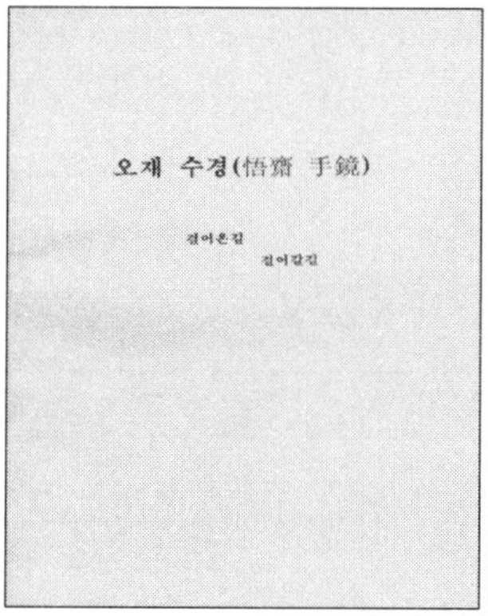


주 : 지적박물관 소장.(2012.4.)
출처 : 이경철, 1987, 『오재수경』, 서울, 출판사 미상.

[그림 7-23] 『오재수경』

주 : 충청남도 예산군 봉산면 구암리에 위치.
출처 : 이규경 고 이경철 선생의 4남 제공.(2011.4.)

[그림 7-24] 이경철의 묘지

## 5 이부발(李富發)

이부발〈李富發 ; 1921.7.23.~2015.1.27, 경상북도 안동군 일직면 용각동 출생, 호 동호(東湖)〉은 정부수립 후 최초의 지적주무자와 초대 지적기술연수원장을 역임한 지적행정 관료이자 교육자로서 초명은 태발(泰發)이다.

1940년에 상주농잠학교를 졸업하고 1953년에 국학대학 법문학부 법학과를 졸업하였으며, 1966년에 세무사 자격을 취득하였다.

1940년에 경성세무감독국 고원으로 출발하여 공주세무서 고원(1940) · 경성세무감독국 고원(1943) · 충북 고원(1943) · 충주세무서 기수 겸 조선지적협회 충북지부 충주출장소 참여(1945.5.1) · 충북 기수 겸 지세 · 지적계장(재무관, 1946) · 분배농지측량업무(부산 · 경남, 1946) · 대한지적협회 부산지부 기사(1947) · 위 협회 본부 기좌(1950)를 역임하였다.

1951년에 재무부 사세국 직세과 주사로 임용되어 1952년 3월에 [그림 7-25]와 같이 주사에서 기좌로 승진하여 정부 수립 후 최초의 지적주무가 되었다.

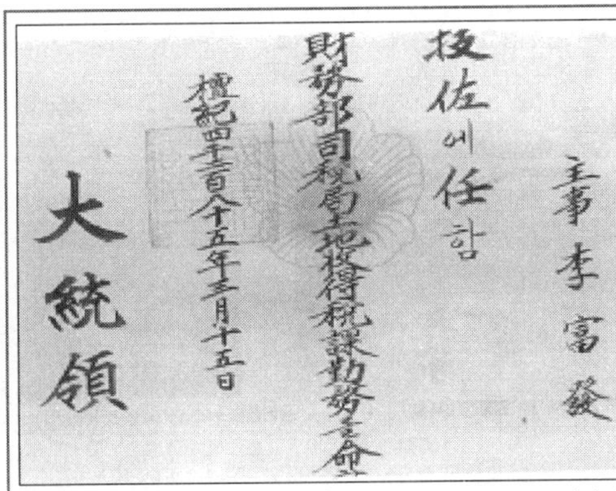

主事 李富發
技佐에 任함
財務部司稅局土地收得稅課勤務를命함
檀紀四千二百八十五年三月十五日
大統領

출처 : 대한지적공사, 2005(b), 『한국지적100년사』, p.60.(지적박물관 소장)

[그림 7-25] 이부발의 기좌 임명장

당시에 최종태 토지수득세과장을 도와 지적법과 임시토지수득세법 제정실무와 지적도 개조업무 등을 담당하였다.

그 후 상주세무서장(1961) · 재무국 관재국 사무관(1962) · 소공세무서 총무과장(1966) · 중부지방국세청 관재과장(1967) · 대한지적협회 업무부장(1968.7) · 동 업무이사(1968.10)를 역임하였다.

이어서 대한지적협회 서울지부장(1971) · 경상북도지부장(1974) · 지적측량기술원양성소 학감(1975.12.18.~1977.7.3) · 교육연구이사 직무대리 · 초대 연수원장(1977.7.4.~12.17) · 초대 교수부장(1978) · 대한지적공사 전남지사장(1978) · 지적기술연수원장(1980.9.9~1981.8.19)을 역임하였다. 그리고 1970년에는 지적측량사규정 제정에 참여하여 근대적인 지적측량사 자격제도 창설에 기여하였다.

1982년에 세무사 사무소를 개업하였으며, 대한지적공사 비상임이사(1982)를 역임하였고, 저서로는 『지적세부측량』(1978) 등이 있다.

대통령 면려표창(1963)을 비롯하여 재무부장관 면려표창(1962), 재무부장관 유공표창(1963) 등을 수상하였다.

2015년 1월 27일 노환으로 서울의 여의도 성모병원에서 사망하였으며, 묘지는 경기도 광릉공원 묘역에 소재하고 있다.

## 6 리진호(李鎭昊)

리진호〈李鎭昊 ; 1932.3.3.~, 경기도 의왕시 학의동 284 출생, 호 학촌(鶴村)〉는 우리나라의 지적인 중 가장 많은 저서를 발간하였고, 지적박물관을 설립하여 귀중한 지적관련 사료와 문헌을 보존 관리하고 있다.

원영희 교수를 이은 지적에 관한 교육자이자 대지적학자이며 저술가, 수필가, 교지평론가, 일어번역가, 사진편찬가로서 본관은 전주이며 구명은 용호(龍浩)이며, 종중결의에 의하여 1995년 3월부터 성을 "리"로 표기하고 있다.

1951년에 수원농림중학교를 졸업하고 1957년에 서울대학교 농과대학을 졸업하였으며, 2014년에 82세의 나이로 일본 국립나가사키대학(國立長崎大學)에서 "日本帝國が朝鮮領土に施行した測量と地圖作製に關する硏究"라는 논문으로 [그림 7-26]과 같은 공학박사 학위를 취득하였다.

1959년부터 경북 영주군·김천시·포항시 사방관리서(1959~1961)에서 근무하였으며, 청도군 관리계장(1962)·철도건설국 관리과(1963)·교통부 총무과(1964)·충남 천원군·서산군 지적계장(1966~1969)을 역임하고, 1969년에 대한지적협회에 입사하여 충남지부 직할출장소·경기도지부 안양시·용인군·평택군출장소장·경기도지사 업무과장·본사 기획과장(1981~1983)·지적기술연수원 교수(1983년부터 10년간)를 역임하고, 1999년 10월부터 사설 지적박물관을 개관하여 운영하고 있다.

1961년에 『매일신문』 수기에 당선되었고, 1993년에 수필가, 2003년에 시인으로 등단하였다. 신구대학에서 지적법과 지적학(1988~1999)을, 신흥대학에서 지적사(1995~1998)를, 인하대학교에서 지적학(1999)을, 대구과학대학에서 지적사(1994~1997)를, 대한지적공사 연수원에서 지적사를 각각 강의(1993~2001)하였다.

[그림 7-26] 공학박사 학위증

한국지적학회 이사(1978)·한국 기독교 역사연구소 연구위원(1983)·탁사학회 회장(2002) 등을 역임하였다.

저서로는 『대한제국 지적 및 측량史』(1989)를 비롯하여 [그림 7-27]과 같은 『한국지적史』(1999)·『지적인 열전』(2001)·『묘지도첩』(2001)·『책사냥 발자취』(2005)·『경주지적史』(2007)·『울산지적史』(2008)·『제천지적史』(2009)·『지적낱장 문권도록』(2004) 등 다수가 있으며, 역주한 저서는 『삼각측량작업 결료보고』(2001)·『토지조사강요』(2001) 등이 있고, 『오산지지』를 비롯하여 많은 시·군지와 읍·면지에 지적장(章)을, 향토지에 교통·통신·기독교·농업교육 등에 관한 사항을, 월간 『지적』지에 지적관련 사항을 각각 기고하였으며, 다수의 지적관련 연구논문을 발표하였다.

출처 : 리진호, 1999, 『한국지적史』, 서울, 도서출판 바른길.

[그림 7-27] 『한국지적史』

경기도지사로부터 경기도문화상 학술부문(1992)·한국지적학회 학술상(2003) 등을 수상하였다.

## 7 김갑수(金甲洙)

김갑수〈金甲洙 ; 1932.8.26.~1999.5.14, 강원도 횡성군 갑천면 유평리 457 출생, 호 청송(青松)〉는 내무부 초대 지적과장을 역임하면서, 전문대학과 대학에 지적학과를 신설하고 지적측량의 품셈을 체계화하였고, 신흥대학 지적과에서 지적행정학을 가르친 지적행정 관료이자 교육자이다.

1959년에 강원대학교 농공학과를 졸업하고 1984년에 청주대학교 산업대학원을 졸업하였다.

1963년에 강원도 내무국 재정과 지적담당으로 승진하였으며, 내무부 지방국 세정과 지적계장(1974)을 거쳐 내부 판적국 지적과 설치 후 80년만인 1977년에 내무부에 지적과를 신설하고 초대 지적과장에 취임하였고, 1981년에 대한지적공사에 입사하여 충북지사장 · 경기지사장(1983) · 서울특별시지사장(1984) · 전라북도지사장을 역임하였다.

내무부 지적위원회 위원(1981~1992), 충북 · 안양시 · 의정부시 도시계획위원회 위원(1981~1998), 대한지적공사 비상임이사(1990~1996) · 한국지적학회 회장(1995~1998)을 역임하였으며, 1989년에 신흥전문대학 지적과 교수에 임용되어 학과장을 역임하고 1997년 8월에 정년으로 퇴직하였다.

출처 : 김갑수, 『지적행정학개론』, 서울, 신라출판사, 1988.

[그림 7-28] 『지적行정학개론』

내무부 지적과장을 역임하면서 지적법 전부 개정 · 전문대학과 대학교 지적학과 설치 · 지적사무전산화 · 지적측량 품셈화의 주역을 담당하였다.

저서로는 [그림 7-28]과 같은 『지적행정학개론』(1982)을 비롯하여 『지적세부측량학』(1992) 등이 있으며, 다수의 지적관련 연구논문을 발표하였다.

1976년에 녹조근조훈장을 수상하고 1995년 5월 7일 지적의 날에 박경석 대한지적공사 사장으로부터 [그림 7-29]과 같이 제1회이자 마지막인 한국지적대상을 수상하였다.

정년퇴직 후 1999년 5월 14일 당뇨병, 디스크 수술 후유증으로 서울의 강남세브란스 병원에서 사망하였으며, 묘지는 강원도 횡성군 청일면 유평리 선영에 소재하고 있다.

주 : 1995.5.7. 지적의 날 대한지적공사 박경석 사장으로부터 한국지적대상을 수여 받고 있는 김갑수 교수.
출처 : 대한지적공사, 2005(b), 『한국지적백년사』, p.103.

[그림 7-29] 한국지적대상 수상 장면

## 8 박순표(朴淳杓)

박순표〈朴淳杓 ; 1937.3.22.~2013.9.4. 대구광역시 남구 봉덕동 992~10 출생〉는 내무부 3대 지적과장과 대한지적공사 12대 부사장을 역임하여, 우리나라 지적행정 사상 최초의 지적행정 총책인 내무부의 지적과장과 기술자 총책인 대한지적공사의 부사장을 역임한 지적행정 관료이자 지적측량기술자이다.

1962년에 경북대학교 사범대학 지리학과를 졸업하고 1985년에 연세대학교 행정대학원에서 행정학 석사학위를 취득하였으며, 고등학교 2급정교사(1962)와 지적기술사(1993)자격을 취득하였다.

1965년부터 지적에 입문하여 경상북도 내무국 세정과(1965~1974)에 근무하다가 1974년에 내무부에 전입하여 지방재정국 세정과·지적과(1974~1977)·내무부 지적계장과 지적과장(1977~1992)을 역임하고 1992년에 대한지적공사에 입사하여 관리본부장(1992.3.9~1993.10.29)과 부사장(1993.10.30~1998.3.22)을 역임하였다.

1975년에 「지적법」 제1차 전부 개정(1975.12.31. 법률 제2801호)을 주관하여 추진하면서 지적공부에 등록하는 면적의 단위를 척관법에서 미터법으로 전환하고, 토지대장과 임야대장에 소유자의 주민등록번호 등록제도와 수치측량방법의 도입 및 수치지적부의 작성, 지번변경 · 축척변경 · 행정구역변경 · 등록사항 정정 등의 토지이동정리를 한 경우에 관할 등기소에 토지표시변경등기를 촉탁하는 제도 등을 신설하고, 대장의 서식을 한지부책식에서 카드식으로 전환하는 등 현대적인 지적제도의 전환을 위한 법적 장치를 마련하였다.

그리고 전문대학과 대학에 지적학과를 신설하고 지적의 날을 제정하였으며, 명지대학 지적과 등에서 지적학과 지적법을 강의하였다.

저서로는 [그림 7-30]과 같은 『지적학개론』(1993, 공저)이 있으며, 다수의 지적관련 연구논문을 발표하였다.

근정포장(1979)을 비롯하여 내무행정유공표창(1976) 등을 수상하였다.

출처 : 박순표 · 최용규 · 강태석, 1993, 『지적학개론』, 서울, 형설출판사.

[그림 7-30] 『지적학개론』

대한지적공사에서 퇴직한 후 2008년 10월에 지적제도수호대책위원회 위원장으로 추대되어 지적법과 측량법의 통합 반대와 중앙정부에 지적과의 복원을 위하여 많은 노력을 하였으며, 2010년 10월에 새로이 설립된 사단법인 한국지적협회 초대 회장에 선임되었다.

그러나 아쉽게도 지적법과 측량법의 통합 반대는 뜻을 이루지 못하였으나, 지적제도의 중요성을 충분히 인식시키는 계기가 되었으며, 2008년 3월에 국토해양부로 지적업무가 이관되면서 없어진 중앙정부의 지적행정 조직이 2009년 5월에 지적기획과로 명칭을 변경하여 복원하게 되었다.

2013년 9월 4일 내무회(내무부 퇴직자 모임) 등산모임에서 관악산으로 등산 갔다가 급성심장마비로 사망하였으며, 묘지는 경기도 광주시 오포읍 문형리 766-6번지 시안(時安) 가족 추모공원에 소재하고 있다.

## 9 정선철(鄭琁徹)

정선철〈鄭琁徹 ; 1940.11.23.~현재, 강원도 횡성군 우천면 하대리 376 출생〉은 내무부 4대 지적과장과 대한지적공사 13대 부사장을 역임하여, 우리나라 지적행정 사상 두 번째로 지적행정 총책인 주무부의 지적과장과 대한지적공사의 부사장을 역임한 지적행정 관료이자 지적측량기술자이다.

1966년에 강원대학교 축산학과를 졸업하고, 지적에 입문하여 강원도 지적계장과 지적과장(1979.1.26.~1986.4.10.)을 역임한 후 1986년에 내무부에 전입하여 기술지도계장(1986.4.11.~1992.4.6.)과 지적과장(1992.4.7.~1994.12.31.)을 역임하고, 1995년에 대한지적공사에 입사하여 업무본부장(1995.1.3.~1998.4.1.)과 부사장(1998.4.2.~2000. 8.11.)을 역임하였다.

1994년 말 지적과장으로 재직할 당시에 지적법 제7차 개정(1995.1.5. 법률 제4869호)을 주관하여 추진하면서 지적법 제3조제1항에 "국가는 이 법이 정하는 바에 의하여 모든 토지를 필지마다 토지의 소재·지번·지목·면적·경계 또는 좌표 등을 조사·측량하여 지적공부에 등록하여야 한다."고 개정함으로써 지적사무가 국가고유사무임을 명확하게 지적법에 규정하여 지방자치사무와의 관계를 정립하였다.

그리고 지적약도의 간행 판매제도와 위성측량방법의 도입·지적측량기준점성과의 공개제도·부동산등기부의 무료 열람·등본신청 제도 등을 신설하였고, 지방지적위원회를 부활시켰으며, 분할·합병 등 토지이동정리 후 촉탁등기를 할 수 있도록 등기촉탁제도를 확대하도록 지적관련 법규를 개정하여 국민 편의 위주의 지적행정을 수행할 수 있는 초석을 다졌다.

대한민국 정부로부터 [그림 7-31]과 같은 근정포장(1994.)을 비롯하여 내무부 장관표창(1972, 1978) 등을 수상하였다.

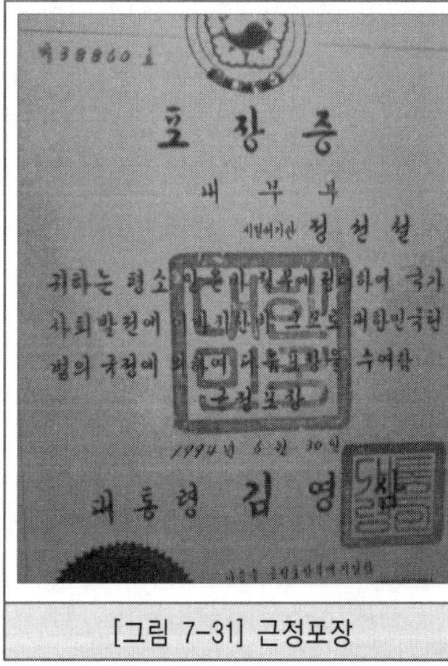
포 장 증

1994년 6월 30일

대통령 김 영 삼

[그림 7-31] 근정포장

## 10 강태석(姜泰奭)

강태석〈姜泰奭 ; 1944.7.29.~현재 ; 전라북도 익산시 중앙동 41번지 출생, 호 담운(淡雲)〉은 이리원광고등학교(1964)와 전주대학교(1969)를 졸업하고 스위스 사진측량학교(Swiss School for Pho-togrammetric Operators : SSPO)를 수료하고 연세대학교 산업대학원에서 공학석사(1981), 조선대학교 대학원에서 공학박사(1990) 학위를 받았으며, 지적기술사(1989) 자격을 취득하였다.

전라북도 지적직 공무원으로 익산시 · 순창군 · 임실군 · 정읍군(1965~1974)에 근무하였으며, 내무부 지방재정국 지적과(1974~1978), 대한지적공사 개발연구부 개발연구과장(1978~1982)을 거쳐 청주대학교(1982~2009) 교수로 재직하였다.

대한지적공사 비상임 이사(1996~1999), 지적장학회 이사(1996~1999), 중앙지적위원회 위원(1987~1998), 한국지형공간정보학회(1995~2009) 부회장, 한국지적학회 회장(2006~2008)과 지적기술사회 회장(2004~2006) 등을 역임하였으며, 대학 교수직에서 정년퇴임한 후에는 대법원의 지적분야 전문심리위원으로 활동하였다.

내무부 지적과에 근무하면서 최초로 프랑스 · 독일 · 스위스 등 유럽의 지적제도를 시찰하였으며, 대학에 지적관련 학과 설치를 위한 연구를 담당하였고, 지적측량수수료 제도의 개선을 위한 품셈화 연구를 주도하여 1977년 12월에 지적측량수수료 품셈을 확정하는데 크게 기여하였다. 그리고 토지대장 카드화 및 토지대장과 지적도면 전산화, 미등록도서의 등록을 위한 항공사진측량 도입 등을 추진하였다.

청주대학교의 교수로 전직한 후에는 지적학과장 · 학부장 · 사회과학대학장 등을 역임하였으며, 한국지적학회장 재임 시에는 『한국지적학회 30년사』를 발간하였다.

그리고 한국지적학회에서 2004년 10월에 완료한 『지적측량수수료 체계 개선에 관한 연구』와 2008년 3월에 완료한 『지적측량수수료 체계 개선에 관한 연구』의 책임연구원으로 참여하여 공시지가를 반영한 지적측량수수료 체계의 도입을 제안하여 이를 바탕으로 2010년에 우리나라 최초로 공시지가를 적용한 합리적이고 과학적인 지적측량수수료 산정기준을 마련하게 되었다.

저서로는 『지적학개론』(1993, 공저)을 비롯하여 [그림 7-32]와 같은 『지적측량학』(1994) 등이 있으며, 다수의 지적관련 논문을 발표하였다.

한국측지학회 학술상(1999)과 내무부장관 표창(1998), 부총리 겸 교육인적자원부장관 표창(2005) 및 대통령 표창(2009) 등을 수상하였다.

출처 : 강태석, 1994, 『지적측량학』, 서울, 형설출판사.

[그림 7-32] 『지적측량학』

## 11 김추윤(金秋潤)

김추윤〈金秋潤 : 1952.5.18.~현재, 충남 당진군 신평면 금천리 386번지 출생, 호 금천(金川)〉은 본관은 의성(義城)이며, 청주대학교(1976.)·건국대학교 대학원 지리학과 석사 및 박사과정을 졸업(이학박사) 하였으며(1991), 우리나라 지적인 중 가장 많은 저서를 발간하였고 우수 논문을 발표한 대지적학자로써, 한국동굴학회 부회장·한국땅이름학회 부회장·한국사진지리학회 회장·사단법인 산업정책연구소 이사·『당진신문』 편집위원·효도실버신문 논설위원·신한대학교 사회과학대학장 겸 중앙도서관장으로 재직 중이다.

학술활동으로는 한국지적학회 이사·편집위원·학술위원장·국토지리학회 이사·한국도시지리학회 이사·한국관광지리학회 이사 등을 역임하였다.

저서로는 『한국의 호수』(1992)·『중국의 국토환경』(1995)·『삽교천의 역사문화』(1995)·『당진의 옛지도』(1997)·『경원선』(2001)·『물의 문화』(2001)·『석기시대로의 기차여행』(2002)·『신흥대학 30년사』(2004)·『측량사』(2006)와 [그림 7-33]과 같은 『측량사』(2009) 등이 있다.

공저로는 『관광지리』(1992)·『도시계획학』(1995)·『자연지리학사전』(1996)·『합덕읍지』(1997)·『당진군지』(1997)·『오산시사』(1998)·『송악면지』(2000)·『의정부시정40년사』(2004)·『한국지적100년사』(2005)·『지적문화유산도록집』(2005)·『용인시지』(2005)·『당진읍지』(2011)·『충청남도 지적사』(2014) 등 50여권이 있으며, 다수의 지적관련 연구논문을 발표하였다.

출처 : 김추윤, 김별, 2009, 『측량사』, 서울, 도서출판 바른길.

[그림 7-33] 『측량사』

잡지 기고로는 대한지적공사에서 발행하는 월간 『지적』지에 1997년부터 4년 동안 행기도·자한도·어린도 등 50여 편을 게재했으며, 월간 『땅과 사람들』에 1년 동안 고대 이집트측량·고대 중국측량 등 12편을 게재하였고, 『경기일보』에 "경원선 555리 철마는 달리고 싶다.(2001)"와 "한반도의 보고 한탄강"(2004)을 약 2년간 연재하였다.

저술활동 이외에 사진작품 활동에도 전념하여 2003년부터 2005년까지 전국사진 공모전 등에 참여하여 금상 수상 등 50회의 수상을 하였으며, 현재 사단법인 한국사진작가협회 정회원과 보도분과위원회 감사 및 경기북부사진연구회 부회장, 코맥사진클럽 회장으로 활동하고 있다.

기존의 『한국지적사』 저서 속에 측량기구의 변천사를 다룬 글이 하나도 없는 것에 착안하여 기리고차를 비롯하여 인지의·양도의 등 다양한 옛 측량기기를 다수 찾아내어 연구하였으며, 과천에 새로 개원한 국립과학원에 복원자문위원으로 참여하여 1년간 심혈을 기울여 기리고차를 복원하였으며, 그에 관한 기사가 『조선일보』(2008.11.25.)에 크게 보도된바 있다.

그리고 다양한 옛 지적도인 휴도·사표도·어린도·자한도·과세지견취도·경지배열일람도 등을 찾아내어 실물사진과 함께 『지적』지에 연재하였으며, 특히 우리나라 최초로 『측량사』(2006, 도서출판 제3공간)를 아들 김별과 공저로 출간하였고, 2009년에 이를 대폭 증보하여 『측량사』(2009, 도서출판 바른길)를 발행하였다.

이밖에 대한지적공사 발행 『한국지적백년사』의 편찬위원과 집필위원으로 참여하여 기기·도면·대장 편을 저술했으며, 지적엑스포기념 『지적문화유산 도록집』을 사진 촬영하고 해설하였다.

한국지적학회의 학술상을 비롯하여 지적학술대상〈지적박물관〉·학술상〈한국동굴학회〉·향토문화상〈김용재교육문화재단〉·자랑스러운 당진인상〈당진뉴스사〉·감사장〈경기일보사장(2003), 대한지적공사장(2007)〉·감사패〈당진문화원장(1991, 1996), 한국철도박물관장상(2005)〉 등을 수상하였다.

# 참고문헌(Reference) 

## 1. 국내문헌(Domestic Reference)

### 1) 단행본(Book)


○ 강병식, 1994, 『일제시대 서울의 토지연구』, 서울, 민족문화사.

○ 강진철, 1979, 『한국문화사대계4』, 서울, 고대민족문화연구소.

○ ______, 1983, 『고려토지제도사연구』, 서울, 고려대학교 출판부.

○ 강창석, 1994, 『조선통감부 연구』, 서울, 국학자료원.

○ 강태석, 1994, 『지적측량학』, 서울, 형설출판사.

○ 개리 레이야드(Gari K. Ledyard)지음, 장상훈 옮김, 2011, 『한국 고지도의 역사』, 서울, 소나무.

○ 계연수 편저, 임승국 역, 1986, 『한단고기』, 서울, 정신세계사.

○ 고동영, 1986, 『단군조선 47대』, 서울, 한뿌리.

○ 고선윤, 2002, 『3일만에 읽는 고대문명』, 서울, 서울문화사.

○ 곽윤직, 1998, 『부동산등기법』, 서울 : 박영사.

○ 국가계량총국 · 중국역사박물관 · 고궁박물원 주편, 김기협 역, 1993, 『중국도량형도집』, 서울 : 법인문화사.

○ 궈팡 편저, 홍지연 옮김, 2001, 『역사가 기억하는 식민지 쟁탈』, 서울, 도서출판 꾸벅.

○ 권형진, 2005, 『독일사』, 대한교과서주식회사.

○ 김갑수, 1988, 『지적행정학개론』, 서울, 신라출판사.

○ 김경렬, 1993, 『한국토지제도사』, 서울, 경영문화원.

○ 김교현 저, 이민수 옮김, 1986, 『신단실기』, 서울, 한뿌리.

○ 김득황, 2005, 『만주의 역사와 간도문제』, 서울, 남강기획출판부.

○ 김부식 지음, 고전연구실 옮김, 1990, 『삼국사기』, 서울, 도서출판 신서원.

○ 김석준, 1996, 『미군정 시대의 국가와 행정』, 이화여자대학교 출판부.

○ 김영중 · 장붕익, 1994, 『네덜란드사』, 서울, 대한교과서주식회사.

○ 김옥근, 1980, 『한국토지제도사연구』, 서울, 대왕사.

○ 김용섭, 2011, 『역사의 오솔길을 가면서(해방세대 학자의 역사연구 역사강의)』, 서울, 지식산업사.

○ 김재선·임애경 · 이경 역편, 1999, 『한글동이전』, 서울, 서문문화사.
○ 김지희, 2004, 『하늘과 땅과 바람의 문명』, 서울, 세종서적.
○ 김진영·김진경, 1996, 『수수께끼의 고대문명』, 서울, 넥서스.
○ 김추윤·김별, 2006, 『측량사』, 서울, 도서출판 제3공간.
○ ______·____, 2009, 『측량사』, 서울, 도서출판 바른길.
○ 김태준, 1998, 『홍대용』, 서울, 한길사.
○ 김하중, 2013, 『중국이야기』 (1. 떠오르는 용, 중국), 서울, 비전과 리더십.
○ _______, 2013, 『중국이야기』 (2. 영원한 이웃, 끝없는 도전), 서울, 비전과 리더십.
○ 김형준, 1998, 『이야기 인도사』, 서울, 청아출판사.
○ 김홍식 외, 1997, 『조선토지조사사업의 연구』, 서울, 민음사.
○ 나일성, 2002, 『한국천문학사』, 서울대학교 출판부.
○ 남영우, 2011, 『일제의 한반도 측량침략사』, 서울, 법문사.
○ 대야발 저, 고동영 역, 1986, 『단기고사』, 서울, 한뿌리.
○ ________, ______, 정해백 역, 1986, 『단기고사』, 서울, 한뿌리.
○ ________, 정해백 역, 1959, 『단기고사』, 충북, 상고문화사.
○ 대한민국 국회도서관, 1970, 『한말근대법령자료집』, 서울, 서울인쇄주식회사.
○ 로버트 웬키(Robert J. Wenke), 역자 김승옥, 2004, 『선사문화의 패턴 2』, 서울, 서경.
○ 로버트 P. 크리스(Robert P. Crease) 지음, 노승영 옮김, 2013, 『측정의 역사』, 서울, 에이도스.
○ 람 샤란 샤르마(Ram Sharan Sharma) 지음, 이광수 옮김, 1994, 『인도 고대사』, 서울, 김영사.
○ 류병찬, 1996, 『지적공부정리실무』, 서울, 남광출판사.
○ ______, 2005, 『지적법해설』(제4전정판), 서울, 남광출판사.
○ ______, 2006, 『최신지적학』(제1전정판), 서울, 남광출판사.
○ ______, 2008, 『신편한국지적사』, 서울, 보성각.
○ ______, 2011, 『최신지적법』(제5전정판), 서울, 건웅출판사.
○ ______, 2012, 『최신지적사』, 서울, 건웅출판사.
○ ______, 2016, 『한국인이 바라본 일본의 지적제도』, 서울, 부연사.
○ 리진호, 1991, 『증보 대한제국지적 및 측량사』, 서울, 토지.
○ ______, 1999, 『한국지적史』, 서울, 도서출판 바른길.
○ ______, 2001(a), 『지적인열전』, 충북, 도서출판 우물.
○ ______, 2001(b), 『삼각측량작업결료보고』 역주, 충북, 도서출판 우물.

○ 리진호, 2001(c), 『토지조사강요』 역주, 충북, 도서출판 우물.
○ ______, 2006(a). 『측량과 지적』(제1호~제5호), 지적박물관, 충북, 도서출판 우물.
○ ______, 2006(b), 『사진으로 엮은 측량의 역사』, 충북, 삼성문화사.
○ ______, 2007, 『경주지적사』, 경주시.
○ ______, 2008, 『울산지적사』, 울산광역시.
○ ______, 2009, 『제천지적사』, 충청북도 제천시.
○ ______, 2011, 『식민지 조선의 일본인 인명사전』, 충북, 지적박물관.
○ 마릴리아 알바네스(Marilia Albaness) 지음, 이명혜 옮김, 2003, 『고대 인도』(문명의 기원부터 13세기까지), 서울, 생각의 나무.
○ 마우리지오 스카르파리(Maurizio Scarpari) 지음, 박승규 옮김, 2003, 『고대 중국』(중국문명, 그 기원부터 탕왕조까지), 서울, 생각의 나무.
○ 막스 갈로(Max Gallo), 임현 옮김, 1998, 『나폴레옹 불멸의 인간』, 서울 : 문학동네.
○ 박경룡, 2002, 『통감부의 조직과 역할 고찰』, 강원, 한림대학교 아시아문화연구소.
○ 박금표, 2007, 『인도사 108장면』, 서울, 민족사.
○ 박병호, 1974, 『한국법제사고』, 서울, 법문사.
○ ______, 2012, 『한국법제사』, 서울, 민속원.
○ 박석순 · 손승철 · 신동규 · 서민교, 2008, 『일본사』, 대한교과서주식회사.
○ 박순표 · 최용규 · 강태석, 1993, 『지적학개론』, 서울, 형설출판사.
○ ______, 2012, 『지적의 오늘』, 서울, 좋은땅.
○ 박인수, 2008, 『고인돌의 비밀』, 서울, 거근당.
○ 박지향, 1997, 『영국사』, 서울, 까치.
○ 박창범, 2002, 『하늘에 새긴 우리 역사』, 서울, 김영사.
○ 박흥수, 1999, 『한 · 중도량형제도사』, 성균관대학교 출판부.
○ 발해국 대야발 원저, 1981, 『단기고사』, 개마서원.
○ 버튼 홈스 지음, 이진석 옮김, 2012, 『1901년 서울을 걷다(사진에 담긴 옛 서울, 서울사람들)』, 서울, 푸른길.
○ 베이징 대륙교문화미디어 엮음, 곽선미 옮김, 2010, 『신화의 강 갠지스』, 서울, 산수야.
○ 북애 저, 고동영 역, 1986, 『규원사화』, 서울, 한뿌리.
○ 서울대학교 교수산악회 편, 2006, 『인더스강을 따라 히말라야까지』, 서울대학교 출판부.
○ 서정기, 2001, 『항일 독립전쟁의 영웅 김동식 장군』, 살림터.
○ 손병규, 2008, 『조선왕조 재정시스템의 재발견(17~19세기 지방재정사 연구)』, 역사비평사.
○ 수원역사박물관 · 한국서예박물관 · 사운이종학사료관, 2008, 『상설전시도록』, 수원, 씨

마스커뮤니케이션.
○ 시오노 나나미 지음, 김석희 옮김, 2002, 『로마인 이야기』, 서울, 한길사.
○ 신승하, 2002, 『중국사』, 대한교과서주식회사.
○ 신용하, 1982, 『조선토지조사사업연구』, 서울, 지식산업사.
○ 심괄 지음, 최병규 옮김, 2002, 『몽계필담』, 서울, 범우사.
○ 새뮤얼 노아 크레이머(Samuel Noah Kramer) 지음, 박성식 옮김, 2003, 『역사는 수메르에서 시작되었다』, 서울, 가람기획.
○ 스탠리 월퍼트(Stanley Wolpert) 지음, 이창식 · 신현승 옮김, 1999, 『인디아 그 역사와 문화』, 서울, 가람기획.
○ 쑨자오룬 지음, 심지연 옮김, 2009, 『지도로 보는 세계 과학사』, 서울, 시그마북스.
○ 에드워드 기번(Edward Gibbon) 지음, 가나모리 시게나리(金森誠也) 편역 · 감수, 한은미 옮김, 2005, 『로마 제국 쇠망사』, 서울, 북프렌즈.
○ 엘베르토 실리오티(Alberto Siliotti) 지음, 박승규 옮김, 2004, 『고대 이집트』(신전, 인간과 신들), 서울, 생각의 나무.
○ 원영희, 1972(a), 『해설지적학』, 서울, 보문출판사.
○ ______, 1972(b), 『한국지적사』, 서울, 보문출판사.
○ ______, 1979, 『지적학원론』, 서울, 홍익출판사.
○ ______, 1988, 『한국지적사(4정판)』, 서울, 신라출판사
○ 위난 지음, 이익희 옮김, 2005, 『마왕퇴의 귀부인1, 2』, 서울, 일빛.
○ 유성욱, 2007, 『인도의 역사 1』, 서울, 종교와 이성.
○ 윤영수, 2007, 『선덕여왕과 지귀』, 서울, 한솔수북.
○ 윤재근, 1984, 『만해시 님의 침묵연구』, 서울, 민족문화사.
○ 윤정숙 역, 1995, 『중국 도성제도의 이론』, 서울, 이화출판사.
○ 이경식, 2004, 『한국고대 · 중세초기 토지제도사』, 서울대학교출판부.
○ 이광수, 2010, 『역사는 핵무기보다 무섭다』, 서울, 도서출판 이후.
○ 이노우에 가쓰오(井上勝生) 지음, 동선희 옮김, 2014, 『메이지 일본의 식민지 지배』, 서울, 어문학사.
○ 이덕일, 2005, 『교양한국사』, 서울, 휴맨이스트.
○ 이명수 · 심상협, 2013, 『국민 여러분과 함께 대한의 내일을 묻다』, 대전, 기획출판 오름.
○ 이영문, 2001, 『고인돌이야기』, 서울, 도서출판 다지리.
○ ______, 2004, 『한국 지석묘 사회연구』, 서울, 학연문화사,
○ 이영석, 2008, 『고인돌』, 서울, 한솜미디어.
○ 이옥순, 2007, 『인도 현대사』, 서울, 창비.

○ 이완범, 2007, 『한국해방 3년사』, 서울, 태학사.
○ 이종봉, 2001, 『한국중세도량형제연구』, 서울, 혜안.
○ 이종욱, 2003, 『신라의 역사(2)』, 서울, 김영사.
○ 이종호, 1999, 『한국의 유산 21가지』, 서울, 새로운 사람들.
○ ______, 2001, 『세계최고의 우리 문화유산』, 서울, 천일문화사.
○ ______ · 박택규 지음, 2006, 『한국의 과학기술이야기』, 서울, 집사재.
○ 이춘령, 1964, 『이조 농업기술사』, 서울, 한국연구원.
○ 이현희, 교양국사연구회 엮음, 2003, 『이야기 한국사』, 서울, 청아출판사.
○ 이형구, 1999, 『단군과 고조선』, 서울, 살림터.
○ 이홍직, 1987, 『신개정증보판 국사대사전』, 서울, 삼영출판사.
○ 자와할랄 네루(Jawaharlal Nehru) 지음, 김종철 옮김, 2003, 『인도의 발견』, 서울, 우물이 있는 집.
○ 장병주, 1994, 『과학과 기술의 역사』, 서울, 동명사.
○ 전상운, 1976, 『한국과학기술사』, 서울, 정음사.
○ ______, 1998, 『한국과학사의 새로운 이해』, 서울, 연세대학교 출판부.
○ 전운성, 1999, 『세계의 토지제도와 식량』, 서울, 도서출판 한울.
○ 정긍식 외 2인, 2010, 『주석 경국대전주해』, 한국법제연구원.
○ 정기준, 2014, 『고지도의 우주관과 제도원리의 비교연구』, 서울, 경인문화사.
○ 정시채, 1985, 『한국행정제도사』, 서울, 법문사.
○ 정약용, 1986, 『경세유표』(고전국역총서), 민족문화추진위원회.
○ 정완상, 2007, 『가장 위대한 발명 수』, 서울, 도서출판 이치.
○ 정용욱, 2004, 『미군정 자료연구』, 서울, 도서출판 선인.
○ 제러미 블랙(Jeremy Black) 지음, 김요한 옮김, 2006, 『세계지도의 역사』, 서울, 지식의 숲.
○ 제리 벤틀리,(Jerry H. Bentley) 지음, 김병화 옮김, 2006, 『고대 세계의 만남』, 서울, 학고재.
○ 제카리아 시친(Zecharia Sitchin) 지음, 이근영 옮김, 2010, 『수메르, 혹은 신들의 고향』, 서울, 도서출판 AK.
○ 趙岡, 陳鍾毅 저, 尹貞粉 역, 1985, 『中國土地制度史』, 서울, 대광문화사.
○ 조규전, 2003, 『측량정보공학』, 서울, 양서각.
○ 조길태, 1994, 『인도사』, 서울, 민음사.
○ 조르주 보르도노브, 옮긴이 나은주, 2008, 『나폴레옹 평전』, 서울 : 도서출판 열대림.
○ 존 파월슨(John P. Powelson) 지음, 정희남 옮김, 1998, 『세계 토지사』, 한국경제신문사.

○ 주완요 지음, 손준식 · 신미경 옮김, 2003, 『대만, 아름다운 섬 슬픈 역사』, 신구문화사.
○ 채미옥 · 정희남 · 송하승, 2006, 『선진사회를 향한 토지정책방향 및 추진전략 연구』, 국토연구원.
○ 최병택, 2009, 『일제하 조선 임야조사사업과 산림정책』, 서울, 푸른역사.
○ 최몽룡, 2007, 『인류문명발달사』(도시 · 문명 · 국가), 서울, 주류성출판사.
○ 피터 두으스(Peter Duus) 저, 김용덕 역, 2012, 『일본근대사』, 경기, 지식산업사.
○ 팽구송 · 김재선 편저, 1996, 『원문동이전』, 서울, 서문문화사.
○ 하문식, 1999, 『고조선 지역의 고인돌 연구』, 서울, 백산자료원.
○ 한영우, 2003, 『다시 찾는 우리역사』, 서울, 경세원.
○ 한영우 외 2인, 2005, 『우리 옛 지도와 그 아름다움』, 서울, 효형출판.
○ 한용운 지음, 박혜숙 펴냄, 1991, 『님의 침묵』, 서울, 미래사.
○ 한국법제연구원, 2000, 『개역판 관습조사보고서』.
○ 허옥림 저, 최무장 역, 2010, 『요동반도 고인돌』. 서울, 백산자료원.
○ 호리 가즈오 · 나카무라 사토루 편저, 박섭 · 장지용 옮김, 2007, 『일본 자본주의와 한국 · 대만』, 서울, 전통과현대.
○ 황병칠, 2012, 『새로운 천문학설』, 서울, 디자인허브.

## 2) 논문 및 기타(Thesis & Others)

○ 강영심, 1983, "일제하 조선임야조사사업에 관한 연구, 이화여자대학교 대학원, 석사학위논문.
○ ______, 1983, "일제하 조선임야조사사업에 관한 연구(상), 『한국학보』 제33집, 일지사.
○ ______, 1984, "일제하 조선임야조사사업에 관한 연구(하), 『한국학보』 제34집, 일지사.
○ ______, 1998, "일제의 한국 산림수탈과 한국인의 저항", 이화여자대학교 대학원, 박사학위논문.
○ 강태석, 2004, "지적학의 태동", 『지적』, 대한지적공사.
○ 거제시, 2005, 『지적불부합지 정리 사례집』.
○ 건설교통부 국립지리원, 2003, 『측량 및 지형공간정보 백서』.
○ 고려대학교민족문화연구소, 1979, 『한국문화사대계 3(정치 · 경제사)』.
○ 고영진, 2004.6, "지적행정조직의 변천과정", 『지적』, 대한지적공사.
○ 국립민속박물관, 1997, 『한국의 도량형』.
○ 국토해양부, 2010, 『지적측량 적부심사 · 지적위원회 운영』.
○ __________, 2014, 『국립지적박물관 설치 타당성 연구』.

○ 琴軒 柳方澤 記念事業會(http://ryubangtaek.org/life-01.htm).
○ 김경렬, 1991, "한국의 토지제도와 정책에 관한 고찰", 중앙대학교 대학원, 박사학위논문.
○ 김병하, 1991, "한국의 노예적 사회문제", 『한국사 시대구분론』, 서울, 을유문화사.
○ 김삼수, 1979, "왕토사상의 한국적 전개", 『한국사상대계』 III, 성균관대학교 대동문화연구원.
○ 김성옥, 2012, "조선시대의 토지사유제도에 관한 고찰", 『집합건물법학』 제9권, 한국집합건물법학회.
○ 김종현, 1973.9, 12, "지적관리 10년사(1~2)", 『지적』 통권 제8호, 제9호, 대한지적공사.
○ ______, 1977.4~1980.9, "한국지적제도 변천사(1~16)", 『지적』 통권 제26호~제66호, 대한지적공사.
○ 김추윤, 1996, "어린도고", 『가는 마음 남은 사랑』(합송 노창호 지사장 정년퇴임기념논문집).
○ ______, 1997, "고대 지적도인 사표에 관한 연구", 『김갑수 정년기념논문집』.
○ ______, 2002, "지적도에 나타난 남상방위에 관한 연구", 『한국지적학회지』 제18권 제1호, 한국지적학회.
○ ______, 2004(a), "진흙 속에서 부활한 메소포타미아의 측량", 『땅과 사람들』, 대한지적공사.
○ ______, 2004(b), "측량과 문명", 『땅과 사람들』, 대한지적공사.
○ ______, 송호열, 2005, "대한제국기의 대축척 실측도에 관한 사례연구", 『한국지도학회지』, 제5권, 한국지도학회.
○ 김형일, 2000, "대구지역 구소삼각측량에 관한 연구", 경일대학교 산업대학원, 석사학위논문.
○ 김혜원, 2009, "인더스 문명에서 불교의 탄생까지(2009년 제11회 박물관대학 강의 원고)", 국립전주박물관.
○ 내무부, 1966, 『한국지방행정사』.
○ ______, 한국지방행정연구원, 1987, 『한국지방행정사』.
○ ______, 1988, 『외국의 지적제도비교연구보고서』(프랑스・이태리・영국).
○ ______, 1991~2000, 『국제측량사연맹(FIG) 회의참가보고서』.
○ ______, 한국지방행정연구원, 1987, 『한국지방행정사(상권)』.
○ ______, 대한지적공사, 1996(a), 『지적도면 전산화시범사업완료보고서』.
○ ______, 대한지적공사, 1996(b), 『필지중심 토지정보시스템 구축사업추진』.
○ 단국대학교출판부, 2011, 『天下均平 度量衡 600選』.
○ 대한지적공사, 1989, 『대한지적공사 50년사』.

- 대한지적공사, 1995, 『지적측량대행제도에 관한연구』.
- ___________, 2000, 『지적측량의 전담대행제도에 관한 연구』.
- ___________, 2001, 『2001 국제측량사연맹 상임위원회 결과보고서』.
- ___________, 2005(a), 『지적문화유산』.
- ___________, 2005(b), 『한국지적백년사』.
- ___________, 2009, 『대한지적공사 70년사』.
- ___________, 지적기술교육연구원, 2000, 『지적기술교육연구원60년사』.
- ___________, 지적연구원, 2007, 『지적관련 문헌분류 체계의 개선방안에 관한 연구』.
- 동북아역사재단, 2008, 『일본의 식민지 지배와 식민지적 근대』.
- 동양사사전편찬위원회, 1989, 『동양사사전』, 서울, 일월서각.
- 류병찬, 1999, "한국과 외국의 지적제도에 관한 비교연구", 단국대학교 대학원, 박사학위논문.
- ______, 2008, "구소삼각점의 영구보존 관리방안에 관한 연구", 『지적』 통권 제356호, 대한지적공사.
- ______ · 송영준, 2008, "한국의 지적측량업제도의 기원에 관한 연구", 『지적』, 대한지적공사.
- 리진호, 1982, 『성서 · 토지 그리고 역사』, 학촌 리진호 교수 회갑기념 논문집편찬위원회.
- ______, 1986, "한국지적교육 90년사", 『한국지적학회보』, 한국지적학회.
- ______, 1989, "측량선생 크럼을 추적하며", 『지적』, 대한지적공사.
- ______, 1990.7~1991.2, "구한말과 일제시대 농림학교와 측량교육", 『지적』, 대한지적공사.
- ______, 1991, "한성부지도와 육조의 역사지리연구", 『향토서울』, 서울시사편찬위원회.
- 박순표, 1978.10~12, "지적행정 30년(1~3)", 『지적』 통권 제43호~45호, 대한지적공사.
- ______, 1985, "한국의 지적제도", 『한국지적학회보』 제6호. 대한지적공사.
- 배영순, 1987, "한말 일제초기의 토지조사와 지세개정에 관한 연구, 서울대학교 대학원, 박사학위논문.
- 백은기, 원영희, 1982.3, 『지적불부합지에 대한 조사연구』. 대한지적공사.
- 베텔스만 유네스코편집위원회, 2007, 『유네스코 세계문화유산』, 서울, 대교베텔스만(주).
- 서울시립대학교박물관, 2004, 『땅의 흔적, 지도이야기』.
- 서울특별시, 1993, 『서울지적연혁지』.
- 瑞寧(瑞山)柳氏族譜刊行委員會, 2014, 『瑞寧(瑞山)柳氏族譜』 文獻錄.
- 송영준, 2004, "과세지견취도에 대한 소고", 지적박물관 창립5주년기념 학술세미나.

○ 신용하, 1997, “식민지 근대화론 재정립 시도에 대한 비판”, 『창작과 비평』.
○ 우병창, 1995, “조선시대에 있어서의 재산법 연구”, 고려대학교 대학원, 박사학위논문.
○ 유태용, 2006, “고구려척에 대한 신연구”, 한양대학교 박물관.
○ 윤대성, 1991, “韓國不動産ニ關スル調査記錄의 硏究(日帝의 初期的 韓國慣習調査事業(1905~1910)에 의한 不動産慣習法의 分析)”, 창원대학교 논문집 제13호.
○ 윤선태, 2002, “韓國 古代의 尺度와 그 變化(高句麗尺의 誕生과 관련하여)”, 『국사관논총』 제98집, 국사편찬위원회.
○ 윤여창 · 구자춘 2010, “산지 · 산림 관리의 패러다임 연구", 『경제 · 인문사회연구회 협동연구총서』, 한국법제연구원.
○ 윤형섭 외 3인, 2005, “한성부 지적도에 대한 고찰” 『한국지적학회지』 제21권 제2호, 한국지적학회.
○ 이강승, 2000, “백제시대의 자에 대한 연구(부여 쌍북리 유적출토 자를 중심으로)”, 『한국고고학보』 제43권, 한국고고학회.
○ 이기백, 1991, “한국사의 시대구분문제”, 『한국사 시대구분론』, 서울, 을유문화사.
○ 이규철, 2010, “대한제국기 근대적 측량의 도입과 측량도면의 성격”, 『건축역사연구』 제73호, 한국건축역사학회.
○ 이영호, 2003, “일본제국의 식민지 토지조사사업에 대한 비교사적 검토”, 『역사와 현실』 제50호, 한국역사연구회.
○ 이우태, 2007, “고구려척 재론(고구려척과 고려술의 관계를 중심으로)”, 『동북아역사논총』 제17호, 동북아역사재단.
○ 이준현, 2003.10, “일제 강점 초기 조선고등법원에 의한 부동산 2중매매 · 2중전당의 법적 처리”(조선고등법원판결록 제1권~제6권의 분석), 한국법사학회, 『법사학연구』 제28호.
○ 인지면, 2013, 『仁旨面誌』, 인지면지발간추진위원회.
○ 조석곤, 1986, “조선토지조사사업에 있어서 소유권조사과정에 관한 연구”, 『경제사학』, 제10호.
○ ______, 1995, “조선토지조사사업에 있어서의 근대적 토지소유제도와 지세제도의 확립”, 서울대학교 대학원, 박사학위논문.
○ ______, 1995, “양안과 토지대장의 역사적 성격”, 『경제사학』 제19호.
○ ______, 1997, “수탈론과 근대화론을 넘어서”, 『창작과 비평』 제96호.
○ 조선총독부 관보, 1910.~1945.
○ __________ 농림국, 1936, 『조선임야조사사업보고서』.

- 조선총독부 임시토지조사국, 1918, 『조선토지조사사업보고서』.
- 조선총독부 중추원, 1938, 『조선구관제도 조사사업개요』.
- ________________, 1940, 『조선전제고』.
- 조선총독부 탁지부, 1912, 『과세지견취도경과보고』.
- 지적기술연수원, 1993(a), 『조선토지조사사업보고서』, 수원, 우리인쇄사.
- ______________, 1993(b), 『조선토지조사사업보고서 추록』, 수원, 우리인쇄사.
- ______________, 1993(c), 『조선임야조사사업보고서』, 수원, 한일인쇄사.
- 지적박물관, 2004, 『지적박물관 창립5주년 기념학술세미나』.
- 車柳大宗會 中央總本部, 2003, 『車柳宗史五千年』, 車柳公報社.
- 최병택, 2006, "일제하 임야조사사업의 시행목적과 성격", 『한국문화』 제37집, 서울대학교 규장각, 한국학연구원.
- 충청남도, 2014, 『충청남도 지적사』.
- 한국지방행정연구원, 1999, 『지방자치・행정50년사』.
- 한국지적학회, 2006, 『한국지적학회30년사』, 대구, 삼지출판사.
- 한국천문학회, 1995, 『한국의 천문도』.
- 한동일, 1987, "조선시대의 양전과 양안에 관한 연구", 청주대학교 행정대학원, 석사학위논문.
- 한양대학교, 1989, 『한양학원 50년사』.
- 행정자치부, 2003, 『지방행정조직개편백서』.
- 홍인국, 2004, "디지털 기술을 이용한 박물관의 참여형 전시구성", 『박물관학회학보』 제7집.
- 홍승기, 1997, "한국사시대구분론", 『한국사시민강좌』, 제20집.
- KBS, 2011.11.15, "30년간의 도둑측량, 일제는 무엇을 노렸는가?", 역사스페셜(71).


## 2. 국외문헌(Foreign Reference)


- 高橋正〈다카하시〉, 1992, 『도량형 연의』.
- 鮫島信行, 2004, 『日本の地籍』, 東京, 古今書院.
- 丘永台 編著, 1997, 『土地法規』, 大北, 文筆書局股份有限公司.
- 堀淳, 1996, 『アジアの 地圖』, スリエネシトワ.
- 宮嶋博史〈미야지마 히로시〉, 1991, "朝鮮土地調査事業史の研究", 東京大學東洋學研究所.
- 來璋, 1981, 『土地行政學』, 臺北, 中國地政研究所.

○ 潭峻・林增杰 主編, 2008,『地籍管理』, 北京, 人民大學出版社.
○ 樊志全, 2003,『地籍五千年』, 北京, 中國大百科全書出版社.
○ 山岡光治, 1996,『地圖測量史跡』, 古今書院.
○ 細川喜六, 1951,『植民史』.
○ 肅錚, 1984,『中華地政史』, 臺北, 臺灣常務印書館.
○ 李鎭昊・全炳德, 2012.8, "大韓帝國時代の森林法がもちした朝鮮の初期測量とそ敎育 等に關 する硏究",『林業經濟』, 東京.
○ 李鎭昊, 2014, "日本帝國が朝鮮領土に施行した測量と地圖作製に關すゐ硏究", 日本 國立長崎大學, 工學博士學位論文.
○ 李鴻毅, 1973,『土地法論』, 臺北 先鋒印刷公司.
○ 日本 國土廳, 1990,『國土調査の 實績』, 東京.
○ 日本 NHK, "世界 4大文明-Documentary".
○ 林增杰 主編, 潭峻・詹長根・曲衛東 副主編, 2011,『地籍學』, 北京, 科學出版社.
○ 林增杰・沈守愚 主編, 1989,『土地法學』, 北京, 中國人民大學出版社.
○ 中國測繪史編輯委員會, 2002,『中國測繪史』 第1卷, 第2卷, 北京, 測繪出版社.
○ 中國測繪史編輯委員會, 2002,『中國測繪史』 第3卷, 北京, 測繪出版社.
○ 詹長根・唐祥云・刻雨 編著, 2011,『地籍測量學』, 武漢, 武漢大學出版社.
○ 海野一隆, 1996,『地図の 文化史』(世界と日本), 東京, 八坂書房.
○ 湖南省博物館・中國科學院 考古研究所 篇, 1973,『長沙 馬王堆 1號 漢墓』(上集), 北京, 父物出版社.
○ 和田一郎, 1920,『朝鮮土地地稅制度調査報告書』, 東京, 宗高書房.
○ Barlowe, R. 1978, Land Resource Economics, The Economics of Real Eastate 3rd. EngleWood Cliffs, N.J, Prentice-Hall.
○ Brown, C. Eldridge W. 1962, Evidence and Procedures for Boundary Location, John Wiley & Sons, New York.
○ Burrough, P.A. 1988, Principles of Geographical Information Systems for Land Resources Assessment, Oxford, Clarendon Press.
○ Dale, P.F. 1976, Cadastral Surveys Within the Commonwealth, London, Her Majesty's Stationary Office.
○ ________, McLaughlin, J.D. 1988, Land Information Management, Oxford : Clarendon Press.
○ Gerhard Larsson, 1991, Land Registration and Cadastral Systems, Longman Scientific & Technical.

- Holstein, L.C, 1987, Land Information Systems, Netherlands, ITC. Lecture Note.
- Ilmoor, d. 1954, Cadastro Agricola, Instiuto National Agronomico.
- James, T. G. H, 1979, An Introduction to Ancient Egypt. The Trustees of the British Museum. London.
- Harley, J.B. 1987, The history of Cartography. Vol.1. The university of Chicago Press.
- Henssen, J. 1987, Administration and Legal Aspects of Land Registration /Cadastre, Netherlands, ITC, Lecture Note.
- Kaufmann. J, Steudler, D. 1998, Cadastre 2014–A Vision for a Future Cadastral Systems, FIG.
- McEntyre, J.G. 1978, Land Survey Systems, New York, Purdue University.
- National Research Council, 1980, Need for a Multipurpose Cadastre, Washington, National Academy Press.
- ______________________, 1983, Procedures and Standards for a Multipurpose Cadastre, Washington, National Academy Press.
- NHK, 2002, Messages From The Past(인더스 문명), MICO, Premier Entertainment.
- Roger J. P. Kain & Elizabeth Baigent, 1984, The Cadastral Map in the service of the state(A History of Property Mapping), The University of Chicago Press.
- Simpson, S. R. 1984, Land Law and Registration, London, Surveyors Publication.
- UN, 1996, Land Administration Guidelines, Economic Commission for Europe, New York and Geneva.

# 찾아보기(Index)

(ㄴ)



(ㄷ)



(ㄹ)



(ㅁ)

**(ㅈ)**

**(ㅊ)**

**(ㅋ)**



**(ㅌ)**



**(ㅍ)**



**(ㅎ)**

# 발 문(Epilogue)

## 井農 류병찬과의 교류 50년을 돌아보며

### - 井農의 『지적사』는 청사에 빛날 대작 -

**리진호/지적박물관장(공학박사)**

먼저 호(號)에 대하여

"류박사 호를 하나 지어야지"

"호가 왜 필요하나요?"

"예술가나 학자는 대개 호를 갖고 있는데"

"제가 학자인가요?"

"아니 그렇게 많은 책을 썼는데… 그럼 학자가 아니오?"

"…"

"우리 계통 인사도 호 있는 분들이 많아. 류기섭은 東泉, 최종태는 燕岩, 원영희는 三地, 김성건은 佑亨, 이경철은 悟齋, 이부발은 東湖, 이경희는 松幹, 김인태는 和潭, 김갑수는 青松, 노창호는 合松, 나는 鶴村, 이면우는 滄海, 강태석은 淡雲, 김추윤은 金川 …."

"호는 왜 필요한 가요?"

"본명이나 자 이외에 허물없이 쓰기 위하여 지은 이름으로 생활필수품은 아니지만 우리나라 정서로 연장자의 이름을 부르기도 그렇고 멋도 있고…"

"그렇다면 무엇으로 하면 좋겠습니까?"

"井農이 어떻소?"

"그 이유는?"

"류박사의 출생지가 서산시 인지면 애정리(艾井里) 이니까.

"왜 고향 이름을? 그 뜻은?"

"보통 출생지를 호의 일부로 사용하는데 井은 한국 고조선 시대에 井田法을 시행하였는데 그것이 지적의 근원이지."

"그럼 農은?"

“농자천하지대본(農者天下之大本)이라고 농민과 농업이 살아야 국가의 근간이 안정될 수 있는 것이지. 그리고 농사를 짓는 다는 것은 학문을 연구한다는 뜻도 있어”

아!!! 그렇게 깊은 뜻이 담겨 있군요. 감사드립니다.

그래서 간신히 동의를 하여 이 책 뒷글에 처음으로 쓰는 것이다. 이 대화에서 자꾸 “왜”를 연발하는 것은 그의 학구열이 강하다는 것을 의미하며, 이유를 계속하여 추구하는 그 자세를 나는 좋아한다.

내가 충남 서산군 지적계장 재직 때 당진군에 근무한다는 어느 낯선 젊은이가 집에 찾아왔다. 철도청 공채시험에 합격하여 철도건설국(서울)으로 발령이 났는데, 충청남도 재정과 지적계에 전입을 할 수 있는 기회가 주어져 공부를 계속하기 위해서는 어디로 가면 좋겠는가? 라고 물었다. 내가 철도청에 근무했다는 정보를 듣고 온 것 같다.

“철도청은 승진 기회가 적고 출장이 많아 공부하기엔 여건이 안 좋으니 조장 행정기관인 충청남도에 가는 것이 좋겠다.”라고 답하였다. 그가 류병찬이고 때는 1968년이니까 금년으로 꼭 50년이 된다. 〈井農〉과 반세기의 교류가 시작된 것이다.

井農은 국가직 공채시험에 합격하여 1967년 4월에 당진군에 조건부 지적기원보로 임명되었으며, 1969년에 충청남도 재정과 지적계로 영전하였다.

나는 1969년에 공무원을 사직하고 대한지적협회 충남지부 직할출장소 겸 서산출장소 기사로 취직, 대전으로 이사하여 井農과 가끔 만났다. 지적측량사 확정측량과 시험 준비를 할 때 나를 찾아와 트랜싯 조정 방법을 배운 일이 있다.

井農은 1976년에 내무부로 영전을 했고 나는 경기도지부를 거쳐 1978년 말에 대한지적공사 본사 기획과장 보직을 받았다. 하루는 내게 전화가 왔다. “저 점심 좀 사주세요.”하는 것이다. 중앙부서인 내무부가 얼마나 배고픈 곳이고 스스럼없이 사달라고 하는 것이 좋아 서울시청 근방 삼계탕 식당에서 식사한 일이 있다.

그 후 井農은 내무부에서 20년이 넘도록 열심히 근무하면서 지적계장과 지적과장을 역임한 후 1999년에 사직하고, 같은 해에 대한지적공사 FIG추진기획단장에 임명되었으며, 내가 10년간 평교수로 근무하다 퇴직한 후 지적기술연수원장으로 영전하여 왔고 나는 정년퇴직 후 충북 제천 옛 양화초등학교 자리에 지적박물관을 개관하여 현재까지 운영해오고 있다.

평소 지적사 분야에 관심이 많은 井農에게 연수원의 역사를 정리하는 것이 어떻겠냐고 했더니 ‘지적기술교육연구원60년사 발간계획’을 수립하고 본사로부터 예산전용 승인을 받아 이를 적극 추진하였는데, 완료단계에 본사 업무본부장으로 발령이 나서 후임인 장한영 원장이 발행했다.

井農은 본사 업무본부장을 거쳐 2001년에 부사장으로 승진하였다. 대한지적공사 사장은 정부에서 임명하고 부사장은 지적인을 보직하는 것이 관례가 되어 있으며 부사장은 지적인이 올라 갈 수 있는 최고의 자리이니, 지나친 비약인지 모르겠으나 본인의 강한 의지와 열정적인 노력도 중요하지만 50년 전에 나와의 진로상담이 한몫을 한 것으로 생각한다.

井農이 내무부 지적과장직을 수행하면서『한국지적백년사』발간을 의욕적으로 추진하였으나 뜻을 이루지 못하고 비난만 받았는데, 부사장으로 승진을 하면서 김재영 사장에게 건의하여『한국지적백년사』발간사업을 다시 추진하여 2005년에 발간되었으니,『한국지적백년사』를 기획하여 추진하고 완성한 것은 오로지 그의 일관된 집념과 노력이 절대적이다.

井農이 편찬위원장, 내가 집필위원장, 박순표가 감수위원장이 되어 6권의 방대한 총서가 발간되었다. 편찬위원회는 10여회, 집필위원회는 3회의 회의를 열었고, 집필위원은 전문가 18명이 동원되었다. 井農은 지적법을 집필하였고 나는 가장 많은 분량을 쓰고 다른 집필자의 원고도 교열하였다.

그러나 지적인으로 이 백년사를 읽거나 관심이 있는 자는 많지 않은 것 같다. 그런데 국회도서관은 그 가치를 인정했던지 이를 전산화하여 언제, 어디서, 누구나 편리하게 이용할 수 있도록 운영하고 있으니 매우 보람이 있다고 생각한다.

井農은 1985년에 대만의 토지개혁훈련소를 수료하였고, 1989년에 네덜란드의 ITC에서 우리나라 최초로 토지정보과정(지적전공)을 졸업하였으며, 1991년에『지적법(해설)』(1991 초판, 2011 제5전정판)을 처녀작으로 발간하였고 이어서『지적법문제집』(1992),『지적공부정리실무』(1996),『지적학』(2001 초판, 2006 제1전정판),『최신지적사』(2008 초판, 2012 제1전정판),『충청남도지적사』(2014, 공저)와『지적재조사백서』(2015, 공저),『한국인이 바라본 일본의 지적제도』(2016,) 등을 발간하였으며, 이번에 지적총서의 하나인『지적사』를 발간하는 것이다.

井農의 저서는 판을 거듭하면서 계속 쪽수가 늘어났으니 이는 끊임없이 연구했다는 뜻이다. 그의 뜨거운 학구열은 아무리 칭송해도 지나치지 않다는 생각이 든다.

나는 2004년 문화관광부 지원을 받아『지적서장도록(地籍書狀圖錄)』을 만들었는데 井農의 서장을 받아 수록한 일이 있다. 그는 22명 중 가장 많은 150점을 제공하였다. 거기에 자격증만 소개하면 지적기술사, 측지 및 지형공간정보기사, 환지사, 지역 및 도시계획기사, 측지기사, 컨설턴트, 부동산공경매사, 측량교원자격증 등 9개나 된다. 나는 측지기사, 지적기사, 고등학교 준교사자격증 셋밖에 없으니 비교가 안 된다.

나는 이번에 井農의『지적사』를 교열 감수하면서 많은 것을 느꼈다. 이 방면에 꽤 잘난 체하는 나는 교정을 보면서 새로운 것을 알게 되었다. 오히려 배운 것이 적지 않았다.

井農은 주를 성실히 달았다. 표절하면서 별로 죄의식이 없는 학자들이 많은데 아무리 찾아보아도 그런 것은 한 건도 없다. 주를 성실히 다는 학자에게 상을 주는 제도가 있으면 우수상을 받을 것이다.

일본의 유명한 시부사와 에이이치(澁澤榮一)는 “한국 민족은 ‘왜’를 모른다.”고 평하였다. 井農은 한국인인데도 ‘왜’를 매우 좋아한다. 서두에 자꾸 “왜 그런가?”하고 물었다고 썼거니와 그는 수시로 전화로, 이메일로 여러 번 ‘왜’를 묻는다. 귀찮기도 하고 나의 연구에 지장이 있을 정도이지만 그의 학구열에 감동되어 질문만 오면 하던 일도 밀어놓고 답변을 하고 그것이 나의 낙이기도 하다. 그런데 내가 모르는 것도 자주 물어 나를 당황케 한다. 그리고 관심을 갖고 그 문제를 연구하게 된다. 어쨌든 그는 질문을 하는 유일한 학자이고 그래서 이번에 발간하는 『지적사』는 ‘왜’의 결정체이다.

井農은 그의 저서를 지위고하를 막론하고 지인에게 교열을 부탁한다. 그리고 의문점이 있으면 재차 물어본다. 겸손하고 집요한 학자이다. 그와 반대로 나는 ‘내 원고를 교열할 사람은 없다.’는 생각에서 타인에게 교열을 부탁하지 않는다. 나는 교만한 학자임을 자인할 수밖에 없다.

井農은 이 책에 나의 저서를 상당량 인용하였고 지적박물관의 연혁을 자세히 기술하고 지적인물에 자신은 빼고 나를 넣어 마음대로 〈대학자〉라고 하였다. 상당부분 나의 홍보를 아끼지 않아 밥 한 끼라도 사야 되지만 이 뒷글 고료로 대신하면 안 될까? 좀 내가 밑지는 일이지만….

나는 누구를 칭찬하는데 매우 인색하지만 이 책은 대작(大作)이고 노작(勞作)이라고 평가하면서 주저 없이 일독을 권한다.

한국지적사의 개척자로 초대가 三地 원영희 선생, 2대가 鶴村 리진호라고 하는데, 3대는 단연 井農 류병찬이고 그가 거의 완성했다고 본다.

井農은 유능한 행정가요 학구열이 왕성한 대학자이고 지적·측지 등의 기술자이며 입지전적인 인물이다. 다만 그는 측량실무 경험이 부족하다. 두루 갖출 수 있겠는가?

덧붙이면 나는 『청송 김갑수 교수 정년기념논문집』과 『합정 노창호 지사장 정년퇴임기념논문집』에 교류기를 썼으니 이번이 세 번째이다.

이는 井農의 부탁이 아니라 내가 자청하여 호(號)를 지어주고, 뒷글을 쓰겠다고 걸청(乞請)한 것임을 밝힌다.

## • 저자약력(Brief History of Author) •

**성명 (Name)**

- **정농(井農) 류병찬(柳炳燦, bcryu@hanmail.net)**

**출생지 (Birth Place)**

- 충청남도 서산시 인지면 애정리 350

**학력 (Academic Background)**

- 청주대학교 사회과학대학 졸업
- 연세대학교 행정대학원 졸업(행정학석사)
- 단국대학교 대학원 졸업(행정학박사)
- 대만 토지개혁훈련소(LRTI) 토지정책과정 수료.
- 네덜란드, 국제항공측량·지구과학연구원(ITC) 지적전공과정 졸업

**경력 (Career)**

- 행정자치부 지적과장(역임)
- 대한지적공사 지적기술교육연구원장·업무본부장·부사장(역임)
- 한양사이버대학교 교수(지적학과장 역임)
- 건국대학교 부동산대학원·명지대학교 산업대학원·단국대학교 경영대학원·인천대학교 경영대학원·한양대학교·서울시립대학교·강남대학교·명지전문대학·매일경제TV 등 강사 역임
- 명지공간개발(주) 연구이사
- 명지대학교 부동산대학원 객원교수

**주요 저서 (Book)**

- 『지적법』, 1991, 서울, 남광출판사.
- 『지적공부정리실무』, 1996, 서울, 남광출판사
- 『부동산공시제도의 이해』(공저), 2002, 서울, 형설출판사.
- 『한국지적백년사』(공저), 2005, 대한지적공사.
- 『최신지적학』 제1전정판, 2006, 서울, 한국지적연구원.
- 『최신지적법』 제5전정판, 2011, 서울, 건웅출판사.
- 『최신지적사』 제1전정판, 2012, 서울, 건웅출판사.
- 『충청남도지적사』(공저), 2014, 충청남도.
- 『지적재조사 백서』(공저), 2016, 국토교통부·한국국토정보공사.
- 『한국인이 바라본 일본의 지적제도』, 2016, 서울, 부연사.

**자격 (Certification)**

- 지적기술사·측량 및 지형공간정보기사·지역 및 도시계획기사·환지사 등

**사회활동 (Social Activity)**

- 지적기술사·지적기사·감정평가사·공인중개사 등 자격시험 출제위원(역임)
- 한국지적학회 부회장(역임)
- 행정자치부 정책자문위원회 위원(역임)
- 국토해양부 중앙지적위원회 위원(역임)
- 서울중앙지방법원 조정위원회 조정위원(역임)

**수상 (Receive a Prize)**

- 내무부장관표창, 국무총리표창, 대통령표창, 녹조근정훈장, 한국지적기술대상, 지적학술상 등

[지적총서 3]

# 지　　적　　사(제2전정판)

Cadastral History(2nd Edition)

地籍史(第2全訂版)


초 판 　발행 　2008년 7월 20일
제1전정판 발행 　2012년 8월 20일
제2전정판 인쇄 　2017년 5월 10일
제2전정판 발행 　2017년 5월 21일

저 　자 　정농(井農) **류 병 찬**(柳炳燦)
발 행 인 　맹 윤 재
발 행 처 　부 연 사(등록 제 201-15-00351호)
편 　집 　권 주 란
표 　지 　서울애드



주 　소 　서울시 관악구 남부순환로 198길 7 성우프라자 101호
전 　화 　(02) 888 - 8118 　팩 스 　(02) 888 - 8199
부연사 전용폰 　010-6494-8110 　카톡 ID 　rebook8118
(문자 ○, 카톡 ○, 전화 ×)
* 근무시간에만 활용됩니다.

E - mail 　rebook8118@naver.com
다 음 카 페 　cafe.daum.net/buyonsa
홈 페 이 지 　www.bysco.kr



ISBN 　978-89-8465-821-9 　13980
가 　격 　38,000원